# 익스플로링 라즈베리 파이

임베디드 리눅스와 전자회로를 이용한
라즈베리 파이 완벽 활용 가이드

# 익스플로링 라즈베리 파이

## 임베디드 리눅스와 전자회로를 이용한 라즈베리 파이 완벽 활용 가이드

지은이 데릭 몰로이
옮긴이 최용
펴낸이 박찬규 | 엮은이 김윤래 | 디자인 북누리 | 표지디자인 아로와 & 아로와나

펴낸곳 위키북스 | 전화 031-955-3658, 3659 | 팩스 031-955-3660
주소 경기도 파주시 문발로 115, 311호 (파주출판도시, 세종출판벤처타운)

가격 45,000 | 페이지 756 | 책규격 188 x 240

초판 발행 2018년 04월 05일
ISBN 979-11-5839-097-6 (93500)

등록번호 제406-2006-000036호 | 등록일자 2006년 05월 19일
홈페이지 wikibook.co.kr | 전자우편 wikibook@wikibook.co.kr



이 도서의 국립중앙도서관 출판시도서목록 CIP는
서지정보유통지원시스템 홈페이지(http://seoji.nl.go.kr)와
국가자료공동목록시스템(http://www.nl.go.kr/kolisnet)에서 이용하실 수 있습니다.
CIP제어번호 2018009183

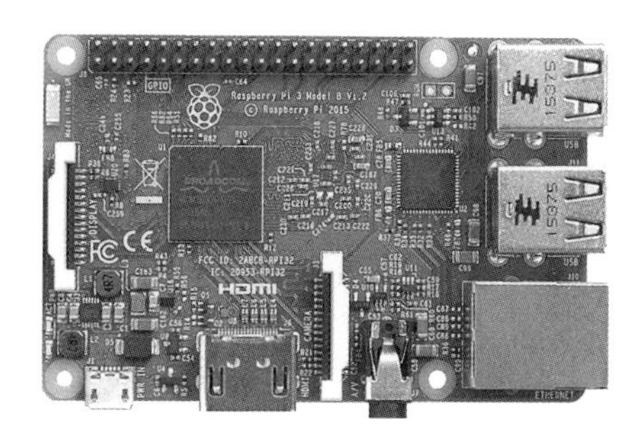

# 익스플로링 라즈베리 파이

Exploring **Raspberry Pi**

**임베디드 리눅스와 전자회로를 이용한 라즈베리 파이 완벽 활용 가이드**

데릭 몰로이 지음 / 최용 옮김

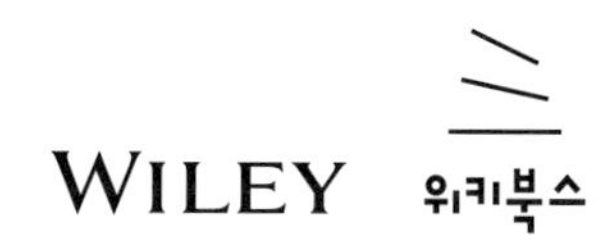

# 1부

## 라즈베리 파이 기초

# 2부

## 인터페이스, 제어, 통신

## 3부

## 고급 인터페이스 및 상호작용

# 저자 소개

데릭 몰로이(Derek Molloy) 박사는 아일랜드 더블린 시립대학교의 엔지니어링 및 컴퓨팅 학부 전자 공학과 수석 강사다. 그는 학부와 대학원에서 임베디드 시스템, 디지털/아날로그 전자 장치 및 사물 인터넷을 사용하는 객체 지향 프로그래밍을 가르친다. 그의 주 연구 분야는 컴퓨터 및 머신 비전, 3D 그래픽/시각화 및 이러닝이다.

데릭은 수백만 명의 사람들에게 임베디드 리눅스와 디지털 전자 장치를 소개하는 유명한 유튜브 영상 시리즈를 제작한다. 2013년에 개설한 개인 웹/블로그 사이트는 유튜브 동영상과 참고 자료, 소스 코드, 사용자 토론을 제공해 매일 수천 명이 방문한다. 2015년에 비글본(BeagleBone) 플랫폼에 대한 책 ≪Exploring BeagleBone: Tools and Techniques for Building with Embedded Linux≫(Wiley, 2014)를 출간해 좋은 반응을 얻었다.

데릭은 교수 및 학습과 관련한 여러 가지 상을 받기도 했다. 그는 2012년 아일랜드 학습기술협회(ILTA)로부터 교수 및 학습 혁신상을 받았다. 이 상은 전자 키트 및 온라인 영상물을 활용한 실습 위주의 학부 공학 학습 방식을 높이 평가해 수여한 것이다. 2012년에는 학생과 동료들의 열렬한 추천으로 더블린 시립대학교 총장이 수여하는 교수 및 학습 우수상을 받았다.

그의 개인 웹 사이트인 www.derekmolloy.ie에서 그의 저작 및 기타 출판물에 대해 더 자세히 알 수 있다.

# 기술 편집자 소개

톰 벳카(Tom Betka) 박사는 항공 업계에 종사하던 중 임베디드 시스템 개발을 접했고, 그후 임상 의학으로 진로를 바꿔 10여 년간 일했다. 그동안 컴퓨터와 소프트웨어 개발에 대한 관심을 임베디드 시스템 분야로 넓혔으며, 컴퓨터 과학 분야의 배움이 학부 수준에 이를 만큼 발전했다. 벳카 박사는 임상 의학계를 떠난 후 소프트웨어 개발 업계에 발을 들여, 여러 회사에서 의학 및 임베디드 시스템 분야의 전문가로 활동했다. 최근에는 NASA 케네디 우주 센터와 시에라 네바다의 프로젝트를 수행하기도 했다. 그는 C 계열의 언어로 프로그래밍하는 것과 이러한 언어를 사용해 8비트 마이크로 컨트롤러를 프로그래밍하는 것을 가장 즐긴다. 지난 10년 동안 리눅스를 사용해왔으며, 지난 몇 년 동안 비글본, 비글본 블랙, 라즈베리 파이 장치로도 작업했다. 취미로는 고급 수학, 항공, 고성능 모델 로켓, 로봇을 즐긴다. 집에 마련한 작업실에서 프로토타입 장치를 제작하곤 한다. 한때 전문 드럼 연주자로 수년 동안 일했으며, 그 지역에서 처음으로 음악 공연에 전자 타악기를 도입하기도 했다.

## 참여자

- Senior Acquisitions Editor: Aaron Black
- Project Editor: Adaobi Obi Tulton
- Technical Editor: Tom Betka
- Production Editor: Barath Kumar Rajasekaran
- Copy Editors: Keith Cline, Marylouise Wiack
- Production Manager: Kathleen Wisor
- Manager of Content Development and Assembly: Mary Beth Wakefield
- Marketing Manager: Carrie Sherrill
- Professional Technology & Strategy Director: Barry Pruett
- Business Manager: Amy Knies
- Executive Editor: Jody Lefevere
- Project Coordinator, Cover: Brent Savage
- Proofreader: Nancy Bell
- Indexer: Nancy Guenther
- Cover Designer: Wiley
- Cover Image: Courtesy of Derek Molloy

## 감사의 글

이 프로젝트에 있어 탁월한 업적을 이룩한 와일리 출판사(Wiley Publishing)의 모든 이에게 감사한다. Jim Minatel은 이 책에 대한 구상에서부터 실현에 이르기까지 많은 도움을 줬다. Aaron Black과 Jody Lefevere는 프로젝트의 진행을 돕고 이 책이 발전할 수 있게 도왔다. Jennifer Lynn은 일정을 지킬 수 있도록 돕고 언제나 나의 질문에 대답해줬다. 프로젝트 편집자 Adaobi Obi Tulton은 이 프로젝트를 최대한 효율적으로 끝낼 수 있도록 이끌었다. 이렇게 뛰어나고 숙련된 편집자와 다시 일할 수 있어 정말 기쁘다. 카피 편집자인 Keith Cline과 Marylouise Wiack은 미국식 영어로 번역해줬다. 프로덕션 편집자 Barath Kumar Rajasekaran과 교정을 맡은 Nancy Bell은 모든 것을 하나로 모아 세련된 최종본을 만들었다.

개인적인 시간을 엄청난 양의 작업에 투자해 이 책의 내용을 독자가 쉽게 활용할 수 있게 해준 기술 편집자 톰 벳카에게 감사한다. 내가 비글본에 관한 책을 출판했을 때 그가 웹사이트를 통해 소중한 의견을 보내준 것을 인연으로, 이 책을 시작할 때 그를 떠올렸으며 고맙게도 그가 기술 편집자 역할을 수락해줬다. 톰은 학구적이고 박식하며 영감을 준다. 기술적인 조언을 필요로 할 때 그는 언제나 내게 도움을 줬다. 이 책은 그의 기술적 지식과 다방면의 경험, 엄청난 역량에서 엄청난 득을 봤다. 그가 이 주제에 관한 최고의 기술 편집자라고 확신한다!

유튜브 동영상, 블로그, 웹 사이트 기사에 대해 의견을 준 수천 명의 사람에게 감사한다. 여러분의 피드백이 이 책의 주제를 개발하는 데 큰 도움이 됐음을 정말로 고맙게 생각한다.

더블린 시립대학교의 전자 공학부는 훌륭한 일터이며, 그것은 구성원의 화합과 철두철미하고 혁신적이며 접근성 높은 공학 교육에 대한 헌신에 힘 입은 것이다. 이 책을 쓸 때 나를 지지하고 격려하며 배려해준 모든 교직원에게 다시 한 번 감사한다. 이 책에 빠져있는 동안 학교 행정 업무를 분담해준 Noel Murphy와 Conor Brennan에게 특히 감사한다. 소프트웨어에 대한 전문적인 조언과 지원을 해준 David(형제)에게 다시 한 번 감사한다. 이 책의 회로와 소프트웨어, 내용을 전문적으로 세심하게 검토해준 Jennifer Bruton에게 감사한다. 전문 지식을 바탕으로 도움을 준 Martin Collier, Pascal Landais, Michele Pringle, Robert Sadleir, Ronan Scaife, John Whelan에게 감사한다.

누구보다도 가족에게 가장 감사한다. 이 책은 6 개월 동안 주로 밤과 주말에 썼다. 이 책을 쓰는 동안 기다려준 아내 Sally와 자식 Daragh, Eoghan, Aidan, Sarah에게 감사한다. 평생 영감을 주고 지원하며 격려해주신 어머니, 아버지, David, Catriona에게 감사한다. 마지막으로, 가족 행사를 또 다시 6 개월 동안 빼먹은 것을 용서해준 친척들에게 감사한다. 이제는 변명거리가 없다(또 다른 책을 쓰지 않는 한!)

라즈베리 파이(Raspberry Pi 또는 RPi) 프로젝트의 핵심 아이디어는 어린이를 대상으로 하는 정보통신기술(ICT) 교육에 있어서 흥미를 증진할 목적으로 작고 저렴한 컴퓨팅 플랫폼을 개발하는 것이었다. 모바일 애플리케이션을 위한 SoC(단일 칩 시스템) 장치의 급격한 발전에 힘입어 2012년 초 저렴한 RPi 플랫폼을 대량으로 공급할 수 있게 됐다. 시장의 반응은 폭발적이었으며 2015년 2월까지 판매된 라즈베리 파이 보드의 수는 오백만 개를 넘어섰다. 스마트폰이 보급됨에 따라 한 손에 들어가는 컴퓨터가 초당 수백만 가지 연산을 수행할 수 있다는 것은 당연하게 받아들이게 됐지만, 작지만 강력한 장치의 하드웨어와 소프트웨어를 직접 조작해 필요에 맞는 자신만의 발명품을 만들 수 있다는 점은 놀라움을 주기에 충분하다. 더구나 라즈베리 파이 제로는 커피 한 잔 값(5 달러)에 살 수 있다!

라즈베리 파이 보드는 일반 대중이 사용하기에는 좀 복잡하다. 하지만 임베디드 리눅스를 구동할 수 있어서 플랫폼의 접근성과 수용성, 성능이 좋다. 아울러 리눅스와 임베디드 시스템에서는 장치의 개발이 쉬워 스마트 빌딩, 사물 인터넷(Internet of Things, IoT), 로보틱스, 스마트 에너지, 스마트 도시, HCI(인간과 컴퓨터의 상호작용), 사이버-피지컬 시스템, 3D 프린팅, 진보된 차량 시스템과 같이 아주 많은 분야에서 응용할 수 있다.

고수준의 리눅스 소프트웨어와 저수준 전자회로의 통합은 임베디드 시스템 개발의 패러다임 전환을 가져온다. 저수준의 전자회로를 만든 다음, 몇 개의 짧은 명령만으로 리눅스 웹 서버를 설치하면 그 회로를 인터넷을 통해 제어할 수 있게 된다. 라즈베리 파이를 범용 리눅스 컴퓨터로서 쉽게 사용할 수 있지만, 직접 설계한 전자 회로와 완전히 연결하는 것은 더욱 도전적이고 흥미롭다. 그것이 바로 이 책이 나오게 된 동기다!

이 책은 발명가나 메이커, 학생, 창업자, 해커, 예술가, 몽상가에게 매력적일 것이다. 다시 말해, 임베디드 리눅스의 능력을 자신의 제품과 발명, 창작, 프로젝트에 적용하고 싶고 RPi 플랫폼의 세부적인 사항을 정말로 이해하고 싶은 사람 모두를 위한 것이다. 이 책은 레시피 북은 아니다. 몇몇 예외를 제외하면 여기에 나오는 모든 내용은 독자가 원리를 이해하고 스스로 설계 및 구축, 디버그할 수 있는 수준에서 설명했다. 또한, 이 책은 매우 특별한 결과를 달성하기 위해 특별한 부품을 반드시 구입해야만 하는 대단한 프로젝트를 담고 있지도 않다. 그보다는 충분한 배경 지식과 기술적인 세부 사항을 제공함으로써 스스로 탐구할 동기를 부여하는 데 주안점을 두었다.

실습을 통해 배울 수 있다는 믿음 아래 독자가 따라할 수 있는 저렴하고 구하기 쉬운 하드웨어 예제를 제시한다. 이러한 손쉬운 예제를 사용해 각 단계가 갖는 의미를 자세하게 설명한다. 따라서 독자는 이 책의 내용을 이해하고 하드웨어 부품이나 모듈, 장치를 필요에 맞게 바꿔 사용할 수 있을 것이다. 상상력을 발휘하면 큰 프로젝트도 수행할 수 있을 것이다!

2014년 말 ≪Exploring BeagleBone: Tools and Techniques for Building with Embedded Linux≫(Wiley, 2014)라는 제목으로 비글본 플랫폼에 대한 책을 써서 좋은 반응을 얻었다. 임베디드 리눅스에 초점을 맞추고 기본 원리를 소개한다는 점에서 이 두 책은 유사한 면이 있다. 하지만, 이 책은 처음부터 RPi 플랫폼에 대해 썼고, 그 강점에 초점을 맞추고 몇 가지 약점도 지적한다. 또한, 리눅스 커널 개발과 아두이노를 서비스 프로세서로 활용하기, Wi-Fi 센서 노드, XBee 통신, MQTT 메시징, 사물 인터넷(IoT), 서비스로서의 플랫폼(PaaS)와 같은 주제도 다뤘다. ≪Exploring BeagleBone≫을 이미 구입한 독자라면 이 책을 구입하기 전에 도서 홈페이지(www.exploringrpi.com)를 방문해 두 책을 비교하기 바란다.

이 책을 쓰면서 다음과 같은 목적을 염두에 뒀다.

- 임베디드 리눅스 및 전자 회로와의 상호작용을 설명하되, 널리 알려진 RPi 플랫폼에 관련된 주제 및 과제를 통해 접근한다.
- 해당 분야의 넓고도 다양한 주제를 마스터하기 위해 습득해야 할 리눅스, 전자회로, 프로그래밍 기술에 대한 깊이 있는 이해와 지침을 제공한다.
- 저수준 인터페이싱, 범용 입출력 (GPIO), 버스, 버스에 연결하는 아날로그-디지털 컨버터 (ADC), 유니버설 비동기 송수신기(UART)에서부터 OpenCV 및 Qt 프레임워크와 같은 고수준의 라이브러리에 이르기까지 하드웨어와 소프트웨어에 걸친 실용적인 Hello World 예제를 제공한다. 이 책은 저수준 레지스터 연산 및 리눅스 LKM(적재 가능 커널 모듈) 개발과 같이 수준 높은 주제도 다룬다.
- 회로(SPI 기반의 ADC), 서비스 프로세서(아두이노 및 NodeMCU), 클라우드 기반 IoT 플랫폼 및 서비스에 연결하는 프레임워크를 개발함으로써 RPi 플랫폼의 인터페이스 능력을 향상하고 확장한다.
- 각각의 회로 및 코드가 교육적으로 폭넓은 효용을 갖도록 하며 라즈베리 파이에서 동작하도록 특화된 설계를 적용한다. 이 책에서 소개하는 각 회로와 코드 예제는 RPi 플랫폼(대부분 다중 보드 버전)에서 구축하고 검증했다.
- Hello World 예제를 통해 독자가 라즈베리 파이 프로젝트에 도입해 사용할 수 있는 코드의 라이브러리를 구축한다.
- 모든 코드는 사용하기 쉬운 형태로 깃허브(GitHub)에서 배포한다.
- 유튜브 DerekMollyDCU 채널의 비디오와 이 책을 위해 특별히 구축한 www.exploringrpi.com 웹사이트 등의 디지털 콘텐츠를 제공한다.
- 라즈베리 파이에 대한 고급 프로젝트를 구상하고 설계하고 구축하는 데 필요한 모든 것을 이 책을 통해 얻도록 한다.

## 이 책의 구성

이 책이 상당히 복잡한 주제를 다룬다는 점에는 의심의 여지가 없다. 라즈베리 파이 보드는 복잡한 장치다! 어쨌든 이 책은 라즈베리 파이를 마스터하는 데 필요한 모든 것을 세 부분에 나눠 담았다.

- 1부: 라즈베리 파이 기초
- 2부: 인터페이스, 제어, 통신
- 3부: 인터페이스 및 상호작용 고급

1부의 1장과 2장에서는 RPi 플랫폼의 하드웨어와 소프트웨어를 소개하고 이어지는 세 장에서 기초적인 내용을 다룬다.

- 3장 임베디드 리눅스 시스템
- 4장 전자회로 인터페이스하기
- 5장 라즈베리 파이 프로그래밍

리눅스와 전자회로, 소프트웨어 등에 정통한 독자라면 위에 있는 단원은 건너뛰어도 좋다. 그 외의 독자를 위해 효과적이고 안전하게 라즈베리 파이에 인터페이스하기 위해 필요한 모든 지식을 얻을 수 있도록 간결하고 자세한 자료를 넣었다. 나머지 장에서 위의 장을 종종 참조한다.

이 책의 2부는 6장부터 11장까지로, 라즈베리 파이 GPIO, 버스($I^2C$, SPI), UART 장치, USB 장치에 대한 자세한 정보를 제공한다. 라즈베리 파이를 위한 대규모의 소프트웨어 애플리케이션을 구축할 수 있는 크로스 컴파일 환경을 구성하는 방법을 배운다. 또한, 하드웨어와 소프트웨어를 조합해 라즈베리 파이가 물리적 환경과 효과적으로 상호작용할 수 있도록 하는 방법도 설명한다. 11장 "아두이노를 사용한 실시간 인터페이스"에서는 아두이노를 슬레이브 프로세서로 사용함으로써 임베디드 리눅스의 실시간에 대한 약점을 넘어서는 방법을 소개한다.

3부의 12장부터 16장까지는 사물인터넷, 무선 통신 및 제어, 리치 사용자 인터페이스, 이미지 • 비디오 • 오디오, 리눅스 커널 프로그래밍과 같은 고급의 인터페이싱 및 상호작용을 위해 라즈베리 파이를 사용하는 방법을 설명한다. 그러한 과정을 통해 TCP/IP, 씽스피크, IBM 블루믹스, MQTT, Cgicc, PoE(Power over Ethernet), Wi-Fi, NodeMCU, 블루투스, NFC/RFID, ZigBee, XBee, cron, Nginx, PHP, 이메일, IFTTT, GPS, VNC, GTK+, Qt, XML, JSON, 멀티스레딩, 클라이언트/서버 프로그래밍, V4L2, 비디오 스트리밍, OpenCV, Boost, USB 오디오, 블루투스 A2DP, TTS, LKM, kobjects, kthreads 등의 수많은 기술을 접하게 될 것이다!

## 이 책의 표기 방식

이 책에는 애플리케이션을 직접 구축할 때 참고할 수 있는 소스 코드 예제와 작은 코드 조각이 많이 실려 있다. 코드와 명령은 다음과 같이 고정폭 폰트를 사용하여 표시한다.

```
This is what source code looks like.      // 소스 코드 및 명령
```

리눅스 터미널에서 수행되는 작업에 대해서는 한 예제 안에서 입력과 출력이 함께 보이는 경우가 종종 있다. 아래의 예와 같이 사용자의 입력은 굵은 글씨로 표시해 출력과 구분되도록 했다.

```
pi@erpi ~ $ ping www.raspberrypi.org
PING lb.raspberrypi.org (93.93.128.211) 56(84) bytes of data.
64 bytes from 93.93.128.211: icmp_seq=1 ttl=53 time=23.1 ms
64 bytes from 93.93.128.211: icmp_seq=2 ttl=53 time=22.6 ms
...
```

$ 프롬프트는 리눅스의 일반 사용자가 명령을 수행하는 것을 가리키며 # 프롬프트는 리눅스의 슈퍼유저가 명령을 실행하는 것을 가리킨다. 코드 또는 출력의 일부를 생략하더라도 해당 주제를 이해하는 데 지장이 없을 때는 마침표 세 개(...)를 줄임표로 사용한다. 가장 유용한 정보에 초점을 맞추는 목적에 부합할 때만 출력을 편집했다. 또한, 행 끝에 쓰인 화살표는 책에서는 명령이 여러 줄에 걸쳐 보이지만 입력할 때는 한 행에 입력돼야 함을 나타낸다.

```
pi@erpi /tmp $ echo "this is a long command that spans two lines in the →
book but must be entered on a single line" >> test.txt
```

이 책의 각 단계를 따라해 봄으로써 전체 출력을 확인해볼 것을 권한다. 또한, 이 책의 전체 소스 코드는 깃허브(GitHub) 저장소를 통해 제공한다.

본문에서 그 외의 몇 가지 서식이 적용된 것을 볼 수 있을 것이다.

- 새로운 용어와 중요한 단어가 새로 나올 때 *기울임꼴*로 쓴다.
- 키보드 입력은 Ctrl+C와 같이 표시한다.
- HTTP/S 주소를 참조하는 모든 URL은 www.exploringrpi.com과 같이 표시한다.
- 긴 URL에 대해서는 단축 URL 서비스를 사용해 짧게 줄여서 실었다. 이러한 단축 URL은 tiny.cc/erpi102의 형태를 갖는다(1장의 두 번째 링크를 뜻함). 책이 출판된 이후에 링크 주소가 변경되더라도 그에 맞춰서 갱신된다.

특별히 중요하거나 부연설명이 필요한 정보를 전달하기 위해 다음과 같은 항목을 포함한다.

경고

라즈베리 파이 보드의 손상을 피하는 데 도움이 되는 중요한 정보를 포함한다.

참고

디지털화된 자료 및 유용한 팁에 대한 링크 등, 주어진 과업을 이해하는 데 도움이 되는 유용한 추가정보를 포함한다.

**〈제목〉**

이러한 유형은 현재 주제 또는 관련 주제에 대한 세부사항을 전달하기 위해 사용한다.

**〈예: 제목〉**

이러한 유형은 예제의 용례 또는 향후에 참조하게 될 중요한 작업을 제공한다.

## 실습을 위한 준비물

여러 예제를 따라하려면 책을 읽기 전에 라즈베리 파이 보드를 갖추는 것이 좋다. 아직 라즈베리 파이 보드가 없다면 라즈베리 파이 3 모델 B를 구입할 것을 권장한다. 그것은 라즈베리 파이 보드 중에서 가장 비싸지만(35~40달러) 가장 강력하다. 이 보드는 64 비트 쿼드코어 프로세서, 유선 네트워크 어댑터, 무선 이더넷, 온보드 블루투스를 갖추고 있다. 즉, 이 책의 어떤 예제를 실행하더라도 필요한 모든 기능을 갖고 있다. 미국에서는 Adafruit Industries, Digi-Key, SparkFun, Jameco Electronics 등의 온라인 상점에서, 그 외의 국가에서는 Farnell, Radionics, Watterott 등의 상점에서 라즈베리 파이를 구입할 수 있다(한국에서는 디바이스마트(www.devicemart.co.kr), 아이씨뱅큐(www.icbanq.com), 엘레파츠(www.eleparts.co.kr), 가치창조기술(vctec.co.kr) 등에서 구입할 수 있다 – 옮긴이).

라즈베리 파이를 위한 권장 및 선택적 액세서리의 전체 목록은 1장에서 제공한다. 아직 라즈베리 파이가 없다면 구입하기 전에 먼저 그 장을 읽어보기 바란다. 또한, 각 장의 첫 페이지에는 따라하기 위해 필요한 전자부품 및 모듈의 목록을 실었다. 이러한 부품을 어떻게 준비해야 하는지에 대한 세부사항은 이 책의 웹사이트(www.exploringrpi.com)에 있다.

이 책에서는 예제의 필요에 맞는 한, 의도적으로 값싸고 구하기 쉬운 부품과 브레이크아웃 보드, 모듈을 사용했다. 이것은 될 수 있는 한 예산에 구애되지 않고 많은 예제를 따라할 수 있도록 하기 위한 것이다. 프로젝트에 착수하기 전에 부품의 가격을 가늠할 수 있도록 기준이 될 만한 가격도 제시했다. 책에 실린 가격은 저자가 실제로 이베이(ebay.com)나 아마존(amazon.com), 알리익스프레스(aliexpress.com) 등에서 구입한 가격이다.

참고

어떠한 제품, 공급자, 제조자에 대해서도 이 책에 싣는 것에 대해 어떠한 형태의 거래도 하지 않았다. 가격, 기능, 세계적인 구입의 용이성을 기준으로 해 모든 제품을 직접 선택하고 구입했다. 가격은 참고용이며 변동될 수 있다. 이 책에 실린 물건을 구입하기 전에는 스스로 조사해 보고 꼭 필요한 것인지 확인하도록 하자.

## 오탈자

이 책에 오류가 없도록 하기 위해 열심히 작업했지만 미처 발견하지 못한 것이 있을 수 있다. 모든 오탈자는 이 책의 웹사이트(www.exploringrpi.com)의 각 장의 웹페이지에서 얻을 수 있다. 본문이나 예제 소스 코드에서 오류를 발견한다면 웹사이트를 통해 알려주기 바란다. 그러면 감사히 웹 페이지의 오탈자 목록에 추가하고 코드 저장소의 소스 코드 예제를 갱신하도록 하겠다.

## 디지털 콘텐츠와 소스 코드

이 책의 주된 웹 사이트는 www.exploringrpi.com이다. 이 사이트는 저자가 운영하며 비디오, 소스 코드 예제, 더 읽을 거리에 대한 링크를 제공한다. 그리고 각 장에 대한 별도의 웹 페이지가 있다. 웹 사이트에 문제가 있을 때는 www.wiley.com/go/exploringrpi에서 코드를 찾을 수 있을 것이다. 또한 위키북스 사이트(www.wikibook.co.kr)에서도 소스 코드 예제를 내려받을 수 있다.

모든 소스 코드는 깃허브를 통해 제공하며 라즈베리 파이에서 한 번의 명령으로 내려 받을 수 있다. tiny.cc/erpi001에서 온라인으로 코드를 볼 수도 있다. 라즈베리 파이에서 소스 코드를 내려 받으려면 리눅스 셸 프롬프트에서 다음과 같이 입력하면 된다.

```
pi@erpi ~ $ git clone https://github.com/derekmolloy/exploringrpi.git
```

전에 깃을 사용해보지 않았다 하더라도 3장에서 자세히 설명하므로 걱정할 필요는 없다.

자, 모험을 시작하자!

# 01 부

# 라즈베리 파이 기초

# 1장

# 라즈베리 파이 하드웨어

이 장에서는 라즈베리 파이(RPi) 플랫폼 하드웨어를 소개한다. 근래에 발매된 라즈베리 파이 모델과 그 서브시스템 및 물리적 입출력에 초점을 맞춘다. 또한 라즈베리 파이를 사용하는 프로젝트에 도움이 되는 액세서리들을 소개한다. 이 장을 읽고 나면 피지컬 컴퓨팅 플랫폼으로서 라즈베리 파이가 가진 힘과 복잡성에 대해 감탄하게 될 것이다. 또한 물리적 손상으로부터 보드를 보호하기 위한 규칙에 대해서도 알게 될 것이다.

## 플랫폼 소개

RPi 모델들은 범용 컴퓨팅 장비로 사용할 수 있으며, 따라서 컴퓨팅 일반 및 컴퓨터 프로그래밍을 처음 배우는 학습자의 취향에 맞춰졌다. RPi 모델 중 몇 가지가 그림 1.1에 있다. RPi는 임베디드 시스템 애플리케이션 및 인터넷에 연결하는 임베디드 애플리케이션을 구동하는 것과 같이 *피지컬 컴퓨팅* 장비로 활용할 수도 있다.

그림 1.1 몇 가지 라즈베리 파이 플랫폼 보드(모델별 크기 비교)

RPi 장치의 일반적인 특징은 다음과 같다.

- 5달러에서 35달러 사이로 가격이 저렴하다.
- 강력한 컴퓨팅 장치다. RPi3는 1.2GHz ARM Cortex-A53 프로세서를 탑재해 700 MWIPS(million Whetstone instructions per second)의 연산을 수행할 수 있다.[1]
- 다양한 모델이 있으며 각기 적합한 응용에 차이가 있다. 예를 들어, 크기가 큰 RPi 3는 프로토타이핑에, 작은 RPi 제로(Zero) 또는 컴퓨트 모듈(Compute Module)은 배포에 적합하다.
- 전자 장치를 위한 다양한 표준 인터페이스를 제공한다.
- 전력을 약 0.5W(RPi 제로가 idle 상태일 때)에서 약 5.5W(RPi 3에 부하가 있을 때) 사이로 적게 사용한다.
- HAT 도터 보드 및 USB 장치를 사용해 확장할 수 있다.
- 혁신가와 열렬한 지지자들의 거대한 커뮤니티에 의해 지원을 받고 있으며, 그들이 교육적 사명을 갖고 시간을 투자해 RPi 재단을 돕는다.

RPi 플랫폼은 리눅스 운영체제를 구동할 수 있으며, 그에 따라 많은 오픈소스 라이브러리와 애플리케이션을 직접 사용할 수 있다. 오픈소스 소프트웨어 드라이버를 사용할 수 있다는 것은 프로젝트에서 USB 카메

1 www.roylongbottom.org.uk/Raspberry%20Pi%20Benchmarks.htm

라, 키보드, Wi-Fi 어댑터 같은 것을 인터페이스하기 위해 독점 소프트웨어를 사용하지 않아도 된다는 것을 의미한다. 다시 말해, 재능이 넘치는 오픈소스 커뮤니티가 구축한 포괄적인 라이브러리에 접근할 수 있는 것이다. 단, 코드를 어떠한 형태로든 보증할 수 없음에 유의해야 한다. 문제가 발생하면 커뮤니티의 도움을 바랄 수 밖에 없다. 물론 스스로 문제를 해결하고 그 해결책을 공개할 수도 있다.

근래의 RPi 모델은 *HAT(Hardware Attached on Top)*이라는 도터 보드를 GPIO 헤더(그림 1.1에 보이는 40핀 더블 핀 커넥터)에 연결해 기능을 확장할 수 있다는 점이 인상적이다. 스스로 HAT을 설계하고 이 헤더를 사용해 RPi에 단단히 붙일 수 있다. 시중에서 판매되는 HAT을 구입해 RPi 플랫폼의 기능을 확장할 수도 있다. 몇 가지 예를 이 장 끝에서 설명할 것이다.

## RPi는 누구를 위한 것인가

기술적인 개념을 실제로 상호작용하는 전자회로 프로젝트, 프로토타입, 예술 작품 등으로 구현하고 싶은 사람은 누구나 RPi를 활용할 수 있다. 고수준의 소프트웨어를 저수준의 전자회로와 통합하는 것은 쉬운 일이 아니다. 그렇지만 구현에 따르는 어려움은 프로젝트가 요구하는 완성도에 달려있다. RPi 커뮤니티에서는 학생, 메이커, 예술가, 동호인 등 자신의 프로젝트에서 그러한 통합을 원하는 사람이라면 누구나 쉽게 접근할 수 있도록 하기 위해 노력하고 있다. 일례로, RPi에서 시각적 프로그래밍 도구인 스크래치(Scratch, `tiny.cc/erpi101`)를 사용함으로써 어린이가 컴퓨터 프로그래밍과 RPi 양쪽을 동시에 접할 수 있는 획기적인 방법을 제시한다.

RPi는 전자회로 혹은 컴퓨터 지식을 갖춘 고급 사용자의 개발 및 맞춤 개발 요구에도 부응한다. 하찮게 보일 수도 있지만, 전자회로 전문가라 할지라도 고수준의 소프트웨어를 프로그래밍하거나 리눅스 운영체제를 다루는 것에는 어려움이 따를 수 있다. 혹은 독자가 프로그래밍에는 통달했다 하더라도 LED를 배선해 본 경험조차 없을 수 있다! 이 책에서는 RPi에 인터페이스하는 데 흥미가 있는 모든 유형의 사용자를 위해 리눅스, 전자회로, 소프트웨어에 대한 충분한 설명을 제공함으로써 기존의 경험치에 구애받지 않고 프로젝트를 진행할 수 있도록 돕고자 한다.

## RPi에 적합한 분야

RPi는 어떠한 유형의 프로젝트에서든 고수준의 소프트웨어와 저수준의 전자회로를 통합하는 데 안성맞춤이다. 자동화된 홈 매니지먼트 시스템, 로봇, 멀티미디어 디스플레이, 사물 인터넷(IoT) 애플리케이션, 자동판매기, 인터넷에 연결된 인터랙티브 아트 등 무엇을 계획하든 간에 RPi는 임베디드 디바이스에 대해 상상할 수 있는 모든 것을 해낼 수 있는 처리 능력을 갖추고 있다.

아두이노(Arduino), PIC, AVR 마이크로컨트롤러와 같은 전통적인 임베디드 시스템에 비해 RPi 및 다른 임베디드 리눅스 장치가 갖는 주요한 이점은 프로젝트에 리눅스 OS의 능력을 활용할 수 있다는 것이다. 예를 들어, RPi를 사용해 홈 오토메이션 시스템을 구축했다고 할 때 어떤 정보를 인터넷을 통해 보고자 한다면 간단히 Nginx 웹 서버를 설치하면 된다. 그런 다음에 서버측 스크립팅 혹은 선호하는 프로그래밍 언어를 사용해 홈 오토메이션 시스템이 수집한 정보를 공유하도록 할 수 있다. 또 다른 예로, 프로젝트가 보안 원격 셸 접근을 필요로 할 수도 있다. 그러한 경우에는 간단히 `sudo apt install sshd`라는 리눅스 명령을 실행함으로써 SSH(보안 셸) 서버를 설치할 수 있다(2장에서 다룸). 이것은 몇 주에 걸친 개발이 필요할 수도 있는 일거리를 줄여주는 셈이다. 아울러 전 세계 수백만 대의 시스템에서 안정적으로 구동되고 있는 것과 동일한 소프트웨어를 사용한다는 점에서 안정감을 느낄 수 있을 것이다.

또한 리눅스에서는 다양한 USB 장치 및 어댑터에 대한 디바이스 드라이버를 지원하므로 카메라, Wi-Fi 어댑터, 기타 저가의 일반 사용자를 위한 장치를 복잡하고 값비싼 소프트웨어 드라이버를 개발하지 않고도 플랫폼에서 직접 사용할 수 있다.

RPi는 고화질의 비디오를 재생하는 데도 훌륭한 장치다. RPi에 탑재된 브로드컴(Broadcom) BCM2835/6/7 프로세서는 멀티미디어 애플리케이션을 위해 설계됐으며, H.264/MPG-4 및 MPG-2/VC-1(추가적인 라이선스 필요)를 하드웨어적으로 디코드 및 인코드할 수 있다. RPi는 Kodi 홈 미디어 센터(`www.kodi.tv`)[2]와 같은 것을 구동해 풀-HD 비디오를 감상하는 용도로도 인기가 많다.

## RPi에 부적합한 분야

리눅스는 실시간 및 예측 가능한 처리를 위해 설계된 것이 아니다. 정확히 백만분의 일 초마다 센서로부터 값을 측정하고자 하는 것과 같은 경우에는 문제가 될 수 있다. 측정 시점에 다른 태스크로 인해 커널이 바쁘다면 그것을 쉽게 인터럽트할 수 없다. 그러므로 RPi는 원래 실시간 시스템 애플리케이션을 위해서는 이상적인 플랫폼이 아니다. 실시간 버전의 리눅스도 있지만 고도로 숙련된 리눅스 개발자를 대상으로 하며 실시간 처리 능력에 한계가 있다. 그렇기는 해도 RPi를 실시간 서비스 프로세서와 결합한다면 RPi에게 "중앙 관리자" 역할을 맡길 수 있다. 전자적인 버스(I2C, UART 등) 및 이더넷을 통해 실시간 마이크로컨트롤러를 RPi에 상호연결해 RPi를 분산 제어 시스템을 위한 중앙 처리장치로서 사용하는 것이다. 이러한 개념은 11장과 12장, 13장에서 설명한다.

2 과거에는 XBMC라는 이름으로 불렸다.

RPi는 상업적인 프로젝트를 개발하기에 이상적인 플랫폼은 아니다. 라즈베리 파이 플랫폼은 오픈소스 소프트웨어를 상당 부분 활용하지만(GPU와 관련한 클로즈드 소스 바이너리를 포함한다) 오픈소스 하드웨어는 아니다. RPi 보드의 회로도는 구할 수 있지만(예: tiny.cc/erpi102), 하드웨어에 대한 문서는 미비하다. 게다가 브로드컴 부트로더 라이선스[3]에서는 명시적으로 "라즈베리 파이 장치를 개발, 구동, 사용하는 목적에 한해" 바이너리의 재배포를 허용한다. 이는 자신이 설계한 제품으로 라이선스가 이전되지 않음을 의미한다.

이 장에서 앞서 기술한 바와 같이 RPi 재단은 교육에 초점을 맞추고 있어 상업화와는 거리를 두고 있다. 임베디드 리눅스 프로젝트를 상업화하려는 계획을 세우고 있다면 완전한 오픈소스 하드웨어로서 텍사스 인스트루먼츠 사의 강력한 문서가 제공되는 비글본 플랫폼을 살펴보기를 권한다. 필자의 다른 책으로, 와일리 출판사의 미니 시리즈 중 하나인 《*Exploring BeagleBone*》이 있으니 읽어보면 좋을 것이다.

## RPi 문서

이 책은 리눅스, 소프트웨어 개발, 전자회로에 대한 배경지식과 함께 RPi 플랫폼에서의 개발 경험을 망라해 RPi 플랫폼에 대한 깊이 있는 안내서로 펴내고자 했다. 그렇지만 한 권의 책에서 모든 것을 다루는 것은 불가능하므로 다음 목록의 문서와 웹사이트에서 이미 다루고 있는 내용과 중복되는 부분은 피했다. 도움이 되는 문서를 찾고자 할 때는 다음 웹 사이트를 먼저 방문하기 바란다.

- 라즈베리 파이 재단 웹 사이트: RPi에 대해 주된 지원이 이루어지며 블로그, 소프트웨어 안내서, 커뮤니티에 대한 링크, 개발에 필요한 내려 받기를 제공한다. www.raspberrypi.org 참고.

RPi 플랫폼에 대한 문서는 매우 많지만 그 중에서도 이 책과 관련해 가장 중요한 문서는 다음이다.

- 라즈베리 파이 문서: 라즈베리 파이 재단에서 작성한 RPi에 대한 공식 문서다. 처음 시작하는 방법에서부터 구성, 리눅스 배포판, 기타 다양한 안내를 제공한다. www.raspberrypi.org/documentation/을 참고하라(한글 문서는 https://wikidocs.net/book/483에 있다 – 옮긴이).
- 브로드컴 BCM2835 ARM Peripherals 데이터시트: 이것은 대부분의 RPi 모델(RPi 2/3은 제외)에서 채택한 프로세서에 대해 기술하는 핵심 문서다. 200 페이지에 달하며, RPi의 프로세서가 가진 기능과 능력에 대해 기술적인 설명을 제공한다(tiny.cc/erpi103 참고). 또한 오탈자에 대한 수정사항을 담은 중요한 문서도 tiny.cc/erpi104에 있다.
- BCM2836 문서: RPi2의 프로세서가 가진 기능 및 RPi3에서의 관련 기능을 기술하는 문서다. BCM2835에 대한 문서와 연계해 읽어야 한다(tiny.cc/erpi105 참고).

3 github.com/raspberrypi/firmware/blob/master/boot/LICENCE.broadcom

지침서, 게시판, 예제 코드 라이브러리, 리눅스 배포판, 프로젝트 아이디어 등을 제공함으로써 이 플랫폼을 배우는 데 도움을 주는 웹사이트도 있다. 주요 웹사이트는 다음과 같다.

- 이 책의 웹사이트: www.exploringrpi.com
- 저자의 개인 블로그: www.derekmolloy.ie
- eLinux.org 웹사이트: www.elinux.org

RPi 플랫폼 소프트웨어를 시작하는 것에 대해서는 2장에서 설명한다. 이번 장의 나머지 부분에서는 RPi 하드웨어 플랫폼의 기능을 설명하고 기술적인 명세를 요약하며 RPi에 연결할 수 있는 장치 및 HAT에 대한 예를 들 것이다.

## RPi 하드웨어

RPi 보드는 브로드컴의 단일 칩 시스템(SoC)인 BCM2835, BCM2836, BCM2837 시리즈를 사용한다. 현재 RPi 모델에는 여러 가지가 있으며 이 책의 내용은 모든 모델에 완전히 적용할 수 있다. 그렇지만 이 책은 40핀 GPIO 헤더를 갖춘 비교적 최근 버전(RPi A+, B+, 2, 3, 제로)에 초점을 맞춘다. RPi를 새로 구입하고자 한다면 RPi 3를 구입할 것을 권장한다. 유선 및 무선 네트워킹을 지원하며 멀티코어 프로세서를 갖춰 이 책에서 다루는 모든 내용이 적용된다. RPi A+ 및 제로에는 유선 네트워크 인터페이스가 빠져 있고 RPi B+에는 멀티코어 프로세서가 탑재되지 않았지만 이 책에서 다루는 대부분의 예제를 소화할 수 있다. RPi A+ 또는 RPi 제로를 사용한다면 13장의 앞부분을 건너뛰고 USB 무선 네트워크 어댑터를 구성하는 부분을 읽기 바란다.

### 라즈베리 파이 버전

그림 1.2는 RPi 모델 간 비교한 내용을 담고 있다. 간단히 요약하면 다음과 같다.

- 범용 컴퓨팅을 위한 RPi가 필요하다면 RPi 3를 고려하라. RPi 3는 1GB의 메모리와 1.2GHz 쿼드코어 프로세서가 탑재돼 모든 보드 중에서 가장 성능이 좋다.
- 전자회로를 유선 네트워크를 통해 인터넷에 인터페이스하고자 한다면 RPi 3, RPi 2, RPi B+ 중에서 선택하되 적당한 가격의 제품을 선택하도록 한다.
- 무선 네트워크를 사용하며 전력을 적게 사용하는 장치를 필요로 한다면 RPi 제로를 사용할 것을 고려하라. RPi A+는 초기 프로토타입을 개발하는 데 사용할 수 있다.
- RPi(혹은 여러 개의 RPi 보드)를 사용하는 PCB를 직접 설계하고자 한다면 컴퓨트 모듈을 살펴보라.

| 모델 | RPi 3 | RPi 2 | RPi B+ | RPi A+ | RPi Zero | RPi B | Compute |
|---|---|---|---|---|---|---|---|
| 특징 | 성능/Wi-Fi 블루투스/이더넷 | 성능/이더넷 | 이더넷 | 가격 | 가격/크기 | 오리지널 | 통합/eMMC |
| 가격 | $35 | $35 | $25 | $20 | $5+ | $25 | $40 ($30 volume) |
| 프로세서* | BCM2837 쿼드 코어 리눅스 ARMv7 | BCM2836 쿼드 코어 리눅스 ARMv7 | BCM2835 리눅스 ARMv6 | BCM2835 리눅스 ARMv6 | BCM2835 리눅스 ARMv6 | BCM2835 리눅스 ARMv6 | BCM2835 리눅스 ARMv6 |
| 속도 | 1.2 GHz | 900 MHz | 700 MHz | 700 MHz | 1 GHz | 700 MHz | 700 MHz |
| 메모리 | 1 GB | 1 GB | 512 MB | 256 MB | 512 MB | 512 MB | 512 MB |
| 전력 | 2.5 W (최대 6.5 W) | 2.5 W (최대 4.1 W) | 1 W (최대 1.5 W) | 1 W (최대 1.5 W) | 1 W (최대 1.5 W) | 1 W (최대 1.5 W) | 1 W (최대 1.5 W) |
| USB 포트 | 4 | 4 | 4 | 1 | 1 OTG | 2 | 헤더를 통함 |
| 이더넷 | 10/100 Mbps, Wi-Fi, 블루투스 | 10/100 Mbps | 10/100 Mbps | 없음 | 없음 | 10/100 Mbps | 없음 |
| 저장장치 | 마이크로 SD | 마이크로 SD | 마이크로 SD | 마이크로 SD | 마이크로 SD | SD | 4 GB eMMC |
| 비디오 | HDMI 컴포지트 | HDMI 컴포지트 | HDMI 컴포지트 | HDMI 컴포지트 | 미니 HDMI 컴포지트 | HDMI RCA 비디오 | edge를 통한 HDMI edge를 통한 TV DAC |
| 오디오 | HDMI 디지털 오디오 및 3.5 mm 잭을 통한 아날로그 스테레오(가능한 곳에) | | | | | | edge 커넥터를 통함 |
| GPU | 250 MHz의 듀얼 코어 VideoCore IV Multimedia Co-Processor (24 GFLOPS) | | | | | | |
| 카메라(CSI) | 사용 가능 | 사용 가능 | 사용 가능 | 사용 가능 | 사용 불가 | 사용 가능 | edge를 통한 CSI x 2 |
| 디스플레이 (DSI) | 사용 가능 | 사용 가능 | 사용 가능 | 사용 가능 | 사용 불가 | 사용 가능 | edge를 통한 DSI x 2 |
| GPIO 헤더 | 40 핀 | 40 핀 | 40 핀 | 40 핀 | 40 핀 | 26 핀 | edge를 통한 48 핀 |
| 용도 | 범용 컴퓨팅 및 네트워킹, 고성능 인터페이싱, 비디오 스트리밍 | 범용 컴퓨팅, 고성능 인터페이싱, 비디오 스트리밍 | 범용 컴퓨팅, 인터넷 연결 호스트, 비디오 스트리밍 | 저가격 범용 컴퓨팅, 전자회로를 인터페이스하는 독립실행 애플리케이션 | 저가격 및 소형 전자회로 인터페이스 프로젝트 | 범용 레거시 애플리케이션, 인터넷 연결 호스트 | 사용자가 제작한 PCB를 DDR2 SODIMM 커넥터를 사용하여 연결하는 데에 적합. 오픈소스 브레이크아웃 보드 가능 |

이 표의 세부사항은 RPi 재단 웹사이트(www.raspberrypi.org)의 기사와 문서를 참고로 함.

* BCM2835는 ARMv6 소프트웨어 아키텍처에 대한 완전한 사용권을 갖는 ARM1176JZF-S (ARM11 프로세서 아키텍처)이다. BCM2836은 NEON Data Engine 및 ARMv7 소프트웨어 아키텍처에 대한 완전한 사용권을 갖는 쿼드 코어 ARM Cortex-A7 프로세서이다. BCM2837은 NEON Data Engine 및 ARMv7 소프트웨어 아키텍처에 대한 완전한 사용권을 갖는 64 비트 ARMv8 쿼드 코어 ARM Cortex-A53 프로세서이다.

**그림 1.2** 주요 RPi 모델 비교표

## 라즈베리 파이 하드웨어

그림 1.3과 그림 1.4에 RPi 모델의 주요 시스템을 나타냈다. 그림 1.3(a)에서 RPi 제로의 각 부분에 1부터 11까지의 번호를 매겼으며 그림 1.4에서 자세히 설명했다. 마찬가지로, 그림 1.3(b)에는 RPi3에서의 동등한 주요 시스템을 나타냈으며 1에서 15까지의 번호에 대해 그림 1.4에서 자세히 설명했다.

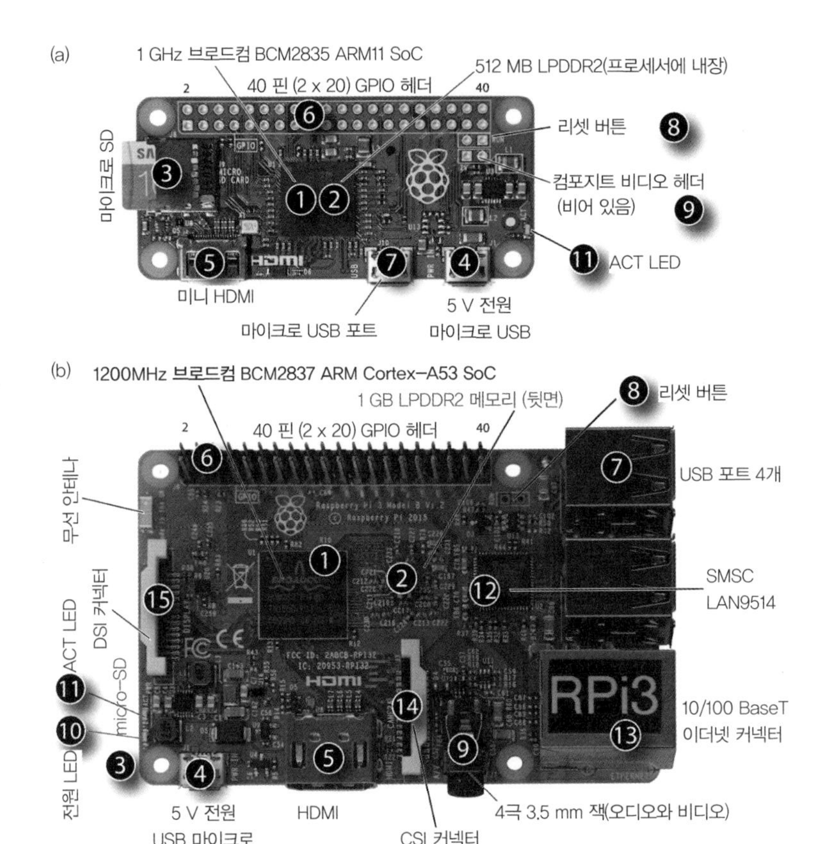


**그림 1.3** RPi의 입출력 및 하위 시스템. (a) RPi 제로, (b) RPi 3.

그림 1.4는 GPIO 헤더의 다양한 입출력에 대해 설명한다. 최근의 RPi 모델(A+, B+, 2, 3, 제로)에는 40개의 핀(2×20)이 있는데, 전부가 범용 입출력(GPIO)을 위한 것은 아니다. 몇 개는 용도가 고정돼 있다.

- 8개의 핀은 접지에 연결
- 4개의 핀은 3.3V(50mA까지)와 5V 전압(300mA 까지)을 공급하는 데 할당
- 2개의 핀은 HAT를 위해 남겨뒀으나 용도 변경 가능(8장 참고)

나머지 26개의 커넥터는 다양한 기능을 위해 사용할 수 있으며 그중 몇 가지를 그림 1.4에 나타냈다 (GPIO 하위 항목들). 이러한 각 입출력 유형의 기능은 6장과 8장에서 자세히 설명한다.

| 기능 | 장치 | 설명 |
|---|---|---|
| ❶ 프로세서 | BCM283x (CPU) | RPi 보드는 브로드컴 BCM2835/BCM2836/BCM2837 프로세서를 사용함. 각 보드는 700 MHz에서 1.2 GHz 사이에서 구동되며, ARMv6, ARMv7, ARMv11, ARMv8A53 프로세서 코어를 기반으로 하는 약간씩 다른 프로세서를 사용함. |
| | 그래픽스 엔진 (GPU) | 브로드컴 VideoCore® IV 3D 그래픽스 서브시스템과 OpenGL ES 1.1 및 2.0 드라이버 |
| ❷ 메모리 | 256 MB에서 1 GB DDR | 시스템 메모리의 용량은 RPi의 성능과 범용 컴퓨팅 디바이스로서의 사용성에 영향을 줌. CPU와 GPU가 메모리를 공유함. |
| ❸ 저장장치 | 마이크로 SD 카드 | 컴퓨트 모듈을 제외한 모든 RPi 보드는 마이크로 SD 또는 SD 카드에서 부팅함. 컴퓨트 모듈에는 온보드 eMMC가 있어, 칩에 SD 카드가 달린 것과 같은 효과를 가짐. RPi 3에는 클릭 방식 슬롯이 아닌 마찰 방식 슬롯이 사용됨. |
| ❹ 전원 | 마이크로 USB 커넥터 | RPi 3를 위해서는 최소 1.1 A의 5 V 공급장치가 필요하며, 2.5 A가 이상적임. 입력에는 과전류 보호 장치가 있음. RPi Zero를 사용할 때에는 USB 허브와 USB 전원 입력을 혼동하지 않도록 주의할 것. |
| ❺ 비디오 출력 | HDMI 또는 미니 HDMI 커넥터 | RPi 보드를 모니터 또는 TV에 연결할 때 사용. RPi 모델은 풀-HD (1920 x 1080)과 1920 x 1200을 포함하여 14가지 출력 해상도를 지원함. |
| ❻ GPIO | 40 핀(또는 26 핀) GPIO 헤더 | 40 핀은 다음과 같은 기능에 접근하도록 다중화됨. 모든 기능을 동시에 사용할 수 있는 것은 아님. 이러한 입출력에 대해서는 제6장과 제8장에서 상세히 설명함. |
| | 26 x GPIO | 범용 입출력은 바이너리 데이터를 읽거나 쓰는 데에 사용함. 40 핀을 가진 RPi 모델에서 최대로 사용할 수 있는 GPIO의 수는 26임. 모든 GPIO는 3.3 V를 허용. 버스 및 다른 인터페이스를 사용하면, 사용가능한 GPIO의 수가 줄어듦. |
| | 2 x I2C 버스 | I2C는 여러 개의 모듈을 각각 2 선의 버스로 동시에 연결하도록 해주는 디지털 버스임. 두 버스 중 하나는 HAT 지원을 위해 예약됨. |
| | SPI 버스 | 직렬 장치 인터페이스(SPI)는 짧은 거리에서 동기화된 직렬 데이터 링크를 제공. 마스터/슬레이브 구성을 사용하며 통신을 위해 4 선을 필요로 함. RPi SPI 버스는 두 슬레이브 셀렉트 라인에 대하여 리눅스 지원이 됨. |
| | UART | 두 장치 간의 직렬 통신에 사용. RPi는(RPi 3 제외) 일반적으로 직렬 콘솔 연결을 제공하도록 기본 할당된 한 개의 UART 장치를 가짐. |
| | PWM | 펄스 폭 변조(PWM) 출력을 사용하여 제어 장치(모터 등)에 아날로그 출력을 보낼 수 있음. 모든 RPi 보드에는 최소 한 개의 하드웨어 PWM 출력이 있으며, 근래의 보드에는 두 개 이상 있음. |
| | GPCLK | 범용 클럭(GPCLK)은 정확한 시간 신호를 발행할 수 있도록 함. |

| | 기능 | 장치 | 설명 |
|---|---|---|---|
| ❼ | USB 허브 | USB 커넥터 | RPi 모델마다 다른 숫자의 내부 USB 허브가 있음. 예를 들어, RPi 2/3에는 다섯 개의 내부 USB 포트가 있으며, 그중 한 개는 이더넷 포트에, 나머지 네 개는 외부 연결에 사용됨. |
| ❽ | 리셋 | RUN | RPi에 리셋 버튼을 연결할 수 있음. 앞서 제1장에서 설명했음. |
| ❾ | 오디오/비디오 | 4극 3.5 mm 잭 | 근래의 보드에서는 컴포지트 비디오와 스테레오 오디오를 제공 |
| ❿ | 전원 LED | PWR LED | 보드에 전원이 연결되었음을 표시(RPi Zero에는 없음) |
| ⓫ | 활동 LED | ACT LED | 보드에 활동이 있음을 표시(SD 카드 사용 시 깜빡임) |
| ⓬ | USB-to-이더넷 | SMSC LAN9514 | 이 IC는 USB 2.0 허브와 10/100 이더넷 컨트롤러를 제공. RPI 보드는 SoC 내의 온보드 이더넷 컨트롤러가 아닌 USB를 통해 인터넷에 연결됨. |
| ⓭ | 네트워크 | RJ-45 이더넷 | RJ45 커넥터를 통한 10/100 Mbps 이더넷. RPi 3에는 BCM43438을 사용한 온보드 Wi-Fi와 블루투스가 있음. 이 장의 선택적인 액세서리 항을 참조. |
| ⓮ | 카메라 | CSI | RPi에는 특수 목적 카메라에 연결할 수 있는 15 핀 커넥터인 모바일 산업 프로세스 인터페이스(MIPI) 카메라 직렬 인터페이스(CSI)가 있음. 제15장 참조. |
| ⓯ | 디스플레이 | DSI | 디스플레이 직렬 인터페이스(DSI)는 일반적으로 모바일 폰 공급자가 화면 디스플레이에 인터페이스할 때에 사용됨. 이 인터페이스를 지원하는 몇 가지 디스플레이가 있으며, 그 중 하나는 7인치 라즈베리 파이 터치스크린(800 x 480 디스플레이)임. |

**그림 1.4** 일반적인 RPi 하위 시스템 및 커넥터 표

### 라즈베리 파이에 리셋 버튼 달기

RPi에는 전원 및 리셋 버튼이 없으므로 시스템이 멈췄을 때 마이크로 USB 전원을 뺐다가 다시 꽂아야 한다. 이런 작업은 귀찮을 뿐만 아니라 RPi에 물리적 손상을 일으킬 수 있다(구형 모델에서는 USB 전원 입력을 뽑을 때 큰 220 μF 커패시터를 손으로 잡고 힘을 주다가 떨어져 나가는 문제가 종종 발생했다!). 그림 1.5(a)에서와 같은 값싼 리드(leaded) PC 전원/리셋 스위치가 해결책이 될 수 있다. 그림 1.5(b)와 같이 2핀 수(male) 헤더를 RPi 모델의 비어 있는 RUN 헤더에 납땜해 붙이면 그림 1.5(c)에서와같이 스위치를 연결할 수 있다. 리드 스위치의 장점은 RPi를 넣은 케이스의 외부에 붙일 수 있다는 점이다.

(a)
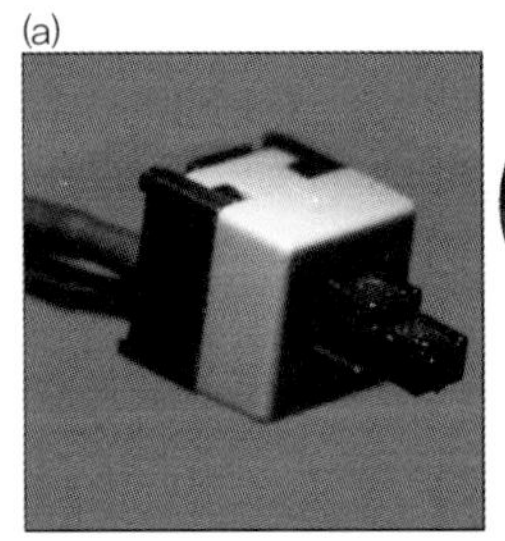
(b)
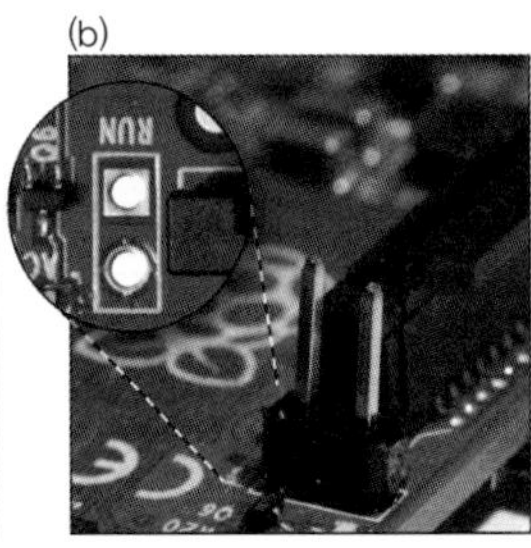

(c)
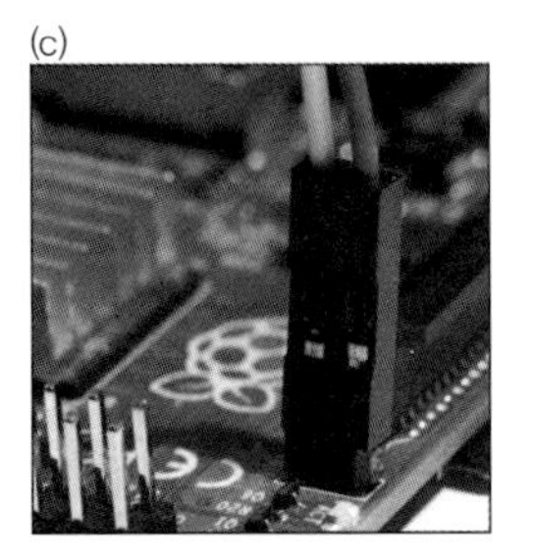

**그림 1.5** RPi를 위한 전원/리셋 버튼. (a) PC 전원/리셋 버튼. (b) 2핀 수 헤더를 보드에 납땜. (c) PC 전원/리셋 버튼을 붙임

RPi에 버튼을 붙인다 하더라도 평상시의 리셋에 사용해서는 안 된다. 2장에서 설명하는 소프트웨어 명령을 사용하기 바란다.

# 라즈베리 파이 액세서리

RPi를 사용하기 위한 일반적인 최소한의 외부적 요구사항은 다음과 같다.

- RPi를 데스크톱 컴퓨터 혹은 USB 메인 공급 장치(휴대폰 충전기 등)와 같은 전원 공급 장치에 연결하는 USB 2.0 케이블(한 쪽에는 마이크로 USB 플러그, 다른 한 쪽에는 USB-A 플러그가 있는 것을 주로 사용)
- 보드를 부팅하기 위해 운영체제를 저장하는 마이크로 SD 카드
- RPi를 네트워크에 연결하기 위한 CAT 5 네트워크 패치 케이블 및 RJ-45 10/100 이더넷 커넥터

HDMI 케이블을 사용해서 RPi에 디스플레이를 연결할 수도 있지만 이 책에 실린 많은 예제는 RPi를 *헤드리스(headless) 모드*로 사용한다고 가정한다. 헤드리스 모드란 RPi를 디스플레이에 직접 연결하지 않고 전자 회로, USB 모듈, 무선 센서 등에 인터페이스하는 네트워크 장치로서 사용함을 가리킨다.

## 주요 액세서리

다음은 RPi와 함께 구입해야 할 중요한 액세서리다.

### 외부 5V 전원 공급장치(RPi에 전원을 공급하기 위함)

RPi의 전원으로는 구형 보드의 경우 최소 1.1A(1,100mA), RPi 3의 경우 2.5A(2,500 mA)의 전류를 공급하는 품질 좋은 5V 전원 공급장치(±5%)에 마이크로 USB 케이블을 연결해 사용하는 것이 최선이다. RPi 보드는 일반적으로 500mA에서 700mA를 필요로 하지만, 몇몇 USB 장치(Wi-Fi 어댑터와 웹캠 등)는 많은 전력을 요한다. 마이크로 USB 입력에는 폴리퓨즈(Polyfuse)가 있어 입력 전류를 대부분의 RPi 모델에서는 약 1,100mA로 제한하며(700mA의 유지 전류와 함께. 4장 참고) RPi 3에서는 2,500mA로 제한한다. 2,500mA보다 더 큰 전류를 공급하는 USB 전원 공급장치에는 연결해도 되지만 4.75V에서 5.25V의 전압 범위(즉, 5V ± 5%)를 벗어나는 것에 연결해서는 안 된다.

무작위로 리부트나 크래시, 키보드 문제와 같이 안정성이 떨어지는 문제를 겪고 있다면 전원 공급 장치의 문제일 가능성이 높다. 전원 공급 장치가 충분한 전류를 공급하지 못하거나 전원 공급 장치(또는 USB 케이블)의 품질이 좋지 못해 허용범위를 벗어나서 동작할 수 있다. 예를 들어, 품질이 나쁜 몇몇 "제네릭" 5V 전원 공급장치는 1A의 전류를 공급하는 데 적당하다고 광고하지만 사용 전류가 늘어남에 따라 출력 전압이 허용 레벨 아래로 떨어질 수 있다. 그러한 문제가 의심된다면 RPi의 전압 레벨을 측정해 봐야 할 것이다. 새로운 모델에서는 그림 1.6(a)에 나타낸 것과 같이 PP1 또는 PP2 및 GND(또는 금속으로 감싼 부품)를 사용한다. 구형 모델은 TP1과 TP2를 사용한다.

(a)

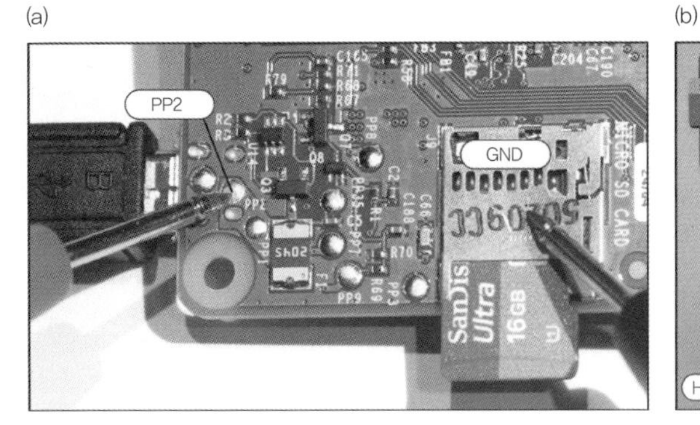


(b)

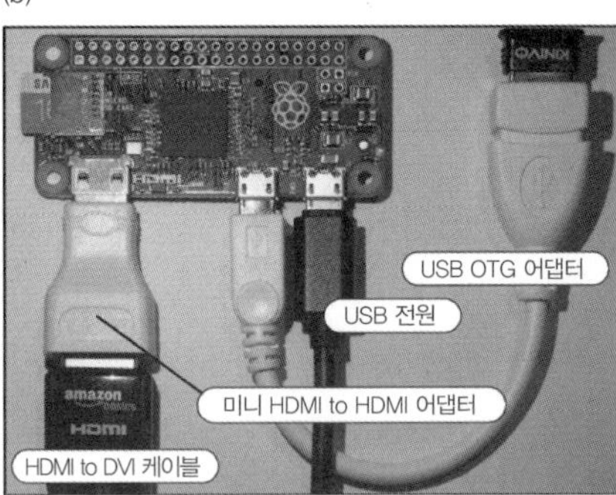


그림 1.6 (a) RPi 공급 전압 레벨이 4.75V에서 5.25V 범위(즉, 5V ± 5%) 내에 있는지 시험, (b) RPi 제로와 관련 커넥터들

### 마이크로 SD 카드(운영체제의 부팅에 필요)

최소 8GB 이상의 용량을 가진 유명 브랜드의 정품 마이크로 SD 카드를 구입하라. 컴퓨터의 카드 리더에서 사용하기 위해 마이크로 SD 카드 USB 어댑터가 필요할 수도 있다. 구형 RPi 보드(즉, A와 B)에서는 풀사이즈 SD 카드를 사용하므로 어댑터가 있으면 마이크로 SD 카드를 공용으로 사용할 수 있을 것이다. 많은 마이크로 SD 카드가 USB 어댑터와 함께 판매되며 각각 구입하는 것보다 저렴할 것이다.

마이크로 SD 카드는 읽기/쓰기 속도가 빠른 클래스 10 이상을 선택하는 것이 특히 이미지를 기록할 때 시간을 절약해줄 것이다. 웨어 레벨링(wear-leveling) 기능을 갖춘 8GB에서 32GB의 마이크로 SD 카드를 사용하는 것이 특히 포맷 시 전체 용량을 소비하지 않을 때 카드의 수명을 늘릴 수 있어 이상적이다. 더 큰 용량의 마이크로 SD 카드도 사용할 수 있지만 비용이 많이 들 것이다(대안으로 RPi의 저장 용량을 늘리기 위해 USB 저장 장치를 사용하는 것에 대해 간단히 논의한다).

### 이더넷 케이블(네트워크 연결을 위함)

RPi B/B+/2/3은 유선 네트워크 연결을 통해 인터넷에 연결할 수 있다. RPi A/A+/제로는 USB 무선 어댑터를 사용해 인터넷에 연결할 수 있다. RPi를 유선 네트워크에 연결한다면 RJ-45 10/100 이더넷 커넥터를 사용해 RPi를 네트워크에 연결해주는 CAT 5 네트워크 패치 케이블을 구입하는 것을 잊지 말자. 여러 대의 RPi를 동시에 사용할 계획이라면 데스크톱 컴퓨터 근처에 놓을 저렴한 4포트 스위치에 투자할 수도 있을 것이다.

## 권장 액세서리

다음의 액세서리도 RPi 보드와 함께 구입하기를 권한다. RPi에서 개발 작업을 수행할 계획이라면 모두 다 필요할 것이다.

### HDMI 케이블(모니터/TV와 연결)

RPi는 HDMI 또는 DVI 커넥터를 갖춘 모니터나 텔레비전에 쉽게 연결할 수 있다. 대부분의 RPi 모델에는 풀 사이즈 HDMI 커넥터가 있다. 단, RPi 제로에는 미니 HDMI 소켓(HDMI-C)이 있으므로 모니터/텔레비전의 유형(대체로 HDMI-A 또는 DVI-D)에 맞는 것을 주의 깊게 선택하도록 하자. RPi 제로에는 각기 HDMI-Mini-C 플러그와 HDMI-A 수 플러그가 있는 케이블이 필요할 것이다. 1.8M(6피트) 케이블에 10달러를 넘지 않을 것이다. HDMI-D(마이크로 HDMI) 커넥터는 RPi 제로에 맞지 않으므로 구입할 때 주의하기 바란다.

그렇지 않으면 미니 HDMI(HDMI-C) 플러그와 정규 HDMI(HDMI-A) 소켓이 있는 저렴한(3달러) 어댑터를 구입하거나 미니 HDMI(HDMI-C) 플러그와 DVI-D 소켓이 있는 어댑터 케이블을 구입한다. 이것으로 정규 크기의 HDMI-A를 사용하거나 DVI-D 장치에 연결할 수 있다(그림 1.6(b) 참고).

**RPi 제로의 USB 온더고(OTG)**

RPi 제로는 USB 온더고(On-The-Go, OTG)를 사용해 USB 장치를 연결한다. USB OTG는 USB 클라이언트와 호스트의 역할이 바뀌는 장치에 종종 이용된다. 예를 들면, USB OTG 커넥터는 휴대폰이나 태블릿 컴퓨터를 외부 USB 저장 장치에 연결할 수 있도록 해준다. USB OTG 커넥터는 그림 1.6(b)에서와같이 RPi 호스트를 Wi-Fi 또는 블루투스 어댑터와 같은 종속 장치에 연결할 수 있도록 해준다.

### USB to 직렬 UART TTL 3.3 V(문제 해결에 사용)

그림 1.7(a)와 같은 USB-to-TTL UART 직렬 케이블은 보드에 설치한 리눅스에 문제가 생겼을 때 매우 유용하다. 외부 디스플레이와 키보드 없이도 RPi에 대한 콘솔 인터페이스를 제공한다.

3.3 V 레벨 버전을 구입해야 하며 0.1인치 암(female) 헤더가 붙어있으면 더 좋다. 이 케이블에는 칩셋이 들어있기 때문에 데스크톱 컴퓨터에 드라이버를 설치해 새로운 COM 포트를 만들어야 한다. FTDI TTL-232R-3V3 케이블이 잘 작동하며 연결도 안정적이다(20달러 이하). 이 어댑터 케이블의 데이터시트 및 VCP(가상 COM 포트) 드라이버는 `tiny.cc/erpi106`에서 구할 수 있다.

(a)

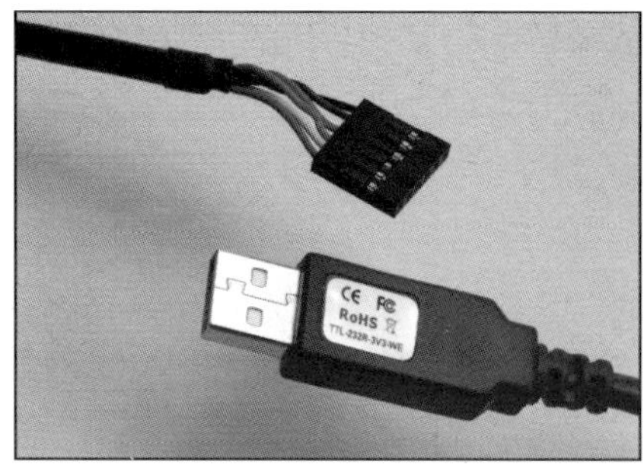

(b)

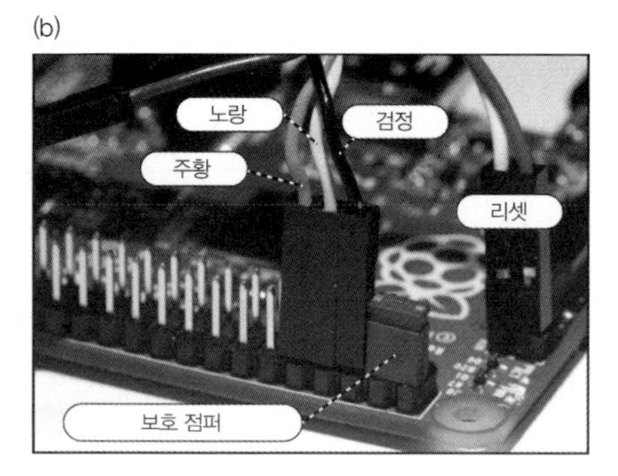


그림 1.7 (a) USB-to-TTL 3.3 V 직렬 케이블, (b) RPi에 연결한 모습

이 케이블은 RPi의 GPIO 헤더를 통해 직렬 UART에 연결한다. 정규 USB 5V 공급장치를 통해 RPi에 전원을 공급하고 이 케이블을 RPi에 올바로 연결하라(그림 1.7(b) 참고).

- 검정 접지(GND)선을 GPIO 헤더의 6번 RPi GND 핀에 연결
- 노란색(흰색인 것도 있다 – 옮긴이) 수신(RXD) 선을 UART 전송 핀(TXD0)에 해당하는 GPIO 헤더의 8번 핀(GPIO14)에 연결
- 주황색(녹색인 것도 있다 – 옮긴이) 송신(TXD) 선을 UART 수신 핀(RXD0)에 해당하는 GPIO 헤더의 10번 핀(GPIO15)에 연결

40핀 GPIO 헤더는 6장에서 설명한다. 이 케이블의 정확한 사용은 2장, 3장, 8장에서 설명한다.

이 케이블은 8장에서 UART 연결을 테스트할 때도 사용하며 11장에서 아두이노 프로(Arduino Pro) 장치를 프로그래밍할 때도 사용한다.

경고

RPi는 3.3V를 허용하지만, GPIO 헤더 2번과 4번 핀을 통해 5V를 공급받을 수도 있다. RPi를 실수로 망가뜨리는 가장 쉬운 방법은 3.3V 논리 레벨을 요하는 회로에 이러한 핀을 연결하거나 GPIO 헤더에 있는 다른 핀과 실수로 단락시키는 것이다. 실수로 접촉시키는 것을 방지하기 위해 그림 1.7(b)와 같이 절연 점퍼 커넥터로 핀을 브리지할 수 있다. 그렇게 하면 플라스틱 덮개가 접촉을 막아주며 실수로 회로에 5V가 공급되지 않게 해준다.

## 선택적인 액세서리

다음은 선택적인 액세서리로, 개발하고자 하는 애플리케이션에 따라 필요할 수도 있는 것들이다.

### USB 허브(다수의 USB 장치와 연결)

대부분의 RPi 모델에는 USB 허브가 내장돼 몇 개의 장치를 동시에 RPi에 연결할 수 있다. 그것보다 더 많은 장치를 RPi에 연결할 계획이라면 외장 USB 허브가 필요할 것이다. USB 허브에는 버스를 통해 전원을 공급받는 것과 외부 전원을 사용하는 것이 있다. 전기를 많이 사용하는 장치(특히 Wi-Fi)를 여러 개 사용할 생각이라면 좀 더 비싸더라도 외부 전원을 사용하는 허브가 필요할 것이다.

전원이 있는 USB 허브를 사용할 때 주의해야 할 점은 백 피딩이다. *백 피딩(백 파워링)*이란 (마이크로 USB 전원이 아닌) RPi 허브에 연결된 USB 허브가 RPi 허브를 통해 RPi에 전원을 역으로 공급하는 것이다. 두 개의 전원 공급장치가 서로 RPi에 전원을 공급하려고 한다면 문제가 될 것이다. RPi 허브에는 과전류를 막아주는 보호장치도 없다.

최근의 RPi 모델(즉, RPi 2/3)은 회로에서 백 파워링을 방지해주기 때문에 문제가 되지 않는다. 그렇다고는 해도, 프로젝트를 위해서 단일 전원 공급을 사용하는 것이 좋을 것이다. 쉬운 방법은 전원이 연결된 USB 허브로부터 선을 끌어다가 RPi 마이크로 USB 전원 입력에 꽂는 것이다.

### 마이크로 HDMI to VGA 어댑터(VGA 영상 및 음성)

HDMI 출력을 VGA 출력으로 변환할 수 있는 저렴한 HDMI to VGA 어댑터가 여러 가지 있다. VGA 비디오 출력을 제공하면서 별도의 3.5mm 오디오 라인 출력도 제공하는 것이 많으므로 RPi를 사용해 오디오를 재생하고자 할 때 이용할 수 있다. 고품질의 재생과 녹음 기능을 제공하는 USB 오디오 어댑터도 있다. 이러한 어댑터와 그 사용법에 대해서는 15장에서 다룬다. 많은 RPi 모델에서는 4극의 3.5mm 커넥터를 통해 컴포지트 비디오와 스테레오 오디오를 출력할 수 있다. 표준 3.5mm 4극 헤드폰 잭(마이크 포함)을 사용한다. 잭의 끝부분이 오디오 채널의 왼쪽에 연결되고 다음은 오디오의 오른쪽, 다음은 접지, 다음이 비디오 채널이다(4극 헤드폰 잭은 극성의 배열에 따라 유럽식과 미국식의 두 가지 방식이 있으며, RPi는 유럽식을 따른다. 맞지 않는 것을 사용하면 영상이 출력되지 않으므로 구입하기 전에 확인하도록 하자 – 옮긴이).

### Wi-Fi 어댑터 (무선 네트워킹)

RPi 3에는 온보드 Wi-Fi가 있지만, 그 외의 RPi 모델에서는 그림 1.8(a)와 같은 Wi-Fi 어댑터가 필요하다. 그러나 모든 어댑터가 RPi에서 동작하는 것은 아니며 리눅스 배포판과 어댑터 내부의 칩셋에 따라 동작이 되거나 안 되기도 한다. Wi-Fi의 구성과 사용에 대해서는 13장에서 논의할 것이며 널리 사용되는 저렴한 어댑터 중 여러 가지를 테스트해볼 것이다. 주의할 점은 동일 제품이라 할지라도 제조사에서 칩셋을 변경할 수 있기 때문에13장에 실린 어댑터를 구입한다고 해서 동작할 것이라고 보장할 수는 없다는 것이다. 어댑터에 사용된 칩셋을 확인해 구입 계획을 세운다면 성공 확률을 높일 수 있을 것이다. 그림 1.8(c)와 같은 작고 값싼(3달러) USB 전류 측정기를 사용하면 RPi의 전력 사용률과 Wi-Fi 어댑터 연결 결과에 대한 감을 잡는 데 도움이 된다.

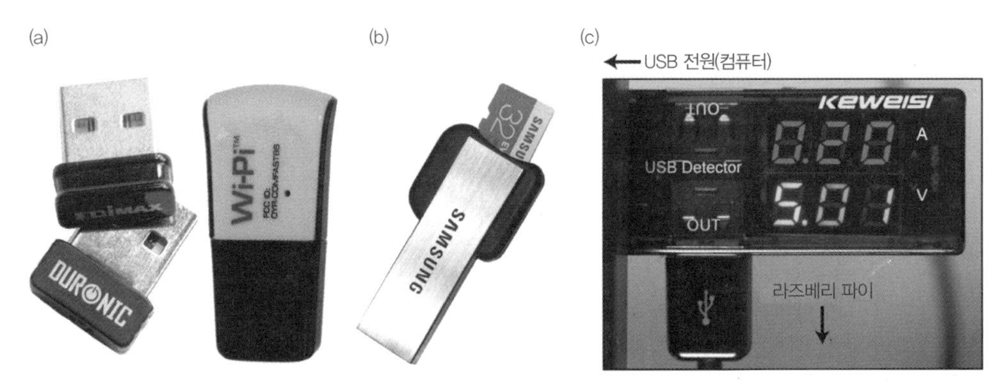


그림 1.8 USB 어댑터. (a) Wi-Fi 어댑터, (b) 메모리 카드 리더/라이터, (c) 값싼 USB 전류/전압 모니터

## USB 저장 장치(추가 저장공간)

저장공간이 추가로 필요하다면 USB 플래시 드라이브, USB 하드 디스크, USB SD 카드 리더/라이터 등을 RPi에 연결할 수 있다. 장치를 리눅스 파일 시스템으로 준비해 RPi 파일 시스템에 마운트할 수 있다(3장). 특히 유용한 장치는 그림 1.8(b)의 USB 카드 리더/라이터다. 이러한 장치는 USB 플래시 드라이브와 가격이 비슷하면서도 마이크로 SD 카드의 "핫 스와핑"을 지원한다. 또한 RPi의 루트 파일 시스템을 다른 RPi에 마운트함으로써 파일을 교환하거나 부팅에 문제를 일으키는 구성 오류를 수정하는 등의 용도로 활용할 수 있다(3장). 그뿐만 아니라, 데스크톱 머신을 사용해 새로운 리눅스 이미지를 마이크로 SD 카드에 기록하는 데도 활용할 수 있다.

## USB 웹캠(이미지를 캡처하고 비디오를 스트리밍)

RPi 카메라(그림 1.9(a) 및 그림 1.9(b)) 또는 USB 웹캠(그림 1.9(c))을 부착하는 것은 RPi 프로젝트에 이미지와 비디오 캡처를 통합하는 저렴한 방법이 될 수 있다. 또한 Video 4 Linux 및 OpenCV(Open Source Computer Vision)와 같은 리눅스 라이브러리를 통해 "눈을 가진" 애플리케이션을 구축할 수 있다. 이 주제에 대해서는 15장에서 다룬다.

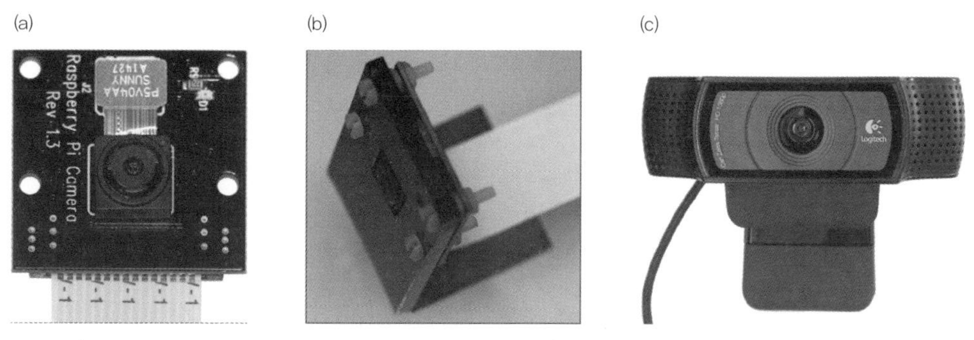


그림 1.9 (a) RPi NoIR 카메라, (b) RPi 카메라 브래킷, (c) 로지텍 C920 USB 웹캠

### USB 키보드와 마우스(범용 컴퓨팅)

USB 키보드와 마우스를 RPi에 연결하거나 2.4GHz 무선 키보드와 마우스의 조합을 사용할 수 있다. 손에 쥘 수 있는 아주 작은 무선 제품으로 Rii 174 Mini, Rii i10, ESYNiC mini 같은 것들이 있는데 모두 터치패드를 내장한 휴대용 키보드다. 또한 USB 블루투스 어댑터는 장치를 RPi에 연결할 때 쓸모가 있다. 유사한 블루투스 키보드/터치패드를 14장에서 활용한다.

### 케이스(RPi를 보호)

RPi를 보호하는 여러 케이스가 있으며 그림 1.10(a)도 그중 하나다(6달러). 케이스는 실수에 의해 RPi의 회로가 단락되는 것을 방지해주지만(금속 표면에 RPi를 올려두면 그럴 수 있다) RPi가 동작함에 따라 온도가 상승하는 부작용이 있다(12장 참고). 공기 순환이 적당히 되는 케이스를 구입하되 시끄럽게 돌아가는 팬이나 말도 안 되는 수냉식 솔루션은 피하자!

## HAT

HAT는 GPIO 확장 헤더에 붙일 수 있는 도터 보드다. 구형 RPi 모델의 26핀 GPIO 헤더에 맞는 애드온 보드가 있었으나 RPi에는 어떤 도터 보드가 연결됐는지 인식하는 정형화된 메커니즘이 없었다. HAT는 RPi B+의 발매와 함께 소개됐다. 새로운 RPi 모델의 40핀 GPIO 헤더에 있는 몇몇 핀(ID_SD와 ID_SC)은 RPi에 장착된 HAT가 어떤 것인지 자동으로 인식하는 데 사용된다. 이것은 리눅스 OS로 하여금 GPIO 헤더에 있는 핀을 자동으로 구성하고 드라이버를 적재함으로써 HAT를 작동시키는 것을 아주 쉽게 해준다.

그림 1.10(b)에 나타낸 것은 RPi Sense HAT다(35달러). 여기에는 8 x 8 LED 매트릭스 디스플레이, 가속도계, 자이로스코프, 자기계, 기압계, 온도계, 습도계, 작은 조이스틱이 포함된다. 그림 1-10(d)는 저가의 비어 있는 프로토타이핑 HAT로서 자신의 HAT를 설계하는 데 사용되며 오른쪽 아래 공간의 표면에 EEPROM이 장착돼 RPi가 HAT를 인식하도록 하는 데 사용할 수 있다.

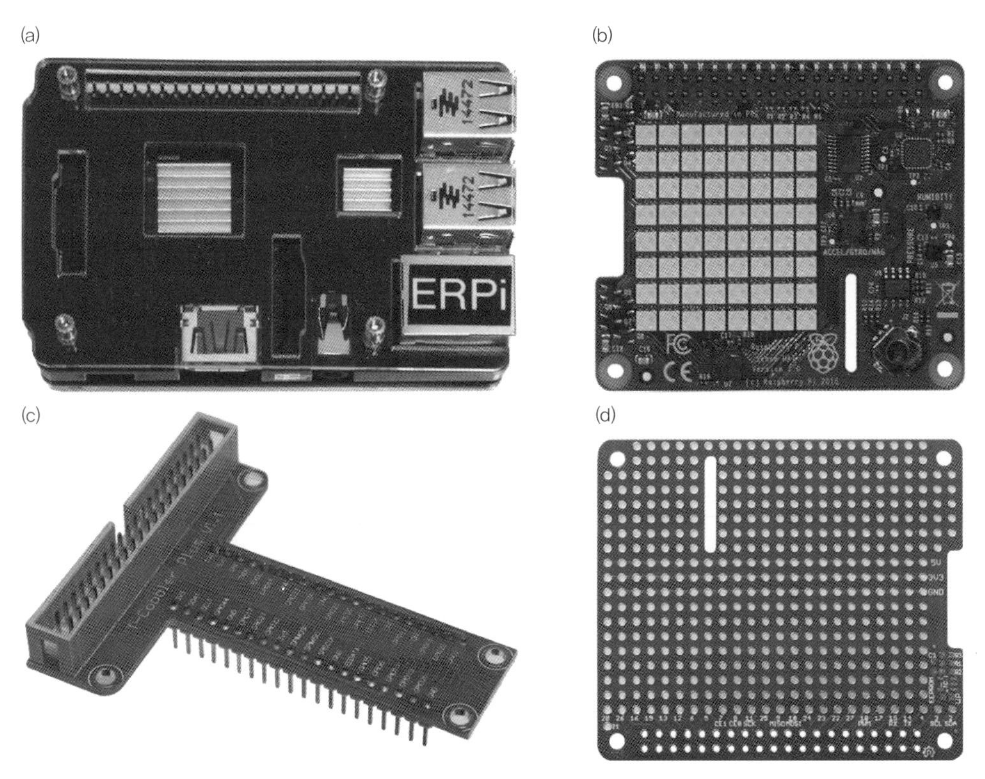


그림 1.10 RPi 액세서리 (a) 케이스, (b) Sense HAT, (c) T-Cobbler 보드, (d) 프로토타이핑 HAT

자신만의 HAT를 설계하는 다른 방법은 그림 1.10(c)의 T-Cobbler 보드를 사용하는 것이다. T-Cobbler와 함께 구할 수 있는 40핀 리본 케이블을 사용해 RPi GPIO 헤더와 브레드보드를 연결한다. 이것은 프로토타이핑 브레드보드(4장 참고)에 잘 맞으며 모든 GPIO 핀의 번호가 깔끔하게 인쇄돼 있다.

## RPi를 망가뜨리는 방법

RPi 보드는 복잡하고 섬세한 장치이므로 조심해서 다루지 않으면 망가지기 쉽다. 아두이노와 같은 보드에서 RPi 플랫폼으로 넘어왔다면 타 플랫폼을 위해 만든 회로를 RPi에 연결할 때 특별히 주의해야 한다. 아두이노 우노와 달리 RPi의 프로세서는 교체할 수 없다. SoC의 마이크로프로세서가 손상을 입으면 새로운 보드를 구입해야 한다!

다음과 같은 일은 *절대로* 해서는 안 된다.

- RPi를 끄기 위해 곧바로 USB 전원선을 뽑아서는 안 된다. 소프트웨어적인 절차에 따라 보드를 올바로 셧다운해야 한다(2장 참고).
- 켜 있는 RPi를 금속 표면(알루미늄으로 마감된 컴퓨터 포함)이나 돌아다니는/잘린 전선 또는 저항 같은 것 위에 올려놓아서는 안 된다. GPIO 헤더 아래의 핀을 단락시키면 보드가 쉽게 망가진다. 그림 1.10(a)와 같은 케이스를 쉽게 구입할 수 있다. 혹은 접착성이 있는 작은 고무발을 RPi의 바닥에 붙여도 된다.
- GPIO 헤더로 입출력되는 아주 낮은 전류 외에는 소스/싱크하는 회로를 연결하면 안 된다. 이러한 헤더 핀 중 대부분으로부터 소스 또는 싱크가 가능한 최대 전류는 약 2mA에서 3mA다. 파워 레일과 접지 핀은 더 큰 전류를 소스 및 싱크할 수 있다. 비교하자면, 몇몇 아두이노 모델은 각 입출력에 대해 40mA의 전류를 허용한다. 이 주제에 대해서는 4장과 6장에서 다룬다.
- GPIO 핀은 3.3V를 허용한다. 5V를 사용하는 회로를 연결했다가는 보드가 고장날 것이다. 관련 내용은 4장과 6장, 8장에서 다룬다.
- RPi에 전원이 들어오지 않았을 때 GPIO 헤더에 전원을 공급하는 회로를 연결해서는 안 된다. 자체 전원을 갖는 인터페이스 회로는 3.3V 공급 라인에 의해 게이트하거나 포토커플러를 사용해야 한다. 이에 대해서는 6장에서 다룬다.

*항상* 다음에 유의하라.

- 핀 번호를 유심히 확인한다. GPIO 헤더에는 40개의 핀이 있으며 19번 대신 21번에 헤더 커넥터를 꽂기 쉽다. 그림 1-10(c)의 T-Cobbler 보드는 RPi를 브레드보드에 연결할 때 매우 유용하므로 프로토타입 작업에 활용할 것을 강력히 권장한다.

## 요약

이 장의 목표는 다음과 같다.

- 라즈베리 파이의 능력과 그에 적합한 프로젝트에 대해 설명할 수 있다.
- RPi 보드의 주요 시스템과 서브시스템을 설명할 수 있다.
- RPi의 능력을 개선하기 위해 구입할 수 있는 중요한 액세서리를 구별할 수 있다.
- 피지컬 컴퓨팅 플랫폼으로서의 RPi의 힘과 깊이에 대해 이해한다.
- 보드를 물리적 손상으로부터 보호하기 위한 기본 지식을 숙지한다.

## 지원

추가적인 문서를 얻을 수 있는 곳을 이 장의 초반에 소개했다. RPi 플랫폼과 관련해 겪고 있는 문제가 문서로 만들어져 있지 않다면 라즈베리 파이 커뮤니티 포럼 www.raspberrypi.org/forums/을 방문하기 바란다. 또한 이 포럼에서 활동하는 사람들은 자발적으로 질문에 답하고 있다는 점을 기억하기 바란다.

# 2장

# 라즈베리 파이 소프트웨어

이 장에서는 라즈베리 파이(RPi)와 함께 사용할 수 있는 리눅스(Linux) 운영체제와 소프트웨어 도구를 소개한다. 이 장의 목표는 네트워크를 통하거나 직렬 연결을 통해 보드에 연결하고 기본적인 리눅스 명령을 사용해 제어하는 것이다. 또한 RPi에 특화된 구성 도구를 사용해 RPi에서 사용할 소프트웨어를 구성하고 업데이트하는 방법도 살펴본다. 이 장의 뒤쪽에 가서는 리눅스 터미널 창에서 리눅스 셸 명령을 사용하는 방법을 차근차근 따라하면서 온보드 시스템 LED를 제어할 수 있을 것이다. 마지막으로, 보드를 안전하게 올바로 종료 또는 리셋하는 방법에 대해 논의할 것이다.

**이 장에 필요한 준비물:**

- 라즈베리 파이 보드(RPi3, RPi2, RPi B+가 이상적임)
- USB 전원 케이블과 파워 서플라이
- 마이크로 SD 카드(8GB 이상, 클래스 10 이상을 권장)
- 유선 네트워크와 케이블 또는 직렬 케이블 또는 Wi-Fi 어댑터

이 장에 대한 자세한 내용은 www.exploringrpi.com/chapter2/를 참고한다.

# 라즈베리 파이에 리눅스 올리기

*리눅스 배포판*은 소프트웨어 프로그램 및 도구들과 함께 패키징해 공개적으로 배포하는 리눅스 버전이다. 리눅스 배포판들은 각기 초점을 맞추는 대상이 다르다. 예컨대, 고성능 서버에는 레드 햇 엔터프라이즈, 데비안, 오픈수세 등을 설치하고 데스크톱 사용자라면 우분투, 데비안, 페도라, 리눅스 민트 등을 설치할 것이다. 모든 배포판의 핵심에는 공통이 되는 리눅스 커널(kernel)이 있는데 이것은 리누스 토발즈(Linus Torvalds)가 1991년에 개발한 것이다.

임베디드 시스템 플랫폼에서 사용하기 위한 리눅스 배포판을 선택할 때는 다음과 같은 점을 따져보는 것이 좋을 것이다.

- 배포판이 안정적이며 지원이 잘 되는가
- 패키지 관리자가 쓸 만한가
- 배포판이 가벼우며 저장공간을 적게 차지하는가
- 사용하려고 하는 장치를 지원하는 커뮤니티가 활발한가
- 연결하려고 하는 외부 장치에 대한 디바이스 드라이버가 지원되는가

## RPi를 위한 리눅스 배포판

임베디드 시스템 플랫폼을 위한 각종 리눅스 배포판은 모두 메인라인(mainline) 리눅스 커널을 사용하면서도 배포판마다 서로 다른 도구와 구성을 담고 있어 사용자 경험에 꽤 차이가 있다. RPi 보드 커뮤니티에서 주로 사용하는 오픈소스 리눅스 배포판에는 라즈비안, 우분투, 오픈일렉, 아치 리눅스 등이 있다.

*라즈비안(Raspbian)*은 데비안(Debian)의 한 버전으로서 특별히 RPi를 위해 릴리즈된다. 데비안(*Debbie*와 *Ian*을 줄임)은 커뮤니티가 이끌어가는 리눅스 배포판으로서 오픈소스 개발에 중점을 둔다. 데비안의 개발에 있어 상업적인 조직은 관여하지 않는다. 라즈비안은 데비안에 RPi 전용 도구와 소프트웨어 패키지(자바, 매스매티카, 스크래치 등)를 추가한 것이다. 현재 라즈비안의 세 가지 다른 버전을 라즈베리 파이 웹사이트로부터 내려받을 수 있다.

- 라즈비안 제시(Raspbian Jessie): 데비안 제시(데비안 버전 8.x)에 기초한 이미지로서 데스크톱을 완전하게 지원(이미지 크기: 압축 시 약 1.3GB, 풀었을 때 약 4GB).
- 라즈비안 제시 라이트(Raspbian Jessie Lite): 데비안 제시에 기초한 최소한의 이미지. 데스크톱을 제한적으로 지원하지만, 나중에 쉽게 추가할 수 있음(이미지 크기: 압축 시 약 375MB, 풀었을 때 약 1.4GB).

- 라즈비안 위지(Raspbian Wheezy): 데비안 위지(데비안 7.x 버전)에 기초한 오래된 이미지로서 몇몇 소프트웨어 패키지의 호환성을 위해 필요한 경우를 위해 제공된다. 가능하면 위지보다는 제시를 사용하는 것이 좋으며 특히 애플리케이션을 크로스 컴파일할 계획이라면 더욱 그렇다.

참고

이 책에서는 라즈비안(제시)을 실습에 사용하므로 이 배포판을 선택할 것을 권장한다. 리눅스 데스크톱 컴퓨터를 위한 배포판으로는 데비안을 사용할 텐데, 그 이유는 데비안 크로스 툴체인을 통해 크로스 플랫폼 개발을 훌륭하게 지원하기 때문이다(www.debian.org).

*우분투(Ubuntu)*는 데비안과 밀접한 관련이 있다. 사실, 우분투 웹사이트(www.ubuntu.com)에 따르면 "데비안은 우분투의 초석"이다. 우분투는 가장 인기 있는 데스크톱 리눅스 배포판 중 하나인데, 특히 초보자가 리눅스를 쉽게 접할 수 있도록 하는 데 초점이 맞춰져 있기 때문이다. 설치하기 쉽고 데스크톱 드라이버 지원이 훌륭하며 RPi를 위한 바이너리 배포판도 있다. 우분투 배포판의 주요 강점은 데스크톱 사용자 경험이라 할 수 있다. RPi를 범용 컴퓨터 장치로 사용하고자 한다면(14장 참고) 우분투가 가장 적합할 것이다.

*오픈일렉(OpenELEC*, www.openelec.tv)은 멀티미디어 애플리케이션 및 Kodi(www.kodi.tv)에 초점을 맞추고 있다. RPi를 홈 미디어 센터로 사용하고자 한다면 이 배포판이 가장 좋은 성능을 제공할 것이다. 오픈일렉 배포판은 성능과 안정성을 위해 읽기 전용 파일 시스템(squashfs 등)을 사용하는 것이 보통이다. 하지만 그러한 최적화로 인해 프로토타이핑과 개발 용도로 사용하기에는 어려움이 있다.

*아치 리눅스(Arch Linux*, www.archlinuxarm.org)는 경량의 유연한 리눅스 배포판으로, "단순함을 유지"한다는 목표를 갖고 주 대상이 되는 리눅스에 능숙한 사용자들에게 시스템에 대한 완전한 제어와 책임을 부여한다. RPi를 위해 아치 리눅스 배포판을 빌드한 것을 구할 수 있지만 다른 배포판과 비교하면 RPi 플랫폼을 처음 접하는 리눅스 초보자를 위한 지원이 부족한 편이다.

RPi 재단에서 개발한 *NOOBS*라는 이름의 리눅스 인스톨러는 라즈비안을 포함하고 있으면서 그 외의 리눅스 배포판도 쉽게 내려받아 설치할 수 있도록 해준다. 많은 RPi 하드웨어 번들에서 NOOBS를 담은 SD 카드를 함께 제공한다. 그렇지만 라즈비안 이미지를 내려받아 설치하고자 한다면 다음 항에 소개할 절차를 따라 이미지를 직접 내려받기 바란다.

RPi가 성장함에 따라 Windows 10 IoT Core와 RISC OS 등 리눅스 외의 솔루션도 나오기 시작했다. 이러한 것이 개발되는 것은 환영할 만한 일이지만 리눅스에 비해서는 아직 장치에 대한 지원이 제한적이며 특정한 프로그래밍 요구사항이 있다. 이 책에서는 리눅스 기반의 솔루션에 초점을 맞추므로 타 배포판으로 따라하는 것은 피하는 것이 좋다.

## RPi를 위한 SD 카드 이미지 생성하기

RPi의 부팅에 사용할 SD 카드를 셋업하는 가장 쉬운 방법은 www.raspberrypi.org/downloads로부터 리눅스 배포판 이미지(.zip으로 압축된 .IMG 파일)를 내려받은 후에 이미지 쓰기 유틸리티를 사용해 SD 카드에 기록하는 것이다. 아래에 소개하는 이미지 기록 도구는 사용법이 직관적이다.

경고

리눅스 배포판 이미지 파일을 SD 카드에 기록하면 이전에 카드에 있던 내용을 잃게 된다. 내려받은 이미지를 기록하기 위해 다음과 같은 도구를 사용할 때는 올바른 장치에 기록하려고 하는지 재차 확인하도록 하자.

- 윈도우(Windows): Win32DiskImager(`tiny.cc/erpi202`에서 구할 수 있음)를 사용한다. 프로그램을 실행하기 전에 먼저 SD 카드를 넣어야 한다. SD 카드에 해당하는 드라이브를 올바로 선택했는지 꼭 확인하도록 하자.
- 맥 OS와 리눅스: 디스크 복제 도구인 dd를 (주의 깊게) 사용한다. 장치를 먼저 확인하라. 리눅스에서는 `/dev/mmcblkXp1` 또는 `/dev/sddX`와 같이 보일 것이고, 맥 OS에서는 `/dev/rdiskX`와 같이 보일 것이다. 여기서 X는 숫자를 뜻한다. X가 가리키는 SD 카드가 이미지를 기록하려는 카드가 맞는지 확인한다. 예를 들어, 장치의 사용가능 공간(`cat /proc/partitions` 명령 사용)이 SD 카드의 용량과 일치하는지 따져보라. 그다음에 터미널 창에서 dd 명령을 루트(root) 권한으로 실행하되, `if`에는 입력 파일명을 주고 `of`에는 출력 장치명을 주도록 한다(블록 크기 bs는 1M이면 된다).

```
molloyd@desktop:~$ sudo dd bs=1M if=RPi_image_file.img of=/dev/XXX
```

참고

Win32DiskImager와 dd 명령으로 만들어지는 파티션은 카드의 용량과는 관계없이 운영체제를 담기에 충분한 크기다. 이에 대해서는 이 장의 뒷부분에서 다룰 것이다.

SD 카드를 RPi에 옮겨 꽂고 네트워크 케이블을 꽂은 다음 5V 마이크로 USB 전원을 넣는다. RPi를 범용 컴퓨팅 장비로 사용하고자 한다면 USB 키보드, USB 마우스, HDMI 모니터를 RPi에 붙일 수 있으나 일렉트로닉스를 인터페이스하는 프로젝트에서는 일반적으로 네트워크를 통해 통신하는 독립적인 임베디드 장비로서 RPi를 사용하게 된다. 따라서 다음에서 설명하는 단계에 따라 RPi를 네트워크에 연결하고 네트워크를 사용해 통신하게 된다.

## 네트워크에 연결

RPi를 네트워크에 연결해 통신하도록 할 때는 *일반적인 이더넷(Ethernet)*을 사용하거나 *이더넷 크로스오버 케이블(crossover cable)*을 사용한다. RPi를 네트워크에 연결하는 것이 초심자에게는 난관일 수 있다. 집에서 작업하며 네트워크를 손수 조작할 수 있다면 그리 어렵지 않을 것이다. 그렇지만 대학교 같은 곳에서는 네트워크 구성이 복잡하고 유선과 무선이 혼재된 다중 서브넷이 있을 수도 있다. 이와 같이 복잡한 네트워크에서는 라우팅에 대한 제약으로 인해 RPi를 일반적인 이더넷을 통해 연결하는 것이 까다로울 수 있다. 두 방법 모두 RPi를 Windows, 매킨토시, 리눅스 데스크톱 머신에 연결할 수 있다.

### 이더넷

데스크톱 컴퓨터를 유선으로 네트워크에 연결하는 것과 동일한 방법으로 RPi를 네트워크에 연결할 수 있다. 가정에서든 파워 유저에게든 일반적인 이더넷은 RPi의 네트워킹에 있어 최고의 방법일 것이다. 이 방법의 장단점을 표 2.1에 나열했다. 주된 문제라고 할 수 있는 것은 네트워크의 복잡성이다(네트워크 구성에 대해 이해하고 라우터 설정에 접근할 수 있다면 지금까지는 이것이 최고의 구성이다). 네트워크 라우터가 데스크톱 컴퓨터에서 거리가 멀다면 작은 네트워크 스위치(10~20달러) 혹은 멀티포트 라우터와 통합된 무선 액세스 포인트(25~35달러)를 구입하면 된다. 후자를 선택하면 RPi 3/제로(Zero)/A+ 보드에서 무선 RPi 애플리케이션을 사용할 수 있고 무선 네트워크 범위도 확장할 수 있어 효율적이다.

참고

이것은 무선 네트워킹과도 관련된 논의다. RPi 제로에서와 같이 반드시 무선 연결을 사용해야 한다면 13장의 "Wi-Fi 통신" 절을 먼저 읽고 돌아오기 바란다. Wi-Fi 어댑터를 위해 구성 파일을 수정할 때는 USB-to-TTL 케이블(다음 절에서 설명)을 사용할 수 있다. 다른 방법으로 RPi에 사용할 마이크로 SD 카드를 리눅스 OS(혹은 다른 RPi)에 마운트해 구성 파일을 직접 수정할 수도 있다.

표 2.1 일반적인 이더넷으로 RPi 네트워크를 구축할 때의 장단점

| 장점 | 단점 |
|---|---|
| IP 주소 설정과 동적/정적 IP 설정을 완전히 제어할 수 있음 | 네트워크 인프라에 대한 관리 또는 지식이 필요할 수 있음 |
| 여러 RPi 보드를 단일 네트워크에 연결 및 상호연결 가능(무선 장치 포함) | RPi가 전원 공급을 필요로 하며 이것은 교류 전원 어댑터 혹은 PoE(파워 오버 이더넷)가 될 수 있음(12장 참고) |
| 데스크톱 컴퓨터의 전원을 켜지 않고도 RPi를 인터넷에 연결할 수 있음 | 네트워크 구조가 복잡할 경우 초보자에게는 설정이 복잡할 수 있음 |

이더넷 구성에서의 첫 번째 과제는 네트워크에서 RPi를 찾는 것이다. RPi는 *동적 호스트 구성 프로토콜*(DHCP) IP 주소를 요청하도록 기본값으로 구성돼 있다. 가정용 네트워크 환경이라면 이 서비스가 인터넷 서비스 제공자(ISP)에 연결해주는 통합 모뎀–방화벽–라우터–LAN(또는 유사한 구성)에서 동작하는 DHCP 서버에서 제공될 것이다.

DHCP *서버*는 IP 주소의 풀(pool)로부터 정해진 시간 간격에 따라 동적으로 IP 주소를 발행하며 *임대 시간(lease time)*은 DHCP 구성 내에 지정된다. 리스가 만료되면 RPi가 네트워크에 다음 번에 접속할 때 다른 IP 주소가 할당된다. 이렇게 주소가 바뀌면 네트워크에서 RPi를 다시 찾으려고 할 때 당황할 수 있다(13장에서 RPi의 IP 주소를 *정적(static)*으로 설정함으로써 보드에 접속할 때마다 고정된 주소로 접근할 수 있도록 하는 방법을 설명한다).

다음 중 어느 방법으로든 RPi의 동적 IP를 식별할 수 있다.

- **웹 브라우저 사용:** 웹 브라우저를 사용해 가정용 라우터에 접근한다(주소는 192.168.1.1, 192.168.0.1, 10.0.0.1 중 하나가 종종 사용된다). 로그인한 다음 DHCP 테이블의 상태를 가리키는 메뉴를 찾아보자. 할당된 IP 주소, 물리적 MAC 주소, raspberrypi라는 호스트명을 가진 장치에 대해 남아있는 임대 시간을 확인할 수 있을 것이다. 다음 예에서는 호스트명이 erpi이다.

```
DHCP IP Assignment Table
IP Address       MAC Address Client     Host Name      Leased Time
192.168.1.116    B8-27-EB-F3-0E-C6      erpi           12:39:56
```

- **포트 스캔 도구 사용:** 리눅스의 *nmap* 혹은 Windows에서 사용가능한 GUI 버전의 *Zenmap*을 사용한다(`tiny.cc/erpi203` 참고). `nmap -T4 -F 192.168.1.*` 명령을 실행해 서브넷에 있는 장치를 스캔한다. SSH를 위한 22번 포트가 열려있는 것을 찾는다. 라즈베리 파이 재단에 할당된 MAC 주소 범위를 갖고 있으므로 그림 2.1(a)와 같이 Raspberry Pi Foundation으로 식별할 수 있을 것이다. 그런 다음에 네트워크 연결을 ping으로 테스트한다(그림 2.1(b)).

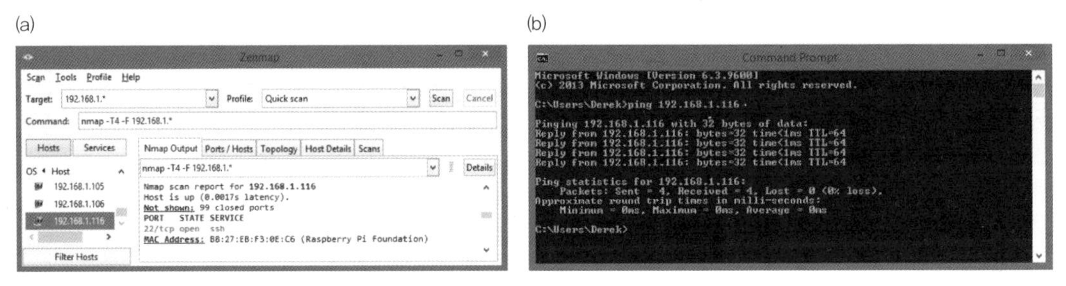


그림 2.1 (a) RPi를 찾기 위해 Zenmap으로 네트워크를 스캔, (b) 데스크톱 머신으로부터 ping 테스트

- **무설정 네트워킹(zero-configuration networking, Zeroconf) 사용:** Zeroconf는 호스트명 찾기, 자동 주소 할당, 서비스 탐색 도구의 모음이다. 기본적으로 RPi 라즈비안 배포판은 avahi 서비스를 사용함으로써 네트워크에서 Zeroconf를 지원하며 호스트명이 보이도록 한다. 예로, 필자의 보드는 호스트명이 erpi이므로 `erpi.local` 문자열을 사용해 RPi에 연결할 수 있다.

```
pi@erpi:~$ systemctl status avahi-daemon
• avahi-daemon.service - Avahi mDNS/DNS-SD Stack
    Loaded: loaded (/lib/systemd/system/avahi-daemon.service; enabled)
    Active: active (running) since Thu 2015-12-17 21:53:46 GMT; 8h ago
  Main PID: 385 (avahi-daemon)
    Status: "avahi-daemon 0.6.31 starting up."
    CGroup: /system.slice/avahi-daemon.service
             ├385 avahi-daemon: running [erpi.local]
             └419 avahi-daemon: chroot helper
```

참고

Windows 머신은 Zeroconf를 기본으로 지원하지 않는다. `tiny.cc/erpi204`에서 Bonjour Print Services for Windows를 설치할 수 있다(그 대신 iTunes를 설치해도 된다). 성공한다면 ping 테스트를 할 수 있을 것이다(기본값은 raspberrypi.local이다).

```
C:\Users\Derek> ping erpi.local
Pinging erpi.local [fe80::9005:94c0:109e:9ecd%6] with 32 bytes of data:
Reply from fe80::9005:94c0:109e:9ecd%6: time=1ms ...
```

- **USB-to-TTL 직렬 연결 사용:** 마지막 수단은 USB-to-TTL 직렬 연결을 통해 RPi에 연결해 ifconfig 명령으로 IP 주소를 찾는 것이다. 주소는 eth0 어댑터의 "inet addr"에 나와 있을 것이다.

## 이더넷 크로스오버 케이블

이더넷 크로스오버 케이블은 두 대의 이더넷 장치를 이더넷 스위치를 거치지 않고 직접 연결할 수 있도록 만들어진 케이블이다. 케이블로 구입하거나 플러그인 어댑터를 구입할 수 있다. 표 2.2에 이러한 연결 유형의 장단점을 정리했다.

표 2.2 크로스오버 케이블의 장단점

| 장점 | 단점 |
|---|---|
| 별도의 네트워크 장비 없이도 RPi에 연결할 수 있음. | 데스크톱에 네트워크 어댑터가 한 개 밖에 없다면 인터넷 연결을 할 수 없음. 여러 개의 어댑터를 가진 장치에서 사용하는 것이 좋음. |
| 데스크톱에 네트워크 어댑터 두 개가 있고 인터넷 연결을 공유하면 RPi도 인터넷 접근 가능. | RPi의 전원이 필요함(교류 전원 어댑터가 될 수 있음). |
| 안정적인 네트워크 구성 가능. | Auto-MDIX를 지원하지 않는 구형 컴퓨터에서는 특수한 이더넷 크로스오버 케이블이나 어댑터가 필요함. |

요즘의 데스크톱 머신에는 대부분 크로스오버를 자동으로 탐지하는 기능(Auto-MDIX)이 있으므로 일반적인 이더넷 케이블을 사용해도 된다. RPi의 네트워크 인터페이스도 Auto-MDIX를 지원하므로 네트워크 기반에 접근할 수 없는 경우에 이러한 연결 유형을 사용할 수 있다. 데스크톱 머신에 두 개의 네트워크 어댑터가 있다면 두 어댑터를 쉽게 브리지해 RPi에 인터넷 연결을 공유할 수 있다. 예를 들어, Windows 운영체제를 사용할 때는 다음의 단계가 필요하다.

1. 일반적인(혹은 크로스오버) 이더넷 케이블의 한쪽을 RPi에 꽂고 다른 한 쪽을 노트북의 이더넷 소켓에 꽂는다.
2. RPi에 마이크로 USB 전원을 연결한다.
3. 네트워크 연결을 브리지한다. Windows에서는 네트워크 및 인터넷 → 네트워크 연결을 선택한다. 두 네트워크 어댑터(유선과 무선)를 동시에 선택하고 오른쪽 클릭해 연결 브리지를 선택한다. 잠시 후에 두 연결의 상태가 사용함, 브리지됨으로 나타나며 그림 2.2와 같이 네트워크 브리지가 나타날 것이다.
4. RPi를 재시작한다. 이때 USB-to-TTL 직렬 케이블을 사용하거나 1장에서 설명한 리셋 버튼을 사용하는 것이 이상적이다. RPi가 재시작되면 네트워크의 DHCP 서버로부터 IP 주소를 직접 얻게 될 것이다.

다음 절에서 설명하는 단계에 따라 네트워크 상의 어디에서나(노트북을 포함해) RPi에 직접 연결할 수 있다. 그 구성 예는 그림 2.2에 있다. 그림에서 DHCP 서버는 노트북에 192.168.1.111을 할당하고 RPi의 IP 주소로는 192.168.1.115를 할당했다. 그에 따라 IP 주소가 192.168.1.4인 데스크톱 머신으로부터 RPi로의 SSH 세션은 다음과 같이 이루어진다.

```
molloyd@desktop:~$ ssh pi@192.168.1.115
pi@192.168.1.115's password:raspberry
Debian GNU/Linux comes with ABSOLUTELY NO WARRANTY, to the extent
permitted by applicable law.
pi@erpi ~ $ echo $SSH_CLIENT
192.168.1.4 60898 22
pi@erpi ~ $ ping www.google.com
```

```
PING www.google.com (213.233.153.230) 56(84) bytes of data.
64 bytes from www.google.com (213.233.153.230):icmp_seq=1 ttl=61 time=13.6ms
```

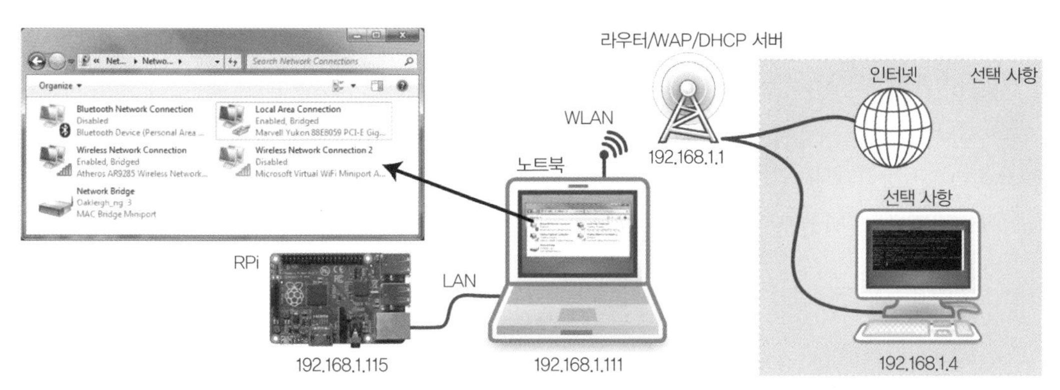


그림 2.2 이더넷 크로스오버 케이블 구성의 예
GNOME 아이콘 제작자의 이미지 아이콘 사용(GNU GPL CC-BY-SA-3.0)

이 방법은 대학교같이 네트워크가 복잡하게 구성된 곳이라 할지라도 RPi를 노트북에 직접 연결하면 되므로 쓸모가 있다. 게다가 RPi도 인터넷에 접속할 수 있어 위와 같이 구글 웹 서버에 ping을 할 수도 있다.

## RPi와 통신하기

RPi를 네트워크에 연결했으니 RPi와 통신을 할 차례다. RPi와 연결하는 것은 앞서 설명한 것과 같이 USB-to-TTL을 통한 직렬 연결이나 네트워크 연결 중에 어느 방법을 택해도 되지만, RPi에서 인터넷에 완전히 접근할 수 있도록 네트워크 연결을 갖추는 것이 좋다. 일반적으로 직렬 연결은 네트워크 연결에 문제가 발생했을 때의 대비책으로 쓰인다. 다음 절은 문제가 있을 때 참조할 수 있는 정보로 건너뛰어도 좋다.

참고

라즈비안 이미지의 기본 사용자명은 pi이고 패스워드는 raspberry다.

### USB-to-TTL 3.3V 케이블을 사용한 직렬 연결

직렬 연결은 RPi가 데스크톱 컴퓨터 곁에 있고 USB-to-TTL 케이블(1장의 그림 1.7(a))로 연결돼 있을 때 특히 유용하다. 이것은 네트워크 구성이나 RPi의 소프트웨어 서비스에 문제가 있을 때를 위한 대비책이 된다. 또한 유선 네트워크가 지원되지 않는 RPi 모델에서 무선 네트워크를 구성할 때도 사용할 수 있다. 케이블을 RPi에 연결할 수 있다(1장의 그림 1.7(b) 참고).

직렬 연결을 통해 RPi를 연결하기 위해서는 터미널 프로그램이 필요하다. Windows에서 사용할 수 있는 애플리케이션으로 *RealTerm*(`tiny.cc/erpi205`)과 *PuTTY*(`www.putty.org`) 등이 있다. 대부분의 리눅스 배포판에는 터미널 프로그램이 내장돼 있다(데비안에서는 Ctrl+Alt+T 또는 Alt+F2를 누른 후 **`gnome-terminal`**을 타이핑해 보라). 맥 OS X에는 터미널 에뮬레이터가 기본으로 포함되며(예를 들어 `screen /dev/cu.usbserial-XXX 115200` 명령 사용), Z-Term(`dalverson.com/zterm/` 참고)을 설치할 수도 있다.

USB-to-TTL 직렬 연결을 통해 RPi에 연결하기 위해서는 다음의 정보가 필요하다.

- **포트 번호:** Windows 장치 관리자(또는 동등한 것)를 열고 포트 항목을 찾는다. 그림 2.3(a)는 장치 관리자를 캡처한 예이며 이 경우에는 장치 목록에 COM11로 보인다. 이것은 머신에 따라 다르게 보일 것이다
- **연결 속도:** RPi에 연결할 때의 기본값으로 115,200을 입력한다
- **터미널 애플리케이션에서 필요로 하는 기타 정보:** 데이터 비트 = 8, 정지 비트 = 1, 패리티 = 없음, 흐름 제어 = XON/XOFF

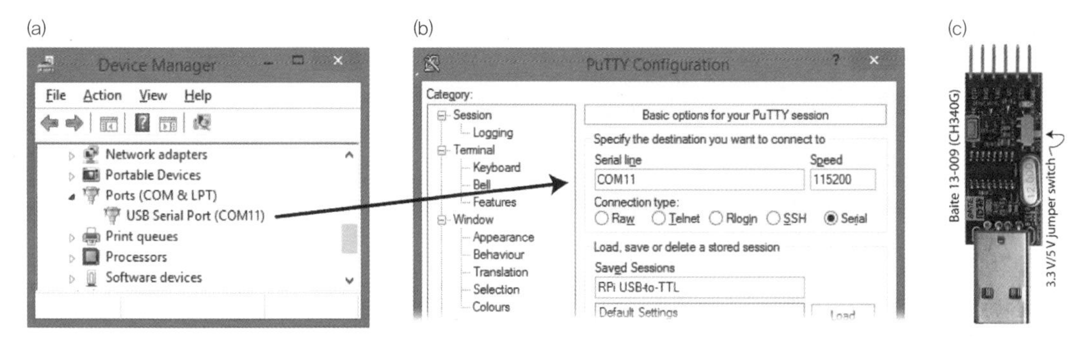


그림 2.3 (a) Windows 장치 관리자에서 장치 식별, (b) PuTTY 직렬 연결 구성, (c) 저렴한 USB-to-TTL 어댑터

그림 2.3(b)와 같이 세션의 이름(RPi USB-to-TTL)으로 구성을 저장해두면 다음 번 연결할 때 사용할 수 있다. Open을 클릭한 다음 *창이 표시되면 Enter를 누르는 것*이 중요하다. 라즈비안에 연결할 때 다음과 같은 출력이 보일 것이다.

```
Raspbian GNU/Linux 8 erpi ttyAMA0
erpi login: pi
Password: raspberry
Last login: Fri Dec 18 02:12:32 GMT 2015 from ...
Linux erpi 4.1.13-v7+ #826 SMP PREEMPT Fri Nov 13 20:19:03 GMT 2015 armv7l
Debian GNU/Linux comes with ABSOLUTELY NO WARRANTY, to the extent
```

```
permitted by applicable law.
pi@erpi:~$
```

연결 프로세스는 사용자명과 패스워드를 가지고 로그인 할 수 있도록 해준다. RPi를 재시작할 때도 부팅할 때와 마찬가지로 전체 콘솔 출력이 나타난다. 이 연결 방법은 부트 프로세스 중에 어떤 일이 일어나는지 알 수 있는 최후의 연결 수단이다(3장에서 설명).

참고

USB-to-TTL 3.3V보다 저렴한 것으로 그림 2.3(c)와 같은 USB 장치를 1달러 정도에 구할 수 있지만 보호 케이스가 전혀 없이 나오는 것이 보통이다. 그래도 구입하겠다면 3.3V TTL 논리 레벨을 지원하는지 확인하도록 하자. 그림 2.3(c)에 나온 것은 3.3V와 5V 논리 레벨을 선택하는 스위치가 있다. 9장에서 RPi에서 사용할 수 있는 UART 장치의 수를 확장할 때 이런 장치를 활용한다.

리눅스 데스크톱 컴퓨터에서는 다음의 명령으로 screen 프로그램을 설치해 USB-to-TTL 장치에 연결할 수 있다.

```
molloyd@debian:~$ sudo apt-get install screen
molloyd@debian:~$ screen /dev/cu.usbserial-XXX/ 115200
```

## 보안 셸(SSH)을 통한 연결

보안 셸(Secure Shell, SSH)은 네트워크 장치 사이의 보안 암호화 통신에 있어 유용한 네트워크 프로토콜이다. SSH 터미널 클라이언트를 사용해 RPi의 22번 포트를 통해 SSH 서버에 연결해 다음과 같은 일을 할 수 있다.

- RPi에 원격으로 로그인해 명령을 실행
- SSH 파일 전송 프로토콜(SFTP)을 사용해 RPi에 파일을 전송
- X11 연결을 통해 가상 네트워크 컴퓨팅을 수행

RPi 리눅스 배포판에서 SSH 서버(데비안에서는 sshd)는 기본값으로 22번 포트를 사용한다. RPi에 원격으로 로그인하는 기본 방법으로 SSH 서버를 채택하는 것에는 몇 가지 장점이 있다. 특히 라우터의 포트 포워딩 기능을 사용해 RPi의 22번 포트를 인터넷에 열어놓을 수 있다. 이때는 꼭 pi 사용자의 패스워드를 기본값이 아닌 다른 것으로 미리 바꿔놓기 바란다. RPi의 IP 주소를 알면 세계 어디에서나 RPi에 원격으로 로그인할 수 있다. 대부분의 라우터는 온라인 서비스에 라우터의 최근 주소를 등록해 둘 수 있는 동

적 DNS 서비스라는 것을 지원한다. 그러면 그 온라인 서비스가 독자가 사용하는 도메인 이름을 ISP에서 제공한 마지막 IP 주소로 변환해준다. 동적 DNS 서비스는 연간 사용료를 받는 것이 보통이며 `dereksRPi.servicename.com`과 같은 주소를 제공한다.

## PuTTY를 사용해 보안 셸 연결하기

앞서 RPi에 직렬 연결을 하는 방법으로 PuTTY를 언급했다. PuTTY는 자유, 오픈소스 터미널 에뮬레이터, 직렬 콘솔이며 네트워크를 통해 RPi에 연결하는 데 사용할 수 있는 SSH 클라이언트이기도 하다. PuTTY에는 몇 가지 유용한 기능이 있다.

- 직렬 및 SSH 연결을 지원한다.
- psftp라는 애플리케이션을 설치해 데스크톱 컴퓨터로부터 네트워크를 통해 파일을 RPi와 주고받을 수 있다.
- SSH X11 포워딩을 지원한다(14장에서 필요).

그림 2.4는 PuTTY 구성 설정을 캡처한 것이다. connection type으로 SSH를 선택하고 RPi의 IP 주소(또는 Zeroconf 이름)를 입력하고 port 22(기본값)를 선택한 다음 이름을 주고 세션을 저장한다(RPi의 설정(raspi-config)에서 SSH를 사용할 수 있게 해야 한다(sudo raspi-config 〉 5 Interfacing Options 〉 P2 SSH 〉 Yes 〉 Finish). Open을 클릭하고 사용자명과 패스워드를 사용해 로그인한다. man-in-the-middle 공격에 대한 보안 경고가 나타나는데 이것은 안전하지 않은 네트워크에 대한 주의를 주는 것이므로 핑거프린트를 받아들이고 진행한다. 맥 OS X 사용자는 같은 설정으로 터미널 애플리케이션을 실행할 수 있다(`ssh -XC pi@192.168.1.116` 또는 `ssh -XC pi@raspberrypi.local`).

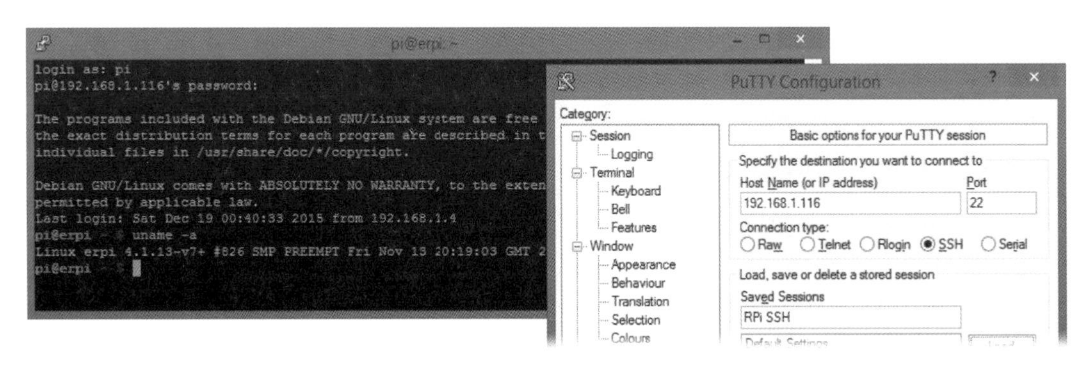


그림 2.4 Putty SSH 구성 설정과 SSH 터미널 연결 창

이 장의 뒷부분에서 RPi에서 실행할 수 있는 기본적인 명령을 살펴볼 테지만 일단은 RPi와 파일을 주고받을 수 있는지 확인할 필요가 있다.

### 크롬 SSH 클라이언트 앱

크롬(Chrome) 웹 브라우저가 지원하는 크롬 앱은 마치 로컬에 설치된(혹은 네이티브) 애플리케이션처럼 동작하지만 사실은 HTML5, 자바스크립트, CSS로 작성된다. 이런 애플리케이션 대부분은 구글의 네이티브 클라이언트(NaCl 또는 Salt!)를 사용하는데 컴파일된 C/C++ 애플리케이션을 OS와 무관하게 웹 브라우저에서 직접 구동하는 것이다. NaCl의 장점은 애플리케이션이 네이티브에 가까운 수준의 성능을 낼 수 있다는 것인데, 이는 저수준 인스트럭션을 사용하는 코드를 담고 있기 때문에 가능하다.

여기에서는 "terminal emulator and SSH client"라는 크롬 앱을 사용할 것이다. 크롬 브라우저에서 새 탭을 열고 앱 아이콘을 클릭한다. 크롬 웹 스토어로 가서 "Secure Shell"을 검색한다. 설치하고 나면 앱 아이콘을 다시 클릭했을 때 Secure Shell 앱이 보일 것이다. Secure Shell 앱을 시작하여 IP와 포트(22)를 입력하고 엔터키를 입력한 후, 그림 2.5와 같이 연결 설정을 하면 그림 2.5와 같이 보일 것이다.

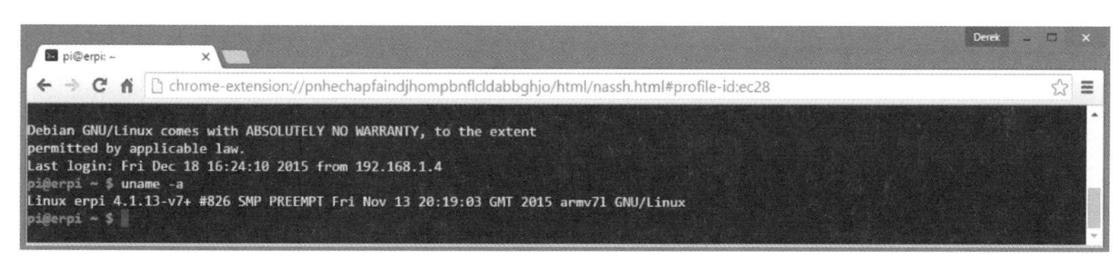


그림 2.5 크롬 SSH 앱

## SSH 상에서 PuTTY/psftp를 사용해 파일 전송

PuTTY는 *파일 전송 프로토콜(ftp)*도 지원하므로 네트워크 연결을 통해 RPi와 파일을 송수신할 수 있다. Windows 시작 명령 텍스트 필드에서 `psftp`를 타이핑함으로써 *psftp*(PuTTY 보안 파일 전송 프로토콜) 애플리케이션을 시작할 수 있다(http://www.chiark.greenend.org.uk/~sgtatham/putty/latest.html에서 psftp.exe를 다운로드해 사용할 수 있다 – 옮긴이).

RPi에 연결하려면 `psftp>` 프롬프트에서 **`open pi@raspberrypi.local`**(또는 IP 주소)을 타이핑한다. 이제 데스크톱 머신은 로컬 머신이며 RPi는 원격 머신이다. 명령을 내리는 일은 보통 원격 머신에서 하게 된다. 연결 직후에는 사용자 계정의 홈 디렉터리에 위치한다. RPi 라즈비안 배포판의 경우, pi로 연결했을 때 `/home/pi` 디렉터리에 위치하게 된다.

다음과 같은 단계를 거쳐 로컬 데스크톱 컴퓨터의 `c:\temp\test.txt` 파일을 RPi로 전송할 수 있다.

```
psftp: no hostname specified; use "open host.name" to connect
psftp> open pi@erpi.local
Using username "pi".
pi@erpi.local's password: raspberry
Remote working directory is /home/pi
psftp> lcd c:\temp
New local directory is c:\temp
psftp> mkdir test
mkdir /home/pi/test: OK
psftp> cd test
Remote directory is now /home/pi/test
psftp> put test.txt
local:test.txt => remote:/home/pi/test/test.txt
psftp> dir test.*
Listing directory /home/pi/test
-rw-r--r--    1 pi       pi              8 Dec 18 16:45 test.txt
psftp>
```

lcd(local change directory, 로컬 디렉터리 변경) 또는 lpwd(local print working directory, 로컬 현재 디렉터리 출력)와 같이 l 자로 시작하는 명령은 로컬 머신을 위한 것이다. 로컬 머신에서 원격 머신으로 한 개의 파일을 전송하려면 put 명령을 사용한다. 역으로 파일 한 개를 가져오려면 get 명령을 사용한다. 여러 개의 파일에 대해 "put" 또는 "get"을 사용하려면 mput과 mget 명령을 사용한다. 명령이 기억나지 않을 때에는 help를 사용하라.

리눅스 클라이언트 머신을 사용하고 있다면 psftp 대신에 sftp를 사용할 수 있다. 나머지는 동일하다. sftp 클라이언트 애플리케이션도 RPi 배포판에 기본으로 설치되므로 통신을 역방향으로 할 수 있다. 말하자면 RPi를 클라이언트로, 다른 머신을 서버로 동작시키는 것이다.

유용한 psftp/sftp 명령 힌트 및 팁 몇 가지를 아래에서 살펴보자.

- mget -r *는 디렉터리를 재귀적으로 가져온다. 여러 개의 하위 폴더를 가진 폴더를 전송할 때 유용하다. -r 옵션은 get, put, mput 명령에도 사용할 수 있다.
- dir *.txt는 현재 디렉터리의 .txt 파일만 보여준다.
- mv는 원격 머신의 파일 및 디렉터리를 새로운 위치로 이동시킨다.
- reget은 중단된 내려받기를 재개한다. 부분적으로 내려받은 파일이 반드시 로컬 머신에 있어야 한다.

psftp 명령은 명령 행에서 단일 행 또는 로컬 스크립트로 실행시킬 수 있다. 실행시킬 psftp 명령을 담은 test.scr 파일을 만들 수 있다. 그런 다음 명령 프롬프트에서 psftp를 실행시키되 -pw로 패스워드를 지정하고 -b로 스크립트 파일을 지정한다(-be는 오류가 발생해도 계속 진행하게 해주며 -bc는 실행하는 명령을 표시한다).

```
c:\temp>more test.scr
lcd c:\temp\down
cd /tmp/down
mget *
quit
c:\temp>psftp pi@erpi.local -pw mypassword -b test.scr
Using username "pi".
Remote working directory is /home/pi ...
```

## 라즈베리 파이 제어하기

이제 SSH 클라이언트 애플리케이션을 사용해 RPi와 통신할 수 있게 됐다. 이 절에서는 RPi와 상호작용할 수 있는 명령을 살펴볼 것이다.

### 기본적인 리눅스 명령

RPi에 SSH로 처음 연결하면 로그인 프롬프트가 뜬다. 이때 사용자명을 pi로 하고 패스워드를 raspberry로 해서 로그인할 수 있다

```
login as: pi
pi@erpi.local's password: raspberry
Debian GNU/Linux comes with ABSOLUTELY NO WARRANTY, to the extent
permitted by applicable law.
pi@erpi ~ $
```

이제 RPi에 연결됐으며 리눅스 터미널이 명령을 수행할 준비를 하고 있다. 프롬프트 문자 $는 일반 사용자로 로그인했음을 의미한다.

프롬프트 문자가 #인 것은 슈퍼유저 계정으로 로그인한 것을 뜻한다(3장에서 논의). 리눅스를 처음 접하는 사용자에게는 이 단계가 벅찰 수도 있는데, 그 이유는 자신이 사용하는 명령이 무엇인지 명확하지 않기 때문이다. 이 절에서 시작하는 데 필요한 리눅스 스킬을 제공한다. 예제와 함께 참고용으로 쓴 것이며 도움이 필요할 때는 언제든 다시 내용을 확인하면 된다.

## 첫걸음

가장 먼저 할 일은 어느 버전의 리눅스를 실행하고 있는지 확인하는 것이다. 알아두면 포럼에 질문을 할 때 유용할 것이다.

```
pi@erpi ~ $ uname -a
Linux raspberrypi 4.4.50-v7+ #970 SMP Mon Feb 20 19:18:29 GMT 2017 armv7l GNU/Linux
```

이 경우에는 리눅스 4.4.50을, 위의 날짜에, ARMv7 아키텍처에서 실행하고 있다.

리눅스 커널 버전은 X.Y.Z 형식의 숫자로 부여한다. X는 여간해서는 바뀌지 않는다(버전 2.0이 1996년에 릴리즈됐고, 4.0은 2015년 4월에 릴리즈됐다). Y 값도 잘 바뀌지 않지만(2년 정도마다) 최근의 커널에서는 자주 바뀌는 편이다(4.4가 2016년 1월에 릴리즈됐다). Z 값은 자주 바뀐다.

다음으로 passwd 명령을 사용해 사용자 계정 pi에 대해 새로운 패스워드를 설정할 수 있다.

```
pi@erpi ~ $ passwd
Changing password for pi.
(current) UNIX password: raspberry
Enter new UNIX password: supersecretpasswordthatImayforget
Retype new UNIX password: supersecretpasswordthatImayforget
```

표 2.3에 유용하고 기초적인 명령을 나열했다.

표 2.3 유용한 리눅스 명령

| 명령 | 설명 |
|---|---|
| more /etc/issue | 사용 중인 리눅스 배포판을 반환 |
| ps -p $$ | 현재 사용 중인 셸을 반환(즉, bash) |
| whoami | 현재 로그인한 사용자를 반환 |
| uptime | 시스템이 얼마 동안 구동 중인지를 반환 |
| top | 실행 중인 모든 프로세스 및 프로그램을 나열. Ctrl+C로 닫음. |

마지막으로, hostnamectl 애플리케이션을 사용해 RPi에 대한 특별한 정보를 찾아낼 수 있으며, 이것은 몇몇 시스템 설정(chassis 설명과 호스트명)을 확인하고 변경하는 데 사용할 수 있다.

```
pi@erpi ~ $ sudo hostnamectl set-chassis server
pi@erpi ~ $ hostnamectl
   Static hostname: erpi
         Icon name: computer-server
           Chassis: server
        Machine ID: 3882d14b5e8d408bb132425829ac6413
           Boot ID: ea403b96c8984e37820b7d1b0b3fbd6d
  Operating System: Raspbian GNU/Linux 8 (jessie)
            Kernel: Linux 4.1.18-v7+
      Architecture: arm
```

## 기본적인 파일 시스템 명령

이 절에서는 리눅스 파일 시스템을 돌아다니고 조작할 수 있는 기본 명령을 설명한다. 라즈비안 · 데비안 및 우분투 사용자 계정에서는 종종 명령 앞에 sudo를 붙여야만 할 때가 있다. 그 이유는 sudo 프로그램이 사용자로 하여금 슈퍼유저의 보안 권한을 가지고 프로그램을 실행시킬 수 있도록 해주기 때문이다(사용자 계정은 3장에서 설명한다). 표 2.4에 기본적인 파일 시스템 명령을 나열했다.

표 2.4 기본적인 파일 시스템 명령

| 이름 | 명령 | 옵션 및 추가 정보 | 예 |
|---|---|---|---|
| 파일 목록 | ls | -a 모든(all) 것을 보여줌(숨김 파일까지)<br>-l 긴(long) 형식으로<br>-R 재귀적(recursive) 목록<br>-r 역순(reverse) 목록<br>-t 마지막 수정된 것부터<br>-S 파일 크기(size)로 정렬<br>-h 파일 크기를 읽기 쉽게(human readable) 표시 | ls -alh |
| 현재 디렉터리 | pwd | 현재 디렉터리를 출력<br>-P 물리적 위치를 출력 | pwd -P |
| 디렉터리 변경 | cd | 디렉터리를 변경<br>cd 다음에 Enter를 누르거나 cd ~/를 실행하면 홈 디렉터리로 감<br>cd /는 파일 시스템 루트로 감<br>cd ..은 한 레벨 위로 감 | cd /home/pi<br>cd / |
| 디렉터리 만들기 | mkdir | 디렉터리를 만듦 | mkdir test |

| 이름 | 명령 | 옵션 및 추가 정보 | 예 |
|---|---|---|---|
| 파일 또는 디렉터리를 삭제 | rm | 파일을 삭제<br>-r은 재귀적 삭제(디렉터리에 사용할 때는 조심할 것)<br>-d는 빈 디렉터리를 삭제 | rm bad.txt<br>rm -r test |
| 파일 또는 디렉터리를 복사 | cp | -r 재귀적 복사<br>-u 원본 파일이 기존의 사본 파일보다 새것이거나 사본 파일이 없을 때만 복사<br>-v 자세히(출력을 보여줌) | cp a.txt b.txt<br>cp -r test testa |
| 파일 또는 디렉터리를 이동 | mv | -i 덮어쓰기 전에 물어봄<br>디렉터리에 -r을 사용하지 말 것. 동일 디렉터리에 이동하는 것은 이름 바꾸기를 수행함 | mv a.txt c.txt<br>mv test testb |
| 빈 파일을 생성 | touch | 빈 파일을 생성하거나 기존 파일의 수정 일시를 갱신 | touch d.txt |
| 파일의 내용 보기 | more | 파일의 내용 보기. 스페이스 키를 눌러 다음 페이지로 이동 | more d.txt |
| 캘린더 보기 | cal | 텍스트 기반의 캘린더를 보여줌 | cal 04 2016 |

기본은 이 정도지만 아직 많이 남아있다! 다음 장에서 파일 소유권, 권한, 탐색, 입출력 재지정 등의 주제를 설명한다. 이 절에서는 일단 시작할 수 있도록 하는 것이 목표다. 표 2.5에서는 리눅스 셸에서 작업을 편리하게 해주는 단축키를 설명한다.

**표 2.5** 터미널 사용시 시간을 절약해주는 단축키

| 단축키 | 설명 |
|---|---|
| 위쪽 화살표 (반복) | 마지막으로 타이핑한 명령을 보여주며 또 누르면 그 전의 명령을 보여줌 |
| 탭 키 | 파일명, 디렉터리명, 실행 가능한 명령 등을 자동완성. 예를 들어, /tmp 디렉터리로 변경하려고 할 때 **cd /t**를 타이핑한 다음에 탭을 누르면 cd /tmp/로 자동 완성됨. 같은 이름이 여러 개 있을 때는 탭 키를 다시 눌러서 모든 선택사항의 목록을 볼 수 있음. |
| Ctrl+A | 입력하던 행의 시작으로 감 |
| Ctrl+E | 입력하던 행의 마지막으로 감 |
| Ctrl+U | 행의 시작까지 지움. Ctrl+E 다음에 Ctrl+U를 입력하면 행을 지움 |
| Ctrl+L | 화면을 지움 |
| Ctrl+C | 현재 실행 중인 프로세스를 종료함 |
| Ctrl+Z | 일시정지. bg를 치면 백그라운드(background)에서 실행되며, fg는 다시 실행(foreground)함 |

다음 예에서는 표 2.4에 나오는 명령을 사용해 test라는 디렉터리를 생성하고 빈 파일 hello.txt를 생성한다. 그런 다음에 /tmp 디렉터리에 있는 test 디렉터리 전체를 /tmp/test2 디렉터리로 복사한다.

```
pi@erpi ~ $ cd /tmp
pi@erpi /tmp $ pwd
/tmp
pi@erpi /tmp $ mkdir test
pi@erpi /tmp $ cd test
pi@erpi /tmp/test $ touch hello.txt
pi@erpi /tmp/test $ ls -l hello.txt
-rw-r--r-- 1 pi pi 0 Dec 17 04:34 hello.txt
pi@erpi /tmp/test $ cd ..
pi@erpi /tmp $ cp -r test /tmp/test2
pi@erpi /tmp $ cd /tmp/test2
pi@erpi /tmp/test2 $ ls -l
total 0
-rw-r--r-- 1 pi pi 0 Dec 17 04:35 hello.txt
```

경고

리눅스에서는 사용자가 스스로 무슨 일을 하는지 알고 있다고 가정한다! 루트(root)로 로그인해 루트 디렉터리에서 재귀적인 삭제 명령을 내리더라도(예제에는 싣지 않았지만) 기꺼이 수행할 것이다. 루트로 로그인할 때는 명령을 치기 전에 다시 한 번 생각하라!

참고

실수로 파일을 삭제했을 때는 즉시 extundelete 명령을 실행해 복구할 수 있다. 명령 매뉴얼 페이지를 주의 깊게 읽은 후 다음과 같이 실행한다.

```
pi@erpi ~ $ sudo apt install extundelete
pi@erpi ~ $ mkdir ~/undelete
pi@erpi ~ $ cd ~/undelete/
pi@erpi ~/undelete $ sudo extundelete --restore-all --restore-directory . /dev/mmcblk0p2
pi@erpi ~/undelete $ ls -l
drwxr-xr-x 6 root root 4096 Dec 17 04:39 RECOVERED_FILES
pi@erpi ~/undelete $ du -sh RECOVERED_FILES/
100M RECOVERED_FILES/
```

위의 예에서는 패키지 설치로 인해 삭제된 임시 파일 100MB를 복구했다.

## 환경 변수

*환경 변수*는 이름이 붙은 변수로, 리눅스 환경에 대한 설정을 기술한다. 실행 가능한 파일을 어디에서 찾아야 하는지, 기본 편집기가 무엇인지와 같은 것들이다. RPi에 어떤 환경 변수가 설정돼 있는지 궁금하다면 env를 실행해 해당 계정의 환경 변수 목록을 볼 수 있다. 다음은 라즈비안 이미지에서 env를 호출한 결과다.

```
pi@erpi ~ $ env
TERM=xterm
SHELL=/bin/bash
SSH_CLIENT=fe80::50b4:eb95:2d00:ac3f%eth0 2599 22
USER=pi
MAIL=/var/mail/pi
PATH=/usr/local/sbin:/usr/local/bin:/usr/sbin:/usr/bin:...
PWD=/home/pi
HOME=/home/pi ...
```

환경 변수를 보거나 수정할 수 있으며, 다음의 예에서는 /home/pi 디렉터리를 PATH 환경 변수에 추가한다.

```
pi@erpi ~ $ echo $PATH
/usr/local/sbin:/usr/local/bin:/usr/sbin:/usr/bin:/sbin:/bin
pi@erpi ~ $ export PATH=$PATH:/home/pi
pi@erpi ~ $ echo $PATH
/usr/local/sbin:/usr/local/bin:/usr/sbin:/usr/bin:/sbin:/bin:/home/pi
```

이러한 변경사항은 재시작하면 사라진다. 환경 변수를 영구적으로 설정하려면 sh, ksh, bash 셸에서는 .profile 파일을 수정하고 csh나 tcsh 셸에서는 .login 파일을 수정한다. 이를 위해 리눅스 터미널 창에서 파일을 편집하는 방법을 다음 절에서 알아보자.

## 파일 편집 기초

다양한 편집기를 사용할 수 있지만, 그중에서도 가장 쉽고도 강력한 것은 *GNU 나노 편집기*다. **nano**의 뒤에 기존의 파일명이나 새로운 파일명도 입력하자. 예를 들어 **nano hello.txt**를 실행하면 그림 2.6과 같이 보일 것이다(그림에서는 텍스트를 입력한 상태다). **nano -c hello.txt**는 현재의 행 번호도 보여주므로 디버깅할 때 유용하다. 화살표 키를 사용해 창에서 자유롭게 이동할 수 있으며 커서가 위치한 곳에서 텍스트를 편집할 수 있다. nano 창의 하단에서 단축키를 볼 수 있으며 그 외에도 단축키가 더 있다. 표 2.6에 nano의 단축키를 정리했다.

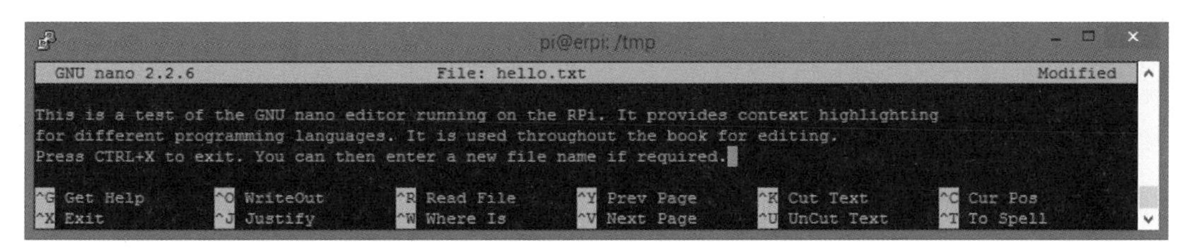


그림 2.6 PuTTy 리눅스 터미널 창에서 GNU 나노 편집기를 사용해 예제 파일을 편집하는 모습

표 2.6 nano 편집기의 단축 키

| 키 | 명령 | 키 | 명령 |
|---|---|---|---|
| Ctrl+G | 도움말 | Ctrl+Y | 이전 페이지 |
| Ctrl+C | 현재의 행 번호 보기 | Ctrl+_ 또는 Ctrl+/ | 지정한 행 번호로 이동 |
| Ctrl+X | 종료(저장할지 물어봄) | Alt+/ | 파일 마지막으로 가기 |
| Ctrl+L | 화면 새로 고침 | Ctrl+6 | 텍스트 마킹 시작(화살표로 이동해 하이라이트) |
| Ctrl+O | 저장 | Ctrl+K 또는 Alt+6 | 마킹한 텍스트 자르기 |
| 화살표 | 이동 | Ctrl+U | 텍스트 붙이기 |
| Ctrl+A | 행의 시작으로 가기 | Ctrl+R | 다른 파일의 내용을 삽입(파일의 위치 물어봄) |
| Ctrl+E | 행의 마지막으로 가기 | Ctrl+W | 문자열 찾기 |
| Ctrl+스페이스 | 다음 단어 | Alt+W | 다음 찾기 |
| Alt+스페이스 | 이전 단어 | Ctrl+D | 커서에 있는 문자 지우기 |
| Ctrl+V | 다음 페이지 | Ctrl+K | 행 전체 지우기 |

참고

Ctrl+K는 행 전체를 지우지만 실제로는 행을 버퍼에 옮기며, Ctrl+U를 사용해 붙여넣을 수 있다. 이는 여러 행을 반복하고자 할 때 빨리 수행할 수 있는 방법이다. 또한 맥 사용자는 터미널 애플리케이션에서 메타(meta) 키가 Alt 기능을 하도록 설정해야 한다. 터미널 → 환경설정 → 프로파일 → 키보드로 가서 Option을 메타 키로 사용을 선택한다.

## 현재 시각

"지금 몇 시?"는 단순한 질문이지만, 생각 외로 어려움을 유발한다. 셸 프롬프트에서 **date**라고 치면 다음과 같은 결과를 얻을 것이다.

```
pi@erpi ~ $ date
Thu 17 Dec 16:26:59 UTC 2015
```

위와 같이 올바른 시각이 표시된다면 그것은 보드가 네트워크에 연결돼 있기 때문이다. 그렇다면 RPi의 생산자는 왜 보드에 시각을 설정해 두지 않았을까? 답은 그렇게 할 수 없기 때문이다. RPi에는 데스크톱 컴퓨터와 같이 BIOS 설정이 남아있도록 해주는 백업 배터리가 없다. 사실은 BIOS도 없다! 다음 장에서 이 주제에 대해 자세히 살펴보겠지만, 일단은 시각을 설정하기 위해서 NTP(Network Time Protocol)를 사용할 것이다. NTP는 컴퓨터 간의 시각을 동기화하는 네트워킹 프로토콜이다. RPi가 올바른 시각을 표시한다면 그것은 NTP 서비스가 네트워크로부터 시각을 얻어왔기 때문이다.

```
pi@erpi ~ $ systemctl status ntp
 • ntp.service - LSB: Start NTP daemon
   Loaded: loaded (/etc/init.d/ntp)
   Active: active (running) since Mon 2017-10-25 14:32:56 UTC; 1h 6min ago
  Process: 537 ExecStart=/etc/init.d/ntp start (code=exited, status=0/SUCCESS)
   CGroup: /system.slice/ntp.service
           └─579 /usr/sbin/ntpd -p /var/run/ntpd.pid -g -u 106:111
```

NTP 서비스는 /etc/ntp.conf 파일에 설정하며 server로 시작하는 행은 RPi가 시각을 얻기 위해 통신하는 서버를 나타낸다(grep을 사용할 때 ^을 붙인다).

```
pi@erpi ~ $ more /etc/ntp.conf | grep ^server
server 0.debian.pool.ntp.org iburst
server 1.debian.pool.ntp.org iburst
server 2.debian.pool.ntp.org iburst
server 3.debian.pool.ntp.org iburst
```

NTP계의 선량한 시민이 되려면 www.pool.ntp.org/ko 웹사이트에서 근처의 NTP 서버를 찾아 설정을 바꾸자. 설정을 테스트해 보려면 ntpdate 명령을 설치한 다음에 실행한다.

```
pi@erpi ~ $ sudo apt install ntpdate
pi@erpi ~ $ sudo ntpdate -b -s -u kr.pool.ntp.org
pi@erpi ~ $ date
Sun 20 Dec 16:02:39 GMT 2015
```

시각을 설정하고 나면 시간대를 설정하자. 자신의 위치를 선택할 수 있는 텍스트 기반의 명령을 사용할 것이다. 다음은 RPi를 대한민국 표준시에 맞춘 예다.

```
pi@erpi ~ $ sudo dpkg-reconfigure tzdata
Current default time zone: 'Asia/Seoul'
Local time is now:      Tue Oct 24 00:43:49 KST 2017.
Universal Time is now:  Mon Oct 23 15:43:49 UTC 2017.
```

참고

RPi가 인터넷에 연결돼 있지 않을 때는 timedatectl 도구를 사용해 수동으로 시각을 설정할 수 있다.

```
pi@erpi ~ $ sudo timedatectl set-time '2017-1-2 12:13:14'
pi@erpi ~ $ date
Mon 2 Jan 12:13:16 KST 2017
```

애석하게도 RPi를 재시작하면 날짜와 시각을 잃게 된다. 백업 배터리가 있는 실시간 클럭(RTC)을 RPi에 연결함으로써 문제를 해결하는 방법을 8장에서 설명한다.

## 패키지 관리

이 장 앞에서 리눅스 배포판의 주요 기능의 하나로 좋은 패키지 관리자를 꼽았다. *패키지 관리자*는 리눅스 운영체제에서 소프트웨어 패키지의 설치, 구성, 업그레이드, 제거 과정을 자동화하는 소프트웨어 도구다. 리눅스 배포판에 따라 서로 다른 패키지 관리자를 사용한다. 우분투와 라즈비안 · 데비안에서는 *DPKG*(Debian Package Management System)와 *APT*(Advanced Packaging Tool)를 사용하고 아치 리눅스는 *Pacman*을 사용한다. 사용법은 각자 다르지만 하는 일은 대체로 비슷하다. 표 2.7에 일반적인 패키지 관리 명령을 정리했다.

표 2.7 일반적인 패키지 관리 명령(nano 패키지를 예로 듦)

| 명령 | 라즈비안/데비안/우분투 |
|---|---|
| 패키지 설치 | sudo apt install nano |
| 패키지 색인 갱신 | sudo apt update |
| 시스템의 패키지 업그레이드 | sudo apt upgrade |
| nano가 설치됐는지 확인 | dpkg-query -l ¦ grep nano |
| 문자열 nano를 포함하는 패키지가 사용 가능한지 확인 | apt-cache search nano |
| 패키지에 대한 추가 정보 | apt-cache show nano<br>apt-cache policy nano |
| 도움말 | apt help |
| 현재 디렉터리에 패키지 내려받기 | apt-get download nano |
| 패키지 제거 | sudo apt remove nano |
| 오래된 패키지 정리 | sudo apt-get autoremove<br>sudo apt-get clean |

참고

시간이 흐름에 따라 apt-get과 apt-cache 명령의 기능을 점차 apt 명령이 흡수하게 됐다. 이러한 변화로 인해 패키지를 관리할 때 사용하는 도구의 수가 줄었다. 그러나 오래된 리눅스 배포판에서는 apt 대신에 apt-get 명령을 써야할 수도 있다.

Wavemon은 Wi-Fi 연결을 구성하는 데 유용한 도구다(13장). 다음 명령을 실행해 보면 해당 패키지가 설치돼 있지 않음을 확인할 수 있을 것이다.

```
pi@erpi ~ $ wavemon
-bash: wavemon: command not found
```

패키지 이름을 알면 플랫폼 별 패키지 관리자를 사용해 패키지를 설치할 수 있다.

```
pi@erpi ~ $ apt-cache search wavemon
wavemon - Wireless Device Monitoring Application
pi@erpi ~ $ sudo apt install wavemon
Reading package lists... Done
Building dependency tree ...
Setting up wavemon (0.7.6-2) ...
```

이제 wavemon 명령을 실행할 수 있게 됐지만, 무선 어댑터를 구성하기 전에는 아무 일도 하지 않는다(13장 참고).

```
pi@erpi ~ $ wavemon
wavemon: no supported wireless interfaces found
```

패키지를 수동으로 내려받고 설치할 수 있는데, 이 방법은 특정한 버전을 고수하기를 원하거나 여러 장치에 패키지를 배포하려고 할 때 유용할 것이다. 다음 예에서는 Wavemon 패키지를 지운 후에 .deb 파일을 수동으로 내려받아 설치한다.

```
pi@erpi ~ $ sudo apt remove wavemon
pi@erpi ~ $ wavemon
-bash: /usr/bin/wavemon: No such file or directory
pi@erpi ~ $ apt-get download wavemon
pi@erpi ~ $ ls -l wavemon*
-rw-r--r-- 1 pi pi 48248 Mar 28 2014 wavemon_0.7.6-2_armhf.deb
pi@erpi ~ $ sudo dpkg -i wavemon_0.7.6-2_armhf.deb
pi@erpi ~ $ wavemon
wavemon: no supported wireless interfaces found
```

때로는 필요로 하는 다른 패키지가 없어서 패키지 설치에 실패하기도 한다. *강제 옵션*을 사용하면 패키지 확인을 무시할 수 있다(`apt-get` 명령에서는 `--force-yes`). 강제 옵션은 또 다른 문제를 일으킬 수 있으므로 되도록 피하는 것이 좋다. 패키지 설치에 실패했을 때 `sudo apt-get autoremove`를 실행하면 도움이 될 것이다.

## 라즈베리 파이 설정

RPi 커뮤니티와 라즈베리 파이 재단에서는 RPi에 특화된 구성 도구를 개발했다. 이 도구는 까다로운 작업을 쉽게 만들어준다.

### 라즈베리 파이 구성 도구

라즈베리 파이 구성 도구인 raspi-config는 RPi를 처음 시작할 때 유용하다. 다음과 같이 간단한 명령을 실행하면 그림 2.7과 같은 인터페이스를 볼 수 있다.

```
pi@erpi:~$ sudo raspi-config
```

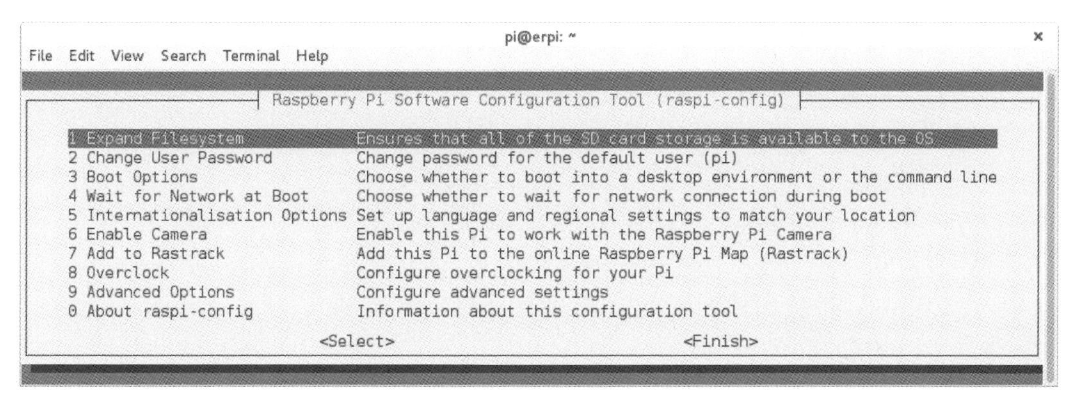


그림 2.7 raspi-config 도구

다음은 새로운 SD 카드 이미지로부터 RPi를 부트하자마자 수행할 수 있는 작업들이다.

- **Expand Filesystem(루트 파일 시스템으로 SD 카드 채우기):** 그림 2.7의 처음에 보이는 옵션이다(라즈베리 파이 버전에 따라 설정 메뉴가 다를 수 있으니 Expand Filesystem이 보이지 않는다면 다른 메뉴를 참조한다). SD 카드에 이미지를 기록할 때는 카드의 용량에 비해서 작은 것이 일반적이다. 이 옵션은 루트 파일 시스템을 늘려서 카드의 전체 용량을 활용할 수 있도록 해준다. 이 옵션을 사용한 후에는 다음과 같이 전체 용량을 확인할 수 있다.

```
pi@erpi ~ $ df -kh
Filesystem      Size  Used Avail Use% Mounted on
/dev/root        15G  7.7G  6.2G  56% /
...
pi@erpi ~ $ lsblk
NAME          MAJ:MIN RM  SIZE RO TYPE MOUNTPOINT
mmcblk0       179:0    0 14.9G  0 disk
├─mmcblk0p1 179:1    0 56M    0 part /boot
└─mmcblk0p2 179:2    0 14.8G  0 part /
```

이제 SD 카드가 15GiB 용량을 갖게 됐으므로 SD 카드의 실제 용량과 일치한다.

- Enable Camera(**카메라 활성화하기**): RPi 카메라를 RPi의 CSI 인터페이스에 연결했다면 카메라를 활성화하라. 이 주제에 대해서는 15장에서 설명한다.
- Overclock(**오버클럭**): 이 옵션은 제조사에서 의도한 것보다 더 높은 클럭 주파수에서 동작할 수 있도록 해준다. 예를 들어, RPi2의 프로세서는 최대 900MHz가 아닌 1GHz에서 동작할 수 있다. 오버클럭은 RPi의 수명을 단축시킬 수 있고 불안정해질 수 있음에 유의하라. 그렇지만 많은 사용자가 별 문제 없이 프로세서를 오버클럭해 사용한다. 이 옵션은 `/boot/config.txt` 파일을 수정한다.
- Advanced Options(**고급 옵션**) – Overscan(**오버스캔**): 비디오 출력을 텔레비전의 전체 화면에 맞도록 조정한다. 이 옵션은 `/boot/config.txt` 파일을 수정한다(그림 2.8 참고).

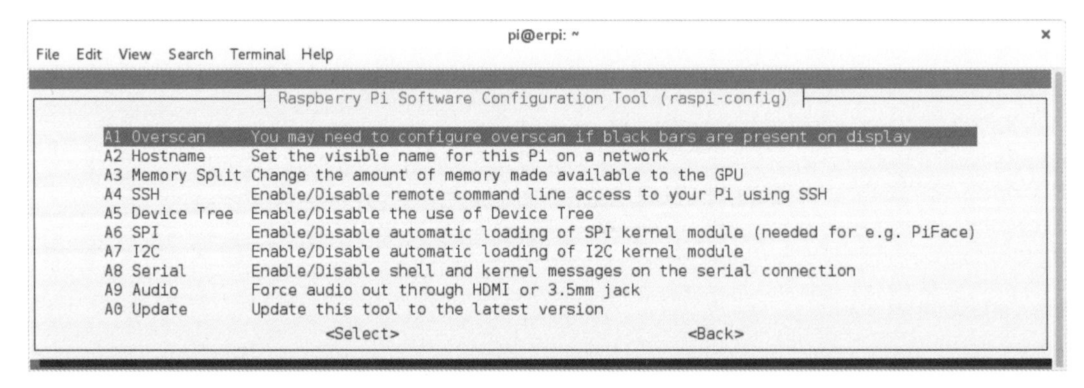


**그림 2.8** raspi-config 도구의 고급 옵션 메뉴

- Advanced Options(**고급 옵션**) – Hostname(**호스트명**): 이 옵션은 네트워크 상의 RPi의 호스트명을 바꿀 수 있도록 한다. 이 옵션은 hostname과 hosts 파일을 갱신하며 네트워킹 서비스를 재시작한다.

```
pi@erpi ~ $ cat /etc/hostname
erpi
pi@erpi ~ $ cat /etc/hosts
...
127.0.1.1 erpi
```

이 항목은 이제 Zeroconf 주소 문자열 erpi.local에서 RPi 보드를 찾을 수 있음을 의미한다.

- **Advanced Options(고급 옵션) – Memory Split(메모리 분할):** RPi의 CPU와 그래픽 처리 장치(GPU)는 보드의 DDR 메모리를 공유한다. 이 옵션은 GPU의 메모리 할당을 조절한다. headful 디스플레이를 위한 범용 메모리 할당은 64MB가 적당하지만, RPi CSI 카메라를 사용하거나(보통 128MB까지, 15장 참고) 3D 컴퓨터 그래픽을 위해 GPU를 사용한다면 반드시 증가시켜야 한다. 이 값은 부트 시에 설정되며(/boot/config.txt) 런타임에 변경할 수 없다.
- **Advanced Options(고급 옵션) – SSH:** RPi에서 SSH 서버를 활성화 또는 비활성화한다. RPi를 헤드리스 모드로 동작한다면 SSH 서버를 비활성화해서는 안 되며 보드에 연결할 수 있는 다른 방법이 없을 때는 더욱 그렇다. 이 옵션은 SSH 서비스를 비활성화하며 RPi에서 다음과 같이 동작한다.

```
pi@erpi ~ $ systemctl status ssh
• ssh.service - OpenBSD Secure Shell server
    Loaded: loaded (/lib/systemd/system/ssh.service; enabled)
  Active: active (running) since Mon 2017-10-23 23:32:56 KST; 1h 55min ago
   Process: 628 ExecReload=/bin/kill -HUP $MAINPID
 Main PID: 492 (sshd)
    CGroup: /system.slice/ssh.service
            └492 /usr/sbin/sshd -D
```

그림 2.8의 나머지 옵션도 대부분 /boot/config.txt를 수정하며 6장부터 8장에 걸쳐 설명한다. 변경 효과를 보기 위해 RPi를 재시작해야 하는 옵션이 많은데, 그 이유는 이 옵션들이 시동 시에 커널에 전달되는 초기화 설정이기 때문이다.

## RPi 소프트웨어 갱신하기

RPi에서 몇 단계만 거치면 라즈비안 배포판을 업데이트할 수 있다. 그러나 어떤 단계(특히 업그레이드)는 완료하기까지 시간이 꽤 걸리니 유의하라. 이미지와 네트워크 연결 속도에 따라 몇 시간이 걸릴 수도 있다.

apt update를 호출하면 /etc/apt/sources.list 파일에 지정된 인터넷 위치로부터 패키지 목록을 내려받는다. 이것은 새로운 버전의 소프트웨어를 설치하는 것이 아니라 패키지의 목록 및 패키지 간의 의존성에 대한 정보를 갱신한다.

```
pi@erpi ~ $ sudo apt update
Get:1 http://archive.raspbian.org jessie InRelease [15.0 kB]
Hit http://archive.raspberrypi.org jessie InRelease    ...
Building dependency tree        Reading state information... Done
```

업데이트가 완료되면 apt upgrade 명령으로 최신 버전을 자동으로 내려받아 설치할 수 있다. 항상 apt upgrade를 수행하기 전에 apt update를 먼저 수행해야 함은 두말할 필요도 없다.

```
pi@erpi ~ $ sudo apt upgrade
Reading package lists... Done Building dependency tree
Reading state information... Done Calculating upgrade... Done ...
After this operation, XXXXX B of additional disk space will be used.
Do you want to continue? [Y/n]
```

RPi에서 리눅스 커널, 드라이버 모듈, 라이브러리를 업데이트할 수 있도록 해주는 RPi 전용 도구가 있다. rpi-update 도구는 아무 인자(argument) 없이도 호출할 수 있고 전문가를 위한 설정도 제공한다. github.com/Hexxeh/rpi-update의 설명을 참고하라. 다음은 커널 파일을 바꾸지 않고 펌웨어를 갱신할 수 있도록 하는 설정의 예다.

```
pi@erpi ~ $ sudo apt install rpi-update
pi@erpi ~ $ sudo rpi-update
 *** Raspberry Pi firmware updater by Hexxeh, enhanced by AndrewS and Dom
This update bumps to rpi-4.1.y linux tree ...
 *** Updating firmware
 *** Updating kernel modules
 *** depmod 4.1.15-v7+
 *** Updating VideoCore libraries
 *** Using HardFP libraries ...
 *** A reboot is needed to activate the new firmware
pi@erpi ~ $ sudo reboot
```

보드를 재시작하면 현재 커널 버전이 새로 설치된 커널 및 펌웨어와 일치할 것이다.

```
molloyd@desktop:~$ ssh pi@erpi.local
pi@erpi ~ $ uname -a
Linux erpi 4.1.15-v7+ #830 SMP Tue Dec 15 17:02:45 KST 2015 armv7l GNU/Linux
```

## 비디오 출력

tvservice 애플리케이션(/opt/vc/bin/tvservice)을 사용해 RPi 비디오 출력을 설정할 수 있다. HDMI 모니터 케이블을 RPi에 꽂고 tvservice 애플리케이션을 사용해 연결된 CEA(보통은 텔레비전) 또는 DMT(보통은 컴퓨터 모니터) 디스플레이의 사용 가능한 모드 목록을 볼 수 있다.

```
pi@erpi ~ $ tvservice --modes CEA
Group CEA has 0 modes:
pi@erpi ~ $ tvservice --modes DMT
Group DMT has 13 modes:
...
mode 51: 1600x1200 @ 60Hz 4:3, clock:162MHz progressive
mode 58: 1680x1050 @ 60Hz 16:10, clock:146MHz progressive
(prefer) mode 82: 1920x1080 @ 60Hz 16:9, clock:148MHz progressive
pi@erpi ~ $ tvservice --status
state 0x120006 [DVI DMT(82) RGB full 16:9], 1920x1080 @ 60.00Hz, progressive
```

이 도구를 사용해 RPi 출력 해상도를 명시적으로 설정할 수 있다. 다음은 위의 목록에서 DVI 1600×1200을 선택하도록 출력 해상도를 갱신하는 예다.

```
pi@erpi ~ $ tvservice --explicit="DMT 51"
Powering on HDMI with explicit settings (DMT mode 51)
pi@erpi ~ $ tvservice --status
state 0x120006 [DVI DMT (51) RGB full 4:3], 1600x1200 @ 60.00Hz, progressive
pi@erpi ~ $ fbset -depth 8 && fbset -depth 16
```

마지막 행은 그래픽 디스플레이를 업데이트하기 위해 비디오 프레임 버퍼를 갱신(refresh)한다. 새로운 해상도를 테스트한 다음에 /boot/config.txt 파일에 명시적으로 값을 설정할 수 있다(hdmi_group=1은 CEA 모드로 설정하고 hdmi_group=2는 DMT 모드로 설정).

```
pi@erpi /boot $ more config.txt | grep ^hdmi
hdmi_group=2
hdmi_mode=51
```

HDMI 출력을 사용하는 것이 아니라면 스위치를 완전히 내림으로써 약 25~30mA의 전류를 절약할 수 있다.

```
pi@erpi ~ $ tvservice --off
Powering off HDMI
```

그 외에 이미지와 비디오 데이터를 캡처하는 RPi 전용 도구들이 있으며, 자세한 내용은 15장에서 설명한다.

## 온보드 LED 다루기

이 절에서는 RPi 온보드 사용자 LED의 작동을 바꾸는 방법을 설명한다. 이 LED는 RPi2 보드의 왼쪽 위 모서리에 있으며(그림 2.9) RPi3 보드에는 왼쪽 아래에 있다. RPi2/3 보드에는 두 개의 LED가 있고 각각은 보드의 상태 정보를 제공한다.

- ACT LED(구형 모델에서는 이름이 OK다)는 마이크로 SD 카드가 활동할 때 깜빡이는 것이 기본값이다. 리눅스에서는 `led0`이다.
- PWR LED는 RPi에 전원이 들어오는지 표시한다. 리눅스에서 RPi 2 같은 모델의 경우 이 LED가 `led1`이지만 구형 모델에서는 전원 공급 장치에 연결돼 있다.

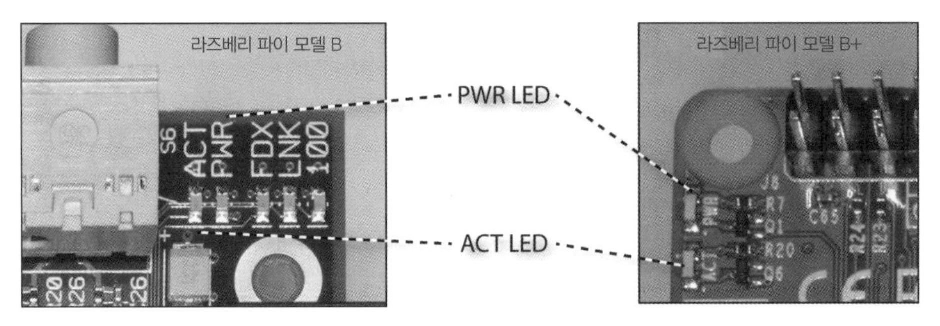


그림 2.9 RPi의 전원과 활동을 표시하는 온보드 LED

필요에 따라 LED의 동작을 변경할 수는 있지만 그럴 경우 유용한 활동과 전원 상태 정보를 일시적으로 볼 수 없게 된다.

참고

RPi 제로에는 리눅스에 파일이 있음에도 불구하고 물리적 PWR LED(`led1`)가 없다. ACT LED(`led0`)가 트리거 역할을 하도록 설정하는 방법을 나중에 설명한다. LED의 극성이 반대임에 유의하라. 트리거 모드 "none"에서 밝기 값 0은 LED를 켜고 밝기 값 1은 LED를 끈다. 이러한 동작은 향후에 조정될 것이다.

*sysfs*는 최근 리눅스 커널에서 사용할 수 있는 가상 파일 시스템이다. 장치에 대한 접근과 제한된 커널 공간 내에서만 접근 가능한 드라이버를 제공한다. 이 주제는 6장에서 상세히 논의한다. 지금은 sysfs가 어떻게 온보드 LED의 동작을 변경할 수 있는지에 대해서만 간단히 알아볼 것이다.

SSH 클라이언트를 사용하면 RPi에 연결하고 `/sys/class/leds/` 디렉터리를 볼 수 있다. RPi2에서의 출력은 다음과 같다.

```
pi@erpi ~ $ cd /sys/class/leds/
pi@erpi /sys/class/leds $ ls
led0  led1
```

참고

sysfs 디렉터리의 위치는 리눅스 커널과 리눅스 배포판의 버전에 따라 다를 수 있다.

LED sysfs 매핑 두 개, 즉 led0과 led1을 볼 수 있다. 이 LED의 속성을 변경하기 위해 디렉터리를 변경할 수 있다. 예를 들어 ACT LED(led0)의 속성을 변경하는 방법을 알아보자.

```
pi@erpi /sys/class/leds $ cd led0
pi@erpi /sys/class/leds/led0 $ ls
brightness  device  max_brightness  subsystem  trigger  uevent
```

여러 파일 항목이 보이는데, 자세한 정보를 얻기도 하고 설정을 위해 접근할 수도 있다. 이 절에서는 몇 개의 명령만 사용하고 자세한 것은 다음 장에서 설명한다.

다음 명령을 실행해 LED의 현재 상태를 알 수 있다.

```
pi@erpi /sys/class/leds/led0 $ cat trigger
none [mmc0] timer oneshot heartbeat backlight gpio cpu0 cpu1 cpu2
cpu3 default-on input
```

ACT LED가 mmc0 장치, 즉 마이크로 SD 카드의 활동을 보여주도록 구성돼 있는 것을 볼 수 있다. 다음과 같이 타이핑해서 이 트리거를 끈다.

```
pi@erpi /sys/class/leds/led0 $ sudo sh -c "echo none > trigger"
pi@erpi /sys/class/leds/led0 $ cat trigger
[none] mmc0 timer oneshot heartbeat backlight gpio cpu0 cpu1 ...
```

이제 LED가 깜빡이지 않게 됐다. cat trigger를 사용해 새로운 상태를 볼 수 있다. LED 트리거가 꺼졌으므로 다음과 같은 명령으로 ACT LED를 완전히 켜거나 끌 수 있다.

참고

다음 예에서는 슈퍼유저 접근을 필요로 하는 셸 명령을 실행하기 위해 sudo sh -c를 사용한다. echo 명령을 파일로 재지정(>)하는 것 때문에 여기서는 sudo만으로 실행하는 것이 불가능하다. 이에 대해서는 3장에서 다시 설명할 것이다.

```
pi@erpi /sys/class/leds/led0 $ sudo sh -c "echo 1 > brightness"
pi@erpi /sys/class/leds/led0 $ sudo sh -c "echo 0 > brightness"
```

LED를 원하는 시간 간격으로 깜빡이게 할 수도 있다. 자세히 봤다면 sysfs의 동적인 성질을 알아챘을 것이다. 이 시점에 ls 명령을 수행하면 디렉터리가 다음과 같이 보이겠지만 이제 곧 바뀔 것이다.

```
pi@erpi /sys/class/leds/led0 $ ls
brightness  device  max_brightness  subsystem  trigger  uevent
```

LED가 깜빡이도록 하려면 `echo timer > trigger`라고 입력해 트리거에 타이머 모드를 설정한다. ACT LED가 1초 간격으로 깜빡이는 것을 볼 수 있을 것이다. `led0` 디렉터리에 `delay_on`과 `delay_off` 파일이 새로 생긴 것을 보라.

```
pi@erpi /sys/class/leds/led0 $ sudo sh -c "echo timer > trigger"
pi@erpi /sys/class/leds/led0 $ ls
brightness  delay_off  delay_on  device  max_brightness  subsystem
trigger  uevent
```

`delay_on` 시간과 `delay_off` 시간을 나타내는 파일을 이용해 LED 플래시 타이머를 구현한다. 다음과 같이 cat 명령을 사용해 현재 설정된 지연 시간을 밀리초 단위로 출력할 수 있다.

```
pi@erpi /sys/class/leds/led0 $ cat delay_on
500
pi@erpi /sys/class/leds/led0 $ cat delay_off
500
```

다음은 ACT LED가 5Hz로 깜빡이도록(100ms 동안 켜지고 100ms 동안 꺼짐) 하는 예다.

```
pi@erpi /sys/class/leds/led0 $ sudo sh -c "echo 100 > delay_on"
pi@erpi /sys/class/leds/led0 $ sudo sh -c "echo 100 > delay_off"
```

**echo mmc0 > trigger**라고 치면 LED의 상태가 기본값으로 돌아가며 delay_on과 delay_off 파일은 사라진다.

```
pi@erpi /sys/class/leds/led0 $ sudo sh -c "echo mmc0 > trigger"
pi@erpi /sys/class/leds/led0 $ ls
brightness  device  max_brightness  subsystem  trigger  uevent
```

### 심장박동 전원 표시 장치

RPi의 전원 표시등(PWR LED)이 계속 켜져 있지 않고 심장박동(heartbeat) 패턴을 표시하도록 구성할 수 있다. 일단 다음과 같이 테스트해 보자.

```
pi@erpi /sys/class/leds/led1 $ ls
brightness  device  max_brightness  subsystem  trigger  uevent
pi@erpi /sys/class/leds/led1 $ sudo sh -c "echo heartbeat > trigger"
```

PWR LED는 이제 심장이 뛰는 것처럼 깜박여서 보드의 기능을 동적으로 표시한다. ACT LED는 SD 카드의 활동을 표시하는 것이 기본값이지만, 같은 방법으로 그 행동을 바꿀 수 있다. 이러한 변경을 영구적으로 적용하고 싶다면 /boot/config.txt 파일을 편집해 다음과 같이 두 행을 추가한다.

```
pi@erpi /boot $ ls -l config.txt
-rwxr-xr-x 1 root root 1705 Dec 5 18:02 config.txt
pi@erpi /boot $ sudo nano config.txt
pi@erpi /boot $ tail -n2 config.txt
dtparam=pwr_led_trigger=heartbeat
dtparam=act_led_trigger=mmc0
pi@erpi /boot $ sudo reboot
```

tail -n2 명령을 사용하면 config.txt 파일의 마지막 두 행을 표시하는데, 이것은 나노 편집기를 사용해 추가한 것이다. 보드가 재시작되면 ACT LED는 SD 카드의 활동을 표시하고 PWR LED는 보드가 멈추지 않는 한 심장박동 패턴을 계속 표시한다.

## 종료와 재시작

경고

리눅스 커널이 마이크로 SD 카드를 마운트 해제하지 않은 채로 물리적으로 전원을 끊으면 파일 시스템이 손상될 수 있다.

이 장에서 마지막으로 논의할 것은 RPi를 올바로 종료(shutdown)하는 절차다. 부적절한 방법으로 종료하면 ext4 파일 시스템이 손상될 수 있고 파일 시스템 체크로 인해 부트 시간이 길어지는 원인이 될 수 있다. RPi의 종료, 재시작, 시작에서 다음과 같은 점이 중요하다.

- **sudo shutdown -h now**는 보드를 올바로 종료한다. **sudo shutdown -h +5**는 5분 후에 종료한다.
- **sudo reboot**는 보드를 올바로 리셋 및 재시작한다.

프로젝트 설계상 케이스를 씌워야 한다면 외부에 소프트 파워 다운을 둘 필요가 있다. RPi의 GPIO 입력과 연결된 버튼을 외부에 두고 시동 시에 셸 스크립트가 실행돼 GPIO를 폴링해 입력으로 사용하도록 구현할 수 있다. 입력이 들어오면 `/sbin/shutdown -h now`를 직접 호출한다.

## 요약

이 장의 목표는 다음과 같다.

- 데스크톱 컴퓨터로부터 네트워크 연결을 사용해 RPi와 통신
- USB-to-TTL 3.3V 케이블을 사용해 RPi에 직렬로 연결해 통신
- 간단한 리눅스 명령을 사용해 RPi와 상호작용하고 제어
- 리눅스 셸 터미널에서 기본적인 파일 편집 수행
- 리눅스 패키지를 관리하고 시스템 시각 설정
- RPi 전용 유틸리티를 사용해 RPi의 구성 설정
- 리눅스 sysfs를 사용해 RPi의 온보드 LED의 상태 조작
- RPi를 안전하게 종료하고 재시작

# 3장

# 임베디드 리눅스 시스템

이 장에서는 라즈베리 파이 임베디드 리눅스 시스템을 효과적으로 관리하기 위한 주요 개념과 명령, 도구를 제시한다. 첫 부분은 임베디드 리눅스와 리눅스 부트 프로세스에 대해 이론적으로 설명한다. 그다음에 리눅스 시스템 관리에 대해 차근차근 알아볼 것이다. 연습을 위해 라즈베리 파이에 터미널을 연결하거나 라즈베리 파이에서 터미널 창을 열고 따라 할 것을 권장한다. 다음으로는 Git 소스 코드 관리 시스템에 관해 설명한다. 이 책의 코드 예제가 깃허브(GitHub)를 통해 배포되기 때문이다. 데스크톱 가상화도 설명할 텐데, 그 내용은 이 책의 뒷부분에서 크로스 플랫폼 개발을 할 때 유용하다. 마지막으로 이 책의 소스 코드를 내려받는 방법을 설명하면서 이 장을 마무리할 것이다.

**이 장에 필요한 준비물:**

- 라즈베리 파이. 모델에 관계없음. 터미널로 접속하거나(2장 “라즈베리 파이 소프트웨어” 참고), 터미널 창을 열되 라즈비안을 구동할 것을 권장.

이 장에 대한 자세한 내용은 www.exploringrpi.com/chapter3/을 참고한다.

## 임베디드 리눅스 개요

먼저 짚고 넘어갈 것이 있다. 이 장의 제목에 *임베디드 리눅스(embedded Linux)*라는 용어를 사용하기는 했지만 임베디드 리눅스라는 것이 따로 있는 것은 아니다! 임베디드 시스템을 위한 특별한 리눅스 커널 버전은 존재하지 않으며 메인라인 리눅스 커널을 임베디드 시스템에서 구동할 뿐이다. 따라서 "임베디드 시스템 상의 리눅스"라고 하는 것이 정확한 표현이겠으나 임베디드 리눅스라는 용어가 널리 쓰이고 있으므로 여기에서도 그렇게 부를 것이다.

*임베디드 리눅스*의 *임베디드*라는 단어는 *임베디드 시스템*의 존재를 부각시키고자 하는 것이며 특수한 애플리케이션을 사용하기 위해 설계된 소프트웨어와 통합된 컴퓨팅 장비의 유형을 느슨하게 설명할 수 있는 개념이다. 이러한 개념은 개인용 컴퓨터(PC)와 대조를 이루는데, PC는 웹 브라우징, 워드 프로세싱, 게임 등 다양한 애플리케이션에 사용하도록 설계된 범용 컴퓨팅 장비다. 임베디드 시스템과 범용 컴퓨팅 장치 사이의 경계는 모호하다. 예를 들어 라즈베리 파이(RPi)는 그 두 가지 모두에 해당할 수 있고, 많은 사용자가 그것을 컴퓨팅 장치로, 혹은 미디어 플레이어로 사용한다. 어쨌든, 임베디드 시스템의 특징으로 다음과 같은 점을 들 수 있다.

- 특정한 전용 애플리케이션을 갖는다.
- 처리 능력, 메모리 가용성, 저장 용량에 제한이 있는 경우가 많다.
- 큰 시스템의 일부로서 외부의 센서 및 액추에이터와 연결되는 것이 일반적이다.
- 신뢰성이 중요한 곳에 종종 사용된다(차량, 항공, 의료 장비 제어 등)
- 실시간으로 동작하며 출력이 현재의 입력에 직결되는 경우가 많다(제어 시스템 등)

우리는 임베디드 시스템을 매일 접한다. 자판기, 가전제품, 휴대폰/스마트폰, 제조 라인, TV, 게임 콘솔, 자동차(파워 스티어링 및 리버싱 센서), 네트워크 스위치, 라우터, 무선 액세스 포인트, 사운드 시스템, 의료 모니터 장비, 프린터, 건물 접근 제어, 주차 정산기, 스마트 에너지/수도 계량기, 시계, 건설 도구, 디지털카메라, 모니터, 태블릿, 이북 리더, 로봇, 스마트카드 지불/접근 시스템 등이 그것이다.

임베디드 리눅스 장치의 확산에는 스마트폰 기술의 급격한 진화가 한몫했다. 그것이 ARM 기반 프로세서의 단가를 낮추는 데 도움이 됐다. ARM 홀딩스 PLC는 영국 회사로, RPi 모델에 대해 ARMv6과 ARMv7에 대한 지적 재산권을 선불 수수료와 프로세서 판매가의 1~2%에 해당하는 로열티를 받는 조건으로 허가했다. 브로드컴 코퍼레이션을 소유한 아바고 테크놀로지스(Avago Technologies Ltd.)는 현재 소비자에게 이 프로세서를 판매하지 않지만 BCM2835/6/7과 비슷한 프로세서를 5~10달러에 살 수 있다.

## 임베디드 리눅스의 장단점

여러 유형의 임베디드 플랫폼이 있으며 각각 장단점을 갖고 있다. 대량 구매 시 1달러가 채 되지 않는 (8/16비트) Atmel AVR, Microchip PIC, TI Stellaris와 같은 저가의 임베디드 플랫폼에서부터 멀티 코어 디지털 신호 프로세서(DSP)와 같이 150달러가 넘는 고가의 특화된 플랫폼까지 존재한다. 일반적으로 이러한 플랫폼에서는 C와 어셈블리 언어로 프로그래밍하며 유용한 애플리케이션을 개발하기 위해서는 기반 시스템의 구조에 대한 지식이 필요하다. 임베디드 리눅스는 시스템 구조에 대한 특별한 지식이 없이도 애플리케이션을 개발할 수 있다는 점에서 이러한 플랫폼의 대안으로 삼을 수 있다. 단, 전자 모듈 및 부품과 연결하고자 한다면 그에 대한 지식이 필요하다.

임베디드 리눅스가 크게 성장할 수 있었던 데는 다음과 같은 이유가 있다.

- 리눅스는 효율적이고 확장성 있는 운영체제(OS)로서 저가의 소비자 기기로부터 고가의 대규모 서버에 이르기까지 운용된다.
- 많은 수의 오픈소스 프로그램과 도구가 이미 개발돼 있어 임베디드 애플리케이션에 배포할 준비가 돼 있다. 임베디드 애플리케이션에 웹 서버가 필요한 경우, 리눅스 서버에서 사용되는 것과 똑같은 것을 설치할 수 있다.
- 네트워크 어댑터로부터 디스플레이에 이르는 다양한 장치에 대해 오픈소스가 훌륭하게 지원된다.
- 오픈소스 사용에 대한 비용이 들지 않는다.
- 커널과 애플리케이션 코드가 전 세계 수많은 장치에서 구동되므로 버그가 적고 빨리 발견된다.

임베디드 리눅스의 단점으로는 OS 과부하로 인해 실시간 애플리케이션에 이상적이지 못한 점을 들 수 있다. 그에 따라 아날로그 신호 처리와 같이 정밀도 높고 빠른 응답을 요하는 애플리케이션에 대해서는 임베디드 리눅스가 완벽한 해결책이 되지 않을 수 있다. 하지만 실시간 애플리케이션에서도 네트워크로 연결된 실시간 센서에 대한 인터페이스를 제어하는 "중앙 서버"로 RPi를 종종 사용한다(12장). 또한 리눅스를 선점형으로 사용해 실시간 프로세스 유지에 필요할 때 언제든지 OS를 인터럽트하는 *실시간 운영체제*(RTOS) 리눅스 개발도 지속적으로 이루어지고 있다.

## 리눅스는 오픈소스고 공짜인가?

리눅스는 *GNU GPL*(일반 공중 라이선스) 하에 릴리즈되며 그 코드를 사용자가 어떤 방식으로든 사용 및 개작할 자유를 허락한다. 여기에서 *자유(free)*는 "무료"보다는 "자유로움(freedom)"의 의미가 강하다. 사실 임베디드 아키텍처를 위한 리눅스 배포판들이 가장 비싼 편이다. 모든 사용자가 누려야 할 네 가지 자유를 밝히고 있는 GPLv3에 대한 빠른 안내를 www.gnu.org에서 확인할 수 있다(Smith, 2013).

*소프트웨어를 어떤 목적으로든 사용할 자유*

*소프트웨어를 필요에 맞게 변경할 자유*

*소프트웨어를 친구와 이웃에게 나눠줄 수 있는 자유*

*스스로 변경한 것을 공유할 자유*

"자유롭게" 내려받을 수 있는 배포판을 사용한다 할지라도 라이브러리와 장치 드라이버를 제품 개발에 사용할 수 있도록 특정한 부품 및 모듈에 맞도록 재단하는 데는 상당한 비용이 든다.

## 라즈베리 파이 부팅

데스크톱 컴퓨터를 부팅할 때 가장 먼저 보이는 것은 *UEFI(통일 확장 펌웨어 인터페이스)*로 레거시 BIOS(기본 입출력 시스템) 서비스를 지원하기 위한 것이다. 부팅 화면은 시스템 정보를 표시하며 설정을 변경하려면 키를 누르도록 안내한다. UEFI는 메모리 등 하드웨어 부품을 먼저 테스트한 다음, SSD 또는 하드 드라이브로부터 OS를 로드한다. 따라서 데스크톱 컴퓨터가 켜지면 UEFI/BIOS는 다음 단계를 수행한다.

1. 컴퓨터 프로세서에 대한 제어를 취한다
2. 하드웨어 부품을 초기화 및 테스트한다
3. OS를 SSD/하드 드라이브로부터 로드한다.

UEFI와 BIOS는 디스플레이 및 마우스, 키보드, 저장 장치와 같은 입출력 장치와 상호작용하기 위해 OS에 대한 추상 계층을 제공한다. 설정값은 NAND 플래시와 배터리를 사용하는 메모리에 저장된다. PC 마더보드의 실시간 시스템 클럭을 위한 작은 코인 배터리를 볼 수 있다.

### 라즈베리 파이 부트로더

대부분의 임베디드 장치가 그렇듯이, RPi에는 BIOS나 배터리로 유지되는 메모리가 들어있지 않다(배터리가 있는 실시간 클럭을 RPi에 추가하는 것을 9장에서 다룬다). 그 대신에 부트로더의 조합을 사용한다. *부트로더*는 보드의 특정 하드웨어를 리눅스 OS와 연결하는 중요한 기능을 수행하는 작은 프로그램이다.

- 컨트롤러(메모리, 그래픽, 입출력) 초기화
- OS를 위해 시스템 메모리 준비 및 할당

- OS위 위치를 찾고 로드하기 위해 준비
- OS를 로드하고 제어를 넘김

임베디드 리눅스를 위한 부트로더는 RPi를 포함한 각 보드의 유형별 맞춤형 프로그램이다. 임베디드 리눅스 플랫폼의 하드웨어에 대한 상세한 지식을 바탕으로 보드에 특화된 소프트웨어 패치를 사용해 맞춤형 빌드가 가능한 오픈소스 리눅스 부트로더인 *Das U-Boot*(유니버설 부트로더)와 같은 것들이 있다(tiny.cc/erpi301 참고). RPi는 다른 접근법을 취한다. 브로드컴에서 RPi를 위해 특별히 개발한 효율적인 클로즈드 소스 부트로더를 사용한다. 이 부트로더와 구성은 RPi 이미지의 /boot 디렉터리에 있다.

```
pi@erpi /boot $ ls -l *.bin start.elf *.txt *.img fixup.dat
-rwxr-xr-x 1 root root   17900 Jun 16 01:57 bootcode.bin
-rwxr-xr-x 1 root root     120 May  6 23:23 cmdline.txt
-rwxr-xr-x 1 root root    1581 May 30 14:49 config.txt
-rwxr-xr-x 1 root root    6174 Jun 16 01:57 fixup.dat
-rwxr-xr-x 1 root root     137 May  7 00:31 issue.txt
-rwxr-xr-x 1 root root 3943888 Jun 16 01:57 kernel7.img
-rwxr-xr-x 1 root root 3987132 Jun 16 01:57 kernel.img
-rwxr-xr-x 1 root root 2684312 Jun 16 01:57 start.elf
```

그림 3.1은 RPi의 부트 프로세스를 나타낸다. 부트로더의 각 단계는 이전 단계 부트로더에 의해 로드되고 호출된다. bootcode.bin과 start.elf 파일은 바이너리 형식의 클로즈드 소스 부트로더이며 RPi 프로세서의 CPU(중앙 처리 장치)가 아닌 GPU(그래픽 처리 장치)에서 실행된다. github.com/raspberrypi/firmware/tree/master/boot에 있는 라이선스 파일에는 "바이너리 형식으로, 수정 없이", 그리고 "라즈베리 파이 장치의 개발 또는 사용 목적에 한해" 재배포가 가능하다고 돼 있다. 압축된 리눅스 커널은 /boot/kernel.img에 있으며, 이것은 당연히 오픈소스다.

다음의 출력은 일반적인 부트 절차이며, 1장에서 소개한 USB to UART TTL 3V3 직렬 케이블(별도 구매 필요)을 사용해 캡처한 것이다. 케이블은 RPi 헤더의 6번(GND), 8번(UART_TXD), 10번(UART_RXD)에 붙였으며 데이터는 115,200보율(baud rate)로 캡처됐다. CPU를 실행하는 오픈소스 U-boot 로더와 달리 RPi 부트로더의 초기 단계는 콘솔에 출력을 제공하지 않는다. 부트에 문제가 생겼을 때 특정한 패턴으로 온보드 LED가 켜지기는 한다. 다음은 RPi 3가 부팅될 때의 콘솔 출력을 추출한 것이다. 이것은 메모리 매핑과 같은 중요한 시스템 정보를 표시한다.

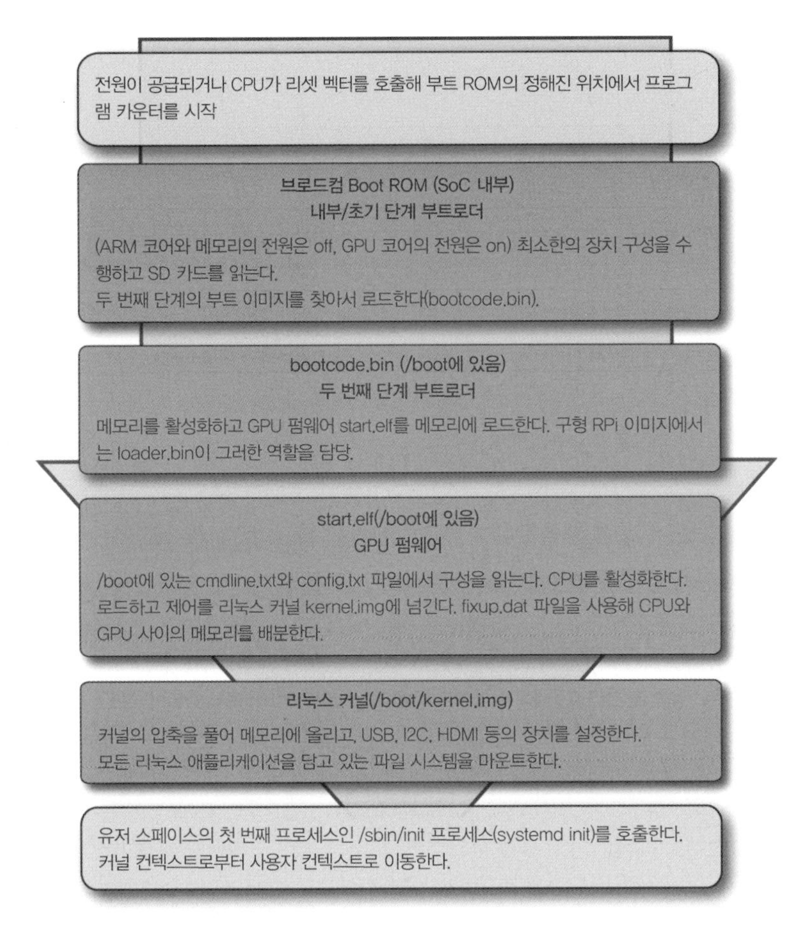

전원이 공급되거나 CPU가 리셋 벡터를 호출해 부트 ROM의 정해진 위치에서 프로그램 카운터를 시작
브로드컴 Boot ROM (SoC 내부)
내부/초기 단계 부트로더
(ARM 코어와 메모리의 전원은 off, GPU 코어의 전원은 on) 최소한의 장치 구성을 수행하고 SD 카드를 읽는다.
두 번째 단계의 부트 이미지를 찾아서 로드한다(bootcode.bin).
bootcode.bin (/boot에 있음)
두 번째 단계 부트로더
메모리를 활성화하고 GPU 펌웨어 start.elf를 메모리에 로드한다. 구형 RPi 이미지에서는 loader.bin이 그러한 역할을 담당.
start.elf(/boot에 있음)
GPU 펌웨어
/boot에 있는 cmdline.txt와 config.txt 파일에서 구성을 읽는다. CPU를 활성화한다. 로드하고 제어를 리눅스 커널 kernel.img에 넘긴다. fixup.dat 파일을 사용해 CPU와 GPU 사이의 메모리를 배분한다.
리눅스 커널(/boot/kernel.img)
커널의 압축을 풀어 메모리에 올리고, USB, I2C, HDMI 등의 장치를 설정한다.
모든 리눅스 애플리케이션을 담고 있는 파일 시스템을 마운트한다.
유저 스페이스의 첫 번째 프로세스인 /sbin/init 프로세스(systemd init)를 호출한다.
커널 컨텍스트로부터 사용자 컨텍스트로 이동한다.


그림 3.1 RPi의 전체 부트 시퀀스

```
Uncompressing Linux... done, booting the kernel.
[    0.000000] Booting Linux on physical CPU 0x0
...
[    0.000000] Linux version 4.4.50-v7+ (dc4@dc4-XPS13-9333) (gcc version 4.9.3 (crosstool-NG crosstool-ng-1.22.0-88-g8460611) )
 #970 SMP Mon Feb 20 19:18:29 GMT 2017
[    0.000000] CPU: ARMv7 Processor [410fd034] revision 4 (ARMv7), cr=10c5383d
[    0.000000] CPU: PIPT / VIPT nonaliasing data cache, VIPT aliasing instruction cache
[    0.000000] Machine model: Raspberry Pi 3 Model B Rev 1.2
[    0.000000] cma: Reserved 8 MiB at 0x3a800000
[    0.000000] Memory policy: Data cache writealloc
[    0.000000] On node 0 totalpages: 241664
[    0.000000] free_area_init_node: node 0, pgdat 808c5040, node_mem_map b9fa6000
[    0.000000]   Normal zone: 2124 pages used for memmap
```

```
[    0.000000]   Normal zone: 0 pages reserved
[    0.000000]   Normal zone: 241664 pages, LIFO batch:31
[    0.000000] [bcm2709_smp_init_cpus] enter (9520->f3003010)
[    0.000000] [bcm2709_smp_init_cpus] ncores=4
[    0.000000] PERCPU: Embedded 13 pages/cpu @b9f62000 s22592 r8192 d22464 u53248
[    0.000000] pcpu-alloc: s22592 r8192 d22464 u53248 alloc=13*4096
[    0.000000] pcpu-alloc: [0] 0 [0] 1 [0] 2 [0] 3
[    0.000000] Built 1 zonelists in Zone order, mobility grouping on.  Total pages: 239540
[    0.000000] Kernel command line: 8250.nr_uarts=0 bcm2708_fb.fbwidth=640 bcm2708_fb.fbheight=480
bcm2708_fb.fbswap=1 dma.dmach
ans=0x7f35  bcm2709.boardrev=0xa02082 bcm2709.serial=0x3694e17f bcm2709.uart_clock=48000000
smsc95xx.macaddr=B8:27:EB:94:E1:7F vc
_mem.mem_base=0x3dc00000 vc_mem.mem_size=0x3f000000  dwc_otg.lpm_enable=0 console=ttyS0,115200
console=tty1 root=/dev/mmcblk0p7
rootfstype=ext4 elevator=deadline fsck.repair=yes rootwait
[    0.000000] PID hash table entries: 4096 (order: 2, 16384 bytes)
[    0.000000] Dentry cache hash table entries: 131072 (order: 7, 524288 bytes)
[    0.000000] Inode-cache hash table entries: 65536 (order: 6, 262144 bytes)
[    0.000000] Memory: 939064K/966656K available (6357K kernel code, 432K rwdata, 1716K rodata,
476K init, 764K bss, 19400K rese
rved, 8192K cma-reserved)
[    0.000000] Virtual kernel memory layout:
    vector  : 0xffff0000 - 0xffff1000   (   4 kB)
    fixmap  : 0xffc00000 - 0xfff00000   (3072 kB)
    vmalloc : 0xbb800000 - 0xff800000   (1088 MB)
    lowmem  : 0x80000000 - 0xbb000000   ( 944 MB)
    modules : 0x7f000000 - 0x80000000   (  16 MB)
      .text : 0x80008000 - 0x807ea73c   (8074 kB)
      .init : 0x807eb000 - 0x80862000   ( 476 kB)
      .data : 0x80862000 - 0x808ce350   ( 433 kB)
       .bss : 0x808d1000 - 0x809901ec   ( 765 kB)
[    0.000000] SLUB: HWalign=64, Order=0-3, MinObjects=0, CPUs=4, Nodes=1
[    0.000000] Hierarchical RCU implementation.
[    0.000000]  Build-time adjustment of leaf fanout to 32.
[    0.000000] NR_IRQS:16 nr_irqs:16 16
...
...

Raspbian GNU/Linux 8 erpi ttyS0
erpi login:
```

터미널 창에서 **dmesg | more**라고 쳐도 동일한 정보를 얻을 수 있다. 초기 하드웨어 상태가 설정된 것을 볼 수 있지만, 지금은 대부분 항목의 의미가 잘 이해되지 않을 것이다. 우선 몇 가지 중요한 점을 설명하겠다(출력에서 굵은 글씨로 표시한 부분).

- 리눅스 커널은 압축을 풀어 메모리에 올리고 부트한다. ARMv7 RPi 2/3에서 사용하는 커널 이미지(kernel7.img)는 ARMv6 RPi/RPi B+에서 사용하는 것(kernel.img)을 살짝 수정한 것이다.
- 리눅스 커널 버전을 식별(4.4.50-v7+)한다.
- 머신 모델을 식별해 올바른 디바이스 트리 바이너리를 로드할 수 있도록 한다.
- 기본 네트워크 MAC 어드레스(물리적 네트워크에서 장치를 식별하기 위한 유일한 하드웨어 주소)가 커널 명령행 인자로 전달된다. MAC 어드레스는 제조 과정에서 CPU의 시리얼 번호 마지막 3바이트를 사용해 RPi에 자동으로 설정된다. cat /proc/cpuinfo를 실행해 보드의 시리얼 번호를 볼 수 있다. 이 보드의 번호는 000000003694e17f이므로 유일한 MAC 어드레스를 위해 369431을 이용했다.
- 나머지 커널 인자 몇 가지는 다음과 같이 cmdline.txt 파일을 편집(**sudo nano cmdline.txt**)함으로써 설정할 수 있다.

```
pi@erpi /boot $ more cmdline.txt
dwc_otg.lpm_enable=0 console=serial0,115200 console=tty1 root=/dev/
mmcblk0p2
rootfstype=ext4 elevator=deadline fsck.repair=yes rootwait
```

- 가상 커널 메모리 레이아웃이 표시된다. 모듈 엔트리는 특히 중요하며 8장에서 활용한다.

RPi의 주요 설정 파일은 /boot/config.txt다. raspi-config 도구를 사용해 변경하는 사항이 이 파일에 반영된다. 이 파일을 수작업으로 편집(**sudo nano /boot/config.txt**)함으로써 버스 하드웨어, 프로세서의 오버클럭 등을 활성화 또는 비활성화할 수 있다.

```
pi@erpi /boot $ more config.txt
# For more options and information see
# http://www.raspberrypi.org/documentation/configuration/config-txt.md ...
# Uncomment some or all of these to enable the optional hardware interfaces
dtparam=i2c_arm=on
#dtparam=i2s=on
dtparam=spi=on
...
# Additional overlays and parameters are documented /boot/overlays/README
```

RPi 부트로더는 *디바이스 트리*(또는 *디바이스 트리 바이너리*)라고 하는 보드 구성 파일을 사용한다. 이 파일은 메모리 크기, 클럭 스피드, 온보드 디바이스와 같이 커널이 RPi를 부트하는 데 필요한 보드 관련 정보를 담고 있다. 디바이스 트리 바이너리 또는 DTB(바이너리)는 DTS(소스) 파일로부터 생성되며 이때 *디바이스 트리 컴파일러*(dtc)가 사용된다(이 주제는 8장에서 다룬다). **/boot** 디렉터리는 여러 RPi 모델의 디바이스 트리 바이너리를 담고 있다.

```
pi@erpi /boot $ ls -l *.dtb
-rwxr-xr-x 1 root root 10841 Feb 25 23:22 bcm2708-rpi-b.dtb
-rwxr-xr-x 1 root root 11120 Feb 25 23:22 bcm2708-rpi-b-plus.dtb
-rwxr-xr-x 1 root root 10871 Feb 25 23:22 bcm2708-rpi-cm.dtb
-rwxr-xr-x 1 root root 12108 Feb 25 23:22 bcm2709-rpi-2-b.dtb
-rwxr-xr-x 1 root root 12575 Feb 25 23:22 bcm2710-rpi-3-b.dtb
```

이 DTB 파일의 소스 코드는 DTS 형식으로 공개돼 있다. 다음은 RPi2에 있는 두 개의 $I^2C$ 버스 중 한 개와 두 개의 온보드 LED 핀에 대한 하드웨어를 기술하는 DTS 파일이며 각 RPi 모델의 DTS 파일은 이와 비슷한 구문을 따라 작성된다.

```
&i2c1 {
    pinctrl-names = "default";
    pinctrl-0 = <&i2c1_pins>;
    clock-frequency = <100000>;
};

&leds {
    act_led: act {
        label = "led0";
        linux,default-trigger = "mmc0";
        gpios = <&gpio 47 0>;
    };
    pwr_led: pwr {
        label = "led1";
        linux,default-trigger = "input";
        gpios = <&gpio 35 0>;
    };
};
```

RPi2를 위한 DTS 파일의 전체 소스 코드(bcm2709-rpi-2-b.dts)를 **tiny.cc/erpi302**에서 얻을 수 있다. 센서, HAT, LCD 디스플레이와 같은 장치를 RPi에 붙일 경우에는 디바이스 트리 바이너리 파일을 추가할 수 있다.

```
pi@erpi /boot/overlays $ ls
ads7846-overlay.dtb         i2s-mmap-overlay.dtb      pps-gpio-overlay.dtb
...
hifiberry-amp-overlay.dtb  mcp2515-can0-overlay.dtb  rpi-proto-overlay.dtb
hy28b-overlay.dtb           piscreen-overlay.dtb      w1-gpio-pullup-overlay.dtb
i2c-rtc-overlay.dtb         pitft28-resistive-overlay.dtb
```

RPi 배포판을 위한 디바이스 트리 소스의 전체 설명을 이 책의 소스 코드 배포판과 함께 /chp03/dts에서 얻을 수 있다.

### 예: RPi를 위한 디바이스 트리 바이너리 만들기

디바이스 트리 소스 파일은 **chp03/dts** 디렉터리 또는 **tiny.cc/erpi302**로부터 얻을 수 있다. DTS 파일을 사용해 DTB 파일을 직접 만들 수 있다. DTS 파일을 수정해 맞춤 DTB를 만들 수도 있다(권장하지는 않는다). 이 파일들을 변경했다가 RPi가 부팅되지 않을 수도 있음에 유의하라. 따라서 파일 시스템을 마운트하고 편집하는 메커니즘이 필요하다(이 장의 뒤에서 그 예를 들 것이다). 디바이스 트리 컴파일러(dtc)를 먼저 설치한 다음 DTS 파일에 대해 실행한다(모든 단계는 /chp03/dts/ 내에서 수행한다).

```
pi@erpi …/dts $ sudo apt install device-tree-compiler
pi@erpi …/dts $ dtc -O dtb -o bcm2709-rpi-2-b.dtb -b 0 -@ bcm2709-rpi-2-b.dts
pi@erpi …/dts $ ls -l *.dtb
-rw-r--r-- 1 pi pi 6108 Jun  16  12:30 bcm2709-rpi-2-b.dtb
pi@erpi …/dts $ ls -l /boot/*rpi-2*
-rwxr-xr-x 1 root root 6108 Jun 16 01:57 /boot/bcm2709-rpi-2-b.dtb
```

DTB 파일의 크기가 보드에 원래 있던 것과 같음을 볼 수 있을 것이다.

## 커널 스페이스 및 유저 스페이스

리눅스 커널은 시스템 메모리의 커널 스페이스(kernel space)라는 영역에서 실행되며 일반 사용자 애플리케이션은 시스템 메모리의 유저 스페이스(user space)라는 영역에서 실행된다. 두 공간 사이의 경계 때문에 사용자 애플리케이션은 리눅스 커널이 필요로 하는 메모리 및 자원에 접근하지 못한다. 이는 리눅스 커널이 잘못 작성된 사용자 코드로 인해 비정상 종료되는 것을 막아주며 한 사용자에 속한 애플리케이션이 다른 사용자의 애플리케이션 및 자원에 간섭하는 것을 막음으로써 보안을 향상시킨다.

리눅스 커널은 RPi의 모든 물리적 메모리와 자원을 "소유"하며 완전히 접근할 수 있다. 따라서 가장 안정적이고 신뢰할 수 있는 코드에 대해서만 커널 스페이스에서 실행될 수 있도록 주의해야 한다. 그림 3.2에 구조와 인터페이스를 나타냈다. 사용자 애플리케이션이 GNU C 라이브러리(glibc)를 사용해 커널의 시스템 콜 인터페이스를 호출하면 커널 서비스가 시스템 콜을 사용한다. 이러한 방법으로 유저 스페이스의 사용에 대한 통제가 이뤄진다.

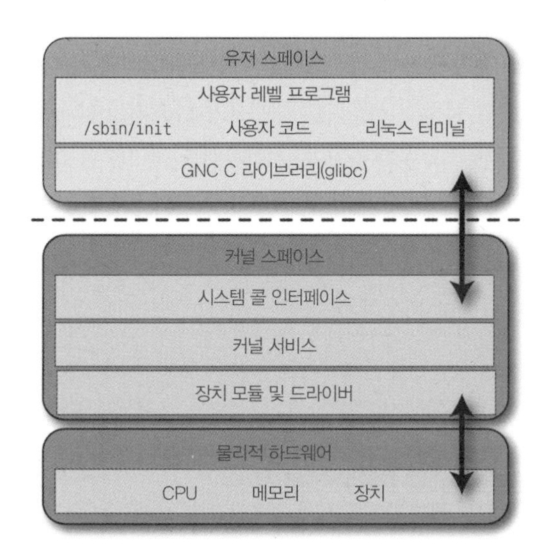


**그림 3.2** 리눅스 유저 스페이스 및 커널 스페이스 구조

*커널 모듈(kernel module)*은 바이너리 코드를 담고 있는 목적 파일(object file)로서 필요에 따라 커널에 적재(load)하거나 비활성화(unload)할 수 있다. 이는 커널의 실행 중에도 가능하며 RPi의 재시작을 필요로 하지 않는다. 예를 들어, USB Wi-Fi 어댑터를 RPi에 꽂는 시점에 커널이 어댑터를 활용하기 위해 적재 가능 커널 모듈(LKM)을 사용하도록 할 수 있다. 이러한 모듈화가 없다면 리눅스 커널은 RPi에서 쓰이지도 않을 모든 드라이버를 지원하기 위해 엄청나게 덩치가 커질 뿐만 아니라 새로운 하드웨어를 추가하고자 할 때마다 커널을 리빌드해야 할 것이다. LKM의 단점은 각 장치를 위한 드라이버 파일을 유지•관리해야 한다는 것이다(LKM과의 상호작용에 대해서는 이 책 전체에 걸쳐 설명하며 LKM을 직접 작성하는 방법은 16장에서 다룬다).

그림 3.1에서 보는 바와 같이, 부트로더 단계는 메모리에 압축을 푼 후 제어를 커널에 넘긴다. 그러면 커널이 루트 파일 시스템을 마운트한다. 부트 프로세스에서의 커널의 마지막 단계는 systemd init(라즈비안 제시를 사용하는 RPi에서는 /sbin/init)을 호출하는 것이다. 유저 스페이스에서 첫 번째로 시작되는 이 프로세스에 대해서 다음 절에서 논의한다.

## systemd 시스템 및 서비스 관리자

*시스템 및 서비스 관리자*는 RPi의 현재 상태(시동 및 종료)에 따라 서비스(웹 서버, 보안 셸[SSH] 서버 등)를 시작하고 정지한다. *systemd* 시스템 및 서비스 관리자는 최근에 논란을 일으키며 리눅스에 추가된 것으로, 과거의 System V (SysV) init과의 하위 호환성을 유지하면서 이를 대체하는 것을 목적으로 한다. 기존 SysV init의 가장 큰 문제점으로 태스크를 연쇄적으로 시작해서 하나의 태스크가 완료돼야 다음의 것을 시작할 수 있고 그로 인해 부트 시간이 길어지는 것을 들 수 있다. systemd 시스템은 데비안 8/라즈비안 8(제시)에서 기본으로 활성화된다. systemd는 시스템 서비스를 병렬로 시작하게 함으로써 부트 시간을 단축하며 Rpi2/3과 같은 멀티 코어 프로세서에서 특히 효과가 크다. 다음과 같이 부트 시간을 표시해 볼 수 있다.

```
pi@erpi ~ $ systemctl --version
systemd 215 +PAM +AUDIT +SELINUX +IMA +SYSVINIT +LIBCRYPTSETUP +GCRYPT
+ACL +XZ -SECCOMP -APPARMOR
pi@erpi ~ $ systemd-analyze time
Startup finished in 2.230s (kernel) + 6.779s (userspace) = 9.009s
```

경고

"명령을 찾을 수 없다(command not found)"는 메시지가 보인다면 라즈비안 7 배포판을 사용하고 있을 가능성이 높다. 자세한 정보는 이 장에 대한 웹페이지(www.exploringrpi.com/chapter3/)를 참조하라.

systemd는 시스템 및 서비스 관리자의 역할뿐만 아니라 로그인 관리, 저널 로깅, 장치 관리, 시각 동기화 등의 여러 소프트웨어의 묶음으로 구성된다. systemd는 개발 프로젝트가 처음에 목표로 삼았던 것에서 벗어나 핵심 기능이 아닌 것들을 개발하는 데 과도한 노력이 들어갔다는 비판을 받았다. 리눅스에서 systemd가 차지하는 역할이 너무 커져 리눅스의 미래가 systemd에 좌우되고 사용자에게서 선택권을 빼앗을 수도 있다. 그럼에도 불구하고 systemd가 많은 리눅스 배포판에서 받아들여지고 있는 것은 자명하다.

systemctl 명령을 사용해 systemd의 상태를 검사하고 제어할 수 있다. 인자 없이 호출하면 RPi에서 실행 중인 모든 서비스의 목록을 보여준다(페이징을 위해 스페이스 바를 사용하고 종료하려면 Q를 누른다).

```
pi@erpi ~ $ systemctl
networking.service     loaded active exited   LSB: Raise network interfaces
ntp.service            loaded active running  LSB: Start NTP daemon
serial-getty@ttyAMA0   loaded active running  Serial Getty on ttyAMA0
```

```
ssh.service          loaded active running  OpenBSD Secure Shell server
getty.target         loaded active active   Login Prompts  ...
```

systemd는 .service 확장자를 갖는 *서비스 파일*에 시작, 정지, 재시작 등의 동작을 정의하며 서비스 파일은 /lib/systemd/system 디렉터리에서 찾을 수 있다.

NTP(Network Time Protocol) 서비스는 기본으로 설치돼 실행된다. systemd 시스템은 그러한 서비스를 RPi에서 관리하는 데 사용된다. 예를 들면 정확한 서비스 이름을 식별하고 그것의 상태를 확인할 수 있다.

```
pi@erpi:~$ systemctl list-units -t service | grep ntp
ntp.service          loaded active running LSB: Start NTP daemon
pi@erpi:~$ systemctl status ntp.service
• ntp.service - LSB: Start NTP daemon
   Loaded: loaded (/etc/init.d/ntp)
   Active: active (running) since Mon 2016-01-02 13:00:48 GMT; 2h 21min ago
  Process: 502 ExecStart=/etc/init.d/ntp start (code=exited, status=0/ SUCCESS)
   CGroup: /system.slice/ntp.service
           ├─552 /usr/sbin/ntpd -p /var/run/ntpd.pid -g -u 107:112
           └─559 /usr/sbin/ntpd -p /var/run/ntpd.pid -g -u 107:112
```

systemctl 명령을 사용해 ntp 서비스를 정지시켜 네트워크 시간을 참조하는 업데이트를 더 이상 수행하지 않도록 할 수 있다.

```
pi@erpi:~$ sudo systemctl stop ntp
pi@erpi:~$ systemctl status ntp
• ntp.service - LSB: Start NTP daemon
   Loaded: loaded (/etc/init.d/ntp)
   Active: inactive (dead) since Mon 2017-01-02 17:42:26 GMT; 6s ago
  Process: 1031 ExecStop=/etc/init.d/ntp stop (code=exited, status=0/SUCCESS)
  Process: 502 ExecStart=/etc/init.d/ntp start (code=exited, status=0/SUCCESS)
```

다음과 같이 서비스를 재시작할 수 있다.

```
pi@erpi ~ $ sudo systemctl start ntp
```

표 3.1에 ntp 서비스를 예로 들어 systemd 명령을 요약했다. 그중에서 많은 명령이 슈퍼유저 권한을 필요로 하며 이를 위해 sudo 도구를 사용하는데 그 내용은 다음 절에서 설명한다.

표 3.1 systemd 명령

| 명령 | 설명 |
|---|---|
| `systemctl` | 실행 중인 모든 서비스의 목록 |
| `systemctl start ntp` | 서비스를 시작. 재시작 후에 지속되지 않음 |
| `systemctl stop ntp` | 서비스를 정지. 재시작 후에 지속되지 않음. |
| `systemctl status ntp` | 서비스 상태를 표시 |
| `systemctl enable ntp` | 부팅 시 서비스를 시작하도록 함 |
| `systemctl disable ntp` | 부팅 시 서비스가 시작되는 것을 비활성화 |
| `systemctl is-enabled ssh` | 부팅 시 시스템 서비스가 시작되는지 표시 |
| `systemctl restart ntp` | 서비스를 재시작(정지한 다음에 시작) |
| `systemctl condrestart ntp` | 서비스가 실행 중일 때만 재시작 |
| `systemctl reload ntp` | 서비스를 정지하지 않고 구성 파일 리로드 |
| `journalctl -f` | 시스템 로그 파일 보기. Ctrl+C로 종료. |
| `hostnamectl --static set-hostname ERPi` | 호스트명 변경 |
| `timedatectl` | 시각 및 시간대 정보 표시 |
| `systemd-analyze time` | 부팅 시간 표시 |

런레벨은 RPi의 현재 상태를 설명하며 init 시스템이 어떤 프로세스 혹은 서비스를 시작할지 제어하는 데 사용된다. SysV에서의 런레벨로는 0(halt), 1(단일 사용자 모드), 2~5(다중 사용자 모드), 6(재시작), S(시동)가 있다. init 프로세스가 시작되면 런레벨은 N(none)에서 시작한다. 그 다음에 런레벨 S로 진입해 단일 사용자 모드에서 시스템을 초기화하며 최종적으로는 다중 사용자 런레벨(2~5)로 진입한다. 현재의 런레벨을 알기 위해서는 다음을 실행한다.

```
pi@erpi ~ $ who -r
run-level 5 2016-01-02 03:23
```

위에서는 RPi가 런레벨 5로 가동되고 있다. init 명령에 런레벨 번호를 붙여 실행함으로써 런레벨을 변경할 수 있다. 예를 들어 다음과 같은 명령으로 RPi를 재시작할 수 있다.

```
pi@erpi ~ $ sudo init 6
```

이와 같이 systemd는 SysV 런레벨에 대한 하위 호환성을 갖고 있어 systemd에서 기존의 SysV 명령이 잘 실행된다. 하지만 systemd에서 런레벨을 사용하는 것을 권장하지는 않는다. systemd에는 타깃 유닛

(target unit)이라는 것을 사용하며 그 내용은 표 3.2에 SysV 런레벨과 나란히 비교해 놓았다. RPi에서 현재의 기본 타깃을 식별할 수 있다.

```
pi@erpi ~ $ systemctl get-default
graphical.target
```

여기서는 현재 RPi의 구성이 그래픽 환경임을 나타내고 있다. 다음과 같이 타깃이 로드하는 유닛의 목록을 볼 수 있다.

```
pi@erpi ~ $ systemctl list-units --type=target
UNIT LOAD ACTIVE SUB DESCRIPTION
basic.target loaded active active Basic System
cryptsetup.target loaded active active Encrypted Volumes
getty.target loaded active active Login Prompts
graphical.target loaded active active Graphical Interface
multi-user.target loaded active active Multi-User System
...
```

표 3.2 systemd 타깃 및 SysV 런레벨

| 타깃명 | SysV | 설명 |
|---|---|---|
| poweroff.target | 0 | 시스템 정지. 모든 서비스 종료 상태 |
| rescue.target | 1, S | 단일 사용자 모드. 파일 시스템 체크와 같은 관리 기능을 위해 사용. |
| multi-user.target | 2~4 | 텍스트 환경의 일반적인 다중 사용자 모드 |
| graphical.target | 5 | 그래픽 환경의 일반적인 다중 사용자 모드 |
| reboot.target | 6 | 시스템 리부트. 모든 서비스가 재시작 상태. |
| emergency.target | 없음 | 메인 콘솔에서만 사용 가능한 비상용 셸 |

네트워크에 연결된 RPi를 모니터 없이 사용(헤드리스)하고 있다면 그래픽 윈도우 서비스를 실행하는 것은 CPU와 메모리 자원을 낭비하는 것이다. 다음과 같이 헤드리스 타깃으로 변경해 더 이상 LXDE 윈도우 환경이 나타나지 않도록 할 수 있다. 그러면 유닛 목록에 graphical.target 항목도 나타나지 않게 된다.

```
pi@erpi ~ $ sudo systemctl isolate multi-user.target
pi@erpi ~ $ systemctl list-units --type=target ¦ grep graphical
```

그래픽 디스플레이를 다시 활성화하려면 다음과 같이 하면 된다.

```
pi@erpi ~ $ sudo systemctl isolate graphical.target
```

마지막으로, RPi가 부팅할 때의 기본 런레벨을 변경하고자 한다면 다음과 같이 할 수 있다.

```
pi@erpi ~ $ sudo systemctl set-default multi-user.target
Created symlink from /etc/systemd/system/default.target to /lib/systemd/sys
tem/multi-user.target.
pi@erpi ~ $ systemctl get-default
multi-user.target
```

재시작 후에는 윈도우 서비스가 시작되지 않으며 SysV 런레벨 3에 해당되는 것으로 표시된다.

## 리눅스 시스템 관리

이 절에서는 2장에서 이미 설명한 명령 및 도구들을 기반으로 RPi를 완전히 제어할 수 있도록 리눅스 파일 시스템을 좀 더 자세히 살펴볼 것이다.

### 슈퍼유저

리눅스 시스템에서 시스템 관리자 계정은 모든 명령과 파일에 대한 보안 접근 수준의 최상위에 있다. 일반적으로 이 계정을 *루트(root)* 계정 혹은 *슈퍼유저(superuser)*라고 한다. 라즈비안/데비안에서 이 계정은 *root*라는 사용자명을 갖는데, 일반적으로 비활성화되는 것이 기본값이다. pi 사용자 계정(사용자명: **pi**, 패스워드: **raspberry**)으로 로그인한 셸에서 **sudo passwd root**를 타이핑함으로써 root를 활성화시킬 수 있다.

```
pi@erpi ~ $ sudo passwd root
Enter new UNIX password: mySuperSecretPassword
Retype new UNIX password: mySuperSecretPassword
passwd: password updated successfully
```

리눅스 시스템에서 일반적인 조작을 할 때는 슈퍼유저로 로그인하지 않을 것을 권장한다. 하지만 또한 RPi를 사용할 때 서버를 수천 개의 사용자 계정으로 실행시키는 것이 아니라는 점도 기억해야 한다! 많은 애플리케이션에서 단일 root 사용자 계정이면 충분할 것이다(단, 패스워드는 기본값이 아닌 것으로 변경해야 한다). 그렇지만 슈퍼유저가 아닌 계정을 사용해 개발 작업을 하면 실수로 파일 시스템을 삭제하는 것과 같은 사고를 막는 데 도움이 된다. pi 사용자 계정은 하드웨어와의 상호작용을 단순화하도록 주의 깊게 구성됐으며 이 책에서 설명하는 대부분의 작업을 할 수 있다. 어쨌든 이러한 맞춤 사용자 계정이 어떻게 구성됐기에 그렇게 잘 작동하는 것인지 이해할 필요는 있다.

라즈비안을 포함한 많은 리눅스 배포판에서 시스템 관리 명령을 수행하고자 할 때 *sudo(superuser do)* 라는 도구를 사용한다. 일반적으로 관리자 패스워드를 물어본 후에 잠깐 관리자의 오퍼레이션을 수행할 권한을 부여하며 아울러 "큰 권한에는 큰 책임이 따름"을 경고한다. 라즈비안의 pi 사용자 계정은 root 패스워드를 넣지 않아도 슈퍼유저로의 상승이 가능하도록 구성돼 있다.

다음 절에서는 사용자 계정 관리에 대해 논의한다. 그러나 새로운 사용자 계정을 생성하고 그것을 sudo 도구를 사용해 활성화하기를 원한다면 사용자명을 *sudoers 파일(/etc/sudoers)*에 반드시 추가해야 하며, 이때 *visudo* 도구를 사용한다(root로 로그인했을 때는 **visudo**라고 입력하고 pi로 로그인했다면 **sudo visudo**라고 입력한다). /etc/sudoers 파일의 마지막 행에는 pi 사용자 계정에 대한 설정이 있는데, 이로써 pi 사용자가 sudo 도구를 사용할 때 패스워드를 물어보지 않는 이유를 알 수 있다.

```
#User privilege specification
root   ALL=(ALL:ALL) ALL
#username hostnames=(users permitted to run commands as) permitted commands
pi     ALL=(ALL)     NOPASSWD: ALL
```

위의 구성에서 pi 사용자는 모든 호스트명(첫 번째 ALL)에 대해서 어떤 사용자로도(두 번째 ALL) 명령을 실행할 수 있으며 모든 명령을(세 번째 ALL) 패스워드 없이 실행할 수 있다. sudo 도구가 잘 작동하기는 하지만 더 복잡한 명령의 출력을 재지정할 수 있는데, 자세한 내용은 이 장의 뒤에서 알아볼 것이다.

리눅스에서 사용자를 대치해 셸을 실행하는 또 다른 명령으로 su가 있다. **su -**를 타이핑(**su - root**와 동일)하면 다음과 같이 root 로그인을 활성화한 후에 완전한 슈퍼유저 권한으로 새로운 셸을 열 수 있다.

```
pi@erpi ~ $ su -
Password: mySuperSecretPassword
root@erpi:~# whoami
root
root@erpi:~# exit
logout
pi@erpi ~ $ whoami
pi
```

프롬프트 문자열에 나타나는 #은 현재 슈퍼유저 계정으로 로그인했음을 나타낸다. RPi에서 root 로그인을 다시 비활성화하려면 **sudo passwd -l root**를 타이핑한다.

## 시스템 관리

*리눅스 파일 시스템*이란 리눅스에서 파일을 정돈하기 위해 디렉터리를 계층화한 것이다. 이 절에서는 파일의 소유권, 심볼릭 링크의 사용, 파일 시스템 권한의 개념을 살펴본다.

### 리눅스 파일 시스템

리눅스에서는 *아이노드*(inode)라고 하는 데이터 구조를 사용해 파일 및 디렉터리와 같은 파일 시스템 개체를 표현한다. 물리적 디스크 상에 리눅스 *확장* 파일 시스템(ext3/ext4)이 생성될 때 *아이노드 테이블*이 생성된다. 이 테이블은 물리적 디스크 상의 파일 및 디렉터리에 아이노드 데이터 구조를 링크한다. 아이노드 데이터 구조는 각 파일 및 디렉터리에 대한 권한 속성, 물리적 디스크 블록의 위치에 대한 포인터, 타임스탬프, 링크 개수 등의 정보를 저장한다. 루트 디렉터리에서 ls -ail을 실행해 봄으로써 그 예를 볼 수 있다. ls의 -i 옵션이 아이노드 색인을 표시하는 것이다. /tmp 디렉터리 항목의 경우, 다음을 볼 수 있다.

```
pi@erpi ~ $ cd /
pi@erpi / $ ls -ail | grep tmp
   269 drwxrwxrwt   7 root root  4096 Jun 18 01:17 tmp
```

여기서 269가 /tmp 디렉터리의 *아이노드 색인*이다. cd 명령으로 /tmp 디렉터리에 들어가서 임시 파일(a.txt)을 생성한 다음, **ls -ail**을 실행하면 현재(.) 디렉터리가 동일한 아이노드 색인을 가진 것을 확인할 수 있다.

```
pi@erpi / $ cd tmp
pi@erpi /tmp $ touch a.txt
pi@erpi /tmp $ ls -ail
   269 drwxrwxrwt  7 root root 4096 Jun 18 01:41 .
     2 drwxr-xr-x 22 root root 4096 Jun 16 01:57 ..
  4338 -rw-r--r--  1 pi   pi      0 Jun 18 01:41 a.txt
```

또한 루트 디렉터리(..)가 아이노드 색인 2를 가지며 텍스트 파일(a.txt)은 아이노드 색인 4338을 가진 것을 볼 수 있다. 아이노드 색인에 대해 직접적으로 *cd*를 할 수는 없는데, 그 이유는 아이노드 색인이 디렉터리를 참조하지 않을 수도 있기 때문이다.

그림 3.3은 리눅스에서 파일 관련 작업을 하는 데 필요한 리눅스 디렉터리 목록과 파일 권한을 나타낸다. 첫 글자는 파일의 유형을 가리킨다. (d)는 디렉터리, (l)은 링크, (–)는 일반 파일이다. 그 외에도 (c)character special, (b)block special, (p)fifo, (s)소켓 등이 있다. 디렉터리와 일반 파일에 대해서는 더 이상 설명할 필요가 없지만, 링크는 특별히 주목할 필요가 있으므로 뒤에서 따로 설명한다.

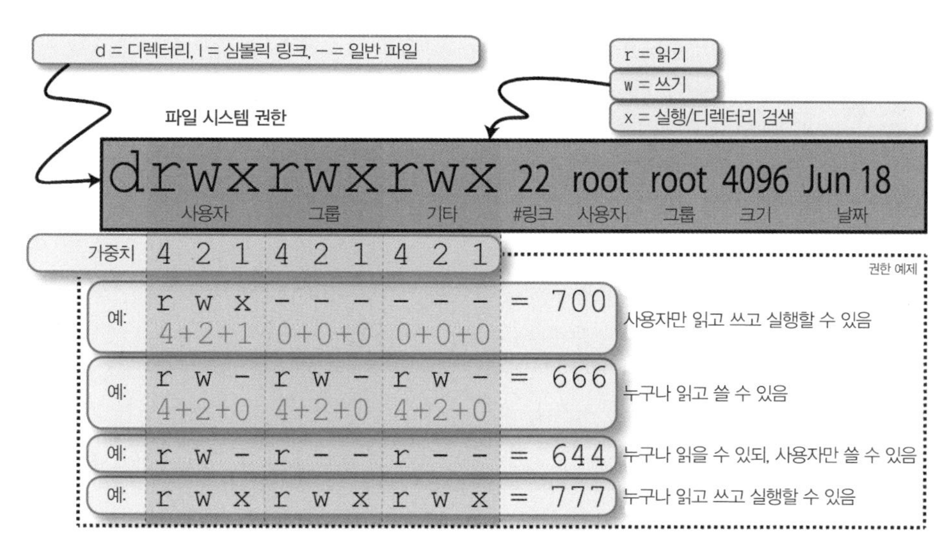


그림 3.3 리눅스 디렉터리 목록 및 파일 권한

## 파일과 디렉터리에 대한 링크

링크에는 *소프트 링크*와 *하드 링크*의 두 종류가 있다. 소프트 링크(또는 *심볼릭 링크*)는 다른 파일 또는 디렉터리의 위치를 참조하는 파일이다. 그와 달리 하드 링크는 아이노드에 직접 링크하지만, 디렉터리에는 링크될 수 없다. 링크를 생성하기 위해서는 **ln /path/to/file.txt linkname**과 같은 명령을 사용하며 심볼릭 링크를 만들 때는 **-s** 옵션을 붙인다. 다음은 /tmp/test.txt에 대해 소프트 링크와 하드 링크를 생성하는 예다.

```
pi@erpi ~ $ cd /tmp
pi@erpi /tmp $ touch test.txt
pi@erpi /tmp $ ln -s /tmp/test.txt softlink
pi@erpi /tmp $ ln /tmp/test.txt hardlink
pi@erpi /tmp $ ls -al
total 8
drwxrwxrwt  2 root root 4096 Jun 18 01:55 .
drwxr-xr-x 22 root root 4096 Jun 16 01:57 ..
-rw-r--r--  2 pi   pi      0 Jun 18 01:55 hardlink
lrwxrwxrwx  1 pi   pi     13 Jun 18 01:55 softlink -> /tmp/test.txt
-rw-r--r--  2 pi   pi      0 Jun 18 01:55 test.txt
```

test.txt 파일에 숫자 2가 붙은 것이 보일 것이다(파일 권한 바로 뒤). 이것은 해당 파일에 대한 하드 링크의 개수를 나타낸다. hardlink라는 이름으로 하드 링크가 만들어졌을 때 숫자 1만큼 증가한 것이다. 하드 링크를 삭제하면(**rm hardlink** 명령을 사용) 이 숫자는 다시 1로 돌아간다. 소프트 링크와 하드 링크의 차이를 드러내기 위해 test.txt 파일에 텍스트를 추가해 보자.

```
pi@erpi /tmp $ echo "testing links on the RPi" >> test.txt
pi@erpi /tmp $ more hardlink
testing links on the RPi
pi@erpi /tmp $ more softlink
testing links on the RPi
pi@erpi /tmp $ mkdir subdirectory
pi@erpi /tmp $ mv test.txt subdirectory/
pi@erpi /tmp $ more hardlink
testing links on the RPi
pi@erpi /tmp $ more softlink
softlink: No such file or directory
```

test.txt 파일을 하위 디렉터리로 이동하면 소프트 링크는 깨지지만 하드 링크는 문제없이 동작하는 것을 볼 수 있다. 즉, 파일을 이동하면 심볼릭 링크는 갱신되지 않지만, 하드 링크는 원본이 이동 또는 삭제되더라도 항상 원본을 참조함을 알 수 있다. 다음과 같이 test.txt를 삭제해 보자.

```
pi@erpi /tmp $ rm subdirectory/test.txt
pi@erpi /tmp $ more hardlink
testing links on the RPi
```

파일이 여전히 존재한다! 또한 hardlink라는 이름의 하드 링크를 삭제함으로써 개수가 0으로 줄어들기 전까지는 그 파일은 지워지지 않을 것이다. 파일이 0개의 하드 링크를 갖고 있고 프로세스에 의해 사용되지 않아야 비로소 삭제될 것이다. 파일명 test.txt 자체가 하드 링크였던 셈이다. 서로 다른 파일 시스템 사이에는 하드 링크를 할 수 없음에 유의하라. 각 파일 시스템마다 1부터 시작하는 아이노드 색인 테이블을 갖고 있기 때문이다. 그러니까 여기서 /tmp 디렉터리에 대한 아이노드 색인 269는 다른 파일 시스템에서는 전혀 다른 파일을 가리키고 있을 것이다. **man ln**을 실행해 링크에 대한 유용한 가이드를 볼 수 있다.

참고

history 명령을 사용하면 앞서 실행했던 명령 목록을 볼 수 있다. Ctrl+R을 누르면 최근에 사용한 명령 히스토리를 찾아볼 수 있다. 엔터를 누르면 명령을 실행하며 탭을 누르면 명령행에서 편집할 수 있다.

## 사용자와 그룹

리눅스는 다중 사용자 OS로, 접근 권한을 관리하기 위해 다음 세 가지 클래스를 두고 사용자를 구분한다.

- **사용자(user)**: RPi에서 서로 다른 사용자 계정을 생성할 수 있다. 이는 프로세스와 파일 시스템에 대한 접근에 제한을 두고자 할 때 유용하다. RPi의 root 사용자 계정은 슈퍼유저로서 모든 파일에 접근할 수 있다. 예를 들어 공개된 웹 서버를 root 또는 pi 계정으로 구동하는 것은 서버에서 로컬 스크립팅을 지원하는 경우에는 안전하지 못할 수도 있다.
- **그룹(group)**: 사용자 계정은 한 개 이상의 그룹에 속할 수 있으며 각 그룹은 서로 다른 자원(UART 장치, $I^2C$ 버스 등)에 대해 서로 다른 접근 수준을 가질 수 있다.
- **기타(others)**: 파일의 소유자와 권한을 가진 그룹의 멤버를 제외한 RPi의 모든 사용자.

리눅스 터미널에서 사용자를 생성할 수 있다. 그룹의 전체 목록은 **more /etc/group**을 입력하면 볼 수 있다. RPi에서 어떻게 새로운 사용자 계정을 생성하고 필요에 맞게 속성을 수정하는지 다음 예를 통해 알아보자.

**예: RPI에서 새로운 사용자 계정 생성하기**

이 예는 사용자 계정을 생성하고 그 속성을 변경하는 방법을 보여주기 위한 것으로 다음의 순서로 진행한다.

1. RPi에서 molloyd라는 새로운 사용자 계정을 생성
2. 새로운 그룹에 그 계정을 추가
3. 그 사용자 계정을 표준 RPi 인터페이싱 그룹에 추가
4. 새로운 사용자 계정의 패스워드를 리셋(재설정)
5. 계정이 올바로 동작하는지 확인

**1단계: 사용자 molloyd 생성**

```
pi@erpi ~ $ sudo adduser molloyd
Adding user 'molloyd' ...
Adding new group 'molloyd' (1002) ...
Adding new user 'molloyd' (1001) with group 'molloyd' ...
Creating home directory '/home/molloyd' ...
Copying files from '/etc/skel' ...
Enter new UNIX password: ThePassword
Retype new UNIX password: ThePassword
passwd: password updated successfully
Changing the user information for molloyd
Enter the new value, or press ENTER for the default
```

```
Full Name []: Derek Molloy
Room Number []: Home
Work Phone []: XXXX
Home Phone []: XXXX
Other []: XXXX
Is the information correct? [Y/n] Y
```

2단계: 새로운 그룹을 생성해 사용자 추가

```
pi@erpi ~ $ sudo groupadd newgroup
pi@erpi ~ $ sudo adduser molloyd newgroup
Adding user 'molloyd' to group 'newgroup' ...
Adding user molloyd to group newgroup
Done.
pi@erpi ~ $ groups molloyd
molloyd : molloyd newgroup
```

3단계: 사용자를 표준 RPi 사용자 및 인터페이스 그룹에 추가

```
pi@erpi ~ $ sudo usermod -a -G pi,adm,dialout,cdrom,sudo,audio,video,
plugdev,users,games,netdev,gpio,i2c,spi,input molloyd
pi@erpi ~ $ groups molloyd
molloyd : molloyd adm dialout cdrom sudo audio video plugdev games users pi
netdev input spi i2c gpio newgroup
```

4단계: 필요할 경우 패스워드 재설정

```
pi@erpi ~ $ sudo passwd molloyd
Enter new UNIX password: ABetterPassword
Retype new UNIX password: ABetterPassword
passwd: password updated successfully
pi@erpi ~ $ sudo chage -d 0 molloyd
```

sudo chage -d 0 molloyd 명령을 사용함으로써 로그인 시에 패스워드가 강제로 만료되도록 할 수 있다. 보안을 위해서 패스워드는 누구나 읽을 수 있는 /etc/passwd 파일에 저장하지 않고 암호화돼 /etc/shadow 파일에 보관한다.

5단계: 계정을 테스트하기 위해 pi 사용자 계정으로 su molloyd를 실행하거나 새로운 터미널을 열어 molloyd 계정으로 로그인한다(pwd 명령은 현재의 작업 디렉터리를 표시한다).

```
pi@erpi ~ $ su molloyd
Password: ABetterPassword
You are required to change your password immediately (root enforced)
Changing password for molloyd.
(current) UNIX password: ABetterPassword
```

```
Enter new UNIX password: MyPrivatePassword
Retype new UNIX password: MyPrivatePassword
molloyd@erpi:/home/pi$ whoami
molloyd
molloyd@erpi:/home/pi$ pwd
/home/pi
molloyd@erpi:/home/pi$ cd /home/molloyd
molloyd@erpi:~$ touch test.txt
molloyd@erpi:~$ ls -l test.txt
-rw-r--r-- 1 molloyd molloyd 0 Jun 18 23:26 test.txt
molloyd@erpi:~$ more /etc/group |grep newgroup
newgroup:x:1003:molloyd
```

셸 프롬프트에서는 각 사용자의 홈 디렉터리를 ~로 표시한다. `test.txt` 파일이 올바른 사용자 및 그룹 ID로 생성된 것을 볼 수 있다. 또한 `newgroup` 그룹에는 단 하나의 사용자 `molloyd`만 있는 것을 볼 수 있다. 계정을 삭제할 때 **`sudo deluser --remove-home molloyd`** 명령을 사용해 사용자 계정 및 홈 디렉터리까지 삭제할 수 있다.

---

이 장 앞에서 소개한 주제를 연습하기 위해 다음 예제는 molloyd 사용자 계정을 사용해 수행한다. 첫 번째 예는 `chown` 명령을 사용해 파일에 대한 소유권을 변경(*ch*ange *own*ership)하고 `chgrp` 명령으로 파일에 대한 그룹 소유권을 변경(*ch*ange *gr*ou*p*)하는 것이다.

`sudo` 도구를 올바로 사용할 수 있도록 사용자 molloyd는 반드시 `sudoers` 파일에 있어야 하며 이를 위해서 pi 사용자 계정으로 `visudo` 명령을 실행한다. 다음과 같이 `molloyd` 항목이 파일에 포함되도록 수정할 수 있다.

```
pi@erpi ~ $ sudo visudo
pi@erpi ~ $ sudo tail -n 2 /etc/sudoers
pi ALL=(ALL) NOPASSWD: ALL
molloyd ALL=(ALL) ALL
```

### 예: 파일의 소유권 및 그룹 변경

RPi에 SSH로 접속해 molloyd 사용자로 로그인하자. `/tmp` 디렉터리에 있는 `test.txt` 파일은 `molloyd` 사용자 및 molloyd 그룹이 소유한다. 슈퍼유저의 권한으로 이 파일이 `root` 사용자 및 `root` 그룹의 소유가 되도록 변경해 보자.

```
molloyd@erpi:~$ cd /tmp
molloyd@erpi:/tmp$ touch test.txt
molloyd@erpi:/tmp$ ls -l test.txt
-rw-r--r-- 1 molloyd molloyd 0 Jun 19 00:06 test.txt
```

```
molloyd@erpi:/tmp$ sudo chgrp root test.txt
[sudo] password for molloyd: MyPrivatePassword
molloyd@erpi:/tmp$ sudo chown root test.txt
molloyd@erpi:/tmp$ ls -l test.txt
-rw-r--r-- 1 root root 0 Jun 19 00:06 test.txt
```

이제 molloyd 사용자 계정은 sudo 명령을 실행할 수 있게 됐지만, 사용자 패스워드를 반드시 입력해야만 한다.

## 파일 시스템 권한

*파일 시스템 권한*은 각 권한 클래스가 파일 또는 디렉터리에 대해 갖는 접근 수준을 나타낸다. chmod 명령은 사용자가 파일 시스템 개체에 대한 접근 권한을 변경할 수 있도록 해준다. 권한은 상대적으로 지정할 수 있다. 예컨대 **chmod a+w test.txt**는 사용자에게 test.txt 파일에 대한 쓰기 접근을 허용하지만, 그 외의 권한은 손대지 않는다. 권한을 절대적인 방식으로 적용할 수도 있다. **chmod a=r test.txt**는 모든 사용자가 test.txt 파일에 대해 읽기 접근만 할 수 있도록 한다. 다음 예는 chmod 명령을 사용해 파일에 대한 파일 시스템 권한을 변경하는 방법을 보여준다.

**예: CHMOD 명령을 사용하는 여러 가지 방법**

/tmp 디렉터리에 있는 test1.txt 파일에 대해 사용자와 그룹 멤버의 읽기와 쓰기 접근이 가능하도록 하되, 기타(others)는 읽기 접근만 가능하도록 변경하려고 한다. 이 작업은 세 가지 방법으로 수행할 수 있다.

```
molloyd@erpi:/tmp$ touch test1.txt
molloyd@erpi:/tmp$ ls -l test1.txt
-rw-r--r-- 1 molloyd molloyd 0 Jun 19 00:18 test1.txt
molloyd@erpi:/tmp$ chmod g+w test1.txt
molloyd@erpi:/tmp$ ls -l test1.txt
-rw-rw-r-- 1 molloyd molloyd 0 Jun 19 00:18 test1.txt
molloyd@erpi:/tmp$ chmod 664 test1.txt
molloyd@erpi:/tmp$ ls -l test1.txt
-rw-rw-r-- 1 molloyd molloyd 0 Jun 19 00:18 test1.txt
molloyd@erpi:/tmp$ chmod u=rw,g=rw,o=r test1.txt
molloyd@erpi:/tmp$ ls -l test1.txt
-rw-rw-r-- 1 molloyd molloyd 0 Jun 19 00:18 test1.txt
```

세 가지 chmod 사용법 모두 동일한 효과를 낸다

표 3.3에서 chown과 chgrp 명령의 구조에 대한 예를 들었다. 또한 사용자, 그룹, 권한과 관련된 몇 가지 명령도 예를 들었다.

표 3.3 사용자, 그룹, 권한 작업을 위한 명령

| 명령 | 설명 |
|---|---|
| chown molloyd a.txt<br>chown molloyd:users a.txt<br>chown -Rh molloyd /tmp/test | 파일 소유자 변경<br>소유자와 그룹을 동시에 변경<br>/tmp/test의 소유권을 재귀적으로 변경. -h는 참조된 파일 대신에 심볼릭 링크에 변경을 가함. |
| chgrp users a.txt<br>chgrp -Rh users /tmp/test | 파일의 그룹 소유권 변경<br>재귀적으로 변경하며 -h는 chown에서와 같음. |
| chmod 600 a.txt<br>chmod ugo+rw a.txt<br>chmod a-w a.txt | 권한을 변경해 사용자에게는 읽기/쓰기 접근이 가능하도록 하되, 그룹 및 기타는 접근할 수 없도록 함(그림 3.3)<br>사용자, 그룹, 기타에게 a.txt에 대한 읽기/쓰기 접근을 허락<br>*all*(사용자, 그룹, 기타 모두)을 의미하는 a를 사용해 모든 사용자의 쓰기 접근을 금지 |
| chmod ugo=rw a.txt | 모두에게 읽기/쓰기 접근을 설정 |
| umask<br>umask -S | 권한 기본값 설정을 나열. -S를 사용해 umask를 더 읽기 쉽게 표시 |
| umask 022<br>umask u=rwx,g=rx,o=rx | 새로 생성되는 파일과 디렉터리에 대한 권한의 기본값을 변경. 왼쪽의 두 umask 명령은 동등함. 이러한 마스크 값을 설정한 채로 파일 또는 디렉터리를 생성하면 디렉터리는 drwxr-xr-x, 파일은 -rw-r--r--로 생성됨. 사용자 계정마다 각자의 .login 파일에 umask 값을 다르게 설정할 수 있음. |
| chmod u+s myexe<br>chmod g+s myexe | *setuid* 비트(실행 시 사용자 ID 설정), *setgid* 비트(실행 시 그룹 ID 설정)와 같은 특수한 비트를 설정. s는 파일의 소유자나 그룹의 권한으로 다른 로그인 사용자에 의해 프로그램이 실행되는 것처럼 함. 예를 들어, 특정 프로그램을 root 사용자 계정으로 실행되는 것처럼 실행시킬 수 있음. 파일이 실행 가능하지 않으면 소문자 s 대신에 대문자 S가 나타남. |
| chmod 6750 myexe<br>chmod u=rwxs,g=rxs,o=myexe | setuid 비트를 절대적인 방식으로 설정. 두 예제는 myexe 파일에 -rwsr-s--- 권한을 부여해 setuid와 setgid 비트가 설정됨(myexe 앞의 공백에 유의).<br>보안상의 이유로 setuid 비트는 셸 스크립트에 적용할 수 없음. |
| stat /tmp/test.txt | 파일 또는 디렉터리의 물리적 장치와 아이노드 정보, 마지막 접근, 수정/변경 시각과 같이 유용한 파일 시스템 상태 정보를 제공. |

다음은 표 3.3의 마지막에 있는 stat 명령의 예다.

```
molloyd@erpi:/tmp$ stat test.txt
  File: 'test.txt'
  Size: 0             Blocks: 0          IO Block: 4096     regular empty file
Device: b302h/45826d  Inode: 6723         Links: 1
```

```
Access: (0644/-rw-r--r--)  Uid: (    0/    root)   Gid: (    0/    root)
Access: 2015-06-19 00:06:28.551326384 +0000
Modify: 2015-06-19 00:06:28.551326384 +0000
Change: 2015-06-19 00:07:13.151016841 +0000
 Birth: -
```

리눅스에서는 각 파일에 대한 접근, 수정, 변경 시각을 유지한다. 접근 시각과 수정 시각을 각각 touch -a text.txt와 touch -m test.txt 명령을 사용해 갱신할 수 있다(두 경우 모두 변경 시각은 영향을 받는다). 변경 시각은 chmod와 같은 시스템 오퍼레이션에 의해서도 영향을 받으며 수정 시각은 파일에 기록할 때, 접근 시각은 이론적으로는 파일을 읽을 때 영향을 받는다. 하지만 그러한 오퍼레이션은 파일을 읽을 때조차 쓰기를 일으킨다! 리눅스의 이러한 성질은 RPi의 SD 카드를 현저히 소모하며 입출력 성능을 저하시킨다. 따라서 RPi 부트 SD 카드에서는 대체로 /etc/fstab 구성 파일의 noatime 마운트 옵션을 사용해 파일 접근 시각 기능을 비활성화시킨다(다음 절에서 다룸). 그와 비슷한 것으로 디렉터리에 대한 접근 시각 갱신만 비활성화하는 nodiratime 옵션이 있다. 하지만 noatime 옵션은 파일과 디렉터리 양쪽에 대한 접근 시각 갱신을 비활성화한다.

그림 3.3에 대한 마지막 설명으로, 그림의 예에는 파일에 대한 22개의 하드 링크가 있다. 디렉터리에 대해서는 해당 디렉터리(.)와 하위 디렉터리, 부모 디렉터리(..)의 수를 합해 표시한다. 엔트리는 root가 소유하며 root 그룹에 속한다. 다음 4096 엔트리는 그 디렉터리에 속한 파일에 대한 메타데이터를 저장하는 데 필요한 크기다(최소 크기는 한 섹터, 일반적으로 4,096바이트다).

마지막으로, 루트 디렉터리에서 디렉터리의 목록 ls -ld를 수행하면 /tmp 디렉터리의 권한에서 t 비트가 보일 것이다. 이것은 *스티키 비트*(sticky bit)라고 하는 것으로, 파일을 삭제하기에는 쓰기 권한이 충분치 않음을 의미한다. 따라서 /tmp 디렉터리에서는 어느 사용자나 파일을 생성할 수 있지만 아무도 다른 사용자의 파일을 삭제할 수 없다.

```
molloyd@erpi:/tmp$ cd /
molloyd@erpi:/$ ls -dhl tmp
drwxrwxrwt 7 root root 4.0K Jun 19 00:18 tmp
```

ls -dhl 명령은 디렉터리명(directory names)의 목록을 읽기 쉬운(human-readable) 파일 크기로 긴(long) 형식으로 나열한다.

## 리눅스 루트 디렉터리

리눅스를 처음 접하는 사용자에게는 리눅스 파일 시스템을 탐험하기가 쉽지만은 않을 것이다. RPi에서 cd / 명령을 사용해 최상위 디렉터리로 가서 **ls**라고 치면 다음과 같이 최상위 디렉터리의 구조를 볼 수 있다.

```
molloyd@erpi:/$ ls
bin   boot.bak  etc   lib         media  opt   root  sbin  sys  usr
boot  dev       home  lost+found  mnt    proc  run   srv   tmp  var
```

이것들의 의미는 무엇일까? 각 디렉터리는 저마다의 역할이 있고 그에 대해 이해한다면 필요한 설정 파일이나 바이너리 파일을 어디에서 찾아야 할지 감을 잡을 수 있을 것이다. 리눅스의 최상위 하위 디렉터리에 대해 표 3.4에 간략히 정리했다.

표 3.4 리눅스 최상위 디렉터리

| 디렉터리 | 설명 |
|---|---|
| bin | 기본값으로 PATH 환경 변수에서 가리키는 모든 사용자에 의해 사용되는 바이너리 실행 파일이 있음. /usr/bin 디렉터리에는 부팅이나 시스템의 복구에 핵심적이지 않은 실행 파일이 있음. |
| boot | RPi의 부팅을 위한 파일이 있음. |
| boot.bak | 시스템 업그레이드 후 /boot의 백업본이 있음. |
| dev | 디바이스 노드가 있음(디바이스 드라이버에 링크). |
| etc | 로컬 시스템을 위한 설정 파일. |
| home | 사용자의 홈 디렉터리가 있음(/home/pi는 pi 사용자 홈). |
| lib | 표준 시스템 라이브러리가 있음. |
| lost+found | fsck(파일 시스템 체크와 복구)를 실행한 후 언링크된 파일이 여기에 보임. lost+found 디렉터리가 삭제됐을 경우 mklost+found 명령으로 재생성. |
| media | 마이크로 SD 카드와 같은 리무버블 미디어를 마운트하는 데 사용됨. |
| mnt | 일반적으로 임시 파일 시스템을 마운트하는 데 사용됨. |
| opt | 서드 파티의(핵심 리눅스가 아닌) 선택적인 소프트웨어를 설치하기에 좋은 장소. |
| proc | RPi에서 실행되는 프로세스를 보여주는 가상의 파일(예를 들어 **cd /proc** 후 **cat iomem**해 메모리 매핑 주소를 볼 수 있음). |
| root | 라즈비안 및 데비안 리눅스 배포판에서 root 계정의 홈 디렉터리(다른 많은 배포판에서는 **/home/root**에 있음). |
| run | 마지막 부트 이후 시스템의 실행에 대한 정보 제공. |
| sbin | root 사용자(슈퍼유저) 시스템 관리를 위한 실행 파일이 있음. |
| srv | ftp, 웹 서버, rsync 등과 관련된 데이터를 저장. |

| 디렉터리 | 설명 |
|---|---|
| sys | 시스템을 설명하는 가상 파일 시스템이 있음. |
| tmp | 임시 파일이 있음. |
| usr | 모든 사용자를 위한 프로그램이 있으며, /usr/include(C/C++ 헤더 파일), /usr/lib(C/C++ 라이브러리 파일), /usr/src(리눅스 커널 소스), /usr/bin(사용자 실행 파일), /usr/local(/usr과 유사하나 로컬 사용자를 위한 것), /usr/share(사용자들 간에 공유하는 파일과 미디어) 등 많은 하위 디렉터리로 구성. |
| var | 시스템 로그와 같이 변화가 많은 파일을 저장. |

## 파일 시스템 명령

파일 시스템에는 파일과 디렉터리에 대한 작업을 위한 명령과 더불어 파일 시스템 자체에 대한 작업을 위한 명령이 있다. 우선 살펴볼 것은 df(disk free라고 기억하자)와 mount다. **df** 명령은 RPi의 파일 시스템의 개요를 제공한다. **-T** 옵션을 더해 파일 시스템의 유형을 표시할 수 있다.

```
pi@erpi / $ df -T
Filesystem     Type     1K-blocks    Used Available Use% Mounted on
/dev/root      ext4      15186900 3353712  11165852  24% /
devtmpfs       devtmpfs    470400       0    470400   0% /dev
tmpfs          tmpfs       474688       0    474688   0% /dev/shm
tmpfs          tmpfs       474688       0    474688   0% /sys/fs/cgroup
/dev/mmcblk0p1 vfat         57288   19824     37464  35% /boot
...
```

디스크 공간이 부족한지 알고 싶을 때 df 명령이 유용하다. 위에서 /dev/root는 24%를 사용했으며, 소프트웨어를 추가로 설치할 수 있는 11.2GB의 여유 공간이 있다(16GB의 SD 카드에서). 또한 임시 파일 시스템(tmpfs) 항목이 여러 개 있는데, 이것들은 실제로는 RPi의 DDR RAM에 매핑된 가상 파일 시스템을 참조한다(/sys/fs/* 항목은 8장에서 논의한다). /dev/mmcblk0p1 항목은 57MB의 vfat 파일 시스템(가상 파일 할당 테이블. Windows 95에서 도입) 파티션을 SD 카드에 갖고 있다. vfat 파티션은 부트로더와 펌웨어 업데이트에 사용된다.

참고

RPi의 SD 카드 루트 파일 시스템의 여유 공간이 부족할 때는 /var/log의 시스템 로그를 확인하라. 과도하게 큰 로그 파일의 존재는 시스템에 문제가 있음을 시사하므로 그러한 경우에는 로그를 점검해 보도록 한다. 문제를 해결한 뒤에는 root 권한으로 **cat /dev/null > /var/log/messages**를 실행해 메시지 로그를 정리한다(kern.log, dpkg.log, syslog도 확인한다). 예를 들어, 파일을 삭제하거나 권한을 재설정하지 않고 pi 계정으로 dpkg.log를 정리하려면 다음 명령을 실행한다.

```
pi@erpi /var/log $ sudo sh -c "cat /dev/null > dpkg.log"
```

셸을 sh -c로 호출하면 따옴표로 둘러싸인 명령문 전체를 슈퍼유저 권한으로 실행시킨다. 이것이 필요한 이유는 sudo cat /dev/null > dpkg.log를 호출할 경우 sudo는 출력 재지정 >을 수행하지 않기 때문에 pi 계정으로 실행했을 때 권한 부족으로 인해 실패할 것이기 때문이다. 이러한 sudo의 재지정 이슈에 대해서는 이 장의 앞부분에서 시사한 바 있다.

블록 디바이스를 나열하는 lsblk 명령은 SD 카드, USB 메모리 스틱, USB 카드 리더 등 RPi에 붙은 블록 디바이스에 대한 간결한 트리 구조를 제공한다. 다음의 출력에 나타난 것과 같이 mmcblk0(부트 SD 카드)가 /boot에 붙은 p1과 파일 시스템의 루트 /에 붙은 p2의 두 파티션으로 나뉜 것을 볼 수 있다. 이 예에서는 32GB 카드가 들어 있는 USB 마이크로 SD 카드 리더가 USB 포트 중 한 개에 꽂혀있다(그림 1.8(b) 참고). 이것은 블록 디바이스 sda로 나타나며 한 개의 파티션 sda1를 가진다.

```
pi@erpi ~ $ lsblk
NAME        MAJ:MIN RM  SIZE RO TYPE  MOUNTPOINT
sda           8:0    1 29.8G  0 disk
└sda1         8:1    1 29.8G  0 part
mmcblk0     179:0    0 14.9G  0 disk
├mmcblk0p1  179:1    0   56M  0 part  /boot
└mmcblk0p2  179:2    0 14.8G  0 part  /
```

USB 포트는 추가적인 저장 공간을 위해 사용할 수 있으며 비디오 데이터를 캡처할 때 시스템의 SD 카드의 여유 공간이 부족한 경우에 유용하다. 다음 방법으로 SD 카드의 성능을 테스트함으로써 사용하고자 하는 애플리케이션의 요구를 충족하는지 확신할 수 있다.

### 예: SD 카드의 읽기 성능 테스트

hdparm 프로그램을 사용해 SD 카드 및 컨트롤러의 읽기 성능을 테스트할 수 있다. RPi2에서는 다음과 같이 할 수 있다(RPi B+에서도 동일).

```
pi@erpi ~ $ sudo apt install hdparm
pi@erpi ~ $ sudo hdparm -tT /dev/mmcblk0 /dev/sda1
```

```
/dev/mmcblk0:
 Timing cached reads:   868 MB in  2.00 seconds = 433.95 MB/sec
 Timing buffered disk reads:  56 MB in  3.11 seconds =  18.01 MB/sec
/dev/sda1:
 Timing cached reads:   890 MB in  2.00 seconds = 444.34 MB/sec
 Timing buffered disk reads:  74 MB in  3.09 seconds =  27.24 MB/sec
```

USB 어댑터의 SD 카드(sda1)가 온보드 MMC 컨트롤러에 붙은 SD 카드(mmcblk0)에 비해 약간 더 높은 성능을 내는 것을 볼 수 있다. 두 카드는 동일한 제품(샌디스크 Ultra Class 10, 30MB/초)이므로 데이터 읽기에서의 속도 차는 컨트롤러의 성능에 기인한 것으로 보인다. 쓰기 성능은 dd 명령을 사용해 테스트할 수 있는데, 잘못 사용하면 데이터를 잃어버릴 수 있으니 주의해야 한다.

mount 명령을 인자 없이 사용하면 RPi의 파일 시스템에 대한 상세한 정보를 볼 수 있다.

```
pi@erpi ~ $ mount
/dev/mmcblk0p2 on / type ext4 (rw,noatime,data=ordered)
sysfs on /sys type sysfs (rw,nosuid,nodev,noexec,relatime)
proc on /proc type proc (rw,relatime) ...
```

앞서 논의한 바와 같이 파일 시스템은 뿌리(root)로부터 뻗은 한 그루의 나무(tree)와 같이 조직돼 있다. **cd /**를 입력하면 루트로 갈 수 있다. mount 명령을 사용해 물리적인 디스크의 파일 시스템을 이 트리에 붙이는 것이 가능하다. 개별적인 물리적 장치의 파일 시스템은 모두 단일한 트리의 임의의 위치에 붙일 수 있다. 파일 시스템을 관리하는 데 사용되는 몇 가지 파일 시스템 명령을 표 3.5에 정리했으며 RPi의 중요한 시스템 관리 작업에 mount 명령을 어떻게 활용할 수 있는지 보여주는 예제 두 개를 소개한다.

표 3.5 유용한 파일 시스템 명령

| 명령 | 설명 |
|---|---|
| du -h /opt<br>du -hs /opt/*<br>du -hc *.jpg | 디스크 사용량: 디렉터리 트리가 얼마만큼의 공간을 차지하는지 알아보기.<br>옵션: (-h) 크기를 읽기 쉽게 표시, (-s) 요약, (-c) 총사용량. 마지막 명령은 현재 디렉터리의 JPG 형식 파일의 총 크기를 찾음. |
| df -h | 디스크 공간을 (-h) 읽기 쉽게 표시. |
| lsblk | 블록 디바이스의 목록 |
| dd if=test.img of=/dev/sdX<br>dd if=/dev/sdX of=test.img | dd는 파일을 변환 및 복사하며 if에는 입력 파일을, of에는 출력 파일을 지정함. 리눅스에서 이 명령을 사용해 이미지를 SD 카드에 기록할 수 있음. 데스크톱 리눅스에서는 통상적으로 다음과 같은 형태로 사용됨. |

| 명령 | 설명 |
|---|---|
| | sudo dd if=./RPi*.img of=/dev/sdX<br>위에서 /dev/sdX는 SD 카드 읽기/쓰기 장치. |
| cat /proc/partitions | 등록된 모든 파티션을 나열. |
| mkfs /dev/sdX | 리눅스 파일 시스템을 만듦. mkfs.ext4, mkfs.vfat도 있음. 장치의 데이터를 파괴하므로 사용에 주의할 것! |
| fdisk -l | fdisk를 디스크 관리, 파티션 생성과 삭제 등에 사용할 수 있음. fdisk -l은 존재하는 모든 파티션을 표시. |
| badblocks /dev/mmcblkX | SD 카드의 배드 블록을 검사. SD 카드에는 웨어 레벨링 제어 회로가 있음. 오류가 나타나면 fsck를 사용해 기록하지 말고 새로운 카드로 교체할 것. 루트 권한으로 실행해야 하며 실행하는 데 시간이 걸림에 유의할 것. |
| mount /media/store | 해당 파티션이 /etc/fstab에 있을 경우 마운트. |
| umount /media/store | 파티션의 마운트를 해제(unmount). 이 파티션의 파일이 열려 있을 경우에 알림. |
| sudo apt install tree<br>tree ~/exploringrpi | tree 명령을 설치하고 그것을 사용해 이 책의 예제 코드 저장소를 디렉터리 트리 구조로 표시. |

## 예: SD 카드 부트 이미지의 문제 수정

때로는 RPi의 리눅스 부트 이미지에 있는 리눅스 구성 파일을 잘못 변경하는 바람에 부팅이 되지 않는다거나 네트워크 어댑터에 문제가 생겨서 장치에 접근할 수 없게 될 수 있다. RPi에서 사용할 수 있는 USB 카드 리더(1장의 그림 1.8(b) 참고)가 있으면 두 번째의 "백업" 리눅스 SD 카드 부트 이미지를 사용해 부팅하고 "손상된" SD 카드 이미지를 다음과 같이 마운트할 수 있다.

```
pi@erpi ~ $ lsblk
NAME         MAJ:MIN RM  SIZE RO TYPE MOUNTPOINT
sda            8:0    1 14.7G  0 disk
├─sda1         8:1    1   56M  0 part
└─sda2         8:2    1 14.6G  0 part
mmcblk0      179:0    0 14.9G  0 disk
├─mmcblk0p1  179:1    0   56M  0 part /boot
└─mmcblk0p2  179:2    0 14.8G  0 part /
```

다음과 같이 USB SD 카드 리더에 있는 "손상된" SD 카드의 vfat 및 ext4 파티션을 위한 마운트 지점(mount point)을 생성할 수 있다.

```
pi@erpi ~ $ sudo mkdir /media/fix_vfat
pi@erpi ~ $ sudo mkdir /media/fix_ext
pi@erpi ~ $ sudo mount /dev/sda1 /media/fix_vfat/
pi@erpi ~ $ sudo mount /dev/sda2 /media/fix_ext/
```

그런 다음, RPi를 사용해 "손상된" SD 카드의 파일 시스템을 들여다보면서 잘못된 설정을 되돌릴 수 있다.

```
pi@erpi ~ $ cd /media/fix_vfat/
pi@erpi /media/fix_vfat $ ls
...              issue.txt    start.elf   cmdline.txt   kernel7.img
start_x.elf      config.txt   kernel.img  ...
pi@erpi /media/fix_vfat $ cd ../fix_ext/
pi@erpi /media/fix_ext $ ls
bin   boot.bak  etc   lib         media  opt   root  sbin     srv  tmp  var
boot  dev       home  lost+found  mnt    proc  run   selinux  sys  usr
```

위와 같이 vfat과 ext4 파티션의 파일을 편집하는 것이 가능하다. 변경을 마친 후에는 SD 카드를 꺼내기 전에 미디어의 마운트를 해제하는 것을 잊지 않도록 하자. 그런 다음에 안전하게 마운트 지점을 제거할 수 있다.

```
pi@erpi /media/fix_vfat $ cd ..
pi@erpi /media $ sudo umount /media/fix_vfat
pi@erpi /media $ sudo umount /media/fix_ext
pi@erpi /media $ sudo rmdir fix_vfat fix_ext
```

1. 두 번째의 SD 카드를 리눅스 ext4 파일 시스템으로 포맷
2. 두 번째의 SD 카드를 /media/store에 마운트
3. 부트 시에 두 번째의 SD 카드가 자동으로 마운트되도록 설정
4. 카드에 대한 사용자의 쓰기 접근을 허용하도록 설정하고 용량을 표시

이 예에서 사용된 카드는 32GB의 마이크로 SD 카드로, USB 카드 리더에 들어 있다(1장의 그림 1-8(b) 참고). 첫 번째 단계에서 카드의 내용을 잃게 되므로 카드가 비었는지 확인하도록 하라. 카드에 저장된 데이터를 유지하려면 두 번째 단계부터 시작하기 바란다.

**1단계: lsblk를 사용해 장치를 식별**

```
pi@erpi ~ $ lsblk
NAME         MAJ:MIN RM  SIZE RO TYPE MOUNTPOINT
sda            8:0    1 29.8G  0 disk
└sda1          8:1    1 29.8G  0 part
mmcblk0      179:0    0 14.9G  0 disk
├mmcblk0p1   179:1    0   56M  0 part /boot
└mmcblk0p2   179:2    0 14.8G  0 part /
```

32GB 카드는 블록 디바이스 /sda1이며 선택할 파일 시스템으로 준비할 수 있다(다음 단계에서 **mmcblk0p1** 또는 **mmcblk0p2**를 사용하면 부트에 사용하는 SD 카드의 내용을 잃게 됨을 유의할 것).

다음과 같이 파일 시스템을 빌드한다.

```
pi@erpi ~ $ sudo mkfs.ext4 /dev/sda1
mke2fs 1.42.12 (29-Aug-2014)
/dev/sda1 contains a vfat file system
Proceed anyway? (y,n) y
Creating filesystem with 7814912 4k blocks and 1954064 inodes
Filesystem UUID: e9562aa9-4565-4dfd-b986-4c45d089c7ce
...
Writing superblocks and filesystem accounting information: done
```

**2단계: 마운트 지점을 생성할 수 있으며 mount 명령을 사용해 두 번째 카드를 마운트한다(-t는 파일 유형을 가리키며, 생략하면 자동으로 인식된 파일 유형으로 mount를 시도한다).**

```
pi@erpi ~ $ sudo mkdir /media/store
pi@erpi ~ $ sudo mount -t ext4 /dev/sda1 /media/store
pi@erpi ~ $ cd /media/store
pi@erpi /media/store $ ls
lost+found
pi@erpi /media/store $ lsblk
NAME        MAJ:MIN RM  SIZE RO TYPE MOUNTPOINT
sda           8:0    1 29.8G  0 disk
└sda1         8:1    1 29.8G  0 part /media/store
...
```

**3단계: 두 번째 저장장치가 부팅 시마다 자동으로 마운트될 수 있도록 /etc/fstab 파일에 항목을 추가한다. 다음과 같이 파일의 끝에 행을 추가한다.**

```
pi@erpi ~ $ sudo nano /etc/fstab
pi@erpi ~ $ more /etc/fstab
proc            /proc           proc  defaults          0       0
/dev/mmcblk0p1  /boot           vfat  defaults          0       2
/dev/mmcblk0p2  /               ext4  defaults,noatime  0       1
/dev/sda1       /media/store    ext4  defaults,nofail,user,auto   0     0
pi@erpi ~ $ sudo reboot
```

이 항목은 /dev/sda1을 /media/store에 마운트되도록 하며 파일 시스템을 ext4 유형으로 식별한다. 또한 defaults(기본 설정 사용), nofail(장치가 있으면 마운트하되 없으면 무시함), user(사용자가 마운트할 권한을 가짐), auto(시동 시 또는 사용자가 mount -a라고 치면 마운트됨) 마운트 옵션을 설정한다. 0 0 값은 덤프 빈도(아카이브 스케줄)와 패스 번호(부트 시의 파일 검사 순서)로, 두 값 모두 기본값이 0으로 설정된다. 재시작한 후에 SD 카드가 /media/store에 올바로 마운트된 것을 확인할 수 있을 것이다.

안타깝게도 여러 개의 SD 카드 리더를 사용할 때는 이러한 접근 방식이 만족스럽지 않을 수 있는데, 그 이유는 장치의 초기화 순서에 따라 /sda1 장치가 다른 SD 카드를 참조할 수 있기 때문이다. 다른 접근 방법은 SD 카드의 UUID(universally unique identifier)를 마운트 절차에 명시하는 것이다. 1단계의 끝에서 이 32GB 카드의 UUID가 나타나기는 했지만, 여기에서는 확실하게 식별하기 위해서 다음과 같이 한다.

```
pi@erpi ~ $ sudo blkid /dev/sda1
/dev/sda1: UUID="e9562aa9-4565-4dfd-b986-4c45d089c7ce" TYPE="ext4"
```

/etc/fstab 파일에서 다음과 같이 /dev/sda1 항목을 UUID로 바꿔서 쓸 수 있다(반드시 한 줄에 써야 한다).

```
pi@erpi ~ $ more /etc/fstab
...
UUID=e9562aa9-4565-4dfd-b986-4c45d089c7ce /media/store ext4 defaults,nofail,user,auto 0 0
```

다시, 마이크로 SD 카드가 있고 없고에 관계없이 RPi가 올바로 부트한다. USB 카드 리더에 다른 마이크로 SD 카드가 있을 경우에는 /media/store에 마운트되는 것이 아니라 /etc/fstab의 별도 항목으로 UUID를 설정해줘야 사용할 수 있다. 또한 SD 카드를 핫 스왑할 수 있는데, 그것들은 제각기 정해진 마운트 지점에 자동으로 마운트될 것이다. SD 카드를 핫 스왑하기 전에 **sudo sync** 또는 **sudo umount /dev/sda1**을 실행하라. 다음 예와 같이 SD 카드를 제거할 준비를 하려면 umount를 사용하고 물리적으로 뺐다가 꽂지 않고서 다시 마운트하려면 mount -a를 사용한다.

```
pi@erpi ~ $ sudo umount /dev/sda1
pi@erpi ~ $ sudo mount -a
```

**4단계: 지금까지의 절차는 마운트 지점에 대해 루트 사용자에게만 쓰기 접근이 가능하도록 한다. 마운트 지점은 카드에 대한 쓰기 권한이 있는 사용자 그룹의 멤버에게 권한을 주게 할 수 있다.**

```
pi@erpi /media $ ls -l
drwxr-xr-x 3 root root 4096 Jun 20 00:58 store
pi@erpi /media $ sudo chgrp users store
pi@erpi /media $ sudo chmod g+w store
pi@erpi /media $ ls -l
drwxrwxr-x 3 root users 4096 Jun 20 00:58 store
pi@erpi /media $ cd store
pi@erpi /media/store $ df -k | grep /media/store
/dev/sda1        30638016    44992  29013660    1% /media/store
pi@erpi /media/store $ touch test.txt
pi@erpi /media/store $ ls
lost+found  test.txt
```

df 명령은 사용 가능한 용량을 표시하는 데 사용한다. 또한 마운트 지점 권한의 변경사항은 재시작해도 유지된다.

### find와 whereis

find 명령은 특정 파일을 찾기 위해 디렉터리 구조를 탐색하기에 유용하며 놀라울 정도로 포괄적이다. 모든 옵션을 보고 싶으면 **man find**를 실행해 보라. 다음은 RPi 파일 시스템의 어딘가에 있는 C++ 헤더 파일 iostream을 찾는 예다(접근 권한 문제를 피하기 위해 sudo를 사용했다).

```
pi@erpi / $ sudo find . -name iostream*
./usr/include/c++/4.9/iostream
./usr/include/c++/4.6/iostream
```

검색에 사용하는 이름의 대소문자를 무시하려면 -name 대신에 -iname을 사용한다.

다음 예에서는 /home에서 최근 24시간 내에 수정된 파일과 그보다 일찍 수정된 파일을 각각 찾는다.

```
pi@erpi ~ $ echo "RPiTest File" >> new.txt
pi@erpi ~ $ sudo find /home -mtime -1
/home/pi
/home/pi/.bash_history
/home/pi/new.txt
pi@erpi ~ $ sudo find /home -mtime +1
/home/pi/.profile
/home/pi/.bashrc      ...
```

그 외에도 접근시각(-atime), 크기(-size), 소유자(-user), 그룹(-group), 권한(-perm)을 사용할 수 있다.

참고

grep 명령을 사용해 특정한 문자열을 포함하는 파일을 재귀적으로 찾을 수 있다. -r은 재귀적 검색을, -n은 식별된 파일의 행 번호를 표시하고 -e에는 검색 패턴을 지정한다.

```
pi@erpi ~ $ sudo grep -rn /home -e "RPiTest"
/home/pi/new.txt:1:RPiTest File
```

자세한 옵션을 보려면 man grep을 사용하라.

whereis 명령은 바이너리 실행 파일, 소스 코드, 프로그램의 매뉴얼 페이지까지 검색할 수 있다는 점이 차이점이다.

```
pi@erpi ~ $ whereis find
find: /usr/bin/find /usr/share/man/man1/find.1.gz
```

이 경우에 바이너리 명령은 /usr/bin에 있고 맨(man) 페이지는 /usr/share/man/man1에 있다(공간 절약을 위해 gzip 형식으로 저장).

### more와 less

more 명령은 이미 여러 번 사용했으므로 그 사용법은 어느 정도 알 것이다. more는 큰 파일 또는 출력 스트림을 한 번에 한 페이지씩 볼 수 있게 해준다. 보고 싶은 긴 파일이 있으면 **more filename**을 타이핑한다. 예를 들면 로그 파일 /var/log/dmesg는 모든 커널 출력 메시지를 담고 있으며 **more /var/log/dmesg**라고 치면 이 파일을 한 페이지씩 넘길 수 있다. 한 페이지의 길이를 다섯 행으로 설정하고 싶다면 -5를 붙여서 설정하면 된다.

```
pi@erpi ~ $ more -5 /var/log/dmesg
[ 0.000000] Booting Linux on physical CPU 0xf00
[ 0.000000] Initializing cgroup subsys cpu
[ 0.000000] Initializing cgroup subsys cpuacct
[ 0.000000] Linux version 3.18.11-v7+ (dc4@dc4-XPS13-9333)(gcc version 4.8.3
20140303 (prerelease)(crosstool-NG linaro-1.13.1+bzr2650-Linaro GCC 2014.03)
--More--(2%)
```

페이지를 넘길 때는 스페이스 바를 사용하며 Q를 누르면 종료할 수 있다. 좀 더 강력한 less도 사용할 수 있다.

```
pi@erpi ~ $ less /var/log/dmesg
```

less 명령은 키보드를 통해 완전히 상호작용하는 뷰를 제공한다. 옵션이 너무나 많아서 여기에서 그 모든 내용을 설명할 수는 없다. 예를 들어 위아래로 이동하려면 화살표 키를 사용할 수 있다. 스페이스 바를 사용해 페이지를 내릴 수 있고 /로 문자열을 검색할 수 있으며(가령 **/usb**라고 쳐서 USB 장치와 관련된 메시지를 찾을 수 있다) N을 눌러 다음 찾기를 수행한다(Shift+N 키는 이전 찾기).

## SD 카드 파일 시스템의 신뢰성

RPi에서 가장 고장 나기 쉬운 부분 중 하나는 SD 카드이며 MMC(멀티미디어 카드)라고도 알려져 있다. MMC와 같은 NAND 기반 플래시 메모리는 낮은 가격에 고용량을 제공하지만 소모가 심해서 파일 시스템 오류를 일으킬 수 있다.

MMC의 고용량화는 주로 다중 레벨 셀(MLC) 메모리의 개발 때문이다. 단일 레벨 셀(SLC) 메모리와 달리 MLC는 한 메모리 셀에 1비트 이상을 저장할 수 있다. 메모리 셀 소거 과정에 필요한 높은 전압이 부근의 셀에 영향을 미쳐 NAND 플래시 메모리는 1KB에서 4KB의 블록이 소거된다. 시간이 흐름에 따라 NAND 플래시 메모리에 기록하는 과정에서 전자가 갇히게 되어 설정과 소거 상태 사이의 전도성 차이가 감소한다(고신뢰성 애플리케이션의 SLC와 MLC의 비교는 tiny.cc/erpi305 참고). MLC는 단일 셀 내에 더 많은 상태를 저장하기 위해 여러 충전 단계와 높은 전압을 사용한다(상용 MLC 제품은 보통 셀당 4에서 16 상태를 제공). SLC는 한 상태만 저장하므로(보통 60,000 – 100,000 소거/기록 사이클) MLC(보통 10,000사이클)에 비해 신뢰성이 높다. MMC는 매일 사용하는 디지털 사진과 같은 애플리케이션에 최적이다. 10,000사이클은 매일 카드 전체를 27년간 사용할 수 있다.

그렇지만 임베디드 리눅스 장치는 시스템 이벤트를 /var/log에 기록하는 것과 같이 MMC에 쓰기 작업을 지속해서 수행한다. RPi가 로그 파일을 매일 20회 기록한다면 SD 카드의 수명은 8개월로 감소한다. 이것은 보수적으로 계산한 것이고 *웨어 레벨링 알고리즘* 덕분에 그 수명은 좀 더 길 것이다. 웨어 레벨링은 MMC가 데이터를 기록할 때 MMC 미디어 전체를 골고루 사용하도록 해 로그 파일 변경과 같은 집중적인 수정으로 인해 리눅스 장치에 문제가 발생하는 것을 방지한다.

RPi에 사용할 SD 카드는 유명한 브랜드의 품질 좋은 제품을 구입하기 바란다. 또한 SD 카드에 사용하지 않고 남겨두는 공간이 많을수록 웨어 레벨링의 퍼포먼스 향상을 기대할 수 있다. 흥미를 위해 소개하자면, 비글본 블랙과 같은 타 임베디드 리눅스 보드는 칩에 MMC가 있는 eMMC(임베디드 MMC)를 사용한다. 이러한 eMMC도 대체로 MLC를 사용하므로 SD 카드와 마찬가지의 신뢰성을 가진다. 그렇지만 보드 제조사에서 eMMC 장치의 품질과 명세에 대해 통제할 수 있다는 장점이 있다. 대부분의 소비자용 SSD에도 MLC가 사용되며 값비싼 SLC 기반 SSD는 흔히 엔터프라이즈급 애플리케이션의 몫이 된다.

RPi에서는 높은 신뢰성을 필요로 하는 애플리케이션을 위해 RAM 파일 시스템(tmpfs)을 /tmp 디렉터리, /var/cache 디렉터리, 로그 파일(특히 /var/log/apt)에 적용할 수 있다. 이는 /etc/fstab 파일을 수정해 원하는 디렉터리를 메모리에 마운트하게 해서 수행할 수 있다. 예를 들어 데이터 교환을 목적으로 파일 데이터를 공유하는 프로세스가 있다면 /tmp 디렉터리를 RAM 파일 시스템(tmpfs)으로 사용하도록 /etc/fstab 파일을 다음과 같이 편집한다.

```
pi@erpi /etc $ sudo nano fstab
pi@erpi /etc $ more fstab
proc            /proc     proc defaults      0   0
/dev/mmcblk0p1  /boot     vfat defaults      0   2
/dev/mmcblk0p2  / ext4    defaults,noatime   0   1
tempfs          /tmp      tmpfs size=100M    0   0
```

그런 다음, mount 명령을 사용해 설정을 적용한다.

```
pi@erpi /etc $ sudo mount -a
```

이제 설정이 적용된 것을 확인한다.

```
pi@erpi /etc $ mount
...
tempfs on /tmp type tmpfs (rw,relatime,size=102400k)
```

루트 디렉터리에 noatime 속성이 기본값으로서 설정돼 있는데, 그로 인해 기록 횟수가 줄고 입출력 성능이 현저히 향상된다(이 장의 앞에서 설명했음). 솔리드 스테이트 저장장치(USB 메모리 스틱 등)에는 모두 이렇게 적용하는 것이 좋지만, RAM 기반 스토리지에서는 불필요하다.

tempfs에 기록된 데이터는 재시작하면 사라진다는 것을 기억하라. 따라서 /var/log를 tmpfs로 사용하면 시스템이 비정상 종료된 것에 대한 오류를 재시작 후에 확인할 수 없다. 위에서와같이 설정한 /tmp 디렉터리에 어떤 파일을 생성한 뒤에 재시작해 보면 그 사실을 확인할 수 있을 것이다.

실제 RAM 할당은 tmpfs 디스크 상의 파일 사용에 따라 늘거나 줄어든다. 그러니 메모리 할당에 여유를 두도록 하자. 다음은 /tmp를 100MB의 tmpfs로 마운트하는 예다.

```
pi@erpi /tmp $ cat /proc/meminfo | grep MemFree:
MemFree: 824368 kB
pi@erpi /tmp $ fallocate -l 75000000 test.txt
pi@erpi /tmp $ ls -l test.txt
-rw-r--r-- 1 pi pi 75000000 Jul 17 00:04 test.txt
pi@erpi /tmp $ cat /proc/meminfo | grep MemFree:
MemFree: 750788 kB
```

RPi 배포판 중에 SD 카드의 수명을 늘리기 위해 읽기 전용 파일 시스템을 사용하는 것이 있지만(OpenElec은 SquashFS 압축 파일 시스템을 사용한다), 이 책에서 다룰 프로토타입 개발 유형에는 그 방식이 적합하지 않다. 어쨌든 프로젝트의 최종 단계에서는 안정성을 중요시해야 함을 염두에 두자.

## 리눅스 명령

리눅스 터미널에서 작업할 때 date와 같은 명령을 입력하면 이러한 명령의 출력은 표준 출력(standard output)으로 보내진다. 그 결과로 출력이 터미널 창에 표시된다.

### 출력 및 입력의 재지정(>, >>, <)

재지정(redirection) 기호인 >와 >> 기호를 사용해 출력의 방향을 파일로 바꿀 수 있다. >> 기호는 이 장의 앞에서 텍스트를 임시 파일에 추가할 때 이미 사용했다. > 기호는 출력을 새로운 파일로 보낸다. 다음 예를 보자.

```
pi@erpi ~ $ cd /tmp
pi@erpi /tmp $ date > a.txt
pi@erpi /tmp $ more a.txt
Sat 20 Jun 12:59:43 UTC 2015
pi@erpi /tmp $ date > a.txt
pi@erpi /tmp $ more a.txt
Sat 20 Jun 12:59:57 UTC 2015
```

>> 기호는 파일에 추가할 때 사용한다. 다음 예에서는 새 파일 a.txt에 대해 >>를 사용한다.

```
pi@erpi /tmp $ date >> a.txt
pi@erpi /tmp $ more a.txt
Sat 20 Jun 12:59:57 UTC 2015
Sat 20 Jun 13:00:17 UTC 2015
```

< 기호를 사용하는 표준 입력도 대체로 같은 방식으로 동작한다. -e를 넣으면 리턴(\n) 문자와 같은 이스케이프 문자(escape character)를 처리해 각각의 동물 이름을 새로운 행에 표시한다.

```
pi@erpi /tmp $ echo -e "dog\ncat\nyak\ncow" > animals.txt
pi@erpi /tmp $ sort < animals.txt
cat
cow
dog
yak
```

입력과 출력 재지정 연산을 조합할 수 있다. 동일한 animals.txt 파일을 사용해 그러한 연산을 해보자.

```
pi@erpi /tmp $ sort < animals.txt > sorted.txt
pi@erpi /tmp $ more sorted.txt
cat
cow
dog
yak
```

### 파이프(|)와 tee)

간단히 말해, *파이프*(|)는 리눅스 명령을 연결해준다. 출력을 파일로 재지정했던 것과 마찬가지로 한 명령의 출력을 다른 명령의 입력에 넣을 수 있다. 다음 예에서는 루트 디렉터리의 목록(시스템의 어디에서나 실행 가능)을 sort 명령으로 보내되, -r을 사용해 역순(reverse)으로 정렬한다.

```
pi@erpi ~ $ ls / | sort -r
var
usr
...
bin
```

du를 사용해 디스크 사용량(disk usage)을 측정하면 /opt 디렉터리에 각 사용자가 설치한 프로그램 중 어떤 것이 공간을 많이 차지하는지 식별할 수 있다. -d1을 인자로 전달하면 현재 디렉터리 아래 1단계까지만 보여주며 -h는 사람이 읽기 쉬운(human-readable form) 크기로 표시해준다. 이 출력을 sort 명령으로 보내 역순으로(큰 것이 위로 가도록) 숫자를 정렬할 것이다. 명령은 다음과 같다.

```
pi@erpi ~ $ du -d1 -h /opt | sort -nr
113M    /opt
69M     /opt/sonic-pi
41M     /opt/vc
4.4M    /opt/minecraft-pi
```

다른 유용한 도구인 tee는 출력을 파일로 보내는 동시에 다음 명령에 파이프를 통해 전달한다(즉, 저장하면서 보여준다). 앞의 예에서 정렬되지 않은 상태의 du 출력을 파일로 보내되, 화면에서는 출력된 결과를 보고 싶다면 다음과 같이 하면 된다.

```
pi@erpi ~ $ du -d1 -h /opt | tee /tmp/unsorted.txt | sort -nr
113M    /opt
69M     /opt/sonic-pi
41M     /opt/vc
4.4M    /opt/minecraft-pi
pi@erpi ~ $ more /tmp/unsorted.txt
4.4M    /opt/minecraft-pi
69M     /opt/sonic-pi
41M     /opt/vc
113M    /opt
```

tee는 출력을 여러 개의 파일에 동시에 기록할 수도 있다.

```
pi@erpi ~ $ du -d1 -h /opt | tee /tmp/1.txt /tmp/2.txt /tmp/3.txt
```

## 필터 명령(sort에서 xargs까지)

유용한 기능을 제공하는 필터 명령이 여러 개 있다.

- sort: 이 명령은 여러 개의 옵션을 제공한다. (-r) 역순으로 정렬, (-f) 대소문자 무시, (-d) 딕셔너리 정렬을 사용하되 구두점은 무시, (-n) 숫자 정렬, (-b) 빈 공간을 무시, (-i) 컨트롤 문자 무시, (-u) 중복된 행을 한 번만 표시, (-m) 여러 행을 한 행으로 병합.
- wc: 스트림(stream)에서 단어, 행, 문자의 수를 센다.

```
pi@erpi /tmp $ wc < animals.txt
4 4 16
```

  위의 결과는 파일에 4행, 4단어, 16문자가 있음을 의미한다. (-l) 행 수 세기, (-w) 단어 수 세기, (-m) 문자 수 세기, (-c) 바이트 수 세기(이 경우에는 16)와 같은 옵션을 사용해 원하는 결과만 고를 수 있다.

- head: 입력의 첫 부분을 표시하며 긴 파일 또는 스트림에서 처음 몇 행만 확인해 보고자 할 때 유용하다. 기본값은 첫 10행을 보여주며 -n 옵션을 사용해 행 수를 정할 수 있다. 다음 예에서는 커널의 메시지 버퍼를 보여주는 dmesg 명령(display message 혹은 driver message)의 출력에서 처음 두 행만 표시한다.

```
pi@erpi ~ $ dmesg | head -n2
[ 0.000000] Booting Linux on physical CPU 0xf00
[ 0.000000] Initializing cgroup subsys cpu
```

- tail: head와 반대로, 파일 또는 스트림의 마지막 행들을 보여준다. 다음은 tail을 dmesg와 함께 사용한 예다.

```
pi@erpi ~ $ dmesg | tail -n2
[ 8.896654] smsc95xx 1-1.1:1.0 eth0:link up,100Mbps,full-duplex...
[ 9.340019] Adding 102396k swap on /var/swap.
```

- grep: 텍스트와 정규 표현식을 사용해 행을 분석한다. 이 명령에서 사용할 수 있는 옵션으로는 다음과 같은 것들이 있다. (-i) 대소문자 무시, (-m 5) 다섯 번 일치하면 멈추기, (-q) 조용히 실행하다가 일치되는 것을 찾으면 리턴 상태 0으로 종료, (-e) 패턴을 지정, (-c) 일치하는 개수를 출력, (-o) 일치하는 텍스트만 출력, (-l) 일치하는 텍스트를 포함하는 파일의 이름을 나열. 다음 예에서는 dmesg 출력을 검사해 usb라는 문자열이 나오는 것을 세 번 찾되, -i를 사용했으므로 대소문자를 가리지 않는다.

```
pi@erpi ~ $ dmesg | grep -i -m3 usb
[ 1.280089] usbcore: registered new interface driver usbfs
```

```
[ 1.285762] usbcore: registered new interface driver hub
[ 1.291220] usbcore: registered new device driver usb
```

이 명령을 파이프와 함께 사용할 수도 있다. 다음 예에서는 head를 사용해 grep의 결과 중 처음 세 줄을 표시했으며 위의 예와 동일한 출력을 얻었다.

```
pi@erpi ~ $ dmesg | grep -i usb | head -n3
[ 1.280089] usbcore: registered new interface driver usbfs
[ 1.285762] usbcore: registered new interface driver hub
[ 1.291220] usbcore: registered new device driver usb
```

- xargs: 다른 명령이나 도구를 호출할 때 사용하기 위한 인자의 목록을 만들 수 있게 해준다. 다음 예에서 텍스트 파일 args.txt는 세 개의 문자열을 담고 있다. cat의 출력을 파이프를 통해 xargs에 전달해 세 개의 문자열을 각각 touch 명령의 인자로 사용함으로써 세 개의 파일 a.txt, b.txt, c.txt를 생성한다.

```
pi@erpi /tmp $ echo "a.txt b.txt c.txt" > args.txt
pi@erpi /tmp $ cat args.txt | xargs touch
pi@erpi /tmp $ ls
args.txt  a.txt  b.txt  c.txt
```

다른 유용한 필터 명령으로 awk(어떤 유형의 필터든지 프로그래밍할 수 있음), fmt(텍스트를 포맷), uniq(유일한 행 찾기), sed(스트림 조작)가 있다.

이 명령들은 여기에서 다루기에는 그 내용이 방대하다. 예컨대 awk는 완전한 프로그래밍 언어다! 표 3.6에서 파이프를 어떻게 활용할지에 관해 힌트가 될만 한 예를 몇 가지 들었다.

표 3.6 유용한 파이프 예제

| 명령 | 설명 |
|---|---|
| apt list --installed \| grep camera | 설치된 패키지 목록에서 camera라는 문자열을 포함하는 것을 찾는다. 이 표에 있는 명령은 한 줄로 입력해야 한다. |
| ls -lt \| head | 현재 디렉터리 내의 파일을 오래된 것부터 나열한다. |
| cat urls.txt \| xargs wget | 텍스트 파일 urls.txt에 있는 URL의 파일을 내려받는다. |
| dmesg \| grep -c usb | dmesg의 출력에서 usb가 몇 번 나오는지 센다. |
| find . -name "*.mp3" \| grep -vi "effects" > /tmp/playlist.txt | RPi의 mp3 파일을 검색하되, 음향 효과 파일을 제외하고 그 결과로 /tmp에 재생목록 파일을 생성한다(/에서 sudo로 수행하는 것이 좋다). |

### echo와 cat

echo 명령은 마치 메아리(echo)처럼 문자열이나 명령의 출력, 값을 표준 출력으로 보낸다. 다음 예를 보자.

```
pi@erpi /tmp $ echo 'hello'
hello
pi@erpi /tmp $ echo "Today's date is $(date)"
Today's date is Sat 20 Jun 14:31:21 UTC 2015
pi@erpi /tmp $ echo $PATH
/usr/local/sbin:/usr/local/bin:/usr/sbin:/usr/bin:/sbin:/bin
```

첫 번째는 단순히 문자열을 출력한 것이다. 두 번째는 echo 호출 내에 " "로 둘러싸인 명령이 있고 세 번째는 PATH 변수를 출력했다.

또한 echo 명령으로 명령의 종료 상태(exit status)를 $?를 사용해 출력해 볼 수 있다. 다음 예를 보자.

```
pi@erpi ~ $ ls /tmp
args.txt a.txt b.txt c.txt playlist playlist.txt
pi@erpi ~ $ echo $?
0
pi@erpi ~ $ ls /nosuchdirectory
ls: cannot access /nosuchdirectory: No such file or directory
pi@erpi ~ $ echo $?
2
```

ls의 종료 상태는 성공일 경우에 0이고, 인자가 잘못되면 2가 된다. 이것은 스크립트를 작성하거나 main() 함수로부터 값을 반환하는 프로그램을 작성할 때 유용하다.

cat 명령(concatenation)은 명령행에서 두 개의 파일을 이어붙일 수 있게 해준다. 다음 예에서는 echo를 사용해 두 개의 파일 a.txt와 b.txt를 각각 생성한 다음, cat으로 두 파일을 이어붙여 c.txt를 생성한다. echo에 전달되는 문자열 내의 이스케이프 문자를 처리하고자 할 때 -e를 사용해야 한다.

```
pi@erpi ~ $ cd /tmp
pi@erpi /tmp $ echo "hello" > a.txt
pi@erpi /tmp $ echo -e "from\nthe\nRPi" > b.txt
pi@erpi /tmp $ cat a.txt b.txt > c.txt
pi@erpi /tmp $ more c.txt
hello
```

```
from
the
RPi
```

## diff

diff 명령은 두 파일의 차이를 찾아준다. 기본 출력은 다음과 같다.

```
pi@erpi /tmp $ echo -e "dog\ncat\nbird" > list1.txt
pi@erpi /tmp $ echo -e "dog\ncow\nbird" > list2.txt
pi@erpi /tmp $ diff list1.txt list2.txt
2c2
< cat
---
> cow
```

출력의 2c2 값은 첫 번째 파일의 2행이 두 번째 파일의 2행으로 변경됐으며 cat이 cow로 변경됐음을 의미한다. 문자 c는 변경(changed), a는 추가(appended), d는 삭제(deleted)를 가리킨다. 다음 예와 같이 변경사항을 좌우에 놓고 비교할 수도 있다.

```
pi@erpi /tmp $ diff -y -W70 list1.txt list2.txt
dog dog
cat | cow
bird bird
```

여기에서 -y는 파일의 차이가 좌우에 나란히 보이도록 해주며 -W70은 디스플레이 폭을 70문자 컬럼으로 설정한다.

두 파일을 좀 더 직관적으로 비교하고 싶으면 vim(Vi IMproved) 텍스트 편집기(**sudo apt install vim** 으로 설치)를 사용해 파일들을 나란히 놓고 비교해주는 vimdiff 명령을 사용하면 된다(**vimdiff list1.txt list2.txt**와 같이 실행하고 종료하려면 **esc : q !**를 차례로 두 번 입력하거나 **esc : w q**를 입력해 변경사항을 저장하고 종료한다). Vim의 키 입력 순서를 손에 익히려면 연습이 필요하다.

## tar

tar 명령은 파일과 디렉터리를 한 개의 파일로 묶을 수 있는 아카이빙 유틸리티다(압축되지 않은 zip 파일과 비슷하다). 이렇게 묶인 파일은 공간 절약을 위해 압축할 수 있다. 다음은 /tmp 디렉터리와 그에 속한 파일을 아카이브하고 압축하는 예다.

```
pi@erpi ~ $ tar cvfz tmp_backup.tar.gz /tmp
```

(c)는 새로운 아카이브를, (v)는 파일 목록을 자세히 보여주며 (z)는 gzip으로 압축함을 의미하고 (f)에는 아카이브 파일명을 지정한다. .tar.gz를 .tgz로 표현하기도 한다. 표 3.7에 더 많은 예가 있다.

표 3.7 유용한 tar 명령

| 명령 | 설명 |
|---|---|
| tar cvfz name.tar.gz /tmp | gzip 형식으로 압축 |
| tar cvfj name.tar.bz2 /tmp | bzip2 압축(시간이 좀 더 걸리지만 파일 크기가 작음). 이 표의 모든 명령은 한 줄로 입력. |
| tar cvfJ name.tar.xz /tmp | xz 파일 형식으로 압축(.deb 패키지 파일에서 사용) |
| tar xvf name.tar.* | 파일의 압축을 해제(x는 extract를 의미). 압축 파일의 형식을 자동으로 판별함(gzip, bz2 등) |
| tar xvf name.tar.* /dir/file | 한 개의 파일을 아카이브로부터 추출. 한 개의 디렉터리에 대해서도 마찬가지로 동작. |
| tar rvf name.tar filename | 아카이브에 파일 추가 |
| tar cfz name-$(date +%m%d%y).tar.gz /dir/filename | 현재 날짜로 아카이브 생성. 스크립트와 cron을 이용하는 백업 작업에 쓸모가 있음. date와 +%m%d%y 사이에 공백이 있어야 함에 유의. |

## md5sum

md5sum 명령은 해시 코드를 검사해서 파일이 전송 도중에 악의적으로나 실수로 손상되지 않았는지 확인한다. 다음 예에서는 wavemon 도구의 .deb 패키지를 내려받고 아직 설치는 하지 않은 채로 md5sum 명령을 사용해 md5 체크섬을 생성한다.

```
pi@erpi ~ $ sudo apt-get download wavemon
Get:1 http://mirrordirector.raspbian.org/raspbian/ jessie/main
wavemon armhf 0.7.6-2 [48.2 kB] Fetched 48.2 kB in 0s (71.4 kB/s)
pi@erpi ~ $ ls -l *.deb
-rw-r--r-- 1 root root 48248 Mar 28  2014 wavemon_0.7.6-2_armhf.deb
pi@erpi ~ $ md5sum wavemon_0.7.6-2_armhf.deb
1dffa011736e25b63a054f1515d18b3e  wavemon_0.7.6-2_armhf.deb
```

이제 이 체크섬을 공식적인 체크섬과 비교해 봄으로써 올바른 파일을 받았는지 확인할 수 있다. 안타깝게도 개별적인 패키지의 체크섬을 온라인으로 찾는 것은 어렵다. 이미 wavemon을 설치했다면 **/var/lib/dpkg/info/wavemon.md5sums**에서 체크섬을 찾을 수 있다. 데비안에서는 debsums라는 유틸리티를 사용해 해당 파일에 관련된 부분의 무결성을 검증할 수 있다.

```
pi@erpi ~ $ sudo apt install debsums wavemon
pi@erpi ~ $ debsums wavemon_0.7.6-2_armhf.deb
/usr/bin/wavemon                                      OK
/usr/share/doc/wavemon/AUTHORS                        OK
/usr/share/doc/wavemon/NEWS.gz                        OK
...
```

패키지를 직접 만들어 배포하고자 한다면 체크섬 파일을 함께 배포함으로써 사용자로 하여금 내려받은 저장소를 검사할 수 있도록 하는 것이 좋다. md5sum을 대체하는 sha256sum도 마찬가지 방법으로 사용할 수 있다.

## 리눅스 프로세스

프로세스는 OS 상에서 실행되는 프로그램의 인스턴스다. RPi에서 실행되는 프로세스들을 관리하려면 포그라운드(foreground) 및 백그라운드(background) 프로세스를 이해하고 잠긴 프로세스를 강제 종료하는 방법을 알아둘 필요가 있다.

### 리눅스 프로세스 제어하기

ps 명령은 현재 RPi에서 실행 중인 프로세스의 목록을 나열한다. 다음 예에서는 **ps**를 타이핑한 결과로 RPi에서 두 개의 사용자 프로세스가 실행 중이며 그중 하나는 PID(프로세스 ID) 912를 가진 bash shell 셸이고 다른 하나는 ps 명령 자체로서 그 PID가 25481인 것을 알 수 있다. ps는 실행할 때마다 완료되므로 매번 다른 PID를 갖는다.

```
pi@erpi ~ $ ps
PID   TTY          TIME CMD
  912 pts/0    00:00:05 bash
25481 pts/0    00:00:00 ps
```

**ps ax**를 사용하면 실행 중인 모든 프로세스를 볼 수 있다. 다음의 예에서는 RPi에서 실행되는 ntp 프로세스에 관련된 정보를 찾기 위해 문자열 "ntp"를 찾도록 필터를 적용했다.

```
pi@erpi ~ $ ps ax | grep ntp
1069 ? Ss 0:00 /usr/sbin/ntpd -p /var/run/ntpd.pid -g -u 107:112
1077 ? S 0:00 /usr/sbin/ntpd -p /var/run/ntpd.pid -g -u 107:112
1132 ttyAMA0 S+ 0:00 grep --color=auto ntp
```

세 개의 프로세스가 서비스를 위해 실행돼 복수의 동시 접속을 처리할 수 있도록 한 것을 볼 수 있다. 위의 예에서 현재 모든 스레드가 이벤트의 완료를 기다리며(S), PID 1069는 세션 리더(Ss), 1077은 그것의 클론이며(S), 1132는 포그라운드 그룹(S+)의 grep 프로세스다. 앞서 설명한 바와 같이 **systemctl status ntp**는 RPi에서 구동되는 서비스에 대한 정보를 제공하므로 호출을 실행하면 ps 호출에 의해 표시되는 것과 일치하는 프로세스의 PID가 표시될 것이다.

## 포그라운드 및 백그라운드 프로세스

리눅스는 멀티태스킹 OS로, 포그라운드에서 프로그램을 사용하는 동안 백그라운드에서 프로세스를 실행시킬 수 있다. Windows나 맥 OS X에도 이와 유사한 개념이 적용된다. 예를 들어 웹브라우저를 사용하는 동안에도 데스크톱의 시계는 계속 갱신된다.

터미널 창에서 실행되는 애플리케이션도 그와 마찬가지다. 예를 들기 위해 5초마다 리눅스 터미널에 "Hello World!"를 표시하는 C 코드를 준비했다. 5장에서 원리를 살펴보겠지만, 일단은 pi 사용자의 홈 디렉터리에서 나노 파일 편집기를 사용해 HelloRPiSleep.c라는 파일에 다음과 같이 코드를 입력하자.

```
pi@erpi ~ $ cd ~/
pi@erpi ~ $ nano HelloRPiSleep.c
pi@erpi ~ $ more HelloRPiSleep.c
#include<unistd.h>
#include<stdio.h>
int main(){
   int x=0;
   do{
      printf("Hello Raspberry Pi!\n");
      sleep(5);
   }while(x++<50);
   return 0;
}
```

이 프로그램은 메시지를 표시한 뒤에 5초 동안 슬립(sleep)하는 것을 50회 반복한다. 파일을 **HelloRPiSleep.c**라는 이름으로 저장한 다음, 아래와 같이 타이핑함으로써 컴파일을 거쳐 실행 파일을 생성할 수 있다(-o는 실행 파일의 이름을 지정).

```
pi@erpi ~ $ gcc HelloRPiSleep.c -o helloRPiSleep
pi@erpi ~ $ ls -l helloRPiSleep
-rwxr-xr-x 1 pi pi 5864 Jun 20 16:40 helloRPiSleep
```

올바로 컴파일되면 소스 파일과 함께 helloRPiSleep이라는 이름의 실행 가능한 프로그램을 갖게 될 것이며(실행 가능함을 의미하는 x 플래그가 설정된 것을 볼 수 있다) 다음과 같이 실행할 수 있다.

```
pi@erpi ~ $ ./helloRPiSleep
Hello Raspberry Pi!
Hello Raspberry Pi! ...
```

이것은 5초마다 메시지를 출력하며 Ctrl+C로 킬(kill)할 수 있다. 어쨌든 이것을 백그라운드에서 실행되게 하려면 두 가지 방법이 있다.

첫 번째 방법은 Ctrl+C로 프로세스를 킬하는 대신 Ctrl+Z를 사용한 다음, 프롬프트에서 **bg** 명령(*b*ack*g*round)을 실행하는 것이다.

```
pi@erpi ~ $ ./helloRPiSleep
Hello Raspberry Pi!
^Z
[1]+ Stopped                    ./helloRPiSleep
pi@erpi ~ $ bg
[1]+ ./helloRPiSleep &
pi@erpi ~ $ Hello Raspberry Pi!
Hello Raspberry Pi!
Hello Raspberry Pi!
```

Ctrl+Z를 누르면 출력에는 ^Z가 표시된다. bg를 입력하면 프로세스는 백그라운드에서 실행을 계속한다. 이제 터미널을 사용할 수 있게 됐지만, "Hello Raspberry Pi!" 메시지가 5초마다 떠서 불편할 것이다. **fg** 명령을 사용한다.

```
pi@erpi ~ $ fg
./helloRPiSleep
Hello Raspberry Pi!
^C
pi@erpi ~ $
```

Ctrl+C를 누르면 애플리케이션이 종료된다(^C로 표시된다).

두 번째 방법은 애플리케이션 이름 다음에 & 기호를 붙임으로써 애플리케이션이 백그라운드에서 실행되도록 하는 것이다.

```
pi@erpi ~ $ ./helloRPiSleep &
[1] 30965
pi@erpi ~ $ Hello Raspberry Pi!
Hello Raspberry Pi!
```

이 경우 프로세스가 PID 30965로 백그라운드에 위치한다. 프로세스를 중단하기 위해 **ps**를 사용해 PID를 찾는다.

```
pi@erpi ~ $ ps aux|grep hello
pi 30965 0.0 0.0 1612 304 pts/0 S 20:14 0:00 ./helloRPiSleep
pi 30978 0.0 0.1 4208 1828 pts/0 S+ 20:15 0:00 grep hello
```

**kill** 명령을 사용해 프로세스를 종료한다.

```
pi@erpi ~ $ kill 30965
[1]+  Terminated              ./helloRPiSleep
```

프로세스가 종료됐는지 확인하기 위해 ps를 다시 실행해 볼 수 있다. 프로세스가 종료되지 않았으면 -9 인자를 줌으로써 확실히 종료할 수 있다(예: kill -9 30965)! 다른 명령으로 이름으로 프로세스를 킬할 수 있는 pkill이 있는데, 이 경우에는 다음과 같이 하면 된다.

```
pi@erpi ~ $ pkill helloRPiSleep
```

또 하나 살펴볼 만한 명령으로 watch가 있다. 이것은 일정한 주기로 명령을 실행해 터미널 화면에 출력을 보여준다. 예를 들어, 커널 메시지 로그를 지켜보려면(watch) 다음과 같이 하면 된다.

```
pi@erpi ~ $ watch dmesg
```

-n 인자에 초 단위의 숫자를 써서 시간 주기를 지정할 수 있다. 다음 예는 watch가 어떻게 실행되는지 이해하는 데 도움이 될 것이다.

```
pi@erpi ~ $ watch -n 1 ps a
Every 1.0s: ps a Sat Jun 20 20:22:39 2015
PID TTY STAT TIME COMMAND
912 pts/0 Ss 0:06 -bash
31184 pts/0 S+ 0:01 watch -n 1 ps a
31257 pts/0 S+ 0:00 watch -n 1 ps a
31258 pts/0 S+ 0:00 sh -c ps a
31259 pts/0 R+ 0:00 ps a
```

ps, sh, watch의 PID가 매초 바뀌는 것을 볼 수 있으며 watch가 매번 **sh -c**로 새로운 셸을 띄워 명령을 실행시킴을 알 수 있다. watch가 두 번 나타나는 이유는 일시적으로 프로세스의 복제가 일어나는 순간에 ps a가 실행됐기 때문이다.

### 그 외의 리눅스 관련 주제

이 책에서 지금까지 RPi에서 리눅스를 사용할 때 핵심적인 명령들을 다뤘으며, 그 외에도 리눅스 시스템 관리와 관련된 많은 주제가 있다. 가령 Wi-Fi 어댑터의 구성을 어떻게 할 것인가, RPi에서 작업을 스케줄링하기 위해 cron을 어떻게 사용할 것인가와 같은 것들이다. 이 책을 읽다 보면 그러한 주제를 포함해 많은 정보를 접하게 될 것이다. cron 작업은 12장에서 사물 인터넷(Internet of Things)과 관련해 다룬다.

## Git을 사용해 버전 컨트롤하기

쉽게 말해서 *Git*은 소프트웨어 프로젝트의 진전에 따른 콘텐츠(소스 코드)의 변경을 추적할 수 있도록 해주는 시스템이다. Git은 리누스 토발즈가 설계했으며 현재 메인라인 리눅스 커널 개발에 사용된다. Git은 두 가지 이유에서 엄청나게 유용한 시스템이라고 할 수 있다. 즉, 자기만의 소프트웨어를 개발할 때 Git을 사용할 수 있고 리눅스 커널 소스를 파악할 수도 있다.

Git은 소스 제어 관리를 위한 분산형 버전 컨트롤 시스템(DVCS)이다. *버전 컨트롤 시스템(VCS)*은 어떠한 유형의 문서에 대해서든 변경을 추적하고 관리할 수 있다. 일반적으로 변경된 문서는 리비전 번호와 타임스탬프로 마크된다. 리비전 비교도 가능하고 문서의 오래된 버전으로 되돌리는 것도 가능하다. VCS에는 두 가지 유형이 있다.

- **중앙집중형(CVCS):** 이러한 시스템으로 아파치 서브 버전(SVN)과 같은 것이 있으며, 프로젝트에 대한 단일 "마스터" 저장소에 기반해 동작한다. 흐름은 단순해서 중앙 서버로부터 변경사항을 내려받아 이를 수정한 다음에 다시 마스터 카피로 커밋(commit)한다.
- **분산형(DVCS):** Git이나 머큐리얼과 같은 것이 있으며, 변경사항을 내려받는 것이 아니라 저장소(repository) 전체와 그에 대한 이력 전부를 복제한다. 저장소의 사본은 그 자체로 완전하며 마스터 저장소와 동일하고 필요하다면 마스터의 역할을 부여할 수도 있다. 오늘날의 표준 덕분에 텍스트 문서와 프로그래밍 소스 코드는 디스크 공간을 그리 많이 차지하지 않는다. DVCS 모델에서는 중앙 마스터 저장소를 누구나 가질 수 있게 허용한다는 점도 중요하다고 하겠다. 한번 git.kernel.org를 살펴보라.

CVCS와 비교했을 때 DVCS의 주요 장점은 변경을 마스터 저장소에 푸시(push)하지 않고도 로컬 시스템에서 재빨리 커밋하고 테스트해 볼 수 있다는 점이다. 물론, 충분히 다듬어진 후에는 푸시할 수 있다. 한 가지 단점이라면 프로젝트와 전체 이력을 저장하기 위해 디스크 공간이 많이 필요하며 그런 경향이 시간이 흐를수록 증가한다는 점을 들 수 있다.

Git은 프로그래밍 소스 컨트롤 및 관리에 초점이 맞춰 있는 DVCS다. 원본에 영향을 미치지 않으면서 병렬적으로 개발할 수 있게 해준다. 소스 코드 파일을 오래된 버전으로 되돌릴 수도 있고 전체 프로젝트를 오래된 버전으로 되돌릴 수도 있다. 프로젝트 및 그와 관련된 파일과 이력을 통틀어 저장소라고 하는데, 이러한 기능은 전체를 보지 못하고 일부분을 파고들다가 실패하기 쉬운 대규모 프로그래밍 프로젝트에서 특히 유용하다. 또한 병렬적 개발은 여러 사람이 한 프로젝트에서 함께 일할 때 중요하다.

Git은 C로 작성됐고, 리눅스 커널 코드를 개발할 때 버전 컨트롤 도구의 필요성에 따라 사용하기 시작했지만 이제는 이클립스나 안드로이드 같은 많은 오픈소스 개발에서 사용하고 있다.

Git을 이해하는 가장 쉬운 방법은 그것을 실제로 사용해 보는 것이다. 그래서 다음 절은 단계별 지침으로 구성했다. 아직 Git을 설치하지 않았다면 **`sudo apt install git`**으로 쉽게 설치해 터미널에서 바로 따라 해 볼 수 있다. 이 책에서는 소스 코드 예제를 배포하기 위해 *깃허브(GitHub)*를 리모트 저장소로 사용한다. 깃허브 계정이 없더라도 서버로 소스 코드를 푸시하는 것을 제외한 모든 것을 해볼 수 있다. 깃허브에서는 공개 저장소 계정을 무료로 제공하되, 지적 재산권 보호 등의 이유로 이용하는 비공개 저장소에 대해서는 요금을 부과한다.

참고

계획 중인 소프트웨어 프로젝트가 `www.github.com`에 공개되는 것을 원하지 않고 사용료를 지불하고 싶지도 않다면 `bitbucket.org`와 `gitlab.com` 같은 사이트에서 소규모의 비공개 저장소를 운영할 수 있다. GitLab의 오픈소스 버전도 있으므로 약간의 수고를 들이면 자신의 서버에 직접 구축할 수도 있다.

## 실습 위주의 소개

여기서는 "test"라는 저장소를 깃허브에 생성할 것이다. "test" 프로젝트에 대한 짧은 설명이 있는 `README.md` 파일만 갖도록 초기화된다.

그림 3.4와 같이 거의 모든 조작은 로컬에서 이루어진다. Git에서는 모든 파일에 대해 저장하기 전에 체크섬이 수행된다. 체크섬은 Git을 거치지 않고 수정이 이뤄졌는지 확인하기 위한 것이며 파일 시스템의 오류

도 포함한다. Git은 40자의 해시 코드를 체크섬에 사용한다. 이는 Git이 로컬 저장소와 리모트 저장소 간의 변경을 추적하는 데 도움을 주며 로컬 조작의 범위를 넓혀준다.

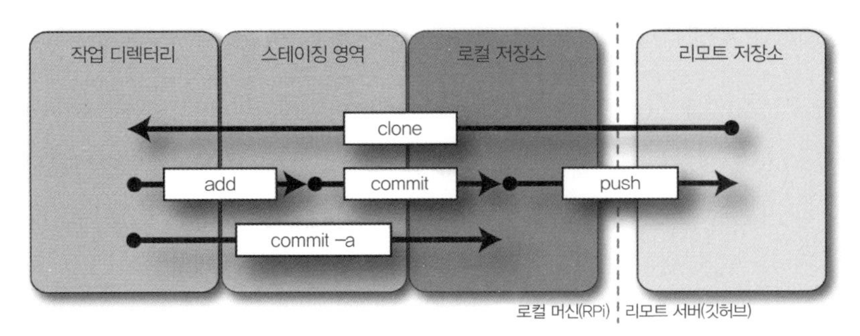


그림 3.4 Git의 기본적인 흐름

### 저장소 복제(git clone)

저장소를 복제한다는 것은 저장소에 있는 모든 파일의 사본을 로컬 파일 시스템에 만드는 것을 의미하며 여기에는 프로젝트의 변경 이력도 포함된다. 이 조작은 단 한 번만 하면 된다. 저장소를 복제하려면 **git clone** 명령을 저장소의 완전한 이름과 함께 실행한다.

```
pi@erpi / $ cd ~/
pi@erpi ~ $ git clone https://github.com/derekmolloy/test.git
Cloning into 'test'...
remote: Counting objects: 14, done.
remote: Compressing objects: 100% (5/5), done.
remote: Total 14 (delta 1), reused 0 (delta 0), pack-reused 9
Unpacking objects: 100% (14/14), done.
Checking connectivity... done.
```

이제 "test" 저장소에 대한 완전한 사본을 /test 디렉터리에 갖게 됐다. 이 저장소는 깃허브 서버에 있는 것과 마찬가지로 완전한 것이다. 이것을 네트워크, 파일 시스템, 다른 Git 서버, 또는 다른 깃허브 계정을 통해 배포하기로 결정한다면 이것이 저장소의 주 버전의 역할을 할 수 있다.

여러 사용자가 알려진 마스터 저장소에 "체크인"할 수 있으므로 일반적으로 중앙집중식의 저장소는 불필요하다. 저장소는 /test 디렉터리에 생성됐고 현재 다음과 같은 것을 포함한다.

```
pi@erpi ~/test $ ls -al
total 20
drwxr-xr-x 3 pi pi 4096 Jun 20 22:00 .
```

```
drwxr-xr-x 6 pi pi 4096 Jun 20 22:00 ..
drwxr-xr-x 8 pi pi 4096 Jun 20 22:00 .git
-rw-r--r-- 1 pi pi 59 Jun 20 22:00 README.md
```

깃허브에서 프로젝트를 생성할 때 만들어진 README.md 파일을 볼 수 있다. more 명령을 사용해 이 파일의 내용을 볼 수 있다. 이 디렉터리에는 숨겨진 .git 하위 디렉터리가 포함돼 있고 다음과 같은 파일과 디렉터리를 담고 있다.

```
pi@erpi ~/test/.git $ ls
branches  description  hooks  info  objects      refs
config    HEAD         index  logs  packed-refs
```

숨겨진 .git 폴더에는 커밋 메시지, 로그, 데이터 개체와 같이 저장소에 대한 모든 정보가 담겨 있다. 일례로 config 파일에는 리모트 저장소의 위치가 있다.

```
pi@erpi ~/test/.git $ more config | grep url
url = https://github.com/derekmolloy/test.git
```

이 장의 마지막 "더 읽을거리" 절에서 Git에 관련된 훌륭한 책을 소개할 텐데, 해당 도서는 온라인에서 무료로 구할 수 있으며 .git 디렉터리 구조를 상세히 설명한다. 다행스럽게도 이어지는 논의에서는 .git 디렉터리 구조에서 변경할 필요가 없는데, 이는 Git 명령이 그 일을 대신 처리해주기 때문이다.

참고

이 단계별 가이드는 "test" 저장소를 사용하지만, 각자 깃허브에서 쉽게 자신의 저장소를 생성할 수 있다. 깃허브에서 무료 계정을 얻은 후에 Create New → New repository를 선택한다. 저장소의 이름과 설명을 넣고 공개로 설정하고 초기화 시 README를 생성하도록 설정하고 Create Repository를 선택한다. 그러고 나면 이 책의 지침을 자신의 계정으로 따라 할 수 있고 그 결과 RPi로부터 깃허브에 있는 자신의 저장소로 푸시할 수 있게 된다.

### 상태 보기(git status)

이제 저장소가 만들어졌으니 다음 단계는 새로운 텍스트 파일을 작업 디렉터리에 추가하는 것이다. 이 파일은 아직 추적되지 않는(untracked) 상태다. 이때 **git status** 명령을 호출하면 "untracked files"에 대한 메시지를 볼 수 있다.

```
pi@erpi ~/test $ git init
pi@erpi ~/test $ echo "Just some text" > newfile.txt
pi@erpi ~/test $ git status
```

```
On branch master
Your branch is up-to-date with 'origin/master'.
Untracked files:
  (use "git add <file>..." to include in what will be committed)
       newfile.txt
nothing to commit, untracked files present (use "git add" to track)
```

다음으로 할 일은 추적되지 않는 파일을 스테이징 영역에 추가하는 것이다. 혹시 추가하고 싶지 않은 파일이 있다면 .gitignore 파일을 생성해 예외를 설정할 수 있다. 예컨대 C/C++ 프로젝트를 구축하면서 .o 파일을 추가하지 않고 싶을 때 이 기능을 사용하면 된다. C/C++의 .o 파일을 무시하도록 .gitignore 파일을 생성하는 예를 보자.

```
pi@erpi ~/test $ echo "*.o" > .gitignore
pi@erpi ~/test $ more .gitignore
*.o
pi@erpi ~/test $ touch testobject.o
pi@erpi ~/test $ git status
On branch master
Your branch is up-to-date with 'origin/master'.
Untracked files:
  (use "git add <file>..." to include in what will be committed)
       .gitignore
        newfile.txt
nothing to commit, untracked files present (use "git add" to track)
```

이 경우에는 두 개의 파일이 추적되지 않은 것으로 나오지만, testobject.o 파일은 무시했기 때문에 그에 대해 아무런 언급이 없는 것이다. 참고로 .gitignore 파일 자체는 저장소의 일부이므로 저장소를 복제했을 때도 그 변경 이력과 함께 남아 있게 된다.

### 스테이징 영역에 추가(git add)

이제 작업 디렉터리의 파일을 **git add .** 명령을 타이핑해서 스테이징 영역에 추가할 수 있다. 이것은 작업 디렉터리의 모든 파일을 추가하되, 무시할 파일에 대해서는 예외를 적용한다. 이 예에서는 두 개의 파일이 작업 디렉터리로부터 스테이징 영역으로 추가되며 저장소의 상태는 다음과 같이 바뀐다.

```
pi@erpi ~/test $ git add .
pi@erpi ~/test $ git status
On branch master
Your branch is up-to-date with 'origin/master'.
```

```
Changes to be committed:
  (use "git reset HEAD <file>..." to unstage)
        new file:   .gitignore
        new file:   newfile.txt
```

스테이징 영역으로부터 파일을 지우려면 **git rm somefile.ext**를 사용한다.

### 로컬 저장소에 커밋(git commit)

스테이징 영역에 파일을 추가하고 나면 변경사항을 스테이징 영역으로부터 로컬 Git 저장소로 커밋할 수 있다. 먼저 커밋하는 사람이 누구인지 알 수 있도록 자신의 이름과 이메일 주소를 넣어주자.

```
pi@erpi ~/test $ git config --global user.name "Derek Molloy"
pi@erpi ~/test $ git config --global user.email derek@my.email.com
```

이 값들은 리눅스 사용자 계정에 대해 설정되므로 다음에 로그인할 때 남아있을 것이다. **more ~/.gitconfig**를 타이핑해서 확인할 수 있다.

로컬 Git 저장소로의 파일 추가를 영구적으로 커밋하려면 `git commit` 명령을 사용한다.

```
pi@erpi ~/test $ git commit -m "Testing the repository"
[master 3eea9a2] Testing the repository
 2 files changed, 2 insertions(+)
 create mode 100644 .gitignore
 create mode 100644 newfile.txt
```

변경에 대해서는 사용자명이 따라붙으며 메시지도 필요하다. `-m` 옵션을 사용해 커밋 메시지를 입력할 수 있다.

참고

`git commit -a`는 수정된 파일을 로컬 저장소로 직접 커밋하므로 add를 호출할 필요가 없다. 이것은 새로운 파일을 추가하지 않는다. 이 장 앞쪽의 그림 3.4를 참고하라.

### 리모트 저장소에 푸시(git push)

이 단계를 수행하기 위해서는 깃허브 계정이 필요하다. `git push` 명령은 어떠한 코드 갱신이든 리모트 저장소로 푸시한다. 리모트 저장소에 대한 변경이 적용되기 위해서는 변경을 할 수 있도록 등록돼 있어야만

한다. Git 2.0에서는 리모트 저장소에 푸시할 때 *simple*이라는 좀 더 보수적인 옵션이 생겼다. 이것이 기본값으로 선택되므로 생략해도 되지만, 귀찮은 경고 메시지가 발생할 것이다. 다음과 같은 방법으로 푸시를 수행할 수 있다(사용자 정보와 저장소 이름은 바꿔서 실행하라).

```
pi@erpi ~/test $ git config --global push.default simple
pi@erpi ~/test $ git push
Username for 'https://github.com': derekmolloy
Password for 'https://derekmolloy@github.com': mySuperSecretPassword
Counting objects: 4, done.
Delta compression using up to 4 threads.
Compressing objects: 100% (2/2), done.
Writing objects: 100% (4/4), 350 bytes | 0 bytes/s, done.
Total 4 (delta 0), reused 0 (delta 0)
To https://github.com/derekmolloy/test.git
   f5c45f4..3eea9a2  master -> master
```

코드를 리모트 저장소로 푸시하고 나면 어느 머신에서든지 로컬 저장소 디렉터리에서 `git pull`을 실행해 변경사항을 로컬 저장소로 다시 가져올 수 있다.

```
pi@erpi ~/test $ git pull
Already up-to-date.
```

이 경우에는 이미 최신이다.

## Git 브랜칭

Git에서는 브랜칭을 지원하며 프로젝트 내에서 여러 버전으로 된 파일의 집합을 가질 수 있다. 예를 들어, 프로젝트에서 새로운 기능(버전 2)을 개발하려고 하는데 현재 버전(버전 1)의 코드도 유지관리해야 할 때 새로운 브랜치(버전 2)를 생성할 수 있다. 버전 2에서의 새로운 기능과 변경은 버전 1에 영향을 미치지 않으며 브랜치 간의 전환도 쉽게 가능하다.

### 브랜치 생성(git branch)

생성하려는 새로운 브랜치의 이름이 `mybranch`라고 할 때 `git branch mybranch` 명령을 사용해 브랜치를 생성할 수 있고 `git checkout mybranch`를 사용해 해당 브랜치로 전환할 수 있다.

```
pi@erpi ~/test $ git branch mybranch
pi@erpi ~/test $ git checkout mybranch
Switched to branch 'mybranch'
```

이제 이것이 어떻게 동작하는지 보기 위해 testmybranch.txt라는 임시 파일을 저장소에 추가할 것이다. 이것은 프로젝트에 새로운 코드 파일이 추가된 것과 같다. 브랜치의 상태를 확인해 보면 작업 디렉터리에 추적되지 않은 파일이 있는 것이 보인다.

```
pi@erpi ~/test $ touch testmybranch.txt
pi@erpi ~/test $ ls
newfile.txt  README.md  testmybranch.txt  testobject.o
pi@erpi ~/test $ git status
On branch mybranch
Untracked files:
  (use "git add <file>..." to include in what will be committed)
       testmybranch.txt
nothing to commit, untracked files present (use "git add" to track)
```

이 파일을 해당 브랜치의 스테이징 영역에 추가한다. 명령은 앞에서 살펴본 것과 동일하다.

```
pi@erpi ~/test $ git add .
pi@erpi ~/test $ git status
On branch mybranch
Changes to be committed:
  (use "git reset HEAD <file>..." to unstage)
       new file:  testmybranch.txt
```

이 변경사항을 로컬 저장소의 mybranch 브랜치에 커밋할 수 있다. 이것은 mybranch 브랜치에만 영향을 미치고 마스터 브랜치에는 영향을 주지 않는다.

```
pi@erpi ~/test $ git commit -m "Test commit to mybranch"
[mybranch d4cabf3] Test commit to mybranch
1 file changed, 0 insertions(+), 0 deletions(-)
create mode 100644 testmybranch.txt
pi@erpi ~/test $ git status
On branch mybranch
nothing to commit, working directory clean
pi@erpi ~/test $ ls
newfile.txt  README.md  testmybranch.txt  testobject.o
```

위의 출력에서 testmybranch.txt가 로컬 저장소에 커밋된 것을 볼 수 있으며 디렉터리에서도 파일이 보인다.

이 시점에서 **git checkout master**를 호출해 mybranch 브랜치에서 마스터 브랜치로 전환하면 디렉터리 목록에서 흥미로운 점을 발견할 수 있을 것이다.

```
pi@erpi ~/test $ git checkout master
Switched to branch 'master'
Your branch is up-to-date with 'origin/master'.
pi@erpi ~/test $ ls
newfile.txt  README.md  testobject.o
```

그렇다. testmybranch.txt 파일이 디렉터리에서 사라졌다! 그것은 여전히 존재하기는 하지만, .git/objects 디렉터리의 blob 내에 있다. 다시 브랜치를 전환해 디렉터리 목록을 확인하면 다음과 같이 보일 것이다.

```
pi@erpi ~/test $ git checkout mybranch
Switched to branch 'mybranch'
pi@erpi ~/test $ ls
newfile.txt  README.md  testmybranch.txt  testobject.o
```

이제 파일이 나타났다. 이것은 브랜칭 시스템이 얼마나 잘 통합돼 있는지 보여주는 일례다. 이 시점에서 마스터 브랜치로 돌아가서 원래의 코드를 변경하는 것이 가능하며 mybranch 브랜치의 변경이 마스터 코드에는 어떠한 영향도 주지 않는다. 심지어 동일한 파일에 대해 변경하더라도 마스터 브랜치의 원본 코드에는 어떠한 영향도 없다.

### 브랜치 병합(git merge)

mybranch 브랜치에서 일으킨 변화를 마스터 프로젝트에 적용하고 싶다면 어떻게 해야 할까? 정답은 **git merge**를 사용하는 것이다.

```
pi@erpi ~/test $ git checkout master
Switched to branch 'master'
Your branch is up-to-date with 'origin/master'.
pi@erpi ~/test $ git merge mybranch
Updating 3eea9a2..d4cabf3
Fast-forward
testmybranch.txt ¦ 0
1 file changed, 0 insertions(+), 0 deletions(-)
create mode 100644 testmybranch.txt
```

```
pi@erpi ~/test $ git status
On branch master
Your branch is ahead of 'origin/master' by 1 commit.
(use "git push" to publish your local commits)
nothing to commit, working directory clean
pi@erpi ~/test $ ls
newfile.txt  README.md  testmybranch.txt  testobject.o
```

이제 testmybranch.txt 파일은 마스터 브랜치에 있으며 마스터에 있는 다른 문서에 대한 변경도 적용됐다. 로컬 저장소는 리모트 저장소에 비해 한 번의 커밋만큼 앞서있고 git push를 사용해 리모트 저장소를 갱신할 수 있다.

### 브랜치 삭제(git branch –d)

브랜치를 삭제하려면 **git branch -d mybranch** 명령을 사용한다.

```
pi@erpi ~/test $ git branch -d mybranch
Deleted branch mybranch (was d4cabf3).
pi@erpi ~/test $ ls
newfile.txt README.md testmybranch.txt testobject.o
```

이 경우에 testmybranch.txt 파일은 여전히 마스터 프로젝트에 존재하는데, 그 이유는 브랜치가 마스터 프로젝트에 병합됐기 때문이다. 병합이 이루어지기 전에 브랜치를 삭제했다면 그 파일이 없어졌을 것이다.

## 일반적인 Git 명령

표 3.8에 주요 Git 명령을 요약했다. 이제 Git의 핵심적인 사용법은 알고 있다. RPi에서 직접 코드를 개발한다면 Git을 사용하는 경우 리모트 저장소에 쉽게 푸시할 수 있어 아주 편리할 것이다. 또한 코드를 백업하고 여러 대의 RPi에 배포할 때도 유용하다.

표 3.8 Git의 주요 명령 요약

| 조작 | 설명 | 조작 | 설명 |
|---|---|---|---|
| git clone | 리모트 저장소로부터 복제 | git rm | 스테이징 영역에 있는 파일 또는 디렉터리 삭제 |
| git init | 완전히 새로운 저장소 생성 | git mv | 스테이징 영역에 있는 파일이나 폴더를 이동하거나 이름을 변경 |

| 조작 | 설명 | 조작 | 설명 |
|---|---|---|---|
| git pull | 마스터 저장소로부터 변경을 병합 | git log | 커밋 로그를 표시. 프로젝트의 이력. |
| git fetch | 마스터 저장소의 변경사항을 찾되 병합하지는 않음 | git tag | 커밋에 이름을 붙임 (예: version 2) |
| git status | 프로젝트의 상태 표시 | git merge [name] | 브랜치 병합 |
| git add | 새로운 파일을 추가하거나 기존 파일을 편집 | git show | 현재 또는 다른 커밋의 상세 보기 |
| git diff | 커밋될 것의 차이를 보여줌 | git branch [name] | 새로운 브랜치 생성 (삭제는 -d 사용) |
| git commit | 저장소에 커밋 | git checkout [name] | 브랜치 전환 |
| git push | 변경을 로컬 저장소에서 리모트 저장소로 푸시 | | |

## 데스크톱 가상화

RPi는 범용 컴퓨팅 플랫폼으로 사용할 수 있지만, 리눅스 커널을 빌드하거나 크로스 플랫폼 개발을 수행할 것을 계획하고 있다면(7장 참고) PC 기반의 리눅스 설치를 강력히 권장한다. 싱글/듀얼 부팅 리눅스 PC를 사용할 수도 있고 Windows/맥에서 데스크톱 가상화를 이용할 수도 있다.

데스크톱 *가상화*는 하나의 데스크톱 컴퓨터에서 여러 개의 OS 인스턴스를 동시에 실행시킬 수 있도록 해준다. 하드웨어, 펌웨어, 소프트웨어 요소를 망라한 하이퍼바이저라는 기술을 사용하며 소프트웨어적으로 에뮬레이트된 가상 머신(VM)을 실행시킨다. 하나의 컴퓨터에서 다중 OS 인스턴스를 구동하고자 한다면 VM이 다중 부팅 구성을 생성할 수 있는 대안이 된다.

가상화에서는 두 개 이상의 OS 인스턴스를 사용하는 것이 흔한 일이다. *호스트* OS는 물리적 컴퓨터에 처음 설치된 것을 일컫는다. 하이퍼바이저 소프트웨어를 사용함으로써 VM 내에서 *게스트* OS를 생성한다. 그림 3.5는 호스트 Windows 8.1 데스크톱 컴퓨터에서 게스트 데비안 64-비트 리눅스 제시 VM을 구동시키는 것을 캡처한 것이다. 데비안에는 Cairo-Dock 데스크톱 인터페이스가 설치됐다.

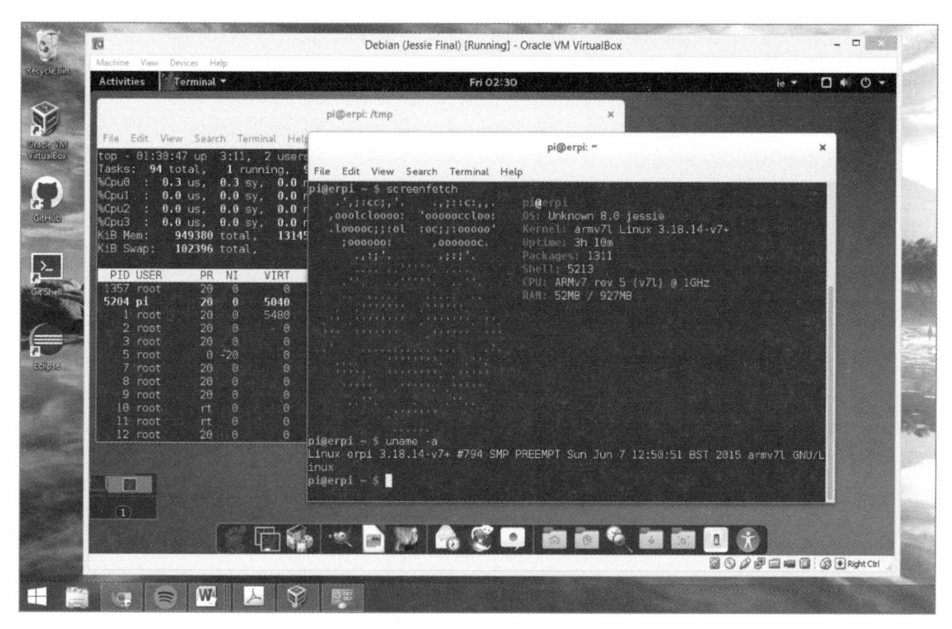


그림 3.5 Windows 호스트 머신에서 버추얼박스를 사용해 데비안(제시)을 게스트 OS로 구동

가상화 제품에는 여러 가지가 있으나, 대부분 상당히 비싼 데다가 독점 소프트웨어이며 지원하는 게스트와 호스트 OS에 제한이 있다. 리눅스 데스크톱 가상화 제품 중에서 가장 유명한 것은 VM웨어 플레이어(VMware Player, www.vmware.com/kr/products/player/)와 버추얼박스(VirtualBox, www.virtualbox.org)다. VM웨어 플레이어는 개인적인 사용에 한해 무료이며 버추얼박스는 GNU GPLv2 라이선스를 따른다(몇몇 기능은 독점 라이선스 하에서 무료로 사용할 수 있다).

두 제품은 *호스트된 하이퍼바이저*(타입 2)로서 가상화를 구현하는데, 이는 일반적인 OS 내에서 실행된다는 의미이며 두 머신을 동시에 사용할 수 있다. 버추얼박스는 Windows, 맥 OS X, 리눅스 머신에서 사용할 수 있으며 리눅스, Windows, 맥 OS X 등의 게스트 OS를 호스트할 수 있다. 현재 VM웨어 플레이어는 맥 OS X 호스트 설치가 불가능하고 그 대신 VM웨어 퓨전이라는 제품을 구입해야 한다.

두 제품 다 강력해 우열을 가리기 힘들지만, 버추얼박스는 GPL 하에서 릴리즈되며 스냅샷이라는 유용한 기능을 제공한다. 아울러 게스트 OS에 대한 스냅샷을 찍어뒀다가 나중에 사용할 수 있는 사용자 인터페이스가 제공된다. 예를 들어, 게스트 OS에 대한 주요 구성 변경 이전에 스냅샷을 찍어뒀다가 문제가 발생하면 해당 구성을 롤백할 수 있는 것이다. 스냅샷의 저장 대상에는 VM 설정, 가상 디스크 상의 내용 변경, 머신의 메모리 상태가 포함된다. 따라서 스냅샷을 복원하게 되면 VM은 스냅샷을 찍었던 바로 그 지점에서 실행된다.

버추얼박스 게스트 확장(Guest Additions)을 설치하면 게스트와 호스트 OS 간의 텍스트를 복사해 붙일 수 있고 디렉터리를 공유하며 윈도우의 크기를 동적으로 조정할 수 있다. 이 장에 대한 웹페이지(www.exploringrpi.com/chapter3/)에 Windows 호스트 OS에서 리눅스 게스트 OS를 설치하는 것에 대한 조언을 실었다.

참고

이 책의 모든 리눅스 패키지와 소프트웨어는 버추얼박스 VM 내에서 데비안 64-비트 데스크톱 배포판을 사용해 빌드하고 테스트했다.

## 이 책의 코드

버추얼박스 혹은 일반적인 환경에서 리눅스 데스크톱을 설치했다면 리눅스 터미널 세션/창을 열고 다음 명령을 실행해(데스크톱 머신과 RPi에서) 이 책에서 다루는 예제 코드, 스크립트, 문서 등을 내려받을 수 있다.

```
pi@erpi ~ $ sudo apt install git
pi@erpi ~ $ git clone https://github.com/derekmolloy/exploringRPi.git
Cloning into 'exploringRPi'...
```

Windows 또는 맥 OS X에서 코드를 내려받고자 한다면 깃허브 저장소에 대해 작업할 수 있는 그래픽 사용자 인터페이스를 windows.github.com과 mac.github.com에서 내려받을 수 있다.

참고

깃허브 계정을 갖고 있다면 웹 인터페이스를 이용해 이 저장소를 자기 계정으로 포크(fork)하거나 저장소의 갱신 및 변경을 지켜볼 수 있다. 현재, 비공개 저장소를 제공하지 않는 깃허브 계정은 무료로 사용할 수 있다. 또한 학생 및 대학은 2년간 다섯 개의 비공개 저장소를 제공하는 무료 마이크로 계정을 신청할 수 있다.

## 요약

이 장의 목표는 다음과 같다.

- 임베디드 리눅스 시스템의 기본 개념을 설명할 수 있다.
- RPi와 같은 임베디드 리눅스 장치에서 리눅스 OS 부팅이 어떻게 이뤄지는지 설명할 수 있다.

- 리눅스에서 중요한 개념인 커널 스페이스, 유저 스페이스, systemd를 사용한 시스템 초기화 등에 관해 설명할 수 있다.
- RPi에서 리눅스 시스템 관리 업무를 수행할 수 있다.
- RPi 파일 시스템을 효과적으로 사용할 수 있다.
- 파일과 프로세스 관리를 위해 다양한 리눅스 명령을 사용할 수 있다.
- 자신의 소프트웨어 프로젝트를 Git을 사용해 관리할 수 있다.
- 데스크톱 컴퓨터 호스트 OS에서 버추얼박스와 같은 데스크톱 가상화 도구를 이용해 리눅스 배포판을 설치할 수 있다.
- 이 책의 소스 코드를 Git을 사용해 내려받을 수 있다.

## 더 읽을거리

임베디드 리눅스, 리눅스 관리, Git, 가상화에 대해 더 알고 싶다면 다음 자료를 참고하라.

- 크리스토퍼 할리난(Christopher Hallinan)의 《Embedded Linux Primer: A Practical Real-World Approach》 2판(Prentice Hall, 2011)(국내에 《임베디드 리눅스 입문》(정보문화사, 2008)이라는 제목으로 이 책의 1판 번역서가 출간돼 있다 – 옮긴이)
- 데비안 정책 매뉴얼(The Debian Policy Manual): `tiny.cc/erpi303`
- Git을 배우려면 man gittutorial을 실행해 읽어보라. 그다음에 더 자세한 정보가 필요하다면 스콧 샤콘(Scott Chacon)의 훌륭한 레퍼런스인 《Pro Git》을 `tiny.cc/erpi304`에서 볼 수 있으며, 이 책은 종이책으로도 나와 있다(Apress Media, 2009).

## 참고 문헌


- ARM 홀딩스 "ARM Holdings PLC Reports Results for the Fourth Quarter and Full Year 2014"(2015): `https://www.arm.com/about/newsroom/arm-holdings-plc-reports-results-for-the-fourth-quarter-and-full-year-2014.php`
- 제프리 맥크레켄(J. McCracken), 알렉스 셔먼(A. Sherman), 이안 킹(I. King) "Avago to Buy Broadcom for $37 Billion in Biggest Tech Deal Ever"(2015): `www.bloomberg.com/news/articles/2015-05-27/avago-said-near-deal-to-buy-wireless-chipmaker-broadcom`
- "Git FAQ"(2013): `git.wiki.kernel.org/index.php/GitFaq#Why_the_.27git.27_name.3F`
- 브렛 스미스(B. Smith) "A Quick Guide to GPLv3"(2013): `www.gnu.org/licenses/quick-guide-gplv3.html`

# 4장

# 전자회로 인터페이스하기

이 장에서는 라즈베리 파이(RPi) 플랫폼에 전자 회로를 인터페이스하려고 할 때 올바르고 효과적으로 작업할 수 있도록 실용적인 전자회로의 종류를 소개한다. 먼저 전자 회로를 개발하고 디버그할 때 매우 유용한 몇 가지 장비를 소개한다. 이어서 회로 설계와 분석에 대한 실용적인 소개를 통해 회로를 꾸미고 앞에서 기술한 장비를 활용해 볼 수 있도록 한다. 다음으로는 다이오드, 커패시터, 트랜지스터, 포토커플러, 스위치, 논리 게이트와 같이 라즈베리 파이의 범용 입출력(GPIO)에 인터페이스할 수 있는 일반적인 이산소자를 논의한다. 마지막으로, 아날로그를 디지털로 변환(ADC)하는 중요한 원리를 설명할 텐데, 이는 9장에서 아날로그 센서를 RPi에 인터페이스하는 회로를 만들 때 필요한 지식이다.

**이 장에 필요한 준비물:**

- 이 장에서 필요한 부품(실습용): 전체 목록은 이 장의 마지막에 있음.
- Digilent Analog Discovery(버전 1 또는 2) *또는* 디지털 멀티미터, 신호 생성기, 오실로스코프를 사용할 수 있을 것

이 장에 대한 자세한 내용은 `www.exploringrpi.com/chapter4/`를 참고한다.

참고

디지털 및 아날로그 전자회로를 제대로 공부하려면 교과서가 필요하며 이 장에서 다루기에는 그 내용이 방대하다. 그러나 라즈베리 파이의 GPIO 인터페이스 헤더에 전자회로를 연결할 때 구성을 잘못하면 보드를 망가뜨리기 쉽기 때문에 몇몇 개념을 미리 알아두면 걱정을 덜 수 있을 것이다. 이후의 장들은 전자회로 개념에 상당 부분 의존한다. 그렇다고 해서 이 장에서 다루는 모든 개념에 통달해야만 다음으로 넘어갈 수 있는 것은 아니다. 중요한 점은 이 장에서 다루는 내용이 나중에 거론하는 전자회로의 개념에 대한 참고가 될 수 있다는 것이다.

## 회로 분석하기

RPi 플랫폼을 위한 전자 회로를 개발할 때 보드에 손상을 입힐 가능성을 줄이기 위해서는 RPi의 입출력에 연결하기 전에 회로를 분석할 수 있는 도구를 갖고 있는 것이 좋다. 특히, 디지털 멀티미터와 혼합 신호 오실로스코프를 사용할 수 있으면 좋다.

참고

여기에 나열하는 도구들은 참고를 위해 소개하는 것이다. 제품을 선택하기 전에 독자적으로 조언을 구하기 바란다. 여기에 소개한 어떠한 제품에 대해서도 어떠한 계약이나 청탁이 없었음을 밝힌다. 모든 가격은 어림잡은 것이다.

### 디지털 멀티미터

디지털 멀티미터(DMM)는 전압, 전류, 저항/연속성을 측정하는 데 있어 귀중한 도구다. 아직 갖고 있지 않다면 다음과 같은 기능을 갖춘 것으로 구입하기 바란다.

- **자동 전원 꺼짐:** 이 기계는 배터리가 낭비되기 쉽다.
- **자동 범위:** 측정 범위를 선택하는 것이 필수적이다. 중간 가격대의 제품들은 자동으로 범위를 선택해주는 기능을 갖추고 있어 측정에 걸리는 시간을 절약해준다.
- **단락 검사:** 도체에 끊김(또는 과도한 저항)이 있지 않으면 비프 음을 발생시키는 기능이다.
- **True RMS 읽기:** 대부분의 저가 제품은 AC(~) 전류/전압을 계산하기 위해 평균값을 사용한다. True RMS 미터는 실제 RMS(제곱 평균 제곱근) 계산을 통해 파형의 왜곡(찌그러짐)을 처리할 수 있다. 이 기능은 위상 제어 장치, 솔리드 스테이트 장치, 모터 장치 등을 분석하는 데 유용하다.
- **기타 유용한 옵션:** 꼭 필요한 것은 아니지만 있으면 좋은 기능들이다. 백라이트 디스플레이, 측정값 홀드, 큰 숫자의 디스플레이, 큰 유효 숫자, PC 연결 기능(포토커플러가 이상적임), 온도 프로브, 다이오드 검사 등.
- **케이스:** 좋은 품질의 고무를 입힌 플라스틱 케이스.

일반적으로 중간 가격대의 DMM은 위 기능 대부분을 제공하며 정확도가 높고(오차 1% 이하) 높은 입력 임피던스(〉10 MΩ)와 좋은 측정 범위를 가진다. 고급 멀티미터는 측정 속도와 정확도가 더 높다. 그 외에 정전용량, 주파수, 적외선 센서를 사용한 온도, 습도, 트랜지스터 이득 등을 측정할 수 있는 것들도 있다. 널리 알려진 브랜드로 Fluke, Tenma, Agilent, Extech, Klein Tools 등이 있다.

## 오실로스코프

표준 DMM들은 평균 전압, 전류, 저항을 측정할 수 있는 다목적 도구를 제공한다. 오실로스코프는 일반적으로 전압만 측정하지만, 시간의 흐름에 따라 전압이 변화하는 것을 볼 수 있다. 일반적으로 특정 대역폭 및 아날로그 샘플(메모리) 숫자 내에서 캡처한 두 개 이상의 전압 파형을 동시에 볼 수 있다. 대역폭은 오실로스코프가 정확히 측정할 수 있는 신호 주파수의 범위를 정의한다(일반적으로 3dB 포인트까지. 즉, 사인파 진폭은 실제 진폭에 비해 ~30% 낮다). 정확한 결과를 얻으려면 아날로그 샘플의 숫자가 대역폭의 배수가 돼야 한다(그 이유는 이 장의 뒤에서 나이키스트율에 대해 논의할 때 알게 될 것이다). 그리고 현대적인 오실로스코프의 경우, 이 값이 대체로 대역폭의 4~5배이므로 25MHz 오실로스코프는 초당 1억 샘플 이상을 갖는다. 대역폭과 아날로그 샘플의 수에 따라 오실로스코프의 가격이 크게 좌우된다.

저가의 2채널 오실로스코프로에는 Owon PDS5022S 25MHz(~200달러), 다양한 기능의 Siglent SDS1022DL 25MHz(~325달러), Rigol DS1052 50MHz(~325달러), Owon SDS6062 60MHz(~349달러) 등이 있다. 대역폭이 높을수록 가격이 비싸서 300MHz 스코프는 1,500달러에 이른다. Agilent digital storage(DSOX) 및 mixed-signal(MSOX) 시리즈의 스코프는 중급 및 고급에 해당하며 3,000달러(100MHz)에서 16,000달러(1GHz)에 이른다. 혼합 신호 스코프는 디지털 버스 분석 도구를 제공한다.

이 책에 나오는 모든 회로는 Digilent Analog Discovery with Waveforms(그림 4.1)를 사용해 테스트했다. 아날로그 디스커버리(Analog Discovery)는 USB 오실로스코프, 파형 생성기, 디지털 패턴 생성기, Windows 환경을 위한 논리 분석기를 갖추고 있다(아날로그 디스커버리 2도 거의 흡사하다). 최근 출시된 Waveforms 2015 소프트웨어는 리눅스(ARM 포함)와 맥 OS X를 지원한다. 아날로그 디스커버리의 가격대는 259~279달러다. 전자회로를 처음 시작하거나 다시 익히고자 하는 사람에게는 이것이 가격 대비 훌륭한 장비가 될 수 있다.

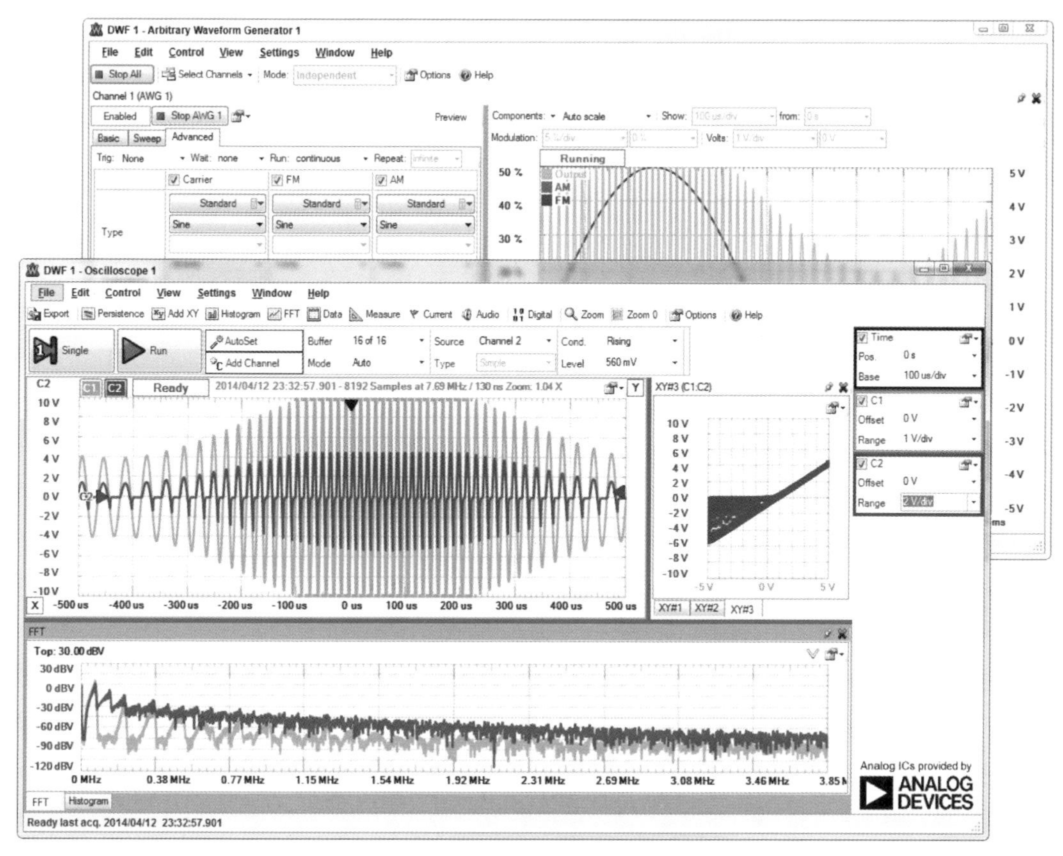


그림 4.1 Waveforms 애플리케이션에서 신호를 생성하고 물리적 회로의 응답을 보여주는 모습

참고

이 장의 홈페이지 www.exploringrpi.com/chapter4에 아날로그 디스커버리의 사용법을 알려주는 영상을 게시했다. 영상에서 아날로그 디스커버리를 사용해 정류 다이오드의 아날로그 분석을 수행하고 디지털 패턴 생성기와 논리 분석기를 사용해 JK 플립플롭의 성질을 조사하며 논리 분석기와 I²C 인터프리터를 가지고 비글본 블랙 I²C 버스에 연결해 분석하는 것을 시연한다. 분석 방법은 RPi 플랫폼에도 동일하게 적용할 수 있다.

이 책에 실린 모든 예제는 실제 회로를 사용해 구현했으며 오실로스코프의 플롯은 모두 아날로그 디스커버리를 사용해 생성했다. 파형 생성기와 차동(differential) 오실로스코프 양쪽에 대해 스코프는 두 채널이 각각 5MHz, 초당 5백만 샘플로 제한된다. 이와 같이 아날로그 디스커버리는 학생에 초점을 맞추고 있지만, 더 비싼 장비의 꼭 필요한 기능을 결정할 때도 유용할 수 있다.

그 대안으로는 혼합 신호 USB 스코프가 있다. PicoScope는 160달러에서 1만 달러 사이이며(www.picotech.com) BitScope DSO는 150달러에서 천 달러 사이(www.bitscope.com)로 리눅스를 지원한다. 현재는 USB 오실로스코프에서도 기능을 제공하므로 USB 논리 분석기 기능을 갖춘 벤치 스코프(혼합 모드 기능을 제공하는 Saleae 논리 분석기, www.saleae.com)가 "가격 대비" 가장 적합할 것이다.

참고

BitScope Micro(~145달러)는 BitScope의 한 버전으로, RPi를 위해 특별히 만들어진 것이다. 아날로그 디스커버리와 유사하게 이것은 2채널 오실로스코프(20MHz)와 논리 분석기(6채널), 스펙트럼 분석기를 갖추고 있다. BitScope Micro는 RPi에 직접 연결하도록 설계됐으며 단독으로 혹은 네트워크 접근 가능한 측정과 데이터 수집 플랫폼으로 사용할 수 있다. 또한 소프트웨어 라이브러리를 포함하고 있으므로 맞춤 수집 애플리케이션을 구축하는 데도 사용할 수 있다. 자세한 정보는 bitscope.com/pi/를 참고하라.

## 회로의 기본 원리

전자 회로를 구성하는 소자는 수동 소자와 능동 소자로 나눌 수 있다. 트랜지스터와 같은 능동 소자는 전류의 흐름을 제어하는데, 이는 수동 소자(저항, 커패시터, 다이오드)가 할 수 없는 일이다. 회로를 구성할 때 올바른 소자를 적합하게 배열하도록 설계하는 것은 힘든 일이지만, 회로 분석 공식을 알아두면 도움이 될 것이다.

### 전압, 전류, 저항, 옴의 법칙

가장 중요한 공식은 옴(Ohm)의 법칙이다.

$$V = I \times R$$

이 식에서 각 항은 다음과 같다.

- 전압($V$)의 단위는 볼트(V)이며, 회로에 전류가 흐르도록 만드는 에너지의 차이를 나타낸다. 전압에 대해 생각할 때는 물에 대한 비유가 매우 유용하다. 많은 가정의 옥상에 물탱크가 있으며 그 물이 수도꼭지까지 이어진다. 수도꼭지가 열려 있으면 물이 흐르는데, 이는 물탱크의 높이와 중력에 의한 것이다. 수도꼭지가 물탱크의 꼭대기와 같은 높이에 있다면 위치에너지가 없으므로 물이 흐르지 못할 것이다. 전압도 이와 비슷하다. 저항과 같은 소자의 한쪽 끝 전압이 다른 쪽보다 높으면 전류가 소자를 통해 흐를 수 있다.

- 전류($I$)는 전하의 흐름이며 그 단위는 암페어(A)다. 물로 비유를 계속하자면 전류는 물탱크(높은 위치)로부터 수도꼭지(낮은 위치)로 흐르는 물이다. 수도꼭지에도 위치에너지가 있으며 물은 배수구를 통해 바닥(접지(GND))까지 흘러내릴 것이다. RPi의 GPIO에 인터페이스할 회로를 만들 때는 약 3mA만으로 소스 또는 싱크할 것이다. mA는 A의 천 분의 일에 해당한다.
- 저항($R$)은 전하의 흐름을 방해하며 옴(Ω)으로 측정한다. 저항기(resistor)는 전력의 소실을 통해 전하를 감소시킨다. 이것은 선형적으로 일어나며 소실되는 전력의 세기(W, 와트)는 $P = V \times I$ 또는 옴의 법칙을 적용해 $P = I^2 R = V^2 / R$이 된다. 전력은 열의 형태로 소실되며 모든 저항은 최대 소실 전력 비율을 가진다. 일반적인 금속 피막 또는 탄소 저항기는 0.125W에서 1W를 소실하며, 3W 이상은 가격이 매우 비싸다. 물에 대한 비유를 마지막으로 들자면, 저항은 물과 파이프 사이의 마찰로 열을 발생시키며 그 마찰이 물의 흐름을 저해한다. 이 저항은 파이프의 교차 영역을 유지하면서 물이 지나야 하는 표면적을 늘임으로써 증가시킬 수 있다(주 파이프 내에 작은 파이프를 배치).

일례로 그림 4.2(a)에서와같이 5V 전원에서 전류의 흐름을 100mA로 제한하는 저항을 구입해야 한다면 어느 것을 사야 할까? 저항이 회로의 유일한 소자이므로 그것을 거치면서 떨어지는 전압 $V_R$은 5V일 것이다. $V_R = I_R \times R$이므로 저항은 $R = V_R / I_R = (5\,V) / (100\,mA) = 50\,\Omega$라는 값을 가지며, 이 저항으로 인해 소실되는 전력은 다음의 일반 방정식 $P = VI = I^2 R = V^2 / R$ 중 어느 것을 이용해서든 0.5W임을 계산할 수 있다.

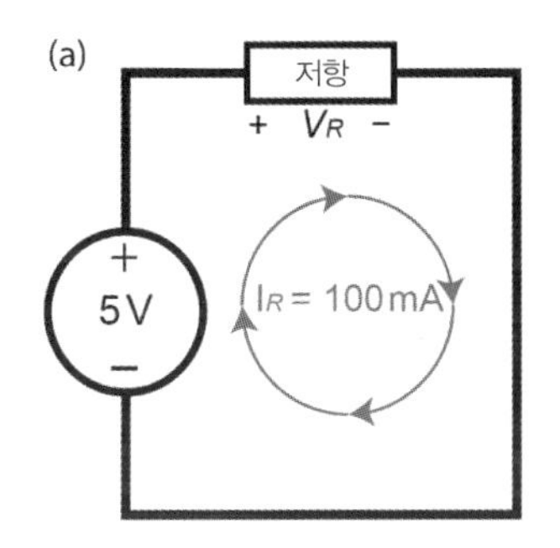


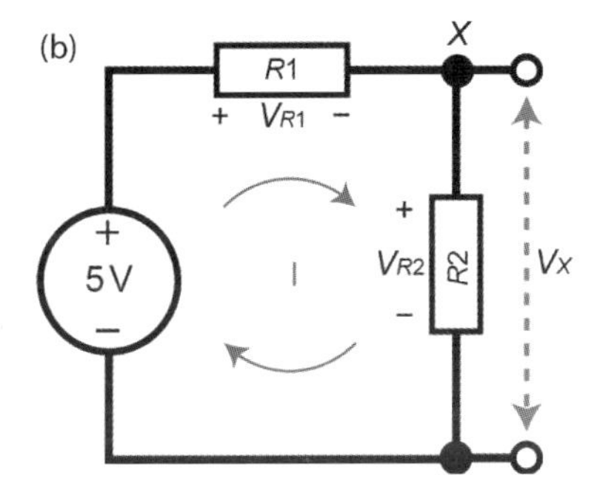


그림 4.2 (a) 옴의 저항 법칙의 예, (b) 전압 분배 회로의 예

1% 허용차(정확도)의 한 개의 고정값 금속 피막 스루홀(through-hole) 저항의 가격은 0.33W 저항의 경우 0.10달러이며 1W 정격 전력의 경우 0.45달러다. 회로에서 사용하는 저항의 정격 전력에 주의해야 한다. 품질이 좋지 않은 저항은 타버릴 수도 있다. 30W 저항의 가격은 2.50달러이며 매우 뜨거워질 수 있다. 모든 저항이 동일하게 만들어진 것은 아니다!

경고

전압 공급의 양극과 음극 사이를 저항 없이 연결하는 것은 왜 좋지 못할까? 이것을 단락(short) 회로라고 하며 RPi와 같이 민감한 장치에 손상을 입히는 지름길이다. 연결(훅업) 와이어는 그 자체로 양도체이며 매우 작은 저항값을 가진다. 0.6mm(0.023인치)의 100M(328피트) 롤 훅업 와이어의 총 저항은 약 5Ω이다. 그러므로 RPi 3.3V 공급과 GND 터미널을 연결하는 6인치 길이의 전선에는 이론적으로 433A가 흐른다(I=V/R=3.3V/0.0076Ω). 실제로는 이런 일이 일어나지 않지만, 가능한 최대 전류는 RPi를 손상시킬 것이다! 또한 LED는 고정된 내부 저항을 포함하지 않으므로 순방향 바이어스될 때 단락 회로처럼 된다. LED를 사용할 때 전류를 제한하는 저항과 함께 사용하는 것이 바로 이런 이유 때문이다!

## 전압 분배

그림 4.2(a)의 회로를 그림 4.2(b)에서와같이 다른 저항을 직렬로 추가하도록 변경하면 회로에는 어떤 영향이 있을까?

- 한 개의 저항 뒤에 다른 저항이 있으므로(직렬이므로) 전류가 순환하기 위해 반드시 통과해야 하는 총 저항은 두 값의 합 $R_T = R1 + R2$다.
- 공급 전압은 두 저항을 거쳐 강하하므로 $V_{supply} = V_{R1} + V_{R2}$라고 할 수 있다. 각 저항에서 강하하는 전압은 저항값에 반비례한다. 이 회로를 전압 분배 회로라고 부른다.

그림 4.2(b)에서 $R1 = 25\,\Omega$이고 $R2 = 75\,\Omega$이라고 할 때 $X$ 지점에서의 전압을 계산해 보자. 회로의 총 저항은 $R_T = 25 + 75 = 100\,\Omega$이며 저항을 거치는 총 전압 강하는 5V가 돼야 하므로 옴의 법칙을 사용해 회로에 흐르는 전류는 $I = V/R = 5\,V/100\,\Omega = 50\,mA$가 된다. 저항 $R1$이 25Ω이면 전압 강하는 $V_{R1} = I \times R = 0.05\,A \times 25\,\Omega = 1.25\,V$고, $V_{R2} = I \times R = 0.05\,A \times 75\,\Omega = 3.75\,V$다. 이 전압의 합이 5V인 것을 알고 있으므로 키르히호프의 전압 법칙에 따라 직렬 회로에서의 전압 강하의 합은 인가된 총 전압과 동일하다.

질문으로 돌아가서, 이 회로에서는 $R1$을 거칠 때 1.25V가 강하되고 $R2$를 거칠 때 3.75V가 강하된다. 그러면 X에서의 전압은 얼마인가? 그것을 알기 위해서는 X를 다른 지점에서 측정해야 한다! 전원의 음극에서 X를 측정했다면 전압 강하는 그림 4.2(b)의 $VX$이며 R2를 지날 때의 전압 강하와 같은 3.75V다. 그렇지만 다음과 같은 질문도 유효하다. “전원의 양극에 대한 전압 $X$는 무엇인가?” 이 경우, $R1$을 지나는 전압 강하의 음의 값일 것이다(X가 음극에 대해 3.75V이며 음극에 대해 양극은 +5V다). 그러므로 전원의 양극에 대한 X의 전압은 −1.25V가 된다. 그림 4.2(b)의 $V_X$ 값을 계산하기 위한 전압 분배 공식을 다음과 같이 세울 수 있다.

$$V_X = V \times \frac{R2}{R1 + R2}$$

이 규칙을 사용해 전압 $V_X$를 판별할 수 있지만 이 구성은 실제로는 제한되는데, 그 이유는 이 전압 공급 $V_X$에 연결하는 회로 자체가 저항(또는 부하)을 갖기 때문이다. 이것은 전압 분배 회로의 성질을 바꿔 전압 $V_X$를 변화시킨다. 그렇지만 대부분의 전압 분배 회로는 매우 높은 입력 임피던스를 갖는 입력 회로이므로 $V_X$에 대한 영향은 최소화된다.

그림 4.3(a)에는 가변 저항기 또는 전위차계와 그것을 독립적인 전압 분배기로 사용하는 회로를 나타냈다. 핀 1과 3 사이의 저항치는 고정값으로, 멀티턴 전위차계의 경우 10kΩ이다. 그러나 3번 핀과 더 넓은 핀(2번 핀) 사이의 저항은 0Ω에서 10kΩ으로 다양하다. 따라서 2번 핀과 3번 핀 사이의 저항이 2kΩ이면 1번 핀과 2번 핀 사이의 저항은 10kΩ − 2kΩ = 8kΩ이 된다. 그러한 경우, 출력 전압 $V_{out}$은 1V가 되며 전위차계의 작은 나사를 트림 툴이나 스크루 드라이버로 돌리면 0V와 5V 사이에서 변화한다.

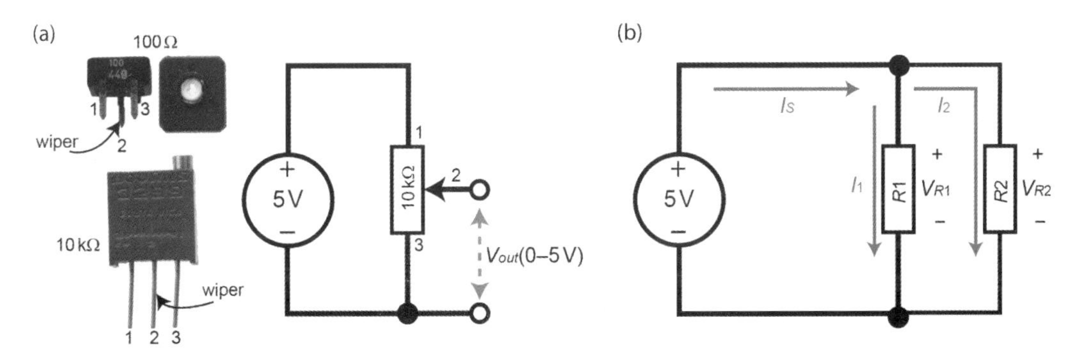


그림 4.3 (a) 전위차계 및 가변 전압 공급, (b) 전류 분배 회로의 예

## 전류 분배

회로를 그림 4.3(b)와 같이 두 개의 저항을 병렬로 연결하게 바꾸면 전류 분배 회로가 된다. 전류는 최소 저항 경로를 따르므로 R1 = 100Ω이고 R2 = 200Ω일 때 전류는 R1쪽으로 더 많이 흐르게 된다. 그렇다면 그 비율은 어떻게 될까? 이 경우 전압 강하는 R1과 R2 양쪽 모두 5V다. 따라서 전류 $I_1$은 $I = V/R = 5\,V/100\,\Omega = 50\,mA$가 되고 전류 $I_2$는 $I = 5\,V/200\,\Omega = 25\,mA$다. 따라서 100Ω 저항기를 통해 흐르는 전류는 200Ω 저항기에 비해 두 배가 된다. 확실히 전류는 저항이 낮은 경로를 선호한다.

키르히호프의 전류 법칙에서 분기점에 들어오는 전류의 합은 분기점에서 나가는 전류의 합과 동일하다. 즉, $I_S = I_1 + I_2 = 25\ mA + 50\ mA = 75\ mA$다. 일반적인 전류 분배 규칙은 다음과 같이 쓸 수 있다.

$$I_1 = I \times \left(\frac{R2}{R1+R2}\right) \text{ and } I_2 = I \times \left(\frac{R2}{R1+R2}\right)$$

그렇지만, 이것은 분기점으로 들어오는 전류 $I$ (여기에서는 $I_S$)의 값을 알고 있어야 한다. $I_S$를 직접 계산하려면 다음과 같이 두 병렬 저항기의 등가 저항($R_T$)을 계산해야 한다.

$$\frac{1}{R_T} = \frac{1}{R1} + \frac{1}{R2} \text{ or } R_T = \frac{R1 \times R2}{R1 + R2}$$

그림 4.3(b)에서 이것은 66.66 Ω이며, $I_S = V/R = 5\ V/66.66\ \Omega = 75\ mA$가 돼 처음의 계산과 일치한다.

공급되는 전력은 $P = VI = 5\ V \times 0.075\ A = 0.375\ W$다. 이는 소멸되는 전력의 합과 같으므로 $R1 = V^2/R = 5^2/100 = 0.25\ W$와 $R2 = V^2/R = 5^2/200 = 0.125\ W$를 합해 총 $0.375W$가 돼 에너지 보존의 법칙과도 들어맞는다!

## 브레드보드에 RPi 회로 구현하기

브레드보드(breadboard)는 회로를 프로토타이핑할 때 훌륭한 플랫폼이며 RPi와도 완벽하게 작동한다. 그림 4.4에 브레드보드가 있고 3.3V와 5V 전원을 위한 두 개의 수직 전원 레일을 사용하는 방법도 설명한다. RPi의 GPIO 헤더는 수(male) 헤더 핀으로 구성되며, 이것을 회로에 연결하기 위해서는 상대적으로 비싼 암(female) 점퍼 커넥터가 필요하다. 그림 4.4는 브레드보드에 연결하기 위해 널리 사용되는 RPi GPIO 확장 보드(Adafruit Pi T-Cobbler Plus)를 나타낸다. 이것은 암 점퍼 케이블을 사용해 RPi의 수 헤더에 연결하는 문제를 해결해주고 아주 견고하게 연결되며 저가의 훅업 와이어를 사용해 회로를 꾸밀 수 있도록 해준다. GPIO 확장 보드 케이블을 RPi에 연결할 때는 거꾸로 연결하지 않도록 방향에 유의한다.

그림 4.4에 나온 것(830 타이 포인트)과 같은 좋은 품질의 브레드보드 가격은 6달러에서 10달러 사이이다. 큰 브레드보드(3220 타이 포인트)는 약 20달러다. 브레드보드를 사용할 때는 다음과 같은 사항을 알아두면 도움이 될 것이다.

- 가능하면 IC의 1번 핀이 왼쪽 아래에 가도록 하는 것이 회로를 디버그하기 쉬울 것이다. 핀을 브레드보드의 구멍에 꽂을 때는 주의 깊게 자리를 잡은 뒤 힘을 줘서 집어넣는다. 또한 IC는 전력을 필요로 한다!
- 선을 연결하지 않는 것과 GND에 연결하는 것은 다르다(이 장의 뒤에서 논의한다).
- IC를 브레드보드에서 뺄 때는 납작한 스크루 드라이버를 지렛대로 사용해 양쪽에서 살며시 들어 올리면 IC의 다리가 구부러지는 것을 피할 수 있다.
- 저항 및 다른 부품을 동일한 수직 레일에 배치해서 브리지하지 않도록 주의한다. 또한 긴 저항 다리를 실수로 건드려 디버그가 힘들어질 수 있으므로 저항의 리드를 보드에 꽂기 전에 자르도록 한다.
- 모멘터리(momentary) 푸시 버튼에는 대체로 두 쌍으로 연결된 네 개의 다리가 있다. 올바로 연결했는지 확인하라(DMM의 연속성 테스트 사용).
- 스테이플러 침을 브리지 연결에 쓰면 좋다!
- 어떤 보드는 파워 레일이 끊겨 있으므로 필요하다면 브리지하라.
- 브레드보드는 대체로 타이 포인트 사이의 간격(리드 피치)이 0.1인치, 미터법으로는 2.54mm로 돼 있다. 가능하다면 모든 부품과 커넥터를 이 간격에 맞춰 구입하라. IC는 DIP/PDIP를 선택하고(IC 코드가 N으로 끝나는 것) 다른 부품은 "스루홀" 형을 선택하라.
- 훅업 와이어의 색상에 의미를 부여하라. 예를 들어 빨간색은 5V, 검은색은 GND로 하는 것이다. 이는 회로를 디버그할 때 정말 도움이 된다. Solidcore 22AWG 와이어 키트는 완벽한 훅업 와이어를 제공하며 절연 피복의 색상이 다양하게 갖춰 있다. 미리 만들어진 점퍼 선을 사용할 수도 있지만, 선이 길면 회로가 지저분해진다. 여러 색상의 훅업 와이어와 품질 좋은 와이어 스트리핑 도구를 사용해 브레드보드를 깔끔하고 안정적으로 배치하자.

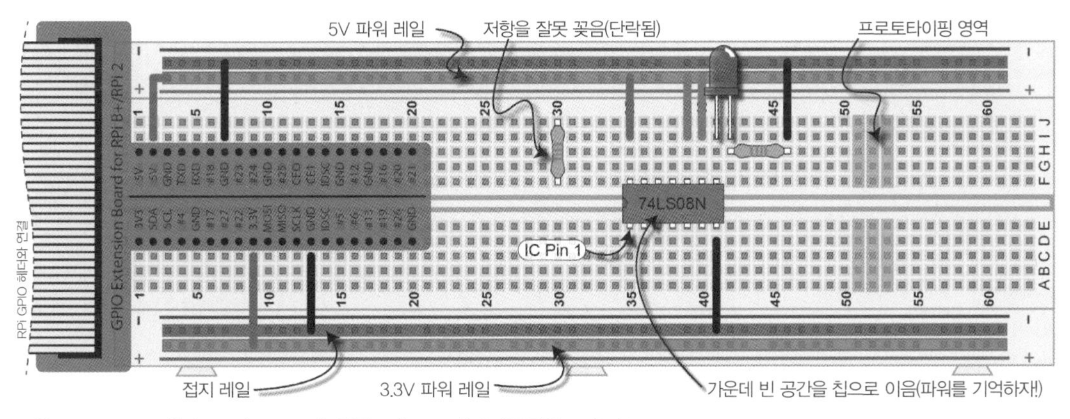


그림 4.4 RPi GPIO 확장 보드와 7408 IC(2 입력, 4개 AND 게이트)를 꽂은 브레드보드

### 예: RPI GPIO 헤더를 위한 맞춤 케이블 만들기

GPIO 확장 보드 또는 암 점퍼 선을 구입하여 사용하는 대신 RPi의 듀폰 PCB 인터커넥터를 위한 케이블을 직접 만들 수 있다. 맞춤 케이블을 사용하면 효율적이고 안정적으로 연결할 수 있고 케이블 길이와 방향을 원하는 대로 정할 수 있으며 암・수 커넥터를 혼합할 수 있다. 맞춤 제작한 커넥터를 RPi 헤더에 붙인 모습을 그림 4.5(a)에 나타냈다. 그림 4.5(b)는 저렴한(20~35달러) 크림핑 툴이다. 관련 영상을 이 장의 웹 페이지 tiny.cc/erpi401에 올려뒀다.

(a)

(b)

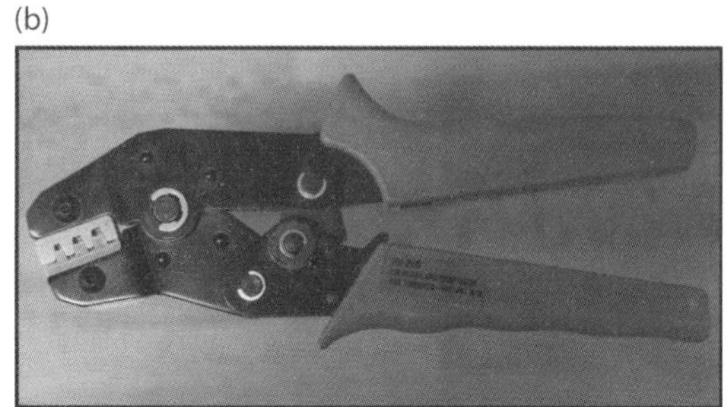

그림 4.5 (a) 맞춤 제작한 커넥터를 RPi(모델 B)에 연결한 모습, (b) 저렴한 크림핑 툴

## 디지털 멀티미터(DMM)와 브레드보드

전압, 전류, 저항을 측정하는 것은 그 규칙을 알고 나면 상당히 직관적이다(그림 4.6 참고)

- DC 전압(DCV)은 전압 강하가 나타나는 소자와 병렬로 측정한다. 검정 탐침을 DMM의 COM(공통) 입력에 연결한다.
- DC 전류(DCA)는 직렬로 측정한다. 즉, 회로에서 연결을 "끊고" DMM을 전류를 측정하고자 하는 회로 내의 양도체와 직렬로 있는 것처럼 연결해야 한다. 검정 탐침선을 COM에, 빨간 리드를 μAmA 입력(또는 동등한 것)에 연결한다. 퓨즈가 없는 10A 입력은 사용하지 말 것.
- 저항은 일반적으로 회로 내에서 측정할 수 없는데, 다른 저항 또는 부품이 병렬/직렬 부하로 측정에 영향을 미치기 때문이다. 부품을 격리하고 DMM의 빨간색 탐침을 VΩ 입력에 두고 미터를 Ω 측정으로 설정한다. 연속성 테스트는 전기가 통하지 않는 회로 내에서 사용할 때 효과적이다.

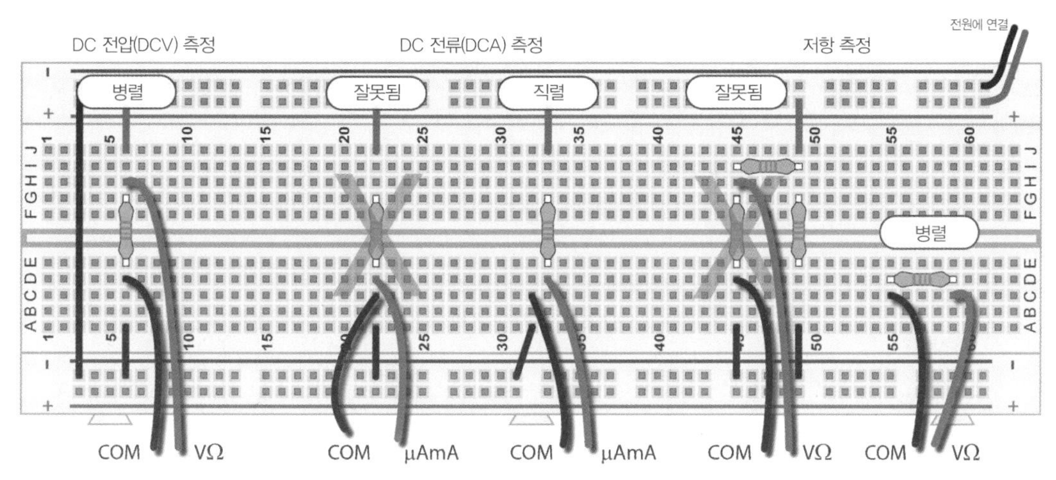

그림 4.6 전압, 전류, 저항의 측정

DMM이 작동하지 않는다면 내부의 퓨즈가 탄 것일 수 있다. DMM 탐침의 연결을 해제하고 미터의 덮개를 열어서 유리로 된 작은 퓨즈를 찾아보자. 미터를 한 대 더 갖고 있으면 연속성 테스트를 해서 퓨즈가 탔는지 알아볼 수 있다. 비슷한 값(또는 PTC)으로 교체하자.

공급되는 전압(9V 배터리라고 하더라도)에 직접 연결해 전류를 측정하는 것은 DMM 퓨즈를 태우는 지름길이다. 대부분의 측정기는 200mA에 맞춰 있기 때문이다. 전압을 측정할 때는 탐침이 VΩ 입력에 있는지 확인하라.

## 회로 예제: 전압 레귤레이터

지금까지 기초적인 원리를 설명했으니 이 절에서는 좀 더 복잡한 회로를 논의하고 다음 절에서는 소자에 대해 자세히 알아볼 것이다. 이 절에서 소개하는 회로는 실습을 목적으로 하는 것이 아니라 소자들의 상호 연결을 소개하기 위한 것이다.

전압 레귤레이터(voltage regulator)는 복잡하면서도 사용하기 쉬운 장치로, 다양한 입력 전압을 받아서 부하에 관계없이 입력 전압보다 낮은 레벨의 전압을 일정하게 출력한다. 전압 레귤레이터는 출력 전압을 특정 범위 내로 유지하며 전압의 변화로 인한 전자 장치의 손상을 방지한다.

RPi B+와 2/3 모델에는 온보드 장치에 서로 다른 고정 전압을 제공하며 회로의 단락을 방지해주는 두 개의 고효율 PWM 강압 DC-DC 컨버터가 있다(U3에 PAM2306, `tiny.cc/erpi402` 참고). 예를 들면 5V,

3.3V, 1.8V의 출력이 있다. 이러한 5V와 3.3V 출력을 RPi GPIO 헤더로 출력해 회로를 구동시킬 수 있으나 전류 공급에 제한이 따른다. RPi는 5V 핀(핀 2와 4)에서 200~300mA까지 공급할 수 있으며 3.3V 핀(1번 핀과 17번 핀)에서는 약 50mA를 공급할 수 있다.

모터를 구동하는 것과 같이 더 많은 전류를 사용해야 한다면 그림 4.7과 같은 전압 레귤레이터를 사용해야 한다. 이것은 브레드보드에 직접 만들 수도 있고 SparkFun(www.sparkfun.com)에서 "breadboard power supply stick 5 V/3.3 V"를 15달러 정도에 구입할 수도 있다.

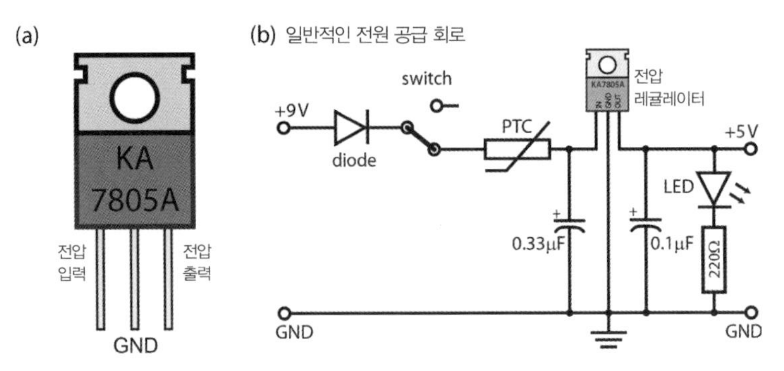


그림 4.7 KA7805A/LM7805 전압 레귤레이터 및 레귤레이터 회로의 예

그림 4.7에서 보는 바와 같이 레귤레이터의 왼쪽 핀은 전압 공급 입력이다. 500mA의 전류를 공급할 때 KA7805 · LM7805 전압 레귤레이터는 8V에서 20V까지 범위의 입력 전압을 받아들이며 4.8V에서 5.2V까지 범위의 전압을 출력한다(오른쪽). 가운데의 핀은 접지 레일에 연결한다. 전압 레귤레이터의 알루미늄으로 된 뒤판은 열을 방출하기 위한 것이다. 구멍은 방열판을 볼트로 고정하기 위한 것으로, 1A까지의 큰 출력 전류를 허용한다.

KA7805 · LM7805 전압 레귤레이터를 구동하기 위해 필요한 최소 입력 전압은 약 8V다. 공급 전압이 그보다 낮을 때는 LDO(low-dropout) 전압 레귤레이터를 사용할 수 있는데, 이것은 5V 레귤레이터를 작동시키기 위해 6V의 공급을 필요로 한다. 그림 4.7의 구현 회로는 깨끗하고 안정적인 5V, 1A 공급을 위해 다음 부품을 추가했다.

- 다이오드는 공급의 극성이 잘못 연결됐을 때(예를 들어, 9V와 GND가 실수로 바뀌었을 때) 회로를 손상되지 않게 한다. 1N4001(1A 공급)과 같은 다이오드는 가격이 아주 저렴하지만, 레귤레이터 앞의 다이오드를 지나는 전압 강하가 작다(1A에서 약 1V)는 단점이 있다.
- 회로의 파워를 켜거나 끄는 데 스위치를 사용할 수 있다. 슬라이더 스위치를 사용하면 회로에 연속적으로 전원이 공급되게 할 수 있다.

- 재설정 가능 PTC(정특성 온도 계수) 퓨즈는 실수에 의한 회로 단락 또는 소자의 고장 등의 과전류 결함으로부터 손상을 방지하는 데 매우 유용하다. 평상시에는 유지 전류(holding current)를 작은 저항(약 0.25Ω)만으로 통과시키다가 과전류가 유입되면 동작(trip)해 저항이 급격히 증가한다. 파워가 제거되면 냉각돼(몇 초 동안) 동작하기 전의 성질을 회복한다. 이 회로에는 60R110 또는 동등한 폴리퓨즈가 적합하며, 최대 전압 60V DC에서 1.1A의 유지 전류와 2.2A의 동작 전류(trip current)를 갖는다.
- 0.33μF 커패시터가 레귤레이터의 공급 측에 있으며 0.1μF 커패시터는 레귤레이터의 출력 측에 있다. 이것들은 제조사가 노이즈를 제거(ripple rejection)하기 위해 데이터시트에서 권장하는 사항이다. 커패시터에 대해서는 바로 뒤에서 논의할 것이다.
- LED 및 전류 제한 저항은 전원이 공급되는 것을 알 수 있도록 불빛으로 표시한다.

참고

전류가 흐르는 방향을 표시하는 방법에는 두 가지가 있다. 첫 번째는 전자의 흐름, 즉 음전하의 흐름을 나타낸다. 두 번째는 일반적인 흐름 표기법으로, 첫 번째 것과 정반대로 양전하의 흐름을 나타내며 반도체의 표기는 모두 이 방법으로 이루어진다. 이 책에서도 일반적인 표기를 사용해 전류의 방향을 나타낸다.

## 이산 소자

앞의 예제 회로에서는 여러 개의 이산 소자를 사용해 독립적인 전원 공급 회로를 구축했다. 이 절에서는 전원 공급 회로를 구성하는 부품들에 대해 좀 더 자세히 논의한다. 이러한 소자들은 많은 다양한 회로 설계에 적용될 수 있으며 6장에서 RPi의 입출력에 인터페이스하는 회로를 설계할 때 사용되므로 지금 논의해야 한다.

### 다이오드

간단히 말해, 다이오드(diode)는 전류를 한 방향으로만 통과시키고 반대 방향으로는 흐르지 못하도록 하는 이산 반도체 소자다. 그 이름에서 짐작할 수 있듯이 "반"도체는 도체도 아니고 절연체도 아니다. 실리콘은 반도전성 재료지만, 인(phosphorus)과 같은 불순물이 첨가되면 재미있는 일이 생긴다. 그러한 네거티브 도핑(n형)은 원자가 전자대(valence band)에서 전자의 결합을 약화시킨다. 붕소와 같은 불순물을 사용해 원자가 전자대에 구멍을 내는 포지티브 도핑(p형)도 가능하다. p형과 n형으로 도핑된 작은 실리콘 조각을 붙이면 PN 접합, 즉 다이오드를 얻는다! n형 실리콘의 원자가 전자대의 자유 전자는 p형 실리콘으로 흘러들어 공핍층(depletion layer)과 전위 장벽(voltage potential barrier)이 생기며 전류가 흐르기 위해서는 이를 극복해야 한다.

다이오드가 순방향 바이어스될 때는 전류가 흐를 수 있지만 역방향 바이어스될 때는 전류가 흐르지 못한다. 다이오드는 양극(+*ve*)의 전압이 음극(−*ve*)의 전압보다 높을 때 순방향 바이어스되지만, 바이어싱은 반드시 공핍층 전위 장벽(문턱 전압)을 넘어야 흐를 수 있으며 실리콘 다이오드의 경우 이 값은 0.5V에서 0.7V 사이다. 다이오드의 양극보다 음극에 높은 전압이 걸려서 역방향 바이어스되면 전류가 거의(1nA밖에) 흐르지 못한다. 그러나 역방향 바이어스 전압이 높아지면 다이오드가 결국 항복(breakdown)해 전류가 역방향으로 흐르게 된다. 이때 전류가 낮으면 다이오드는 손상을 입지 않는다. 사실 제너 다이오드(Zener diode)라고 하는 특수한 다이오드는 이러한 항복전압에서 작동하도록 설계돼 전압 레귤레이터처럼 사용할 수도 있다.

저가의 실리콘 다이오드인 1N4001은 다이오드의 성질과 사용을 시연하는 간단한 회로에 사용할 수 있다(그림 4.8 참고). 1N4001의 최대 역방향 항복전압은 50V다. 이 회로에 아날로그 디스커버리의 파형 생성기를 사용하며 +5V에서 −5V를 오가는 사인파를 적용한다. $V_{in}$ 전압이 양이며 문턱 전압을 초과하면 전류가 흐르며 부하 저항 $V_{load}$를 거쳐 $V_{in}$보다 약간 적은 전압 강하가 일어난다. 다이오드 $V_d$를 거치는 작은 전압 강하가 있으며 오실로스코프 측정을 통해 그것이 0.67V임을 확인할 수 있는데, 이는 실리콘 다이오드의 예상 범위에 속한다.

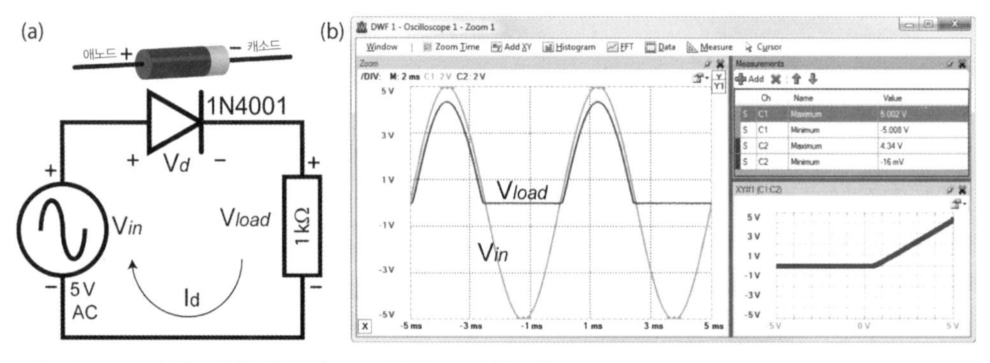

그림 4.8 1N4001 다이오드의 회로와 동작(5V AC 공급 및 1kΩ 부하 저항)

그림 4.7의 회로에서 다이오드는 역극성을 방지하기 위해 사용된다. 그림 4.8의 플롯을 보면 그것이 왜 효과적인지 알 수 있다. $V_{in}$이 음일 때 $V_{load}$는 0이다. 이것은 다이오드가 역방향 바이어스될 때는 전류가 흐를 수 없기 때문이다. 전압이 다이오드의 항복 전압을 넘어서면 전류가 흐를 것이다. 그러나 1N4001의 항복 전압이 50V이므로 이 경우에는 그런 일이 일어나지 않을 것이다. 참고로 그림 4.8의 오른쪽 아래에 입력 전압(x축)에 대한 출력 전압(y축)을 나타내는 XY 플롯이 있다. 음의 입력 전압에 대해 출력 전압이 0인 것을 볼 수 있지만, 일단 문턱 전압(0.67V)에 도달하면 출력 전압은 입력 전압에 대해 선형적으로 증가한

다. 이러한 회로를 *반파 정류기*(half-wave rectifier)라고 한다. 네 개의 다이오드를 브리지 형태로 연결해 전파 정류기(full-wave rectifier)를 만드는 것이 가능하다.

## 발광 다이오드(LED)

발광 다이오드(LED)는 반도체 기반 광원으로, 모든 유형의 장치에서 불빛으로 상태를 표시하는 데 종종 사용된다. 오늘날 고출력 LED는 수명이 길고 전력을 빛으로 변환할 때의 효율이 높아 자동차 전조등이나 텔레비전의 백라이트에 사용되며 일반적인 조명(가정용 전등, 신호등 따위)의 필라멘트 전구를 대체하고 있다. LED는 회로에 대해 매우 유용한 상태 및 디버그 정보를 제공하며 상태가 참인지 거짓인지 가리키는 데 종종 사용된다.

다이오드와 마찬가지로 LED에도 극성이 있다. LED를 나타내는 기호를 그림 4.9에 나타냈다. LED가 빛을 내기 위해서는 양극(+)을 음극(–)에 비해 양전압에 연결해서 순방향으로 바이어스되도록 해야 한다. 예를 들어 양극을 +3.3V에 연결하고 음극을 GND에 연결할 수 있다. 그렇지만 양극에 0V를 연결하고 음극에 –3.3V를 연결해도 같은 효과를 얻을 수 있음에 유의하라.

그림 4.9에서 보는 바와 같이 LED는 한쪽 다리가 다른 쪽에 비해 길다. 다리가 긴 쪽이 양극(+)이고 짧은 쪽이 음극(–)이다. 또한 LED의 플라스틱 부분에서 평평하게 깎인 쪽이 음극(–)을 표시하며 덕분에 LED의 다리가 잘린 채로 기판에 붙어있을 때도 알아볼 수 있다.

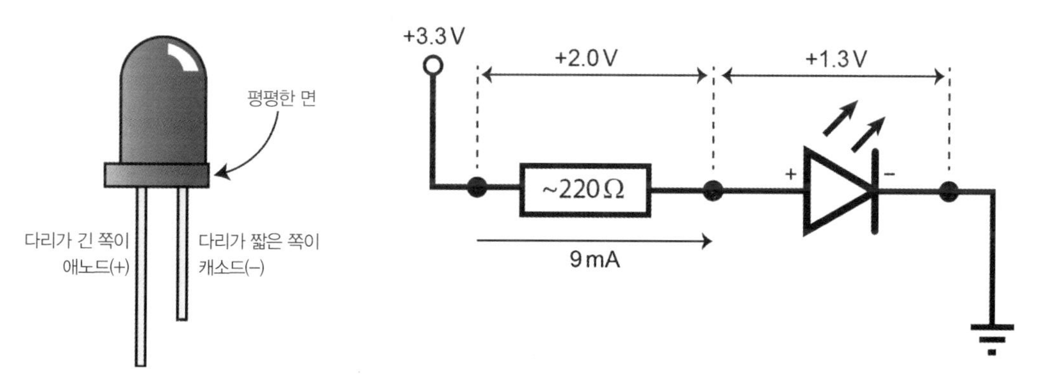


**그림 4.9** LED 예제 및 LED를 올바른 순방향 전류와 전압으로 구동하기 위한 회로

LED를 구동하는 데는 순방향 전압과 전류가 필요하다. LED마다 차이가 있으므로 이러한 값을 알기 위해서는 LED의 데이터시트를 참조해야 한다. LED의 저항은 그리 크지 않으므로 RPi의 3.3V 전원에 LED를 직접 연결하면 LED가 단락 회로와 같이 동작하게 돼 매우 큰 전류가 LED를 통해 흘러서 LED뿐만 아니

라 RPi에까지 손상을 입힐 것이다! 따라서 LED를 제한범위 내에서 동작하게 하려면 전류 제한 저항이라고 하는 직렬 저항이 필요하다. LED의 출력을 최대화하면서 회로를 보호할 수 있는 값을 주의 깊게 선택하라.

경고

전류 제한 저항 및 트랜지스터 스위칭 없이 LED를 RPi의 GPIO 헤더의 GPIO에 직접 연결하면 보드를 손상시킬 수 있으므로 그렇게 해서는 안 된다. RPi의 GPIO 핀을 통해 흐르는 전류는 최대 2~3mA로 유지해야 한다.

그림 4.9에서 RPi의 3.3V 공급으로부터 LED에 공급하며 LED를 거치는 1.3V의 순방향 전압 강하를 원한다면 전류 제한 저항을 거쳐 강하하기 위해 2V의 차이가 필요하다. LED 명세에 따르면 전류를 9mA로 제한해야 하므로 다음과 같이 전류 제한 저항값을 산출해야 한다.

$$V=IR\text{이므로}, R=V/I=2V/0.009A=222\Omega$$

따라서 LED를 밝히기 위한 회로는 그림 4.9와 같다. 여기서 220Ω의 저항이 LED에 직렬로 위치한다. 3.3V 공급과 저항의 조합이 9mA의 전류를 순방향 바이어스된 LED로 통과하게 한다. 이 전류에 대해 저항은 2V 강하되므로 LED를 거쳐 1.3V의 순방향 전압 강하가 발생한다. 이 전류는 RPi의 3.3V 출력에 연결할 때는 괜찮지만, RPi의 GPIO를 사용할 때는 최대 전류가 사실상 2~3mA이므로 문제가 된다. 여기서는 이에 대한 해결책을 간단히 설명하고 6장에서 다시 살펴볼 것이다.

LED의 밝기를 줄이기 위해서 LED로 가는 전압을 줄여서는 안 된다는 것에 유의하라. LED는 전류제어 장치로 봐야 하며 LED로 전류를 거는 것은 순방향 전압 강하를 일으킨다. 따라서 전압을 변화시킴으로써 LED를 제어하려고 하면 생각대로 되지 않을 것이다. LED의 밝기를 줄이기 위해서 펄스 폭 변조(PWM) 신호를 사용하며 이는 LED를 재빨리 점멸시킨다. 예를 들어 일정 시간 동안 빠른 PWM 신호가 LED에 적용돼 그 시간의 절반 동안은 켜지고 절반 동안은 꺼지면 LED가 보통의 작동 조건에서 내는 빛의 절반 정도의 밝기를 내는 것처럼 보일 것이다. 그것이 충분히 빠르다면 육안으로 밝기의 변화를 감지하지 못하고 밝음과 어두움의 평균에 해당하는 밝기로 약간 어둡지만 일정하게 비추는 것처럼 느끼게 된다.

그림 4.10은 듀티 사이클(duty cycle)에 따른 PWM 사각파의 차이를 보여준다. 듀티 사이클은 시간에 대한 비율로, 신호가 high인 시간과 low인 시간을 비교해 나타내는 백분율이다. 이 예에서 high는 3.3V로 나타나며 low는 0V로 나타난다. 0%의 듀티 사이클은 신호가 계속 low인 것을 의미하며 100%의 듀티 사이클은 신호가 계속 high인 것을 의미한다.

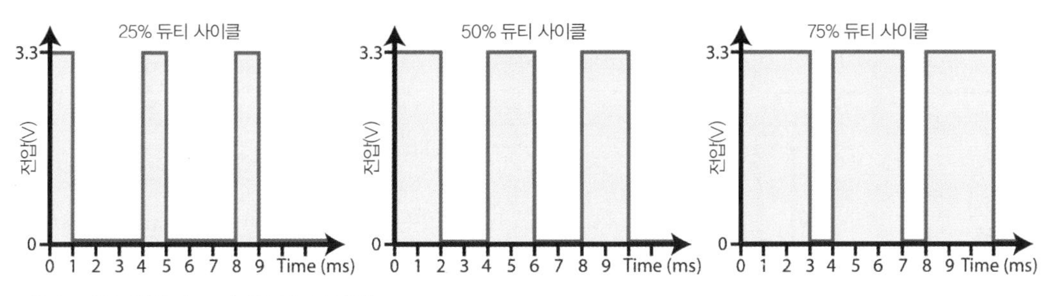


그림 4.10 펄스 폭 변조(PWM) 신호의 듀티 사이클

PWM은 LED의 밝기 조절뿐만 아니라 DC 모터의 속도 및 서보 모터의 위치 제어 등에도 응용할 수 있다. RPi에 내장된 PWM 기능을 사용하는 예를 6장에서 볼 수 있을 것이다.

반복적인 신호(주기적 신호)의 주기($T$)는 한 사이클을 완료하는 데 걸리는 시간을 말한다. 그림 4.10의 예에서 세 경우 모두 신호의 주기는 4ms이다. 주기적 신호의 빈도($f$)는 주어진 시간 동안 완전한 사이클에서 신호가 얼마나 자주 발생하는지를 나타낸다. 4ms 간격으로 발생하는 신호는 초당 250회의 사이클(1/0.004), 즉 250헤르쯔(Hz)가 된다. 이를 식으로 표현하면 $f\ (Hz) = 1/T\ (s)$ 또는 $T\ (s) = 1/f\ (Hz)$이다. 몇몇 고급 DMM은 주파수를 잴 수 있지만, 일반적으로는 오실로스코프를 사용해 주파수를 측정한다. PWM 신호는 제어할 장치에 알맞은 주파수로 전환해야 한다. 일반적으로 모터 제어를 위한 주파수는 kHz 범위다.

## 평활 커패시터와 디커플링 커패시터

커패시터는 두 절연판 사이에 전압차가 있을 때 전기적 에너지를 저장하는 수동 전기 소자다. 에너지는 두 판 사이의 전기장에 저장되는데, 한 판에는 양의 충전이, 다른 한 판에는 음의 충전이 이루어진다. 전압차가 제거되거나 줄어들면 커패시터는 연결된 전기 회로에 에너지를 방전한다.

가령 그림 4.8의 다이오드 회로를 변경해 10μF의 평활 커패시터를 부하 저항과 병렬이 되도록 추가하면 출력 전압은 그림 4.11에서 보는 것과 같을 것이다. 다이오드가 순방향 바이어스되면 커패시터의 터미널을 통해 전위가 존재하여 재빨리 충전된다(전류가 병렬로 연결된 부하 저항을 통해 흐르는 동안). 다이오드가 역방향 바이어스되면 커패시터와 저항의 조합을 거쳐 전위를 생성하는 외부적 공급이 없으므로 커패시터의 터미널을 거치는 전위는 부하 저항을 통해 전류가 흐르도록 하며(충전 때문에) 커패시터는 방전되기 시작한다. 이 충전의 영향으로 부하 저항을 거치는 전압은 이제 더욱 안정적이 되고 0V와 4.34V가 아니라 2.758V와 4.222V 사이(리플 전압 1.464V)가 된다.

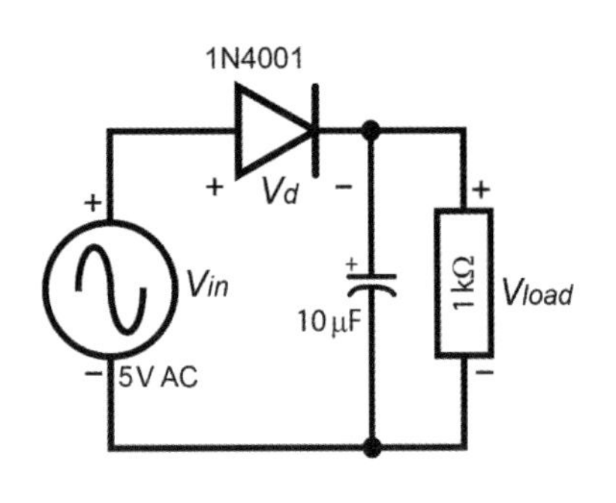


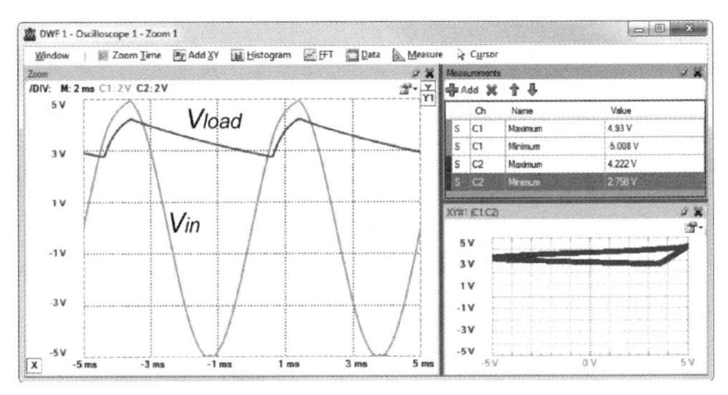


그림 4.11 1N4001 다이오드의 회로 및 성질(5V AC 공급, 1kΩ 부하, 병렬 10μF 커패시터)

커패시터는 두 충전판을 절연시키기 위해 세라믹, 유리, 종이, 플라스틱과 같은 유전체(dielectric material)를 사용한다. 일반적으로 세라믹 커패시터와 전해(electrolytic) 커패시터 두 가지가 주로 사용된다. 세라믹 커패시터는 작고 저렴하며 시간이 지나면 열화(degrade)된다. 전해 커패시터는 더 많은 에너지를 저장할 수 있지만, 역시 시간이 흐름에 따라 열화된다. 유리, 운모, 탄탈 커패시터는 신뢰성이 높지만 훨씬 비싸다.

그림 4.12에 100nF(0.1μF) 세라믹 커패시터와 47μF 전해 커패시터를 나타냈다. 전해 커패시터는 겉면의 음극 쪽에 띠를 그려서 극성을 표시하며 LED와 마찬가지로 음극 리드가 양극 리드에 비해 짧다.

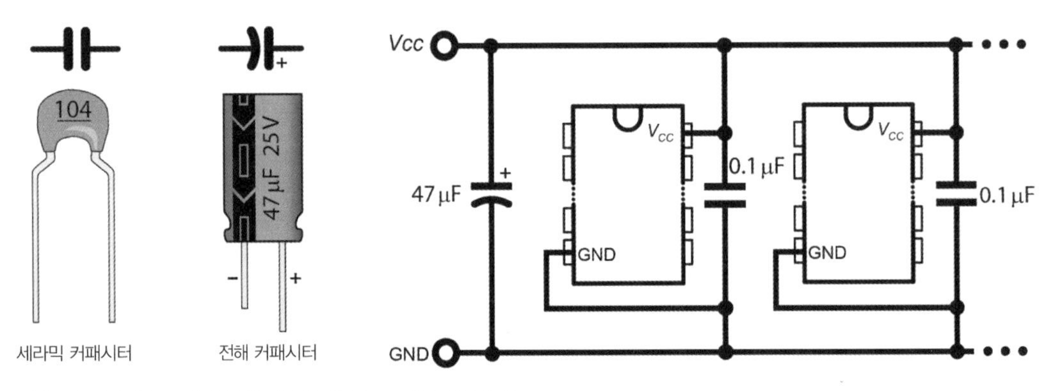


그림 4.12 세라믹(무극성) 및 전해(극성) 커패시터, 디커플링 회로의 예

커패시터의 번호는 직관적인 편이지만, 세라믹 커패시터의 번호는 작아서 읽기 힘든 것이 흠이다.

- 첫 번째 번호는 커패시터값의 첫 번째 숫자다.
- 두 번째 번호는 커패시터값의 두 번째 숫자다.
- 세 번째 번호는 커패시터값이 pF(피코패럿) 단위일 때의 0의 개수다.
- 나머지 문자는 커패시터의 오차와 정격 전압을 나타내지만 지금은 무시해도 좋다.

따라서 다음의 예와 같다.

- 104 = 100,000pF = 100nF = 0.1μF
- 102 = 1,000pF = 1nF
- 472 = 4,700pF = 4.7nF

앞서 본 전압 레귤레이터 회로(그림 4.7)는 두 개의 커패시터를 사용해 리플(ripple)과 반대가 되도록 충전과 방전을 함으로써 전원의 리플을 평활시킨다. 커패시터는 *디커플링(decoupling)* 용도로 사용할 수도 있다.

커플링(coupling)이란 두 부품이 바람직하지 못한 관련성을 갖는 것을 말하며 회로에서 전원 연결을 공유함으로 인해 발생한다. 회로의 한 부품이 갑자기 고출력을 요구하면 공급 전압이 약간 강하되고 회로의 다른 부품의 공급 전압에 영향을 미치게 된다. IC는 전원 공급 라인에 다양한 부하를 가한다. 사실, 부하는 빨리 변화해 다른 IC의 공급 라인에 고주파 전압 변화를 일으킬 수 있다. 회로의 IC 수가 증가할수록 이 문제는 더 심각해진다.

디커플링 커패시터로 알려진 소형 커패시터는 에너지를 저장하며 공급 라인의 IC 부하 변화로 인한 노이즈 신호를 제거해준다. 그림 4.12에 나타낸 예제 회로에서 큰 47μF 커패시터는 저주파 변화를 걸러내고 0.1μF 커패시터는 고주파 노이즈를 걸러낸다. 최고 레벨의 주파수를 걸러내는 것을 제한하는(인덕턴스와 관련된) 부작용을 피하기 위해서는 0.1μF 커패시터의 리드가 짧을수록 이상적이다. 심지어 RPi에서는 BCM2835/6/7 SoC의 BGA(ball grid array) 핀이 만들어내는 작은 인덕턴스(약 1~2nH)를 디커플하기 위해 표면 실장 커패시터를 사용한다.

## 트랜지스터

거의 모든 전자 시스템에서 그렇듯이 트랜지스터는 RPi에서도 중요한 역할을 한다. 간단히 말해, 트랜지스터는 신호를 증폭하거나 신호를 켜고 끄는 기능을 한다. RPi의 GPIO는 약한 전류만 다룰 수 있으므로 큰 전류를 사용하는 전자회로와 인터페이스하려면 트랜지스터의 도움이 필요하다.

흔히 트랜지스터라고 불리는 BJT(쌍극 접합형 트랜지스터)는 PN 접합 다이오드에 또 하나의 층을 추가해 PNP 또는 NPN 트랜지스터를 만든 것이다. 그와 다른 종류의 FET(전계 효과 트랜지스터)라는 트랜지스터도 있다. 쌍극(bipolar)이라는 명칭은 전류가 전자와 정공 양쪽으로 전달되는 것에서 유래한 것이다. 세 번째 극은 가운데의 아주 얇은 층에 연결된다(그림 4.13).

그림 4.13은 트랜지스터에 대해 많은 정보를 나타낸다. 세 개의 극을 각각 베이스(Base), 컬렉터(Collector), 이미터(Emitter)라고 한다. BJT 트랜지스터에는 두 가지 유형(NPN과 PNP)이 있지만, 그중에서 NPN 트랜지스터가 널리 사용된다. 사실 이 책에 실린 트랜지스터 예제에서는 BC547 NPN 트랜지스터만 사용한다.

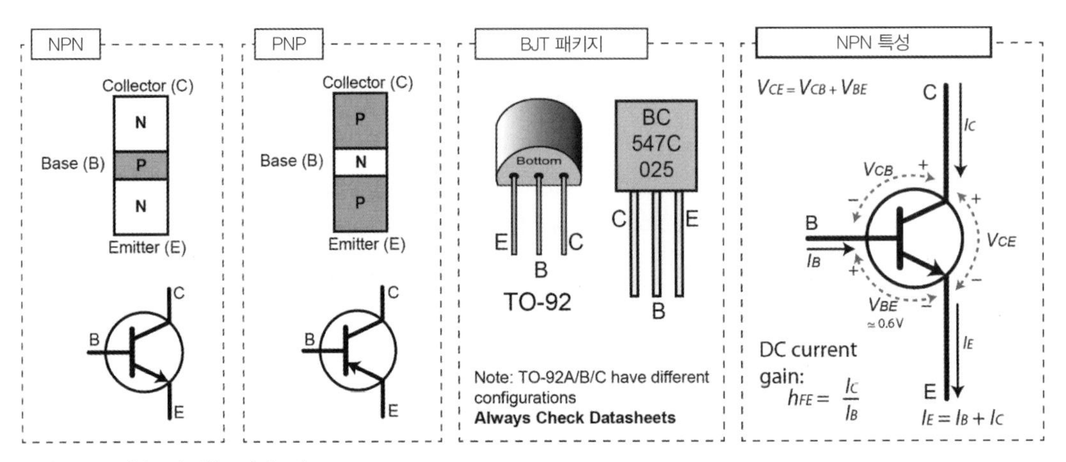

그림 4.13 BJT(쌍극성 접합 트랜지스터)

BC547은 45V, 100mA 범용 트랜지스터로, 구하기 쉽고 저렴하며 리드가 있는 TO-92 패키지로 제공된다. 그림 4.13에 BC547의 다리를 식별하는 방법을 실었지만, 모든 트랜지스터에서 그 순서가 일정한 것은 아니므로 항상 데이터시트를 확인하자! BC547의 최대 $V_{CE}$(또는 $V_{CEO}$)는 45V이며 최대 컬렉터 전류($I_C$)는 100mA다. 일반적인 DC 전류 이득($h_{FE}$)은 180에서 520 사이이며 사용되는 그룹(즉, A, B, C)에 따라 달라진다. 이러한 특성에 대해서는 다음 절에서 설명할 것이다.

## 트랜지스터를 스위치로 사용하기

참고

이 책의 나머지에서는 스위칭 부하를 위한 RPi 회로에 BJT가 아닌 FET를 사용한다. 이 절에서 설명하는 세부적인 내용이 버겁게 느껴진다면 FET에 대한 내용으로 넘어가도 좋다.

그림 4.13(오른쪽 다이어그램)의 NPN 트랜지스터의 특성을 살펴보자. 베이스–이미터 접합면이 순방향 바이어스되고 작은 전류가 베이스($I_B$)로 들어오면 트랜지스터는 이에 비례하는 더 큰 전류($I_C = h_{FE} \times I_B$)가 컬렉터 극으로 흘러들어올 수 있게 한다. BC547과 같은 트랜지스터에서 $h_{FE}$의 값은 180에서 520 사이가 되기 때문이다. $I_B$는 $I_C$보다 훨씬 작으므로 $I_E$는 $I_C$와 거의 같다고 가정할 수 있다.

그림 4.14에 BJT를 스위치로 사용하는 예를 나타냈다. (a)에서 전압 레벨은 RPi에서 사용 가능한 것과 일치하게 선택했다. 베이스의 저항은 2.2kΩ 값을 갖도록 선택했으므로 베이스 전류는 작은 값($I = V/R = (3.3\ V - 0.7\ V)/2200\ \Omega$은 약 $1.2mA$)이 된다. 컬렉터의 저항이 작으므로 컬렉터 전류는 상당히 크다($I = V/R = (5\ V - \sim 0.2\ V)/100\ \Omega = 48mA$).

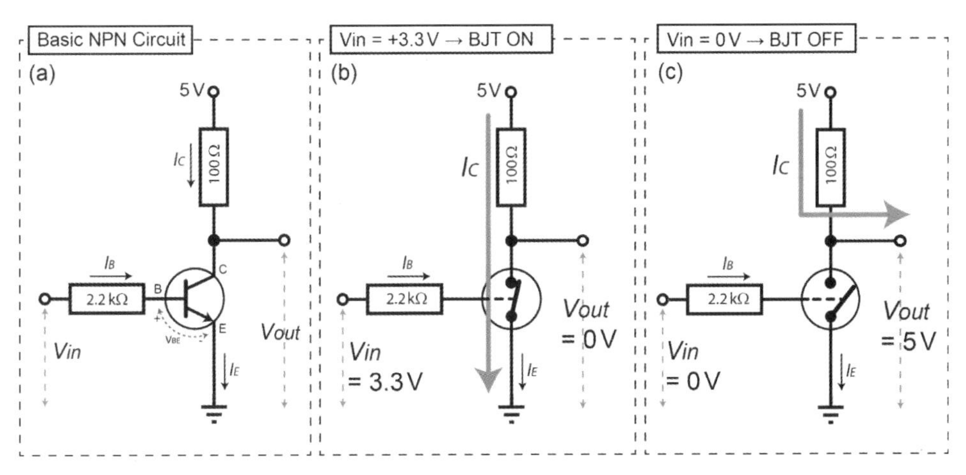


그림 4.14 BJT를 스위치로 사용하기

4.14(b)는 입력 전압 3.3V가 베이스 극에 인가될 때 어떤 일이 일어나는지를 나타낸다. 작은 베이스 전류는 트랜지스터가 컬렉터와 이미터 사이에서 닫힌 스위치(매우 작은 저항을 가진)처럼 동작하게 만든다. 따라서 컬렉터와 이미터 사이의 전압 강하가 거의 0이고 모든 전압이 100Ω 부하 저항을 통해 강하되며 전류가 그라운드에서 이미터를 통해 직접 흐르게 된다. 트랜지스터는 더 이상 전류를 통과시킬 수 없으므로 포화(saturated)된다. 컬렉터-이미터 간에 전압 강하가 거의 없으므로 출력 전압 $V_{out}$은 거의 0V가 된다.

그림 4.14(c)는 입력 전압 $V_{in} = 0V$가 인가되고 베이스 전류가 없을 때 일어나는 일을 보여준다. 트랜지스터는 열린 스위치(매우 큰 저항을 가진)처럼 동작한다. 컬렉터-이미터 접합면에는 전류가 흐르지 못하는데, 이 전류는 항상 베이스 전류의 배수이며 베이스 전류가 0이기 때문이다. 따라서 대부분의 전압은 컬렉터-이미터를 거쳐 강하된다. 이 경우에 출력 $V_{out}$은 +5V까지 될 수 있지만 그림에 나타낸 바와 같이 $I_C$의 흐름이 출력 극을 통하므로 정확한 $V_{out}$의 값은 $I_C$의 크기에 따라 달라지며 100Ω 저항을 통해 흐르는 전류는 전압 강하를 일으킨다.

따라서 스위치는 인버터와 다소 비슷해진다. 입력 전압이 0V이면 출력 전압은 +5V가 되고, 입력 전압이 +3.3V이면 출력 전압은 0V가 된다. 이 회로의 실제 측정값은 그림 4.15에서 볼 수 있는데, 입력 전압 3.3V가 베이스 극에 인가됐다. 이 경우, 1kHz 사각파를 출력하기 위해 아날로그 디스커버리 파형 생성기를 사용했으며 1.65V의 진폭(amplitude) 및 +1.65V의 오프셋(offset)을 적용해서(0V에서 3.3V의 사각파를 형성) 3.3V 전원이 초당 1,000회 켜졌다 꺼졌다 하는 것처럼 보인다. 이 그림에서의 모든 측정값은 3.3V 입력에서 캡처했다. 베이스-이미터 접합면은 앞의 다이오드처럼 순방향 바이어스돼 약 0.7V의 순방향 전압을 갖는다. 베이스-이미터를 거치는 실제 전압 강하가 0.83V이므로 베이스 저항을 거치는 전압 강하는 2.440V가 된다. 실제의 베이스 전류는 1.1mA($I=V/R=2.44\,V/2{,}185\,\Omega$)다. 이 전류가 트랜지스터를 켜서 트랜지스터가 포화되게 하므로 컬렉터-이미터를 거치는 전압 강하는 매우 작아진다(측정값은 0.2V다). 따라서 컬렉터 전류는 49.8*mA*($I=V/R=(4.93\,V-0.2\,V)/96\,\Omega$)다. BJT가 깊이 포화되도록 하는 적합한 베이스 저항을 선택하기 위해 다음 식을 사용하는 것이 실용적이다.

$$R_{Base} = \frac{\left(V_B - V_{BE(sat)}\right)}{\left(2 \times \left(I_C \div h_{FE(min)}\right)\right)}$$

컬렉터 전류가 50mA이고 베이스 전류가 3.3V인 경우에 최소 이득 $h_{FE(min)}$은 100, $R_{Base}=(3.27-0.83)/(2\times(0.05/100))=2{,}440\,\Omega$이다.

이러한 모든 값은 트랜지스터의 데이터시트에서 확인할 수 있다. $V_{BE(sat)}$는 일반적으로 상온에서의 $I_C$에 대한 $V_{BE}$의 플롯으로 제공되며, 여기서 $I_C$는 50mA가 돼야 한다. BC547의 $V_{BE(sat)}$ 값은 0.6V에서 0.95V 사이이며, 이는 상온에서의 컬렉터 전류에 의존한다. 저항값은 트랜지스터가 확실히 포화 영역에 깊이 위치하도록 2로 나눈다($I_C$를 극대화). 따라서 이 경우에는 일반적으로 사용할 수 있는 공칭값에 가장 가까운 2.2kΩ 저항을 사용했다.

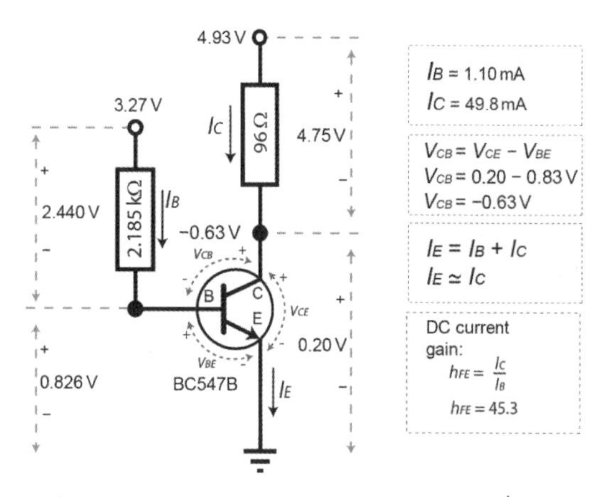


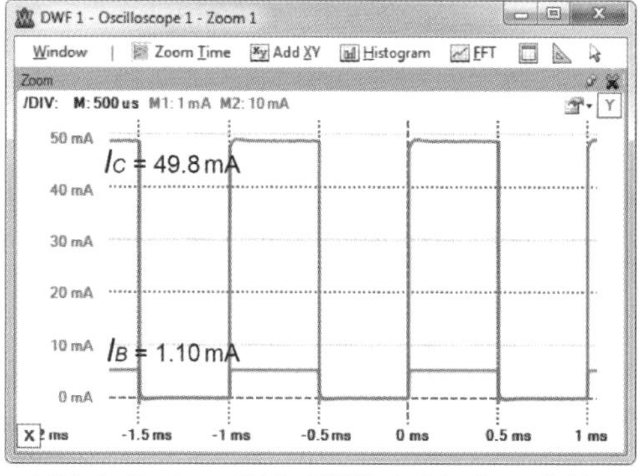

M1 is $I_B$ (1 mA per division) M2 is $I_C$ (10 mA per division)

그림 4.15 트랜지스터를 스위치로 사용한 회로 및 측정 결과[1]

1 Analog Discovery의 차동(differential) 입력 기능을 전류를 "측정"하는 데 사용할 수 있다. 탐침을 저항의 각 side에 위치한 다음, 맞춤 math 채널 파형을 저항기의 알려진 저항값으로 나눈다. 그런 다음 채널 설정에서 amp가 되도록 단위를 설정한다.

도대체 왜 RPi에서 이런 것들에 신경 써야 할까? RPi는 아주 작은 전류만을 GPIO 핀으로부터 소스 혹은 싱크할 수 있기 때문에 RPi의 GPIO 핀을 트랜지스터의 베이스에 연결함으로써 트랜지스터의 베이스로 들어간 아주 작은 전류로 더 큰 전압과 더 큰 전류를 스위치할 수 있기 때문이다. 그림 4.15의 예에서 1.1mA의 전류로 49.8mA의 큰 전류(45배 크지만 BC547의 100mA 제한 범위보다 작다)를 스위치할 수 있었다. 이 트랜지스터 배열을 RPi와 사용하면 알맞은 저항값을 선택해 RPi GPIO로부터 나오는 3.3V의 5mA 전류를 가지고 최대 45V까지의 100mA 전류를 안전하게 구동할 수 있다.

트랜지스터를 사용하는 회로를 구동할 때 최대 스위칭 주파수에 제한이 따른다. 그림 4.16에서 회로에 입력되는 신호의 주파수를 500kHz로 증가시키면 출력이 low에서 high로 스위칭되기는 하지만 왜곡이 발생하는 것을 볼 수 있다. 이것을 1MHz로 증가시키면 스위치가 절대 꺼지지 않는다.

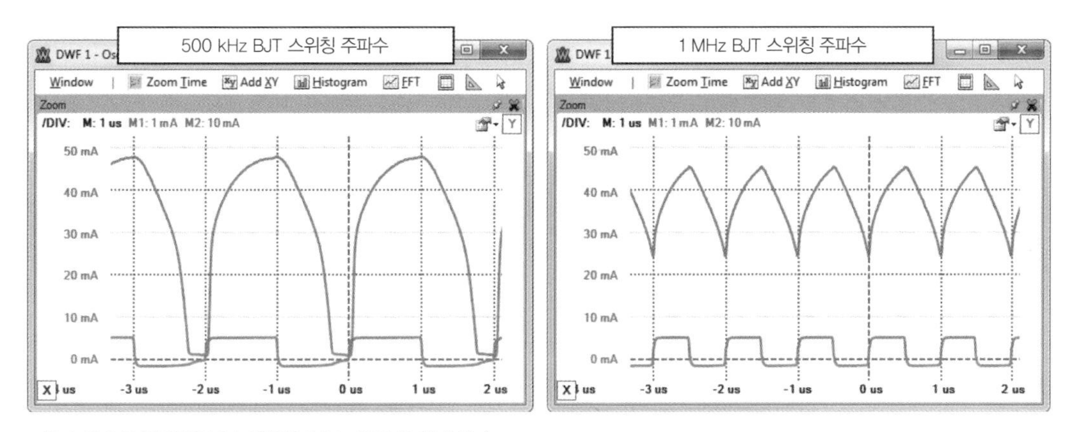


그림 4.16 BJT 회로의 주파수 응답(주파수는 500kHz와 1MHz)

## FET를 스위치로 사용하기

BJT를 스위치로 사용하는 것보다 전계 효과 트랜지스터(Field Effect Transistors, FETs)를 사용하는 것이 더 간단한 방법이다. FET가 BJT와 다른 점으로는 부하 회로에서의 전류를 제어함에 있어 제어 입력의 전류가 아니라 전압을 이용한다는 것이다. 그로 인해 FET를 전압 제어형 소자, BJT를 전류 제어형 소자라고도 한다. FET의 입력을 제어하는 것을 게이트(Gate)라 하며 제어된 전류는 드레인(Drain)과 소스(Source) 사이로 흐른다. 그림 4.17은 n 채널 FET를 스위치로 사용하는 방법을 나타낸다. BJT와 달리 제어 회로의 저항(1MΩ)은 입력에서 GND로 연결되므로 아주 작은 전류가 GND로 흐르지만($I=V/R$), 게이트에서의 전압은 $V_{in}$ 전압과 같다. FET의 주요 장점으로 게이트 제어 입력으로는 전류가 거의 흐르지 않는다는 점을 들 수 있다. 그렇지만 전류 $I_D$(이 예에서는 드레인에서 소스로 흐른다)를 켜고 끄는 것은 게이트의 전압이다.

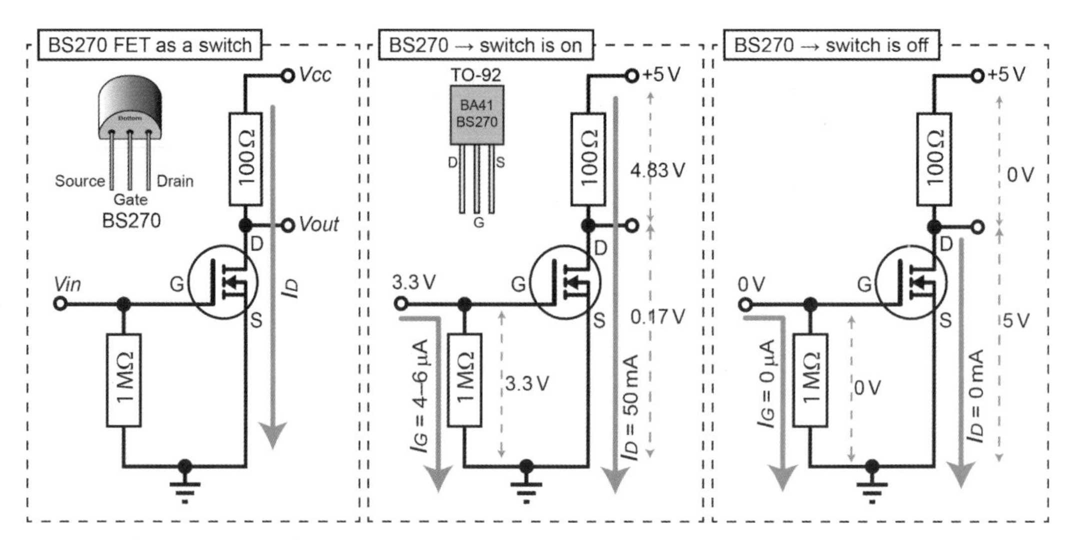


그림 4.17 FET(전계 효과 트랜지스터)를 스위치로 사용한 경우

입력 전압이 높을 때(3.3V)는 드레인-소스 전류가 흐르고($I_D = 50mA$) 출력 극에서의 전압은 0.17V가 되지만, 입력 전압이 낮을 때(0V)는 드레인-소스 전류가 흐르지 않는다. BJT와 마찬가지로 드레인 극에서 전압을 측정하려고 하면 입력 전압이 낮을 때 출력 전압($V_{out}$)은 높을 것이고 입력 전압이 높을 때 출력 전압은 낮을 테지만, "높은" 출력 전압의 실제 값은 후속 회로에 의해 소비되는 전류에 따라 달라질 것이다.

페어차일드 반도체의 BS270 N-채널 증강형 FET는 TO-92 패키지의 저렴한(~0.10달러) 장치로, 드레인-소스 전압 60V에서 최대 400mA까지 지속적인 드레인 전류($I_D$)를 공급할 수 있다. 그렇지만 3.3V 게이트 전압($V_G$)에서 BS270은 최대 드레인 전류 약 130mA를 스위치할 수 있다. GPIO 전압이 범위 내에 있고 FET의 스위치를 켜는 데 필요한 전류는 선택한 게이트 저항에 따라 약 3~6μA이므로 RPi에서 사용하기에 이상적이다. FET를 스위치로 사용할 때의 또 다른 장점은 그림 4.18에서와같이 더 높은 스위칭 주파수를 처리할 수 있다는 점이다. 그림 4.16에서 BJT 스위칭 파형이 1MHz에서 크게 왜곡됐던 것을 떠올려 보라. 그림 4.18에서 FET 회로가 BJT 회로에 비해 더 높은 스위칭 주파수를 다룰 수 있음을 확실하게 알 수 있다.

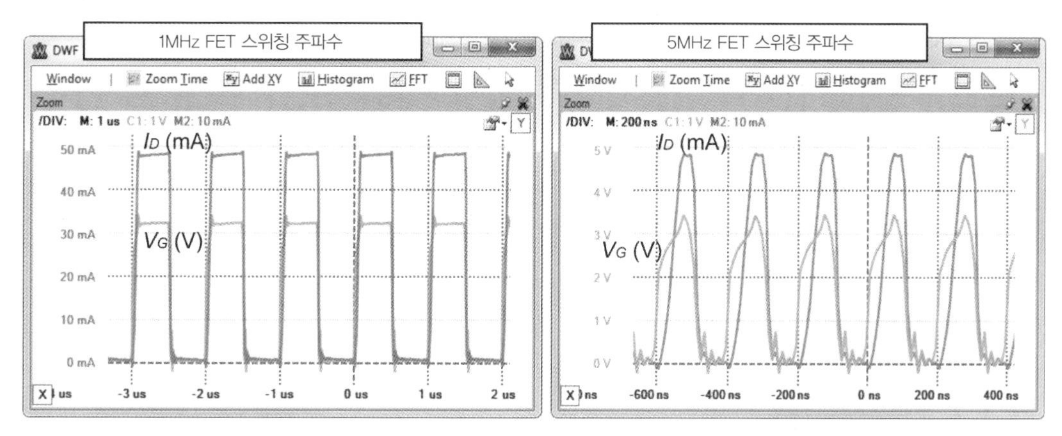


그림 4.18 스위칭 주파수가 1MHz와 5MHz로 설정됐을 때 FET 회로의 주파수 응답

BS270 또한 FET가 DC 모터를 구동할 때 일어날 수 있는 역방향 유도전압 서지의 유형으로부터 게이트를 보호하기 위해 사용되는 고전류 다이오드다.

이미 언급했듯이 BS270의 작은 단점은 3.3V 게이트 전압에서 최대 드레인 전류를 약 130mA밖에 스위치할 수 없다는 점이다. 그렇지만 게이트의 높은 입력 임피던스는 두 개(혹은 그 이상)의 BS270을 병렬로 연결해 동일한 게이트 전압에서 최대 전류를 두 배인 약 260mA로 끌어올릴 수 있음을 의미한다. 아울러 BS270은 파워 FET를 위한 게이트 드라이버로 사용해 더 큰 전류를 스위치할 수도 있다.

## 포토커플러 · 광분리기

포토커플러(optocoupler) 또는 광분리기(opto–isolator)는 두 전기 회로를 격리하기 위해 사용하는 작고 값싼 디지털 스위칭 소자다. RPi와 그에 연결된 회로 사이에 큰 전류가 흐를 가능성이 있다면 포토커플러를 사용하는 것이 그러한 설계상의 문제를 해결하는 데 도움이 될 수 있다. 이것들은 저가(~0.15달러)의 4핀 DIP 형태로 구할 수 있다.

포토커플러 내부에는 LED 이미터와 광검출기가 있으며, 이것들은 실리콘 돔 내에 절연 필름으로 격리돼 있다. 전류($I_f$)가 LED 이미터의 다리를 통해 흐를 때 LED로부터 광검출기 트랜지스터로 떨어지는 빛은 독립적인 전류($I_c$)가 컬렉터–이미터 다리를 통해 흐르도록 한다(그림 4.19). LED 이미터가 꺼지면 광검출기 트랜지스터가 빛을 받지 않으므로 컬렉터 이미터($I_c$) 전류는 거의 없다. 패키지의 한쪽과 다른 쪽의 전기적인 연결은 없으므로 신호는 빛을 통해서만 전달되며 SFH617A의 경우 5,300$V_{RMS}$까지의 전기적 격리가 이뤄진다. PWM도 이진(binary) 온 · 오프 신호이므로 포토커플러와 함께 사용할 수 있다.

그림 4.19에 포토커플러 회로의 예와 저항 및 전압 값에 대해 오실로스코프로 추적한 결과를 나타냈다. 여기 사용된 값은 RPi와 사용할 때 일관성을 가질 수 있도록 선택했다. 470Ω의 저항값은 3.3V 출력이 LED 이미터를 통해 약 4.5mA의 순방향 전류 $I_f$를 구동할 수 있도록 선택된 것이다. 데이터시트2의 그림 4로부터 이 결과는 다이오드를 거치는 약 1.15V 순방향 전압이 된다. $R = V/I = (3.3\,V - 1.15\,V)/0.0045\,A = 478\,\Omega$. 그에 따라 회로는 근접한 공칭값인 470Ω을 사용해 만들었다.

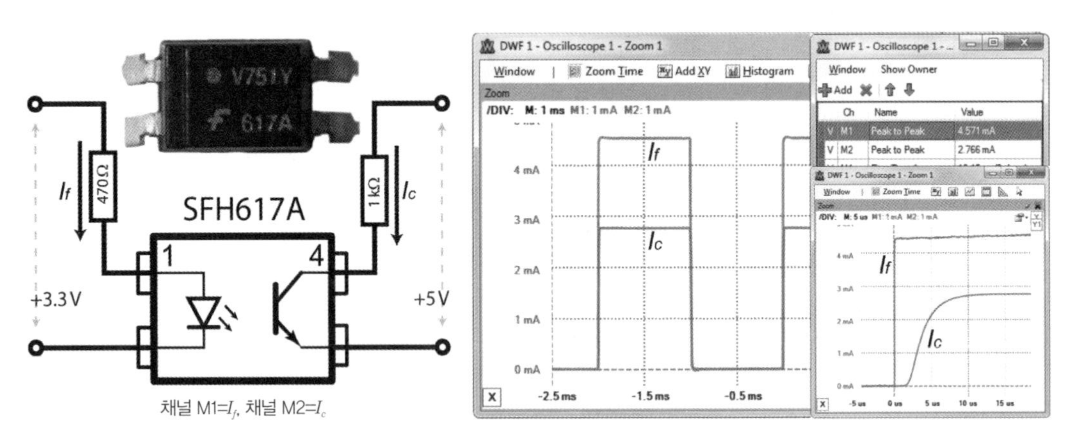

채널 M1=$I_f$, 채널 M2=$I_c$

그림 4.19 포토커플러(617A) 회로 및 캡처한 입출력 특성

알려진 저항값을 거치는 전압을 측정하기 위해 오실로스코프는 아날로그 디스커버리의 차동 입력을 사용해 전류를 보여주며 저항값을 나누기 위해 두 개의 수학적 채널을 사용한다. 그림 4.19에서 $I_f$가 4.571mA 고 $I_c$가 2.766mA인 것을 볼 수 있다. 차이의 비율이 CTR(전류 전달비)이며 그것은 $I_f$ 레벨 및 동작 온도에 따라 달라진다. 따라서 4.571mA에서 전류 전달은 60.5%(100 × $I_c$ / $I_f$)이며 데이터시트와 일치한다. 상승 시간(rise time)과 하강 시간(fall time)은 데이터시트의 $t_r$ = 4.6μs 및 $t_f$ = 15μs 값과 일치한다. 이러한 값들은 스위칭 주파수를 제한한다. 회로에서 높은 CTR을 달성하는 것이 중요하다면 달링턴(Darlington) 트랜지스터 구성을 내장해 2,000%까지의 CTR이 가능한 포토커플러도 있다(6N138 또는 HCPL2730). 마지막으로, 아날로그 신호를 광학적으로 격리하는 데 사용되는 고선형성 아날로그 포토커플러도 있다 (Avago의 HCNR200).

참고

6장에서 독립적인 전원을 사용하는 출력 회로(그림 6.7) 및 독립적인 전원을 사용하는 입력 회로(그림 6.8)로부터 RPi의 GPIO를 보호하기 위해 포토커플러를 사용하는 방법을 예제 회로를 통해 살펴볼 것이다.

2 Vishay 반도체(2013, January 14) "SFH617A Datasheet": www.vishay.com/docs/83740/sfh617a.pdf.

## 스위치와 버튼

작업에 필요한 또 다른 부품으로 스위치와 버튼이 있다. 스위치에는 토글, 푸시 버튼, 셀렉터, 근접, 조이스틱, 리드(reed), 압력, 온도 등의 여러 형태가 있다. 그렇지만 전류의 흐름을 방해(열림)하거나 전류가 흐르도록(닫힘) 하는 이진 원리로 동작한다는 점에서는 모두 동일하다. 그림 4.20은 여러 가지 스위치의 유형과 일반적인 연결을 나타낸다.

단극단투(Single Pole, Single Throw)의 모멘터리(momentary) 푸시 버튼 스위치는 상시 열림(Normally Open)과 상시 닫힘(Normally Closed)으로 나뉜다. NO는 스위치를 작동시켜야 전류가 흐름을 의미하고 NC는 버튼을 작동시켰을 때 전류가 흐르지 않음을 의미한다. 그림에 있는 버튼의 경우, 1번 핀끼리와 2번 핀끼리는 항상 연결돼 있으며, 버튼을 누르면 네 개의 핀이 모두 연결된다. 단극쌍투(Single Pole, Double Throw)의 슬라이더 스위치를 살펴보면 공통 연결(COM)은 슬라이더의 위치에 따라 1 또는 2에 연결된다. 마이크로스위치와 고전류 푸시 버튼의 경우, 스위치가 눌리면 COM 핀이 NC에 연결되며 스위치를 놓으면 NO에 연결된다. 로커 스위치 중에는 스위치가 닫힐 때, 즉 전원(VCC) 핀과 회로(CCT) 핀이 연결될 때 LED가 켜지도록 돼 있는 것도 있다.

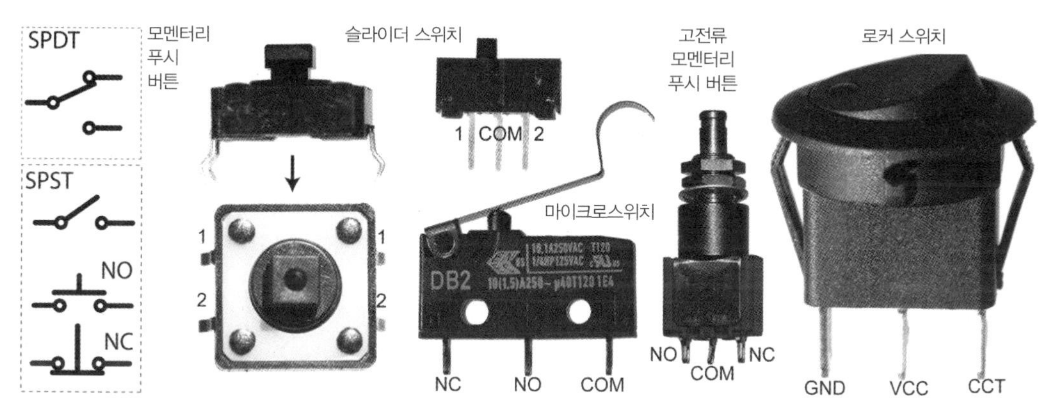

그림 4.20 다양한 스위치와 그 구성

이러한 모든 유형의 스위치에서는 기계적 스위치 바운스(bounce)가 일어나며 그것이 RPi와 같은 마이크로프로세서에 인터페이스할 때 골칫거리가 될 수 있다. 스위치는 기계적인 장치이며, 눌렀을 때 접점의 힘으로 인해 스위치가 닿을 때마다 반복적으로 접점으로부터 튕김이 일어난다. 짧은 시간(몇 밀리초)이라도 마이크로프로세서에서는 스위치가 여러 번 작동한 것으로 인식할 수 있다.

그림 4.21(a)는 아날로그 디스커버리 오실로스코프의 상승/하강 에지 트리거 조건을 사용해 문제가 일어나는 것을 보여준다. 단순한 직렬 회로에서 모멘터리 푸시 버튼을 10kΩ 저항과 함께 사용했으며 저항을

거치는 전압을 측정했다. 스위치가 접점을 때릴 때 출력이 갑자기 높아졌다가 스위치가 접점으로부터 되튕기며 전압이 다시 낮아진다. 약 2~3ms(또는 그 이상) 후에는 거의 완전히 안정된다. 이러한 작은 바운스로도 디지털 회로에 거짓 입력을 일으킬 수 있다. 예를 들어, 임계치가 3V라면 올바른 값이 000001111인데도 101010101로 잘못 읽힐 수 있다.

마이크로프로세서 인터페이싱에서 스위치 바운스를 처리하는 몇 가지 방법이 있다.

- 그림 4.21(c)에 나타낸 것과 같이 1μF 커패시터를 사용해 저항-커패시터 회로의 형태로 저역 통과(low-pass) 필터를 추가할 수 있다. 불행하게도 이렇게 하면 입력에 지연이 발생한다. 시간축을 검사해 보면 입력이 1V가 되기까지 약 2ms가 걸릴 것이다. 게다가 바운스 조건에서는 지연이 더 커질 수 있다. 이러한 값들은 RC 시정수(time constant) $\tau = R \times C$를 사용해 선택할 수 있으므로 $\tau(s) = 1{,}000\ \Omega \times 10^{-6}\ F = 1ms$이며, 커패시터를 충전하는 데는 ~63.2%, 방전하는 데는 ~36.8%의 시간이 걸린다. 이 값은 그림 4.21(b)에서 약 1.9V로 표시됐다.
- 소프트웨어를 몇 밀리초 기다렸다가 "실제" 상태를 읽도록 작성할 수도 있다.
- 슬라이더 스위치(SPDT)의 경우에 SR 래치를 사용할 수 있다.
- 모멘터리 푸시 버튼 스위치(SPST)의 경우, 다음 절에서 논의할 슈미트 트리거(74HC14N)를 RC 저역 통과 필터와 함께 사용할 수 있다(그림 4.21(c)).

참고

SPDT 및 SPST 스위치에서의 디바운싱(debouncing)에 대한 영상을 이 장의 웹 페이지 www.exploringrpi.com/chapter4에서 볼 수 있다.

### 히스테리시스

히스테리시스(hysteresis)는 전자 회로를 소모시킬 수 있는 빠른 스위칭을 회피하도록 설계됐다. 히스테리시스는 현재 입력 및 이전 입력의 이력에 따라 출력이 정해지는 것을 가리키며 대표적으로 슈미트 트리거(Schmitt trigger)가 있다. 이해를 돕기 위해 화씨 350도에서 케이크를 굽는 오븐의 예를 들어 설명하겠다.

- **히스테리시스가 없는 경우:** 오븐을 350℉로 가열한다. 350℉가 되면 스위치를 끈다. 350℉ 아래로 냉각되면 스위치를 다시 켠다. 스위칭이 빠르게 일어난다!
- **히스테리시스가 있는 경우:** 회로는 오븐을 360℉가 되도록 가열하고 그 지점에서 스위치를 끈다. 오븐은 냉각지만 340℉에 도달할 때까지는 스위치가 켜지지 않는다. 스위칭이 빠르지 않으므로 오븐을 보호하지만 온도 변화가 크다.

히스테리시스를 갖도록 오븐을 설계했다면 요소가 350℉에서 켜질까, 꺼질까? 그것은 입력 히스토리에 따라 달라진다. 즉, 오븐이 가열 중이면 켜지고 냉각 중이면 꺼진다.

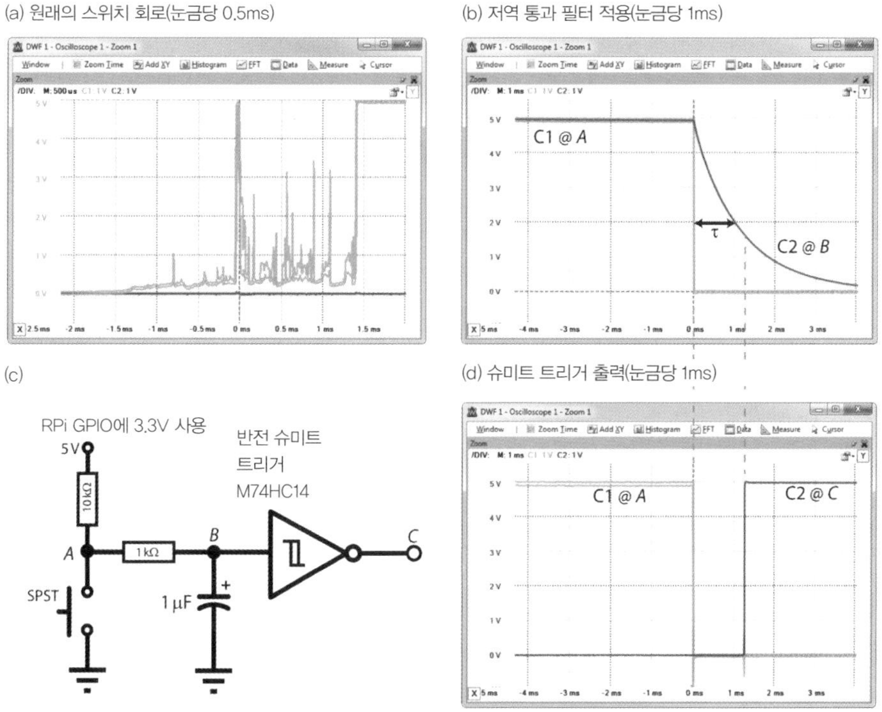

(a) 원래의 스위치 회로(눈금당 0.5ms)

(b) 저역 통과 필터 적용(눈금당 1ms)

(c)

(d) 슈미트 트리거 출력(눈금당 1ms)



**그림 4.21** (a) 스위치와 10kΩ 저항만 있는 경우의 스위치 바운싱, (b) B 지점에서 저역 통과 필터를 거친 출력, (c) 슈미트 트리거 회로, (d) A 지점에서의 입력과 C 지점에서의 슈미트 트리거 회로 출력

그림 4.21(c)의 슈미트 트리거는 동일한 행동 양식을 보여준다. 5V 입력으로 구동될 때 M74HC14 슈미트 트리거를 위한 $V_{T+}$는 2.9V이며, $V_{T-}$는 0.93V다. 이는 출력이 high로 바뀌기 전에 상승 입력 전압이 2.9V에 도달했고 출력이 low로 바뀌기 전에 하강 입력 전압이 0.93V로 강하했음을 의미한다. 이 범위 내에서 신호의 바운스는 간단히 무시된다. 저역 통과 필터는 고주파 바운스의 가능성을 줄여준다. 그 응답을 그림 4.21(d)에 표시했다. 참고로, 시간축은 눈금당 1ms이며 출력 신호가 얼마나 "깨끗한지" 보여준다. 풀업 저항을 사용해 구성했는데, 이에 대해서는 잠시 후 논의할 것이다.

## 논리 게이트

불(boolean) 대수 함수에서 가능한 출력은 참과 거짓, 두 가지뿐이어서 on 또는 off(high 또는 low)를 갖는 전자 회로를 설명하는 프레임워크를 개발하는 데 이상적이다. 논리 게이트는 이러한 불 대수 함수와 연산을 수행하며, RPi에서 사용하는 BCM2835/6/7 SoC와 같은 현대 마이크로프로세서 내부 기능의 기초를 이룬다. 불 값은 이진수와는 다르다(이진수는 정수와 분수를 밑수 2로 나타내지만, 불에서 가능한 값은 참 또는 거짓뿐이다).

RPi의 GPIO를 사용해 입력을 제어하거나 시프트 레지스터로 데이터를 보내는 것과 같은 동작을 수행하기 위해 서로 다른 유형의 논리 게이트와 시스템을 인터페이스해야 할 때가 종종 있다. 논리 게이트는 크게 두 범주로 나뉜다.

- **조합 논리:** 출력이 현재의 입력에 대해서만 의존적이다(AND, OR, 디코더, 멀티플렉스 등).
- **순차 논리:** 출력이 현재의 입력과 이전의 입력에 의존한다. 서로 다른 상태를 가졌다고도 하며, 입력에 대해 무슨 일이 일어나는지는 어떤 상태(래치, 플립플롭, 메모리, 계수기 등)에 있는지에 따라 달라진다.

### 이진수

간단히 말하면 이진수는 기호 1과 0만을 사용할 수 있는 기계에서 숫자(정수 또는 분수)를 나타내는 체계다. 이진수는 음수 기호나 십진 소수점이 없는 이진 회로를 구현할 때 빛을 발한다(엄밀히 말하면 이진 소수점을 사용한다). 십진수에서와 마찬가지로 자릿수가 높을수록 큰 수를 나타낸다.

$$1001_2 = (1 \times 2^3) + (0 \times 2^2) + (0 \times 2^1) + (1 \times 2^0) = 8 + 0 + 0 + 1 = 9_{10}$$

네 자릿수만으로 숫자를 표현해야 한다면 $2^4 = 16$까지만 표현할 수 있으며 십진수로는 0에서 15까지의 범위가 된다. 십진수에서와 마찬가지로 숫자를 더하거나 뺄 수 있지만, 빼기 회로를 구현하는 대신 음수를 연산의 오른쪽에 더한다. 따라서 9–5를 수행하기 위해 일반적으로 9 + (–5)를 수행한다. 음수를 표현하는 데는 2의 보수를 사용한다. 근본적으로 양수를 이진법으로 표현한 것을 도치한 다음 1을 더하는 것으로, –5는 +5(0101)을 도치하여 (1010) + 1 = $1011_2$가 된다. 중요한 것은 이 숫자가 2의 보수라는 것을 알아야 하며 그렇지 않으면 $11_{10}$로 오인할 수 있다는 점이다. 그러므로 9–5를 4비트 컴퓨터에서 수행하면 9 + –5 = 1001 + (1011) = 10100을 수행한다. 4비트 컴퓨터는 다섯 번째 비트를 무시하므로(그렇지 않으면 5비트 컴퓨터가 된다!) 답은 0100, 즉 $4_{10}$이 된다. 이 장의 웹페이지 `www.exploringrpi.com/chapter4`의 관련 영상을 확인하라.

2를 곱하려면 이진 숫자들을 왼쪽으로 이동시키면 된다(오른쪽에 0을 추가). 예를 들어, $4_{10} = 0100_2$에서 모든 숫자를 왼쪽으로 이동시키고 오른쪽 끝에 0을 갖다 놓으면 $1000_2 = 8_{10}$이 된다. 2로 나누려면 오른쪽으로 시프트한다.

마지막으로 이진수를 이해하면 이런 농담이 재미있을 것이다. "세상에는 10가지 사람이 있다. 이진수를 이해하는 사람과 그렇지 않은 사람!"

---

조합 논리 회로는 입력의 순서와 관계없이 입력 세트와 동일한 출력을 제공한다. 그림 4.22는 핵심적인 조합 논리 게이트를 논리 기호, 진리표, IC 번호와 함께 나타낸 것이다. 진리표는 나열된 입력을 적용할 때 게이트로부터 얻는 결과를 출력으로 제공한다.

참고

AND 게이트의 배선에 대한 영상을 이 장의 웹페이지 www.exploringrpi.com/chapter4에서 찾을 수 있다.

IC에는 제조사, 기능, 논리 패밀리(logic family), 패키지 유형을 나타내는 번호가 매겨진다. 예를 들어, 그림 4.23(a)의 MM74HC08N은 제조사 코드가 MM(페어차일드 반도체), 7408(네 개의 2 입력 AND 게이트), HC(CMOS) 논리 패밀리에 속하며, N 형(플라스틱 듀얼 인라인 패키지)이다.

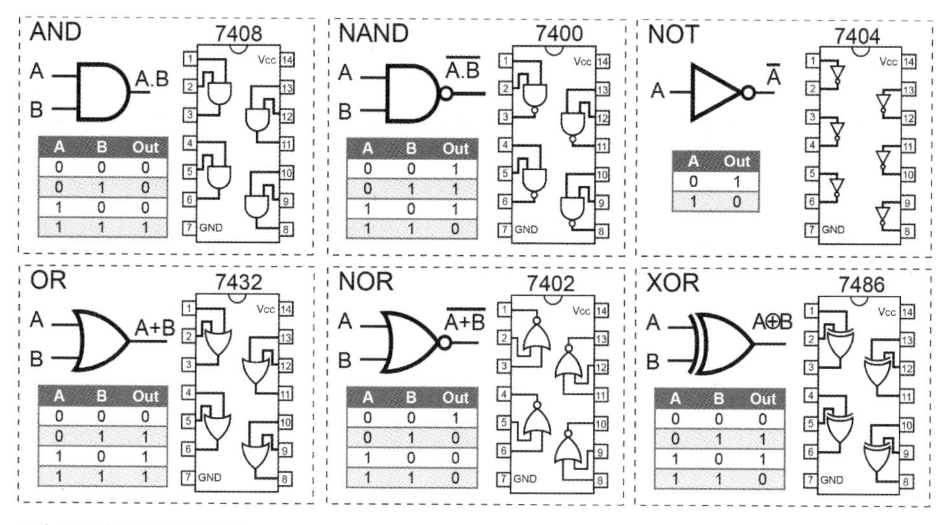


그림 4.22 일반적인 논리 게이트

IC는 여러 형태의 패키지로 만들어진다. 그림 4.23(a)에 PDIP(plastic dual in-line package)와 TSSOP(thin shrink small outline package)를 나란히 나타냈다. 표면 실장(surface mount), 플랫 패키지(flat package), SOP(small outline package), chip-scale package, BGA(ball grid array) 등 많은 유형이 있다. IC를 주문할 때는 사용할 수 있는 것을 고르도록 주의해야 한다. DIP/PDIP IC는 다리가 0.1인치 간격으로 있어 브레드보드에서 프로토타이핑하기에 알맞은 형태다. SOP를 0.1인치 다리 간격으로 변환해주는 어댑터 보드도 있다. BCM2835/6/7과 같은 BGA IC는 납땜을 위해 복잡한 장비를 필요로 한다.

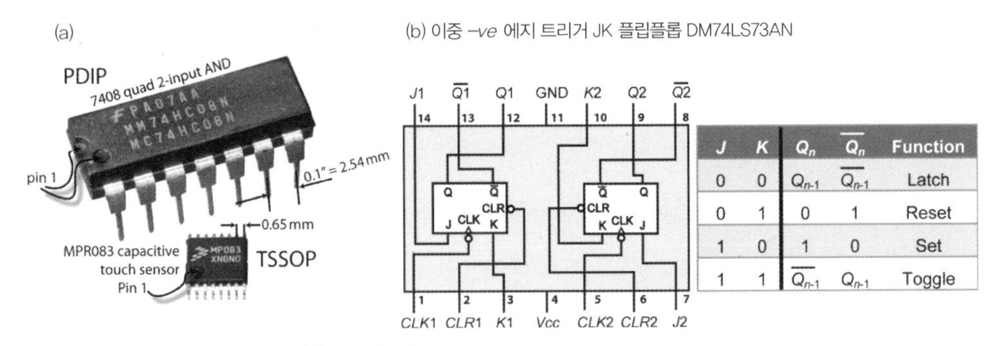


그림 4.23 (a) IC 패키지의 크기 비교, (b) JK 플립플롭

현재 구할 수 있는 IC의 패밀리는 보통 저전력 쇼트키(LS) 트랜지스터-트랜지스터 논리(TTL) 또는 상보성 금속 산화막 반도체(CMOS)의 형태다. 표 4.1에 이러한 두 패밀리의 7408 IC를 각 데이터시트를 사용해 비교했다. 전파 지연(propagation delay)은 논리 게이트로의 입력 변화 값과 출력 변화 값 사이의 가장 긴 지연을 가리킨다. 이러한 지연은 논리 게이트의 동작 속도를 제한한다.

표 4.1 7408 상용 TTL 및 CMOS IC의 비교(쿼드 2-입력 AND 게이트)

| 특징 | SN74LS08N | SN74HC08N |
|---|---|---|
| 패밀리 | Texas TTL PDIP<br>저전력 쇼트키 (LS) | Texas CMOS PDIP<br>고속 CMOS (HC) |
| $V_{CC}$ 공급 전압 | 4.5V에서 5.5V 사이 (보통 5V) | 2V에서 6V 사이 |
| $V_{IH}$ high 레벨 입력 전압 | 최소 2V | 최소 5V에서 $V_{CC}$ = 3.5V |
| $V_{IL}$ low 레벨 입력 전압 | 최대 0.8V | 최대 5V에서 $V_{CC}$ = 1.5V |
| 전달 지연 시간($T_{PD}$) | 보통 12ns (↑) 17.5ns (↓) | 보통 8ns (↑ ↓) |
| 전력(5V에서) | 5mW (최대) | 0.1mW (최대) |

그림 4.24는 $V_{DD}$ = 5V일 때 TTL 및 CMOS 논리 게이트의 허용 가능한 입력과 출력 전압 레벨을 나타낸다. 노이즈 여유(noise margin)는 출력 전압과 입력 전압 레벨의 절대 차(absolute difference)를 말한다. 이러한 노이즈 여유는 한 논리 게이트의 출력이 두 번째 논리 게이트의 입력과 연결될 경우에 노이즈가 입력 상태에 영향을 미치지 않도록 한다. CMOS 논리 패밀리 입력 논리 레벨은 공급 전압 $V_{DD}$에 의존하며 high 레벨 임계치는 $0.7 \times V_{DD}$이고, low 레벨 임계치는 $0.3 \times V_{DD}$다. 그림 4.24를 보면 그 행동 양식의 차이를 명확히 알 수 있다. 가령 입력 전압이 2.5V일 때 TTL 게이트는 논리 고수준을 감지하지만 CMOS 게이트(5V에서)는 정의되지 않은 수준을 감지할 것이다. 또한 $V_{DD}$ = 3.3V인 CMOS 게이트의 출력은 TTL 게이트에서 논리 high 레벨을 트리거하기에 충분한 출력 전압을 제공하지만, $V_{DD}$ = 5.0V인 CMOS 게이트는 그렇지 못할 것이다.

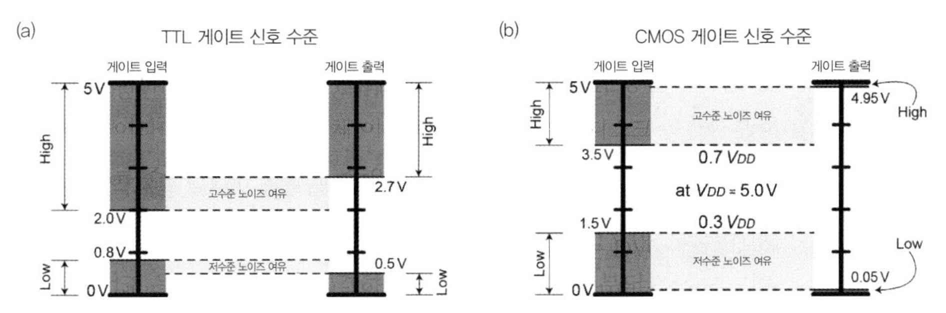


**그림 4.24** 논리 게이트의 입력과 출력에서의 게이트 신호 레벨, 5V. (a) TTL, (b) CMOS

고속 CMOS(HC)는 RPi 3.3V 입출력을 포함해 넓은 범위의 전압 레벨을 지원할 수 있다. 접지 전원 전압을 가리키기 위해 GND라는 이름을 공통적으로 사용하며 BJT 기반 장치에서는 $V_{EE}$, FET 기반 장치에서는 $V_{SS}$가 많이 사용된다. 양의 공급 전압을 가리키는 이름으로 과거에 BJT 기반 장치에서 $V_{CC}$를, FET 기반 장치에서 $V_{DD}$를 사용했으나 이제는 양쪽 모두에서 $V_{CC}$가 아주 많이 쓰인다.

그림 4.23(b)는 JK 플립플롭(flip-flop)이라는 순차 논리 회로를 나타낸다. JK 플립플롭은 카운터(counter)와 같이 회로의 핵심 구성 요소다. 이것들은 현재 상태가 현재의 입력과 이전 상태에 따라 달라진다는 점에서 조합 논리 회로와 차이가 있다. 진리표에서 입력이 $J=0$이고 $K=0$이면 출력값 $Q_n$은 이전 타임 스텝의 출력값이 된다(마치 1비트 메모리처럼 동작한다). 타임 스텝은 사각파 동기화 신호인 클럭 입력(CLK)에 의해 정의된다. RPi에도 같은 유형의 타이밍 신호가 있다. 그것은 클럭 주파수이며 RPi 3에서 클럭은 초당 최대 1,200,000,000까지의 사각파 사이클까지 간다!

참고

이 장의 웹 페이지에 JK 플립플롭을 자세히 설명하는 영상이 있다. 이 영상에서는 555 타이머 회로를 구성하며 그것을 논리 회로를 테스트하기 위한 저주파 클럭 신호로 사용한다.

## 플로팅 입력

디지털 논리 회로를 작업할 때 저지르기 쉬운 실수는 사용하지 않는 논리 게이트의 입력을 연결하지 않은 채로 내버려 둬 "플로팅(floating)"되도록 하는 것이다. 칩의 출력은 이러한 실수에 큰 영향을 받는다. TTL 논리 패밀리에서는 이러한 입력이 "플로팅" high되어 논리 high 입력으로 보일 것으로 예상할 수 있다. TTL IC에서는 논리 레벨의 입력에 대한 의심을 품지 않도록 입력을 접지 또는 공급 전압에 "묶는 것"(즉, 연결하는 것)이 좋다.

CMOS 회로에서 입력은 고전압에 매우 민감해 정전기와 전기적 노이즈의 영향을 받으므로 절대 플로팅되지 않도록 해야 한다. 그림 4.25에 AND 게이트의 배선과 그에 따른 출력을 나타냈다. 올바른 출력을 "Required (A.B)" 열에 나타냈다.

사용되지 않은 채로 $V_{DD}$와 GND 사이에서 플로팅되는 CMOS 입력은 누설 전류에 의해 점차 높아질 수 있으며 IC 설계에 따라 거짓 입력을 일으키거나 DC 전류가 $V_{DD}$에서 GND로 흘러 전력을 낭비할 수 있다. 이러한 문제를 해결하기 위해서 요구되는 입력 상태에 따라 풀업 또는 풀다운 저항을 사용할 수 있으며(이들은 "풀업" 또는 "풀다운"에 사용하기에 적당한 값을 가진 평범한 저항이다), 이에 대해 다음 절에서 설명한다.

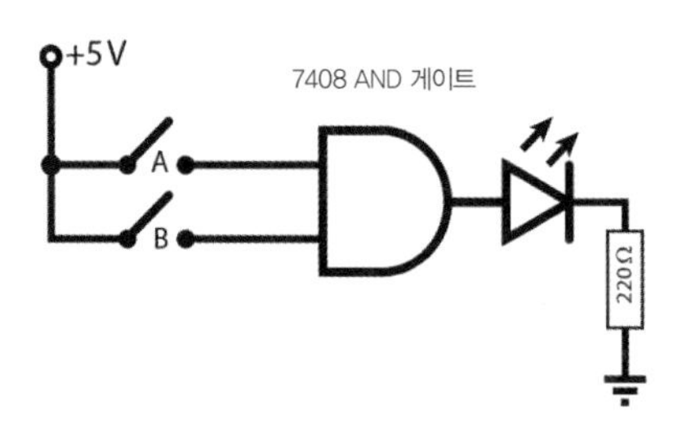


7408 AND 게이트 74LS08 74HC08

| Switch A | Switch B | Required (A.B) | TTL Output | CMOS Output |
|---|---|---|---|---|
| Closed | Closed | On | On | On |
| Closed | Open | Off | **On** | **~Off** |
| Open | Closed | Off | **On** | **~Off** |
| Open | Open | Off | **On** | **~Off** |

그림 4.25 스위치가 열렸을 때 AND 게이트의 입력이 실수로 플로팅되는 예

## 풀업 및 풀다운 저항

플로팅 입력을 피하기 위해 그림 4.26에서와같이 풀업(pull-up) 및 풀다운(pull-down) 저항을 사용할 수 있다. 스위치가 열려 있을 때 게이트로의 입력이 low임을 보증하고자 할 때는 풀다운 저항을 사용하고, 스위치가 열려 있을 때 입력이 high임을 보증하고자 할 때는 풀업 저항을 사용한다.

저항이 중요한 이유는 저항을 생략하고 선으로 대체할 경우 스위치가 닫혀 있을 때 스위치가 접지와의 단락 회로를 형성하기 때문이다. 풀다운 · 업 저항의 크기도 중요한데, 그 값은 스위치가 열려 있을 때는 입력을 High/Low로 올바르게 유지할 만큼 낮아야 하지만, 스위치가 닫혀 있을 때는 과도한 전류가 흐르는 것을 막을 수 있을 만큼은 돼야 한다. 이상적인 논리 게이트는 무한한 임피던스를 가지며 무한하지만 않다면 어떤 저항값이든 충분하다. 그러나 실제 논리 게이트에서는 누설 전류가 있으므로 이를 극복해야만 한다. 전력 소모를 최소화하기 위해 실제로 입력을 High/Low로 인가할 최댓값을 선택해야 한다. 일반적으로 3.3~10kΩ 저항을 사용하면 되지만, 3.3V는 1~0.33mA를 구동하며 스위치가 닫혀 있을 때 3.3~1mW의 전력을 소실한다. 전력에 대해 민감한 회로에서는 50kΩ 이상의 저항을 테스트해야 할 것이다.

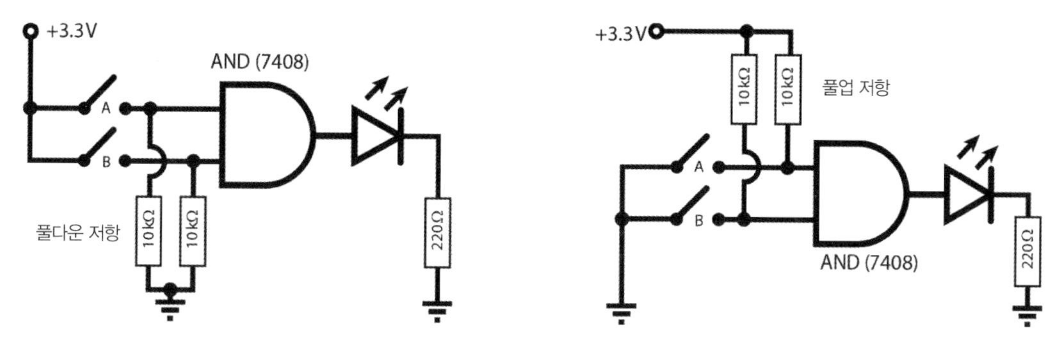


그림 4.26 스위치가 플로팅 입력을 일으키지 않도록 하기 위해 풀다운 및 풀업 저항을 사용

RPi에는 이러한 목적으로 사용할 수 있는 내부 풀업 및 풀다운 저항이 있다. 이에 대해서는 6장에서 다룬다. 또 다른 문제는 입력이 접지에 대해 약간의 표류 정전용량(stray capacitance)을 가질 거라는 점이다. 입력에 저항을 추가하면 입력 신호에 RC 저역 통과 필터를 생성해서 입력 신호를 지연시킨다. 이것은 수동으로 누르는 버튼에서는 중요하지 않지만(앞의 예에서 지연이 대략 0.1μs에 불과하기 때문), 디지털 통신 버스 라인에는 영향을 미칠 수 있다.

## 개방 컬렉터와 개방 드레인 출력

지금까지의 모든 IC는 보통의 출력을 가지며 GND 또는 IC의 공급 전압($V_{CC}$)에 매우 가깝게 구동된다. 동일 전압 레벨을 사용하는 IC 또는 소자에 연결하는 것은 문제가 없을 것이다. 그렇지만 첫 IC의 공급 전압이 3.3V인데, 그 출력을 공급 전압 5V인 IC로 구동할 필요가 있다면 레벨 변환을 수행할 필요가 있다.

많은 IC는 개방 컬렉터(open-collector) 출력을 가진 형태인데, 이는 서로 다른 논리 패밀리 간의 인터페이스와 레벨 변환에 특히 유용하다. 출력이 특정 전압 레벨이 아니라 IC 내부의 NPN 트랜지스터의 베이스 입력에 붙어있기 때문이다. IC의 출력은 트랜지스터의 "개방" 컬렉터이며 트랜지스터의 이미터는 IC에 묶여있다. IC 내부에서 BJT(74LS01) 대신에 FET(74HC03)를 사용할 수도 있으며, 원리는 같기 때문에 개방 드레인(open-drain) 출력이라고 부른다. 그림 4.27은 이 개념을 설명한 것으로, 5V 회로를 구동하기 위해 74HC03(개방 드레인 출력을 가진 2-입력 NAND 게이트 네 개)을 사용하는 예제 회로를 보여준다. 개방 드레인 구성의 장점으로 CMOS IC가 RPi의 GPIO에서 사용 가능한 3.3V 레벨을 지원하는 것을 들 수 있다. 그림 4.17에서 사용된 드레인 저항이 그림 4.27에서 보여주는 바와 같이 IC 패키지의 외부에 있고, 이 경우의 저항은 10kΩ라는 값을 가진다.

흥미로운 점은 한 개의 입력이 high에 묶인 NAND 게이트(혹은 두 개의 입력이 서로 묶인 것)는 NOT 게이트처럼 동작한다는 것이다. 사실 NAND 또는 NOR 게이트는 어떠한 논리 게이트의 기능이든 만들어낼 수 있어 범용 게이트(universal gate)라고 부른다.

개방 컬렉터 출력은 여러 장치를 버스에 연결하는 데 종종 활용된다. 이에 대해서는 8장에서 RPi의 I2C 버스를 설명할 때 살펴볼 것이다. 74HC03과 같은 IC의 데이터시트 진리표에서 출력을 나타내기 위해 Z 문자를 사용하는 것을 볼 수 있다(그림 4.27). 이는 고임피던스 출력이며 외부의 풀업 저항으로 출력을 high 상태로 유지할 수 있음을 의미한다.

## 게이트의 상호 연결

쓸모 있는 회로를 만들기 위해 논리 회로를 다른 논리 게이트 및 부품과 상호 연결한다. 게이트들의 상호 연결 능력에는 한계가 있음을 이해하는 것이 중요하다.

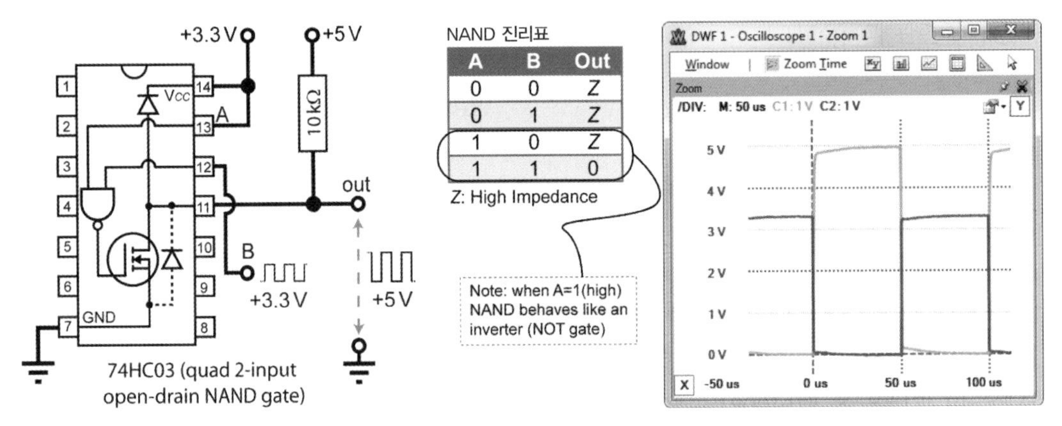


| A | B | Out |
|---|---|---|
| 0 | 0 | Z |
| 0 | 1 | Z |
| 1 | 0 | Z |
| 1 | 1 | 0 |

그림 4.27 개방 드레인 레벨 시프트의 예

첫 번째 제한은 논리 게이트가 전류에 소스 혹은 싱크하는 능력이다. 게이트의 출력이 논리 high일 때 그것은 전류원(current source)으로 동작하며, 그림 4.26과 같이 연결된 논리 게이트 또는 LED에 전류를 공급한다. 게이트의 출력이 논리 low이면 게이트는 전류 싱크로 동작하며 전류가 출력으로 흐른다. 그림 4.28(a)는 전류 제한 저항과 LED를 논리 게이트의 $V_{CC}$와 출력 사이에 배치하고 LED 음극을 논리 게이트 출력에 연결하는 것을 보여준다. 게이트의 출력이 high일 때는 전위차가 없고 LED는 off가 된다. 그러나 출력이 low일 때는 전위차가 발생해 LED를 통해 전류가 흐르고 논리 게이트의 출력에 싱크된다. 74HC08의 데이터시트에 따르면 ±25mA의 출력 전류 제한($I_O$)이 있으며, 이는 25mA까지 소스 혹은 싱크할 수 있음을 의미한다. 이 값을 초과하면 IC가 손상될 것이다.

때로는 단일(구동) 게이트의 출력을 다른 여러 게이트의 입력에 연결할 필요가 있다. 연결된 게이트마다 전류를 끌어가므로 연결되는 게이트의 수에 제한이 생긴다. 구동 게이트의 출력에 연결된 게이트의 수를 팬아웃(fan-out)이라고 한다. 그림 4.28(b)와 같이 TTL에 대한 최대 팬아웃은 상태가 low일 때(=

$I_{OL(max)}/I_{IL(max)}$)와 상태가 high일 때(= $I_{OH(max)}/I_{IH(max)}$)의 출력($I_O$) 및 입력 전류($I_I$) 요구값에 따라 달라진다. 일반적으로 10 이상의 낮은 값을 선택하라. IC가 가질 수 있는 입력의 수를 팬인(fan-in)이라 한다. 7408에 대해서는 2개의 입력 AND 게이트가 있으므로 팬인이 2다.

CMOS 게이트 입력은 극도로 큰 저항을 가지며 전류를 거의 끌어가지 않으므로 팬아웃 능력이 높다(>50). 그러나 입력마다 작은 정전용량($CL \approx 3\text{-}10\,pF$)이 더해지므로 이전 단계의 출력 때문에 충전 및 방전될 수밖에 없다. 팬아웃이 클수록 구동 게이트의 용량성 부하(capacitive load)가 커져 전파 지연이 길어진다. 예를 들어, 74HC08은 약 11ns의 전파 지연(tpd)이 있으며 입력 정전용량(CI)은 3.5pF이다(이 예에서는 각 연결에 대해 tpd = RC = 3.5ns으로 가정). 한 개의 78HC08을 사용해 10개의 비슷한 게이트를 구동하면 각각 3.5ns의 지연을 더하고 전파 지연은 11 + (10 × 3.5) = 46ns로 증가하며 최대 동작 주파수는 91MHz에서 22MHz로 줄어든다.

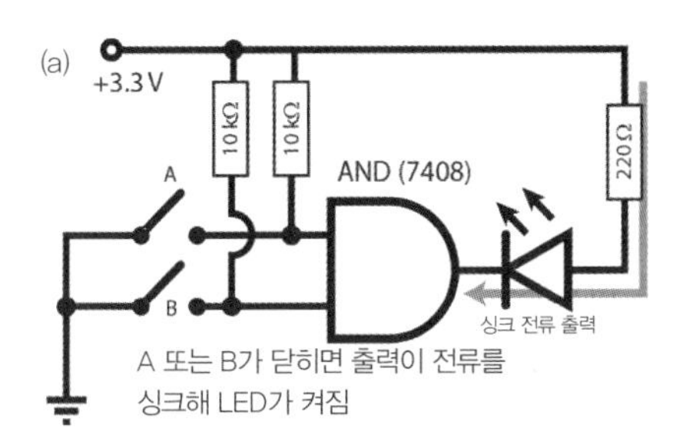


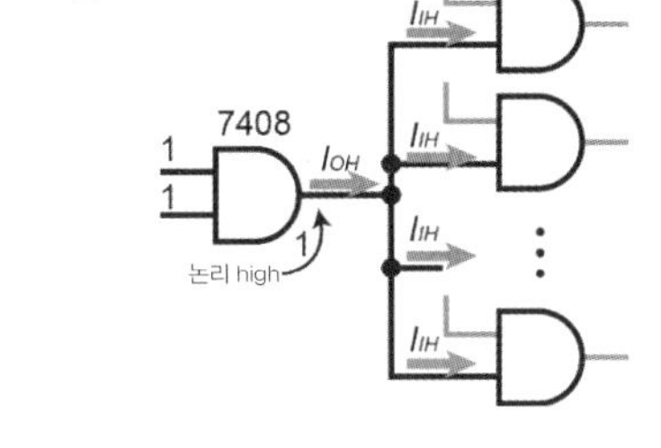


그림 4.28 (a) 출력에서의 싱크 전류, (b) TTL 팬아웃의 예

## 아날로그를 디지털로 변환

아날로그 신호를 가지고 그 신호의 디지털 표현을 생성하는 데 아날로그-디지털 변환기(ADC)를 사용할 수 있다. RPi의 외부에 ADC를 사용(9장 참고)해서 거리 센서, 온도 센서, 빛 센서와 같은 여러 가지 센서를 연결할 수 있다. 그러나 센서의 아날로그 출력은 병렬의 추가적인 부하에 매우 민감하므로 이러한 입력을 다룰 때는 전류에 소스 혹은 싱크하지 않도록 주의해야 한다. 이 문제를 해결하려면 연산 증폭기가 어떻게 동작하는지 알아둘 필요가 있다.

아날로그 신호는 어떤 물리적 현상에 대한 측정을 나타내는 연속적인 신호를 말한다. 예를 들면, 마이크는 일반적으로 트랜스듀서(transducer)로 알려진 아날로그 장치로서, 음파를 그 진폭에 따라 −5V에서 +5V 사이의 다양한 전기적 신호로 변환하는 데 사용할 수 있다. 아날로그 신호는 연속적인 값의 범위로 정보를 표현하지만, RPi를 사용해 신호를 처리하기를 원한다면 신호에 대한 이산 디지털 표현이 있어야 한다. 이것은 이산적 시각에 추출된 후 전압이나 전류의 이산적인 값으로 양자화된다. 예를 들어 오디오 신호는 시간에 따라 달라진다. 사람의 음성을 디지털로 캡처하기 위한 트랜스듀서 신호를 샘플(음성 인식 등)하기 위해서는 다음의 두 인자를 인지할 필요가 있다.

- 표본추출률: 신호의 표본을 얼마나 자주 추출할 것인지를 정의한다. 1초에 한 번씩 전압의 표본을 추출해서 이산적 디지털 표본을 생성한다면 음성을 판독하기 어려울 것이다.
- 표본추출 해상도: 신호의 표본을 추출하는 순간에 대해 디지털 표현의 개수를 정의한다. 한 비트 밖에 없다면 신호가 +5V 또는 –5V에 가까운지만 캡처할 수 있을 것이므로 역시 음성 신호를 판독하기 어렵다.

## 표본추출률

연속적인 신호를 이산적인 형태로 완벽하게 표현하기 위해서는 무한정의 디지털 데이터가 필요하다. 다행스럽게도(!) 인간의 청력에 한계가 있어 추출할 데이터의 양에 제한을 둘 수 있다. 예를 들어 MP3 파일을 인코딩할 때의 일반적인 디지털 오디오 표본추출률(sampling rate)은 44.1kHz와 48kHz이며, 전자는 트랜스듀서 전압의 표본을 초당 44,100개 저장해야 함을 의미한다. 표본추출률은 일반적으로 신호의 특정 주파수 내용을 보존할 필요에 따라 정하게 된다. 예를 들어 사람(특히 어린이)은 20Hz에서 20kHz까지의 주파수에서 오디오 신호를 들을 수 있다. 나이키스트의 표본추출 정리(Nyquist's sampling theorem)에 따르면 표본추출 주파수(sampling frequency)는 신호에서 나타나는 최대 주파수 성분의 최소 두 배가 돼야 한다. 따라서 오디오 신호의 표본을 추출하려면 최소한 20kHz의 두 배인 40kHz의 표본추출률을 사용해야 한다. 이는 MP3 오디오 파일을 인코딩하는 데 사용하는 표본추출률(일반적으로 초당 44,100개의 표본, 즉 44.1kS/s)을 설명해준다.

## 양자화

9장에서 10비트와 12비트 ADC를 RPi에 인터페이스해서 아날로그 센서로부터 표본을 추출할 수 있도록 했다. 3.3V의 기준 전압을 사용하는 12비트 ADC를 인터페이스할 경우, 0~3.3V 범위에서 표본을 추출할 수 있으며, 이 표본추출 해상도로 $2^{12} = 4{,}096$가지의 이산적 표현을 얻을 수 있다. 전압이 정확히 0V이면 그것을 십진수 0을 사용해 표현할 수 있다. 전압이 정확히 3.3V이면 숫자 4,095를 사용해 그것을 표현할 수 있다. 그렇다면 십진수 1이 표현하는 전압은 얼마일까? 답은 $(1 \times 3.3)/4096 = 0.00080566$V다. 즉, 0에서 4,095 사이의 숫자(4,096개)는 약 0.8 mV씩 차이가 난다.

앞에서 예로 들었던 오디오 표본추출은 RPi로 도전해볼 만한 과제다. 센서의 출력이 −5V에서 +5V 사이거나 좀 더 일반적인 0V에서 +5V 사이라고 하면 0V에서 3.3V 범위를 선택한 ADC에 호환되는 범위로 바꿔줘야 한다. 이 문제를 해결하는 방법을 9장에서 알아볼 것이다. 그것보다 좀 더 복잡한 문제는 일반적으로 ADC 회로에 소스 혹은 싱크해서는 안 된다는 것이다. 이 문제를 해결하기 위해 디지털 컴퓨터 이전에 등장한 강력한 연산 증폭기를 간단히 소개하고자 한다.

## 연산 증폭기

연산 증폭기(operational amplifier, op−amp)는 많은 수의 BJT 또는 FET를 한 개의 IC에 집어넣은 것이다(예: LM741). 이것은 매우 유용한 회로를 만드는 데 사용할 수 있으며, 9장에서 아날로그 센서와 올바르게 인터페이스하는 데도 필요하다.

### 이상적인 연산 증폭기

그림 4.29(a)는 이상적인 연산 증폭기를 보여주며, 되먹임(feedback)이 없는 매우 기본적인 회로(개루프, open−loop라고도 함)를 배치했다. 연산 증폭기는 두 개의 입력, 즉 비반전(noninverting) 입력(+)과 반전(inverting) 입력(−)을 가지며 그 둘의 차이에 비례해 출력이 생성된다. 두 입력의 전압 레벨이 $V_1$과 $V_2$일 때 $V_{out}=G(V_1-V_2)$이다. 이상적인 연산 증폭기는 다음과 같은 특성을 갖는다.

- 무한 개루프 이득, G
- 무한 입력 임피던스
- 0의 출력 임피던스

실제로 무한 개루프 이득을 갖는 연산 증폭기는 존재하지 않지만, 200,000에서 30,000,000의 전압 이득은 흔하다. 그러한 이득은 무한과 다름없다고 볼 수 있으며, 이론적으로 입력 간의 매우 작은 차이로도 터무니없이 높은 출력을 낼 수 있다. 예를 들어, $V_1$과 $V_2$ 사이의 1V의 차이는 최소 200,000V의 전압 출력을 낼 수 있다! 정말 그랬다면 연산 증폭기 사용의 건강상 위험을 걱정했을 것이다! 물론 출력 전압은 공급전압에 의해 제한된다(그림 4.29(a)의 $V_{CC+}$와 $V_{CC-}$). 따라서 RPi를 사용해 연산 증폭기에 $V_{CC+}=+5V$와 $V_{CC-}=0V\ (GND)$를 공급하는 경우 실 세계의 최대 출력은 약 0V에서 5V가 되며, 그 값은 사용된 연산 증폭기에 따라 달라진다. 마찬가지로 실 세계의 연산 증폭기는 무한 입력 임피던스를 갖지 않지만, 그 범위는 250kΩ에서 2MΩ이다. 저항이 아닌 임피던스라는 용어를 사용하는 것은 입력은 DC 공급이 아닌 AC이기 때문이다. 마찬가지로 출력 임피던스가 0인 경우는 있을 수 없지만 실제로는 <100Ω일 것이다.

다음 회로에 LM358 듀얼 연산 증폭기(`www.ti.com/product/lm358`)를 사용했다. 그것은 PDIP 8핀 IC이며, 보통 100dB 또는 개루프 차동 전압 이득을 갖는 두 개의 연산 증폭기를 포함한다(*전압 이득* $dB = 20 \times log\,(V_{out}/V_{in})$이므로 전압 이득 100,000). 이 IC의 한 가지 장점은 3V에서 32V까지의 넓은 공급 범위로, RPi의 3.3V 또는 5V 전원 레일을 사용할 수 있다는 점이다. LM358은 일반적으로 최대 30mA까지 소스하거나 출력에서 20mA까지 싱크할 수 있다.

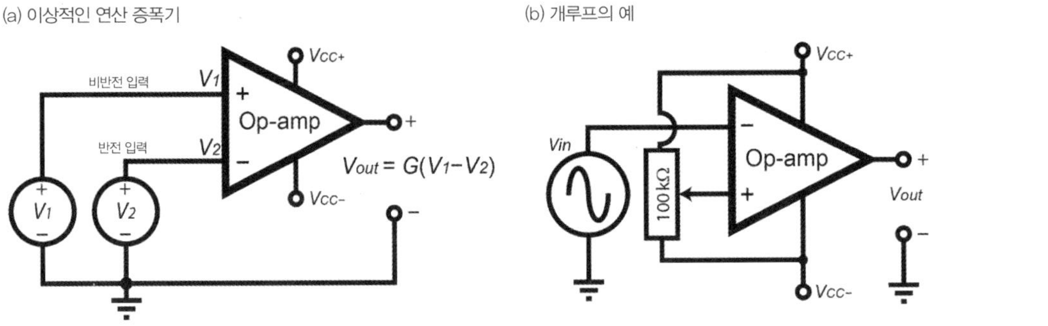

(a) 이상적인 연산 증폭기 (b) 개루프의 예

그림 4.29 (a) 이상적인 연산 증폭기, (b) 개루프 비교기의 예

그림 4.29(b)의 예제는 개루프 연산 증폭기의 성질을 잘 설명한다. 이 경우에 입력은 연산 증폭기의 비반전 입력(+*ve*)이 아닌 반전 입력(−*ve*)에 연결되므로 $V_{in}$이 기준 전압보다 낮을 때 $V_{out}$은 양의 값을 갖는다. 이 회로는 LM358을 $V_{CC+}$ = 5V와 $V_{CC-}$ = 0V (GND)의 공급과 함께 사용하도록 구성했다. +ve 입력 전압을 조절할 수 있도록 100kΩ 전위차계(potentiometer)를 사용했다. 이것이 입력 전압과 효과적으로 비교하는 전압이라서 이 회로를 비교기(comparator)라고 부른다. −*ve* 입력의 전압이 +*ve* 입력보다 클 때 매우 작은 양으로도 출력은 음의 방향에서 0V로 재빨리 포화될 것이다. −*ve* 입력의 전압이 +*ve* 입력보다 낮으면 출력 $V_{out}$은 +*ve* 방향에서 이 구성에서 $V_{CC}$가 인가되는 최댓값으로 즉시 포화될 것이다.

이 회로의 실제 출력은 그림 4.30(a)에서 볼 수 있다. 이 그림에서는 *V*+ 입력에 1.116V 전압을 주도록 전위차계를 조정했다. *V*−가 이 값보다 낮으면 출력 $V_{out}$은 양의 최댓값으로 포화되며, 이 경우 3.816V다(LM358 양 포화 전압). *V*−가 1.116V보다 클 때 출력 $V_{out}$은 최솟값으로 포화되며, 거의 0에 가깝다(−2mV). 반전에 주목하라.

다른 것들은 그대로 둔 채로 전위차계의 V+를 다른 값으로 조정하면(여기서는 0.645V) 그림 4.30(b)와 같이 출력 $V_{out}$의 듀티 사이클이 달라질 것이다. 이 비교기 회로는 낮은 전압 조건을 탐지하는 데 사용할 수도 있다. 예를 들어 배터리의 전압 출력이 특정 값 아래로 떨어지면 경고 LED를 켤 수 있다. 그림 4.29(b)에서 예로 든 회로는 제어 전압 V+에 따르는 제어 가능한 듀티 사이클을 갖는 PWM 신호를 생성하는 데 사용할 수 있다.

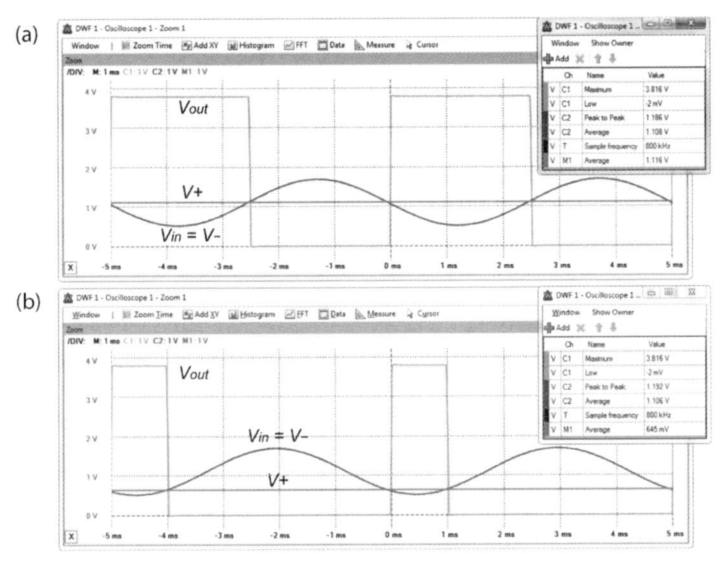


그림 4.30 비교기 회로의 출력

연산 증폭기는 개루프 이득이 매우 크므로 양 또는 음의 연산 증폭기 입력으로 향하는 되먹임에 널리 이용된다. 이러한 되먹임 때문에 연산 증폭기는 적용 범위가 매우 넓다.

## 부궤환과 전압 팔로워

연산 증폭기의 출력($V_{out}$)이 반전 입력($V-$)에 연결될 때 음의 되먹임(negative feedback), 즉 부궤환이 일어난다. 비반전 입력($V+$)에 전압($V_{in}$)을 인가하고 천천히 증가시키면 $V_{in}$이 증가함에 따라 $V+$와 $V-$ 사이에 차이가 생긴다. 그렇지만 $G(V_1 - V_2)$에 따라 출력 전압도 증가하며 이것이 $V-$ 입력으로 되먹임돼 출력 전압 $V_{out}$이 줄어들게 된다. 본질적으로 연산 증폭기는 출력을 조절함으로써 반전($V-$) 입력의 전압을 비반전($V+$) 입력과 같도록 유지하려고 한다. 이러한 행위의 영향은 $V_{out}$의 값이 $V+$에서의 $V_{in}$ 전압과 같도록 안정화되는 것이다. 연산 증폭기의 이득이 높을수록 차이는 0에 가까워진다.

이러한 성질이 그리 유용하지는 않지만, 입력 전압을 설정하는 데 필요한 전류가 매우 작고 연산 증폭기가 출력 측에서 더 큰 전류를 제어할 수 있다. 부궤환이 출력 전압을 입력 전압과 같게 유지하기 때문에 구성은 전체적으로 1의 이득을 갖는다. 이러한 구성을 전압 팔로워(voltage follower) 또는 단일 이득 버퍼(unity-gain buffer)라고 하며 그림 4.31에 그림으로 나타냈다. 이 구성은 9장에서 RPi에 붙는 ADC 회로를 보호하는 데 사용되고 회로 연결로 ADC 기준 전압이 변하지 않게 하는 데 사용되므로 매우 중요하다.

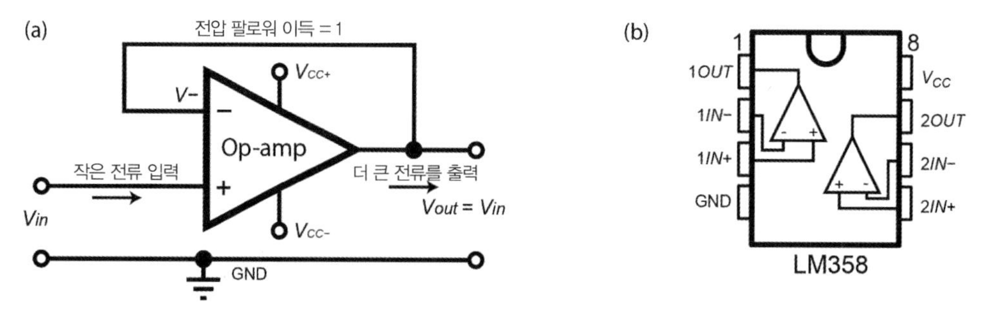


그림 4.31 전압 팔로워 연산 증폭기 회로

### 정궤환

부궤환은 그 안정화 효과로 인해 연산 증폭기에서 일반적으로 이용한다. 정궤환(positive feedback)으로 구성한 연산 증폭기는 출력이 연산 증폭기의 양의 비반전 입력으로 되돌아간다. 이 경우 되먹임 신호는 입력 신호를 강화한다. 예를 들어, $V_{out}$을 정궤환 저항을 통해 $V+$에 연결함으로써 정궤환을 사용해 개루프 연산증폭기 비교기 회로에 히스테리시스를 더할 수 있다. 이것은 입력 신호의 노이즈에 대한 비교기의 응답을 줄이는 데 사용할 수 있다.

## 결론

이 장에서 많은 주제를 다뤘다. 전자 부품과 RPi를 가지고 작업할 때 알아두면 좋을 몇 가지 조언과 함께 이 장을 마무리하겠다.

- 입력이 절대 플로팅되게 두지 말 것. 모든 스위치에 풀업/풀다운 저항을 사용하라. 사용하지 않는 IC 핀이 있는지 확인해 high/low에 묶어라.
- 회로의 모든 GND가 연결됐는지 확인하라.
- 칩에 올바른 전압 레벨의 전원을 공급하라.
- 새로운 다이오드, FET, BJT, 논리 게이트의 핀 배열이 이전에 사용했던 부품과 동일할 것이라고 가정하지 말라.
- 프로그래밍과 마찬가지로, 간단한 회로를 먼저 만들어서 테스트해 본 다음에 좀 더 복잡하게 만들어라. 뭔가가 작동할 것이라고 가정하지 말라!
- 배선 연결부와 악어 클립이 서로 접촉할 정도로 늘어뜨리지 말라. 브레드보드의 저항도 마찬가지다.
- IC의 다리는 구부러지기 쉬우므로 브레드보드에서 IC를 제거할 때는 일자 스크루 드라이버를 사용하라.

- CMOS IC는 정전기에 민감하므로 손으로 만지면 몸의 정전기로 인해 손상을 입힐 수 있다. IC를 만지기 전에는 컴퓨터의 뒷면과 같이 접지된 물체에 먼저 접촉하라.
- 부품이 정확하거나 일정한 값을 가질 것으로 가정하지 말라. 특히 트랜지스터 이득과 저항 범위에 대해서.

## 요약

이 장의 목표는 다음과 같다.

- 전자 회로의 기본 원리를 설명하고 브레드보드에 회로를 구성하고 전압과 전류 값을 측정한다.
- 다이오드, LED, 트랜지스터, 커패시터와 같은 이산 소자를 회로 설계에 사용한다.
- RPi의 출력을 사용했을 때보다 더 높은 전류와 전압 신호를 제어하기 위해 트랜지스터와 FET를 사용한다.
- "플로팅" 입력 발생 이슈에 대해 주의하면서 논리 게이트를 상호 연결 및 인터페이스한다.
- 아날로그-디지털 변환의 원리를 설명하고 기본적인 연산 증폭기 회로를 설계한다.
- 이러한 모든 기술을 조합해 RPi의 GPIO에 안전하게 인터페이스할 수 있는 회로를 구성한다.

## 더 읽을거리

이 장 전반에 걸쳐서 읽을거리를 소개했지만, 여기에 몇 가지 더 소개한다.

- T. R. 쿠팔트(Kuphaldt) "Lessons in Electric Circuits"(전기 · 전자를 주제로 한 무료 교과서 시리즈): www.ibiblio.org/kuphaldt/electricCircuits/
- "All About Circuits"(많은 유형의 전자 회로의 훌륭한 예를 제공): www.allaboutcircuits.com
- "The Electronics Club"(초심자 및 참고를 위한 전자회로 프로젝트 제공): www.electronicsclub.info
- 닐 스토리(Neil Storey) ≪Electronics: A Systems Approach≫ 5판(Pearson, 2013)

다음은 이 장에서 사용된 전체 부품의 목록이다.

- 브레드보드
- 다이오드: 1N4001, 범용 LED
- 트랜지스터: NPN: BC547, FET: BS270

- 전압 레귤레이터: KA7805/LM7805
- PTC: 60R110
- 버튼과 스위치: 범용 SPST 및 SPDT
- IC: 74HC73N, 74HC03N, 74LS08N, 74HC08N, 74HC14, LM358N
- 저항: 1 MΩ, 2.2 kΩ, 2 x 10 kΩ, 50 kΩ, 100 Ω, 50 Ω, 1 kΩ, 470 Ω, 220 Ω, 100 kΩ POT
- 커패시터: 10 μF, 1 μF, 0.33 μF, 0.1 μF
- 광분리기: SFH617A

# 5장

# 라즈베리 파이 프로그래밍

이 장에서는 라즈베리 파이에서 프로그래밍을 할 때 사용할 수 있는 스크립트 언어와 컴파일 언어 몇 가지를 알아볼 것이다. 외부 LED 제어 프로그램을 여러 언어로 구현함으로써 독자가 각 언어의 구조와 구문을 조사해 볼 수 있도록 한다. 각 언어의 장단점을 예제와 함께 논의한다. 그런 다음, C/C++ 및 Python 프로그래밍 언어의 기본 원리를 알아보고 객체 지향 프로그래밍이 확장성 있는 임베디드 시스템 애플리케이션 개발에 적합한 이유를 살펴볼 것이다. GNU C 라이브러리를 사용해 리눅스 커널에 직접 인터페이스하는 방법을 살펴보고 파이썬 코드의 계산 성능을 크게 향상시키는 방법을 논의할 것이다. 그 모든 내용을 한 단원에서 다루기에는 겉핥기밖에 되지 않으므로 RPi에서의 물리적 프로그래밍에 초점을 맞출 것이다.

**이 장에 필요한 준비물:**

- RPi에 터미널 접속(2장 참고)
- LED, 저항, 브레드보드, 훅업(hook-up) 와이어, FET(BS270) 또는 트랜지스터(BC547)(4장 참고)

이 장에 대한 자세한 내용은 `www.exploringrpi.com/chapter5/`를 참고한다.

# 도입

3장에서 논의한 것과 같이 임베디드 리눅스는 본질적으로 "임베디드 시스템상의 리눅스"다. 선호하는 프로그래밍 언어를 리눅스에서 사용할 수 있다면 RPi에서도 사용이 가능할 것이다. 그렇다면 그 언어가 RPi에 적합할까? 그것은 보드를 가지고 무엇을 할 것인지에 달려 있다. 전자 장치/모듈에 인터페이스할 것인가? 다양한 사용자 인터페이스를 작성할 계획인가? 리눅스를 위한 디바이스 드라이버를 만들 계획인가? 성능이 매우 중요한가, 아니면 초기 프로토타입을 개발하고 있는가? 각 질문에 대한 대답이 사용할 언어를 결정하는 데 영향을 줄 것이다. 이 장에서는 여러 가지 언어를 소개하며 언어의 각 카테고리의 장단점을 개관한다. 이 장을 읽으면서 좋아하는 언어에만 집중하기보다는 해야 할 작업에 적합한 언어를 사용하도록 노력하라.

임베디드 시스템에서 프로그래밍하는 것은 데스크톱 컴퓨터에서 하는 것에 비해 무엇이 다를까? 몇 가지 고려할 사항이 있다.

- 데스크톱 PC에서 하는 것과 마찬가지로 항상 깔끔하고 유지 보수하기 쉬운 코드를 작성해야 한다.
- 완전해지기 전까지는 코드를 최적화하지 않는다.
- 데스크톱 컴퓨터에서 프로그래밍할 때보다 자원의 소비에 더 주의를 기울여야 한다. 자료형의 크기도 중요하고 데이터를 올바로 전달하는 것이 정말로 중요하다. 메모리의 가용성, 파일 시스템의 크기, 데이터 통신의 가용성/대역폭에 주의해야 한다.
- 때때로 저수준의 하드웨어 플랫폼에 대해 배워야 한다. 연결된 하드웨어를 어떻게 다루는가? 어떤 데이터 버스를 사용할 수 있는가? 운영 체제 및 저수준 라이브러리와 어떻게 인터페이스하는가? 실시간에 관련된 제약사항이 있는가?

앞으로의 논의에서는 RPi에 입력 및 출력을 인터페이스하는 물리적 컴퓨팅을 계획하고 있다고 가정할 것이다. 그에 따라 여러 가지 언어에 대한 구조 및 구문을 설명하기 위한 예제로 LED 회로를 제어하는 간단한 인터페이싱 예제를 들 것이다. 언어에 대해 살펴보기 전에 이어지는 논의를 맥락에 포함시키기 위해 RPi에서 실행되는 각 언어의 성능부터 평가할 것이다.

## RPi에서의 언어별 성능

RPi에서 가장 성능이 좋은 언어는 무엇인가? 그것은 너무나 감정적이고도 대답하기 어려운 질문이다. 벤치마크와 작업에 따라 각기 다른 언어가 더 나은 성능을 보인다. 또한 특정 언어로 작성된 프로그램은 해당 언어에 최적화될 수 있어 원래의 코드와 달라진다. 실행 속도가 항상 중요하다고도 할 수 없다. 메모리 사용량이라든지, 코드의 이식성이나 변경을 재빨리 적용할 수 있는 능력을 더 중요하게 여길 수도 있다.

그렇지만 고속 또는 실시간 수치 계산 애플리케이션을 개발할 계획이라면 프로그래밍 언어를 선택하는 데에 있어 성능이 중요한 변수가 된다. 또한 새로운 언어를 배우기 시작했고 차후에 복잡한 알고리즘의 프로그램을 개발하게 된다면 성능을 염두에 두는 것이 바람직하다.

이 장에서 논의할 각 언어의 성능을 서로 다른 RPi 모델에서 간단한 테스트를 통해 비교했다. 테스트에서는 tiny.cc/erpi501의 n-body 벤치마크(행성들의 중력 상호작용) 코드를 사용한다. 코드에서는 모든 언어에 대해 정확히 동일한 알고리즘을 사용하며 RPi는 모든 경우에 동일한 상태에서 구동한다. 테스트에서는 사용한 스크립트의 타이밍이 아주 정확할 필요는 없도록 알고리즘을 500만 번 반복했다. 모든 프로그램이 똑같이 올바른 결과를 내므로(−0.169083134) 작업이 올바로 수행되고 완료됐다는 것을 알 수 있다. 이 책의 Git 저장소의 chp05/performance/ 디렉터리에 다양한 테스트가 있다.

다음 테스트를 위한 모든 코드는 RPi 플랫폼에서 컴파일되고 실행됐다. 모든 언어를 라즈비안에서 기본으로 사용할 수 있는 것은 아니지만, 이러한 언어들을 RPi에서 활용할 수 있다는 자신감을 심어주기 위해 추가했다. 코드 예제에는 맞춤 최적화 라이브러리를 피할 목적으로 일반적인 코딩 구조만을 담고 있다는 점을 알아두라. 테스트는 다음과 같이 실행할 수 있다.

```
pi@erpi ~/exploringrpi/chp05/performance $ ./run
The C/C++ Code Example
-0.169075164
-0.169083134
It took 6544 milliseconds to run the C/C++ test
```

테스트 결과를 표 5.1에 나타냈다. 세 번째 열에서 1.2GHz의 프로세서 주파수로 구동(CPU/GPU 메모리 할당은 기본값 사용)되는 RPi 3의 결과(ARMv7 모드)를 볼 수 있다. C/C++는 이 수치 계산을 완료하는 데 6.5초가 걸리며, 벤치마크에서 1.00단위로 계량했다. 동일한 작업을 완료하기까지 하스켈은 1.16배, 자바는 1.52배, 파이썬은 94.1배, 루비는 147배 더 많은 시간이 소요됐다. 괄호 안에 처리 시간을 초 단위로 표시했으며 표는 언어의 성능 순으로 정렬했다. 열을 따라가다 보면 프로세서 주파수를 조정하거나(다음 절에서 논의함) 데스크톱 i7 64비트 프로세서를 사용하더라도 상대적인 성능은 일정하다는 것을 알 수 있다.

표 5.1 라즈비안(Jessie 최소 이미지)에서 n-Body 알고리즘을 5,000,000회 이터레이션하는 수치 계산 소요시간

| 언어 | 유형 | RPi 3 1.2 GHz[1] | RPi 2 1 GHz[2] | RPi B+ 1 GHz[3] | 64비트 i7 PC[4] |
|---|---|---|---|---|---|
| C/C++ | 컴파일 | 1.00 × (6.5s) | 1.00 × (9.3s) | 1.00 × (10.0s) | 1.00 × (0.61s) |
| C++11 | 컴파일 | 1.06 × (6.9s) | 0.69 × (6.4s) | 0.70 × (7.03s) | 0.95 × (0.58s) |
| 하스켈(Haskell) | 컴파일 | 1.16 × (7.6s) | 1.17 × (10.8s) | 1.07 × (10.8s) | 1.15 × (0.70s) |
| 자바(Java)[5] | JIT | 1.52 × (9.94s) | 1.45 × (13.4s) | 2.29 × (23.0s) | 1.36 × (0.83s) |
| Mono C# | JIT | 2.72 × (17.8s) | 2.47 × (22.9s) | 3.62 × (36.4s) | 2.16 × (1.32s) |
| 싸이썬(Cython)[6] | 컴파일 | 2.74 × (17.9s) | 2.67 × (24.8s) | 2.80 × (28.0s) | 1.26 × (0.77s) |
| Node.js[7] | JIT | 2.76 × (18.1s) | 6.23 × (57.7s) | 50.1 × (503s) | 6.54 × (3.99s) |
| 루아(Lua) | 인터프리트 | 20.2 × (132s) | 21.2 × (197s) | 25.7 × (258s) | 34.3 × (20.9s) |
| 싸이썬 | 컴파일 | 64.2 × (420s) | 66.6 × (618s) | 163 × (1633s) | 58.0 × (34.4s) |
| 펄(Perl) | 인터프리트 | 92.6 × (601s) | 81.5 × (756s) | 171 × (1716s) | 82.0 × (50.0s) |
| 파이썬 | 인터프리트 | 94.1 × (616s) | 89.9 × (834s) | 198 × (1992s) | 89.7 × (54.7s) |
| 루비(Ruby) | 인터프리트 | 147 × (962s) | 140 × (1298s) | 265 × (2662s) | 47.4 × (28.9s) |

이 코드 예제는 멀티 코어 프로세서에 최적화되지 않았다. 예컨대 C/C++ 코드는 RPi 3 프로세서의 코어 하나만 사용한다. 보통의 리눅스 스레드는 자동으로 다른 코어로 오프로드(offload)되며 전체 메모리 대역폭이 한 코어에 집중된다. 멀티 코어 프로그래밍은 다음 장에서 논의하며 싱글 코어 프로세서를 가진 RPi B+에 비해 RPi 2/3의 성능이 큰 폭으로 개선된 것을 볼 수 있을 것이다. 모든 프로그램은 실행 시 CPU의 98에서 99%를 사용한다.

표 5.1의 두 번째 열은 언어의 유형을 나타내는데, *컴파일*은 네이티브하게 컴파일되는 언어를, *JIT*는 저스트 인 타임(just-in-time) 컴파일 언어를, *인터프리트*는 인터프리터에 의해 실행되는 코드를 가리킨다. 이러한 구분에 대해서는 뒤에서 자세히 설명하겠지만, 표에서 나타낸 것과 같이 딱 떨어지는 것은 아니다.

---

1 RPi 3는 1.2GHz에서 동작하며 4코어(한 코어만 사용), ARMv7 (rev 4, 32비트 리눅스 배포판: 리눅스 4.1.19-v7+) 지원: half thumb fastmult vfp edsp neon vfpv3 tls vfpv4 idiva idivt vfpd32 lpae evtstrm crc32. 최소 1.5A를 공급할 수 있는 고품질 전원 장치를 사용할 것.

2 RPi 2를 1GHz로 오버클럭, 4코어(한 코어만 사용), ARMv7 (rev 5) 지원: half thumb fastmult vfp edsp neon vfpv3 tls vfpv4 idiva idivt vfpd32 lpae evtstrm. 참고: RPi를 오버클러킹하면 수명을 단축시킬 수 있음.

3 RPi B+를 1GHz로 오버클럭, 1코어, ARMv6 (rev 7 v6) 지원: half thumb fastmult vfp edsp java tls.

4 3.3GHz의 인텔 i7-5820K 윈도우 8.1 PC에서 3 스레드(12개 중에서)를 할당한 64비트 데비안 제시 버추얼박스(VirtualBox) VM. VM에 16GB 램 할당. 하나의 스레드만 사용.

5 `sudo apt install oracle-java8-jdk`로 라즈베리 파이 플랫폼에 오라클 JDK를 설치할 수 있음.

6 파이썬 소스 코드를 싸이썬에 맞도록 최적화해 테스트함. 단순히 원래의 파이썬 코드를 컴파일한 것이 아님. 두 번째의 싸이썬 테스트는 단순히 원래의 파이썬 코드를 컴파일.

7 Node.js (node -v)의 버전은 v5.10.1로, ARM NEON 가속 프로세서를 지원함. NEON은 RPi 2/3(ARMv7)에서 사용 가능하지만 RPi B+(ARMv6)에서는 그렇지 않음. RPi B+에서 Node.js는 기준의 50.1배로 낮은 성능을 보임. RPi에 최신 버전의 Node.js를 설치하는 방법은 12장의 "LAMP와 MEAN"을 참고할 것.

#### 64비트 RPi 3 BCM2837 시스템 온 칩(SoC)

RPi 3는 64비트 연산을 지원하는 Cortex-A53 BCM2837 SoC 쿼드 코어를 사용한다. 이 장의 앞에서 수행한 테스트는 인상적인 것으로, 32비트에서 구동했는데도 오버클럭한 RPi 2에 비해 C/C++ 테스트에서 약 30% 빠른 성능을 보여준다. 이러한 성능 향상에는 64비트 프로세서보다는 CPU 클럭 주파수가 빠른 것이 더 큰 역할을 한다. RPi 3에서 64비트 임베디드 리눅스에 대한 완전한 리눅스 지원으로 넘어가는 것이 결국 장점이 있을 것이다(NEON 부동 소수점 성능 향상, 명령 세트의 개선 등). 그렇지만 라즈베리 파이 재단의 에벤 업튼(Eben Upton)은 64비트 리눅스 커널을 지원하는 RPi 펌웨어 업데이트에 시일이 걸릴 것이라고 밝혔다.

자바의 상대적 성능은 코드가 동적으로 컴파일("just-in-time")된다는 것을 감안하면 훌륭하다고 할 수 있는데, 관련 내용은 이 장의 뒷부분에서 다룬다. 타이밍에는 동적 컴파일 지연이 포함되는데, 그 이유는 테스트 스크립트가 각 프로그램의 수행 시간을 계산하기 위해 다음의 Bash 스크립트 코드를 포함하기 때문이다.

```
Duration="5000000"
echo -e "\nThe C/C++ Code Example"
T="$(date +%s%N)"
./n-body $Duration
T="$(($(date +%s%N)-T))"
T=$((T/1000000))
echo "It took ${T} milliseconds to run the C/C++ test"
```

C++11 코드는 C++ 프로그래밍 언어의 2011년 중반에 승인된 버전이다. C++11은 g++ 버전 4.7 이후를 필요로 하며 이와 관련해 7장에서 다시 논의한다. 바이너리 코드를 빌드할 때는 바이너리 코드에 대한 수정을 하지 않는 최적화를 사용했다(C/C++에서는 `-O3`, Java에서는 `+AggressiveOpts` 플래그 설정).

라즈베리 파이의 "Pi"가[8] "파이썬(Python)"에서 유래한 것이기는 하지만, 문제에 사용된 알고리즘 때문에 파이썬은 특히 낮은 성능을 나타냈다. 그렇지만 2013년 debian.org의 벤치마크에서는 범용 프로세싱을 위한 복잡한 알고리즘 코드에서 최적화된 C++ 코드에 비해 9~100배 느린 것으로 나타났다. 독자가 파이썬에 매우 익숙하며 그 성능을 개선하고자 한다면 *싸이썬(Cython)*을 검토해 보라. 컴파일러가 파이썬의 동적 타이핑을 배제할 수 있으며 파이썬 코드에서 직접 C 코드를 생성할 수 있다. 이 장의 끝에서 C/C++를 이용한 파이썬 확장 및 싸이썬에 대해 논의한다.

8 RPi라는 브랜드명은 과일의 이름(Apple, Black-Berry)을 따라 이름을 짓는 세계적 트랜드를 잇는 것이다! 라즈베리 파이 재단의 리즈 업튼(Liz Upton)은 이 이름이 특히 1980년대에 영국에서 데스크톱 PC를 생산하던 애프리콧 컴퓨터(Apricot Computers)를 연상시킨다고 한다.

마지막 열은 동일한 코드를 데스크톱 컴퓨터 가상 머신에서 실행한 결과를 제공한다. 애플리케이션들의 상대적 성능을 한눈에 볼 수 있을 뿐만 아니라 C++ 프로그램이 싱글 코어의 RPi 3에서보다 i7 스레드 하나에서 10배 빠르게 실행되는 것도 볼 수 있다. RPi 3의 계산 성능은 매우 인상적이지만, 신호 처리와 컴퓨터 비전과 같이 처리량이 많은 분야에서는 여전히 고전하고 있다.

앞에서 언급한 대로 이것은 숫자 계산 벤치마크 테스트일 뿐이지만, 각 언어에 대해 어느 정도의 성능을 기대할 수 있는지 보여준다.

그렇지만 Hundt(2011)는 구체적인 분석을 통해 "성능은 C++가 대폭 우세하지만 튜닝에 상당한 노력이 필요하며 그중에서 많은 부분은 평균적인 프로그래머가 할 수 없는 고도로 복잡한 것이다"라고 말했다(Hundt, 2011).

## 라즈베리 파이 벤치마크

로이 롱바텀(Roy Longbottom, roylongbottom.org.uk)의 벤치마크 모음은 RPi를 포함한 많은 플랫폼에서 실행할 수 있는 잘 알려진 벤치마크 테스트다. 이 절의 간단한 테스트를 대체하기 위해 다음과 같이 RPi에서 내려받아 실행할 수 있다.

```
pi@erpi:~ $ mkdir perf
pi@erpi:~ $ cd perf/
...~/perf $ wget http://www.roylongbottom.org.uk/Raspberry_Pi_Benchmarks.zip
...~/perf $ unzip Raspberry_Pi_Benchmarks.zip
...~/perf $ cd Raspberry_Pi_Benchmarks /Source\ Code/
... /Source Code $ gcc whets.c cpuidc.c -lm -O3 -o whets
... /Source Code $ ./whets
Whetstone Single Precision C Benchmark vfpv4 32 Bit, Mon Apr 11 00:20:12 2016
Loop content                  Result              MFLOPS      MOPS    Seconds
N1 floating point     -1.12475013732910156    170.579                  0.082
N2 floating point     -1.12274742126464844    181.435                  0.539
N3 if then else        1.00000000000000000               898.271       0.084
N4 fixed point        12.00000000000000000               748.817       0.306
N5 sin,cos etc.        0.49911010265350342                10.533       5.750
N6 floating point      0.99999982118606567    299.770                  1.310
N7 assignments         3.00000000000000000              1198.997       0.112
N8 exp,sqrt etc.       0.75110864639282227                 8.721       3.105
MWIPS                                         644.874                 11.289
```

이 테스트에서 RPi 3는 644.9MWIPS(Whetstone instructions per second)의 결과를 낸다. tiny.cc/erpi507의 벤치마크 결과에 따르면 RPi 모델 B는 390.6MWIPS, RPi 2(1 GHz)는 568.4MWIPS의 결과를 보이며 이 절에서의 성능 테스트 결과와 대체로 일치한다.

## RPi CPU 주파수 설정

앞의 테스트에서 RPi의 클럭 주파수는 실행 시간에 동적으로 조절됐다. RPi에는 성능 · 전력 사용률을 측정하는 데 사용할 수 있는 다양한 *조정기(governor)*가 있다. 예를 들어, 배터리 전원을 사용하는 RPi 애플리케이션을 구축하는 경우 낮은 처리 능력으로도 충분하다면 전기를 아끼기 위해 클럭 주파수를 낮출 수 있다. 다음과 같이 타이핑함으로써 현 상태에 대한 정보를 얻을 수 있다(RPi 2에서 실행).

```
pi@erpi ~ $ sudo apt install cpufrequtils
pi@erpi ~ $ cpufreq-info
... analyzing CPU 0:
  driver: BCM2835 CPUFreq
  CPUs which run at the same hardware frequency: 0 1 2 3
  CPUs which need to have their frequency coordinated by software: 0 1 2 3
  maximum transition latency: 355 us.
  hardware limits: 600 MHz - 1000 MHz
  available frequency steps: 600 MHz, 1000 MHz
  available cpufreq governors: conservative, ondemand, userspace, powersave, performance.
  current policy: frequency should be within 600 MHz and 1000 MHz.
                  The governor "ondemand" may decide which speed to use
                  within this range.
  current CPU frequency is 600 MHz. ...
```

RPi 2는 네 개의 CPU 코어(0~3)를 가져 위와 같이 화면에 각각 출력된다. 이 예에서 RPi 2는 /boot/config.txt에 arm_freq=1000을 설정해 오버클럭됐다. 다른 조정기를 사용할 수 있는데, 그 측정 항목은 conservative, ondemand, userspace, powersave, performance다. 이러한 조정기들을 활성화하거나 클럭 주파수를 명시적으로 설정하기 위해 다음과 같이 입력한다.

```
pi@erpi ~ $ sudo cpufreq-set -g performance
pi@erpi ~ $ cpufreq-info
... current CPU frequency is 1000 MHz. ...
pi@erpi ~ $ sudo cpufreq-set -f 600MHz
pi@erpi ~ $ cpufreq-info
... current CPU frequency is 600 MHz. ...
```

기본 조정기인 ondemand는 동적으로 CPU 주파수를 조절한다. 가령 CPU 주파수가 현재 600MHz이고 평균 CPU 사용량이 임계치보다 높으면(up_threshold라고 함) CPU 주파수는 자동으로 증가한다. 이와 관련된 설정값은 각 sysfs 항목을 사용해 조정할 수 있다.

예를 들어 CPU 부하가 가용량의 90%에 도달하는 지점까지 CPU 주파수가 상승하는 임계치를 다음과 같이 설정할 수 있다.

```
pi@erpi ~ $ sudo cpufreq-set -g ondemand
pi@erpi ~ $ cd /sys/devices/system/cpu/cpufreq/ondemand/
pi@erpi .../ondemand $ ls
ignore_nice_load  powersave_bias        sampling_rate      up_threshold
io_is_busy        sampling_down_factor  sampling_rate_min
pi@erpi .../ondemand $ cat up_threshold
50
pi@erpi .../ondemand $ sudo sh -c "echo 90 > up_threshold"
pi@erpi .../ondemand $ cat up_threshold
90
```

마지막으로, RPi의 기본 조정기를 ondemand가 아닌 다른 것으로 영구적으로 변경하기로 했다면 /etc/init.d/ 내의 cpufrequtils 파일을 다음과 같이 편집하면 된다.

```
pi@erpi ~ $ cd /etc/init.d/
pi@erpi /etc/init.d $ more cpufrequtils | grep GOVERNOR=
GOVERNOR="ondemand"
pi@erpi /etc/init.d $ sudo nano cpufrequtils
pi@erpi /etc/init.d $ more cpufrequtils | grep GOVERNOR=
GOVERNOR="performance"
pi@erpi /etc/init.d $ sudo reboot
```

## 첫 번째 물리적 컴퓨팅 회로

그림 5.1은 RPi에 연결해 LED를 안전하게 구동할 수 있도록 (a) BS270 FET와 (b) BC547 NPN을 사용한 회로를 묘사한다. 이 장에서 설명한 코드를 테스트하는 데는 이 회로 중 어느 것이나 사용할 수 있다.

4장에서 설명한 바와 같이 FET 또는 NPN 트랜지스터는 매우 낮은 전류를 사용해 부하를 스위치하는 데 사용할 수 있다. 이 예에서 GPIO 헤더의 7번 핀에 연결된 GPIO 핀(GPIO4)은 GPIO 상태가 high인지 low인지에 따라 FET/트랜지스터를 on 또는 off로 스위치하는 데 필요한 낮은 전류를 제공한다. LED를 밝히는 데 필요한 전류는 낮은 편으로(10~15mA) 그림 4.9에서 설명한 계산을 통해 구할 수 있으며 RPi의 3.3V 공급 핀으로부터 얻는다. 이러한 회로에 대해서는 6장에서 좀 더 자세히 설명한다.

경고

그림 5.1의 회로를 결선할 때는 매우 주의해야 한다. 올바르지 못한 연결 또는 잘못된 헤더 핀의 사용으로 인해 RPi가 손상을 입을 수 있으므로 작업을 할 때는 RPi를 전원에서 분리하는 것이 좋다. 회로의 구성을 주의 깊게 확인한 다음 RPi에 전원을 연결하라.

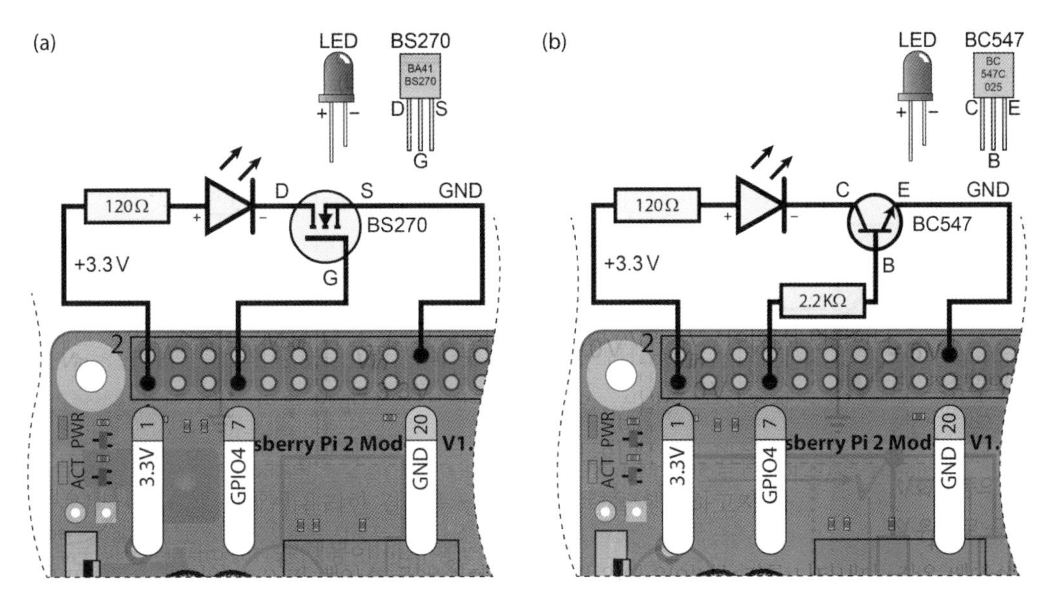


그림 5.1 (a) FET를 사용해 GPIO로 LED를 구동, (b) NPN 트랜지스터를 사용해 GPIO로 LED를 구동

이 회로가 올바로 배선되면 리눅스 sysfs를 사용해 GPIO를 제어할 수 있으므로 코드의 흐름에 익숙해질 수 있을 것이다. 첫 번째 단계는 다음 단계에 따라 RPi의 GPIO4를 활성화하는 것이다.

```
pi@erpi ~ $ cd /sys/class/gpio
pi@erpi /sys/class/gpio $ ls
export  gpiochip0  unexport
pi@erpi /sys/class/gpio $ echo 4 > export
pi@erpi /sys/class/gpio $ ls
export  gpio4  gpiochip0  unexport
pi@erpi /sys/class/gpio $ cd gpio4
pi@erpi /sys/class/gpio/gpio4 $ ls
active_low  device  direction  edge  subsystem  uevent  value
```

이제 리눅스 gpio4 디렉터리의 항목을 사용해 GPIO4를 제어할 수 있다. 예를 들어 다음 단계에 따라 GPIO를 출력에 설정하고 그 상태를 high 또는 low가 되도록 변경할 수 있다.

```
pi@erpi /sys/class/gpio/gpio4 $ echo out > direction
pi@erpi /sys/class/gpio/gpio4 $ echo 1 > value
pi@erpi /sys/class/gpio/gpio4 $ echo 0 > value
```

그림 5.1의 LED 회로가 올바로 배선됐다면 GPIO 상태가 변함에 따라 LED가 켜지거나 꺼질 것이다. 다음과 같이 호출함으로써 GPIO의 상태를 읽을 수 있다.

```
pi@erpi /sys/class/gpio/gpio4 $ cat direction
out
pi@erpi /sys/class/gpio/gpio4 $ cat value
0
```

마지막으로, 다음과 같은 방법으로 GPIO를 다시 비활성화할 수 있다.

```
pi@erpi /sys/class/gpio $ echo 4 > unexport
pi@erpi /sys/class/gpio $ ls
export  gpiochip0  unexport
```

이 장의 나머지 부분에서는 리눅스 sysfs를 활용하는 다양한 코드 예제를 통해 앞의 작업을 자동화한다. sysfs는 메모리에 매핑되므로 이러한 파일 조작이 충분히 효율적이다.

## 스크립팅 언어

스크립팅 언어는 런타임 환경에 의해 직접 인터프리트돼 작업을 수행하는 스크립트 파일을 작성하는 데 사용되는 컴퓨터 프로그래밍 언어다. RPi에서 배시(Bash), 펄, 루아, 파이썬과 같은 많은 스크립팅 언어를 사용해 시스템 관리나 인터랙션 같은 작업 실행을 자동화할 수 있으며 sysfs를 사용해 전자회로와 인터페이스하는 데도 응용할 수 있다.

### 스크립팅 언어 고르기

RPi를 위해 어떤 스크립팅 언어를 선택해야 할까? 리눅스 사용자들이 저마다 다른 스크립팅 언어를 선호하므로 이것은 의견이 엇갈리는 어려운 주제다. 그렇지만 하려는 작업에 적합한 기능을 갖춘 스크립팅 언어를 선택해야 한다.

- 배시 스크립팅: 고급의 프로그래밍 구조를 필요로 하지 않는 짧은 스크립트를 작성하기에 제격이다. 이 책에서는 앞 절에서 타이밍 코드와 같이 크기가 작고 잘 정의된 작업에 *Bash 스크립트*를 주로 사용한다. 3장에서 논의한 리눅스 명령들을 배시 스크립트에 사용할 수 있다.
- 루아: 빠르고 가벼운 스크립팅 언어로 매우 작은 공간을 차지하므로 임베디드 애플리케이션에 사용할 수 있다. 루아는 객체 지향 프로그래밍(OOP) 패러다임(테이블과 함수를 사용)과 동적 타이핑을 지원하며 곧 관련 내용을 살펴볼 것이다. 루아는 13장에서 NodeMCU Wi-Fi 모듈을 프로그래밍할 때 중요한 역할을 한다.
- 펄: 텍스트 문서를 파싱하거나 데이터의 스트림을 처리할 때 훌륭한 선택이다. 직관적인 스크립트를 작성할 수 있고 OOP 패러다임도 지원한다.
- 파이썬: 좀 더 복잡하거나 이후에 유지보수가 필요할 것으로 예상되는 스크립트를 작성하기에 좋다. 루아와 마찬가지로 파이썬은 OOP 패러다임과 동적 타이핑을 지원한다.

이 네 가지 스크립팅 언어는 라즈비안에서 미리 구성돼 있어 바로 사용할 수 있다. 이 스크립팅 언어 모두에 대해 지식을 약간씩 갖추고 있으면 현재의 프로젝트를 매우 직관적으로 만들어 줄 서드 파티 도구나 라이브러리를 찾을 수 있어 매우 유용할 것이다. 이 절에서는 각 언어에 대한 간단한 개요와 함께 각 언어에서 동일한 기능을 수행하는 간결한 코드를 제공한다. 그리고 스크립팅 언어의 일반적인 장단점에 대한 논의로 마무리한다.

참고

모든 코드는 깃허브 저장소의 `chp05` 디렉터리에서 구할 수 있다. 아직 하지 않았다면 리눅스 터미널 창에서 `git clone https://github.com/derekmolloy/exploringrpi.git`을 실행해 이 저장소를 복제하라.

## 배시

배시 스크립트는 고급 프로그래밍 구조를 필요로 하지 않는 짧은 스크립트의 경우에 훌륭한 선택이며, 그것이 바로 이 장에서 하려는 것이다. 코드 5.1의 첫 번째 프로그램은 사용자로 하여금 GPIO를 셋업하고 LED를 켜거나 끄고 GPIO의 상태를 얻고 GPIO를 종료하기 위한 것이다. 이 스크립트는 이 장 앞에서 다룬 sysfs를 사용해 각 단계를 자동화한다. 예를 들어 `./bashLED setup`을 호출한 다음 `./bashLED on`을 호출하는 방식으로 이 스크립트를 사용하면 그림 5.1의 LED가 켜진다.

**코드 5.1** chp05/bashLED/bashLED

```
#!/bin/bash
LED_GPIO=4                      # 변수를 사용하면 GPIO 번호를 쉽게 변경할 수 있음
```

```
# Bash 함수의 예
function setLED
{                              # $1은 이 함수에 첫 번째로 전달된 인자
  echo $1 >> "/sys/class/gpio/gpio$LED_GPIO/value"
}

# 프로그램 시작. 여기서부터 읽음
if [ $# -ne 1 ]; then          # 인자의 개수가 정확히 한 개가 아닐 경우
  echo "No command was passed. Usage is: bashLED command,"
  echo "where command is one of: setup, on, off, status and close"
  echo -e " e.g., bashLED setup, followed by bashLED on"
  exit 2                       # 인자의 개수가 잘못됐음을 가리키는 오류
fi
echo "The LED command that was passed is: $1"
if [ "$1" == "setup" ]; then
  echo "Exporting GPIO number $1"
  echo $LED_GPIO >> "/sys/class/gpio/export"
  sleep 1                      # 다음 단계로 가기 전에 gpio가 확실히 export되도록 함
  echo "out" >> "/sys/class/gpio/gpio$LED_GPIO/direction"
elif [ "$1" == "on" ]; then
  echo "Turning the LED on"
  setLED 1                     # setLED 함수의 $1로 1을 받게 됨
elif [ "$1" == "off" ]; then
  echo "Turning the LED off"
  setLED 0                     # setLED 함수의 $1로 0을 받게 됨
elif [ "$1" == "status" ]; then
  state=$(cat "/sys/class/gpio/gpio$LED_GPIO/value")
  echo "The LED state is: $state"
elif [ "$1" == "close" ]; then
  echo "Unexporting GPIO number $LED_GPIO"
  echo $LED_GPIO >> "/sys/class/gpio/unexport"
fi
```

이 스크립트는 /chp05/bashLED/ 디렉터리에 있다. nano 편집기를 사용해 수작업으로 스크립트를 입력하는 경우에는 파일을 실행하기 전에 실행 가능 플래그를 설정해야 한다(Git 저장소에 올라간 파일에는 실행 가능 플래그가 설정돼 있다). 모든 사용자가 이 스크립트를 실행할 수 있도록 하기 위해 다음을 호출한다.

```
/chp05/bashLED$ chmod ugo+x bashLED
```

이 스크립트에 무슨 일이 생겼는가? 먼저 이러한 모든 명령 스크립트는 #! 다음에 인터프리터의 위치와 이름을 쓰는 *샤뱅(sha-bang)*으로 시작하며, 이 경우에는 #!/bin/bash가 그에 해당한다. 이 파일은 그저 일반적인 텍스트 파일이지만, 샤뱅이 이것이 실행 가능한 파일임을 OS에게 알리는 *마법의 주문*이 된다. 다음으로, 스크립트는 상태를 변경하고자 하는 GPIO 번호를 LED_GPIO 변수를 사용해 정의한다. 변수를 사용하면 이 작업을 위해 다른 GPIO를 사용하기를 원할 때 기본값을 쉽게 바꿀 수 있다.

위의 스크립트는 setLED라는 함수를 포함하며 Bash 스크립팅 내에서 함수가 어떤 구조를 갖는지 보여준다. 이 스크립트의 뒤에 가서 이 함수를 호출한다. 각 if는 fi로 끝을 맺는다. if문 뒤의 ;은 그 구문(statement)을 끝내며 같은 행에 구문이 올 수 있게 해준다. elif 키워드는 else if를 의미하며, 하나의 if 블록 내에서 여러 번 비교할 수 있게 해준다. \n은 구문을 끝맺는 줄바꿈(newline) 문자다.

첫 if문은 스크립트에 전달된 인자의 개수($#)가 1과 같지 않은지를 검사한다. 이 스크립트를 호출하는 올바른 방법은 **./bashLED on**의 형태이며, on은 첫 번째 전달된 사용자 인자($1)고 인자의 총 개수는 한 개다. 전달된 인자가 없을 경우 올바른 사용법이 표시되며, 스크립트는 리턴 코드 2와 함께 종료된다. 이 값은 리눅스 시스템 명령에서 일관적으로 쓰이며 종료값 2는 잘못된 사용법을 가리킨다. 리턴값 0은 성공을 가리키고 그 외의 값은 일반적으로 스크립트의 실패를 가리킨다.

인자로 on이 전달되면 코드는 메시지를 표시하고 /gpio4/ 디렉터리의 value 파일에 문자열 "1"을 기록한다. 나머지는 앞에서 설명한 것과 같은 방법으로 GPIO4 상태를 변경한다. 스크립트는 다음과 같이 실행할 수 있다.

```
pi@erpi ~/exploringrpi/chp05/bashLED $ ./bashLED
No command was passed. Usage is: bashLED command,
where command is one of: setup, on, off, status and close
e.g., bashLED setup, followed by bashLED on
pi@erpi ~/exploringrpi/chp05/bashLED $ ./bashLED setup
The LED command that was passed is: setup
Exporting GPIO number setup
pi@erpi ~/exploringrpi/chp05/bashLED $ ./bashLED on
The LED command that was passed is: on
Turning the LED on
pi@erpi ~/exploringrpi/chp05/bashLED $ ./bashLED status
The LED command that was passed is: status
The LED state is: 1
pi@erpi ~/exploringrpi/chp05/bashLED $ ./bashLED close
The LED command that was passed is: close
Unexporting GPIO number 4
```

흥미롭게도 이 스크립트는 라즈비안에서 pi 사용자로 sudo를 붙이지 않고 실행했다. 다른 리눅스 배포판에서는 이렇게 할 수 없는데, 그 이유는 일반적으로 GPIO를 슈퍼유저가 배타적으로 소유하기 때문이다. 그렇지만 라즈비안은 특별한 udev 규칙이 있어 GPIO를 gpio 리눅스 그룹에서 공유하는데, 그 이유는 pi 사용자가 접근을 허가받은 그룹의 구성원이기 때문이다. 3장에서 설명한 molloyd 사용자가 이 스크립트를 실행하려면 해당 사용자를 gpio 그룹에 추가해야 한다. 이 주제는 6장에서 좀 더 자세히 살펴보겠지만, 당분간은 그룹 소유권과 접근 권한을 다음과 같이 확인할 수 있다.

```
pi@erpi /sys/class/gpio $ groups
pi adm ... gpio i2c spi input
pi@erpi /sys/class/gpio $ ls -ld gpio4
lrwxrwxrwx 1 root gpio 0 Jun 27 12:22 gpio4 -> ...
```

왜 bashLED 스크립트에 setuid 비트를 사용해 수퍼유저 권한을 부여하지 않는지 궁금할지도 모르겠다. 보안상의 이유로 스크립트에는 root로 실행하기 위해 setuid 비트를 사용할 수 없다. 사용자들이 스크립트에 대한 쓰기 권한을 갖고 있고 setuid 비트가 설정된다면 해당 사용자들은 원하는 어떤 명령이든 그 스크립트에 주입할 수 있게 되므로 *사실상* 시스템에 대한 슈퍼유저 접근 권한을 갖게 된다.

멘델 쿠퍼(Mendel Cooper)의 Bash 스크립팅에 대한 충실한 온라인 안내서 "Advanced Bash-Scripting Guide"를 참고하라(tiny.cc/erpi502).

## 루아

루아는 표 5.1에서 최고의 성능을 나타낸 인터프리트 언어다. 성능이 좋을 뿐만 아니라 깨끗하고 직관적인 구문을 갖고 있어 초보자가 접근하기에도 좋다. 루아의 인터프리터가 RPi에서 차지하는 공간이 130KB에 불과해(ls -lh /usr/bin/lua5.1) 소규모 임베디드 애플리케이션에 아주 적합하다. 일례로, 루아는 13장에서 설명할 초저가(2~5달러)의 ESP8266 Wi-Fi 모듈에서 적은 메모리 할당으로도 충분히 사용할 수 있다. 사실 ANSI C 컴파일러를 갖춘 플랫폼에서 루아 인터프리터를 빌드할 수 있다. 한 가지 단점으로 파이썬과 같은 일반적인 스크립팅 언어에 비해 표준 라이브러리의 기능이 제한적이라는 점을 들 수 있다.

코드 5.2의 루아 스크립트는 배시 스크립트와 같은 구조로 돼 있으므로 자세히 설명하지는 않겠다.

코드 5.2 chp05/luaLED/luaLED.lua

```
#!/usr/bin/lua
local LED4_PATH = "/sys/class/gpio/gpio4/"  -- gpio4 sysfs 경로
local SYSFS_DIR = "/sys/class/gpio/"        -- gpio sysfs 경로
local LED_NUMBER = "4"                      -- GPIO를 사용

-- GPIO에 값을 기록하는 함수의 예
function writeGPIO(directory, filename, value)
   file = io.open(directory..filename, "w") -- 디렉터리와 파일명을 추가
   file:write(value)                        -- 값을 파일에 기록
   file:close()
end

print("Starting the Lua LED Program")
if arg[1]==nil then                         -- 인자가 없을 경우
   print("This program requires a command")
   print(" usage is: ./luaLED.lua command")
   print("where command is one of setup, on, off, status, or close")
   do return end
end
if arg[1]=="on" then
   print("Turning the LED on")
   writeGPIO(LED4_PATH, "value", "1")
elseif arg[1]=="off" then
   print("Turning the LED off")
   writeGPIO(LED4_PATH, "value", "0")
elseif arg[1]=="setup" then
   print("Setting up the LED GPIO")
   writeGPIO(SYSFS_DIR, "export", LED_NUMBER)
   os.execute("sleep 0.1")                  -- 리눅스가 GPIO를 export할 동안 대기
   writeGPIO(LED4_PATH, "direction", "out")
elseif arg[1]=="close" then
   print("Closing down the LED GPIO")
   writeGPIO(SYSFS_DIR, "unexport", LED_NUMBER)
elseif arg[1]=="status" then
   print("Getting the LED status")
   file = io.open(LED4_PATH.."value", "r")
   print(string.format("The LED state is %s.", file:read()))
   file:close()
else
   print("Invalid command!")
end
print("End of the Lua LED Program")
```

이 스크립트는 bashLED 스크립트와 같은 방법으로 실행할 수 있으며(**./luaLED.lua setup** 또는 /chp05/luaLED/에서 **lua luaLED.lua setup**) 그 결과로 출력되는 것을 서로 비교할 수 있을 것이다. 루아에서 특별히 주의해야 할 것 두 가지가 있다. 문자열의 인덱스는 0이 아니라 1에서 시작한다는 것과 대부분의 언어와 달리 함수가 여러 개의 값을 반환할 수 있다는 것이다. 루아는 C/C++에 대해 직관적인 인터페이스를 가진다. 컴파일된 C/C++ 코드를 루아 내에서 실행시킬 수 있으며 C/C++ 프로그램 내에서 루아를 인터프리터 모듈로 사용할 수도 있다. 루아에 대한 훌륭한 레퍼런스 매뉴얼이 www.lua.org/manual/에 있으며, 그 내용을 여섯 페이지로 요약한 것이 tiny.cc/erpi503에 있다.

## 펄

펄은 기능이 풍부한 스크립팅 언어로, 재사용 가능한 모듈 및 다른 OS(윈도우 포함)로의 이식성을 갖춘 거대한 라이브러리에 접근할 수 있게 해준다. 펄은 특히 텍스트 처리와 정규 표현식 모듈 때문에 잘 알려져 있다. 1990년대 후반에는 웹페이지를 동적으로 생성하기 위한 서버 측 스크립팅 언어로 매우 인기가 높았다. 나중에는 자바 서블릿, 자바 서버 페이지(JSP), PHP 등의 기술로 대체됐다. 펄은 1980년대에 만들어진 이후로 발전을 거듭해 이제는 OOP 패러다임도 지원한다. 펄 5(v20+)가 라즈비안 이미지에 기본으로 설치된다.

LED 프로그램의 펄 버전은 /chp05/perlLED/ 디렉터리에 있다. 일반적인 구문의 변경은 코드 내의 주석에 설명했고, 그 외에는 펄로 옮기는 과정에서 아주 작은 변화가 있었을 뿐이다. 샤뱅에 펄 인터프리터를 지정했으니 **./perlLED.pl on**이라고 치면 이 코드를 실행할 수 있을 것이다. 또한 **perl perlLED.pl status**를 타이핑해서 실행할 수도 있다.

펄 5를 설치하고 사용하는 법을 배울 수 있는 좋은 자료로 learn.perl.org의 안내서 "Learning Perl"이 있다.

## 파이썬

파이썬은 동적이고 강력한 타이핑을 특징으로 하는 OOP 언어로, 배우고 이해하기 쉽게 설계됐다. *동적 타이핑(dynamic typing)*에서는 변수에 자료형(integer, character, string 등)을 지정하는 것이 아니라 변수의 값이 스스로의 형을 "기억"한다. 즉, 변수 x=5를 생성하면 변수 x는 정수로서 행동할 것이다. 그렇지만 뒤이어 x="test"를 사용해 값을 할당하면 문자열로서 행동할 것이다. C/C++ 및 자바와 같은 *정적 타이핑(statically typed)* 언어에서는 이런 식(동일한 스코프 내에서)으로 형을 바꾸는 것을 용납하지 않는다. *강 타입(strongly typed)* 언어는 변수가 하나의 형에서 다른 형으로 변환될 때 명시적 변환을 반드시 거치도록 한다. 불행하게도 동적 타이핑은 성능상의 비용이 많이 들며 이는 표 5.1의 파이썬의 성능에서 드러난다.

파이썬은 라즈비안 이미지에 기본으로 설치되며 RPi 커뮤니티에서 매우 유명한 범용 언어다. 코드 5.3은 GPIO를 제어하는 Python3 예제다. 약간의 수정을 거친 Python2 예제도 같은 디렉터리에 있다.

**코드 5.3** chp05/pythonLED/pythonLED3.py

```
#!/usr/bin/python3
import sys
from time import sleep
LED4_PATH = "/sys/class/gpio/gpio4/"
SYSFS_DIR = "/sys/class/gpio/"
LED_NUMBER = "4"

def writeLED ( filename, value, path=LED4_PATH ):
    "This function writes the value passed to the file in the path"
    fo = open( path + filename,"w")
    fo.write(value)
    fo.close()
    return

print("Starting the GPIO LED4 Python script")
if len(sys.argv)!=2:
    print("There is an incorrect number of arguments")
    print(" usage is: pythonLED.py command")
    print(" where command is one of setup, on, off, status, or close")
    sys.exit(2)
if sys.argv[1]=="on":
    print("Turning the LED on")
    writeLED (filename="value", value="1")
elif sys.argv[1]=="off":
    print("Turning the LED off")
    writeLED (filename="value", value="0")
elif sys.argv[1]=="setup":
    print("Setting up the LED GPIO")
    writeLED (filename="export", value=LED_NUMBER, path=SYSFS_DIR)
    sleep(0.1)
    writeLED (filename="direction", value="out")
elif sys.argv[1]=="close":
```

```
    print("Closing down the LED GPIO")
    writeLED (filename="unexport", value=LED_NUMBER, path=SYSFS_DIR)
elif sys.argv[1]=="status":
    print("Getting the LED state value")
    fo = open( LED4_PATH + "value", "r")
    print(fo.read())
    fo.close()
else:
    print("Invalid Command!")
print("End of Python script")
```

이 코드의 형식이 중요하다. 파이썬에서는 구조적 요소에 대한 들여쓰기를 통해 코드의 레이아웃을 강제한다. 예를 들어, "if len(sys.argv)!=2:" 행 다음에 오는 몇 행은 "들여 써야" 한다. 그 행 중에 한 행, 예컨대 sys.exit(2) 행을 들여 쓰지 않으면 그 행은 조건을 나타내는 if문에 속하지 않게 돼 프로그램이 항상 코드의 이 지점에서 종료돼 버린다. 이 예제를 실행하기 위해 pythonLED 디렉터리에서 다음을 실행한다.

```
pi@erpi .../chp05/pythonLED $ ./pythonLED3.py setup
Starting the GPIO LED4 Python script
Setting up the LED GPIO
End of Python script
pi@erpi .../chp05/pythonLED $ ./pythonLED3.py on
Starting the GPIO LED4 Python script
Turning the LED on
End of Python script
```

파이썬은 프로그래밍을 가르치기에 매우 좋다는 점에서 특히 인기가 높지만, 사용자가 고수준의 애플리케이션에 더 주의를 기울이므로 성능 저하를 해결하기 어렵다. 이 장에서는 싸이썬을 사용하거나 파이썬을 C/C++와 함께 사용함으로써 파이썬의 성능을 극적으로 향상시킬 수 있는 방법에 대해 논의하며 마무리한다. 그렇지만 싸이썬의 복잡성으로 인해 C/C++를 직접 사용하는 것이 낫다고 생각할지도 모른다.

결론적으로 RPi에서 애플리케이션을 작성하기 위한 스크립팅 언어에는 몇 가지 강력한 후보가 있다. 표 5.2는 컴파일 언어와 비교했을 때 RPi에서 명령 스크립팅의 몇 가지 주요 장단점을 정리한 것이다.

표 5.2 RPi에서 명령 스크립팅의 장단점

| 장점 | 단점 |
|---|---|
| 리눅스 시스템 관리를 위해 리눅스 명령의 호출을 필요로 하는 작업을 자동화하는 데 최적임. | 복잡한 숫자 계산이나 알고리즘의 성능이 낮음. |
| 수정 및 변경을 받아들이기 쉬움. 소스 코드가 항상 존재하며 복잡한 툴체인(7장 참고)이 필요하지 않음. 일반적으로 nano만 있으면 충분함. | 데이터 구조, 그래픽 사용자 인터페이스, 소켓에 대한 프로그래밍 지원이 상대적으로 부족하거나 느린 것이 일반적임. |
| 일반적으로 직관적인 프로그래밍 구문과 구조를 가지므로 C++나 Java와 같은 언어보다 배우기 쉬움. | 다중, 사용자 개발 모듈 또는 컴포넌트와 같이 복잡한 애플리케이션에 대해 지원이 부족한 경우가 많음. |
| 빠른 프로토타이핑에 유리하며 프로그래밍을 전문적으로 하지 않는 사용자에게도 좋음. | 코드가 오픈돼 있음. 코드에 바로 접근할 수 있다는 점은 지적 재산권 또는 보안의 관점에서 걱정스러울 수 있음. |
| | 개발 도구의 부족(리팩토링 등). |

# 동적 컴파일 언어

앞서 논의한 인터프리트 언어와 함께 소스 코드 텍스트 파일을 사용자가 런타임 인터프리터에 전달하면 코드의 각 행이 번역되고 실행된다. JavaScript와 Java는 서로 다른 생명 주기를 갖는 전혀 다른 언어다.

## RPi에서의 자바스크립트와 Node.js

Node.js는 서버 측에서 실행되는 자바스크립트(JavaScript)다. 자바스크립트는 인터프리트 언어로 설계됐다. 그렇지만 Node.js는 구글이 크롬(Chrome) 웹 브라우저를 위해 개발한 V8 엔진을 탑재함으로써 자바스크립트를 실제로 네이티브 머신 명령으로 컴파일한다. 이것을 *저스트 인 타임*(just-in-time, JIT) 컴파일 또는 *동적 번역*이라고 부른다. 이 장을 시작하면서 시연한 것과 같이 Node.js의 성능은 비컴파일 언어로서는 인상적이며, ARMv7 플랫폼의 최적화로 인해 RPi 2/3에서 특히 그렇다.

코드 5.4는 동일한 LED 코드 예제를 자바스크립트로 작성해 Node.js 인터프리터에 전달함으로써 실행한다.

**코드 5.4** chp05/nodejsLED/nodejsLED.js

```
// 처음 두 인자를 무시(nodejs 및 프로그램 이름)
var myArgs = process.argv.slice(2)
var GPIO4_PATH = "/sys/class/gpio/gpio4/"
```

```
var GPIO_SYSFS = "/sys/class/gpio/"
var GPIO_NUMBER = 4

function writeGPIO( filename, value, path ){
   var fs = require('fs')
   try {
      fs.writeFileSync(path+filename, value)
   }
   catch (err) {
     console.log("The Write Failed to the File: " + path+filename)
   }
}

console.log("Starting the RPi LED Node.js Program");
if (myArgs[0]==null){
   console.log("There is an incorrect number of arguments.");
   console.log(" Usage is: nodejs nodejsLED.js command")
   console.log(" where command is: setup, on, off, status, or close.")
   process.exit(2)                        // 오류 코드 2(잘못된 사용)와 함께 종료
}
switch (myArgs[0]) {
   case 'on':
      console.log("Turning the LED On")
      writeGPIO("value", "1", GPIO4_PATH)
      break
   case 'off':
      console.log("Turning the LED Off")
      writeGPIO("value", "0", GPIO4_PATH)
      break
   case 'setup':
      console.log("Exporting the LED GPIO")
      writeGPIO("export", GPIO_NUMBER, GPIO_SYSFS)
      // 100ms 지연시킬 필요가 있으며, 그렇게 하지 않으면 GPIO가 올바로 익스포트되지 않음
      setTimeout(function(){writeGPIO("direction", "out", GPIO4_PATH)},100)
      break
   case 'close':
      console.log("Unexporting the LED GPIO")
      writeGPIO("unexport", GPIO_NUMBER, GPIO_SYSFS)
      break
   case 'status':
```

위의 코드는 `/chp05/nodejsLED/` 디렉터리에 있으며, **`nodejs nodejsLED.js setup`**이라고 쳐서 실행하거나 좀 더 최신 버전의 Node.js를 위해서는 **`node nodejsLED.js setup`**을 실행한다.

이 코드는 이전 예제들과 같은 방법으로 구조화했으며 구문의 차이는 크지 않다. 그렇지만 Node.js는 다른 언어와 큰 차이가 있다. 바로 *함수가 비동기적으로 호출된다*는 것이다. 이전에 논의한 모든 언어는 순차 실행 모드를 따른다. 따라서 함수가 호출될 때 *프로그램 카운터*(*명령 포인터*라고도 함)가 그 함수에 진입하며 함수가 완료될 때까지 출현하지 않는다. 다음과 같은 경우를 생각해 보자.

```
functionA();
functionB();
```

`functionB()`는 `functionA()`가 완전히 끝나기 전에는 호출되지 않을 것이다. 하지만 Node.js에서는 그렇지가 않다! Node.js에서는 `functionA()`를 일단 호출하면 `functionA()`가 실행되고 있는 도중이라 할지라도 그 이후의 코드를 이어서 실행시키며 `functionB()`에도 진입한다.

Node.js에서 비동기적 호출을 허용하는 것은 코드가 "살아있게" 하는 데 도움이 되기 때문이다. 예를 들어, 데이터베이스에 질의를 하는 경우, 그 결과를 기다리면서 다른 일을 처리할 수 있다. 결과를 받고 나면 *콜백 함수*가 실행돼 수신한 데이터를 처리한다. 이러한 비동기 구조는 포스트와 요청을 주로 처리하는 웹 사이트 및 웹 서비스 등의 인터넷 애플리케이션에 최적이며 응답을 언제 받을지는 불분명하다(응답이 있는 경우). Node.js의 *이벤트 루프*는 모든 비동기 호출을 관리하고 각 호출에 필요한 스레드를 생성하며 비동기 호출이 작업을 마칠 때 콜백 함수가 실행되도록 한다. Node.js는 12장에서 사물 인터넷을 논의하면서 다시 살펴볼 것이다.

## RPi에서의 자바

지금까지 소스코드 파일(텍스트 파일)이 인터프리터 또는 동적 번역기에 의해 런타임에 실행되는 *인터프리터 언어*를 살펴봤다. 요점은 코드가 인터프리터를 통해 실행될 때 소스코드의 형태로 존재한다는 것이다.

전통적인 *컴파일 언어*에서는 소스코드(텍스트 파일)가 어떤 도구에 의해 특정 플랫폼을 위한 기계 코드로 직접 변환된다. 그 도구를 일단 *컴파일러*라고 부르자. 코드를 개발할 때 번역이 되며, 컴파일되고 나면 코드 실행을 위한 추가적인 런타임 도구가 필요 없다.

자바는 혼혈 언어다. 자바 코드를 example.java와 같은 소스 파일로 작성했을 때는 일반적인 텍스트 파일이다. 자바 컴파일러(javac)는 이 소스 코드를 컴파일하고 번역해 자바 *가상 머신*(VM)을 위한 기계 코드 명령(*바이트코드*라고 함)을 만든다. 컴파일된 코드는 하드웨어 아키텍처가 달라지면 사용할 수 없는 것이 보통이지만, 바이트코드 파일(.class 파일)은 자바 VM을 갖춘 플랫폼이라면 어디에서든 실행할 수 있다. 원래 자바 VM은 바이트코드 파일을 런타임에 인터프리트한다. 그러나 근래에는 바이트코드를 런타임에 네이티브 기계 명령으로 변환하는 동적 번역이 VM에 도입됐다.

이러한 라이프 사이클의 주요 장점은 컴파일된 바이트코드를 플랫폼 간에 이식할 수 있다는 것이다. 일반화된 머신 명령 코드로 컴파일돼 "실제" 기계 코드로의 동적 번역이 매우 효율적으로 이루어지기 때문이다. 이 구조의 단점은 컴파일 언어에 비해 최종 실행 파일을 실행할 때 VM이 부하를 가중시킨다는 것이다.

현재 RPi 라즈비안 제시 이미지에는 Oracle Java Development Kit(JDK)와 Java Runtime Environment(JRE)가 기본으로 설치돼 있다. 라즈비안 제시 라이트 이미지에 JDK를 설치하려면 **sudo apt install oracle-java8-jdk**를 실행하라. 코드 5.5의 소스 코드 예제는 깃허브 저장소에 바이트코드 형태로도 올려져 있다.

참고

Oracle Java와 같이 큰 프로그램은 RPi의 SD 카드의 공간을 바닥나게 할 수 있다. dpkg-query -Wf '${Installed-Size}\t${Package}\n' | sort -n | tail -n5 명령을 사용해 배포판에 설치된 가장 큰 패키지 다섯 개를 확인할 수 있다. 그런 다음, 사용하지 않는 패키지를 apt remove로 제거할 수 있다. RPi 라즈비안 이미지에서 가장 큰 패키지는 다음과 같다. Oracle Java 8이 두 번째로 큰 것을 확인할 수 있다.

```
55920     pypy-upstream
65025     sonic-pi
104249    raspberrypi-bootloader
181992    oracle-java8-jdk
448821    wolfram-engine
```

**코드 5.5** chp05/javaLED/LEDExample.java(일부)

```
package exploringRPi;

import java.io.*;

public class LEDExample {
```

```
    private static String GPIO4_PATH = "/sys/class/gpio/gpio4/";
    private static String GPIO_SYSFS = "/sys/class/gpio/";

    private static void writeSysfs(String filename, String value, String path){
      try{
        BufferedWriter bw = new BufferedWriter(new FileWriter(path+filename));
        bw.write(value);
        bw.close();
      }
      catch(IOException e){
        System.err.println("Failed to access RPi sysfs file: " + filename);
      }
    }

    public static void main(String[] args) {
      System.out.println("Starting the LED Java Application");
      if(args.length!=1) {
        System.out.println("There is an incorrect number of arguments.");
        System.out.println(" Correct usage is: LEDExample command");
        System.out.println("command is: setup, on, off, status, or close");
        System.exit(2);
      }
      if (args[0].equalsIgnoreCase("On") || args[0].equalsIgnoreCase("Off")){
        System.out.println("Turning the LED " + args[0]);
        writeSysfs("value",args[0].equalsIgnoreCase("On")?"1":"0",GPIO4_PATH);
      }
      ...
    }
  }
```

위의 프로그램은 /chp05/javaLED/ 디렉터리에 있는 run 스크립트를 사용해 실행시킬 수 있다. exploringRPi 패키지 디렉터리에 클래스가 있는 것을 볼 수 있다.

Java의 초기 버전은 계산 성능이 낮았다. 그러나 근래의 버전들은 런타임의 동적 번역(just-in-time 또는 JIT 컴파일)을 이용하며 이 장의 시작에서 시연한 것과 같이 네이티브하게 컴파일된 C++ 코드보다 약 50% 느린 성능을 보이고 메모리의 추가적인 부하도 크지 않다. 표 5.3은 RPi에서 개발에 자바를 사용하는 것의 몇 가지 장단점을 정리한 것이다.

표 5.3 RPi에서의 Java의 장단점

| 장점 | 단점 |
| --- | --- |
| 코드를 이식할 수 있다. PC에서 컴파일한 코드를 RPi 또는 다른 임베디드 리눅스 플랫폼에서 실행할 수 있다. | 샌드박스 내의 애플리케이션은 시스템 메모리, 레지스터, 시스템 콜에 접근할 수 없다(/proc을 통하거나 JNI(Java Native Interface)를 사용). |
| 프로젝트에 완전히 통합할 수 있는 방대한 코드의 라이브러리가 있다. | 필요한 환경 변수 때문에 root로 실행하는 것이 약간 어렵다. 이것은 RPi 사용자 계정에 미리 설정된다. |
| 잘 설계된 OOP 지원. | 스크립팅에는 부적합. |
| RPi를 디스플레이에 연결할 때 사용자 인터페이스 애플리케이션 개발에 사용할 수 있다. | 계산 성능이 매우 좋으나, 최적화된 C/C++ 프로그램에 비해서는 느리다. 메모리를 약간 더 차지한다. |
| 멀티 스레딩을 강력히 지원한다. | 형이 엄격하게 정해지며 unsigned integer 형이 없다. |
| 가비지 컬렉터(garbage collector)를 통해 자동으로 메모리 할당 및 반납이 이루어지므로 메모리 누수의 우려가 없다. | "하드웨어를 수반하거나 제어하는" 플랫폼에 배포할 때는 로열티를 지불해야 한다(Oracle, 2014). |

## RPi에서의 C와 C++

C++는 벨 연구소(현재 AT&T 연구소)의 비야네 스트롭스트룹(Bjarne Stroustrup)이 1983~1985년에 개발했다. 1970년대 초(1969~1973년) AT&T에서 데니스 리치(Dennis Ritchie)가 UNIX 시스템을 위해 개발한 C 언어(1972년에 작명)을 기반으로 만들어졌다. C++는 C 언어에 *객체 지향(OO)* 프레임워크를 추가하고(원래는 "클래스를 가진 C"라고 불렀다) 더 나은 형 검사와 같은 기능을 추가해 개선됐다. C++는 금새 넓은 사용자층을 얻게 됐는데, 이는 C 프로그래밍 언어 구문과의 유사성과 함께 기존 C 코드를 사용할 수 있다는 점에 크게 힘입은 것이다. C++는 순수한 OO 언어라기보다는 OO 언어의 조직화된 구조를 가지면서도 정적인 형과 포인터를 통해 C의 효율성을 그대로 유지한다는 점에서 잡종이라 할 수 있다.

자바와 달리 C++는 한 회사가 "소유"하지 않는다. 1998년 ISO(국제 표준화 기구)의 위원회는 다양한 C++ 컴파일러 간의 비일관성을 제거할 목적으로 세계적으로 단일한 언어 규약을 채택했다(Stroustrup, 1998). 이러한 표준화는 오늘날까지 이어져 ISO가 2011년에 C++11을 승인했으며(gcc 4.7+는 `-std=c++11` 플래그를 지원한다) 2014년 8월에 승인된 C++14는 더 많은 새로운 기능을 갖고 있다.

이 책에서는 C와 C++를 다른 언어에 비해 더 자세히 다루며 그 이유는 다음과 같다.

- 첫째, C와 C++로 작업하는 것을 이해하면 다른 어떤 언어로도 작업할 수 있을 것이다. 사실, 대부분의 컴파일러(Java 네이티브 메서드, 자바 가상 머신, 자바스크립트 등)와 인터프리터(배시, 루아, 펄, 파이썬 등)는 C로 작성됐다.

- 이 장의 시작에서 다른 언어에 비해 C/C++의 월등한 성능을 설명했다(단 하나의 무작위 테스트였을 뿐이다!). 또한 1.2GHz의 RPi 3에서 실행한 코드가 3.3GHz의 인텔 i7-5820K의 한 스레드(총 12개)에서 실행한 동일 코드에 비해 10배 느리다는 점도 중요하다.
- 16장에서 리눅스 적재 가능 커널 모듈(LKM) 개발을 설명하는데, 이는 C 프로그래밍 언어에 대한 이해를 필요로 한다. 이 장의 뒤에서 GNU C 라이브러리(glibc)를 사용해 리눅스 커널 공간과 직접 통신하는 방법을 시연하는 코드를 제공할 것이다.
- 이 책에 실린 네트워크 데이터를 스트리밍하거나 이미지를 처리하는 것과 같은 많은 애플리케이션 예제에서 C++ 및 Qt라고 하는 C++ 코드 라이브러리를 사용한다.

표 5.4에 RPi에서 C/C++를 사용하는 것의 몇 가지 장단점을 정리했다. 다음 절에서 C와 C++ 프로그래밍의 기초를 살펴볼 것인데, 이는 이 책의 나머지 장을 이해하는 데 필수적인 기술을 갖추도록 하기 위함이다. 몇 페이지만으로 C와 C++ 프로그래밍의 모든 측면을 다루는 것을 불가능하다. 이 장의 끝에서 더 읽을거리를 소개할 것이다.

표 5.4 RPi에서 C/C++의 장단점

| 장점 | 단점 |
|---|---|
| 코드를 RPi에서 직접 빌드하거나 전문적인 툴체인을 사용해 크로스 컴파일할 수 있다. 런타임 환경을 설치할 필요가 없다. | 컴파일된 코드는 이식할 수 없다. x86 데스크톱을 위해 컴파일한 코드는 RPi ARM 프로세서에서 동작하지 않는다. |
| C++는 절차적 프로그래밍, OOP를 지원하며 STL(표준 템플릿 라이브러리)을 사용해 제네릭을 지원한다. | 많은 사람이 C/C++를 마스터하기 어렵다고 여긴다. 뭔가를 구현하기 위해 모든 것을 알아야 하는 경우가 많다. |
| 최적화됐을 때 특히 최고의 계산 성능을 보여준다. 하지만 최적화는 어렵고 코드의 이식성을 떨어뜨린다. | 포인터의 사용과 저수준 제어로 인해 코드가 메모리 누수를 일으키기 쉽다. 이러한 문제는 코드를 주의 깊게 작성함으로써 피할 수 있으며 동적 메모리 관리 방식에 비해 더 효율적일 수 있다. |
| RPi의 고성능 사용자 인터페이스 애플리케이션 개발에 사용할 수 있으며, 서드 파티 라이브러리를 활용할 수 있다. Qt 및 Boost와 같은 라이브러리는 컴포넌트, 네트워킹 등을 위한 대규모의 추가적인 라이브러리를 제공한다. | C와 C++는 그래픽 사용자 인터페이스, 네트워크 소켓 등을 기본으로 지원하지 않아 서드 파티 라이브러리가 필요하다. |
| 리눅스 시스템과의 통합을 위해 glibc에 대한 저수준 접근이 필요하다. 프로그램은 root로 `setuid`될 수 있다. | 스크립팅에 부적합하다(C와 유사한 구문을 가진 C 셸, 즉 csh가 있다). Lua와 통합할 수 있다. 웹 개발에도 이상적이지 못하다. |
| 리눅스 커널이 C로 작성돼 C/C++에 대한 지식이 있다면 디바이스 드라이버를 작성하거나 리눅스 커널 개발에 기여하는 데 도움이 된다. | C++는 저수준에서 고수준 프로그래밍 작업까지 걸쳐 있지만, 매우 방대한 엔터프라이즈 또는 웹 애플리케이션을 만드는 것은 어렵다. |
| C/C++ 언어는 ISO 표준이며 단일 회사가 소유하지 않는다. | |

다음 절에서는 RPi의 예제에 적용된 핵심 원리를 살펴볼 것이다. 이것은 몇 번이고 다시 읽어볼 수 있는 참고 예제의 역할을 하도록 한 것이다. 또한 학생들을 괴롭히는 일반적인 실수에 대해서도 지적한다. 객체 지향 프로그래밍 수업의 강의 노트와 참고 자료가 `ee402.eeng.dcu.ie`에 있으니 참고하기 바란다.

## C 및 C++ 언어 개요

다음 예제는 nano 편집기를 사용해 편집하고 *gcc*와 *g++* 컴파일러를 사용해 RPi에서 직접 컴파일했다. 모두 기본으로 설치돼 있다. 코드는 `chp05/overview` 디렉터리에 있다.

어떤 언어에서든 첫 예제는 "Hello World"를 작성한다. 코드 5.6과 5.7은 C 및 C++ 코드로, 두 언어를 나란히 비교할 수 있도록 했다.

**코드 5.6** `chp05/overview/helloworld.c`

```
#include <stdio.h>
int main(int argc, char *argv[]){
    printf("Hello World!\n");
    return 0;
}
```

**코드 5.7** `chp05/overview/helloworld.cpp`

```
#include<iostream>
int main(int argc, char *argv[]){
    std::cout << "Hello World!" << std::endl;
    return 0;
}
```

`#include` 호출은 전처리 지시자로, C의 경우 `stdio.h` 파일(`/usr/include/stdio.h`)을, C++의 경우 `iostream` 헤더 파일(`/usr/include/c++/4.X/iostream`)을 효과적으로 로드하며 해당 코드를 소스코드 파일의 바로 그 지점에 붙여넣는다. 이러한 헤더 파일은 함수 프로토타입을 포함(또는 링크)하며, 컴파일러로 하여금 stdio.h의 printf()와 같은 함수의 형식이나 `iostream`의 `cout`과 같은 스트림을 이해할 수 있도록 해준다. 이러한 함수의 실제 구현은 의존하는 공유 라이브러리 내에 구현된다. 인클루드 파일 이름에 쳐진 각괄호(< >)는, 사용자가 정의한 `include`(큰따옴표를 사용)가 아닌 표준 헤더임을 의미한다.

`main()` 함수는 애플리케이션 코드의 시작점이다. 애플리케이션 내에서 `main()` 함수는 한 개만 존재할 수 있다. `main()` 앞의 int는 프로그램이 셸 프롬프트에 숫자를 반환할 것임을 나타낸다. 앞에서 언급한 바와 같이 성공적인 완료에 대해서는 `0`을, 잘못된 사용법에 대해서는 `2`를, 그 외의 숫자는 실패 조건을 가리키도록 하는 것이 좋다. 이 값은 셸 프롬프트로 반환되며, 이 경우에는 `return 0;`을 사용한다. C++에서 `main()` 함수는 `0`을 반환하는 것이 기본값이며 C에서는 임의의 값을 반환한다. 셸 프롬프트에서 `echo $?`를 사용해 마지막에 반환된 값을 볼 수 있었음을 떠올려 보라.

main() 함수의 *파라미터*는 int argc와 char *argv[]다. 스크립팅 예제에서 봤듯이 셸은 애플리케이션에 *인자*를 전달할 수 있어 여러 개의 인자(argc)와 문자열의 배열(*argv[])을 제공한다. C/C++에서 첫 번째로 전달된 인자는 argv[0]이며, 그것은 애플리케이션을 실행시키는 데 사용된 실행 파일의 이름과 전체 경로를 담고 있다.

C 코드의 printf("Hello World!\n"); 행은 리눅스 셸에 출력할 수 있게 해주고 \n은 새로운 행으로 개행한다. printf() 함수는 숫자와 문자열 등의 출력에 대한 추가적인 형식화(formatting) 명령을 제공한다. 모든 구문은 세미콜론으로 마친다는 것에 유의하라.

C++ 코드의 std::cout << "Hello World!" << std::endl; 행은 printf() 함수와 마찬가지로 문자열을 출력한다. 이 경우 cout은 출력 스트림을 나타내며, 이때 사용된 함수는 출력 스트림 연산자 <<이다. 구문은 나중에 논의하겠지만, std::cout은 std 이름공간(namespace)의 출력 스트림을 의미한다. endl(end line)은 \n과 유사하다. 다음과 같은 방법으로 이 프로그램들을 RPi에서 직접 컴파일해 실행할 수 있다.

```
pi@erpi ~/exploringrpi/chp05/overview $ gcc helloworld.c -o helloworldc
pi@erpi ~/exploringrpi/chp05/overview $ ./helloworldc
Hello World!
pi@erpi ~/exploringrpi/chp05/overview $ g++ helloworld.cpp -o helloworldcpp
pi@erpi ~/exploringrpi/chp05/overview $ ./helloworldcpp
Hello World!
```

C와 C++ 실행 파일의 크기는 헤더 파일, 출력 함수, 사용된 컴파일러에 따라 달라진다.

```
pi@erpi ~/exploringrpi/chp05/overview $ ls -l helloworldc*
-rwxr-xr-x 1 pi pi 5744 Jun 27 23:30 helloworldc
-rwxr-xr-x 1 pi pi 7500 Jun 27 23:30 helloworldcpp
```

### 컴파일과 링크

앞의 예제에서 C와 C++ 애플리케이션을 빌드하는 방법을 살펴보기는 했지만, 중단 단계는 명확하지 않다. 그 이유는 중간 단계에 대해서는 출력하지 않는 것이 기본이기 때문이다. 그림 5.2는 전처리(preprocessing)에서 링킹(linking)에 이르는 전체적인 빌드 절차를 나타낸다.

그림 5.2에 나타난 이러한 단계를 Helloworld.cpp 코드 예제를 가지고 직접 수행해 볼 수 있다. 다음과 같이 명시적으로 수행할 수 있으며 각 단계의 출력을 볼 수 있다.

```
pi@erpi ~/tmp $ ls -l helloworld.cpp
-rw-r--r-- 1 pi pi    114 Jun 28 11:56 helloworld.cpp
pi@erpi ~/tmp $ g++ -E helloworld.cpp > processed.cpp
pi@erpi ~/tmp $ ls -l
total 424
-rw-r--r-- 1 pi pi    114 Jun 28 11:56 helloworld.cpp
-rw-r--r-- 1 pi pi 428379 Jun 28 11:57 processed.cpp
pi@erpi ~/tmp $ g++ -S processed.cpp -o helloworld.s
pi@erpi ~/tmp $ ls
helloworld.cpp  helloworld.s  processed.cpp
pi@erpi ~/tmp $ g++ -c helloworld.s
pi@erpi ~/tmp $ ls
helloworld.cpp  helloworld.o  helloworld.s  processed.cpp
pi@erpi ~/tmp $ g++ helloworld.o -o helloworld
pi@erpi ~/tmp $ ls
helloworld  helloworld.cpp  helloworld.o  helloworld.s  processed.cpp
pi@erpi ~/tmp $ ./helloworld
Hello World!
```

전처리의 결과로 만들어지는 텍스트 파일을 `less processed.cpp`를 타이핑해 읽어보면 필수 헤더 파일이 코드에 "붙여 넣어진" 것을 볼 수 있다. 이 훨씬 큰 파일의 맨 아래에서 해당 코드를 찾을 수 있다. 이 파일은 C/C++ 컴파일러에 전달되며 컴파일러는 코드의 유효성을 검사하고 플랫폼에 독립적인 어셈블러 코드(.s)를 생성한다. 그림 5.2에서와같이, `less helloworld.s`라고 쳐서 코드를 볼 수 있다.

이 .s 텍스트 파일은 어셈블러에 전달돼 플랫폼에 독립적인 명령이 RPi 플랫폼을 위한 바이너리 명령(.o 파일)으로 변환된다. 그림 5.2와 같이 RPi에서 `objdump -D helloworld.o`라고 쳐서 objdump(object file dump) 도구를 실행하면 생성된 어셈블리 코드를 볼 수 있다.

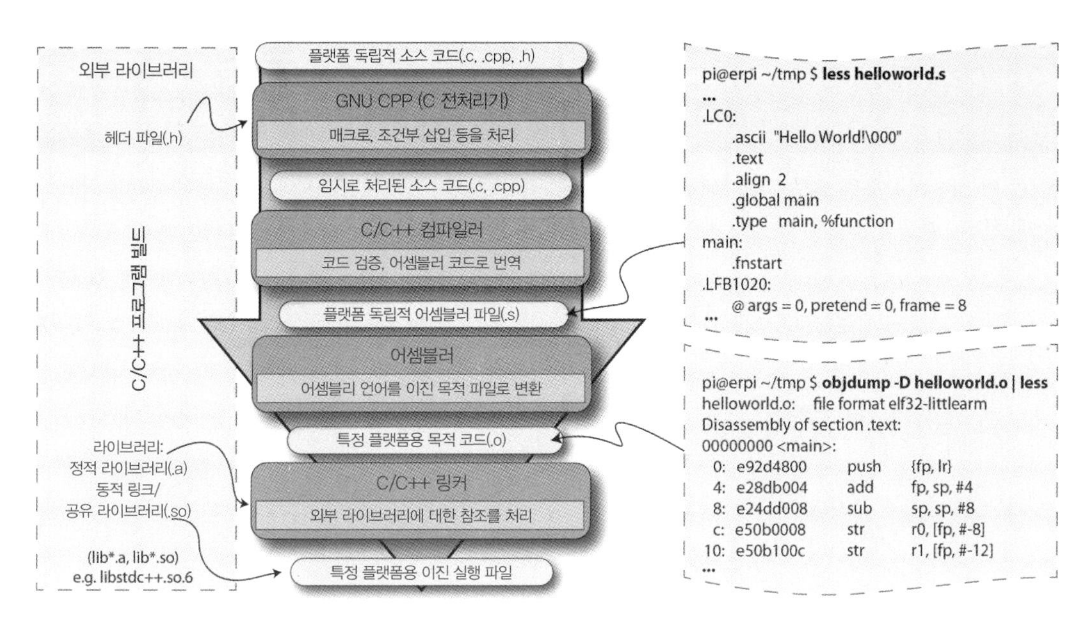


그림 5.2 RPi에서 C/C++ 애플리케이션 빌드하기

목적 파일(object file)은 일반화된 이진 어셈블리 코드를 포함하지만, 아직 RPi에서 실행하기 위해 충분한 정보를 갖고 있지 않다. 그렇지만 최종 실행 코드를 링크하고 나면 helloworld는 필요에 따라 정적 및 동적 라이브러리가 조합된 타깃에 특화된 어셈블리 언어 코드를 갖게 된다. 다시 objdump 도구를 사용해 실행 파일을 역 어셈블할 수 있으며 그 결과는 다음과 같다.

```
pi@erpi ~/tmp $ objdump -d helloworld | more
helloworld:     file format elf32-littlearm
Disassembly of section .init:
00010568 <_init>:
   10568:   e92d4008   push   {r3, lr}
   1056c:   eb00002f   bl     10630 <call_weak_fn>
   10570:   e8bd8008   pop    {r3, pc}...
```

첫 열은 메모리 주소이며 각 명령은 4바이트(32비트)씩이다(예: 1056c   10568 = 4). 두 번째 열은 해당 주소의 완전한 4바이트 명령이다. 세 번째와 네 번째 열은 두 번째 열의 4바이트 명령을 사람이 읽을 수 있도록 연산 동작(opcode)과 대상(operand)을 풀어서 나타낸 것이다. 예를 들어 주소 10568의 첫 번째 명령은 push로, ARM 프로세서의 16, 32비트 레지스터(r0 ~ r15) 중 하나인 r3과 lr(링크 레지스터, r14)을 스택에 넣는다.

ARM 명령을 이해하려면 별도의 책이 필요겠지만(infocenter.arm.com 참고), OOP 패러다임을 사용하든 그렇지 않든 네이티브하게 컴파일되는 코드를 알아두면 유용하다. 결국에는 동적 형 정의, OOP, 기타 고수준의 구조를 지원하지 않는 저수준의 기계 코드가 만들어지기 때문이다. 인터프리터 언어를 사용하든 컴파일 언어를 사용하든 코드는 최종적으로 기계 코드로 변환돼야만 RPi의 ARM 프로세서에 의해 실행될 수 있다.

### 가장 짧은 C/C++ 프로그램 작성하기

HelloWorld 예제가 C나 C++로 작성할 수 있는 가장 짧은 프로그램일까? 아니다. 유효하면서 가장 짧은 C 및 C++ 프로그램이 코드 5.8에 있다.

**코드 5.8** chp05/overview/short.c

```
main(){}
```

이것은 완전히 기능하는 C 및 C++ 프로그램이며 오류 없이 컴파일돼 완벽히 동작하고 아무런 출력도 만들지 않는다. 그러므로 C/C++ 프로그램의 빌드에 라이브러리는 필요 없다. main()의 반환값 유형을 지정하지 않더라도 기본적으로 int가 된다. C++에서는 main() 함수가 기본으로 0을 반환하며 C에서는 임의의 숫자를 반환한다(아래의 echo $? 호출 참고). 빈 함수는 그 자체로 유효한 함수다. 이 프로그램은 다음과 같이 C 또는 C++ 프로그램으로 컴파일된다.

```
pi@erpi .../overview $ gcc short.c -o shortc
pi@erpi .../overview $ g++ short.c -o shortcpp
pi@erpi .../overview $ ls -l short*
-rwxr-xr-x 1 pi pi 5580 Jun 28 14:08 shortc
-rw-r--r-- 1 pi pi    9 Jun 16 01:56 short.c
-rwxr-xr-x 1 pi pi 5792 Jun 28 14:09 shortcpp
pi@erpi .../overview $ ./shortc
pi@erpi .../overview $ echo $?
232
pi@erpi .../overview $ ./shortcpp
pi@erpi .../overview $ echo $?
0
```

이것은 C와 C++의 최대 약점 중 하나다. 이 언어에는 코드를 작성하기 전에 언어가 작동하는 방식에 대한 모든 것을 알고 있으리라는 가정이 깔려 있다. 사실 어떤 면에서 보면 앞의 예제를 프로그래머가 스스로 얼마나 영민한지 보여주기 위해 사용할 수도 있지만, 실제로는 덜 "전문적인" 프로그래머가 코드를 읽기 힘들게 만든다. 예를 들어 short.cpp의 C++ 코드를 주석과 명시적 구문을 포함하도록 재작성해 short2.cpp를 생성한 후 -O3 최적화 플래그를 사용해 그 둘을 컴파일하면 다음과 같이 출력될 것이다.

```
pi@erpi .../overview $ g++ --version
g++ (Raspbian 4.9.2-10) 4.9.2
pi@erpi .../overview $ more short.cpp
main(){}
pi@erpi .../overview $ more short2.cpp
// A really useless program, but a program nevertheless
int main(int argc, char *argv[]){
   return 0;
}
pi@erpi .../overview $ g++ -O3 short.cpp -o short_1
pi@erpi .../overview $ g++ -O3 short2.cpp -o short_2
pi@erpi .../overview $ ls -l short_*
-rwxr-xr-x 1 pi pi 5776 Jun 28 14:15 short_1
-rwxr-xr-x 1 pi pi 5776 Jun 28 14:16 short_2
```

실행 파일의 크기가 같다! 주석, 명시적인 반환문, 명시적인 반환값, 명시적인 인자를 추가했음에도 최종 이진 애플리케이션의 크기에는 아무런 영향을 주지 않는다. 그렇지만 이 코드는 초보 프로그래머가 더 이해하기 쉽다는 이점을 갖고 있다.

### 정적 및 동적 컴파일

공유 라이브러리를 동적으로 링크하는 방식이 기본이지만, -static 플래그를 사용해 라이브러리를 정적으로 링크해 프로그램을 빌드할 수도 있다. 즉, 코드에서 필요로 하는 모든 라이브러리 루틴이 실행 파일 내에 직접 포함되도록 하는 것으로, 그러한 배치는 컴파일러와 링커가 효과적으로 수행한다.

```
pi@erpi .../overview $ g++ -O3 short.cpp -static -o short_static
pi@erpi .../overview $ ls -l short_static
-rwxr-xr-x 1 pi pi 581804 Jun 28 14:23 short_static
```

이 경우 프로그램 실행 파일의 크기가 상당히 커지는 것은 분명하다. 이러한 형태의 한 가지 장점은 C++ 표준 라이브러리가 설치되지 않은 ARM 시스템이 프로그램을 실행할 수 있다는 것이다. 그러나 동적 링킹과 달리 이 경우에는 링크된 라이브러리 코드를 재컴파일 없이 업데이트할 수 없다.

동적 링킹의 경우, 어느 공유 라이브러리에 의존하는지를 ldd를 호출해 찾을 수 있다는 것을 알아두면 유용할 것이다.

```
pi@erpi ~/exploringrpi/chp05/overview $ ldd shortcpp
  /usr/lib/arm-linux-gnueabihf/libcofi_rpi.so (0x76efa000)
  libstdc++.so.6 => /usr/lib/arm-linux-gnueabihf/libstdc++.so.6 (0x76de8000)
  libm.so.6 => /lib/arm-linux-gnueabihf/libm.so.6 (0x76d6d000)
  libgcc_s.so.1 => /lib/arm-linux-gnueabihf/libgcc_s.so.1 (0x76d40000)
  libc.so.6 => /lib/arm-linux-gnueabihf/libc.so.6 (0x76c03000)
  /lib/ld-linux-armhf.so.3 (0x76ed8000)
```

RPi(모든 모델)를 위한 라즈비안 이미지의 g++ 컴파일러(및 *glibc*)가 hard 부동 소수점(gnueabihf) 명령을 지원하기 위해 패치된 것을 볼 수 있다. 이는 소프트웨어(gnueabi)에서 부동 소수점 지원을 에뮬레이트하기 위해 soft 부동 소수점 ABI(애플리케이션 이진 인터페이스)를 사용하는 것에 비해 부동 소수점 수가 있는 코드를 더 빨리 실행할 수 있게 해준다.

참고

gcc/g++ 컴파일러는 자동으로 특정 include와 라이브러리 경로를 탐색한다. include 경로는 일반적으로 `/usr/include/`, `/usr/local/include/`, `/usr/include/`**`target`**`/`(또는 `/usr/`**`target`**`/include/`)이며, RPi의 경우 **`target`**은 일반적으로 `arm-linux-gnueabihf`다. 라이브러리 경로는 일반적으로 `/usr/lib/`, `/usr/local/lib/`, `/usr/lib/`**`target`**`/`(또는 `/usr/`**`target`**`/lib/`)이다. target 이름을 포함하는 더 자세한 정보를 보려면 g++ -v 또는 c++ -v를 사용하라.

## C/C++의 변수와 연산자

변수는 메모리의 블록에 저장된 데이터 항목이다. 변수의 형은 메모리의 양과 그 성질을 정의한다(그림 5.3 참고). 이 그림은 코드 5.9의 `sizeofvariables.c` 예제의 출력을 보여준다.

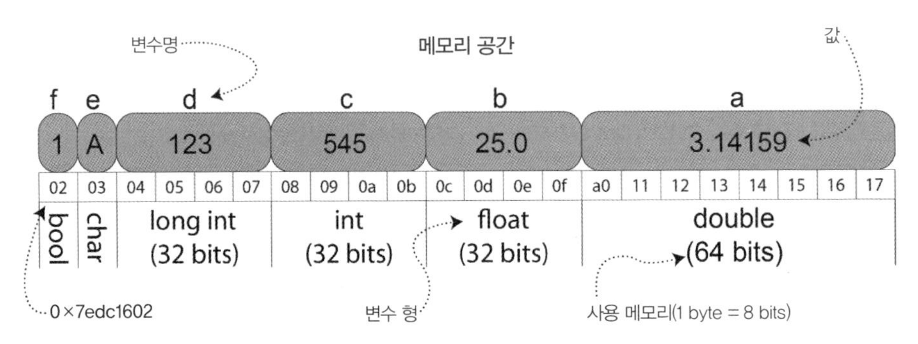


그림 5.3 32비트 RPi에서의 변수 메모리 할당

코드 5.9는 C/C++의 다양한 변수를 자세히 보여준다. *지역 변수* c를 생성할 때 그 유형에 따라 스택(미리 준비해 둔 빠른 메모리) 상의 메모리 박스/블록에 할당된다. 이 경우에 c는 int 값이므로 값을 저장하기 위해 4바이트(32비트)의 메모리가 할당된다. C/C++에서 변수는 임의의 값으로 할당된다고 가정하라. 그러므로 이 경우에는 c = 545;가 임의의 초기값을 숫자 545로 치환한다. 이 상자에 0을 저장하든 2,147,483,647을 저장하든 문제가 되지 않는다. 여전히 32비트의 메모리를 차지할 뿐이다! 지역 변수 메모리의 순서가 이 예제에서처럼 선형적일 거라고 보증할 수 없음에 유의하라.

**코드 5.9** chp05/overview/sizeofvariables.c

```
#include<stdio.h>
#include<stdbool.h>          // C bool typedef에 필요

int main(){
    double a = 3.14159;
    float b = 25.0;
    int c = 545;              // 참고: 변수가 0으로 초기화되지 않음!
    long int d = 123;
    char e = 'A';
    bool f = true;            // C++에서는 정의할 필요 없음
    printf("a val %.4f & size %d bytes (@addr %p).\n", a, sizeof(a),&a);
    printf("b val %4.2f & size %d bytes (@addr %p).\n", b, sizeof(b),&b);
    printf("c val %d (oct %o, hex %x) & " \
           "size %d bytes (@addr %p).\n", c, c, c, sizeof(c), &c);
    printf("d val %d & size %d bytes (@addr %p).\n", d, sizeof(d), &d);
    printf("e val %c & size %d bytes (@addr %p).\n", e, sizeof(e), &e);
    printf("f val %5d & size %d bytes (@addr %p).\n", f, sizeof(f), &f);
}
```

sizeof(c) 연산자(operator)는 변수형의 크기를 바이트로 반환한다. 이 예에서 그것은 int 형의 크기 4를 반환한다. &c 호출은 "*c의 주소*"로 볼 수 있다. 이것은 변수 c가 저장된 메모리의 첫 바이트의 주소를 제공하며, 여기서는 0x7edc1608를 반환한다. 첫 행의 %.4f는 부동 소수점 수를 네 자리 수로 표시하라는 뜻이다. 이 프로그램을 RPi에서 실행하면 다음과 같이 출력된다.

```
pi@erpi ~/exploringrpi/chp05/overview $ ./sizeofvariables
a value 3.1416 and size 8 bytes (@addr 0x7edc1610).
b value 25.00 and size 4 bytes (@addr 0x7edc160c).
c value 545 (oct 1041, hex 221) and size 4 bytes (@addr 0x7edc1608).
d value 123 and size 4 bytes (@addr 0x7edc1604).
e value A and size 1 bytes (@addr 0x7edc1603).
f value     1 and size 1 bytes (@addr 0x7edc1602).
```

32비트 리눅스 이미지의 RPi에서 int 형을 표현하기 위해 보통 4바이트를 사용한다. 할당 가능한 가장 작은 메모리의 단위는 1바이트다. 즉, 불(boolean) 값을 1바이트로 표현하는데, 실제로는 여덟 개의 불 값을 저장할 수 있다. 연산자를 사용해 변수에 직접 연산을 수행할 수 있다. 코드 5.10의 operators.c 프로그램에는 C/C++에서 겪을 수 있는 몇 가지 까다로운 점이 있다.

**코드 5.10** chp05/overview/operators.c

```
#include<stdio.h>

int main(){
   int a=1, b=2, c, d, e, g;
   float f=9.9999;
   c = ++a;
   printf("The value of c=%d and a=%d.\n", c, a);
   d = b++;
   printf("The value of d=%d and b=%d.\n", d, b);
   e = (int) f;
   printf("The value of f=%.2f and e=%d.\n", f, e);
   g = 'A';
   printf("The value of g=%d and g=%c.\n", g, g);
   return 0;
}
```

이 코드의 출력은 다음과 같다.

```
pi@erpi ~/exploringrpi/chp05/overview $ ./operators
The value of c=2 and a=2.
The value of d=2 and b=3.
The value of f=10.00 and e=9.
The value of g=65 and g=A.
```

c=++a; 행에서 a 값은 등호 왼쪽의 c로 할당되기 전에 증가한다. 그러므로 a는 c에 할당되기 전에 2로 증가한다. 즉, 이 행은 a=a+1; c=a;라는 두 구문과 동등하다. 그렇지만 d=b++; 행에서 b의 값은 나중에 증가하며 이 행은 d=b; b=b+1;라는 두 구문과 동등하다. d의 값 2는, b의 값이 3으로 증가하기 전에 b의 값으로 할당된다.

e=(int)f; 행에서는 부동 소수점 수를 정수 값으로 변환하기 위해 C 스타일의 형변환(cast)을 사용했다. 형변환을 사용하는 것의 효과는 부동 소수점 수를 int로 변환하는 과정에서 정확도가 감소함을 프로그래머가 알고 있다는 것을 컴파일러에게 알리는 것이다(또한 컴파일러는 변환 코드를 포함시킨다). 소수 부분은

잘려나가므로 9.9999는 .9999가 제거돼 e=9로 변환된다. 그와 대조적으로 printf("%.2f",f)는 부동 소수점 수의 값을 반올림해 두 자리로 표시한다.

g='A' 행에서 g에는 대문자 A의 ASCII 동등 값인 65가 할당된다. printf("%d %c", g, g); 행에서 %d는 g의 int 값을, %c는 g의 ASCII 문자 값을 표시한다.

const 키워드는 변수가 변경되는 것을 방지하기 위해 사용할 수 있다. 또한 volatile 키워드는 특정 변수가 컴파일러의 제어를 벗어나 변경될 수 있으며 컴파일러가 그 값에 대해 어떠한 형태의 최적화도 적용하지 말아야 함을 컴파일러에게 알린다. 이러한 통지는 RPi에서 다른 프로세스 또는 물리적 입출력과 변수를 공유할 경우에 유용하다.

typedef 키워드를 사용하면 C/C++에서 자신만의 형을 정의할 수 있다. 예를 들어 앞의 sizeofvariables.c 예제에서 stdbool.h 헤더 파일을 포함하기를 원하지 않는다면 다음과 같은 방법으로 정의하는 것이 가능하다.

```
typedef char bool;
#define true 1
#define false 0
```

아마도 C/C++에서 가장 일반적으로 생기는 오해는 다음과 같을 것이다.

```
if (x=y){   // Z 구문을 수행   }
```

Z 문은 언제 수행되는가? 그 답은 y가 0과 같지 않을 때다(x 값과는 무관하다!). 잘못된 점은 if 조건에서 ==(비교)를 쓰지 않고 한 개의 =(할당)를 쓴 것이다. 할당 연산자는 연산자의 오른쪽 변수 값 y를 왼쪽의 x에 대입한다. 조건식은 x가 0과 같지 않으면 자동으로 true로 평가하고 x가 0과 같으면 false로 평가한다. Java는 이러한 오류를 허용하지 않는데, 0과 false, 1과 true 간의 암시적인 변환이 없기 때문이다.

## C/C++의 포인터

포인터는 변수의 특별한 형으로, 다른 변수가 메모리에서 갖는 주소를 저장한다. 포인터가 그 변수를 '가리킨다(pointing)'고 할 수 있다. 코드 5.11은 포인터 p가 변수 y를 가리키는 것을 보여준다.

**코드 5.11** chp05/overview/pointers.c

```
#include<stdio.h>
int main(){
    int y = 1000;
```

```
    int *p;
    p = &y;
    printf("The variable has value %d and the address %p.\n", y, &y);
    printf("The pointer stores %p and points at value %d.\n", p, *p);
    printf("The pointer has address %p and size %d.\n", &p, sizeof(p));
    return 0;
}
```

이 코드를 컴파일해 실행시키면 다음과 같은 출력을 얻을 수 있다.

```
pi@erpi ~/exploringrpi/chp05/overview $ ./pointers
The variable has value 1000 and the address 0x7e8a0634.
The pointer stores 0x7e8a0634 and points at value 1000.
The pointer has address 0x7e8a0630 and size 4.
```

자, 이 예제에서 무슨 일이 일어난 것일까? 그림 5.4에서는 메모리의 위치를 설명하기 위해 두 단계로 구분했다. 1단계에서 변수 y가 생성돼 초기값 1000이 할당된다. 그러고 나서 int의 디레퍼런스 형(dereference type) 포인터 p가 생성된다. 포인터 p가 int 값을 가리키기 위해 자리를 잡는다는 뜻이다. 2단계의 p = &y; 문은 "변수 p에 y의 주소를 대입하라"는 의미이며 변수 p에 32비트 주소 값인 0x7e8a0634를 대입한다. 이제야 p가 y를 가리킨다고 할 수 있다. int *p = &y;를 호출(디레퍼런스 형 int의 포인터 p를 생성하고 그것이 y의 주소를 저장하도록 할당)함으로써 이러한 두 단계를 합칠 수 있다.

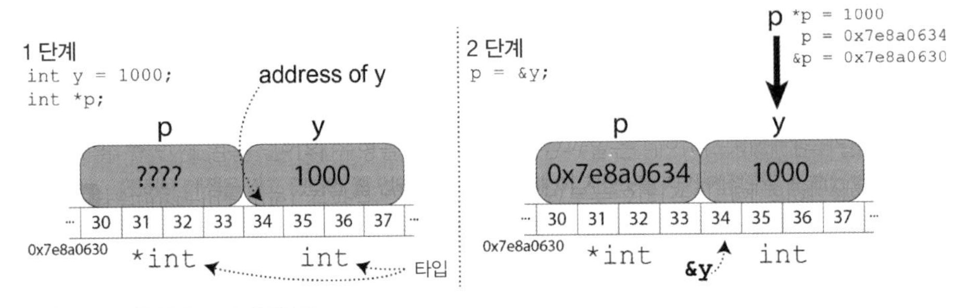


그림 5.4 RPi에서 C/C++ 포인터의 예

포인터는 왜 디레퍼런스 형을 필요로 할까? 한 가지 예를 들면 포인터가 배열의 다음 요소로 이동할 필요가 있을 때는 4바이트를 이동해야 할지, 아니면 8바이트를 이동해야 할지 알아야 한다. 또한 C++에서는 자료형에 기초한 포인터를 가지고 데이터를 다루는 방법을 알 필요가 있다. 코드 5.12는 포인터의 또 다른 예로, 단순한 오류가 심각한 문제를 야기하는 것을 보여준다.

**코드 5.12** chp05/overview/pointers2.c

```
#include<stdio.h>
int main(){
    int y = 1000, z;
    int *p = &y;
    printf("The pointer p has the value %d and stores addr: %p\n", *p, p);
    // z = 1000 + 5로 하고 p와 y를 1001로 증가 -- 잘못됨!!!
    z = *p++ + 5;
    printf("The pointer p has the value %d and stores addr: %p\n", *p, p);
    printf("The variable z has the value %d\n", z);
    return 0;
}
```

위의 코드를 실행하면 다음과 같이 출력한다.

```
pi@erpi ~/exploringrpi/chp05/overview $ ./pointers2
The pointer p has the value 1000 and stores addr: 0x7ee5861c
The pointer p has the value 1005 and stores addr: 0x7ee58620
The variable z has the value 1005
```

위의 예에서 포인터 p는 디레퍼런스 형 int이며, y의 주소를 가리킨다. 코드의 이 지점에서 출력은 예상대로인데, 그 이유는 p의 "값"은 1000이고 "주소"는 0x7ee5861c이기 때문이다. 다음 행에서는 y의 값이 1001이 되도록 1만큼 후위 증가(post-increment)시키고 z에는 1005를 할당하려고 했다(후위 증가하기 전). 그렇지만 의도와 달리 p의 "값"은 1005, "주소"는 0x7ee58620이 된다.

왜 이런 일이 일어날까? C/C++에서 포인터 사용의 어려운 점은 연산의 순서, 즉 연산의 우선순위를 이해하는 것이다. 예를 들어 다음과 같은 문을 작성한다고 해보자.

```
int x = 1 + 2 * 3;
```

여기서 x의 값은 무엇일까? 이 경우에는 7이 되는데, 그 이유는 C/C++에서 곱셈 연산이 덧셈 연산보다 높은 우선순위를 갖기 때문이다. 비슷하게, 코드 5.12에서 p의 "값"을 1 증가시키려는 의도로 *p++를 사용하려고 했을 수도 있다.

C/C++에서 후위 증가 연산자(p++)는 디레퍼런스 연산자(*p)에 비해 우선순위가 높다. *p++는 실제로는 디레퍼런스 값 *p(이 예에서는 1000)가 아닌 포인터 p의 "주소"를 int 하나(4바이트)만큼 후위 증가한다는 의미이다. 큰 걱정거리는 두 번째 출력 행인데, 이제 p가 단지 그 다음 주소에 있을 뿐인 z를 "가리키는" 것

이 명확하기 때문이다. 실제로 프로그램의 메모리 할당 외부의 주소를 참조하는 것이 가능하다. 그러한 오류는 7장에서 설명할 디버그 도구를 사용하지 않고서는 디버그하기가 매우 어렵다. 원래의 의도에 맞게 코드를 고치기 위해서는 단순히 (*p)++를 사용해 p의 "값"을 1만큼 후위 증가함을 명확히 해서 p가 1001의 "값"을 갖고 z가 1005의 값을 갖도록 하는 것이다.

C++에는 대략 58개의 연산자가 있고 18가지 우선순위가 있다. 우선순위표에 대해 알고 있다고 하더라도 다른 사용자가 의도를 알기 쉽도록 소괄호를 사용하는 것이 좋다. 소괄호는 그룹을 짓고 연산 우선순위를 바꾸는 데도 효과적이다. 그러므로 소괄호가 반드시 필요하지 않더라도 항상 다음과 같이 작성하자.

```
int x = 1 + (2 * 3);
```

마지막으로, C 포인터에는 void *p;로 선언할 수 있는 *void 포인터*도 있다. 이것은 포인터 p가 디레퍼런스 형을 갖지 않으며 나중에 반드시 할당돼야 함을 효과적으로 설명해준다(/chp05/overview/void.c 참고). 구문은 다음과 같다.

```
int a = 5;
void *p = &a;
printf("p points at address %p and value %d\n", p, *((int *)p));
```

위의 코드를 실행하면 다음과 같은 출력을 얻는다.

```
The pointer p points at address 0xbea546c8 and value 5
```

따라서 포인터를 한 디레퍼런스 형으로부터 다른 것으로 변환(cast)하는 것이 가능하며 void 포인터는 잠재적으로 디레퍼런스 형의 포인터를 저장하는 데 사용할 수 있다. 6장에서 void 포인터를 사용해 향상된 GPIO 인터페이스를 개발한다.

## C 스타일 문자열

C 언어에는 내장된 문자열(string) 형이 없어 문자(character) 형의 배열을 사용해 널 문자(\0)로 마침으로써 문자열을 표현한다. 표준 C 라이브러리의 사용법을 코드 5.13에서 볼 수 있다.

**코드 5.13** chp05/overview/cstrings.c

```
#include<stdio.h>
#include<string.h>
#include<stdlib.h>
```

```
int main(){
    char a[20] = "hello ";
    char b[] = {'w','o','r','l','d','!','\0'};     // \0이 중요하다

    a[0]='H';                                       // 첫 문자를 H로 지정
    char *c = strcat(a,b);                          // a와 b를 붙임
    printf("The string c is: %s\n", c);
    printf("The length of c is: %d\n", strlen(c)); // 문자열의 길이

    // w를 찾아서 W로 치환
    char *p = strchr(c,'w');      // 처음 나오는 'w' 문자의 포인터를 반환
    *p = 'W';
    printf("The string c is now: %s\n", c);

    if (strcmp("cat", "dog")<=0){                   // ==0은 같음
        printf("cat comes before dog (lexiographically)\n");
    }

    // "Hello World!" 문자열 중간에 "to the"를 삽입. 복잡함!
    char *d = " to the";
    char *cd = malloc(strlen(c) + strlen(d));
    memcpy(cd, c, 5);
    memcpy(cd+5, d, strlen(d));
    memcpy(cd+5+strlen(d), c+5, 6);
    printf("The cd string is: %s\n", cd);

    // 공백을 사용해 cd 문자열을 토큰화
    p = strtok(cd," ");
    while(p!=NULL){
        printf("Token:%s\n", p);
        p = strtok(NULL, " ");
    }
    return 0;
}
```

위 코드는 사이사이에 주석을 달아 설명했다. 코드를 실행시키면 다음과 같은 출력을 얻는다.

```
pi@erpi ~/exploringrpi/chp05/overview $ ./cstrings
The string c is: Hello world!
The length of c is: 12
The string c is now: Hello World!
cat comes before dog (lexiographically)
```

```
The cd string is: Hello to the World
Token:Hello
Token:to
Token:the
Token:World
```

## C로 LED 제어하기

이제 C 프로그래밍에 대해서는 충분히 다뤘으니 외부 LED를 제어하는 애플리케이션을 C로 작성하는 방법을 보도록 하자. 코드 5.14는 이전 예제와 그 구조가 동일하다.

**코드 5.14** chp05/makeLED/makeLED.c

```
#include<stdio.h>
#include<stdlib.h>
#include<string.h>

#define GPIO_NUMBER "4"
#define GPIO4_PATH "/sys/class/gpio/gpio4/"
#define GPIO_SYSFS "/sys/class/gpio/"

void writeGPIO(char filename[], char value[]){
    FILE* fp;                                // 파일 포인터 fp를 생성
    fp = fopen(filename, "w+");              // 쓰기/갱신을 위해 파일 열기
    fprintf(fp, "%s", value);                // 값을 파일에 보냄
    fclose(fp);                              // fp를 사용해 파일을 닫음
}

int main(int argc, char* argv[]){
    if(argc!=2){                             // 프로그램의 이름이 첫 번째 인자임
        printf("Usage is makeLEDC and one of:\n");
        printf("   setup, on, off, status, or close\n");
        printf(" e.g. makeLEDC on\n");
        return 2;                            // 인자의 개수가 잘못됨
    }
    printf("Starting the makeLED program\n");
    if(strcmp(argv[1],"setup")==0){
        printf("Setting up the LED on the GPIO\n");
        writeGPIO(GPIO_SYSFS "export", GPIO_NUMBER);
        usleep(100000);                      // 100ms 동안 sleep
```

```
        writeGPIO(GPIO4_PATH "direction", "out");
    }
    else if(strcmp(argv[1],"close")==0){
        printf("Closing the LED on the GPIO\n");
        writeGPIO(GPIO_SYSFS "unexport", GPIO_NUMBER);
    }
    else if(strcmp(argv[1],"on")==0){
        printf("Turning the LED on\n");
        writeGPIO(GPIO4_PATH "value", "1");
    }
    else if (strcmp(argv[1],"off")==0){
        printf("Turning the LED off\n");
        writeGPIO(GPIO4_PATH "value", "0");
    }
    else if (strcmp(argv[1],"status")==0){
        FILE* fp;                           // 위의 writeGPIO 함수 설명 참고
        char line[80], fullFilename[100];
        sprintf(fullFilename, GPIO4_PATH "/value");
        fp = fopen(fullFilename, "rt");     // 텍스트 읽기를 위해 파일 열기
        while (fgets(line, 80, fp) != NULL){
        printf("The state of the LED is %s", line);
    }
    fclose(fp);
    }
    else{
        printf("Invalid command!\n");
    }
    printf("Finished the makeLED Program\n");
    return 0;
}
```

/chp05/makeLED/ 디렉터리의 **./build** 스크립트를 호출해 이 프로그램을 빌드한 다음 **./makeLEDC setup**과 **./makeLEDC on**을 사용해 실행해 보자.

C에서 파일을 다루는 것에 대해서는 앞에서 다루지 않았지만, writeLED() 함수에 필요한 정보는 이미 주어졌다. FILE 포인터 fp는 파일의 스트림, 입출력 위치, 상태에 대한 설명을 가리키기 위한 것이다. stdio.h에 정의된 fopen() 함수는 파일을 여는 데 사용하며 FILE 포인터를 반환한다. 이 경우에는 쓰기/갱신(w+) 모드로 파일을 열었다. 다른 선택사항으로는 읽기(r), 쓰기(w), 추가(a), 읽기/갱신(r+), 추가/갱신(a+)이 있다. 이진 파일을 다룰 때는 상태에 b를 추가한다. 예를 들어 "w+b"는 갱신(쓰기 및 읽기)하기 위해 새로운 이진 파일을 연다. 또한 "t"는 파일이 텍스트 형식임을 명시적으로 알리기 위해 사용한다.

표준 라이브러리에 있는 전체 C 함수의 레퍼런스는 www.cplusplus.com/reference/에 있다.

## C++

앞서 논의한 바와 같이 C++ 언어는 C 언어에 기반을 두고 OOP 클래스에 대한 지원을 추가한 것이다. 그렇지만 일반적인 C++ 프로그래밍을 시작하면 둘 사이의 몇 가지 차이점이 바로 드러날 것이다. 가장 먼저 와닿는 큰 변화는 입출력 스트림과 문자열의 일반적인 사용법이다.

### C++의 첫 예제와 문자열

코드 5.15는 문자열 예제를 C++ 문자열 라이브러리를 사용해 재작성한 것이다.

**코드 5.15** chp05/overview/cppstrings.cpp

```
#include<iostream>
#include<sstream>    // 문자열을 토큰화하기 위함
//#include<cstring>  // C++에서 C 헤더와 동등한 것을 include하는 방법

using namespace std;

int main(){
    string a = "hello ";
    char temp[] = {'w','o','r','l','d','!','\0'};      // \0이 중요하다!
    string b(temp);

    a[0]='H';
    string c = a + b;
    cout << "The string c is: " << c << endl;
    cout << "The length of c is: " << c.length() << endl;

    int loc = c.find_first_of('w');
    c.replace(loc,1,1,'W');
    cout << "The string c is now: " << c << endl;

    if (string("cat")< string("dog")){
        cout << "cat comes before dog (lexiographically)\n";
    }
    c.insert(5," to the");
    cout << "The c string is now: " << c << endl;
```

```
    // 공백을 사용해 문자열을 토큰화하며 Boost.Tokenizer를 사용할 수도 있고
    // C++11의 개선된 구문을 사용할 수도 있다. 여기에서는 stringstream을 사용한다.
    stringstream ss;
    ss << c;                          // c 문자열을 stringstream에 넣음
    string token;
    while(getline(ss, token, ' ')){
        cout << "Token: " << token << endl;
    }
    return 0;
}
```

**g++ cppstrings.cpp -o cppstrings**라고 쳐서 이 코드를 빌드한다. 이 코드를 실행하면 cstrings.c 예제와 같은 출력이 나온다. C++의 몇 가지 측면은 더 직관적이지만 언급할 만한 것이 몇 가지 있다.

이 코드는 C++ 헤더인 iostream과 sstream 헤더 파일을 사용한다. C++에는 *이름 공간(namespace)*이라는 개념이 있어서 프로그래머가 함수 또는 클래스를 특정 범위로 제한할 수 있게 해준다. C++에서 모든 표준 라이브러리 함수와 클래스는 *표준 이름 공간(std)*으로 제한된다. std::string을 사용해 std 이름 공간으로부터 사용하고 싶은 클래스를 명시적으로 지정할 수 있다. 그렇지만 이것은 너무 길다. 다른 방법으로 using namespace std; 문을 사용해 해당 이름 공간 전체를 코드로 가져올 수도 있다. C++ 헤더 파일 내에서는 이렇게 하면 *안 된다*. 그 헤더 파일을 사용했다가는 이름 공간이 가득 차버릴 것이기 때문이다.

예제 코드는 표준 출력 스트림인 cout을 사용하며 문자열을 표시하기 위해 출력 스트림 연산자(<<)를 사용한다. 그와 동등한 표준 입력 스트림(cin)과 입력 스트림 연산자(>>)도 있다.

출력 스트림 연산자는 "오른쪽에 있는" 데이터의 형을 식별한다. 데이터의 형에 맞도록 표시하므로 printf() 함수에서 사용하는 %s, %d, %p 같은 것들은 필요하지 않다. endl 스트림 조작 함수는 줄바꿈 문자를 삽입하고 문자열을 밀어낸다(flush).

이 예에서 문자열 개체는 +를 사용해 두 문자열을 합치도록 조작되며 < 또는 ==로 두 문자열을 비교한다. 이러한 연산자들은 본질적으로 append() 및 strcmp() 함수와 유사하다. C++에서는 이러한 연산자들이 데이터 형에 대해 무엇을 할지 정의할 수 있다(연산자 오버로딩).

## 값, 포인터, 참조에 의한 전달

예제 코드에서 본 것과 같이 함수를 사용해 코드를 작성하면 코드의 여러 위치에서 그것을 몇 번이고 호출할 수 있다. 함수에 값을 전달하는 데는 세 가지 방법이 있다.

- **값에 의한 전달:** 새로운 변수(다음 예제 코드에서 val)를 생성하고 원본 변수(a) 값의 사본을 그 변수에 저장한다. 변수 val에 일어난 어떠한 변화도 원본 변수 a에는 영향을 미치지 않는다. 값에 의한 전달은 원래의 데이터가 조작되는 것을 방지하고자 할 때 사용할 수 있는 방법이다. 그러나 데이터의 사본이 만들어져야 하므로 이미지와 같이 데이터가 큰 배열을 전달할 때는 복사에 메모리와 계산 비용을 쓰게 된다. 값에 의한 전달을 대신할 수 있는 방법은 constant 참조에 의한 전달이다. 다음 예에서 a는 두 번째 인자로 constant 참조에 의해 함수에 전달되며 cr 값으로 수신된다. cr 값은 함수에서 읽을 수 있지만 수정이 불가능하다.
- **포인터에 의한 전달:** 원본 데이터를 가리키는 포인터를 전달할 수 있다. 포인터(ptr)를 가지고 값을 변경하면 원본 데이터에 영향을 미친다. 함수 호출은 반드시 주소를 전달해야 한다(b의 주소 &b).
- **참조에 의한 전달:** C++에서는 참조에 의해 값을 전달할 수 있다. 함수는 인자가 값에 의해 전달된 것인지 참조에 의해 전달된 것인지를 앰퍼샌드(&) 기호의 사용 여부에 따라 판단한다. 다음 예에서 &ref는 값 c가 참조에 의해 전달됐음을 가리킨다. ref에 대한 변경은 c의 값에 영향을 미친다.

다음은 네 가지 전달 방식을 모두 사용한 예다(passing.cpp).

```
int afunction(int val, const int &cr, int *ptr, int &ref){
    val+=cr;
//  cr+=val;                // constant이므로 허용되지 않음
    *ptr+=10;
    ref+=10;
    return val;
}

int main(){
    int a=100, b=200, c=300;
    int ret;
    ret = afunction(a, a, &b, c);
    cout << "The value of a = " << a << endl;
    cout << "The value of b = " << b << endl;
    cout << "The value of c = " << c << endl;
    cout << "The return value is = " << ret << endl;
    return 0;
}
```

위 코드를 실행하면 다음과 같이 출력된다.

```
pi@erpi ~/exploringrpi/chp05/overview $ ./passing
The value of a = 100
The value of b = 210
The value of c = 310
The return value is = 200
```

C++에서 어떤 함수에 값을 전달해 그 함수에 의해 값을 변경하고자 한다면 포인터 또는 참조를 사용해 전달할 수 있다. 그렇지만 NULL이 될 수 있는 값을 전달하거나 함수 내에서 포인터를 재할당할 필요가 있는 것이 아니라면(예: 배열에 대해 반복) 항상 참조에 의한 전달을 사용하라. 자, 이제 C++에서 LED 코드를 작성할 준비가 됐다!

### C++를 사용해 LED 켜기(객체지향이 아닌 예)

C++로 LED를 켜는 코드는 /chp05/makeLED/ 디렉터리의 makeLED.cpp에 있다. 코드는 대체로 C 예제와 비슷하므로 일일이 설명하지 않겠다. fstream 파일 스트림 클래스를 사용해 파일을 여는 부분을 보자. 이 경우에 출력 스트림 연산자(<<)는 문자열을 fstream으로 보내며 c_str() 메서드는 C++의 string을 C의 string으로 바꿔 반환한다.

```
void writeLED(string filename, string value){
    fstream fs;
    string path(LED3_PATH);
    fs.open((path + filename).c_str(), fstream::out);
    fs << value;
    fs.close();
}
```

## 객체 지향 프로그래밍 개요

다음 논의에서는 객체 지향 코드를 작성하기 위해 이해해야 할 몇 가지 주요 개념에 초점을 맞춘다. 논의를 위해 의사(pseudo) 코드를 사용하는데, 이는 C++뿐만 아니라 파이썬, 루아 테이블, C#, 자바, 자바스크립트, 펄, 루비, OOHaskell 라이브러리 등 OOP 패러다임을 지원하는 모든 언어에 적용될 수 있다.

### 클래스와 객체

텔레비전을 생각해 보자. 텔레비전은 케이스에 둘러싸여 있어 내부를 들여다볼 수는 없지만, 전면의 버튼이나 리모콘을 사용해 조작할 수 있다. 혹시 게임 콘솔에 연결돼 있다고 하더라도 텔레비전을 이해하는 데 지장이 없다. 완제품을 구입한 것이라서 전원 공급이나 입력 신호에 대해 잘 정의돼 있으니 텔레비전이 먹통이 되지는 않을 것이다! 이와 같은 설명은 클래스에 존재해야 하는 속성을 여러 측면에서 포착한다.

*클래스(class)*는 설명서다. 코드에 대해 잘 정의된 인터페이스를 설명해야 한다. 명확한 개념을 나타내야 한다. 완전하며 문서를 잘 갖춰야 한다. 또한 오류 검사를 해서 견고해야 한다. 클래스의 설명은 두 가지 요소를 사용해 이뤄진다.

- **상태(혹은 데이터)**: 클래스의 상태 값.
- **메서드(혹은 습성)**: 클래스가 데이터와 어떻게 상호작용하는지를 나타냄. 메서드의 이름은 대체로 동사형으로 짓는다(예: setX()).

예를 들어 다음 의사 코드(실제 C++ 코드는 아니지만 유사한 구문을 가짐)에서는 Television 클래스를 묘사한다.

```
class Television{
    int channelNumber;
    bool on;
    powerOn() { on = true; }
    powerOff(){ on = false;}
    changeChannel(int x) { channelNumber = x; }
};
```

위의 Television 클래스에는 두 상태와 세 메서드가 있다. 이러한 구조의 이점은 상태와 메서드가 클래스의 구조에 강하게 묶인다는 것이다. powerOn() 메서드는 클래스 밖에서는 아무 것도 아니다. 사실 다른 많은 클래스에서 powerOn() 메서드를 작성하더라도 이름이 충돌할까봐 걱정할 필요가 없다.

*객체(object)*는 클래스 정의를 실체화한 것, 즉 클래스의 인스턴스(instance)다. 비유로 돌아가서, Television 클래스는 텔레비전이 어떻게 만들어져야 하는지에 대한 청사진이며, Televison 객체는 텔레비전에 대한 계획을 물리적으로 현실화한 것에 해당한다. 이러한 현실화에 대한 의사 코드는 다음과 같이 쓸 수 있다.

```
void main(){
    Television dereksTV();
    Television johnsTV();
    dereksTV.powerOn();
    dereksTV.changeChannel(52);
    johnsTV.powerOn();
    johnsTV.changeChannel(1);
}
```

따라서 dereksTV와 johnsTV는 Television 클래스의 인스턴스가 된다. 각각은 자신만의 독립적인 상태를 가지므로 dereksTV의 채널을 돌리더라도 johnsTV에는 영향이 없다. 메서드를 호출하려면 호출의 앞에 객체의 이름을 붙여야 한다(예: johnsTV.powerOn()). johnsTV 객체에서 changeChannel() 메서드를 호출하는 것은 dereksTV 객체에는 아무 영향을 주지 않는다.

이 책에서 클래스의 이름은 Television과 같이 대문자로 시작하며 객체의 이름은 dereksTV과 같이 소문자로 시작한다. 이것은 Java와 같은 여러 언어에서 따르는 표기법이다. 안타깝게도 C++ 표준 라이브러리 클래스들(string, sstream 등)은 이러한 명명 관례를 따르지 않는다.

## 캡슐화

*캡슐화(encapsulation)*는 객체의 작동 원리를 숨기기 위해 사용한다. 물리적 텔레비전의 비유에서는 내부의 전자 시스템을 보호하기 위한 상자가 캡슐화를 제공한다. 그렇지만 리모콘을 사용해 내부 작동 기능에 직접 영향을 줄 수 있다.

OOP에서는 *private*이라는 *접근 지정* 키워드를 사용함으로써 작동을 숨길지(TV 전자장치), *public* 접근 지정 키워드를 사용해 *인터페이스*(TV 리모콘)의 일부가 되도록 할지를 결정할 수 있다. 클래스의 상태 값은 항상 비공개로(private) 설정하는 것이 좋은데, 직접 설계한 공개된(public) 인터페이스 메서드를 통해서만 상태 값 수정이 이뤄지도록 통제할 수 있기 때문이다. 그러한 코드는 다음 의사 코드와 비슷할 것이다.

```
class Television{
    private:
        int channelNumber;
        bool on;
        remodulate_tuner();
    public:
        powerOn() { on = true; }
        powerOff(){ on = false;}
        changeChannel(int x) {
            channelNumber = x;
            remodulate_tuner();
        }
};
```

이제 Television 클래스는 비공개의 상태 데이터(on, channelNumber)를 가지며 이것들은 공개된 인터페이스 메서드(powerOn(), powerOff(), changeChannel())에 의해서만 영향을 받는다. 비공개로 구현한 메서드 remodulate_tuner()는 해당 클래스 외부에서는 호출할 수 없다.

이러한 방법에는 몇 가지 장점이 있다. 첫째, 이 클래스의 사용자(다른 프로그래머)는 Televison 클래스의 내부적인 동작에 대해 잘 모르더라도 공개된 인터페이스를 사용하는 방법만 알면 된다. 둘째, Television 클래스를 작성한 사람은 클래스의 내부적인 동작을 수정하기 위해 다른 프로그래머의 코드까지 손대지 않아도 된다.

## 상속

OOP에서 *상속(inheritance)*이란 어떤 클래스를 기술하기 위해 다른 클래스에 대한 명세를 활용할 수 있는 기능이다. 이것은 사람들이 늘 하는 것이다. 예컨대 "오리는 무엇인가"라는 질문을 받는다면 "새의 일종으로 물에서 헤엄도 치고 넓적한 주둥이가 있다"고 답할 것이다. 이러한 묘사는 정확한 편이지만, 새에 대한 이해가 선행됨을 가정한다. 새에 대한 설명을 기준으로 할 때 수영을 한다는 것은 오리에게 *추가된 성질*이고 '부리(beak)'가 아닌 '넓적한 주둥이(bill)'는 *성질을 치환한 것*이다. 다음과 같은 의사 코드를 사용해 대략적으로 나타낼 수 있다.

```
class Bird{
    public:
        void fly();
        void describe() { cout << "Has a beak and can fly"; }
};

class Duck: public Bird{           // 오리는 새다(Duck IS-A Bird)
    Bill bill;
    public:
        void swim();
        void describe() { cout << "Has a bill and can fly and swim"; }
};
```

이 경우에 Duck 클래스의 객체를 생성할 수 있다.

```
int main(){
    Duck d;          // Duck의 인스턴스인 d 객체를 생성
    d.swim();        // Duck 클래스에만 있는 메서드
    d.fly();         // 부모 클래스인 Bird로부터 상속한 메서드
    d.describe();    // describe()는 상속해 Duck에서 오버라이드한 것이므로
                     // "Has a bill and can fly and swim"가 출력됨
}
```

이 예는 상속이 중요한 이유를 보여준다. 부모 클래스로부터 클래스 명세를 상속해 추가함으로써 코드를 작성할 수도 있고(예: swim()) 부모 클래스로부터 상속한 특징을 치환함으로써 좀 더 세밀하게 구현할 수도 있다(예: describe()). 이것은 *다형성(polymorphism)*의 한 형태인 메서드의 *오버라이딩(overriding)*이다. 다형성의 또 다른 형태로 오버로딩(overloading)이 있는데, 이것은 여러 메서드가 동일한 이름을 가질 수 있는 특성이며 동일한 클래스에서 컴파일러는 파라미터의 형에 따라 메서드를 구분한다.

상속 관계를 알아보는 방법으로 *is-a* 테스트가 있다. 예를 들어 "오리는 새다(duck is a bird)"는 맞지만 "새는 오리다(bird is a duck)"는 틀리다. 모든 새가 오리인 것은 아니기 때문이다. 이것은 "주둥이는 오리의 일부다(bill is a part of a duck)"와 같은 *is-a-part-of* 관계와 대비된다. *is-a-part-of* 관계는 주둥이가 그 클래스의 멤버 또는 상태라는 것을 나타낸다. 이와 같은 간단한 검사는 클래스의 관계가 복잡할 때 매우 유용하다.

클래스 객체에 대한 포인터를 사용할 수도 있다. 다음의 예와 같이 C++에서 두 Duck 객체에 대해 메모리를 동적으로 할당할 수 있다.

```
int main(){
    Duck *a = new Duck();
    Bird *b = new Duck();  // 부모의 포인터는 자식 객체를 가리킬 수 있음
    b->describe();         // 실제로는 오리를 설명함(virtual인 경우)
    //b->swim();           // Bird에는 swim()이 없으므로 허용되지 않음!
}
```

재미있는 것은 Bird 포인터 b가 Duck 객체를 가리키는 것이 허용된다는 점이다. Duck 클래스는 Bird 클래스의 자식이므로 Duck 객체는 Bird 포인터가 호출할 수 있는 모든 메서드를 "안다". 그러므로 describe() 메서드를 호출할 수 있다. C++에서 (*b).describe()보다는 b->describe()와 같이 화살표로 표기하는 것이 좀 더 깔끔한 방법이다. 이 경우, Bird 포인터 b는 정적 타입 Bird와 동적 타입 Duck을 갖는다.

마지막으로 C++에서는 *protected*라는 접근 지정자를 사용할 수 있다. 부모 클래스의 메서드나 상태를 자식 클래스에서 사용할 수 있되 공개하기를 원하지는 않는다면 보호(protected) 접근 지정자를 사용한다.

참고

이 주제에 대한 노트를 ee402.eeng.dcu.ie에 공개해두었다. 특히 3장과 4장에서 추상 클래스, 소멸자, 다중 상속, friend 함수, 표준 템플릿 라이브러리(STL) 등에 대해 자세히 설명한다.

## C++로 객체지향 LED 제어

앞에서 살펴본 OOP 개념을 바탕으로 절차 지향적 C++ 코드를 상태와 메서드를 가진 LED라는 클래스로 재구성함으로써 실제로 RPi에서 동작하는 C++ 애플리케이션에 적용해 볼 것이다. 코드는 약간 더 길어진다. 주요한 차이점으로 코드 5.16에서는 한 개의 LED 클래스의 여러 객체를 사용함으로써 많은 GPIO를 동시에 제어할 수 있게 됐다. 그림 5.1의 GPIO4(핀 7)를 위한 회로가 GPIO17(핀 11)에 대해서도 복제된 것으로 가정한다.

**코드 5.16** chp05/makeLEDOOP/makeLEDs.cpp

```
#include<iostream>
#include<fstream>
#include<string>
#include<unistd.h>                    // 마이크로 초의 sleep 함수를 위해
using namespace std;
#define GPIO "/sys/class/gpio/"
#define FLASH_DELAY 50000             // 50밀리초

class LED{
   private:                           // 다음은 구현의 일부임
      string gpioPath;                // 비공개 상태
      int gpioNumber;
      void writeSysfs(string path, string filename, string value);
   public:                            // 공개 인터페이스의 일부임
      LED(int gpioNumber);            // 생성자 -- 객체를 생성
      virtual void turnOn();
      virtual void turnOff();
      virtual void displayState();
      virtual ~LED();                 // 소멸자 -- 자동으로 호출됨
};

LED::LED(int gpioNumber){             // 생성자 구현
   this->gpioNumber = gpioNumber;
   gpioPath = string(GPIO "gpio") + to_string(gpioNumber) + string("/");
   writeSysfs(string(GPIO), "export", to_string(gpioNumber));
   usleep(100000);                    // GPIO가 확실히 export되도록 지연시킴
   writeSysfs(gpioPath, "direction", "out");
}

// 이 구현 함수는 클래스 외부로부터 "숨겨짐"
void LED::writeSysfs(string path, string filename, string value){
```

```
    ofstream fs;
    fs.open((path+filename).c_str());
    fs << value;
    fs.close();
}

void LED::turnOn(){
    writeSysfs(gpioPath, "value", "1");
}

void LED::turnOff(){
    writeSysfs(gpioPath, "value", "0");
}

void LED::displayState(){
    ifstream fs;
    fs.open((gpioPath + "value").c_str());
    string line;
    cout << "The current LED state is ";
    while(getline(fs,line)) cout << line << endl;
    fs.close();
}

LED::~LED(){                                // 소멸자는 sysfs GPIO 항목을 unexport
    cout << "Destroying the LED with GPIO number " << gpioNumber << endl;
    writeSysfs(string(GPIO), "unexport", to_string(gpioNumber));
}

int main(int argc, char* argv[]){          // main 함수가 시작점
    cout << "Starting the makeLEDs program" << endl;
    LED led1(4), led2(17);                  // 두 LED 객체를 생성
    cout << "Flashing the LEDs for 5 seconds" << endl;
    for(int i=0; i<50; i++){                // LED를 교대로 켬
        led1.turnOn();                      // GPIO4를 켬
        led2.turnOff();                     // GPIO17를 끔
        usleep(FLASH_DELAY);                // 50ms동안 sleep
        led1.turnOff();                     // GPIO4를 끔
        led2.turnOn();                      // GPIO17를 켬
        usleep(FLASH_DELAY);                // 50ms동안 sleep
    }
    led1.displayState();                    // GPIO4의 최종 상태를 표시
    led2.displayState();                    // GPIO17의 최종 상태를 표시
```

```
    cout << "Finished the makeLEDs program" << endl;
    return 0;
}
```

이 코드는 C++11에서 도입된 to_string() 함수를 사용했으며 다음과 같이 -std=c++11 플래그를 사용해 프로그램을 빌드한 후 실행할 수 있다.

```
pi@erpi .../makeLEDOOP $ g++ makeLEDs.cpp -o makeLEDs -std=c++11
pi@erpi .../makeLEDOOP $ ./makeLEDs
Starting the makeLEDs program
Flashing the LEDs for 5 seconds
The current LED state is 0
The current LED state is 1
Finished the makeLEDs program
Destroying the LED with GPIO number 17
Destroying the LED with GPIO number 4
```

이 코드는 GPIO4와 GPIO17에 붙은 LED들이 5초 동안 교대로 깜빡이게 한다.

이 코드는 GPIO 경로 및 번호를 나타내는 비공개의 상태와 비공개의 writeSysfs() 메서드 구현을 갖는 단일 LED 클래스 구조다. 상태와 헬퍼 메서드는 이 클래스의 외부에서 접근할 수 없다. 공개된 인터페이스 메서드는 turnOn(), turnOff(), displayState()다. 공개된 메서드가 두 개 더 있다.

- 첫째는 생성자로, 객체의 상태를 초기화해준다. LED led(4)가 호출돼 GPIO 번호 4를 갖는 LED 클래스 객체 led를 생성한다. 이것은 int x=5;와 같이 int에 초기값을 할당하는 방법과 유사하다. 생성자는 반드시 클래스의 이름과 같은 이름을 가져야 하며(이 클래스에서는 LED) 아무 것도, 심지어 void도 반환할 수 없다.
- 둘째는 소멸자 ~LED()다. 소멸자(destructor)는 클래스 이름 앞에 틸드(~) 문자를 붙인다. 이 메서드는 객체가 사라질 때 자동으로 호출된다. 출력 메시지가 제공되므로 코드 출력에서 볼 수 있다.

virtual 키워드는 객체가 "동적으로 바인드될 때 자리를 차지하도록 오버라이딩을 허용하는 것"으로 생각할 수 있다. 자식 클래스를 갖지 않음이 분명하지 않으면 그것이 항상 있어야 한다(생성자를 위한 것은 제외하고). virtual 키워드를 제거하면 코드의 성능이 약간 개선된다.

void LED::turnOn(){...} 구문은 turnOn() 메서드가 LED 클래스에 연관된다는 것을 나타내기 위해 사용된 것이다. 한 개의 .cpp 파일에 여러 클래스가 있을 수 있으며 두 클래스가 turnOn() 메서드를 가질 수도 있다. 따라서 연관성을 명시함으로써 컴파일러에게 올바른 관계를 알릴 수 있다. 첫 예제라서 여기서는 이 코드를 한 파일에 작성했다. 그렇지만 나중에 다른 예에서 올바른 방법을 볼 수 있을 것이다. *헤더* 파일(.h

또는 .hpp)과 *구현* 파일(.cpp)로 분리하는 올바른 방법을 볼 수 있을 것이다. 이는 독립적인 컴파일을 가능하게 하며 큰 규모의 C++ 프로젝트에서 재컴파일 시간을 많이 줄여준다.

이 시점에서는 C++ 버전의 LED 제어 코드의 레이아웃을 명확하게 보여주는 게 목표다. 이 OOP 버전의 장점은 추가적인 기능을 제공하고자 할 때 기초로 삼을 구조를 갖고 있다는 점이다. 8장에서 가속도계와 온도 센서 같은 전자 모듈을 활용하기 위해 비슷한 구조를 구축하고 이 코드와 상호작용하는 프로그래머에게 복잡한 계산을 숨기기 위해 캡슐화를 사용하는 법을 보게 될 것이다.

## 리눅스 OS에 인터페이스하기

3장에서 리눅스 디렉터리 구조를 다룰 때 프로세스 정보를 가진 가상의 파일 시스템인 /proc 디렉터리가 있었다. 이 디렉터리에는 커널의 런타임 상태에 대한 정보가 있으며 제어 정보를 커널에 보낼 수도 있다. 사실상 유저 스페이스와 커널 스페이스를 잇는 파일 기반의 인터페이스라고 할 수 있다. tiny.cc/erpi504의 리눅스 커널 안내에서 /proc 파일 시스템에 대한 설명을 볼 수 있다.

```
pi@erpi /proc $ cat cpuinfo
processor    : 0
model name   : ARMv7 Processor rev 5 (v7l)
BogoMIPS     : 64.00
Features     : half thumb fastmult vfp edsp neon vfpv3 tls vfpv4
idiva idivt vfpd32 lpae evtstrm ...
Hardware     : BCM2709
Revision     : a01041
Serial       : 00000000ec729acf
```

이 경우에는 CPU에 대한 정보를 얻었다. 이 디렉터리에서 **cat uptime, cat interrupts, cat version**을 실행해 보라. 예제 프로그램 chp05/proc/readUptime.cpp는 시스템의 운영시간(uptime)을 읽어서 유휴 시간(idle time) 비율을 계산한다. /proc의 항목 중에는 일반 사용자 계정으로 실행되는 프로그램으로 읽을 수 있는 것도 많지만, 쓰기는 슈퍼유저 권한을 가진 프로그램만이 할 수 있는 항목이 많다. 예를 들어 /proc/sys/kernel은 실행 중에 리눅스 커널의 파라미터를 설정할 수 있도록 해준다.

/proc 내 파일의 일관성에 대해 주의를 기울여야 한다. 리눅스 커널은 *원자적인* 연산, 즉 중단 없이 수행되는 명령을 제공한다. /proc 내의 특정 "파일들"(/proc/uptime 같은 것)은 완전히 원자적이며 읽는 중에는 변경되지 않는다. 그렇지만 /proc/net/tcp 같은 파일은 각 행에 대해서만 원자적이므로 파일을 읽는 중에도 변경될 수 있어 파일을 읽어도 정확한 스냅샷을 제공하지 못할 수도 있다.

## Glibc와 Syscall

리눅스 GNU C 라이브러리, *glibc*는 시스템 콜을 위한 래퍼 함수의 방대한 모음을 제공한다. 이는 파일 처리, 시그널, 수학 연산, 사용자, 그 외의 다양한 기능을 포함한다. GNU C 라이브러리에 대한 완전한 설명을 tiny.cc/erpi505에서 볼 수 있다.

/proc을 파싱하는 것보다는 glibc의 함수를 호출하는 것이 훨씬 더 직관적이다. 코드 5.17은 glibc의 passwd 구조체를 사용해 현재 사용자에 대한 정보를 얻어내는 C++ 예제다. 또한 syscall() 함수를 직접 사용함으로써 사용자의 ID를 얻고 파일에 대한 접근 권한을 변경한다. 코드에 달린 주석을 참고하라.

**코드 5.17** /exploringrpi/chp05/syscall/glibcTest.cpp

```
#include<gnu/libc-version.h>
#include<sys/syscall.h>
#include<sys/types.h>
#include<pwd.h>
#include<cstdlib>
#include<sys/stat.h>
#include<iostream>
#include<signal.h>
#include<unistd.h>
using namespace std;

int main(){
    // 시스템 정보를 얻기 위해 헬퍼 함수를 사용
    cout << "The GNU libc version is: " << gnu_get_libc_version() << endl;

    // glibc passwd 구조체를 사용해 사용자 정보를 얻음 - 오류 검사 없음!
    struct passwd *pass = getpwuid(getuid());
    cout << "The current user's login is: " << pass->pw_name << endl;
    cout << "-> their full name is: " << pass->pw_gecos << endl;
    cout << "-> their user ID is: " << pass->pw_uid << endl;

    // getenv() 함수를 사용해 환경 변수를 얻을 수 있음
    cout << "The user's shell is: " << getenv("SHELL") << endl;
    cout << "The user's path is: " << getenv("PATH") << endl;

    // 사용자 ID를 얻는 syscall의 예 -- sys/syscall.h 참고
    int uid = syscall(0xc7);
    cout << "Syscall gives their user ID as: " << uid << endl;
```

```
    // chmod를 직접 호출 -- 자세한 정보를 보려면 "man 2 chmod"를 타이핑
    int ret = chmod("test.txt", 0666);
    // 같은 일을 하기 위해 syscall을 사용할 수도 있음
    ret = syscall(SYS_chmod, "test.txt", 0666);
    return 0;
}
```

이 코드는 다음과 같이 테스트할 수 있으며, 프로그램에서 파일 권한을 바꾸고 현재 사용자의 정보를 표시하는 것을 볼 수 있다.

```
pi@erpi .../chp05/syscall $ ls -l test.txt
-rw-r--r-- 1 pi pi 0 Jun 16 01:56 test.txt
pi@erpi .../chp05/syscall $ sudo usermod -c "Exploring RPi" pi
pi@erpi .../chp05/syscall $ g++ glibcTest.cpp -o glibcTest
pi@erpi .../chp05/syscall $ ./glibcTest
The GNU libc version is: 2.19
The current user's login is: pi
-> their full name is: Exploring RPi
-> their user ID is: 1000
The user's shell is: /bin/bash
The user's path is: /usr/local/sbin:/usr/local/bin:/usr/sbin...
Syscall gives their user ID as: 1000
pi@erpi .../chp05/syscall $ ls -l test.txt
-rw-rw-rw- 1 pi pi 0 Jun 16 01:56 test.txt
pi@erpi .../chp05/syscall $ chmod 644 test.txt
```

glibc의 많은 함수 중에서도 syscall() 함수는 특별한 주의를 요한다. 그것은 함수에 전달하는 인자를 사용함으로써 일반화된 시스템 콜을 수행한다. 첫 인자는 시스템 콜 번호를 사용하는데, 이는 sys/syscall.h에 정의돼 있다.[9] 정의를 찾기 위해서는 헤더 인클루드 파일을 따라가야 한다. 다른 방법으로 syscalls.kernelgrok.com에서 정의를 검색할 수 있다(예를 들어, SYS_getuid를 검색하면 코드 5.17에서 사용된 레지스터 eax = 0xc7임을 알 수 있다). SYS_getuid를 사용하는 것이 확실히 낫다.

9 이것의 위치는 일반적으로 /usr/include/arm-linux-gnueabihf/에서 찾을 수 있으며 asm/unistd.h 및 bits/syscall.h와 같은 다른 헤더 파일에 링크된다.

## 파이썬 성능 끌어올리기

파이썬은 RPi 플랫폼에서 인기가 높지만, 표 5.1에 드러난 것과 같이 임베디드 애플리케이션을 위해 사용하기에는 성능이 부족한 것이 사실이다. 이 절에서는 성능 문제에 대한 두 가지 해법을 제시한다. 그중 하나는 싸이썬이고, 또 다른 하나는 파이썬에서 C/C++ 코드를 사용하도록 확장하는 것이다.

어떤 접근 방법을 취하든 간에 선행돼야 할 것은 RPi에서 C/C++ 모듈을 빌드할 수 있도록 셋업하는 것이다. 이것은 사용하는 파이썬의 버전에 정확히 맞는 파이썬 개발 패키지를 설치하면 된다. 다음 단계에 따라 버전을 식별하고 이 절의 지침에 따라 그에 맞는 라이브러리 버전을 사용하라.

```
pi@erpi ~ $ sudo apt install python-dev
pi@erpi ~ $ python --version
Python 2.7.9
pi@erpi ~ $ sudo apt install python3-dev
pi@erpi ~ $ python3 --version
Python 3.4.2
pi@erpi ~ $ ls /usr/lib/arm-linux-gnueabihf/libpython*.so
/usr/lib/arm-linux-gnueabihf/libpython2.7.so
/usr/lib/arm-linux-gnueabihf/libpython3.4m.so
```

### 싸이썬

싸이썬은 파이썬을 위한 최적화 컴파일러이자 파이썬을 C 스타일의 기능으로 확장하기 위한 언어다. 보통 싸이썬 컴파일러는 파이썬 코드를 사용해 효율적인 C 공유 라이브러리를 생성하며 그것을 다른 파이썬 프로그램으로 임포트할 수 있다. 그렇지만 싸이썬의 장점을 최대로 취하기 위해서는 파이썬 코드를 싸이썬에 맞는 구문으로 변형해야 한다. 표 5.1에서 싸이썬의 최고 성능(예: RPi3에서 C/C++에 비해 약 2.74배의 시간이 소요)을 낸 코드는 `chp05/performance/cython_opt/nbody.pyx`다. 코드를 살펴보면 `cdef` C 변수 선언과 다양한 변수형(`double, int`)을 볼 수 있을 텐데, 이는 기본 파이썬 버전(`chp05/performance/n-body.py`)으로부터 동적 타이핑이 제거됐음을 나타낸다.

파이썬 코드가 싸이썬 코드를 생성하는 첫 번째 단계를 설명하는 간결한 예제가 여기에 있다. 코드 5.18에서처럼 이 코드는 간단한 수치 적분을 적용해 $\int_0^{\pi} \sin(x)dx = 2$라는 관계를 증명한다.

**코드 5.18** /chp05/cython/test.py

```
from math import sin
def integrate_sin(a,b,N):
    dx = (b-a)/N
    sum = 0
    for i in range(0,N):
        sum += sin(a+i*dx)
    return sum*dx
```

이 코드는 다음과 같이 파이썬 인터프리터에서 직접 실행할 수 있다(Python3에서는 `exec(open("test.py").read())` 사용).

```
pi@erpi ~/exploringrpi/chp05/cython $ python
>>> from math import pi
>>> execfile('test.py')
>>> integrate_sin(0,pi,1000)
1.9999983550656624
>>> integrate_sin(0,pi,1000000)
1.9999999999984077
```

그 성능을 측정하기 위해 타이머를 사용할 수 있다.

```
>>> import timeit
>>> print(timeit.timeit("integrate_sin(0,3.14159,1000000)",setup="from __main__ import integrate_
sin", number=10))
30.0536530018
>>> quit()
```

`timeit` 모듈을 사용해 함수 호출에 걸리는 시간을 측정할 수 있다. 이 경우, RPi 2에서 N을 1,000,000으로 하고 함수를 10회 수행하는 데 30.0초가 걸렸다.

파이썬의 동적인 특성에 대한 계산 비용 보고서를 다음 코드를 사용해 뽑아볼 수 있다.

```
pi@erpi ~/exploringrpi/chp05/cython $ sudo apt install cython
pi@erpi ~/exploringrpi/chp05/cython $ cython -a test.py
pi@erpi ~/exploringrpi/chp05/cython $ ls -l *.html
-rw-r--r-- 1 pi pi 31421 Jun 30 02:49 test.html
```

이 파일을 데스크톱 머신으로 옮겨서 열어볼 수도 있다. HTML 보고서에서 행의 노란색이 어두울수록 동적인 성질이 강한 것이다.

참고

Python2와 Python3를 둘 다 설치했다면 다음과 같이 Python3용 Cython을 설치해야 한다(설치에 20분 이상 걸릴 수 있으므로 멈춘 것처럼 보이더라도 내버려두자).

```
pi@erpi ~ $ sudo apt install python3-pip
pi@erpi ~ $ sudo pip3 install cython
```

싸이썬은 정적 타입 정의를 지원하며 코드의 성능을 상당히 향상시킨다. 코드 5.19의 test.pyx에 이를 적용해 변수의 형과 반환값의 형을 명시적으로 정의할 수 있다.

**코드 5.19** /chp05/cython/test.pyx

```
cdef extern from "math.h":
    double sin(double x)

cpdef double integrate_sin(double a, double b, int N):
    cdef double dx, s
    cdef int i
    dx = (b-a)/N
    sum = 0
    for i in range(0,N):
        sum += sin(a+i*dx)
    return sum*dx
```

싸이썬이 모듈을 올바로 컴파일하기 위해서는 코드 5.20과 같은 추가적인 설정 파일 setup.py가 필요하다.

**코드 5.20** /chp05/cython/setup.py

```
from distutils.core import setup
from distutils.extension import Extension
from Cython.Distutils import build_ext

ext_modules = [Extension("test", ["test.pyx"])]
setup(
    name = 'random number sum application',
    cmdclass = {'build_ext' : build_ext },
    ext_modules = ext_modules
)
```

파이썬은 setup.py 설정 파일을 사용해 test.pyx를 직접 C 코드로(test.c) 빌드한 다음, 컴파일과 링크를 통해 공유 라이브러리(test.so)를 생성할 수 있다. 라이브러리 코드는 다음과 같이 파이썬 내에서 직접 실행될 수 있으며 실행 시간은 6.42초로, 다섯 배의 성능을 보인다.

```
pi@erpi .../chp05/cython $ python setup.py build_ext --inplace
running build_ext... cythoning test.pyx to test.c ...
pi@erpi ~/exploringrpi/chp05/cython $ ls
build setup.py test.c test.html test.py test.pyx test.so
pi@erpi ~/exploringrpi/chp05/cython $ python
Python 2.7.9 (default, Mar 8 2015, 00:52:26)
>>> import timeit
>>> print(timeit.timeit("test.integrate_sin(0,3.14159,1000000)", setup="import test", number=10))
6.41986918449
```

싸이썬을 사용해 파이썬 프로그램을 독립 실행 파일로 빌드할 수도 있다. 일단 실행 시작점(main()과 동등한 것)이 싸이썬 파일에 추가되면 이후의 단계는 싸이썬 코드를 네이티브 이진 실행 파일로 컴파일하는 데 사용할 수 있다.

```
pi@erpi .../chp05/cython_exe $ tail -n 3 test.pyx
if __name__ == '__main__':
    integral = integrate_sin(0, 3.14159, 1000000)
    print("The integral of sin(x) in the range 0..PI is: ", integral)
pi@erpi .../chp05/cython_exe $ cython --embed test.pyx
pi@erpi .../chp05/cython_exe $ gcc test.c -I/usr/include/python3.4/ -lpython3.4m →
-o test -lutil -ldl -lpthread -lm
pi@erpi ~/exploringrpi/chp05/cython_exe $ ./test
('The integral of sin(x) in the range 0..PI is: ', 1.9999999999906055)
```

싸이썬은 파이썬을 사용하면서 겪을 수 있는 성능 문제를 해결하기 위해 많은 작업을 했다. 그렇지만 파이썬 코드를 효율화하는 데는 학습 곡선이 상당하며, 여기서는 그 내용을 살짝 건드려보기만 했다. 다른 접근으로는 맞춤 C/C++ 코드 모듈을 작성해 파이썬에 사용할 수 있도록 추가하는 것으로, 이 방법에서는 싸이썬을 전혀 사용하지 않는다.

## C/C++로 파이썬 확장하기

컴파일된 C/C++ 코드를 파이썬 프로그램 내에서 직접 호출할 수 있다. 이를 이용하면 일반적인 파이썬 함수를 호출하듯이 C/C++ 코드 모듈을 사용하면서 파이썬 프로그램의 성능을 향상시킬 수 있다.

### 파이썬/C API

이러한 파이썬/C API를 위한 워크플로우는 직관적이며 예제를 아주 잘 설명해준다. Python2와 Python3를 위한 예제는 각각 /chp05/python2_C/와 /chp05/python3_C/에 있다. 예제를 별도로 준비한 이유는 Python3로 가면서 모듈 개발에 큰 변화가 있었기 때문이다.

파이썬에 호환되는 구조를 갖도록 C/C++ 모듈을 개발하는 것은 어려운 작업이다. 코드 5.21에 Python3를 위한 템플릿 예제가 있으므로 직접 모듈을 개발할 때 이용하면 된다. 이 템플릿은 두 개의 간단한 함수 hello()와 integrate()로 이뤄져 있다. hello() 함수는 예를 들면 Derek과 같은 문자열 인자를 받아서 Hello Derek!과 같이 표시한다. integrate() 함수는 코드 5.19의 integrate_sin() 함수와 같은 형태다. Python2 예제는 기능이 동일하지만 구문에 차이가 있다.

**코드 5.21** chp05/python3_C/ERPiModule.cpp

```
#include <Python.h>
#include <math.h>

/** Python3에서 호출할 수 있는 hello() 함수:
 * @param self PyObject 호출에 대한 포인터
 * @param args Python 코드로부터 전달된 인자
 * @return PyObject를 확장하는 모든 객체 타입 -- ptr을 반환 */
static PyObject* hello(PyObject* self, PyObject* args){
    const char* name;
    if (!PyArg_ParseTuple(args, "s", &name)){
        printf("Failed to parse the string name!\n");
        Py_RETURN_NONE;
    }
    printf("Hello %s!\n", name);
    Py_RETURN_NONE;
}

/** integrate() 범위 a..b에 대해 sin(x)를 적분하는 함수*/
static PyObject* integrate(PyObject* self, PyObject* args){
    double a, b, dx, sum=0;
    int N;
```

```
    // Python으로부터 두 개의 double과 한 개의 int를 받을 것으로 예상
    if (!PyArg_ParseTuple(args, "ddi", &a, &b, &N)){
        printf("Failed to parse the arguments!\n");
        Py_RETURN_NONE;
    }
    dx = (b-a)/N;
    for(int i=0; i<N; i++){
        sum += sin((a+i)*dx);
    }
    return Py_BuildValue("d", sum*dx); // Python에 PyObject를 반환
}

/** 구조체의 배열로, 각 구조체는 네 개의 필드를 가짐:
 * ml_name (char *) 함수의 이름
 * ml_meth (PyCFunction) 위의 C 함수에 대한 포인터
 * ml_flags (int) 플래그 비트 - 호출이 어떻게 만들어졌는지 기술
 * ml_doc (char *) 함수를 설명
 * hello()와 integrate() 함수를 예시. */
static PyMethodDef ERPiMethods[] = {
    {"hello", hello, METH_VARARGS, "Displays Hello Derek!"},
    {"integrate", integrate, METH_VARARGS, "Integrates the sin(x) fn."},
    {NULL, NULL, 0, NULL}       // null 구조체로 끝나야 함
};

/** 모듈 구조를 정의하는 구조체 */
static struct PyModuleDef moduledef = {
    PyModuleDef_HEAD_INIT,      // m_base -- 항상 같음
    "ERPiModule",               // m_name -- 모듈 이름
    "Module for Exploring RPi", // m_doc -- 모듈의 문서화 문자열Docstring
    -1,                         // m_size -- 전역적인 상태를 가짐
    ERPiMethods,                // m_methods -- 모듈 수준 함수
    NULL,                       // m_reload -- 현재 사용되지 않음
    NULL,                       // m_traverse -- GC 순회를 호출하기 위한 함수
    NULL,                       // m_clear -- GC clearing 동안 호출하기 위한 함수
    NULL,                       // m_free -- deallocation 동안 호출하기 위한 함수
};

/** 모듈을 위한 초기화 함수 */
PyMODINIT_FUNC PyInit_ERPiModule(void){
    return PyModule_Create(&moduledef);
}
```

다음과 같이 호출해 C/C++ 코드를 공유 목적 파일로 빌드할 수 있다(빌드 명령은 한 줄이다).

```
pi@erpi ~/exploringrpi/chp05/python3_C $ g++ -O3 ERPiModule.cpp -shared→
 -I/usr/include/python3.4/ -lpython3.4m -o ERPiModule.so
pi@erpi ~/exploringrpi/chp05/python3_C $ ls -l *.so
-rwxr-xr-x 1 pi pi 7168 Jun 29 00:00 ERPiModule.so
```

일단 공유 모듈이 제자리를 잡으면 파이썬 프로그램에서 그것을 임포트해 두 함수 hello()와 integrate()를 직접 호출할 수 있다. 코드 5.22는 두 함수를 호출하고 integrate() 호출의 결과를 표시하는 Python3 프로그램이다.

**코드 5.22** chp05/python3_C/test.py

```
#!/usr/bin/python3
import ERPiModule
print("*** Start of the Python program")
print("--> Calling the C hello() function passing Derek")
ERPiModule.hello("Derek")
print("--> Calling the C integrate() function")
val = ERPiModule.integrate(0, 3.14159, 1000000)
print("*** The result is: ", val)
print("*** End of the Python program")
```

코드 5.22의 파이썬 스크립트는 다음과 같이 실행할 수 있다.

```
pi@erpi ~/exploringrpi/chp05/python3_C $ ./test.py
*** Start of the Python program
--> Calling the C hello() function passing Derek
Hello Derek!
--> Calling the C integrate() function
*** The result is: 1.9999999999906055
*** End of the Python program
```

C/C++ 통합 테스트에 Python2와 Python3 양쪽에서 각각 3.23초가 걸려 인상적인 성능을 보여준다.

```
pi@erpi ~/exploringrpi/chp05/python3_C $ python3
>>> import timeit
>>> print(timeit.timeit("ERPiModule.integrate(0,3.14159,1000000)", →
setup="import ERPiModule", number=10))
3.2270326350117102
```

### Boost.Python

C/C++로 파이썬을 확장하는 또 다른 방법으로 C/C++와 파이썬에 대한 래퍼인 *Boost.Python*을 사용하는 방법이 있다. 이것은 Python/C API를 감싸서 구문을 단순화해주며 C++ 개체에 대한 호출을 지원한다. 다음과 같이 Boost.Python의 최종 릴리즈를 검색해 RPi에 설치할 수 있다(~270 MB).

```
pi@erpi ~ $ apt-cache search libboost-python
libboost-python1.54-dev - Boost.Python Library development files ...
pi@erpi ~ $ sudo apt install libboost-python1.54-dev
```

코드 5.23과 같이 Boost를 사용하는 C++ 프로그램을 개발할 수 있다. 파이썬 라이브러리와 파이썬 모듈 초기화 함수를 선언하는 특별한 BOOST_PYTHON_MODULE(name) 매크로는 코드 5.21에 있는 복잡한 구문을 대체한다.

**코드 5.23** /chp05/boostPython/erpi.cpp

```
#include<string>
#include<boost/python.hpp>              // c++ 헤더에 대한 .hpp 관례
using namespace std;                    // 소스 파일에 대해서는 cpp와 마찬가지

namespace exploringrpi{                 // 전역 이름 공간을 깨끗하게 유지

    string hello(string name) {         // "Hello Derek!"과 같은 문자열을 반환
        return ("Hello " + name + "!");
    }

    double integrate(double a, double b, int n) { // 앞의 예제와 같음
        double sum=0, dx = (b-a)/n;
        for(int i=0; i<n; i++){ sum += sin((a+i)*dx); }
        return sum*dx;
    }
}

BOOST_PYTHON_MODULE(erpi){              // 모듈 이름이 erpi
    using namespace boost::python;      // boost.python 이름 공간을 필요로 함
    using namespace exploringrpi;       // 맞춤 이름 공간을 가져옴
    def("hello", hello);                // hello()가 Python에 보이도록 함
    def("integrate", integrate);        // integrate()도 보이도록 함
}
```

앞에서와 같이 코드를 공유 라이브러리로 빌드할 수 있다. 이때는 boost_python 라이브러리를 빌드 옵션에 포함해야 한다.

```
pi@erpi ~/exploringrpi/chp05/boostPython $ g++ -O3 erpi.cpp -shared -I/usr/→
include/python2.7/ -lpython2.7 -lboost_python -o erpi.so
pi@erpi ~/exploringrpi/chp05/boostPython $ ls -l *.so
-rwxr-xr-x 1 pi pi 27400 Jul 18 18:38 erpi.so
```

그러면 코드 5.24에서와같이 라이브러리를 파이썬 스크립트에서 사용할 수 있게 된다.

**코드 5.24** /chp05/boostPython/test.py

```
#!/usr/bin/python
# A Python program that calls C program code
import erpi
print "Start of the Python program"
print erpi.hello("Derek")
val = erpi.integrate(0, 3.14159, 1000000)
print "The integral result is: ", val
print "End of the Python program"
```

코드 5.24의 스크립트를 실행하면 다음과 같은 결과를 얻는다.

```
pi@erpi ~/exploringrpi/chp05/boostPython $ ./test.py
Start of the Python program
Hello Derek!
The integral result is: 1.99999999999
End of the Python program
```

또한 timeit 테스트 결과는 ~3.225초로 파이썬/C API의 성능과 일치한다. Boost.Python은 footprint가 큰 단점에도 불구하고 성능, 단순한 구문, C++ 클래스 지원과 같은 장점이 있어 C/C++와 파이썬 코드를 통합할 때 추천할 만하다. 그에 따라 Boost.Python을 이 책의 뒤에서 다시 사용할 것이다. 자세한 사항은 tiny.cc/erpi506을 참고하라.

## 요약

이 장의 목표는 다음과 같다.

- RPi를 위한 물리적 컴퓨팅 애플리케이션을 구축하기 위한 프로그래밍 언어를 선택하는 데 영향을 끼칠 수 있는 여러 요인에 대해 설명할 수 있다.
- GPIO를 통해 RPi에 연결된 LED와 인터페이스하는 프로그램 코드를 기본적인 스크립트 언어로 작성할 수 있다.
- 스크립팅, 하이브리드, 컴파일 프로그래밍 언어를 RPi에 적용할 때의 차이를 비교할 수 있다.
- RPi의 GPIO에 인터페이스하는 C 코드 예제를 작성한다.
- OOP 프로그래밍의 원리를 설명하고 물리적 컴퓨팅 애플리케이션을 위한 프로그램 구조를 제공하는 C++ 클래스를 작성한다.
- 리눅스 OS에 직접 인터페이스하는 C/C++ 코드를 작성한다.
- 파이썬으로부터 직접 호출 가능한 C/C++ 모듈을 작성한다.

## 더 읽을거리

이 장의 대부분의 절에 대해 읽을거리와 참고 자료를 제공하는 관련 웹사이트가 있다. 다음은 이 장의 주제와 관련 있는 프로그래밍 서적의 목록이다.

- 비야네 스트롭스트룹(Bjarne Stroustrup) 《The C++ Programming Language》 4판(Addison-Wesley Professional, 2013)(국내에는 《C++ 프로그래밍 언어》라는 제목으로 해당 도서의 1판 번역서가 출간돼 있다 – 옮긴이)
- 스콧 마이어스(Scott Meyers) 《이펙티브 모던 C++》(인사이트, 2015)
- 빌 루바노빅(Bill Lubanovic) 《처음 시작하는 파이썬》(한빛미디어, 2015)
- 마이클 케리스크(Michael Kerrisk) 《The Linux Programming Interface》(No Starch Press, 2010)
- 데릭 몰로이(Derek Molloy) "EE402: Object-Oriented Programming Module Notes": ee402.eeng.dcu.ie

## 참고 문헌


- debian.org(2013) "The Computer Language Benchmarks Game": benchmarksgame.alioth.debian.org
- Hundt, R.(2011) "Loop Recognition in C++/Java/Go/Scala"(Proceedings of Scala Days 2011): www.scala-lang.org.
- Oracle(2014) "Java SE Embedded FAQ": www.oracle.com/technetwork/java/embedded/resources/se-embeddocs/
- Stroustrup, B.(1998) "International standard for the C++ programming language published": www.stroustrup.com/iso_pressrelease2.html

# 02 부

# 인터페이스, 제어, 통신

# 6장

# 라즈베리 파이 입출력 활용

이 장에서는 지금까지 다룬 리눅스, 프로그래밍, 전자회로에 대한 배경지식을 토대로 라즈베리 파이의 단일 회선 입출력에 인터페이스하는 회로를 구성하고 프로그램을 작성한다. 여러 종류의 전자 회로에 연결할 때 GPIO(범용 입출력) 사용 방법을 알 수 있는 실용적인 예제를 소개한다. 우선 sysfs를 이용해 GPIO 인터페이스를 구현해 보면서 자신이 다른 임베디드 리눅스 장치에 응용할 수 있는 기술을 갖췄는지 확인해 본다. 그다음에는 메모리 맵 접근방법을 알아볼 텐데, 이것은 성능은 뛰어나지만 RPi 플랫폼에 상당히 의존적이다. 마지막으로 C 함수의 wiringPi 라이브러리를 자세히 논의할 텐데, 이는 sysfs와 메모리 맵 접근방법을 사용해 RPi를 위한 맞춤 GPIO 인터페이스 라이브러리를 제공하며 접근이 용이하다. 단일 회선 센서와 통신하고 펄스 폭 변조(PWM) 신호를 생성하고 고주파 타이밍 신호를 생성하는 예제를 제공한다. 마지막으로 GPIO 인터페이싱과 관련한 udev 규칙과 리눅스 권한에 대해 간단히 논한다.

**이 장에 필요한 준비물:**

- 라즈베리 파이(멀티 코어 예제를 위해 RPi 2/3이 이상적임)
- 4장에서 사용한 부품(버튼, LED, 포토커플러)
- Aosong AM230x 온습도 센서
- 제네릭 서보 모터(Hitec HS-422 등)

이 장에 대한 자세한 정보는 www.exploringrpi.com/chapter6/을 참고한다.

# 도입

지금까지는 리눅스 시스템을 관리하고 고수준의 프로그램 코드를 작성하고 기본적이지만 실제적인 전자 회로를 구성해 봤다. 이 모든 것을 한데 모아 전자회로로부터 입력을 받거나 회로를 제어하는 리눅스에서 동작하는 소프트웨어 애플리케이션을 만들어보자. 전자 회로와 모듈을 RPi에 인터페이스하는 데는 여러 방법이 있다.

- RPi의 GPIO 헤더에서 GPIO 사용: 연결 가능한 회로의 유형에 관한 다양한 기능을 제공하며, 이 장의 주제이기도 하다.
- GPIO 헤더에서 버스(I2C, SPI) 또는 UART 사용: 버스를 통해 센서나 디스플레이 같은 복잡한 모듈과 통신할 수 있다. 이것은 8장의 주제다.
- USB 모듈(키보드, Wi-Fi 등) 연결: 리눅스 드라이버를 사용할 수 있다면 다양한 전자 장치를 RPi에 연결할 수 있다. 이후의 장에서 예제를 볼 수 있다.
- 이더넷/Wi-Fi/블루투스를 통해 전자 모듈과 통신하기: 네트워크 연결을 사용해 RPi와 통신하는 네트워크 연결 센서를 만들 수 있다. 이 주제에 대해서는 12장에서 처음 소개하고 13장에서 중점적으로 다룰 것이다.

RPi와 작업하는 다음 단계는 GPIO 확장 헤더를 사용해 회로에 연결하는 것이다. 지금까지 살펴본 배경 자료가 매우 중요한데, 이것이 놀라울 정도로 복잡한 주제라서 익숙해지기까지 시간이 걸리기 때문이다. 메모리 맵 입출력은 특히 어렵다. 그렇지만 코드와 회로 예제를 통해 독자가 스스로 인터페이스 회로를 만들 수 있도록 도울 것이다.

그림 6.1은 GPIO 헤더의 입력과 출력의 기능에 대한 첫 번째 모습을 제공한다. 많은 핀이 다중화됐는데, 그것은 그림에 표시된 것보다 더 많은 기능(또는 ALT 모드)을 갖는다는 의미다. 이 그림은 가장 널리 사용되는 기능을 묘사한다.

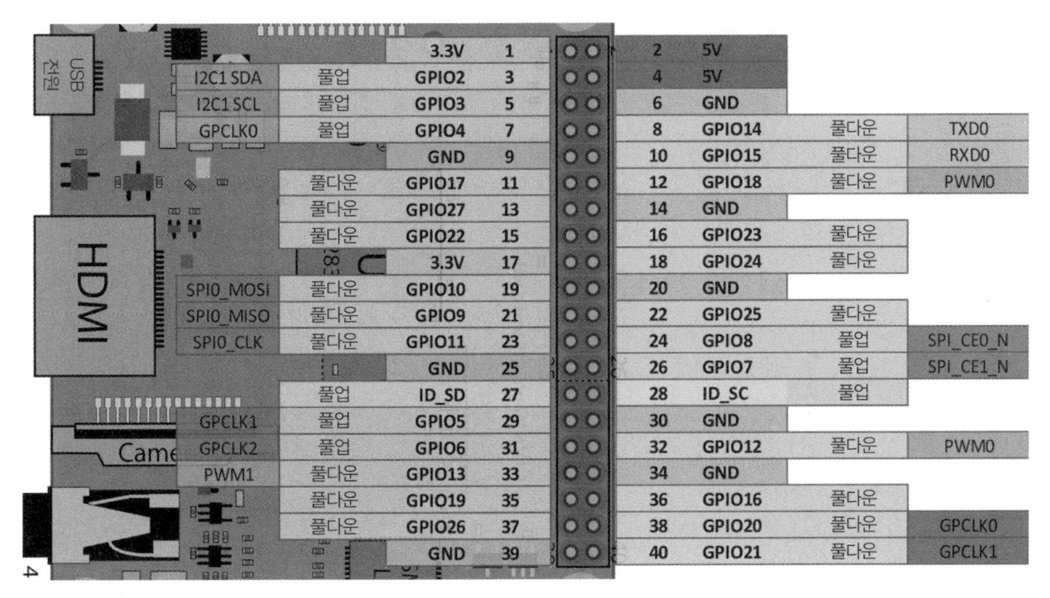


그림 6.1 RPi GPIO 헤더(RPi 2/3)

# GPIO(범용 입출력)

이 장에서는 RPi의 GPIO 헤더 핀과 인터페이스하는 방법을 설명한다.

- **디지털 출력:** GPIO를 사용해 전자 회로를 켜거나 끈다. LED 사용을 예로 들지만, 원리는 어느 회로에나 적용할 수 있다. 예를 들어, 릴레이를 사용해 고전력 장치를 켜거나 끌 수도 있다. 제공되는 회로는 GPIO로부터 너무 많은 전류를 사용하지 않게 돼 있다. 코드 예제는 직관적이고 효율적으로 인터페이스하도록 개발됐다.
- **디지털 입력:** 전자회로의 출력을 읽어서 리눅스 상의 소프트웨어 애플리케이션으로 보내는 방법. 회로는 이것을 안전하게 수행하도록 제공된다.
- **아날로그 출력:** PWM을 사용해 비례적인 신호를 출력함으로써 서보 모터와 같은 특정 장치를 위한 아날로그 전압 레벨 또는 제어 신호로 사용하는 방법
- **아날로그 입력:** RPi는 전용의 아날로그-디지털 변환기(ADC)를 갖추고 있지 않으나 값싼 버스 장치를 사용해 기능을 추가할 수 있다. 이에 대해서는 9장에서 설명한다.

이 장에서는 독자가 4장, 그중에서도 FET/BJT를 사용한 스위칭 회로와 풀업/풀다운 저항의 사용에 대해 이미 읽은 것으로 가정하고 설명한다.

경고

GPIO 헤더에 대해 작업할 때는 특히 주의하라. 잘못 연결했다가는 보드가 망가질 것이다. GPIO 헤더에 회로를 연결하기 전에는 모든 회로의 전압과 전류가 범위에 들어오는지 확인하라. 그리고 FET와 포토커플러를 사용해 회로를 인터페이스하는 것에 대한 이 장의 조언을 따르라. 8장에서 서로 다른 논리 전압 레벨을 사용하는 회로에 인터페이스하는 것에 대한 추가적인 조언을 제공한다.

## GPIO 디지털 출력

그림 6.2(a)는 회로를 스위치하기 위해 FET에 연결된 GPIO를 사용하는 출력 구성의 예다. 4장에서 설명한 바와 같이 FET의 게이트 입력에 전압을 인가할 때 가상의 드레인–소스 "스위치"를 닫음으로써 전류가 5V 공급으로부터 220Ω 전류 제한 저항을 거쳐 LED를 통해 GND로 흐르게 한다. 이 회로는 그림 5.1(a)와는 달리 3.3V 소스 대신에 5V 소스를 사용하는데, 그것은 이 회로 구성의 스위칭 능력을 보여주기 위한 것이다. 그림 6.2(b)는 동등한 BJT 회로를 나타낸다. 두 회로 모두 큰 전류 제한 저항(120Ω 대신 220Ω)을 사용해 LED를 보호하는 것에 주목하라.

이러한 유형의 회로의 장점은 많은 on/off 디지털 출력 애플리케이션에 적용할 수 있다는 것이다. BS270 FET 데이터시트에 따르면 400mA까지의 정전류 및 2A까지의 펄스 전류를 60V까지의 드레인 소스에 걸쳐 구동할 수 있기 때문이다. 그렇지만 3.3V의 게이트 전압에서 BS270은 약 130mA의 최대 드레인 전류만을 스위치할 수 있다. 게이트의 고입력 임피던스의 의미는 두 개(혹은 그 이상)의 BS270을 병렬로 사용해 동일 게이트 전압에서 최대 전류를 두 배인 260mA로 사용할 수 있다는 것이다. 마찬가지로, BC547은 45V보다 적은 컬렉터 이미터 전압($V_{CE}$)에서 컬렉터 전류($I_C$)를 100mA까지 구동할 수 있다(소실된 총 전력 $P \approx V_{CE} \times I_C$는 반드시 500mW보다 적어야 한다. $V_{CE} = 10V$이면 $I_C \leq 50mA$가 된다).

RPi GPIO 헤더로부터 공급되는 전류를 사용하면 최대 전류도 제한된다. 3.3V 헤더 핀(1과 17)은 최대 50mA까지 공급할 수 있다. 5V 헤더 핀(2와 4)은 약 200에서 300mA 사이의 전류를 안전하게 공급할 수 있다. 더 높은 전류에 대해서는 외부 전원이 필요하나, RPi의 전원이 꺼져있을 때 회로가 GPIO 핀에 전류를 넣지 않도록 특히 주의해야 한다.

RPi GPIO는 3.3V 허용치를 가지며 각 핀에 대해 약 2에서 3mA 까지만 소스 또는 싱크해야 한다. GPIO를 많이 사용하지 않을 때는 각 핀이 약간 더 큰 전류를 소스/싱크할 수 있기는 하지만, 그러한 의존성을 피하는 것이 상책이다. 그림 6.2에서 5V 공급을 사용해 LED를 구동하는 것이 안전한데, 그 이유는 FET의 드레인–소스 회로가 절대 게이트 입력에 연결되지 않기 때문이다. 또한 4장의 예제와 달리 FET의 게이트에 저항이 없는 것도 알아차렸을 것이다. RPi *내부에* 기본으로 이 핀을 위해 풀다운 저항이 있으므로 이 경우에 한해서는 저항이 필요 없다. 이에 대해서는 곧 논의한다.

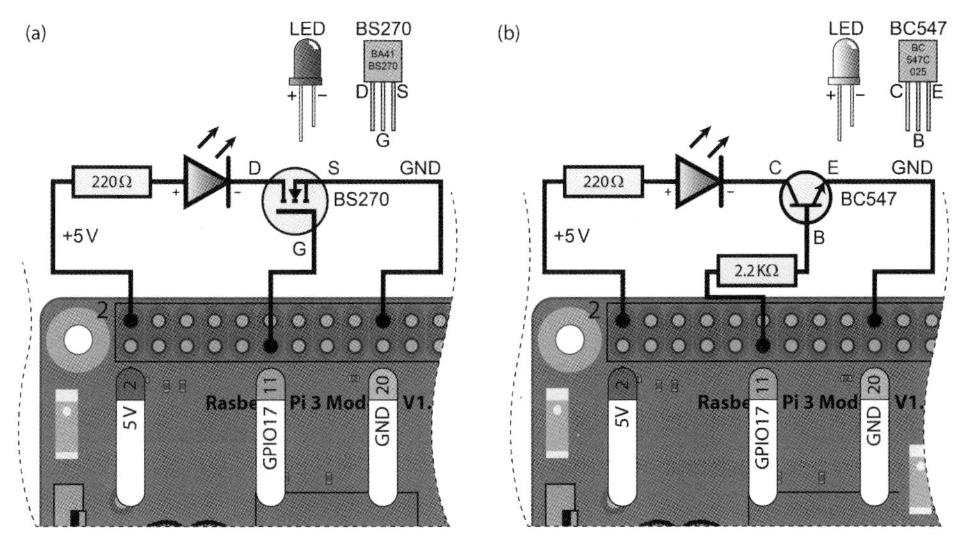


그림 6.2 5V LED 회로. (a) FET 사용, (b) BJT 사용

회로를 구성해 RPi에 연결하면 5장에서 설명한 것처럼 리눅스 터미널과 sysfs를 사용해 보드를 부팅해서 LED를 제어할 수 있다. 두 회로에서 실제로 흐르는 전압과 전류를 그림 6.3에 나타냈다. 그림 6.3(a)에서는 GPIO17로부터 FET 회로에 아주 작은 전류가 흐르며 게이트 전압이 FET의 게이트-소스 핀을 거치며 강하하는 것을 볼 수 있다. 그림 6.3(b)에서는 2.2kΩ 저항을 통해 트랜지스터의 베이스로 작은 전류 $I_B = (3.3\,V - 0.77\,V) / 2.2k\Omega$가 흘러 트랜지스터의 스위치를 켜서 LED에 불이 들어오게 된다. 1.15mA 전류는 RPi GPIO의 허용치 안에 든다.

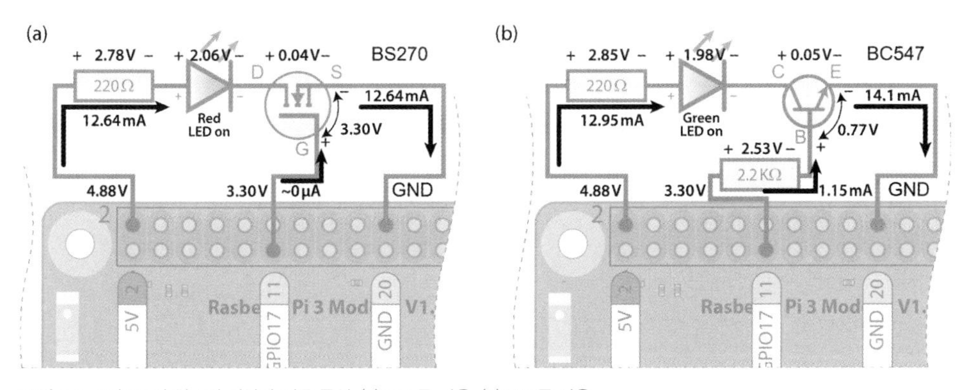


그림 6.3 그림 6.2의 회로의 전압과 전류 특성. (a) FET를 사용, (b) BJT를 사용

이 방법을 테스트하기 위해 LED를 가능한 한 빠르게 점멸하는 짤막한 bash 셸 스크립트가 코드 6.1에 있다. 사람이 인지할 수 있는 속도보다 더 빨리 깜빡이므로 눈에 띄지는 않지만, 오실로스코프를 사용하면 시각화할 수 있다.

**코드 6.1** /chp06/flash_script/flash.sh

```
#!/bin/bash
# 가능한 최대 주파수로 GPIO 핀을 토글하는 짧은 스크립트
echo 17 > /sys/class/gpio/export
sleep 0.5
echo "out" > /sys/class/gpio/gpio17/direction
COUNTER=0
while [ $COUNTER -lt 100000 ]; do
    echo 1 > /sys/class/gpio/gpio17/value
    let COUNTER=COUNTER+1
    echo 0 > /sys/class/gpio/gpio17/value
done
echo 17 > /sys/class/gpio/unexport
```

그림 6.4의 오실로스코프 트레이스에서 출력 사이클이 약 0.36ms인 것을 볼 수 있다. 이것은 약 2.78kHz의 주파수에 해당하며 임베디드 컨트롤러로서는 그리 높은 편은 아니다. 간격은 상당히 일정한 편인데, 리눅스 커널이 선점형을 취하고 있기 때문이다. 이에 대해서는 이 장의 후반부에서 논의한다. 또한 top 명령(다른 리눅스 터미널 창에서 실행)으로 CPU의 부하를 확인하면 이 스크립트가 단일 코어의 100%를 사용하는 것을 볼 수 있다(RPi 2/3에서 **top**을 실행하고 1을 눌러 개별 코어의 사용률을 볼 수 있다). LED를 구동하는 전류가 12~13mA인 것도 볼 수 있는데, 이는 여러 GPIO에서 동시에 소스 또는 싱크될 경우에 RPi를 손상시키기에 충분한 크기다.

다음 절에서 예로 들 C++ 클래스는 sysfs를 사용해 GPIO를 제어하는 데 사용할 수 있으며 더 높은 스위치 주파수를 달성하지만 CPU 부하는 비슷하다. 높은 주파수의 신호 스위칭이 필요하다면 이 장의 뒤에서 논의할 PWM 또는 범용 클럭을 사용할 수 있다. PWM은 CPU에 부하를 많이 주지 않으면서 1MHz 이상의 주파수를 낼 수 있다. 그렇지만 많은 애플리케이션(모터의 구동이나 스마트 홈 제어)에서 낮은 주파수의 스위치 회로 동작을 필요로 하므로 그러한 경우에는 이 구성으로 충분하다.

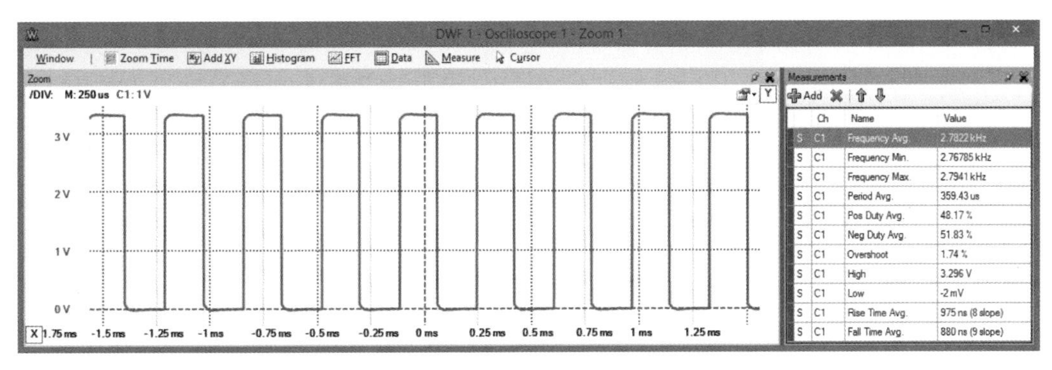


그림 6.4 flash.sh 스크립트에 의한 GPIO 출력의 스코프 디스플레이

## GPIO 디지털 입력

다음 애플리케이션은 GPIO를 *디지털 입력*으로 사용하며 RPi에서 작성된 소프트웨어가 푸시버튼의 상태나 다른 논리 high/low 입력을 읽을 수 있도록 한다. 이 작업은 리눅스 터미널을 사용해 먼저 수행한 다음 C/C++ 코드를 사용해 수행한다. 이 입력 회로를 구성할 때는 LED 회로가 연결된 채로 둔다. 두 회로가 이 장 전체에서 재사용되기 때문이다.

그림 6.5(a)의 회로는 RPi의 13번 핀(GPIO27)에 연결된 보통의 열린 푸시버튼(SPST)으로 구성된다. 4장에서 푸시버튼 스위치를 위한 풀업 또는 풀다운 저항의 필요성을 논의했지만, 이 회로에는 그런 것이 없는 것을 알아차렸을 것이다. 실수로 빠뜨린 것이 아니라 13번 핀이 내부의 풀다운 저항을 사용해 GND에 연결돼 있기 때문이다. 다음 단계에 따라 리눅스 터미널을 사용해 버튼의 상태(0 또는 1)를 읽는다.

```
pi@erpi /sys/class/gpio $ echo 27 > export
pi@erpi /sys/class/gpio $ cd gpio27
pi@erpi /sys/class/gpio/gpio27 $ ls
active_low  device  direction  edge  subsystem  uevent  value
pi@erpi /sys/class/gpio/gpio27 $ echo in > direction
pi@erpi /sys/class/gpio/gpio27 $ cat direction
in
pi@erpi /sys/class/gpio/gpio27 $ cat value
0
pi@erpi /sys/class/gpio/gpio27 $ cat value
1
```

따라서 버튼을 누를 때의 값은 1이고 놓을 때의 값은 0이 된다. 버튼을 눌렀을 때 GPIO27에는 약 64μA의 전류가 흐른다. `cat value`를 칠 때마다 값을 확인하기 위해 입력을 *폴링(polling)*한다. 이 방법의 단점은 `value`의 상태를 계속 폴링하지 않으면 입력 값의 변화를 알 수 없다는 것이다.

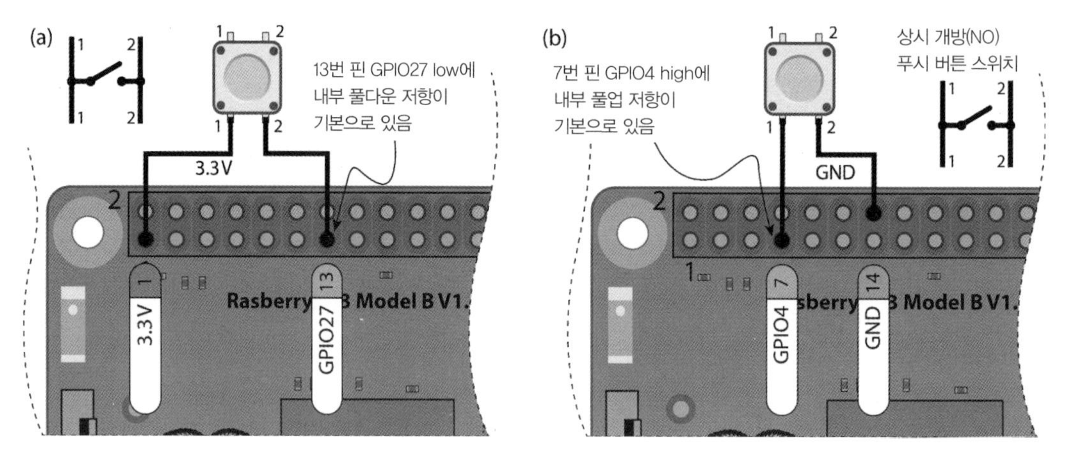

**그림 6.5** RPi에 푸시버튼 연결. (a) 내부 풀다운 저항, (b) 내부 풀업 저항

흥미로운 점으로 7번 핀인 GPIO4에 아무것도 연결하지 않은 채로 같은 명령을 입력하면 출력이 다르게 나올 것이다.

```
pi@erpi /sys/class/gpio $ echo 4 > export
pi@erpi /sys/class/gpio $ cd gpio4/
pi@erpi /sys/class/gpio/gpio4 $ cat direction
out
pi@erpi /sys/class/gpio/gpio4 $ echo in > direction
pi@erpi /sys/class/gpio/gpio4 $ cat value
1
pi@erpi /sys/class/gpio/gpio4 $ cat value
0
```

이 입력에 아무것도 연결하지 않으면 1이라는 값을 기록한다. 그 이유는 이 입력이 내부의 *풀업 저항*을 통해 3.3V 라인에 연결되기 때문이다. 그러한 GPIO에 대해 버튼을 올바로 배선하면 그림 6.5(b)와 같이 된다. 이 GPIO 입력은 그림 6.5(a)의 회로에 대해 반대의 극성을 가짐에 유의하라. 버튼을 눌렀을 때 GPIO27은 high이고 GPIO4는 low이다. 따라서 GPIO 핀을 올바로 사용하기 위해서는 이러한 내부 저항을 포함해 GPIO 구성을 확실하게 이해해야 한다.

## 내부 풀업/풀다운 저항

풀업과 풀다운 저항의 중요성에 대해서는 4장에서 자세히 논의했다. 그것들은 열린 스위치로 인해 GPIO 입력이 플로팅되지 않도록 해준다. 그러한 외부 저항은 일반적으로 상대적으로 낮은 저항 값(5~10kΩ)을 사용해 입력을 high/low 값에 "강력하게" 묶는 "강한" 풀업/다운 저항이다. RPi는 이 장의 뒤에서 설명할 메모리 기반 GPIO 제어 기법을 사용함으로써 구성할 수 있는 "약한" *내부 풀업* 및 *내부 풀다운* 저항을 갖는다.

핀에 대해 내부 풀업 또는 풀다운 저항이 활성화됐는지는 핀과 GND 사이에 100kΩ 저항을 연결(그림 6.6(a) 참고. 어두운 부분이 RPi의 SoC 내부의 기능을 나타냄)한 다음, 핀과 3.3V 공급 사이에 연결해서(그림 6.6(b) 참고) 물리적으로 확인할 수 있다. 저항이 GND에 연결됐을 때 100kΩ(실제로는 98.5kΩ 값을 가진 것을 사용했다)을 16번 핀에 연결하고 전압을 측정하면 전압 강하가 0V인 것을 볼 수 있으며 3.3V 레일에 연결했을 때의 측정값은 2.226V였다(3.3V가 아니라). 이는 내부에 풀다운 저항이 있음을 보여주며 이러한 저항의 조합으로 인해 전압 분배 회로처럼 동작하게 된다. 내부 풀다운 저항의 값을 그림 6.6(b)와 같은 방법으로 추정할 수 있다.

GPIO23에 해당하는 16번 핀에도 내부 풀다운 저항이 있지만, GPIO4에 해당하는 7번 핀에서 한 것과 같은 테스트를 하면 완전히 다른 결과가 나온다. 그림 6.6(a)와 같이 저항을 연결하면 100kΩ 저항을 통해 2.213V까지의 전압 강하가 일어나며 그림 6.6(b)와 같이 연결하면 거의 0V가 된다. 그 이유는 7번 핀 쪽에 내부 풀업 저항이 있기 때문이다. 동일한 계산을 해 보면 내부 풀업 저항값이 약 48.6kΩ이다.

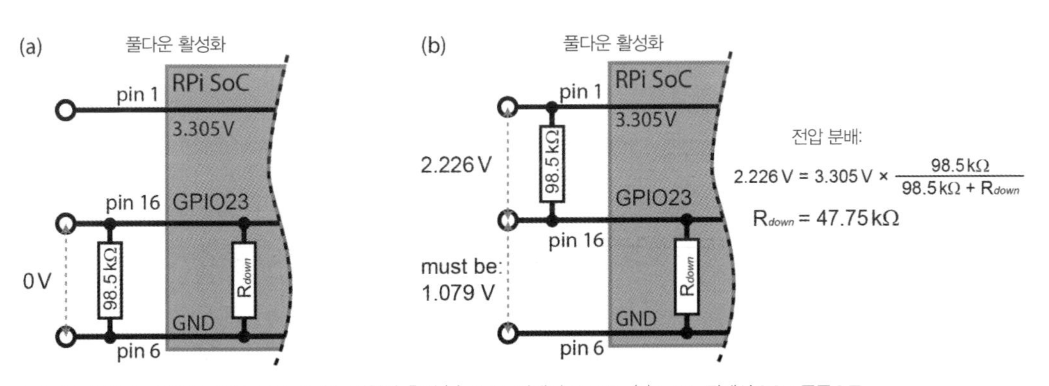


그림 6.6 100kΩ 저항을 연결해 내부 풀다운 저항값 측정 (a) GPIO 핀에서 GND로, (b) GPIO 핀에서 3.3V 공급으로

입출력 회로의 동작과 관련해 이러한 저항값도 감안할 필요가 있으며 내부 저항 구성을 상황에 맞도록 변경해야 할 것이다. 이를테면 특정 회로에서는 그것들을 꺼버리고 싶을 수도 있다. 또한 3번 핀(GPIO2)과

5번 핀(GPIO3)에는 1.8kΩ의 "강력한" 풀업 저항 두 개(R23과 R24)가 PCB에 영구적으로 붙어 있다. 이에 대해서는 8장에서 다룬다.

핀이 풀업이나 풀다운 저항 구성을 갖도록 구성할 수 있을 뿐만 아니라 각 핀에 대해 다른 모드도 있다. 이 것을 핀의 대체(ALT) 모드라고 부른다. 이 장의 뒤에 나오는 그림 6.11에서 모든 GPIO 헤더 핀에 대한 대체 모드의 목록을 볼 수 있다.

## 전원이 공급되는 DC 회로와 인터페이스하기

그림 6.2 및 그림 6.5에서와같이 RPi 자체도 출력과 입력 회로에 필요한 전원을 공급한다. 이러한 회로에 의해 소스 혹은 싱크할 수 있는 전류는 RPi의 명세에 따른 제약이 있다. 그러므로 외부에서 전원을 공급받는 회로와 인터페이스할 필요가 종종 있다.

자체 전원이 있는 회로(고출력 LED, 자동차 경보기, 차고 문 개폐기 등)에 RPi를 인터페이스할 때는 아주 조심해야 한다. 예를 들어 RPi가 꺼져 있는 동안에는 GPIO로 소스 혹은 싱크하지 않도록 회로를 설계해야 한다. 또한 회로나 전원 공급에 문제가 생길 경우를 대비해 회로와 RPi는 GND 연결을 공유하지 않는 것이 좋다.

4장에서 설명한 값싼 포토커플러를 이용해 외부 전원을 쓰는 회로와 RPi 사이의 전자적 연결을 없애는 것이 좋은 해결책이 될 것이다. 그림 6.7은 외부 전원을 사용하는 회로의 스위치를 켜고 끄기 위해 포토커플러와 NPN 트랜지스터로 이루어진 *달링턴 짝(Darlington pair)*을 갖춘 출력 회로를 나타낸 것이다. 이 예에서는 5V의 외부 전원 공급을 사용하지만, 더 높은 DC 공급 전압을 사용해도 된다. 최대 스위칭 전류를 제한하는 것은 포토커플러의 출력 전류 Ic 레벨이 아니라 트랜지스터(BC547)의 특성이다.

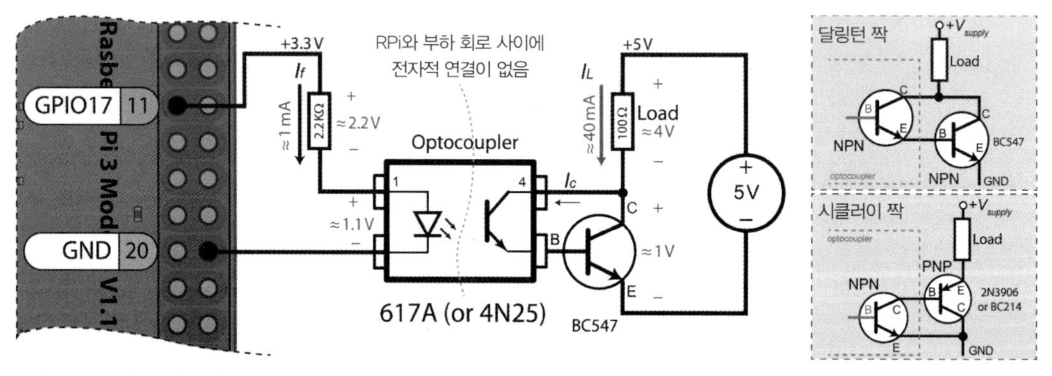


그림 6.7 포토커플러 출력 회로

617A 포토커플러의 전류 전달비(CTR)는 ≈0.5이므로 $I_f = 1\ mA$일 때(즉, GPIO17이 high일 때) 출력 전류 $I_c = 0.5mA$가 되며, 그 전류가 BC547 트랜지스터의 베이스로 들어간다. 이렇게 작은 전류가 BC547 트랜지스터를 켜는 것이며 이 예에서는 저항 부하에 전류 $I_L = 40mA$를 공급한다. 이 구성의 한 가지 단점은 달링턴 짝의 $V_{CE}$에 의해 전압 공급이 감소한다는 것이다(≈1V). 이를 대신할 방법으로 PNP 트랜지스터를 포토커플러의 출력에 연결하는 *시클러이(Sziklai) 짝*이 있다(그림 6.7). 두 배열은 출력 회로의 스위칭 주파수를 제한한다(일반적으로 수십 킬로헤르츠 범위). 617A와 달리 4N25는 포토커플러 수신기의 베이스를 노출한다. 이는 회로의 주파수 응답성을 개선하기 위해 추가적인 베이스 이미터 저항을 배치할 수 있게 해준다.

포토커플러는 그림 6.8에서와같이 GPIO에 연결해 외부 전원을 사용하는 DC 회로로부터 입력을 수신할 수도 있다. 이 회로는 어떠한 DC 공급 전압에 대해서도 적용할 수 있으며 RPi가 꺼져 있을 때 어떠한 전류도 싱크하지 않는다. 다이오드의 순방향 전류를 제한하기 위해 포토커플러의 입력단의 저항값을 선택해야 한다(617A/4N25의 경우, $I_{f(max)} < 60mA$)[1].

GPIO27에는 내부 풀다운 저항이 기본으로 있으므로 버튼이 눌리지 않을 때의 상태는 low다. 그림 6.5(a)의 RPi GPIO 입력 회로는 GPIO27에 64μA를 싱크한다. 비슷하게, 이것은 이 회로에 의해 싱크되는 최대 전류가 된다($I_f$와 $V_f$가 포토커플러를 위한 최소 레벨을 초과할 때). 선택한 포토커플러의 $I_{f(max)}$보다 작은 $I_f$의 값을 유지하기 위해 전압 레귤레이터를 사용함으로써 일정 범위 내에서 변화하는 DC 입력 전압을 다루는 데 이 회로를 적용할 수 있다.

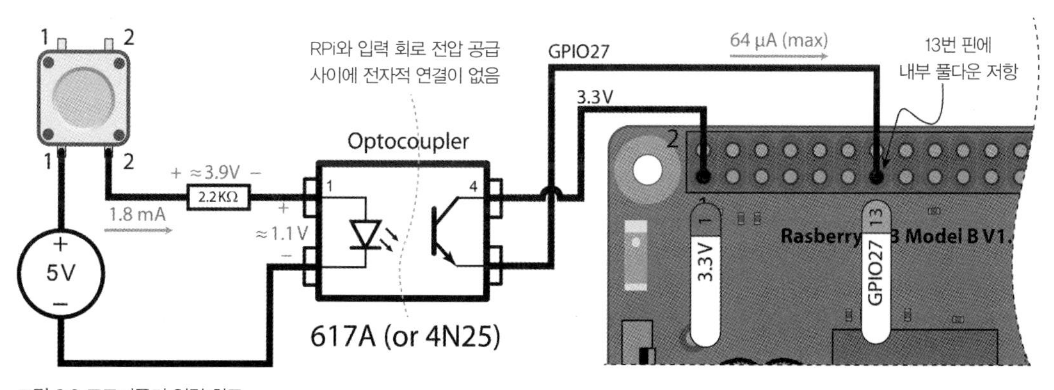


그림 6.8 포토커플러 입력 회로

1 tiny.cc/erpi603과 tiny.cc/erpi604를 참고하라.

## sysfs와 C++를 통한 GPIO 제어

RPi의 sysfs GPIO 기능을 사용하기 쉽게 C++ 클래스로 감쌌다. 이러한 접근은 다른 임베디드 리눅스 장치에도 이식할 수 있다는 점에서 중요하다. 그와 달리, 이 장의 뒤에서 살펴볼 메모리 맵 방식은 RPi에서만 사용할 수 있다.

코드 6.2는 사용 가능한 입출력 기능을 나열하는 클래스 정의다. 이 기능의 구현은 5장의 외부 LED를 제어하는 코드와 유사하다. 전체 코드는 `/chp06/GPIO/`의 `GPIO.h`와 `GPIO.cpp`에 있다.

C++ 코드는 헤더 파일(.h)과 구현 파일(.cpp)로 나뉘며 이러한 형태로 애플리케이션을 빌드하는 것을 분할 컴파일이라 한다. 분할 컴파일은 큰 프로젝트를 좀 더 효율적으로 빌드할 수 있지만, 개별 파일을 모두 관리하는 것이 어려울 수 있다. 다음 장에서 이클립스 통합 개발 환경(IDE)을 사용해 크로스 컴파일을 함으로써 이 과정을 매끄럽게 하는 것을 소개한다.

**코드 6.2** /chp06/GPIO/GPIO.h

```
...
#define GPIO_PATH "/sys/class/gpio/"

namespace exploringRPi {                         // 모든 코드는 맞춤 이름 공간에 있음
enum GPIO_DIRECTION{ INPUT, OUTPUT };            // 열거형으로 옵션을 제한
enum GPIO_VALUE{ LOW=0, HIGH=1 };
enum GPIO_EDGE{ NONE, RISING, FALLING, BOTH };

class GPIO {
private:
    int number, debounceTime;
    string name, path;
public:
    GPIO(int number);                            // 생성자가 핀을 export
    virtual int getNumber() { return number; }

    // GPIO 설정
    virtual int setDirection(GPIO_DIRECTION);
    virtual GPIO_DIRECTION getDirection();
    virtual int setValue(GPIO_VALUE);
    virtual int toggleOutput();
    virtual GPIO_VALUE getValue();
    virtual int setActiveLow(bool isLow=true);  // low=1, high=0
    virtual int setActiveHigh();                // 기본 상태
```

```
    virtual void setDebounceTime(int time) { this->debounceTime = time; }

    // 고급 출력: 스트림을 열어둠으로써 속도 향상(20배까지)
    virtual int streamOpen();
    virtual int streamWrite(GPIO_VALUE);
    virtual int streamClose();
    virtual int toggleOutput(int time);         // 스레드는 Xms마다 출력을 반전
    virtual int toggleOutput(int numberOfTimes, int time);
    virtual void changeToggleTime(int time) { this->togglePeriod = time; }
    virtual void toggleCancel() { this->threadRunning = false; }

    // 고급 입력: 이 장의 뒤에서 다룸
    virtual int setEdgeType(GPIO_EDGE);
    virtual GPIO_EDGE getEdgeType();
    virtual int waitForEdge();                  // 버튼을 누를 때까지 대기
    virtual int waitForEdge(CallbackType callback); // 콜백 스레드
    virtual void waitForEdgeCancel() { this->threadRunning = false; }
    virtual ~GPIO();  // 소멸자는 핀을 unexport

private:
    int write(string path, string filename, string value);
    int write(string path, string filename, int value);
    string read(string path, string filename);
    int exportGPIO();
    int unexportGPIO();
    ofstream stream;
    pthread_t thread;
    CallbackType callbackFunction;
    bool threadRunning;
    int togglePeriod;  // 기본값은 100ms
    int toggleNumber;  // 기본값은  -1 (무한)
    friend void* threadedPoll(void *value);
    friend void* threadedToggle(void *value);
};

void* threadedPoll(void *value);       // 스레드를 위한 콜백 함수
void* threadedToggle(void *value);     // 스레드를 위한 콜백 함수
} /* namespace exploringRPi */
```

상속을 통해 이 C++ 클래스를 확장해 기능을 추가할 수 있으며 사용에 대한 제약 없이 프로젝트에 통합할 수 있다. 코드 6.3에서 이 클래스를 사용해 그림 6.2의 LED 회로 및 그림 6.5(a)의 버튼 회로와 동시에 상호작용한다.

**코드 6.3** /chp06/GPIO/simple.cpp

```
#include<iostream>
#include<unistd.h>                    // usleep() 함수를 위한 헤더 파일
#include"GPIO.h"
using namespace exploringRPi;
using namespace std;

int main(){
    GPIO outGPIO(17), inGPIO(27);     // 11번 핀과 13번 핀

    outGPIO.setDirection(OUTPUT);     // 기본 출력 예제
    for (int i=0; i<10; i++){         // LED를 10번 깜빡임
        outGPIO.setValue(HIGH);       // LED를 켬
        usleep(500000);               // 0.5초 sleep
        outGPIO.setValue(LOW);        // LED를 끔
        usleep(500000);               // 0.5초 sleep
    }

    inGPIO.setDirection(INPUT);       // 기본 입력 예제
    cout << "The input state is: "<< inGPIO.getValue() << endl;

    outGPIO.streamOpen();             // 빠른 쓰기 예제
    for (int i=0; i<1000000; i++){    // 쓰기 백만 번
        outGPIO.streamWrite(HIGH);    // high
        outGPIO.streamWrite(LOW);     // 즉시 low, 반복
    }
    outGPIO.streamClose();            // 스트림을 닫음
    return 0;
}
```

코드 6.3을 빌드하고 실행하는 방법은 다음과 같다.

```
pi@erpi .../chp06/GPIO $ g++ simple.cpp GPIO.cpp -o simple -pthread
pi@erpi .../chp06/GPIO $ ./simple
The input state is: 1
```

코드는 분할 컴파일되므로 두 개의 .cpp 파일을 컴파일러에 전달해야 한다. 이 장의 뒤에서 설명할 클래스의 기능을 위해 -pthread 플래그가 필요하다. 위의 예제 코드는 LED를 10회 깜빡이며 버튼의 상태를 읽고 LED를 최대한 빨리 백만 번 깜빡인다(약 8초 걸림).

## BOOST.PYTHON과 GPIO 클래스

5장의 끝에서 말한 대로, Boost.Python을 사용해 Python에서 C++ 클래스 코드를 호출할 수 있다. /chp06/GPIOpython/ 디렉터리에 그에 필요한 모든 파일을 제공하는 예제 프로젝트가 있다. 다음은 C++ GPIO 클래스를 사용하는 Python 코드의 일부이며 버튼을 누르기 전까지 5Hz로 LED를 깜빡인다. GPIO.h 파일은 C++ 클래스를 감싸는 데 사용하는 BOOST_PYTHON_MODULE()을 포함한다.

```
pi@erpi ~/exploringrpi/chp06/GPIOpython $ more simple.py
#!/usr/bin/python
# A Python program that uses the GPIO C++ class
import gpio
from time import sleep
print "Start of the Python Simple GPIO program"
led = gpio.GPIO(17)
button = gpio.GPIO(27)
led.setDirection(1)
button.setDirection(0)
while button.getValue() == 0:
    led.setValue(1)
    sleep(0.1)
    led.setValue(0)
    sleep(0.1)
print "End of the GPIO program"
```

그림 6.9는 이 코드의 성능을 시험하기 위해 streamWrite() 메서드를 사용할 때 LED의 점멸 신호 출력을 캡처한 것이다. 이것은 129kHz로 점멸한다. 안타깝게도 C++ 애플리케이션은 이러한 출력을 생성하기 위해 실행 시 단일 코어의 CPU를 100% 차지한다.

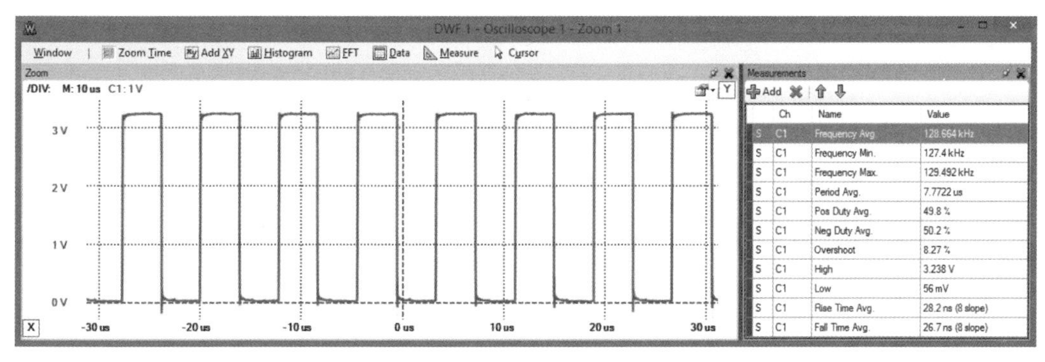


그림 6.9 GPIO C++ 클래스로 LED를 점멸

참고

리눅스 장치의 부하는 프로세서의 개수와 부하 평균을 검사해 결정된다.

```
pi@erpi ~ $ nproc
4
pi@erpi ~ $ uptime
18:53:57 up 7:00, 2 users, load average: 1.43, 0.73, 0.33
```

세 개의 수치는 각각 1분, 5분, 15분이 지난 뒤의 부하 평균(load average)을 나타낸다. 작업이 큐에 들어가기 전에 쿼드 코어 프로세서에 걸리는 최대 부하는 4.00이다. 프로세스를 효율적으로 처리할 여유를 가지게 평균 부하가 70%를 넘기지 않도록 하는 것이 좋다(RPi 2/3에서 2.8). 사용 가능한 메모리 또한 중요한 성능 고려 요소다. `cat /proc/meminfo`를 사용하라.

이 장의 뒤에서 PWM과 클럭을 사용해 CPU 부하가 거의 없이 보통 주기의 고정된 주파수 신호로 GPIO를 스위칭하는 방법을 설명한다. 비주기적 신호를 사용하는 고속의 GPIO 스위칭을 위해 사용할 수 있는 한 가지 방법은 시스템 메모리에 직접 접근해 GPIO 상태를 스위치하는 것이다. 그러나 그러한 기법은 운영체제뿐만 아니라 구현돼 있을 수도 있는 보호 장치들도 우회하는 결과를 가져온다.

## 선점형 리눅스 커널

그림 6.9의 출력 주기 및 듀티 사이클은 전형적인 임베디드 리눅스 장치의 모습을 나타낸다. 이는 주로 라즈비안 배포판의 커널을 빌드할 때 선점형 커널 옵션을 사용한다는 사실 때문이다. 이 옵션은 커널 코드 선점을 위한 지연 시간을 줄여 준다. 본질적으로 커널은 시스템 콜을 실행하는 동안 높은 우선순위의 작업을 처리하기 위해 인터럽트될 수 있다. 그 결과로 프로세스가 상당한 부하를 받는데도 불구하고 코드 6.3이 실행될 때 지연 시간과 신호 지터(주기의 불규칙성)는 적은 편이다.

커널이 선점 기능을 갖는지 확인하려면 `uname -a`를 입력해 확인할 수 있으며 `/proc` 디렉터리의 `config.gz` 파일의 커널 빌드 옵션을 확인하면 더 자세한 내용을 볼 수 있다. 예를 들어 커널이 선점을 지원하도록 빌드됐는지 확인하려면 빌드 옵션 파일에서 PREEMPT 문자열을 검색한다.

```
pi@erpi /proc $ gunzip -c config.gz | grep PREEMPT
CONFIG_TREE_PREEMPT_RCU=y
CONFIG_PREEMPT_RCU=y
# CONFIG_PREEMPT_NONE is not set
# CONFIG_PREEMPT_VOLUNTARY is not set
CONFIG_PREEMPT=y
CONFIG_PREEMPT_COUNT=y
# CONFIG_DEBUG_PREEMPT is not set
# CONFIG_PREEMPT_TRACER is not set
```

매우 정확한 시간 주기로 sleep을 시도하는 테스트 루프를 가진 cyclictest 프로그램을 사용해 RPi에서 일어나는 지연을 테스트할 수 있다. 이 기간 직후에 스레드는 높은 우선순위로 깨어난다. 실제 시간이 측정되며 예상시간과 계산된 실제 시간의 차를 계산하고 통계(차, 최대 차)가 수집된다. 루프는 사용자 정의 사이클 횟수만큼 반복한다.

```
pi@erpi ~ $ git clone git://git.kernel.org/pub/scm/linux/kernel/git/clrkw →
llms/rt-tests.git
pi@erpi ~ $ cd rt-tests/
pi@erpi ~/rt-tests $ make all
pi@erpi ~/rt-tests $ ./cyclictest --help
cyclictest V 0.92 ...
```

cyclictest를 빌드하려면 numactl과 libnuma-dev 패키지가 필요한데 라즈비안에는 기본으로 설치돼 있다. 테스트는 RPi 2에서 다음과 같이 호출해 실행할 수 있는데, 여기서는 높은 실행 우선순위(80)가 설정됐다.

```
pi@erpi ~/rt-tests $ sudo cpufreq-set -g performance
pi@erpi ~/rt-tests $ sudo ./cyclictest -t 1 -p 80 -n -i 1000 -l 10000 --smp
# /dev/cpu_dma_latency set to 0us
policy: fifo: loadavg: 0.00 0.01 0.15 1/157 8971
T: 0 ( 8966) P:80 I:1000 C: 10000 Min: 9 Act: 9 Avg: 12 Max: 98
T: 1 ( 8967) P:80 I:1500 C: 6671 Min: 8 Act: 12 Avg: 11 Max: 52
T: 2 ( 8968) P:80 I:2000 C: 5003 Min: 9 Act: 12 Avg: 11 Max: 47
T: 3 ( 8969) P:80 I:2500 C: 4002 Min: 9 Act: 12 Avg: 13 Max: 68
```

그 결과, RPi 2의 각 코어에 대한 지연 통계를 밀리초 단위로 표시한다. 동일한 테스트를 **PREEMPT** 패치가 적용되지 않은 멀티 코어 리눅스 데스크톱 머신에서 실행하면 다음과 같은 결과를 얻는다.

```
molloyd@debian:~/$ sudo ./cyclictest -t 1 -p 80 -n -i 1000 -l 10000 --smp
# /dev/cpu_dma_latency set to 0us
policy: fifo: loadavg: 0.30 0.09 0.06 1/329 3049
T: 0 ( 3047) P:80 I:1000 C: 10000 Min: 17 Act: 1441 Avg: 452 Max: 2581
T: 1 ( 3048) P:80 I:1500 C: 7637 Min: 16 Act: 194 Avg: 412 Max: 2868
T: 2 ( 3049) P:80 I:2000 C: 5774 Min: 19 Act: 102 Avg: 463 Max: 2626
```

데이터를 잘 이해하기 위해 그림 6.10과 같이 히스토그램을 그려 볼 수 있다(-h와 -p로 히스토그램 지연 표본 구간(μs)과 태스크 우선순위를 지정할 수 있다).

```
pi@erpi ~/rt-tests $ sudo ./cyclictest -h 100 -p 80 -t 1 -q -n -i 1000 →
-l 100000 --smp > histogram.dat
pi@erpi ~/rt-tests $ sudo apt install gnuplot
pi@erpi ~/rt-tests $ echo 'set term png; set output "plot.png"; plot →
"histogram.dat" with linespoints lc rgb "blue";' | gnuplot
```

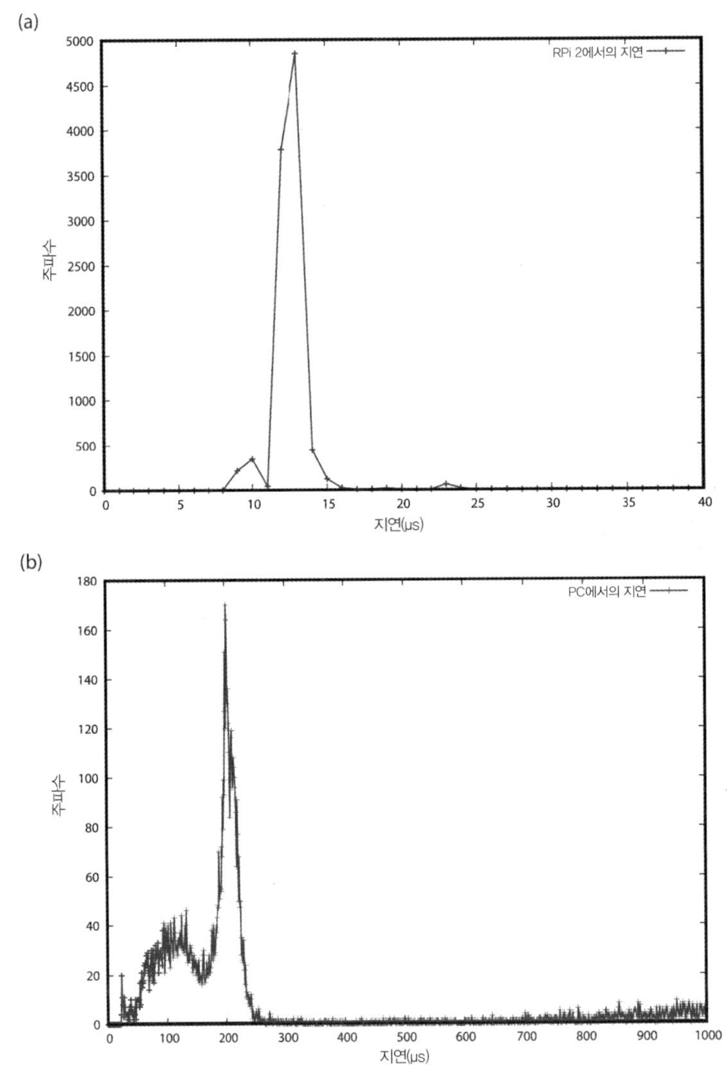


그림 6.10 10,000개의 표본에 대한 cyclictest 결과 히스토그램 (a) RPi 2에서 실행 (b) 선점이 지원되지 않는 리눅스 데스크톱 VM에서 실행

RPi 2의 히스토그램은 12~13μs를 중심으로 하는 정규분포를 보이는 데 반해, 선점 지원이 없는 데스크톱 VM은 대략 100μs와 200μs가 피크인 쌍봉 분포를 보이며 상당한 지터 문제로 이어지는 긴 꼬리가 나타난다. 두 플롯에서 x축의 범위의 차이에 대해 특히 주의를 기울여라. 선점을 지원하는 RPi 2에서의 낮은 지연은 그림 6.9의 낮은 신호 지터를 설명해 준다. 이 주제는 7장에서 다시 살펴보겠다.

플롯 출력을 보기 위해 FTP를 사용해 이미지를 데스크톱 컴퓨터로 전송하거나(3장 참고) 14장 초반에 설명할 가상 네트워크 컴퓨팅(VNC)을 사용해 RPi에서 원격으로 볼 수 있다.

RPi GPIO 헤더 (주 1)

Pi A/B Rev 2(P1), B+(J8), Pi 2/3(J8)

| | ALT5 | ALT4 | ALT3 | ALT2 | ALT1 | ALT0 | WPi | Pull | 모드 | 핀 번호 | | 모드 | Pull | WPi | ALT0 | ALT1 | ALT2 | ALT3 | ALT4 | ALT5 | |
|---|---|---|---|---|---|---|---|---|---|---|---|---|---|---|---|---|---|---|---|---|---|
| RPi A, B, A+, B+, 2/3 | | | 3.3V 공급에서 최대 500mA | | | | | | 3.3V | 1 | 2 | 5V | | | 최대 전류 draw ~300mA(사용하지 않을 때에는 막아둘 것) | | | | | | RPi A, B, A+, B+, 2/3 |
| | (주 2) | | | 예약됨 | SA3 | I2C1 SDA | 8 | 업 | GPIO2 | 3 | 4 | 5V | | | 최대 전류 draw ~300mA(사용하지 않을 때에는 막아둘 것) | | | | | | |
| | (주 2) | | | 예약됨 | SA2 | I2C1 SCL | 9 | 업 | GPIO3 | 5 | 6 | GND | | | | | | | | | |
| | ARM_TDI | | | 예약됨 | SA1 | GPCLK0 | 7 | 업 | GPIO4 | 7 | 8 | GPIO14 | 다운 | 15 | TXD0 | SD6 | | | | TXD1 | |
| | | | | | | | | | GND | 9 | 10 | GPIO15 | 다운 | 16 | RXD0 | SD7 | | | | RXD1 | |
| | RTS1 | SPI1_CE1_N | RTS0 | 예약됨 | SD9 | 예약됨 | 0 | 다운 | GPIO17 | 11 | 12 | GPIO18 | 다운 | 1 | PCM_CLK | SD10 | | BSCSL_SDA/MOSI | SPI1_CE0_N | PWM0 | |
| | | ARM_TMS | SD1_DAT3 | 예약됨 | 예약됨 | 예약됨 | 2 | 다운 | GPIO27 | 13 | 14 | GND | | | | | | | | | |
| | | ARM_TRST | SD1_CLK | 예약됨 | SD14 | 예약됨 | 3 | 다운 | GPIO22 | 15 | 16 | GPIO23 | 다운 | 4 | 예약됨 | SD15 | 예약됨 | SD1_CMD | ARM_RTCK | | |
| | | | 3.3V 공급에서 최대 500mA | | | | | | 3.3V | 17 | 18 | GPIO24 | 다운 | 5 | 예약됨 | SD16 | 예약됨 | SD1_DAT0 | ARM_TDO | | |
| | | | | 예약됨 | SD2 | SPI0_MOSI | 12 | 다운 | GPIO10 | 19 | 20 | GND | | | | | | | | | |
| | | | | 예약됨 | SD1 | SPI0_MISO | 13 | 다운 | GPIO9 | 21 | 22 | GPIO25 | 다운 | 6 | 예약됨 | SD17 | 예약됨 | SD1_DAT1 | ARM_TCK | | |
| | | | | 예약됨 | SD3 | SPI0_CLK | 14 | 다운 | GPIO11 | 23 | 24 | GPIO8 | 업 | 10 | SPI_CE0_N | SD0 | 예약됨 | | | | |
| | | | | | | | | | GND | 25 | 26 | GPIO7 | 업 | 11 | SPI_CE1_N | SWE_N / SRW_N | 예약됨 | | | | |
| RPi A+, B+, 2/3 | 사용하지 말 것(GPIO0). 주 3 참조 | | | 예약됨 | SA5 | SDA0 | 30 | 업 | ID_SD | 27 | 28 | ID_SC | 업 | 31 | SCL0 | SA4 | 예약됨 | 사용하지 말 것(GPIO1). 주 3 참조 | | | RPi A+, B+, 2/3 |
| | ARM_TDO | | | 예약됨 | SA0 | GPCLK1 | 21 | 업 | GPIO5 | 29 | 30 | GND | | | | | | | | | |
| | ARM_RTCK | | | 예약됨 | SOE_N/SE | GPCLK2 | 22 | 업 | GPIO6 | 31 | 32 | GPIO12 | 다운 | 26 | PWM0 | SD4 | 예약됨 | | | ARM_TMS | |
| | ARM_TCK | | | 예약됨 | SD5 | PWM1 | 23 | 다운 | GPIO13 | 33 | 34 | GND | | | | | | | | | |
| | | | | 예약됨 | SD11 | PCM_FS | 24 | 다운 | GPIO19 | 35 | 36 | GPIO16 | 다운 | 27 | 예약됨 | SD8 | 예약됨 | CTS0 | SPI1_CE2_N | CTS1 | |
| | | ARM_TDI | SD1_DAT2 | 예약됨 | 예약됨 | 예약됨 | 25 | 다운 | GPIO26 | 37 | 38 | GPIO20 | 다운 | 28 | PCM_DIN | SD12 | 예약됨 | BSCSL / MISO | SPI1_MOSI | GPCLK0 | |
| | | | | | | | | | GND | 39 | 40 | GPIO21 | 다운 | 29 | PCM_DOUT | SD13 | 예약됨 | BSCSL / CE_N | SPI1_SLCK | GPCLK1 | |

| 구분 | 리눅스 DT | 설명 |
|---|---|---|
| GPIO | sysfs | 범용 입출력 |
| SPI | spi | 시리얼 장치 인터페이스 |
| I2C | i2c0/i2c1 | I²C 버스 |
| UART | uart0 | UART |
| PWM | pwm | 펄스 폭 변조 |
| GPCLK | gp_clk | 범용 클럭(GPCLK1은 예약됨) |
| PCM | pcm | PCM 오디오 |
| SA | smi | 2차 메모리 인터페이스 |
| ARM_ | arm_jtag | ARM JTAG 디버거 |

주 1: 이 테이블의 데이터는 www.eLinux.org 웹 페이지, 시스템 정보, 데이터시트를 참고로 작성하였음.
주 2: RPi 초기 모델에서는 3번 핀이 GPIO0이고 5번 핀이 GPIO1임. 또한, 이 핀들은 온보드 1.8 KΩ 풀업 저항이 영구적으로 장착됨(I²C 버스를 위한 것).
주 3: ID_SD와 ID_SC 핀은 ID EEPROM을 위해 예약됨(다른 HAT를 위해). 이것은 부팅 시에는 장착된 보드를 찾기 위해 I²C 인터페이스로 탐지됨으로써, 리눅스가 올바른 HAT 드라이버를 적재할 수 있도록 함. 제8장 참조.

그림 6.11 RPi GPIO 헤더

## C++ 프로그래밍 고급

GPIO 클래스의 몇몇 기능을 이해하기 위해서는 거기에 적용된 C/C++의 프로그래밍 개념에 대해 좀 더 살펴봐야 한다. 이러한 기법은 RPi의 프로그램을 향상시키는 데 일반적으로 적용할 수 있다. 콜백 함수, POSIX 스레드, 리눅스 시스템 폴링의 사용을 통해 CPU의 과부하를 줄이고 빠른 응답 속도(예컨대 0.15ms 미만)를 갖는 효율적인 sysfs 기반 GPIO 폴링을 활용할 수 있다. GPIO 클래스가 이런 기능을 지원하므로 관련 프로그래밍 기법을 개괄적으로 알고 있으면 된다.

참고

여기서 다루는 C++ 프로그래밍과 메모리 기반 GPIO 제어 관련 논의는 GPIO 인터페이싱에 대한 고급 주제를 이해하는 데 중요한 배경지식이다. 그렇지만 언제든지 이 부분을 건너뛰고 wiringPi에 대한 실용적인 지침을 먼저 읽은 후 다시 돌아와도 무방하다.

### 콜백 함수

5장에서 Node.js 프로그램과 비동기 함수 호출과 관련해 콜백 함수를 설명했다. *콜백 함수*(또는 *리스너 함수*)는 어떤 이벤트가 일어날 때 실행되는 함수다. 이것은 JavaScript에서의 비동기 함수 호출의 근간일 뿐만 아니라 C++ 애플리케이션에서도 유용하다. 예를 들어 이 구조는 고급 `GPIO` 클래스에서 물리적 푸시 버튼이 눌렸을 때만 함수가 실행될 수 있도록 하는 데 사용된다. 일반적으로 C/C++에서 콜백 함수는 함수 포인터를 사용해 구현한다.

변수와 마찬가지로 프로그램 함수는 메모리에 저장된다. 그러므로 그것들은 메모리 주소를 가지며 이 메모리 주소를 다른 함수에 전달할 수 있다. *함수 포인터*는 함수의 주소를 저장하는 포인터다. 그러한 포인터를 다른 함수에 전달해 포인터가 가리키는 함수가 호출되게 할 수 있다. 코드를 보는 것이 이해가 빠를 것이다. 코드 6.4의 `doMath()` 함수는 한 개의 값과 함께 그 값에 대해 적용돼야 할 함수 포인터를 전달한다.

**코드 6.4** /chp06/callback/callback.cpp

```
#include<iostream>
using namespace std;

typedef int (*CallbackType)(int); // 구문을 깔끔하게 정리하기 위해 사용

int squareCallback(int x){        // 제곱을 계산하는 콜백 함수
    return x*x;
}
```

```
int cubeCallback(int x){          // 세제곱을 계산하는 콜백 함수
    return x*x*x;
}

int doMath(int num, CallbackType callback){
    return callback(num);         // 전달된 함수를 호출
}

int main() {
    cout << "Math program -- the value of 5: " << endl;
    cout << "->squared is: " << doMath(5, &squareCallback);
    cout << "->cubed is: " << doMath(5, &cubeCallback) << endl;
    return 0;
}
```

typedef를 사용해 타입을 생성하면 나중에 타입을 변경하기 쉽고 구문도 깔끔해진다. squareCallback() 또는 cubeCallback() 함수에 대한 포인터가 doMath() 함수에 전달된다. 위의 코드가 실행됐을 때의 출력은 다음과 같다.

```
pi@erpi ~/exploringrpi/chp06/callback $ ./callback
Math program -- the value of 5:
->squared is: 25 ->cubed is: 125
```

이러한 프로그래밍 구조는 사용자 인터페이스 프로그래밍에서는 상당히 일반적인 것으로(겉으로 드러나지는 않더라도) 사용자가 버튼이나 메뉴와 같은 디스플레이 사용자 인터페이스 컴포넌트와 상호작용할 때 함수가 호출되게 해준다. 동일한 구조가 실제 푸시버튼과 스위치에도 적용된다.

참고

이 책의 예제 코드를 자유롭게 편집하고 빌드하기 바란다. 뭔가 잘못되면 Git을 사용해 원래의 파일로 복구할 수 있다. 예를 들어 callback.cpp를 변경했는데 더 이상 동작하지 않는다면 그 파일을 지우고 다시 체크아웃하면 스테이징 영역에 추가된 최종 버전(git add callback.cpp에 의한 것)을 얻을 수 있다.

```
pi@erpi ~/exploringrpi/chp06/callback $ rm callback.cpp
pi@erpi ~/exploringrpi/chp06/callback $ git checkout callback.cpp
pi@erpi ~/exploringrpi/chp06/callback $ ls
callback  callback.cpp
```

## POSIX 스레드

*POSIX 스레드(Pthread)*는 C 함수, 타입, 상수의 모음으로, RPi에서 C/C++ 애플리케이션 스레딩을 구현하는 데 필요한 모든 것을 제공한다. 코드에 *스레딩*을 추가하면 각 스레드는 프로세스 시간의 "조각"을 할당받아 코드가 동시에 실행되는 것과 같은 효과를 낼 수 있다(대부분의 RPi 모델은 단일 코어 프로세서를 가지기 때문). 그렇지만 RPi 2/3은 쿼드코어 프로세서를 탑재했기 때문에 각 스레드가 정말로 동시에 실행될 수 있어 스레딩 애플리케이션의 성능이 크게 개선된다.

애플리케이션에서 Pthread를 사용하려면 `pthread.h` 헤더 파일을 인클루드하고 gcc/g++로 컴파일과 링크를 할 때 `-pthread` 플래그를 사용한다.[2] 모든 Pthread 함수는 `pthread_`로 시작한다. 코드 6.5는 RPi에서 두 개의 병렬 카운터를 생성하기 위해 Pthread를 사용하는 예다(주석에서 코드의 구조를 설명한다).

**코드 6.5** /chp06/pthreads/pthreads.cpp

```
#include <iostream>
#include <pthread.h>
#include <unistd.h>
using namespace std;

// 이 스레드 함수는 스레드가 생성될 때 실행
// void 포인터를 통해 데이터를 주고받음
void *threadFunction(void *value){
    int *x = (int *)value;      // 전달된 데이터를 int 포인터로 형 변환
    while(*x<5){                // x의 값이 5보다 작을 때
        usleep(10);             // 10us동안 sleep함으로써 main 스레드가 원활히 동작하도록 함
        (*x)++;                 // x의 값을 1 증가시킴
    }
    return x;                   // 포인터 x를 반환(void*로)
}

int main() {
    int x=0, y=0;
    pthread_t thread;           // pthread에 대한 핸들
    // 스레드를 생성하고 참조, 함수의 주소와 데이터를 전달
    // pthread_create()는 스레드가 성공적으로 생성되면 0을 반환
    if(pthread_create(&thread, NULL, &threadFunction, &x)!=0){
        cout << "Failed to create the thread" << endl;
        return 1;
```

2 다음 장에서는 이클립스 IDE를 사용한다. 이클립스에서 Pthread를 사용하려면 Project Properties → C/C++ Build Settings → GCC C++ Linker → Miscellaneous → Linker Flags를 차례로 선택하고 -pthread를 추가한다.

```
    }
    // 스레드가 성공적으로 생성됨
    while(y<5){                // 루프 및 y 값을 증가시키고 디스플레이
        cout << "The value of x=" << x << " and y=" << y++ << endl;
        usleep(10);            // pthread가 실행되는 것을 도움
    }
    void* result;              // OPTIONAL: pthread로부터 역으로 데이터를 수신
    pthread_join(thread, &result);     // pthread가 종료될 때까지 대기
    int *z = (int *) result;           // void*를 int*로 변환해 z를 얻음
    cout << "Final: x=" << x << ", y=" << y << " and z=" << *z << endl;
    return 0;
```

빌드 및 실행 방법과 그에 따른 출력은 다음과 같다.

```
pi@erpi .../chp06/pthreads $ g++ pthreads.cpp -o threads -pthread
pi@erpi .../chp06/pthreads $ ./threads
The value of x=0 and y=0
The value of x=3 and y=1
The value of x=4 and y=2
The value of x=5 and y=3
The value of x=5 and y=4
Final: x=5, y=5 and z=5
```

다시 실행시키면 출력에 차이가 있을 수도 있다!

```
pi@erpi .../chp06/pthreads $ ./threads
The value of x=1 and y=0
The value of x=3 and y=1
The value of x=5 and y=2
The value of x=5 and y=3
The value of x=5 and y=4
Final: x=5, y=5 and z=5
```

스레드 관리자가 메인 스레드로 원활하게 전환하게 하려고 usleep()을 호출했다. 출력의 순서는 바뀔 수 있지만 최종 결과는 항상 일정한데, 그것은 스레드가 완료할 때까지 실행을 멈추는 pthread_join() 함수 호출 때문이지 몇 개의 코어가 사용되는지와는 관계가 없다.

코드 6.6은 RPi 2/3에서의 멀티 코어 프로세서의 능력을 평가하는 한편, 스레드를 통해 네 개의 코어를 활용하는 방법을 보여주기 위한 간단한 성능 테스트 코드의 윤곽을 보여준다. 각 스레드는 오백만 개의 의사

(pseudo) 난수를 생성하는 작업을 수행한다. 또한 멀티 코어 스레딩이 활성화됐을 때와 비활성화됐을 때의 수행 시간도 측정된다.

**코드 6.6** /chp06/multicore/perftest.cpp (일부)

```
void* thread_function(void*) {          // 오백만 개의 난수를 생성
    unsigned rand_seed = 0;
    for(int i=0; i<5000000; i++){ rand_r(&rand_seed); }
    return 0;
}

void random_generate_no_threads(int numCalls) {
    for(int i=0; i<numCalls; i++){ thread_function(NULL); }
}

void random_generate_with_threads(int numCalls) {
    pthread_t* threads[numCalls];       // 스레드 포인터의 배열
    for(int i=0; i<numCalls; i++){ threads[i] = new pthread_t; }
    for(int i=0; i<numCalls; i++){      // 각 호출에 대해 스레드를 생성
        pthread_create(threads[i], NULL, thread_function, NULL);
    }                                   // 모두 완료될 때까지 대기
    for(int i=0; i<numCalls; i++){ pthread_join(*threads[i], NULL); }
    for(int i=0; i<numCalls; i++){ delete threads[i]; }
}

int main(int argc, char* argv[]) {      // 코어의 개수
    ...
    unsigned int numThreads = std::thread::hardware_concurrency();
    ...
}
```

호출 횟수가 많을수록 RPi 2/3에서의 스레딩의 효과가 크다는 것을 그림 6.12에서 알 수 있다. 시간의 측정은 평상시에 자각하는 *실제(real) 시간*을 기준으로 한다. 이것은 유저 스페이스의 코드가 CPU를 사용한 시간의 합을 나타내는 *사용자(user) 시간*과 다르고 커널 스페이스의 코드가 CPU를 사용한 시간의 합을 나타내는 *시스템(system) 시간*과도 다르다.

멀티 코어 RPi 2/3에서 의사 난수를 오백만 개 계산할 때와 이천만 개 계산할 때 걸리는 실제 시간은 별로 차이가 나지 않는데, 그 이유는 스레드가 각 코어에서 병렬로 실행되기 때문이다. 다섯 개 이상의 스레드가 필요할 때는 추가적인 부하를 네 개의 코어가 공유한다. 따라서 부하 직선의 기울기는 단일 코어 구현

의 1/4이 된다. 정확한 시간 측정을 위해 C++11 Chrono 및 Boost Chrono 라이브러리를 사용했다. 다음과 같이 /chp06/multicore/ 디렉터리에서 테스트를 수행해 볼 수 있다(RPi 3에서 이천만 개의 숫자를 생성한 경우).

```
pi@erpi:~/exploringrpi/chp06/multicore $ ./perftest 4
This hardware supports 4 concurrent threads.
Performing test using 4 thread enabled function calls
Real Time: No threads 646677 us
Real Time: With threads 150989 us
```

5장의 처음에 나온 모든 성능 테스트는 RPi 2/3에서 한 개의 코어만 가지고 수행했다. 코드 예제에 병렬화된 수치 계산을 적용했다면 멀티 코어인 RPi 2/3에서 훨씬 나은 결과를 얻었을 것이다.

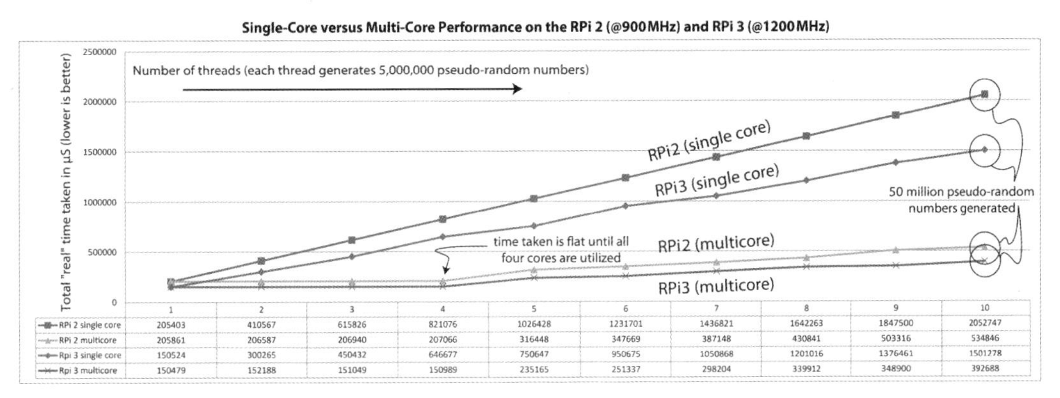


| | 1 | 2 | 3 | 4 | 5 | 6 | 7 | 8 | 9 | 10 |
|---|---|---|---|---|---|---|---|---|---|---|
| RPi 2 single core | 205403 | 410567 | 615826 | 821076 | 1026428 | 1231701 | 1436821 | 1642263 | 1847500 | 2052747 |
| RPi 2 multicore | 205861 | 206587 | 206940 | 207066 | 316448 | 347669 | 387148 | 430841 | 503316 | 534846 |
| Rpi 3 single core | 150524 | 300265 | 450432 | 646677 | 750647 | 950675 | 1050868 | 1201016 | 1376461 | 1501278 |
| Rpi 3 multicore | 150479 | 152188 | 151049 | 150989 | 235165 | 251337 | 298204 | 339912 | 348900 | 392688 |

그림 6.12 RPi 2와 RPi 3에서 단일 코어와 멀티 코어 스레딩 성능 테스트(실제 시간을 측정)

## 리눅스 폴(sys/poll.h)

이 장의 시작에서 value 파일의 상태를 검사하는 코드를 사용해 버튼의 상태를 검출할 수 있었지만, 이것은 프로세서에 많은 부하를 주기 때문에 그다지 실용적이라고는 할 수 없다. /sys/class/gpio 디렉터리에서 파일 목록을 보면 지금까지 눈여겨보지 않았던 edge라는 파일이 있을 것이다.

```
pi@erpi /sys/class/gpio $ echo 4 > export
pi@erpi /sys/class/gpio $ cd gpio4
pi@erpi /sys/class/gpio/gpio4 $ ls
active_low  device  direction  edge  subsystem  uevent  value
pi@erpi /sys/class/gpio/gpio4 $ cat edge
none
```

sys/poll.h 헤더 파일로부터 시스템 함수 poll()을 사용할 수 있고 구문은 다음과 같다.

```
int poll(struct pollfd *ufds, unsigned int nfds, int timeout);
```

첫 번째 인자는 감시할 파일 항목 및 감시할 이벤트의 유형(EPOLLIN은 읽기 오퍼레이션, EPOLLET는 트리거한 에지, EPOLLPRI는 긴급한 데이터)을 식별하는 pollfd 구조체의 배열에 대한 포인터를 지정한다. 다음 인자인 nfds는 얼마나 많은 엘리먼트가 첫 인자 배열에 있는지 식별한다. 마지막 인자는 타임아웃을 밀리초 단위로 식별한다. 값이 -1이면 커널은 배열에 식별된 활동을 영원히 기다린다. 이 코드는 GPIO 클래스의 waitForEdge() 메서드에 추가돼 있다.

## 개선된 GPIO 클래스

방금 논의한 프로그래밍 개념을 처음 접했다면 복잡하고 어렵게 느껴질 수도 있다. 그렇지만 앞서 살펴본 코드 6.2에서 이미 이러한 기법을 GPIO 클래스에 적용해 속도와 효율을 높였다. 이 클래스를 실제로 사용해 보고 성능을 평가하자.

테스트 회로는 그림 6.2의 LED 회로와 그림 6.5(a)의 버튼 회로를 조합한 것이다. 따라서 LED는 11번 핀(GPIO17)에, 버튼은 13번 핀(GPIO27)에 연결한다. 버튼을 누르면 LED가 켜진다.

코드 6.7은 버튼이 눌릴 때까지 프로그램이 진행하지 않고 기다리도록 하는 동기적 폴의 성능을 테스트한다.

**코드 6.7** /chp06/GPIO/tests/test_syspoll.cpp

```
#include<iostream>
#include"GPIO.h"
using namespace exploringRPi;
using namespace std;

int main(){
    GPIO outGPIO(17), inGPIO(27);
    inGPIO.setDirection(INPUT);       //버튼이 입력임
    outGPIO.setDirection(OUTPUT);     //LED가 출력임
    inGPIO.setEdgeType(RISING);       //상승 에지를 기다림
    outGPIO.streamOpen();             //파일을 준비
    outGPIO.streamWrite(LOW);         //LED를 끔
    cout << "Press the button:" << endl;
    inGPIO.waitForEdge();             //무한히 대기
```

```
    outGPIO.streamWrite(HIGH);       //버튼이 눌리면 LED를 켬
    outGPIO.streamClose();           //출력 스트림을 닫음
    return 0;
}
```

그림 6.13(a)는 이 코드의 응답 시간을 캡처한 것이다. 이 코드는 ~0%의 CPU 부하로 돌아가는데, 그 이유는 리눅스 커널이 폴링을 효율적으로 처리하기 때문이다. 버튼을 누를 때의 첫 번째 상승 에지로부터 LED가 켜질 때까지의 전자적 응답 시간을 오실로스코프를 사용해 측정했다. 이 프로그램 응답은 ~123μs로, 물리적 디바운스 필터 시간 내에 든다. 이 클래스의 디바운스 필터는 성능에 영향을 미치지 않으며 버튼의 반복적인 눌림 사이의 지연에만 관계가 있다. 이 코드의 단점은 버튼이 눌리는 것을 기다리는 동안 프로그램이 다른 연산을 수행할 수 없다는 것이다.

코드 6.8의 두 번째 예제는 비동기적인 `waitForEdge()` 메서드의 성능을 테스트한다. 함수 포인터를 받고 Pthread를 사용함으로써 프로그램이 다른 연산을 계속할 수 있도록 한다. 이 예제에서 메인 스레드도 중요하지만 다른 작업도 수행할 수 있다.

**코드 6.8** /chp06/GPIO/tests/test_callback.cpp

```
#include<iostream>
#include<unistd.h>
#include"GPIO.h"
using namespace exploringRPi;
using namespace std;

GPIO *outGPIO, *inGPIO;                // 전역 포인터

int activateLED(int var) {             // 콜백 함수
    outGPIO->streamWrite(HIGH);        // LED를 켬
    cout << "Button Pressed" << endl;
    return 0;
}

int main() {
    inGPIO = new GPIO(27);             // 버튼 GPIO
    outGPIO = new GPIO(17);            // LED GPIO
    inGPIO->setDirection(INPUT);       // 버튼이 입력임
    outGPIO->setDirection(OUTPUT);     // LED가 출력임
    outGPIO->streamOpen();             // LED에 대한 빠른 쓰기를 사용
    outGPIO->streamWrite(LOW);         // LED를 끔
```

```
    inGPIO->setEdgeType(RISING);          // 상승 에지를 기다림
    cout << "You have 10 seconds to press the button:" << endl;
    inGPIO->waitForEdge(&activateLED);    // 콜백 함수를 전달
    cout << "Listening, but also doing something else..." << endl;
    for(int i=0; i<10; i++){
        usleep(1000000);                  // 1초 동안 sleep
        cout << "[sec]" << flush;         // 1초가 흘렀음을 표시
    }
    outGPIO->streamWrite(LOW);            // 10초 후 LED를 끔
    outGPIO->streamClose();               // 스트림을 닫음
    return 0;
}
```

이 코드에서의 주요 변화는 setEdgeType() 메서드가 호출될 때 메서드 내에서 새로운 스레드가 생성돼 제어를 즉시 반환함으로써 메인 스레드가 연산을 계속 수행할 수 있게 된 점이다. 메인 스레드는 LED를 끄기 전에 10초를 세는 일만 한다. 버튼이 눌리면 activateLED() 함수가 호출된다. 10초를 센 뒤에는 프로그램이 종료되며 푸시버튼을 누른 채로 있더라도 LED가 꺼질 것이다.

```
pi@erpi ~/exploringrpi/chp06/GPIO/tests $ ./test_callback
You have 10 seconds to press the button:
Listening, but also doing something else...
[sec][sec][sec][sec][sec]Button Pressed
[sec][sec][sec]Button Pressed
[sec][sec]
```

(a)

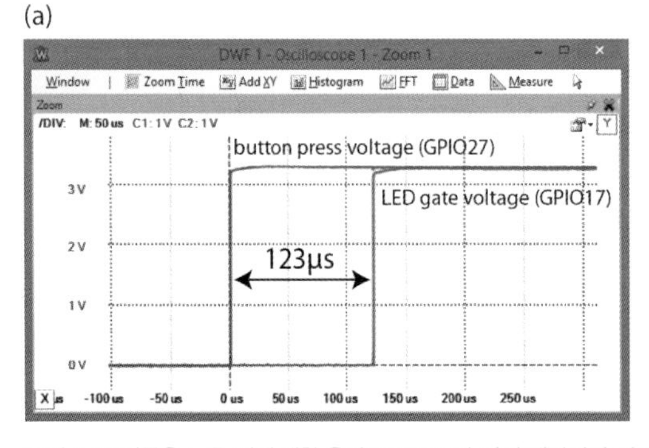


(b)

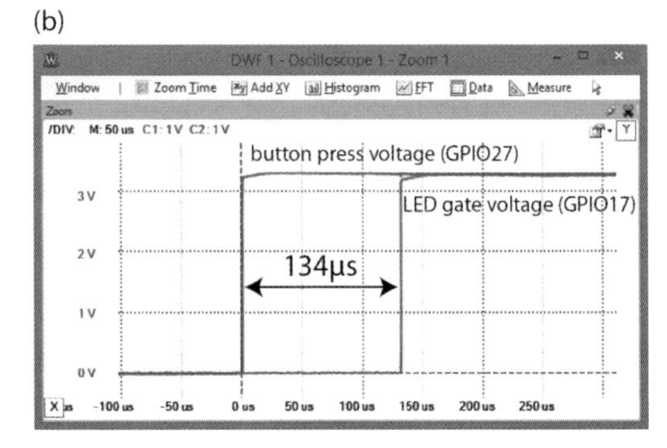


**그림 6.13** 버튼을 누른 것에 대한 응답으로 LED가 켜질 때까지의 지연 시간(~0% CPU 사용) (a) sys/poll.h를 사용한 것, (b) 콜백 함수와 Pthread를 통합

그림 6.13(b)에서 보는 바와 같이 콜백 함수와 Pthread 코드를 수행하느라 응답 시간이 약간(~11μs) 느려졌지만 앞의 프로그램과 크게 차이가 나지는 않는다. 이 코드는 CPU에 눈에 띄는 부담을 주지 않는다. 코드의 전체 구현은 GPIO.cpp 파일을 참조하되, 필요에 따라 편집하라. 콜백 코드를 전역 함수로 만들지 않아도 되도록 *functor*(함수 객체)와 C++ 표준 템플릿 라이브러리(STL)를 사용하는 좀 더 고급의 버전을 사용할 수도 있다.

## 메모리 기반 GPIO 제어

브로드컴 BCM2835의 주변 장치의 전체 데이터시트는 라즈베리 파이 재단에서 구할 수 있다(`tiny.cc/erpi601`). 이것은 SoC의 저수준의 세부사항을 기술하는 중요한 문서이며 RPi를 위해 리눅스 커널을 맞춤 빌드할 때 참고가 된다. 이와 같이 저수준 입출력에 대한 상세한 정보가 있으면 메모리를 직접 조작하는 방법으로 리눅스 커널을 우회해 SoC의 입력과 출력을 제어할 수 있다. 이러한 방법은 입출력 성능을 높일 수 있지만, 프로그램을 다른 임베디드 리눅스 플랫폼에 이식할 수 없으므로 가급적 피하는 것이 좋다. 또한 리눅스 커널은 메모리가 그런 식으로 직접 조작됐음을 알지 못하므로 자원 충돌이 일어날 수 있다.

참고

이 절에서는 RPi의 SoC에 특화된 메모리 맵 기법을 사용해 RPi에서 고성능 GPIO 제어를 구현하는 방법을 설명한다. 이는 다음 절에서 설명할 wiringPi 라이브러리의 뛰어난 성능을 이해하기 위한 배경지식이 된다. 이 부분이 어렵게 느껴진다면 다음 절의 wiringPi로 넘어갔다가 다시 돌아와 이 부분을 읽어도 좋다.

리눅스는 가상 메모리 시스템을 사용하는데, 이는 하드웨어가 사용하는 물리적 주소와 하드웨어에 접근하기 위해 사용하는 가상적 주소 사이에 차이가 있음을 의미한다. 32비트 리눅스에서 가상 메모리 시스템은 32비트 주소 체계를 완전히 활용해 물리적 메모리가 사용할 수 있는 것보다 훨씬 큰 가상의 공간을 할당한다. RPi 2/3에서 사용 가능한 메모리가 1GB임에도 불구하고 32비트 주소 체계는 232개의 주소(4GB)를 지원한다. 주소 범위가 넓어짐으로써 통일된 주소 공간에 메모리 페이징과 물리적 장치(외부 장치 등)를 매핑할 수 있게 된다. 예를 들면 RPi 2에서 943MB가 시스템 RAM에 할당된 것을 볼 수 있다.[3]

```
pi@erpi ~/exploringrpi/chp06 $ cat /proc/iomem
00000000-3affffff : System RAM
00008000-0075a023 : Kernel code
007bc000-008de493 : Kernel data
```

3 참고로 0x3affffff = 966,655KB = 943MB이다. 64MB는 GPU와 vc_mem에 기본으로 할당된다. 라즈비안 이미지에서는 mem_size=0x3f000000(즉, 1,008MB)이다. 3장 커널 부팅의 콘솔 출력을 보라. 이 값들은 MiB(메비바이트)와 KiB(키비바이트)로 표현하는 것이 정확하며, 1Mib = 1,024KiB다. 리눅스는 IEC 표기법을 간과하는 경향이 있다.

```
3f000000-3f000fff : bcm2708_vcio
3f006000-3f006fff : bcm2708_usb
3f006000-3f006fff : dwc_otg
3f200000-3f2000b3 : /soc/gpio
...
pi@erpi ~/exploringrpi/chp06 $ cat /proc/meminfo
MemTotal: 949380 kB
MemFree: 730976 kB
...
```

첫 번째 결과의 맨 아래에 RPi 2/3의 GPIO 장치의 기본 주소가 `0x3f200000`인 것을 볼 수 있다. 현재 나와 있는 RPi의 모든 다른 모델에서는 주소가 `0x20000000`다. 두 번째 결과에서는 사용 가능한 총 메모리(`MemTotal`)가 시스템 RAM에 비해 16MB 모자라게(943MB ~ 927MB) 나온다. 이것은 커널 이미지를 저장할 곳이 필요해 커널이 메모리의 일부를 *예약된(reserved) 메모리*로 돌리기 때문이다.

## Devmem2를 사용해 GPIO 제어하기

`/dev/mem`에 직접 접근하는 C 코드를 사용해 메모리 주소에서 값을 얻어낼 수 있다. 그렇지만 절차에 익숙해지려면 메모리 위치로부터 읽거나 쓸 때 매우 유용한 명령행 도구인 얀-데르크 배커(Jan-Derk Bakker)의 `devmem2` 프로그램을 빌드해 설치하는 것이 최선이다.

```
pi@erpi ~ $ wget http://www.lartmaker.nl/lartware/port/devmem2.c
devmem2.c 100%[=====================>] 3.47K --.-KB/s in 0s
2015-07-05 01:13:43 (72.0 MB/s) - 'devmem2.c' saved [3551/3551]
pi@erpi ~ $ gcc devmem2.c -o devmem2
pi@erpi ~ $ ./devmem2
Usage: ./devmem2 { address } [ type [ data ] ]
address : memory address to act upon
type : access operation type : [b]yte, [h]alfword, [w]ord
data : data to be written
```

GPIO 제어 시 중요한 레지스터를 그림 6.14에 나타냈다. 전체 목록은 *BCM2835 ARM Peripherals* 매뉴얼의 Table 6-1에 있다.

회로가 그림 6.2에서와같이 연결되면 `devmem2` 프로그램이 LED 회로를 제어할 수 있다. `devmem2` 프로그램이 현재 pi 사용자의 홈 디렉터리에 있으면 RPi 2/3에서 GPLVL0 레지스터의 값을 읽는 데 그것을 사용할 수 있다(다른 RPi 모델에서는 `0x3F20`을 `0x2000`으로 바꿀 것).

```
pi@erpi /sys/class/gpio $ echo 17 > export
pi@erpi /sys/class/gpio $ cd gpio17
pi@erpi /sys/class/gpio/gpio17 $ echo out > direction
pi@erpi /sys/class/gpio/gpio17 $ cat value
0
pi@erpi /sys/class/gpio/gpio17 $ sudo ~/devmem2 0x3F200034
/dev/mem opened. Memory mapped at address 0x76f0e000.
Value at address 0x3F200034 (0x76f0e034): 0xB000C1FF
pi@erpi /sys/class/gpio/gpio17 $ echo 1 > value
pi@erpi /sys/class/gpio/gpio17 $ sudo ~/devmem2 0x3F200034
/dev/mem opened. Memory mapped at address 0x76ee3000.
Value at address 0x3F200034 (0x76ee3034): 0xB002C1FF
```

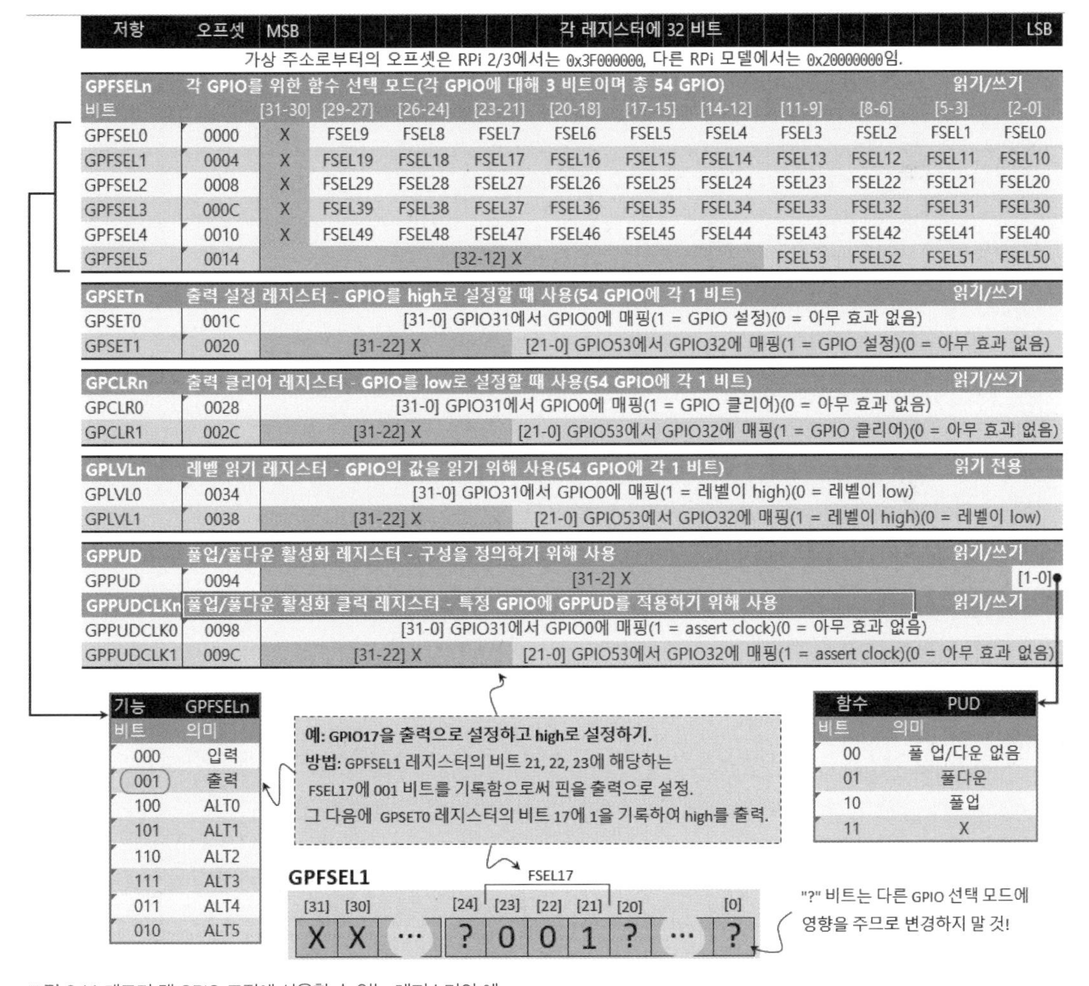


그림 6.14 메모리 맵 GPIO 조작에 사용할 수 있는 레지스터의 예

차이는 0x20000이며, 이진수로는 100000000000000000이다(1 다음에 0이 17개, 또는 1<<17). GPIO17은 주소 중 첫 번째 뱅크에 있다. GPIO32부터 GPIO53은 GPLVL1 레지스터를 읽어야 한다. 위의 출력은 GPLVL0 레지스터가 처음 디스플레이될 때 출력이 low이고 두 번째는 high라는 것을 가리킨다.

동일한 devmem2 프로그램을 사용해 GPCLR0(0028)에 비트 17을 설정함으로써 LED를 끌 수 있으며, GPSET0(001C) 레지스터에 비트 17을 설정함으로써 LED를 켤 수 있다.

```
pi@erpi /sys/class/gpio/gpio17 $ cat value
1
pi@erpi /sys/class/gpio/gpio17 $ sudo ~/devmem2 0x3F200028 w 0x20000
/dev/mem opened. Memory mapped at address 0x76f77000.
Value at address 0x3F200028 (0x76f77028): 0x6770696F
Written 0x20000; readback 0x6770696F
pi@erpi /sys/class/gpio/gpio17 $ cat value
0
pi@erpi /sys/class/gpio/gpio17 $ sudo ~/devmem2 0x3F20001C w 0x20000
/dev/mem opened. Memory mapped at address 0x76f7a000.
Value at address 0x3F20001C (0x76f7a01c): 0x6770696F
Written 0x20000; readback 0x6770696F
pi@erpi /sys/class/gpio/gpio17 $ cat value
1
```

이러한 비트를 설정하면 gpio17 항목의 값에 대한 sysfs의 value 항목에 직접 영향을 준다는 것을 알 수 있다.

참고로 인터럽트 이벤트(하강/상승 에지 검출)를 설정하고 검출할 수 있는 레지스터들도 있다. *BCM2835 ARM Peripherals* 문서의 Table 6-1을 참고하라.

## C와 /dev/mem을 사용한 GPIO 제어

그림 6.14는 핀의 모드를 설정하는 자세한 방법과 그 예를 보여준다. 모든 GPIO는 읽기 또는 쓰기 모드를 설정할 수 있으며 그림 6.11의 목록과 같이 ALT 모드로 설정할 수도 있다. 모드는 그림 6.14의 왼쪽 아래의 표에 실린 3비트 값을 사용해 설정한다. 예를 들어 3비트 값을 000으로 설정하면 핀은 입력으로 작동한다.

## C/C++의 비트 연산

이 절에서는 메모리의 조작을 효율적으로 하기 위해 비트 연산을 많이 사용한다. 이러한 연산에 익숙해지도록 간단한 코드 조각을 살펴보는 것이 도움이 될 것이다. 전체 예제는 /chp06/bits/bitsTest.cpp에 있다. 다음 코드에서는 간결성을 위해 uint8_t(부호 없는 8비트 정수) 형과 display() 함수를 사용했다.

```
string display(uint8_t a) {
    stringstream ss;          // setw()는 이진수로부터 폭과 비트셋 형식을 설정
    ss << setw(3) << (int)a << "(" << bitset<8>(a) << ")";
    return ss.str();
}

int main(){
    uint8_t a = 25, b = 5;       // 부호 없는 8비트는 0에서 255의 범위임
    cout << "A is " << display(a) << " and B is " << display(b) << endl;
    cout << "A & B  (AND) is " << display(a & b) << endl;
    cout << "A | B  (OR)  is " << display(a | b) << endl;
    cout << "  ~A   (NOT) is " << display(~a) << endl;
    cout << "A ^ B  (XOR) is " << display(a ^ b) << endl;
    cout << "A << 1 (LSL) is " << display(a << 1) << endl;
    cout << "B >> 1 (LSR) is " << display(b >> 1) << endl;
    cout << "1 << 8 (LSL) is " << display(1 << 8) << endl; // 경고!
    return 0;
}
```

코드를 컴파일 및 실행하면 다음과 같이 출력된다.

```
pi@erpi ~/exploringrpi/chp06/bits $ ./bits
A is  25(00011001) and B is   5(00000101)
A & B  (AND) is   1(00000001)
A | B  (OR)  is  29(00011101)
  ~A   (NOT) is 230(11100110)
A ^ B  (XOR) is  28(00011100)
A << 1 (LSL) is  50(00110010)
B >> 1 (LSR) is   2(00000010)
1 << 8 (LSL) is   0(00000000)
```

1이 여덟 번 시프트(1<<8)돼 값이 0이 됐는데(컴파일러 경고), 이는 오버플로우가 일어나서 1을 잃어버렸기 때문이다. 제한된 크기의 데이터를 사용해 계산을 단순화할 수 있다. 이 법칙은 이 장의 뒤에 나올(코드 6.14) 체크섬 계산에 사용된다.

3비트 모드를 기록해야 할 위치는 그림 6.14의 상단에 있다. 예를 들어 GPIO17을 출력으로 설정하기 위해서 FSEL17 값을 001로 기록할 수 있으며, GPFSEL1 레지스터에서는 21, 22, 23이 된다. 중요한 점은 FSEL17을 변경할 때 이 세 비트만 조작해야 한다는 것이다. 다른 비트를 조작하면 GPIO10에서 GPIO19에 핀 모드를 변경하는 등의 영향을 끼치기 때문이다.

코드 6.9는 GPIO17을 출력으로 설정해 LED를 매우 빠르게(~1.18MHz) 깜빡이는 C 코드 예제를 제공한다. 그것은 또한 GPIO27을 입력으로 설정함으로써 푸시버튼을 누를 때까지 LED가 계속 깜빡이도록 한다. 코드에서 사용한 비트 조작은 주석을 통해 설명한다.

**코드 6.9** /chp06/memoryGPIO/LEDflash.c

```
#include <stdio.h>
#include <stdlib.h>
#include <fcntl.h>
#include <errno.h>
#include <sys/mman.h>
#include <stdint.h>          // uint32_t(부호 없는 32비트 정수)를 위해

// RPi 2/3이 아닌 RPi 모델에서는 GPIO_BASE가 0x20000000임
#define GPIO_BASE 0x3F200000    // RPi 2/3에서
#define GPSET0 0x1c             // 그림 6.14로부터
#define GPCLR0 0x28
#define GPLVL0 0x34
static volatile uint32_t *gpio; // gpio (*int)에 대한 포인터

int main() {
    int fd, x;
    printf("Start of GPIO memory-manipulation test program.\n");
    if(getuid()!=0) {
        printf("You must run this program as root. Exiting.\n");
        return -EPERM;
    }
    if ((fd = open("/dev/mem", O_RDWR | O_SYNC)) < 0) {
        printf("Unable to open /dev/mem: %s\n", strerror(errno));
        return -EBUSY;
    }
    // GPIO를 위한 부속 장치 베이스를 가리키는 포인터를 얻음
    gpio = (uint32_t *) mmap(0, getpagesize(), PROT_READ|PROT_WRITE,
    MAP_SHARED, fd, GPIO_BASE);
    if ((int32_t) gpio < 0) {
        printf("Memory mapping failed: %s\n", strerror(errno));
```

```
        return -EBUSY;
    }
    // gpio 포인터는 GPIO 장치 기본 주소를 가리킴.
    // 주소 GPFSEL1(0004)에서 LED GPIO FSEL17 모드 = 001 설정.
    // 하나의 32비트 값을 더하는 것은 주소의 4바이트를 이동하는 것임을 기억하라.
    // NOT 7(즉, ~111)을 기록하는 것은 21, 22, 23비트를 클리어함.
    *(gpio + 1) = (*(gpio + 1) & ~(7 << 21) | (1 << 21));
    // 주소 GPFSEL2(0008)에서 버튼 GPIO FSEL27 모드 = 000 설정.
    // FSEL17과 FSEL27은 둘 다 21비트 입력이지만 레지스터가 서로 다름.
    *(gpio + 2) = (*(gpio + 2) & ~(7 << 21) | (0 << 21));
    // 000을 기록하는 것은 필수적이지는 않지만 명확성을 위한 것임.
    do {
        // GPSET0 레지스터에 비트 17을 사용해 LED를 켬
        *(gpio + (GPSET0/4)) = 1 << 17;
//      usleep(10);           // 넌블로킹으로 사용하지 말 것. 지연이 길어짐!
        for(x=0;x<50;x++){}  // 간단한 루프를 사용해 블로킹 지연
        *(gpio + (GPCLR0/4)) = 1 << 17;  // LED를 끔
        for(x=0;x<49;x++){}  // while()의 균형을 위해 지연시킴
    }
    while((*(gpio+(GPLVL0/4))&(1<<27))==0); // 비트 27이 high일 때만 참
    printf("Button was pressed - end of example program.\n");
    close(fd);
    return 0;
}
```

위의 프로그램은 아래와 같이 sudo 도구를 사용해 빌드하고 실행할 수 있다. 출력은 그림 6.15에 보이는 것과 같으며 버튼을 누를 때까지 계속 출력된다.

```
pi@erpi ~/exploringrpi/chp06/memoryGPIO $ gcc LEDflash.c -o ledflash
pi@erpi ~/exploringrpi/chp06/memoryGPIO $ sudo ./ledflash
Start of GPIO memory-manipulation test program.
Button was pressed - end of example program.
```

## 내부 저항 설정 변경하기

그림 6.5(b)는 풀업 저항이 기본으로 구성돼 있는 GPIO4에 푸시버튼을 연결하는 올바른 방법을 보여준다. 이 회로의 연결이 끊어져 있을 때 GPIO 상태는 high이며, 그 이유는 풀업 저항이 3.3V 선으로의 끊어진 입력을 "끌어올리기" 때문임을 앞에서 살펴봤다. 이것은 sysfs를 사용해 관찰할 수 있다(GPIO4에 회로를 연결하지 않은 채로).

```
pi@erpi /sys/class/gpio $ echo 4 > export
pi@erpi /sys/class/gpio $ cd gpio4
pi@erpi /sys/class/gpio/gpio4 $ echo in > direction
pi@erpi /sys/class/gpio/gpio4 $ cat value
1
```

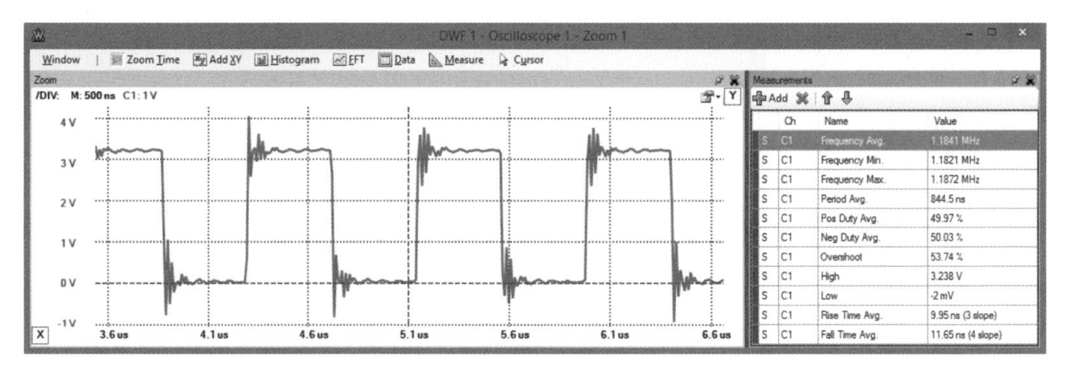


그림 6.15 코드 6.9의 메모리 맵 예제의 출력

이 GPIO는 그림 6.14의 GPPUD(0094) 레지스터를 변경해 풀업 저항 대신에 풀다운 저항을 활성화하도록 조정할 수 있다. 여기서 0x00 = off(비활성화), 0x01 = 풀다운 활성화, 0x02 = 풀업 활성화다. 이 값은 GPPUDCLK0(0098) 레지스터를 사용해 특정 GPIO에 대한 클럭 비트를 설정 및 제거함으로써 올바른 출력으로 clock된다. GPIO4는 비트 4이며 이진수로는 10000이다(0x1016). 따라서 GPIO가 풀다운 저항을 활성화하도록 설정하기 위해서 먼저 RPi 2/3에서 GPPUD(0094) 레지스터를 풀다운 모드로 설정한다(다른 RPi 모델에서는 0x20000094를 사용).

```
pi@erpi /sys/class/gpio/gpio4 $ sudo ~/devmem2 0x3F200094 w 0x01
/dev/mem opened. Memory mapped at address 0x76ed3000.
Value at address 0x3F200094 (0x76ed3094): 0x2
Written 0x10; readback 0x0
```

다음과 같이 GPPUDCLK0 레지스터에 비트 4를 설정하고 GPPUD 레지스터를 클리어한 다음, GPPUDCLK0로부터 클럭 제어 신호를 제거한다.

```
pi@erpi /sys/class/gpio/gpio4 $ sudo ~/devmem2 0x3F200098 w 0x10
pi@erpi /sys/class/gpio/gpio4 $ sudo ~/devmem2 0x3F200094 w 0x00
pi@erpi /sys/class/gpio/gpio4 $ sudo ~/devmem2 0x3F200098 w 0x00
```

이러한 절차는 GPPUDCLK0 레지스터에서 유일하게 식별되는 GPIO가 되도록 해 GPPUD 레지스터 모드가 온전히 GPIO4에 적용되도록 한다.

그다음에 GPIO 값을 읽으면 GPIO4에 예전의 풀업 저항이 아닌 풀다운 저항이 활성화된 것을 가리키는 0의 값이 반환된다.

```
pi@erpi /sys/class/gpio/gpio4 $ cat value
0
```

GPIO를 다시 풀업으로 설정하려면 다음과 같이 한다.

```
pi@erpi /sys/class/gpio/gpio4 $ sudo ~/devmem2 0x3F200094 w 0x02
pi@erpi /sys/class/gpio/gpio4 $ sudo ~/devmem2 0x3F200098 w 0x10
pi@erpi /sys/class/gpio/gpio4 $ sudo ~/devmem2 0x3F200094 w 0x00
pi@erpi /sys/class/gpio/gpio4 $ sudo ~/devmem2 0x3F200098 w 0x00
pi@erpi /sys/class/gpio/gpio4 $ cat value
1
```

## WiringPi

wiringPi(www.wiringpi.com)는 RPi 플랫폼을 위한 광범위한 GPIO 제어 라이브러리로, 고든 헨더슨(Gordon Henderson)(@drogon)이 개발해 유지보수하고 있다. 이 라이브러리의 함수 구문은 Arduino Wiring 라이브러리와 유사해서 RPi 사용자에게 인기가 있다. 파이썬, 루비, 펄을 위한 wiringPi 라이브러리의 서드 파티 바인딩들도 있다.

wiringPi는 이 장에서 지금까지 설명한 sysfs와 메모리 맵 기법을 활용해 RPi 플랫폼을 위해 맞춤 개발된 고효율의 라이브러리와 명령 세트를 구축했다. RPi에서 빠른 GPIO 스위칭이 필요하다면 이 라이브러리를 사용해 GPIO를 제어할 것을 권한다. 그렇지만 이 접근은 RPi 플랫폼에 의존적이며 일반적인 임베디드 리눅스 장치에 적용할 수 없음에 유의하라.

### wiringPi 설치

wiringPi의 최신 버전을 설치하려면 다음과 같이 Git 저장소를 복제해 RPi에서 라이브러리를 직접 빌드할 수 있다.

```
pi@erpi ~ $ git clone git://git.drogon.net/wiringPi
pi@erpi ~ $ cd wiringPi/
pi@erpi ~/wiringPi $ ls
```

```
build           debian  examples  INSTALL  pins        VERSION
COPYING.LESSER  devLib  gpio      People   README.TXT  wiringPi
pi@erpi ~/wiringPi $ ./build
wiringPi Build script ...
pi@erpi ~/wiringPi $ ls /usr/local/lib/
libwiringPiDev.so         libwiringPi.so         python2.7  python3.4
libwiringPiDev.so.2.25  libwiringPi.so.2.25  python3.2  site_ruby
```

빌드된 라이브러리는 자동으로 /usr/local/lib/ 디렉터리로 복사되며, 기본 라이브러리와 인클루드 경로에서 gcc/g++에 의해 인클루드되는 C 헤더 파일은 /usr/local/include/로 복사된다. wiringPi 프로그램을 빌드하는 데 어려움이 있다면 gcc/g++ 호출 시 -I/usr/local/include/ -L/usr/local/lib/을 덧붙인다.

## gpio 명령

wiringPi 빌드의 일부로 설치되는 gpio 프로그램은 RPi의 GPIO에 접근하고 이를 제어하는 데 매우 유용한 명령행 도구다. 그림 6.16은 사용 가능한 명령 몇 가지를 용례와 함께 요약한 것이다.

wiringPi는 물리적 핀 번호나 GPIO 번호와는 다른 번호 체계를 가지며 이 번호는 그림 6.11의 WPi 컬럼에 표시했다. 그렇지만 많은 gpio 명령은 -g 옵션과 함께 일반적인 GPIO 번호를 사용할 수 있으며, gpio 명령을 사용해 GPIO를 제어하는 리눅스 스크립트를 작성할 수 있다. 다음의 예를 보자.

```
pi@erpi ~ $ gpio -v
gpio version: 2.32
Copyright (c) 2012-2015 Gordon Henderson ...
Raspberry Pi Details:
Type: Pi 3, Revision: 02, Memory: 1024MB, Maker: Sony ...
pi@erpi ~ $ gpio readall
+-----+-----+---------+------+---+---Pi 3--+---+------+---------+-----+-----+
| BCM | wPi | Name    | Mode | V |Physical| V | Mode | Name | wPi | BCM |
+-----+-----+---------+------+---+----++----+---+------+---------+-----+-----+
|     |     |   3.3v |      |   | 1 || 2 |   |      |  5v |     |     |
|   2 |   8 |  SDA.1 | ALT0 | 1 | 3 || 4 |   |      |  5V |     |     |
|   3 |   9 |  SCL.1 | ALT0 | 1 | 5 || 6 |   |      |  0v |     |     |
|   4 |   7 | GPIO.7 |  OUT | 0 | 7 || 8 | 1 | ALT5 | TxD |  15 |  14 |...
```

| 명령 | 예 | 설명 |
|---|---|---|
| gpio read 〈pin〉 | **gpio read 2** | WPi 번호가 매겨진 핀으로부터 이진 값을 읽음. GPIO 번호를 사용하려면 -g 옵션을 사용. 예제는 버튼의 상태를 읽음. |
| gpio write 〈pin〉 〈value〉 | **gpio write 0 1** | WPi 번호가 매겨진 핀에 이진 값을 설정. 예제는 LED를 켜도록 설정함. 〈value〉는 1 또는 0임. |
| gpio mode 〈pin〉 〈mode〉 | **gpio mode 1 pwm** | 예제는 하드웨어 PWM 출력을 켬(WPi 핀 1, GPIO 18). 〈mode〉는 in, out, pwm, up, down, tri 중 하나. |
| gpio pwm 〈pin〉 〈value〉 | **gpio pwm 1 256** | PWM 출력 핀에 PWM 값을 설정. |
| gpio clock 〈pin〉 〈freq〉 | **gpio mode 7 clock**<br>**gpio clock 7 2400000** | 범용 클럭이 가능한 핀에 클럭 신호(50% 듀티 사이클)를 설정. 신호는 19.2 MHz 클럭을 dividing함에 의해 파생되므로, 이 주파수의 정수 divisor가 최적임. |
| gpio readall | **gpio readall** | 모든 핀을 읽고 그것들의 번호, 모드, 값을 차트로 출력 |
| gpio unexportall | **gpio unexportall** | 모든 GPIO sysfs 항목을 unexport. |
| gpio export 〈gpio〉 〈mode〉 | **gpio export 4 input** | GPIO 번호를 사용하여 핀을 export. 〈mode〉는 in/input 또는 out/output임. |
| gpio exports | **gpio exports** | export된 모든 sysfs 핀을 나열. |
| gpio unexport 〈gpio〉 | **gpio unexport 4** | GPIO 번호를 사용하여 핀을 unexport |
| gpio edge 〈pin〉 〈mode〉 | **gpio edge 4 rising** | 에지 인터럽트 트리거를 위해 GPIO 핀을 활성화. 〈mode〉는 rising, falling, both, none 중 하나임. |
| gpio wfi 〈pin〉 〈mode〉 | **gpio wfi 2 both** | 상태 변경을 기다림. 〈mode〉는 rising, falling, both 중 하나. |
| gpio pwm-bal | **gpio pwm-bal** | PWM 모드를 balanced로 설정 |
| gpio pwm-ms | **gpio pwm-ms** | PWM 모드를 mark-space로 설정 |
| gpio pwmr 〈range〉 | **gpio pwmr 512** | PWM 범위를 설정. 〈range〉에는 제한이 없으며 일반적으로 4,095 미만임. |
| gpio pwmc 〈divider〉 | **gpio pwmc 10** | PWM 클럭 divider를 설정. PWM 주파수 = 19.2 MHz / (range × divider). |

**그림 6.16** gpio 명령 옵션

gpio 명령을 사용해 그림 6.5(a)에서 13번 핀(GPIO27)의 푸시버튼 입력값을 읽으려면 WPi 번호가 2이므로 WPi 번호를 사용하든 GPIO 번호를 사용하든 동일한 결과를 얻는다.

```
pi@erpi ~ $ gpio mode 2 in
pi@erpi ~ $ gpio read 2
0
pi@erpi ~ $ gpio -g read 27
```

```
0
pi@erpi ~ $ gpio read 2
1
pi@erpi ~ $ gpio -g read 27
1
```

모든 gpio 명령과 라이브러리가 -g 모드를 지원하는 것은 아니므로 이후의 설명은 WPi 번호 체계를 따른다. 그림 6.2의 LED(GPIO17, 11번 핀, WPi 번호 0)를 켜려면 다음 gpio 명령을 사용한다.

```
pi@erpi ~ $ gpio mode 0 out
pi@erpi ~ $ gpio write 0 1
pi@erpi ~ $ gpio write 0 0
```

버튼이 눌릴 때 상승 또는 하강 에지를 기다릴 수도 있다. 첫 gpio wfi 명령은 버튼이 눌릴 때까지 제어를 반환하지 않으며 두 번째 명령은 버튼을 놓을 때까지 기다린다.

```
pi@erpi ~ $ gpio wfi 2 rising
pi@erpi ~ $ gpio wfi 2 falling
```

그림 6.16에 나열된 PWM 기능에 대해서는 잠시 후에 설명한다.

## wiringPi 프로그래밍

wiringPi는 보드의 모델과 관계없이 RPi GPIO를 제어하기 위한 C 함수들의 포괄적인 라이브러리를 포함한다. 코드 6.10은 사용하고 있는 보드에 대한 정보를 표시하는 첫 번째 wiringPi 프로그램이다. 앞에서와 마찬가지로 이 예제는 보드가 그림 6.2의 LED 회로 및 그림 6.5(a)의 버튼 회로에 연결돼 있다고 전제한다.

**코드 6.10** /chp06/wiringPi/info.cpp

```
#include <iostream>
#include <wiringPi.h>
using namespace std;
#define LED_GPIO       17              // GPIO17, 핀 11
#define BUTTON_GPIO    27              // GPIO27, 핀 13

int main() {                           // root로 실행해야 함
   wiringPiSetupGpio();                // GPIO 번호 형식을 사용
```

```
    pinMode(LED_GPIO, OUTPUT);          // LED를 출력으로 설정
    pinMode(BUTTON_GPIO, INPUT);        // 버튼을 입력으로 설정
    int model, rev, mem, maker, overVolted;
    piBoardId(&model, &rev, &mem, &maker, &overVolted);
    cout << "This is an RPi: " << piModelNames[model] << endl;
    cout << " with revision number: " << piRevisionNames[rev] << endl;
    cout << " manufactured by: " << piMakerNames[maker] << endl;
    cout << " it has: " << mem << " RAM and o/v: " << overVolted << endl;
    cout << "Button GPIO has ALT mode: " << getAlt(BUTTON_GPIO);
    cout << " and value: " << digitalRead(BUTTON_GPIO) << endl;
    cout << "LED GPIO has ALT mode: " << getAlt(LED_GPIO);
    cout << " and value: " << digitalRead(LED_GPIO) << endl;
    return 0;
}
```

이 코드는 g++를 사용해 wiringPi 라이브러리에 링크함으로써 빌드할 수 있다(-lwiringPi는 /usr/local/lib/ 디렉터리의 libwiringPi.so에 명시적으로 링크). 메모리 매핑 연산을 하려면 슈퍼유저로 접근해야 하므로 반드시 sudo 도구를 사용해 프로그램을 실행해야 한다.

```
pi@erpi ~/exploringrpi/chp06/wiringPi $ g++ info.cpp -o info -lwiringPi
pi@erpi ~/exploringrpi/chp06/wiringPi $ sudo ./info
This is an RPi: Model 2
with revision number: 1.1
manufactured by: Sony
it has: 1024 RAM and o/v: 68956
Button GPIO has ALT mode: 0 and value: 0
LED GPIO has ALT mode: 1 and value: 1
```

그림 6.17에 wiringPi 라이브러리에서 사용할 수 있는 C 함수를 요약했다. 예제를 통해 입출력 애플리케이션에서 wiringPi 함수를 효율적으로 활용하는 방법을 설명한다.

## wiringPi를 사용해 LED 켜고 끄기

코드 6.11은 RPi 2에서 1.1MHz 이하의 주파수로 GPIO를 토글링하기 위한 코드 예제다. 이는 sysfs 접근을 사용하는 것에 비해 더 빨라 사람의 눈으로 LED가 점멸하는 것을 볼 수 없다! 그렇지만 이것은 wiringPi의 성능을 알아볼 수 있는 유용한 테스트다. 결과는 그림 6.18(a)에서 볼 수 있다.

**코드 6.11** /chp06/wiringPi/fasttoggle.cpp

```
// 이 코드를 -O3을 옵션으로 최적화하지 말 것(지연 루프가 제거됨)
#include <wiringPi.h>
#include <iostream>
using namespace std;
#define LED_GPIO 17                     // GPIO17, 핀 11

int main() {
    wiringPiSetupGpio();                // WPi 번호 대신에 GPIO 번호를 사용
    cout << "Starting fast GPIO toggle on GPIO" << LED_GPIO << endl;
    cout << "Press CTRL+C to quit..." << endl;
    pinMode(LED_GPIO, OUTPUT);          // GPIO17는 출력 핀
    while(1) {                          // 무한 루프 - ^C 입력 대기
        digitalWrite(LED_GPIO, HIGH);   // LED 켬
        for(int i=0; i<50; i++) { }     // 블로킹 지연 hack
        digitalWrite(LED_GPIO, LOW);    // LED 끔
        for(int i=0; i<49; i++) { }     // 균형을 위해 지연을 짧게 함
    }                                   // 듀티 사이클처럼 만듦
    return 0;                           // 프로그램은 여기에 도달하지 못함!
}
```

| 반환 | 함수 호출 | 설명 |
|---|---|---|
| 초기화 | | |
| int | wiringPiSetup(void) | wiringPi를 초기화. root 권한으로 사용해야 함. 성공하면 0을 반환 |
| int | wiringPiSetupGpio(void) | 위와 같음. WPi 번호 대신 GPIO를 사용. root 권한으로 사용할 것. |
| int | wiringPiSetupSys(void) | sysfs를 사용. udev 규칙을 적용하면 root 권한 불필요(이 장의 마지막을 참조). 핀을 수작업으로 export해야 함. 느리고, 메모리 맵을 쓸 수 없음. |
| int | wiringPiSetupPhys(void) | RPi의 물리적 핀 번호 체계를 사용. |
| int | piBoardRev(void) | 보드의 버전을 반환(0=n/a, 1=A, 2=B, 3=B+, 4=compute, 5=A+, 6=RPi 2) |
| GPIO 제어 | | |
| void | pinMode(int pin, int mode) | INPUT, OUTPUT, PWM_OUTPUT(하드웨어 PWM 핀에 대해서만 가능) 중 하나를 핀에 설정. wiringPiSetupSys()가 사용될 때는 사용 불가. |
| int | getAlt(int pin) | 핀의 ALT 모드를 반환. |
| void | pinModeAlt(int pin, int mode) | 핀의 ALT 모드를 설정. |

| 반환 | 함수 호출 | 설명 |
|---|---|---|
| void | digitalWrite(int in, int value) | 핀을 HIGH(1) 또는 LOW(0) 중 하나로 설정. 핀 모드는 반드시 OUTPUT으로 할 것. |
| void | digitalWriteByte(int value) | 처음 여덟 GPIO 핀에 대해 8 비트를 빠르게 병렬로 쓰기. |
| int | digitalRead(int pin) | 핀에 대한 입력을 읽어 HIGH(1) 또는 LOW(0)를 반환. |
| void | pullUpDnControl(int pin, int pud) | 풀업 또는 풀다운 저항의 유형을 PUD_OFF(none), PUD_UP(풀업), PUD_DOWN(풀다운) 중 하나로 설정. sysfs 모드에서는 사용 불가. |
| PWM과 타이머 | | |
| void | pwmWrite(int pin, int value) | 하드웨어 PWM 핀의 PWM 출력을 설정. sysfs 모드에서는 사용 불가. |
| void | pwmSetMode(int mode) | RPi PWM에는 PWM_MODE_BAL(balanced)와 PWM_MODE_MS(mark-space ratio)의 두 모드가 있음. MS 모드가 널리 사용됨. BAL은 PWM 주파수에 영향을 미침. |
| void | pwmSetRange(unsigned int range) | PWM 범위 레지스터를 설정. 유효한 값은 2 ~ 4,095. 범위와 제수는 주파수에 영향을 줌. |
| void | pwmSetClock(int divisor) | PWM 클럭 제수를 설정. PWM 주파수 = 19.2 MHz / (제수 × 범위) |
| void | pwmToneWrite(int pin, int freq) | 하드웨어 PWM 핀을 사용하여 주파수를 설정. |
| void | gpioClockSet(int pin, int freq) | GPIO 클럭 핀에 주파수를 설정. |
| 인터럽트 | | |
| int | waitForInterrupt(int pin, int timeout) | 인터럽트를 기다림. 제한시간은 밀리초로 설정하며 -1은 시간제한 없음. 핀을 프로그램의 외부에서 초기화하거나, system()과 gpio 명령을 사용하여 초기화해야 함. |
| int | wiringPiISR(int pin, int edgeType, void (*function)(void)); | 콜백 함수(ISR)가 호출되거나 인터럽트 이벤트가 되도록 INT_EDGE_FALLING, INT_EDGE_RISING, INT_EDGE_BOTH, INT_EDGE_SETUP 중 하나를 설정. |
| int | piHiPri(int priority) | 프로그램의 우선순위를(0에서 99까지) 설정하여 지연을 줄임. root로 실행해야 함. 성공 시 0을, 실패 시 -1을 반환. |
| 헬퍼 함수 | | |
| int | wpiPinToGpio(int wPiPin) | WPi 번호를 GPIO 번호로 변환. |
| int | physPinToGpio(int physPin) | 물리적 핀 번호를 GPIO 번호로 변환. |
| uint32_t | millis(void) | setup 함수 호출로부터의 시간을 밀리초로 반환 |
| uint32_t | micros(void) | setup 함수 호출로부터의 시간을 마이크로초로 반환 |
| void | delay(unsigned int t_ms) | 밀리초 단위의 t_ms 동안 지연. 넌블로킹이며 늦어질 수 있음. |

| 반환 | 함수 호출 | 설명 |
| --- | --- | --- |
| void | delayMicroseconds(unsigned int t_us) | 마이크로초 단위의 t_us 동안 지연. |
| 이 표의 정보는 wiringPi 저장소의 /wiringPi/ 디렉터리의 wiringPi.h 와 wiringPi.c로부터 얻었음 | | |

그림 6.17 wiringPi API 요약

RPi 2/3에서 이 프로그램은 커널 태스크(kworker와 ksoftirqd 등)를 위해 한 개의 코어를 100% 점유하며 다른 코어에 대해서도 상당 부분을 점유한다. sleep 호출 대신에 for 루프가 사용됐는데, 이것이 프로세서의 제어를 유지하는 간단한 해킹이기 때문이다. usleep()은 넌블로킹이므로 예상보다 더 큰 지연을 초래한다. 이는 커널이 코어를 다른 작업에 할당할 수 있어 신호 지터를 일으킬 수 있기 때문이다.

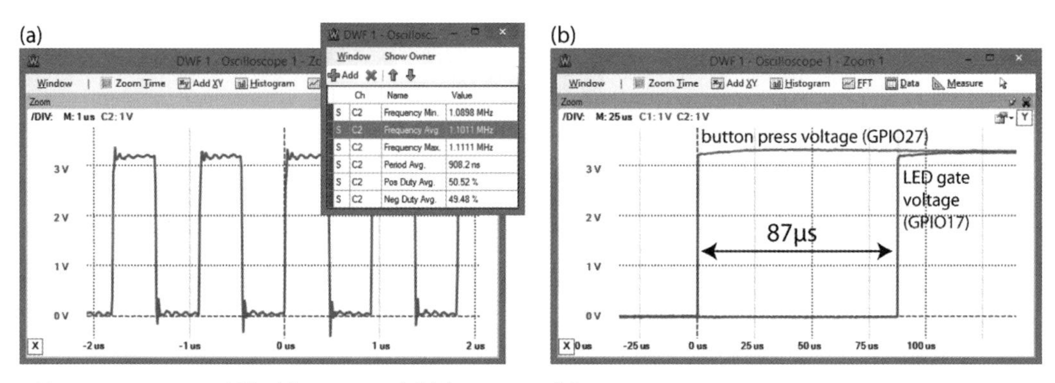


그림 6.18 wiringPi C 코드의 성능. (a) fastToggle 예제, (b) buttonLED 예제

## 버튼을 누르면 LED로 반응하기

코드 6.12는 LED를 한 번 켜고 버튼을 누른 횟수를 세도록 인터럽트 서비스 루틴 콜백 함수를 등록한다. wiringPiISR() 함수는 인터럽트를 가지고 콜백 함수를 등록하는 데 사용되며 버튼 회로 입력 신호의 상승 에지에서 트리거된다. lightLED() 함수는 버튼이 눌릴 때(상승 에지)마다 호출되지만, 놓을 때(하강 에지)는 호출되지 않는다.

**코드 6.12** /chp06/wiringPi/buttonLED.cpp

```
#include <iostream>
#include <wiringPi.h>
#include <unistd.h>
```

```
using namespace std;
#define LED_GPIO      17      // GPIO17, 11번 핀
#define BUTTON_GPIO   27      // GPIO27, 13번 핀

// LED를 켜는 인터럽트 서비스 루틴(ISR)
void lightLED(void) {
    static int x = 1;         // 눌린 횟수를 저장
                              // 다중 호출의 상태를 저장하기 위해 static을 사용
    digitalWrite(LED_GPIO, HIGH);         // LED를 켬
    cout << "Button pressed " << x++ << " times! LED on" << endl;
}

int main() {                              // root로 실행해야 함
    wiringPiSetupGpio();                  // GPIO 번호체계를 사용
    pinMode(LED_GPIO, OUTPUT);            // LED
    pinMode(BUTTON_GPIO, INPUT);          // 버튼
    digitalWrite (LED_GPIO, LOW);         // LED가 꺼짐
    cout << "Press the button on GPIO " << BUTTON_GPIO << endl;
    // 상승 에지에서(버튼이 눌릴 때) lightLED() ISR을 호출
    wiringPiISR(BUTTON_GPIO, INT_EDGE_RISING, &lightLED);
    for(int i=10; i>0; i--) {             // 프로그램 종료 카운트다운
        cout << "You have " << i << " seconds remaining..." << endl;
        sleep(1);                         // 1초 동안 sleep
    }
    return 0;                             // 10초 후 프로그램 종료
}
```

이 코드의 출력은 다음과 같다. 카운터 시작 후에 바로 버튼이 눌렸지만 카운터는 병렬로 카운트를 계속하는 것을 볼 수 있다. 버튼을 반복적으로 누르면 카운터를 증가시켜 여러 개의 메시지가 보인다. 그렇지만 LED는 프로그램을 재시작할 때까지 그대로다. 이 프로그램은 10초 후 종료한다. ISR은 이때 이후로는 더 이상 활성화되지 않는다.

```
pi@erpi ~/exploringrpi/chp06/wiringPi $ sudo ./buttonLED
Press the button on GPIO 27
You have 10 seconds remaining...
You have 9 seconds remaining...
Button pressed 1 times! LED on
Button pressed 2 times! LED on
You have 8 seconds remaining...
```

그림 6.18(b)와 같이 이 회로는 리눅스 유저 스페이스 프로그램으로서는 인상적인 응답 시간을 보여준다. LED는 버튼이 눌린 지 87μs 내에 켜지는데, 이는 앞의 sys/poll.h 코드보다 빠른 것이다.

이 예제의 한 가지 골칫거리는 스위치 바운스가 생긴다는 점이다. 4장에서 스위치 바운스를 극복하기 위한 RC 회로와 슈미트 트리거 등의 여러 하드웨어적 해결책을 설명했지만, 소프트웨어적 기법도 있다. lightLED() ISR을 코드 6.13과 같이 버튼의 눌림이 일정 시간(200ms) 지나야만 유효한 것으로 등록하도록 하는 타이밍 코드를 포함하도록 수정할 수 있다.

**코드 6.13** /chp06/wiringPi/buttonLEDdebounced.cpp (일부)

```
#define DEBOUNCE_TIME 200               // 디바운스 시간(ms)

// LED를 켜는 인터럽트 서비스 루틴(ISR) - 디바운스 처리
void lightLED(void){
    static unsigned long lastISRTime = 0, x = 1;
    unsigned long currentISRTime = millis();
    if (currentISRTime - lastISRTime > DEBOUNCE_TIME){
        digitalWrite(LED_GPIO, HIGH);         // LED를 켬
        cout << "Button pressed " << x++ << " times! LED on" << endl;
    }
    lastISRTime = currentISRTime;
}
```

### PYTHON과 WIRINGPI

필 하워드(Phil Howard)(@Gadgetoid)가 개발한 wiringPi를 위한 바인딩을 파이썬 스크립트에서 사용할 수 있다. 파이썬 버전(Python2 또는 Python3)에 따라 다음과 같이 패키지를 설치한다.

```
pi@erpi ~ $ sudo apt install python-dev python-pip
pi@erpi ~ $ sudo pip install wiringpi2
Downloading/unpacking wiringpi2 ...
pi@erpi ~ $ sudo apt install python3-dev python3-pip
pi@erpi ~ $ sudo pip3 install wiringpi2
Downloading/unpacking wiringpi2 ...
```

그다음에 파이썬을 슈퍼유저 권한으로 실행해 wiringPi가 올바로 동작하는지 테스트해 볼 수 있다. 다음 코드는 GPIO27의 LED(그림 6.2와 같이 배선)와 GPIO27의 푸시버튼(그림 6.5(a)와 같이 배선)을 테스트한다.

```
pi@erpi ~ $ sudo python3
Python 3.4.2 (default, Oct 19 2014, 13:31:11) ...
```

```
>>> import wiringpi2
>>> wiringpi2.piBoardRev()
2
>>> wiringpi2.wiringPiSetupGpio()
0
>>> wiringpi2.pinMode(17,1)
>>> wiringpi2.digitalWrite(17,1)
>>> wiringpi2.digitalWrite(17,0)
>>> wiringpi2.pinMode(27,0)
>>> wiringpi2.digitalRead(27)
0
>>> wiringpi2.digitalRead(27)
1
```

이러한 단계에 따라 버튼이 눌릴 때까지 LED를 5Hz로 깜빡이는 Python3 프로그램을 개발할 수 있다(/python/ledflash.py 참고).

```
pi@erpi ~/exploringrpi/chp06/python $ more ledflash.py
#!/usr/bin/python3
import wiringpi2 as wpi
from time import sleep
print("Starting the Python wiringPi example")
wpi.wiringPiSetupGpio()
wpi.pinMode(17,1)
wpi.pinMode(27,0)
while wpi.digitalRead(27)==0:
    wpi.digitalWrite(17,1)
    sleep(0.1)
    wpi.digitalWrite(17,0)
    sleep(0.1)
print("Button pressed: end of example")

pi@erpi ~/exploringrpi/chp06/python $ chmod ugo+x ledflash.py
pi@erpi ~/exploringrpi/chp06/python $ sudo ./ledflash.py
Starting the Python wiringPi example
Button pressed: end of example
```

참고

RPi GPIO를 활용하는 프로그램에서 가끔씩 설명하기 어려운 문제를 경험할 수 있다. 초기의 테스트에서 문제를 해결하지 못하면 다음 테스트 전에 보드를 재시작하라. GPIO 레지스터는 GPIO 애플리케이션 실행의 상태를 유지하므로 이전의 애플리케이션 GPIO 상태가 프로그램을 교란할 가능성이 있다.

## 단선 센서와 통신하기

Aosong 온습도 센서(AM2301, AM2302, DHT11)는 한 개의 GPIO를 사용해 RPi와 디지털 통신을 할 수 있다. GPIO는 통신을 시작하기 위해 데이터 비트를 센서에 보내는 시간에 따라서 high와 low로 설정할 수 있다.[4] 그런 다음에 동일한 GPIO가 센서의 응답을 읽기 위해 시간에 대한 표본을 추출할 수 있다. 이러한 애플리케이션에서는 데이터 응답이 40비트 길이로 전송에 4.3ms가 채 걸리지 않기 때문에 표본 시간의 일관성이 중요하다. 따라서 메모리 맵 wiringPi 코드를 사용한다.

그림 6.19는 임의의 GPIO 핀(GPIO22)을 사용해 이러한 센서 중 하나를 RPi에 연결하는 방법을 보여준다. AM230x 센서의 데이터시트에서는 DATA 라인과 VCC의 연결에 강력한 풀업 저항을 사용할 것과 100nF 디커플링 커패시터를 VCC와 GND 사이에 사용할 것을 권장한다. 이 구성을 사용해 RPi 또는 센서는 양방향 통신을 위해 안전하게 전압 레벨을 GND로 당길 수 있다.

RPi가 GPIO를 low로 18ms 동안 당길(pull) 때 통신이 일어나고 그 후 20~40μs 동안 라인을 high로 릴리즈한다. GPIO는 읽기 모드로 전환해 뒤따르는 80μs low 레벨과 80μs high 펄스를 무시한다. 센서는 MSB(가장 큰 값의 비트)를 먼저 보내는 형식으로 5바이트의 데이터를 반환한다. 첫 2바이트가 습도 값이며, 다음 2바이트는 온도, 그리고 마지막 바이트는 합계 패리티(앞의 4바이트에 대한 합계에서 8비트만 남긴 것)로 수신 데이터가 유효한지 검증할 수 있다. 전송되는 비트는 high 펄스의 길이에 따라 다르다. 26~28μs동안의 high는 이진수 0을 나타내며 70μs동안의 high는 이진수 1을 나타낸다.

그림 6.19의 상단에서 실제 오실로스코프 데이터 캡처와 AM2301/AM2302 센서의 처리를 설명하기 위한 계산을 보여준다. DHT11은 습도 및 온도 값에 대해서 MSB만 전송하므로 소수점의 정확도를 갖지 않는다.

4 DHT11의 데이터시트는 tiny.cc/erpi605, DHT22(AM2301/2)은 tiny.cc/erpi606을 참고한다.

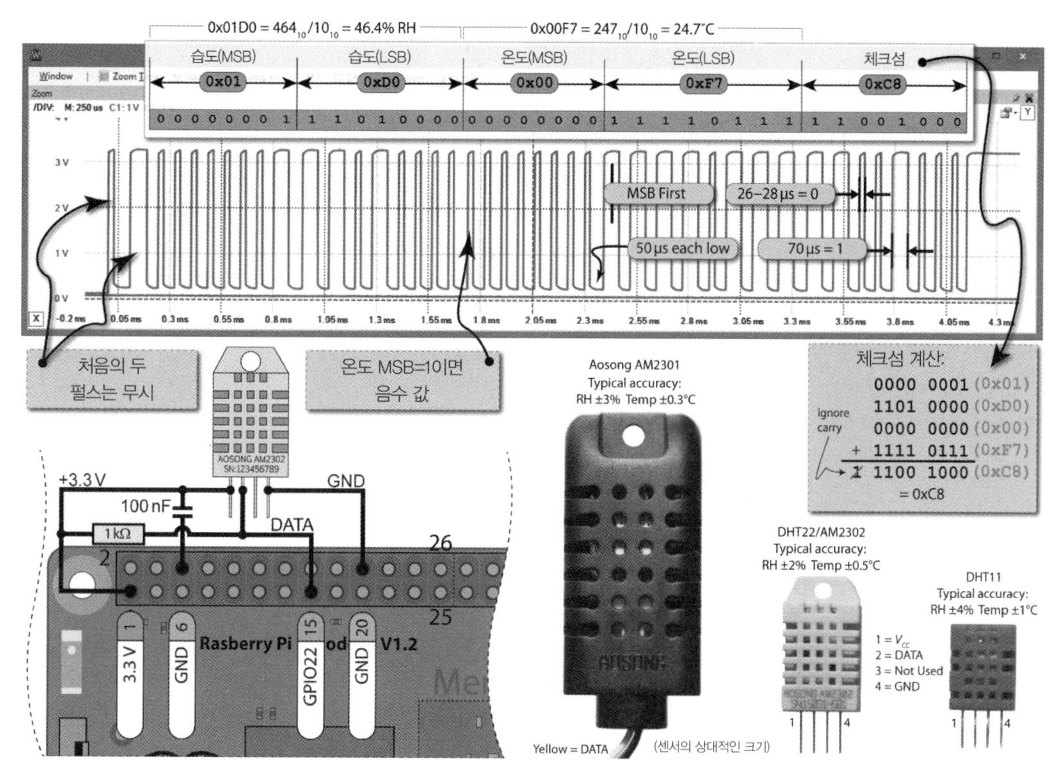


**그림 6.19** 단선 센서를 RPi 및 wiringPi와 함께 사용(AM2301/2302의 파형)

코드 6.14는 wiringPi 라이브러리를 사용해 AM230x/DHT 센서 제품군과 통신하는 데 사용할 수 있는 C++ 프로그램이다. `count` 변수는 ~2μs 증가를 표현하며 0과 1 사이의 펄스 폭 타이밍 구별을 조정하는 데 `LH_THRESHOLD` 값을 사용할 수 있다.

**코드 6.14** /chp06/dht/dht.cpp

```
#include<iostream>
#include<unistd.h>
#include<wiringPi.h>
#include<iomanip>
using namespace std;

#define USING_DHT11      true    // DHT11은 8비트만 사용
#define DHT_GPIO         22      // 이 예제에서는 GPIO 22를 사용
#define LH_THRESHOLD     26      // Low=~14, High=~38 - 평균을 사용

int main(){
    int humid = 0, temp = 0;
```

```
    cout << "Starting the one-wire sensor program" << endl;
    wiringPiSetupGpio();
    piHiPri(99);                    // 타이밍 코드를 위해 가장 높은 우선순위를 사용
TRYAGAIN:                           // 체크섬 실패 시(이곳으로 돌아옴)
    unsigned char data[5] = {0,0,0,0,0};
    pinMode(DHT_GPIO, OUTPUT);                  // 출력 모드로 gpio 시작
    digitalWrite(DHT_GPIO, LOW);                // 라인을 low로 pull
    usleep(18000);                              // 18ms 동안 대기
    digitalWrite(DHT_GPIO, HIGH);               // 라인을 high로 설정
    pinMode(DHT_GPIO, INPUT);                   // gpio를 입력 모드로 재설정

    // low로 갔다가 돌아온 첫 번째와 두 번째 high를 무시해야 함
    do { delayMicroseconds(1); } while(digitalRead(DHT_GPIO)==HIGH);
    do { delayMicroseconds(1); } while(digitalRead(DHT_GPIO)==LOW);
    do { delayMicroseconds(1); } while(digitalRead(DHT_GPIO)==HIGH);
    // high를 기억하고 low를 무시 -- 좋은 철학!
    for(int d=0; d<5; d++) {        // 각 데이터 바이트에 대해
        // 8비트 읽기
        for(int i=0; i<8; i++) {    // 데이터의 각 비트에 대해
            do { delayMicroseconds(1); } while(digitalRead(DHT_GPIO)==LOW);
            int width = 0;          // 각 high의 폭을 측정
            do {
                width++;
                delayMicroseconds(1);
                if(width>1000) break; // 펄스를 놓침 -- 데이터 무효!
            } while(digitalRead(DHT_GPIO)==HIGH);    // 조건이 맞으면 루프 탈출
            // width가 임계치보다 크면 msb가 먼저 오도록 데이터를 시프트
            data[d] = data[d] | ((width > LH_THRESHOLD) << (7-i));
        }
    }
    if (USING_DHT11){
        humid = data[0] * 10;             // 한 바이트 - 소수점 이하 없음
        temp = data[2] * 10;              // 코드를 간결하게 유지하기 위해 곱셈
    }
    else {                                // DHT22(AM2302/AM2301)
        humid = (data[0]<<8 | data[1]);  // MSB를 8비트 왼쪽으로 시프트하고 LSB와 OR 연산
        temp = (data[2]<<8 | data[3]);   // 온도에 대해서도 마찬가지
    }
    unsigned char chk = 0;                // 체크섬은 자동으로 오버플로우
    for(int i=0; i<4; i++){ chk+= data[i]; }
    if(chk==data[4]){
        cout << "The checksum is good" << endl;
```

```
        cout << "The temperature is " << (float)temp/10 << "°C" << endl;
        cout << "The humidity is " << (float)humid/10 << "%" << endl;
    }
    else {
        cout << "Checksum bad - data error - trying again!" << endl;
        usleep(2000000);   // 읽기 사이에 1-2초 지연이 필요
        goto TRYAGAIN;     // GOTO 문!!! 이제 자신을 C/C++ 프로그래머라고 불러도 좋다!
    }
    return 0;
}
```

DHT22(AM2301/AM2302) 센서를 사용한다면 USING_DHT11을 false로 설정하라. 실행 결과는 다음과 같다.

```
pi@erpi ~/exploringrpi/chp06/dht $ g++ dht.cpp -o dht -lwiringPi
pi@erpi ~/exploringrpi/chp06/dht $ sudo ./dht
Starting the one-wire sensor program
Checksum is good
The temperature is 24.1°C
The humidity is 47.7%
```

DHT11을 사용하면 소수점 이하는 출력되지 않을 것이다. 섭씨 온도에 1.8을 곱하고 32를 더하면 화씨 온도로 변환할 수 있다(24.1℃ = 75℉).

이 예제의 표본 추출 방식은 다른 단선 센서에도 적용할 수 있다.

## PWM과 범용 클럭

RPi의 대부분 GPIO 헤더 핀에는 그림 6.11에 나타낸 것과 같은 유용한 ALT 모드가 있다. 여러 가지 ALT 모드에 대해 8장에서 설명할 테지만, 여기에서는 PWM과 GPCLK 항목에 초점을 맞춘다.

### 펄스 폭 변조(PWM)

RPi는 펄스 폭 변조(PWM)를 할 수 있어 디지털-아날로그 변환을 수행하거나 모터 또는 특정 유형의 서보를 위한 제어 신호를 생성할 수 있다. RPi 보드에서 PWM 출력의 수는 매우 제한적이다. 모든 RPi 모델에는 12번 핀(GPIO18)에 PWM(PWM0) 출력이 있다. RPi 2/3 및 RPi B+/A+에는 33번 핀(GPIO13)에 PWM(PWM1) 출력이 하나 더 있다.

그 외의 GPIO 핀에서도 소프트웨어적으로 GPIO를 토글링하는 방식으로 PWM을 구현할 수는 있지만, 그 방법은 CPU에 크게 부담을 주고 저주파의 PWM 신호에 적합하다. 9장에서 각 $I^2C$ 버스에 16~992개의 하드웨어 PWM을 추가할 수 있는 회로를 설명한다!

RPi의 PWM 장치는 19.2MHz에 고정된 기준 클럭 주파수를 출력하며, 필요에 따라 다음 수식을 이용해 PWM 주파수를 변경할 수 있다. 이때 제수 및 범위는 정수 값을 사용한다.

$$\text{PWM 주파수} = 19.2\text{MHz} / (\text{제수} \times \text{범위})$$

범위 값으로 PWM 신호의 반복 주기를 조정하되, 너무 낮은 값을 사용하면 듀티 사이클이 나빠지므로 주의해야 한다. RPi PWM은 동일 주파수를 공유하지만 독립적인 반복 주기를 갖는다.

RPi의 기본 PWM 모드는 균형(balanced) PWM이다(*BCM2835 ARM Peripherals* 매뉴얼의 Section 9.4의 MSEN 모드 참고). 균형 PWM에서는 반복 주기가 조정됨에 따라 주파수가 변화하므로 `pwmSetMode(PWM_MODE_MS)`를 호출해 마크-스페이스(mark-space) 모드로 변경해야 한다.[5]

첫 번째 PWM 예제가 코드 6.15에 있다. 이것은 RPi 2/3에 있는 두 개의 PWM을 사용하며 각기 다른 반복 주기의 두 가지 신호를 생성한다. 이 코드를 구형 RPi 모델에서 사용하려면 PWM1에 관련된 부분을 삭제해야 한다.

**코드 6.15** /chp06/wiringPi/pwm.cpp

```
#include <iostream>
#include <wiringPi.h>
using namespace std;
#define PWM0       12                    // 물리적 12번 핀
#define PWM1       33                    // RPi B+/A+/2/3에만 있음

int main() {                             // root로 실행해야 함
    wiringPiSetupPhys();                 // 물리적 핀 번호를 사용
    pinMode(PWM0, PWM_OUTPUT);           // RPi PWM 출력을 사용
    pinMode(PWM1, PWM_OUTPUT);           // 최근의 RPi에서만

    // PWM 주파수를 128단계의 전체 범위를 갖는 10kHz로 설정
    // PWM 주파수 = 19.2MHz / (제수 * 범위)
    // 10000 = 19200000 / (제수 * 128) => 제수 = 15.0 = 15
```

5 마크(mark)는 PWM 파형이 높은 기간을, 스페이스(space)는 파형이 낮은 기간을 말한다. 50%의 반복 주기의 마크-스페이스 비(mark-space ratio)는 1/1 = 1이다. 20%의 반복 주기의 마크-스페이스 비는 1/4 = 0.25이다.

```
    pwmSetMode(PWM_MODE_MS);                // 고정 주파수를 사용
    pwmSetRange(128);                       // 범위는 0에서 128
    pwmSetClock(15);                        // 정확한 10kHz 신호를 생성
    cout << "The PWM Output is enabled" << endl;
    pwmWrite(PWM0, 32);                     // 25%의 반복 주기(32/128)
    pwmWrite(PWM1, 64);                     // 50%의 반복 주기(64/128)
    return 0;                               // 종료 후에 PWM 출력이 유지됨
}
```

실행 결과를 그림 6.20(a)에 나타냈다. 19.2MHz의 기본 주파수를 15와 범위 값 128로 나눠 10kHz의 PWM 주파수를 얻었다. PWM 값이 32일 때(즉, 32/128) 신호의 반복 주기는 25%이며 64일 때의 반복 주기는 50%이다. 이러한 값들은 그림 6.20(a)와 같은 측정표를 통해 검증한다.

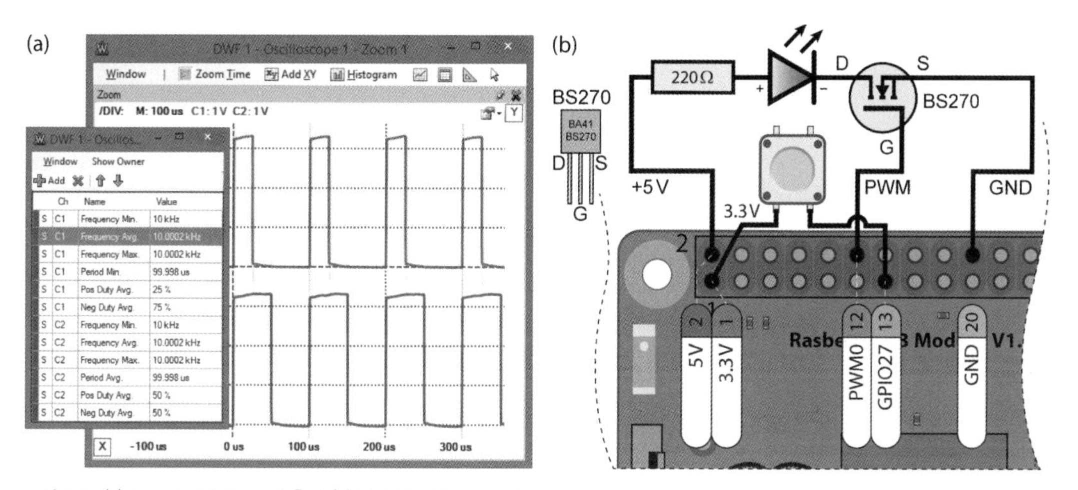


그림 6.20 (a) 코드 6.15의 프로그램 출력, (b) 버튼 및 PWM LED 회로

## LED의 밝기를 서서히 변화시키는 PWM 애플리케이션

그림 6.20(b)에 PWM 출력을 사용해 LED의 밝기를 조절하는 회로가 있다. LED는 전류 제어 장치이므로 밝기 조절에 일반적으로 PWM을 사용한다. LED가 사람이 느끼지 못할 정도로 빠르게 깜빡이면 켜져 있는 시간과 꺼져 있는 시간의 비율(반복 주기)에 따라 밝기가 다르게 느껴진다. 코드 6.16은 PWM을 사용해 LED가 서서히 밝아졌다 어두워졌다 하도록 만든 예제 코드다. 푸시버튼을 누르면 프로그램을 종료하는데, 이때도 서서히 어두워지는 사이클을 완료하기 위해 ISR을 이용했다.

참고

LED를 서서히 켜고 끄는 대신 PWM을 사용해 CPU 부하를 최소로 하면서 눈에 띄게 깜빡이게 할 수 있다. 다음은 LED를 정확히 10Hz 주파수와 50% 반복 주기로 깜빡이는 예다(클럭 제수 = 1920, 범위 = 1000).

```
pi@erpi ~ $ gpio mode 1 pwm
pi@erpi ~ $ gpio pwm-ms
pi@erpi ~ $ gpio pwmc 1920
pi@erpi ~ $ gpio pwmr 1000
pi@erpi ~ $ gpio pwm 1 500
```

**코드 6.16** /chp06/wiringPi/fadeLED.cpp

```
#include <iostream>
#include <wiringPi.h>
#include <unistd.h>
using namespace std;

#define PWM_LED        18          // PWM0, 핀 12
#define BUTTON_GPIO    27          // GPIO27, 핀 13
bool running = true;               // 버튼을 누를 때까지 페이드 인/아웃

void buttonPress(void) {           // 버튼 누름에 ISR - 디바운스하지 않음
    cout << "Button was pressed -- start graceful end." << endl;
    running = false;               // while() 루프가 곧 끝남
}

int main() {                              // root로 실행해야 함
    wiringPiSetupGpio();                  // GPIO 번호체계 사용
    pinMode(PWM_LED, PWM_OUTPUT);         // PWM LED - PWM0
    pinMode(BUTTON_GPIO, INPUT);          // 버튼 입력
    wiringPiISR(BUTTON_GPIO, INT_EDGE_RISING, &buttonPress);
    cout << "Fading the LED in/out until the button is pressed" << endl;
    while(running) {
        for(int i=1; i<=1023; i++) {      // 완전히 켜질 때까지
            pwmWrite(PWM_LED, i);
            usleep(1000);
        }
        for(int i=1022; i>=0; i--) {      // 완전히 꺼질 때까지
            pwmWrite(PWM_LED, i);
            usleep(1000);
        }
    }
```

```
    cout << "LED Off: Program has finished gracefully!" << endl;
    return 0;
}
```

### 서보 모터를 제어하는 PWM 애플리케이션

서보 모터는 DC 모터에 전위차계와 제어 회로를 붙여서 구성된다. 모터 축의 위치는 컨트롤러에 PWM 신호를 보내 제어할 수 있다.

Hitec HS-422는 값싸고(10달러 미만) 품질이 좋으며 구하기 쉬운 서보 모터로, RPi의 5V 전원을 사용할 수 있다. 중앙으로부터 ±45° 회전하게 돼 있는데, ±90° 범위에서 돌아가기는 하지만 ±45°를 벗어나는 범위에서는 전위차계가 완전히 선형적이지 않다. 데이터시트에 의하면 HS-422는 1100μs(가운데 위치로부터 -45°로 설정)에서 1900μs(가운데 위치로부터 +45°로 설정)의 듀레이션을 갖는 펄스가 20ms마다(즉, 50Hz) 있을 것으로 예상한다. 가운데로 오게 하려면 듀레이션이 1500μs인 펄스를 전달해 설정하면 된다.

그림 6.21은 570μs의 펄스를 사용하는 -90°로부터 2350μs의 펄스를 사용하는 +90°까지 회전할 수 있는 서보 모터를 위한 연결과 타이밍을 나타낸다. 이러한 값들과 1460μs의 가운데 위치는 수동으로 조정됐으며 서보 모터에 따라 차이가 있을 수 있다.

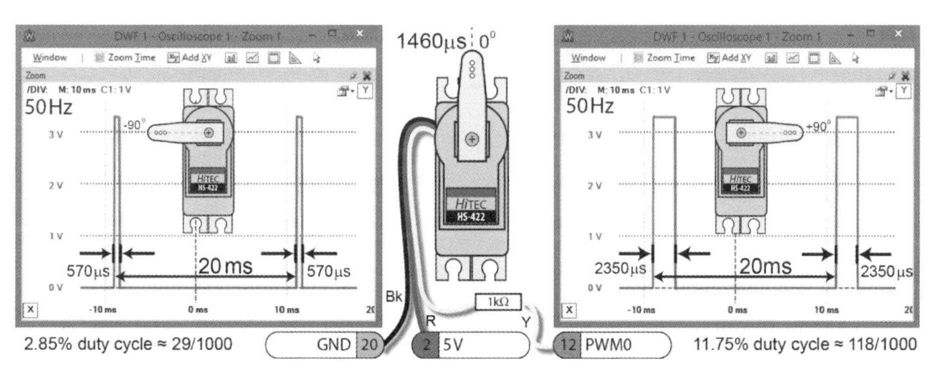


그림 6.21 PWM의 서로 다른 펄스 폭을 사용해 서보 모터의 위치를 -90°에서 +90°로 제어

서보 모터에는 검정, 빨강, 노랑의 세 개의 리드선이 있다. 검정 리드는 RPi GND(20번 핀)에, 빨강 리드는 RPi 5V(2번 핀) 공급에 연결한다. 노랑 리드는 RPi 1kΩ 저항(12번 핀)에 연결한다. 1kΩ 저항은 12번 핀으로부터 소스한 전류를 약 0.01mA로 제한한다. 코드 6.17은 버튼을 누를 때까지 서보 모터를 앞뒤로 움직이게 하는 C++ 코드다.

### GPIO 명령을 사용해 서보 모터 제어

gpio 명령을 사용해 PWM 핀을 제어할 수 있다. 다음의 예에서는 50Hz 신호를 12번 핀(WPi의 1번 핀) PWM0에 설정한다.

```
pi@erpi ~ $ gpio mode 1 pwm
pi@erpi ~ $ gpio pwm-ms
pi@erpi ~ $ gpio pwmc 384
pi@erpi ~ $ gpio pwmr 1000
```

다음은 서보 암을 −90°(29)로 회전했다가 다시 +90°(118)로 회전하도록 서보 모터를 제어한다(그림 6.21 참고).

```
pi@erpi ~ $ gpio pwm 1 29
pi@erpi ~ $ gpio pwm 1 118
```

**코드 6.17** /chp06/wiringPi/servo.cpp

```
#include <iostream>
#include <wiringPi.h>
#include <unistd.h>
using namespace std;

#define PWM_SERVO 18            // PWM0, 12번 핀
#define BUTTON_GPIO 27          // GPIO27, 13번 핀
#define LEFT 29                 // 왼쪽, 오른쪽, 중앙의
#define RIGHT 118               // 서보 모터 위치를
#define CENTER 73               // 수동으로 조정한 값
bool sweeping = true;           // 버튼을 누를 때까지 서보를 움직임

void buttonPress(void) {        // 버튼 누름에 대한 ISR - 디바운스하지 않음
    cout << "Button was pressed -- finishing sweep." << endl;
    sweeping = false;           // while() 루프가 곧 끝남
}

int main() {                               // root로 실행해야 함
    wiringPiSetupGpio();                   // GPIO 번호 체계를 사용
    pinMode(PWM_SERVO, PWM_OUTPUT);        // PWM 서보
    pinMode(BUTTON_GPIO, INPUT);           // 버튼 입력
    wiringPiISR(BUTTON_GPIO, INT_EDGE_RISING, &buttonPress);
    pwmSetMode(PWM_MODE_MS);               // 고정 주파수를 사용
    pwmSetRange(1000);                     // 1000단계
    pwmSetClock(384);                      // 정확히 50Hz로 설정
```

```
    cout << "Sweeping the servo until the button is pressed" << endl;
    while(sweeping) {
        for(int i=LEFT; i<RIGHT; i++) {    // 오른쪽으로 회전
            pwmWrite(PWM_SERVO, i);
            usleep(10000);
        }
        for(int i=RIGHT; i>=LEFT; i--) {  // 왼쪽으로 회전
            pwmWrite(PWM_SERVO, i);
            usleep(10000);
        }
    }
    pwmWrite(PWM_SERVO, CENTER);           // 중앙으로 복귀
    cout << "Program has finished gracefully - servo centred" << endl;
    return 0;
}
```

## 범용 클럭 신호

wiringPi는 범용 클럭 출력에서의 클럭 신호 생성을 지원한다. GPCLK0(7번 핀과 38번 핀)은 모든 RPi 모델에 있지만, GPCLK1(29번 핀과 40번 핀)과 GPCLK2(31번 핀)는 그렇지 않다(그림 6.11 참고). GPCLK1은 내부적으로 사용하기 위해 예약돼 있으므로 사용해서는 안 된다.[6] 코드 6.18은 4.8MHz 클럭 신호를 생성하는 짧은 예제 코드다. 그림 6.22는 RPi2가 두 클럭 신호를 동시에 생성하는 것을 오실로스코프로 캡처한 것이다(명확성을 위해 스코프에서 음의 DC 바이어스가 사용됐다). Analog Discovery 오실로스코프가 캡처할 수 있는 능력이 제한적이어서 '링잉(ringing)' 현상이 나타난다.

**코드 6.18** /chp06/wiringPi/clock.cpp

```
#include <iostream>
#include <wiringPi.h>
using namespace std;
#define GPCLK0 4                        // 7번 핀, GPIO4
#define GPCLK1 5                        // 29번 핀, GPIO5 -- 사용 금지
#define GPCLK2 6                        // 31번 핀, GPIO6 -- RPi A+,B+,2/3

int main() {                            // root로 실행해야 함
    wiringPiSetupGpio();                // GPIO 번호를 사용
    pinMode(GPCLK0, GPIO_CLOCK);        // 19.2MHz 기본으로부터 클럭을 설정
    gpioClockSet(GPCLK0, 4800000);      // GPCLK0에 깨끗한 4.8MHz 클럭을 출력
```

6 GPCLK1이 작동할 때 이더넷을 사용하는 것으로 보이며, 사용할 경우 SSH 세션이 종료된다!

```
    cout << "The clock output is enabled on GPIO" << GPCLK0 << endl;
    return 0;                          // 종료 후 클럭 유지
}
```

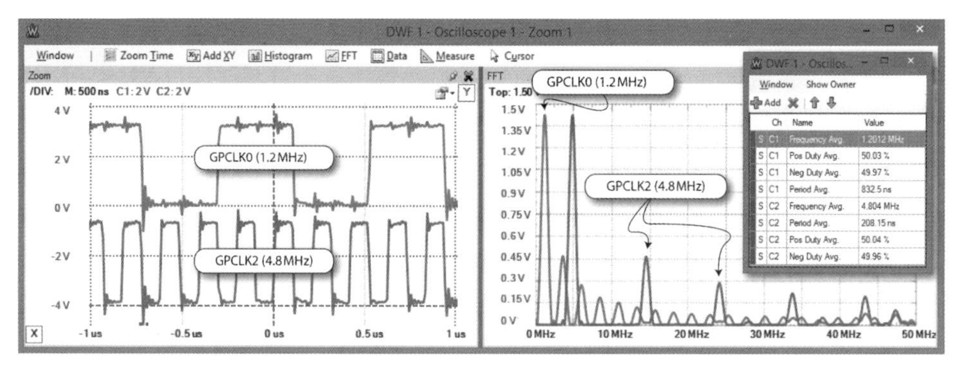


그림 6.22 RPi 2로 1.2MHz 및 4.8MHz 클럭 신호를 동시에 생성(FFT도 표시)

## 고주파 클럭 신호(고급)

pigpio C 라이브러리(abyz.co.uk/rpi/pigpio/)의 최소한의 클럭 접근 코드를 사용해 7번 핀에서 4.687kHz에서 500MHz 사이의 클럭 주파수를 출력할 수 있다! 클럭은 서로 다른 내부 클럭 소스로 설정할 수 있다. 다음은 PLLD를 사용해 GPCLKO(7번 핀)에서 10MHz의 클럭 주파수를 출력하는 예다(*BCM2835 ARM Peripherals* 매뉴얼의 Section 6.3 참고).

```
pi@erpi ~ $ wget abyz.co.uk/rpi/pigpio/pigpio.zip
pi@erpi ~ $ unzip pigpio.zip
pi@erpi ~ $ cd PIGPIO/
pi@erpi ~/PIGPIO $ make
pi@erpi ~/PIGPIO $ sudo make install
pi@erpi ~/exploringrpi/chp06/minimal_clk $ gcc minimal_clk.c -o minimal_clk
pi@erpi ~/exploringrpi/chp06/minimal_clk $ sudo ./minimal_clk 10.0m
PLLD:   50    0   10.00 MHz
 OSC:    1 3768 ILLEGAL
HDMI:   21 2457   10.29 MHz
PLLC:  100    0   10.00 MHz
Using PLLD (I=50   F=0    MASH=0)
Press return to exit and disable clock...
```

## GPIO와 권한

이 장 전체적으로 GPIO에 인터페이스하는 모든 프로그램은 sudo를 사용하지 않고 실행했다. 리눅스에서는 기본으로 그렇게 동작하는 것이 아니라 슈퍼유저로만 GPIO에 접근할 수 있는 것이 일반적이다. 라즈비안에서 이것이 가능한 것은 GPIO sysfs 항목이 gpio 사용자 그룹에 속하도록 주의 깊게 구성돼 있기 때문이다. pi 사용자가 gpio 그룹에 속한다는 것을 다음과 같이 확인할 수 있다.

```
pi@erpi /sys/class/gpio $ ls -l
total 0
-rwxrwx--- 1 root gpio 4096 Jul 7 01:17 export
lrwxrwxrwx 1 root gpio    0 Jul 7 01:17 gpiochip0 -> ...
-rwxrwx--- 1 root gpio 4096 Jul 7 01:17 unexport
pi@erpi /sys/class/gpio $ groups
pi adm dialout ... gpio i2c spi input
```

이는 매우 유용한 기능이다. 이는 애플리케이션을 슈퍼유저로 실행하지 않아도 되기 때문에 코딩 실수로 인해 파일 시스템에 손상을 입히는 것을 방지한다. 이러한 기능은 *udev 규칙*이라고 하는 것으로, *udevd* 서비스의 동작을 맞춤 구성할 수 있도록 해주는 메인라인 리눅스의 고급 기능이다.

### udev 규칙 작성하기

udev 규칙을 정해두면 장치의 이름 변경, 권한 변경, 장치를 연결했을 때의 스크립트 실행 등 RPi의 장치를 제어하는 일을 유저 스페이스에서 처리할 수 있다. 이해를 돕기 위해 /sys/class/gpio 디렉터리에 대한 정보를 찾아보자.

```
pi@erpi ~ $ udevadm info --path=/sys/class/gpio --attribute-walk
...
  looking at device '/class/gpio':
    KERNEL=="gpio"
    SUBSYSTEM=="subsystem"
    DRIVER==""
```

udev 규칙은 /etc/udev/rules.d와 /lib/udev/rules.d/ 디렉터리의 파일에 저장된다. 전자는 맞춤 규칙이며 후자는 시스템에 일반적으로 적용되는 규칙이다. 규칙 파일은 일반적인 텍스트 파일로, *우선순위 번호*가 앞에 붙은 이름을 갖는다. 규칙 파일 이름의 숫자가 작을수록 우선순위가 높다. 라즈비안 구성에서는 코드 6.19와 같은 99-com.rules 파일을 사용한다. 그것은 /lib/udev/rules.d/ 디렉터리의 다른 규칙 파일을 방해하지 않기 위해 가장 낮은 우선순위로 돼 있다.

**코드 6.19** /etc/udev/rules.d/99-com.rules

```
SUBSYSTEM=="gpio*", PROGRAM="/bin/sh -c 'chown -R root:gpio /sys/class/gpio && chmod -R 770 /sys/
class/gpio; chown -R root:gpio /sys/devices/virtual/gpio && chmod -R 770 /sys/devices/virtual/
gpio'"
SUBSYSTEM=="input", GROUP="input", MODE="0660"
SUBSYSTEM=="i2c-dev", GROUP="i2c", MODE="0660"
SUBSYSTEM=="spidev", GROUP="spi", MODE="0660"
```

이러한 규칙 파일들은 항목이 추가될 때 GPIO 장치의 그룹을 gpio로 변경하기 위해 chown 명령을 사용하는 한 줄의 스크립트를 실행시킨다. 입력, $I^2C$, SPI 장치(8장에서 다룸)를 위한 접근 권한을 변경하는 규칙도 포함한다.

사용자 및 그룹의 필요에 맞게 이 파일을 편집할 수 있다. 예를 들어 코드 6.19에서 root:gpio 항목을 molloyd:gpio로 수정하고 다음과 같이 테스트해 볼 수 있다.

```
pi@erpi /etc/udev/rules.d $ sudo nano 99-com.rules
pi@erpi /etc/udev/rules.d $ sudo udevadm test --action=add /class/gpio
calling: test version 215 ...
read rules file: /lib/udev/rules.d/10-local-rpi.rules ...
read rules file: /etc/udev/rules.d/99-com.rules
read rules file: /lib/udev/rules.d/99-systemd.rules ...
ACTION=add
DEVPATH=/class/gpio
SUBSYSTEM=subsystem
USEC_INITIALIZED=3950621318
```

규칙 파일의 변경사항이 확실히 적용되도록 udev 서비스를 재시작(또는 reboot)한다. 그런 다음에 /sys/class/gpio 디렉터리의 항목을 export하면 모든 항목의 소유자가 변경되는데, 여기에서는 molloyd 사용자가 모든 GPIO sysfs 항목을 소유한다.

```
pi@erpi /sys/class/gpio $ sudo systemctl restart systemd-udevd
pi@erpi /sys/class/gpio $ ls -l
total 0
-rwxrwx--- 1 root gpio 4096 Jul 7 22:03 export
lrwxrwxrwx 1 root gpio    0 Jul 7 01:17 gpiochip0 -> ...
-rwxrwx--- 1 root gpio 4096 Jul 7 01:17 unexport
pi@erpi /sys/class/gpio $ echo 27 > export
pi@erpi /sys/class/gpio $ ls -l
total 0
```

```
-rwxrwx--- 1 molloyd gpio 4096 Jul 7 22:05 export
lrwxrwxrwx 1 molloyd gpio    0 Jul 7 22:05 gpio27 -> ...
lrwxrwxrwx 1 molloyd gpio    0 Jul 7 01:17 gpiochip0 -> ...
-rwxrwx--- 1 molloyd gpio 4096 Jul 7 01:17 unexport
```

이렇게 연습해 보는 것은 좋지만 소유자를 root로 되돌리는 것을 잊어서는 안 된다!

udev 규칙은 장치를 RPi에 붙였을 때 어떤 일이 일어나도록 할 것인지 제어할 수 있는 강력한 능력이 있다. 예를 들어 USB 웹캠이나 USB 플래시 드라이브를 꽂았을 때 심볼릭 링크를 생성하도록 할 수 있다. udev 규칙 작성에 대한 완전한 지침은 tiny.cc/erpi602를 참고하라.

## 권한과 wiringPi

앞서 작성한 wiringPi 애플리케이션은 메모리 맵 입출력을 종종 사용하며 sudo 도구를 필요로 한다. 그렇다면 gpio 명령은 왜 동일한 라이브러리를 사용해 작성했음에도 슈퍼유저 권한을 요구하지 않는 것일까? 답은 gpio 명령도 슈퍼유저 권한을 필요로 한다는 것이다. 수수께끼의 실마리는 실행 프로그램의 권한에 있다.

```
pi@erpi /usr/bin $ ls -l gpio
-rwsr-xr-x 1 root root 30456 Jul 10 03:38 gpio
```

gpio 실행 파일은 root의 소유이며 3장에서 설명한 setuid 비트가 설정돼 있다. gpio 명령에 슈퍼유저 접근을 부여함으로써 호출하는 사용자에 관계없이 실행될 수 있도록 한 것이다. wiringPi 프로그램을 맞춤 개발할 때도 마찬가지로 권한을 설정할 수 있다. 다음의 예를 보라.

```
pi@erpi ~/exploringrpi/chp06/wiringPi $ ls -l info
-rwxr-xr-x 1 pi pi 9692 Jul 11 14:31 info
pi@erpi ~/exploringrpi/chp06/wiringPi $ ./info
wiringPiSetup: Must be root. (Did you forget sudo?)
pi@erpi ~/exploringrpi/chp06/wiringPi $ sudo chown root info
pi@erpi ~/exploringrpi/chp06/wiringPi $ ls -l info
-rwxr-xr-x 1 root pi 9692 Jul 11 14:31 info
pi@erpi ~/exploringrpi/chp06/wiringPi $ ./info
wiringPiSetup: Must be root. (Did you forget sudo?)
```

소유자를 root로 변경하기만 해서는 pi 사용자가 프로그램을 실행시킬 수 없다. 그렇지만 파일을 root가 소유하도록 하고 setuid 비트도 설정하면 그 프로그램을 어느 사용자가 실행시키더라도 마치 root가 실행시킨 것처럼 동작하게 된다.

```
pi@erpi ~/exploringrpi/chp06/wiringPi $ sudo chmod u+s info
pi@erpi ~/exploringrpi/chp06/wiringPi $ ls -l info
-rwsr-xr-x 1 root pi 9692 Jul 11 14:31 info
pi@erpi ~/exploringrpi/chp06/wiringPi $ ./info
This is an RPi: Model 3 ...
```

실행 파일을 리빌드하게 되면 setuid 비트가 해제된다(g++을 호출할 때 sudo를 사용하더라도 마찬가지다). 이는 보안을 위한 것으로, 사용자가 해로운 소스코드를 이진 실행 파일에 주입하는 것을 방지한다.

```
pi@erpi ~/exploringrpi/chp06/wiringPi $ g++ info.cpp -o info -lwiringPi
pi@erpi ~/exploringrpi/chp06/wiringPi $ ls -l info
-rwxr-xr-x 1 pi pi 9692 Jul 11 18:51 info
```

## 요약

이 장의 목표는 다음과 같다.

- RPi GPIO를 사용해 이진 신호를 디지털 회로에 출력하거나 디지털 회로에서 이진 입력을 읽어 들인다.
- 셸 스크립트와 효율적인 C/C++ sysfs 코드를 작성해 RPi의 GPIO를 제어한다.
- PREEMPT 커널 패치의 효과와 여러 개의 CPU 코어가 GPIO 애플리케이션의 성능에 미치는 영향을 설명한다.
- 인터페이스에 내부 풀업, 풀다운 저항을 활용한다.
- 셸 프롬프트 및 C/C++ 프로그램 코드를 통해 RPi의 SoC 메모리 맵 레지스터를 사용해 GPIO 상태를 조작한다.
- wiringPi 라이브러리에서 RPi의 GPIO를 제어하는 C 함수를 사용해 효율적이고 접근하기 쉬운 방법으로 RPi의 GPIO를 제어한다.
- 한 개의 GPIO를 사용해 센서와 양방향으로 통신한다.
- RPi에서 PWM을 사용해 LED를 서서히 변화시키고 서보 모터를 구동한다.
- 범용 클럭을 사용해 고주파 클럭 신호를 출력한다.
- 리눅스 udev 규칙과 setuid 비트를 활용해 GPIO 애플리케이션의 사용자 레벨 제어를 개선한다.

# 7장

# 크로스 컴파일과 이클립스 IDE

지금까지는 모든 코드를 RPi에서 빌드하고 실행했다. 그러나 더 큰 프로젝트에서는 이러한 방법이 실용적이지 않을 수 있는데, 그 이유는 단일 프로젝트 내에서 많은 소스 파일을 관리해야 하기 때문이다. 더불어 큰 프로젝트를 RPi에서 빌드하면 컴파일에 시간이 오래 걸릴 수도 있다. 이 장에서는 데스크톱 컴퓨터를 사용해 애플리케이션을 개발해 RPi에 직접 배포하는 것을 다룬다. 다음으로는 원격 디버깅 등 개발을 위한 고급 기능을 갖춘 이클립스 통합 개발 환경(IDE)을 소개한다. 마지막으로 RPi를 위한 맞춤 리눅스 커널을 빌드하고 배포하는 방법을 다룬다.

**이 장에 필요한 준비물:**

- 리눅스(데비안 8 이상이 이상적임) 독립 실행 또는 가상 머신(VM) 데스크톱 인스턴스(3장 참고)
- 배포와 디버그를 위한 RPi 보드

이 장에 대한 자세한 내용은 www.exploringrpi.com/chapter7/을 참고한다.

## 크로스 컴파일 툴체인 셋업하기

이 절에서는 RPi를 위한 코드를 빌드하는 완전한 기능을 갖춘 크로스 컴파일 환경을 데스크톱 컴퓨터에 구축하는 방법을 설명한다. 데스크톱 컴퓨터에서 실행되는 일반적인 C/C++ 컴파일러는 해당 플랫폼

(예: 인텔 x86)에서 실행 가능한 머신 코드만 빌드할 것이다. 따라서 하드웨어 아키텍처가 다르더라도 RPi ARM 플랫폼에서 실행할 수 있는 코드를 데스크톱 컴퓨터에서 직접 생성할 수 있는 크로스 컴파일러가 필요하다. Windows 또는 맥 OS X에서 코드를 크로스 컴파일해 ARM 리눅스 장치에서 실행하기는 쉽지 않으며, 서드 파티 라이브러리를 통합하는 것이 특히 힘들기 때문에 이러한 용도의 데스크톱 컴퓨터에서는 리눅스를 사용하는 것이 일반적이다. Windows 또는 맥 OS X를 사용한다면 3장에서 설명한 버추얼박스(VirtualBox)를 구성해 사용할 것을 권한다. 이 책을 쓸 때도 데스크톱의 모든 작업을 버추얼박스 데비안 64비트 VM(Amd64, 네트워크: NAT)에서 수행했다.

크로스 플랫폼 개발을 위한 환경 및 구성은 끊임없이 발전하는 중이다. 이 장의 모든 단계가 책을 쓰는 시점에는 잘 작동했지만, 리눅스 커널, 툴체인, 이클립스 개발 환경의 업데이트에 따라 몇몇 단계는 달라졌을 수 있다. 이 장의 웹페이지(www.exploringrpi.com/chapter7/)를 방문해 바뀐 점을 확인하기 바란다. 이 장의 첫 번째 목표는 크로스 컴파일에 대한 개념을 잡고 도구를 사용하는 실용적인 예를 보여주는 것이다.

리눅스 애플리케이션을 크로스 컴파일하는 첫 번째 단계는 *리눅스 툴체인*을 설치하는 것이다. *크로스 컴파일 툴체인*은 소프트웨어 개발 도구 및 라이브러리의 집합에 맞게 이름이 지어지며(gcc, gdb, glibc), 한 가지 머신의 운영체제(예: 인텔 x86-64 머신에서 64비트 리눅스 운영체제)에서 실행 가능한 코드를 빌드하는 것뿐만 아니라 32비트 리눅스 또는 64비트 리눅스 OS와 같이 서로 다른 운영체제 및 서로 다른 아키텍처에서 코드를 실행하기 위해서도 함께 엮여서 쓰인다.

참고

이 장에서는 데스크톱 머신에서 sudo 도구를 사용할 수 있다고 가정한다. 그것은 다음과 같은 방법으로 활성화할 수 있다.

```
molloyd@desktop:~$ su -
root@desktop:~# apt install sudo
root@desktop:~# visudo
root@desktop:~# more /etc/sudoers | grep molloyd
molloyd ALL=(ALL:ALL) ALL
root@desktop:~# exit
```

먼저 리눅스 버전에 대한 자세한 정보를 살펴보자. 다음 명령을 독립적으로 실행하거나 &&를 사용해 함께 실행해도 된다. 이 정보는 사용할 툴체인을 고를 때 도움이 된다.

```
pi@erpi ~ $ uname -a && cat /etc/os-release && cat /proc/version
Linux erpi 4.1.18-v7+ #846 SMP Thu Feb 25 14:22:53 GMT 2016 armv7l GNU/Linux
GNU/Linux PRETTY_NAME="Raspbian GNU/Linux 8 (jessie)"
...
```

```
Linux version 4.1.18-v7+ (dc4@dc4-XPS13-9333) (gcc version 4.9.3 ...) #846 SMP Thu Feb 25 14:22:53
GMT 2016
```

## 라즈비안을 위한 Linaro 툴체인

툴체인을 구성하는 방법에는 여러 가지가 있으며 하나하나 설치하기에는 너무 복잡하다. 따라서 RPi 재단에서 미리 구성해둔 툴체인을 `github.com/raspberrypi/tools/`의 저장소에서 받아서 사용하는 것이 간편하다. 아래와 같이 저장소(~325MB)를 복제하면 데스크톱에서 Linaro 툴체인 바이너리를 바로 사용할 수 있다.[1]

```
molloyd@desktop:~$ sudo apt install build-essential git
molloyd@desktop:~$ git clone https://github.com/raspberrypi/tools.git
Receiving objects: 100% (17851/17851), 325.16 MiB | 7.88 MiB/s, done.
```

저장소를 복제하고 나면 크로스 컴파일 도구들이 데스크톱 머신에 설치된 것을 볼 수 있을 것이다. 예를 들어 다음 디렉터리에서 g++ 컴파일러를 사용할 수 있다.

```
molloyd@desktop:~$ cd tools/arm-bcm2708/gcc-linaro-arm-linux-gnueabihf-raspbian-x64/bin/
molloyd@desktop:~/tools/arm-bcm2708/gcc-linaro-arm-linux-gnueabihf-raspbian-x64/bin$ ls -l *g++
-rwxr-xr-x 1 molloyd molloyd 739112 Aug 1 12:01 arm-linux-gnueabihf-g++
```

컴파일러 이름 앞에 붙은 *X-Y-Z*에서 *X*는 아키텍처가 arm임을, *Y*는 제작사(리눅스에는 없는 경우가 많음)를, *Z*는 *ABI*(*애플리케이션 바이너리 인터페이스*)가 `linux-gnueabihf`이라는 것을 나타낸다. *임베디드 ABI*(*EABI*)는 컴파일된 프로그램, 컴파일된 라이브러리, OS 사이의 표준화된 머신 코드 수준 인터페이스를 정의한다. 이는 한 툴체인을 사용해 생성된 이진 코드가 다른 툴체인 및 컴파일러를 사용하는 프로젝트에도 링크될 수 있도록 하기 위한 것이다. 그러므로 `linux-gnueabihf`는 리눅스의 GNU EABI가 하드웨어 가속 부동 소수점 연산(*hard float* 등)을 지원한다는 의미로 보면 된다. Hard float 연산은 마이크로프로세서에 내장된 *부동 소수점 유닛*(FPU)을 활용하므로 소프트웨어를 사용해 계산하는 *soft float* 연산보다 훨씬 빠르다.

툴체인이 올바로 동작하는지 확인하기 위해 간단한 C++ 프로그램을 작성하고 크로스 컴파일러를 사용해 이진 코드를 빌드해 보자.

---

1 Linaro(`www.linaro.org`)는 ARM 플랫폼에서의 임베디드 리눅스 개발을 지원하는 것을 목표로 ARM, IBM, Freescale, 삼성, ST-Ericsson, 텍사스 인스트루먼트가 2010년에 설립했으며 개발의 파편화를 최소화하기 위해 업계 및 오픈소스 커뮤니티와 협력한다.

```
molloyd@desktop:~$ nano testrpi.cpp
molloyd@desktop:~$ more testrpi.cpp
#include<iostream>
using namespace std;
int main(){
    cout << "Testing cross compilation for the RPi" << endl;
    return 0;
}
```

## 툴체인 테스트하기

툴체인을 설치하고 나면 미리 빌드된 크로스 컴파일러를 다음과 같이 호출해 프로그램을 컴파일할 수 있다(명령을 한 줄로 입력한다).

```
molloyd@desktop:~$ ~/tools/arm-bcm2708/gcc-linaro-arm-linux-gnueabihf-r →
aspbian-x64/bin/arm-linux-gnueabihf-g++ testrpi.cpp -o testrpi
molloyd@desktop:~$ ls -l testrpi*
-rwxr-xr-x 1 molloyd molloyd 7740 Aug 1 12:03 testrpi
-rw-r--r-- 1 molloyd molloyd 127 Aug 1 12:02 testrpi.cpp
```

이것은 ARM 이진 코드 명령이므로 x86 데스크톱 머신에서 이진 파일을 호출하면 당연히 실행이 되지 않는다.

```
molloyd@desktop:~$ ./testrpi
bash: ./testrpi: cannot execute binary file: Exec format error
```

이 프로그램은 다음과 같은 방법으로 RPi에 전송할 수 있다.

```
molloyd@desktop:~$ sftp pi@erpi.local
pi@erpi.local's password: raspberry
Connected to erpi.local.
sftp> put testrpi
Uploading testrpi to /home/pi/testrpi
sftp> bye
```

마지막으로, RPi에 SSH로 접속해 프로그램이 잘 동작하는지 확인한다.

```
molloyd@desktop:~$ ssh pi@erpi.local
pi@erpi.local's password: raspberry
pi@erpi ~ $ ls -l testrpi
```

```
-rwxr-xr-x 1 pi pi 7008 Aug 1 18:34 testrpi
pi@erpi ~ $ ./testrpi
Testing cross compilation for the RPi
```

성공이다! 위와 같은 출력이 보인다면 RPi에서 실행할 바이너리를 데스크톱 머신에서 직접 빌드할 수 있는 것이다. 마지막으로 ldd 도구를 사용해 공유 라이브러리 의존성을 표시할 수 있는데, 이것은 의존성 관련 문제를 디버그할 때 유용하다.

```
pi@erpi ~ $ ldd testrpi
    /usr/lib/arm-linux-gnueabihf/libcofi_rpi.so (0x76f56000)
    libstdc++.so.6 => /usr/lib/arm-linux-gnueabihf/libstdc++.so.6 (0x76e41000)
    libm.so.6 => /lib/arm-linux-gnueabihf/libm.so.6 (0x76dc6000)
    libgcc_s.so.1 => /lib/arm-linux-gnueabihf/libgcc_s.so.1 (0x76d99000)
    libc.so.6 => /lib/arm-linux-gnueabihf/libc.so.6 (0x76c5c000)
    /lib/ld-linux-armhf.so.3 (0x76f34000)
```

## PATH 환경 변수 갱신하기

컴파일러의 메시지가 너무 장황하게 표시되지 않도록 PATH 환경 변수를 바꿀 수 있다. bash 셸이 시작될 때 변수를 설정하므로 사용자의 홈 디렉터리에 있는 .bashrc를 편집하는 것이 최선의 방법이다.

```
molloyd@desktop:~$ nano .bashrc
molloyd@desktop:~$ tail -1 .bashrc
export PATH=$PATH:~/tools/arm-bcm2708/gcc-linaro-arm-linux-gnueabihf-raspbian-x64/bin
```

이런 경우에는 재시작할 필요 없이 source 명령을 사용해 변경을 적용할 수 있다. PATH는 다음과 같이 바뀔 것이다.

```
molloyd@desktop:~$ source ~/.bashrc
molloyd@desktop:~$ echo $PATH
/usr/local/bin:/usr/bin:/bin:/usr/local/games:/usr/games:/home/molloyd/tools/arm-bcm2708/gcc-
linaro-arm-linux-gnueabihf-raspbian-x64/bin
```

이제 컴파일러의 전체 경로를 지정하지 않아도 컴파일러를 실행할 수 있다.

```
molloyd@desktop:~$ arm-linux-gnueabihf-g++ testrpi.cpp -o testrpi
```

## 데비안 크로스 툴체인

최근의 데비안 릴리즈는 크로스 컴파일을 지원하며 매우 유용한 다중 패키지 설치를 지원해 서드 파티 라이브러리를 필요로 하는 크로스 플랫폼 컴파일의 복잡성을 크게 줄였다. 데비안(8 이상) 데스크톱을 사용하고 있다면 다음 절차에 따라 크로스 컴파일 환경을 구축할 수 있다.

1. 크로스 컴파일 관련 패키지 목록을 얻기 위해 cross-toolchains 소스 리스트를 포함하도록 소스 리스트를 갱신한다.[2]

```
molloyd@desktop:~$ cd /etc/apt/sources.list.d/
molloyd@desktop:/etc/apt/sources.list.d$ sudo nano crosstools.list
molloyd@desktop:/etc/apt/sources.list.d$ more crosstools.list
deb http://emdebian.org/tools/debian jessie main
```

2. curl을 사용해 아카이브 공개 키와 apt-key를 내려받아 설치한다. 이는 cross-toolchains 패키지를 내려받을 때 검증하기 위한 것이다.

```
molloyd@desktop:/etc/apt/sources.list.d$ sudo apt install curl
molloyd@desktop:/etc/apt/sources.list.d$ curl http://emdebian.org/tools/ →
debian/emdebian-toolchain-archive.key | sudo apt-key add -
molloyd@desktop:/etc/apt/sources.list.d$ cd ~/
```

3. armhf를 외부 아키텍처로 등록하고 사용 가능한 패키지의 목록을 갱신한다. 이 단계는 크로스 개발 라이브러리를 설치할 때 특히 유용하다. 이 시점에서 업데이트를 반드시 수행해야 한다.

```
molloyd@desktop:~$ sudo dpkg --add-architecture armhf
molloyd@desktop:~$ dpkg --print-architecture
amd64
molloyd@desktop:~$ dpkg --print-foreign-architectures
armhf
molloyd@desktop:~$ sudo apt update
```

4. 다음과 같이 크로스 빌드 툴체인을 설치한다.

```
molloyd@desktop:~$ sudo apt install crossbuild-essential-armhf
... Setting up libyaml-libyaml-perl (0.41-6) ...
Processing triggers for libc-bin (2.19-18) ...
molloyd@desktop:~$ cd /usr/bin
molloyd@desktop:/usr/bin$ ls -l *g++
lrwxrwxrwx 1 root root 27 Jan 16 2015 arm-linux-gnueabihf-g++ -> arm-linux-gnueabihf-g++-4.9
```

2 임베디드 데비안(Emdebian) 프로젝트는 2014년 7월에 종료됐으니 cross-toolchains를 사용할 것을 권장한다. 데비안 제시를 위해 armhf cross-toolchains가 Emdebian 저장소에 유지되고 있지만, 데비안의 새 버전에 통합될 예정이며 그럴 경우 1단계와 2단계는 필요 없게 될 것이다.

```
lrwxrwxrwx 1 root root  7 Feb 25 07:13 g++ -> g++-4.9
lrwxrwxrwx 1 root root  7 Feb 25 07:13 x86_64-linux-gnu-g++ -> g++-4.9
```

/usr/bin 디렉터리에서 x86 코드를 네이티브하게 컴파일하기 위한 g++ 항목과 armhf 코드를 크로스 컴파일하기 위한 arm-linux-gnueabihi-g++ 항목이 포함된 것을 볼 수 있을 것이다.

5. 어느 위치에서나 컴파일러를 테스트하고 버전을 체크할 수 있다(/usr/bin이 기본 PATH에 있기 때문이다).

```
molloyd@desktop:~$ arm-linux-gnueabihf-g++ -v
gcc version 4.9.2 ( 4.9.2-10)
```

6. Linaro 툴체인을 테스트하는 데 사용되는 예제 코드를 사용해 이 툴체인을 테스트할 수 있으며 결과는 동일할 것이다. 두 툴체인을 데스크톱 머신에 설치할 수 있다. /usr/bin 항목이 PATH 환경 변수의 처음에 나오기 때문에 cross-toolchains가 우선할 것이다.

참고

apt-cache를 사용해 대체할 컴파일러 버전을 찾아볼 수 있다. RPi와 라즈비안 배포판은 hard floats(hf)를 지원하므로 이름의 끝에 hf가 붙은 도구를 사용할 수 있다.

```
molloyd@desktop:~$ apt-cache search gnueabihf | grep g++
g++-4.9-arm-linux-gnueabihf - GNU C++ compiler
g++-arm-linux-gnueabihf - GNU C++ cross-compiler for architecture armhf
```

이 시점에서 이진 실행 파일은 ARM 명령을 갖고 있기 때문에 데스크톱 머신에서는 실행되지 않는다. 다음 절에서는 데스크톱 머신에서 ARM 프로세서를 에뮬레이트하는 방법을 설명한다.

## armhf 아키텍처 에뮬레이트하기

QEMU라는 패키지를 데스크톱 머신에 설치하면 RPi의 armhf 아키텍처를 에뮬레이트할 수 있다. 이것을 사용자 모드 에뮬레이션이라고 한다. QEMU로 버추얼박스처럼 완전한 컴퓨터 모드 에뮬레이션을 수행할 수도 있다. QEMU *사용자 모드 에뮬레이션*은 다음과 같이 설치할 수 있다.

```
molloyd@desktop:~$ sudo apt install qemu-user-static
molloyd@desktop:~$ dpkg --print-foreign-architectures
armhf
```

이제 armhf 인스트럭션을 x86 머신에서 에뮬레이트할 수 있으며(성능 면에서 희생이 따른다) 테스트 프로그램을 데스크톱 머신에서 실행할 수 있다.

```
molloyd@desktop:~$ ./testrpi
Testing the RPi pre-built toolchain
```

### 서드 파티 라이브러리와 함께 크로스 컴파일(Multiarch)

이 절에서 설명할 내용은 C/C++ 애플리케이션을 크로스 컴파일할 때 꼭 필요한 것은 아니다. 그렇지만 이미지 처리나 수치 연산 등을 위해 서드 파티 라이브러리를 사용할 예정이라면 필요할 것이다. 과거에는 이것이 매우 어려운 주제였지만, 근래의 데비안과 우분투 릴리즈에서는 그런대로 할 만해졌다.

이쯤이면 크로스 컴파일러를 갖췄고 표준 C/C++ 라이브러리를 사용하는 애플리케이션을 크로스 컴파일할 수 있을 것이다. 그렇다면 서드 파티 라이브러리를 사용하는 C/C++ 애플리케이션을 컴파일된 코드를 포함해 빌드하고 싶다면 어떻게 해야 할까? x86 데스크톱 머신에 라이브러리를 설치하면 라이브러리 코드는 네이티브 x86 명령을 포함할 것이다. 서드 파티 라이브러리를 사용해 그것을 RPi에 배포하고자 한다면 ARM 머신 코드 명령을 포함하는 라이브러리를 사용해야 한다.

전통적으로 개발자들은 데비안 패키지를 크로스 컴파일 버전으로 즉석에서 변환해주는 xapt와 같은 도구를 사용했다(xapt -a armhf -m libopencv-dev). 그렇지만 데비안의 요즘 릴리즈(8 이상)에서는 *multiarch*, 즉 다중 아키텍처 패키지 설치를 강력하게 지원한다.

multiarch를 지원하는 패키지 인스톨러를 사용해 RPi armhf 라이브러리를 데스크톱 머신에 설치할 수 있다. dpkg 버전 1.16.2 이상에서 multiarch를 지원한다. 아울러 armhf 타깃 아키텍처를 아직 추가하지 않았다면 지금 하자.

```
molloyd@desktop:~$ dpkg --version
Debian `dpkg' package management program version 1.17.26 (amd64).
molloyd@desktop:~$ sudo dpkg --add-architecture armhf
```

업데이트를 수행한 다음, 시험 삼아 서드 파티 라이브러리 패키지를 설치해 보자(패키지 이름 뒤의 armhf에 유의).

```
molloyd@desktop:~$ sudo apt update
molloyd@desktop:~$ sudo apt install libicu-dev:armhf
Reading package lists... Done ...
Setting up libicu-dev:armhf (52.1-8+deb8u2) ...
```

유니코드를 활용하기 위한 libicu-dev 라이브러리가 /usr/lib/arm-linux-gnueabihf 디렉터리에 설치됐을 것이다. 이것은 /usr/lib 디렉터리에 저장되는 x86 라이브러리와는 다른 곳에 있다. 그렇게 하지 않으면 현재의 x86 라이브러리를 덮어써서 문제를 일으킬 것이기 때문이다.

```
molloyd@desktop:/usr/lib/arm-linux-gnueabihf$ ls libicu*
libicudata.a        libicui18n.so.52    libicule.a ...
```

이제 끝났다! 필요하다면 /usr/lib/arm-linux-gnueabihf 디렉터리를 포함하기 위한 C++ 빌드 환경을 구성한다. 이 절차는 직관적이고 잘 동작한다. 그렇지만 리눅스에서는 비교적 최신 방법이기 때문에 의존성 관련 문제가 있다. 자세한 정보는 wiki.debian.org/Multiarch/HOWTO를 참고하라.

## 이클립스를 사용해 크로스 컴파일하기

이클립스(Eclipse) 통합 개발 환경(IDE)은 코드를 관리하고 크로스 컴파일 도구, 디버거, 기타 플러그인을 통합함으로써 정교한 개발 플랫폼을 생성하게 해준다. 또한 RPi에서 실행되는 애플리케이션에 대한 완전한 원격 디버깅을 지원하도록 확장할 수 있다. 이 방법은 실제 하드웨어와 인터페이스하는 소프트웨어 애플리케이션을 개발할 때 데스크톱의 이클립스 환경에서 직접 값을 들여다보면서 디버그할 수 있어 상당히 유용하다.

이클립스는 Java로 작성됐으며 초기에는 Java 소프트웨어 개발에 초점을 맞췄지만, C/C++ 개발 도구(CDT) 확장을 통해 C/C++ 개발도 훌륭하게 지원한다.

### 데스크톱 리눅스에 이클립스 설치하기

리눅스 데스크톱 혹은 Windows에서 실행되는 리눅스 데스크톱 VM(3장 참고)에서 웹 브라우저를 사용해 www.eclipse.org에 접속해 이클립스를 내려받는다. CDT(C/C++ 개발 도구)가 통합된 버전(Eclipse IDE for C/C++ Developers)이 있으니 이것을 설치한다. 이 책에서 사용한 이클립스의 버전은 2016년 2월에 릴리즈된 Mars.2다.

이클립스를 내려받았다면 모든 사용자를 위해 설치할 것인지 아니면 현재 사용자만을 위해 설치할 것인지에 따라 적당한 위치에 압축을 해제한다. Iceweasel 또는 Chromium 브라우저에서 내려받은 파일은 사용자의 ~/Downloads 디렉터리(또는 ~/다운로드 디렉터리)에 저장될 것이다. 따라서 사용자의 계정에서 이클립스를 설치하고 실행하는 것은 다음 단계를 따른다(&를 사용해 백그라운드 프로세스로 실행한다).

```
molloyd@desktop:~/Downloads$ ls eclipse*
eclipse-cpp-mars-R-linux-gtk-x86_64.tar.gz
molloyd@desktop:~/Downloads$ tar -xvf eclipse* -C ..
molloyd@desktop:~/Downloads$ cd ~/eclipse/
molloyd@desktop:~/eclipse$ ./eclipse &
```

이 글을 쓰는 시점에는 데스크톱 머신에서 이클립스를 사용해 생성한 C++ 애플리케이션은 데스크톱 머신으로만 배포할 수 있다. 하지만 목적 플랫폼이 RPi이므로 크로스 컴파일을 할 수 있도록 이클립스를 구성해야 한다.

참고

터미널 창을 사용해 이클립스를 실행해도 되지만, 다음과 같이 eclipse.desktop 파일을 생성해두면 데비안 · 우분투 데스크톱 환경에서 직접 실행할 수 있다.

```
molloyd@desktop:~/.local/share/applications$ more eclipse.desktop
[Desktop Entry]
Type=Application
Exec=/home/molloyd/eclipse/eclipse
Name=Eclipse
GenericName=An IDE for C/C++ development
Icon=/home/molloyd/eclipse/icon.xpm
Terminal=false
Categories=Development;IDE;C++
MimeType=text/x-c++src;text/x-c++hdr;text/x-xsrc;application/x-designer;
```

이클립스 아이콘이 Activities(현재 활동) 창에 만들어지고 이것을 더블 클릭하면 이클립스를 실행할 수 있다.

## 크로스 컴파일을 위해 이클립스 설정하기

이클립스를 시작할 때 기본 작업공간 디렉터리를 선택할 수 있으며 C/C++ 개발에 대한 간단한 안내를 볼 수 있다. File → New → C++ project에서 새로운 프로젝트를 생성해서 구성을 시작할 수 있다. 그림 7.1(a)와 같이 프로젝트 이름은 RPiTest로 하고 프로젝트의 유형은 Hello World C++ Project로 하며 툴체인은 Cross GCC를 선택한다. 그림 7.1(b)의 Cross GCC 명령 대화창이 보일 때까지 Next를 계속 클릭한다. Cross compiler prefix에 `arm-linux-gnueabihf-`를 입력하고 Cross compiler path는 `/usr/bin` 또는 Linaro 툴체인 디렉터리로 설정한 다음, Finish를 클릭한다.

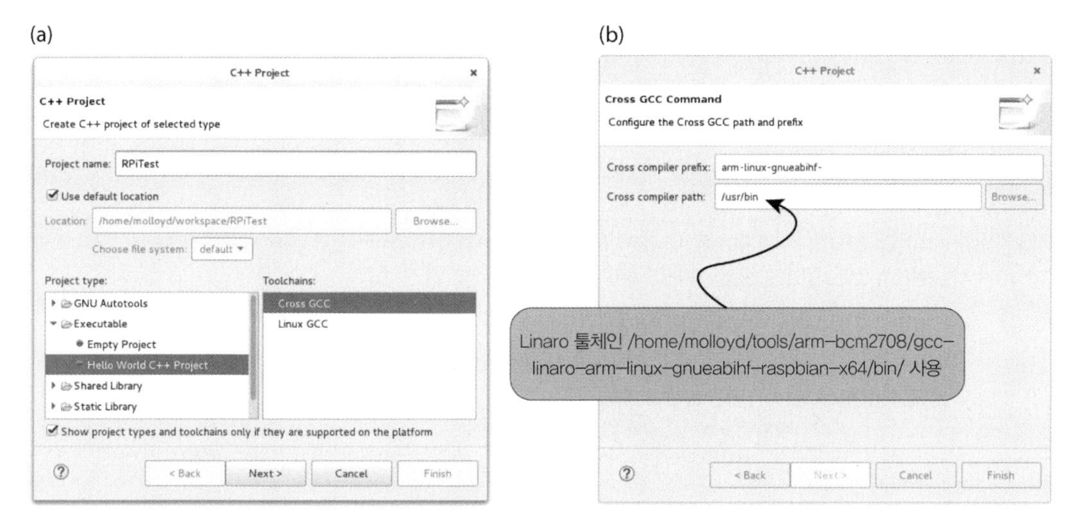


그림 7.1 이클립스에서 새로운 C++ 프로젝트 생성. (a) 프로젝트 설정, (b) 크로스 컴파일러 설정

이제 이클립스 IDE가 이 장의 시작에서 셋업했던 크로스 컴파일 툴체인을 사용해 크로스 컴파일하도록 설정됐다. 이제 데스크톱 머신에서 Project → Build All을 선택해 빌드한 다음, 초록색 화살표를 눌러 (Run → Run) 실행할 수 있다. 그림 7.2에서 그 결과 `!!!Hello World!!!`라는 메시지가 콘솔 창에 보인다. 그림 7.2의 왼쪽 상단에 강조된 RPiTest - [arm/le]라는 바이너리 이름에서 알 수 있듯이 실행 파일에는 ARM 머신 코드가 들어 있다. QEMU를 설치했기 때문에 데스크톱 컴퓨터에서도 보이는 것이다.

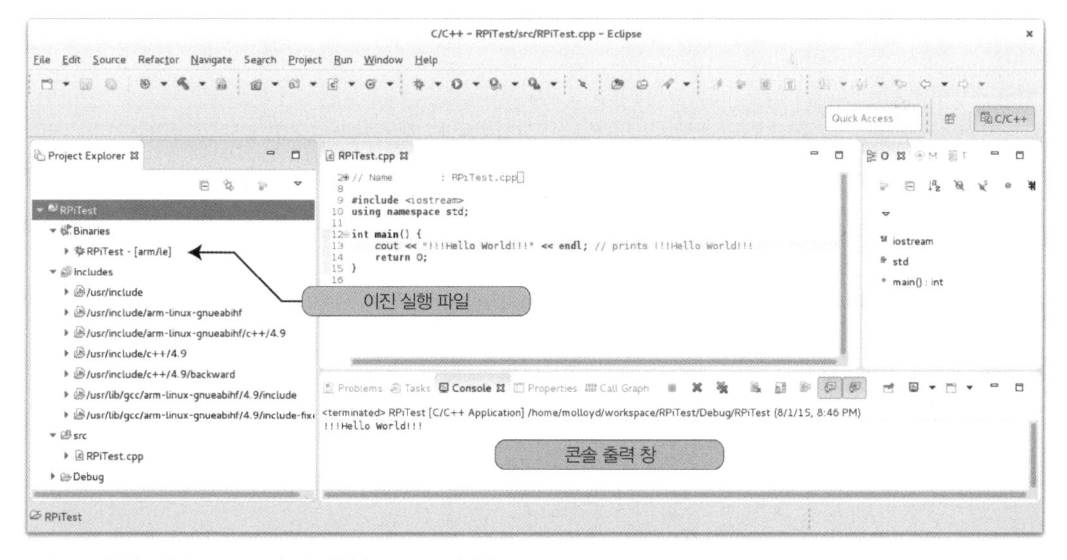


그림 7.2 이클립스에서 C++ 프로젝트를 생성하고 크로스 컴파일

이클립스 Mars 또는 Luna에서는 앞에서 설명한 것과 같이 빠른 방법으로 컴파일을 설정할 수 있다. 구버전의 이클립스(Kepler 등)에서는 프로젝트 설정에서 크로스 컴파일러를 구성해야 한다. 이클립스 Mars에서 그 방법을 사용하려면 방금 생성한 프로젝트를 선택하고 Project → Properties로 가면 된다(옵션이 회색으로 비활성화돼 있다면 프로젝트가 선택되지 않았다는 뜻이다). C/C++ Build → Settings를 선택하고 Tool Settings 탭 아래를 보자. 그림 7.3과 같이 Cross Settings가 보일 것이다. 이러한 설정을 통해 `arm-linux-gnueabihf-g++` 명령을 사용해 프로젝트 코드를 컴파일할 수 있다.

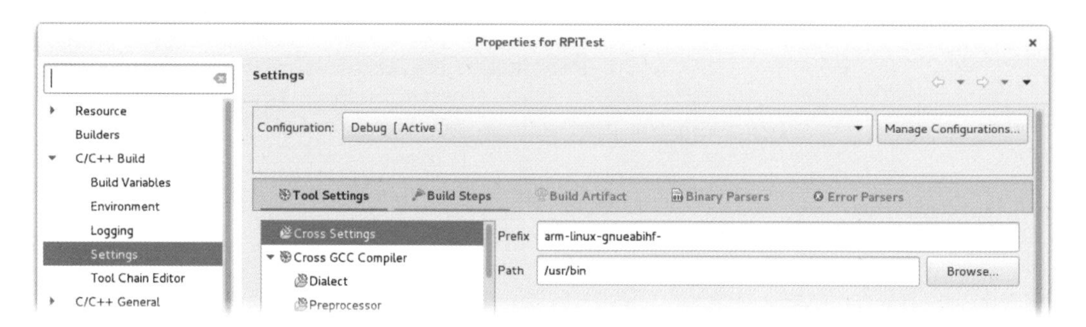


그림 7.3 크로스 컴파일을 위한 이클립스 Mars 설정

C/C++ 인클루드와 라이브러리 설정은 gcc/g++에 기본으로 포함되므로 명시적으로 하지 않아도 된다. 그렇지만 나중에 서드 파티 라이브러리를 사용할 때는 필요할 수 있다. Project → Properties → C/C++ General → Paths and Symbols에서 다음과 같은 방법으로 설정한다(Linaro 디렉터리는 반드시 여기에 설정해야 한다).[3]

- Includes → GNU C (Include directories) → Add → File System → 컴퓨터 → `/usr/include/arm-linux-gnueabihf/` 선택 후 OK를 누른다.
- Includes → GNU C++ (Include directories) → Add → File System → 컴퓨터 → `/usr/include/arm-linux-gnueabihf/c++/4.9/` 선택 후 OK를 누른다.
- Library Paths(Libraries가 아님) → Add → File System → 컴퓨터 → `/usr/lib/arm-linux-gnueabihf/` 선택 후 OK를 누른다.
- OK를 눌러 설정을 적용한다.

3 예를 들어 C++ 인클루드 디렉터리는 현재 `~/tools/arm-bcm2708/gcc-linaro-armlinux-gnueabihf-raspbian-x64/arm-linux-gnueabihf/include/c++/4.8.3/`이다.

이제 바이너리 애플리케이션이 ARM 머신 코드 명령을 가지므로 RPi에 직접 배포할 수 있다. sftp를 이용해 바이너리 애플리케이션을 전송할 수도 있지만, 이클립스 내에서 RPi로 직접 링크하는 것이 길게 보면 더 좋을 것이다. 이를 위해 Remote System Explorer 플러그인을 사용할 수 있다.

## Remote System Explorer

이클립스의 Remote System Explorer(RSE) 플러그인을 사용하면 네트워크를 통해 RPi의 SSH 서버를 이용해 RPi와 직접 연결할 수 있다. 이클립스의 Help → Install New Software 메뉴를 선택해 RSE를 설치할 수 있다. "Work with" 드롭다운 메뉴에서 "Mars..."을 선택한 다음, General Purpose Tools → Remote System Explorer User Actions를 선택한다. Next를 누르고 지시에 따라 이클립스를 재시작한다.

이제 이클립스에서 RSE 기능을 사용할 수 있다. Window → Show View → Other → Remote Systems → Remote Systems로 이동하라. Remote Systems 프레임이 나타나면 Define a Connection to a Remote System 아이콘을 클릭하고 New Connection 대화창에서 다음과 같이 선택한다.

- Linux 선택 → Next.
- Host Name: RPi의 IP 주소를 입력(예: erpi.local).
- Connection Name: "Raspberry Pi"로 변경 → Next.
- [Files] Configuration → ssh.files → Next.
- [Processes] Configuration → processes.shell.linux → Next.
- [Shells] Configuration → ssh.shells → Finish.
- 이클립스 Luna는 터미널을 설치하도록 허용하지만, 이클립스 Mars에서는 별도로 설치해야 한다.

이클립스 Mars에서 터미널을 설치하기 위해 Help → Install New Software를 선택한다. "Work with" 드롭다운 메뉴에서 "Mars..."를 선택한 다음, "terminal"을 타이핑해 검색한다. TM Terminal과 TM Terminal View RSE add-in을 설치한다.

그런 다음 Remote Systems 탭의 Raspberry Pi 항목에서 오른쪽 클릭하고 Connect를 선택한다. 그림 7.4와 같이 대화창이 보일 것이다. 이 예에서는 pi 사용자 계정을 사용해 RPi에 실행 코드를 배포한다. 이클립스 사용자는 마스터 비밀번호 시스템을 사용해 개별적인 연결에 대한 비밀번호를 관리할 수 있다.

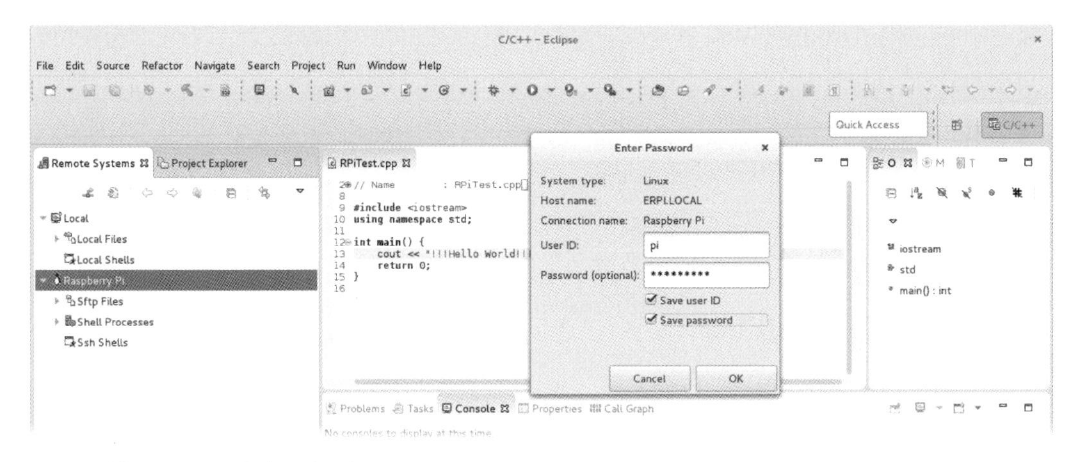


그림 7.4 처음으로 RSE를 사용해 RPi에 연결

RPi에 연결하고 나면 Project Explorer 창에서 방금 빌드한 실행파일(RPiTest [arm/le])을 오른쪽 클릭해 Copy를 선택할 수 있다. 그다음에 Remote Explorer에서 testCross와 같은 디렉터리로 간다(그림 7.5 참고). 그 디렉터리를 오른쪽 클릭하고 Paste를 선택한다. 파일이 이제 RPi에 있으며 터미널 창에서 실행시킬 수 있다. Remote Systems 탭의 Raspberry Pi 항목에서 오른쪽 클릭하고 Open Terminal을 선택한다. 테스트 프로그램의 출력을 그림 7.5에 나타냈다. 처음 실행할 때는 RPiTest 파일에 실행 퍼미션을 설정해야 한다.

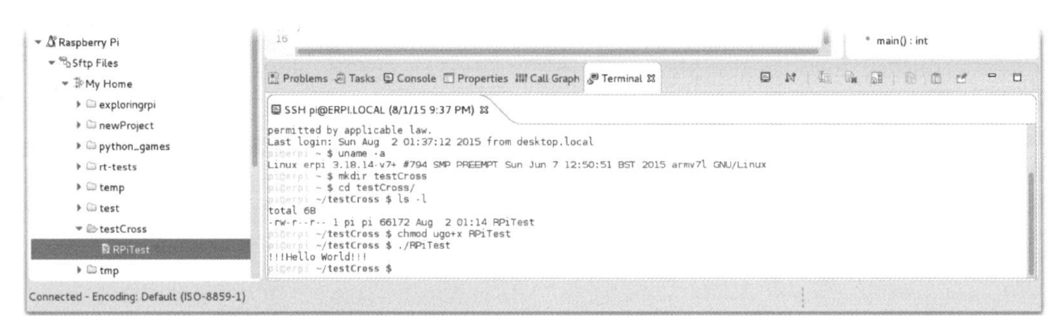


그림 7.5 크로스 컴파일된 RPiTest C++ 애플리케이션을 RPi에 연결한 터미널 창에서 실행

scp 명령을 사용하면 데스크톱 컴퓨터에서 RPi로 파일을 복사하는 과정을 자동화할 수 있다. 데스크톱 컴퓨터에서 RPi에 ssh 접속할 때 비밀번호를 입력하지 않도록 할 수 있다. 데스크톱 컴퓨터에서 다음 순서를 따른다(프롬프트에서 패스프레이즈는 비워둘 것).

```
molloyd@desktop:~$ ssh-keygen
molloyd@desktop:~$ ssh-copy-id pi@erpi.local
```

```
molloyd@desktop:~$ ssh-add
molloyd@desktop:~$ ssh pi@erpi.local
```

이제 비밀번호를 입력하지 않고도 RPi에 ssh로 연결할 수 있다. 그런 다음 이클립스에서 Project → Properties → C/C++ Build → Settings → Build Steps 탭 → Post-build steps의 Command를 `scp RPiTest pi@erpi.local:/home/pi/testCross/`로 설정한다.

### 보안 복사(SCP)와 RSYNC

보안 복사 프로그램, 즉 scp는 두 호스트 사이에서 보안 셸(SSH) 프로토콜을 사용해 파일을 전송하는 메커니즘을 제공한다. 예를 들어 test1.txt 파일을 리눅스 데스크톱 머신으로부터 RPi로 전송하려면 다음과 같은 명령을 사용할 수 있다(모든 명령은 데스크톱 머신에서 실행했다).

```
molloyd@desktop:~/test$ echo "Testing SCP" >> test1.txt
molloyd@desktop:~/test$ scp test1.txt pi@erpi.local:/tmp
test1.txt 100% 12 0.0KB/s 00:00
```

반대로, RPi로부터 리눅스 데스크톱 머신으로 파일을 복사해 오려면 다음과 같이 하면 된다.

```
molloyd@desktop:~/test$ scp pi@erpi.local:/tmp/test1.txt test2.txt
test1.txt 100% 12 0.0KB/s 00:00
molloyd@desktop:~/test$ more test2.txt
Testing SCP
```

자세한 출력을 보려면 -v 옵션을 사용한다. -C 옵션은 파일을 자동으로 압축 및 압축해제함으로써 데이터의 전송 속도를 높인다. -r은 디렉터리에 대한 재귀(recursive) 복사를 허용해 디렉터리에 속한 파일 및 하위 디렉터리까지 포함시킨다. -p를 사용하면 원래 파일의 작성 일자, 접근 시간, 모드를 유지한다. 따라서 데스크톱의 `test` 디렉터리 전체를 RPi의 `/tmp` 디렉터리에 완전히 복사하는 명령은 다음과 같다.

```
molloyd@desktop:~$ scp -Cvrp test pi@erpi.local:/tmp
... Transferred: sent 3664, received 2180 bytes, in 0.1 seconds
```

scp와 같이, *rsync* 유틸리티로도 파일을 복사할 수 있다. 여러 위치의 파일과 디렉터리를 동기화할 수 있으며 차이점만 전송한다(*델타 인코딩*). 위의 예와 동일한 일을 rsync로 수행하려면 다음과 같이 하면 된다.

```
molloyd@desktop:~$ rsync -avze ssh test pi@erpi.local:/tmp/test
sending incremental file list
test/
test/test1.txt
test/test2.txt
sent 231 bytes received 58 bytes 578.00 bytes/sec
total size is 24 speedup is 0.08
```

-a를 사용하면 아카이브 모드(scp의 -p와 같음)로 동작하고 -v는 자세한 출력을 볼 수 있으며 -z는 데이터를 압축시키고(scp의 -C와 같음) -e ssh는 SSH 프로토콜을 사용해 rsync를 수행시킨다. rsync를 테스트하기 위해 test 디렉터리에 파일을 추가로 생성해 다음과 같이 동일한 명령을 다시 수행해 보자.

```
molloyd@desktop:~$ rsync -avze ssh test pi@erpi.local:/tmp/test
sending incremental file list
test/
test/test3.txt
sent 180 bytes received 39 bytes 438.00 bytes/sec
total size is 24 speedup is 0.11
```

파일이 한 개만 전송된 것을 볼 수 있는데, 이 점이 중요하다. rsync 유틸리티로 전송 후 파일을 삭제할 수 있는데(-delete를 사용), 이는 드라이 런을 수행(-dry-run을 사용)한 다음에만 사용한다.

---

## 이클립스에 깃허브 통합하기

깃허브를 통합하는 매우 유용한 플러그인을 이클립스에 설치해 깃허브 저장소에 링크하거나 이 책의 예제 코드에 쉽게 접근할 수 있다. 설치하려면 Help → Install New Software로 가서 Work with 섹션에서 Mars... 를 선택한 다음, 트리의 Collaboration 항목 아래의 Eclipse GitHub integration with task focused interface를 선택한다.

플러그인을 설치하고 Window → Show View → Other → Git을 열면 Git Interactive Rebase, Git Reflog, Git Repositories, Git Staging, Git Tree Compare와 같은 선택사항이 있을 것이다. Git Repositories를 선택하고 Clone a Git repository → GitHub를 선택한 다음 "exploringRPi"를 검색어로 해서 derekmolloy/exploringRPi를 찾아보자.

찾지 못하겠으면 되돌아가서 Clone URI 옵션을 선택하고 git://github.com/DerekMolloy/ExploringRPi.git을 입력해 저장소를 직접 추가하면 된다. 이제 그림 7.6에서와같이 이클립스 IDE에서 이 책의 소스 코드에 접근할 수 있다. 이 저장소에는 많은 프로젝트가 있으므로 필요한 파일을 새로운 프로젝트에 복사하는 것이 코드를 사용하는 가장 쉬운 방법이다.

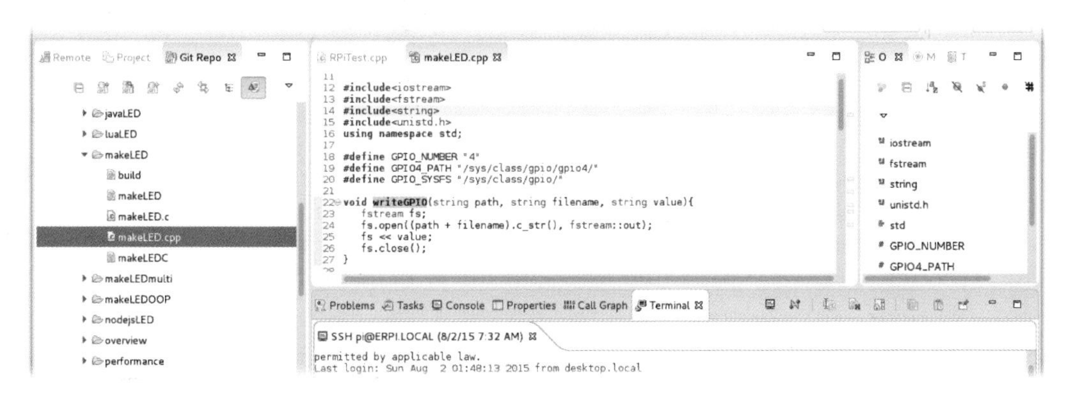


그림 7.6 이클립스에 깃허브를 통합해 exploringRPi 저장소를 표시

## 원격 디버깅

원격 디버깅은 크로스 개발 플랫폼 구성에서 한 단계 더 발전한 것이다. RPi에 물리적으로 연결된 하드웨어 모듈과 상호작용할 계획이라면 코드를 RPi 상에서 디버그하는 것이 이상적이다. 데스크톱 컴퓨터의 이클립스에서 원격 디버깅을 통해 실행의 각 단계를 통제할 수 있을 뿐만 아니라 디버그 메시지와 메모리값도 직접 볼 수 있다.

코드 7.1은 원격 디버깅이 제대로 동작하는지 시험해 보기 위한 간단한 프로그램이다. 이 프로그램을 로컬 명령행 디버깅과 원격 디버깅이 올바로 동작하는지 확인하기 위해 저장소의 /chp07/ 디렉터리 내에서 직접 사용할 수 있다.

**코드 7.1** /chp07/test.cpp

```
#include<iostream>
using namespace std;

int main(){
    int x = 5;
    x++;
    cout << "The value of x is " << x << endl;
    return 0;
}
```

### 명령행 디버깅

명령행에서 GNU 디버거, 즉 gdb를 직접 사용하는 것도 가능하다. 코드 7.1을 RPi에서 직접 디버그하고자 한다면 다음과 같은 단계로 수행할 수 있다(-g는 심볼릭 디버깅 정보가 실행 시에 포함되게 한다).

```
pi@erpi ~/exploringrpi/chp07 $ g++ -g test.cpp -o test
pi@erpi ~/exploringrpi/chp07 $ gdb test
This GDB was configured as "arm-linux-gnueabihf" ...
Reading symbols from test...done.
(gdb) break main
Breakpoint 1 at 0x1075c: file test.cpp, line 5.
(gdb) info break
Num     Type           Disp Enb Address    What
1       breakpoint     keep y   0x0001075c in main() at test.cpp:5
(gdb) run
Starting program: /home/pi/exploringrpi/chp07/test
Breakpoint 1, main () at test.cpp:5
5 int x = 5;
(gdb) display x
1: x = 0
(gdb) step
6 x++;
1: x = 5
(gdb) step
7 cout << "The value of x is " << x << endl;
1: x = 6
(gdb) continue
Continuing.
The value of x is 6
[Inferior 1 (process 15870) exited normally]
(gdb) quit
```

이클립스 IDE는 사용자가 선택한 툴체인으로부터 gdb와 같은 도구를 실행해 그 출력을 해석하고 완전히 통합된 상호작용하는 디스플레이를 제공한다.

데스크톱에 설치한 이클립스를 디버거에 연결하기 위해서는 RPi에 디버그 서버 gdbserver를 실행시켜야 한다. 이 도구는 라즈비안 이미지에 기본으로 설치되며 다음 명령을 사용해 설치 및 업데이트할 수도 있다.

```
pi@erpi ~ $ sudo apt install gdbserver
```

gdb 서버는 RPi에서 실행되며 데스크톱의 이클립스 IDE에 의해 제어된다. 빌드된 실행파일은 앞서 구성한 RSE를 통해 RPi로 전송된다.

RPi의 gdb 서버에 연결하기 위해 리눅스 데스크톱 머신에는 ARM 호환 디버거가 필요하다. 두 가지 방법이 있는데, GNU 다중 아키텍처 디버거를 설치해도 되고 이 장의 앞에서 설명한 Linaro 툴체인의 arm-linux-gnueabihf-gdb를 사용해도 된다. GNU 다중 아키텍처 디버거를 데스크톱 머신에 설치하는 명령은 다음과 같다.

```
molloyd@desktop:~$ sudo apt install gdb-multiarch
```

원격 아키텍처가 arm이라는 것을 정의하는 .gdbinit라는 파일을 프로젝트 폴더에 생성해 구성을 마무리한다.

```
molloyd@desktop:~/workspace/RPiTest$ echo "set architecture arm" >> .gdbinit
molloyd@desktop:~/workspace/RPiTest$ more .gdbinit
set architecture arm
```

gdb-multiarch 버전 7.7.x에는 ARM 코드를 원격 디버그할 때 알려진 문제가 있으므로 피해야 한다. 문제가 발생한 경우에는 Linaro arm-linux-gnueabihf-gdb를 사용하라.

### 명령행 원격 디버깅

이클립스 구성에 문제가 있다면 명령행 원격 디버깅을 사용해 도구에 대한 이해를 높이고 구성을 점검해 볼 수 있다. 예를 들기 위해서 코드 7.1의 코드를 다시 한 번 사용할 것이다. 첫 번째 단계는 RPi에서 gdb 서버를 실행하고 TCP 포트를 지정하는 것이다(예: 12345).

```
pi@erpi ~/exploringrpi/chp07 $ gdbserver --multi localhost:12345
Listening on port 12345
```

--multi는 목적 프로그램을 디버그하기 위한 서버가 아직 시작되지 않았으며 데스크톱 머신에서 타깃을 반드시 지정해야 함을 의미한다.

다음과 같이 데스크톱 머신에서 Linaro 디버거를 사용해 gdb 서버에 연결한다(-q test는 현재 디렉터리의 test 바이너리로부터 심볼을 읽어서 조용히 실행되도록 한다).

```
molloyd@desktop:~/exploringrpi/chp07$ arm-linux-gnueabihf-gdb -q test
Reading symbols from /home/molloyd/exploringrpi/chp07/test...done.
(gdb) target extended erpi.local:12345
Remote debugging using erpi.local:12345
```

```
(gdb) set remote exec-file test
(gdb) break main
Breakpoint 1 at 0x1075c: file test.cpp, line 5.
(gdb) run
Starting program: /home/molloyd/exploringrpi/chp07/test
Breakpoint 1, main () at test.cpp:5
5 int x = 5;
(gdb) display x
1: x = 0
(gdb) step
6 x++;
1: x = 5
(gdb) continue
Continuing.
[Inferior 1 (process 18125) exited normally]
```

gdb의 최종 출력은 다음과 같다.

```
pi@erpi ~/exploringrpi/chp07 $ gdbserver --multi localhost:12345
Listening on port 12345
Remote debugging from host 192.168.1.107
Process test created; pid = 18125
The value of x is 6
Child exited with status 0
```

네트워크를 통해 명령을 전달함으로써 test 프로그램은 RPi에서 실행되지만 디버거는 데스크톱 머신에서 제어된다.

---

RPi의 gdb 서버에 연결하도록 이클립스를 구성해야 한다. Run → Debug Configurations → Debugger로 가서 현재의 디버그 구성이 있다면 지워라. 왼쪽의 C/C++ Remote Applications를 선택하고 오른쪽 클릭해 새로운 구성을 생성한다. 이러한 구성의 예를 그림 7.7에 나타냈고 구성의 이름은 RPiTest다. Connection 항목은 Raspberry Pi 연결로 설정할 수 있고, C/C++ 애플리케이션에 대한 원격 경로(즉, RPi)를 탐색할 수 있게 된다.

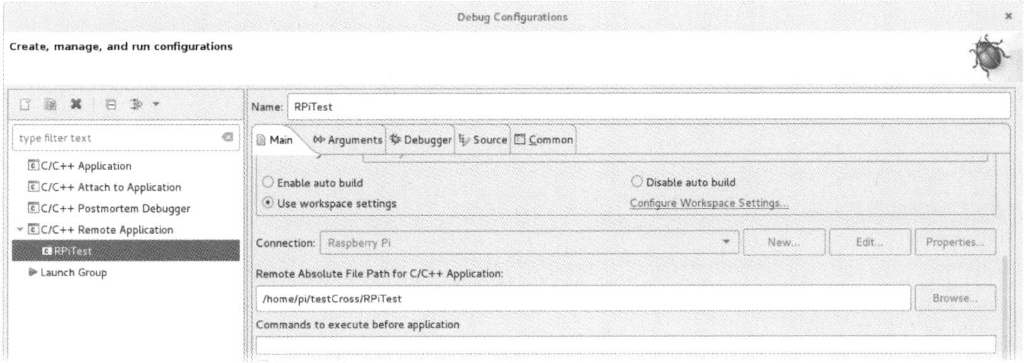

그림 7.7 디버그 구성 설정

그림 7.8과 같이 GDB debugger를 `gdb`에서 `gdb-multiarch` 또는 `arm-linux-gnueabihf-gdb`로 교체한다. `.gdbinit` 파일이 방금 생성된 것을 확인할 수 있을 것이다. "GDB command file:" 오른쪽의 Browse 버튼을 누르고 workspace 디렉터리를 지정한다. 숨겨진 `.gdbinit` 파일을 찾으려면 File Explorer 창에서 마우스 오른쪽 버튼을 클릭해 Show Hidden Files를 선택해야 한다. 구성 파일을 사용해 여러 가지 설정이 가능하다. 예를 들어 원격 서버에 대한 자세한 설정과 기본 중단점 변경에 사용할 수 있다.

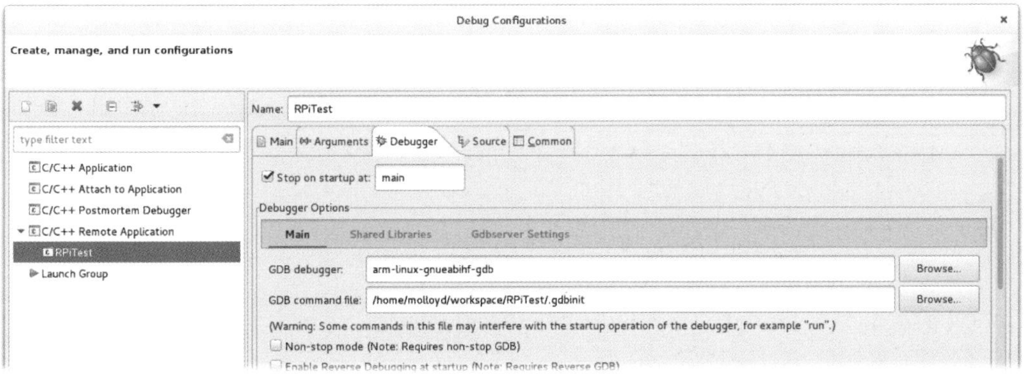

그림 7.8 원격 디버거 설정

프로그램 인자를 그림 7.8의 Arguments 탭에 추가할 수 있다. 마지막으로 Gdbserver Settings 탭 아래에서(그림 7.9) `gdbserver` 명령을 위한 실행 파일 경로와 임의의 포트 번호를 지정한다. 이것은 데스크톱 컴퓨터가 원격에서 RPi에 `gdbserver` 명령을 호출하고 해당 포트 번호를 사용해 TCP/IP를 통해 연결하기 위한 것이다.

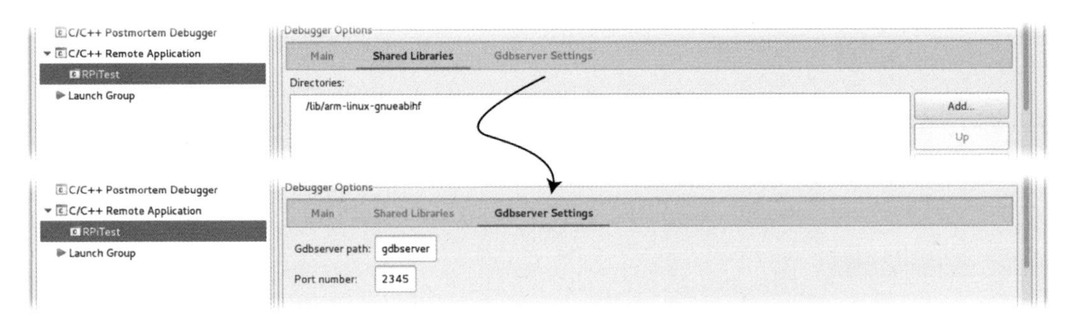


그림 7.9 RPi gdb 서버 포트 설정

이 디버그 구성을 메인 창의 벌레 모양의 "Debug" 메뉴에 추가하도록 Common 탭을 사용해 활성화할 수 있다(그림 7.11 참고). 마지막으로 그림 7.10의 오른쪽 아래에 보이는 Debug 버튼을 클릭해 디버깅을 시작할 수 있다.

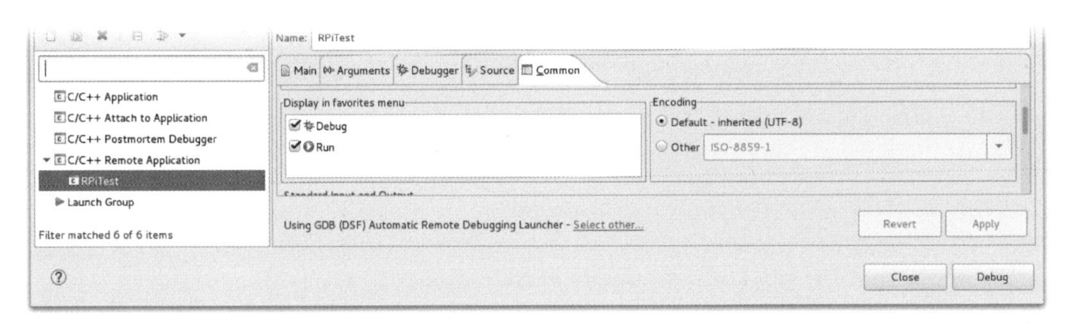


그림 7.10 "bug" 메뉴 추가하기

프롬프트를 수락하면 그림 7.11과 같은 Debug Perspective 뷰로 전환한다. 프로그램 코드 15행의 중단점에서 프로그램이 정지되는 것을 볼 수 있을 것이다. 아래의 Console 창에 출력이 표시되며 Variables 창에는 프로그램의 해당 지점에서 x의 현재 값이 6인 것이 표시된다.

이런 유형의 디버그 창은 전자 회로와 모듈에 연결된 RPi와 같이 복잡한 애플리케이션 개발에는 쓸모가 없을 수도 있다. Step Over 버튼을 사용하면 코드의 각 행을 차례로 실행하면서 프로그램이 물리적으로 연결된 회로와 어떻게 상호작용하는지 지켜보면서 변수값을 확인할 수 있다.

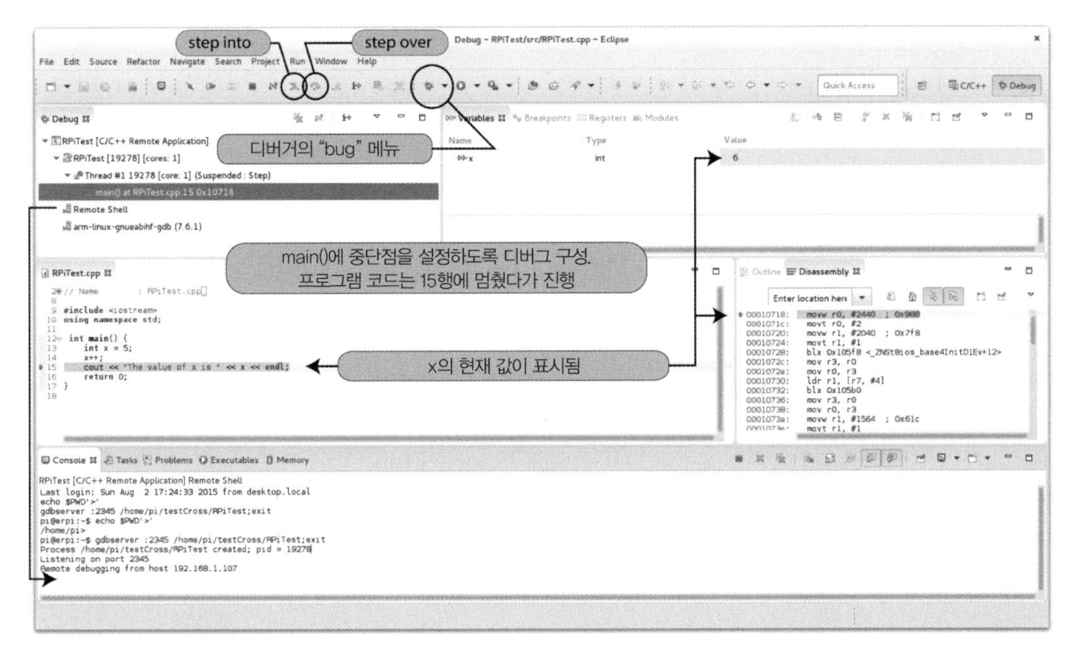


그림 7.11 Debug Perspective 뷰

## 문서 자동 생성(Doxygen)

RPi 프로젝트가 성장하고 복잡해질수록 코드 자체의 문서화가 중요해진다. 5장에서 논의한 것과 같이 변수와 메서드의 이름을 지을 때 좋은 프로그래밍 습관을 따른다면 코드의 모든 행에 대해 문서를 작성할 필요는 없다. 오히려 Doxygent 또는 Javadoc과 같은 자동 문서화 도구를 사용해 각 클래스, 메서드, 상태에 대한 인라인 문서 주석을 작성해야 한다. 이렇게 하면 다른 프로그래머가 코드의 구조와 동작을 어느 정도 이해하는 데 도움이 된다.

*Javadoc*은 Java 소스 코드로부터 HTML 코드를 만들어내는 문서 자동 생성기다. *Doxygen*은 그와 비슷하게 C/C++ 소스 파일로부터 HTML, LaTeX 및 기타 형식으로 문서를 생성하는 데 사용할 수 있는 도구다. Doxygen으로 5장에서 논의한 다른 프로그래밍 언어에 대한 문서도 생성할 수 있지만, 여기에서는 C++ 문서를 생성하는 것과 이클립스 IDE에 통합하는 방법에 초점을 맞출 것이다. 출력 예제는 6장의 C++ GPIO 클래스를 문서화하는 것으로, 그림 7.12에 나타냈다.

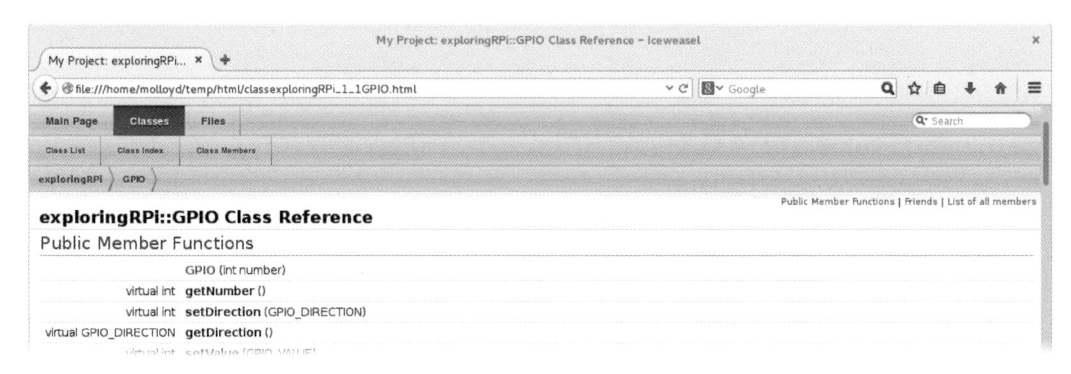


그림 7.12 Doxygen HTML 출력 예제

우선 다음과 같이 Doxygen을 리눅스 데스크톱 머신에 설치해야 한다.

```
molloyd@desktop:~$ sudo apt install doxygen
```

일단 설치되면 프로젝트를 위한 문서를 즉시 생성할 수 있다. 예를 들어 GPIO.h와 GPIO.cpp 파일을 chp06/GPIO/ 디렉터리로부터 ~/temp와 같은 임시 디렉터리로 복사한 후 다음과 같이 문서를 빌드한다.

```
molloyd@desktop:~/temp$ ls
GPIO.cpp  GPIO.h
molloyd@desktop:~/temp$ doxygen -g
Configuration file `Doxyfile' created ...
molloyd@desktop:~/temp$ ls
Doxyfile  GPIO.cpp  GPIO.h
molloyd@desktop:~/temp$ doxygen -w html header.html footer.html stylesheet.css
molloyd@desktop:~/temp$ ls
Doxyfile  footer.html  GPIO.cpp  GPIO.h  header.html  stylesheet.css
```

이것은 자동으로 HTML 파일을 생성하며 프로젝트를 커스터마이즈하고 머리글과 꼬리글, 스타일 시트 등을 필요에 맞게 추가할 수 있게 해준다. 다음으로 Doxyfile 구성에 대해 doxygen 명령을 호출한다.

```
molloyd@desktop:~/temp$ doxygen Doxyfile
molloyd@desktop:~/temp$ ls
Doxyfile     doxygen_sqlite3.db  footer.html  GPIO.cpp        GPIO.h
header.html  html                latex        stylesheet.css
```

html과 latex 폴더에 자동으로 생성된 문서가 들어 있는 것을 볼 수 있다. 출력을 보려면 ~/temp/html/ 디렉터리에서 index.html 파일을 브라우즈한다(크로미움 · 아이스위즐에서는 주소 막대에 file://을 타이핑하고 Enter를 누른다). Doxygen에 대한 완전한 매뉴얼은 www.doxygen.org에 있다.

### 이클립스에 Doxygen 지원 추가하기

앞의 단계에서 문서를 생성하는 데는 제한이 따른다. 클래스의 메서드와 상태에 하이퍼링크와 캡처만 있을 뿐 자세한 설명이 빠져 있다. 이클립스에 Doxygen을 통합하면 Doxygen 도구를 직접 실행하게 구성할 수 있으며 생성된 문서 출력에 인라인 주석을 제공할 수도 있다. 첫 단계는 편집기에서 Doxygen을 활성화하는 것이다. 이클립스에서 Window → Preferences → C/C++ → Editor로 간다. 창을 아래로 내려 Workspace default에서 Doxygen을 선택한다. 설정을 적용하고 편집기의 아무 메서드 위에서 /**을 타이핑하고 리턴 키를 누르면 IDE가 다음과 같은 주석을 자동으로 생성할 것이다.

```
/**
* @param number
*/
GPIO::GPIO(int number) {
```

그러면 메서드가 하는 일에 관해 설명을 남길 수 있다.

```
/**
* GPIO(범용 입출력) 클래스의 생성자. GPIO를 자동으로 익스포트함.
* @param number RPi 핀에 대한 GPIO 번호
*/
GPIO::GPIO(int number) {
```

마지막으로 Help → Install New Software에서 https://anb0s.github.io/eclox/를 추가하고 *Eclox 플러그인*을 설치한다.

이클립스를 재시작하면 파란색 @ 기호가 이클립스의 상단 막대에 보일 것이다. 이 버튼을 누르면 프로젝트에 Doxyfile이 추가된다. 그러면 Doxyfile을 열어서 그림 7.13과 같이 Doxygen 구성을 설정할 수 있다. 그런 다음에 파란색 @ 기호를 다시 누르면 `html`과 `latex` 디렉터리에 프로젝트에 대한 문서가 만들어진다. 그러면 이클립스에서 직접 이러한 디렉터리를 탐색해 문서 파일을 열어볼 수 있다.

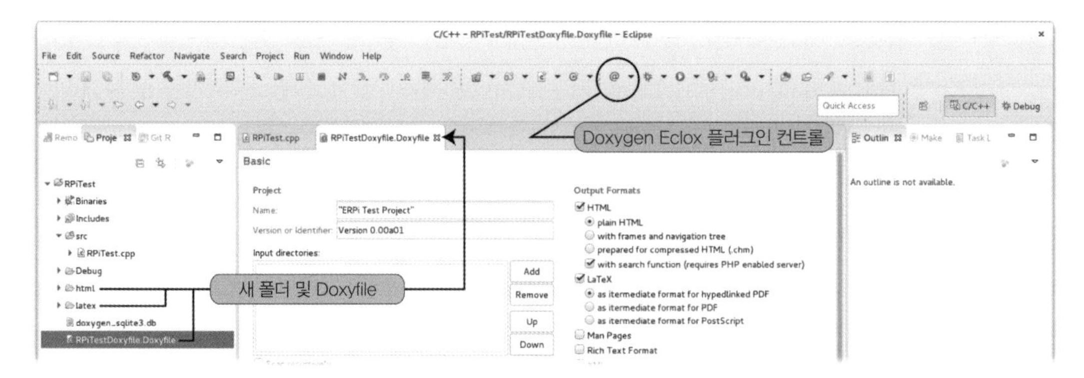


**그림 7.13** 이클립스 마르스에서 Doxygen Eclox 플러그인 실행

이제 RPi를 위한 애플리케이션을 크로스 컴파일하는 데 필요한 모든 것을 갖췄다. 이 장의 다음 부분에서는 리눅스 자체를 크로스 컴파일해 RPi 보드에 배포하는 방법을 다룬다.

## 리눅스 빌드하기

리눅스 커널은 본질적으로 리눅스 OS의 핵심을 이루는 거대한 C 프로그램이다. 적재 가능 커널 모듈(LKM)과 함께 리눅스에 기반한 RPi에서 일어나는 거의 모든 일에 대한 관리를 책임진다. ARMv6 RPi 모델과 ARMv7 RPi 2/3에 필요한 커널이 다르기 때문에 커널은 각 아키텍처에 맞도록 빌드된다. 맞춤 빌드된 커널은 각 장치 모델에 필요한 맞춤 코드의 양을 줄이기 위해 장치에 대한 표준화된 설명을 제공하는 device tree binary (DTB) 파일을 활용한다.

라즈비안 이미지는 커널을 포함하는 완전한 리눅스 배포판이지만, 고급 사용자라면 커널을 최신 것으로 교체하거나 직접 구성하기를 원할 수 있다. 일반적으로 이것은 소스 코드로부터 커널을 빌드하는 과정을 포함하는데, RPi에서 직접 수행하기에는 시간이 오래 걸린다. 다른 방법으로 이 장에서 설명한 크로스 컴파일 도구를 사용함으로써 리눅스 데스크톱 머신의 자원을 활용해 컴파일 시간을 단축할 수 있다.

다음 내용은 이 장 앞에서 설명한 크로스 컴파일 툴체인을 설치했다고 가정하고 설명한 것이다. 이 과정에 대한 사항은 지속적으로 바뀌기 때문에 업데이트 내용을 www.exploringrpi.com/chapter7에 게시할 것이다.

## 커널 소스 내려받기

라즈베리 파이 재단은 RPi 커널을 빌드하는 데 필요한 코드를 깃허브 저장소에 올려두고 관리한다. 깃허브 저장소는 유용한 구성 파일을 포함하므로 www.kernel.org의 "vanilla" 저장소를 복제하는 것에 비해 빌드 과정이 단순하다. 깃허브 저장소 전체를 복제할 수도 있지만(~1.25GB), 개발 이력을 제외하는 *얕은 복제*를 통해 내려받기 시간을 줄일 수 있다(~143MB).

```
molloyd@desktop:~$ git clone --depth=1 git://github.com/raspberrypi/linux.git
Cloning into 'linux'...
molloyd@desktop:~$ cd linux/
molloyd@desktop:~/linux$ ls
arch            CREDITS      drivers  include   Kbuild  lib       mm
REPORTING-BUGS  security     usr      block     crypto  firmware  init
Kconfig         MAINTAINERS  net      samples   sound   virt      COPYING
fs              ipc          kernel   Makefile  README  scripts   tools
```

현재의 마스터 버전이 아닌 다른 커널 버전을 빌드해야 한다면 전체 저장소를 복제하고 특정 개발 브랜치를 체크아웃하면 된다.

```
molloyd@desktop:~/linux$ git branch -a
* rpi-4.1.y
  remotes/origin/HEAD -> origin/rpi-4.1.y
  remotes/origin/linux_stable
  remotes/origin/master
  remotes/origin/rpi-3.10.y ...
  remotes/origin/rpi-3.18.y ...
molloyd@desktop:~/linux$ git checkout rpi-3.18.y
Branch rpi-3.18.y set up to track remote branch rpi-3.18.y from origin.
Switched to a new branch 'rpi-3.18.y'
molloyd@desktop:~/linux$ git branch -a
* rpi-3.18.y
  rpi-4.1.y ...
```

빌드하려는 리눅스의 정확한 버전을 확인(하위 레벨 포함)할 필요가 있다면 다음과 같이 하면 된다.

```
molloyd@desktop:~/linux$ git checkout linux_stable
molloyd@desktop:~/linux$ head -3 Makefile
VERSION = 3
PATCHLEVEL = 18
SUBLEVEL = 14
```

일반적으로 다른 하위 레벨 버전을 체크아웃할 필요가 있다면 git tag -l을 사용하고 그 브랜치를 체크아웃할 수 있지만(예: git checkout -b v3.18.12), 깃허브 저장소의 태그들은 "vanilla" 커널과 맞춰져 있지 않으므로 원하는 릴리즈를 체크아웃할 수 없을 수도 있다.

전체 저장소를 복제(클론)하는 대신에 다음과 같이 원격 참조에 대한 전체 리스트를 얻은 다음에 특정 브랜치를 복제할 수도 있다.

```
molloyd@desktop:~$ git ls-remote --heads git://github.com/raspberrypi/linux.git
51af817611f2c0987030d024f24fc7ea95dd33e6    refs/heads/linux_stable
645fd9b0c0b3c1f79f71f92dac79bd2f87010444    refs/heads/master
1b49b450222df26e4abf7abb6d9302f72b2ed386    refs/heads/rpi-3.10.y
8f768c5f2a3314e4eacce8d667c787f8dadfda74    refs/heads/rpi-3.11.y ...
6db93ee810fe7c58b02f71e76c8efef49e701084    refs/heads/rpi-4.5.y ...
molloyd@desktop:~ $ git clone -b rpi-3.11.y --depth=1 --single-branch →
git://github.com/raspberrypi/linux.git
molloyd@desktop:~ $ cd linux/
molloyd@desktop:~/linux$ git branch -a
* rpi-3.11.y
  remotes/origin/rpi-3.11.y ...
```

## 리눅스 커널 빌드하기

커널을 빌드하기 위해 필요한 핵심 도구와 구성 파일은 이미 데스크톱 머신에 설치했으므로 타깃 RPi 모델을 선택하는 것부터 시작한다.[4]

- RPi 2/3(ARMv7)의 경우(3.18.y부터):

```
molloyd@desktop:~/linux$ export CC=arm-linux-gnueabihf-
molloyd@desktop:~/linux$ make ARCH=arm CROSS_COMPILE=${CC} bcm2709_defconfig
```

- 그 외의 RPi 모델(ARMv6):

```
molloyd@desktop:~/linux$ export CC=arm-linux-gnueabihf-
molloyd@desktop:~/linux$ make ARCH=arm CROSS_COMPILE=${CC} bcmrpi_defconfig
```

4 build-essential, git, ncurses-dev, crossbuild-essential-armhf를 설치해야 한다.

이 단계는 ARM 아키텍처를 위해 빌드하는 것을 식별하며 크로스 컴파일 도구에 대한 prefix를 식별한다. 그 결과로 현재 디렉터리에 구성 파일(`.config`)이 생성된다.

다음과 같이 ncursesdev 패키지를 설치하고 make menuconfig를 호출함으로써 커널 구성을 더 커스터마이즈할 수 있다.

```
molloyd@desktop:~/linux$ sudo apt install ncurses-dev
molloyd@desktop:~/linux$ make ARCH=arm CROSS_COMPILE=${CC} menuconfig
```

이 단계는 그림 7.14와 같은 Kernel Configuration 도구를 표시한다. 이 도구는 `.config` 파일을 구조적으로 수정해주며 사용할 수 있는 선택사항을 메뉴 형태로 보여주므로 쓸모가 있다.

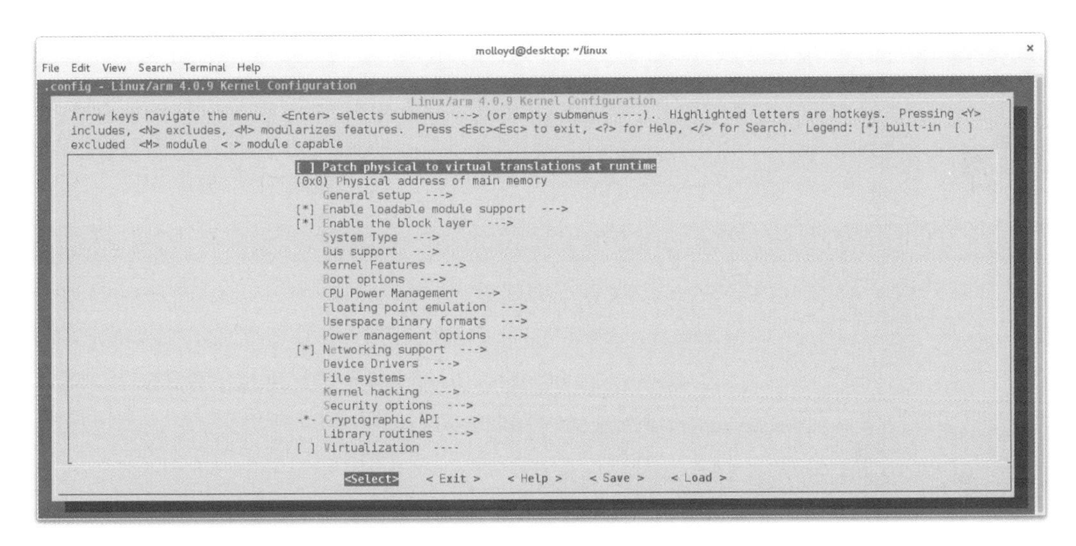

그림 7.14 리눅스 4.0.9를 위한 Kernel Configuration 도구

구성 메뉴를 탐색하다 보면 RPi 플랫폼과 관련된 몇몇 항목을 볼 수 있다.

- System Type 아래에 BCM2709 플랫폼을 위한 선택사항을 볼 수 있다. 예를 들면 Broadcom BCM2709 Implementations 아래에서 디바이스 트리와 GPIO에 대한 지원이 기본적으로 활성화된 것을 볼 수 있다.
- Kernel Features 메뉴에서 RPi 2/3에 대해 CPU의 개수가 4로 설정된 것을 볼 수 있다. 동일 메뉴에서 Preemption Model을 변경할 수 있다(그림 7.15(a) 참고).
- Boot options 메뉴에서 Default kernel 명령이 "console=ttyAMA0, 115200 …"로 시작하는 것을 볼 수 있다(3장의 부트 로그 참고).

- CPU Power Management 아래에서 CPU Frequency scaling 메뉴를 사용해 여러 조정기를 활성화/비활성화할 수 있다. 원한다면 기본 조정기를 "powersave"에서 다른 조정기로 바꿀 수 있다.
- Floating point emulation 메뉴에서 RPi 2/3 플랫폼을 위한 구성에 Advanced SIMD (NEON) Extension 지원이 포함된 것을 볼 수 있다.
- Device Drivers 메뉴에는 I2C, SPI, USB 장치 등에 대한 구성 선택사항이 있다.

이 도구를 종료할 때 구성이 `.config` 파일에 저장된다. 그러면 커널, 관련 LKM, DTB를 빌드할 준비가 된 것이다. 다음 명령을 호출하면 된다.

```
... ~/linux$ make -j 6 ARCH=arm CROSS_COMPILE=${CC} zImage modules dtbs
```

`-j 6` 인자는 병렬 실행을 활성화해 `make` 명령이 여러 작업을 동시에 실행시키게 한다. 필자의 VM은 여섯 개의 CPU 스레드를 갖기 때문에 6으로 했다. 이 옵션을 사용하면 컴파일 시간을 많이 줄일 수 있다. 필자의 VM에서는 커널을 빌드하는 데 8분 정도 걸렸다. 참고로 다음에 커널을 빌드하기 전에는 `make clean`을 수행할 필요가 있을 수도 있다.

### 완전한 선점 커널 (RT) 패치

빌드하고 있는 커널에 패치를 적용할 수도 있다. 예를 들어 빌드하고 있는 커널 버전에 정확히 맞는 PREEMPT_RT 패치를 `www.kernel.org/pub/linux/kernel/projects/rt/`로부터 `.gz` 파일로 다운로드할 수 있다. 모든 커널 버전에 대해 패치가 가능한 것은 아니기 때문에 커널에 대한 패치가 릴리즈됐는지 조사할 필요가 있다. 위의 URL을 웹 브라우저에서 열어 선택사항을 알아본다. 다음과 같이 커널 소스에 패치를 적용할 수 있다.

```
molloyd@desktop:~/linux$ git checkout rpi-3.18.y
molloyd@desktop:~/linux$ wget https://www.kernel.org/pub/linux/ker →
nel/projects/rt/3.18/older/patch-3.18.16-rt13.patch.gz
molloyd@desktop:~/linux$ gunzip patch-3.18.16-rt13.patch.gz
molloyd@desktop:~/linux$ cat patch-3.18.16-rt13.patch | patch -p1
```

패치가 올바로 적용되지 않으면 다음 명령으로 되돌릴 수 있다.

```
molloyd@desktop:~/linux$ cat patch-3.18.16-rt13.patch | patch -R -p1
```

RT 패치를 적용하면 그림 7.15(a)에서와같이 완전한 선점 커널을 위한 새로운 옵션이 `menuconfig` 도구에 생긴다.

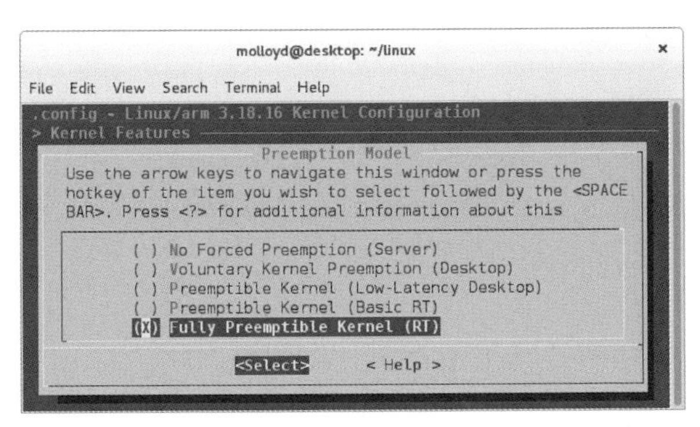


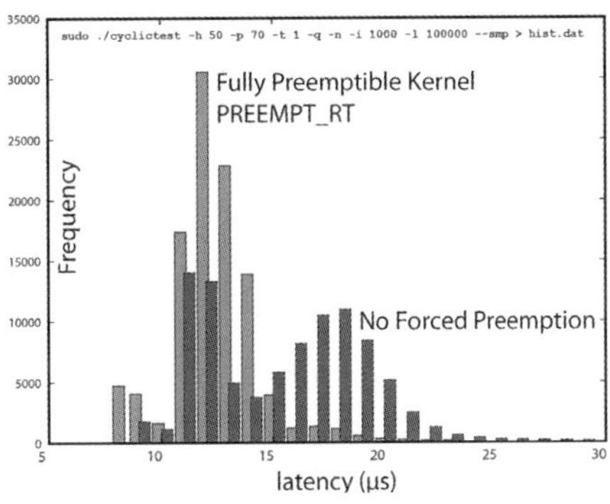


그림 7.15 (a) PREEMPT_RT menuconfig 옵션, (b) cyclictest의 부하 테스트 결과 히스토그램

패치된 커널을 배포하는 방법은 이 절의 뒤에서 다룬다. 재시작할 때 uname -a가 RT를 포함하는 메시지를 표시할 것이다. 그림 7.15(b)는 완전한 선점형 커널과 비선점형 커널을 비교한 cyclictest 결과 히스토그램이다. 이 테스트에서는 커널에 부하를 일으키기 위해 5장의 성능 테스트를 이용했다. RPi 2에서 RT의 결과는 다음과 같다.

```
pi@erpi ~ $ uname -a
Linux erpi 3.18.16-rt13-v7+ #1 SMP PREEMPT RT Aug 6 12:41:42 EDT
2015 armv7l GNU/Linux
pi@erpi ~/rt-tests $ sudo ./cyclictest -t 1 -p 70 -n -i 1000 -l 100000 --smp
policy: fifo: loadavg: 0.87 0.34 0.15 2/175 1150
T: 0 ( 1238) P:70 I:1000 C: 100000 Min:     8 Act:    13 Avg:    11 Max:     87
T: 1 ( 1239) P:70 I:1500 C:  66669 Min:     8 Act:    23 Avg:    12 Max:     64
T: 2 ( 1240) P:70 I:2000 C:  50001 Min:     8 Act:    17 Avg:    12 Max:     48
T: 3 ( 1241) P:70 I:2500 C:  40001 Min:     8 Act:    15 Avg:    12 Max:     54
```

동일한 커널에 No Forced Preemption 모델을 적용한 것은 부하 테스트에서 결과가 그리 좋지 않았다. 최대 지연이 더 길고 지연의 평균도 높은 편이다.

```
pi@erpi ~/rt-tests $ uname -a
Linux erpi 3.18.16-rt13-v7+ #2 SMP Aug 6 19:14:58 EDT 2015 armv7l GNU/Linux
pi@erpi ~/rt-tests $ sudo ./cyclictest -t 1 -p 70 -n -i 1000 -l 100000 --smp
policy: fifo: loadavg: 0.90 0.40 0.19 4/153 932
T: 0 (  874) P:70 I:1000 C: 100000 Min:     7 Act:    11 Avg:    17 Max:    466
T: 1 (  875) P:70 I:1500 C:  66668 Min:     8 Act:    12 Avg:    15 Max:    206
T: 2 (  876) P:70 I:2000 C:  50001 Min:     7 Act:    13 Avg:    14 Max:    488
T: 3 (  877) P:70 I:2500 C:  40000 Min:     7 Act:    11 Avg:    15 Max:    188
```

/arch/arm/boot/에 보이는 새로운 리눅스 커널 이미지는 압축되지 않은 형태(Image)와 자동 압축해제 형태(zImage)가 있다. 후자가 부팅 시간이 짧으므로 그것을 사용한다.[5]

```
molloyd@desktop:~/linux/arch/arm/boot$ ls -l *Image
-rwxr-xr-x 1 molloyd molloyd 8743476 Aug 3 09:06 Image
-rwxr-xr-x 1 molloyd molloyd 4000616 Aug 3 09:06 zImage
```

다음과 같이 새 DTB 파일이 dts/와 dts/overlays/ 디렉터리에 있다.

```
molloyd@desktop:~/linux/arch/arm/boot/dts$ ls -l *.dtb
-rw-r--r-- 1 molloyd molloyd 9900 Aug 2 17:02 bcm2709-rpi-2-b.dtb
molloyd@desktop:~/linux/arch/arm/boot/dts/overlays$ ls *.dtb
ads7846-overlay.dtb         iqaudio-dac-overlay.dtb
rpi-proto-overlay.dtb       ...
```

빌드의 마지막 단계는 LKM을 RPi에 배포할 수 있게 패키징하는 것이다. 이 작업을 위해 임시 디렉터리 temp_modules/를 사용하며 tree 명령을 사용해 결과 구조를 볼 수 있다.

```
molloyd@desktop:~/linux$ make ARCH=arm CROSS_COMPILE=arm-linux-gnueabihf- →
INSTALL_MOD_PATH=temp_modules/ modules_install
molloyd@desktop:~/linux/temp_modules$ sudo apt install tree
molloyd@desktop:~/linux/temp_modules$ tree . ¦ more
└-- lib
    ├-- firmware
    |   ├-- cpia2
    |   |   └-- stv0672_vp4.bin
    ...
    └-- modules
        └-- 4.0.9-v7+
            ├-- build -> /home/molloyd/linux
            ├-- kernel
            |   ├-- arch
            |   |   └-- arm
            |   |       ├-- crypto
            |   |       |   ├-- aes-arm-bs.ko
    ...
```

5 zImage 또는 bzImage(큰 zImage) 파일은 실행 가능한 압축해제 코드 및 기본적으로 gzip 형태로 압축된 리눅스 커널을 포함한다(그림 7.14의 커널 구성 도구의 커널 압축 모드 참고).

## 리눅스 커널 디플로이하기

새로운 커널을 테스트하기 위해 기존 라즈비안 이미지에 새 커널을 위한 커널 이미지, DTB, LKM을 복사할 수 있다. RPi에서 꺼낸 SD 카드를 리눅스 데스크톱 머신에 마운트해 파일을 복사하는 것이다. 이 방법에 대한 자세한 정보는 tiny.cc/erpi701를 참고하라(한글 문서는 https://wikidocs.net/3243을 참고하라 – 옮긴이).

여기에서는 네트워크를 통해 라즈베리 파이에 파일을 복사하는 방법을 설명한다. 어느 방법을 택하든 다음과 같은 방법으로 RPi의 기존 커널 구성을 백업하라(/boot/backup/).

```
pi@erpi /boot $ sudo mkdir backup
pi@erpi /boot $ sudo cp kernel*.img backup/
pi@erpi /boot $ sudo cp -r overlays backup/
pi@erpi /boot $ sudo cp -a /lib/firmware/ /boot/backup/
```

정확한 버전 번호가 있는 커널을 대체하려는 경우에는 해당 버전의 /lib/modules/X.X.X-X 디렉터리도 백업한다.

### 라즈비안의 SSH 루트 로그인 활성화

scp 또는 rsync를 사용해 파일을 RPi의 특정 디렉터리로 전송하기 위해서는 SSH root 로그인을 활성화해야 한다. 그 첫 단계는 다음과 같이 root 로그인을 활성화하는 것이다(5장에서 설명한 바와 같다).

```
pi@erpi ~ $ sudo passwd root
Enter new UNIX password: secretpassword
...
```

다음으로는 sshd 구성 파일(sshd_config)에서 PermitRootLogin 값이 yes가 되도록 편집해 root 로그인을 허가한다. 그런 다음에 서비스를 재시작한다.

```
pi@erpi /etc/ssh $ sudo nano sshd_config
pi@erpi /etc/ssh $ more sshd_config | grep RootLogin
PermitRootLogin yes
pi@erpi /etc/ssh $ sudo systemctl restart sshd
```

이 구성을 원래대로 되돌리려면 PermitRootLogin 값을 without-password로 바꾸고 sudo passwd -l root를 사용해 root 로그인을 비활성화한다.

파일을 RPi로 복사하기 위해서는 SSH root 로그인을 활성화할 필요가 있다. 그런 다음, 다음과 같이 scp 또는 rsync를 사용해 파일을 전송한다.

```
molloyd@desktop:~/linux/arch/arm/boot$ scp zImage root@erpi.local:/boot/kernel7_erpi.img
root@erpi.local's password:
zImage                 100% 3907KB   3.8MB/s   00:00
molloyd@desktop:~/linux/arch/arm/boot$ scp dts/*.dtb root@erpi.local:/boot/
molloyd@desktop:~/linux/arch/arm/boot$ scp dts/overlays/*.dtb root@erpi.local:/boot/overlays/
molloyd@desktop:~/linux/arch/arm/boot$ cd ~/linux/temp_modules/
```

lib/modules/ 디렉터리는 심볼릭 링크를 포함하고 있으며 scp에서 손쉽게 무시할 수가 없다. 이때는 scp를 사용해 삭제하거나 마지막 파일 복사 단계에 rsync 명령을 사용할 수 있다.

```
molloyd@desktop:~/linux/temp_modules$ rsync -avhe ssh lib/ root@erpi.local:/
```

이제 파일들이 RPi에 자리 잡았다. 새로운 커널(kernel7_erpi.img)이 현재의 kernel.img 또는 kernel7.img 파일을 덮어쓰는 것보다는 /boot/config.txt 파일을 편집해 새로운 커널을 선택하게 하는 것이 좋다.

```
pi@erpi /boot $ sudo nano config.txt
pi@erpi /boot $ more config.txt | grep kernel
kernel=kernel7_erpi.img
```

마지막으로, RPi를 재시작하고 새로운 커널 버전을 확인한다.

```
pi@erpi /boot $ sudo reboot
...
pi@erpi ~ $ uname -a
Linux erpi 4.0.9-v7+ #1 SMP PREEMPT Aug 2 17:06:27 EDT 2015 armv7l GNU/Linux
```

참고

RPi 펌웨어는 깃허브 저장소 github.com/raspberrypi/firmware.git에서 얻을 수 있지만, 저장소의 크기가 아주 크다(4GB 이상). 저장소에서 최신 프리빌드 커널, 여러 버전의 부트 파일(bootcode.bin, start.elf), 최신 VideoCoreIV 유저 스페이스 라이브러리를 찾을 수 있다. 펌웨어 파일이 업데이트되는 일은 드문 편이며 apt update와 apt upgrade를 실행해 RPi 이미지 및 펌웨어를 최신으로 유지하는 것이 가장 쉬운 방법이다.

## 리눅스 배포판을 빌드하기(고급)

앞 절에서는 새로운 리눅스 커널을 기존의 라즈비안 이미지 배포판에 디플로이했다. *OpenWRT* (www.openwrt.org), *Buildroot*(buildroot.uclibc.org), *Yocto Project*(www.yoctoproject.org) 등의 오픈소스 프로젝트를 이용해 RPi를 위한 맞춤 리눅스 배포판을 빌드할 수도 있다. 이러한 프로젝트는 도구, 템플릿, 프로세스를 생성해 맞춤 임베디드 리눅스 배포판 빌드 지원을 그 목적으로 한다.

Yocto Project의 *Poky*(www.pokylinux.org)는 오픈소스 빌드 도구로, RPi와 같이 복잡한 임베디드 시스템을 위한 맞춤 리눅스 이미지를 빌드하는 데 사용할 수 있다. *OpenEmbedded*로부터 파생된 Poky 플랫폼 빌더는 모든 리눅스 애플리케이션(SSH 서버, gcc, X11 애플리케이션 등)을 자동으로 내려받고 빌드하고 루트 파일 시스템 내에 구성하고 설치할 수 있게 해주므로 이것을 사용하면 바로 설치 가능한 리눅스 파일 시스템 이미지를 빌드할 수 있다. 다른 방법으로 Poky와 같은 빌드 시스템을 사용해 각 리눅스 애플리케이션의 구성과 의존성을 맞추는 작업을 수동으로 할 수도 있으나 그것은 각각의 시스템에 대해 반복해야 하는 어려운 작업이다.

Poky는 소프트웨어 패키지 및 파일 시스템 이미지 내려받기, 컴파일, 설치 등의 작업을 수행하기 위해 *BitBake* 빌드 도구를 사용한다. BitBake로 수행할 작업은 메타데이터 *레시피*(.bb) 파일에 저장된다. 리눅스 재단의 리처드 퍼디(Richard Purdie) 등이 공저한 "Poky Handbook"이 tiny.cc/erpi702에 있다.

여기에서는 RPi를 위한 최소한의 리눅스 배포판을 빌드하는 데 필요한 내용을 간단히 소개한다. 이것은 맛보기를 위한 것이므로 자세한 내용은 위에서 소개한 책을 참고하기 바란다. PC 사양에 따라 다음의 단계는 여러 시간이 걸릴 수도 있다.

1. Poky 저장소를 복제하고(~113MB) poky/meta-raspberrypi 디렉터리의 RPi 레시피를 내려받는다(~350KB).

```
molloyd@desktop:~$ git clone git://git.yoctoproject.org/poky.git
Cloning into 'poky'...
molloyd@desktop:~$ cd poky/
molloyd@desktop:~/poky$ git clone git://git.yoctoproject.org/meta-raspberrypi
Cloning into 'meta-raspberrypi'...
```

2. 빌드 환경을 구성하고 빌드 디렉터리와 구성 파일을 생성한다.

```
molloyd@desktop:~/poky$ source oe-init-build-env erpi
### Shell environment set up for builds. ###
You can now run 'bitbake <target>'
Common targets are: core-image-minimal ...
molloyd@desktop:~/poky/erpi$ cd conf
```

```
molloyd@desktop:~/poky/erpi/conf$ ls
bblayers.conf  local.conf  templateconf.cfg
```

3. meta-raspberrypi 레시피 디렉터리를 bblayers.conf 파일의 BBLAYERS 항목에 추가한다.

```
molloyd@desktop:~/poky/erpi/conf$ more bblayers.conf
...
BBLAYERS ?= " \
/home/molloyd/poky/meta \
/home/molloyd/poky/meta-yocto \
/home/molloyd/poky/meta-yocto-bsp \
/home/molloyd/poky/meta-raspberrypi \
" ...
```

4. 구성 파일에 항목을 추가해 빌드를 구성할 수 있다. 사용 가능한 RPi 선택사항에 대한 안내가 poky/meta-raspberrypi 디렉터리의 README 파일에 있다. 다음 예와 같이 local.conf 파일을 편집해 qemux86을 raspberrypi(또는 raspberrypi2)로 바꾸고 카메라를 활성화하고 GPU 메모리 크기를 설정한다.

```
molloyd@desktop:~/poky/erpi/conf$ more local.conf
...
MACHINE ??= "raspberrypi2"
GPU_MEM = "16"
VIDEO_CAMERA = "1"
...
```

5. 크로스 컴파일러 변수를 설정하면 RPi 이미지를 빌드할 준비가 끝난다(rpi-hwup-image 또는 rpi-basic-image 사용). 기본 이미지가 SSH 지원을 포함하므로 여기에서 그것을 사용할 것이다.

```
molloyd@desktop:~/poky/erpi$ CC=arm-linux-gnueabihf-gcc
molloyd@desktop:~/poky/erpi$ LD=arm-linux-gnueabihf-ld
molloyd@desktop:~/poky/erpi$ bitbake rpi-basic-image
Parsing recipes: 100% |#####################################| Time: 00:00:38
Parsing of 904 .bb files complete (0 cached, 904 parsed). 1318 targets, 61
skipped, 0 masked, 0 errors ...
```

의존성을 충족할 때까지 이 단계를 여러 번 수행해야 할 것이다. 예를 들어 필자는 다음을 설치해야 했다.

```
molloyd@desktop:~/poky/erpi$ sudo apt install diffstat chrpath libsdl-dev
```

이제 빌드를 시작한다. 여섯 개의 i7 스레드를 할당한 VM에서 약 45분이 소요됐다.

6. 2장에서 설명한 절차에 따라 최종 이미지를 SD 카드에 기록할 수 있다. SD 이미지 파일은 다음 위치에서 찾을 수 있다.

```
molloyd@desktop:~/poky/erpi/tmp/deploy/images/raspberrypi2$ ls -l *.rpi-sdimg
-rw-r--r-- 1 molloyd molloyd 130023424 Aug 8 17:44 rpi-basic-image-
raspberrypi2-20150810205912.rootfs.rpi-sdimg
```

RPi가 새로운 배포판으로 부팅되고 나면 그 IP 주소로 접속해(2장 참고) 비밀번호 없이 root 로그인할 수 있다.

```
molloyd@desktop:~$ ssh root@192.168.1.116
root@raspberrypi2:~# uname -a
Linux raspberrypi2 3.18.11 #2 SMP PREEMPT Aug 8 8:38:21 EDT 2015 armv7l ...
root@raspberrypi2:~# df -h
Filesystem               Size      Used Available Use% Mounted on
/dev/root               73.5M     58.3M     11.1M  84% /
devtmpfs               427.6M         0    427.6M   0% /dev
tmpfs                  431.8M    156.0K    431.6M   0% /run
tmpfs                  431.8M     52.0K    431.7M   0% /var/volatile
```

최소 이미지에서 ext4 파티션의 크기는 58MB밖에 되지 않으므로 라즈비안 이미지에 있는 것과 같은 다양한 도구를 기대할 수는 없다. 일반적으로 빌드 단계에서 패키지를 추가할 수도 있지만, deb/apt와 같은 패키지 관리자를 추가하는 것도 가능하다.[6] 그렇지만 맞춤 빌드에 일반적인 패키지 관리 능력을 추가할 경우, 그 배포판을 위해 맞춤 빌드된 패키지(/poky/erpi/tmp/deploy/)를 포함하는 웹 서버를 RPi의 /etc/apt/sources.list에서 가리키게 해야 한다.

이 단계에서 변경에 영향을 받는 패키지만 BitBake가 리빌드하도록 구성 파일을 조정할 수 있다. 예를 들어 이 단계에서 menuconfig 도구를 사용해(그림 7.14 참고) 커널을 설정하고 SD 이미지를 몇 분 내에 리빌드할 수 있다.

```
molloyd@desktop:~/poky/erpi$ bitbake virtual/kernel -c menuconfig
molloyd@desktop:~/poky/erpi$ bitbake virtual/kernel -c compile -f
molloyd@desktop:~/poky/erpi$ bitbake virtual/kernel
molloyd@desktop:~/poky/erpi$ bitbake rpi-basic-image
```

Poky 빌드 도구의 한 가지 강점은 강력한 커뮤니티 지원이 뒷받침된다는 점이다. https://www.yoctoproject.org/tools-resources/projects/poky를 참고하라.

6 local.conf 파일에 IMAGE_FEATURES += "package-management", +PACKAGE_CLASSES ?= "package_deb", CORE_IMAGE_EXTRA_INSTALL += "apt"의 세 행을 추가한다.

## 요약

이 장의 목표는 다음과 같다.

- 크로스 컴파일 툴체인을 데스크톱 리눅스에 설치하면 데스크톱 PC를 사용해 RPi를 위한 애플리케이션을 빌드할 수 있다.
- 크로스 컴파일에 필요한 다중 아키텍처 서드 파티 라이브러리를 패키지 관리자를 사용해 설치할 수 있다.
- QEMU를 이용함으로써 데스크톱 PC 상에서 ARM 아키텍처를 에뮬레이트할 수 있다.
- RPi 애플리케이션을 빌드하기 위해 이클립스 통합 개발 환경(IDE)을 설치하고 크로스 컴파일 환경을 구성할 수 있다.
- 이클립스에서 애플리케이션의 원격 디플로이, 원격 디버깅, 깃허브와의 통합, 자동 문서화를 구성할 수 있다.
- 맞춤 리눅스 커널을 빌드해 RPi에 배포할 수 있다.

## 더 읽을거리

이 장에서 소개한 절차는 리눅스 배포판, 이클립스 버전, 커널 구성에 따라 달라질 수 있다. 구성에 어려움이 있거나 다른 독자를 위해 더 좋은 방법을 알려주고 싶다면 www.exploringrpi.com/chapter7/을 방문하기 바란다.

# 8장

# 라즈베리 파이의 다양한 버스

이 장에서는 라즈베리 파이에서 사용할 수 있는 여러 유형의 버스에 대해 자세히 설명하고 그 차이를 비교한다. I2C, SPI, UART 장치에 연결하고 제어하는 방법을 설명하며 리눅스 도구와 맞춤 개발한 C/C++ 코드를 사용한다. 실시간 클럭, 가속도계, 7 세그먼트 디스플레이를 가진 직렬 시프트 레지스터, USB-to-TTL 3.3V 케이블, GPS 수신기와 같은 저가의 버스 장치를 사용하는 실용적인 예제를 제공한다. 이 장을 읽고 나면 대부분 종류의 버스 장치를 라즈베리 파이에 인터페이스할 수 있을 것이다.

**이 장에 필요한 준비물:**

- 라즈베리 파이(RPi 2/3이 이상적임)
- 실시간 클럭 브레이크아웃 보드(DS3231 등)
- ADXL345 가속도계 $I^2C$/SPI 브레이크아웃 보드
- 74HC595 시프트 레지스터, 7 세그먼트 디스플레이, 저항
- USB-to-TTL 3.3 V 케이블(1장과 2장 참고)
- 저렴한 UART GPS 수신기(GY-GPS6MV2 등)

이 장에 대한 자세한 내용은 www.exploringrpi.com/chapter8/을 참고한다.

## 버스 통신 개요

6장에서 범용 입출력(GPIO)을 사용하는 방법과 맞춤 통신 프로토콜을 가진 1선 센서를 다뤘고 RPi의 독립적인 컴포넌트와 통신하는 방법을 명확히 알아봤다. 이 장에서는 RPi의 버스 인터페이스를 사용해 수행할 수 있는 좀 더 복잡한 통신을 살펴본다. 버스 통신은 임베디드 플랫폼의 고수준 컴포넌트 사이에서 표준화된 통신 프로토콜을 사용해 데이터를 전송할 수 있게 해주는 메커니즘이다. 임베디드 시스템 버스 중에서 가장 널리 쓰이는 두 가지인 *I²C(Inter-Integrated Circuit)*와 *SPI(Serial Peripheral Interface)*를 RPi에 사용할 수 있으며, 그것이 바로 이 장의 주제다. 또한 *UART(Universal Asynchronous Receiver/Transmitter)*에 대해서도 논의한다. 이것들은 직렬 데이터를 송수신할 수 있는 컴퓨터 하드웨어 장치다. 적합한 드라이버 인터페이스를 갖추면 UART로 RS-232, RS-422, RS-485와 같은 표준 직렬 통신 프로토콜을 구현할 수 있다.

버스 통신 프로토콜을 이해하고 사용할 수 있으면 수준 높은 RPi 전자회로 시스템을 구성하는 데 도움이 된다. 복잡한 센서, 액추에이터, 입력 장치, 입출력 확장기, 마이크로컨트롤러 등이 아주 많이 있으며, RPi로 그것들과 통신할 수 있다. 9장에서 그러한 장치 중 몇 가지를 이용해 RPi의 인터페이스 능력을 높일 것이며 10장에서는 센서 및 액추에이터를 사용해 RPi를 물리적 환경과 인터페이스한다. 또한 11장에서는 대중적인 아두이노 마이크로컨트롤러를 사용해 자신만의 고급 버스 장치를 구축하는 방법을 알아본다. 아두이노는 버스를 통해 RPi와 직접 인터페이스할 수 있다.

이 장에서 다루는 주제는 모두 쉽게 구할 수 있고 값싼 장치를 사용하는 실용적인 예제를 제시한다. 특정 버스를 설명하는 데 그치는 것이 아니라 RPi의 버스를 사용하기 위해 필요한 기법을 이해하는 데 초점을 맞출 것이다. 이 장의 끝에서는 어떤 장치를 선택하더라도 적용할 수 있는 일반화된 통신 코드를 제공한다.

## I²C

*Inter-Integrated Circuit*(*IIC* 또는 *I²C*)은 1980년대에 필립스에서 마이크로프로세서 또는 마이크로컨트롤러를 저속 장치와 인터페이스하기 위해 설계한 2선식 버스다. RPi는 버스를 제어하는 마스터(*master*) 장치에 해당하며 두 가닥의 선에 많은 *슬레이브*(*slave*) 장치를 붙일 수 있다. 이것은 그 단순성과 폭넓은 적용으로 인해 여러 해 동안 널리 사용됐다. 현재 스마트폰, 대부분의 마이크로컨트롤러, 대규모 농장의 환경 관리 애플리케이션에 이르기까지 사용되고 있다. I²C 버스의 주요 기능은 다음과 같다.

- 두 가닥의 선만 있으면 통신할 수 있다. 하나는 데이터를 양방향으로 전송하는 *직렬 데이터* 선(*SDA*)이고 다른 하나는 데이터 전송을 동기화하는 *직렬 클럭*(*SCL*) 선이다. 버스는 클럭 신호를 통해 동기화하므로 데이터 전송은 동기적이라 할 수 있다. SDA 선이 데이터의 송신과 수신에 사용되므로 전송이 *양방향*으로 이뤄진다고 할 수 있다.
- 버스의 각 장치는 마스터 또는 슬레이브 장치로 동작할 수 있다. *마스터*가 통신을 개시하면 슬레이브가 그에 응답한다. 종속 장치가 통신을 개시할 수는 없다.
- 버스에 붙는 종속 장치들은 7비트 또는 10비트 형식으로 된 고유한 주소를 부여해 구별된다. 다음 예에서는 0x00부터 0x7f까지의 7비트 주소체계를 사용한다. 즉, ($2^7 = 128_{10}$ = 0x80).
- 두 개 이상의 장치를 동시에 사용할 경우, 충돌 검출과 중재가 가능한 진정한 *다중 마스터 버스 환경*을 제공한다.
- 노이즈 필터가 칩에 표준으로 탑재돼 있다.

## I$^2$C 하드웨어

I$^2$C 버스에 여러 개의 종속 장치를 상호 연결하는 것을 그림 8.1(a)에 나타냈다. SDA와 SCL 선에 연결한 모든 출력은 모든 장치를 공통의 접지에 연결하는 개방 드레인으로 구성한다(4장에서 다룸). 이는 서로 다른 논리 패밀리를 가진 장치를 섞어 사용할 수 있고 많은 수의 장치를 하나의 버스에 추가할 수 있다는 뜻이다. 이론적으로는 128개까지의 장치를 하나의 버스에 붙일 수 있지만, 그렇게 하면 상호 연결하는 선의 정전 용량이 매우 커질 것이다. 버스는 짧은 거리에 대해 작동하도록 설계됐으며 버스선이 길어지면 전기적 간섭 및 *정전용량이* 발생한다(22AWG 실드 케이블 한 쌍의 정전용량은 약 15pF/ft다).

*전송선의 정전용량은* 데이터의 전송률에 큰 영향을 끼친다. 4장(그림 4.11)에서 10μF 커패시터를 부하 저항과 병렬로 연결하고 AC 전압 공급을 적용하면 커패시터는 부하 사이의 전압에서 매우 깨끗하게 평활화시키는 효과를 낸다. 디지털 데이터의 전송에서는 평활화 효과가 그리 달갑지 않다. 예를 들어 무작위의 이진 신호(0~3.3V)를 높은 주파수로 스위칭하면 1.65V의 일정한 신호로 바뀌어서 이진 신호를 전혀 전달하지 못한다. 버스의 길이가 더 길고 I2C 장치가 많이 붙으면 전송 속도가 느려지는 것이 보통이다. 전류 증폭기처럼 동작하는 I$^2$C 리피터가 있어 선이 길어짐으로 인해 발생하는 문제를 해결하는 데 도움이 된다. NXP 사의 I$^2$C 버스에 대한 문서를 참고하라(`tiny.cc/erpi801`).

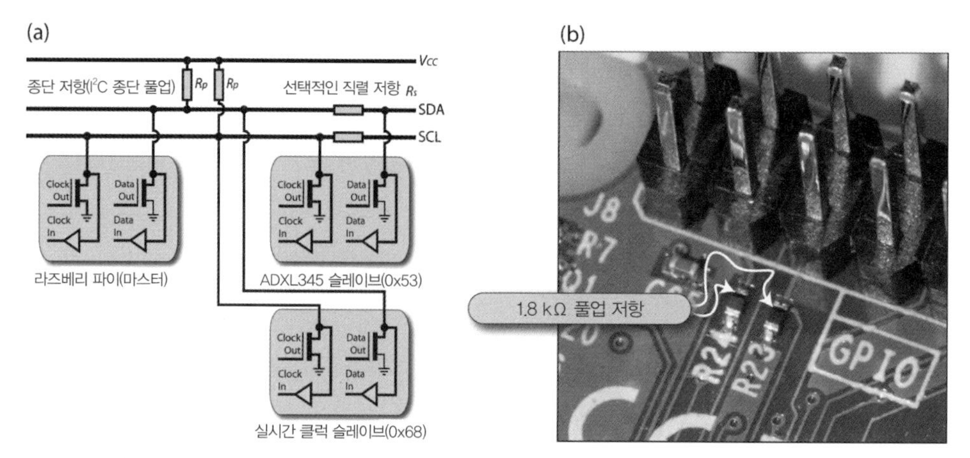


그림 8.1 (a) I²C 버스 구성, (b) I2C1 버스에 내장된 풀업 저항

## RPi의 I²C

RPi에서는 BSC(Broadcom Serial Controller)를 사용해 I²C를 구현했으며 7비트 및 10비트 주소와 400kHz까지의 버스 주파수를 지원한다(3장에서 소개한 *BCM2835 ARM Peripherals* 문서 참고). NXP(구. 필립스)의 새로운 I²C Fast-mode Plus(Fm+) 장치는 1MHz까지 통신할 수 있으나 RPi에서는 최대 성능을 낼 수 없다.[1]

그림 8.1(a)와 같이 I²C 버스는 SDA와 SCL 선 양쪽에 대해 각각 풀업 저항(RP)을 필요로 한다. 이것을 종단 저항이라고 하며 보통 1kΩ에서 10kΩ 사이의 값을 사용한다. SDA와 SCL 선을 GND로 끌어내리는 I²C 장치가 없을 때 종단 저항이 $V_{CC}$로 끌어올리는 역할을 한다. 이러한 풀업 구성은 여러 개의 주 장치가 버스를 제어할 수 있도록 해주며 종속 장치에 대해서는 클럭 신호를 "늘려준다"(SCL을 low로 유지). *클럭 스트레칭*은 종속 장치가 처리를 마치고 전송할 준비가 될 때까지 데이터 전송을 느리게 하는 용도로 이용할 수 있다. RPi의 I²C1 버스(3번 핀과 5번 핀)에 이러한 종단 저항(R23과 R24)이 물리적으로 붙어있으며 그림 8.1(b)에서 볼 수 있다. 종단 저항은 I²C 장치와 관련된 브레이크아웃 보드에서도 종종 사용된다. 이것은 유용한 기능이지만, 동일 버스에서 여러 보드를 사용한다면 동등한 병렬 저항이 설계에 반영돼야 한다.

그림 8.1(a)과 같이 낮은 저항 값(250Ω)의 *직렬 저항*($R_S$)을 사용하면 과전류 조건을 방지하는 데 도움이 된다. 스위칭 히스테리시스에 의한 신호 노이즈의 영향을 줄이기 위해 I²C 장치를 SDA 및 SCL 선에 붙일 때는 내장된 슈미트 트리거 입력을 사용하는 것이 일반적이다.

1 NXP는 5MHz 모드를 지원하는 초고속 모드(UFm) I²C를 2012년에 출시했다. 다른 I²C 모드와는 달리 단방향이며 하나의 마스터만 있고 현재는 널리 사용되지 않는다.

경고

I²C 버스는 3.3V를 허용하므로 5V를 공급받는 I²C 장치를 연결하기 위해서는 논리 레벨 변환 회로가 필요하다. 그 주제에 대해서는 이 장의 끝에서 다룬다.

## RPi에서 I²C 버스 활성화하기

RPi에서 주 I²C 버스는 기본적으로 활성화돼 있지 않고 raspi-config 도구(2장 참고)의 "Interfacing Options" 메뉴에서 활성화시킬 수 있다. 도구를 사용해 이러한 변경을 하는 것이 항상 올바로 적용되는 것은 아니므로 시스템에서 어떤 변경이 일어나는지 알아두면 도움이 된다. 이 도구가 하는 일은 /boot/config.txt와 /etc/modules 파일에 항목을 추가하는 것이다. 다음과 같이 부트 구성 파일에 i2c_arm 항목을 수작업으로 추가할 수 있다(행의 처음에 붙은 # 문자를 제거해야 한다 – 옮긴이).

```
pi@erpi /boot $ more config.txt | grep i2c_arm
dtparam=i2c_arm=on
```

구성 파일을 저장하고 재시작한다. 아직 버스가 활성화된 것은 아니다. RPi에서는 I²C 버스 구성을 위해 LKM(적재 가능 커널 모듈)을 이용한다. 그러므로 modprobe 명령을 사용해 수작업으로 LKM을 적재할 수 있다.

```
pi@erpi /dev $ sudo modprobe i2c-bcm2708
pi@erpi /dev $ sudo modprobe i2c-dev
pi@erpi /dev $ lsmod | grep i2c
Module                  Size  Used by
i2c_dev                 6027  0
i2c_bcm2708             4990  0
```

이러한 모듈은 사용 중인 커널 버전의 modules 디렉터리로부터 적재된다.

```
pi@erpi:/lib/modules/4.1.19-v7+/kernel/drivers/i2c $ ls -l i2c-dev.ko
-rw-r--r-- 1 root root 15576 Mar 14 15:39 i2c-dev.ko
```

그 결과로 /dev 디렉터리에 새로운 i2c-1 장치가 나타난다.

```
pi@erpi /dev $ ls -l i2c*
crw-rw---T 1 root i2c 89, 1 Mar 26 16:33 i2c-1
```

모듈을 수작업으로 로드하는 대신에 /etc/modules 파일을 편집해 모듈의 이름을 추가할 수 있다. 그러면 부팅할 때 I²C LKM이 자동으로 로드된다.

```
pi@erpi /etc $ cat modules
snd-bcm2835
i2c-bcm2708
i2c-dev
```

이러한 단계를 수행하는 데 어려움이 있다면 필요한 모듈이 /etc/modprobe.d/ 내 블랙리스트에 올라있는지 확인해 보고 그렇지 않으면 **sudo rpi-update** 명령으로 최신 커널로 업데이트해 본다. 이 장의 웹페이지에서도 업데이트가 있는지 확인해 본다.

## 두 번째 I²C 버스 활성화하기

최근의 RPi 모델에는 보드에 붙이는 HAT의 자동 구성을 위해 예약된 두 번째 I²C 버스가 있다. HAT을 사용하지 않을 경우에는 이 버스를 활용할 수 있다. 이를 위해서 /boot/cmdline.txt를 편집해 "bcm2708.vc_i2c_override=1"을 포함하게 한다(명령을 한 행에 입력해야 한다).

```
pi@erpi /boot $ sudo nano cmdline.txt
pi@erpi /boot $ more cmdline.txt
dwc_otg.lpm_enable=0 console=ttyAMA0,115200 console=tty1 root=/dev/mmcblk0p2 rootfstype=ext4
elevator=deadline rootwait bcm2708.vc_i2c_override=1
```

/boot/config.txt에 다음 항목도 반드시 추가해야 한다.

```
pi@erpi /boot $ tail -1 config.txt
dtparam=i2c_vc=on
```

재시작하면 두 번째 I²C 장치를 사용할 수 있다.

```
pi@erpi ~ $ ls /dev/i2c*
/dev/i2c-0 /dev/i2c-1
```

두 번째 I²C 버스에는 온보드 풀업 저항이 없으므로 회로에 풀업 저항을 추가하지 않으면 올바로 동작하지 않는다. 표준 저항값 1.8kΩ, 2.2kΩ, 4.7kΩ을 사용하면 대부분 애플리케이션에서 잘 동작할 것이다. 온보드 풀업 저항을 가진 장치를 버스에 붙일 때마다 병렬 저항이 더 큰 전류의 흐름을 줄여줄 것이므로 가능하면 큰 값을 사용하라.

표 8.1 RPi2의 $I^2C$ 버스들[2]

| 하드웨어 버스 | 소프트웨어 장치 | SDA 핀 | SCL 핀 | 설명 |
|---|---|---|---|---|
| I2C1 | /dev/i2c-1 | 3번 | 5번 | 일반적인 $I^2C$ 버스. 기본으로 비활성화돼 있음. |
| I2C0 | /dev/i2c-0 | 27번 | 28번 | HAT의 관리를 위해 예약된 $I^2C$ 버스. 구형 RPi A/B 보드에서는 사용할 수 없음. |

## $I^2C$의 보율 변경하기

현재의 $I^2C$ 클럭 주파수는 sysfs LKM 파라미터로부터 알 수 있다.

```
pi@erpi ~ $ sudo cat /sys/module/i2c_bcm2708/parameters/baudrate
100000
```

몇몇 리눅스 이미지 릴리즈에서는 디바이스 트리 파라미터를 사용해 부트 시에 I2C 버스에 대한 보율을 조정할 수 있다. /boot/config.txt 파일을 편집하고 dtparam=i2c_baudrate=400000을 포함하는 행을 추가해 주파수를 400kHz로 변경할 수 있다. 변경된 보율은 재시작할 때 설정된다.

```
pi@erpi ~ $ sudo cat /sys/module/i2c_bcm2708/parameters/baudrate
400000
```

다른 리눅스 이미지 릴리즈와 구성에서는 다음 예와 같이 LKM을 런타임에 재적재할 수 있다.

```
pi@erpi:~ $ sudo modprobe -r i2c_bcm2708
pi@erpi:~ $ sudo modprobe i2c_bcm2708 baudrate=400000
pi@erpi:~ $ sudo cat /sys/module/i2c_bcm2708/parameters/baudrate
400000
```

이러한 변경은 /etc/modprobe.d/ 디렉터리에 다음 내용을 담고 있는 i2c_bcm2708.conf라는 파일을 생성하면 재시작 후에도 지속된다.

```
pi@erpi:/etc/modprobe.d $ more bcm_2708.conf
options i2c_bcm2708 baudrate=400000
```

2 HDMI 커넥터를 통해 사용할 수 있는 세 번째 5V $I^2C$ 버스가 있다. 이는 리눅스 유저 스페이스에서 사용할 수 있지만, 이를 위해서는 커널 패치가 반드시 필요하다. 또한 최근 RPi에서는 주 $I^2C$ 버스가 i2c-1이지만 초기 RPi 버전에서는 i2c-0이다.

## $I^2C$ 테스트 회로

RPi에 연결할 수 있는 $I^2C$ 장치에는 여러 가지가 있으며 이 절에서는 실시간 클럭과 가속도계에 관해 설명한다. 이 장치들을 선택한 이유는 값이 싸고 구하기 쉽고 유용하며 데이터시트가 잘 나와 있기 때문이다.

### 실시간 클럭

데스크톱 컴퓨터와 달리 RPi에는 배터리를 사용하는 온보드 클럭이 없으며 보드를 재시작하면 앞서 설정해둔 시각을 잃어버린다. RPi가 네트워크에 연결돼 있다면 NTP(Network Time Protocol)를 통해 현재 시각을 얻어올 수 있다. RPi가 네트워크에 안정적으로 접속할 수 없다면 배터리로 유지되는 실시간 클럭(RTC)을 추가해두는 게 유용할 것이다.

RTC를 사용하는 장치는 시계를 자주 맞출 필요가 없으므로 RTC는 $I^2C$ 버스에 붙이는 것이 일반적이다. 모듈을 구입한다면 리눅스 커널을 위한 LKM이 지원되는지 확인해야 한다. 그래야만 앞서 간단히 논의한 바와 같이 OS에 RTC를 통합할 수 있다.

```
pi@erpi /lib/modules/4.1.5-v7+/kernel/drivers/rtc $ ls
rtc-bq32k.ko  rtc-ds3234.ko    rtc-m41t93.ko   rtc-pcf8563.ko  rtc-rx8025.ko
rtc-ds1305.ko rtc-em3027.ko    rtc-m41t94.ko   rtc-pcf8583.ko  rtc-rx8581.ko
rtc-ds1307.ko rtc-fm3130.ko    rtc-max6900.ko rtc-r9701.ko    rtc-s35390a.ko
rtc-ds1374.ko rtc-isl12022.ko rtc-max6902.ko rtc-rs5c348.ko  rtc-x1205.ko
rtc-ds1390.ko rtc-isl12057.ko rtc-pcf2123.ko rtc-rs5c372.ko
rtc-ds1672.ko rtc-isl1208.ko  rtc-pcf2127.ko rtc-rv3029c2.ko
rtc-ds3232.ko rtc-m41t80.ko   rtc-pcf8523.ko rtc-rx4581.ko
```

이 장에서 사용할 DS3231은 연간 ±63초의 오차 범위(0~50°C에서 ±2ppm)[3] 내에서 시각을 유지하는 고정밀 RTC로, 모듈 형태로 쉽게 구할 수 있고 값이 아주 싸다(1달러가 채 되지 않는다). DS3231은 DS1307 LKM(`rtc-ds1307.ko`)과 호환된다.

### ADXL345 가속도계

Analog Devices의 ADXL345는 작고 값싼 *가속도계*로, 지구의 중력에 대한 각위치(angular position)를 측정한다. 예를 들어 단축 가속도계를 센서 축이 지구의 중력에 평행이 되도록 지면에 두면 1g(9.81m/s2)의 가속도를 바로 측정할 것이다. 가속도계는 절대 표정 측정(absolute orientation measurement)을 제공하지만 고주파 노이즈에 시달리며, 정렬의 변화를 정확히 측정하기 위해 자이로스코프와 쌍으로 사용

3 백만 분의 2이므로 (연간 31,536,000초 ±2)/1,000,000 = ±63.072초다.

(이를 *센서 융합*이라고 한다)하는 경우가 종종 있다(게임 컨트롤러 등). 그렇지만 가속도계는 저주파 절대 회전을 측정에 있어서는 훌륭한 특성을 가진다. 여기에서는 $I^2C$ 버스를 이해하는 것이 목적이므로 가속도계를 단독으로 사용할 것이다.

ADXL345는 고정 10비트 해상도 또는 13비트 해상도를 사용해 ±16g까지의 값을 측정할 수 있다. 10장에서 활용할 ADXL335 아날로그 가속도계는 정렬에 비례해 전압을 출력한다. ADXL345와 같은 디지털 가속도계는 실시간 필터링 기능을 가진 아날로그-디지털 변환 회로를 포함하며 많은 구성 옵션을 가진 복잡한 장치지만, 아날로그 가속도계에 비해 RPi에 붙이기 쉽다. ADXL345는 $I^2C$ 또는 SPI 버스를 사용해 RPi에 인터페이스할 수 있으므로 이 장에서 두 가지 버스 유형의 예로 사용하기에 이상적인 센서다. 이 센서를 구입할 수 있는 곳을 이 장의 웹페이지에 소개했다.

$I^2C$ 슬레이브 주소는 슬레이브 장치에 의해 결정된다. 예를 들어 ADXL345 브레이크아웃 보드는 0x53의 주소를 가지며 이는 제조사에서 정해놓은 것이다. ADXL345를 포함한 많은 장치는 이 값을 정해진 범위 내에서 변경할 수 있도록 선택 입력을 갖고 있다.[4] 만약 장치가 선택 입력을 갖고 있지 않다면 동일한 버스에 두 개를 연결했을 때 충돌이 발생하게 되므로 사용할 수 없다. 그렇지만 $I^2C$ 다중화기를 사용하면 이러한 문제를 해결할 수 있다.

ADXL345의 데이터시트는 중요한 문서이므로 이 장과 함께 읽기 바란다. 해당 문서는 `www.analog.com/ADXL345`에서 얻을 수 있다.

### 테스트 회로 배선하기

RPi에 붙일 $I^2C$ 장치의 기능을 평가하기 위한 테스트 회로를 그림 8.2에 나타냈다. 이 회로에서 ADXL345와 DS3231 브레이크아웃 보드를 동일한 I2C1 버스에 연결할 것이다. ADXL345는 0x53의 주소를 가지며 DS3231은 0x68의 주소를 가지므로 충돌이 일어나지 않는다. ADXL345 브레이크아웃 보드의 CS 입력은 모듈을 $I^2C$ 모드에서 사용하도록 high에 맞춰져 있다.

여기에서 논의하는 절차는 특정 센서뿐만 아니라 RPi에 연결하는 다른 $I^2C$ 센서에도 해당된다.

4 원래 ADXL345의 $I^2C$ 주소는 대체 주소로 구성이 가능하지만, 이 브레이크아웃 보드에서는 대체 주소 핀 ALT가 GND에 묶여있기 때문에 장치의 주소가 0x53으로 고정돼 있다.

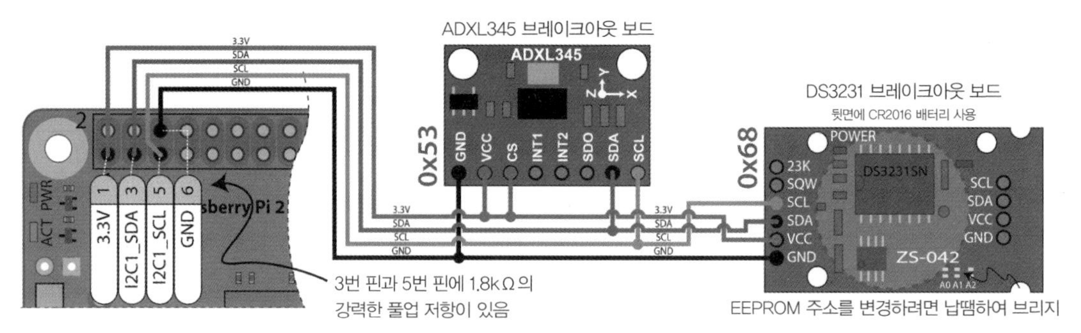


그림 8.2 I2C1 버스에 두 개의 I²C 장치 연결

## 리눅스 I2C-Tools 사용하기

리눅스에서는 I²C 버스 장치와 인터페이스하기 위해 버스 탐지 도구, 칩 덤프 도구, 레지스터 수준 접근 헬퍼가 포함된 *i2c-tools*라는 도구 모음을 제공한다. 다음 명령으로 이것을 설치할 수 있다.

```
pi@erpi ~ $ sudo apt install i2c-tools
```

### i2cdetect

우선 버스에 있는 장치를 감지해야 한다. 두 개의 I²C 버스가 활성화돼 있을 때 i2cdetect 명령을 실행하면 다음과 같이 표시된다.

```
pi@erpi ~ $ i2cdetect -l
i2c-0      i2c      3f205000.i2c                    I2C adapter
i2c-1      i2c      3f804000.i2c                    I2C adapter
```

그림 8.2와 같이 /dev/i2c-1 버스에 ADXL345와 DS3231 브레이크아웃 보드를 배선했을 때 연결된 장치를 감지한 결과는 다음과 같을 것이다.

```
pi@erpi ~ $ i2cdetect -y -r 1
     0  1  2  3  4  5  6  7  8  9  a  b  c  d  e  f
00:          -- -- -- -- -- -- -- -- -- -- -- -- --
10: -- -- -- -- -- -- -- -- -- -- -- -- -- -- -- --
20: -- -- -- -- -- -- -- -- -- -- -- -- -- -- -- --
30: -- -- -- -- -- -- -- -- -- -- -- -- -- -- -- --
40: -- -- -- -- -- -- -- -- -- -- -- -- -- -- -- --
50: -- -- -- 53 -- -- -- 57 -- -- -- -- -- -- -- --
60: -- -- -- -- -- -- -- -- 68 -- -- -- -- -- -- --
70: -- -- -- -- -- -- -- --
```

16진수 주소 0x03부터 0x77까지 보여주며 -a를 사용하면 전체 범위인 0x00부터 0x7F까지 보여준다. -- 표시는 해당 주소를 검사했지만 장치가 응답하지 않았음을 의미한다. UU 표시는 드라이버가 그 주소를 이미 사용하고 있기 때문에 검사를 건너뛴 것이다.

ADXL345 브레이크아웃 보드는 0x53을, DS3231 ZS-042 브레이크아웃 보드는 0x68과 0x57을 점유한다.[5] 브레이크아웃 보드마다 사용하도록 미리 정해진 주소가 있으므로 한 버스에 같은 주소를 사용하는 종속 장치가 두 개 있으면 문제가 발생할 것이다. 많은 I²C 장치에서 입력의 high/low에 따라 주소를 선택하는 기능을 제공하며 브레이크아웃 보드에서 점퍼를 연결하거나 접점을 납땜으로 브리지하는 형식으로 구현하는 경우가 많다.

## i2cdump

i2cdump 명령은 I²C 버스에 붙은 장치의 레지스터 값을 읽어서 16진수 블록 형식으로 보여준다. 특정 모드에서 i2cdump 명령이 종속 장치에 기록할 수 있으므로 이 명령을 사용하기 전에 반드시 해당 장치의 데이터시트를 확인해야 한다. -y 인자를 사용하면 관련 경고를 무시한다. 그림 8.2의 장치는 안전하게 사용할 수 있으며 i2c-1 버스에서 주소 0x68을 바이트 모드(b)로 탐지하면 다음과 같은 결과가 출력된다.

```
pi@erpi ~ $ i2cdump -y 1 0x68 b
     0  1  2  3  4  5  6  7  8  9  a  b  c  d  e  f    0123456789abcdef
00: 37 45 02 03 03 01 00 00 00 00 01 00 00 00 1c 88    7E????....?...??
10: 00 17 00 XX XX XX XX XX XX XX XX XX XX XX XX XX    .?.XXXXXXXXXXXXX
```

잠시 후에 장치를 다시 탐지해 보면 비슷한 출력이 나타나는데, 이 예에서는 주소 0x00의 레지스터 값이 37에서 43으로 바뀌었다. 이 값은 RTC 모듈의 클럭 초 단위 숫자를 표현한 것이다(십진법으로). 즉, i2cdump 명령을 6초 간격으로 두 번 수행한 것이다.

```
pi@erpi ~ $ i2cdump -y 1 0x68 b
     0  1  2  3  4  5  6  7  8  9  a  b  c  d  e  f    0123456789abcdef
00: 43 45 02 03 03 01 00 00 00 00 01 00 00 00 1c 88    CE????....?...??
10: 00 17 00 XX XX XX XX XX XX XX XX XX XX XX XX XX    .?.XXXXXXXXXXXXX
```

레지스터 값의 의미를 이해하려면 해당 장치의 데이터시트를 읽어봐야 한다. DS3231의 데이터시트는 tiny.cc/erpi803에서 구할 수 있으며, 그림 8.3에 가장 중요한 레지스터를 나타냈다. 그림에서는 hwclock

5 DS3231 ZS-042 브레이크아웃 보드에는 32kb AT24C32 직렬 EEPROM이 있다. 브레이크아웃 보드의 A0, A1, A2 핀을 사용해 주소를 조정할 수 있다. 또 보드의 SQW 핀을 인터럽트 알람 신호 또는 사각파 출력에 사용할 수 있다(1Hz, 1KHz, 4KHz, 8KHz). 32K 핀은 32KHz 클럭 신호를 제공한다.

기능을 사용해 RTC 모듈의 시간 값을 표시한다(곧이어 나오는 "리눅스 하드웨어 RTC 장치 활용하기" 글상자 참고). 의미를 확인할 수 있도록 몇 초 후에 i2cdump 명령을 호출해 레지스터를 표시한다. 아일랜드 표준 시간대(IST)는 UTC/GMT와 한 시간의 차이가 있음에 유의하라.

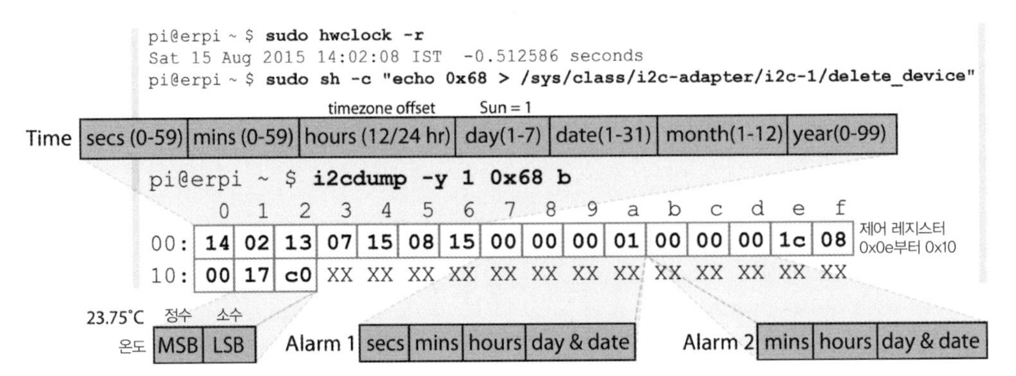


그림 8.3 DS3231 레지스터 요약

## 리눅스 하드웨어 RTC 장치 활용하기

리눅스는 LKM을 사용해 OS에서 RTC를 지원한다. 선택한 RTC와 호환되는 LKM을 사용할 수 있다면 소프트웨어를 직접 작성하지 않더라도 RTC를 이용해 RPi가 현재 시각을 유지할 수 있다. 가장 먼저 할 일은 I²C 장치를 그와 호환되는 LKM과 연동시키는 것이다. DS3231은 rtc-ds1307.ko LKM과 호환되며(tiny.cc/erpi812 참고) 주소 0x68에서 버스 장치와 연동할 수 있다.

```
pi@erpi ~ $ ls /lib/modules/4.1.5-v7+/kernel/drivers/rtc/*1307*
/lib/modules/4.1.5-v7+/kernel/drivers/rtc/rtc-ds1307.ko
pi@erpi ~ $ sudo modprobe rtc-ds1307
pi@erpi ~ $ lsmod|grep rtc
rtc_ds1307              9690  0
pi@erpi ~ $ sudo sh -c "echo ds1307 0x68 > /sys/class/i2c-adapter/i2c-1/new_device"
pi@erpi ~ $ dmesg|tail -1
[23895.440259] i2c i2c-1: new_device: Instantiated device ds1307 at 0x68
pi@erpi ~ $ ls -l /dev/rtc*
crw------- 1 root root 254, 0 Aug 15 01:08 /dev/rtc0
```

새로운 RTC 장치가 /dev에 나타났다. 이제 i2cdetect에서는 68이 아닌 UU가 표시되는데, 이는 해당 주소가 드라이버에 의해 사용 중이라서 탐지를 건너뛰었음을 나타낸다.

```
pi@erpi ~ $ i2cdetect -y -r 1
     0  1  2  3  4  5  6  7  8  9  a  b  c  d  e  f    ...
60: -- -- -- -- -- -- -- -- UU -- -- -- -- -- -- --    ...
```

RTC 장치도 다음과 같이 sysfs 항목을 포함하며 시각을 표시하는 데 사용할 수 있다.

```
pi@erpi ~ $ cd /sys/class/rtc/rtc0/
pi@erpi /sys/class/rtc/rtc0 $ ls
date  dev  device  hctosys  max_user_freq  name  since_epoch  subsystem  time  uevent
pi@erpi /sys/class/rtc/rtc0 $ cat time
01:12:01
```

필요하다면 sysfs를 사용해 장치를 제거할 수 있다.

```
pi@erpi /sys/class/i2c-adapter/i2c-1 $ sudo sh -c "echo 0x68 > delete_device"
pi@erpi /sys/class/i2c-adapter/i2c-1 $ ls
delete_device  device  i2c-dev  name  new_device  of_node  subsystem  uevent
pi@erpi /sys/class/i2c-adapter/i2c-1 $ ls /dev/rtc*
ls: cannot access /dev/rtc*: No such file or directory
```

hwclock 유틸리티를 사용해 RTC 장치로부터 시각을 읽거나(-r) 기록(-w)할 수 있다. RTC를 사용해 시스템 클럭을 설정(-s)할 수도 있다. 다음 예를 보자.

```
pi@erpi ~ $ date
Sat 15 Aug 01:10:50 GMT 2015
pi@erpi ~ $ sudo hwclock -r
Mon 03 Jan 2000 09:11:53 UTC -0.845753 seconds
pi@erpi ~ $ sudo hwclock -w
pi@erpi ~ $ sudo hwclock -r
Sat 15 Aug 2015 01:11:24 UTC -0.113358 seconds
pi@erpi ~ $ sudo hwclock --set --date="2000-01-01 00:00:00"
pi@erpi ~ $ sudo hwclock -r
Sat 01 Jan 2000 00:00:04 UTC -0.238222 seconds
pi@erpi ~ $ sudo hwclock -s
pi@erpi ~ $ date
Sat 1 Jan 00:02:38 GMT 2000
```

부팅할 때 RTC를 사용해 시스템 시각을 설정하는 절차를 자동화하려면 systemd 서비스를 작성하고 /etc/modules 파일에 LKM을 추가하면 된다. 다음은 systemd 서비스 파일의 예이며, chp08/i2c/systemd/ 디렉터리에 있다.

```
pi@erpi ~ $ tail -1 /etc/modules
rtc-ds1307

pi@erpi ~ $ more /lib/systemd/system/erpi_hwclock.service
[Unit]
Description=ERPI RTC Service
Before=getty.target
```

```
[Service]
Type=oneshot
ExecStartPre=/bin/sh -c "/bin/echo ds1307 0x68 > /sys/class/i2c-adapter/i2c-1/new_device"
ExecStart=/sbin/hwclock -s
RemainAfterExit=yes

[Install]
WantedBy=multi-user.target
```

다음으로 부팅 시에 이 맞춤 서비스가 시작될 수 있도록 활성화하고 기존에 활성화돼 있던 NTP 서비스는 비활성화한다.

```
pi@erpi /lib/systemd/system $ sudo systemctl enable erpi_hwclock
pi@erpi /lib/systemd/system $ sudo systemctl disable ntp
pi@erpi /lib/systemd/system $ sudo reboot
```

재시작 후에 서비스 상태를 확인하면 RTC 모듈에 의해 날짜와 시각이 설정된 것을 볼 수 있을 것이다.

```
pi@erpi ~ $ sudo systemctl status erpi_hwclock.service
• erpi_hwclock.service - ERPI RTC Service
   Loaded: loaded (/lib/systemd/system/erpi_hwclock.service; enabled)
   Active: active (exited) since Sat 2000-01-01 00:09:30 GMT; 1min 3s ago
  Process: 661 ExecStart=/sbin/hwclock -s (code=exited, status=0/SUCCESS)
...
pi@erpi ~ $ date
Sat  1 Jan 00:10:45 GMT 2000
```

시스템을 원래로 되돌리고 싶으면 맞춤 RTC 서비스를 비활성화하고 NTP 서비스를 활성화한 다음에 리부트하면 된다.

```
pi@erpi ~ $ sudo systemctl disable erpi_hwclock
pi@erpi ~ $ sudo systemctl enable ntp
pi@erpi ~ $ sudo reboot
```

### i2cget

i2cget 명령은 장치를 시험하기 위해 레지스터의 값을 읽는 데 사용하거나 리눅스 셸 명령을 위한 입력으로 사용할 수 있다. 예를 들어 다음과 같이 클럭의 초를 읽을 수 있다.

```
pi@erpi ~ $ i2cget -y 1 0x68 0x00
0x30
```

Analog Discovery의 디지털 Logic Analyzer 기능은 I²C 버스를 통해 데이터를 읽거나 쓰는 데 따른 SDA과 SCL 신호의 상호작용을 보기 위해 물리적 I²C 버스를 분석할 수 있다. Logic Analyzer 기능에는 I²C 버스, SPI 버스, UART 통신 인터프리터가 있어 버스를 통해 전달되는 직렬 데이터에 해당하는 숫자 값을 보여줄 수 있다. 그림 8.4는 앞 예제에서 `i2cget` 명령의 신호 전달을 캡처한 것이다. 클럭이 I²C *표준 데이터 전송 모드*(100kHz)로 동작하는 것을 볼 수 있다.

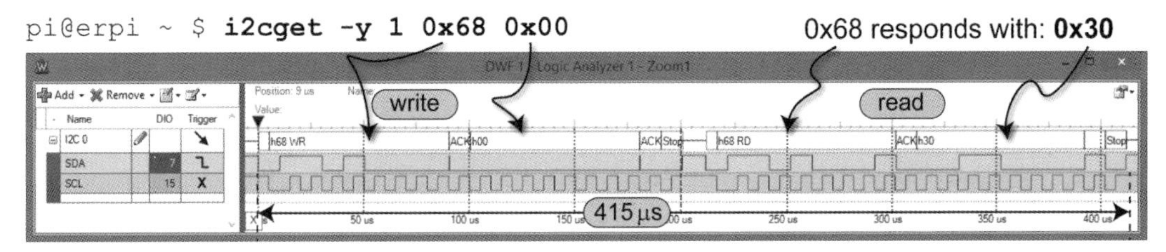


그림 8.4 i2cget을 사용해 레지스터 0x00으로부터 RTC의 초 숫자를 읽음

경고

이 장에서는 I²C, SPI, 직렬연결에 대해 깊이 이해하기 위해 Logic Analyzer를 사용한다. 모든 경우에 Logic Analyzer와 RPi를 위해 공통 접지를 연결해야 함을 기억하라. 이것을 깜빡했다가는 읽기의 비일관성으로 인해 좌절과 혼돈의 시간을 겪게 될 것이다!

ADXL345 가속도계에 접근하는 방법도 RTC 모듈에서와 마찬가지다. 그림 8.5는 이 장에서 활용하는 중요한 레지스터를 나타낸다. ADXL345가 버스에 올바로 연결됐는지 시험하기 위해 붙어있는 장치로부터 DEVID를 읽어서 0xE5가 반환되는지 확인해 보라.

```
pi@erpi ~ $ i2cget -y 1 0x53 0x00
0xe5
```

주소 0x00의 첫 번째 값이 0xE5인 것을 볼 수 있으며, 이 값은 그림 8.5의 `DEVID` 항목에 대응하므로 통신이 잘 되는 것을 알 수 있다.

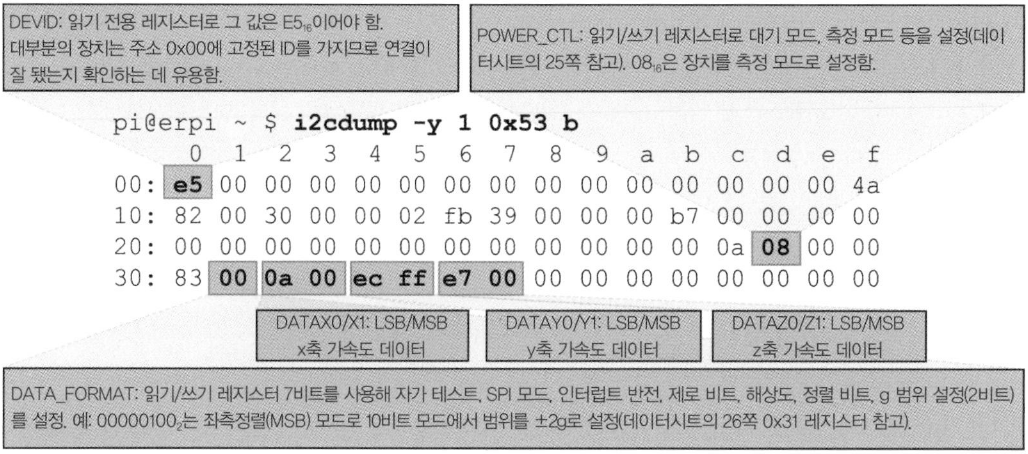

DEVID: 읽기 전용 레지스터로 그 값은 $E5_{16}$이어야 함. 대부분의 장치는 주소 0x00에 고정된 ID를 가지므로 연결이 잘 됐는지 확인하는 데 유용함.

POWER_CTL: 읽기/쓰기 레지스터로 대기 모드, 측정 모드 등을 설정(데이터시트의 25쪽 참고). $08_{16}$은 장치를 측정 모드로 설정함.

```
pi@erpi ~ $ i2cdump -y 1 0x53 b
     0  1  2  3  4  5  6  7  8  9  a  b  c  d  e  f
00: e5 00 00 00 00 00 00 00 00 00 00 00 00 00 00 4a
10: 82 00 30 00 00 02 fb 39 00 00 00 b7 00 00 00 00
20: 00 00 00 00 00 00 00 00 00 00 00 00 0a 08 00 00
30: 83 00 0a 00 ec ff e7 00 00 00 00 00 00 00 00 00
```

DATAX0/X1: LSB/MSB x축 가속도 데이터

DATAY0/Y1: LSB/MSB y축 가속도 데이터

DATAZ0/Z1: LSB/MSB z축 가속도 데이터

DATA_FORMAT: 읽기/쓰기 레지스터 7비트를 사용해 자가 테스트, SPI 모드, 인터럽트 반전, 제로 비트, 해상도, 정렬 비트, g 범위 설정(2비트)를 설정. 예: $00000100_2$는 좌측정렬(MSB) 모드로 10비트 모드에서 범위를 ±2g로 설정(데이터시트의 26쪽 0x31 레지스터 참고).

**그림 8.5** ADXL345의 주요 레지스터

## i2cset

앞에서 기술한 바와 같이 ADXL345의 데이터시트는 Analog Devices의 www.analog.com/ADXL345 페이지에서 얻을 수 있으며 완전하고 잘 쓰여진 데이터시트로서 장치의 모든 기능을 상세히 설명한다. 사실 새로운 버스 장치를 사용할 때 힘든 점은 데이터시트의 해독과 장치의 동작 복잡성에 따른 것이다. ADXL345는 30개의 공용 레지스터를 가지며 그중 이 장에서 사용하는 것을 그림 8.5에 나타냈다. 다른 레지스터는 절전을 위한 비활성화 시간, 정렬 오프셋, 프리 폴을 위한 인터럽트 설정, 탭과 더블 탭 검출을 위한 것이다.

x, y, z 축 가속도 값은 10비트 또는 13비트 해상도를 사용해 저장된다. 따라서 읽을 때마다 2바이트가 필요하다. 또한 데이터는 16비트 2의 보수 형태다(4장 참고). 13비트를 샘플링하기 위해 ADXL345는 반드시 *16g* 범위로 설정해야 한다. 그림 8.6은 장치를 읽고 쓰는 데 필요한 신호 시퀀스를 설명한다(ADXL345 데이터시트에 기초함). 예를 들어 장치 레지스터에 신호 바이트를 기록하기 위해서 다음과 같이 마스터/슬레이브 접근 패턴이 첫 행에 온다.

1. 마스터는 *시작 비트*를 보낸다(SCL이 high일 동안 SDA low를 풀한다).
2. 클럭이 토글되면 7비트의 슬레이브 주소를 한 번에 한 비트씩 전송한다.
3. 마스터에서 슬레이브 레지스터를 읽기를 원하는지 쓰기를 원하는지에 따라 읽기 비트(1) 또는 쓰기 비트(0)를 보낸다.
4. 슬레이브는 *확인 비트*로 응답한다(ACK = 0).

5. 쓰기 모드일 경우, 마스터는 슬레이브가 ACK 비트로 응답한 후 한 번에 한 비트씩 데이터를 보낸다. 레지스터에 쓰기 위해 레지스터 주소를 먼저 보낸 다음에 기록할 데이터 값을 보낸다.

6. 마지막으로 통신을 마무리하기 위해 마스터는 *정지 비트*를 보낸다(SCL이 high일 동안 SDA가 플로팅 high가 되는 것을 허용).

레지스터를 설정하기 위해 i2cset 명령을 사용할 수 있다. 예를 들어 0x2D의 POWER_CTL 레지스터에 0x08을 기록해 ADXL345를 절전 모드로 작동시킨다. 값을 기록하고 읽어서 확인해 본다.

```
pi@erpi ~ $ i2cset -y 1 0x53 0x2D 0x08
pi@erpi ~ $ i2cget -y 1 0x53 0x2D
0x08
```

i2cset과 i2cget을 호출하면 ADXL345 데이터시트 및 그림 8.6에 묘사된 핸드셰이킹 시퀀스를 일으키며 위와 같은 단계를 거치게 된다.

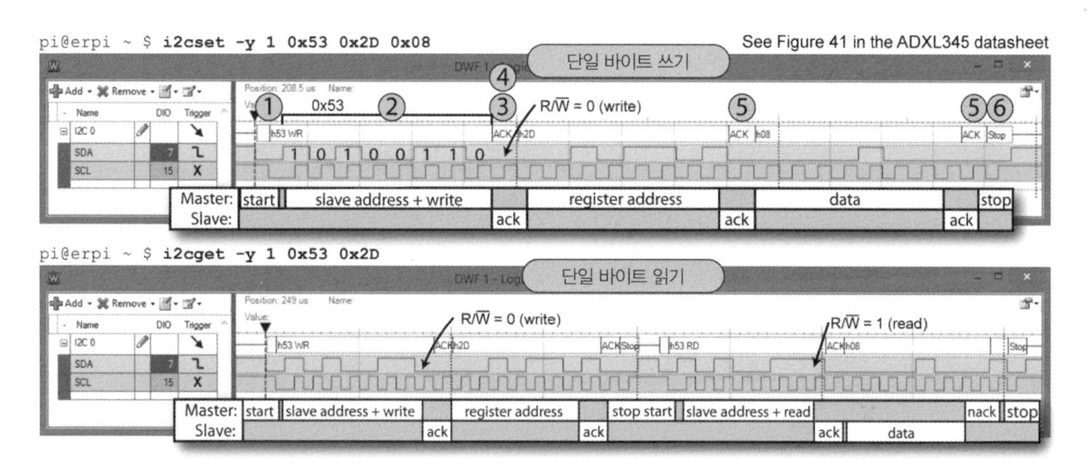


그림 8.6 ADXL345 장치와의 통신 캡처와 타이밍

i2cdump 명령을 사용하면 레지스터 0x32부터 0x37까지 가속도 값을 표시한다(그림 8.5에 나타냄). 센서를 물리적으로 회전시키면서 i2cdump 명령을 반복적으로 호출하면 값이 변하는 것을 볼 수 있다. 다음 단계는 DS3231과 ADXL345 레지스터에 저장되는 값을 해석하는 프로그램 코드를 작성하는 것이다.

## C언어에서의 I²C 통신

코드 8.1은 DS3231 RTC의 레지스터로부터 모든 데이터를 읽어서 현재 시각과 온도를 표시하는 C 프로그램 예제다. 시간에 대한 정보는 BCD(이진 코드화된 십진수) 형태로 레지스터의 0x00(초), 0x01(분),

0x02(시)에 들어 있다. 온도값은 16진수로 레지스터 0x11(정수부)과 0x12(두 자리의 유효 비트, 즉 소수부로 $00_2$=0, $01_2$=¼, $10_2$=½, $11_2$=¾)에 나뉘어 있다.

이 예제는 모든 임베디드 리눅스 플랫폼에서 자체적으로 동작 가능하며 다른 $I^2C$ 장치에도 적용할 수 있어 유용하다.

**코드 8.1** exploringrpi/chp08/i2c/test/testDS3231.c

```
#include<stdio.h>
#include<fcntl.h>
#include<sys/ioctl.h>
#include<linux/i2c.h>
#include<linux/i2c-dev.h>
#define BUFFER_SIZE 19          //0x00부터 0x13까지

// 시각은 레지스터에 십진수로 인코드됨
int bcdToDec(char b) { return (b/16)*10 + (b%16); }

int main(){
    int file;
    printf("Starting the DS3231 test application\n");
    if((file=open("/dev/i2c-1", O_RDWR)) < 0){
        perror("failed to open the bus\n");
        return 1;
    }
    if(ioctl(file, I2C_SLAVE, 0x68) < 0){
        perror("Failed to connect to the sensor\n");
        return 1;
    }
    char writeBuffer[1] = {0x00};
    if(write(file, writeBuffer, 1)!=1){
        perror("Failed to reset the read address\n");
        return 1;
    }
    char buf[BUFFER_SIZE];
    if(read(file, buf, BUFFER_SIZE)!=BUFFER_SIZE){
        perror("Failed to read in the buffer\n");
        return 1;
    }
    printf("The RTC time is %02d:%02d:%02d\n", bcdToDec(buf[2]),
          bcdToDec(buf[1]), bcdToDec(buf[0]));
    // 0x11 = 십진수 17, 0x12 = 십진수 18
```

```
    float temperature = buf[0x11] + ((buf[0x12]>>6)*0.25);
    printf("The temperature is %.2f°C\n", temperature);
    close(file);
    return 0;
}
```

이 코드는 다음과 같이 빌드하고 실행할 수 있다.

```
pi@erpi ~/exploringrpi/chp08/i2c/test $ gcc testDS3231.c -o testDS3231
pi@erpi ~/exploringrpi/chp08/i2c/test $ ./testDS3231
Starting the DS3231 test application
The RTC time is 11:55:59
The temperature is 25.25°C
```

온도 기능은 시간 측정 시 주변 온도의 영향을 모델링함으로써 RTC의 정확도를 높이는 데 도움이 된다. 64초마다 갱신되며 측정 오차는 ±3°C다.

ADXL345 디지털 가속도계는 아날로그 센서를 사용해 세 축의 가속도를 측정하며 레지스터에 저장된 설정에 따라 내부적으로 표본 추출과 필터링을 한다. 이러한 레지스터로부터 가속도 값을 읽을 수 있다. RPi가 수행해야 할 수도 있는 시간에 민감한 신호 처리를 센서가 수행하는 셈이다. 그렇지만 레지스터에 저장된 16비트 2의 보수 값을 피치(pitch)와 롤(roll) 값으로 변환하는 일이 남아있으므로 수치 연산은 여전히 필요하다. C/C++는 이러한 수치 계산을 하기에 좋다.

모든 레지스터를 표시하고 가속도계 값을 처리하기 위해 호출을 readRegisters()와 같은 함수로 분할하는 새로운 프로그램(chp08/i2c/test/ADXL345.cpp)을 작성했다.

```
int readRegisters(int file){          // 모든 64(0x40) 레지스터를 버퍼로 읽어 들임
    writeRegister(file, 0x00, 0x00);  // 블록 읽기를 위해 주소를 0x00으로 설정
    if(read(file, dataBuffer, BUFFER_SIZE)!=BUFFER_SIZE){
        cout << "Failed to read in the full buffer." << endl;
        return 1;
    }
    if(dataBuffer[DEVID]!=0xE5){
        cout << "Problem detected! Device ID is wrong" << endl;
        return 1;
    }
    return 0;
}
```

이 코드는 장치에 주소 0x00을 기록해 모든 64(0x40) 레지스터(BUFFER_SIZE)를 돌려보낸다. 다음 코드는 2바이트 값을 조합해 한 개의 16비트 값을 만들어내는 코드로, 두 개의 8비트 가속도 레지스터를 처리하기 위한 것이다.

```
short combineValues(unsigned char upper, unsigned char lower){
    // MSB를 왼쪽으로 8비트 시프트하고 LSB와 OR 연산
    return ((short)upper<<8)|(short)lower;
}
```

레지스터 데이터가 2의 보수 형태로 반환되기 때문에 이 함수에서는 데이터의 형이 중요하다. short 16비트 integral 데이터(int16_t) 대신에 int 형(32비트 크기의 int32_t)을 사용하면 부호 비트는 잘못된 비트 위치(MSB가 아닌 비트 31)를 갖게 될 것이다. 이 함수는 상위 바이트를 왼쪽으로 여덟 칸 시프트하며($2^8$ = 256을 곱한 것과 같음) 그 결과를 하위 바이트와 OR 연산시킴으로써 여덟 개의 0을 하위 바이트로 치환한다. 이렇게 해서 2개의 8비트 값(uint8_t)으로부터 부호 있는 16비트 값(int16_t)을 생성한다. ADXL345.cpp 애플리케이션을 실행하면 다음과 같은 출력을 내며 가속도 데이터를 터미널의 동일한 셸 행에 갱신한다.

```
pi@erpi ~/exploringrpi/chp08/i2c/test $ ./ADXL345
Starting the ADXL345 sensor application
The Device ID is: e5
The POWER_CTL mode is: 08
The DATA_FORMAT is: 00
X=11 Y=2 Z=233 sample=22
```

이 값들을 피치와 롤 형태로 변환하기 위해서 추가로 필요한 코드는 다음 절에서 C++ 클래스에 추가할 것이다. 참고로 Logic Analyzer 분석 결과, 100kHz의 버스 속도로 64 레지스터 전체를 읽는 데 4.19ms가 걸리는 것으로 나타났다.

### I²C와 WIRINGPi

6장에서 설치한 wiringPi 라이브러리에는 I²C 버스 장치와 상호작용하기 위한 C 함수의 라이브러리가 있다. 다음의 짧은 예제 코드는 DS3231 RTC로부터 처음 세 레지스터를 읽어 현재 시각을 표시하는 것이다.

```
pi@erpi ~/exploringrpi/chp08/i2c/wiringPi $ more DS3231.c
#include<wiringPiI2C.h>
#include<stdio.h>
int main(){
    int fd   = wiringPiI2CSetup(0x68);
    int secs = wiringPiI2CReadReg8(fd, 0x00);
```

```
    int mins  = wiringPiI2CReadReg8(fd, 0x01);
    int hours = wiringPiI2CReadReg8(fd, 0x02);
    printf("The RTC time is %2d:%02d:%02d\n", hours, mins, secs);
    return 0;
}
pi@erpi ~/exploringrpi/chp08/i2c/wiringPi $ gcc DS3231.c -o rtc -lwiringPi
pi@erpi ~/exploringrpi/chp08/i2c/wiringPi $ ./rtc
The RTC time is 10:08:83
```

wiringPi에 대한 자세한 정보는 `tiny.cc/erpi804`에 있다. 이 라이브러리는 RPi 플랫폼 전용으로 작성됐음에 유의하라. 따라서 동일한 SoC를 갖지 않는 다른 임베디드 리눅스 플랫폼에서는 동작하지 않을 것이다.

## $I^2C$ 장치를 C++ 클래스로 감싸기

5장에서 설명한 객체지향 프로그래밍은 임베디드 시스템을 개발하는 데 적합한 프레임워크다. ADXL345 가속도계의 기능을 감싸는 특별한 C++ 클래스를 작성할 수 있지만, $I^2C$ 장치의 일반적인 기능을 제공하는 부모 클래스를 만들어두면 나중에 여러 가지 $I^2C$ 장치를 제어하는 코드를 작성할 때 활용할 수 있다. 이 장을 위해 $I^2C$ 버스 장치에 관련된 일반적인 기능을 갖는 `I2CDevice`라는 클래스를 작성할 것이며 이 코드를 확장해 다른 유형의 $I^2C$ 장치를 제어할 수 있다. 그것은 `chp08/i2c/cpp/` 디렉터리의 `I2CDevice.cpp`와 `I2CDevice.h` 파일에서 찾을 수 있다. 이 클래스의 구조를 코드 8.2에 소개한다.

**코드 8.2** /exploringrpi/chp08/i2c/cpp/I2CDevice.h

```
class I2CDevice {
private:
    unsigned int bus, device;
    int file;
public:
    I2CDevice(unsigned int bus, unsigned int device);
    virtual int open();
    virtual int write(unsigned char value);
    virtual unsigned char readRegister(unsigned int registerAddress);
    virtual unsigned char* readRegisters(unsigned int number,
                                         unsigned int fromAddress=0);
    virtual int writeRegister(unsigned int registerAddress, unsigned char value);
    virtual void debugDumpRegisters(unsigned int number);
    virtual void close();
    virtual ~I2CDevice();
};
```

구현 코드는 chp08/i2c/cpp/ 디렉터리에 있다. 이 클래스는 각 유형의 $I^2C$ 장치를 제어하도록 확장할 수 있으며, 이 경우에는 ADXL345라는 특정 장치 구현 클래스의 부모로 사용한다. 따라서 "ADXL345는 I2CDevice다"라고 하는 is-a 관계가 성립한다. 이러한 상속 관계를 통해 코드 8.3의 ADXL345 클래스에서 I2CDevice 클래스의 메서드(가령 readRegister())를 사용할 수 있다.

**코드 8.3** /exploringrpi/chp08/i2c/cpp/ADXL345.h

```
class ADXL345:protected I2CDevice{
    // protected 상속으로 인해 ADXL345 클래스의 객체는
    // public I2C 메서드에 public으로 접근할 수 없음
public:
    enum RANGE {                // 선택사항을 제한하기 위해 이뉴머레이션 사용
        PLUSMINUS_2_G = 0,
        PLUSMINUS_4_G = 1,
        PLUSMINUS_8_G = 2,
        PLUSMINUS_16_G = 3
    };
    enum RESOLUTION { NORMAL = 0, HIGH = 1 };

private:
    unsigned int I2CBus, I2CAddress;
    unsigned char *registers;
    ADXL345::RANGE range;
    ADXL345::RESOLUTION resolution;
    short accelerationX, accelerationY, accelerationZ;
    float pitch, roll;                      // 각도
    short combineRegisters(unsigned char msb, unsigned char lsb);
    void calculatePitchAndRoll();
    virtual int updateRegisters();

public:
    ADXL345(unsigned int I2CBus, unsigned int I2CAddress=0x53);
    virtual int readSensorState();
    virtual void setRange(ADXL345::RANGE range);
    virtual ADXL345::RANGE getRange() { return this->range; }
    virtual void setResolution(ADXL345::RESOLUTION resolution);
    virtual ADXL345::RESOLUTION getResolution() {return this->resolution;}
    virtual short getAccelerationX() { return accelerationX; }
    virtual short getAccelerationY() { return accelerationY; }
    virtual short getAccelerationZ() { return accelerationZ; }
    virtual float getPitch() { return pitch; }
```

```
    virtual float getRoll() { return roll; }
    virtual void displayPitchAndRoll(int iterations = 600);
    virtual ~ADXL345();
};
```

유효한 값만 선택하기 위해 범위와 해상도를 제한할 목적으로 열거형을 사용했다. 위의 구조를 다음과 같은 간단한 코드로 테스트할 수 있다(application.cpp).

```
int main(){
    ADXL345 sensor(1,0x53);                    // 센서는 버스 1의 주소 0x53에 있음
    sensor.setResolution(ADXL345::NORMAL);     // 10비트 해상도 사용
    sensor.setRange(ADXL345::PLUSMINUS_4_G);   // +/-4g 범위
    sensor.displayPitchAndRoll();              // 센서를 디스플레이 모드에 둠
    return 0;
}
```

이 코드는 다음과 같이 빌드 및 실행할 수 있으며, 피치와 롤은 ±90° 사이의 각도 값이다.

```
/chp08/i2c/cpp $ g++ application.cpp I2CDevice.cpp ADXL345.cpp -o ADXL345
/chp08/i2c/cpp $ ./ADXL345
Pitch:2.48021 Roll:-4.96507
```

이러한 접근을 통해 임의의 임베디드 리눅스 장치와 $I^2C$ 센서를 위한 래퍼 클래스를 구현할 수 있다.

## SPI

*SPI*(직렬 장치 인터페이스) 버스는 짧은 거리에서 RPi 등의 장치와 다른 장치 사이의 통신에 사용할 수 있는 빠른 전이중 동기 직렬 데이터 링크다. SPI 버스는 동기적이라는 점에서 $I^2C$와 같지만, *전이중*(full duplex)이라는 점은 $I^2C$ 버스와 다르다. 데이터의 송신과 수신에 별도의 선을 사용하므로 데이터의 송신과 수신이 동시에 일어날 수 있다.

이 절에서는 SPI 버스를 소개하며 두 개의 독립적인 애플리케이션을 개발할 것이다. 첫 번째 예제에서는 SPI 버스를 통해 널리 사용되는 8비트 시프트 레지스터인 74HC595를 사용해 7세그먼트 LED 디스플레이를 구동한다. 두 번째 예제에서는 ADXL345 가속도계에 다시 인터페이스하되, $I^2C$ 버스 대신에 SPI 버스를 사용할 것이다.

## SPI 하드웨어

SPI 통신은 한 개의 마스터와 한 개 이상의 슬레이브 사이에서 일어난다. 그림 8.7(a)의 슬레이브 예에서는 네 가닥의 신호선이 마스터와 슬레이브를 잇는다. 슬레이브에 연결하기 위한 절차는 다음과 같다.

1. SPI *마스터*는 데이터 통신 채널을 동기화하기 위한 클럭 주파수를 정의한다.
2. SPI 마스터는 *CS(칩 셀렉트)* 선을 low로 함으로써 클라이언트 장치를 활성화한다. 따라서 *active low*라고 부른다. 또한 이 선을 *SS(슬레이브 셀렉트)*라고도 한다.
3. SPI 마스터는 잠시 후에 클럭 사이클을 발생시켜서 *MOSI(master out – slave in)* 선에서 데이터 출력을 전송하고 *MISO(master in – slave out)* 선에서 데이터를 수신한다. *SPI* 종속 장치는 MOSI 선으로부터 데이터를 읽어 MISO 선을 통해 데이터를 전송한다. 클럭 사이클마다 1비트를 보내고 1비트를 받는다. 데이터는 보통 1바이트(8비트)씩 묶어서 보낸다.
4. 전송이 완료되면 SPI 마스터는 클럭 신호의 발생을 중지하고 CS 선을 high로 해서 SPI 종속 장치를 비활성화시킨다.

$I^2C$와 달리 SPI 버스는 통신 선로에 풀업 저항을 필요로 하지 않으므로 연결이 매우 직관적이다. $I^2C$와 SPI를 표 8.2에서 비교했다.

표 8.2 RPi에서 $I^2C$와 SPI의 비교

| | $I^2C$ | SPI |
|---|---|---|
| 연결 | 두 가닥을 사용하며 128개까지의 장치를 붙일 수 있음. | 보통 네 가닥을 사용하며 복수의 종속 장치를 사용하기 위해서는 추가적인 로직이 필요. |
| 전송률 | $I^2C$ 고속 모드는 400kHz임. 반이중 통신을 사용. | RPi에서 더 빠른 성능(~32MHz). 전이중을 사용(세 가닥을 사용할 경우는 제외). |
| 하드웨어 | 풀업 저항 필요. | 풀업 저항 불필요. |
| RPi 지원 | 2개의 외부 버스를 완전히 지원(HDMI 한 개도 지원). | 한 개의 버스를 완전히 지원.[6] 모든 보드에 2개의 슬레이브 선택 핀이 있음. |
| 기능 | 여러 개의 마스터를 가질 수 있음. 슬레이브가 주소를 가지고 전송 확인(acknowledge)을 하며 데이터의 전송을 제어할 수 있음. | 단순하고 빠르지만, 마스터는 한 개만 가능하고 주소가 없으며 슬레이브가 데이터 흐름을 제어할 수 없음. |
| 용도 | 간헐적으로 접근하는 장치. 예: RTC, EEPROM | 데이터 스트림을 제공하는 장치에 적합. 예: ADC |

6 RPi(B+, A+, 2, 3)에 보조 SPI 버스가 있지만 현재 리눅스 커널이 지원하지 않는다.

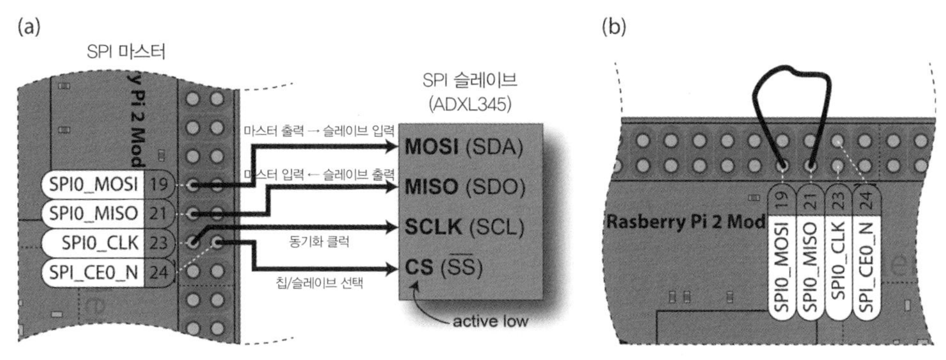


그림 8.7 (a) SPI를 사용해 한 개의 종속 장치에 연결, (b) 루프백 구성을 사용해 SPI를 테스트

SPI 버스는 네 가지 모드 중 하나를 사용해 동작하는데, 그 선택은 SPI 장치의 데이터시트에 정의된 사양에 의해 이루어진다. 데이터는 클럭 신호를 사용해 동기화되며 표 8.3에 나열된 *SPI 통신 모드* 중 한 가지가 동기화 방식을 결정한다. *클럭 극성*은 클럭이 idle일 때 low가 될지 high가 될지(즉, 언제 CS가 high가 되는지) 정의한다. *클럭 위상*은 MOSI와 MISO 선에서 데이터의 캡처를 클럭 신호의 상승 에지에서 할지, 하강 에지에서 할지를 정의한다. 클럭 극성이 1일 때의 클럭 신호는 극성이 0인 동일 신호의 역 버전과 동등하다. 따라서 클럭 신호에서의 한쪽 상승 에지는 반대쪽의 하강 에지와 동등하다. 올바른 SPI 모드가 무엇인지 알기 위해서는 슬레이브의 데이터시트를 확인할 필요가 있다.

표 8.3 SPI 통신 모드

| 모드 | CPOL(클럭 극성) | CPHA(클럭 위상) |
|---|---|---|
| 0 | 0(idle에서 low) | 0(클럭 신호의 상승 에지에서 데이터를 캡처) |
| 1 | 0(idle에서 low) | 1(클럭 신호의 하강 에지에서 데이터를 캡처) |
| 2 | 1(idle에서 high) | 0(클럭 신호의 하강 에지에서 데이터를 캡처) |
| 3 | 1(idle에서 high) | 1(클럭 신호의 상승 에지에서 데이터를 캡처) |

SPI 프로토콜 자체에는 최대 전송률, 전송 제어, 통신 확인 응답이 정의돼 있지 않다. 그러므로 구현은 장치에 따라 달라지며 각 유형의 SPI 종속 장치의 데이터시트를 확인하는 것이 매우 중요하다. 세 가닥을 사용하는 SPI 장치에서는 MISO 선과 MOSI 선을 구분하지 않고 한 가닥의 양방향 MISO/MOSI 선을 사용한다. ADXL345 센서는 $I^2C$를 지원하며 4선과 3선 SPI 통신을 모두 지원한다.

경고

5V 전원을 사용하는 SPI 슬레이브를 RPi의 MISO 입력에 연결하지 말 것. 이 장의 끝에서 논리 레벨 변환기에 대해 논의할 것이다.

*BCM2835 ARM Peripherals* 문서의 Section 10.5에 따르면 SPI CLK 레지스터는 SCLK = 코어 클럭 / CDIV에 따라 직렬 클럭 비율을 설정하도록 한다. 코어 클럭이 250MHz고 제수는 반드시 2의 배수가 돼야 한다.[7] 따라서 8의 CDIV는 SPI 클럭 주파수 31.25MHz가 되도록 한다.

## RPi에서의 SPI

6장의 그림 6.11에 GPIO 헤더의 배열을 소개했으며 거기서 SPI 버스를 찾을 수 있다. 그림 8.7(a)는 RPI에서 SPI에 사용되는 핀을 나타낸다. 라즈비안 이미지에서 이 버스는 기본으로 비활성화돼 있다. 버스를 활성화하려면 이 장의 앞에서 $I^2C$ 버스를 활성화한 것과 유사한 단계를 수행해야 한다. 다음과 같이 /boot/config.txt와 /etc/modules 파일에 항목을 추가한다.

```
pi@erpi /boot $ cat config.txt | grep spi
dtparam=spi=on
pi@erpi /etc $ cat modules | grep spi
spi-bcm2708
pi@erpi /etc $ sudo reboot
...
pi@erpi /dev $ ls spi*
spidev0.0  spidev0.1
```

/dev에 두 개의 항목이 있지만, 실제로는 두 가지의 활성화 모드(0과 1)가 있는 SPI 장치인 spidev0만 존재한다.

### SPI 버스 테스트하기

www.kernel.org에서 제공하는 spidev_test.c라는 프로그램을 사용해 SPI 버스를 테스트할 수 있다. 이 책을 쓰는 시점의 최신 버전에 듀얼 및 쿼드 데이터 선을 사용하는 SPI 전송 지원이 추가됐는데, RPi에서는 이를 지원하지 않는다. 이 코드의 오래된 버전은 /chp08/spi/spidev_test/에 있으며 다음과 같이 빌드할 수 있다.

```
~/exploringrpi/chp08/spi/spidev_test$ gcc spidev_test.c -o spidev_test
```

핀이 풀다운 모드에서 활성화됐기 때문에 버스에 아무것도 연결하지 않고 테스트 프로그램을 실행할 때 spidev_test 프로그램이 표시하는 출력은 0x00이 된다.

7 데이터시트에는 "2의 거듭제곱(power of 2)"이어야 한다고 나와 있지만, 이는 데이터시트의 오류로 보인다. 다른 rate도 올바로 작동하는 데다 "홀수는 끝수를 잘라버린다(odd numbers are rounded down)"라고 쓴 부분도 있기 때문이다.

```
pi@erpi ~/exploringrpi/chp08/spi/spidev_test $ ./spidev_test
spi mode: 0
bits per word: 8
max speed: 500000 Hz (500 KHz)

00 00 00 00 00 00
00 00 00 00 00 00
00 00 00 00 00 00
00 00 00 00 00 00
00 00 00 00 00 00
00 00 00 00 00 00
00 00
```

그림 8.7(b)와 같이 SPI0_MOSI(19번 핀)와 SPI0_MISO(21번 핀) 핀을 서로 연결하고 테스트 프로그램을 다시 실행하면 다음과 같이 출력된다.

```
pi@erpi ~/exploringrpi/chp08/spi/spidev_test $ ./spidev_test
spi mode: 0
bits per word: 8
max speed: 500000 Hz (500 KHz)
FF FF FF FF FF FF
40 00 00 00 00 95
FF FF FF FF FF FF
FF FF FF FF FF FF
FF FF FF FF FF FF
DE AD BE EF BA AD
F0 0D
```

spidev_test.c 코드의 배열 tx[]에 정의된 데이터 블록이 그대로 출력됐다. 즉, 데이터의 블록을 SPI0_MOSI(19번 핀)에서 전송하고 SPI0_MISO(21번 핀)로 수신하는 데 성공한 것이다. 그림 8.8에서 동일한 데이터 흐름을 로직 분석기를 사용해 캡처한 것을 볼 수 있다. SCLK의 클럭 주파수는 500kHz다. 흥미롭게도 데이터 블록의 일관성이 없어질 때까지 spidev_test.c 코드의 주파수를 늘리는 방법으로 최대 SCLK를 결정할 수 있다. 필자는 RPi 2(1GHz에서)에서 오류 없이 62MHz까지 주파수를 높일 수 있었지만, 실용적인 최대 주파수는 ~32MHz라고 알려져 있으므로 이 수치를 초과하지 않도록 한다.

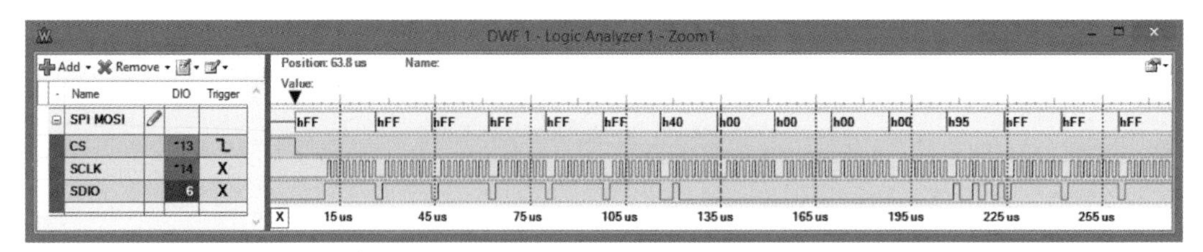


그림 8.8 SPI 루프백 테스트

## 첫 번째 SPI 애플리케이션(74HC595)

SPI 버스를 테스트하는 첫 번째 회로를 그림 8.9에 나타냈다. 예제에서는 출력 래치가 있는 8비트 시프트 레지스터 74HC595를 사용한다. 74HC595는 3.3V 논리 레벨에서 사용할 수 있으며 일반적으로 공급 전압 *VCC*에 따라 20MHz 이상의 주파수에서 사용할 수 있다. 그림 8.9의 회로는 7세그먼트 디스플레이와 저항을 사용해 7세그먼트 심볼을 표시할 수 있도록 구성한 것이다.

7세그먼트 디스플레이는 일반적으로 "십진법" 소수점과 함께 십진수 또는 16진수 숫자를 표시하는 데 사용할 수 있는 8개의 LED로 구성된다. 다양한 크기와 색상의 제품이 있으며 *공통 음극* 디스플레이 또는 *공통 양극* 디스플레이라고 부른다. 이것은 디스플레이를 구성하는 LED 배열의 음극 또는 양극이 그림 8.9의 오른쪽 위에 같이 연결돼 있음을 의미한다. 공통 양극 또는 공통 음극 연결에 단일 저항을 배치해 디스플레이를 통과하는 전류를 제한하지 않아야 한다. 제한된 전류를 조명 세그먼트들이 공유하기 때문이다. 이로 인해 밝기가 균일하지 않게 되는데, 그 정도는 몇 개의 세그먼트가 켜지는지에 따라 달라진다. 따라서 7세그먼트 디스플레이마다 8개의 전류 제한 저항(또는 저항 네트워크)이 필요하다.

7세그먼트 모듈에 8개의 GPIO 핀을 사용해 이러한 디스플레이를 구동할 수 있지만, 직렬 시프트 레지스터와 SPI 인터페이스를 사용하면 데이지 체인으로 함께 엮이는 세그먼트의 수와 관계없이 SPI 핀이 3개만 필요하다는 이점이 있다.

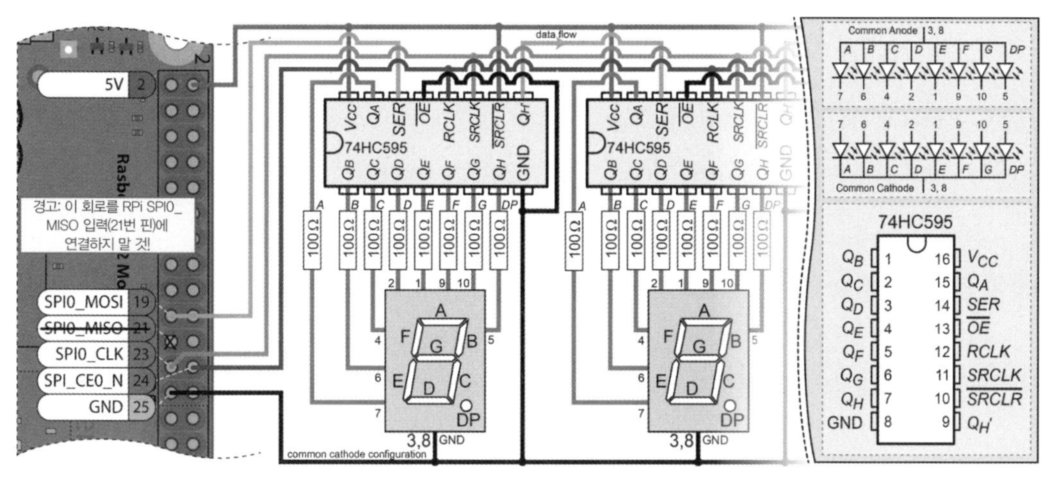


그림 8.9 74HC595 7세그먼트 디스플레이 SPI 예제(다중 디스플레이 모듈 지원)

참고

74HC164와 74HC595를 비교함으로써 출력 래칭의 개념을 설명하는 직렬-병렬 변환 영상이 이 장의 웹페이지 `www.exploringrpi.com/chapter8`에 있다.

## 74HC595 회로 배선

74HC595는 MISO 응답이 필요 없기 때문에 4개의 SPI 라인 중 3개를 사용해 RPi에 연결된다. 5V 및 GND 입력과 함께 다음과 같이 SPI를 연결한다.

- SPI0_CLK는 74HC595의 직렬 클럭 입력(11번 핀)에 연결된다. 이 선은 MOSI 선에서 SPI 데이터의 전송을 동기화하는 데 사용된다.
- SPI0_MOSI는 MOSI 선이며 RPi에서 74HC595 직렬 입력(14번 핀)으로 데이터를 전송하는 데 사용된다. 한 번에 1바이트씩 전송하는데, 이것이 74HC595의 전체 용량이다.
- SPI_CE0_N은 74HC595 상태를 출력 핀에 래치해 LED를 켜는 데 사용되는 직렬 레지스터 클럭 입력에 연결된다.

앞에서 논의한 바와 같이, RPi의 3.3V 전원 레일은 50mA까지 공급할 수 있다. 7세그먼트 디스플레이 모듈의 사양에 따라 여러 모듈에 전원을 공급하기에 50mA로는 부족할 수도 있다. 모든 LED 세그먼트가 켜질 수도 있다는 사실을 기억하라! 외부 전원 공급 장치가 필요 없게 하려고 이 회로에서는 RPi의 5V 전원을 사용해 전원을 공급한다. 그렇지만 이 회로는 이제 5V 논리 레벨을 사용하므로 *74HC595 출력 중 하나(예: $Q_{H'}$)를 RPi에 다시 연결하면 RPi가 손상된다.*

3.3V 출력을 5V 입력에 안전하게 연결할 수 있으므로 RPi의 MOSI 선을 회로에 직접 연결할 수 있다. 그러나 엄격하게 말하면 3.3V는 5V 로직 레벨 CMOS IC에 대한 입력에 요구되는 3.5V의 임계값(즉, 5V보다 30% 낮음)보다 약간 낮다(4장의 그림 4.24 참고). 실제로 회로는 잘 작동하지만, 높은 가격과 수급의 어려움에도 불구하고 74LS595($V_{CC}=5V$) 또는 74LVC595($V_{CC}=3.3V$)가 더 적합하다.

7세그먼트 디스플레이의 LED는 전송된 바이트에 따라 켜진다. 예를 들어 0xAA = $10101010_2$이므로 설정이 제대로 됐다면 0xAA를 보내면 모든 두 번째 LED 세그먼트(점 포함)가 켜질 것이다. 이 회로는 단일 직렬 데이터 라인을 사용해 8개의 출력을 제어하는 데 유용하며, 그림 8.9에서 보는 바와 같이 74HC595 IC를 데이지 체인 방식으로 연결해 7세그먼트 디스플레이를 추가할 수 있다. SPI 장치가 RPi에서 활성화되면 다음과 같이 대부분의 LED가 켜지도록 장치에 직접 쓸 수 있다(-n은 줄바꿈 문자를 억제하고 -e는 이스케이프 문자 해석을 가능하게 하며 \x는 후속 값을 16진수로 이스케이프한다).

```
pi@erpi /dev $ echo -ne "\xFF" > /dev/spidev0.0
```

다음과 같이 하면 *대부분*의 LED가 꺼질 것이다.

```
pi@erpi /dev $ echo -ne "\x00" > /dev/spidev0.0
```

SPI의 기본적인 통신 모드는 그림 8.9에서 배선한 것과 같은 74HC595의 동작과 맞춰져 있지 않기 때문에 예상한 것과 똑같이 동작하지는 않을 것이다. 그러나 회로에서 어느 정도의 응답이 있다는 것을 확인하는 것으로도 유용한 테스트가 된다. 전송 모드 문제는 다음 절의 예제 코드에서 해결하자.

## C 언어로 SPI 통신하기

7세그먼트 디스플레이를 제어하는 C 프로그램을 작성할 수 있다. `/dev/spidevX.Y` 장치의 기본적인 `open()` 및 `close()` 오퍼레이션은 작동하지만, 저수준 SPI 전송 매개변수를 변경해야 하는 경우에는 좀 더 정교한 인터페이스가 필요하다.

다음 프로그램은 SPI 종속 장치에 대한 읽기 및 쓰기를 지원하는 리눅스 유저 스페이스 SPI API를 사용한다. `sys/ioctl.h` 및 `linux/spi/spidev.h` 헤더 파일을 통해 SPI를 지원하는 리눅스 `ioctl()` 요청을 사용해 접근한다. 이 API의 사용에 대한 전체 안내서는 `www.kernel.org/doc/Documentation/spi/`에서 확인할 수 있다.

코드 8.4의 프로그램은 각 숫자에 대해 인코딩된 값을 사용해 단일 7세그먼트 디스플레이에서 16진수(즉, `0`에서 `F`)로 계산된다. 예를 들어 숫자 `0`을 표시하려면 그림 8.10에서 세그먼트 *A*, *B*, *C*, *D*, *E*, *F*를 켠다. 이 값은 코드 8.4에서 `0b00111111`로 인코딩되며, A는 인코딩된 값의 LSB(오른쪽)에 해당하고 *H*(점)는 인코딩 된 값의 MSB(왼쪽)에 해당한다. transfer() 함수는 인코딩된 값을 74HC595 IC로 전송하는 코드에서 가장 중요한 부분이다.

**코드 8.4** /exploringrpi/chp08/spi/spi595Example/spi595.c

```
#include<stdio.h>
#include<fcntl.h>
#include<unistd.h>
#include<sys/ioctl.h>
#include<stdint.h>
#include<linux/spi/spidev.h>
#define SPI_PATH "/dev/spidev0.0"

// LED에서 각각의 문자를 나타내기 위한 이진 값
// A(위)        B(오른쪽 위)  C(오른쪽 아래)  D(아래)
// E(왼쪽 아래)  F(왼쪽 위)    G(가운데)       H(점)
const unsigned char symbols[16] = {     //(msb) HGFEDCBA (lsb)
    0b00111111, 0b00000110, 0b01011011, 0b01001111,   // 0123
    0b01100110, 0b01101101, 0b01111101, 0b00000111,   // 4567
    0b01111111, 0b01100111, 0b01110111, 0b01111100,   // 89Ab
    0b00111001, 0b01011110, 0b01111001, 0b01110001    // CdEF
};

int transfer(int fd, unsigned char send[], unsigned char rec[], int len){
    struct spi_ioc_transfer transfer;        // transfer 구조체
    transfer.tx_buf = (unsigned long) send;  // 데이터 전송 버퍼
    transfer.rx_buf = (unsigned long) rec;   // 데이터 수신 버퍼
    transfer.len = len;                      // 버퍼의 길이
    transfer.speed_hz = 1000000;             // Hz 단위의 속도
    transfer.bits_per_word = 8;              // 단어의 비트 수
    transfer.delay_usecs = 0;                // us 단위의 지연 시간
    // transfer.cs_change = 0;       // 전송 후 칩 셀렉트에 영향[8]
    // transfer.tx_nbits = 0;        // 쓰기 비트 수(기본값은 0)
    // transfer.rx_nbits = 0;        // 읽기 비트 수(기본값은 0)
    // transfer.pad = 0;             // 바이트 간의 지연 - 버전 체크
    // SPI 메시지(버퍼를 포함한 위의 모든 필드)를 송신
    int status = ioctl(fd, SPI_IOC_MESSAGE(1), &transfer);
    if (status < 0) {
        perror("SPI: SPI_IOC_MESSAGE Failed");
```

8 RPi에서 SPI 소프트웨어를 구현할 때 유별난 점은 spi_ioc_transfer 구조체를 사용할 때 특정 커널 버전 전용의 많은 필드에 대해 기본값을 사용하더라도 명시적으로 값을 설정해야 한다는 것이다. "Transfer SPI_IOC_MESSAGE Failed: Invalid argument"라는 오류가 보이면 spidev.h에서 사용하는 커널 버전을 lxr.free-electrons.com에서 확인해 프로그램 코드의 각 필드에 명시적으로 기본값을 설정하라.

```
        return -1;
    }
    return status;
}

int main(){
    unsigned int fd, i;          // 파일 핸들 및 루프 카운터
    unsigned char null=0x00;     // 한 문자만 전송
    uint8_t mode = 3;            // SPI 모드 3

    // 다음 호출은 SPI 버스 속성을 설정
    if ((fd = open(SPI_PATH, O_RDWR))<0) {
        perror("SPI Error: Can't open device.");
        return -1;
    }
    if (ioctl(fd, SPI_IOC_WR_MODE, &mode)==-1) {
        perror("SPI: Can't set SPI mode.");
        return -1;
    }
    if (ioctl(fd, SPI_IOC_RD_MODE, &mode)==-1) {
        perror("SPI: Can't get SPI mode.");
        return -1;
    }
    printf("SPI Mode is: %d\n", mode);
    printf("Counting in hexadecimal from 0 to F now:\n");
    for (i=0; i<=15; i++) {
        // 이 함수는 데이터를 보내고 받을 수 있으나 지금은 보내기만 함
        if (transfer(fd, (unsigned char*) &symbols[i], &null, 1)==-1){
            perror("Failed to update the display");
            return -1;
        }
        printf("%4d\r", i);    // 터미널 창에 숫자를 출력
        fflush(stdout);          // 출력을 flush할 필요가 있음. \n이 아님
        usleep(500000);          // 루프마다 500ms 동안 sleep
    }
    close(fd);                   // 파일을 닫음
    return 0;
}
```

main() 함수는 SPI 제어 매개변수를 설정한다. 이것들은 ioctl() 요청으로, 다음과 같은 매개변수에 대한 장치의 현재 설정을 재정의할 수 있다. xx는 RD(읽기)와 RW(쓰기) 양쪽을 나타낸다.

- SPI_IOC_xx_MODE: SPI 전송 모드(0-3)
- SPI_IOC_xx_BITS_PER_WORD: 각 워드의 비트 수
- SPI_IOC_xx_LSB_FIRST: 0은 MSB 먼저, 1은 LSB 먼저
- SPI_IOC_xx_MAX_SPEED_HZ: 최대 전송률(Hz)

현재 리눅스에는 동기식 전송만 구현돼 있다. 이 코드를 실행하면 다음과 같이 출력하되, 터미널 창 한 줄에서 카운트 값이 계속 증가한다(0에서 F까지).

```
pi@erpi ~/exploringrpi/chp08/spi/spi595Example $ ./spi595
SPI Mode is: 3
Counting in hexadecimal from 0 to F now:
  4
```

그와 동시에 그림 8.10에서 Logic Analyzer의 SPI 인터프리터를 사용해 캡처한 바와 같이 이 코드가 74HC595로 신호를 보내면 7세그먼트 디스플레이에 0이 표시된다(0b00111111). 이 시간 동안 CS(SPI_CE0_N) 라인은 low로 되고 "유휴 상태에서 high"인 SCLK 클럭 (SPI0_CLK)은 짧은 지연 후에 SPI 마스터에 의해 토글된다. 그러면 데이터는 SDIO(MOSI) 선을 통해 74HC595로 MSB부터 전송되며, 전송은 클럭 신호의 상승 에지에서 이뤄진다. 표 8.3에서 설명한 바와 같이 모드 3에서 SPI 전송이 수행됨을 확인할 수 있다.

모두 전송하는 데 걸리는 시간은 18μs 미만이다(데이터 전송에는 약 9μs 소요). 채널이 열린 채로 유지되면 1MHz의 클럭 속도에서 최대 ~111kB/s(~0.9Mb/s)를 전송할 수 있다.

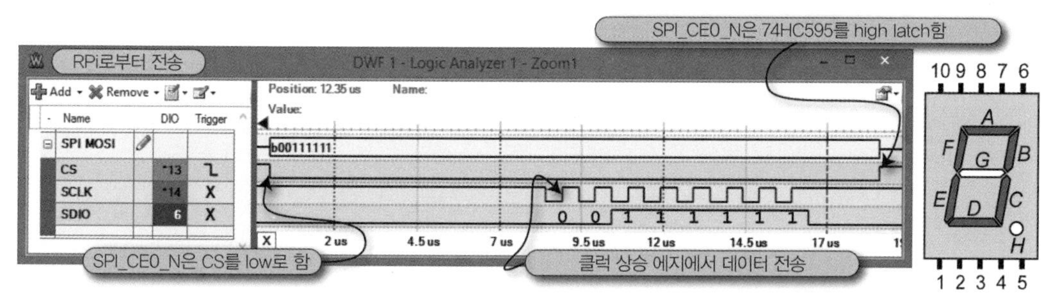


그림 8.10 74HC595 SPI 신호 및 출력

## C/C++에서의 양방향 SPI 통신

74HC595 예제는 RPi에서 74HC595로만 데이터를 전송하는 단방향 통신 예제다. 이 절에서는 ADXL345 센서에서 레지스터를 사용하는 양방향 통신 예제를 개발할 것이다. 앞에서 설명한 것처럼 ADXL345는 I²C 및 SPI 통신 인터페이스를 모두 갖추고 있다. 레지스터 구조는 이 장의 앞에서 이미 자세히 설명했으며 양방향 SPI 통신에서 유용하게 사용할 수 있는 장치다.

참고

참고로 리눅스에서 양방향 SPI 통신을 위한 유저 스페이스 코드를 작성하기 위한 기본 안내서를 www.kernel.org/doc/Documentation/spi/spidev에서 확인할 수 있다.

### ADXL345 SPI 인터페이스

SPI는 표준화 기구가 구현을 통제하는 공식 표준이 아니므로 RPi에 부착하려는 장치의 데이터시트를 연구하는 것이 중요하다. 특히 SPI 통신 타이밍 도표를 자세히 연구해야 한다. 이는 그림 8.11의 ADXL345에 나타냈다.

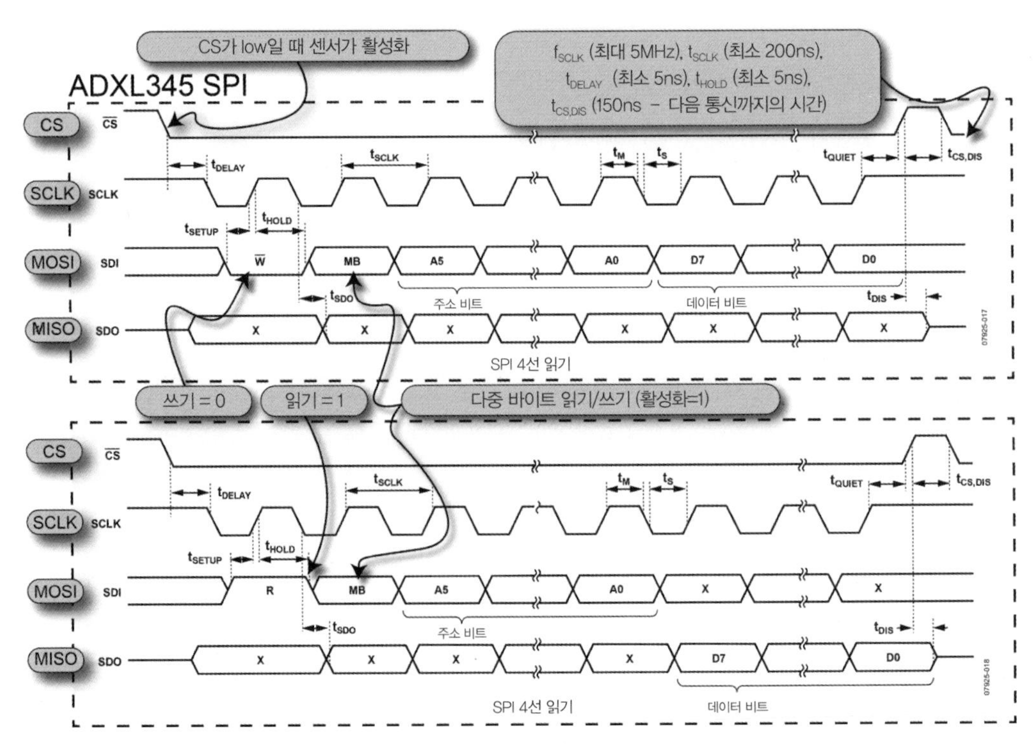


그림 8.11 ADXL345 SPI 통신 타이밍 차트(ADXL345 데이터시트에서 발췌)

데이터시트의 그림을 그림 8.11에 요약했다. 다음 사항은 매우 중요하므로 유의하기 바란다.

- 어떤 주소에 기록할 때는 SDI 라인의 첫 번째 비트가 low여야 한다.
- 어떤 주소에서 읽으려면 SDI 라인의 첫 번째 비트가 high여야 한다.
- 두 번째 비트를 MB라 한다. 데이터시트를 더 살펴보면 이 비트를 사용해 레지스터의 다중 바이트 읽기/쓰기가 가능함을 알 수 있다(즉, 첫 번째 주소를 전송하고 그 레지스터로부터 계속해서 데이터를 읽어나간다). 이렇게 하면 주소의 첫 번째 바이트에 6비트 ($2^6 = 64_{10} = 40_{16}$)가 남아 사용 가능한 레지스터를 모두 커버할 수 있다.
- 그림에서 보듯이 SCLK 라인은 휴지 상태에서 high이고 데이터는 클럭 신호의 상승 에지에서 전송된다. 따라서 ADXL345 장치는 통신 모드 3에서 사용해야 한다(표 8.3 참고).
- 쓰기(맨 위 그림), 주소(선행 0 포함)가 SDI에 쓰이고 그 뒤에 주소에 쓰이는 바이트 값이 기록된다.
- 읽을 때(하단 그림), 주소(선행 1 포함)가 SDI에 기록된다. 두 번째 바이트는 SDI에 쓰이고 무시된다. 두 번째(무시된) 바이트가 SDI에 쓰이는 동안 레지스터 주소에 저장된 값을 자세히 설명하는 SDO에 응답이 반환된다.

## RPi에 ADXL345 연결하기

RPi의 MOSI가 SDA에 연결되고 MISO가 SDO에 연결된 그림 8.12(a)와 같이 ADXL345 브레이크아웃 보드를 SPI 버스에 연결할 수 있다. 클럭 라인과 슬레이브 선택 라인도 상호 연결된다.

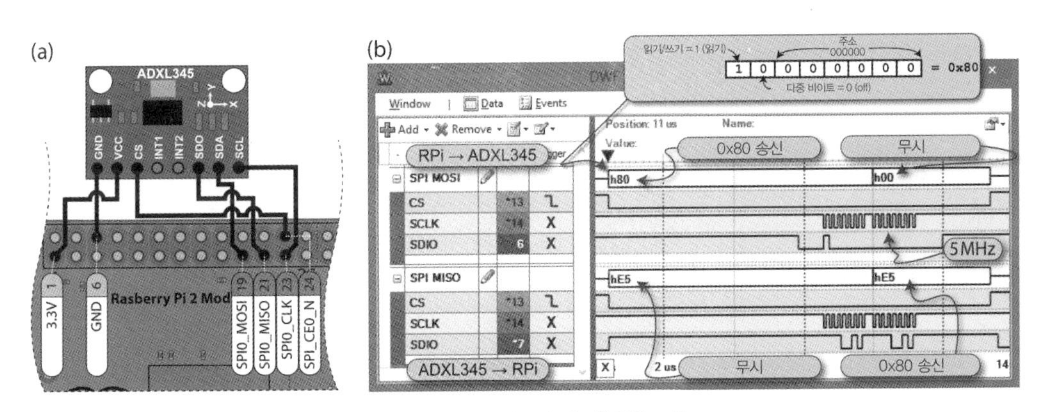


그림 8.12 (a) ADXL345에 대한 SPI 연결, (b) 레지스터 0x00을 읽는 데 필요한 통신 포착

알아차렸을 수도 있겠지만 전송된 값은 0x80이 아니라 0x00이다. 이는 선행 비트는 읽는 데는 1이어야 하고 주소에 쓰려면 0이어야 하기 때문이다(그림 8.12에서 자세히 설명했다). 0x00을 보내는 것은 0x00에 대한 쓰기 요청이며(불가능하다), 0x80을 보내는 것(즉, 10000000 + 00000000)은 0x00 주소에서 값을 읽는 요청이다. 두 번째 비트는 두 경우 모두 0이므로 이 예제에서는 다중 바이트 읽기 기능을 사용할 수 없다.

코드 8.4는 /spi/spiADXL345/spiADXL345.c에 적용돼 그림 8.5와 같이 DEVID를 반환해야 하는 ADXL345의 첫 번째 레지스터(0x00)를 읽는다. 이 값은 $E5_{16}$이어야 하며, 여기에서는 $229_{10}$이다. ADXL345의 권장 최대 SPI 클럭 속도는 5MHz이므로 이 값이 프로그램 코드에서 사용된다.

```
pi@erpi ~/exploringrpi/chp08/spi/spiADXL345 $ gcc spiADXL345.c -o spiADXL345
pi@erpi ~/exploringrpi/chp08/spi/spiADXL345 $ ./spiADXL345
SPI mode: 3
Bits per word: 8
Speed: 5000000 Hz
Return value: 229
```

Logic Analyzer를 사용해 이 프로그램이 실행될 때 발생하는 버스 통신을 캡처해 그림 8-12(b)와 같은 결과를 얻을 수 있다.

## C ++ 클래스로 SPI 장치 감싸기

코드 8.5는 5장에서 설명한 OOP 기술을 사용해 SPI 버스를 소프트웨어 인터페이스로 감싸는 C++ 클래스다. 이 클래스는 코드 8.2에서 설명하는 I2CDevice 클래스와 매우 유사하다.

**코드 8.5** /chp08/spi/spiADXL345_cpp/SPIDevice.h

```
class SPIDevice {
public:
    enum SPIMODE{    //!< SPI 모드
        MODE0 = 0,   //!< idle일 때 low, 상승 클럭 에지를 캡처
        MODE1 = 1,   //!< idle일 때 low, 하강 클럭 에지를 캡처
        MODE2 = 2,   //!< idle일 때 high, 하강 클럭 에지를 캡처
        MODE3 = 3    //!< idle일 때 high, 상승 클럭 에지를 캡처
    };
public:
    SPIDevice(unsigned int bus, unsigned int device);
    virtual int open();
    virtual unsigned char readRegister(unsigned int registerAddress);
    virtual unsigned char* readRegisters(unsigned int number,
    unsigned int fromAddress=0);
    virtual int writeRegister(unsigned int registerAddress, unsigned char value);
    virtual void debugDumpRegisters(unsigned int number = 0xff);
    virtual int write(unsigned char value);
    virtual int write(unsigned char value[], int length);
    virtual int setSpeed(uint32_t speed);
```

```
    virtual int setMode(SPIDevice::SPIMODE mode);
    virtual int setBitsPerWord(uint8_t bits);
    virtual void close();
    virtual ~SPIDevice();
    virtual int transfer(unsigned char read[], unsigned char write[],
                         int length);
private:
    std::string filename;    //!< SPI 장치에 대한 정확한 파일명
    int file;                //!< 장치에 대한 파일 핸들
    SPIMODE mode;            //!< SPI 모드 이뉴머레이션
    uint8_t bits;            //!< 워드에 대한 비트 수
    uint32_t speed;          //!< 전송 속도(Hz)
    uint16_t delay;          //!< 전송 지연(usec)
};
```

코드 8.5의 SPI 클래스는 모든 SPI 장치 유형에 대해 독립형으로 사용할 수 있다. 코드 8.6은 ADXL345 장치를 검사하는 방법을 보여주는 예다.

**코드 8.6:** /chp08/spi/spiADXL345_cpp/SPITest.cpp

```
#include <iostream>
#include <sstream>
#include "SPIDevice.h"
#include "ADXL345.h"
using namespace std;
using namespace exploringRPi;

int main(){
    SPIDevice spi(0,0);
    spi.setSpeed(5000000);
    cout << "The device ID is: " << (int)spi.readRegister(0x00) << endl;
    spi.setMode(SPIDevice::MODE3);
    spi.writeRegister(0x2D, 0x08);
    spi.debugDumpRegisters(0x40);
}
```

이렇게 하면 빌드되고 실행될 때 다음과 같이 출력될 것이다(0xE5 = 22910).

```
.../chp08/spi/spiADXL345_cpp $ g++ SPITest.cpp SPIDevice.cpp -o SPITest
.../chp08/spi/spiADXL345_cpp $ ./SPITest
The device ID is: 229
```

```
SPI Mode: 3
Bits per word: 8
Max speed: 5000000
Dumping Registers for Debug Purposes:
e5 00 00 00 00 00 00 00 00 00 00 00 00 00 00 4a
82 00 30 00 00 00 ff 07 00 00 00 b7 00 00 00 00
00 00 00 00 00 00 00 00 00 00 00 00 0a 08 00 00
02 0b 0a 00 ff ff e9 00 00 00 00 00 00 00 00 00
```

$I^2C$ 버스가 아닌 SPI 버스를 지원하도록 코드 8.3의 ADXL345 클래스를 수정하고자 할 때 동일한 SPIDevice 클래스를 기초로 사용할 수 있다. 코드 8.7은 /chp08/spi/spiADXL345_cpp/ 디렉터리에서 완료되는 클래스의 세그먼트를 제공한다.

**코드 8.7** /chp08/spi/spiADXL345_cpp/ADXL345.h(일부)

```
class ADXL345{
public:
    enum RANGE { ... };
    enum RESOLUTION { ... };
private:
    SPIDevice *device;
    unsigned char *registers;
    ...
public:
    ADXL345(SPIDevice *busDevice);
    virtual int readSensorState();
    ...
    virtual void displayPitchAndRoll(int iterations = 600);
    virtual ~ADXL345();
};
```

코드 8.7의 전체 클래스를 사용해 코드 8.8과 같은 예제를 빌드할 수 있다. 이 예제는 버스 중 하나에 연결된 임베디드 장치를 고수준의 OOP 클래스로 감싸는 방법을 보여준다.

**코드 8.8** /chp08/spi/spiADXL345_cpp/testADXL345.cpp

```
#include <iostream>
#include <sstream>
#include "SPIDevice.h"
#include "ADXL345.h"
using namespace std;
```

```
using namespace exploringRPi;

int main(){
    cout << "Starting RPi ADXL345 SPI Test" << endl;
    SPIDevice *spiDevice = new SPIDevice(0,0);
    spiDevice->setSpeed(500000);
    spiDevice->setMode(SPIDevice::MODE3);
    ADXL345 acc(spiDevice);
    acc.displayPitchAndRoll(100);
    cout << "End of RPi ADXL345 SPI Test" << endl;
}
```

이 프로그램을 실행하면 현재 가속도계 피치 및 롤 값이 터미널 창에 한 줄로 표시된다.

```
pi@erpi ~/exploringrpi/chp08/spi/spiADXL345_cpp $ ./testADXL345
Starting RPi ADXL345 SPI Test
Pitch:2.75709 Roll:79.8124
```

## 3선 SPI 통신

ADXL345는 *3선 SPI(반이중)* 모드를 지원한다. 이 모드에서 데이터는 동일한 SDIO 선에서 읽히고 전송된다. ADXL345에서 이 모드를 사용하려면 0x31(DATA_FORMAT) 레지스터에 0x40 값을 쓰고 ADXL345에서는 SD0과 $V_{CC}$ 사이에 10kΩ 저항을 배치해야 한다. chp08/spi/spiADXL345/3-wire 디렉터리에 프로젝트 초안이 있지만 이 글을 쓰는 시점에는 RPi 리눅스 배포판에서 이 모드에 대한 지원이 부족하다.

### SPI 및 WIRINGPi

6장에서 설치한 wiringPi 라이브러리에는 SPI 버스 장치와 상호작용하기 위한 C 함수의 기본 세트도 있다. 이 짧은 코드 예제는 ADXL345 센서의 전체 레지스터 세트를 읽고 표시한다.

```
pi@erpi ~/exploringrpi/chp08/spi/wiringPi $ more ADXL345.c
#include<wiringPiSPI.h>
#include<stdio.h>
#include<string.h>                          // memset과 memmove 호출을 위해

int main(){
    unsigned char data[0x41];               // 쓰기/읽기 데이터를 저장하는 버퍼
    int i;                                  // 마지막 값을 다시 읽기 위해 0x41 필요
    memset(data, 0x00, 0x41);               // 전체 메모리 버퍼를 정리
    data[0]=0xC0;                              // 데이터를 연속적으로 읽음
```

```
    wiringPiSPISetupMode(0, 1000000, 3);       // SPI 채널, 속도, 모드
    wiringPiSPIDataRW(0, data, 0x40);          // 모든 0x40 레지스터의 쓰기 및 읽기
    memmove(data, data+1, 0x40);               // 데이터를 하나씩 뒤로 이동(예: 0x01-> 0x00)
    printf("The DEVID is %d\n", data[0x00]);   // 레지스터 0x00을 표시
    printf("The full set of 0x40 registers are:\n");
    for(i=0; i<0x40; i++){                     // 모든 0x40 레지스터를 표시
        printf("%02X ", data[i]);              // 값을 16진수로 표시
        if(i%16==15) printf("\n");             // 15번째 값 뒤에 \n을 넣음
    }
    return 0;
}
.../chp08/spi/wiringPi $ gcc ADXL345.c -o ADXL345 -lwiringPi
.../chp08/spi/wiringPi $ ./ADXL345
The DEVID is 229
The full set of 0x40 registers are:
E5 00 00 00 00 00 00 00 00 00 00 00 00 00 00 4A
82 00 30 00 00 02 01 3B 00 00 00 B7 00 00 00 00
00 00 00 00 00 00 00 00 00 00 00 00 0A 08 00 00
02 00 0B 00 04 00 ED 00 00 00 00 00 00 00 00 00
```

이 예제에서는 `wiringPiSPIDataRW()` 함수가 단일 호출로 SPI 쓰기 및 읽기를 수행하기 때문에 메모리의 시프트 연산이 필요하다. 예제 코드에서 ADXL345의 응답은 현재 요청 다음의 배열 색인에 저장된다. 예를 들어, 장치 ID(0x80) 읽기 요청이 `data[0]`에 저장돼 있으면 해당 요청에 대한 ADXL345의 응답(즉, 0xE5)이 `data[1]`에 저장된다. `memmove()` 함수는 반환된 모든 값을 한 주소씩 뒤로 이동시킨다(예: `data[1]`이 `data[0]`으로 이동됨). 이 라이브러리에 대한 자세한 정보는 `tiny.cc/erpi806`에 있다.

## RPi에서 여러 개의 SPI 슬레이브 사용하기

이 장의 이 시점에서 버스는 상당히 제한적이며 버스에 SPI 장치를 하나밖에 연결할 수 없다! 통신이 발생할 때 여러 개 중 하나의 종속 장치만 각각 활성화시킨다면 SPI 버스를 여러 개의 슬레이브와 공유할 수 있을 것이다. RPi 라즈비안 이미지는 SPI 버스의 두 개의 슬레이브 선택 핀인 SPI_CE0_N(24번 핀) 및 SPI_CE1_N(26번 핀)에 대한 커널 지원을 제공한다. 이것이 /dev 디렉터리에 두 개의 SPI 장치 항목이 있는 이유다.

```
pi@erpi /dev $ ls -l spi*
crw-rw---T 1 root spi 153, 0 Jan  1  1970 spidev0.0
crw-rw---T 1 root spi 153, 1 Jan  1  1970 spidev0.1
```

첫 번째 장치 spidev0.0은 SPI_CE0_N(24번 핀)의 출력과 연관이 있으며, 두 번째 장치 spidev0.1은 SPI_CE1_N(26번 핀)의 출력과 연관이 있다. 예를 들어 2개의 센서를 동일한 버스에 연결하려면 그림 8.13(a)에 있는 배선 구성을 사용할 수 있다. 프로그램 코드는 ADXL345 중 어느 것에 접근할지에 따라 spidev0.0 또는 spidev0.1 장치를 연다.

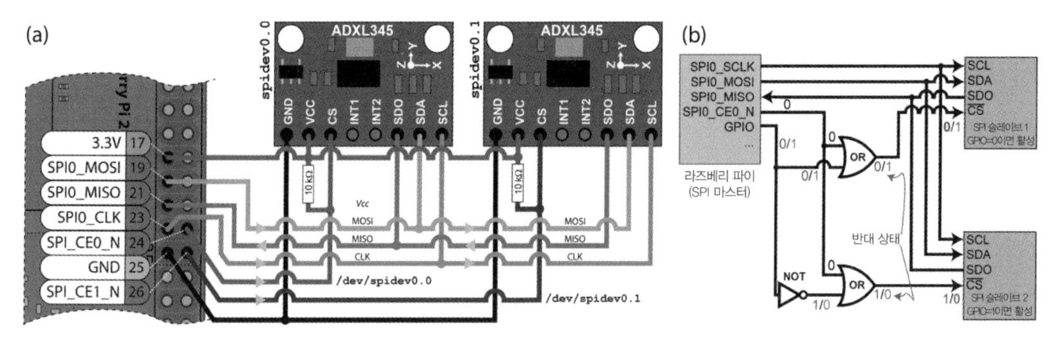


그림 8.13 (a) 단일 SPI 버스에서 2개의 ADXL345 가속도계 사용 (b) GPIO 핀 및 추가 로직을 사용해 둘 이상의 종속 장치를 제어

2개 이상의 장치를 동일한 버스에 연결해야 하는 경우, 동일한 수준의 커널 지원은 없지만 GPIO와 논리 게이트(또는 디코더)를 도입해 맞춤 솔루션을 구축할 수 있다. 예를 들어, 리눅스 SPI 인터페이스 라이브러리 코드가 슬레이브 선택 기능의 제어를 유지하도록 하려면 그림 8.13(b)와 같은 배선 구성을 사용할 수 있다. 이 구성은 OR 게이트와 인버터를 사용해 한 번에 하나의 종속 장치 CS 입력만 low로 풀링되도록 한다. 그림 8.13(b)에서 CS = 0 및 GPIO = 0일 때 첫 번째 종속 장치가 활성화되고 CS = 0 및 GPIO = 1일 때 두 번째 종속 장치가 활성화된다.

참고

사용하지 않는 CS선이 "플로팅" low가 돼 SPI 버스를 공유하는 두 장치가 동시에 활성화되는 것을 방지할 수 있도록 CS선마다 풀업 저항을 배치하는 것이 좋다. 그림 8.13(a)의 CS 선에서 2개의 10kΩ 저항을 볼 수 있다. 그러나 RPi의 24번 핀과 26번 핀에는 이미 기본적으로 활성화된 내부 풀업 저항이 있으므로 RPi의 기본 상태에서는 이 애플리케이션에 대한 저항을 추가할 필요가 없다.

사용하는 종속 장치에 따라 GPIO 출력을 단일 인버터와 결합하는 것만으로 마스터 장치의 CS 출력을 무시하고 종속 장치에서 CS선을 "영구적으로" low로 끌어당길 수 있어 충분할 수도 있다. 그러나 RPi의 CS 선이 데이터를 출력 LED에 래치하는 데 사용되므로 74HC595 예제에서는 그렇게 할 수 없다.

종속 장치가 두 개 이상인 경우, 74HC138과 같은 3×8 디코더가 좋은 해결책이 될 것이다. 이것은 반전된 출력을 가지는데, 이는 단일 시점에서 8개의 출력 중 하나만이 low라는 것을 의미한다. 이 장치는 3개의 RPi GPIO를 사용해 제어할 수 있으며 8개($2^3$ = 8)의 종속 장치 중 하나를 사용할 수 있다. 74HC4515와 같이 반전 출력이 되는 4×16 디코더도 있는데, 이는 네 개의 GPIO를 사용해 16개($2^4$ = 16)의 슬레이브를 제어할 수 있다. 이 두 장치에서 RPi의 CS 출력 중 하나는 액티브 low *E* 인에이블 입력에 연결될 수 있다.

## UART

*UART(범용 비동기 수신기/송신기)*는 2개의 전자 장치 사이에서 한 번에 1비트씩 데이터를 직렬 전송하는 데 사용되는 마이크로프로세서 주변 장치다. UART는 원래 독립적인 IC였지만 현재는 호스트 마이크로프로세서 및 마이크로컨트롤러와 통합된 경우가 많다. 엄밀히 말해 UART는 버스가 아니지만, 직렬 데이터 통신을 구현하는 능력은 앞에서 설명한 $I^2C$ 및 SPI 버스와 겹치는 부분이 있다. UART는 송신자가 송신을 동기화하기 위해 수신자에게 클럭 신호를 보낼 필요가 없는 *비동기식*이며, 시작 및 정지 비트를 사용해 통신 구조를 합의함으로써 데이터 전송을 동기화한다. 클럭이 없기 때문에 데이터를 전송하는 데 2개의 신호 라인을 사용하는 것이 일반적이다. 일반 전화선과 마찬가지로 한쪽 끝의 *TXD(전송 데이터 연결)*를 다른 쪽 끝의 *RXD(수신 데이터 연결)*에 연결하며 나머지 한 가닥도 마찬가지로 연결한다.

전통적으로 UART는 RS-232 또는 RS-485와 같은 인터페이스를 구현하기 위해 레벨 컨버터/라인 드라이버와 함께 사용됐지만, 근거리 통신의 경우 UART 출력 및 입력에 대해 원래의 논리 레벨을 사용해 두 UART가 서로 통신할 수 있다. 이것은 잘 작동하기는 하지만, UART의 표준에서 벗어난 용법이라는 사실을 유의하라.

초당 심볼 수를 *보율(baud rate)* 또는 변조 속도라고 한다. 특정 인코딩 방식을 사용하면 심볼이 2비트를 나타내도록 하는 것(즉, 직교 위상 편이 변조[QPSK] 등에 의한 4위상)이 가능하다. 그러면 *비트 전송률*은 보율의 두 배가 된다. 그러나 간단한 양방향 UART 연결의 경우 보율은 비트 전송 속도와 동일하다.

송신기와 수신기는 통신을 시작하기 전에 비트율을 합의한다. 데이터의 직렬 전송과 관련된 오버헤드 비트가 있기 때문에 *바이트 속도*는 비트 속도의 1/8보다 다소 낮다. 그림 8.14와 같이 송신기가 *시작 비트*(논리 low)를 전송하면 전송이 시작된다. 수신기의 끝에서 시작 비트의 하강 에지가 감지된 후 1.5비트 기간 후에 첫 번째 비트 값이 샘플링된다. 모든 후속 비트는 합의된 비트 수(일반적으로 7 또는 8)가 전송될 때까지 1.0비트 기간 후에 샘플링된다. *패리티 비트*는 선택 사항으로, 사용할 경우 전송 오류가 발생했는지 아닌지를 식별할 수 있다(두 장치 모두 사용하도록 구성돼야 사용 가능). 홀수 또는 짝수 *패리티 검사*의 사용 여부에 따라 high 또는 low가 될 수 있다. 마지막으로, 하나의 *정지 비트*(또는 2개의 정지 비트)

가 전송되며, 이것은 항상 논리 high 값이다. 이 절에 나오는 예제는 모두 표준 *8N1* 형식을 따른다. 즉, 패리티 비트 및 정지 비트 없이 각 프레임에 8비트가 전송된다.

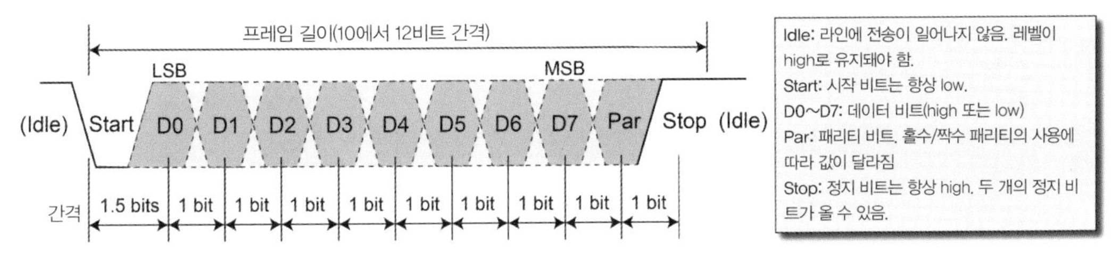


그림 8.14 일반적인 1바이트 전송을 위한 UART 전송 형식

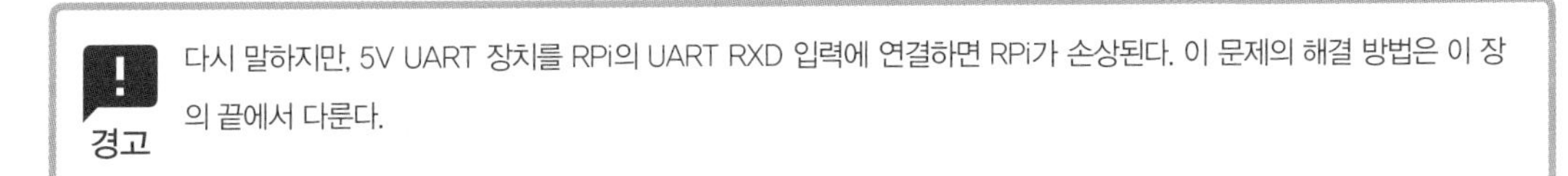

경고

다시 말하지만, 5V UART 장치를 RPi의 UART RXD 입력에 연결하면 RPi가 손상된다. 이 문제의 해결 방법은 이 장의 끝에서 다룬다.

## RPi의 UART

RPi에는 GPIO 헤더를 통해 접근할 수 있는 완전한 UART가 있다.

- TXD0(8번 핀): 수신기로 데이터를 전송하는 출력
- RXD0(10번 핀): 송신기로부터 데이터를 수신하는 입력

이 장에서는 내장된 UART에 초점을 맞추며 USB 장치를 사용해 UART를 RPi에 추가하는 방법은 9장에서 다룬다. 첫 번째 테스트에서는 그림 8.15(a)와 같이 두 핀을 연결해 RPi UART가 "혼잣말"을 한다.

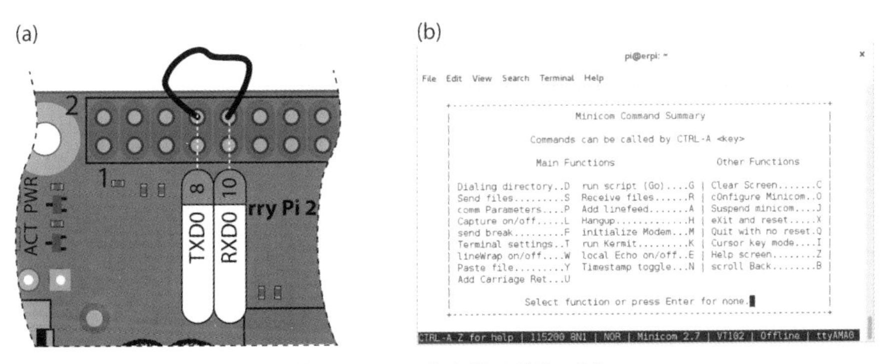


그림 8.15 (a) UART의 루프백 테스트 (b) 미니콤 프로그램 설정을 구성하는 단계

/dev 디렉터리에는 ttyAMA0이라는 항목이 있다. 이것은 "텔레타이프"(터미널) 장치로, 온보드 UART를 통해 데이터를 송수신할 수 있는 소프트웨어 인터페이스다. 터미널 장치가 목록에 나타나는지 확인하라.

```
pi@erpi /dev $ ls -l ttyAMA0
crw-rw---- 1 root tty 204, 64 Aug 16 00:31 ttyAMA0
```

### RPi 3의 UART 장치

RPi 보드는 일반적으로 미니 UART(UART1, ALT5 모드에서 8번 · 10번 핀 TXD1 · RXD1) 및 완전한 UART(UART0, ALT0 모드에서 8번 · 10번 핀 TXD0 · RXD0핀)를 지원한다. 6장의 그림 6.11과 *BCM2835 ARM Peripherals* 안내서의 175페이지를 참고하라. 미니 UART는 초기 RPi 모델에서는 대체로 사용되지 않지만, RPi 3에서는 두 UART를 모두 사용한다. 온보드 블루투스(초기 RPi 모델에는 없는 기능)에는 완전한 UART가 필요하며, 직렬 콘솔 기능에 미니 UART를 사용한다. 미니 UART를 사용하면 직렬 콘솔이 /dev/ttyAMA0 대신에 /dev/ttyS0 장치에 매핑된다. 미니 UART는 패리티를 지원하지 않으며 보율은 프로그래밍할 수 없고 시스템 클럭에 따라 정해진다.

미니 UART(/dev/ttyS0) 장치를 사용해 RPi 3과 데스크톱 컴퓨터 사이에서 통신할 때는 통신 중에 CPU 조정기가 CPU 주파수를 변경하는 일이 없도록 해야 한다. 통신 안정성을 향상시키려면 코어 주파수를 250MHz로 설정해야 할 수도 있다. 이 설정은 통신 장애를 줄일 수 있지만 RPi GPU의 성능에도 영향을 미친다. 다음과 같이 /boot/config.txt 파일을 편집해 CPU 및 코어 주파수 값을 명시적으로 설정할 수 있다.

```
pi@erpi:/boot $ tail -n 3 config.txt
force_turbo=1
arm_freq=1200
core_freq=250
```

다시 부팅한 다음 CPU 주파수를 확인해 보자.

```
pi@erpi:~ $ sudo apt install cpufrequtils
pi@erpi:~ $ cpufreq-info
... cpufreq stats: 1.20 GHz:100.00%
```

직렬 콘솔이 올바르게 작동하고 양방향 통신이 이뤄질 것이다.

이 장의 몇 가지 예제를 실습하기 위해서는 직렬 콘솔 서비스를 종료해야 한다. RPi 3의 직렬 콘솔은 기본적으로 /dev/ttyS0에 매핑되므로 다음과 같이 콘솔 서비스를 종료할 수 있다(코드 예에서도 장치를 /dev/ttyS0으로 설정해야 함).

```
pi@erpi ~ $ sudo systemctl stop serial-getty@ttyS0
```

애플리케이션에서 RPi 3의 단순 UART를 사용하는 데 어려움이 있다면 9장의 끝에서 설명하는 저렴한(~1달러) USB UART 장치를 알아보라.

마지막으로, RPi 3에서 장치 트리 오버레이를 사용해 8번/10번 핀(GPIO14/15)의 UART1을 비활성화하고 그 대신 UART0을 활성화할 수도 있다.

```
pi@erpi:/boot/overlays $ ls -l pi3-mini*
-rwxr-xr-x 1 root root 1250 Mar 13 17:04 pi3-miniuart-bt-overlay.dtb
```

/boot/config.txt 파일을 편집해 다음 행을 추가한다.

```
dtoverlay=pi3-miniuart-bt
```

재부팅하면 RPi 3에서 직렬 콘솔이 /dev/ttyAMA0으로 바뀌고 블루투스 기능은 비활성화된다.

```
Raspbian GNU/Linux 8 erpi ttyAMA0
erpi login:
```

이 오버레이의 소스코드는 tiny.cc/erpi814에서 구할 수 있다.

---

기본적으로 이 터미널 장치는 RPi용 리눅스 콘솔로 설정된다. 2장에서 설명한 것처럼 USB-to-TTL 3.3V 케이블을 사용해 리눅스 콘솔에 연결하고 *getty*("get teletype") 서비스를 사용해 터미널 연결을 열 수 있다. 그러나 그림 8.15(a)의 루프백 테스트를 수행하려면 UART 장치에서 serial-getty 서비스를 분리해야 한다. 다음과 같이 SysVinit 또는 systemd에서 이 작업을 수행할 수 있다.

- SysVinit에서는 /etc/inittab의 T0:23으로 시작하는 행을 # 문자로 주석 처리한 후 재부팅해 콘솔을 비활성화할 수 있다.

```
pi@erpi /etc $ tail -2 inittab
#Spawn a getty on Raspberry Pi serial line
#T0:23:respawn:/sbin/getty -L ttyAMA0 115200 vt100
```

- systemd에서는 장치가 현재 serial-getty 서비스에 연결돼 있으며 다음과 같은 방법으로 이를 중지할 수 있다.

```
pi@erpi ~ $ systemctl|grep ttyAMA0
serial-getty@ttyAMA0.service loaded active running Serial Getty on ttyAMA0
pi@erpi ~ $ sudo systemctl stop serial-getty@ttyAMA0
```

참고

메시지를 주고받을 수 있는 전자 기계식 타자기인 텔레타이프라이터(텔레타이프 또는 TTY라고도 함)가 최초의 인간-컴퓨터 인터페이스였다. 이 용어는 오늘날에도 여전히 사용되고 있다!

터미널 서비스를 비활성화한 후에는 agetty(대체 getty) 명령 또는 minicom 터미널 에뮬레이터를 사용해 장치를 테스트할 수 있다. 이 두 가지 모두 ttyAMA0 장치에서 데이터를 주고받을 수 있다. minicom 프로그램을 사용하면 그림 8.15에서와같이 Ctrl+A와 Z를 차례로 눌러 실행 중인 직렬 설정(예: 프레임의 비트 수, 정지 비트 수, 패리티 설정)을 동적으로 변경할 수 있다. 다음 명령을 사용해 minicom을 설치하고 실행해 보자.

```
pi@erpi ~ $ sudo apt install minicom
pi@erpi ~ $ sudo minicom -b 115200 -o -D /dev/ttyAMA0
Welcome to minicom 2.7
OPTIONS: I18n
Compiled on Jan 12 2014, 05:42:53.
Port /dev/ttyAMA0, 18:28:58
Press CTRL-A Z for help on special keys
```

이제 Ctrl+A를 누른 다음 Z와 E를 차례로 눌러 로컬 에코를 켜야 한다. 이제 그림 8.15(a)와 같이 RPi를 연결하고 키를 누르면 문자를 입력할 때 다음과 같은 결과가 나타난다.

```
hheellllloo  RRaasspppbbeerrrryy  PPii
```

어떤 키를 누르더라도 TXD 출력에서 이진 형식으로 전송되고(그림 8.14) 콘솔에 에코된다. 문자가 RXD 입력에서 수신되면 터미널에 표시된다. 따라서 누르는 키에 대해 문자가 두 번 나타나면 간단한 UART 테스트가 올바르게 작동한 것이다. 그림 8.15(a)에서 TXD-RXD 루프백 와이어의 한쪽 끝을 뽑아보면 키를 눌렀을 때 한 번만 나타날 것이므로 이를 쉽게 확인할 수 있을 것이다.

Analog Discovery에는 직렬 데이터 통신을 분석하는 데 사용할 수 있는 인터프리터가 있다. Logic Analyzer는 RPi에서 다른 장치로의 데이터 전송을 분석하기 위해 TXD 및 RXD 라인에 병렬로 연결할 수 있다. 문자 "h"만 전송되는 경우 그림 8.15(a)의 루프백 테스트에 대한 결과 신호의 예를 그림 8.16에서 볼 수 있다. TXB 핀에서 RXD 핀까지 8.7μs의 샘플 비트 주기와 함께 전송되는 8비트 데이터와 함께 시작 비트와 정지 비트를 관찰할 수 있다. 115,200의 보율에서 유효 바이트 속도는 시작, 정지 및 패리티 비트를 전송하는 오버헤드로 인해 다소 낮아진다.

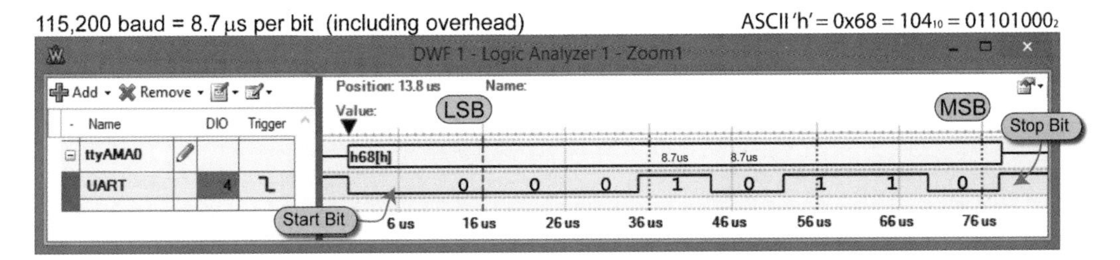


그림 8.16 "h" 문자의 루프백 직렬 전송의 Logic Analyzer 디스플레이

6장에서 GPIO 단선 통신(비트-뱅잉)의 사용을 설명했으며 이 장에서는 SPI 및 $I^2C$ 통신에 관해 설명했다. 그러나 UART 연결이 가장 직관적인 방법이며 두 컨트롤러가 물리적으로 떨어져 있어도 된다는 장점도 있다. 표 8.4는 $I^2C$ 또는 SPI에 비해 UART를 사용할 경우의 장단점을 정리한 것이다.

표 8.4 UART 통신의 장단점

| 장점 | 단점 |
|---|---|
| 단순함. 한 가닥으로 데이터 송수신 및 오류 검사 | 일반적인 최대 데이터 전송률은 SPI(일반적으로 460.8kb/초)에 비해 낮음. |
| 임베디드 장치 및 데스크톱 컴퓨터 등을 상호 연결하기 위한 쉬운 인터페이스. 특히 몇 미터 떨어진 외부 장치와의 통신에 적합. $I^2C$ 및 SPI는 외부/원거리 통신에 부적합. | 비동기식이기 때문에 두 장치 모두의 클럭이 정확해야 하며, 특히 높은 보율에서 정확해야 함. 고속 외부 비동기 데이터 전송을 위해서는 CAN(Controller Area Network) 버스를 이용해야 함. |
| 널리 사용되는 RS-232 물리적 인터페이스에 직접 연결할 수 있으므로 장거리 통신(15미터 이상)이 가능. 케이블이 길수록 속도가 느려짐. RS-422/485는 100미터 거리에서 1Mb/s 이상의 전송이 가능. | UART 설정은 전송에 앞서 전송 속도, 데이터 크기 및 패리티 검사 유형을 알아야 함. |

## C언어 UART 예제

다음 단계는 USB-to-TTL 3.3V 케이블을 사용해 데스크톱 컴퓨터와 통신할 수 있는 C 코드를 RPi에서 작성하는 것이다(2장 참고).

### RPi 직렬 클라이언트

코드 8.9의 C 프로그램은 직렬연결된 데스크톱 컴퓨터(또는 다른 장치)에 문자열을 보낸다. 예제에서 사용하는 리눅스 *termios* 라이브러리는 비동기 통신 포트를 제어할 수 있는 일반적인 터미널 인터페이스를 제공한다.

**코드 8.9** exploringrpi/chp08/uart/uartC/uart.c

```
#include<stdio.h>
#include<fcntl.h>
#include<unistd.h>
#include<termios.h>
#include<string.h>

int main(int argc, char *argv[]){
    int file, count;
    if(argc!=2){
        printf("Please pass a string to the program, exiting!\n");
        return -2;
    }
    if ((file = open("/dev/ttyAMA0", O_RDWR | O_NOCTTY | O_NDELAY))<0){
        perror("UART: Failed to open the device.\n");
        return -1;
    }
    struct termios options;
    tcgetattr(file, &options);
    options.c_cflag = B115200 | CS8 | CREAD | CLOCAL;
    options.c_iflag = IGNPAR | ICRNL;
    tcflush(file, TCIFLUSH);
    tcsetattr(file, TCSANOW, &options);
    if ((count = write(file, argv[1], strlen(argv[1])))<0){
        perror("UART: Failed to write to the output\n");
        return -1;
    }
    write(file, "\n\r", 2);                          // 줄바꿈 및 리턴
    close(file);
    return 0;
}
```

위의 코드는 통신 유형을 정의하기 위해 termios 구조체와 설정 플래그들을 사용한다. termios 구조체에는 다음과 같은 멤버가 있다.

- tcflag_t c_iflag: 입력(input) 모드를 설정
- tcflag_t c_oflag: 출력(output) 모드를 설정
- tcflag_t c_cflag: 제어(control) 모드를 설정
- tcflag_t c_lflag: 로컬(local) 모드를 설정
- cc_t c_cc [NCCS]: 특수 문자에 사용

RPi 셸 프롬프트에서 **man termios**를 입력하면 termios의 기능 및 플래그 설정에 대한 자세한 설명을 볼 수 있다.

```
pi@erpi ~/exploringrpi/chp08/uart/uartC $ gcc uart.c -o uart
.../chp08/uart/uartC $ sudo ./uart "Hello desktop!"
.../chp08/uart/uartC $ sudo ./uart "Greetings from the Raspberry Pi..."
.../chp08/uart/uartC $ sudo sh -c "echo hello >> /dev/ttyAMA0"
.../chp08/uart/uartC $ sudo sh -c "echo hello >> /dev/ttyAMA0"
```

데스크톱 PC에서 PuTTY가 올바른 직렬 포트(예: COM11)를 수신하도록 설정하면 그림 8.17과 같이 출력이 나타날 것이다. 이 프로그램의 기능은 터미널 장치에 입력한 문자를 그대로 출력하는 것에 불과하지만, 보율, 패리티 유형 등과 같은 저수준 모드를 설정할 수 있다.

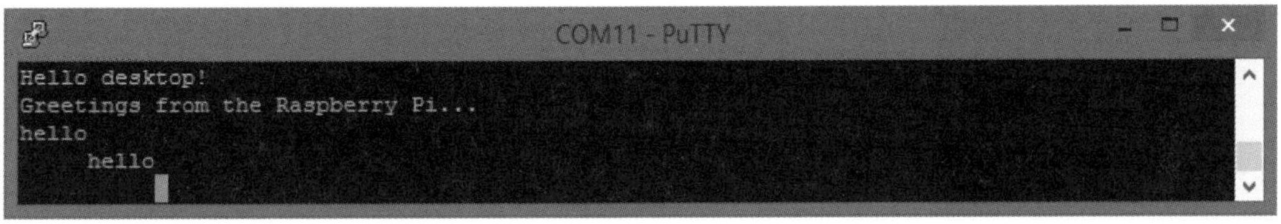

```
COM11 - PuTTY
Hello desktop!
Greetings from the Raspberry Pi...
hello
     hello
```

**그림 8.17** 라즈베리 파이의 메시지를 수신하는 PuTTY 데스크톱 COM 터미널

## RPi LED 직렬 서버

응용 프로그램에 따라 데스크톱 컴퓨터 마스터가 RPi 슬레이브를 제어할 수 있게 하는 것이 유용할 수 있다. 이 절에서는 RPi에서 직렬 서버가 구동돼 데스크톱 직렬 터미널로부터 오는 명령을 기다리는 프로그램을 작성할 것이다. 이번에도 USB-to-TTL 3.3V 케이블을 사용하지만, 블루투스, 적외선 송수신기 및 직렬 지그비(ZigBee)와 같은 무선 기술을 사용해 유사한 프로그램을 개발하는 데 응용할 수 있다(13장 참고).

그림 8.18(a)와 같이 RPi에 간단한 LED 회로와 USB-to-TTL 케이블을 연결한다. 그림 8.18(b)와 같이 데스크톱 컴퓨터의 PuTTY 클라이언트에서 LED를 켜고 끄는 간단한 명령을 내리면 RPi에 붙은 하드웨어 LED가 해당 작업을 수행하도록 한다. 이 프로그램을 사용하면 RPi를 안전하게 원격 제어할 수 있는데, 그 이유는 직렬 서버가 세 개의 명령만 가진 셸처럼 동작하므로 직렬 클라이언트는 RPi의 다른 기능에 접근할 수 없기 때문이다!

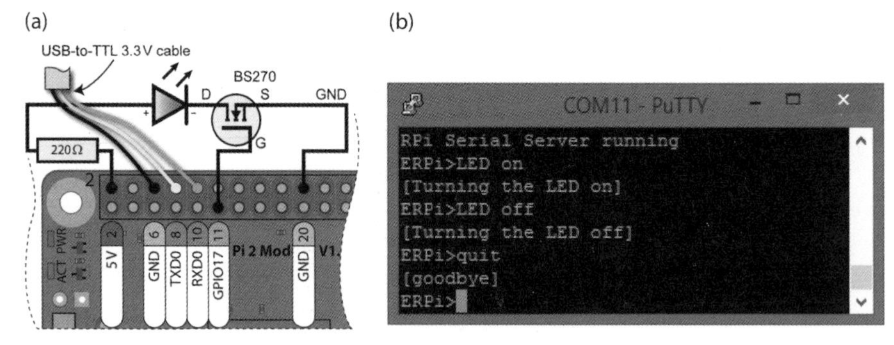


그림 8.18 (a) LED 직렬 서버 회로, (b) RPi LED 직렬 서버와 통신하는 PC의 PuTTY

직렬 서버의 소스 코드는 코드 8.10에 있다. LED 회로를 제어하는 데는 wiringPi를 사용했다(6장 참고). 이 프로그램을 실행하기 전에 RPi에서 serial-getty 서비스를 종료해야 한다. RPi를 재부팅하면 서비스가 재시작된다. 서버를 실행할 때의 출력은 다음과 같다.

```
pi@erpi .../chp08/uart/server $ gcc server.c -o server -lwiringPi
pi@erpi .../chp08/uart/server $ sudo ./server
RPi Serial Server running
LED on
Server>>>[Turning the LED on]
LED off
Server>>>[Turning the LED off]
quit
Server>>>[goodbye]
```

systemctl disable을 사용해 RPi에서 serial-getty 서비스를 영구적으로 비활성화할 수 있다. 그런 다음 이 섹션의 서버 코드에 대한 새 서비스 항목을 추가해 부팅할 때 시작하게 할 수 있다. 이 프로그램을 서비스로 실행하려는 경우 클라이언트에서 종료(quit) 기능을 제거해야 한다!

**코드 8.10** /exploringrpi/chp08/uart/server/server.c

```
#include<stdio.h>
#include<fcntl.h>
#include<unistd.h>
#include<termios.h>
#include<string.h>
#include<stdlib.h>
#include<wiringPi.h>
#define  LED_GPIO    17
```

```
// 클라이언트에 메시지를 보내고 콘솔에 메시지를 표시
int message(int client, char *message){
    int size = strlen(message);
    printf("Server>>>%s\n", (message+1));    // 메시지와 줄바꿈 문자를 출력
    if (write(client, message, size)<0){
        perror("Error: Failed to write to the client\n");
        return -1;
    }
    write(client, "\n\rERPi>", 7);           // 단순한 프롬프트를 표시
    return 0;                                // \r은 캐리지 리턴
}

// 서버에서 이해할 수 있는 명령인지 확인
int processCommand(int client, char *command){
    int val = -1;
    if (strcmp(command, "LED on")==0) {
        val = message(client, "\r[Turning the LED on]");
        digitalWrite(LED_GPIO, HIGH);        // 물리적 LED를 켬
    }
    else if(strcmp(command, "LED off")==0) {

        val = message(client, "\r[Turning the LED off]");
        digitalWrite(LED_GPIO, LOW);         // 물리적 LED를 끔
    }
    else if(strcmp(command, "quit")==0) {    // 서버를 셧다운!
        val = message(client, "\r[goodbye]");
    }
    else { val = message(client, "\r[Unknown command]"); }
    return val;
}

int main(int argc, char *argv[]) {
    int client, count=0;
    unsigned char c;
    char *command = malloc(255);
    wiringPiSetupGpio();                     // wiringPi 초기화
    pinMode(LED_GPIO, OUTPUT);               // LED는 출력임
    if ((client = open("/dev/ttyAMA0", O_RDWR | O_NOCTTY | O_NDELAY))<0){
        perror("UART: Failed to open the file.\n");
        return -1;
    }
    struct termios options;
```

```
    tcgetattr(client, &options);
    options.c_cflag = B115200 | CS8 | CREAD | CLOCAL;
    options.c_iflag = IGNPAR | ICRNL;
    tcflush(client, TCIFLUSH);
    fcntl(STDIN_FILENO, F_SETFL, O_NONBLOCK); // 읽기를 넌블로킹으로 만듦
    tcsetattr(client, TCSANOW, &options);
    if (message(client, "\n\rRPi Serial Server running")<0) {
        perror("UART: Failed to start server.\n");
        return -1;
    }
    // 클라이언트에서 quit 명령이 전송되거나 터미널에서 Ctrl-C를 누를 때까지 루프
    do {
        if(read(client,&c,1)>0) {
            write(STDOUT_FILENO,&c,1);
            command[count++]=c;
            if(c=='\n') {
                command[count-1]='\0';        // \n을 \0으로 치환
                processCommand(client, command);
                count=0;                      // 명령 문자열을 리셋
            }
        }
        if(read(STDIN_FILENO,&c,1)>0) {       // stdin으로부터 클라이언트에 보낼 수 있음
            write(client,&c,1);
        }
    } while(strcmp(command,"quit")!=0);
    close(client);
    return 0;
}
```

## UART 응용 – GPS

RPi와 UART 장치의 상호 연결을 시연하는 데 사용할 장치는 저가형 *GPS(Global Positioning System)* 모듈이다. GY-GPS6MV2 브레이크아웃 보드(~10달러)는 u-blox NEO-6M 시리즈 GPS 모듈(tiny.cc/erpi807)을 사용하며 3.3V 전력을 공급받을 수 있어 RPi의 UART 핀에 직접 연결할 수 있다.

GPS 모듈과 RPi를 UART로 연결한 것이 그림 8.19에 있다. 모든 UART 연결이 그렇듯이 RPi의 송신 핀을 장치의 수신 핀에 연결하고 RPi의 수신 핀을 장치의 송신 핀에 연결한다.

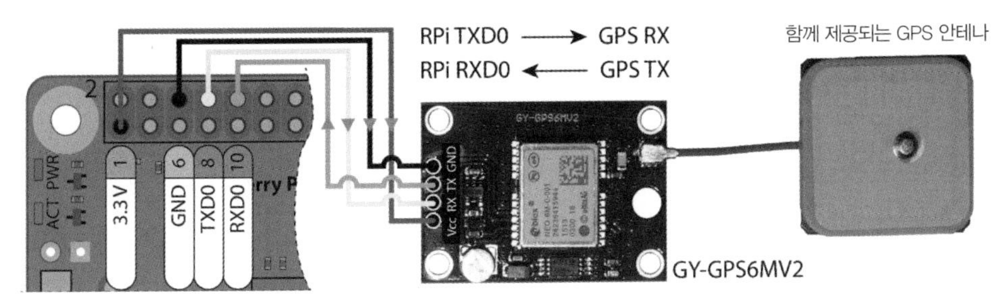


그림 8.19 RPi와 GPS 모듈의 UART 연결

GPS 모듈은 기본적으로 9600보로 설정돼 있으며 다음과 같이 모듈에 연결할 수 있다(`serial-getty` 서비스를 종료했는지 확인할 것).

```
pi@erpi ~ $ sudo minicom -b 9600 -o -D /dev/ttyAMA0
Welcome to minicom 2.7
OPTIONS: I18n
Compiled on Jan 12 2014, 05:42:53.
Port /dev/ttyAMA0, 23:31:46
Press CTRL-A Z for help on special keys
$GPRMC,133809.00,A,5323.12995,N,00615.36410,W,1.015,,190815,,,A*60
$GPVTG,,T,,M,1.015,N,1.879,K,A*21
$GPGGA,133809.00,5323.12995,N,00615.36410,W,1,08,1.21,80.2,M,52.9,M,,*73
$GPGSA,A,3,21,16,18,19,26,22,07,27,,,,,2.72,1.21,2.44*06
$GPGSV,4,1,14,04,07,227,17,07,24,306,16,08,33,278,09,13,05,018,*7A
$GPGSV,4,2,14,15,04,048,08,16,61,174,25,18,39,096,31,19,35,275,21*78
$GPGSV,4,3,14,20,12,034,08,21,36,061,23,22,29,142,21,26,32,159,12*71
$GPGSV,4,4,14,27,75,286,26,30,10,334,*75
$GPGLL,5323.12995,N,00615.36410,W,133809.00,A,A*78
```

GPS 모듈은 NMEA 0183 형식으로 된 데이터를 출력하는데, 이것을 해석하면 센서의 위치, 방향, 속도 등에 대한 정보를 얻을 수 있다. 이러한 디코딩 작업에는 손이 많이 가기 때문에 센서의 성능을 테스트할 때는 이미 만들어진 클라이언트 애플리케이션을 이용하는 것이 현명하다.

```
pi@erpi ~ $ sudo apt install gpsd-clients
pi@erpi ~ $ sudo gpsmon /dev/ttyAMA0
```

위의 명령을 실행하면 그림 8.20과 같이 NMEA 0183 문장을 직관적으로 나타낸 결과를 볼 수 있다. 유효한 데이터를 캡처할 때 모듈의 LED가 1PPS(초당 펄스)의 속도로 깜빡인다. 이 펄스는 매우 정확하므로 다른 애플리케이션의 보정을 위해 이용할 수 있다. 개인적으로 마당이 내려다보이는 사무실에서 gpsmon 애플리케이션을 실행했는데 놀랍게도 이 저렴한 센서가 11개 위성의 신호를 확보했다.

GPS 센서에 인터페이스하는 C 라이브러리를 월터 달 무트(Walter Dal Mut)(@walterdalmut)가 개발했다. 다음과 같이 손쉬운 방법으로 이 라이브러리를 프로젝트에 통합해 GPS를 활용할 수 있다.

```
pi@erpi ~ $ git clone git://github.com/wdalmut/libgps
pi@erpi ~ $ cd libgps/
pi@erpi ~/libgps $ make
pi@erpi ~/libgps $ sudo make install
pi@erpi ~/libgps $ ls /usr/lib/libgps*
/usr/lib/libgps.a
```

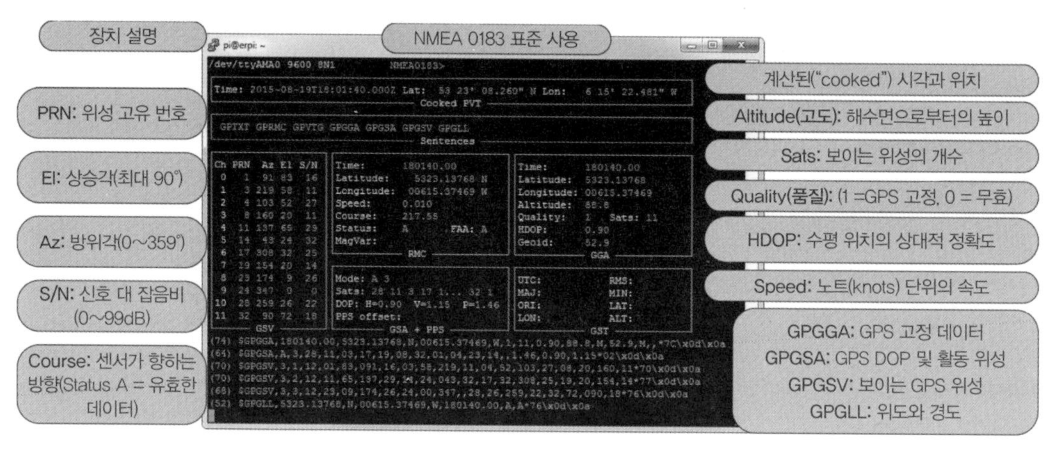


그림 8.20 gpsmon의 출력 화면

라이브러리가 설치되면 코드 8.11에서와같이 간단한 C 프로그램을 사용해 RPi의 GPS 정보를 식별할 수 있다.

**코드 8.11** /chp08/uart/gps/gps_test.c

```
#include<stdio.h>
#include<stdlib.h>
#include<gps.h>

int main() {
    gps_init();                    // 장치 초기화
    loc_t gps;                     // 위치를 나타내는 구조체
    gps_location(&gps);            // 위치 데이터 결정
    printf("The RPi location is (%lf,%lf)\n", gps.latitude, gps.longitude);
    printf("Altitude: %lf m. Speed: %lf knots\n", gps.altitude, gps.speed);
    return 0;
}
```

다음과 같이 코드를 빌드하고 실행한다.

```
.../chp08/uart/gps $ gcc gps_test.c -o gps_test -lgps -lm
.../chp08/uart/gps $ sudo ./gps_test
The RPi location is (53.385511,-6.256224)
Altitude: 85.900000 m. Speed: 0.060000 knots
```

위의 결과로 나온 좌표 쌍을 maps.google.com에 입력하면 더블린 시립대학교에 있는 필자의 사무실 위치를 찾을 수 있다(tiny.cc/erpi813)!

## 논리 레벨 변환

이 장에서 언급했듯이 RPi와 통신하는 데 사용되는 전압 레벨을 인지하고 있어야 한다. 5V 논리 레벨을 사용하는 장치를 연결하면 장치가 RPi에 높은 상태를 보낼 때 RPi의 입력 핀에 5V의 전압이 인가된다. 이렇게 되면 RPi가 영구적인 손상을 입게 된다. 다른 많은 임베디드 시스템은 과전압 입력을 견딜 수 있지만, RPi는 그렇지 못하다. 따라서 5V 또는 1.8V 논리 레벨 회로에 버스를 연결하려면 *논리 레벨 변환* 회로가 필요하다.

4선 SPI와 같은 *단방향 데이터 버스*의 경우, 저항과 다이오드의 조합(~0.6V 순방향 전압 강하 특성을 이용)을 사용하거나 트랜지스터를 사용해 논리 레벨 변환을 구현할 수 있다. 그러나 $I^2C$ 버스와 같은 *양방향 데이터 버스*는 하나의 라인에 대해 양방향으로 수준을 변환해야 하므로 좀 더 복잡해진다. 여기에는 N 채널 MOSFET(예: BSS138)과 같은 장치를 사용하는 회로가 필요하다. 그런 것들은 표면 실장형 패키지로 제공되며, 안타깝게도 스루 홀을 사용할 수 있는 것은 거의 없다. 다행스럽게도 이 문제를 해결할 수 있는 직관적인 단방향 및 양방향 브레이크아웃 보드가 시중에 여러 가지 나와 있다.

- BSS138 MOSFET을 사용하는 SparkFun 양방향 논리 레벨 변환기(BOB-12009, ~3달러)
- BSS138 MOSFET을 사용하는 Adafruit의 4채널 양방향 레벨 시프터(1.8~10V 시프팅)(ID: 757, ~4달러)
- 방향을 자동으로 감지하는 TI TXB0108 전압 레벨 변환기(1.2-3.6V 또는 1.65-5.5V 변환)를 사용한 Adafruit의 8채널 양방향 논리 레벨 변환기(ID: 395, ~8달러). 풀업 저항의 필요 때문에 $I^2C$에서는 잘 작동하지 않는다는 점에 유의하라. 그러나 10MHz 이상의 주파수에서 스위칭할 수 있다.
- BSS138 MOSFET을 사용하는 Watterott 4채널 레벨 시프터(20110451, ~2달러)

위의 제품 중 일부를 그림 8.21에 나타냈다. Adafruit 8채널 컨버터를 제외하고는 모두 BSS138 MOSFET을 사용한다. 그림 8.22에서 볼 수 있듯이 이 장치의 스위칭 주파수를 확인하기 위해 간단한 테스트를 수행했으며 오실로스코프 트레이스에서 회로 디자인을 고려해야 하는 장치를 사용할 때 데이터 스위칭 성능 제한이 있음을 알 수 있다. 이 테스트에서 3.3V 입력은 사각파를 사용해 5V 레벨 출력을 스위칭하며, 출력 신호가 높은 주파수에서 왜곡돼 있음이 분명하다. 예를 들어, 1MHz에서 스위칭할 때 왜곡은 출력 신호가 실제로 5V 레벨에 도달하지 않는다는 것을 의미한다.

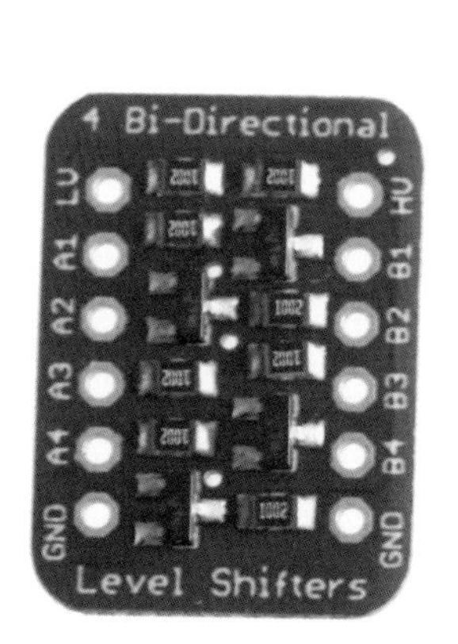

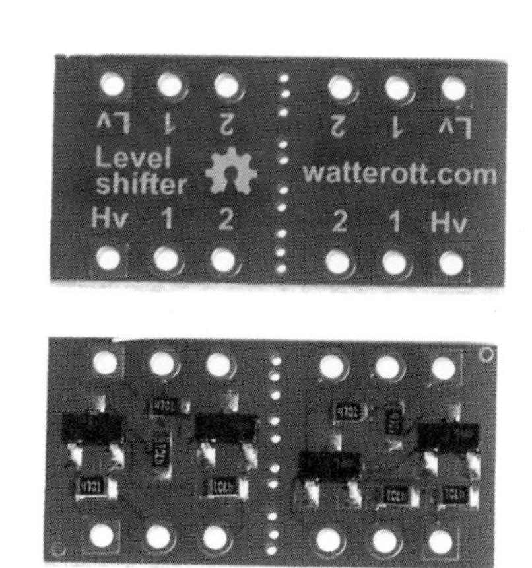


그림 8.21 Adafruit 4채널, Adafruit 8채널, Watterott 4채널 논리 레벨 변환기

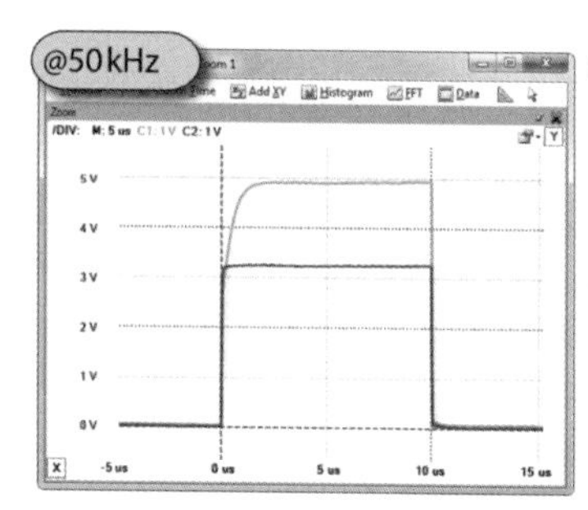


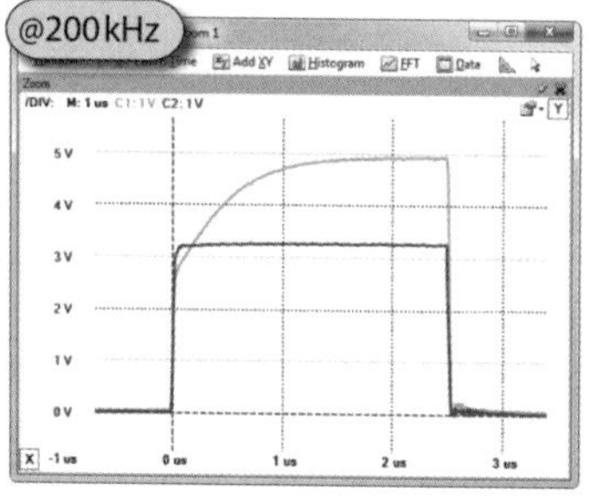


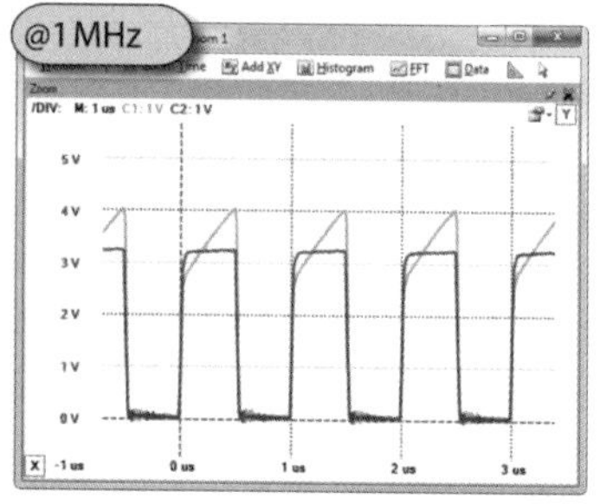


그림 8.22 BSS138 기반 변환기로 50kHz, 200kHz, 1MHz에서 논리 레벨을 3.3V에서 5V로 변환

$I^2C$ 버스 설계의 논리 레벨 시프팅 기법에 대한 자세한 내용은 AN97055 애플리케이션 노트를 참고하라 (https://cdn-shop.adafruit.com/datasheets/an97055.pdf).

## 요약

이 장의 목표는 다음과 같다.

- RPi에서 사용할 수 있는 가장 일반적으로 사용되는 버스 또는 인터페이스를 설명하고 애플리케이션에 적합한 버스를 선택한다.
- $I^2C$, SPI, UART 기능을 활성화하도록 RPi를 구성한다.
- $I^2C$ 버스와 인터페이스하는 RPi에 회로를 연결하고 리눅스 I2C-tools를 사용해 해당 회로와 통신한다.
- 시프트 레지스터를 사용해 SPI 버스와 인터페이스하는 회로를 작성하고 저수준 SPI 통신을 제어하는 C 코드를 작성한다.
- $I^2C$ 및 SPI 버스에 연결된 장치의 기능을 인터페이스하고 "감싸는" C/C++ 코드를 작성한다.
- 리눅스 도구와 사용자 정의 C 코드를 사용해 UART 장치 간에 통신한다.
- RPi에 UART 연결을 사용하는 기본적인 분산 시스템을 구축해 데스크톱 PC에서 제어할 수 있다.
- UART 연결을 사용하는 저렴한 GPS 센서에 인터페이스한다.
- 회로에 논리 레벨 변환 회로를 추가함으로써 서로 다른 논리 레벨 전압을 갖는 장치 간에 통신이 가능하도록 한다.

## 더 읽을거리

이 장의 곳곳에서 더 읽어볼 만한 문서와 링크를 소개했다. 다음 자료도 참고하기 바란다.

- 장 마르크 이라사발(Jean-Marc Irazabal), 스티브 블로지스(Steve Blozis) *"The $I^2C$ Manual"*(Philips Semiconductors, TecForum at DesignCon 2003 in San Jose, CA): `tiny.cc/erpi809`
- *"The Linux $I^2C$ Subsystem"* `i2c.wiki.kernel.org`
- 마이클 스위트 《*Serial Programming Guide for POSIX Operating Systems*》 5판(1994 - 1999): `tiny.cc/erpi810`
- *개리 프러킹*(Gary Frerking) *"Serial Programming HOWTO"*: `tiny.cc/erpi811`

# 9장

# 라즈베리 파이의 입출력 인터페이스 개선하기

이 장에서는 저가의 모듈, 집적 회로(IC), USB 장치 등을 사용해 라즈베리 파이(RPi)의 입출력 인터페이스의 능력을 개선하고 확장하는 방법을 설명한다. RPi의 인터페이스와 물리적 컴퓨팅 장치는 훌륭하지만, 아날로그 인터페이스 기능이 없고 구현하고자 하는 애플리케이션을 위해 입출력 능력을 확장해야 할 수도 있다. 이 장에서는 먼저 아날로그-디지털 및 디지털-아날로그 변환을 위해 RPi의 버스를 활용하는 방법을 설명한다. 다음으로 사용 가능한 펄스 폭 변조(PWM) 출력과 범용 입출력(GPIO)을 확장하는 방법을 설명한다. 마지막으로 USB-to-TTL 장치의 사용에 대해 논의할 텐데, 이것은 사용 가능한 직렬 UART 장치의 수를 확장하는 데 사용할 수 있다. 또한, 이 장에서는 SPI 및 I2C 버스 장치에 인터페이스하는 경험을 제공한다.

**이 장에 필요한 준비물:**

- 라즈베리 파이(RPi 2/3이 이상적임)
- 아날로그-디지털 변환기 IC(MCP3208 등)
- 디지털-아날로그 변환기 IC(MCP4725, MCP4921/2 등)
- PWM 확장 모듈(Adafruit PCA9685 등)
- GPIO 확장 IC 등(MCP23017, MCP23S17)
- USB UART 장치(CP2102 또는 CH340G 호환)

이 장에 대한 자세한 내용은 `www.exploringrpi.com/chapter9/`를 참고한다.

## 도입

6장과 8장에서 자세히 설명한 RPi의 온보드 입출력 기능은 다중화돼 있어서 SPI 버스나 I2C 버스를 활성화하면 사용 가능한 GPIO 수가 줄어든다. 또한 RPi에는 온보드 아날로그-디지털 변환(ADC)이나 디지털-아날로그 변환(DAC) 기능이 없다. 이는 7개의 ADC 채널, 4개의 UART 장치, 65개의 GPIO 및 8개의 PWM 출력에 대한 온보드 지원이 다중화된 비글본 블랙(BeagleBone Black)과 같은 타 SBC와 비교했을 때 RPi의 단점이라 하겠다. 이 장의 목표는 저렴하고 널리 사용되는 모듈, IC 및 USB 장치를 사용해 이런 단점을 해결하는 것이다.

이것을 해결할 수 있는 또 다른 방법으로, 입출력 확장 HAT를 사용할 수 있다. 그림 9.1에 있는 Gertboard(60~65달러)가 많이 사용되는데, 여기에는 12개의 버퍼 입출력, 6개의 오픈 컬렉터 드라이버, 18V 2A 모터 컨트롤러, 아두이노 마이크로컨트롤러, 2채널 DAC 및 2채널 ADC가 있다. 전체 매뉴얼은 tiny.cc/erpi901을 참고하라. Gertboard 외에 PiFace Digital(www.piface.org.uk)과 GrovePi(www.dexterindustries.com/GrovePi/)도 있다.

확장 HAT는 프로토타이핑 작업에 유용하지만, 매뉴얼에 자세히 설명돼 있으므로 이 책에서는 다루지 않는다. 이 장에서는 필요한 확장 입출력 기능을 제공하기 위해 이산 소자 및 모듈을 사용하는 데 초점을 맞춘다. 이 접근법은 일반적으로 더 복잡하지만 비용과 가용성, 구현 범위 측면에서 장점이 있다. 또한 8장에서 설명한 버스 인터페이스 기술을 익힐 수 있는 좋은 연습이 될 것이다.

## 아날로그-디지털 변환기

*아날로그-디지털 변환기(ADC)*의 개념은 4장에서 다뤘다. RPi에는 자체적인 ADC 기능이 없지만, 1~3달러에 판매되는 다채널 SPI ADC를 구입해 RPi에 붙일 수 있다. RPi에 ADC 기능을 추가하면 수많은 아날로그 센서와 직접 인터페이스할 수 있게 된다. 관련 예제를 이 장과 10장에서 다룰 것이다.

비글본을 비롯한 여러 다른 SBC에 내장된 ADC는 부적절한 사용(예: 과도한 전류 소싱 및 싱킹)으로 인해 쉽게 손상될 수 있다. 따라서 내부 ADC를 사용할 수 있는 경우에도 교체 가능한 외부 ADC를 사용하는 것이 프로토타이핑 작업에는 좋은 선택이 될 수 있다.

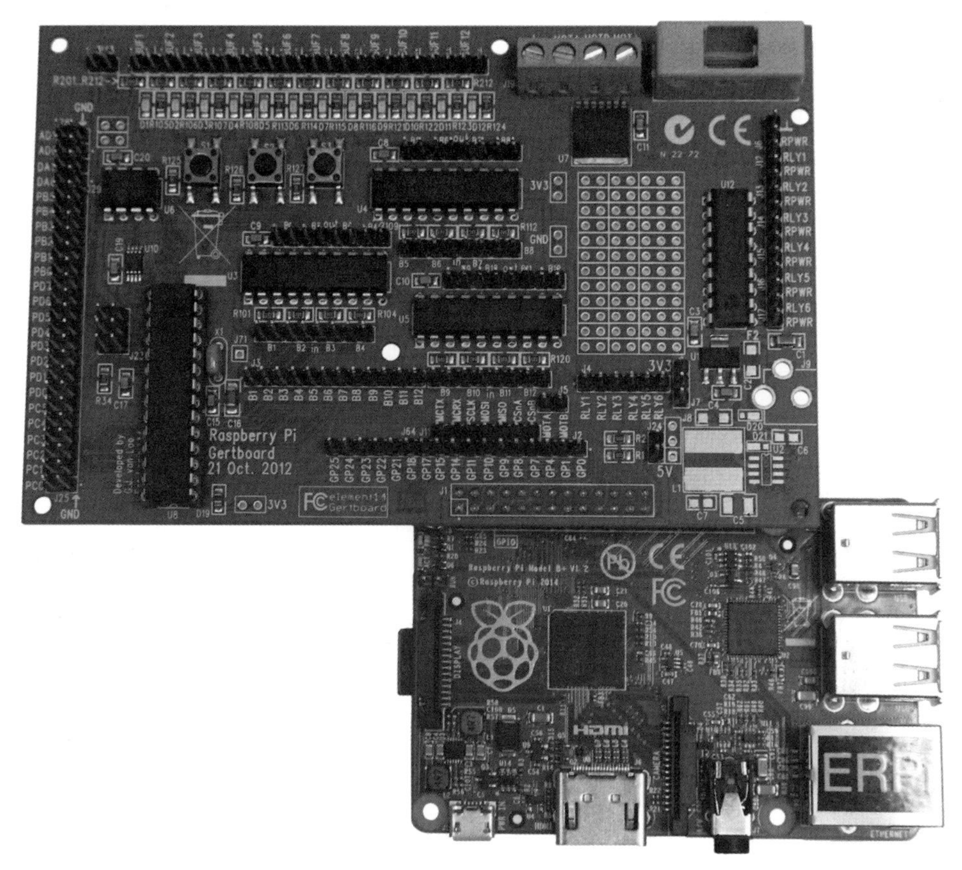


그림 9.1 RPi GPIO 헤더에 Gertboard를 연결한 모습

## SPI 아날로그 디지털 컨버터(ADC)

I2C 버스에서 사용할 수 있는 ADC도 있지만(예: ADS1015) 이 용도로는 SPI 버스가 적합하며, 데이터 전송 속도가 높은 센서의 출력을 샘플링할 때 특히 그렇다. 이 절에서는 Microchip에서 생산하는 SPI ADC 제품군 중에서 10비트의 MCP300x와 12비트의 MCP320x에 중점을 둔다. 제품군마다 입력 채널의 개수에 따라 여러 모델이 있다. 예를 들어, MCP320x 계열의 이산 IC는 1채널(MCP3201), 2채널(MCP3202), 4채널(MCP3204), 8채널(MCP3208)이 있다.

### MCP3208 SPI ADC

MCP3208은 8개의 12비트 *연속 근사* ADC 채널을 지원해 두 제품군의 ADC 중에서 가장 성능이 우수하다. 또한, PDIP 형식으로 널리 사용되며 저렴하다는(~3달러) 점도 이 장치를 선택한 이유다. 3.3V에서 전력을 공급받을 수 있고 SPI 인터페이스가 있어 RPi에 인터페이스하기에 적합하다. 이것은 1초에 75,000개의 표본을 추출할 수 있으며 미분 비선형성은 ±1LSB다. 기본적으로 MCP3208은 8개의 단일 종단 입력을 지원하지만 4개의 의사(pseudo) 차동 입력 쌍을 제공하도록 프로그래밍할 수 있다.[1] 표 9.1은 16핀 IC의 입출력 핀을 설명한다. 전체 데이터시트는 tiny.cc/erpi902에서 구할 수 있다.

참고

연속 근사 ADC는 아날로그 전압 비교기를 사용해 아날로그 입력 전압을 DAC를 통과하는 예상 디지털 값과 비교한다. 아날로그 비교의 결과는 추정된 디지털 값을 갱신하는 데 사용되며 이는 연속 근사 레지스터(SAR)에 저장된다. 모든 비트(12비트 ADC의 경우 12)에 가중치가 적용되고 입력과 비교될 때까지 프로세스가 반복적으로 계속된다. 연속 근사 ADC는 속도와 정확도, 비용의 균형을 잘 유지하기 때문에 널리 사용된다. 그러나 해상도가 높을수록 ADC의 수행이 느려진다.

표 9.1 MCP3208의 입출력 핀

| IC 핀 | PIN 이름 | 설명 |
|---|---|---|
| 1~8번 핀 | CH0~CH7 | 8개의 ADC 입력 채널. |
| 9번 핀 | DGND | 디지털 접지-내부 디지털 접지에 연결됨. RPi GND에 연결할 수 있음. |
| 10번 핀 | CS/SHDN | 칩 선택/셧다운-low로 할 때 장치와의 통신을 시작하는 데 사용됨. high로 하면 통신을 종료. 변환 사이에는 high로 해야 함. |
| 11번 핀 | $D_{IN}$(MOSI) | 사용할 입력을 선택하고 단일 종단을 사용할지 차동 입력을 사용할지를 선택해 ADC를 구성하는 데 사용. |
| 12번 핀 | $D_{OUT}$(MISO) | 데이터 출력은 ADC의 결과를 RPi로 되돌려 보냄. 데이터 비트는 클럭 사이클의 하강 에지에서 변경됨. |
| 13번 핀 | CLK | SPI 클럭은 통신을 동기화하는 데 사용됨. 선형성 오류가 발생하지 않도록 10KHz 이상의 클럭 속도를 유지해야 함. |
| 14번 핀 | AGND | 아날로그 접지 – 내부 아날로그 회로 GND에 연결됨. |
| 15번 핀 | $V_{REF}$ | 기준 전압 입력. |
| 16번 핀 | $V_{DD}$ | 전압 공급(2.7~5.5V). 논리 레벨 변환 회로를 DOUT 핀에 추가하지 않아도 RPi의 3.3V 전원 레일에 직접 연결할 수는 있지만 5V 전원에는 연결할 수 없음. |

## MCP3208을 RPi에 배선하기

그림 9.2는 SPI 버스를 사용해 MCP3208을 RPi에 직접 연결하는 방법을 보여준다. 그림에는 회로를 테스트하는 데 사용되는 ADC 입력 예제도 포함돼 있다.

1 단일 종단(Single-ended) ADC 입력은 공통 기준 접지를 공유한다. 차동(Differential) 입력은 ADC 입력 쌍(IN+, IN-)을 적용해서 서로 비교해 ADC 값을 결정한다. 이는 단일 종단 입력이 범위를 초과하도록 만드는 결합 노이즈의 공통 모드 제거에 특히 유용하다. 이 절에서 설명하는 방식으로 사용할 수 있는 MCP330x13비트 차동 입력 SPI ADC 제품군이 있다.

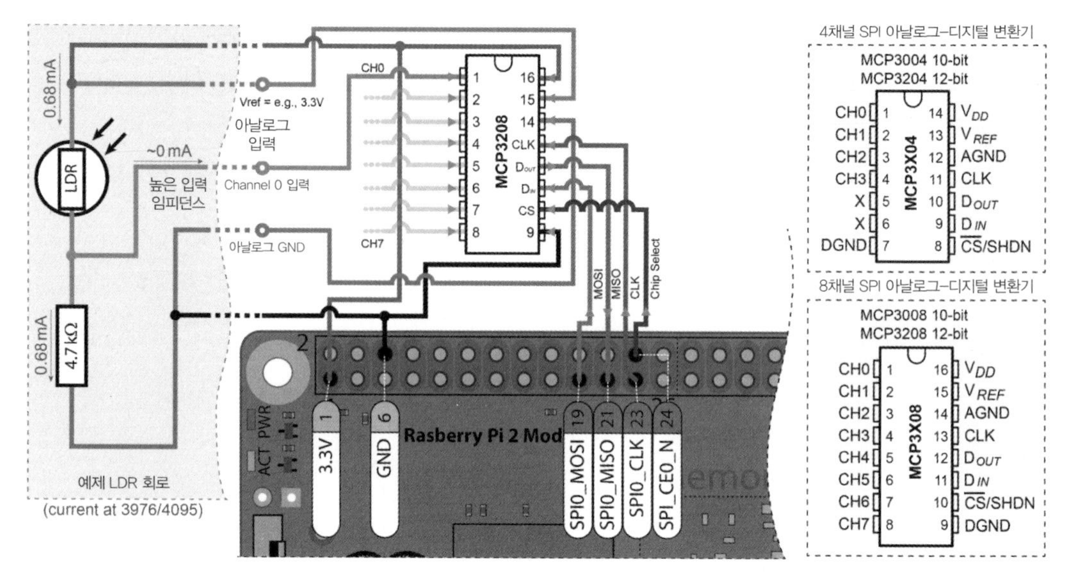


**그림 9.2** MCP3208 IC의 채널 0에 예제 LDR 회로가 연결된 RPi의 일반적인 SPI ADC 구성

## MCP3208과 통신하기

ADC 기능은 MOSI 선을 $D_{IN}$ 핀에 사용하는 RPi에 의해 제어되며 결과 샘플 데이터는 $D_{OUT}$ 핀에서 MISO 라인으로 반환된다. 그림 9.3은 트랜잭션을 완료하기 위해 MCP320x 및 MCP300x ADC에 쓰고 읽어야 하는 비트를 보여준다. 본질적으로 RPi는 어느 채널(0~7)을 읽을 것인지, 회로의 구성이 단일 종단을 위한 것인지 차동 입력을 위한 것인지를 판단해야 한다.

- 채널 선택에는 그림 9.3의 오른쪽에 표시된 것과 같은 3비트 식별자($2^3 = 8$)를 사용한다.
- 이 절의 예제 회로는 단일 종단 입력을 사용하므로 Single/Diff 비트가 1이지만, 비트를 0으로 설정하면 입력을 4쌍의 차동 짝(CH0/CH1, CH2/CH3, CH4/CH5, CH6/CH7)으로 사용할 수 있다. 예를 들어, `000`은 CH0을 IN+로, CH1을 IN-로 설정한다. `001`은 CH1을 IN+로, CH0을 IN-로 설정한다. `010`은 CH2를 IN+로, CH3을 IN-으로 설정한다.

데이터 트랜잭션에는 24 직렬 클럭(SCLK) 사이클이 소요된다. RPi는 low 비트, 시작 비트(high), SGL/Diff 비트(단일 종단 구성인 경우 high), 채널 선택 3비트 순으로 기록한다. 쓰기는 클럭 신호의 상승 에지에서 수행된다. 그런 다음 MCP320x는 클럭 신호의 하강 에지(3.5 클럭 사이클 지연됨)에서 12비트의 데이터를 RPi로 다시 보낸다. 그림 9.3의 하단에 MCP300x에 필요한 신호 패턴도 나와 있다. 그것들은 거의 동일하지만, 12비트가 아니라 10비트가 반환되기 때문에 MOSI($D_{IN}$) 라인의 선행 low는 2개가 적다.

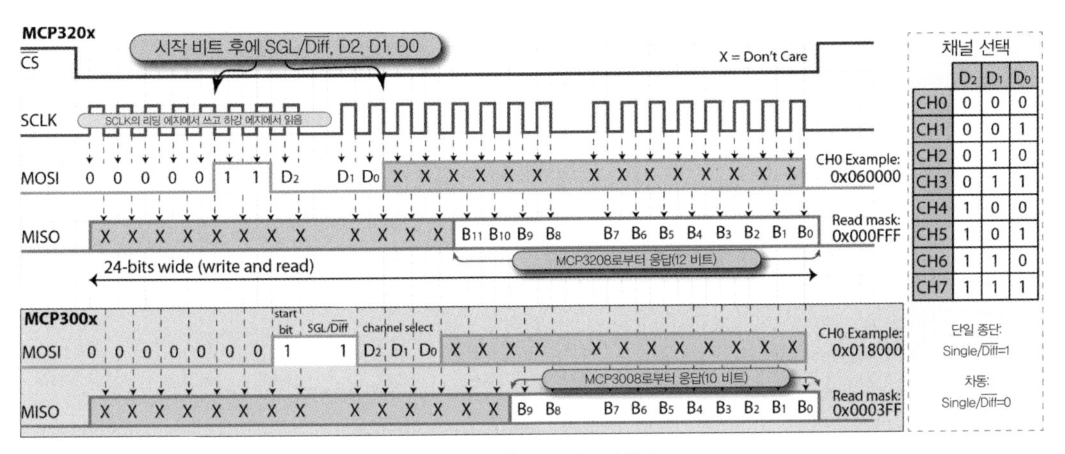


그림 9.3 SPI ADC(12비트 MCP320x 및 10비트 MCP300x 제품군)로부터 데이터 읽기

## ADC 애플리케이션: 아날로그 광도계

그림 9.2는 *LDR*(light-dependent resistor, 광저항기) 회로의 예로, MCP3208에 아날로그 센서를 연결하는 방법을 보여준다. LDR의 저항은 주변의 밝기에 따라 달라지며 주위가 밝으면 저항이 감소하고 어두우면 저항이 증가한다. 이 회로는 전압 분배기 구성으로 설계돼 LDR의 낮은 저항값으로 인해 한 쌍의 저항(그림 9.2의 4.7kΩ 저항)에서 공급 전압(3.3V)의 비율이 더 많이 떨어지며 MCP3208의 CH0에서 더 높은 전압 레벨을 발생시킨다. 이 회로는 전압 분배기의 구성을 따라 설계됐으며 LDR의 저항값이 낮을 때는 짝이 되는 저항(그림 9.2의 4.7kΩ 저항)이 공급 전압(3.3V) 비율을 큰 폭으로 강하시키고 그 결과로 MCP3208의 CH0의 전압 레벨이 높아진다. 따라서 주위가 밝으면 ADC 디지털 값이 높을 것이다.

CH0에서 전체 범위(즉, ~0V에서 ~3.3V)를 달성하기 위해서는 적절한 쌍 저항값 R을 선택하는 것이 중요하다. 일반적인 LDR 전압 분배기 회로에서는 방정식 $R = \sqrt{R_{MIN} \times R_{MAX}}$를 따르는 것이 최선이다. 여기서 $R_{MAX}$(최대 저항)는 LDR을 손으로 가리고 측정했을 때의 저항이며 $R_{MIN}$(최소 저항)은 광원(예: 휴대폰 손전등 앱)이 표면에 가까울 때 LDR의 저항을 측정한 것이다. 이 예제에서 LDR을 가렸을 때의 저항은 98kΩ이고 광원이 가까울 때의 저항은 220Ω이다. 앞의 공식은 R값이 4,643Ω이므로 4.7kΩ 저항이 적절한 쌍을 제공한다.

코드 9.1은 그림 9.2와 같은 MCP3208 회로를 사용하는 예제다. LDR 회로는 CH0에 연결되며 단일 종단 구성을 통해 샘플링된다.

**코드 9.1** /exploringrpi/chp09/ldr/ldrExample.cpp

```
#include <iostream>
#include "bus/SPIDevice.h"
using namespace exploringRPi;

int main(){
    std::cout << "Starting the RPi LDR ADC Example" << std::endl;
    SPIDevice *busDevice = new SPIDevice(0,0);
    busDevice->setSpeed(5000000);
    busDevice->setMode(SPIDevice::MODE0);
    unsigned char send[3], receive[3];
    send[0] = 0b00000110;        // 시작 비트=1, SGL/Diff=1, D2=0
    send[1] = 0b00000000;        // MSB 00은 채널 0에 대해 D1=0, D0=0
    busDevice->transfer(send, receive, 3);
    // MCP320X: 첫 바이트의 네 LSB와 두 번째 바이트 전체를 사용
    int value = ((receive[1]&0b00001111)<<8)|receive[2];
    std::cout << "LDR value is " << value << " out of 4095." << std::endl;
    return 0;
}
```

코드 9.1은 8장에서 설명한 SPIDevice 클래스를 사용해 MOSI 선에서 요청을 보내고 MISO 선에서 응답을 읽는다. 이 프로그램은 다음과 같이 빌드해 실행할 수 있다.

```
pi@erpi ~/exploringrpi/chp09/ldr $ g++ -o ldrExample ldrExample.cpp →
bus/SPIDevice.cpp bus/BusDevice.cpp
pi@erpi ~/exploringrpi/chp09/ldr $ ./ldrExample
Starting the RPi LDR ADC Example
LDR value is 3952 out of 4095.
pi@erpi ~/exploringrpi/chp09/ldr $ ./ldrExample
Starting the RPi LDR ADC Example
LDR value is 207 out of 4095.
```

프로그램을 처음 실행할 때는 LDR을 광원 가까이에 뒀고 두 번째는 LDR을 가리고 실행했다.

그림 9.2의 회로 구성은 센서 구동에 전압-전류가 필요한 저항 기반 센서에 사용할 수 있으며 센서 저항은 측정 중인 양에 비례해 변한다. 이러한 센서에는 저항 온도계, 스트레인 게이지, 습도 센서, 압력 센서, 광센서, 변위 센서 등이 있다.

코드 9.1은 그림 9.3과 같이 세 개의 채널 선택 비트를 변경해 여덟 개의 채널에서 모두 읽을 수 있도록 쉽게 조정할 수 있다. 예를 들어, MCP3208의 경우 LDR 회로가 CH7(111)에 연결되면 송신 바이트는 send[0]=0b00000111과 send[1]=0b11000000이 될 것이다.

## SPI ADC 성능 테스트

앞에서 살펴본 ADC 예제는 간헐적인 샘플링이 필요한 애플리케이션에 적합하다. 그러나 임베디드 리눅스에서는 이 회로의 한계를 인식하는 것이 중요하다.

데이터시트(tiny.cc/erpi902)에 따르면 MCP3208은 $V_{DD}=5V$에서 100kSPS의 속도로 샘플링할 수 있고 $V_{DD}=2.7V$에서 50kSPS로 샘플링할 수 있으며 $V_{DD}=3.3V$에서 ~63kSPS로 보간된다. 그러나 이 속도를 달성하기 위해서는 RPi가 초당 63,000건의 요청을 MCP3208에 쓰고 읽어야 한다(최소 24비트 63,000 = 1.5MHz의 SCLK율). 요청은 16μs마다 전송돼야 하며 그렇지 않은 경우 캡처된 데이터가 샘플 클럭 지터에 시달릴 수 있으므로 정확한 시간 간격을 유지해야 한다. 이것은 임베디드 리눅스 애플리케이션에서 특히 문제가 되는데, 그 이유는 커널이 아날로그 샘플링 요청과 보드에서 실행 중인 다른 프로세스 간의 균형을 맞춰야 하기 때문이다. 이는 샘플 클럭이 진정한 주기 신호로부터 벗어나는 것(즉, 지터)의 원인이 될 수 있다. 이 주제는 6장 및 7장에서 RPi의 선점 성능에 대한 테스트를 수행할 때 자세히 설명했다. 그림 6.10(a)의 히스토그램 그래프는 예상할 수 있는 샘플 클럭 지터 문제를 보여준다.

이 구성의 성능을 테스트하기 위해 알려진 입력 신호를 입력 채널 중 하나에 적용하면 캡처된 샘플 데이터를 알려진 입력 신호와 비교할 수 있다. 이 간단한 테스트에는 Analog Discovery Waveform Generator를 사용했다. 이 장비는 사인파 입력 신호를 생성할 수 있으며 샘플링된 출력을 시각적으로 검사할 수 있다.

코드 9.2는 최대한 빨리 200개의 ADC 표본을 추출해 그 결과를 터미널 창에 출력하는 짧은 프로그램이다. 프로그램의 출력은 Gnuplot 도구로 파이프돼 샘플 데이터의 그래프를 생성할 수 있다.

**GNUPLOT**

Gnuplot은 강력한 명령행 그래프 작성 도구로, RPi에서 데이터를 그래프로 표현하는 데 사용할 수 있다. 생성된 그래프는 화면에 표시하거나 파일로 저장할 수 있다. 그래프를 화면에 표시하는 것은 RPi에 직접 연결된 모니터에 할 수도 있고 가상 네트워크 연결(VNC)을 사용할 수도 있다(14장 참고). 여기에서는 그래프를 파일로 저장해 데스크톱 컴퓨터로 전송하는 방법을 설명할 것이다.

RPi에 Gnuplot을 설치하고 sin(x)의 그래프를 벡터 형식의 포스트스크립트(PS) 파일 및 비트맵 형식의 PNG 이미지로 출력해 보자.

```
pi@erpi ~ $ sudo apt install gnuplot ghostscript
pi@erpi ~/tmp $ gnuplot
   G N U P L O T   Version 4.6 patchlevel 6 ...
gnuplot> set term postscript
Terminal type set to 'postscript' ...
gnuplot> set output "sinx.ps"
gnuplot> plot [-pi: pi] sin(x)
gnuplot> set term png
Terminal type set to 'png' ...
gnuplot> set output "sinx.png"
gnuplot> plot [-2*pi:2*pi] sin(x)
gnuplot> exit
pi@erpi ~/tmp $ ls
sinx.png  sinx.ps
pi@erpi ~/tmp $ ps2pdf sinx.ps sinx.pdf
pi@erpi ~/tmp $ ls
sinx.pdf  sinx.png  sinx.ps
```

이 그래프는 /chp09/gnuplot/ 디렉터리에 있다. 호출 결과를 책의 깃허브 저장소(https://github.com/derekmolloy/exploringrpi/tree/master/chp09/gnuplot)에서 직접 확인할 수 있다.

Gnuplot은 5장에서 히스토그램 그래프를 표시하기 위해 사용했고 이 절에서는 ADC 회로에서 캡처한 데이터를 시각화하기 위해 사용한다. Gnuplot은 코드 9.3에서 예로 든 것과 같이 스크립트를 사용해 호출할 수 있다. Gnuplot의 자세한 사용법은 www.gnuplot.info 및 www.gnuplot.info/docs_4.0/gpcard.pdf를 참고하라.

---

**코드 9.2** /chp09/spiADC/ADCmulti.cpp

```
#include <iostream>
#include "bus/SPIDevice.h"
#define SAMPLES 200
using namespace exploringRPi;

int main(){
    short data[SAMPLES];          // 출력의 #은 gnuplot에서 무시함
    std::cout << "# Starting RPi SPI ADC Example" << std::endl;
    SPIDevice *busDevice = new SPIDevice(0,0);
    busDevice->setSpeed(5000000);
    busDevice->setMode(SPIDevice::MODE0);
```

```
    unsigned char send[3], receive[3];
    send[0] = 0b00000110;        // 채널 0으로부터 단일 종단 입력 읽기
    send[1] = 0b00000000;
    for(int i=0; i<SAMPLES; i++) {
        busDevice->transfer(send, receive, 3);
        data[i] = ((receive[1]&0b00001111)<<8)|receive[2];
    }
    for(int i=0; i<SAMPLES; i++) { // 데이터 캡처 후 출력
        std::cout << i << " " << data[i] << std::endl;
    }
    busDevice->close();
    std::cout << "# End of RPi SPI ADC Example" << std::endl;
    return 0;
}
```

코드 9.2의 프로그램을 직접 호출하는 것이 아니라 코드 9.3의 짧은 스크립트로 호출한다. 그 결과 샘플 데이터를 PDF 파일에 그래프로 출력해 쉽게 볼 수 있다.

**코드 9.3** /exploringrpi/chp09/spiADC_MCP3208/plot

```
#!/bin/bash
echo "Capturing 200 samples from the memory and dumping to capture.dat"
./ADCmulti > capture.dat
echo "Plotting the data to a PS file"
gnuplot <<_EOF_
set term postscript enhanced color
set output 'plot.ps'
set title 'Exploring RPi Plot'
plot 'capture.dat' with linespoints lc rgb 'blue'
_EOF_
echo "Converting the PS file to a PDF file"
ps2pdf plot.ps plot.pdf
```

현재 CPU 주파수 프로파일이 적응형(ondemand 조정기)으로 설정돼 있다면 이 테스트에서 문제가 발생할 것이다. 이 테스트는 조정기가 CPU 주파수를 증가시킬 만큼의 상당한 CPU 부하를 일으키므로 테스트가 진행되는 동안 ADC 샘플 클럭 속도가 변경될 것이다. 따라서 CPU 부하에 관계없이 CPU 주파수를 고정하는 프로파일을 사용하도록 조정기를 설정하는 것이 중요하다.

```
pi@erpi ~ $ sudo cpufreq-set -g performance
pi@erpi ~ $ cpufreq-info | grep "current CPU frequency"
```

```
  current CPU frequency is 1000 MHz ...
pi@erpi ~ $ cd ~/exploringrpi/chp09/spiADC
pi@erpi ~/exploringrpi/chp09/spiADC $ ./plot
Capturing 200 samples from the memory and dumping to capture.dat
Plotting the data to a PS file
Converting the PS file to a PDF file
pi@erpi ~/exploringrpi/chp09/spiADC $ ls -l *.dat *.pdf
-rw-r--r-- 1 pi pi 1294 Aug 23 21:29 capture.dat
-rw-r--r-- 1 pi pi 6514 Aug 23 21:29 plot.pdf
```

결과는 plot.pdf 파일에서 확인할 수 있다. 이 테스트는 다양한 입력 주파수에 대해 반복할 수 있으며 그림 9.4와 같은 결과를 제공한다. chp09/spiADC/results 폴더에서도 이 그래프들을 볼 수 있다.

그림 9.4(a)에서 오버클럭된 RPi 2는 1GHz에서 인상적인 결과를 나타낸다. 이 그래프는 500Hz 사인파 입력 신호의 200 샘플을 표시하며 캡처하는 데 0.00525초가 걸렸다. 한 개의 표본에 대해 26.25μs가 걸린 셈으로, 이는 39.1kSPS의 샘플링 속도이다. 불행히도 이 접근법은 높은 샘플 속도에서 극복하기 어려운 지터가 종종 발생한다(그림 9.4(b) 참고). 낮은 속도(예: 5kSPS)에서는 신호가 *오버샘플링*되고 결과가 평균화될 수 있다. 마지막으로 그림 9.4(c)는 샘플 클럭 속도가 입력 신호를 적절하게 샘플링하기에 불충분할 때 발생하는 문제를 설명한다.

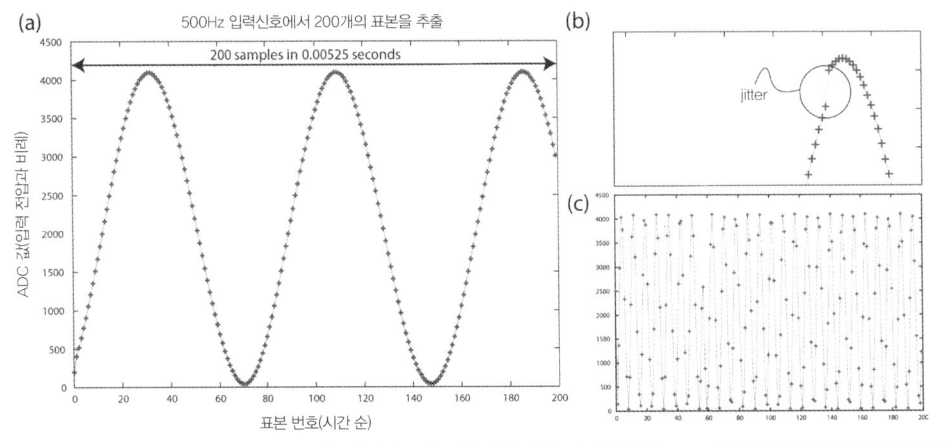


**그림 9.4** (a) 500Hz 사인파 입력 신호의 데이터 캡처 그래프, (b) 샘플 클럭 지터의 예, (c) 5kHz 사인파 입력 신호의 데이터 캡처

## BCM2835를 위한 C 라이브러리(고급)

RPi SPI 장치를 위한 강력한 메모리 매핑을 지원하는 wiringPi에 대한 대체 라이브러리가 있다. 이 장에서 지금까지 살펴본 코드는 일반적으로 모든 임베디드 리눅스 장치에 적용할 수 있지만, 메모리 맵 코드는 6장에서 설명했듯이 RPi 플랫폼 전용이다. 리눅스 OS를 우회해 RPi의 레지스터에 직접 접근하는 것의 장점은 입출력 성능을 높임으로써 샘플링된 데이터의 품질을 높일 수 있다는 것이다.

마이크 매컬리(Mike McCauley)가 작성한 BCM2835 C 라이브러리를 `tiny.cc/erpi904`에서 구할 수 있다.[2] 웹 사이트를 방문해 라이브러리의 최신 버전을 확인한 후 다음 단계를 사용해 라이브러리를 내려받고 빌드해 설치할 수 있다.

```
pi@erpi ~ $ wget http://www.airspayce.com/mikem/bcm2835/bcm2835-1.45.tar.gz
pi@erpi ~ $ ls -l *.gz
-rw-r--r-- 1 pi pi 251081 Aug  5 04:40 bcm2835-1.45.tar.gz
pi@erpi ~ $ tar zxvf bcm2835-1.45.tar.gz
pi@erpi ~ $ cd bcm2835-1.45/
pi@erpi ~/bcm2835-1.45 $ ./configure
pi@erpi ~/bcm2835-1.45 $ make
pi@erpi ~/bcm2835-1.45 $ sudo make check
pi@erpi ~/bcm2835-1.45 $ sudo make install
pi@erpi ~/bcm2835-1.45 $ ls -l /usr/local/lib/*bcm*
-rw-r--r-- 1 root staff 47982 Aug 24 01:47 /usr/local/lib/libbcm2835.a
```

코드 9.4는 코드 9.2에 BCM2835 C 라이브러리를 적용한 것이다. 또한 이 코드는 최대 시스템 우선순위를 사용하도록 조정되며 결과 바이너리 실행 파일과 연관된 메모리에 대해서는 메모리 페이징이 비활성화된다. 메모리 페이징은 지연을 일으키며 그로 인해 출력에서 표본이 누락되거나 노이즈가 생긴다.

**코드 9.4** /chp09/bcm2835/adc_bcm2835.cpp

```
/** www.airspayce.com/mikem/bcm2835/의 spi.c 예제에 기초함 **/
#include <bcm2835.h>
#include <iostream>
#include <string.h>
#include <sys/mman.h>
#define SAMPLES 2000
using namespace std;

int main() {
```

2 그 이름에도 불구하고 이 라이브러리는 RPi 2 및 RPi 3의 BCM2836 및 BCM2837 SoC에서도 작동한다.

```
    short data[SAMPLES];
    if (!bcm2835_init()) {
        cout << "Failed to intialize the bcm2835 module" << endl;;
        return 1;
    }
    // 우선순위를 최대로 설정하고 리눅스의 라운드 로빈 스케줄에서
    // FIFO 고정 우선순위 스케줄링으로 변경
    struct sched_param sp;
    sp.sched_priority = sched_get_priority_max(SCHED_FIFO);
    if (sched_setscheduler(0, SCHED_FIFO, &sp)<0) {       // 스케줄링 변경
        cout << "Failed to switch from SCHED_RR to SCHED_FIFO" << endl;
        return 1;
    }
    // 페이지 스왑을 방지하기 위해 프로세스의 메모리를 RAM에 고정
    if (mlockall(MCL_CURRENT|MCL_FUTURE)<0) {      // 현재 및 미래의 페이지를 잠금
        std::cout << "Failed to lock the memory." << std::endl;
        return 1;
    }
    bcm2835_spi_begin();
    bcm2835_spi_setBitOrder(BCM2835_SPI_BIT_ORDER_MSBFIRST);
    bcm2835_spi_setDataMode(BCM2835_SPI_MODE3);
    bcm2835_spi_setClockDivider(BCM2835_SPI_CLOCK_DIVIDER_64); // 제한!
    bcm2835_spi_chipSelect(BCM2835_SPI_CS0);
    bcm2835_spi_setChipSelectPolarity(BCM2835_SPI_CS0, LOW);
    for(int i=0; i<SAMPLES; i++) {
        char msg[3] = { 0b00000110, 0x00, 0x00 };
        for(int x=0; x<700; x++) { };           // 지연 해킹 - 최적화하지 말 것
        bcm2835_spi_transfern(msg, 3);
        data[i]=((msg[1]&0b00001111)<<8)|msg[2];
    }
    for(int i=0; i<SAMPLES; i++) {
        cout << i << " " << data[i] << endl;
    }
    bcm2835_spi_end();                      // SPI 정리
    bcm2835_close();                        // 드라이버를 종료
    munlockall();                           // 프로세스 메모리 잠금 해제
    return 0;
}
```

코드 9.4의 코드는 다음과 같이 빌드하고 실행할 수 있다.

```
pi@erpi .../chp09/bcm2835 $ g++ adc_bcm2835.cpp -o adc -lbcm2835
pi@erpi .../chp09/bcm2835 $ sudo ./adc
```

출력을 그림 9.5에 나타냈는데, 임베디드 리눅스 장치로서는 인상적인 결과를 보여준다. 그림 9.5(a)는 최소 지터를 보여주며, 그림 9.5(b)는 오랫동안 백만 개의 표본을 추출하는데도 눈에 띄는 대기 시간 문제를 겪지 않음을 보여준다. 그림 9.5(b)의 그림은 1백만 개의 불연속 점으로 구성된다. 결과 그래프 선의 정밀도는 우수한 품질의 샘플링 결과를 나타낸다.

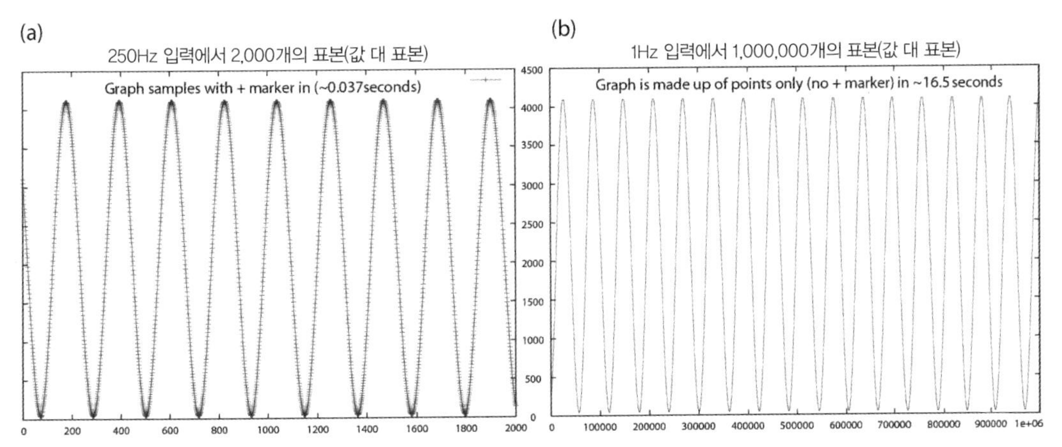


**그림 9.5** (a) BCM2835 C 라이브러리와 SPI ADC를 사용해 캡처한 2,000개의 샘플 그래프, (b) 동일한 라이브러리를 사용한 100만 개의 샘플 그래프

BCM2835 C 라이브러리는 RPi 전용 코드를 사용하기는 했지만 전반적인 샘플링 성능이 높아진 것은 확실하다.

이 절에서 설명한 SPI ADC 사용의 한 가지 중요한 제한 사항은 샘플링 속도를 결정하기 어렵고 RPi의 CPU 주파수에 종속된다는 것이다. 이 예제에서는 샘플 속도가 빈 for 루프의 반복 횟수를 변경해 설정되므로 차단 지연이 발생한다. 이 제한을 해결하려면 외부 샘플 클럭이 필요하다. 그 옵션 중 하나는 8장에서 설명한 구성 가능한 클럭 출력이 있는 RTC 모듈을 사용하는 것이다. 또는 6장의 클럭 생성기를 사용해도 된다. 클럭이 GPIO에 연결되면 빈 for 루프를 GPIO를 읽는 코드로 바꾸고 상태 변경(즉, 상승 또는 하강 에지)을 기다릴 수 있다. 데이터는 GPIO 상태 전이에서 샘플링될 수 있으며 다음 샘플에 대해 주기가 반복된다. 이러한 회로 구성은 좀 더 정확한 샘플링 클럭 주기를 일으킬 것이다.

## 디지털-아날로그 변환기

디지털-아날로그 변환기(DAC)는 디지털 장치가 디지털 값을 사용해 지정된 아날로그 전압 레벨을 출력할 수 있게 해준다. ADC의 반대라고 생각하면 된다. 이 절에서는 I²C 및 SPI 버스를 모두 사용해 DAC 기능을 RPi에 추가한다. SPI 방식은 신호 생성에 더 적합한 반면, I²C 방식은 특히 소프트웨어로 제어되는 DC 전압 레벨 생성에 유용하다.

### I²C 디지털-아날로그 변환기

MCP4725는 EEPROM 메모리가 내장된 단일 채널 12비트 DAC다. 표면 실장 장치(SOT-23)이므로 프로토타입 작업에는 Adafruit에서 구할 수 있는 브레이크아웃 보드(5달러)를 사용한다. 원하는 출력 레벨을 내장된 EEPROM 메모리에 영구적으로 저장할 수 있어 장치에 전원이 공급되면 RPi의 입력을 요구하지 않고 저장된 값으로 지정된 전압을 출력한다. tiny.cc/erpi905의 데이터시트를 참고하라.

그림 9.6에 I²C 버스를 사용해 Adafruit 브레이크 아웃 보드를 RPi에 연결하는 방법을 나타냈다. 이 회로는 포인트 전압 레벨 설정, 센서 보정 및 오프셋 트리밍과 같은 애플리케이션을 위해 소프트웨어로 제어되는 전압 레벨을 출력하는 데 사용할 수 있다.

MCP4725의 A0 핀을 통해 장치의 주소를 설정할 수 있다. 플로팅되거나 GND에 연결된 경우 주소는 0x62로 설정된다. 또는 입력이 high에 묶이면 주소가 0x63이 된다. 이와 같이 주소를 설정함으로써 동일한 I²C 버스에 장치를 두 개 연결할 수 있다.

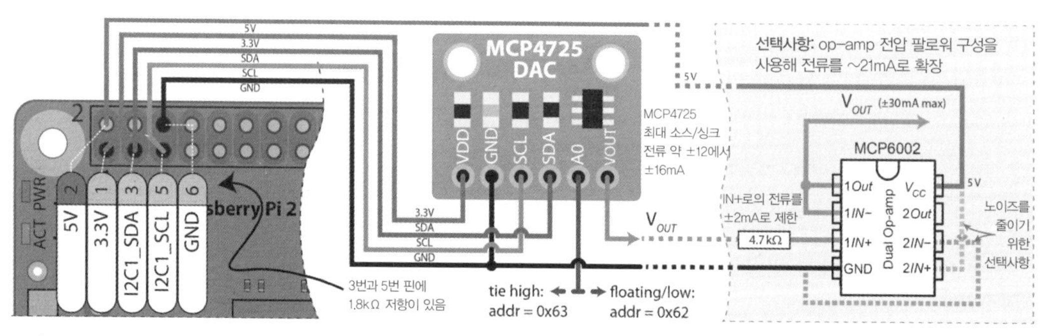

그림 9.6 MCP4725 I2C DAC 및 출력 전류 범위를 개선하는 연산증폭기 회로 옵션

아날로그 출력 레벨을 설정하려면 장치에 디지털 값을 16진수 형식으로 보내면 된다. 12비트 DAC이므로 0V와 3.3V 사이에 $0_{10}$에서 $4095_{10}$까지 4,096단계가 있으며, 16진수로는 0x0000부터 0x0FFF까지다. 예

를 들어, 1V의 전압 레벨을 출력하려면 (1 × 4096) ÷ 3.3V = $1241_{10}$ = 0x04D9를 16진수로 설정한다. 마찬가지로 2V는 0x09B0, 3V는 0x0E8B가 된다. 그런 다음, 장치에 두 바이트 모두 MSB부터 써야 한다. 다음은 DAC 출력 전압을 각각 1V, 2V, 3V, 3.3V로 설정하는 예다.

```
pi@erpi ~ $ i2cset -y 1 0x62 0x04 0xD8
pi@erpi ~ $ i2cset -y 1 0x62 0x09 0xB0
pi@erpi ~ $ i2cset -y 1 0x62 0x0E 0x8B
pi@erpi ~ $ i2cset -y 1 0x62 0x0F 0xFF
```

8장의 `I2CDevice` 클래스를 사용해 코드 9.5의 `DACDriver` 클래스를 만들 수 있다. 이 클래스는 MCP4725 장치의 기능을 출력 레벨을 설정하는 메서드와 DC 출력 임피던스를 1Ω(DISABLE), 1kΩ, 100kΩ, 500kΩ으로 정의하는 메서드로 래핑한다.

**코드 9.5** /exploringrpi/chp09/i2cDAC/DACDriver.h

```
class DACDriver:protected I2CDevice{
public:
enum PD_MODE { DISABLE, GND_1K, GND_100K, GND_500K };    // 파워다운 모드
private:
    unsigned int I2CBus, I2CAddress;
    unsigned int lastValue;
    int setOutput(unsigned int value, DACDriver::PD_MODE mode);
public:
    DACDriver(unsigned int I2CBus=1, unsigned int I2CAddress=0x62);
    virtual int powerDown(DACDriver::PD_MODE mode = GND_500K);
    virtual int wake();
    virtual int setOutput(unsigned int value);
    virtual int setOutput(float percentage);
    virtual int setOutput(unsigned int waveform[], int size, int loops=1);
    virtual unsigned int getLastValue() { return lastValue; }
    virtual ~DACDriver();
};
```

DAC 출력으로 소스 또는 싱크할 수 있는 최대 전류는 출력 전압에 따라 다르지만 12~16mA 범위다(데이터시트의 Figure 2-16 참고). RPi의 3.3V 전원 공급 장치가 감당할 수 있는지도 고려해야 한다.

그림 9.6의 오른쪽은 DIP 형태의 MCP6002 듀얼 연산 증폭기를 추가해 회로를 확장하는 예를 보여준다. 이 IC에 있는 두 개의 연산 증폭기 중 하나를 전압 팔로워 구성(4장에서 설명)에 사용한다. 연산 증폭기의 출력 전압(*1Out*)은 DAC에 의해 설정되는 입력 전압(*1IN+*)을 반영한다. 출력 전류는 DAC가 아닌

MCP6002에서 제공한다는 점이 중요하다. MCP6002는 상온에서 5V의 전원으로 최대 21.5mA를 소스 또는 싱크할 수 있다(MCP6002 데이터시트의 Figure 2-13 참고). 더 큰 범위를 제공하는 연산 증폭기도 있다.

코드 9.6은 출력에 50% 전압 레벨(이 예에서는 1.65V)을 출력하는 데 사용할 수 있는 짧은 예제 코드다. 프로그램은 키를 누를 때까지 출력을 끈다. DAC는 프로그램이 종료된 후에나 RPi가 재시작된 경우에도 출력 전압 레벨을 유지한다.

**코드 9.6** /chp09/i2cDAC/dacTestApp.cpp(일부)

```
int main() {
    DACDriver *driver = new DACDriver(1,0x62);
    driver->setOutput(50.0f);                   // 50%(2048)
    cout << "The output is " << driver->getLastValue() << endl;
    cout << "Press ENTER to sleep the DAC..." << endl;
    getchar();
    driver->powerDown(DACDriver::GND_100K);     // 공백일 경우 500K
    cout << "Press ENTER to wake the DAC..." << endl;
    getchar();
    driver->wake();
    cout << "DAC is on and maintains value on exit" << endl;
    return 0;
}
```

코드 9.6은 다음과 같이 빌드하고 실행할 수 있다.

```
pi@erpi ~/exploringrpi/chp09/i2cDAC $ ./build
pi@erpi ~/exploringrpi/chp09/i2cDAC $ ./dactest
The output is 2048
Press ENTER to sleep the DAC...
Press ENTER to wake the DAC...
DAC is on and maintains value on exit
```

같은 디렉터리에 $I^2C$ DAC를 사용해 사인파 신호를 출력하는 방법을 보여주는 예제(dacSignalTest.cpp)가 있다. 이 애플리케이션은 100개의 이산적 표본으로 구성된 ~30Hz의 사인파를 생성한다. 출력은 $I^2C$ 버스의 속도로 제한된다. SPI DAC에 대해서도 비슷한 예가 제시돼 훨씬 더 큰 출력 주파수를 얻을 수 있다.

## SPI 디지털-아날로그 변환기

MCP4921은 DIP 형태로 제공되는 저가형(2달러) 단일 채널 12비트 SPI DAC이다(tiny.cc/erpi906 참고). 이것은 Microchip SPI DAC 제품군에 속하며, 8비트(MCP4901) 및 10비트(MCP4911) DAC도 있다. 이 DAC들은 레일-to-레일 출력(즉, GND에서 $V_{DD}$까지)과 2.7~5.5V 전원 동작 및 최대 20MHz의 SPI 데이터 클럭 주파수를 지원한다.

그림 9.7(a)는 MCP4921이 RPi의 SPI 버스에 어떻게 연결될 수 있는지 보여준다. DAC는 데이터를 RPi로 다시 보내지 않으므로 MISO 연결이 필요하지 않다. 다시 한번 말하지만, 그림 9.6에 나와 있는 "옵션" 회로를 사용해 출력 전류 범위를 확장할 수 있다. 그러나 SPI 장치를 선택하면 장치를 전압 소스로 사용하지 않고 신호/파형 발생기로 사용할 가능성이 커진다.

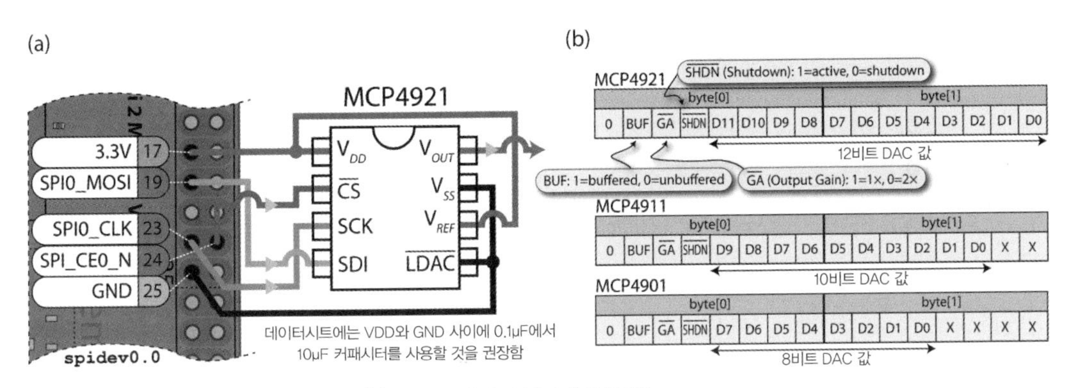

그림 9.7 (a) MCP4921 SPI DAC에 연결하기, (b) MCP4921/11/01의 SPI 메시지 포맷

전체 장치 제품군에 대한 SPI 메시지 형식을 그림 9.7(b)에 나타냈다. 앞의 0 뒤에 세 개의 구성 비트가 이어지며 그다음으로 원하는 DAC 출력을 나타내는 데이터 값이 사용된다. 이 값은 사용되는 DAC에 따라 비트 길이가 다르다. 3개의 구성 비트는 다음과 같다.

- **버퍼 비트:** 출력을 버퍼링할지(1) 또는 버퍼링하지 않을지(0)를 식별한다. 액티브 low LDAC 입력은 래치 레지스터에 저장된 입력 값을 출력으로 전송하는 데 사용할 수 있다. 이 핀을 GND에 연결하면 출력이 SPI_CE0_N 칩 선택(CS) 신호의 상승 에지에서 자동으로 설정되고 버퍼 비트는 0으로 설정된다.
- **출력 이득 비트:** 선택 가능한 이득 제어(1 = $1V_{REF}$ 또는 0 = $2V_{REF}$). 출력 전압은 공급 전압 $V_{DD}$를 초과할 수 없으며 이 예에서 $V_{REF} = V_{DD}$이므로 이 비트는 1로 설정된다.
- **셧다운 비트(Shutdown bit):** 소프트웨어를 사용해 DAC를 종료할 수 있는 비트(절전을 위해). 0 = 종료, 1 = 켜기.

이 장치의 데이터시트에 매우 유용한 도움말과 예제 회로가 있으니 참고하라(tiny.cc/erpi906 참고).

코드 9.7은 주기당 100개의 샘플을 사용해 사인파를 생성하는 예제다. 사인파는 +2,047로 바이어스돼 0에 치우치지 않고 0과 4,095 사이에서 진동한다. 이 코드는 MCP4921용으로 작성된 것으로, 해당 제품군의 다른 DAC에 적용하려면 이득과 바이어스를 변경하고 MCP4911의 경우 2비트, MCP4901의 경우 4비트 왼쪽으로 DAC 값을 시프트한다.

**코드 9.7** /chp09/spiDAC/DACTest.cpp

```
#include <iostream>
#include <math.h>
#include "bus/SPIDevice.h"
using namespace exploringRPi;

int main() {
    unsigned char mask = 0b00110000;          // (MSB) 0 (BUF) 0 (GA) 1 (SHDN) 1
    std::cout << "Starting RPi SPI DAC Example" << std::endl;
    SPIDevice *busDevice = new SPIDevice(0,0);
    busDevice->setSpeed(20000000);            // MCP49xx 제품군의 최대 속도
    busDevice->setMode(SPIDevice::MODE0);     // SPI mode 0을 사용

    // 주기당 100개의 표본을 사용해 12비트 사인파 함수를 계산
    unsigned short fn[100];                   // 16비트 데이터를 사용
    float gain = 2047.0f;                     // 1.65V의 이득
    float phase = 0.0f;                       // 위상은 중요하지 않음
    float bias = 2048.0f;                     // 1.65V가 중심
    float freq = 2.0f * 3.14159f / 100.0f;    // 2*Pi/period (실제 pi!)
    for (int i=0; i<100; i++) {               // 사인 파형을 계산
        fn[i] = (unsigned short)(bias + (gain * sin((i * freq) + phase)));
    }
    unsigned char send[2];                    // 총 16비트를 보냄
    for(int x=0; x<10000; x++) {              // 10,000주기를 보냄
        for(int i=0; i<100; i++) {            // 주기당 100개의 표본
            send[0] = mask | fn[i]>>8;        // 위와 같이 첫 4비트
            send[1] = fn[i] & 0x00FF;         // 표본의 8lsb를 남김
        busDevice->transfer(send, NULL, 2);   // 데이터 전송
        }
    }
    busDevice->close();
    std::cout << "End of RPi SPI DAC Example" << std::endl;
    return 0;
}
```

실행 시 MCP4921의 $V_{OUT}$ 핀에 연결된 오실로스코프를 사용해 캡처한 출력을 그림 9.8(a)에 나타냈다. DAC는 269.5Hz의 사인파를 출력하며 각 사이클은 100개의 샘플로 구성된다. 따라서 DAC는 26,950SPS(초당 표본 수)를 처리한다.

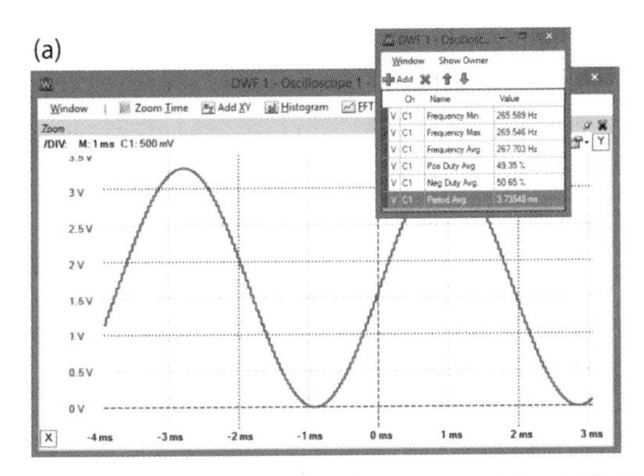


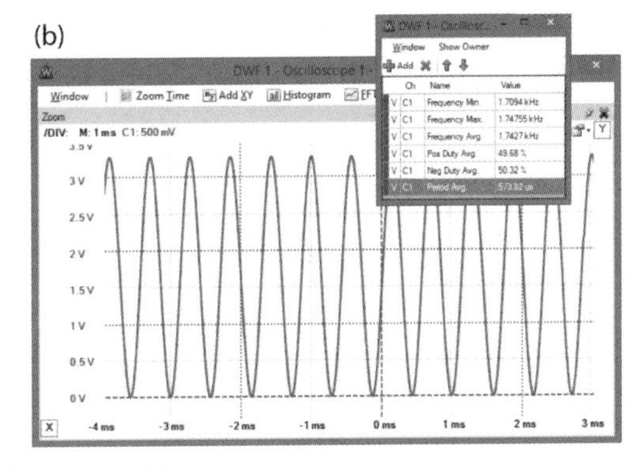


**그림 9.8** (a) SPI DAC 출력 신호, (b) BCM2835 C 라이브러리를 사용하는 SPI DAC 출력

BCM2835 C 라이브러리를 사용해 샘플을 SPI DAC로 전송하는 코드 예제가 `/chp09/spiDAC/bcm2835/` 디렉터리에 있다. 그림 9.8(b)에 나타낸 이 코드의 출력에서 사인파의 주파수가 1.75kHz인 것을 볼 수 있는데, 이는 RPi 전용의 메모리 매핑 방식을 사용하는 경우 DAC가 175,000SPS를 처리함을 의미한다.

## PWM 출력을 RPi에 추가하기

펄스 폭 변조(PWM)의 개념을 4장에서 소개했으며 그것을 RPi에서 사용하는 것을 6장에서 자세히 설명했다. 제어 신호의 듀티 사이클을 조정함으로써 PWM 출력을 사용해 LED의 밝기를 제어하거나 서보 모터를 제어할 수 있다(6장 참고). 안타깝게도 RPi의 온보드 하드웨어 PWM 출력의 수가 제한적이라서 개발 프로젝트를 제한할 수 있다. 그러나 $I^2C$ PWM 컨트롤러를 사용해 RPi에 PWM 출력을 추가할 수 있다.

TLC5940과 같은 다양한 유형의 PWM 컨트롤러가 사용되지만, 이러한 장치는 종종 외부 발진기(oscillator) 및 타이머를 필요로 하기 때문에 RPi에서 구현하기가 번거롭다. 그래서 여기에서는 25MHz 내부 발진기를 가지고 있어 외부 타이밍 회로가 필요 없는 PCA9685를 사용할 것이다. 이것은 $I^2C$ 버스에 인터페이스하는 16채널 12비트 PWM 컨트롤러다. 24Hz에서 1,526Hz까지의 신호 주파수를 출력하고 16개의 출력이 개별적인 듀티 사이클(0~100%)을 갖도록 조정할 수 있다. 28개의 핀 사이에 0.65mm의 표면 실장형 TSSOP28 패키지로 제공된다. 프로토타이핑 작업을 위해서 Adafruit과 같은 공급 업체의 기성품 모듈을 구입하거나(~15달러) 0.65mm를 0.1인치로 바꿔주는 어댑터 보드를 구입할 수 있다. Adafruit 모듈이 잘 설계되고 그림 9.9에 나타낸 것과 같이 RPi에 쉽게 인터페이스할 수 있으므로 여기에서는 그것을 사용할 것이다.

> **경고** Adafruit PCA9685 모듈의 VCC와 V+ 입력을 혼동하지 말라. RPi가 손상될 수 있다. VCC는 3.3V 논리 레벨 전원이고 V+는 모터 공급 전압(예: 주로 5V)이다.

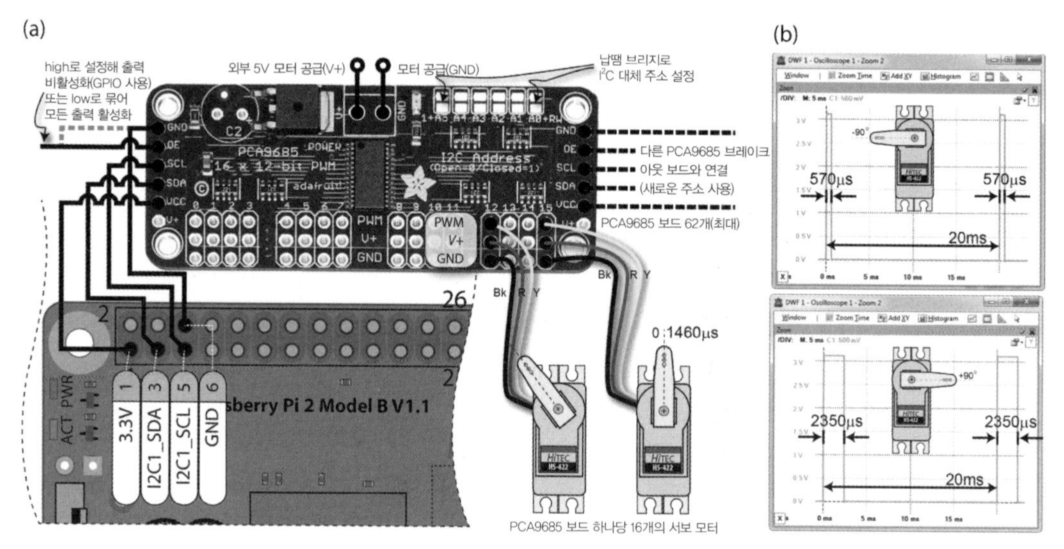


그림 9.9 Adafruit PCA9685 16채널 12비트 PWM 드라이버

Adafruit 모듈의 상단에 역극성 보호 기능이 있는 터미널 블록 커넥터가 있어 외부 모터 전원 공급 장치에 연결하기가 편리하다. 모터 전원 공급 장치는 5.5V를 초과해서는 안 된다(해당 전압 레벨에서 3.3V 논리 레벨을 사용해 안전하게 제어할 수 있다). 해당 모듈에는 외부 전원을 연결하는 것이 이상적인데, 그렇지 않으면 서보 모터로 인해 RPi의 전원선에 상당한 노이즈가 일어날 수 있기 때문이다. 그렇지만 RPi에 서보 모터를 한 개만 연결하면 RPi 5V 전원 공급 장치를 사용할 수 있다. Adafruit 모듈에는 부착된 서보 모터의 수와 전체 요구 사항에 따라 크기를 조정할 수 있는 전해 평활 커패시터(예: 470μF)를 위한 공간이 있다. 16개의 출력 각각에 온보드 220Ω 저항이 있어 LED 및 서보 모터를 쉽게 사용할 수 있다. 일반적인 $I^2C$ 버스 연결 외에도 Output Enable(OE) 입력이 있다. 이 값을 high로 설정하면 PWM 출력이 비활성화된다.

6개의 대체 주소(A5–A0) 접점을 납땜으로 연결해 각 보드에 주소를 할당할 수 있어 62개의 모듈을 단일 I²C 버스에 연결할 수 있다.[3] 이러한 보드 62개를 동일한 버스에 연결하면 RPi에서 단일 버스를 사용해 최대 992개의 서보 모터를 제어할 수 있다! 그림 9.10은 장치의 기본값인 I²C 버스 주소 0x40에서 `i2cdump`를 호출한 결과 출력을 캡처한 것이다.

그림 9.10에 PCA9685의 출력을 제어하는 데 사용할 수 있는 레지스터도 나타냈다. 그림 9.10의 하단에 비트 패턴을 사용해 장치의 동작을 제어하는 두 개의 모드 레지스터(0x00 및 0x01)가 있다. 모드 레지스터 다음에는 4개의 주소 레지스터(0x02~0x05)가 오며, Mode1에 의해 활성화된 경우 여러 개의 PCA9685 모듈이 하나의 "가상" I²C 주소에 응답할 수 있다. 예를 들어, 각 보드에서 활성화된 단일 하위 주소를 단일 호출해서 여러 모듈에서 Channel0에 연결된 모든 서보를 잠재적으로 제어할 수 있다. 전체 호출 주소(0x70)에 대한 쓰기 요청을 무시하도록 Mode1 비트를 설정하지 않는 한, 전체 호출 I²C 주소에 기록하는 것은 버스의 모든 모듈에 영향을 미친다.

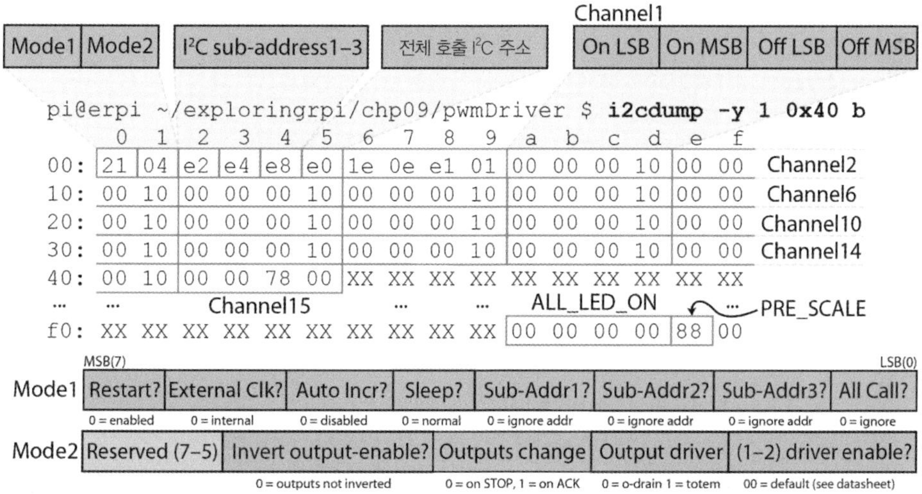

Mode1 | Mode2 | I²C sub-address1–3 | 전체 호출 I²C 주소 | Channel1: On LSB | On MSB | Off LSB | Off MSB

```
pi@erpi ~/exploringrpi/chp09/pwmDriver $ i2cdump -y 1 0x40 b
     0  1  2  3  4  5  6  7  8  9  a  b  c  d  e  f
00: 21 04 e2 e4 e8 e0 1e 0e e1 01 00 00 00 10 00 00   Channel2
10: 00 10 00 00 00 10 00 00 00 10 00 00 00 10 00 00   Channel6
20: 00 10 00 00 00 10 00 00 00 10 00 00 00 10 00 00   Channel10
30: 00 10 00 00 00 10 00 00 00 10 00 00 00 10 00 00   Channel14
40: 00 10 00 00 78 00 XX XX XX XX XX XX XX XX XX XX
...  ...     Channel15      ...   ...   ALL_LED_ON    ... PRE_SCALE
f0: XX XX XX XX XX XX XX XX XX XX 00 00 00 00 88 00
```

MSB(7) ... LSB(0)

| | | | | | | | | |
|---|---|---|---|---|---|---|---|---|
| Mode1 | Restart? | External Clk? | Auto Incr? | Sleep? | Sub-Addr1? | Sub-Addr2? | Sub-Addr3? | All Call? |
| | 0 = enabled | 0 = internal | 0 = disabled | 0 = normal | 0 = ignore addr | 0 = ignore addr | 0 = ignore addr | 0 = ignore |

| | | | | | |
|---|---|---|---|---|---|
| Mode2 | Reserved (7–5) | Invert output-enable? | Outputs change | Output driver | (1–2) driver enable? |
| | | 0 = outputs not inverted | 0 = on STOP, 1 = on ACK | 0 = o-drain 1 = totem | 00 = default (see datasheet) |

**그림 9.10** PCA9685 16채널 12비트 PWM 컨트롤러의 레지스터

주소 레지스터 뒤에는 각 출력 채널 별로 네 개씩, 주소 16묶음이 온다. 예를 들어, Channel0은 0x06부터 0x09까지 네 개의 주소를 사용하는데, 앞의 두 주소는 12비트 "켜짐 시간" 값을, 뒤의 두 주소는 12비트 "꺼짐 시간" 값을 저장하는 데 사용된다. 두 개의 12비트 값은 리틀 엔디언 바이트 순서로 저장된다. "켜짐 시간"은 신호가 high가 된 후의 시간이고, "꺼짐 시간"은 신호가 low가 된 후의 시간이다. 이 값이

3 6개의 납땜 브리지는 $2^6$ = 64개의 가능한 주소를 제공한다. 이 칩에는 두 가지 특수한 기능이 있는데, 그중 하나는 다른 I²C 주소를 사용해 모든 출력을 재설정하는 Software Reset(0x06)이며 다른 하나는 I²C 주소를 사용해 모든 출력을 제어하는 LED 전체 호출(I²C 주소 0x70에서 기본적으로 활성화됨). 그로 인해 두 개의 주소는 사용할 수 없으므로 사용할 수 있는 주소는 64개에서 62개로 줄어든다. 주소 0x70을 선택하려면 브리지를 납땜하지 마라.

출력이 high 또는 low인 시간을 나타내는 것은 아니다. PCA9685 타이밍 형식의 장점은 출력 신호에 위상 편이를 도입할 수 있다는 것이다.

예를 들어, 다음과 같이 리눅스 i2c-tools를 사용해 그림 9.11과 같이 두 개의 PWM 신호를 설정할 수 있다.

1. 첫 번째는 Channel0에서 20%의 듀티 사이클 및 25%의 위상 편이를 갖는다. 따라서 "켜짐" 시간은 0.25 × 4,096 = 1,024(0x0400)이고 "꺼짐" 시간은 0.45 × 4,096 = 1,843(0x0733)이다. 따라서, 레지스터(0x06~0x09)에 다음과 같이 기록한다.

```
pi@erpi ~ $ i2cset -y 1 0x40 0x06 0x00
pi@erpi ~ $ i2cset -y 1 0x40 0x07 0x04
pi@erpi ~ $ i2cset -y 1 0x40 0x08 0x33
pi@erpi ~ $ i2cset -y 1 0x40 0x09 0x07
```

2. 두 번째는 Channel1에서 33%의 듀티 사이클 및 0%의 위상 편이를 갖는다. 따라서 "켜짐" 시간은 0(0x0000)이고 "꺼짐" 시간은 0.33 × 4,096 = 1,352(0x0548)이다. 따라서, 레지스터(0x0a~0x0d)에 다음과 같이 기록한다.

```
pi@erpi ~ $ i2cset -y 1 0x40 0x0a 0x00
pi@erpi ~ $ i2cset -y 1 0x40 0x0b 0x00
pi@erpi ~ $ i2cset -y 1 0x40 0x0c 0x48
pi@erpi ~ $ i2cset -y 1 0x40 0x0d 0x05
```

출력을 활성화하려면 Mode1 상태를 설정해야 한다(그림 9.10 하단 참고). 예를 들어, 재시작을 비활성화(1), 내부 클럭을 사용(0), 자동 증가를 활성화(1), 절전을 비활성화(0), 모든 하위 주소를 비활성화(000), 전체 호출을 활성화(1)하도록 Mode1을 설정하려면 0x00 레지스터를 10100001, 즉 16진수 0xA1로 설정하면 된다.

```
pi@erpi ~ $ i2cset -y 1 0x40 0x00 0xA1
```

그림 9.11의 캡처된 출력 신호에서 이런 설정을 확인할 수 있으며, 스코프는 PCA9685의 Channel0 및 Channel1에 붙어 있다. 전압 오프셋은 Channel1에 적용돼 그림에서 볼 수 있다. 두 신호는 0V와 3.3V 사이에서 변한다.

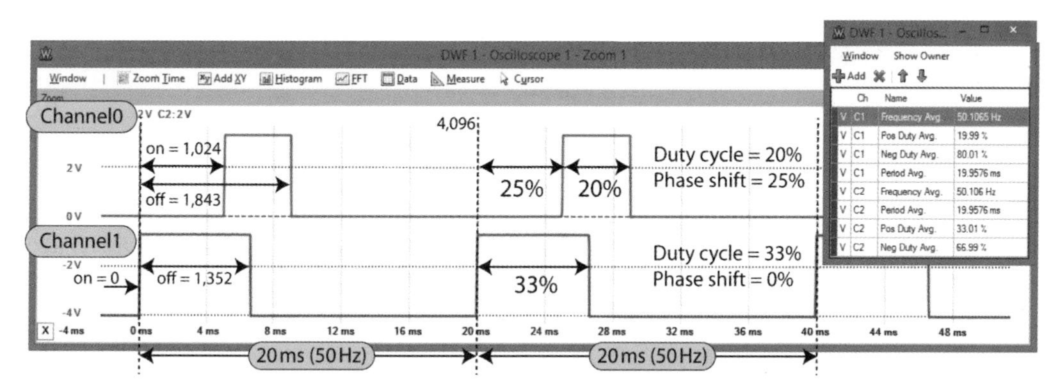


그림 9.11 PCA9685의 Channel0과 Channel1의 PWM 출력 예

PCA9685 모듈을 클래스로 감싸는 예제 코드가 /chp09/pwmDriver/ 디렉터리에 있다. 코드 9.8은 클래스에서 사용 가능한 메서드에 대한 설명을 제공하며, 코드 구현은 pwmDriver.cpp 파일에 있다. 이 클래스는 8장에서 설명한 I2CDevice 클래스를 사용한다.

특히, PWMDriver::setOutput()에서 PWM 채널 출력 값을 설정하는 데 사용되는 코드는 다음과 같다.

```
writeRegister((LED0_ON_L  + (4*outputNumber)), (timeOn  &  0xFF));
writeRegister((LED0_ON_H  + (4*outputNumber)), (timeOn  >> 8));
writeRegister((LED0_OFF_L + (4*outputNumber)), (timeOff &  0xFF));
writeRegister((LED0_OFF_H + (4*outputNumber)), (timeOff >> 8));
```

이 코드는 리눅스 i2c-tools 호출을 사용해 수동으로 수행한 것과 동일한 기능을 수행한다. 전체 레지스터 목록을 유지 관리하는 대신, 이 코드는 원하는 출력 번호의 4배에 해당하는 주소를 오프셋한다. 예를 들어 Channel5에 대해 "켜짐" LSB를 설정하려면 LED0_ON_L + $(5 \times 4) = 0x06 + 20_{10} = 0x1A$와 같이 계산하면 된다. Channel5의 첫 번째 레지스터 주소를 찾아 그림 9.10에서 이 결과를 확인할 수 있다.

**코드 9.8** /chp09/pwmDriver/pwmDriver.h(일부)

```
class PWMDriver:protected I2CDevice{
private:
    unsigned int I2CBus, I2CAddress;
public:
    PWMDriver(unsigned int I2CBus=1, unsigned int I2CAddress=0x40);
    virtual int reset();
    virtual int sleep();
    virtual int wake() { reset(); }
    virtual int setOutput(unsigned int outputNumber, float dutyCycle,
```

```
                        float phaseOffset=0.0f);          // 0-15, 0.0-100, 0.0f
    virtual int setOutputFullyOn(unsigned int outputNumber) {
                setOutput(outputNumber, 100.0f); }
    virtual int setOutputFullyOff(unsigned int outputNumber) {
                setOutput(outputNumber, 0.0f);   }
    virtual int setFrequency(float frequency);       // 24에서 1526Hz 사이
    virtual float getFrequency();
    virtual ~PWMDriver();
};
```

코드 9.8에는 모든 출력에 대해 공통적인 PWM 신호의 주파수를 조정하는 코드도 포함돼 있다. PRE_SCALE 레지스터(0xFE, PCA9685 데이터시트 7.3.5 참고)는 모든 출력이 변조되는 주파수를 정의한다. 이것은 $pre\text{-}scale\ 값 = round(25MHz \div (4{,}096 \times 주파수)) - 1$이라는 공식에 의해 결정된다. 코드 9.8에는 원하는 주파수에 대해 이 계산을 수행하는 함수가 포함돼 있다.

코드 9.9는 `PWMDriver` 클래스를 사용해 PWM 주파수를 설정하고 Channel0과 Channel1에 신호를 출력하는 예제 프로그램이다.

**코드 9.9** chp09/pwmDriver/pwmTestApp.cpp(일부)

```
int main() {
    PWMDriver driver(1, 0x40);
    driver.reset();
    driver.setFrequency(100.0f);
    float frequency = driver.getFrequency();
    cout << "The frequency is currently: " << frequency << endl;
    driver.setOutput(0, 12.5);              // 채널, 듀티 사이클
    driver.setOutput(1, 25.0, 12.5);        // 채널, 듀티 사이클, 위상 편이
    cout << "Press Enter to sleep the outputs..." << endl;
    getchar();
    driver.sleep();
    cout << "The outputs are now off" << endl;
    cout << "Press Enter to wake the outputs..." << endl;
    getchar();
    driver.wake();
    cout << "The outputs are now on" << endl;
    return 0;
}
```

코드 9.9의 프로그램은 다음과 같이 빌드해 실행할 수 있으며 그 결과로 그림 9.12와 같이 출력된다. 이 출력 신호는 pwmtest 프로그램이 종료된 후에도 계속된다는 점이 중요하다.

```
pi@erpi ~/exploringrpi/chp09/pwmDriver $ ./build
pi@erpi ~/exploringrpi/chp09/pwmDriver $ ./pwmtest
The frequency is currently: 99.3896
Press Enter to sleep the outputs...
The outputs are now off
Press Enter to wake the outputs...
The outputs are now on
```

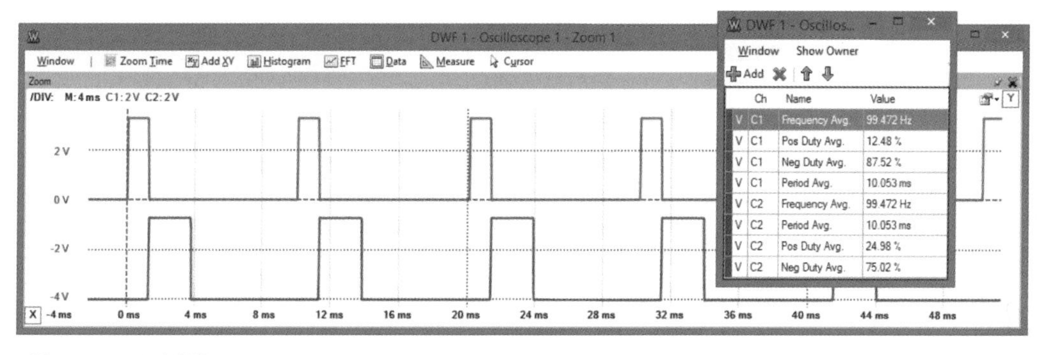


그림 9.12 코드 9.9의 출력

PWMDriver 클래스를 사용하는 Servo 클래스를 이용해 PCA9685 모듈과 서보 모터의 사용을 단순화하는 것으로 이 절을 마무리하겠다. 코드 9.10의 클래스에는 개별 모터에 맞게 출력을 맞춤 설정할 수 있는 보정 방법이 포함돼 있다.

**코드 9.10** chp09/pwmDriver/Servo.h(일부)

```
class Servo {
private:
    PWMDriver *pwmDriver;        // PCA9685 드라이버에 대한 포인터
    int outputNumber;            // PCA9685 브레이크아웃의 출력
    float minDutyCycle, maxDutyCycle, zeroDutyCycle;  // 듀티 사이클
    float plusMinusRange;                             // 서보 범위(+/-)
    float angleStepSize;                              // 계산됨
public:
    Servo(PWMDriver *pwmDriver, int outputNum, float plusMinusRange=90.0f);
    virtual int calibrate(float minDutyCycle, float maxDutyCycle);
    virtual int setAngle(float angle);
    virtual ~Servo();
};
```

코드 9.11은 코드 9.10의 클래스를 사용해 Channel15에서 서보 모터(± 90° 범위)를 −90°로 회전하고 다시 +90°로 회전한다.

**코드 9.11** chp09/pwmDriver/servoTestApp.cpp(일부)

```
int main() {
    PWMDriver *driver = new PWMDriver(1, 0x40); // 버스1, 장치 0x40
    driver->reset();                            // 이전 상태 제거
    driver->setFrequency(50.0f);                // 모든 PWM의 주파수
    Servo *servo = new Servo(driver, 15, 90.0); // 채널 15, ±90°
    servo->calibrate(2.85, 11.75);              // 수동 계산
    for(int i=-90; i<90; i+=2){                 // 왼쪽에서 오른쪽으로
        servo->setAngle(i);                     // 각도
        usleep(10000);                          // 단계마다 10ms sleep
    }
    for(int i=90; i>-90; i-=2){                 // 오른쪽에서 왼쪽으로
        servo->setAngle(i);
        usleep(10000);
    }
    driver->sleep();                            // 홀딩 토크 제거
    return 0;
}
```

## RPi GPIO 확장하기

6장에서 RPi GPIO의 사용에 관해 설명할 때 RPi 3/2/B+/A+는 GPIO 헤더를 통해 최대 26개의 GPIO를 사용할 수 있으며 이전 모델에서는 GPIO를 17개까지 사용할 수 있음을 알았다. $I^2C$ 버스 또는 SPI 버스, UART 장치가 필요한 경우에는 사용 가능한 GPIO의 수가 크게 줄어든다.

다행히 Microchip 16비트 MCP23017 $I^2C$ 입출력 확장기와 16비트 MCP23S17 SPI 확장기가 있으며, 둘 다 PDIP로 된 것을 1~2달러에 구할 수 있다.

그림 9.13(a)는 MCP23017과 $I^2C$ 버스의 연결을, 그림 9.13(b)는 MCP23S17과 SPI 버스의 연결을 보여준다. 이것들은 서로 다른 물리적 장치지만, 핀 배치에 일관성이 있으며 버스를 교환할 수 있도록 설계됐다. 사실 두 장치는 같은 데이터시트(http://ww1.microchip.com/downloads/en/DeviceDoc/20001952C.pdf)에 설명돼 있다.

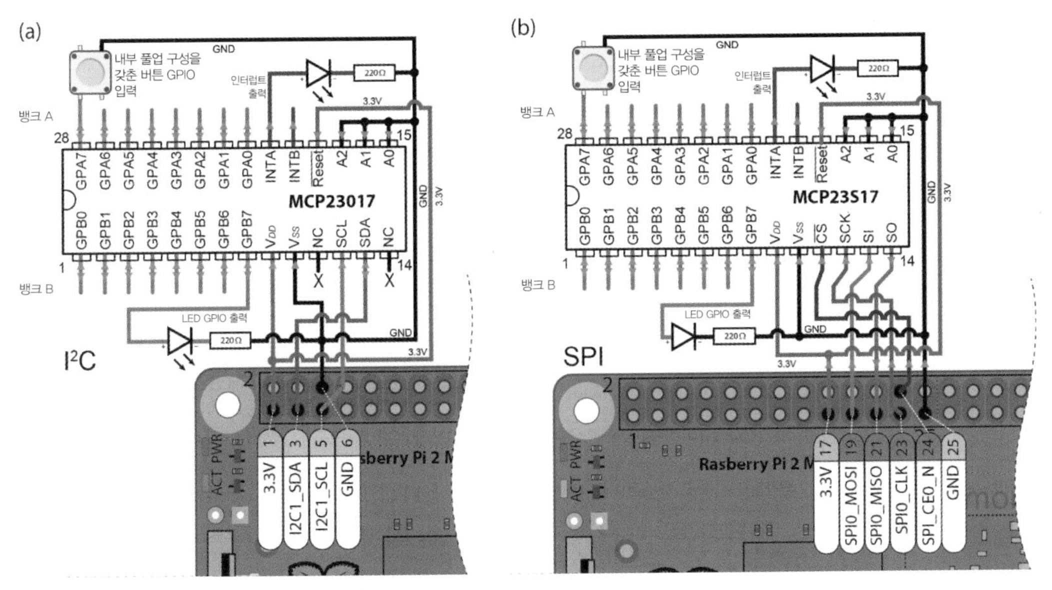

그림 9.13 RPi에 GPIO 추가: (a) MCP23017 $I^2C$ GPIO 확장기, (b) MCP23S17 SPI GPIO 확장기

여기서 주목해야 할 각 장치의 몇 가지 물리적 특징이 있다.

- MCP23017에는 최대 8개의 IC를 단일 $I^2C$ 버스에 연결할 수 있는 3개의 어드레스 핀(A0–A2)이 있어 각 $I^2C$ 버스에 최대 128개의 GPIO를 쉽게 추가할 수 있다. 이 장치는 100kHz, 400kHz 및 1.7MHz 버스 속도를 지원한다.
- 또한 MCP23S17은 단일 SPI 장치로 데이지 체인 방식으로 연결된 별도의 장치를 처리하는 데 사용되는 세 개의 주소 핀(A0~A2)을 가지고 있다(간단히 설명했다). 이를 통해 두 칩 선택 핀을 모두 사용해 RPi의 단일 SPI 버스에 최대 256개의 GPIO를 추가할 수 있다. MCP23S17은 최대 10MHz의 SPI 버스 속도를 지원한다.

이러한 장치의 기능은 놀라울 정도로 복잡하다. 예를 들어, GPIO 핀은 입력 또는 출력으로 설정할 수 있고 내부 풀업 또는 풀다운 저항 구성이 가능하며 입력 극성을 선택할 수 있고 다양한 유형의 인터럽트 조건을 갖도록 구성할 수 있다. 이것은 RPi(및 기타 임베디드 장치)의 입출력 기능을 크게 향상시킬 수 있는 유용한 기능이므로 구성 및 사용에 익숙해지기 위해서 시간을 투자할 가치가 있다.

두 장치는 내부 레지스터 구성이 일치한다. 두 개의 레지스터 뱅크(A와 B)를 가지고 있으며 각각은 8개의 구성 가능한 GPIO와 연관돼 있다. 또한 이 장치에는 프로그램 가능한 입력 조건의 집합에 반응하도록 구성할 수 있는 두 개의 인터럽트 핀(INTA 및 INTB)이 있다.

이러한 장치의 능력에 대한 설명을 돕기 위해 그림 9.13에 테스트 회로를 세 개씩 소개했다.

- 푸시버튼 회로가 GPA7에 연결돼 있으며 곧 내부 풀업 저항이 활성화되도록 구성할 것이다.
- LED 회로가 GPB7에 연결돼 출력으로 구성된다. GPB7이 high일 때 LED가 켜진다.
- LED 회로는 장치의 인터럽트 기능을 테스트하는 데 사용되는 인터럽트 핀, INTA에 연결된다.

리눅스의 i2c-tools(8장 참고)가 새 장치의 레지스터를 익히는 데 매우 유용하므로 I2C 장치부터 먼저 살펴보자.

## MCP23017과 $I^2C$ 버스

MCP23017은 기본적으로 0x20 주소의 버스에 나타난다. A0, A1, A2를 high 또는 low로 설정해 이 주소를 변경할 수 있다. 예를 들어, A0 및 A1이 3.3V 라인에 연결되면 장치 주소는 0x23이 된다. 그림 9.13(a)와 같이 기본 구성에서 장치 주소를 확인할 수 있다.

```
pi@erpi ~ $ i2cdetect -y 1
     0  1  2  3  4  5  6  7  8  9  a  b  c  d  e  f
00:          -- -- -- -- -- -- -- -- -- -- -- -- --
10: -- -- -- -- -- -- -- -- -- -- -- -- -- -- -- --
20: 20 -- -- -- -- -- -- -- -- -- -- -- -- -- -- ...
```

그런 다음 i2cdump 명령을 사용해 레지스터를 그림 9.14와 같이 표시할 수 있다. 그림은 각 레지스터의 이름과 역할을 나타내며, 각 쌍(포트 A와 포트 B)이 장치에 있는 두 개의 8비트 포트에 대응하도록 배열했다.

| | | |
|---|---|---|
| IODIRA | 0x00 | 입출력 방향 포트 A 레지스터(1=입력, 0=출력) |
| IODIRB | 0x01 | 입출력 방향 포트 B 레지스터(1=입력, 0=출력) |
| IPOLA | 0x02 | 포트 A의 극성을 설정(입력 반전)(1=반전, 0=보통) |
| IPOLB | 0x03 | 포트 B의 극성을 설정(입력 반전)(1=반전, 0=보통) |
| GPINTENA | 0x04 | 변경 시 인터럽트 제어 레지스터 포트 A(1=활성화, 0=비활성화) |
| GPINTENB | 0x05 | 위와 같으며, 포트 B. DEFVALx 및 INTCONx를 반드시 설정해야 함 |
| DEFVALA | 0x06 | 변경 시 인터럽트 INTA의 기본 비교 레지스터 |
| DEFVALB | 0x07 | 위와 같으며, 포트 B. 만약 핀 레벨이 레지스터와 반대면 인터럽트를 트리거 |
| INTCONA | 0x08 | DEFVALx를 가지고 변경 시 인터럽트(1) 또는 비교 시 인터럽트(0)를 선택하는 |
| INTCONB | 0x09 | 인터럽트 제어 레지스터 |
| IOCONA | 0X0A | 구성 및 제어 레지스터 포트 A |
| IOCONB | 0x0B | 위와 같으며, 포트 B(일반적으로 설정이 미러됨) |

```
pi@erpi .../chp09/gpioExpander $ ./testI2C
pi@erpi .../chp09/gpioExpander $ i2cdump -y 1 0x20 b

     0  1  2  3  4  5  6  7  8  9  a  b  c  d  e  f
00: 00 ff 00 00 00 ba 00 00 00 00 54 54 00 00 00 00
10: 00 00 00 00 00 00 ...
```

| | | |
|---|---|---|
| GPPUA | 0x0C | 포트 A의 입력 풀업 레지스터 구성(1=풀업, 0=풀다운) |
| GPPUB | 0x0D | 포트 B의 입력 풀업 레지스터 구성(1=풀업, 0=풀다운) |
| INTFA | 0x0E | 인터럽트 플래그 레지스터. 인터럽트가 트리거된 A에서 GPIO를 지시(1) |
| INTFB | 0x0F | 인터럽트 플래그 레지스터. 인터럽트가 트리거된 B에서 GPIO를 지시(1) |
| INTCAPA | 0x10 | 인터럽트 발생 시 포트 A 값을 캡처 |
| INTCAPB | 0x11 | 인터럽트 발생 시 포트 B 값을 캡처 |
| GPIOA | 0x12 | GPIO 입력 레지스터 – 현재 입력 상태(기록은 OLATx에 영향을 미침) |
| GPIOB | 0x13 | 포트 B에 대한 GPIO 입력 레지스터 |
| OLATA | 0x14 | 포트 A에서 출력 설정을 위한 출력 래치 |
| OLATB | 0x15 | 포트 B에서 출력 설정을 위한 출력 래치 |

**IOCONx**

| Bit | | |
|---|---|---|
| 7 | 뱅크 제어 | 1 다른 뱅크<br>0 같은 뱅크 |
| 6 | 미러 INT 핀 | 1 연결<br>0 단절 |
| 5 | 순차 오퍼레이션 | 1 비활성화<br>0 활성화 |
| 4 | Slew rate 제어 | 1 비활성화<br>0 활성화 |
| 3 | h/w 주소 활성화(SPI) | 1 비활성화<br>0 활성화 |
| 2 | 오픈-드레인 출력 | 1 오픈-드레인<br>0 활성 드라이버 |
| 1 | 인터럽트 극성 | 1 활성-high<br>0 활성-low |
| 0 | N/A | 1 무시<br>0 무시 |

이 절의 예제에서 00111010(0x3A) 사용

그림 9.14 MCP23x17 레지스터

i2cset 및 i2cget 명령을 사용해 그림 9.13(a)에 있는 LED 회로와 푸시버튼 회로를 제어해 보면 이러한 장치에 익숙해지는 데 도움이 될 것이다.

## GPIO LED 회로 제어

출력 LED는 그림 9.13(a)와 같이 포트 B의 7번 핀(GPB7)에 연결된다. LED의 상태를 설정하려면 먼저 다음과 같은 단계를 수행해야 한다.

- IOCONB 구성 및 제어 레지스터 상태(0x0B)를 그림 9.14의 오른쪽을 참고해 0x3A로 설정한다.

```
pi@erpi ~ $ i2cset -y 1 0x20 0x0B 0x3A
```

- IODIRB(0x01) 방향 레지스터의 GPB7을 비트 7을 low로 설정함으로써 출력 모드로 설정한다(다음 명령은 8개의 GPB 핀을 모두 출력으로 설정한다).

```
pi@erpi ~ $ i2cset -y 1 0x20 0x01 0x00
```

- GPB7에 연결된 LED를 켜기 위해 OLATB 출력 래치 레지스터(0x15)의 비트 7을 high로 설정할 수 있다. 다음과 같이 GPIOB 레지스터(0x13)를 사용해 포트 B의 현재 상태를 읽을 수 있다.

```
pi@erpi ~ $ i2cset -y 1 0x20 0x15 0x80
pi@erpi ~ $ i2cget -y 1 0x20 0x13
0x80
```

- 이 시점에서 LED가 켜지고 GPIO 비트 7(0b10000000 = 0x80)이 설정된다. LED는 비트 7을 low로 설정해 끌 수 있다.

```
pi@erpi ~ $ i2cset -y 1 0x20 0x15 0x00
pi@erpi ~ $ i2cget -y 1 0x20 0x13
0x00
```

위의 모든 조작은 모든 GPB 입출력에 영향을 준다는 것에 유의하라. 예를 들어, 값 0x00을 기록해 LED를 끄면 GPB0~GPB6도 low로 설정된다. 이 문제를 해결하려면 GPIOB 레지스터(0x13)를 사용해 출력의 현재 상태를 읽고 원하는 비트의 값을 수정한 다음, 다시 OLATB 레지스터(0x15)에 다시 쓰면 된다. 예를 들어, GPIOB의 읽기가 0x03을 반환하면 GPB0 및 GPB1은 high가 된다. 이 상태를 유지하고 GPB7을 high로 설정하려면 두 값에 OR 연산을 적용해야 하며(`0x03|0x80`) 그 결과 값은 0x83이 된다. 이 값이 OLATB에 쓰이면 세 개의 핀(GPB0, GPB1, GPB7)이 모두 high로 설정된다.

## GPIO 버튼 상태 읽기

뱅크 A의 7번 핀(GPA7)에 연결된 푸시버튼 상태를 읽는 방법은 다음과 비슷하다.

- 그림 9.14의 오른쪽에 있는 것처럼 IOCONA 제어 레지스터를 0x3A로 설정한다.

```
pi@erpi ~ $ i2cset -y 1 0x20 0x0A 0x3A
```

- IODIRA 레지스터(0x00)를 사용해 GPA7을 입력으로 설정한다.

```
pi@erpi ~ $ i2cset -y 1 0x20 0x00 0x80
```

- 입력 풀업 구성 레지스터 GPPUA(0x0C)를 사용해 GPA7을 풀업 모드로 설정한다.

```
pi@erpi ~ $ i2cset -y 1 0x20 0x0C 0x80
```

- GPIOA 입력 레지스터(0x12)를 사용해 포트 A의 상태를 읽는다.

```
pi@erpi ~ $ i2cget -y 1 0x20 0x12
0x80
pi@erpi ~ $ i2cget -y 1 0x20 0x12
0x00
```

버튼을 누르지 않았을 때의 상태는 0b10000000(0x80)이고 버튼을 눌렀을 때의 상태는 0b00000000(0x00)이므로 버튼 회로가 올바르게 작동하며 풀업 구성이 돼 있음을 알 수 있다.

## 인터럽트 구성 예제(고급)

다음 두 가지 조건 중 하나가 충족될 때 인터럽트 출력(INTA 또는 INTB)을 일으키도록 장치를 프로그래밍할 수 있다.

1. 입력 상태가 현재 상태와 달라진 경우. GPINTENx 레지스터를 사용해 마스크를 설정함으로써 개별 비트를 확인하거나 무시할 수 있다.
2. 입력 상태가 정의된 값과 다른 경우. 이것은 DEFVALx 레지스터를 사용해 설정한다.

INTA 및 INTB 출력 핀은 개별적으로 활성화되도록 구성할 수 있으며, 두 포트 중 하나가 인터럽트를 발생시키면 활성화되도록 프로그래밍할 수 있다.

인터럽트의 사용은 그림 9.13(a)를 다시 확인해 보면 쉽게 이해할 수 있을 것이다. 이 예에서 장치는 GPA7에 붙은 푸시버튼을 누르면(혹은 놓으면) INTA 핀에 붙은 LED가 켜지도록 구성됐다.

- 이전의 예제와 같이 푸시버튼을 입력으로 설정하라. 버튼이 풀업 구성이므로 버튼을 누르지 않으면 출력이 다음과 같이 표시된다.

```
pi@erpi ~ $ i2cget -y 1 0x20 0x12
0x80
```

- 변경 시 인터럽트되는 제어 레지스터 GPINTENA(0x04)를 GPB7을 활성화하도록 설정한다. DEFVALA 디폴트 변경 시 인터럽트 비교 값(0x06)은 0x80으로 설정돼야 하고 INTCONA 인터럽트 제어 레지스터(0x08)도 0x80으로 설정돼야 한다.

```
pi@erpi ~ $ i2cset -y 1 0x20 0x04 0x80
pi@erpi ~ $ i2cset -y 1 0x20 0x06 0x80
pi@erpi ~ $ i2cset -y 1 0x20 0x08 0x80
```

- 출력을 읽으면 인터럽트가 지워진다. INTA LED가 현재 켜져 있는 경우 GPIOA 입력 레지스터(0x12)를 사용해 포트 A 상태를 표시하면 LED가 꺼진다.

```
pi@erpi ~ $ i2cget -y 1 0x20 0x12
0x80
```

- 이 시점에서 버튼을 누르면 인터럽트가 트리거되고 INTA LED가 켜진다. 그런 다음 INTFA 인터럽트 레지스터(0x0E)를 사용해 인터럽트를 일으킨 입력을 식별하고 INTCAPA 캡처 레지스터(0x10)를 사용해 인터럽트가 발생했을 때 포트 A 상태를 확인할 수 있다.

```
pi@erpi ~ $ i2cget -y 1 0x20 0x0E
0x80
pi@erpi ~ $ i2cget -y 1 0x20 0x10
0x00
```

- INTCAPA 값을 읽으면 인터럽트가 지워진다. 따라서 버튼을 눌렀을 때 다시 한번 인터럽트를 트리거할 준비가 된다.

버튼을 눌렀을 때 LED를 트리거하기 위해 복잡한 배열은 필요하지 않다! 그러나 모든 포트 A 및 포트 B 핀의 특정 비트 패턴이 인터럽트를 트리거하는 데 사용되도록 장치를 구성할 수 있다. 테스트 결과에 따르면 이 예제에서 버튼을 누른 후 LED가 190ns 동안 켜지는데, 이는 6장의 RPi GPIO에 대해 보고된 응답 시간과 비교해 매우 빠른 것이다. 분명히 논리 게이트를 사용해 비트 패턴에 더 빨리 반응하는 하드웨어 회로를 구축할 수는 있지만, 이 동작은 소프트웨어 구성이 가능하며 런타임에 동적으로 변경할 수 있음을 기억하는 것이 중요하다.

이러한 장치의 구조화된 사용을 용이하게 하기 위한 예제 코드를 곧 소개할 것이다.

## MCP23S17과 SPI 버스

MCP23017 I²C 장치의 MCP23S17 SPI 버전은 동일한 레지스터 구성을 가지므로 그림 9.13(a)와 그림 9.13(b)의 입출력 회로는 동일하다.

SPI 장치의 레지스터에 접근하는 방법은 8장에서 설명한 것과 동일하다. 그러나 이 장치는 지금까지의 SPI 버스 장치와 비교해 작동 방식에서 중요한 차이점이 있는데, 그것은 이 장치가 맞춤 내부 장치 주소 체계를 갖고 있다는 점이다. 그림 9.15는 최대 8개의 MCP23S17 장치를 단일 SPI 버스를 이용해 단일 SPI 장치로 연결하는 방법을 보여준다. 주소 라인 A0-A2는 각 장치에 고유한 3비트 하드웨어 주소를 할당하는 데 사용되며, 각 장치는 버스에서 메시지에 반응할지 혹은 무시할지 결정하는 데 사용된다.

그림 9.15에서와 같이 모든 장치는 동일한 MOSI, MISO, CLK, CS 회선을 공유하므로 모든 데이터 읽기/쓰기 요청이 모든 데이지 체인 장치로 동시에 전송된다. 각 장치는 처리해야 하는 요청과 해당 하드웨어 정의 주소(A0~A2) 및 SPI 데이터 메시지에 포함된 주소 지정 정보를 기반으로 무시해야 하는 요청을 식별해야 한다. 따라서 SPI 메시지의 구조는 8장에서 설명한 것과 다르다. 예를 들어, 각 쓰기 요청에는

장치 주소와 레지스터 주소, 레지스터 주소에 쓸 데이터가 포함돼야 한다. "장치 000에서 IOCONA 제어 레지스터(0x0A)가 0x3A 값을 갖도록 설정"하는 것과 같은 형태의 데이터 쓰기 트랜잭션이 발생하는 예를 그림 9.16에 나타냈다.

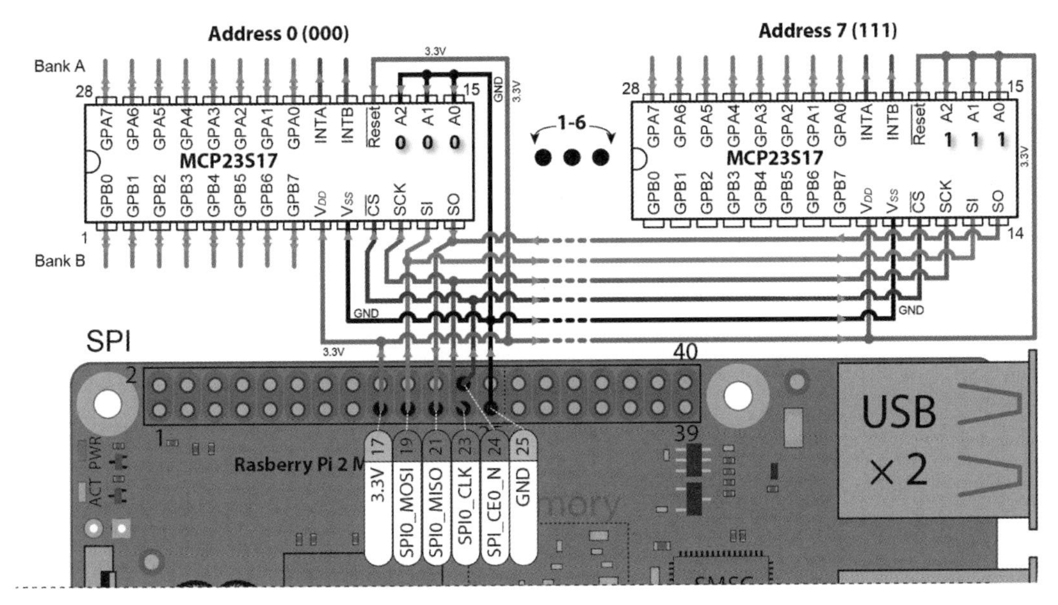


그림 9.15 최대 8개의 MCP23S17을 단일 SPI 버스 장치로 데이지 체인 연결

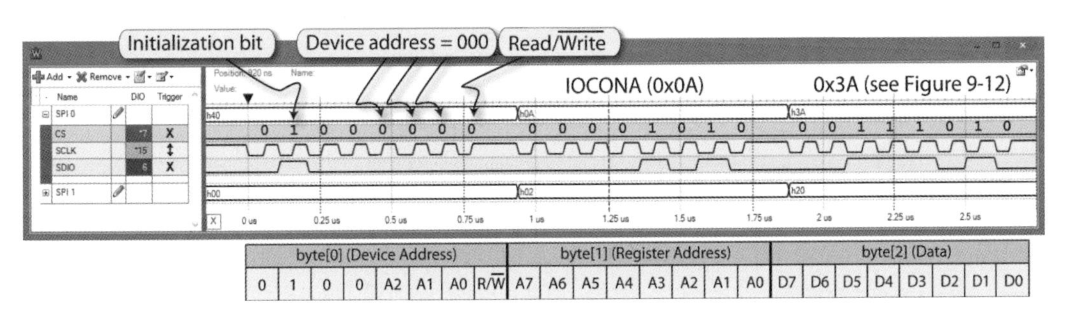


그림 9.16 IOCONA 레지스터를 0x3A로 설정하기 위해 장치 주소 000의 MCP23S17에 대한 SPI 쓰기 요청

## MCP23x17 장치를 위한 C++ 클래스

MCP23x17 장치의 사용을 단순화하는 C++ 클래스가 `/chp09/gpioExpander/` 디렉터리의 코드 9.12에 있다. 이 클래스는 그림 9.14에 있는 레지스터 기능을 래핑하고 MCP23017 및 MCP23S17 장치의 일반 기능 및 인터럽트 기능에 접근하기 위한 프레임워크를 제공한다.

**코드 9.12** /chp09/gpioExpander/gpioExpander.h(일부)

```
class GPIOExpander {
private:
    I2CDevice *i2cDevice;
    SPIDevice *spiDevice;
    bool isSPIDevice;
    unsigned char spiAddress; configRegister;
public:
    enum PORT { PORTA=0, PORTB=1 };
    int writeDevice(unsigned char address, unsigned char value);
    unsigned char readDevice(unsigned char address);
    GPIOExpander(I2CDevice *i2cDevice);
    GPIOExpander(SPIDevice *spiDevice, unsigned char address=0x00);

    // 16비트 -- PORTA는 LSB (여덟 비트), PORTB는 MSB (여덟 비트)
    virtual int setGPIODirections(PORT port, unsigned char value);
    virtual int setGPIODirections(unsigned short value);

    virtual unsigned char getOutputValues(PORT port);
    virtual unsigned short getOutputValues();
    virtual std::string getOutputValuesStr();
    virtual int setOutputValues(PORT port, unsigned char value);
    virtual int setOutputValues(unsigned short value);

    virtual unsigned char getInputValues(PORT port);
    virtual unsigned short getInputValues();
    virtual std::string getInputValuesStr();
    virtual int setInputPolarity(PORT port, unsigned char value);
    virtual int setInputPolarity(unsigned short value);

    // 입력 포트에 풀업 저항을 설정 -- 100kΩ 값
    virtual int setGPIOPullUps(PORT port, unsigned char value);
    virtual int setGPIOPullUps(unsigned short value);
    virtual int updateConfigRegister(unsigned char value);
    virtual int setInterruptOnChange(PORT port, unsigned char value);
    virtual int setInterruptOnChange(unsigned short value);

    // 인터럽트가 발생할 때 포트에서 값을 얻음
    virtual unsigned char getInterruptCaptureState(PORT port);
    virtual unsigned short getInterruptCaptureState();
    virtual std::string getInterruptCaptureStateStr();
```

```
    // 변경 또는 비교 시 인터럽트되도록 설정
    virtual int setInterruptControl(PORT port, unsigned char value);
    virtual int setInterruptControl(unsigned short value);

    // 디폴트 비교 레지스터 설정
    virtual int setDefaultCompareValue(PORT port, unsigned char value);
    virtual int setDefaultCompareValue(unsigned short value);

    // 인터럽트 플래그 레지스터 얻기
    virtual unsigned char getInterruptFlagState(PORT port);
    virtual unsigned short getInterruptFlagState();
    virtual std::string getInterruptFlagStateStr();
    virtual void dumpRegisters(); ...
};
```

코드 9.13은 GPIOExpander 클래스를 사용해 리눅스 i2c-tools에서 설명한 것과 동일한 테스트 조작을 수행함으로써 그림 9.13에 나타낸 것과 같은 회로를 조작하는 예다.

**코드 9.13** /chp09/gpioExpander/example.cpp

```
int main(){
    cout << "Starting the GPIO Expander Example" << endl;
    SPIDevice *spiDevice = new SPIDevice(0,0);
    spiDevice->setSpeed(10000000);                    // MCP23S17 버스 속도
    spiDevice->setMode(SPIDevice::MODE0);

// I2CDevice *i2cDevice = new I2CDevice(1, 0x20);     // I2C 장치를 위해
// GPIOExpander gpio(i2cDevice);                       // I2C 장치를 위해
    GPIOExpander gpio(spiDevice, 0x00);                // SPI 장치 주소 000
    cout << "The GPIO Expander was set up successfully" << endl;

    // PORTA는 입력이고 PORTB는 출력임 -- 비트를 섞을 수 있음
    gpio.setGPIODirections(GPIOExpander::PORTA, 0b11111111); // 입력=1
    gpio.setGPIODirections(GPIOExpander::PORTB, 0b00000000); // 출력=0
    gpio.setGPIOPullUps(GPIOExpander::PORTA, 0b10000000);    // 풀업 GPA7
    gpio.setInputPolarity(GPIOExpander::PORTA, 0b00000000);  // 비반전

    // 예: PORTA의 값을 얻어 PORTB를 설정
    unsigned char inputValues = gpio.getInputValues(GPIOExpander::PORTA);
    cout << "The values are in the form [B7,..,B0,A7,..,A0]" << endl;
    cout << "The PORTA values are: [" << gpio.getInputValuesStr() << "]\n";
    cout << "Setting PORTB to be " << (int)inputValues << endl;
```

```
    gpio.setOutputValues(GPIOExpander::PORTB, inputValues);

    // 예: 변경 시 GPIOA GPA7에 인터럽트
    // Example: attach on-change interrupt to GPIOA GPA7
    cout << "Interrupt flags[" << gpio.getInterruptFlagStateStr() << "]\n";
    cout << "Capture state[" << gpio.getInterruptCaptureStateStr() << "]\n";
    gpio.setInterruptControl(GPIOExpander::PORTA, 0b00000000);   // 변경 시
    gpio.setInterruptOnChange(GPIOExpander::PORTA, 0b10000000);  // GPA7에
    gpio.dumpRegisters();                                   // 레지스터를 디스플레이
    cout << "End of the GPIO Expander Example" << endl;
}
```

예제 코드에서는 포트 A에 입력된 상태를 읽고 그에 따라 포트 B를 설정한다(GPA7은 풀업 구성이므로 버튼을 누르지 않으면 high가 된다). 또한 INTA에 대해 변경 시 인터럽트되도록 설정돼 버튼을 누르면 INTA에 연결된 LED가 켜진다.

```
pi@erpi ~/exploringrpi/chp09/gpioExpander $ ./example
Starting the GPIO Expander Example
The GPIO Expander was set up successfully
The values are in the form [B7,..,B0,A7,..,A0]
The PORTA values are: [1000000010000000]
Setting PORTB to be 128
Interrupt flags[0000000000000000]
Capture state[0000000000000000]
Register Dump:
Register IODIRA  :   255  B: 0
Register IPOLA   :     0  B: 0
Register GPINTENA:   128  B: 0
Register DEFVALA :     0  B: 0
Register INTCONA :     0  B: 0
Register IOCONA  :    58  B: 58
Register GPPUA   :   128  B: 0
Register INTFA   :     0  B: 0
Register INTAPA  :     0  B: 0
Register GPIOA   :   128  B: 128
Register OLATA   :     0  B: 128
End of the GPIO Expander Example
pi@erpi ~/exploringrpi/chp09/gpioExpander $
```

이 시점에서 프로그램은 완료될 때까지 실행됐지만 인터럽트는 여전히 미래의 시점에서 트리거된다는 점에 유의해야 한다. MCP23x17은 RPi와 독립적으로 인터럽트를 처리하도록 프로그래밍돼 있다.

버튼을 누르면 인터럽트가 트리거돼 레지스터의 상태를 표시하는 display 프로그램을 같은 디렉터리에서 호출한다. 이 예에서 인터럽트 플래그 레지스터(INTFA)는 GPA7이 인터럽트를 발생시킨 것을 나타낸다 (즉, $128_{10}$ = 0b10000000).

```
pi@erpi ~/exploringrpi/chp09/gpioExpander $ ./display
Starting the SPI GPIO Expander Example
Register Dump:
Register IODIRA  :   255  B: 0
Register IPOLA   :     0  B: 0
Register GPINTENA:   128  B: 0
Register DEFVALA :     0  B: 0
Register INTCONA :     0  B: 0
Register IOCONA  :    58  B: 58
Register GPPUA   :   128  B: 0
Register INTFA   :   128  B: 0
Register INTAPA  :     0  B: 0
Register GPIOA   :   128  B: 128
Register OLATA   :     0  B: 128
End of the GPIO Expander Example
```

display 프로그램은 GPIOx 레지스터를 읽으므로 example 프로그램을 다시 실행하지 않아도 인터럽트가 다시 일어난다. 또한 푸시버튼을 누른 상태에서 display 프로그램을 동시에 실행하면 버튼을 놓을 때 인터럽트가 트리거되므로 변경 시 인터럽트가 발생하도록 구성됐음을 알 수 있다.

## RPi에 UART 추가하기

8장에서 설명한 것처럼 UART 장치는 GPS 장치, 마이크로프로세서, 마이크로컨트롤러, 센서 모듈, 액추에이터 모듈 등과 같은 개별 모듈과의 직렬 통신을 위한 메커니즘을 제공한다. 또한 UART를 RS-485 모듈과 같은 라인 드라이버 하드웨어와 결합하면 장거리 통신이 가능하다. RS-485는 연선과 공통 접지 연결의 쌍을 사용해 최대 4,000피트(1,200m) 거리에서 최대 32개의 장치로 구성된 네트워크를 지원한다.[4]

그러나 RPi에는 GPIO 헤더를 통해 접근할 수 있는 완전한 온보드 UART가 하나밖에 없을뿐더러 이것을 직렬 콘솔로 구성하면 유용하므로 남겨두는 것이 좋다. SPI 또는 $I^2C$ 버스를 사용해 RPi에 UART 장치를 추가하는 것을 생각해 볼 수 있는데, 예를 들어 NXP의 SC16IS750 칩을 사용해 고속(최대 921,600보) 통

4 자세한 내용은 tiny.cc/erpi908을 참고하라.

신을 지원하는 SparkFun SC16IS750 모듈(15달러)을 이 장에서 설명한 것과 비슷한 방법을 사용해 RPi에 붙일 수도 있다. 그러나 RPi의 USB 포트에 리눅스 드라이버가 지원되는 USB-to-TTL 변환기를 꽂아서 사용하는 것이 훨씬 쉬운 방법이다.

여러 종류의 저렴한 USB-to-TTL 변환기가 있으며 그중 대다수는 안정적인 리눅스 드라이버를 지원한다. 1~2달러 선에서 구할 수 있는 세 가지 장치를 그림 9.17(a)에 소개했으며, 그림 9.17(b)와 같이 RPi USB 포트에 직접 연결할 수 있다. 어댑터의 핀이 인접한 USB 슬롯에 꽂힌 다른 어댑터의 핀이나 기판에 닿지 않도록 주의하라.

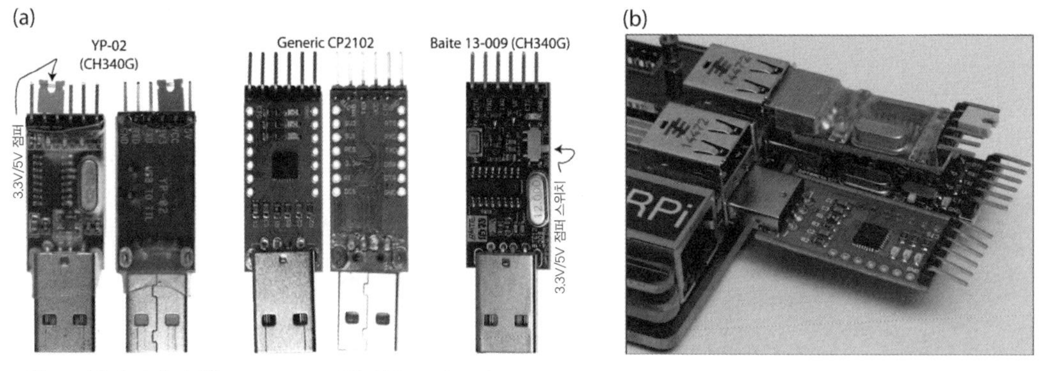


**그림 9.17** (a) 세 가지 저렴한 USB-to-TTL 변환기 (b) RPi에 세 장치를 연결한 모습

최근 리눅스 커널은 USB *핫 플러깅*을 지원하므로 RPi를 부팅한 후에 USB 장치를 꽂을 수 있다. 그러면 커널이 장치에 대한 올바른 LKM을 로드한다. dmesg 명령을 사용해 시스템 드라이버 메시지를 표시하면 장치 드라이버 문제를 진단하는 데 도움이 된다. 예를 들어 YP-02 USB-to-TTL 모듈이 RPi에 연결되면 다음과 같은 메시지가 표시된다.

```
pi@erpi ~ $ uname -a
Linux erpi 4.1.5-v7+ #809 SMP PREEMPT Thu Aug 13 00:50:56 BST 2015 armv7l
pi@erpi ~ $ dmesg
[97660.915863] usb 1-1.5:new full-speed USB device number 4 using dwc_otg
[97661.019017] usb 1-1.5:New USB device found,idVendor=1a86,idProduct=7523
[97661.019044] usb 1-1.5:New USB device strings: Mfr=0,Product=2,SerNum=0
[97661.019062] usb 1-1.5:Product: USB2.0-Serial
[97661.055002] usbcore:registered new interface driver usbserial
[97661.056961] usbcore:registered new interface driver usbserial_generic
[97661.057231] usbserial:USB Serial support registered for generic
[97661.060665] usbcore:registered new interface driver ch341
[97661.061478] usbserial:USB Serial support registered for ch341-uart
```

```
[97661.061600] ch341 1-1.5:1.0:ch341-uart converter detected
[97661.067149] usb 1-1.5:ch341-uart converter now attached to ttyUSB0
```

그런 다음 lsusb 명령을 사용해 연결된 USB 장치를 나열하면 새 장치가 표시된다.

```
pi@erpi ~ $ lsusb
...
Bus 001 Device 004:ID 1a86:7523 QinHeng Elec HL-340 USB-Serial adapter
```

이 장치와 연결된 새 LKM도 로드된다.

```
pi@erpi ~ $ lsmod | grep ch34
ch341                   4921   0
usbserial              22429   1 ch341
```

이러한 절차는 /dev/ 디렉터리에 새로운 "텔레타이프" 터미널 장치를 만든다. 아래와 같이 dialout 그룹에 이 장치에 대한 읽기/쓰기 접근 권한이 있는 것을 볼 수 있으며, id 명령을 사용해 이 그룹의 현재 사용자 자격을 확인할 수 있다.

```
pi@erpi ~ $ ls -l /dev/ttyUSB*
crw-rw---T 1 root dialout 188, 0 Aug 30 15:40 /dev/ttyUSB0
pi@erpi ~ $ id
uid=1000(pi) gid=1000(pi) groups=1000(pi), 4(adm), 20(dialout), 24(cdrom),
 27(sudo), 29(audio), 44(video), 46(plugdev), 60(games), 100(users),
 106(netdev), 996(gpio), 997(i2c), 998(spi), 999(input)
```

그림 9.17(b)에서와같이 RPi에 3개의 장치를 연결하면 /dev/ 디렉터리에 각 USB 장치에 대한 항목이 만들어진다.

```
pi@erpi ~ $ lsusb
Bus 001 Device 004: ID 1a86:7523 QinHeng Elec HL-340 USB-Serial adapter
Bus 001 Device 006: ID 1a86:7523 QinHeng Elec HL-340 USB-Serial adapter
Bus 001 Device 005: ID 10c4:ea60 Cygnal Integrated Products, CP210x UART ...
pi@erpi ~ $ ls -l /dev/ttyUSB*
crw-rw---T 1 root dialout 188, 0 Aug 30 15:40 /dev/ttyUSB0
crw-rw---T 1 root dialout 188, 1 Aug 30 15:44 /dev/ttyUSB1
crw-rw---T 1 root dialout 188, 2 Aug 30 15:44 /dev/ttyUSB2
```

사용 가능한 USB 장치 중 일부는 논리 레벨 변환 회로가 내장돼 있어 3.3V 및 5V 허용 장치에 인터페이스하기에 매우 유용하다. 예를 들어 그림 9.18(a)와 같이 YP-02에는 VCC와 5V 핀 또는 VCC와 3V3 핀을 브리지로 연결할 수 있는 점퍼가 있다. Baite 모듈에는 논리 레벨을 선택하는 데 사용할 수 있는 슬라이더 선택기 스위치가 있다.

## USB 장치 및 UDEV 규칙

/dev/ttyUSB0에 대응되는 USB 장치를 뽑으면 다른 장치의 이름이 갱신돼 번호를 메운다.

```
pi@erpi ~ $ ls -l /dev/ttyUSB*
crw-rw---T 1 root dialout 188, 0 Aug 30 15:40 /dev/ttyUSB0
crw-rw---T 1 root dialout 188, 1 Aug 30 16:49 /dev/ttyUSB1
```

이러한 변경은 소프트웨어 애플리케이션에서 인식하지 못하므로 문제가 발생할 수 있다(예: 직렬 모터 컨트롤러가 직렬 센서 모듈에 연결될 수 있다). udev 규칙을 사용하면 이 문제를 해결할 수 있다. 각 USB 장치에는 공급 업체 및 제품 ID가 있으며 때로는 고유한 일련 번호가 있다. 이 정보는 USB 어댑터를 사용자 정의 장치 이름과 연관시키는 규칙을 구성하는 데 사용될 수 있다. 앞에서와 같이 lsusb를 사용하거나 다음과 같이 udevadm 명령을 사용해 어댑터의 세부 사항을 찾을 수 있다.

```
pi@erpi ~ $ sudo udevadm info -a -n /dev/ttyUSB1 | grep idVendor
    ATTRS{idVendor}=="10c4" ...
pi@erpi ~ $ sudo udevadm info -a -n /dev/ttyUSB1 | grep idProduct
    ATTRS{idProduct}=="ea60" ...
pi@erpi ~ $ sudo udevadm info -a -n /dev/ttyUSB1 | grep serial
    ATTRS{serial}=="0001" ...
```

USB 어댑터를 꽂았을 때 맞춤 장치를 생성하는 규칙을 작성할 수 있다. 예를 들어 모터가 CP210x 장치(ID 10c4:ea60)에 연결된 경우에 다음 규칙을 작성해 맞춤 장치 항목을 작성할 수 있다(==는 비교를 위한 연산자고 =는 할당을 위한 연산자임에 유의하라).

```
pi@erpi /etc/udev/rules.d $ sudo nano 98-erpi.rules
pi@erpi /etc/udev/rules.d $ more 98-erpi.rules
SUBSYSTEM=="tty", ATTRS{idVendor}=="10c4", ATTRS{idProduct}=="ea60", →
ATTRS{serial}=="0001", SYMLINK+="erpi_motor"
```

재시작하면 CP210x 장치가 연결될 때마다 올바른 ttyUSBx 장치에 자동으로 링크되는 새 장치가 /dev/에 나타난다.

```
pi@erpi ~ $ ls -l /dev/er*
lrwxrwxrwx 1 root root 7 Jan 1 1970 /dev/erpi_motor -> ttyUSB1
```

장치를 뽑으면 심볼릭 링크가 자동으로 제거되며 장치를 다시 삽입하면(핫 플러깅) 다시 나타난다. 코드 내에서 /dev/erpi_motor 심볼릭 링크를 사용해야 한다. 두 개의 동일한 장치를 구별하기 위해 대개 일련번호를 사용할 수 있다. 불행히도 이러한 저렴한 어댑터에는 고유한 일련번호가 없는 경우가 있다. USB 장치에 일련번호를 기록하는 도구가 있기는 하지만, 장치를 망가뜨릴 수도 있다. 다른 해결책은 물리적 USB 슬롯을 사용해 장치를 식별하는 것이지만, 직관적이지는 않다. udev 규칙을 작성하는 자세한 방법은 `tiny.cc/erpi909`를 참고하라. 장치에 정의된 일련번호가 없거나 장치의 명백한 일련번호를 추가할 때 udev 규칙이 올바르게 작동하지 않는 것 같으면 udev 규칙 파일에서 해당 부분을 제거하라. 예를 들어 그림 9.17(a)의 YP-02 어댑터의 경우 다음을 사용하라.

```
SUBSYSTEM=="tty", ATTRS{idVendor}=="1a86", ATTRS{idProduct}=="7523", →
SYMLINK+="erpi_serial"
```

그림 9.18(a)와 같이 RPi에 두 개의 장치를 꽂고 한 모듈의 TXD 출력을 다른 모듈의 RXD 입력에 연결하고 그 반대로도 연결한 다음, RPi의 터미널 창을 두 개 열어서 테스트할 수 있다. 이 예에서는 둘 다 동일한 장치에 꽂혀 있으므로 GND는 연결하지 않아도 된다. 각각의 터미널 창에서 상대편 `ttyUSB` 장치에 연결하는 minicom 세션을 시작하라. 로컬 에코를 켜는 것을 잊지 말라(Ctrl+A Z E). 이러한 장치는 종종 높은 보율을 지원하며 이 테스트는 921,600보에서 수행했다. 첫 번째 터미널 창에서 다음을 입력하라.

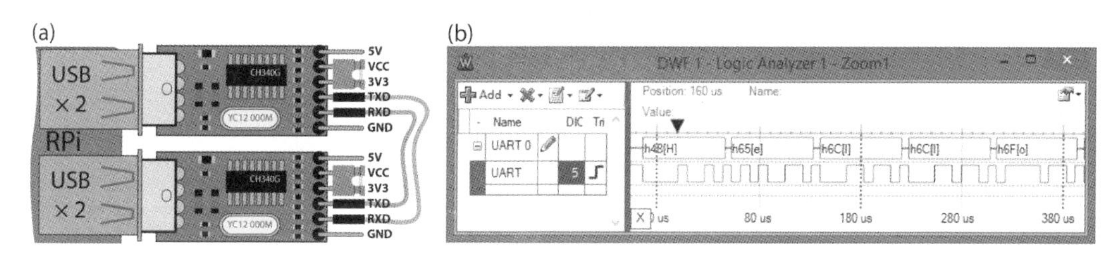

그림 9.18 (a) UART 장치 루프백 테스트, (b) 115,200보에서 "Hello"를 표시하는 UART 출력

```
pi@erpi ~ $ minicom -b 921600 -o -D /dev/ttyUSB0
Welcome to minicom 2.7
OPTIONS: I18n
Compiled on Jan 12 2014, 05:42:53.
Port /dev/ttyUSB0, 15:40:38
Press CTRL-A Z for help on special keys
Hello from the first minicom session
Hello from the second minicom session
```

두 번째 터미널 창에서는 다음과 같이 입력한다.

```
pi@erpi ~ $ minicom -b 921600 -o -D /dev/ttyUSB1
Welcome to minicom 2.7
OPTIONS: I18n
```

```
Compiled on Jan 12 2014, 05:42:53.
Port /dev/ttyUSB1, 16:49:18
Press CTRL-A Z for help on special keys
Hello from the first minicom session
Hello from the second minicom session
```

이 테스트는 115.2kbps, 230.4kbps, 460.8kbps, 500kbps, 576kbps, 921.6kbps, 1Mbps, 1.152Mbps, 1.5Mbps, 2Mbps, 2.5Mbps, 3Mbps, 4Mbps의 지원되는 보율에서 올바르게 수행됐다. 상호 연결 장치의 길이는 6인치 미만이었지만 장치는 여전히 잘 수행됐었다.

### 기본 터미널 라인 설정

터미널 행 설정 명령인 stty를 사용해 단말기의 보율을 정의할 수 있다. 예를 들어 현재 장치 전송 속도를 얻은 다음, 아래와 같은 방법으로 115,200으로 설정할 수 있다.

```
pi@erpi ~ $ stty < /dev/ttyUSB0
speed 4000000 baud; line = 0;
min = 1; time = 5; ignbrk -brkint -icrnl -imaxbel -opost -onlcr
-isig -icanon -iexten -echo -echoe -echok -echoctl -echoke
pi@erpi ~ $ stty -F /dev/ttyUSB0 115200
pi@erpi ~ $ stty < /dev/ttyUSB0
speed 115200 baud; line = 0;
min = 1; time = 5; ignbrk -brkint -icrnl -imaxbel -opost -onlcr
-isig -icanon -iexten -echo -echoe -echok -echoctl -echoke
```

새 전송 속도로 장치를 구성한 후 장치 항목을 사용해 장치에 직접 쓰고 읽을 수 있다. 예를 들어 이 명령은 /dev/ttyUSB1 장치에서 들어오는 트래픽을 수신한다.

```
pi@erpi ~ $ cat /dev/ttyUSB1
Hello from the second terminal
```

이 출력은 두 번째 터미널 창에 입력된 다음 명령의 결과다.

```
pi@erpi ~ $ stty -F /dev/ttyUSB1 115200
pi@erpi ~ $ echo "Hello from the second terminal" > /dev/ttyUSB0
```

문자열은 ttyUSB0 장치로 전송됐지만 ttyUSB1 장치가 문자열을 받은 후에 표시된다. 로직 분석기는 그림 9.18(b)에서 이 통신을 표시한다. 전송 속도가 일치하지 않으면 두 장치 간에 유효한 정보 전송이 이뤄지지 않는다.

## 요약

이 장의 목표는 다음과 같다.

- SPI ADC를 사용해 아날로그 입력을 포함하도록 RPi의 입출력 기능을 확장한다.
- 센서 구동에 전압-전류가 필요한 간단한 저항 기반 센서를 인터페이스한다.
- $I^2C$ 및 SPI DAC를 모두 사용하는 아날로그 출력을 포함하도록 RPi의 입출력 기능을 확장한다.
- 저렴한 SPI 모듈을 사용해 RPi에서 사용할 수 있는 PWM 수를 확장한다.
- $I^2C$ 및 SPI GPIO 확장기를 사용해 RPi에서 사용 가능한 GPIO 수를 늘리고 이러한 장치에서 사용할 수 있는 인터럽트 기능을 활용할 수 있다.
- 저렴한 USB-to-TTL 장치를 사용해 RPi에서 사용 가능한 직렬 UART 장치의 수를 늘릴 수 있다.

# 10장

# 물리적 환경에 인터페이스하기

이 장에서는 범용 입출력(GPIO) 및 버스 인터페이스에 대한 지식을 기반으로 라즈베리 파이가 물리적 환경과 상호작용할 수 있도록 하드웨어와 소프트웨어를 구축하는 방법을 학습한다. 물리적 환경과의 상호작용에는 다음 세 가지가 있다. 첫째, 모터와 같은 액추에이터를 제어함으로써 RPi가 주변 환경에 영향을 끼칠 수 있다. 이것은 로봇 공학이나 홈 오토메이션과 같은 분야에서 중요하게 쓰인다. 둘째, RPi가 센서와 통신해 물리적 환경에 대한 정보를 수집할 수 있다. 셋째, RPi를 디스플레이 모듈과 결합해 정보를 제공할 수 있다. 이 장에서는 이러한 각 상호작용을 수행하는 방법에 대해 설명한다. 물리적 상호작용 하드웨어 및 소프트웨어는 고급 프로젝트(예: 해당 환경을 감지하고 상호작용하는 로보틱 플랫폼 구축)를 위한 재료가 된다. 자신만의 C/C++ 코드 라이브러리를 생성하고 이를 활용해 확장성이 뛰어난 프로젝트를 구축하는 방법에 대한 논의와 함께 이 장을 마무리한다.

**이 장에 필요한 준비물:**

- 라즈베리 파이, DMM, 오실로스코프
- DC 모터와 H 브리지 인터페이스 보드(DRV8835 등)
- 스테핑 모터, EasyDriver 인터페이스 보드, 5V 릴레이
- MCP3208 SPI ADC, 연산 증폭기(MCP6002/4), 다이오드, 저항
- TMP36 온도 센서 및 샤프(Sharp) 적외선 거리 센서

- ADXL335 3축 아날로그 가속도계
- 74HC595 직렬 시프트 레지스터
- LCD 문자 디스플레이 모듈, MAX7219 7 세그먼트 디스플레이 모듈, SSD1306 OLED 도트 매트릭스 모듈

이 장에 대한 자세한 내용은 www.exploringrpi.com/chapter10/을 참고한다.

## 액추에이터 연결하기

RPi가 전동 모터를 제어해 물리적 장치를 움직이도록 할 수 있다. 전동 모터는 전기 에너지를 기계 에너지로 변환해 주변 환경에 작용하는 장치에 이용된다. 일반적으로 에너지를 운동으로 변환하는 장치를 *액추에이터*라고 한다. RPi를 액추에이터에 연결하면 로봇 제어, 홈 오토메이션(급수 장치, 블라인드 제어), 카메라 제어, 무인 항공기(UAV), 3D 프린터 제어 등에 다양하게 응용할 수 있다.

전기 모터는 일반적으로 고정된 축을 중심으로 회전 운동을 제공해 바퀴, 펌프, 벨트, 전기 밸브, 트랙, 포탑, 로봇 팔 등을 구동하는 데 사용할 수 있다. 이와 대조적으로 *선형 액추에이터*는 직선 운동을 일으키며 컴퓨터 수치 제어(CNC) 장비 및 3D 프린터의 위치 제어에 매우 유용하다. 어떤 것은 나사가 회전하면서 나사산을 따라 축이 밀려나는 것을 이용해 회전 운동을 직선 운동으로 변환하는 방식으로 작동한다. 전류의 자기 효과를 이용하는 솔레노이드를 통해 샤프트를 선형으로 이동시키는 것도 있다.

RPi와 관련해서는 일반적으로 서보 모터, DC 모터, 스테핑 모터의 세 가지 유형의 모터를 주로 사용한다. 표 10.1에 각 유형의 모터를 비교했다. PWM 출력을 사용해 서보 모터(*정밀 액추에이터*라고도 함)에 연결하는 방법은 6장에서 다뤘으므로 이 절에서는 DC 모터 및 스텝 모터에 인터페이싱하는 방법을 중점적으로 설명한다.

표 10.1 일반적인 모터 유형의 비교

| | 서보 모터 | DC 모터 | 스테핑 모터 |
|---|---|---|---|
| 일반적인 용도 | 높은 회전력과 정확한 회전이 필요한 곳 | 빠르고 연속적인 회전이 필요한 곳 | 느리고 정확한 회전이 필요한 곳 |
| 하드웨어 제어 | 펄스 폭 변조(PWM)를 통해 위치를 제어하며 컨트롤러 불필요. PWM 튜닝이 필요할 수 있음. | 속도는 주로 PWM을 통해 제어. 전력 요구 사항에 맞추기 위한 추가 회로가 필요. | 스테퍼 코일에 에너지를 공급하는 컨트롤러가 필요하며, RPi가 이 역할을 수행할 수 있지만 외부 컨트롤러를 선호하며 안전함 |

| | 서보 모터 | DC 모터 | 스테핑 모터 |
|---|---|---|---|
| 제어 유형 | 내장 컨트롤러를 사용하는 폐루프 | 일반적으로 광 인코더의 피드백을 사용하는 폐루프 | 일반적으로 움직임이 정확하고 단계를 계산할 수 있어 개루프를 사용 |
| 구동 | 절대적 위치가 정해지며 일반적으로 회전 각도에 제한이 있음 | 매우 큰 부하를 구동할 수 있으며 매우 높은 토크를 내기 위해 톱니바퀴에 물리기도 함 | 정지 시 완전한 토크가 있고 매우 낮은 속도로 큰 부하를 회전시킬 수 있으며 진동이 발생함 |
| 응용 | 스티어링 제어, 카메라 제어, 소형 로봇 팔 | 이동형 로봇, 팬, 수도 펌프, 전기자동차 | CNC 장비, 3D 프린터, 스캐너, 리니어 액추에이터, 카메라 렌즈 |

고전류 유도 부하는 RPi와 인터페이스하는 데 있어 걸림돌이 된다. RPi가 공급할 수 있는 것보다 많은 전류가 항상 필요하며 전압 스파이크를 일으키기 때문에 회로에 매우 나쁜 영향을 끼칠 수 있다. 이 절에서 논의하는 응용을 위해 전원을 추가로 공급해야 할 수도 있다. 이는 휴대성을 높이기 위한 외장형 배터리 팩이 될 수도 있고 강력한 모터를 위한 고전류 공급 장치가 될 수도 있다. RPi를 이러한 전원으로부터 격리할 필요가 있으므로 DC 모터 및 스테핑 모터에 인터페이스하기 위한 일반적인 모터 제어 회로를 설명할 것이다. 릴레이 장치와 인터페이스하기 위한 회로 또한 신중하게 설계했다.

## DC 모터

DC 모터는 장난감에서부터 고급 로봇 공학에 이르기까지 여러 분야에 응용된다. 전기차의 바퀴와 같이 연속적인 회전이 필요할 때 사용하기에 적당하다. 전형적으로 이들은 전압이 인가되는 단 2개의 전기 단자를 갖는다. 이 전압을 변화시킴으로써 회전 속도와 회전 방향을 제어할 수 있다. 힘이 축을 중심으로 물체를 회전시키는 경향을 *토크*(torque, 돌림힘)라고 하며, 일반적으로 DC 모터의 토크는 적용되는 전류에 비례한다.

기어비가 높을수록 회전 속도는 느려지고 정동 토크(stall torque)는 세진다. 예를 들어 그림 10.1(a)의 DC 모터는 80rpm(*분당 회전수*)의 무부하 속도와 250oz · in(18kg · cm)의 정동 토크를 갖는다.[1] 마찬가지로, 70:1의 기어비를 사용하면 회전 속도는 150rpm이 되지만 정동 토크는 200oz · in(14.4kg · cm)로 줄어든다. 그림 10.1(a)의 DC 모터는 12V에서 300mA의 무부하 전류를 갖지만 5A의 정동 전류를 갖는다. 이 전류는 회로 설계 시 고려해야 하는 큰 전류다.

1 DC 모터 데이터시트 중에는 SI 단위를 사용하지 않는 것들이 있으며, 이 경우에는 뉴턴미터(N · m)를 사용한다. 따라서 250oz · in의 의미를 이해하는 것이 중요하다. 회전축 방향으로 90도 회전하는 1인치 금속 막대를 모터 축에 고정하고 막대가 표면에 수평이 될 때까지 축을 회전시켰다고 상상해 보자. 1인치 막대의 끝에 250온스 이상의 무게를 붙이면 이 모터는 샤프트를 회전시킬 수 없게 된다. 이를 정동 토크 제한이라고 한다. 250온스 = 7.08738kg이고 1인치 = 2.54cm이므로 미터법으로는 7.08738 × 2.54 = 18.002kg · cm다(즉, 1cm 막대의 끝에 가해지는 18kg의 토크는 1인치 막대의 끝에 7.08738kg이 가해진 것과 동등하다). 또한, 70 × 150rpm = 131.25 × 80rpm = 10,500rpm(모터의 1:1 회전 속도)이다. tiny.cc/erpi1002를 참고하라.

대부분의 DC 모터는 RPi가 공급할 수 있는 전류보다 많은 전류를 필요로 한다. 그러므로 트랜지스터나 FET를 사용해 RPi에서 그것들을 구동하고 싶을 수 있다. 불행하게도 이것은 유도 킥백 현상(inductive kickback), 즉 인덕터(즉, 모터의 코일 권선)를 통해 흐르는 전류의 관성이 갑자기 꺼지는 것 때문에 큰 전압 스파이크가 일어나는 현상으로 인해 잘 작동하지 않을 것이다. 보통의 모터 전원 공급 장치의 경우에도 이 매우 큰 전압은 매우 짧은 시간 동안 1kV를 초과할 수 있다. 4장에서 논의된 FET는 60V보다 큰 드레인-소스 전압을 가질 수 없으므로 그러한 큰 전압 스파이크가 일어나면 손상될 것이다.

**그림 10.1** (a) 131¼:1 기어 박스가 통합된 12V DC 모터(40달러), (b) 통합 CPR(회전당 카운트) 홀 효과 센서 샤프트 인코더

한 가지 해결책은 FET의 드레인-소스 단자(또는 트랜지스터의 컬렉터-이미터)에 제너 다이오드를 배치하는 것이다. 제너 다이오드는 드레인-소스 단자의 전압을 역방향 항복 전압으로 제한한다. 이 구성의 단점은 접지 전원이 큰 전류 스파이크를 싱크해야 하므로 4장에서 논의한 회로의 노이즈 유형으로 이어질 수 있다는 것이다. 이러한 보호 유형 중 하나를 사용하면 RPi PWM 출력을 사용해 DC 모터의 속도를 제어할 수 있다. PWM 듀티 사이클이 50%일 때 모터는 모터 공급 전압에 직접 연결된 경우의 속도의 절반으로 회전한다.

그림 10.1의 DC 모터는 모터 샤프트에 부착된 64CPR(회전당 카운트) 쿼드러처 인코더를 갖추고 있다. 이는 기어가 달린 모터 샤프트의 회전마다 64×131.25 = 8,400카운트가 있음을 의미한다. 모터의 위치와 속도를 판별하기 위해 샤프트 인코더를 DC 모터와 함께 사용하는 경우가 많다. 예를 들어 시계 방향으로 회전할 때는 그림 10.2(a)와 같이 출력되며 반시계방향으로 회전할 때는 그림 10.2(b)와 같이 출력된다. 펄스의 주파수는 모터의 속도에 비례하며 두 출력 신호의 상승 에지 순서는 회전 방향을 나타낸다. 홀 효과(Hall Effect) 센서에 전원이 공급돼야 하므로 모터 선 6개 중 4개, 즉 A 출력(노란색), B 출력(흰색), 인코더 전원 공급(파란색), GND(녹색)가 인코더에 사용된다. 나머지 선 2개(빨간색과 검은색)는 모터 전원 공급 장치를 위한 것이다.

(a)

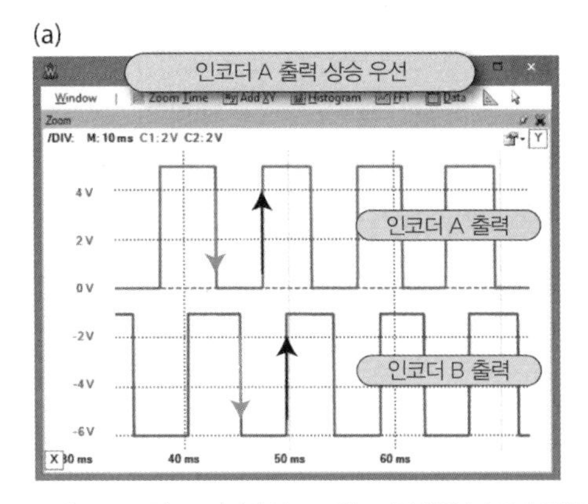


(b)

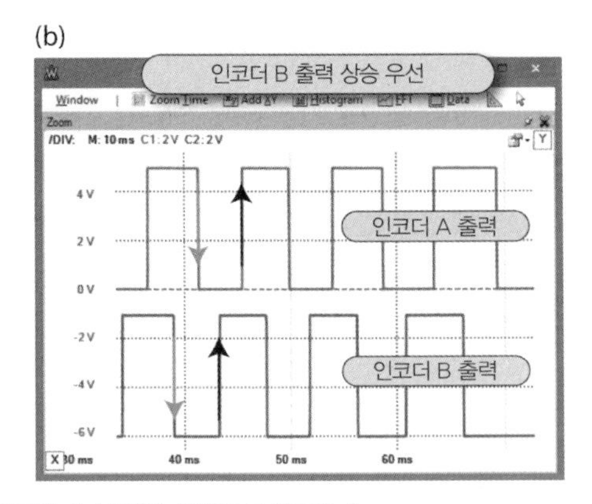


그림 10.2 그림 10-1(b)의 샤프트 인코더의 출력 (a) 시계 방향으로 회전할 때, (b) 반시계방향으로 회전할 때

*양방향 모터 제어*의 경우 그림 10.3에서와같이 H자 모양의 회로 레이아웃이 있는 *H 브리지*라고 하는 회로 구성을 사용할 수 있다. 4개의 FET를 보호하기 위해 제너 다이오드가 있음에 주목하라. 모터를 정방향(시계 방향으로 가정)으로 구동하기 위해 왼쪽 위와 오른쪽 아래의 FET를 켤 수 있다. 그렇게 하면 DC 모터의 양극 단자에서 음극 단자로 전류가 흐른다. 반대로 오른쪽 위와 왼쪽 아래의 FET가 켜지면 전류가 모터의 음극 단자에서 양극 단자로 흐르고 모터가 반전된다(반시계방향으로 회전). 마주 보는 두 FET가 꺼지면 모터가 회전하지 않는다(개방 회로).

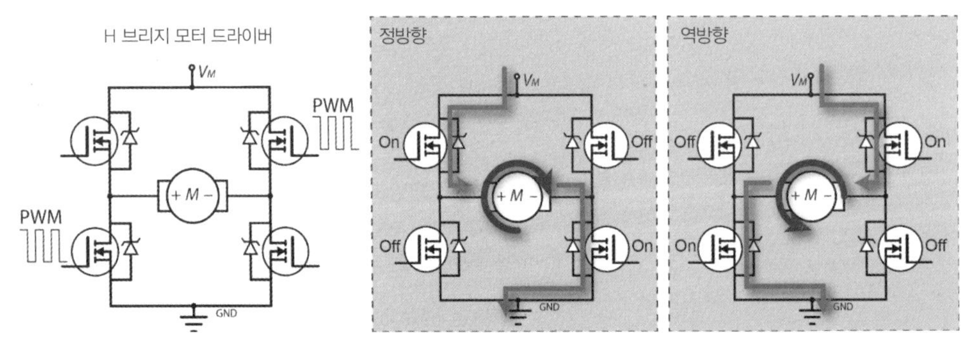


그림 10.3 단순화된 H 브리지 설명

이 회로를 9장에서 다룬 PCA9685 PWM 보드와 조합해 4개의 출력을 H 브리지 회로에 연결할 수 있다. 회로의 왼쪽 또는 오른쪽에 있는 두 개의 FET가 동시에 켜지면 큰 전류(*슛 스루 전류*)가 발생해 모터 전원이 단락되는 결과($V_M$에서 GND로)를 일으키기 때문에 주의해야 한다. 모터의 전원 공급에 높은 전류를 사용하는 경우가 많아 전원 공급 장치나 배터리가 폭발할 수도 있기 때문에 매우 위험하다! IC로 패키징된 H 브리지 드라이버를 사용하는 것이 쉽고 안전하다. SN754410은 쿼드 고전류 하프 H 드라이버로, 드라이버당 4.5~36V에서 1A를 구동할 수 있다(`tiny.cc/erpi1001` 참고).

## 소형 DC 모터 구동(1.5A 이하)

SN754410보다 작은 패키지 크기로 더 큰 전류를 구동할 수 있는 드라이버가 최근에 많이 소개됐다. 그중에서 DRV8835 이중 저전압 모터 드라이버 캐리어가 사용된 www.pololu.com의 브레이크아웃 보드(4달러)를 소개한다(그림 10.4 참고). DRV8835 자체는 크기가 2mm × 3mm이며 최대 11V의 모터 전원 전압에서 H 브리지당 최대 1.5A를 구동할 수 있다. 2~7V의 논리 레벨로 구동할 수 있어 RPi에 직접 연결할 수 있다. 이 보드에서 2개의 모터를 구동하려면 2개의 PWM 채널이 필요하므로 최신 RPi가 필요하다. 구형 RPi 모델 또는 2대 이상의 모터를 사용하면 9장에서 설명한 PCA9685 PWM 보드를 통합할 수 있다.

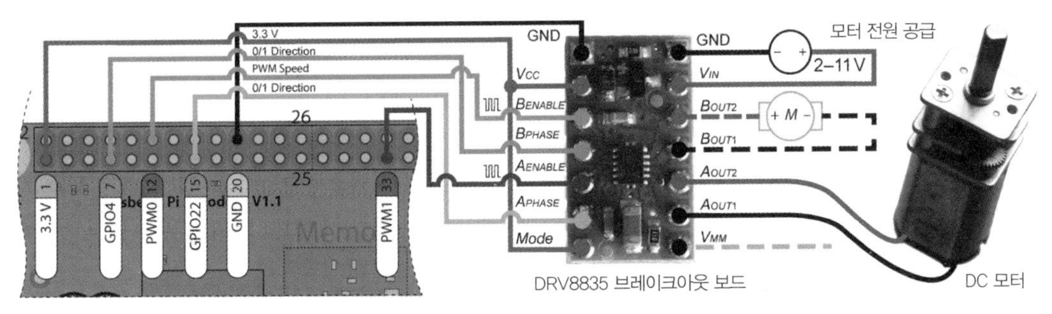


그림 10.4 H 브리지 드라이버 브레이크아웃 보드를 사용해 DC 모터 구동

DRV8835 브레이크아웃 보드는 그림 10.4와 같이 RPi에 연결할 수 있다. 이 회로는 RPi의 네 개의 핀을 사용한다.

- RPi에서 PWM 출력을 제공하는 PWM0 및 PWM1 핀을 DRV8835의 $A_{ENABLE}$ 및 $B_{ENABLE}$ 입력에 연결해 두 모터의 회전 속도를 제어하는 데 사용한다.
- GPIO22와 GPIO4 출력을 DRV8835의 $A_{PHASE}$ 및 $B_{PHASE}$ 입력에 연결해 모터가 시계 방향으로 회전할지 반시계방향으로 회전할지를 설정할 수 있다.

모터에 공급하는 전압은 선택한 DC 모터의 사양에 따라 결정한다. *모드* 핀을 high로 묶으면 DRV8835는 PHASE/ENABLE 모드에 들어간다. 즉, 입력 한 개를 방향 지정에 사용하고 다른 한 개를 회전 속도 결정에 사용한다.

경고

DRV8835 IC는 정상적으로 작동하는 중에도 매우 뜨거워져 화상을 입을 수 있으므로 주의해야 한다. 이것은 모터 드라이버 IC의 공통적인 특성이다. 큰 부하에서 과열되는 것을 방지하기 위한 보호회로가 있어 모터 드라이버 IC를 차단하므로 방열판을 장착하면 작동 시간을 연장하는 효과가 있다.

코드 10.1은 wiringPi 라이브러리를 사용해 그림 10.4의 DC 모터 회로를 제어하는 소스 코드 예제다. 이 프로그램은 모터 A를 5초 동안 사용 가능한 최대 속도의 50%에서 정회전시킨다. 그런 다음 모터를 최고 속도로 5초 동안 역회전시킨다. 그다음에는 모터 B를 5초 동안 최대 속도의 75%로 정회전시킨 다음, 5초 동안 25%로 역회전시킨다.

**코드 10.1** /chp10/drv8835/motor.cpp

```
#include <iostream>
#include <unistd.h>
#include <wiringPi.h>
using namespace std;
#define APHASE         15              // GPIO22의 물리적 핀
#define AENABLE_PWM1   33              // PWM1을 위한 물리적 핀
#define BPHASE          7              // GPIO4의 물리적 핀
#define BENABLE_PWM0   12              // PWM0을 위한 물리적 핀

int main() {                           // 루트로 실행해야 한다
   wiringPiSetupPhys();                // 물리적 핀 번호를 사용한다
   pinMode(APHASE, OUTPUT);            // 방향을 제어
   pinMode(AENABLE_PWM1, PWM_OUTPUT);  // 속도 - RPi B+/A+/2만 해당
   pinMode(BPHASE, OUTPUT);            // 방향을 제어
   pinMode(BENABLE_PWM0, PWM_OUTPUT);  // 속도를 위해 PWM 출력 사용
   pwmSetMode(PWM_MODE_MS);            // 고정 주파수를 사용
   pwmSetRange(128);                   // 0-128의 범위
   pwmSetClock(15);                    // 정확히 10kHz의 신호
   cout << "Motor A: Rotate forward at 50% for 5 seconds" << endl;
   digitalWrite(APHASE, LOW);          // 정방향
   pwmWrite(AENABLE_PWM1, 64);         // 듀티 사이클 50%(64/128)
   usleep(5000000);
   cout << "Motor A: Rotate backward at 100% for 5 seconds" << endl;
   digitalWrite(APHASE, HIGH);         // 역방향
   pwmWrite(AENABLE_PWM1, 128);        // 듀티 사이클 100%(64/128)
   usleep(5000000);
   pwmWrite(AENABLE_PWM1, 0);          // 모터 A를 끔 - 듀티 사이클 0%
   cout << "Motor B: Rotate forward at 75% for 5 seconds" << endl;
   digitalWrite(BPHASE, LOW);          // 정방향
   pwmWrite(BENABLE_PWM0, 96);         // 듀티 사이클 75%(96/128)
   usleep(5000000);
   cout << "Motor B: Rotate Backward at 25% for 5 seconds" << endl;
   digitalWrite(BPHASE, HIGH);         // 역방향
   pwmWrite(BENABLE_PWM0, 32);         // 듀티 사이클 25%(35/128)
```

```
    usleep(5000000);
    cout << "End of Program turn off both motors" << endl;
    pwmWrite(BENABLE_PWM0, 0);           // 모터 B를 끔 - 듀티 사이클 0%
    return 0;                            // 종료 후에 계속 작동함
}
```

다음과 같이 코드 10.1을 빌드하고 실행할 수 있다.

```
pi@erpi:~/exploringrpi/chp10/drv8835 $ g++ motor.cpp -o motor -lwiringPi
pi@erpi ~/exploringrpi/chp10/drv8835 $ sudo ./motor
Motor A: Rotate forward at 50% for 5 seconds
Motor A: Rotate backward at 100% for 5 seconds
Motor B: Rotate forward at 75% for 5 seconds
Motor B: Rotate Backward at 25% for 5 seconds
End of Program turn off both motors
```

### 대형 DC 모터 구동(1.5A 초과)

그림 10.5(a)에 있는 Pololu Simple Motor Controller 제품군(30~55달러)은 최대 23A의 연속 전류와 34V의 최대 전압을 갖춘 강력한 브러시 DC 모터를 지원한다. 지원하는 인터페이스로는 USB, TTL 직렬, 아날로그, 취미 RC(라디오 제어) PWM 인터페이스가 있다. 컨트롤러는 3.3V 논리 레벨을 사용하지만 5V도 허용한다.

그 이름에도 불구하고 이것은 최대 가속/감속, 시동 속도 조정, 전자 제동, 과열 임계값/응답 등과 같은 설정으로 구성할 수 있는 고급 컨트롤러로 대규모 로봇 애플리케이션에 사용하기에도 좋다. 그림 10.5(b)와 같이 Windows GUI 애플리케이션을 사용하거나 리눅스 명령행 사용자 인터페이스를 사용해 이 컨트롤러를 구성할 수 있다. 또한 Windows 구성 도구를 사용하면 RPi에 연결된 모터를 USB 또는 TTL 직렬 인터페이스를 통해 온도 및 전압 조건을 모니터링하고 속도 설정, 제동, PWM, 통신 설정 등을 제어할 수 있다.

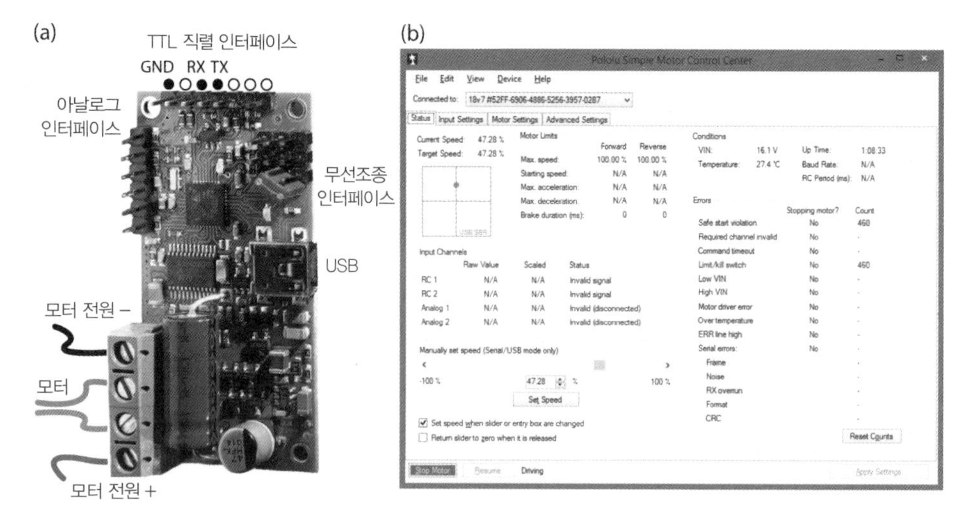


그림 10.5 (a) Pololu Simple Motor Controller (b) 모터 구성 도구

3.3V TTL 직렬 인터페이스는 UART 장치에 직접 사용할 수 있으므로 임베디드 애플리케이션에 적합하다. 8장에서 설명한 것과 같은 저렴한 USB UART 장치를 통신에 활용할 수 있다.

```
pi@erpi ~ $ lsusb
Bus 001 Device 004: ID 1a86:7523 QinHeng Ele. HL-340 USB-Serial adapter
pi@erpi ~ $ ls -l /dev/ttyUSB0
crw-rw---T 1 root dialout 188, 0 Jan 1 1970 /dev/ttyUSB0
```

Simple Motor Controller 보드와 직렬 통신을 시도하기 전에 전원 공급 장치를 먼저 연결하라. 전원 공급 장치는 컨트롤러를 구동하기에 충분해야 하며 그렇지 못하면 빨간색 LED가 깜박이며 오류 상태를 나타낸다. 또한 컨트롤러를 RPi에 연결하기 전에 Windows 머신에서 컨트롤러를 구성하라. 이때 자동 설정 옵션을 선택하지 말고 고정 보율(Fixed baud rate) 115,200으로 설정한다.

Simple Motor Controller는 직렬 아스키 모드로 구성할 수 있으며 RPi의 UART 장치를 사용해 minicom으로 제어할 수 있다. 예를 들어 그림 10.5(b)의 입력 설정(Input Settings) 탭에서 아스키(ASCII) 모드를 활성화하고 고정된 115,200(8N1)의 보율로 RPi를 모터 컨트롤러에 직접 연결하면 V(버전), F(정방향), B(브레이크), R(역방향), GO(안전 시작 모드 종료), X(정지) 등과 같은 텍스트 기반 명령으로 모터를 제어할 수 있다. 전체 명령 목록은 매뉴얼에서 찾을 수 있다(tiny.cc/erpi1003).

```
pi@erpi ~ $ sudo minicom -b 115200 -o -D /dev/ttyUSB0
V
!161 01.04
GO
.
F 50%
.
B
?
GO
.
R 25%
.
```

Simple Motor Controller는 8장에서 설명하는 C/C++ UART 통신 코드를 사용해 직접 제어할 수도 있다. 구성 도구를 사용해 시리얼 TTL 모드를 전송 속도 115,200의 바이너리 모드로 설정할 수 있다. 모터 컨트롤러를 위와 같이 /dev/ttyUSB0에 부착했다면 /chp10/simple/ 디렉터리의 motor.c 코드를 사용해 모터를 직접 제어할 수 있다.

```
pi@erpi ~/exploringrpi/chp10/simple $ gcc motor.c -o motor
pi@erpi ~/exploringrpi/chp10/simple $ sudo ./motor
Starting the motor controller example
Error status: 0x0000
Current Target Speed is 0.
Setting Target Speed to 3200.
```

## 스테핑 모터

직류 전압이 인가될 때 연속적으로 회전하는 DC 모터와는 달리, 스테핑 모터는 일반적으로 개별적인 고정 각도 단계로 회전한다. 예를 들어 이 장에서 사용하는 스테핑 모터는 한 바퀴당 200스텝씩 회전하기 때문에 *스텝 각*이 1.8°가 된다. 펄스가 입력에 적용될 때마다 모터가 단계적으로 움직이므로 회전 속도는 펄스가 적용되는 속도에 비례한다.

스테핑 모터는 일반적으로 스텝의 5% 미만(즉 ±0.1°)의 오차 범위로 매우 정확하게 위치시킬 수 있다. 스테핑 모터는 오류가 여러 단계에 걸쳐 누적되지 않으므로 피드백이 필요하지 않아 개루프 형태로 제어할 수 있다. 서보 모터와 달리 DC 모터처럼 회전식 인코더와 같은 장치를 추가하지 않으면 샤프트의 절대적 위치를 알 수 없다. 로터리 인코더는 종종 단일 샤프트 회전을 수행해 찾을 수 있는 절대 위치 기준을 포함한다.

그림 10.6(a)와 같이 스테핑 모터의 회전축에는 톱니 형태의 영구 자석이 붙어 있으며, 이를 *로터*라고 한다. 로터는 모터의 몸체(*고정자*)에 고정된 권선(코일)에 둘러싸여(*상*으로 그룹화) 있다. 코일은 전자석으로, 전류가 흐르면 축의 톱니를 시계 방향 또는 반시계방향으로 끌어당기며 그 방향은 어느 코일에 전류가 흐르는지에 따라 달라진다. 그림 10-6(b)에 2상 여자 방식을 나타냈다.

- **2상 여자(full step):** 항상 2상을 사용한다(최대 토크).
- **1-2상 여자(half step):** 단계 해상도를 두 배로 한다. 2상과 1상을 번갈아 사용한다(최대 토크의 약 3/4).
- **마이크로스텝(microstep):** 그림 10.6(b)에 있는 on/off 전류보다는 위상 전류에 대한 사인 및 코사인 파형을 사용해 모터를 스텝 처리하므로 더 높은 단계 분해능을 제공한다(토크는 크게 줄어듦).

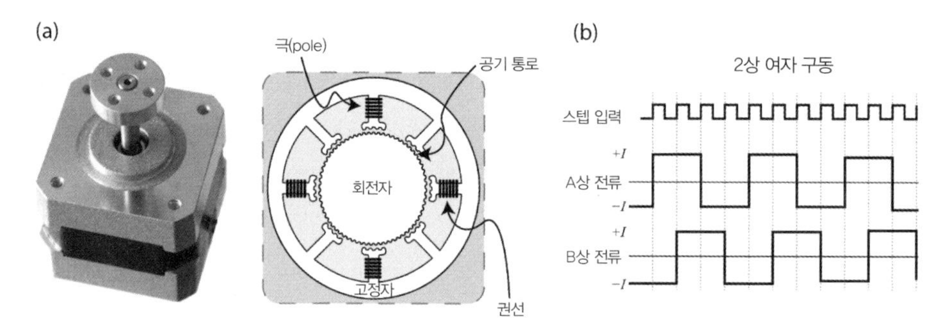


**그림 10.6** (a) 스테핑 모터 외부 및 내부 구조 (b) 2상 및 1-2상 구동 신호

## EasyDriver 스테핑 모터 드라이버

스테핑 모터 드라이버 보드를 사용하면 스테핑 모터 펄스 신호를 쉽게 생성할 수 있다. EasyDriver 보드(그림 10.7)는 널리 사용 가능한 저비용(~15달러) 개방형 하드웨어 스테핑 모터 드라이버 보드다. 그림 10.8에서와같이 4선, 6선, 8선 스테핑 모터를 구동하는 데 사용할 수 있다. 이 보드는 위상당 ±750mA에서 7~30V의 출력 구동 성능을 제공한다. 이 보드는 Allegro A3967 Microstepping Driver with Translator를 사용해 1, 1/2, 1/4, 1/8 단계 마이크로 스텝 모드를 지원한다. 또한 5V 또는 3.3V 논리 레벨로 보드를 구동할 수 있으므로 RPi와 함께 사용하기에 안성맞춤이다. 3.3V 논리 제어 레벨의 경우 납땜으로 브리지해야 하는 점퍼(SJ2)가 있다.

경고

전원이 공급되는 도중에 EasyDriver 보드에서 모터를 분리하면 보드가 손상될 수 있다.

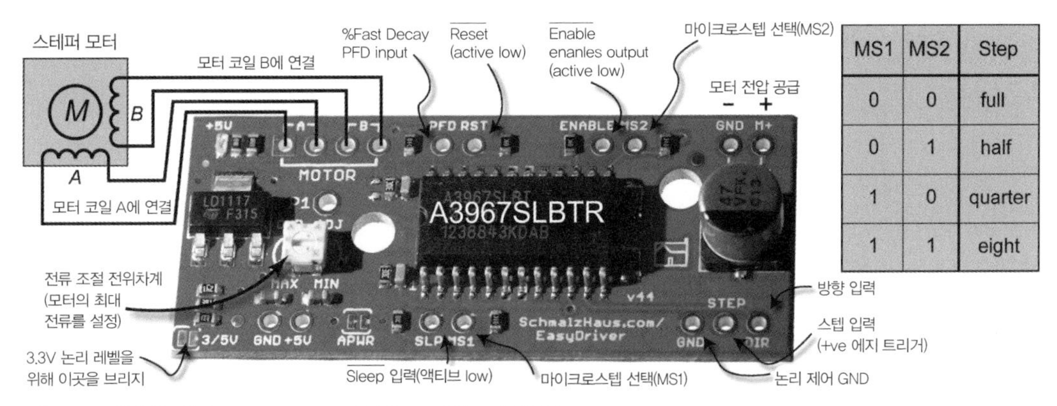


| MS1 | MS2 | Step |
|---|---|---|
| 0 | 0 | full |
| 0 | 1 | half |
| 1 | 0 | quarter |
| 1 | 1 | eight |

**그림 10.7** 개방형 하드웨어 EasyDriver 보드를 사용해 스테핑 모터를 구동

이 보드를 알아두면 고출력 스테핑 모터에 사용할 수 있는 흡사한 디자인의 여러 보드를 사용할 수 있을 것이다.

스테핑 모터의 데이터시트를 구할 수 없을 때(예: 오래된 프린터에서 떼어낸 경우)는 한 쌍의 전선을 단락시키고 모터를 회전시킴으로써 코일 간의 연결을 확인할 수 있다. 단락시킨 쌍이 회전에 대해 두드러진 저항이 있는 경우, 코일이 연결돼 있음을 알 수 있다. 표준 형식이 없기 때문에 전선의 색상만으로는 코일을 판단할 수 없다.

## RPi 스테핑 모터 드라이버 회로

EasyDriver 보드는 그림 10.8과 같이 각 제어 신호에 대해 GPIO를 사용해 RPi에 연결할 수 있다. 각 핀에 대한 설명과 MS1/MS2 입력에 대한 표가 그림 10.7에 있다. `StepperMotor`라는 C++ 클래스는 대체 GPIO 번호를 사용할 수 있다.

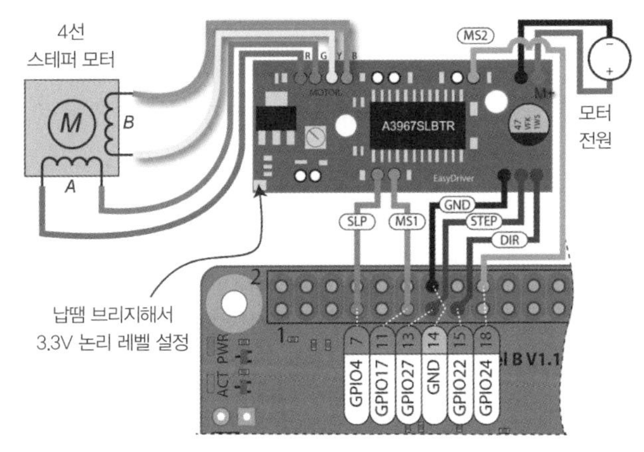


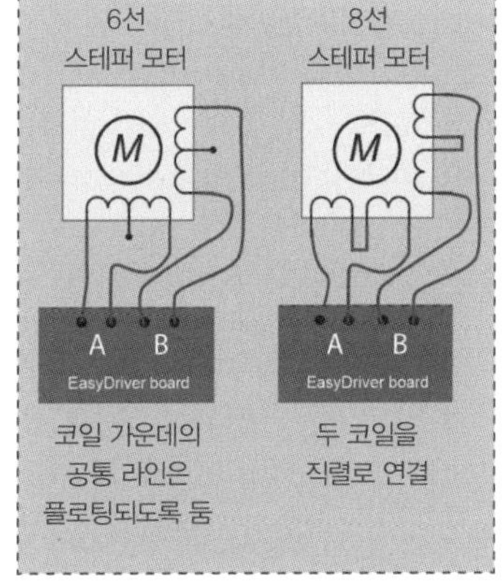


**그림 10.8** RPi와 EasyDriver 인터페이스 보드를 사용해 스테핑 모터 구동

## C++를 사용해 스테핑 모터 제어

코드 10.2는 5개의 RPi GPIO 핀을 사용해 EasyDriver 드라이버 보드를 제어하는 데 사용할 수 있는 클래스에 대한 설명이다. 이 코드는 대부분 유형의 스테퍼 드라이버 보드를 구동하는 데 적용할 수 있다.

**코드 10.2** /chp10/stepper/motor/StepperMotor.h(일부)

```
class StepperMotor {
public:
    enum STEP_MODE { STEP_FULL, STEP_HALF, STEP_QUARTER, STEP_EIGHT };
    enum DIRECTION { CLOCKWISE, COUNTERCLOCKWISE };
private:
    // GPIO 핀: MS1, MS2(마이크로스텝 옵션), STEP(low->high 스텝)
    //          SLP(sleep - 액티브 low), DIR(방향)
    GPIO *gpio_MS1, *gpio_MS2, *gpio_STEP, *gpio_SLP, *gpio_DIR;
    ...
public:
    StepperMotor(GPIO *ms1, GPIO *ms2, GPIO *step, GPIO *sleep,
                 GPIO *dir, int speedRPM = 60, int stepsPerRev=200);
    StepperMotor(int ms1, int ms2, int step, int sleep,
                 int dir, int speedRPM = 60, int stepsPerRev=200);
    virtual void step();
    virtual void step(int numberOfSteps);
    virtual int threadedStepForDuration(int numOfSteps, int dur_ms);
    virtual void threadedStepCancel() { this->threadRunning=false; }
    virtual void rotate(float degrees);
    virtual void setDirection(DIRECTION direction);
    virtual DIRECTION getDirection() { return this->direction; }
    virtual void reverseDirection();
    virtual void setStepMode(STEP_MODE mode);
    virtual STEP_MODE getStepMode() { return stepMode; }
    virtual void setSpeed(float rpm);
    virtual float getSpeed() { return speed; }
    virtual void setStepsPerRevolution(int steps) { stepsPerRev=steps; }
    virtual int getStepsPerRevolution() { return stepsPerRev; }
    virtual void sleep();
    virtual void wake();
    virtual bool isAsleep() { return asleep; }
    ...
};
```

코드 10.3에서는 라이브러리 코드를 사용해 StepperMotor 객체를 만들고 2상 여자 방식으로 모터를 반시계방향으로 10회 회전한다. 그런 다음 스레딩된 스텝 함수를 사용해 마이크로스텝 방식으로 스테핑 모터를 시계 방향으로 1/8 단계 분해능으로 5초 동안 한 바퀴 돌린다.

**코드 10.3** /chp10/stepper/stepper.cpp

```
#include <iostream>
#include <unistd.h>
#include "motor/StepperMotor.h"
using namespace std;
using namespace exploringRPi;

int main(){
    cout << "Starting RPi Stepper Motor Example:" << endl;
    // 다섯 개의 GPIO를 사용, RPM=60 및 200회전당 스텝
    // MS1=17, MS2=24, STEP=27, SLP=4, DIR=22
    StepperMotor m(17,24,27,4,22,60,200);
    m.setDirection(StepperMotor::COUNTERCLOCKWISE);
    m.setStepMode(StepperMotor::STEP_FULL);
    m.setSpeed(100);                                    // rpm
    cout << "Rotating 10 times 100 rpm anti-clockwise, full step..." << endl;
    m.rotate(3600.0f);                                  // 각도
    cout << "Finished regular (non-threaded) rotation)" << endl;
    m.setDirection(StepperMotor::CLOCKWISE);
    cout << "Performing 1 threaded revolution in 5 seconds using micro-stepping:" << endl;
    m.setStepMode(StepperMotor::STEP_EIGHT);
    if(m.threadedStepForDuration(1600, 5000)<0){
        cout << "Failed to start the Stepper Thread" << endl;
    }
    cout << "Thread should now be running..." << endl;
    for(int i=0; i<10; i++){                          // 10초 대기
        usleep(1000000);
        cout << i+1 << " seconds has passed..." << endl;
    }
    m.sleep();                         // 스테핑 모터로 가는 전원 절체
    cout << "End of Stepper Motor Example" << endl;
}
```

디렉터리에 있는 build 스크립트를 호출한 후 프로그램을 실행하면 다음과 같은 결과가 나타난다.

```
pi@erpi ~/exploringrpi/chp10/stepper $ sudo ./stepper
Starting RPi Stepper Motor Example:
Rotating 10 times 100 rpm anti-clockwise, full step...
Finished regular (non-threaded) rotation)
Performing 1 threaded revolution in 5 seconds using micro-stepping:
Thread should now be running...
1 seconds has passed...
2 seconds has passed...
...
10 seconds has passed...
End of Stepper Motor Example
```

스레드를 사용한 회전이 완료되는 데 5초가 걸린다는 점에 주목하라. 카운터가 5초 더 계속되는 동안 유지 토크가 적용된다. 마지막에 `m.sleep()`을 호출하면 스테핑 모터 코일에서 전력을 제거함으로써 유지 토크를 제거한다.

74HC595 IC와 SPI 버스를 사용해 이 모터 컨트롤러 예제에서 사용되는 핀 수를 더 줄일 수 있다. 그 방법은 이 장 뒷부분의 "디스플레이 모듈과의 인터페이스" 절에서 설명한다.

## 릴레이

전통적인 릴레이는 일반적으로 저전압 · 저전류 신호를 사용해 고전압 · 고전류 신호를 제어하는 데 사용되는 전기 기계식 스위치다. 저전력 회로가 내부 가동 스위치에 자력을 가할 수 있도록 구성된다. 내부 스위치는 두 번째 회로를 켜거나 끌 수 있는데, 고전력 DC 또는 AC 부하를 담당하는 경우가 많다. 고전력 회로에 전원을 상시 공급하는지 상시 차단하는지, 여러 개의 회로를 병렬로 스위칭하는지와 같은 요구사항에 따라 릴레이를 선택한다.

EMR(전기 기계식 릴레이)은 바운스 및 기계적 피로가 발생하기 쉬워 수명이 제한적이다. 1분 동안 여러 번 끊임없이 스위칭하는 경우에는 특히 수명이 짧아진다. EMR의 스위칭이 빠르게 일어나면 과열될 수도 있다. 근래의 SSR(솔리드 스테이트 릴레이)은 FET, 사이리스터, 광 커플러로 구성된 전자 스위치다. 움직이는 부품이 없으므로 수명이 길고 최대 스위칭 주파수(약 1kHz)가 높다. SSR의 단점은 가격이 더 비싸고 과부하 또는 부적절한 배선으로 인해 장애가 발생하기 쉽다는 것이다(종종 스위치가 켜진 상태가 됨). 일반적으로 SSR은 부하 회로에 방열판 및 고속 퓨즈와 함께 설치한다.

매우 높은 전류 및 전압을 스위칭할 수 있는 EMR과 SSR도 있으며, 스마트 홈, 교류 전원을 사용하는 장치의 제어, 고전류 DC 부하 스위칭을 위한 자동차 애플리케이션, 로보틱 애플리케이션의 고전류 유도 부하에 전력을 공급하는 애플리케이션에 특히 유용하다. 고전압에서는 낮은 전류도 치명적일 수 있으므로 교류 전원의 배선은 전문가에게 맡기도록 한다. AC 상용 전원뿐만 아니라 어떠한 형태로든 고전류 혹은 고전압을 취급할 때는 전문가의 의견을 구하도록 하라.

경고

그림 10.9의 회로는 저전압 전원(예: 12V 전원)에만 연결하기 위한 것이다. 고전압은 인체에 극히 위험할 수 있으므로 상용 전원을 사용하는 장치에 배선을 할 때는 적절한 안전 장비를 갖추고 위험을 예방하기 위한 적절한 교육을 받은 사람이 작업해야 한다. 충격이나 화재의 위험을 방지하기 위해 퓨즈나 회로 차단기(전류 제한 회로 차단기와 누전 차단기를 모두 포함할 수 있음)와 같은 적절한 보호 장치, 보호 인클로저 또는 추가 보호 장치가 필요할 수 있다. 상용 전원을 사용하는 홈 오토메이션 회로를 설치하기 전에 자격을 갖춘 전기 기술자에게 조언을 구하라.

그림 10.9(a)는 RPi를 릴레이에 연결하는 데 사용할 수 있는 회로의 유형을 보여준다. 선택된 릴레이는 5V에서 스위칭할 수 있어야 하며, 모터 회로에서와 마찬가지로 FET의 손상을 방지하기 위해 플라이백 다이오드를 릴레이의 유도 부하와 병렬로 배치하는 것이 중요하다. Pololu(`www.pololu.com`)는 Omron G5LE 전원 릴레이를 사용해 30V DC에서 8A 전류를 스위칭하는 데 사용할 수 있는 소형 SPDT 릴레이 키트(~4달러)를 판매한다(그림 10.9(b)). 브레이크아웃 보드에는 BSS138 FET, 플라이백 다이오드, 릴레이가 활성화로 전환될 때를 나타내는(즉, 상시 개방(NO) 출력에 연결된 회로를 닫는) LED가 있다. 그림 10.9(b)는 저렴한 4개의 릴레이 브레이크아웃 보드를 보여준다.

두 보드의 릴레이는 일반 GPIO에 연결해 제어할 수 있다. 예를 들어 그림 10.9(a)와 같이 릴레이가 GPIO 4에 연결된 경우 다음 단계를 사용해 릴레이를 스위칭할 수 있다.

```
pi@erpi /sys/class/gpio $ echo 4 > export
pi@erpi /sys/class/gpio $ cd gpio4
pi@erpi /sys/class/gpio/gpio4 $ echo out > direction
pi@erpi /sys/class/gpio/gpio4 $ cat value
0
pi@erpi /sys/class/gpio/gpio4 $ echo 1 > value
pi@erpi /sys/class/gpio/gpio4 $ echo 0 > value
```

참고

보드의 udev 규칙을 변경하면 GPIO의 소유자를 pi 사용자가 아닌 루트 사용자로 바꿀 수 있다. udev 규칙 파일을 수정할 수는 있지만 sudo 도구를 사용해 출력을 루트로 보낼 수 있음을 알아두는 것이 좋다. 위에서 예로 든 루트 소유의 항목에 대해 다음과 같이 호출할 수 있다.

```
pi@erpi /sys/class/gpio/gpio4 $ ls -l value
-rw-r--r-- 1 root root 4096 Sep 16 00:16 value
pi@erpi /sys/class/gpio/gpio4 $ sudo sh -c "echo 0 > value"
```

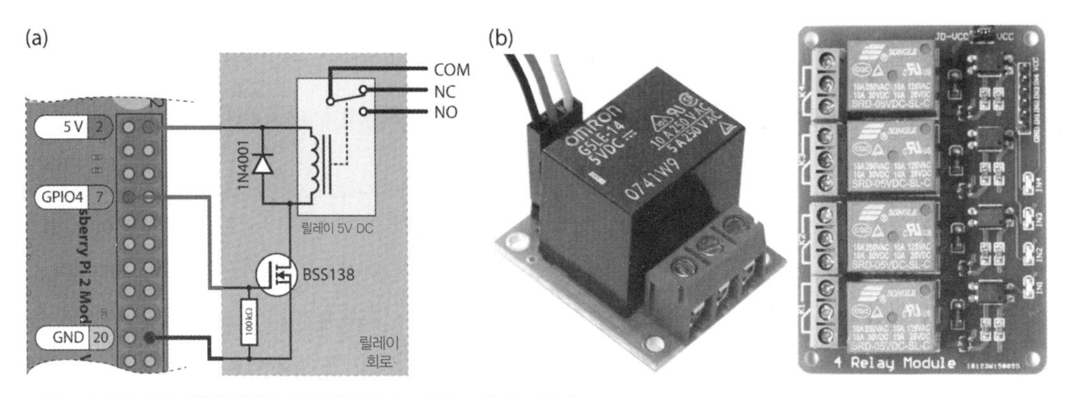


그림 10.9 (a) RPi를 사용해 릴레이 제어, (b) 릴레이 브레이크아웃 보드의 예

## 아날로그 센서에 인터페이스하기

*트랜스듀서*(transducer)는 에너지의 한 형태 변화를 다른 형태의 에너지의 비례 변화로 변환하는 장치다. 예를 들어 마이크는 음파의 변화를 전기 신호의 비례 변화로 변환하는 음향 트랜스듀서다. 액추에이터도 전기 에너지를 기계 에너지로 변환하므로 트랜스듀서의 일종이다.

물리적 환경에 대한 정보를 전기 신호(전압 또는 전류)로 변환하는 것을 주된 목적으로 하는 트랜스듀서를 *센서*(sensor)라고 한다. 센서는 전기 신호를 추가로 조절하기 위한 추가 회로를 포함할 수 있으며(예: 시간 경과에 따른 노이즈 또는 평균값을 필터링) 이러한 조합을 흔히 *계측기*(instrument)라고 한다. *센서*, *트랜스듀서*, *계측기*라는 용어는 실제로 종종 혼용되기 때문에 애써 구분할 필요는 없다. RPi에 센서를 연결하면 엄청나게 다양한 종류의 프로젝트를 구축할 수 있으며 그중 대표적인 예를 표 10.2에 정리했다.

표 10.2 아날로그 센서의 유형과 응용의 예

| 구분 | 응용 | 센서 |
|---|---|---|
| 온도 | 스마트 홈, 날씨 모니터링 | TMP36 온도 센서, MAX6605 저전력 온도 센서 |
| 광도 | 홈 오토메이션, 디스플레이 대비 조정 | 소형 광전지/광검출기(PDV-P8001) |
| 거리 | 로봇 항법, 뒤집힘 감지 | 샤프 적외선 근접 센서(예: GP2D12) |
| 접촉 | 사용자 인터페이스, 접근 감지 | 정전식 터치 |
| 가속 | 방향 검출, 충격 감지 | 가속도계(ADXL335), 방향 변경을 감지하는 자이로스코프(LPR530) |
| 소리 | 음성 녹음 및 인식, 자외선 측정기 | Electret 마이크로폰(MAX9814), MEMS 마이크로폰(ADMP401) |
| 자기장 | 비접촉 전류 측정, 홈 시큐리티, 비접촉 스위치 | 100A 비침습성 전류 센서(SCT-013-000), 홀 효과 및 리드(reed) 스위치, 선형 자기장 센서(AD22151) |
| 모션 감지 | 홈 시큐리티, 야생 동물 사진 | PIR 모션 센서(SE-10) |

ADXL345 I2C/SPI 디지털 가속도계는 8장에서 논의했으며, 표 10.2의 가속도계 ADXL335는 아날로그 가속도계다. ADXL345 디지털 가속도계는 아날로그 가속도계에 필터 회로, 아날로그-디지털 변환 및 입출력 회로가 포함된 것이다. 유사한 작업을 수행하는 아날로그 및 디지털 센서를 모두 사용할 수 있는 경우가 종종 있다. 표 10.3은 디지털 대 아날로그 센서를 요약 비교한 것이다.

표 10.3 일반적인 디지털 및 아날로그 센서 장치의 비교

| 디지털 센서 | 아날로그 센서 |
|---|---|
| ADC를 센서가 제어하므로 마이크로컨트롤러 ADC 입력의 제약이 없음 | 매우 빠른 샘플링 속도를 위한 지속적인 전압 출력 및 기능을 제공 |
| 임베디드 리눅스 관련 실시간 문제(가변적인 샘플링 기간 등)에 구애받지 않음 | 비싸지 않은 편이지만, 센서 매개변수를 구성하기 위해 외부 구성 요소가 필요할 수 있음 |
| 종종 레지스터를 통해 구성하고 제어할 수 있는 고급 필터가 포함돼 있음 | 출력은 일반적으로 복잡한 데이터시트가 없어도 쉽게 이해할 수 있음 |
| 버스 인터페이스로 많은 센서 장치 연결 가능 | 인터페이스하기 쉬운 편임 |
| 노이즈에 덜 민감함 | |

디지털 센서는 일반적으로 고급 기능이 있지만(예: ADXL345에는 더블 탭 및 자유 낙하 감지 기능이 있다) 비싸고 복잡한 편이다. 디지털 패키지에서는 많은 센서를 사용할 수 없으므로 9장에서 설명하는 SPI ADC 회로를 사용해 아날로그 센서를 RPi에 연결하는 방법을 이해하는 것이 매우 중요하다. 아날로그 센서의 샘플링 속도가 초당 수천 회가 넘는다면 CPU에 상당한 부담을 주므로 그렇게 하지 않는 것이 바람직하다.

## 선형 아날로그 센서

9장에서 MCP3208 SPI ADC를 사용해 LDR(광 저항)에 연결하는 것을 예로 들었다. LDR은 저항 기반 센서로 전압/전류가 센서 여기(excitation)에 필요하며 센서의 저항은 측정 결과에 비례한다.

TMP36(tiny.cc/erpi1004)은 온도에 선형으로 비례하는 전압 출력을 제공하는 저가의 정밀 아날로그 온도 센서다. TMP36의 측정 범위는 −40°C에서 +125°C까지이며 +25°C에서 ±1°C의 정확도를 가진다. 2.7~5.5V 전압을 사용할 수 있고 3핀 TO−92 패키지로 제공되므로 프로토타이핑 작업에 적합하다.

구성 가능한 선형 전압 출력을 갖춘 아날로그 센서를 RPi SPI ADC 조합에 쉽게 연결할 수 있다. TMP36은 25°C에서 750mV의 출력을 제공한다. 그것은 출력 스케일 팩터가 10mV/°C인 선형 출력을 갖는다. 이것은 최소 출력 전압이 0.75V − (65 × 0.01V) = 0.1V이고 최대 출력 전압이 0.75V + (100 × 0.01V) = 1.75V임을 의미한다. 센서 출력 전류는 0~50μA로, 부착된 장치의 입력 임피던스에 따라 달라진다. MCP3208 ADC의 높은 입력 임피던스는 공급되는 전류가 겨우 몇 나노 암페어임을 의미한다.

다음은 ADC 값을 섭씨 온도로 변환하는 C 코드다.

```
float getTemperature(int adc_value) {                    // 데이터시트로부터
    float cur_voltage = adc_value * (3.30f/4096.0f); // Vcc = 3.3V, 12비트
    float diff_degreesC = (cur_voltage-0.75f)/0.01f; // 한 단계가 0.1V일 때 몇 단계 필요?
    return (25.0f + diff_degreesC);
}
```

TMP36 데이터시트에는 꼬임 쌍선(twisted−pair cable)을 사용해 센서를 물리적으로 RPi와 멀리 떨어뜨릴 수 있는 방법이 자세히 설명돼 있다. 이러한 구성으로 외부 온도 모니터링 애플리케이션에 센서를 사용할 수 있다. 또한 TMP36과 같은 아날로그 센서는 아날로그 차동 온도계(예: 두 위치 사이의 온도 차이를 측정)를 구축하거나 과열/저온 인터럽트 신호를 생성하기 위해 연산 증폭기 회로와 결합할 수 있다는 점도 중요하다. 따라서 모든 애플리케이션에 코드를 작성할 필요가 없다! 이러한 회로는 TMP36 데이터시트(tiny.cc/erpi1004)에 설명돼 있다.

그림 10.10은 MCP3208 SPI ADC 제품군을 통해 TMP36을 RPi에 연결하는 데 사용할 수 있는 회로를 보여준다. 10비트 MCP3008 ADC를 사용할 수 있지만, 9장에서 설명한 바와 같이 위의 온도 계산 코드값을 4,096($2^{12}$)에서 1,024($2^{10}$)로 변경하고 send[0]과 send[1] 바이트를 조정해야 한다. 전체 코드 예제는 코드 10.4에 있다. 이 코드는 8장에서 설명한 SPIDevice C++ 클래스를 사용한다.

**코드 10.4** /chp10/tmp36/tmp36.cpp

```
#include <iostream>
#include "bus/SPIDevice.h"
using namespace exploringRPi;
using namespace std;

float getTemperature(int adc_value) {                  // TMP36 데이터시트로부터
    float cur_voltage = adc_value * (3.30f/4096.0f); // Vcc = 3.3V, 12비트
    float diff_degreesC = (cur_voltage-0.75f)/0.01f;
    return (25.0f + diff_degreesC);
}

int main(){
    cout << "Starting the RPi TMP36 example" << endl;
    SPIDevice *busDevice = new SPIDevice(0,0);
    busDevice->setSpeed(5000000);
    busDevice->setMode(SPIDevice::MODE0);
    unsigned char send[3], receive[3];
    send[0] = 0b00000110;                // 채널 0으로부터 단일 종단 입력을 읽음
    send[1] = 0b00000000;                // MCP3008을 위해 0b00000001과 0b10000000을 사용
    busDevice->transfer(send, receive, 3);
    float temp = getTemperature(((receive[1]&0b00001111)<<8)|receive[2]);
    float fahr = 32 + ((temp * 9)/5);              // 섭씨를 화씨로 변환
    cout << "Temperature is " << temp << "°C (" << fahr << "°F)" << endl;
    busDevice->close();
    return 0;
}
```

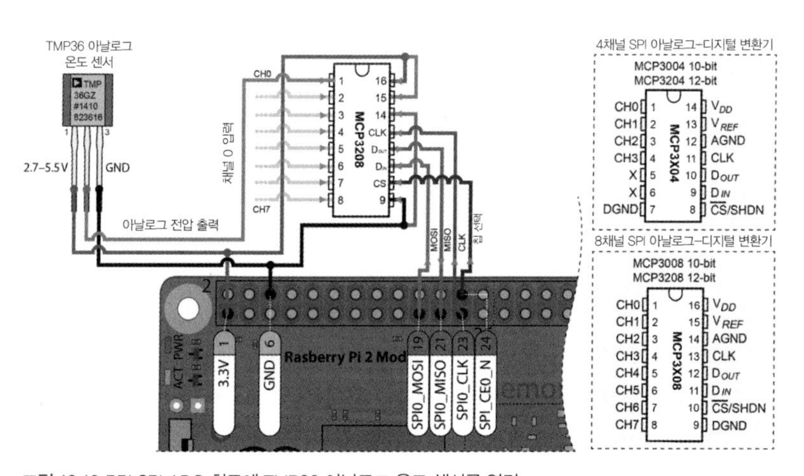


**그림 10.10** RPi SPI ADC 회로에 TMP36 아날로그 온도 센서를 연결

이 코드는 다음과 같이 빌드하고 실행할 수 있다.

```
pi@erpi ~/exploringrpi/chp10/tmp36 $ ./build
pi@erpi ~/exploringrpi/chp10/tmp36 $ ./tmp36
Starting the RPi TMP36 example
Temperature is 23.1543 ° C (73.6777 ° F)
```

## 비선형 아날로그 센서

샤프 적외선 거리 측정 센서는 로봇 내비게이션 애플리케이션(예: 물체 탐지와 선 따라가기) 및 근접 스위치(예: 자동 수도꼭지, 에너지 절약 스위치)에 매우 유용하다. 또한 이러한 센서를 서보 모터에 부착해 범위 지도를 계산하는 데도 사용할 수 있다(예: 이동형 플랫폼의 전면). 이 센서는 실내 환경에서는 잘 작동하지만 직사광선에서는 사용이 제한된다. ~39ms의 응답 시간을 가지므로 초당 25-26회의 판독이 가능하며 밀도가 높은 범위 이미지를 제공하지 않는다. 그림 10.11(a)는 저렴한 센서인 샤프 GP2D12를 각기 다른 방향에서 바라본 모습이다(현재 GP2D12는 시중에서 구하기 힘드니 그 대체품인 GP2Y0A21YK0F를 사용하면 된다 – 옮긴이).

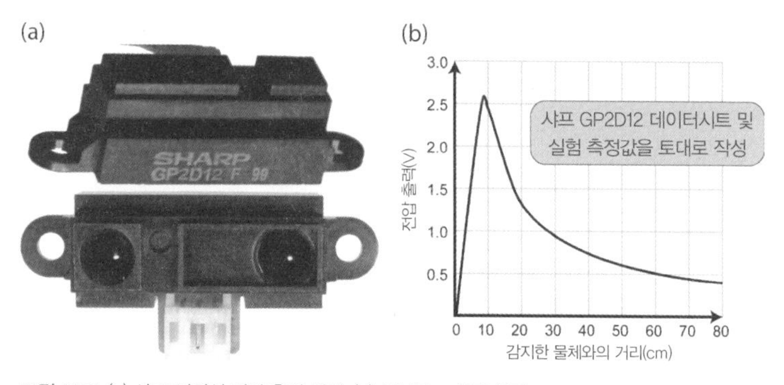


그림 10.11 (a) 샤프 적외선 거리 측정 센서, (b) 아날로그 출력 응답

이것은 일반적으로 다른 센서에서 발생하는 세 가지 문제를 해결해야 하기 때문에 아날로그 센서 통합 예제로 적합하다.

1. 그림 10.11(b)의 센서 응답은 매우 비선형적이어서 서로 다른 거리에서 동일한 센서 출력을 나타낼 수 있다. 따라서 센서 출력의 모호성을 제거할 방법을 찾아야 한다. 예를 들어 센서 출력이 1.5V일 때 감지된 물체와 센서의 거리는 5cm일 수도 있고 17cm일 수도 있다. 이 문제에 대한 일반적인 해결 방법은 물체가 10cm 이내로 오지 못하도록 센서를 장착하는 것이다. 여기에서는 감지된 물체가 센서에서 10cm 이상 떨어진 것으로 간주한다.

2. 출력 신호에 고주파 노이즈가 발생하기 쉽다. 이 문제를 해결하기 위해 간단한 1차 저역 통과 RC 평균 필터를 설계할 수 있다. 또는 프로그램 코드에서 시간 경과에 따라 샘플값을 디지털 방식으로 평균을 낼 수도 있다.
3. 거리가 10cm 이상인 경우에도 거리와 전압 출력 간의 관계는 여전히 비선형이다. 선형 관계가 요구되는 경우 이 문제를 해결하기 위해 곡선을 매끄럽게 근사(fit)하는 과정을 거칠 수 있다(임계 애플리케이션은 선형 관계가 필요하지 않으므로 값만 설정한다).

이 센서는 5V 전원을 공급받음에도 불구하고 0V에서 2.6V까지의 출력 전압 범위는 기준 전압이 3.3V일 때 SPI ADC의 범위 내에 있다. 출력이 0V에서 3.3V의 범위에서 벗어날 것으로 예상한다면 출력 전압을 제한하도록 고정값 전압 분배 회로를 설계할 수 있다.

두 번째 문제를 해결하기 위해 그림 10.12(a)와 같이 고주파 신호 노이즈를 제거하는 간단한 1차 저역 통과 RC 필터를 회로에 포함했다. RC 쌍은 방정식 $RC = 1 / (2\varpi \times f_c)$에 적합하도록 만들어야 하며, 여기서 차단 주파수 $f_c$는 실험을 통해 ~52Hz로 정했다.[2] 그림 10.12(a)에서처럼 RC 공식을 사용해 1μF의 커패시터값을 선택하고 저항값을 약 3.3kΩ으로 결정한다.

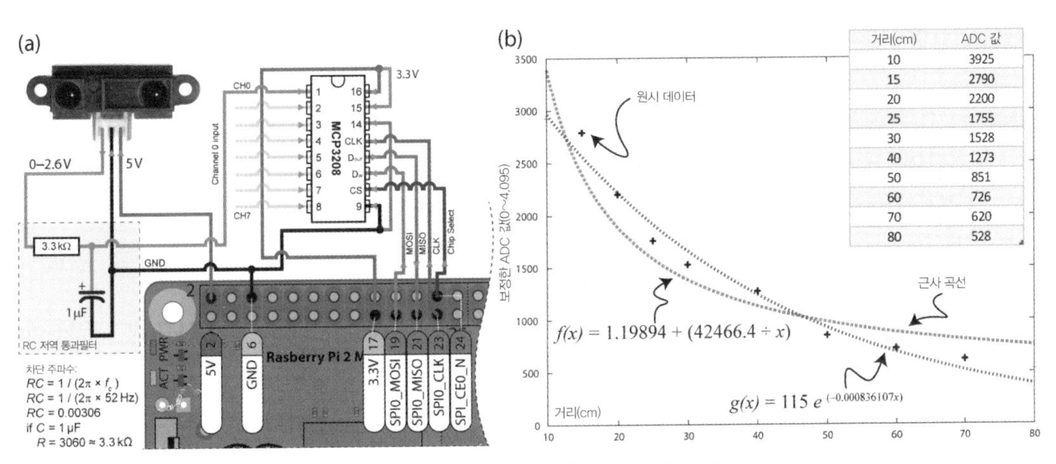


| 거리(cm) | ADC 값 |
|---|---|
| 10 | 3925 |
| 15 | 2790 |
| 20 | 2200 |
| 25 | 1755 |
| 30 | 1528 |
| 40 | 1273 |
| 50 | 851 |
| 60 | 726 |
| 70 | 620 |
| 80 | 528 |

**그림 10.12** (a) 샤프 GP2D12 센서에 연결하기 위한 RPi 회로, (b) gnuplot 함수의 곡선 근사 그래프

마지막 문제를 해결하기 위해 작은 테스트 장비를 설치해 거리 센서를 보정할 수 있다. 센서의 앞에 줄자를 놓고 센서에서 10cm에서 80cm 사이의 다양한 거리에 큰 물체를 배치할 수 있다. 그림 10.12(b)에서는 테이블에 대한 원시 데이터가 제공돼 그래프에 +로 표시됐다.

---

2 이 센서의 샘플 속도는 초당 최대 25~26회다. 간단한 수동형 1차 저역 통과 필터는 0Hz에서 차단 주파수 $f_c$까지의 주파수 신호를 통과시키면서 고주파 신호(노이즈가 포함됨)를 크게 감쇠시킨다. 나이키스트(Nyquist)의 표본화 정리에 따르면 샘플링 주파수는 신호에 포함된 최고 주파수의 두 배 이상이어야 한다($f_s \geq 2 \times f_c$). 그러나 차단 주파수를 샘플링 속도의 절반으로 설정하면 애플리케이션의 성능이 그리 좋지 못하다..

이 원시 데이터는 + 표시에 해당하는 값 사이의 ADC 측정 중간값으로 표시되는 거리 값을 결정하기에는 충분하지 않다. 그러므로 프로그램 코드에서 구현할 수 있는 식을 얻기 위해 곡선 근사를 이용할 수 있다. 울프럼 알파(Wolfram Alpha) 웹 사이트 www.wolframalpha.com에서 무료로 제공하는 곡선 근사 도구에 데이터를 입력할 수 있다.

```
exponential fit {3925,10}, {2790,15}, {2200,20}, {1755,25}, {1528,30}, →
{1273,40}, {851,50}, {726,60}, {620,70}, {528,80}
```

위 명령을 입력했을 때 그 결과로 거리 $= 115.804e^{-0.000843107v}$라는 식을 얻을 수 있다(tiny.cc/erpi1006 참고). 다음의 글상자에 gnuplot을 사용해 동일한 작업을 수행하는 방법을 설명했으며 그 결과는 그림 10.12(b)에 있다.

### GNUPLOT을 사용해 데이터 곡선 근사하기

gnuplot은 데이터의 그래프를 그려줄 뿐만 아니라 비선형 최소 자승법(NLLS) Marquardt–Levenberg 알고리즘을 사용해 데이터를 곡선에 맞출 수도 있다. 예를 들어 그림 10.12(b)의 데이터는 다음 단계를 사용해 1/x 형식의 함수로 정의할 수 있다.

```
pi@erpi ~/exploringrpi/chp10/sharp $ more data
9925 10
2790 15
...
pi@erpi ~/exploringrpi/chp10/sharp $ gnuplot
     G N U P L O T
     Version 4.6 patchlevel 6 ...
gnuplot> f(x) = a + b/x
gnuplot> fit f(x) "data" using 1:2 via a,b
...
Final set of parameters            Asymptotic Standard Error
a               = 1.19894          +/- 1.415         (118%)
b               = 42466.4          +/- 1335          (3.144%)
...
```

따라서 최적의 근사 함수는 $f(x) = 1.19894 + (42466.4 / x)$다. 여기서 x는 캡처된 ADC 입력 값이다. 보정한 데이터를 사용해 근사한 함수의 그래프가 그림 10.12(b)에 있다.

gnuplot을 사용해 이전 단계에서 계속 진행해 지수 감쇠 형태의 함수에 대해 데이터를 맞출 수도 있다. c 및 d 값의 초기 추정값을 제공하면 NLLS 알고리즘이 유효한 솔루션에 수렴하는 데 도움이 된다. 이를 위해 Wolfram Alpha의 출력 또는 적절한 예상 값으로 식별되는 값을 사용할 수 있다.

```
gnuplot> g(x) = c * exp(-x * d)
gnuplot> c = 115
gnuplot> d = 0.0008
gnuplot> fit g(x) "data" using 1:2 via c,d
...
Final set of parameters            Asymptotic Standard Error
c               = 115              +/- 7.632        (6.637%)
d               = 0.000836107      +/- 7.244e-05    (8.664%)
...
gnuplot> set term postscript
gnuplot> set output "fittings.ps"
gnuplot> plot "data" using 1:2, f(x), g(x)
gnuplot> exit
pi@erpi ~/exploringrpi/chp10/sharp $ ps2pdf fittings.ps
pi@erpi ~/exploringrpi/chp10/sharp $ ls fittings*
fittings.pdf  fittings.ps
```

그러므로 최적의 근사 함수는 다음과 같다. $g(x) = 115e^{-0.000836107x}$, 여기서 x는 캡처된 ADC 입력 값이다. 이 경우 표준 오류 값은 더 낮고 그림 10.12(b)에 나타나듯 특히 가까운 거리에서 지수 감쇠 함수가 약간 더 낫다.

---

이러한 절차는 많은 아날로그 센서 유형에 사용돼 측정된 센서 값 사이를 보간하는 데 사용할 수 있는 표현식을 제공한다. 어떤 방식이 데이터를 곡선에 가장 잘 맞추는지는 센서가 가진 물리적인 성질에 따라 다르다. 예를 들어, 선형 함수를 사용해 9장에 설명된 LDR의 식을 유도할 수 있다. 코드 10.5와 같이 ADC 값을 읽고 거리로 변환하는 C++ 코드를 작성할 수 있다. 지수 근사식은 한 줄의 코드로 표현했다.

**코드 10.5** /chp10/sharp/sharp.cpp(일부)

```
...
int main(){
    cout << "Starting the RPi GP2D12 sensor example" << endl;
    SPIDevice *busDevice = new SPIDevice(0,0);
    busDevice->setSpeed(5000000);
    busDevice->setMode(SPIDevice::MODE0);
    for(int i=0; i<1000; i++) {
        unsigned char send[3], receive[3];
        send[0] = 0b00000110;           // 채널 0으로부터 단일 종단 입력을 읽음
        send[1] = 0b00000000;
        busDevice->transfer(send, receive, 3);
        int raw = ((receive[1]&0b00001111)<<8)|receive[2];
        float distance = 115.804f * exp(-0.000843107f * (float)raw);
```

```
        cout << "The distance is: " << distance << " cm" << '\r' << flush;
        usleep(100000);
    }
    busDevice->close();
    return 0;
}
```

코드 예제를 실행하면 센티미터 단위로 감지된 개체의 거리가 약 100초 동안 계속 출력된다.

```
pi@erpi ~/exploringrpi/chp10/sharp $ ./build
pi@erpi ~/exploringrpi/chp10/sharp $ ./sharp
Starting the RPi GP2D12 sensor example
The distance is: 16.117 cm
```

코드 10.6은 서로 다른 세 가지 곡선 근사법을 사용해 거리 계산을 수행하는 코드의 일부다.

**코드 10.6** /chp10/sharp/sharpfit.cpp(일부)

```
...
    cout << "Raw value is " << (int)raw << endl;
    float distance = 115.804f * exp(-0.000843107f * (float)raw);
    cout << "Estimate 1 (Wolfram): " << distance << " cm" << endl;
    distance = 1.19894f + (42466.4f / (float)raw);
    cout << "Estimate 2 (1/x) : " << distance << " cm" << endl;
    distance = 115.0f * exp(-0.000836107f * (float)raw);
    cout << "Estimate 3 (exp dec): " << distance << " cm" << endl;
...
```

이 프로그램의 실행 결과는 다음과 같다.

```
pi@erpi ~/exploringrpi/chp10/sharp $ ./sharpfit
Starting the RPi GP2D12 sensor example
Raw value is 1462
Estimate 1 (Wolfram): 33.76 cm
Estimate 2 (1/x) : 30.2457 cm
Estimate 3 (exp dec): 33.8705 cm
```

결과는 그림 10.12(b)의 그래프와 일치하며, ADC 입력값 1,462의 두 번째 추정치($f(x)$)가 세 번째 추정치($g(x)$)보다 낮다.

코드의 실행 속도가 애플리케이션에서 핵심적인 경우 변환된 값으로 찾아보기 테이블(LUT)을 채우는 것이 좋다. 즉, 각 값이 판독되고 변환될 때마다 계산되는 것이 아니라 프로그램의 초기화 단계나 코드 개발 중에 한 번만 계산된다. 프로그램 실행 중에 부동 소수점 계산을 수행하는 것보다는 메모리에 접근(LUT를 읽기)하는 것이 훨씬 효율적이다. 이는 12비트 ADC가 4,096개의 고유한 값만 출력할 수 있기 때문에 가능하며, 프로그램이 사용하는 메모리에 4,096개의 결과 배열을 저장하는 것이 비합리적이지는 않다.

**거리 감지와 라즈베리 파이**

두 개의 저비용 거리 센서가 이 책에 자세히 설명돼 있다. 샤프 적외선 거리 측정 센서는 이 장에서 설명하고 HC-SR04 초음파 거리 센서는 11장에서 설명한다. 이 두 센서는 모두 정밀도와 표본화 비율이 매우 제한적이다. 적외선 센서는 좁은 광선을 갖지만, 햇빛 간섭을 받기 쉽다. 초음파 센서는 태양광에서는 잘 작동하지만 흡음재가 있는 곳에서는 잘 측정되지 않으며 유령 반향(예: 하나 이상의 표면에 부딪치는 소리 반사)이 발생하기 쉽다. 이러한 저비용 센서는 장애물 회피 애플리케이션에 적합하지만, 공간 매핑과 같은 정밀 애플리케이션의 경우 LiDAR(광 검출 및 거리 측정) 센서를 이용하는 것이 나을 것이다. `www.pulsedlight3d.com`의 레이저 기반 LIDAR-Lite v2(115달러) 센서는 40m 범위의 성능, 1cm 해상도, ±2.5cm 정확도를 가지며 초당 500회의 판독이 가능하다. $I^2C$ 버스를 사용해 RPi에 인터페이스할 수 있다.

## 아날로그 센서 신호 조절

아날로그 센서의 문제점 중 하나는 RPi가 요구하는 출력 전압 레벨과는 상당히 다른 출력 신호 전압 레벨을 가질 수 있다는 것이다. 아날로그 신호를 조작해 처리의 다음 단계에 적합하게 만드는 것을 *신호 조절(signal conditioning)*이라고 한다. 센서 출력을 RPi SPI ADC의 입력으로 컨디셔닝하기 위해 신호 범위가 일반적으로 0~3.3V인지 확인해야 한다.

### 전압 분배를 통한 스케일링

센서 출력 전압을 조정하는 데 그림 10.13(a)의 전압 분배 회로를 사용할 수 있다. 센서의 출력 전압이 3.3V를 넘지만 0V 밑으로 떨어지지 않는다면 전압 분배 회로를 사용해 전압을 0~3.3V 범위에 들도록 선형적으로 감소시켜 SPI ADC 장치로 전달한다.

전압 분배 회로는 센서 출력 임피던스를 로드할 것이고 단일 이득 버퍼를 사용해야 할 수도 있다(그림 10.13(b)의 전압 팔로워 구성에서 MCP6002 연산 증폭기가 그 예다). MCP6002는 센서 회로가 ADC의 최대 입력 임피던스를 초과하지 못하도록 하는 버퍼 역할을 한다(이상적인 전압 팔로워 회로는 무한 입력 임피던스와 0의 출력 임피던스를 가지고 있음을 기억하라). 또한 저항은 제조 허용 오차(흔히 저항값의

5~10%)를 가지며 전압 분배 회로의 스케일링 정확도에 영향을 미친다. 저항 비율을 조정하기 위해 조합을 실험하거나 전위차계를 사용해야 할 수도 있다. 다중 연산 증폭기 패키지의 경우, 사용되지 않은 입력의 랜덤 스위칭 노이즈를 피하기 위해 그림 10.13(b)에 표시된 것과 같이 연결해야 한다(밝은 회색).

이 회로는 입력 신호를 선형적으로 스케일다운하는 데 적합하지만 0V를 중심으로 한 입력 신호나 음의 전압으로 바이어스된 입력 신호에는 적합하지 않다. 이를 위해서는 좀 더 일반적이고 복잡한 연산 증폭기 회로가 필요하다.

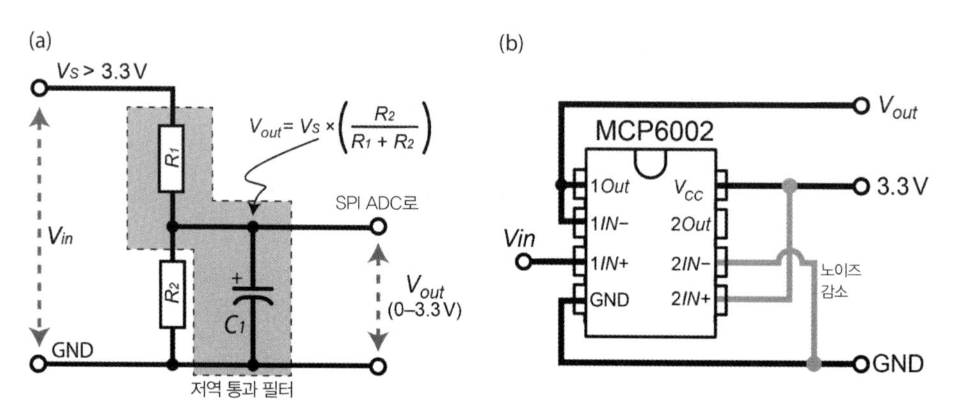


그림 10.13 (a) 저역 통과 필터가 있는 전압 분배 회로, (b) 전압 팔로워로 구성한 MCP6002 듀얼 연산 증폭기

## 신호 오프셋과 스케일링

그림 10.14(a)는 입력 신호의 이득 및 오프셋을 설정하는 데 사용할 수 있는 일반적인 연산 증폭기 회로를 제공한다. 오실로스코프와 함께 사용해 특정 용도에 맞게 고정 신호 조절 회로를 설계할 수 있는 가변 프로토타이핑 회로로 설계됐다. 이 회로에 대한 몇 가지 참고 사항이 있다.

- −5V 레일을 사용할 수 없으므로 연산 증폭기의 $V_{CC-}$입력은 RPi를 사용해 구축된 회로 유형을 나타내는 GND에 연결된다.
- 3.3V 레벨은 SPI ADC의 아날로그 전압 레퍼런스에 의해 제공될 수 있다.
- 입력되는 센서 신호의 DC 성분을 제거하기 위해 VIN 입력에 100nF 디커플링 커패시터를 사용할 수 있다. 그러나 많은 센서 회로의 경우 센서 신호의 DC 성분이 중요하므로 제거해서는 안 된다.

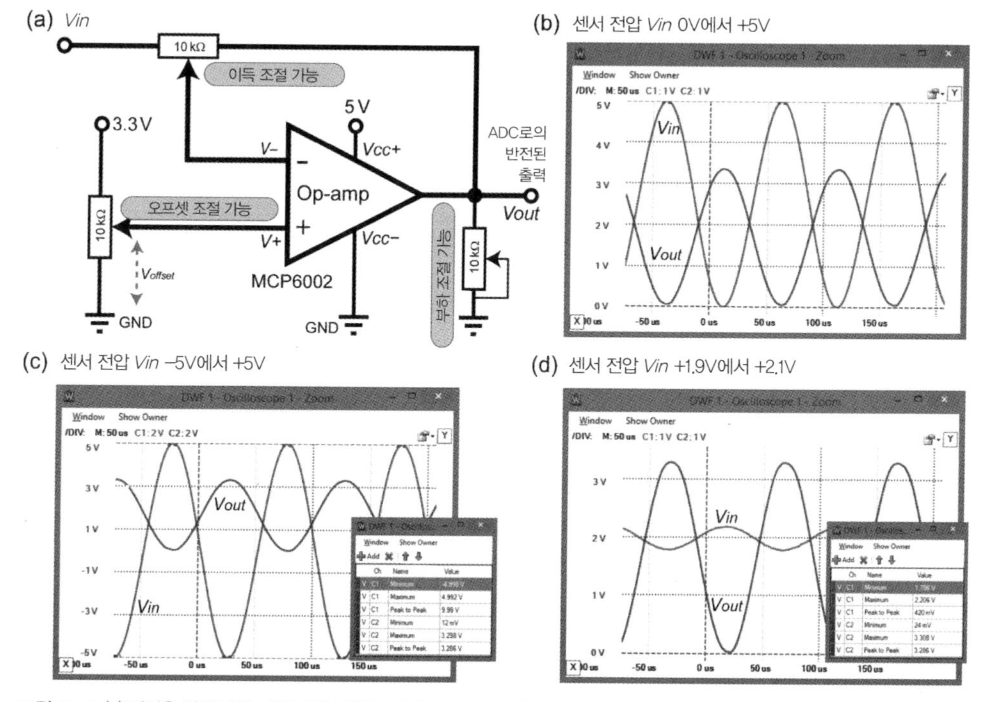


**그림 10.14** (a) 입력을 반전시키는 일반 연산 증폭기 신호 조절 회로, (b) Vin이 0~5V일 때 조절된 출력, (c) Vin이 −5V에서 +5V 사이일 때 조절된 출력, (d) 입력 신호가 1.9~2.1V일 때 조절 및 증폭된 출력

그림 10.14(a)의 회로는 전위차계의 설정에 따라 입력 신호를 증폭(또는 감쇠)하고 오프셋하고 반전한다.

- 이득은 조정 가능한 이득 전위차계(gain potentiometer)를 사용해 설정한다(여기서 $V- = G \times V_{IN}$).
- 오프셋은 조정 가능한 오프셋 전위차계를 사용해 설정된다. 원하는 경우 1.65V에서 출력 신호를 센터링하는 데 사용할 수 있다.
- 출력 전압은 어림한 것이다. $V_{out} = V_+ - V_- = offset - (G \times V_{IN})$과 같이 출력은 입력 신호의 반전되고 스케일된 버전이다.
- 신호의 반전(입력이 최소일 때 출력이 최대가 됨)은 사용한 회로의 결과다. 비반전 회로를 구성할 수도 있지만 더 어렵다. 4,095에서 수신된 ADC 입력 값을 뺌으로써 소프트웨어적으로 반전을 쉽게 구현할 수 있다.

그림 10.14 (b), (c), (d)에서 오프셋 전압은 1.65V로 설정되고 이득은 신호를 클리핑하지 않고 출력 신호(0V와 3.3V 사이)를 최대화하도록 조정된다. 그림 10.14(b)에서 이득과 오프셋은 0V에서 +5V까지의 신호를 3.3V에서 0V로 반전된 출력 신호로 매핑하도록 조정된다. 그림 10.14(c)에서 −5V에서 +5V의 신호는 3.3V에서 0V 신호로 매핑된다. 마지막으로 그림 10.14(d)에서 1.9V에서 2.1V의 입력 신호는 3.3V에서 0V의 출력에 매핑된다. 마지막의 경우는 다음 절의 예제 애플리케이션에 적용된다.

MCP6001은 DIP 패키지로 쉽게 사용할 수 없기 때문에 이중 연산 증폭기 패키지인 MCP6002를 사용한다. MCP6002를 사용해 두 개의 개별 센서 신호를 처리할 수 있다.

## 아날로그 가속도계에 인터페이스하기

ADXL335는 ADXL345 디지털 가속도계와 비슷한 3축 아날로그 가속도계로서 중력 가속도를 이용해 기울기를 측정하거나 동적 가속도를 이용해 진동, 움직임, 충격을 측정한다. ADXL345와는 달리 ADXL335는 축마다 하나씩 3개의 아날로그 출력을 가지며 커패시터를 사용해 장치의 대역폭을 정의할 수 있다. 일반적으로 이 장치는 브레이크아웃 보드를 구입하므로 대역폭은 제조 시에 정해진다. 이 모듈은 1.8V에서 3.6V 사이의 전원을 공급받을 수 있다. 데이터시트는 `tiny.cc/erpi1007`에서 구할 수 있다.

기울기를 측정할 때 x 축 출력은 0°에서 ~1.30V, 90°에서 ~1.64V, 180°에서 ~1.98V를 제공한다. 이는 브레이크아웃 보드의 출력 신호의 중간값이 1.64V이고 ±0.34V의 변동을 가짐을 의미한다. 그림 10.15와 같이 중심점이 1.65V에 오고 MCP3208의 3.3V 범위 전체에 맞추도록 회로를 설계할 수 있다. 꼭 그렇게 해야 하는 것은 아니지만, 그렇게 하면 아날로그 신호 조절을 이해하는 데 도움이 된다.

해당 ADXL335 브레이크아웃 보드는 출력 임피던스 문제가 있어 조절 회로의 전압 분배 회로가 올바르게 작동하지 않는다. 따라서 버퍼 회로가 필요하며 전압 팔로워 구성의 연산 증폭기를 사용할 수 있다. MCP6002는 연산 증폭기 중 하나를 단일 이득 버퍼로 사용하고 다른 하나를 신호 조절에 사용할 수 있어 이 애플리케이션에 이상적이다.

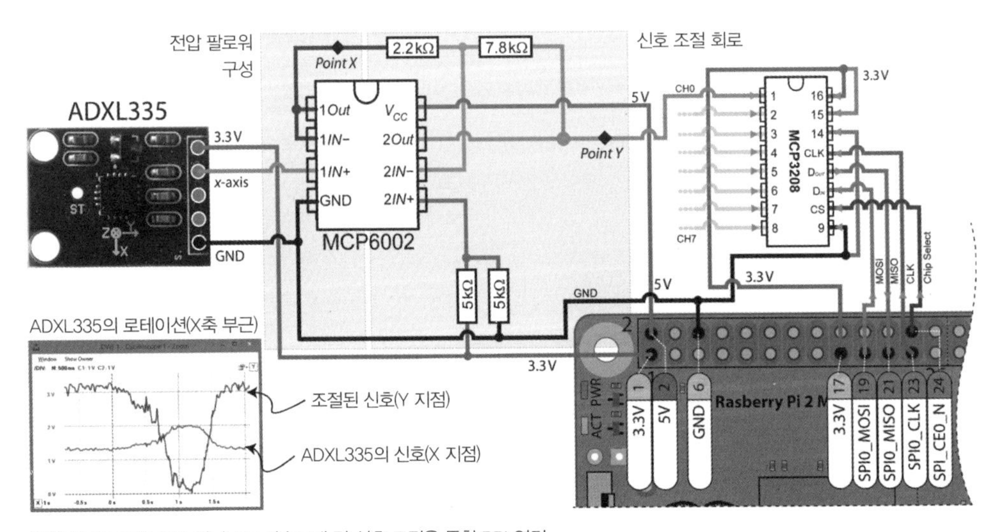


**그림 10.15** ADXL335 아날로그 가속도계 및 신호 조절을 통한 RPi 연결

이러한 회로는 복잡성에 비해 실용적이지 못할 수도 있는데, 신호를 증폭시키는 과정에서 노이즈도 함께 키우게 되므로 신호의 내용이 좋아졌다고는 할 수 없기 때문이다. 12비트 ADC를 사용해 1.3V를 1.98V 범위로 선형적으로 확장함으로써 이 센서의 0V에서 3.3V 범위에 맞출 수 있다. 그러나 연산 증폭기를 사용해 신호를 오프셋 및 스케일링하는 과정은 여러 종류의 센서에 필요하며 특히 마이크 오디오 신호와 같이 0V를 중심으로 하는 센서에 필요하기 때문에 중요하다. 그림 10.15의 왼쪽 아래에 증폭된 신호를 나타냈다. 사용한 신호 조절 회로는 소프트웨어를 사용해 쉽게 수정되는 반전된 출력을 생성한다는 점에 유의해야 한다.

adxl335 프로그램을 사용해 디지털화된 $x$ 축 가속 값을 인쇄할 수 있다. 개인적으로 이 프로그램을 실행했을 때는 정지(+90°) 시 2,272, 0°에서 568, +180°에서 3,973의 원시 ADC 값을 출력했다. 더 많은 값을 사용해 근사의 품질을 향상시킬 수 있다. 따라서 코드 예제에서는 각도를 출력하기 위해 간단한 선형 보간법을 사용했다.

```
pi@erpi ~/exploringrpi/chp10/adxl335 $ more data
# Simple calibration data
568   0
2272  90
3973  180
pi@erpi ~/exploringrpi/chp10/adxl335 $ gnuplot
      G N U P L O T ...
gnuplot> y(x) = m*x + c
gnuplot> fit y(x) "data" using 1:2 via m,c
...
Final set of parameters           Asymptotic Standard Error
m               = 0.0528634       +/- 2.689e-05    (0.05087%)
c               = -30.0528        +/- 0.0716       (0.2382%) ...
```

그런 다음 원시 ADC 값을 표현하는 가속 값으로 변환하기 위해 소스 코드에서 $y(x) = mx + c$ 방정식을 사용한다.

```
float angle = (0.0528634 * raw) - 30.0528;
cout << "The tilt angle is " << angle << " degrees" << endl;
```

전체 소스 코드 예제는 chp10/adxl335 디렉터리에 있으며, 다음과 같이 실행한다.

```
pi@erpi ~/exploringrpi/chp10/adxl335 $ ./adxl335
Starting the RPi ADXL335 example
The raw value is: 2263
The tilt angle is 89.5771 degrees
```

그림 10.15의 회로는 MCP6004 쿼드 연산 증폭기 패키지를 사용해 $y$ 축 및 $z$ 축 가속 값을 지원하도록 확장할 수 있으며 소프트웨어를 확장해 MCP3204 SPI ADC의 CH1 및 CH2 입력에서 이 값을 읽을 수 있다.

## 로컬 디스플레이에 인터페이스하기

RPi의 HDMI 출력 커넥터를 사용해 컴퓨터 모니터 및 디지털 TV에 연결할 수 있으며, LCD HAT를 RPi GPIO 헤더 커넥터에 연결할 수 있다. 그러나 이러한 디스플레이들은 특정 애플리케이션에는 그리 실용적이지 않거나 지나치게 비쌀 수 있다. 소량의 정보를 사용자에게 전달하고자 할 때는 단순한 LED를 사용해도 된다. 예를 들어 RPi의 온보드 전원 및 작동 LED는 보드가 작동하는 것을 확인하는 데 유용하다. 좀 더 복잡한 정보를 표시하기 데는 저렴한 LED 디스플레이에 연결하는 것과 저렴한 문자 LCD 모듈에 연결하는 것의 두 가지 방법이 있다.

8장에서 SPI 및 74HC595 직렬 시프트 레지스터 IC를 사용해 7 세그먼트 디스플레이를 구동하는 예제를 살펴봤다. 이것은 교육 목적의 연습으로는 유용하지만, 배선이 복잡하기 때문에 여러 자리의 숫자를 표시하기에는 실용적이지 못하다. 다음 절에서는 저가형 온보드 디스플레이를 RPi에 추가하는 고급 솔루션에 관해 설명한다.

### MAX7219 디스플레이 모듈

Maxim Integrated MAX7219는 직렬 인터페이스 방식의 8자리 LED 디스플레이 드라이버로, 초저가형 멀티 7 세그먼트 디스플레이 모듈에 내장돼 널리 사용된다. 그림 10.16(a)의 모듈은 MAX7219 IC가 내장된 8자리 적색 LED 디스플레이로(2~3달러), 5V를 사용한다. 데이터시트는 `tiny.cc/erpi1008`에 있다.

이 모듈은 SPI 버스를 사용해 RPi에 연결할 수 있으며, 이 경우 그림 10.16(a)와 같이 SPI_CE1_N 활성화 핀에 연결된다. 이렇게 하면 다음 절의 문자 LCD 모듈을 동일한 버스에 동시에 연결할 수 있다. 전원 공급은 5V를 사용하고 제어에는 3.3V 논리 레벨을 사용한다. 모듈의 *DOUT* 라인을 RPi MISO 입력에 직접 연결해서는 안 된다!

(a)

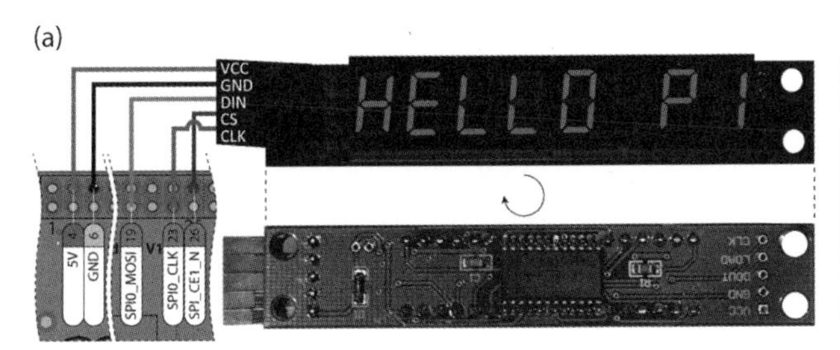


(b)

| 레지스터 | 주소 | 값 |
|---|---|---|
| Digit 0 | 0x01 | 0x00에서 0x09는 숫자 0에서 9를 표시<br>0x0A=대시, 0x0F=공백<br>0x0B=E, 0x0C=H, 0x0D=L, 0x0E=P<br>비트 D7을 설정하여 점을 표시(예: 0x8x) |
| Digit 1 | 0x02 | |
| ... | ... | |
| Digit 7 | 0x08 | |
| 디코드? | 0x09 | 0x00 디코드 안 함, 0xFF는 digits 7–0 디코드 |
| 밝기 | 0x0A | 최소~최대(0x00에서 0x0F) |
| 스캔 제한 | 0x0B | 1 digit에서 8 digit 활성화(0x00에서 0x07) |
| 셧다운 | 0x0C | 0x00 셧다운, 0x01 노말 |
| 테스트 | 0x0F | 0x01 테스트 모드, 0x00 노말 |

**그림 10.16** (a) MAX7219 8자리 7 세그먼트 디스플레이 모듈, (b) MAX7219의 레지스터 요약표

이 모듈은 디코드 모드에서 0에서 9까지의 숫자(소수점 표시도 포함), 문자 *H*, *E*, *L*, *P*, 공백, 대시를 8자리까지 표시할 수 있다. 또한 디코드 모드를 비활성화해 7개의 세그먼트를 각각 제어할 수 있다. 다음의 예에서는 모듈이 올바로 구성됐는지 테스트하기 위해 그림 10.16(b)의 레지스터 표에 나온 바이트의 쌍(레지스터 주소와 값)을 장치로 보낸다.

1. 모듈을 켜고 테스트 모드(모든 세그먼트가 켜짐)로 설정한다.[3]

```
pi@erpi ~ $ echo -ne "\x0C\x01" > /dev/spidev0.1
pi@erpi ~ $ echo -ne "\x0F\x01" > /dev/spidev0.1
```

2. 모듈의 테스트 모드를 해제한다(이전 상태로 복귀).

```
pi@erpi ~ $ echo -ne "\x0F\x00" > /dev/spidev0.1
```

3. 8 세그먼트 모드로 변경하고 마지막(오른쪽) 두 자리에 숫자 6.5를 표시한다.

```
pi@erpi ~ $ echo -ne "\x09\xFF" > /dev/spidev0.1
pi@erpi ~ $ echo -ne "\x01\x05" > /dev/spidev0.1
pi@erpi ~ $ echo -ne "\x02\x86" > /dev/spidev0.1
```

4. "Hello Pi"라는 단어를 표시한다(그림 10.16(a) 참고).

```
pi@erpi ~ $ echo -ne "\x08\x0C" > /dev/spidev0.1
pi@erpi ~ $ echo -ne "\x07\x0B" > /dev/spidev0.1
pi@erpi ~ $ echo -ne "\x06\x0D" > /dev/spidev0.1
pi@erpi ~ $ echo -ne "\x05\x0D" > /dev/spidev0.1
pi@erpi ~ $ echo -ne "\x04\x00" > /dev/spidev0.1
pi@erpi ~ $ echo -ne "\x03\x0F" > /dev/spidev0.1
pi@erpi ~ $ echo -ne "\x02\x0E" > /dev/spidev0.1
pi@erpi ~ $ echo -ne "\x01\x01" > /dev/spidev0.1
```

3 echo 명령과 관련해 설명한 바와 같이 -n은 끝의 줄바꿈 문자를 출력하지 않음을 의미하고, -e는 백슬래시 이스케이프 시퀀스 해석을 사용함을 의미하며 \xHH는 16진수 값 HH를 갖는 바이트를 의미한다. /dev/spidev0.1에 쓰는 것은 RPi의 SPI_CE0_N 인에이블 핀 대신 SPI_CE1_N을 사용한다.

5. LED 밝기를 가장 어둡게, 가장 밝게 조절한다.

```
pi@erpi ~ $ echo -ne "\x0A\x00" > /dev/spidev0.1
pi@erpi ~ $ echo -ne "\x0A\x0F" > /dev/spidev0.1
```

6. 모듈을 끈다.

```
pi@erpi ~ $ echo -ne "\x0C\x00" > /dev/spidev0.1
```

코드 10.7은 8장의 SPIDevice 클래스를 사용해 고속 카운터를 만든 것이다. 이 디스플레이 모듈은 10MHz의 SPI 버스 속도에서 반응이 매우 빨라서 약 18초 동안 디스플레이를 1,000,000번 업데이트한다. 그림 10.17은 코드 10.7에 의해 디스플레이가 동작하는 모습이다. 오른쪽의 숫자가 흐릿하게 보이는 이유는 숫자가 너무 빨리 바뀌어서 그 속도를 카메라로 따라잡지 못했기 때문이다.

**코드 10.7** /chp10/max7219/max7219.cpp

```
#include <iostream>
#include "bus/SPIDevice.h"
using namespace exploringRPi;
using namespace std;

int main(){
    cout << "Starting the RPi MAX7219 example" << endl;
    SPIDevice *max = new SPIDevice(0,1);
    max->setSpeed(10000000);                // 최대 속도가 10MHz임
    max->setMode(SPIDevice::MODE0);

    // 디스플레이를 켜고 테스트 모드를 비활성화
    max->writeRegister(0x0C, 0x01);         // 디스플레이를 켬
    max->writeRegister(0x0F, 0x00);         // 테스트 모드를 비활성화
    max->writeRegister(0x0B, 0x07);         // 8자리 모드로 설정
    max->writeRegister(0x09, 0xFF);         // 디코드 모드로 설정

    for(int i=1; i<9; i++){                 // 모든 숫자를 지우고 대시(-)를 표시
        max->writeRegister((unsigned int)i, 0x0A);
    }
    for(int i=0; i<=100000; i++){           // 100,000까지
        int val = i;                        // 표시할 숫자
        unsigned int place = 1;             // 현재의 자릿수
        while(val>0){                       // 나눗셈과 나머지 구하기를 반복
            max->writeRegister( place++, (unsigned char) val%10);
```

```
            val = val/10;
        }
    }
    max->close();
    cout << "End of the RPi MAX7219 example" << endl;
    return 0;
}
```

그림 10.17 MAX7219 8자리 7 세그먼트 디스플레이(코드 10.7)

## 문자 LCD 모듈

*문자 LCD 모듈*은 LCD 도트 매트릭스 디스플레이에 글꼴을 미리 프로그래밍해둔 것으로, 복잡한 디스플레이 소프트웨어 없이도 간단한 텍스트 메시지를 표시할 수 있다. 문자 행과 열의 범위(일반적으로 2×8, 2×16, 2×20, 4×20)로 제공되며 LED 백라이트가 포함된 것이 많고 색상도 여러 가지다. 최근 명암이 더욱 강한 *OLED* 및 *E-잉크*(전자 잉크) 버전도 나오고 있다.

문자 LCD 모듈의 사용법을 이해하려면 해당 데이터시트를 연구해야 한다. 대부분의 문자 LCD 모듈은 그 인터페이스가 공통적이며(히타치 HD44780 컨트롤러를 사용), 그중에서 Newhaven의 디스플레이 모듈의 데이터시트가 잘 나와 있다. 일반적인 Newhaven 디스플레이 모듈의 데이터시트는 `tiny.cc/erpi1009`에서 구할 수 있으니 참고하기 바란다. HD44780 컨트롤러의 데이터시트는 `tiny.cc/erpi1010`에서 구할 수 있다. 다음 코드는 이 컨트롤러를 기반으로 하는 모든 문자 LCD 모듈에서 작동한다.

문자 LCD 모듈은 통합 $I^2C$ 및 SPI 인터페이스와 함께 사용할 수 있지만, 대부분의 모듈은 8비트 및 4비트 병렬 인터페이스와 함께 사용할 수 있다. 74HC595 직렬 시프트 레지스터를 회로에 추가함으로써 맞춤 SPI 인터페이스를 개발할 수 있다. 이 인터페이스는 모듈 선택에 있어 더 큰 유연성을 제공한다. 일반 문자 LCD 모듈은 그림 10.18에 설명된 배선 구성을 사용해 RPi에 부착할 수 있다.

8비트 또는 4비트 모드를 사용해 문자 LCD 모듈에 인터페이스할 수 있지만, 두 모드에서 사용할 수 있는 기능에는 차이가 없다. 4비트 인터페이스에는 더 적은 인터페이스 연결이 필요하지만 각 8비트 값은 하위 4비트 *(하위 니블)*와 상위 4비트 *(상위 니블)*의 두 단계로 작성돼야 한다.

문자 LCD 모듈에 쓰려면 RS 라인(레지스터 선택 신호)과 E 라인(작동 활성화 신호)의 두 라인이 필요하다. 8비트 인터페이스에는 10개의 선이 필요하지만, 그림 10.18의 회로는 4비트 인터페이스를 채택해 6개의 선만 사용한다. 따라서 8비트 74HC595가 4비트 모드에 있을 때 그것을 모듈에 인터페이스하는 데 사용할 수 있다. 4비트 모드에서는 각 바이트를 두 개의 니블로 작성해야 하므로 소프트웨어가 약간 복잡해진다는 단점이 있다. 4비트 인터페이스는 DB4~DB7 입력을 사용하지만 8비트 인터페이스는 DB0~DB7을 사용해야 한다.

경고

이 디스플레이 모듈은 5V 논리 레벨을 사용하므로 RPi로 직접 데이터를 읽어서는 안 된다.

디스플레이에서 데이터값을 읽을 수도 있지만 이 애플리케이션에서는 불필요하므로 R/W(읽기/쓰기 선택 신호)를 GND에 연결해 디스플레이를 쓰기 모드로 설정한다. 전원은 VCC(5V) 및 VSS(GND)를 사용해 공급된다. VEE는 디스플레이의 명암 레벨을 설정하며 VSS와 VCC 사이의 레벨에 있어야 한다. 10kΩ 멀티 턴 전위차계를 사용해 디스플레이의 명암을 세밀하게 제어할 수 있다. 마지막으로, LED+ 및 LED− 연결은 LED 백라이트 전원을 공급한다.

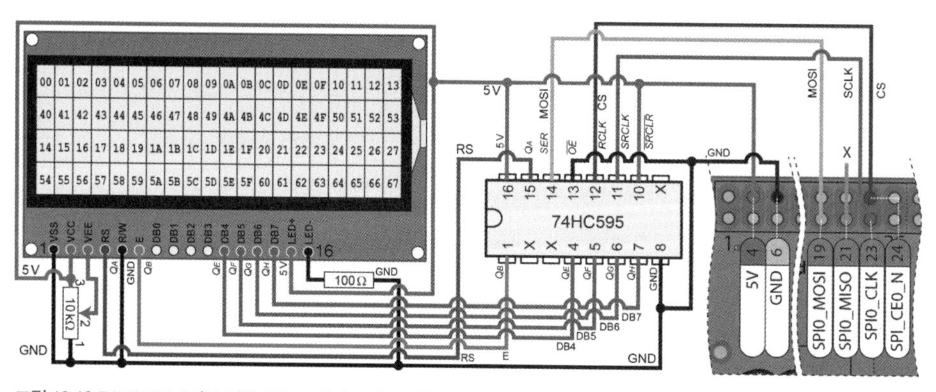


그림 10.18 74HC595 8비트 직렬 시프트 레지스터를 사용해 문자 LCD 모듈에 SPI 인터페이싱

디스플레이 문자 주소 코드를 그림 10.18의 모듈에 표시했으며, *명령*을 사용해 *데이터*값을 원하는 주소에 보낼 수 있다(데이터시트의 6페이지 참고). 예를 들어 왼쪽 상단에 문자 *A*를 표시하려면 4비트 인터페이스에서 다음의 절차를 따른다.

- 00000001 값을 D4~D7로 전송해 디스플레이를 지운다. 이 값은 하위 니블(0001)과 상위 니블(0000)의 두 부분으로 나눠 전송해야 한다. E 라인은 각 니블이 전송된 후 high로 설정된다. 1.52ms의 지연이 필요하다(데이터시트 6페이지). 이 모듈은 RS 회선이 low일 때 *명령*을 보내기를 기대한다. 이 명령을 보내면 커서가 왼쪽 상단에 가게 된다.
- $01000001 = 65_{10} = A$를 기록하되(데이터시트 9페이지), 하위 니블에 데이터를 먼저 보내고 나서 상위 니블에 데이터를 보낸다. E 라인은 high로 설정된 다음 각 니블이 전송된 후에 low로 설정된다. 이 모듈은 RS 라인이 high로 설정될 때 *데이터*가 전송될 것으로 예상한다.

SPI를 사용해 모듈을 표시하기 위해 RPi를 인터페이싱하는 데 C++ 클래스를 사용할 수 있다. 이 클래스는 74HC595 라인이 그림 10.18과 같이 연결돼 있고 데이터가 표 10.4와 같이 표시돼 있다고 가정한다. 이 코드는 74HC595에서 비트 2(QD)와 3(QC)을 사용하지 않으므로 애플리케이션의 필요에 맞게 용도를 바꿀 수 있다. 예를 들어 하나의 핀을 FET의 게이트에 연결해 백라이트를 켜고 끄는 데 사용할 수 있다. 클래스 정의는 코드 10.8에 있으며 구현은 `LCDCharacterDisplay.cpp` 파일에 있다.

표 10.4 74HC595 데이터 비트를 문자 LCD 모듈 입력에 매핑(C++ LCDCharacterDisplay 클래스에서 필요함)

| | BIT 7 MSB | BIT 6 | BIT 5 | BIT 4 | BIT 3 | BIT 2 | BIT 1 | BIT 0 LSB |
|---|---|---|---|---|---|---|---|---|
| 문자 LCD 모듈 | D7 | D6 | D5 | D4 | 미사용 | 미사용 | E | RS |
| 74HC595 핀 | QH | QG | QF | QE | QD | QC | QB | QA |

**코드 10.8** /chp10/character/display/LCDCharacterDisplay.h

```
class LCDCharacterDisplay {
    private:
    SPIDevice *device;
    int width, height;
    ...
public:
    LCDCharacterDisplay(SPIDevice *device, int width, int height);
    virtual void write(char c);
    virtual void print(std::string message);
    virtual void clear();
    virtual void home();
    virtual int setCursorPosition(int row, int column);
    virtual void setDisplayOff(bool displayOff);
    virtual void setCursorOff(bool cursorOff);
    virtual void setCursorBlink(bool isBlink);
    virtual void setCursorMoveOff(bool cursorMoveOff);
    virtual void setCursorMoveLeft(bool cursorMoveLeft);
```

```
    virtual void setAutoscroll(bool isAutoscroll);
    virtual void setScrollDisplayLeft(bool scrollLeft);
    virtual ~LCDCharacterDisplay();
};
```

생성자에는 SPIDevice 객체와 문자 디스플레이 모듈의 너비와 높이에 대한 상세 정보가 필요하다. 생성자는 디스플레이상에 커서를 위치시키고 커서가 어떻게 행동해야 하는지를 기술하는 기능을 제공한다(예를 들어, 점멸 또는 좌우로 이동). 코드 10.9는 이 클래스를 사용해 LCDCharacterDisplay 객체를 생성하고 문자열을 표시하고 모듈에 0에서 10,000까지 카운트를 표시한다.

**코드 10.9** /chp10/character/character.cpp

```
#include <iostream>
#include <sstream>
#include "display/LCDCharacterDisplay.h"
using namespace std;
using namespace exploringRPi;

int main(){
    cout << "Starting LCD Character Display Example" << endl;
    SPIDevice *busDevice = new SPIDevice(0,0);
    busDevice->setSpeed(1000000);       // SPI 장치 객체에 접근
    ostringstream s;                    // 텍스트와 int를 조합한 것을 사용
    LCDCharacterDisplay display(busDevice, 20, 4); // 20x4 디스플레이
    display.clear();                    // 문자 LCD 모듈을 지움
    display.home();                     // (0,0) 위치로 이동
    display.print(" Exploring RPi");
    display.setCursorPosition(1,3);
    display.print("by Derek Molloy");
    display.setCursorPosition(2,0);
    display.print("www.exploringrpi.com");
    for(int x=0; x<=10000; x++){        // 10,000회 수행
        s.str("");                      // ostringstream 객체를 정리
        display.setCursorPosition(3,7); // 커서를 둘째 줄로 이동
        s << "X=" << x;                 // int를 가지고 string을 생성
        display.print(s.str());         // string X=***를 print
    }
    cout << "End of LCD Character Display Example" << endl;
    return 0;
}
```

코드 10.9는 다음과 같이 빌드하고 실행할 수 있다.

```
pi@erpi ~/exploringrpi/chp10/character $ ./build
pi@erpi ~/exploringrpi/chp10/character $ ./character
Starting LCD Character Display Example
End of LCD Character Display Example
```

실행하면 디스플레이에 숫자가 증가하다가 그림 10.19와 같이 출력하면서 종료된다.

0에서 10,000까지 카운트하는 데 22초가 걸리는데, 이는 초당 약 455회의 화면 갱신이 일어난 셈이다. 여러 개의 디스플레이 모듈을 단일 SPI 버스에 연결하더라도 적절한 화면 재생 주파수를 유지할 수 있을 것으로 짐작할 수 있다. 최대 속도로 화면을 새로 고침하면서 top 명령을 실행한 결과는 다음과 같다.

```
  PID USER     PR  NI  VIRT  RES   SHR S  %CPU %MEM    TIME+  COMMAND
  309 root     20   0     0    0     0 S  32.8  0.0   1:02.55 spi0
 4120 pi       20   0  3304  784   688 D  32.8  0.1   0:05.72 character
```

이것은 character 프로그램 및 관련 spi0 장치가 초당 455 업데이트의 이 극단적인 모듈 표시 새로 고침 빈도에서 사용 가능한 CPU 시간의 65.6%를 사용하고 있음을 나타낸다. 명확하게 말하자면, 디스플레이는 RPi 오버헤드 없이 현재 디스플레이 상태를 유지하며 디스플레이 내용을 변경하기 위해 새로 고침만 필요하다.

그림 10.19 4 × 20 및 2 × 16 반전 RGB 문자 표시 모듈의 코드 10.9의 출력[4]

## OLED 도트 매트릭스 디스플레이

그래픽 디스플레이의 또 다른 종류인 OLED(유기 발광 다이오드) 도트 매트릭스 디스플레이는 RPi에 쉽게 연결할 수 있어 인기가 높다. 특히 Solomon Systech SSD1306 드라이버를 사용하는 디스플레이는

4 JHD204A 모듈에는 대비를 설정하기 위한 고정 값 저항이 내장돼 있으므로 VEE에 연결할 필요가 없다. RGB 문자 디스플레이 모듈(NHD-0216K1Z-NS(RGB))에는 적색, 녹색, 청색을 위한 3개의 개별 LED 백라이트 연결부가 있다. 이 세 가지 채널의 데이터시트에 지정된 전압 레벨에 특히 주의하라.

$I^2C$ 또는 SPI 버스에 직접 인터페이스할 수 있다. 두 가지 디스플레이 모듈이 그림 10.20에 있다. 첫 번째 것은 Adafruit의 1.3인치 SPI/$I^2C$ 모듈(24달러)이고, 두 번째 것은 일반 0.96인치 $I^2C$ 전용 모듈(4달러)이다. 두 제품 모두 화면의 해상도는 128×64픽셀이다. SSD1306 데이터시트는 `tiny.cc/erpi1011`을 참고하라.

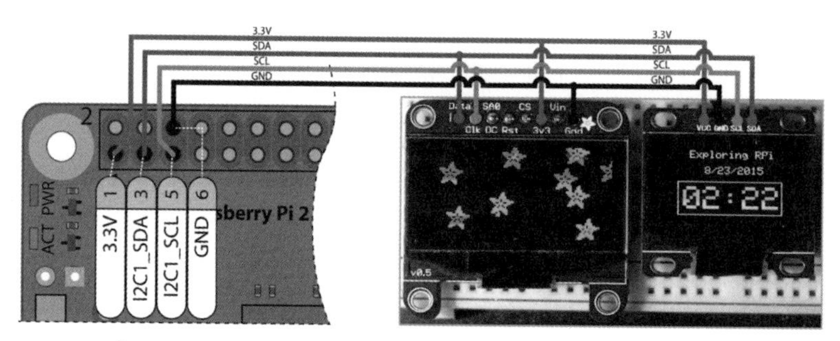


그림 10.20 $I^2C$ 버스를 통해 2개의 OLED 도트 매트릭스 디스플레이에 연결

이 장의 다른 디스플레이 예는 모두 SPI를 사용하므로 이 절에서는 $I^2C$ 버스를 사용해보도록 하겠다. 물론 예제 코드를 SPI 장치에 맞게 수정할 수 있다. 두 개의 견본 모듈을 그림 10.20과 같이 $I^2C$ 버스에 연결할 수 있다. Adafruit 모듈은 $I^2C$ 인터페이스 모드를 선택하기 위해 보드 뒷면의 SJ1와 SJ2를 납땜으로 브리지해야 한다. Adafruit 보드는 $I^2C$ 주소 0x3d에 나타나고 일반 보드는 $I^2C$ 주소 0x3c에 나타난다. 다른 버전의 Adafruit 보드는 0x3c와 0x3d가 서로 바뀌어 표시된다. 그림 10.20과 같이 배선된 회로를 사용해 `i2cdetect`를 호출하면 다음과 같은 결과가 나온다.

```
pi@erpi ~ $ i2cdetect -y -r 1
     0  1  2  3  4  5  6  7  8  9  a  b  c  d  e  f     ...
30: -- -- -- -- -- -- -- -- -- -- -- -- 3c 3d -- --     ...
```

이러한 장치에는 고급 컨트롤러가 있으며, 라즈베리 파이에서 이것을 사용하는 가장 쉬운 방법은 찰스-헨리 할라드(Charles-Henri Hallard)(`www.hallard.me`)가 작성한 Adafruit SSD1306 OLED 디스플레이 드라이버 라이브러리를 설치하는 것이다. 저장소에는 Adafruit 그래픽 라이브러리가 포함돼 화면에 도형을 그릴 수 있다(예: 그림 10.20의 시계를 둘러싼 상자 및 비트맵 Adafruit 별 모양 로고). 해당 라이브러리는 다음과 같이 설치할 수 있다.

```
pi@erpi ~ $ git clone https://github.com/hallard/ArduiPi_OLED
pi@erpi ~ $ cd ArduiPi_OLED/
pi@erpi ~/ArduiPi_OLED $ ls
Adafruit_GFX.cpp    autogen.sh  hwplatform           README.mono.md
```

```
Adafruit_GFX.h       bcm2835.c    Makefile              Wrapper.cpp
ArduiPi_OLED.cpp     bcm2835.h    mono
ArduiPi_OLED.h       examples     README.bananapi.md
ArduiPi_OLED_lib.h   glcdfont.c   README.md
```

라이브러리를 빌드하기 위해서는 다음과 같이 libi2c-dev 패키지를 설치해야 한다.

```
pi@erpi ~/ArduiPi_OLED $ sudo apt install libi2c-dev i2c-tools
```

경고

libi2c-dev 패키지는 이 책의 다른 코드를 개발하는 데 사용되는 기존 i2c 헤더와 충돌한다. sudo apt remove libi2c-dev를 사용해 이 패키지를 어느 단계에서나 제거할 수 있다. ArduiPi_OLED 라이브러리를 빌드하고 작동하는지 테스트한 후에 이 패키지를 제거하는 것이 상책이다.

그런 다음 make를 호출해 라이브러리를 빌드하고 배포한다.

```
pi@erpi ~/ArduiPi_OLED $ sudo make
g++ -Wall -fPIC -fno-rtti -Ofast -mfpu=vfp -mfloat-abi=hard ...
[Install Library]
[Install Headers]
pi@erpi ~/ArduiPi_OLED $ ls /usr/local/lib/libAr*
/usr/local/lib/libArduiPi_OLED.so     /usr/local/lib/libArduiPi_OLED.so.1.0
/usr/local/lib/libArduiPi_OLED.so.1
```

다음과 같이 포함된 데모 프로그램을 작성하고 실행해 작동하는지 테스트할 수 있다.

```
pi@erpi ~/ArduiPi_OLED $ cd examples/
pi@erpi ~/ArduiPi_OLED/examples $ ls
Makefile  oled_demo.cpp  teleinfo-oled.cpp
pi@erpi ~/ArduiPi_OLED/examples $ make
...
pi@erpi ~/ArduiPi_OLED/examples $ sudo ./oled_demo --verbose --oled 3
oled_demo v1.1
-- OLED params --
Oled is : Adafruit I2C 128x64
```

이 프로그램은 그림 10.20의 별 모양 로고를 포함해 여러 가지 예를 시연한다. $I^2C$ 주소 0x3d의 Adafruit 장치에서 데모를 실행하고 이 라이브러리를 사용하려면 ArduiPi_OLED_lib.h 파일을 편집해 ADAFRUIT_I2C_ADDRESS의 값을 0x3d로 변경하고 라이브러리를 리빌드해야 한다.

코드 10.10은 그림 10.20의 시계 디스플레이의 코드다. 그림 10.20에서는 제너릭 디스플레이 모듈에 "Exploring RPi"라는 텍스트가 노란색으로 표시되고 시계의 날짜와 시간은 파란색으로 표시됐다. 이것은 진정한 멀티 컬러 디스플레이가 아니다. 상단의 노란색 띠와 나머지의 파란색은 단색으로 고정돼 있어 개별 픽셀의 색상을 바꿀 수가 없다.

**코드 10.10** /chp10/oled/oledTest.cpp

```
#include "ArduiPi_OLED_lib.h"
#include "ArduiPi_OLED.h"
#include "Adafruit_GFX.h"
#include <stdio.h>
#include <ctime>

int main(){
    ArduiPi_OLED display;
    if(!display.init(OLED_I2C_RESET, OLED_ADAFRUIT_I2C_128x64)){
        perror("Failed to set up the display\n");
        return -1;
    }
    printf("Setting up the I2C Display output\n");
    display.begin();
    display.clearDisplay();
    display.setTextSize(1);
    display.setTextColor(WHITE);
    display.setCursor(27,5);
    display.print("Exploring RPi");
    time_t t = time(0);
    struct tm *now = localtime(&t);
    display.setCursor(35,18);
    display.printf("%2d/%2d/%2d", now->tm_mon, now->tm_mday,
                (now->tm_year+1900));
    display.setCursor(21,37);
    display.setTextSize(3);
    display.printf("%02d:%02d", now->tm_hour, now->tm_min );
    display.drawRect(16, 32, 96, 32, WHITE);
    display.display();
    display.close();
    printf("End of the I2C Display program\n");
    return 0;
}
```

이 코드는 다음과 같이 빌드하고 실행할 수 있다.

```
pi@erpi .../chp10/oled $ g++ oledTest.cpp -o oledTest -lArduiPi_OLED
pi@erpi .../chp10/oled $ sudo ./oledTest
Setting up the I2C Display output
End of the I2C Display program
```

ArduiPi OLED 라이브러리는 9장에서 설명한 *BCM2835 C 라이브러리*를 사용한다. 이 라이브러리는 WiringPi 라이브러리와 호환되지 않아 같은 프로젝트에서 함께 사용하기 힘들다. BCM2835 C 라이브러리를 사용해 WiringPi 라이브러리와 동일한 작업을 수행할 수 있다. 그에 대한 예시로 6장에서 다룬 Aosong AM2302 단선 온습도 센서와 BCM2835 C 라이브러리를 사용해 통신하는 예제(`oledDHT.cpp`)가 코드 저장소에 있다.

그림 10.21(a)에 나타낸 회로와 같이 RPi에 Aosong AM230x(및 DHT) 센서와 OLED 도트 매트릭스 디스플레이를 함께 연결할 수 있다. 프로그램 코드는 `/chp10/oled/` 디렉터리에 있으며, 이것을 실행하면 그림 10.21(b)와 같은 화면이 나타난다. 디스플레이는 현재 실내 습도 값과 현재 실내 온도 값을 번갈아 표시하며 Ctrl C를 사용해 프로그램이 중지될 때까지 계속 실행한다.

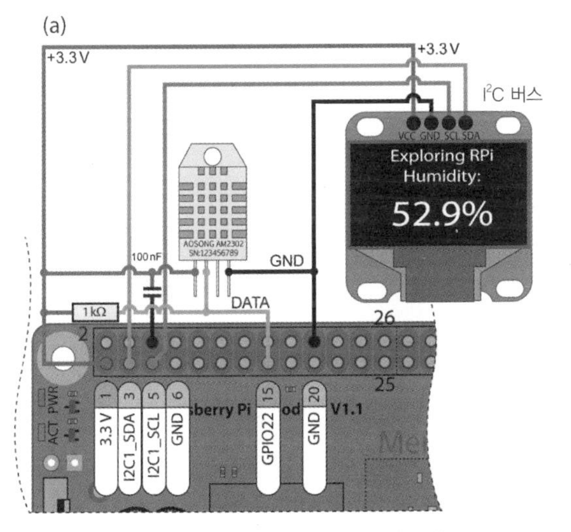


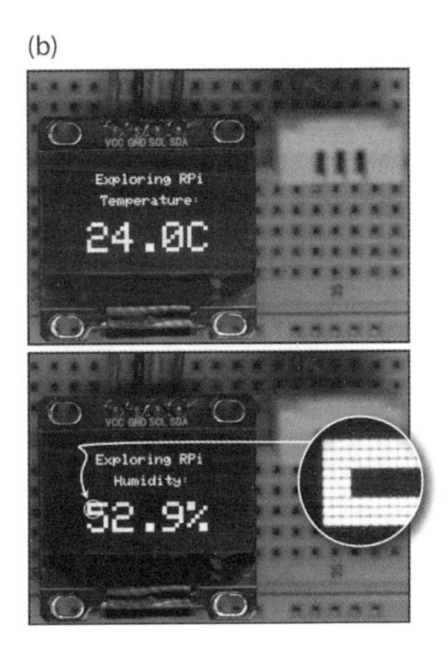


그림 10.21 온습도를 측정해 OLED 도트 매트릭스에 표시

## C/C++ 라이브러리 빌드하기

이 장에서는 RPi에 연결한 여러 가지 액추에이터, 센서, 디스플레이 장치를 다루기 위해 개별적인 코드를 사용했다. 거창하게 설계된 프로젝트를 시작한다면 이러한 코드를 하나의 소프트웨어 프로젝트로 결합할 필요가 있을 것이다. 게다가 변경 작업을 수행할 때마다 프로젝트의 모든 코드 줄을 다시 컴파일해야 하는 것은 바람직하지 않다. 이 문제를 해결하기 위해 자신만의 C/C++ 코드 라이브러리를 빌드할 수 있는데, 이 작업을 돕기 위해 *메이크파일*을 사용하거나 그보다 더 나은 *CMake*를 사용할 수 있다.

### 메이크파일

C/C++ 프로젝트의 복잡성이 커짐에 따라 이클립스와 같은 IDE를 사용해 컴파일러 옵션과 프로그램 코드 상호 종속성을 관리할 수 있다. 그러나 명령줄 컴파일이 필요한 경우도 있고 프로젝트가 복잡할 때는 빌드 프로세스를 관리하기 위한 체계적인 접근이 필요하다. 좋은 해결책은 make 프로그램과 *메이크파일*(makefile)을 사용하는 것이다.

이 절차는 예제를 통해 설명하는 것이 최선이다. 메이크파일 없이 단일 프로젝트 내에서 hello.cpp 및 test.cpp 프로그램을 컴파일하는 빌드 스크립트는 다음과 같을 것이다.

```
pi@erpi ~/exploringrpi/chp10/makefiles $ more build
#!/bin/bash
g++ -o3 hello.cpp -o hello
g++ -o3 test.cpp -o test
```

위의 스크립트는 완벽하게 작동하지만, 프로젝트의 복잡성으로 인해 따로 컴파일할 필요가 있을 때 적용하기에는 구조가 허술하다. 그 대신에 다음과 같은 간단한 Makefile을 사용할 수 있다(아래의 〈Tab〉 표시가 있는 행에서 탭 키를 사용해 들여 쓰는 것이 매우 중요하다).

```
pi@erpi ~/exploringrpi/chp10/makefiles $ more Makefile
all: hello test

hello:
<Tab> g++ -o3 hello.cpp -o hello

test:
<Tab> g++ -o3 test.cpp -o test
```

```
pi@erpi ~/exploringrpi/chp10/makefiles $ rm hello test
pi@erpi ~/exploringrpi/chp10/makefiles $ make
g++ -o3 hello.cpp -o hello
g++ -o3 test.cpp -o test
```

이 디렉터리에서 make 명령을 실행하면 Makefile 파일을 감지해 "make all"이 자동으로 호출된다. 그러면 hello: 및 test: 레이블 아래에 있는 명령이 실행돼 두 프로그램을 빌드한다. 그러나 이 Makefile은 구조적으로 많은 부분을 추가하지 않으므로 다음과 같이 더 완전한 버전이 필요하다.

```
pi@erpi ~/exploringrpi/chp10/makefiles2 $ more Makefile
CC      = g++
CFLAGS  = -c -o3 -Wall
LDFLAGS =

all: hello test

hello: hello.o
<Tab> $(CC) $< -o $@

hello.o: hello.cpp
<Tab> $(CC) $(CFLAGS) $< -o $@

test: test.o
<Tab> $(CC) $(LDFLAGS) $< -o $@

test.o: test.cpp
<Tab> $(CC) $(CFLAGS) $< -o $@

clean:
<Tab> rm -rf *.o hello test
```

이 버전에서는 컴파일러 선택, 컴파일러 옵션 및 링커 옵션이 Makefile의 맨 위에 정의돼 있다. 이렇게 하면 프로젝트의 모든 파일에 대해 옵션을 쉽게 변경할 수 있다. 또한 오브젝트 파일(.o 파일)이 유지되므로 프로젝트에 소스 파일이 많을 때 반복적인 컴파일 시간을 상당히 단축해준다. 이 Makefile에는 몇 가지 단축 구문이 있다. 예를 들어, $<는 첫 번째 전제 조건의 이름(처음 사용하는 경우 hello.o)이며 $@은 대상의 이름이다(처음 사용하는 경우 hello). 이제 다음 단계에 따라 프로젝트를 빌드할 수 있다.

```
pi@erpi ~/exploringrpi/chp10/makefiles2 $ ls
hello.cpp  Makefile  test.cpp
pi@erpi ~/exploringrpi/chp10/makefiles2 $ make
```

```
g++ -c -o3 -Wall hello.cpp -o hello.o
g++ hello.o -o hello
g++ -c -o3 -Wall test.cpp -o test.o
g++ test.o -o test
pi@erpi ~/exploringrpi/chp10/makefiles2 $ ls
hello  hello.cpp  hello.o  Makefile  test  test.cpp  test.o
pi@erpi ~/exploringrpi/chp10/makefiles2 $ make clean
rm -rf *.o hello test
pi@erpi ~/exploringrpi/chp10/makefiles2 $ ls
hello.cpp  Makefile  test.cpp
```

여기서는 make와 메이크파일에 대해 간략하게 설명했다. tiny.cc/erpi1012에서 완전한 GNU 안내서를 찾을 수 있다.

## CMake

안타깝게도 메이크파일은 하위 디렉터리가 여러 개 있거나 여러 플랫폼에 배포할 프로젝트에서는 지나치게 복잡해질 수 있다. 복잡한 프로젝트를 빌드할 때는 *CMake*가 빛을 발한다. CMake는 크로스 플랫폼 메이크파일 생성기다. 간단히 말해, CMake는 프로젝트의 메이크파일을 자동으로 생성한다. 그보다 더 많은 일을 할 수 있지만(MS 비주얼 스튜디오를 빌드한다든지), 여기에서는 라이브러리 코드를 컴파일하는 것에 초점을 맞추도록 하겠다. 첫 번째 단계는 CMake를 RPi에 설치하는 것이다.

```
pi@erpi ~/exploringrpi/chp10/cmake $ sudo apt install cmake
pi@erpi ~/exploringrpi/chp10/cmake $ cmake -version
cmake version 3.6.2
```

### Hello World 예제

CMake를 테스트하는 첫 번째 프로젝트가 /chp10/cmake/ 디렉터리에 있다. 그것은 코드 10.11에서 제공되는 hello.cpp 파일과 CMakeLists.txt라는 텍스트 파일로 구성된다.

**코드 10.11** /chp10/cmake/CMakeLists.txt

```
cmake_minimum_required(VERSION 3.0.2)
project (hello)
add_executable(hello hello.cpp)
```

코드 10.11의 CMakeLists.txt 파일은 다음의 세 행으로 이루어진다.

- 첫 번째 줄은 이 프로젝트의 CMake의 최소 버전을 설정한다. 이 예제에서는 주 버전 3, 부 버전 0, 패치 버전 2다. 이 버전은 다소 임의적이지만 버전 번호를 제공하면 나중에 빌드 환경을 지원할 수 있다. 따라서 현재 버전의 CMake를 시스템에서 사용해야 한다.
- 두 번째 줄은 프로젝트 이름을 설정하는 project() 명령이다.
- 세 번째 줄은 hello.cpp 소스 파일을 사용해 실행 파일을 빌드하도록 요청하는 add_executable() 명령이다. add_executable() 함수의 첫 번째 인수는 빌드할 실행 파일의 이름이고 두 번째 인수는 실행 파일을 빌드하는 소스 파일이다.

이제 cmake 유틸리티를 실행할 때 소스 코드와 CMakeLists.txt 파일이 포함된 디렉터리를 전달해 Hello World 프로젝트를 빌드할 수 있다. 이 경우 "."은 현재 디렉터리를 가리킨다.

```
pi@erpi ~/exploringrpi/chp10/cmake $ ls
CMakeLists.txt  hello.cpp
pi@erpi ~/exploringrpi/chp10/cmake $ cmake .
-- The C compiler identification is GNU 4.6.3
-- The CXX compiler identification is GNU 4.6.3
-- Check for working C compiler: /usr/bin/cc
-- Check for working C compiler: /usr/bin/cc -- works
...
pi@erpi ~/exploringrpi/chp10/cmake $ ls
CMakeCache.txt  cmake_install.cmake  hello.cpp
CMakeFiles      CMakeLists.txt       Makefile
```

CMake는 RPi 리눅스 장치의 환경 설정을 확인하고 이 프로젝트의 Makefile을 만들었다. 이 파일의 내용을 보는 것은 괜찮지만 편집하지는 않기 바란다. 다음번에 cmake 유틸리티가 실행될 때 내용을 덮어쓰기 때문이다. 이제 make 명령을 사용해 프로젝트를 빌드할 수 있다.

```
pi@erpi ~/exploringrpi/chp10/cmake $ make
Scanning dependencies of target hello
[100%] Building CXX object CMakeFiles/hello.dir/hello.cpp.o
Linking CXX executable hello
[100%] Built target hello
pi@erpi ~/exploringrpi/chp10/cmake $ ls -l hello
-rwxr-xr-x 1 pi pi 7832 Sep 26 05:19 hello
pi@erpi ~/exploringrpi/chp10/cmake $ ./hello
Hello from the RPi!
```

간단한 Hello World 예제를 작성하는 데 품이 많이 들어갔지만, 프로젝트 규모가 커질수록 이 방법의 진가가 드러날 것이다.

### C/C++ 라이브러리 빌드하기

이 책에서 활용하는 코드를 모아 하나의 디렉터리 구조로 구성해 프로젝트를 수행할 때 코드 라이브러리로 사용할 수 있다. 예를 들어 선택한 코드를 다음과 같이 저장소 내의 라이브러리 디렉터리에 정리한다.

```
pi@erpi ~/exploringrpi/library $ tree .
.
├-- bus
|    ├-- BusDevice.cpp
|    ├-- BusDevice.h
|    ├-- I2CDevice.cpp
|    ├-- I2CDevice.h
|    ├-- SPIDevice.cpp
|    └-- SPIDevice.h
├-- CMakeLists.txt
├-- display
|    ├-- LCDCharacterDisplay.cpp
|    ├-- LCDCharacterDisplay.h
|    ├-- SevenSegmentDisplay.cpp
|    └-- SevenSegmentDisplay.h
...
```

build 디렉터리(현재는 비어 있음)는 최종 바이너리 라이브러리와 빌드에 필요한 임시 파일을 포함하는 데 사용된다. CMakeList.txt 파일은 코드 10.12와 같이 라이브러리 루트에 작성된다.

**코드 10.12** /library/CMakeLists.txt

```
cmake_minimum_required(VERSION 3.0.2)
project(ExploringRPi)
find_package(Threads)
set(CMAKE_BUILD_TYPE Release)

# 버전 2.8.9 이상에서만 가능
set(CMAKE_POSITION_INDEPENDENT_CODE TRUE)

# BusDevice.h와 같은 헤더를 프로젝트로 가져옴
include_directories(bus display gpio motor network sensor)
```

```
# 와일드카드를 사용할 수 있도록 함
file(GLOB_RECURSE SOURCES "./*.cpp")

# 정적으로 ExploringRPi.a로 빌드할 수 있음
#add_library(ExploringRPi STATIC ${SOURCES})

# 공유 라이브러리 ExploringRPi.so를 빌드
add_library(ExploringRPi SHARED ${SOURCES})

# 타깃을 링크할 때 pthread 라이브러리를 사용하도록 지정
target_link_libraries(ExploringRPi ${CMAKE_THREAD_LIBS_INIT})

install (TARGETS ExploringRPi DESTINATION /usr/lib)
```

코드 10.12의 CMakeLists.txt 파일의 주요 기능은 다음과 같다.

- find_package(Threads)는 빌드에 pthread 지원을 추가한다.
- set(CMAKE_BUILD_TYPE Release) 함수는 빌드 유형을 설정하는 데 사용된다. 릴리즈 빌드는 실행 성능이 약간 향상된다. set()을 호출하면 -fPIC 컴파일 플래그가 빌드에 추가되므로 머신 코드가 특정 메모리 주소에 위치하지 않아 라이브러리에 포함될 수 있다.
- include_directories() 함수는 헤더 파일을 빌드 환경으로 가져오는 데 사용된다.
- file() 명령은 소스 파일을 프로젝트에 추가하는 데 사용된다. GLOB(또는 GLOB_RECURSE)는 글로빙 표현식(예: "src/*.cpp")을 충족하는 모든 파일의 목록을 만들고 이를 변수 SOURCES에 추가하는 데 사용된다.
- 이 예제는 add_library() 함수를 사용한다. 라이브러리는 SHARED 플래그를 사용(그 외에 STATIC 또는 MODULE 옵션도 있음)해 공유 라이브러리로 빌드되며 ExploringRPi는 공유 라이브러리의 이름으로 사용된다.
- 마지막 줄에서는 install() 함수를 사용해 라이브러리의 설치 위치를 정의한다(이 경우 /usr/lib/ 디렉터리). 이 경우 sudo make install을 호출해서 배포가 이루어진다.

## 정적으로 링크된 라이브러리(.a)

정적으로 링크된 라이브러리는 컴파일할 때 라이브러리와 관련된 모든 코드를 포함하도록 작성된다. 기본적으로 컴파일러는 다른 라이브러리의 종속성 코드를 포함해 모든 종속성 코드의 복사본을 만든다. 그 결과 일반적으로 동등한 공유 라이브러리보다 크기가 큰 라이브러리가 생성되지만 모든 종속성은 컴파일 타임에 결정되기 때문에 런타임 로드 비용이 적어지고 라이브러리가 플랫폼에 독립적일 수 있다. 공유 라이브러리를 사용하면 코드의 중복이 적어지고 재컴파일 없이 공유 라이브러리를 갱신할 수 있으므로 정적 라이브러리가 반드시 필요한 경우(예: 버그가 있는 릴리즈)를 제외하고는 공유 라이브러리를 사용해야 한다.

CMake를 사용해 정적 라이브러리를 빌드하는 단계는 코드 10.12와 거의 동일하다. 그러나 SHARED를 사용하는 행이 아닌 STATIC을 사용하는 add_library() 행을 사용해야 한다. 다음 단계를 따라 하면 확장자가 .a인 정적 라이브러리가 만들어진다.

```
pi@erpi ~/exploringrpi/library/build $ ls -l *.a
-rw-r--r-- 1 pi pi 141672 Sep 26 05:50 libExploringRPi.a
pi@erpi ~/exploringrpi/library/build $ ar -t libExploringRPi.a
Servo.cpp.o
DCMotor.cpp.o
...
```

CMakeLists.txt 파일을 생성하고 나면 라이브러리를 다음과 같이 빌드할 수 있다.

```
pi@erpi ~/exploringrpi/library $ mkdir build
pi@erpi ~/exploringrpi/library $ cd build
pi@erpi ~/exploringrpi/library/build $ cmake ..
-- The C compiler identification is GNU 4.6.3
-- The CXX compiler identification is GNU 4.6.3
pi@erpi ~/exploringrpi/library/build $ make
Scanning dependencies of target ExploringRPi
[ 5%] Building CXX object CMakeFiles/ExploringRPi.dir/motor/Servo.cpp.o
...
Linking CXX shared library libExploringRPi.so
[100%] Built target ExploringRPi
pi@erpi ~/exploringrpi/library/build $ ls -l *.so
-rwxr-xr-x 1 pi pi 103944 Sep 26 05:42 libExploringRPi.so
```

참고

이 라이브러리 코드를 빌드하기 전에 sudo apt remove libi2c-dev를 사용해 libi2c-dev 패키지를 제거하라.

CMakeLists.txt 파일에는 적절한 단계로 접근할 수 있는 위치에 라이브러리를 설치할 수 있는 배포 단계도 포함돼 있다. 공유 라이브러리 위치를 경로에 추가하거나 모든 사용자가 라이브러리를 사용할 수 있도록 /usr/lib/ 디렉터리에 둘 수 있다. 예를 들어 다음과 같이 모든 사용자를 위해 libExploringRPi.so 라이브러리를 설치할 수 있다.

```
pi@erpi ~/exploringrpi/library/build $ sudo make install
[100%] Built target ExploringRPi
```

```
Install the project...
-- Install configuration: "Release"
-- Installing: /usr/lib/libExploringRPi.so
pi@erpi ~/exploringrpi/library/build $ ls -l /usr/lib/libExploringRPi.so
-rw-r--r-- 1 root root 103944 Sep 26 05:42 /usr/lib/libExploringRPi.so
```

이 단계는 /usr/lib/ 디렉터리에 쓰기 위해 루트로 접근해 수행해야 한다. 또한 make install 명령이 적용되는 위치를 설명하는 install_manifest.txt라는 파일을 빌드 디렉터리에서 찾을 수 있다.

## 공유 라이브러리(.so) 및 정적 라이브러리(.a)의 사용

라이브러리를 개발했으니 이제 프로젝트에서 라이브러리를 사용하는 방법을 알아볼 차례다. 이 프로세스를 단순화하기 위해 CMake를 다시 사용해 프로젝트의 메이크파일을 생성할 수 있다.

코드 10.13은 프로젝트 라이브러리에 링크하는 프로그램을 빌드(동적 또는 정적으로)하는 데 사용할 수 있는 CMakeLists.txt 파일의 소스 코드다. 이 예제에서는 libExploringRPi.so 공유 라이브러리를 사용한다. 코드 10.14의 짧은 C++ 프로그램은 공유 라이브러리의 기능을 활용해 LCD 문자 디스플레이에 메시지를 표시한다. 이 코드는 /chp10/libexample/ 디렉터리에 있다.

**코드 10.13** /chp10/libexample/CMakeLists.txt

```
cmake_minimum_required(VERSION 3.0.2)
project (TestERPiLibrary)

#For the shared library:
set ( PROJECT_LINK_LIBS libExploringRPi.so )
link_directories( ~/exploringrpi/library/build )

#For the static library:
#set ( PROJECT_LINK_LIBS libExploringRPi.a )
#link_directories( ~/exploringrpi/library/build )

include_directories(~/exploringrpi/library/)
add_executable(libtest libtest.cpp)
target_link_libraries(libtest ${PROJECT_LINK_LIBS} )
```

**코드 10.14** /chp10/libexample/libtest.cpp

```
#include <iostream>
#include <sstream>
```

```
#include "display/LCDCharacterDisplay.h"
using namespace exploringRPi;
using namespace std;

int main() {
    cout << "Testing the ERPi library" << endl;
    SPIDevice *busDevice = new SPIDevice(0,0);
    busDevice->setSpeed(1000000);                   // SPI 장치 객체에 접근
    ostringstream s;                                // 문자와 숫자를 조합하기 위해 사용
    LCDCharacterDisplay display(busDevice, 20, 4); // 20x4 디스플레이
    display.clear();                                // 문자 LCD 모듈을 지움
    display.home();                                 // (0,0) 위치로 이동
    display.print(" Exploring RPi");
    cout << "End of the ERPi library test" << endl;
    return 0;
}
```

프로젝트에는 단지 두 개의 파일만 있다(코드 10.13과 코드 10.14). 코드 라이브러리(libExploringRPi.so) 및 관련 헤더 파일은 ~/exploringrpi/library/ 디렉터리에 있다고 가정한다. 실행 파일은 다음과 같이 빌드할 수 있다.

```
pi@erpi ~/exploringrpi/chp10/libexample $ ls
CMakeLists.txt  libtest.cpp
pi@erpi ~/exploringrpi/chp10/libexample $ mkdir build
pi@erpi ~/exploringrpi/chp10/libexample $ cd build
pi@erpi ~/exploringrpi/chp10/libexample/build $ cmake ..
-- The C compiler identification is GNU 4.6.3
...
pi@erpi ~/exploringrpi/chp10/libexample/build $ make
[100%] Building CXX object CMakeFiles/libtest.dir/libtest.cpp.o
Linking CXX executable libtest
[100%] Built target libtest
pi@erpi ~/exploringrpi/chp10/libexample/build $ ls -l libtest
-rwxr-xr-x 1 pi pi 10840 Sep 26 14:48 libtest
pi@erpi ~/exploringrpi/chp10/libexample/build $ ./libtest
Testing the ERPi library
End of the ERPi library test
```

코드 10.14의 libtest.cpp 프로그램을 변경하더라도 라이브러리를 다시 컴파일할 필요가 없다. 사실 이것은 같은 프로젝트의 다른 C/C++ 파일에도 해당된다. CMake에 대한 자세한 내용은 www.cmake.org 웹 사이트를 참고하라. 특히 CMake 문서 색인(index)의 명령 목록이 매우 유용하다.

## 요약

이 장의 목표는 다음과 같다.

- DC 모터, 스테핑 모터, 릴레이와 같은 액추에이터에 인터페이스한다.
- 센서 신호를 조절해 RPi에 연결된 SPI ADC에 인터페이스한다.
- 거리 센서, 온도 센서, 가속도계와 같은 아날로그 센서를 RPi에 올바르게 연결한다.
- 7 세그먼트 디스플레이, 문자 LCD 디스플레이, OLED 도트 매트릭스 디스플레이와 같은 저렴한 디스플레이 모듈에 인터페이스한다.
- 메이크파일과 CMake를 활용해 확장성이 뛰어난 C/C++ 프로젝트를 구축하는 데 사용할 수 있는 코드 라이브러리를 빌드한다.

# 11장

## 아두이노를 사용한 실시간 인터페이스

임베디드 시스템상의 리눅스가 갖는 주된 강점은 자유롭게 사용할 수 있는 막대한 양의 소프트웨어와 디바이스 드라이버다. 그러나 리눅스를 구동하는 부하로 인해 범용 입출력(GPIO)에서 고속으로 비트 패턴을 생성하거나 샘플링하는 것과 같은 고속 인터페이스 작업을 처리하는 성능에는 문제가 있다. 이 문제에 대한 한 가지 해결책은 전용의 실시간 슬레이브 프로세서를 두고 고수준의 프로토콜을 사용해 서로 통신하도록 하는 것이다. 그러한 용도에 적합한 슬레이브 프로세서가 많이 있지만, 이 장에서는 아두이노라는 한 가지 플랫폼에 초점을 맞춘다. 이 장에서는 라즈베리 파이(RPi)가 UART 직렬, I2C, 직렬 장치 인터페이스(SPI) 통신 등을 사용해 아두이노와 효과적으로 인터페이스할 수 있는 방법을 설명한다. 아두이노를 입출력 확장기 및 고속 연산을 위한 종속 프로세서로서 활용하는 예를 들 것이다.

**이 장에 필요한 준비물:**

- 라즈베리 파이(모델에 관계 없음)
- 아두이노 우노 호환 보드(논리 레벨 변환기와 함께 사용)[1] 또는 3.3V 또는 5V 논리 레벨의 아두이노 프로 미니
- 센서: TMP36 아날로그 온도 센서와 HC-SR04 거리 센서

이 장에 대한 자세한 내용은 www.exploringrpi.com/chapter11/을 참고한다.

1 이 장의 예제 중 대부분은 ARM 기반의 아두이노인 Due에서도 동작한다. 그러나 AVR 기반의 저수준 호출은 올바로 동작하지 않는다(예: 코드 11.6 및 11.7의 TWBR 레지스터 접근). 100kHz의 기본 $I^2C$ 보율을 사용하고 저수준 호출을 주석 처리하면 $I^2C$ 예제가 올바르게 동작할 것이다. Due에서 SPI 예제가 올바로 동작하지 않는 이유는 해당 코드가 저수준 AVR 레지스터 접근에 의존하기 때문이다.

## 아두이노

*아두이노*(Arduino, www.arduino.cc)는 저렴한 비용의 강력한 마이크로컨트롤러로, RPi를 위한 강력한 보조 컨트롤러로 사용할 수 있다. 아두이노 플랫폼은 임베디드 시스템을 위한 입문 플랫폼으로 설계됐다. 아두이노 개발 환경에서 아두이노 프로그래밍 언어를 사용해 프로그래밍할 수 있으며 사용자 친화적으로 설계됐다.

아두이노에 대한 심층적인 소개는 이 책의 범위를 벗어나며, 이 장에서는 아두이노와 RPi 플랫폼 간의 상호작용에 중점을 둔다. 특히, 아두이노는 높은 수준의 제어를 유지하면서 고속 임베디드 시스템 작업 부하를 종속 프로세서에 배분하는 RPi 애플리케이션을 위한 프레임워크를 개발하는 데 사용된다.

참고

아두이노를 처음 접하는 이들을 위한 영상이 이 장의 웹페이지(www.exploringrpi.com/chapter11/)에 있다. 또한 본서의 원서가 속한 Wiley 미니 시리즈 중 제레미 블룸(Jeremy Blum)의 《익스플로링 아두이노》(한빛아카데미, 2014)는 아두이노에 대한 포괄적인 내용을 담고 있다.

두 아두이노 모델의 크기를 비교해 볼 수 있도록 그림 11.1에 나타냈다. 그림 11.1(a)의 아두이노 우노(Arduino UNO)는 DIP 형식의 교체 가능한 ATmega IC가 들어 있는 아두이노의 대중적인 버전이다. 그림 11.1(b)의 아두이노 프로 미니(Arduino Pro Mini)는 동일한 플랫폼의 더 작고 저렴한 버전으로, ATmega IC가 표면 실장돼 있어 실수로 손상된 경우에 쉽게 교체할 수 없다.

아두이노는 오픈소스 하드웨어이기 때문에 다양한 호환 보드가 있지만, 이 장에서는 다음의 세 가지 이유로 아두이노 프로 미니(ATmega168 또는 ATmega328)를 중점적으로 사용할 것이다.

- 3.3V 버전을 사용하면 논리 레벨 변환 회로가 필요 없으므로 RPi와의 통신을 단순하게 처리할 수 있다. 더 널리 사용되는 5V 버전도 이 장에서 사용한다.
- 오픈 하드웨어 장치로서 값이 싸고(5~10달러) 크기가 1.3인치 × 0.7인치(33mm × 18mm)에 불과하다. 따라서 여유 공간을 유지하면서 여러 개의 보드를 단일 RPi에 연결할 수 있다.
- 보드에 USB 입력이 없지만(크기 및 비용 절감), 1장 및 9장에서 설명한 USB-to-TTL 장치를 사용해 프로그래밍할 수 있다.
- 이 보드에 관해 설명하는 원칙은 모든 아두이노 모델에 쉽게 적용할 수 있다.

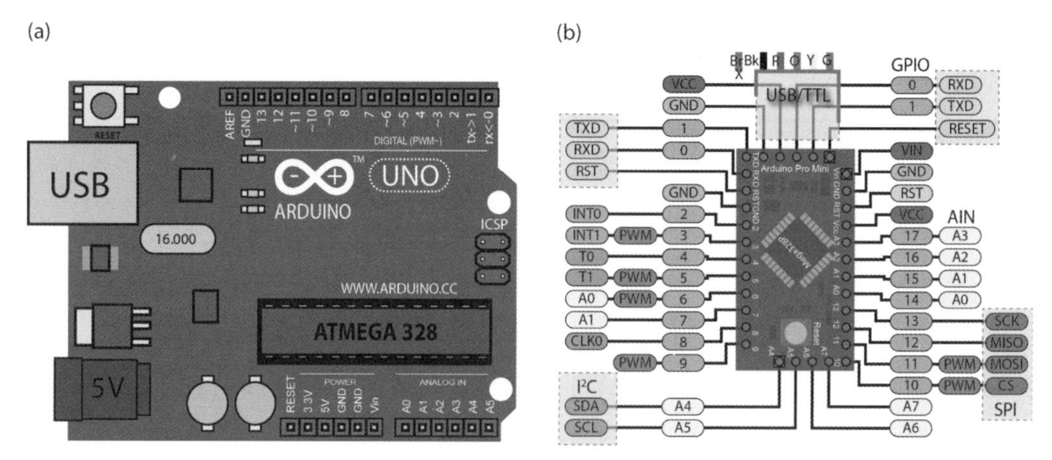


그림 11.1 아두이노 보드(상대적인 크기 비교. )(a) 아두이노 우노 (b) 아두이노 프로 미니(3.3V 또는 5V)

이 장에서는 전압 레벨에 특히 주의해야 한다. 8장에서 논의했듯이, 5V 마이크로 컨트롤러를 RPi 입출력에 연결할 때 매우 신중해야 한다. 이 장에서 인터페이싱 회로를 만들기 전에 8장의 논리 레벨 변환에 대한 절을 주의 깊게 읽도록 하라. 아두이노 보드 모델은 비슷해 보이더라도 상당히 다른 입출력 구성을 가질 수 있다. 의심스러운 점이 있다면 RPi에 연결하기 전에 출력 라인의 전압 레벨을 측정하라.

그림 11.2는 아두이노 프로그래밍 환경을 사용해 대부분의 아두이노 보드에서 13번 핀에 연결된 온보드 LED를 점멸하는 프로그램을 개발하는 모습이다(코드 11.1 참고). 이 프로그램은 프로그램이 시작될 때 "Hello from the Arduino"라는 문자열을 데스크톱 컴퓨터로 보낸다. 아두이노 스케치는 확장자가 .INO(이전 버전은 .PDE 사용)이지만, 아두이노의 전처리기에서 분석할 수 있는 C++ 프로그램이 그 본질이다.

그림 11.2와 같이 데스크톱 컴퓨터에 아두이노 프로 미니를 USB-to-직렬 TTL 케이블/장치로 연결해 프로그래밍할 수 있다. 모델에 따라 약간의 차이가 있으므로 갖고 있는 보드의 연결을 확인하라. 동일한 케이블을 사용해 직렬 모니터링을 할 수 있어 프로그램 코드 디버깅에 매우 유용하다. 9장에서 설명한 저렴한 USB-to-직렬 TTL 장치를 사용해 데스크톱 컴퓨터에서 아두이노를 프로그래밍할 수도 있다. 또한 일부는 점퍼 연결 또는 온보드 스위치를 사용해 5V / 3.3V 레벨을 선택할 수 있다. 선택한 아두이노의 논리 레벨 전압에 맞는 USB-to-직렬 변환 케이블/장치를 사용하라.

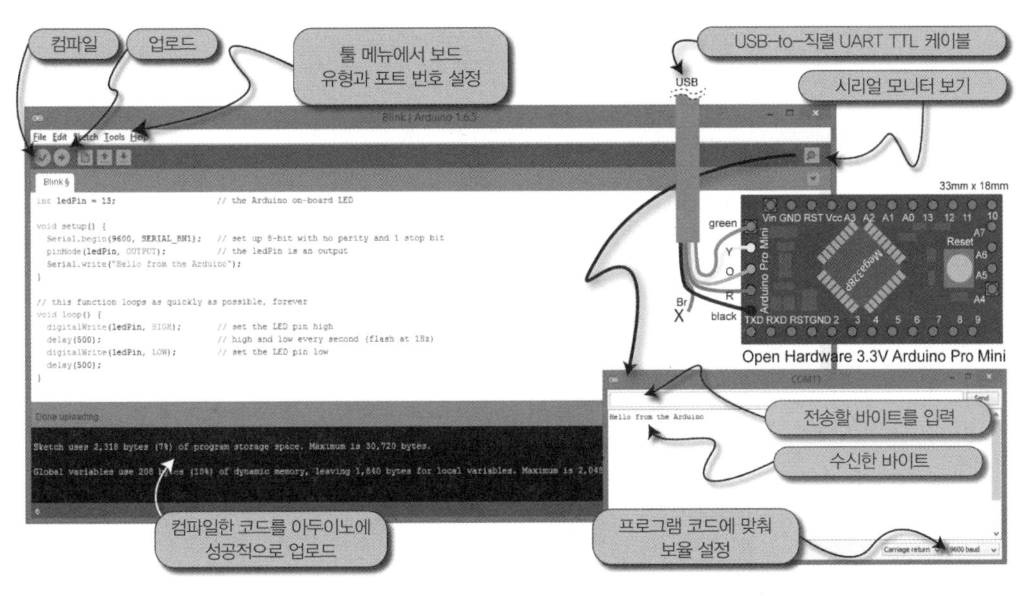


그림 11.2 아두이노 플랫폼 "Hello World" 예제와 아두이노 프로 미니 프로그래밍 구성

**코드 11.1** /chp11/hello/hello.ino

```
int ledPin = 13;                    // 아두이노 온보드 LED

void setup() {                      // 이 함수는 시작 시에 한 번 수행됨
    Serial.begin(9600, SERIAL_8N1); // 8비트, 패리티 검사 없음, 1비트의 정지 비트
    pinMode(ledPin, OUTPUT);        // ledPin이 출력임
    Serial.write("Hello from the Arduino"); // 메시지를 한 번 보냄
}

void loop() {                       // 무한 루프를 수행하는 함수(1초에 한 번)
    digitalWrite(ledPin, HIGH);     // LED 핀을 high로 설정(LED를 켬)
    delay(500);                     // 1초마다 high/low(1Hz로 깜빡임)
    digitalWrite(ledPin, LOW);      // LED 핀을 low로 설정(LED를 끔)
    delay(500);                     // 500ms 동안 대기
}
```

코드 11.1의 setup() 함수는 프로그램이 시작될 때 한 번 호출되며 시리얼 포트가 9,600보(8N1 형식)를 사용하도록 설정한다. 이 프로그램은 온보드 LED(13번 핀에 부착됨)를 1Hz의 속도로 무한히 깜빡이게 한다. loop() 함수는 무한 루프를 최대한 빨리 수행한다. 이 경우에는 LED가 켜진 채로 500ms 동안 대기하고 LED가 꺼진 채로 500ms 동안 대기하므로 루프를 한 번 수행하는 데 약 1초가 소요된다.

참고

툴 메뉴에서 올바른 아두이노 보드를 선택하는 것이 매우 중요하며, 아두이노 프로 미니 보드를 사용할 때는 특히 그렇다. 잘못된 보드 또는 주파수를 선택하면 코드가 컴파일돼 보드에 올바르게 업로드되더라도 직렬 통신 채널이 손상된 것처럼 보일 수 있다.

아두이노 개발 환경에서 오른쪽 위의 버튼을 눌러서 시리얼 모니터 창을 열 수 있다. 프로그램 코드에 해당하는 전송 속도(baud rate)를 선택하라. 텍스트 필드에 문자열을 입력하고 Send 버튼을 누르면 문자열이 아두이노로 전송되며 응답이 있을 경우 텍스트 영역에 표시된다.

이 장의 앞에서 논의한 RPi의 실시간 제한을 극복하는 한 가지 방법은 작업량 중 일부를 아두이노, PIC, TI Stellaris 플랫폼과 같은 다른 내장형 컨트롤러에 분담시키는 것이다. 이러한 임베디드 마이크로컨트롤러들은 UART 장치, I2C, SPI를 포함해 이 작업에 사용할 수 있는 공통 통신 인터페이스를 RPi와 공유한다. 다음 절에서는 아두이노를 다양한 유형의 회로 및 장치를 제어하는 종속 프로세서로 사용하는 방법과 이러한 통신 프로토콜을 사용해 인터페이스할 수 있는 방법을 설명한다. 다른 마이크로컨트롤러 제품군에도 동일한 접근 방식을 취할 수 있다.

## 아두이노 직렬 슬레이브

RPi와 아두이노를 UART로 연결하는 것이 아마도 슬레이브 프로세서 프레임워크를 구축하는 가장 간단한 방법일 것이다. 8장에서 논의했듯이 UART 통신은 두 장치가 물리적으로 어느 정도 멀리 있어도 된다는 이점이 있다.

경고

5V 아두이노를 RPi에 UART로 연결하면 RPi가 손상된다. 아두이노 프로 3.3V는 RPi에 직접 연결할 수 있지만, 5V 장치를 연결하는 경우에는 논리 레벨 변환기 또는 간단한 전압 분배기를 사용해야 한다.

일반적으로 RPi에서는 한 개의 UART 장치만 사용할 수 있지만, USB-TTL 장치를 사용해 추가할 수 있다(9장 참고). 다음 예제에는 온보드 UART 장치 또는 USB-to-TTL 어댑터를 사용할 수 있다. 그러나 온보드 UART 장치를 사용하려면 8장의 UART 절에서 설명한 대로 `ttyAMA0` 장치(또는 RPi 3의 경우 `ttyS0`)에 대한 `serial-getty` 서비스를 *반드시* 중지해야 한다.

## UART 에코 테스트 예제

아두이노 프로 미니를 사용해 RPi의 UART 통신 기능을 테스트하되, 처음에는 minicom 프로그램을 사용하고 그 다음에는 C 프로그램을 작성해 아두이노와 정보를 주고받도록 할 것이다. 이 접근법은 직렬 클라이언트/서버 명령 제어 프레임워크를 작성하기 위해 추가로 개발됐다.

### minicom 에코 예제(LED 점멸)

코드 11.2는 RXD 핀을 통해 직렬 데이터가 들어오는 것을 기다리는 아두이노 프로그램이다. 데이터를 수신하면 LED가 켜지고 핀으로부터 문자를 읽는다. 그런 다음, 아두이노의 TXD 핀에 문자가 기록된다. 이 프로그램은 LED의 깜빡임을 확인할 수 있도록 100ms 동안 대기한다. 그런 다음, RXD 핀에서 다음 번 문자를 수신할 준비를 하기 위해 루프를 수행한다.

**코드 11.2** /chp11/uart/echo/echo.ino

```
int ledPin = 11;                    // 키를 누를 때 깜빡이는 LED

void setup() {                      // 시작 시에 한 번 호출됨
    // 전송 속도 115200보(8비트, 패리티 없음, 정지 비트 1비트)
    Serial.begin(115200, SERIAL_8N1);
    pinMode(ledPin, OUTPUT);        // LED가 출력임
}

void loop() {                       // 무한 반복
    byte charIn;
    digitalWrite(ledPin, LOW);      // LED를 끄도록 설정
    if(Serial.available()){         // 바이트를 수신
        charIn = Serial.read();     // RPi로부터 문자를 읽음
        Serial.write(charIn);       // RPi에 문자를 보냄
        digitalWrite(ledPin, HIGH); // LED를 켬
        delay(100);                 // LED가 켜진 것이 보이도록 지연시킴
    }
}
```

이 프로그램은 아두이노에 업로드돼 RXD 핀에 대한 통신을 기다리고 실행된다. 이 프로그램은 아두이노의 EEPROM에 저장되므로 전원이 공급되는 즉시 실행을 시작한다.

경고

아두이노 프로 미니는 매우 유용한 보드지만 다양한 변종이 존재한다. Vin 및 Vcc 핀의 전압을 수동으로 확인해 논리 레벨을 확인해야 한다. 예를 들어, 일부 5V 보드는 5V의 raw Vin을 사용하지만, 그 레벨은 3.3V의 Vcc로 조절돼 논리 레벨이 3.3V로 설정된다.

다음으로는 USB-to-직렬 TTL 케이블/장치를 분리하고 그림 11.3과 같이 RPi의 TXD 핀을 아두이노의 RXD 핀에, RPi의 RXD 핀을 아두이노의 TXD 핀에 연결되도록 아두이노와 RPi를 연결한다.

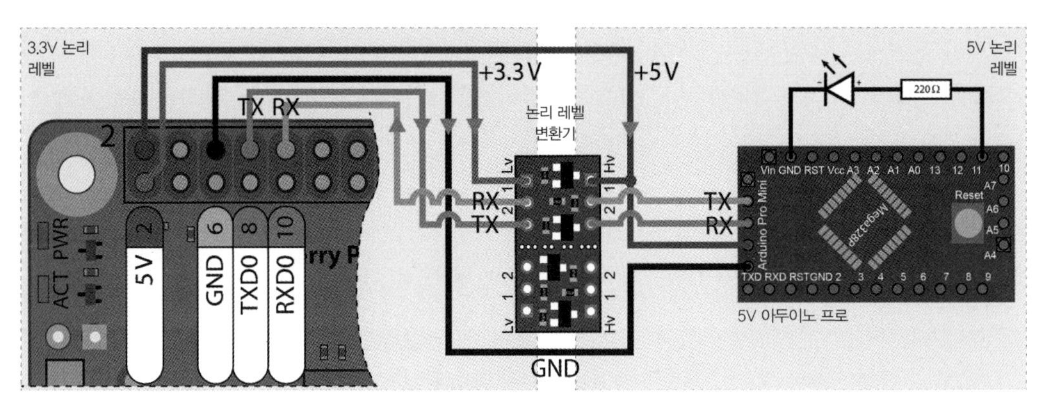


**그림 11.3** PWM LED가 있는 RPi와 아두이노 우노/프로 미니 5V 간의 UART 통신

아두이노 소스 코드를 수정해 아두이노에 업로드할 때마다 RPi와의 UART 연결을 끊어야 한다. 그렇지 않으면 아두이노를 프로그래밍하는 과정에서 실패할 것이다.[2]

참고

통신 문제가 있는 경우 올바른 아두이노 보드 유형을 선택했는지 주의 깊게 확인한다. 잘못된 보드 유형(예: 잘못된 클럭 주파수)을 사용하면 몇몇 문자에 대해서만 전송 오류가 계속 발생하기도 한다.

아두이노를 RPi에 연결했으면 `minicom` 프로그램을 열고 연결을 테스트한다. 전송 속도는 아두이노 코드에서 115,200으로 설정되므로 동일한 설정을 `minicom` 명령에 전달해야 한다. 잘못된 데이터가 표시된다면 아두이노 코드 및 미니콤 인자의 전송 속도를 57,600이나 19,200, 또는 9,600으로 낮춰보라.

```
pi@erpi ~ $ sudo minicom -b 115200 -o -D /dev/ttyAMA0
Welcome to minicom 2.7
```

2 데스크톱 컴퓨터와 전원 핀(빨간색)을 연결하지 않았으면 아두이노에 붙인 USB-to-직렬 TTL 케이블을 연결한 채로 둬도 되지만, RPi의 RX/TX 핀에 연결한 선은 프로그래밍하기 전에 뽑아야 한다. 이 장의 끝에서 RPi 터미널에서 직접 아두이노를 프로그래밍하는 방법에 대해 논의한다.

```
OPTIONS: I18n
Compiled on Jan 12 2014, 05:42:53.
Port /dev/ttyAMA0, 01:09:36
Press CTRL-A Z for help on special keys
HHeellllloo  AArrdduuiinnoo
```

미니콤의 로컬 에코 기능을 활성화하면 문자가 두 번씩 표시된다. 즉, 로컬 키를 누른 결과로 한 번 표시되고 전송된 문자가 아두이노에 에코된 후 다시 한 번 표시된다. 또한, 그림 11.3의 아두이노의 11번 핀에 연결된 LED는 키를 누를 때마다 빠르게 깜빡인다.

Analog Discovery Logic Analyzer를 TXD 및 RXD 라인에 병렬로 연결해 RPi에서 아두이노로의 데이터 전송을 분석할 수 있다. 문자 H를 전송할 때의 결과 신호의 예를 그림 11.4(a)에 나타냈다. 8.7μs의 샘플 비트 주기에서 RPi에서 아두이노로 LSB 첫 번째로 전송되는 8비트 데이터와 함께 시작 비트와 정지 비트를 관찰할 수 있다. 115,200의 보율에서 유효 바이트 속도는 시작, 정지 및 패리티 비트를 전송하는 오버헤드로 인해 다소 낮아진다. 아두이노 응답 지연은 아두이노가 RXD 입력에서 문자를 읽고 TXD 출력으로 다시 전송하는 데 걸리는 시간이다. 아두이노를 직접 RPi에 연결하기 전에 그림 11.4(b)와 같이 아두이노로부터 수신하는 선의 전압 레벨을 테스트하라.

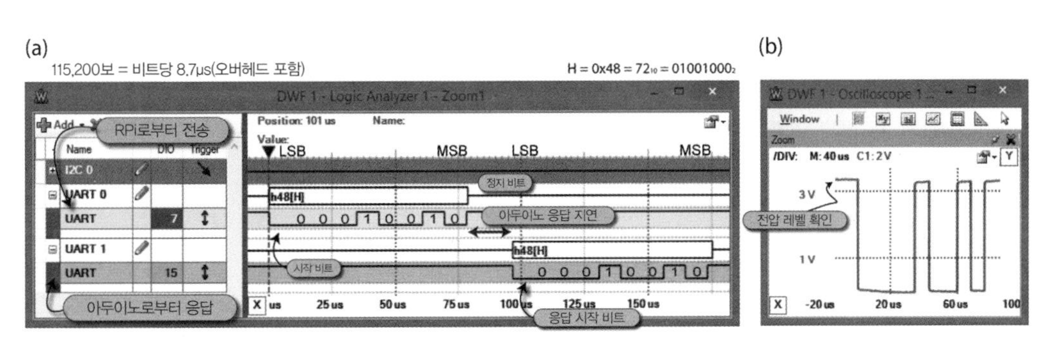


그림 11.4 RPi와 아두이노 프로 미니 사이의 UART 통신(문자 H) 분석. (a) 로직 분석기, (b) 오실로스코프

## C 언어 UART 에코 예제

다음 단계로 아두이노 프로그램과 통신할 수 있는 RPi 측 C 코드를 작성할 것이다. 아두이노 측 코드는 코드 11.2를 활용하되, LED를 깜빡이는 부분은 통신 속도를 떨어뜨리므로 제거해야 한다.

코드 11.3의 C 프로그램은 아두이노에 문자열을 보내고 그에 대한 응답을 읽는다. 예제 코드는 비동기식 통신 포트 제어를 위한 일반적인 터미널 인터페이스를 제공하는 리눅스 termios 라이브러리를 사용한다

(8장 참고). 이 예제는 ttyAMA0 UART 장치를 사용하는 것으로 가정한다. 선택한 기기에 맞춰 소스 코드를 수정하라(예: ttyUSB0, ttyS0). 혹시 잘 안 된다면 전송 속도를 57600으로 낮춰서 해 본다.

**코드 11.3** /chp11/uart/echoC/echo.c

```
#include<stdio.h>
#include<fcntl.h>
#include<unistd.h>
#include<termios.h>                                 // termios.h 라이브러리를 사용

int main(){
    int file, count;
    if ((file = open("/dev/ttyAMA0", O_RDWR | O_NOCTTY | O_NDELAY))<0) {
        perror("UART: Failed to open the file.\n");
        return -1;
    }
    struct termios options;                         // termios 구조체가 필수적임
    tcgetattr(file, &options);                      // 파일에 대한 파라미터 설정

    // 통신 옵션 설정:
    // 115200보, 8비트, 수신 활성화, 모뎀 제어선 없음
    options.c_cflag = B115200 | CS8 | CREAD | CLOCAL;
    options.c_iflag = IGNPAR | ICRNL;               // 패리티 오류를 무시
    tcflush(file, TCIFLUSH);                        // 파일 정보를 버림
    tcsetattr(file, TCSANOW, &options);             // 변경이 즉시 일어남
    unsigned char transmit[20] = "Hello Raspberry Pi!";    // 문자열을 전송
    if ((count = write(file, &transmit, 20))<0){    // 전송
        perror("Failed to write to the output\n");
        return -1;
    }
    usleep(100000);                                 // 아두이노가 응답할 기회를 줌
    unsigned char receive[100];                     // 수신 데이터를 위한 버퍼를 선언
    if ((count = read(file, (void*)receive, 100))<0){      // 데이터 수신
        perror("Failed to read from the input\n");
        return -1;
    }
    if (count==0) printf("There was no data available to read!\n");
        else printf("The following was read in [%d]: %s\n",count,receive);
        close(file);
        return 0;
}
```

회로는 그림 11.3과 같으며 이 프로그램은 다음과 같이 빌드해 실행할 수 있다.

```
pi@erpi ~/exploringrpi/chp11/uart/echoC $ gcc echo.c -o echo
pi@erpi ~/exploringrpi/chp11/uart/echoC $ sudo ./echo
The following was read in [20]: Hello Raspberry Pi!
```

## UART를 통해 명령으로 아두이노 제어하기

코드 11.4는 코드 11.2의 아두이노 코드를 이용해 아두이노 슬레이브에 간단한 LED 밝기 컨트롤러를 만든 것이다. 아두이노 측 프로그램은 마스터로부터 문자열로 된 명령을 받을 것으로 예상하는데, 그 형식은 "LED" 다음에 공백이 오고 이어서 0에서 255 사이의 정수값이 오는 것이다. 이 정수값은 아두이노의 PWM 출력(11번 핀)에 연결된 LED의 밝기를 정의한다. 프로그램은 값이 범위 내에 있는지 확인하고 범위에서 벗어난 경우 오류를 발생시킨다. 명령 문자열을 인식할 수 없으면 아두이노 프로그램은 이를 발신자에게 되돌려 보낸다. 이 프로그램은 아두이노에서 무한히 실행된다.

**코드 11.4** /chp11/uart/command/command.ino

```
int ledPin = 11;                              // LED의 밝기를 PWM으로 제어

void setup() {                                // 시작 시에 한 번 호출됨
   // 전송 속도는 115200보(8비트, 패리티 없음, 정지 비트 1비트)
   Serial.begin(115200, SERIAL_8N1);
   pinMode(ledPin, OUTPUT);                   // LED가 출력임
}

void loop() {                                 // 무한 루프
   String command;
   char buffer[100];                          // 루프를 돌 때마다 리턴 버퍼를 저장
   if (Serial.available()>0){                 // 바이트를 수신
      command = Serial.readStringUntil('\0');   // C 문자열은 \0으로 끝남
      if(command.substring(0,4) == "LED "){    // "LED"로 시작하는가?
         String intString = command.substring(4, command.length());
         int level = intString.toInt();       // 숫자를 추출
         if(level>=0 && level<=255){          // 범위 내에 있는가?
            analogWrite(ledPin, level);       // 예, LED를 켬
            sprintf(buffer, "Set brightness to %d", level);
         }
         else{                                // 아니오, 오류 메시지를 반송
            sprintf(buffer, "Error: %d is out of range", level);
         }
```

```
        } // 그렇지 않으면, 알 수 없는 명령
        else{ sprintf(buffer, "Unknown command: %s", command.c_str()); }
        Serial.print(buffer);                      // 버퍼를 RPi로 보냄
    }
}
```

코드 11.5의 C 프로그램은 UART 연결을 통해 명령행 인자를 아두이노에 보내는 일반적인 테스트 프로그램이다. 이전 절의 echo 예제와 같은 구문을 사용한다.

**코드 11.5** /chp11/uart/command/command.c

```
#include<stdio.h>
#include<fcntl.h>
#include<unistd.h>
#include<termios.h>
#include<string.h>

int main(int argc, char *argv[]){
    int file, count;
    if(argc!=2){
        printf("Invalid number of arguments, exiting!\n");
        return -2;
    }
    if ((file = open("/dev/ttyAMA0", O_RDWR | O_NOCTTY | O_NDELAY))<0){
        perror("UART: Failed to open the file.\n");
        return -1;
    }
    struct termios options;
    tcgetattr(file, &options);
    options.c_cflag = B115200 | CS8 | CREAD | CLOCAL;
    options.c_iflag = IGNPAR | ICRNL;
    tcflush(file, TCIFLUSH);
    tcsetattr(file, TCSANOW, &options);
    // 문자열과 널 문자를 전송
    if ((count = write(file, argv[1], strlen(argv[1])+1))<0){
        perror("Failed to write to the output\n");
        return -1;
    }
    usleep(100000);
    unsigned char receive[100];
    if ((count = read(file, (void*)receive, 100))<0){
        perror("Failed to read from the input\n");
```

```
        return -1;
    }
    if (count==0) printf("There was no data available to read!\n");
    else {
        receive[count]=0;      // 아두이노에서 널 문자를 보내지 않음
        printf("The following was read in [%d]: %s\n",count,receive);
    }
    close(file);
    return 0;
}
```

이 프로그램을 다음과 같이 빌드해 실행하면 주어진 정수값에 따라 LED의 밝기가 변경된다. 또한 전송되는 데이터를 로직 분석기에서 그림 11.5와 같이 볼 수 있다.

```
pi@erpi ~/exploringrpi/chp11/uart/command $ gcc command.c -o command
pi@erpi ~/exploringrpi/chp11/uart/command $ sudo ./command "LED 255"
The following was read in [21]: Set brightness to 255
pi@erpi ~/exploringrpi/chp11/uart/command $ sudo ./command "LED 50"
The following was read in [20]: Set brightness to 50
pi@erpi ~/exploringrpi/chp11/uart/command $ sudo ./command "LED 0"
The following was read in [19]: Set brightness to 0
pi@erpi ~/exploringrpi/chp11/uart/command $ sudo ./command "LED 400"
The following was read in [26]: Error: 400 is out of range
pi@erpi ~/exploringrpi/chp11/uart/command $ sudo ./command "rubbish"
The following was read in [24]: Unknown command: rubbish
```

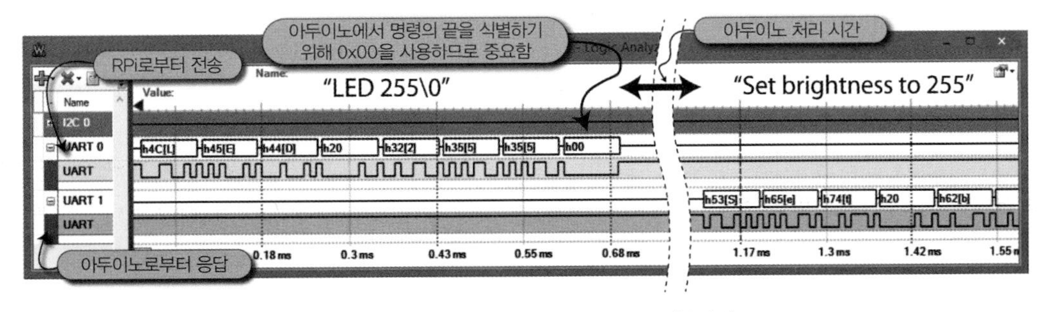


그림 11.5 아두이노에 "LED 255\0" 명령을 보내고 응답 문자열 "Set brightness to 255"를 수신

이 코드의 성능은 1바이트 길이의 명령과 응답을 정의해 데이터 전송 시간을 최소화함으로써 향상될 수 있다. 이 프레임워크는 간단한 분산 임베디드 컨트롤러 플랫폼을 구축하는 데 사용할 수 있으며, 이때 유일한 제약은 사용 가능한 RPi의 UART 장치 개수다.

## 아두이노 $I^2C$ 슬레이브

8장에서 $I^2C$ 버스를 사용해 ADXL345 가속도계 및 실시간 클럭과 같은 디지털 장치를 RPi에 연결하는 방법에 관해 설명했다. 그것은 버스를 사용해 장치 레지스터에서 읽고 쓰는 방법으로 장치를 제어하는 방법을 설명한다. 아두이노는 $I^2C$ 슬레이브로 구성할 수 있어 사용자가 직접 $I^2C$ 디지털 센서와 컨트롤러를 만드는 것과 같은 효과를 얻을 수 있다. 이 아키텍처는 여러 이유에서 매우 유용하다.

- 다수의 아두이노 마이크로컨트롤러를 각각 2개의 $I^2C$ 버스를 사용해 하나의 RPi에 연결할 수 있다.[3]
- 아두이노를 동일한 버스 내에서 다른 $I^2C$ 장치와 함께 사용할 수 있고 아두이노마다 다른 주소를 지정할 수 있다.
- 8장에서 설명한 것과 같이 레지스터를 사용해 $I^2C$ 장치에서 읽고 쓰는 좋은 프레임워크가 있다.
- 아두이노에서 TWI(2선 인터페이스)를 사용하면 들어오는 통신을 명시적으로 확인할 필요 없이 다른 기능을 수행할 수 있다.

SPI 또는 UART 직렬 통신과 관련해 $I^2C$의 한 가지 단점은 최대 데이터 속도다. 그러나 마스터/슬레이브 장치는 일반적으로 종속 장치에서 고속 인터페이스 작업을 수행하고, 마스터 장치와 슬레이브 장치 간에는 관리 명령과 상태 정보만 전달된다. 이러한 사항을 고려할 때 I2C 통신이 마스터/슬레이브 구성에 대한 강력한 선택이므로 이 장에서 중점적으로 설명하겠다.

### $I^2C$ 테스트 회로

그림 11.6은 다음 절에서 $I^2C$ 마스터/슬레이브 구성의 기능을 설명하기 위해 사용할 테스트 회로의 모습이다. 여기에서는 TMP36 아날로그 온도 센서를 아두이노의 10비트 아날로그 입력에 연결하고 LED를 11번 핀의 PWM 출력에 연결한다. 이 장에 나오는 몇 가지 예에서는 이러한 구성을 사용해 온도 센서에서 데이터를 읽고 LED의 밝기를 제어하도록 값을 기록하는 방법을 보여준다.

참고

이 장의 시작 부분에서 논리 전압 레벨에 대해 경고했지만, 5V 아두이노를 RPi의 $I^2C$ 버스에 연결할 수도 있다. RPi에는 온보드 저항이 내장돼 있고 아두이노는 일반적으로 그렇지 않기 때문이다. 즉, 통신 중에 사용되는 높은 전압은 아두이노가 아니라 RPi에 의해 결정된다. 그러나 아두이노(또는 다른 장치)에 온보드 저항이 있는 경우, 양방향 논리 레벨 변환 하드웨어를 사용하거나 슬레이브의 풀업 저항을 물리적으로 제거해야만 사용할 수 있다.

3 128개의 가능한 7비트 주소($2^7$) 중에서 16개의 예약된 주소(111 1xxx 및 000 0xxx)를 제외하면 $I^2C$ 버스당 최대 112개의 아두이노 마이크로컨트롤러를 연결할 수 있다. 그러나 연결 케이블의 길이에 따른 제약이 있다. tiny.cc/erpi1101을 참고하라. RPi의 두 번째 $I^2C$ 버스에는 온보드 풀업 저항이 없으므로 8장에서 설명한 바와 같이 풀업 저항을 추가해야 함을 기억하라.

데스크톱 PC(또는 RPi 자체)는 USB-to-TTL 케이블 또는 9장에서 설명한 USB-to-TTL 어댑터 중 하나를 사용해 아두이노를 프로그래밍하는 데 사용할 수 있다. 이 구성은 RPi를 사용해 아두이노에 전원을 공급하므로 전압 공급 핀(빨간색)을 TTL 어댑터에 연결하면 안 된다. 이 예에서는 5V 아두이노 프로 미니를 사용하지만 논리 레벨 변환 회로가 사용되지 않음을 알 수 있다. 앞에서 설명한 것처럼 첫 번째 RPi I2C 버스에는 풀업 저항이 있으며 그 모델의 아두이노에는 풀업 저항이 없다. 따라서 SDA 및 SCL 라인은 최대 3.3V까지만 끌어올 수 있기 때문에 아두이노를 RPi에 붙여도 안전하다. 그러나 온보드 풀업 저항이 있는 아두이노 모델을 사용 중이라면 이 구성으로 인해 RPi가 손상될 수 있다. 확신이 들지 않는다면 8장의 끝에서 설명한 것과 같은 양방향 데이터 전송과 호환되는 논리 레벨 변환기를 사용하라.

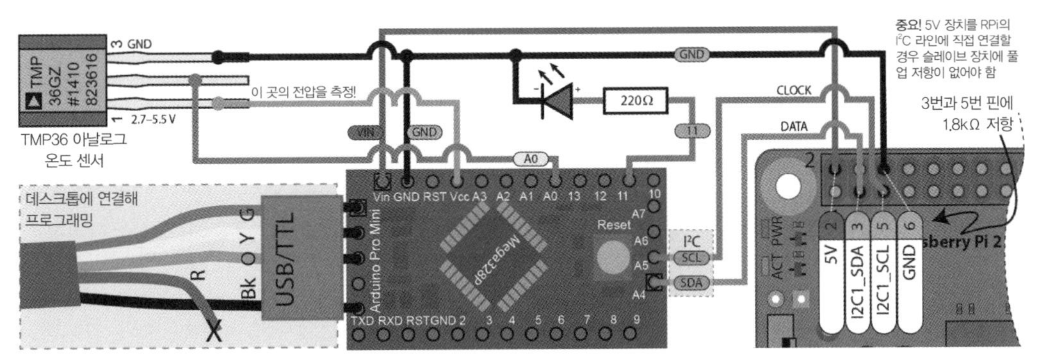


그림 11.6 TMP36 아날로그 온도 센서가 있는 아두이노 I²C 슬레이브 테스트 회로

## I²C 레지스터 에코 예제

첫 번째 예는 I²C 통신 자체의 테스트이므로 온도 센서 또는 LED 회로가 필요하지 않다. C 코드 예제를 검토하기 전에 RPi에서 리눅스 i2c-tools를 사용해 아두이노와 통신이 이뤄지는지 확인해 보도록 하자.

코드 11.6은 아두이노 Wire 라이브러리와 ATmega의 TWI(2선 인터페이스)를 사용해 아두이노를 슬레이브로 구성하는 아두이노 스케치다.[4] 이 예에서 setup() 함수는 RPi의 I²C 보율과 일치하는 클럭 주파수를 명시적으로 설정한다. 다음과 같이 호출함으로써 RPi의 I²C 전송 속도를 확인할 수 있다.

```
pi@erpi ~ $ sudo cat /sys/module/i2c_bcm2708/parameters/baudrate
100000
```

4 아두이노 Wire 라이브러리에 대한 자세한 설명이 tiny.cc/erpi1102에 있다.

setup() 함수는 아두이노가 임의의 $I^2C$ 버스 주소 0x44를 갖도록 구성한다. 그런 다음 두 가지 통신 리스너 함수를 등록한다. receiveRegister()는 $I^2C$ 버스를 사용해 데이터를 장치에 쓸 때마다 호출되며, respondData()는 장치에서 데이터를 읽을 때마다 호출된다. 중요한 것은 loop() 함수에서 직접 이러한 함수를 호출할 필요 없이 자동으로 호출된다는 점이다.

**코드 11.6** /chp11/i2c/echo/echo.ino

```
#include <Wire.h>                       // TWI(2선 인터페이스)를 사용
const byte slaveAddr = 0x44;            // 아두이노의 슬레이브 주소
int registerAddr;                       // 공유 레지스터 주소 변수

void setup() {                          // 한 번만 호출되는 셋업 함수
    TWBR=100000L;                       // i2c 클럭 주파수: 100000L = 100kHz
    Wire.begin(slaveAddr);              // 아두이노를 I2C 슬레이브로 설정
    Wire.onReceive(receiveRegister);    // 수신 리스너를 등록
    Wire.onRequest(respondData);        // 응답 리스너를 등록
}

void loop() {
    delay(1000);                        // 1초마다 루프
}

void receiveRegister(int x){            // 데이터가 준비되면 핸들러를 호출
    registerAddr = Wire.read();         // RPi로부터 1바이트 주소로 읽음
}

void respondData(){                     // 응답 시 호출되는 핸들러
    Wire.write(registerAddr);           // RPi에 데이터를 회신
}
```

이 예에서 아두이노 코드는 RPi 마스터가 요청한 바이트를 (registerAddr 변수에) 읽고 응답한다. 이것은 요청된 주소값을 아두이노가 응답 데이터로 에코한다는 것을 의미하며, 유용한 첫 번째 테스트 애플리케이션이다.

LED 및 온도 센서가 없는 경우에도 그림 11.6과 같이 아두이노를 RPi에 연결하고 i2cdump 명령을 호출하면 다음과 같은 결과가 나타난다.

```
pi@erpi ~ $ i2cdetect -y 1
     0  1  2  3  4  5  6  7  8  9  a  b  c  d  e  f
...
```

```
40: -- -- -- -- 44 -- -- -- -- -- -- -- -- -- -- --
...
pi@erpi ~ $ i2cdump -y 1 0x44 b
     0  1  2  3  4  5  6  7  8  9  a  b  c  d  e  f    0123456789abcdef
00: 00 01 02 03 04 05 06 07 08 09 0a 0b XX 0d 0e 0f    .???????????X???
10: 10 11 12 13 14 15 16 17 18 19 1a 1b 1c 1d 1e 1f    ????????????????
20: 20 21 22 23 24 25 26 27 28 29 2a 2b 2c 2d 2e 2f     !"#$%&'()*+,-./
30: 30 31 32 33 34 35 36 37 38 39 3a 3b 3c 3d 3e 3f    0123456789:;<=>?
40: 40 41 42 43 44 45 46 47 48 49 4a 4b 4c 4d 4e 4f    @ABCDEFGHIJKLMNO
...
f0: f0 f1 f2 f3 f4 f5 f6 f7 f8 f9 fa fb fc fd fe ff    ???????????????.
```

이 출력에서 아두이노 프로그램이 요청된 주소로 간단하게 응답하도록 설계된 것을 볼 수 있다. 따라서 RPi가 주소 0x0A의 데이터를 요청하면 아두이노는 데이터 값 0x0A를 반환한다. 이것은 다음 절을 계속하기 전에 수행할 유용한 테스트다.

## I²C 온도 센서 예제

다음 예제는 아두이노를 TMP36 아날로그 온도 센서를 디지털 인터페이스로 감싸는 I²C 슬레이브로 사용한다.

이 예에서 아두이노는 10비트 ADC를 사용해 TMP36 센서의 아날로그 출력을 읽은 다음 TMP36 데이터 시트에 제공된 수식을 사용해 섭씨 온도를 계산한다. 온도는 두 바이트에 저장하되, 한 바이트에는 정수부를, 다른 한 바이트에는 소수부를 저장한다.

이 예제는 10장의 TMP36 예제와 비슷하지만, RPi가 아닌 아두이노 종속 프로세서에서 모든 처리가 수행된다는 점이 다르다. 사실 아두이노는 섭씨에서 화씨로 변환을 수행해 두 개의 추가 등록 주소에서 변환된 값을 사용할 수 있도록 한다. 이 예제의 중요성은 아두이노에 부착된 모든 아날로그 센서에 동일한 접근법을 적용해 사용자가 자신의 디지털 센서를 쉽게 만들 수 있다는 것이다.

코드 11.7은 그림 11.6에서처럼 A0 핀(아날로그 입력 0)에 연결된 TMP36 아날로그 온도 센서와 인터페이스하는 아두이노 스케치를 제공한다. 아두이노는 5초마다 온도를 계산하고 섭씨 값을 바이트 `data[0]`과 `data[1]`에 저장하고 화씨 값을 바이트 `data[2]`와 `data[3]`에 저장한다. 이러한 `data[]` 값의 인덱스는 RPi에서 요청하고 `respondData()` 리스너 함수에서 반환한 레지스터 값과 일치한다.

**코드 11.7** /chp11/i2c/i2cTMP36/i2cTMP36.ino

```
#include <Wire.h>                        // TWI(2선 인터페이스)를 사용
const byte slaveAddr = 0x44;             // 아두이노의 슬레이브 주소
int registerAddr;                        // 공유 레지스터 주소 변수
const int analogInPin = A0;              // TMP36의 아날로그 입력
int data[4];                             // 0x00에서 0x03까지의 데이터 레지스터

void setup(){
    TWBR=100000L;                        // i2c 클럭 주파수를 100000L로 설정
    Wire.begin(slaveAddr);               // 아두이노를 I2C 슬레이브로 설정
    Wire.onReceive(receiveRegister);     // 수신 리스너를 등록
    Wire.onRequest(respondData);         // 응답 리스너를 등록
}

void loop(){                                          // 5초마다 레지스터를 갱신
    int adcValue = analogRead(analogInPin);           // 10비트 ADC를 사용
    float curVoltage = adcValue * (5.0f/1024.0f);     // Vcc = 5.0V, 10비트
    float tempC = 25.0 + ((curVoltage-0.75f)/0.01f);  // 데이터시트로부터
    float tempF = 32.0 + ((tempC * 9)/5);             // 섭씨를 화씨로 변환
    data[0] = (int) tempC;                            // 섭씨 정수부(0x00)
    data[1] = (int) ((tempC - data[0])*100);          // 섭씨 소수부(0x01)
    data[2] = (int) tempF;                            // 화씨 정수부(0x02)
    data[3] = (int) ((tempF - data[2])*100);          // 화씨 소수부(0x03)
    delay(5000);                                      // 5초 대기
}

void receiveRegister(int x){                          // 바이트 수를 전달
    registerAddr = Wire.read();                       // 1바이트 주소에서 읽음
}

void respondData(){                                   // 응답 함수
    byte dataValue = 0x00;                            // 기본 응답 값은 0x00
    if ((registerAddr >= 0x00) && (registerAddr <0x04)){
        dataValue = data[registerAddr];
    }
    Wire.write(dataValue);                            // 데이터를 RPi로 회신
}
```

두 개의 리스너 함수는 loop() 함수와 독립적으로 작동하며 RPi가 요청할 때만 호출된다. 따라서 UART 예제에서는 loop() 함수를 반복할 때마다 데이터 요청을 명시적으로 확인했지만, 이 예제에서는 그렇게 할 필요가 없다.

코드가 컴파일돼 아두이노에 배포되면 i2cdump 명령을 사용해 레지스터 값을 볼 수 있다.

```
pi@erpi ~ $ i2cdump -y 1 0x44 b
     0  1  2  3  4  5  6  7  8  9  a  b  c  d  e  f    0123456789abcdef
00: 17 49 4a 47 00 00 00 00 00 00 00 00 00 00 00 00    ?IJG............
10: 00 00 00 00 00 00 00 00 00 00 00 00 00 00 00 00    ................
...
pi@erpi ~ $ i2cget -y 1 0x44 0x00 b
0x17
pi@erpi ~ $ i2cget -y 1 0x44 0x01 b
0x49
```

값은 16진수 형식이다. 따라서 이 예에서의 온도 값은 주소 0×02 및 0×03에서의 i2cdump 출력에서 디스플레이되는 바와 같이 23.73℃$_{10}$(즉, 17.49℃$_{16}$)이고, 화씨로는 74.71℉$_{10}$(즉, 4A.47℉$_{16}$)이다.

## I²C 온도 센서와 경고 LED

다음 예제는 앞의 예제를 토대로 실내 온도가 사용자가 정의한 임계값을 초과할 때 경고 LED가 켜지도록 작성했다. I²C 장치의 레지스터에 값을 기록하는 방법으로 RPi로부터 아두이노에 데이터를 보내는 방법을 시연한다는 데 이 예제의 중요성이 있다. 그림 11.6은 이 예제의 경고 LED 회로를 보여준다.

RPi의 관점에서 경보 임계값의 정수부를 아두이노의 주소 0x04에 저장한다. 예를 들어 주소 0x04에 0x20 값이 쓰이면 온도가 0x20 = 32℃를 초과하지 않는 한 경고 LED가 켜지지 않는다. 이 값은 TMP36 센서를 손가락으로 잡고 온도를 측정할 수 있으므로 테스트에 적합하다.

코드 11.8은 RPi에서 경보 임계값을 읽고 바이트 data[4]에 저장하는 데 필요한 아두이노 스케치다. receiveRegister(int x) 리스너 함수는 RPi가 레지스터 0x04에 접근하고 있는지와 정확히 2바이트(즉, 주소와 값)의 데이터가 전달됐는지를 확인한다. 그렇다면 전달된 두 번째 바이트(값)가 data[4]에 저장된다. 이 예제에는 아두이노 직렬 콘솔에 기록할 주석 처리된 코드도 포함돼 있다. 이 코드 줄을 사용하면 변경 내용을 디버깅하는 데 도움이 된다.

**코드 11.8** /chp11/i2c/i2cTMP36warn/i2cTMP36warn.ino

```
#include <Wire.h>                        // TWI(2선 인터페이스)를 사용
const byte slaveAddr = 0x44;             // 아두이노의 슬레이브 주소
int registerAddr;                        // 공유 레지스터 주소 변수
const int analogInPin = A0;              // TMP36을 위한 아날로그 입력 핀
int data[5];                             // 0x00에서 0x04까지의 데이터 레지스터
```

```
int alertTemp = 0xFF;                       // 경고 온도는 기본으로 설정되지 않음
int ledPin = 11;                            // 경고등 LED

void setup(){
    pinMode(ledPin, OUTPUT);                // LED로 시각적인 온도 경고
    TWBR=100000L;                           // i2c 클럭 주파수 설정, 예: 400000L
    Wire.begin(slaveAddr);                  // 아두이노를 I2C 슬레이브로 설정
    Wire.onReceive(receiveRegister);        // 아래의 레지스터 수신 리스너
    Wire.onRequest(respondData);            // 아래의 레지스터 응답 리스너
    //Serial.begin(115200, SERIAL_8N1);     // 디버그 용
}

void loop(){                                // 5초마다 레지스터를 갱신
    int adcValue = analogRead(analogInPin);             // 10비트 ADC를 사용
    //Serial.print("\nThe ADC value is: ");             // 디버그 용
    //Serial.print(adcValue);                           // 디버그 용
    float curVoltage = adcValue * (3.3f/1024.0f);       // Vcc = 3.3V, 10비트
    float tempC = 25.0 + ((curVoltage-0.75f)/0.01f);    // 데이터시트로부터
    float tempF = 32.0 + ((tempC * 9)/5);               // 섭씨를 화씨로 변환
    data[0] = (int) tempC;                              // 섭씨 정수부(0x00)
    data[1] = (int) ((tempC - data[0])*100);            // 섭씨 소수부(0x01)
    data[2] = (int) tempF;                              // 화씨 정수부(0x02)
    data[3] = (int) ((tempF - data[2])*100);            // 화씨 소수부(0x03)
    data[4] = alertTemp;                                // 섭씨 임계온도(0x04)
    if (tempC > alertTemp) {                            // 임계 온도 초과?
        digitalWrite(ledPin, HIGH);                     // 참이면 LED를 켬
    }
    else {
        digitalWrite(ledPin, LOW);                      // 거짓이면 LED를 끔
    }
    delay(5000);
}

void receiveRegister(int x){                            // 바이트 수를 전달
    registerAddr = Wire.read();                         // 1바이트 주소를 읽음
    if(registerAddr==0x04 && x==2){                     // 경보 값을 기록할 경우
        alertTemp = Wire.read();                        // 경보 온도를 읽음
    }
}

void respondData(){                                     // 응답 함수
    byte dataValue = 0x00;                              // 기본 응답 값은 0x00
    if ((registerAddr >= 0x00) && (registerAddr <= 0x04)){
```

```
        dataValue = data[registerAddr];
    }
    Wire.write(dataValue);                          // RPi에 데이터를 회신
}
```

이 프로그램이 아두이노에 업로드되면 리눅스 i2c-tools를 사용해 레지스터 값을 알아낼 수 있다. 다음 예에서는 다섯 번째 레지스터인 0x04의 초기 값이 0xFF로 나타난다.

```
pi@erpi ~ $ i2cdump -y 1 0x44 b
     0  1  2  3  4  5  6  7  8  9  a  b  c  d  e  f    0123456789abcdef
00: 1b 3f 51 4a ff 00 00 00 00 00 00 00 00 00 00 00    ??QJ?...........
...
```

다음과 같이 i2cset 명령을 사용해 이 값을 변경할 수 있다.

```
pi@erpi ~ $ i2cget -y 1 0x44 0x04
0xff
pi@erpi ~ $ i2cset -y 1 0x44 0x04 0x20
pi@erpi ~ $ i2cget -y 1 0x44 0x04
0x20
```

이러한 트랜잭션을 그림 11.7의 로직 분석기를 사용해 수집했다. 이 경우에는 실내 온도가 약 27℃이므로 LED가 꺼져 있다. 그러나 센서를 손가락으로 집으면 온도가 32℃(0x20) 이상으로 빠르게 상승하고 경고 LED가 켜진다.

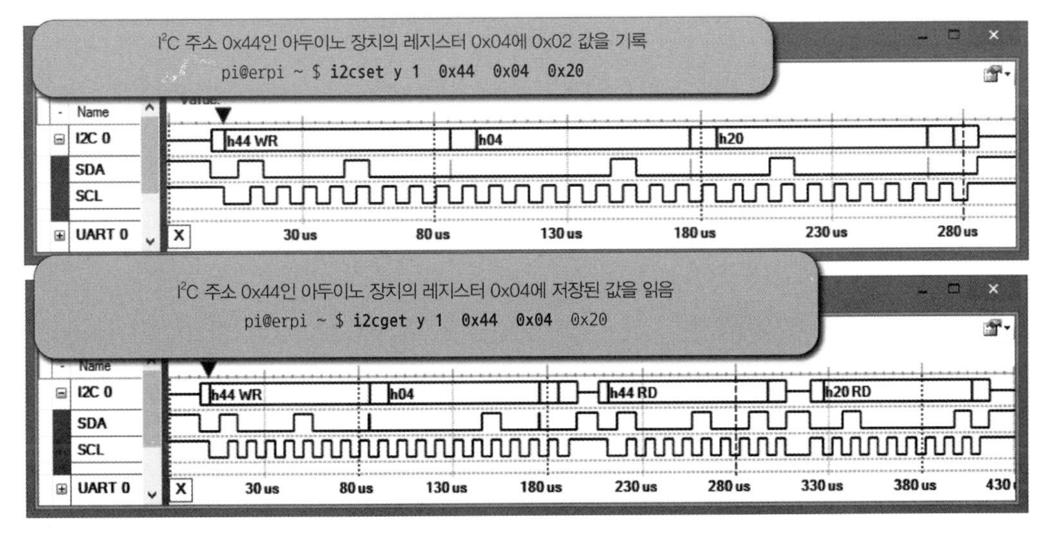


그림 11.7 아두이노에서 생성된 0x04 레지스터에 쓰기 및 읽기

여기서 loop() 함수의 코드가 RPi와 완전히 독립적으로 계속 수행된다는 점이 중요하다. 새로운 온도 임계값이 설정된 후 LED가 켜지거나 꺼지려면 몇 초가 걸릴 수 있다. 이는 아두이노 코드의 기본 루프에서 판독 값 사이에 5초의 지연이 있으며 임계값 비교가 루프의 끝에서 발생하기 때문이다. 리스너 함수(receiveRegister()와 respondData())가 길면 $I^2C$ 통신의 응답성이 떨어질 수 있으므로 해당 함수들을 짧게 유지하는 것이 중요하다.

## C/C++를 사용한 아두이노 슬레이브 통신

$I^2C$ 장치에서 읽고 쓰는 C/C++ 코드 예제는 8장에서도 소개했으니 여기서는 슬레이브로서 연결된 아두이노에서 읽고 쓰는 C 프로그램을 소개하겠다(코드 11.9).

**코드 11.9** /chp11/i2c/i2cTMP36warn/i2cTMP36.c

```
#include<stdio.h>
#include<fcntl.h>
#include<sys/ioctl.h>
#include<linux/i2c.h>
#include<linux/i2c-dev.h>
#define BUFFER_SIZE 5                                   //0x00부터 0x04까지

int main(int argc, char **argv){
    int file, i, alert=0xFF;
    // 경보 온도가 인자로 전달됐는지 확인
    if(argc==2){
        if (sscanf(argv[1],"%i",&alert)!=1) {     // 인자 문자열을 int 값으로 변환
            perror("Failed to read the alert temperature\n");
        return 1;
        }
        if (alert>255 || alert<0) {
            perror("Alert temperature is outside of range\n");
            return 1;
        }
    }
    if((file=open("/dev/i2c-1", O_RDWR)) < 0){
        perror("failed to open the bus\n");
        return 1;
    }
    if(ioctl(file, I2C_SLAVE, 0x44) < 0){
        perror("Failed to connect to the Arduino\n");
        return 1;
```

```
    }
    char rec[BUFFER_SIZE], send;
    for(i=0; i<BUFFER_SIZE; i++){                // 한 문자씩 전송
        send = (char) i;
        if(write(file, &send, 1)!=1){
            perror("Failed to request a register\n");
            return 1;
        }
        if(read(file, &rec[i], 1)!=1){
            perror("Failed to read in the data\n");
            return 1;
        }
    }
    printf("The temperature is %d.%d°C", rec[0], rec[1]);
    printf(" which is %d.%d°F\n", rec[2], rec[3]);
    printf("The alert temperature is %d°C\n", rec[4]);
    if(alert!=0xFF) {
        char alertbuf[] = {0x04, 0};             // 0x04에 경보를 기록
        alertbuf[1] = (char) alert;              // 인자로 읽은 값
        printf("Setting alert temperature to %d°C\n", alert);
        if(write(file, alertbuf, 2)!=2){
            perror("Failed to set the alert temperature!\n");
            return 1;
        }
    }
    close(file);
    return 0;
}
```

이 프로그램은 다음과 같이 빌드해 실행할 수 있다.

```
pi@erpi ~/exploringrpi/chp11/i2c/i2cTMP36warn $ gcc i2cTMP36.c -o i2cTMP36
pi@erpi ~/exploringrpi/chp11/i2c/i2cTMP36warn $ ./i2cTMP36
The temperature is 17.67°C which is 63.81°F
The alert temperature is 30°C
pi@erpi ~/exploringrpi/chp11/i2c/i2cTMP36warn $ ./i2cTMP36 40
The temperature is 17.67°C which is 63.81°F
The alert temperature is 30°C
Setting alert temperature to 40°C
pi@erpi ~/exploringrpi/chp11/i2c/i2cTMP36warn $ ./i2cTMP36
The temperature is 17.67°C which is 63.81°F
The alert temperature is 40°C
```

인자가 제공되면 프로그램은 문자열을 정수로 변환한 값을 I²C 버스를 사용해 아두이노의 0x04 레지스터에 쓴다. 이 값은 경보 임계 온도로 설정돼, 초과할 경우 LED가 켜진다. 인자가 제공되지 않으면 프로그램은 아두이노 슬레이브의 현재 상태를 적합한 포맷으로 표시한다.

## I²C 초음파 센서 애플리케이션

HC-SR04는 매우 저렴한(2달러) 초음파 센서로 음속을 이용해 장애물까지의 거리를 결정할 수 있다. 감지 범위는 2.5cm에서 4m 사이다. 10장에서 사용한 적외선 거리 센서와 달리 햇빛의 영향을 받지는 않지만, 소리를 잘 반사하지 않는 부드러운 재질(예: 의류 및 부드러운 가구)에서는 잘 작동하지 않는다. 그림 11.8은 이 센서를 아두이노 우노를 통해 RPi에 연결하는 방법을 보여준다. 아두이노 우노를 사용한 것은 순전히 예를 들기 위한 것으로, 5V 아두이노 프로 미니도 동등하게 사용할 수 있다.

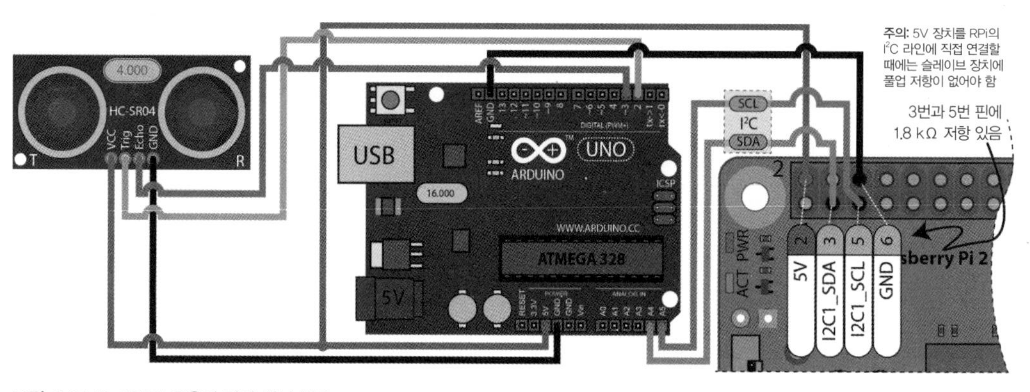


그림 11.8 HC-SR04 초음파 거리 센서 회로

그림 11.9는 이 센서로 상호작용이 이루어지는 방법을 보여준다. 10μs 트리거 펄스가 센서의 Trig 입력으로 전송된다. 센서는 장애물의 거리에 해당하는 펄스 폭(약 150μs에서 25ms, 장애물이 없는 경우 38ms)으로 Echo 출력에 응답한다. 초당 최대 표본 수는 단일 센서의 경우 약 20이다.

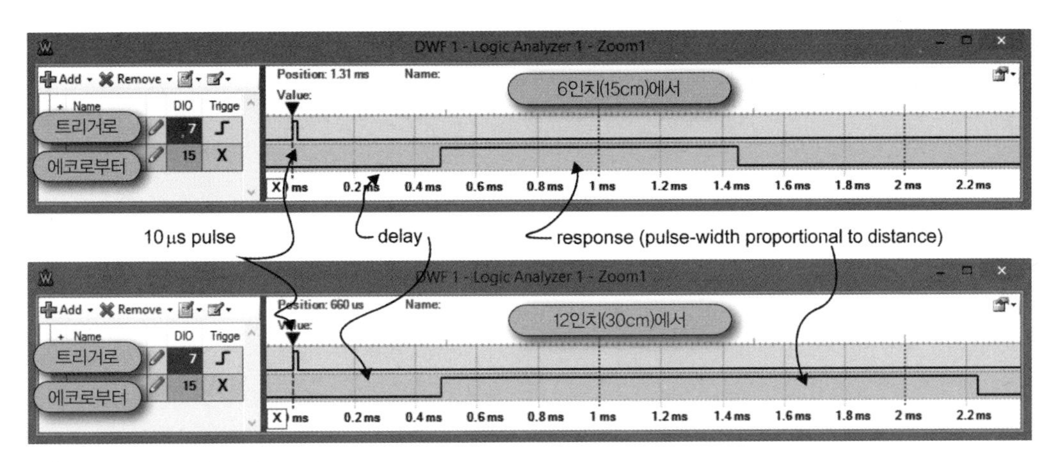


그림 11.9 HC-SR04의 신호 응답

이 센서로 일반 GPIO를 사용해 리눅스 유저 스페이스에서 직접 정확한 결과를 얻는 것이 불가능하지는 않지만 까다롭다. 이 센서의 UART 버전에는 마이크로컨트롤러가 포함돼 있지만 훨씬 비싸다. 여기에서는 여러 개의 센서를 한 개의 아두이노에 연결할 수 있도록 충분히 빠른 해법을 제시한다. 단일 트리거 신호를 여러 센서에 동시에 전송할 수 있으며 각 센서의 응답 신호를 측정하는 데 다른 아두이노 GPIO를 사용할 수 있다. 코드 11.10은 이 예제의 아두이노 코드다. 이것은 코드 11.8을 기초로 해 트리거 펄스를 생성하고 에코 펄스 응답의 폭을 읽는 코드다.

**코드 11.10** /chp11/i2c/sr04/sr04.ino

```
#include <Wire.h>                       // TWI(2선 인터페이스)를 사용
const byte slaveAddr = 0x55;            // 아두이노의 슬레이브 주소
int registerAddr;                       // 공유 레지스터 주소 변수
int triggerPin = 2;                     // trig에 연결
int echoPin = 3;                        // echo에 연결
int ledPin = 13;                        // 온보드 LED
byte data[4];                           // 0x00부터 0x03까지의 데이터 레지스터

void setup() {
    // Serial.begin(115200);            // 디버그를 위해
    pinMode(triggerPin, OUTPUT);        // 10us 펄스를 전송하는 핀
    pinMode(echoPin, INPUT);            // 응답 측정 핀
    pinMode(ledPin, OUTPUT);            // 온보드 LED를 사용
    TWBR=100000L;                       // i2c 클럭 주파수를 100000L로 설정
    Wire.begin(slaveAddr);              // 아두이노를 슬레이브로 설정
    Wire.onReceive(receiveRegister);    // 수신 리스너를 등록
    Wire.onRequest(respondData);        // 응답 리스너를 등록
}
```

```
void loop() {                                    // 초당 20회 반복
    int duration;                                // 응답 펄스 폭
    float distancecm, distancein;                // 변환된 값


    digitalWrite(triggerPin, HIGH);              // 10us 펄스를 보냄
    delayMicroseconds(10);
    digitalWrite(triggerPin, LOW);
    duration = pulseIn(echoPin, HIGH);           // 응답 펄스 측정(us 단위)
    distancecm = (float) duration / 58.0;        // cm 단위의 거리를 구함
    data[0] = (int) distancecm;                  // 정수부(0x00)
    data[1] = (int) ((distancecm - data[0])*100); // 소수부(0x01)
    distancein = (float) duration / 148.0;       // 인치 단위의 거리를 구함
    data[2] = (int) distancein;                  // 정수부(0x02)
    data[3] = (int) ((distancein - data[2])*100); // 소수부(0x03)
    // 프로그램을 디버그하기 위해 다음 코드를 추가할 수 있음
    // Serial.print(distancecm); Serial.println(" cm");
    // Serial.print(distancein); Serial.println(" inches");
    digitalWrite(ledPin, LOW);                   // LED를 끔
    delay(50);                                   // 초당 20개의 표본
    digitalWrite(ledPin, HIGH);                  // 살짝 깜빡이도록 함
}

void receiveRegister(int x){                     // 바이트 수를 전달
    registerAddr = Wire.read();                  // 1바이트 주소를 읽음
}

void respondData(){                              // 응답 함수
    byte dataValue = 0x00;                       // 기본 응답 값은 0x00
    if ((registerAddr >= 0x00) && (registerAddr <0x04)){
        dataValue = data[registerAddr];
    }
    Wire.write(dataValue);                       // RPi로 데이터를 회신
}
```

일단 이 프로그램을 빌드해 아두이노에 업로드하면 다음 호출을 사용해 RPi에서 테스트할 수 있다.

```
pi@erpi ~ $ i2cdetect -y 1
     0  1  2  3  4  5  6  7  8  9  a  b  c  d  e  f
...
50: -- -- -- -- -- 55 -- -- -- -- -- -- -- -- -- --
...
```

```
pi@erpi ~ $ i2cdump -y 1 0x55 b
     0  1  2  3  4  5  6  7  8  9  a  b  c  d  e  f    0123456789abcdef
00: 0a 1b 04 02 00 00 00 00 00 00 00 00 00 00 00 00    ????............
...
```

다음과 같이 한 줄짜리 스크립트를 사용해 레지스터가 표시하는 십진수 값을 확인할 수 있다(i2cget 호출을 감싸는 데 ' 대신 키보드의 Esc 키 바로 아래에 있는 `를 사용한다).

```
pi@erpi ~ $ printf "Distance is %d.%02d cm\n" `i2cget -y 1 0x55 0x00` →
`i2cget -y 1 0x55 0x01`
Distance is 10.27 cm
pi@erpi ~ $ printf "Distance is %d.%02d inches\n" `i2cget -y 1 0x55 0x02` →
`i2cget -y 1 0x55 0x03`
Distance is 4.02 inches
```

코드 11.9의 C 프로그램을 HC-SR04 아두이노 프로그램의 레지스터 값을 읽도록 조정할 수 있다. 이러한 프로그램은 I2C를 통해 RPi와 쉽게 통신하고 센서에 가능한 최대 속도(~20Hz의 속도)로 계산된 레지스터 값을 읽을 수 있다.

## 아두이노 SPI 슬레이브

RPi와 아두이노를 인터페이싱하는 세 번째 방법은 그것을 SPI 슬레이브로 사용하는 것이다. 이 인터페이스 방식은 통신이 아두이노의 클럭 주파수(예: 일반적으로 8MHz 또는 16MHz)에 의해서만 제한되므로 RPi와 아두이노 간에 매우 빠른 고급 상호작용이 필요한 애플리케이션에 사용할 수 있다. 3.3V 아두이노는 그림 11.10에 나타낸 것처럼 RPi에 연결할 수 있다. SPI를 사용해 5V 아두이노에 인터페이스하려면 논리 레벨 변환 하드웨어가 필요하다.

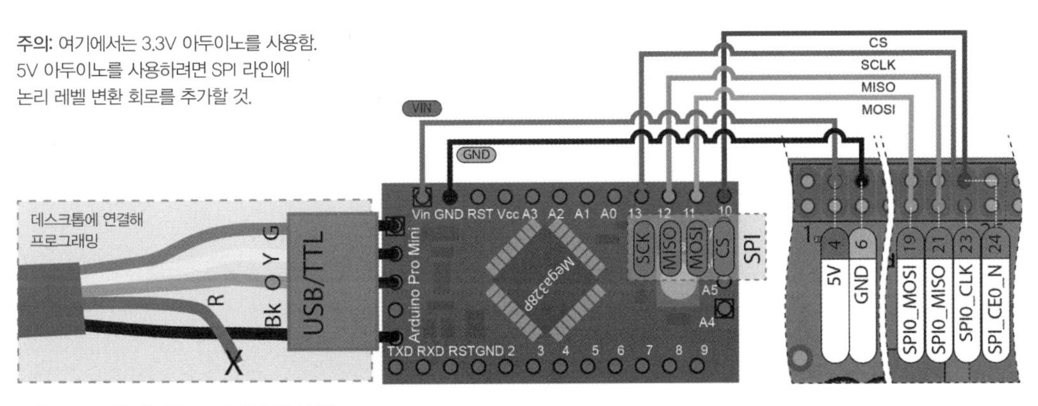


그림 11.10 아두이노를 SPI 슬레이브로 사용

아두이노는 SPI 마스터 애플리케이션을 강력하게 지원하지만, SPI 슬레이브로 작동하는 애플리케이션에 대해서는 지원 수준이 동일하지 않다. 저수준의 작업이 필요하므로 특히 $I^2C$ 접근 방식이 필요한 경우 이 접근 방식을 피하는 것이 가장 좋다. 완성을 위해 아두이노를 SPI 슬레이브로 설정하는 코드 예제가 코드 11.11에 있다.

**코드 11.11** /chp11/spi/spi.ino

```
// 닉 개먼(Nick Gammon)의 예제 코드에 기초함
// 자세한 사항은 http://www.gammon.com.au/ 참고
#include <SPI.h>
#define MISO 12
volatile int count, lastcount;

void setup () {
    Serial.begin (115200);                   // 직렬 출력 디버그를 위해
    SPCR |= _BV(SPE);                        // SPI를 슬레이브 모드로 사용
    pinMode(MISO, OUTPUT);                   // MISO에 보냄
    SPI.setClockDivider(SPI_CLOCK_DIV16);    // 1MHz 클럭
    SPI.attachInterrupt();                   // 인터럽트를 허용
    Serial.println("Setup complete");        // 디버그 용 메시지
}

void loop() {
    if (count>lastcount) {                   // 데이터 공유를 시연
        Serial.print("Count is now: ");
        Serial.println(count);               // 디버그에 직렬 콘솔을 사용
        //SPI.transfer(count);               // back values를 읽을 경우에만
        lastcount=count;                     // 다음 루프 준비
    }
}

ISR (SPI_STC_vect) {                         // SPI 인터럽트 루틴
    Serial.print("ISR invoked: Received (int)");
    byte c = SPDR;                           // SPI 데이터 레지스터로부터 바이트를 얻음
    Serial.println((int)c);                  // 동등한 정수값을 출력
    count++;
    Serial.println("End of ISR");
}
```

코드를 아두이노에 업로드하고 그림 11.10과 같이 회로를 구성했으면 다음 호출을 사용해 연결을 테스트할 수 있다.

```
pi@erpi ~ $ echo -ne "\x41\x01" > /dev/spidev0.0
pi@erpi ~ $ echo -ne "\x41\x02" > /dev/spidev0.0
pi@erpi ~ $ echo -ne "\x41\x03" > /dev/spidev0.0
```

아두이노의 직렬 콘솔에 다음과 같은 출력이 표시된다.

```
Setup complete
ISR invoked: Received (int)1
End of ISR
Count is now: 1
ISR invoked: Received (int)2
End of ISR
Count is now: 2
ISR invoked: Received (int)3
End of ISR
Count is now: 3
```

이 출력은 데이터 값이 RPi 터미널 셸에서 아두이노 SPI 슬레이브로 전달됨을 보여준다. 이 코드 예제에서는 선행 바이트가 무시된다.

마지막으로, wiringPi 라이브러리를 사용해 아두이노 SPI 슬레이브로 데이터를 보내는 방법을 보여주는 간단한 C 예제 프로그램을 코드 11.12에 실었다.

**코드 11.12** /chp11/spi/spi.c

```
#include <stdio.h>
#include <wiringPiSPI.h>


int main() {
    char data[2] = {0, 99};
    wiringPiSPISetupMode(0, 1000000, 0);
    wiringPiSPIDataRW (0, data, 2) ;
    printf("Transaction complete...\n");
    return 0;
}
```

이 코드는 다음과 같이 RPi에서 빌드해 실행할 수 있다.

```
pi@erpi ~/exploringrpi/chp11/spi $ gcc spi.c -o spi -lwiringPi
pi@erpi ~/exploringrpi/chp11/spi $ ./spi
Transaction complete...
```

실행 결과는 아두이노 직렬 콘솔에 다음과 같이 표시된다.

```
Setup complete
ISR invoked: Received (int)99
End of ISR
Count is now: 1
```

정수값 99는 C 프로그램에서 아두이노 SPI 슬레이브로 성공적으로 전달된다.

## RPi 명령행에서 아두이노 프로그래밍

아두이노는 RPi에 연결된 디스플레이 또는 가상 네트워크 연결(14장 참고)을 통해 아두이노 개발 환경(그림 11.2 참고)을 사용해 직접 프로그래밍할 수 있다. 그러나 셸 터미널에서 아두이노 프로그램을 빌드해 아두이노에 직접 배치할 수 있다면 유용할 것이다. 이 기능을 사용하면 다음과 같은 작업을 수행할 수 있다.

- SSH(보안 셸) 터미널 하나만으로 RPi에 원격 접속해 UART로 RPi에 연결된 아두이노의 동작을 원격으로 변경한다.
- 하루 동안 아두이노의 동작을 동적으로 변경한다. 예컨대 아두이노가 아침에 작업을 하나 수행하고 저녁에 다른 작업을 하나 수행하도록 동적으로 프로그래밍할 수 있다(12장의 cron 작업 참고).

RPi에 연결된 아두이노를 다음과 같이 CLI(명령행 인터페이스)를 사용해 프로그래밍할 수 있다.

1. 먼저 RPi에 아두이노 도구 모음을 설치한다.

```
pi@erpi ~ $ sudo apt install gcc-avr avr-libc avrdude arduino
Reading package lists... Done
```

2. 팀 마스턴(Tim Marston)(www.ed.am/about)이 작성한 make 스크립트를 그의 웹 사이트에서 내려받아 설치할 수 있다.

```
pi@erpi ~ $ mkdir arduino
pi@erpi ~ $ cd arduino/
pi@erpi ~/arduino $ wget http://ed.am/dev/make/arduino-mk/arduino.mk
...
pi@erpi ~/arduino $ ls -l
-rw-r--r-- 1 pi pi 16835 Mar  4  2013 arduino.mk
```

3. 스크립트의 이름을 Makefile로 바꾸고 코드 저장소의 blink.ino 예제를 사용할 수 있다. 온보드 LED가 10Hz로 깜빡인다면 예제가 올바르게 작동한 것이다.

```
pi@erpi ~/arduino $ ln -s arduino.mk Makefile
pi@erpi ~/arduino $ cp ~/exploringrpi/chp11/cli/blink.ino .
pi@erpi ~/arduino $ ls -l
total 24
-rw-r--r-- 1 pi pi 16835 Mar  4  2013 arduino.mk
-rw-r--r-- 1 pi pi   401 Oct  6 01:24 blink.ino
lrwxrwxrwx 1 pi pi    10 Oct  6 01:23 Makefile -> arduino.mk
```

4. 사용 가능한 보드 세트를 확인한다.

```
pi@erpi ~/arduino $ make boards
Available values for BOARD:
uno          Arduino Uno
...
pro5v328     Arduino Pro or Pro Mini (5V, 16MHz) w/ ATmega328
pro5v        Arduino Pro or Pro Mini (5V, 16MHz) w/ ATmega168
pro328       Arduino Pro or Pro Mini (3.3V, 8MHz) w/ ATmega328
pro          Arduino Pro or Pro Mini (3.3V, 8MHz) w/ ATmega168
```

5. 빌드에 대한 환경 변수를 설정한 후 make 명령을 호출한다.

```
pi@erpi ~/arduino $ export BOARD=pro5v
pi@erpi ~/arduino $ export ARDUINODIR=/usr/share/arduino
pi@erpi ~/arduino $ export SERIALDEV=/dev/ttyUSB0
pi@erpi ~/arduino $ make
...
pi@erpi ~/arduino $ ls
arduino.mk  blink.hex  blink.ino  blink.o  Makefile
```

6. 다음과 같이 아두이노에 blink.hex 파일의 아두이노 이진 코드를 업로드할 수 있다.[5]

```
pi@erpi ~/arduino $ make upload
Uploading to board...
stty -F /dev/ttyUSB0 hupcl
/usr/bin/avrdude -DV -p atmega168 -P /dev/ttyUSB0 -c arduino -b 19200 -U flash:w:blink.hex:i
avrdude: AVR device initialized and ready to accept instructions
Reading | ################################################## | 100% 0.01s
avrdude: Device signature = 0x1e9406
avrdude: reading input file "blink.hex"
avrdude: writing flash (1018 bytes):
Writing | ################################################## | 100% 0.69s
avrdude: 1018 bytes of flash written
avrdude: safemode: Fuses OK (E:00, H:00, L:00)
avrdude done. Thank you.
```

make 스크립트에 대한 자세한 내용은 www.ed.am/dev/make/arduino-mk를 참고하라.

5 장치를 프로그래밍 모드로 설정하려면 재설정 버튼을 눌러야 할 수도 있다. RPi GPIO에 연결된 FET를 사용해 아두이노의 리셋 입력(그림 11.1 참고)을 게이트함으로써 이 단계를 자동화할 수 있다.

# 요약

이 장의 목표는 다음과 같다.

- 마스터/슬레이브 통신 프레임워크를 생성하기 위해 UART 직렬 연결을 사용해 RPi를 아두이노에 인터페이스한다.
- $I^2C$ 버스를 사용해 RPi를 아두이노에 연결하고 아두이노에서 값을 읽고 쓰는 레지스터 기반 프레임워크를 사용한다.
- $I^2C$ 레지스터 기반 프레임워크를 활용하는 고속의 실시간 인터페이싱 애플리케이션 예제를 구축한다.
- SPI를 사용해 RPi와 슬레이브 아두이노 간의 간단한 통신 프레임워크를 만든다.
- RPi 명령행 인터페이스를 사용해 아두이노를 프로그래밍한다.

# 03 부

# 고급 인터페이스 및 상호작용

# 12장

# 사물 인터넷 (IoT)

이 장에서는 라즈베리 파이를 IoT(Internet of Things, 사물 인터넷)의 핵심 구성 요소로 사용하는 방법을 설명한다. 네트워크 프로그래밍과 IoT의 개념, 센서를 인터넷에 연결하는 법을 소개한다. 몇 가지 통신 아키텍처에 관해서도 설명한다. 먼저 RPi를 웹 서버로 구성하고 다양한 서버 측 스크립팅 기술을 사용해 센서 데이터를 디스플레이한다. 다음으로 센서 데이터를 MQTT를 통해 인터넷과 씽스피크 및 IBM 블루믹스 IoT 등의 PaaS(Platform as a Service, 서비스로서의 플랫폼) 제공자에게 푸시할 수 있는 맞춤 C/C++ 코드를 설명한다. 마지막으로, 고속 TCP(전송 제어 프로토콜) 소켓 통신을 위한 클라이언트/서버 쌍을 설명한다. 이 장의 뒷부분에서는 분산 RPi 센서를 관리하는 기법과 피지컬 네트워크 관련 주제를 다룬다. RPi가 정적 IP 주소를 갖도록 설정하고, RPi와 함께 PoE(Power over Ethernet)를 사용한다. 이 장의 끝에서는 풀스택(full-stack) IoT 장비를 구축할 수 있게 될 것이다.

**이 장에 필요한 준비물:**

- 라즈베리 파이(인터넷에 연결되는 어떤 모델이든 가능)
- 센서: 온도 센서(선택)

이 장에 대한 자세한 내용은 `www.exploringrpi.com/chapter12/`를 참고한다.

## 사물 인터넷 개요

분산된 임베디드 디바이스의 연결을 통해 웹과 인터넷이 물리적 영역으로 확장되는 것을 일컬어 IoT 혹은 *CPS*(사이버 피지컬 시스템)라고 한다. 지금까지의 인터넷은 주로 사람들을 대상으로 했지만, 물리적 센서와 액추에이터를 인터넷에 연결해 완전히 새로운 범위의 애플리케이션과 서비스가 가능할 것으로 보는 것이 IoT의 관점이라고 할 수 있다. 예컨대 가정에 설치된 센서가 서로 통신할 수 있고 인터넷과 통신할 수 있다면 그 센서가 작동하는 방식이 "스마트"해질 것이다. 가정용 난방 시스템이 일기 예보를 받아볼 수 있다면 좀 더 효율적으로 쾌적한 환경을 조성할 수 있을 것이다. 스마트 홈의 IoT 디바이스를 사용할 때 그 작업을 자동화하는 것이 보안 관리, 에너지의 효율성, 접근성과 편의성 측면에서 유리하다. IoT는 또한 에너지 관리, 의료, 운송 및 물류와 같은 많은 대규모 산업에도 광범위하게 적용된다.

10장에서 물리적 환경과의 상호작용에 대해 자세히 다뤘다. IoT와 CPS라는 용어는 상호교환적으로 사용된다. CPS라는 용어는 스마트 제조 등의 특정 산업에서 선호하는 것으로, 액추에이터와 같이 인터넷에 연결된 디바이스로 실제 세계를 조작할 수 있는 경우 디바이스를 종종 CPS라고 부른다. CPS를 웹 센서 및 대규모 통신 프레임워크와 결합해 형성되는 IoT의 구성 요소로 보는 것도 틀린 것은 아니다.

이 장에서는 IoT 또는 CPS를 구현하는 데 사용할 수 있는 여러 소프트웨어 통신 아키텍처의 구현에 관해 설명한다. 이 장에서 구현한 다양한 통신 아키텍처를 그림 12.1에 요약했다.

각 아키텍처는 서로 다른 구조를 가지며 각기 다른 통신 애플리케이션에 적용할 수 있다.

1. **RPi 웹 서버:** 센서에 연결돼 있고 웹 서버를 실행하는 RPi를 사용해 웹 브라우저에서 요청한 경우 정보를 웹에 표시할 수 있다. 통신은 HTTP(하이퍼텍스트 전송 프로토콜)를 사용해 수행된다.
2. **RPi 웹 클라이언트:** RPi는 HTTP 요청을 사용해 웹 서버와의 통신을 시작해 데이터를 송수신할 수 있다. TCP 소켓을 사용해 HTTP를 통해 통신하거나 필요한 경우 HTTPS(보안 HTTP)를 통해 통신할 수 있는 기본 웹 브라우저를 작성하는 C/C++ 프로그램이 작성된다.
3. **RPi TCP 클라이언트/서버:** 사용자 정의 통신 프로토콜로 고속으로 상호 통신할 수 있는 사용자 정의 C++ 클라이언트 및 서버가 제공된다.
4. **PaaS를 사용하는 RPi 웹 센서:** RPi가 HTTP 및 MQTT를 사용해 씽스피크 및 IBM 블루믹스 IoT와 같은 웹 서비스에 데이터를 보내고 데이터를 수신할 수 있도록 코드를 작성했다. 이 코드를 사용하면 원격 서버에서 데이터를 상호 교환하고 저장할 수 있는 대형 센서 배열을 만들 수 있다. 또한 저장된 데이터를 시각화하는 데 이러한 웹 서비스를 사용할 수 있다.

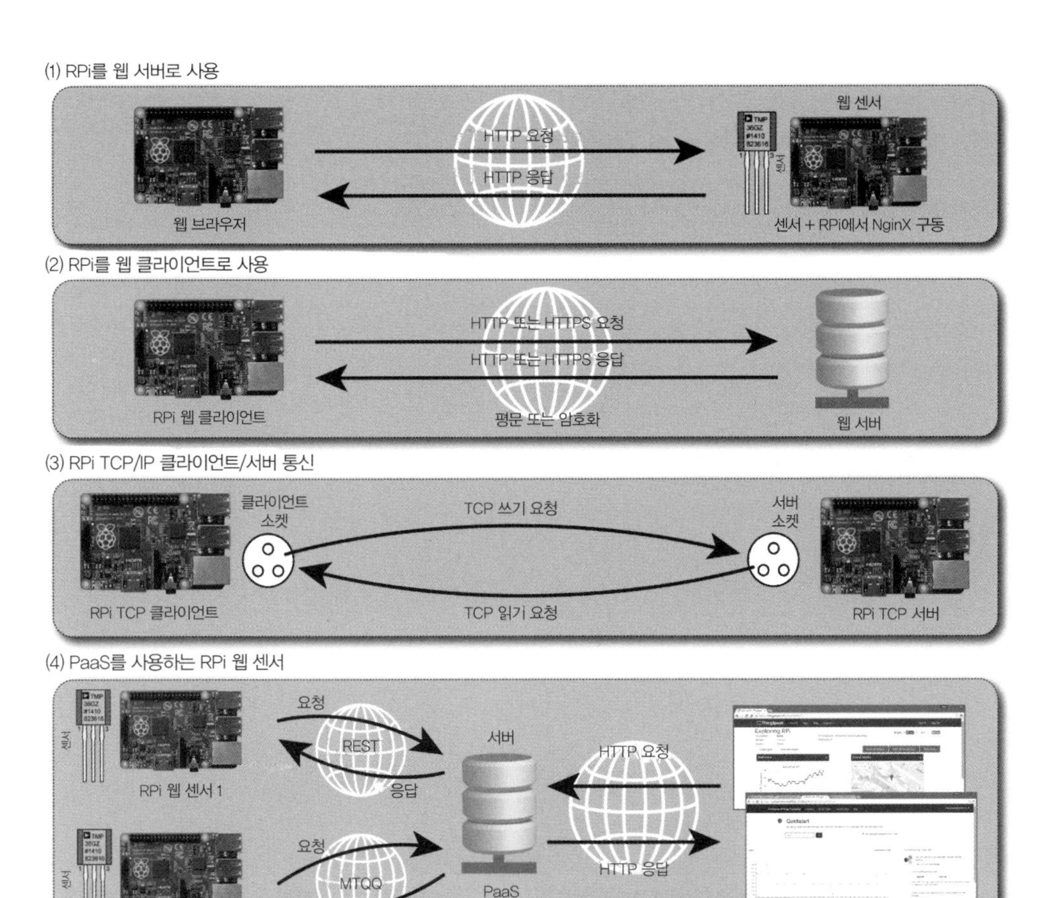


**그림 12.1** 이 장에서 구현한 다양한 소프트웨어 통신 아키텍처

이러한 통신 아키텍처를 검토하기 전에 인터넷에 연결해야 하며 이 책의 앞부분에서 소개한 센서나 RPi 자체를 사용할 수 있어야 한다.

## IoT 센서로서의 RPi

이 책에는 *사물*을 만드는 데 사용할 수 있는 센서 및 액추에이터 예제가 있다. 예를 들어 RPi는 TMP36 온도 센서(9장 참고) 또는 DHT 온도 및 습도 센서(6장 참고)를 부착해 *사물*의 역할을 할 수 있다. 그러나 이 장에서는 구현을 간단하게 하기 위해 RPi에 장착된 CPU 온도 센서를 IoT 센서처럼 사용한다.

다음과 같이 현재 RPi CPU 온도 및 GPU 온도를 읽을 수 있다.

```
pi@erpi ~ $ cat /sys/class/thermal/thermal_zone0/temp
35780
pi@erpi ~ $ /opt/vc/bin/vcgencmd measure_temp
temp=35.2'C
```

CPU 온도 값은 부동 소수점 값에 1000을 곱해 정수값으로 반환되며, 위의 값은 실제로 35.78℃(96.4℉)다. 필요하다면 리눅스 셸 프롬프트에서 awk 명령을 사용해 이 값의 형식을 직접 지정할 수 있다.

```
pi@erpi ~ $ awk '{printf("CPU temperature: %2.2f Celsius\n", $1/1000)}' →
/sys/class/thermal/thermal_zone0/temp
CPU temperature: 35.78 Celsius
```

RPi의 CPU 온도 센서용 리눅스 디바이스 드라이버에는 중요한 과열 상태를 감지할 수 있는 트립 포인트도 포함된다. 다음과 같이 디바이스의 속성을 볼 수 있다.

```
pi@erpi ~ $ cd /sys/class/thermal/thermal_zone0
pi@erpi /sys/class/thermal/thermal_zone0 $ ls
mode     policy    temp              trip_point_0_type  uevent
passive subsystem trip_point_0_temp type
pi@erpi /sys/class/thermal/thermal_zone0 $ cat trip_point_0_type
hot
pi@erpi /sys/class/thermal/thermal_zone0 $ cat trip_point_0_temp
85000
```

대부분의 최신 마이크로프로세서에서는 온도가 지나치게 높아지면 CPU 주파수가 자동으로 낮아지므로 정상 작동 조건에서 이 점에 도달하는 것은 거의 없다.

### 저렴한 RPI CPU 히트 싱크는 쓸 만한가?

RPi 용의 저렴한 CPU 방열판이 많이 있으며, 브랜드가 없는 열접착 수지를 사용하는 것이 많다. 고품질의 3M 접착제를 사용하는 그림 12.2(a)와 같은 히트 싱크를 추가할 때의 이점을 평가하기 위한 테스트를 수행했다. 테스트에는 짧은 스크립트가 사용된다(gnuplot 스크립트도 같은 디렉터리에 제공된다).

```
pi@erpi ~/exploringrpi/chp12/thermal $ more record_temp.sh
#!/bin/bash
TEMPERATURE="/sys/class/thermal/thermal_zone0/temp"
COUNT=0
echo "#Temperature Recordings" > data
```

```
# bash while loop
while [ $COUNT -lt 40 ]; do
    echo $COUNT " " `cat $TEMPERATURE` >> data
    let COUNT=COUNT+1
    sleep 10
done
```

이 테스트는 약 24℃(75℉)의 실온에서 수행됐으며 1GHz로 오버클럭된 RPi 2를 사용했다(성능 조정기 사용). 5장의 소프트웨어 성능 테스트를 실행해 /chp05/performance/run 스크립트를 사용해 단일 CPU에 부하를 줬다. 온도 센서 판독 값은 400초 이상 캡처돼 그림 12.2(b)에 표시된다. 히트 싱크가 RPi 2의 부하에 관계없이 CPU 온도를 약 2℃ 낮추는 것은 분명하다. 열 트립 포인트는 85℃이므로 히트 싱크를 붙이는 것은 거의 가치가 없다. 그러나 RPi를 케이스에 넣으면 이 온도가 급격히 상승한다. 예를 들어 그림 1-10(a)의 케이스 구성(방열판 포함)은 부하가 걸리지 않은 CPU 온도를 40℃까지 상승시킨다. 케이스에 바람이 잘 통하는 것이 방열판보다 더 중요하다!

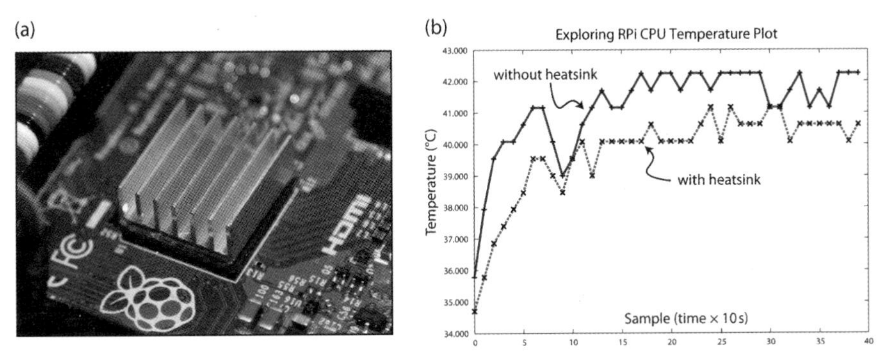


**그림 12.2** (a) 저가형 방열판 (b) CPU 부하 테스트 시 방열판이 있는 경우와 없는 경우의 온도 그래프

## 센서 웹 서버로서의 RPi

폭넓은 오픈소스 소프트웨어를 사용할 수 있다는 것은 기존의 임베디드 시스템에 비해 임베디드 리눅스 디바이스가 갖는 상당한 장점이다. 이 절에서는 RPi에 웹 서버를 설치하고 구성할 텐데, 다른 임베디드 플랫폼과 비교했을 때 절차가 단순하다. 사실 리눅스 웹 서버로 무엇을 사용할지 선택하는 것이 더 어렵다! 오버헤드가 낮은 서버로 Lighttpd, Boa, Monkey, Nginx가 있으며 Apache 서버와 같이 모든 기능을 갖춘 웹 서버도 인기가 높다.

엔진엑스 웹 서버는 오버헤드가 적은 경량 서버로 RPi에서 실행하기에 적합하다. RPi에서 웹 서버를 실행하면 다음과 같이 다양하게 응용할 수 있다.

- 사람들에게 일반적인 웹 콘텐츠를 제공한다.
- 센서를 통합해 그 값을 세계에 표시한다.
- 센서를 통합해 디바이스 간에 상호 통신하는 데 사용한다.
- RPi에서 실행 중인 도구에 웹 기반 인터페이스를 제공한다.

## 엔진엑스(Nginx)

Raspbian 배포판에서 엔진엑스 서버를 사용할 수 있다. 다음과 같이 설치한다.

```
pi@erpi ~ $ sudo apt update
pi@erpi ~ $ sudo apt install nginx
pi@erpi ~ $ sudo reboot
```

참고

일부 RPi 엔진엑스 버전에서는 /etc/nginx/sitesavailable/default 구성 파일에서 "listen [::]:80 default_server;" 항목 앞에 # 문자를 붙여 주석 처리해야 한다. 또한 RPi에 Apache가 설치돼 있다면 엔진엑스를 설치하기 전에 sudo service apache2 stop 등의 명령을 사용해 중지시켜야 한다.

엔진엑스 웹 서버는 기본적으로 포트 번호 80에서 실행된다. *포트 번호*는 IP 주소와 결합해 통신 세션의 종단을 제공할 수 있는 식별자다. 이는 클라이언트에서 필요한 소프트웨어 서비스를 식별하는 데 효과적으로 사용된다. 네트워크 통계를 제공하는 netstat 명령을 사용하면 RPi의 IP 주소를 알 수 있고 포트를 사용(listen)하는 서비스 목록을 찾을 수 있다.

```
pi@erpi ~ $ hostname -I
192.168.1.116
pi@erpi ~ $ sudo netstat -tlpn
Active Internet connections (only servers)
Proto Recv-Q Send-Q Local Address Foreign Addr  State   PID/Program name
tcp    0      0      0.0.0.0:80    0.0.0.0:*     LISTEN  2299/nginx
tcp    0      0      0.0.0.0:22    0.0.0.0:*     LISTEN  2253/sshd
```

포트 80에 대한 네트워크 요청이 수신되면 엔진엑스 웹 서버 애플리케이션으로 전달된다. 보안되지 않은 웹 트래픽의 일반적인 포트 번호는 80번으로, 웹 브라우저에 URL을 입력할 때 해당 포트를 사용하는 것으로 가정한다. 또한 포트 22에 대한 트래픽이 SSH(보안 셸) 서버로 전달됨을 알 수 있다. 다음을 사용해 엔진엑스 서버의 구성을 테스트할 수 있다.

```
pi@erpi ~ $ sudo nginx -t
nginx: the configuration file /etc/nginx/nginx.conf syntax is ok
nginx: configuration file /etc/nginx/nginx.conf test is successful
```

다음과 같이 웹 서버의 구성 변경에 대한 정보를 확인하고 웹 서버를 재시작할 수 있다.

```
pi@erpi ~ $ sudo service nginx configtest
[ ok ] Testing nginx configuration:.
pi@erpi ~ $ sudo service nginx restart
[ ok ] Restarting nginx: nginx.
```

이러한 테스트는 구성상의 문제를 알아내는 데 유용하다.

### 엔진엑스 웹 서버 구성하기

엔진엑스는 /etc/nginx/에 있는 파일을 사용해 구성할 수 있으며 주요 구성 파일은 다음과 같다.

- nginx.conf는 서버의 주 구성 파일이다.
- 모든 가상 사이트의 구성 파일은 sites-available 디렉터리에 있고 sites-available 디렉터리의 구성 파일에 대한 심볼릭 링크를 sites-enabled 디렉터리에 둠으로써 사이트를 활성화한다. 대부분의 구성 변경은 sites-available 디렉터리의 기본 파일 항목에서 수행한다.

구성 파일 외에도 모듈을 사용해 엔진엑스의 기능을 더 확장할 수 있다(예: Python 지원 제공). 엔진엑스의 컴파일된 현재 모듈을 다음과 같이 확인할 수 있다.

```
pi@erpi ~ $ nginx -V
nginx version: nginx/1.6.2
TLS SNI support enabled ...
```

### 웹페이지 및 웹 스크립트 만들기

다음과 같이 nano 편집기와 몇 가지 기본적인 HTML 구문을 사용해 RPi 웹 서버를 위한 간단한 웹페이지를 만들 수 있다.

```
pi@erpi /var/www/html $ sudo nano index.html
pi@erpi /var/www/html $ more index.html
<HTML><TITLE>RPi First Web Page</TITLE>
<BODY><H1>RPi First Page</H1>
The Raspberry Pi test web page.
</BODY></HTML>
```

이제 웹 브라우저를 사용해 RPi의 웹 서버에 연결하면 그림 12.3과 같은 출력이 표시된다. RPi의 로컬 IP 주소 또는 Zeroconf 이름(예: raspberrypi.local)을 사용할 수 있다.

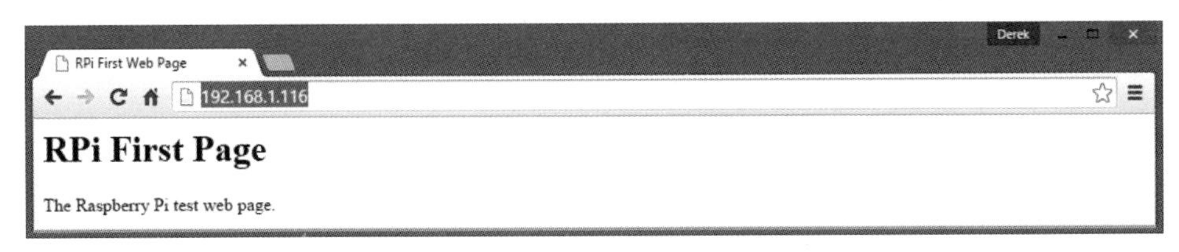


그림 12.3 엔진엑스 서버의 첫 번째 웹페이지

웹페이지는 정적 웹 콘텐츠의 표현에 적합하며, KompoZer, CoffeeCup, Notepad++와 같은 편집기를 사용해 개인 웹 서버에 대한 HTML 콘텐츠를 신속하게 만들 수 있다. 그런 다음 가정용 라우터의 포트 포워딩 기능과 동적 DNS 서비스를 사용해 정적 웹 콘텐츠를 세계와 공유할 수 있다.

RPi로 센서 데이터를 읽거나 모터를 작동시키는 것과 같이 물리적 환경과 인터페이스하도록 더 발전된 동적 웹 콘텐츠를 개발할 수도 있다. 이것을 하는 데는 CGI(공통 게이트웨이 인터페이스) 스크립트를 사용하는 것이 비교적 간편한 방법이다. 아파치와 달리 엔진엑스는 간단한 CGI 스크립트를 기본으로 지원하지 않으며 다음과 같은 단계에 따라 설치할 수 있다.

1. fcgiwrap 및 샘플 구성 파일을 설치한다.

```
pi@erpi ~ $ sudo apt install fcgiwrap
pi@erpi ~ $ sudo cp /usr/share/doc/fcgiwrap/examples/nginx.conf →
/etc/nginx/fcgiwrap.conf
pi@erpi ~ $ cd /etc/nginx/sites-available
pi@erpi /etc/nginx/sites-available $ sudo nano default
```

2. 엔진엑스 의 default 파일에 다음의 강조 표시된 행을 추가한다(세미콜론을 사용해 행을 구분한다).

```
server {
    listen 80 default_server;
    include /etc/nginx/fcgiwrap.conf;
...
```

3. 다음으로 웹 서버를 다시 시작한다(오류가 발생하면 sudo nginx -t를 사용한다).

```
pi@erpi /etc/nginx/sites-available $ sudo service nginx configtest
[ ok ] Testing nginx configuration:.
pi@erpi /etc/nginx/sites-available $ sudo service nginx restart
[ ok ] Restarting nginx: nginx.
```

4. /etc/nginx/fcgiwrap.conf 파일은 CGI 루트를 /usr/lib/cgi-bin/의 기본 디렉터리 위치에 저장한다. 해당 위치에서 간단한 스크립트를 만들 수 있다(/chp12/cgi-bin/test.cgi 참고).

```
pi@erpi ~/exploringrpi/chp12/cgi-bin $ sudo mkdir /usr/lib/cgi-bin/
pi@erpi ~/exploringrpi/chp12/cgi-bin $ sudo cp test.cgi /usr/lib/cgi-bin/
pi@erpi ~/exploringrpi/chp12/cgi-bin $ cd /usr/lib/cgi-bin/
pi@erpi /usr/lib/cgi-bin $ more test.cgi
#!/bin/bash
echo "Content-type: text/html"
echo ""
echo '<html><head>'
echo '<meta charset="UTF-8">'
echo '<title>Hello Raspberry Pi</title></head>'
echo '<body><h1>Hello Raspberry Pi</h1><para>'
hostname
echo ' has been up '
uptime
echo '</para></html>'
```

5. 다음과 같이 스크립트를 실행 가능하게 만들고 테스트한다.

```
pi@erpi /usr/lib/cgi-bin $ sudo chmod a+x test.cgi
pi@erpi /usr/lib/cgi-bin $ ./test.cgi
Content-type: text/html

<html><head>
<meta charset="UTF-8">
<title>Hello Raspberry Pi</title></head>
<body><h1>Hello Raspberry Pi</h1><para>
erpi
 has been up
 05:51:30 up  2:30,  2 users,  load average: 0.00, 0.01, 0.05
</para></html>
```

이 스크립트는 다소 번잡하지만, hostname 및 uptime 등의 시스템 명령을 직접 호출하기가 매우 쉽다는 것을 알 수 있다. 터미널 창에서 스크립트를 테스트하면 출력 결과가 HTML 소스 코드로 표시되지만, 웹 브라우저를 사용하면 그림 12.4와 같이 HTML이 올바로 렌더링될 것이다.

그림 12.4 간단한 CGI 스크립트 예제

리눅스 시스템 명령어를 호출할 뿐만 아니라 C/C++로 작성된 프로그램을 실행할 수도 있다. 이 기능을 입증하기 위해 그림 6.19의 AM2301/2302(DHT) 단선 센서 회로를 RPi에 연결할 수 있다. 코드 6.14의 dht.cpp 프로그램을 이 장에 맞게 조정해 실행하면 HTML 형식의 온도 및 습도 값만 출력한다.

```
pi@erpi ~/exploringrpi/chp12/dht $ sudo ./dht
<div><h3>The temperature is 25.1 ° C</h3></div>
<div><h3>The humidity is 42.3%</h3></div>
```

그런 다음 이 새로운 dht 바이너리 실행 파일을 /usr/local/bin 디렉터리에 복사함으로써 RPi에 "영구적으로" 설치한다.

```
pi@erpi ~/exploringrpi/chp12/dht $ sudo cp dht /usr/local/bin
pi@erpi ~/exploringrpi/chp12/dht $ cd /usr/local/bin/
pi@erpi /usr/local/bin $ sudo chown root:root dht
pi@erpi /usr/local/bin $ sudo chmod ugo+s dht
pi@erpi /usr/local/bin $ ls -l dht
-rwsr-sr-x 1 root root 9360 Oct 11 15:36 dht
```

CGI 스크립트는 다음과 같이 온도 값을 센서에서 직접 출력하도록 수정할 수 있다(chp12/cgi-bin/temperature.cgi 참고).

```
pi@erpi /usr/lib/cgi-bin $ more temperature.cgi
#!/bin/bash
echo "Content-type: text/html"
echo ""
echo '<html><head>'
echo '<meta charset="UTF-8">'
```

```
echo '<title>Pi Weather Sensor</title></head>'
echo '<body><h1>Pi Weather Sensor</h1><para>'
/usr/local/bin/dht
echo '</para></html>'
```

이 스크립트의 결과는 그림 12.5와 같다. CGI 스크립트에 문제가 있을 경우 진단에 도움이 되는 엔진엑스 로그 파일은 /var/log/nginx/에 저장된다.

그림 12.5 날씨 센서 웹페이지

경고

CGI 스크립트는 폼 필드를 사용해 웹에서 데이터를 받아들이도록 구성할 수 있다. 이렇게 하려면 크로스 사이트 스크립팅 피해를 방지하기 위해 입력을 걸러야 한다. 특히 폼 필드의 입력에서 <>&*?./ 문자를 제외해야 한다.

## RPi에서의 PHP

CGI 스크립트는 앞의 절에서 사용한 짧은 스크립트에서 매우 잘 작동하며 가볍고 편집하기도 쉽다. 그러나 보안상 문제가 있으며(예: URL 조작을 통한 공격) 확장(예: 데이터베이스 사용)이 쉽지 않다. 한 가지 대안은 서버 측 스크립팅 언어인 PHP를 사용하는 것이다. PHP는 HTML 페이지 내에서 직접 작성할 수 있는 C와 유사한 구문을 사용하는 비교적 가벼운 오픈소스 스크립팅 언어다. 그것은 다음과 같이 엔진엑스 내에 설치할 수 있다.

```
pi@erpi ~ $ sudo apt install php5-common php5-cli php5-fpm
```

또한 default 사이트 구성 파일(/etc/nginx/sites-available/에 있음)에 다음과 같은 내용을 추가해야 한다.

```
location ~ \.php$ {
    fastcgi_pass unix:/var/run/php5-fpm.sock;
    fastcgi_index index.php;
    include fastcgi_params;
    fastcgi_param SCRIPT_FILENAME $document_root/$fastcgi_script_name;
}
```

다음으로 서버를 재시작한다.

```
pi@erpi /etc/nginx/sites-available $ sudo service nginx configtest
[ ok ] Testing nginx configuration:.
pi@erpi /etc/nginx/sites-available $ sudo service nginx restart
[ ok ] Restarting nginx: nginx.
```

다음으로 PHP 프로그램을 코드 12.1과 같이 작성하고 /var/www/html/ 디렉터리에 배치한다. CGI 스크립트와 마찬가지로 dht 프로그램을 실행해 DHT 센서와 인터페이스해서 그림 12.6의 결과를 얻었다(chp12/php/hello.php 참고).

**코드 12.1** /var/www/html/hello.php

```
<?php $temperature = shell_exec('/usr/local/bin/dht'); ?>
<?php $cpu_temp = (float)
          file_get_contents('/sys/class/thermal/thermal_zone0/temp'); ?>
<html><head><title>RPi PHP Test</title></head>
  <body>
  <h1>Hello from the Raspberry Pi</h1>
  <div>Your IP address is: <?php echo $_SERVER['REMOTE_ADDR']; ?></div>
  <div><?php echo $temperature ?></div>
  <div><h3>The CPU temperature is: <?php echo $cpu_temp/1000 ?>°C</h3></div>
  </body>
</html>
```

참고

nano를 사용해 기호를 입력하려면 Ctrl-Shift-u를 누른 뒤에 유니코드 값을 입력하고 엔터 키를 누르면 된다. 각도를 나타내는 기호(°)에 해당하는 유니코드 값은 00b0이며, 00a9=©, 00b1=±, 00b5=µ, 00d7=×, 00f7=÷이다.

그림 12.6 PHP 웹 기반 날씨 센서

## GNU Cgicc 애플리케이션(고급)

CGI(공통 게이트웨이 인터페이스)를 사용하면 웹 브라우저가 HTTP POST 또는 GET 요청을 사용해 환경 및 애플리케이션 정보를 스크립트/프로그램에 전달할 수 있다. 트랜잭션의 유일한 역할은 서버가 보낸 입력을 파싱해 적합한 HTML 출력 응답을 구성하는 것이기 때문에 CGI 애플리케이션을 만드는 데는 거의 모든 프로그래밍 언어를 사용할 수 있다.

GNU Cgicc는 CGI 애플리케이션을 작성하기 위한 C++ 라이브러리다. 그것은 강력하며 HTML 폼 기반 인터페이스를 사용해 인터넷을 통해 RPi와 상호작용할 수 있는 애플리케이션을 만드는 프로세스를 매우 단순화해준다. 이런 방식은 1990년대에 널리 사용됐으니 임베디드 시스템 웹 서버가 웹 브라우저 클라이언트와 상호작용하는 문제를 해결한다는 게 고리타분하게 느껴질 수도 있다. 자바 서블릿, Node.js, Dart, PHP와 같은 유용한 대안도 있지만, 이 방법에는 다음과 같은 장점이 있다.

- 코드를 인터프리트하는 것이 아니라 컴파일하므로 RPi에 부하가 적다.
- 시스템 호출에 직접 접근할 수 있다.
- wiringPi와 같은 코드 라이브러리를 사용해 하드웨어와 쉽게 인터페이스할 수 있다.

단점으로는 초보 프로그래머에게 적합하지 않으며 출력 형식 구문이 길고 세션 관리가 복잡하다는 것을 들 수 있다. 그렇더라도 구글과 아마존을 포함한 몇몇 대규모 웹 애플리케이션은 성능이 중요한 시스템에 대해 서버에 C++을 사용한다는 점을 지적하지 않을 수 없다. RPi는 고성능 서버가 아니므로 구현이 다소 복잡해지더라도 성능 최적화를 하는 것이 좋다.

Cgicc는 다음과 같이 내려받아 설치할 수 있다.

```
pi@erpi ~ $ mkdir cgicc
pi@erpi ~ $ cd cgicc
pi@erpi ~/cgicc $ wget ftp://ftp.gnu.org/gnu/cgicc/cgicc-3.2.16.tar.gz
pi@erpi ~/cgicc $ tar xvf cgicc-3.2.16.tar.gz
pi@erpi ~/cgicc $ cd cgicc-3.2.16/
pi@erpi ~/cgicc/cgicc-3.2.16 $ ./configure --prefix=/usr
pi@erpi ~/cgicc/cgicc-3.2.16 $ make
pi@erpi ~/cgicc/cgicc-3.2.16 $ sudo make install
pi@erpi ~/cgicc/cgicc-3.2.16 $ ls /usr/lib/libcgi*
/usr/lib/libcgicc.a   /usr/lib/libcgicc.so    /usr/lib/libcgicc.so.3.2.10
/usr/lib/libcgicc.la  /usr/lib/libcgicc.so.3
```

예제 애플리케이션은 Cgicc를 사용해 RPi의 GPIO에 연결된 LED를 제어하는 것이다. 그림 6.2의 회로를 사용하면 LED를 RPi의 GPIO 17에 연결할 수 있으며, 웹 인터페이스만 개발하면 그림 12.7과 같이 웹 브라우저만 사용해 LED를 제어할 수 있다. 인터페이스를 세계 어느 곳에서나 사용할 수 있는 것이다!

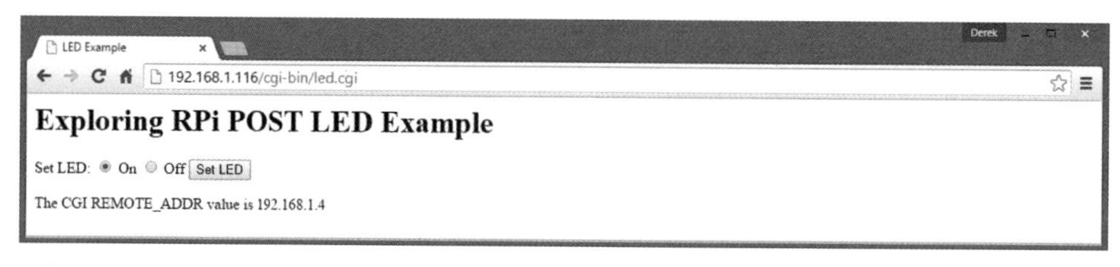


그림 12.7 LED Cgicc 폼 POST의 예

폼 POST 예제를 코드 12.2에 실었다. 폼에는 체크 박스, 라디오 버튼, 버튼, 텍스트 필드 등의 요소를 포함할 수 있다. 이 코드는 그림 12.7에서 HTML 웹 폼을 동적으로 생성하고 적절한 무선 구성 요소를 선택해 LED의 현재 상태를 표시하도록 페이지 출력을 갱신한다.

이 코드는 `HTTPHTMLHeader()`, `html()`, `body()`와 같은 Cgicc 함수를 사용해 출력용 HTML 내용을 생성한다. 또한 이 예제는 HTML 폼 내에서 라디오 버튼과 상호작용하는 방법을 보여준다. 이전에 제출된 폼 데이터를 새 출력으로 전달해야 하므로 프로그램 코드 시작 부분에서 폼 데이터를 파싱하는 것이 중요하다. 이 폼을 처음 요청할 때는 보여줄 데이터가 없으므로 프로그램을 시작할 때 코드가 기본값을 할당하도록 해야 한다(예: `cmd="off"`). 이 작업을 수행하지 않으면 프로그램에서 세그멘테이션 결함이 일어난다. 이 시점부터는 폼의 출력이 상태 값을 유지해야 하므로 이러한 값이 HTML 생성 코드에 표시된다.

**코드 12.2** /chp12/cgicc/led.cpp

```
#include <iostream>          // 입출력을 위해
#include <stdlib.h>          // getenv 호출을 위해
#include <sys/sysinfo.h>     // 시스템 uptime을 호출하기 위해
#include <cgicc/Cgicc.h>     // Cgicc 헤더
#include <cgicc/CgiDefs.h>
#include <cgicc/HTTPHTMLHeader.h>
#include <cgicc/HTMLClasses.h>
#include <wiringPi.h>
#define LED_GPIO 17
using namespace std;
using namespace cgicc;

int main(){
```

```
    Cgicc form;                       // CGI 폼 객체
    wiringPiSetupGpio();              // wiringPi를 사용. 6장 참고
    pinMode(LED_GPIO, OUTPUT);        // GPIO17을 출력으로 사용
    string cmd;                       // Set LED 명령

    // 제출된 폼으로부터 상태를 얻음 - 스크립트가 자신을 호출
    bool isStatus = form.queryCheckbox("status");
    form_iterator it = form.getElement("cmd");          // radio 명령
    if (it == form.getElements().end() || it->getValue()==""){
        cmd = "off";                  // 유효한 값이 아니면 "off"를 사용
    }
    else { cmd = it->getValue(); }   // 유효한 값이면 사용
    char *value = getenv("REMOTE_ADDR");                // 원격 IP 주소

    // 폼을 생성하되 제출된 폼에 설정된 상태를 사용
    cout << HTTPHTMLHeader() << endl;                   // HTML 폼을 생성
    cout << html() << head() << title("LED Example") << head() << endl;
    cout << body() << h1("Exploring RPi POST LED Example") << endl;;
    cout << "<form action=\"/cgi-bin/led.cgi\" method=\"POST\">\n";
    cout << "<div>Set LED: <input type=\"radio\" name=\"cmd\" value=\"on\""
    << ( cmd=="on" ? "checked":"") << "/> On ";
    cout << "<input type=\"radio\" name=\"cmd\" value=\"off\""
    << ( cmd=="off" ? "checked":"") << "/> Off ";
    cout << "<input type=\"submit\" value=\"Set LED\" />";
    cout << "</div></form>";

    // LED 상태를 변경하기 위해 폼의 데이터를 처리
    if (cmd=="on") digitalWrite(LED_GPIO, HIGH);          // 켜기
    else if (cmd=="off") digitalWrite(LED_GPIO, LOW);     // 끄기
    else cout << "<div> Invalid command! </div>";         // 불가능
    cout << "<div> The CGI REMOTE_ADDR value is " << value << "</div>";
    cout << body() << html();
    return 0;
}
```

다음과 같이 이 애플리케이션을 빌드해 배포할 수 있다.

```
pi@erpi .../chp12/cgicc $ g++ led.cpp -o led.cgi -lcgicc -lwiringPi
pi@erpi .../chp12/cgicc $ sudo cp led.cgi /usr/lib/cgi-bin/
pi@erpi .../chp12/cgicc $ sudo chmod +s /usr/lib/cgi-bin/led.cgi
```

6장의 끝에서 설명했듯이 wiringPi를 사용해 GPIO를 제어하는 프로그램의 setuid 비트를 활성화해야 한다.

이 예제는 RPi에서 CGI 및 C++를 사용해 수행할 수 있는 작업의 겉핥기라고 볼 수 있다. 복잡한 애플리케이션의 경우 다른 프레임워크를 검사하는 것이 더 좋지만, 간단한 고성능 웹 인터페이스의 경우 GNU Cgicc 라이브러리가 완벽하게 적절한 솔루션을 제공한다.

이 예제에서 중요한 제한 사항이 있음을 알아두는 것이 중요하다. 이것은 단일 세션 솔루션으로, 만약 두 사용자가 동시에 `led.cgi` 스크립트에 접근하면 LED가 일관성 있게 표시되지 않을 것이다. 복잡한 애플리케이션에서는 세션 관리가 매우 중요하다.

Cgicc 라이브러리에 대한 자세한 내용은 `tiny.cc/erpi1201`에 있는 GNU Cgicc 라이브러리 문서를 참고하라. 클래스 목록을 살펴보면 이 라이브러리가 쿠키와 파일 전송 외에도 많은 일을 처리할 수 있음을 알 수 있을 것이다.

### LAMP와 MEAN

웹 서버 외에도 MySQL과 같은 데이터베이스를 RPi에 설치해 LAMP(리눅스, Apache 또는 Nginx, MySQL, PHP) 서버를 구성할 수 있다. 이를 통해 WordPress 또는 Drupal과 같은 CMS(콘텐츠 관리 시스템)를 추가로 설치해 하드웨어 상호작용을 포함하는 고급 웹 콘텐츠를 만들 수 있다.

MEAN은 MongoDB, Express, AngularJS, Node.js로 구성된 웹 애플리케이션 개발을 위한 풀 스택 JavaScript 프레임워크다. 말하자면 MEAN은 LAMP의 현대판이다. MEAN은 RPi에 배포할 수 있을 정도로 가벼우면서도 애플리케이션 개발을 위한 전체 프레임워크를 제공한다. 완전한 MEAN 프레임워크 용 소프트웨어의 개발은 여기에서 설명하기에는 범위가 너무 넓으므로 여기서는 Express를 사용하는 간단한 Node.js 예제를 소개한다.

Node.js에 관해서는 5장에서 소개했으며 Express(`expressjs.com`)는 Node.js를 위한 빠르고 단순한 웹 프레임워크로, 기능이 풍부한 웹 애플리케이션을 작성하는 데 사용할 수 있다. 다음과 같이 Express를 설치하되, 설치 전에 Node.js가 최신 버전인지 반드시 확인해야 한다.

```
pi@erpi:~ $ sudo su
root@erpi:/home/pi# curl -sL https://deb.nodesource.com/setup_5.x | bash -
root@erpi:/home/pi# apt install -y nodejs
root@erpi:/home/pi# exit
exit
pi@erpi:~ $ node -v
v5.9.0
pi@erpi ~ $ mkdir express
pi@erpi ~ $ cd express/
pi@erpi ~/express $ sudo npm install express --save
```

```
pi@erpi ~/express $ cp ~/exploringrpi/chp12/express/* .
pi@erpi ~/express $ ls -l
total 8
-rw-r--r-- 1 pi pi  322 Oct 14 03:31 hello.js
drwxr-xr-x 3 pi pi 4096 Oct 14 03:21 node_modules
pi@erpi ~/express $ more hello.js
var express = require('express');
var app = express();

app.get('/', function (req, res) {
    res.send('Hello from the RPi!');
});

var server = app.listen(5050, function () {
    var host = server.address().address;
    var port = server.address().port;
    console.log('Application listening at http://%s:%s', host, port);
});
```

Node.js 코드는 포트 5050에서 연결을 수신하는 Express 서버를 생성한다. 그림 12.8에서 설명한 것처럼 웹 브라우저를 사용해 서버에 연결할 수 있다.

```
pi@erpi:~/express $ node hello.js
Application listening at http://:::5050
```

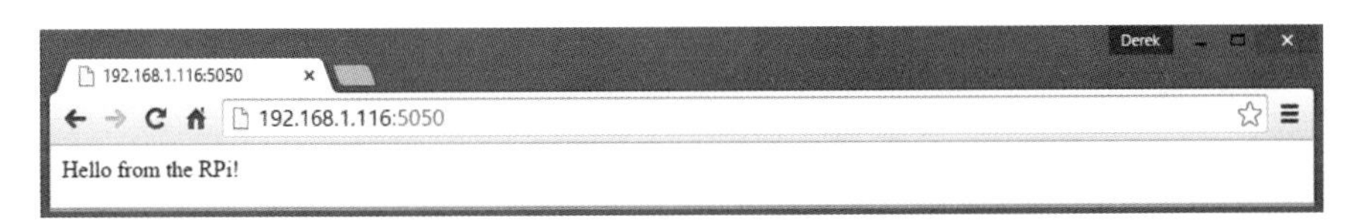


그림 12.8 Express hello world 예제

이 프레임워크의 힘을 제대로 알기 위해서는 express-generator, AngularJS, MongoDB에 관해 조사해 볼 필요가 있다. 자세한 정보는 www.mean.io를 참고하라.

## C/C++ 웹 클라이언트

RPi에 웹 서버를 설치하면 간단하고 직관적인 방식으로 정보를 클라이언트 웹 브라우저 애플리케이션에 제공할 수 있다. 클라이언트와 서버를 구별하는 것은 상호 연결된 디바이스의 하드웨어의 성능과는 아무 관련이 없다는 것을 이해하는 것이 중요하다. 오히려 특정 시점에서 각 디바이스의 역할과 관련이 있다. 예를 들어 RPi에서 엔진엑스 웹 서버를 사용해 제공하는 웹페이지를 검색할 때는 데스크톱 컴퓨터의 웹 브라우저가 RPi 웹 서버의 클라이언트가 된다. 클라이언트/서버 모델을 구성하는 두 가지 애플리케이션의 특징을 표 12.1에 요약했다.

**표 12.1** 서버와 클라이언트 애플리케이션의 특성 비교

| 서버 애플리케이션 | 클라이언트 애플리케이션 |
|---|---|
| 한 가지 서비스를 위한 특수 목적 애플리케이션 | 일시적으로 클라이언트의 역할을 하되, 다른 계산은 로컬에서 수행 |
| 시스템 시작 시 호출되며 무한 실행됨 | 단일 세션에 대해 사용자가 호출 |
| 클라이언트 애플리케이션의 접속을 수동으로 잠재적으로 무한 대기함 | 서버와의 통신을 능동적으로 시작하며 클라이언트는 서버의 주소를 알아야 함 |
| 클라이언트 애플리케이션의 접속을 수락 | 여러 서버에 동시에 접근할 수 있음 |
| 공용 머신에서 실행 | 로컬 머신에서 실행 |

RPi가 서버로 작동할 때 클라이언트 시스템과의 연결을 수동으로 기다리지만 RPi가 다른 시스템의 서버에 연결해야 하는 경우가 많다. 이 경우 RPi는 해당 서버의 클라이언트 역할을 해야 한다. 이 책에서는 `ping`, `wget`, `ssh`, `sftp` 등의 많은 클라이언트 네트워크 애플리케이션을 RPi에서 사용했으며 이러한 애플리케이션들을 셸 스크립트에서 사용할 수 있다. 그렇지만 C/C++ 코드 내에서 클라이언트 요청을 생성할 수 있다면 유용할 텐데, 그것은 네트워크 소켓을 사용해 구현할 수 있다.

## 네트워크 통신 기초

소켓은 IP 주소와 포트 번호를 사용해 정의되는 네트워크의 종단점이다. IP 주소(버전 4)는 32비트의 숫자를 4개의 8비트 값으로 표시한 것이다(예: 192.168.1.116). 포트 번호는 16비트의 부호 없는 정수이며(0~65535) 단일 IP 주소에 대해 여러 개의 동시 통신을 가능하게 해준다. 1024보다 작은 포트 번호는 주요 서비스(예: 80번은 HTTP, 20~21번은 FTP, 22번은 SSH, 443번은 HTTPS에서 사용)를 사용자가 가로채는 것을 방지하기 위해 루트로 접근하도록 제한하는 것이 일반적이다.

소켓의 설명은 그것이 스트림 소켓인지 또는 데이터그램 소켓인지를 나타내는 소켓 유형을 정의해야 한다. 스트림 소켓은 전송 효율보다 데이터의 전송의 신뢰성을 중시하는 TCP(전송 제어 프로토콜)를 사용한다. 신뢰성은 HTTP, 이메일(SMTP), FTP와 같이 데이터를 안정적이고 정확하게 전송해야 하는 서비스에 사용된다는 것을 의미한다. 두 번째 유형의 소켓은 UDP(*사용자 데이터그램 프로토콜*)을 사용하

는 데이터그램 소켓으로, 패킷에 대한 오류 검사가 없으므로 안정성이 떨어지지만 TCP보다 훨씬 빠르다. VoIP(Voice over IP)와 같이 시간이 중요한 애플리케이션은 UDP를 사용하는데, 데이터의 오류는 출력의 노이즈로 나타내더라도 손실된 데이터가 다시 전송될 때까지 대화를 끊지는 않는다.

두 네트워크 소켓 간에 통신이 설정되는 것을 접속 또는 연결이라고 하며 이 연결을 통해 쓰기 및 읽기 함수를 사용해 데이터를 송수신할 수 있다. 단일 시스템에서 실행 중인 두 프로세스(프로그램) 사이를 연결해 프로세스 간 통신을 할 수도 있음에 유의해야 한다.

## C/C++ 웹 클라이언트

프로그램에 `sys/socket.h` 헤더 파일을 포함하면 소켓 통신을 완전히 지원할 수 있다. 또한 `sys/types.h` 헤더 파일에는 시스템 호출에 사용되는 데이터 타입이 들어 있으며 `netint/in.h` 헤더 파일에는 인터넷 도메인 주소로 작업하는 데 필요한 구조체가 포함돼 있다.

코드 12.3은 HTTP 웹 서버에 연결하고 웹페이지를 읽어서 HTML 폼에 표시하는 데 사용할 수 있는 기본적인 웹 브라우저 애플리케이션의 C 소스 코드다. 렌더링이 미려하지는 않지만, 보통의 웹 브라우저와 크게 다르지 않다. 이 코드는 다음과 같은 단계를 수행한다.

1. 서버 이름이 문자열 인수로 프로그램에 전달된다. 프로그램은 이 문자열을 `gethostbyname()` 함수를 사용해 IP 주소(`hostent` 구조체에 저장됨)로 변환한다.
2. 클라이언트는 `socket()` 시스템 호출을 사용해 TCP 소켓을 생성한다.
3. `hostent` 구조체와 포트 번호(80)는 소켓을 연결할 엔드포인트 주소를 지정하는 sockaddr_in 구조체를 생성하는 데 사용된다. 또한 이 구조체는 IP 기반(AF_INET) 및 네트워크 바이트 순서로 주소 패밀리를 설정한다.
4. TCP 소켓이 connect() 시스템 호출을 사용해 서버에 연결되며 통신 채널이 열린다.
5. write() 시스템 콜을 사용해 HTTP 요청이 서버로 전송되고 read() 시스템 콜을 사용해 서버에서 고정 길이 응답을 읽는다. HTML 응답이 표시된다.
6. 클라이언트는 연결을 끊고 close()를 사용해 소켓을 닫는다.

**코드 12.3** /chp12/webbrowser/webbrowser.c

```
#include <stdio.h>
#include <sys/socket.h>
#include <sys/types.h>
#include <netinet/in.h>
#include <netdb.h>
```

```
#include <strings.h>

int main(int argc, char *argv[]) {
    int socketfd, portNumber, length;
    char readBuffer[2000], message[255];
    struct sockaddr_in serverAddress; // 소켓 연결을 위한 종단점을 기술
    struct hostent *server;           // 호스트 이름 정보를 저장

    // 웹 서버로부터 /를 얻기 위한 HTTP 요청의 명령 문자열(종종 index.html을 얻음)
    sprintf(message, "GET / HTTP/1.1\r\nHost: %s\r\nConnection: close\r\n\r\n",
            argv[1]);
    printf("Sending the message: %s", message);

    if (argc<=1) {                    // 호스트명이 있어야 함
        printf("Incorrect usage, use: ./webbrowser hostname\n");
        return 2;
    }
    // gethostbyname은 문자열로 된 이름을 받아서 호스트명 구조체를 반환
    server = gethostbyname(argv[1]);
    if (server == NULL) {
        perror("Socket Client: error - unable to resolve host name.\n");
        return 1;
    }
    // IP 주소 유형의, TCP 연결을 위한 SOCK_STREAM의 소켓을 생성
    socketfd = socket(AF_INET, SOCK_STREAM, 0);
    if (socketfd < 0) {
        perror("Socket Client: error opening TCP IP-based socket.\n");
        return 1;
    }
    // serverAddress sockaddr_in 구조체의 데이터를 지움
    bzero((char *) &serverAddress, sizeof(serverAddress));
    portNumber = 80;
    serverAddress.sin_family = AF_INET;          // 주소 패밀리를 IP로 설정
    serverAddress.sin_port = htons(portNumber); // 포트 번호를 80으로 설정
    bcopy((char *)server->h_addr,(char *)&serverAddress.sin_addr.s_addr,
          server->h_length);                    //호스트명을 가지고 찾아낸 주소를 설정
    // 서버에 연결 시도
    if (connect(socketfd, (struct sockaddr *) &serverAddress,
        sizeof(serverAddress)) < 0) {
        perror("Socket Client: error connecting to the server.\n");
        return 1;
    }
```

```
    // HTTP 요청 문자열을 보냄
    if (write(socketfd, message, sizeof(message)) < 0){
        perror("Socket Client: error writing to socket");
        return 1;
    }
    // 최대 2000자의 HTTP 응답을 읽음
    if (read(socketfd, readBuffer, sizeof(readBuffer)) < 0){
        perror("Socket Client: error reading from socket");
        return 1;
    }
    printf("**START**\n%s\n**END**\n", readBuffer); // 응답을 표시
    close(socketfd);                               // 소켓을 닫음
    return 0;
}
```

이 코드는 다음과 같이 빌드해 실행할 수 있다. 이 예에서는 로컬 RPi 엔진엑스 웹 서버의 간단한 웹페이지를 localhost를 사용해 요청한다. "이 디바이스"라는 의미의 localhost는 리눅스 루프백 가상 네트워크 인터페이스(lo)를 사용하며, IP 주소가 127.0.0.1이다.

```
pi@erpi ~/exploringrpi/chp12/webbrowser $ gcc webbrowser.c -o webbrowser
pi@erpi ~/exploringrpi/chp12/webbrowser $ ./webbrowser localhost
Sending the message: GET / HTTP/1.1
Host: localhost
Connection: close
**START**
HTTP/1.1 200 OK
Server: nginx/1.6.2
Date: Sun, 11 Oct 2015 23:16:09 GMT
Content-Type: text/html
Content-Length: 118
Last-Modified: Sun, 11 Oct 2015 03:27:20 GMT
Connection: close
ETag: "5619d718-76"
Accept-Ranges: bytes

<HTML><TITLE>RPi First Web Page</TITLE>
<BODY><H1>RPi First Page</H1>
The Raspberry Pi test web page.
</BODY></HTML>
**END**
```

이 예제가 올바로 작동하면 /var/www/의 index.html 파일을 반환한다. 또한 다른 웹 서버에 연결할 수도 있다(예: ./webbrowser www.google.com을 호출).

## OpenSSL을 사용한 보안 통신

앞의 절에서 다룬 TCP 소켓 애플리케이션의 한계 중 하나는 IP 네트워크를 통해 이루어지는 모든 통신 내용이 노출된다는 것이다. 가정용 네트워크에서는 문제가 되지 않을 수도 있지만, 클라이언트와 서버가 다른 물리적 네트워크에 있을 때는 전송되는 데이터를 중간에서 쉽게 볼 수 있다. 때로는 클라이언트와 서버 사이의 보안 통신이 필수적이다(예: 온라인 서비스에 사용자 이름과 암호를 보내는 경우). 또한, RPi가 모터 또는 릴레이를 작동시킬 수 있는 애플리케이션에서 특별한 주의를 기울여야 한다. 악의적인 공격으로 인해 물리적인 피해를 입을 수 있기 때문이다. 보안 통신을 구현하는 한 가지 방법으로 OpenSSL 도구 모음을 사용할 수 있다.

OpenSSL(www.openssl.org)은 SSL(보안 통신 계층), TLS(전송 계층 보안) 프로토콜 및 암호화 라이브러리를 구현한 도구 모음이다. 이 라이브러리는 다음과 같이 설치할 수 있다.

```
pi@erpi ~ $ sudo apt install openssl libssl-dev
```

OpenSSL은 모든 유형의 통신을 암호화하는 데 사용할 수 있는 복잡하고 포괄적인 도구 모음이지만, 이 절에서는 용례를 보이기 위해 한 가지 애플리케이션만 예로 든다. 코드 12.4는 코드 12.3의 C/C++ 웹 클라이언트 코드를 SSL 통신을 지원하도록 수정한 것으로, 다음과 같은 기능을 갖는다.

1. TCP 소켓 연결은 포트 443번이 기본값인 HTTP 보안(즉, HTTPS) 포트로 구성한다.
2. SSL_Library_init() 함수를 사용해 SSL 라이브러리를 초기화한다.
3. SSL 컨텍스트 객체를 사용해 TLS/SSL 연결을 설정하며 보안과 인증서에 대한 선택사항을 설정할 수 있다.
4. 네트워크 연결이 SSL 객체에 할당되고 SSL_connect() 함수를 사용해 핸드셰이크를 수행한다.
5. SSL_read()와 SSL_write() 함수를 사용한다.
6. SSL_free() 함수는 TLS/SSL 연결을 종료하며 소켓 및 SSL 컨텍스트 객체를 해제한다.

**코드 12.4** /chp12/webbrowserSSL/webbrowserSSL.c(일부)

```
/*** 서버로의 연결을 갖춘 이후: ***/
// SSL/TLS 사이퍼와 다이제스트를 등록
SSL_library_init();
```

```
// TLS/SSL 연결을 맺기 위해 SSL 컨텍스트 객체를 생성
SSL_CTX *ssl_ctx = SSL_CTX_new(SSLv23_client_method());
// 소켓을 사용해 SSL 연결
SSL *conn = SSL_new(ssl_ctx); // SSL 세션에 대한 SSL 구조체를 생성
SSL_set_fd(conn, socketfd);   // SSL 구조체에 소켓을 할당
SSL_connect(conn);            // 원격 서버의 SSL 세션을 시작
// SSL 세션을 통해 데이터를 전송
if (SSL_write(conn, message, sizeof(message)) < 0){ ... }
// SSL 세션을 통해 데이터를 읽음
if (SSL_read(conn, readBuffer, sizeof(readBuffer)) < 0){ ... }
printf("**START**\n%s\n**END**\n", readBuffer);  // 응답을 표시
SSL_free(conn);                                  // 연결 해제
close(socketfd);                                 // 소켓을 닫음
SSL_CTX_free(ssl_ctx);                           // SSL 컨텍스트 해제
```

전체 소스 코드는 /chp12/webbrowserSSL/ 디렉터리에 있으며 다음 명령을 사용해 컴파일하고 테스트할 수 있다.

```
.../chp12/webbrowserSSL $ gcc webbrowserSSL.c -o webbrowserSSL -lcrypto -lssl
.../chp12/webbrowserSSL $ ./webbrowserSSL www.google.ie
```

애플리케이션은 SSL이 적용된 웹 서버(예: www.google.com)의 443번 포트와 성공적으로 통신할 수 있다. 현재 코드는 서버 소유자의 신빙성을 검증하지는 않지만 통신을 암호화한다.

## "사물(Thing)"로서의 RPi

이 장의 앞부분에서 RPi에 웹 서버를 구성해 날씨 정보를 인터넷에 제공할 수 있도록 했다. 이 메커니즘은 센서 출력 시간의 스냅샷을 제공하므로 매우 유용하다. 추세 데이터를 제공하기 위해 파일에 데이터를 저장하거나 RPi에 경량 데이터베이스(예: MongoDB)를 설치할 수 있다. *phpChart* 및 *pChart*와 같은 PHP 차트 작성 도구를 사용해 데이터를 시각적으로 나타낼 수 있다.

웹 센서 정보의 수집 및 시각화를 수행하는 또 다른 방법은 RPi를 온라인 데이터 집계 서비스에 연결하는 것이다. RPi에서 직접 센서 데이터를 클라우드로 전송할 수 있다. 이 절에서는 RPi에서 실행되는 C/C++ 프로그램에서 온라인 서비스를 직접 활용한다. 이를 통해 인터넷 서비스를 활용할 수 있는 매우 가벼운 작업을 개발해 서로 다른 네트워크의 여러 RPi 보드 간에 상호 통신할 수 있다. 또한 여러 물리적 네트워크에서 동시에 여러 RPi "웹 센서"의 센서 데이터를 수집할 수 있다.

## 씽스피크(ThingSpeak)

씽스피크(ThingSpeak)는 웹 센서(*사물*)로부터 얻은 데이터를 저장하는 데 사용할 수 있는 오픈소스 IoT 애플리케이션 및 API다. 센서는 HTTP를 사용해 숫자 또는 영숫자 데이터를 서버로 전송할 수 있고 이를 서버에서 처리해 시각화할 수 있다. 씽스피크 애플리케이션은 *루비 온 레일즈* 웹 애플리케이션 프레임워크와 SQL 데이터베이스를 실행하는 서버에 설치할 수 있다.

이 예에서 RPi는 CPU 온도 데이터를 `www.thingspeak.com`의 무료 서비스에 푸시하며 그림 12.9와 같이 데이터를 시각화할 수도 있다. 계정을 설정하고 나면 새 채널을 만들 수 있으며 채널에 대한 읽기 · 쓰기 API 키를 받을 수 있다. 씽스피크 채널에 데이터를 업로드하려면 코드 12.6의 C++ 코드 예제에서 강조 표시된 API 키를 자신의 쓰기 API 키로 대체해야 한다. API 키는 Channels(채널) → My Channels(내 채널) 화면에서 해당 채널을 선택한 다음, API Keys 탭에서 확인할 수 있다.

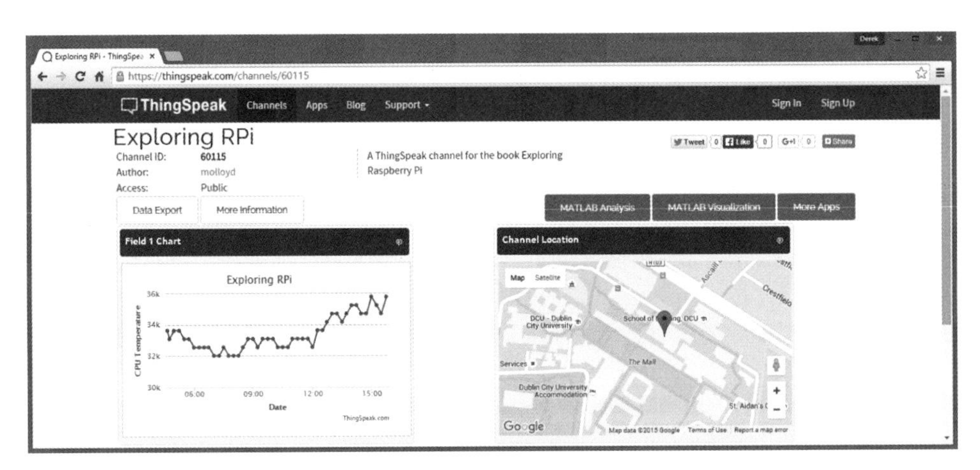


그림 12.9 씽스피크 웹 센서 예제

이 예제에서는 C++ `SocketClient` 클래스를 사용할 수 있다. 이 클래스는 코드 12.3의 C/C++ 웹 브라우저 애플리케이션에 사용되는 C 코드를 감싼 것이다. 클래스 인터페이스 정의가 코드 12.5에 있다.

**코드 12.5** /chp12/thingSpeak/network/SocketClient.h

```
class SocketClient {
private:
    int         socketfd;
    struct      sockaddr_in serverAddress;
    struct      hostent *server;
    std::string serverName;
```

```
    int         portNumber;
    bool        isConnected;
public:
    SocketClient(std::string serverName, int portNumber);
    virtual int connectToServer();
    virtual int disconnectFromServer();
    virtual int send(std::string message);
    virtual std::string receive(int size);
    bool isClientConnected() { return this->isConnected; }
    virtual ~SocketClient();
};
```

코드 12.6은 온도 센서 값을 호스팅된 씽스피크 서버로 푸시할 때 HTTP POST 요청을 사용하는데, 이때 위의 SocketClient 클래스를 이용한다.

**코드 12.6** /chp12/thingSpeak/thingSpeak.cpp

```
#include <iostream>
#include <sstream>
#include <fstream>
#include <stdlib.h>
#include "network/SocketClient.h"
#define CPU_TEMP "/sys/class/thermal/thermal_zone0/temp"
using namespace std;
using namespace exploringRPi;

int getCPUTemperature() {
    int cpuTemp;
    fstream fs;
    fs.open(CPU_TEMP, fstream::in);
    fs >> cpuTemp;
    fs.close();
    return cpuTemp;
}

int main(){
    ostringstream head, data;
    cout << "Starting ThingSpeak Example" << endl;
    SocketClient sc("api.thingspeak.com",80);
    data << "field1=" << getCPUTemperature() << endl;
    sc.connectToServer();
    head << "POST /update HTTP/1.1\n"
```

```
        << "Host: api.thingspeak.com\n"
        << "Connection: close\n"
        << "X-THINGSPEAKAPIKEY: ZHBQFC97APOXERPI\n"
        << "Content-Type: application/x-www-form-urlencoded\n"
        << "Content-Length:" << string(data.str()).length() << "\n\n";
    sc.send(string(head.str()));
    sc.send(string(data.str()));
    string rec = sc.receive(1024);
    cout << "[" << rec << "]" << endl;
    cout << "End of ThingSpeak Example" << endl;
    return 0;
}
```

일정 시간 간격으로 서버에 데이터를 보내려면 코드 12.6의 코드에 POSIX 스레드와 `sleep()` 호출을 추가하면 된다. 그러나 더 쉬운 대안은 리눅스 cron 시간 기반 작업 스케줄러를 사용하는 것이다.

## 리눅스 cron 스케줄러

리눅스 *cron*(그리스 신화에 나오는 시간의 신 크로노스에서 유래한 이름이다) 데몬은 특정 시간과 날짜에 수행할 작업을 예약하는 데 매우 유용하다. 일반적으로 데이터 백업, 임시 파일 정리, 로그 파일 로테이션, 패키지 저장소 갱신, 피크 타임을 피해 소프트웨어 패키지를 빌드하는 것과 같은 시스템 관리 작업에 사용된다.

센서 또는 액추에이터를 RPi에 연결한 경우에는 cron을 이용해 장기간에 걸쳐 일정 시간 간격으로 센서의 데이터를 기록하는 것과 같은 일을 할 수 있다. RPi에서 센서 데이터 수집, 스테핑 모터 제어, 타임랩스 사진 촬영, 보안 경보 설정 등과 같은 작업에 스케줄러를 사용할 수 있다.

### 시스템 crontab

cron은 1분마다 *crontab*이라는 구성 파일을 검사해 명령이 실행되도록 예약됐는지 확인한다. cron으로 스케줄할 수 있는 가장 짧은 주기는 작업을 1분에 한 번 실행하는 것이며 가장 긴 주기는 1년에 한 번 실행하는 것이다. cron에 대한 설정 파일은 */etc* 디렉터리에서 찾을 수 있다.

```
pi@erpi /etc $ cd cron.<Tab><Tab>
cron.d/       cron.daily/   cron.hourly/  cron.monthly/ cron.weekly/
```

cron 데몬에 대한 스케줄은 crontab 파일에 설정되며 각 필드의 의미를 표 12.2에 설명했다. crontab 파일의 각 행은 명령 필드가 실행돼야 하는 시간을 지정한다. 와일드카드 값(*)을 사용할 수 있는데, 가령 시간 필드에 사용하면 명령이 매시간 실행된다.

표 12.2 crontab 필드

| 필드 | 범위 | 설명 |
|---|---|---|
| m | 0~59 | 분(minute) |
| h | 0~23 | 시(hour) |
| dom | 1~31 | 일(day of the month) |
| mon | 1~12 또는 이름 | 월(month of the year, 앞의 세 글자 사용 가능) |
| dow | 0~7 또는 이름 | 0 또는 7이 Sunday임(앞의 세 글자 사용 가능) |
| user | | 명령을 실행하는 사용자를 지정할 수 있음 |
| command | | 해당 시각에 실행할 명령 |

범위를 사용할 수 있으며(예: 1~5는 월요일부터 금요일까지를 의미), 리스트 형태로 쓸 수도 있다(예: 1, 3, 5). @reboot, @yearly, @annually, @monthly, @weekly, @daily, @midnight, @hourly와 같이 앞의 다섯 개 필드를 대신하는 문자열을 사용할 수 있다. 코드 12.7의 crontab 파일에서 몇 가지 예를 볼 수 있으며 각 항목의 기능은 주석으로 설명했다.

**코드 12.7** /etc/crontab

```
# /etc/crontab: system-wide crontab
SHELL=/bin/sh
PATH=/usr/local/sbin:/usr/local/bin:/sbin:/bin:/usr/sbin:/usr/bin

# m h dom mon dow user command
# 매일 새벽 1시에 모든 사용자에게 취침하라는 메시지를 보냄(wall)
0 1    * * *   root   echo Go to bed! | wall
# 주중(월요일~금요일)에는 새벽 1시 5분에 메시지를 추가로 보냄
5 1    * * 1-5 root   echo You have work in the morning! | wall
# /tmp 디렉터리를 정리하는 작업을 매일 수행(0 0 * * *와 동일)
@daily         root   rm -r /tmp/*

# 다음은 데비안 기본 crontab 파일에 있음
17 *   * * *   root   cd / && run-parts --report /etc/cron.hourly
25 6   * * *   root   test -x /usr/sbin/anacron || ( cd / && run-parts →
--report /etc/cron.daily ) ...
```

메시지를 보내고 /tmp 디렉터리를 정리하는 예제를 crontab 파일에 추가했다(주석 참고). 분 필드에서 */10을 사용해 10분마다 명령을 실행하도록 지정할 수도 있다.

crontab 파일에서 anacron 명령을 참조하는 다른 항목을 발견했을 수도 있다. *Anacron*('시대착오적'이라는 뜻의 anachronistic과 cron을 합친 이름)은 하루 24시간씩 매일 운영되지 않는 노트북 컴퓨터와 같은 디바이스를 위한 특수한 cron 유틸리티다. 일반적인 cron에서는 매주 파일을 백업하도록 구성하더라도 만약 RPi가 바로 그 순간 전원이 꺼지면 백업이 수행되지 않는다. 그러나 anacron을 사용하면 RPi가 다음 부팅할 때 백업이 수행된다(즉, 작업이 대기열에 있음). 다음을 사용해 anacron을 설치할 수 있다.

```
pi@erpi ~ $ sudo apt install anacron
```

이제 /etc/anacrontab 파일이 cron의 crontab과 같은 역할을 하게 될 것이다. anacron에 대한 설정 파일은 /etc/init/anacron.conf에 있다.

cron과 anacron을 하나의 시스템에 설치하는 데 있어 한 가지 문제는 anacron이 이미 실행한 작업을 cron이 실행하거나 그 반대일 수 있다는 것이다. 이것이 코드 12.7의 마지막에 crontab 항목이 있는 이유다. 이 항목은 anacron이 RPi에 설치돼 있지 않은 경우에만 run-parts가 실행되도록 한다. 이 명령은 test -x /usr/sbin/anacron을 호출해 테스트한다. 이 명령은 anacron 명령이 있는 경우 0을, 그렇지 않은 경우 1을 반환한다. echo $?를 호출하면 출력 값을 표시한다.

crontab 파일에 직접 항목을 추가하는 대신 /etc 디렉터리의 cron.daily, cron.hourly, cron.monthly, cron.weekly 디렉터리 중 하나에 스크립트를 추가해 cron이 실행시키도록 할 수도 있다. 아래의 예에서는 씽스피크에 온도를 업로드하는 스크립트를 cron.hourly 디렉터리에 뒀다.

```
pi@erpi .../chp12/thingSpeak $ sudo cp thingSpeak /usr/local/bin
pi@erpi .../chp12/thingSpeak $ cd /etc/cron.hourly/
pi@erpi /etc/cron.hourly $ sudo nano thingSpeakCPU
pi@erpi /etc/cron.hourly $ more thingSpeakCPU
#!/bin/bash
/usr/local/bin/thingSpeak
pi@erpi /etc/cron.hourly $ sudo chmod a+x thingSpeakCPU
```

또 다른 옵션으로 사용자 계정 내에서 사용자 crontab을 사용해 직접 바이너리를 실행하는 방법을 알아보자.

## 사용자 crontab

각 사용자 계정을 위한 crontab을 둘 수 있다. 이 파일은 /var/spool/cron/crontabs 디렉터리에 있지만, 이 위치에서 편집하면 안 된다. 다음은 pi 사용자에 대한 crontab을 만든다.

```
pi@erpi ~ $ crontab -e
no crontab for pi - using an empty one
crontab: installing new crontab
```

사용자 crontab 파일에 다음과 같은 행을 추가해 RPi의 CPU 온도를 씽스피크에 15분마다 업로드할 수 있다.

```
# m  h  dom mon dow  command
*/15 *   *   *   *    /usr/local/bin/thingSpeak > /dev/null 2>&1
```

위의 명령 끝에서 표준 출력을 /dev/null로 재지정(redirect)했는데, 2>&1을 호출하면 표준 오류가 표준 출력으로 전달되므로 결과적으로 /dev/null로 가게 된다. 만약 출력에 대한 재지정이 없다면 thingSpeak 명령의 출력이 시스템 관리자에게 이메일로 전송된다(메일이 RPi에 구성돼 있어야 한다). 다음과 같이 crontab 파일을 백업할 수 있다.

```
pi@erpi ~ $ crontab -l > crontab-backup
pi@erpi ~ $ ls -l crontab-backup
-rw-r--r-- 1 pi pi 952 Oct 12 04:37 crontab-backup
```

crontab을 사용해 이 백업 파일을 복원하려면 다음을 사용한다.

```
pi@erpi ~ $ crontab crontab-backup
```

관리자 계정은 cron.allow 또는 cron.deny 파일을 /etc 디렉터리에 둠으로써 cron에 접근할 수 있는 사용자를 제어할 수 있다. 데비안/라즈비안의 모든 사용자는 기본적으로 자신의 crontab을 가질 수 있다. 이 기능을 제거하려면 다음을 사용한다.

```
pi@erpi /etc$ more cron.deny
pi
pi@erpi ~ $ crontab -e
You (pi) are not allowed to use this program (crontab)
```

위의 crontab 항목을 사용하면 그림 12.9의 그림과 같이 thingSpeak 프로그램이 CPU 온도 데이터를 씽스피크 서버에 15분마다 업로드한다. 씽스피크는 MATLAB 서버 측 코드 실행도 지원한다. 그림 12.10이 그 예로, 최근 온도를 섭씨에서 화씨로 변환하는 간단한 MATLAB 프로그램이다. 이 예제는 변환된 결과를 다른 씽스피크 데이터 채널로 채우도록 구성돼 있다.

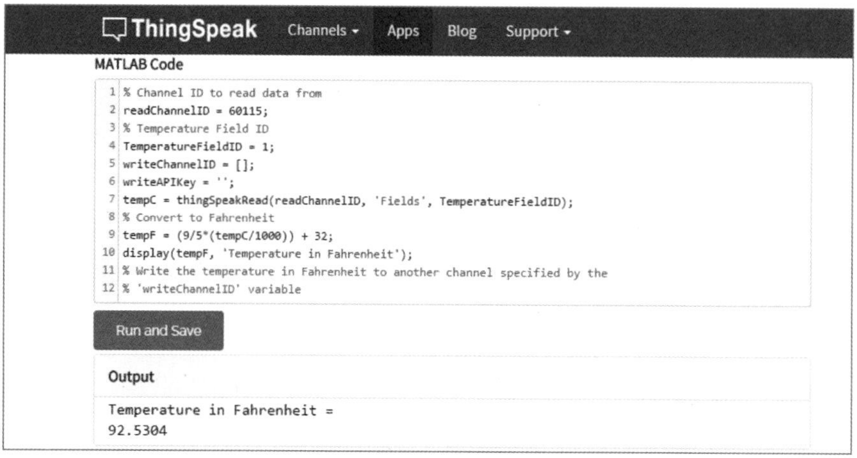

ThingSpeak Channels Apps Blog Support

MATLAB Code

```
1 % Channel ID to read data from
2 readChannelID = 60115;
3 % Temperature Field ID
4 TemperatureFieldID = 1;
5 writeChannelID = [];
6 writeAPIKey = '';
7 tempC = thingSpeakRead(readChannelID, 'Fields', TemperatureFieldID);
8 % Convert to Fahrenheit
9 tempF = (9/5*(tempC/1000)) + 32;
10 display(tempF, 'Temperature in Fahrenheit');
11 % Write the temperature in Fahrenheit to another channel specified by the
12 % 'writeChannelID' variable
```

Run and Save

Output

```
Temperature in Fahrenheit =
92.5304
```

**그림 12.10** 씽스피크 MATLAB 예제

## RPi에서 이메일 보내기

RPi에 문제가 생겼을 때 관리자에게 이메일이 발송된다면 매우 유용할 것이다. 또는 실내 온도가 30℃를 넘는 것과 같이 센서와 관련된 이벤트가 있을 때 이메일을 보내는 것도 유용하다. 많은 메일 클라이언트 애플리케이션이 있지만, Gmail과 같은 보안 *SMTP(Simple Mail Transfer Protocol)* 서버를 사용하는 경우 ssmtp 프로그램이 제대로 작동한다. 다음의 명령을 사용해 ssmtp를 설치한다.

```
pi@erpi ~ $ sudo apt install ssmtp mailutils
```

/etc/ssmtp/ssmtp.conf 파일의 이메일 설정을 구성한다. 예를 들어 RPi가 Gmail 계정을 통해 이메일을 보내도록 구성하려면 다음에서 계정 이름과 암호 필드를 바꾼다.

```
pi@erpi /etc/ssmtp$ more ssmtp.conf
# Config file for sSMTP sendmail
root=myaccountname@gmail.com
mailhub=smtp.gmail.com:587
AuthUser=myaccountname@gmail.com
```

```
AuthPass=mysecretpassword
UseTLS=YES
UseSTARTTLS=YES
rewriteDomain=gmail.com
hostname=localhost
```

이 파일의 기본 권한으로 인해 RPi 사용자는 누구나 암호를 읽을 수 있다. 그러므로 다음과 같이 파일 속성을 조정해야 한다.

```
pi@erpi:/etc/ssmtp $ sudo chmod o-r ssmtp.conf
pi@erpi:/etc/ssmtp $ ls -l ssmtp.conf
-rw-r----- 1 root root 698 Mar 26 19:16 ssmtp.conf
```

**Gmail 보안 설정**

RPi에서 Gmail을 사용하려면 Gmail 계정의 보안 수준을 낮춰야 한다. 웹 브라우저에서 myaccount.google.com/security로 이동해 "보안 수준이 낮은 앱 허용(Allow less secure apps)"을 "사용(ON)"으로 설정한다(그림 12.11). 또한 비밀번호에는 이스케이프가 필요한 문자(예: # 또는 "")를 피하도록 한다. 특정 Gmail 계정을 RPi 전용으로 쉽게 설정할 수 있다.

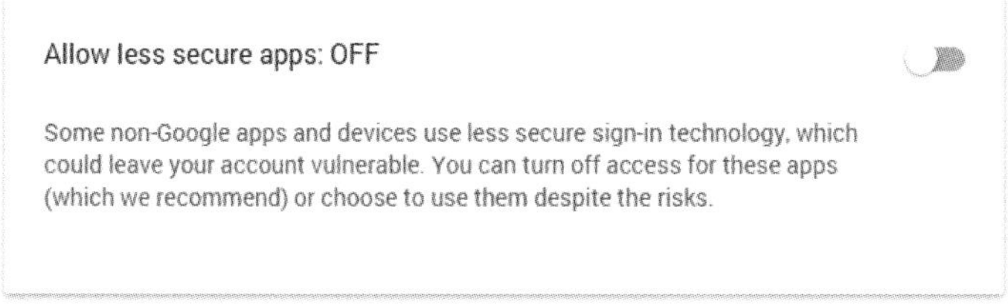

Allow less secure apps: OFF

Some non-Google apps and devices use less secure sign-in technology, which could leave your account vulnerable. You can turn off access for these apps (which we recommend) or choose to use them despite the risks.

**그림 12.11** Gmail 보안 설정

터미널에서 이메일을 보냄으로써 설정을 테스트할 수 있다.

```
pi@erpi ~ $ ssmtp toname@destination.com
To: toname@destination.com
From: myaccountname@gmail.com
Subject: Testing 123
Hello World!
^d
```

메시지 끝에 Ctrl+D를 입력하면 이메일이 전송된다. 다른 방법으로, 위와 동일한 내용(To/From/Subject 행 포함)을 파일(예: ~/.message)에 기록하고 다음과 같이 호출함으로써 전송할 수도 있다.

```
pi@erpi ~ $ ssmtp toname@destination.com < ~/.message
```

혹은 mail 도구를 직접 사용할 수도 있다(mailutils 패키지에 있음).

```
pi@erpi ~ $ echo "Test Body" | mail -s "Test Subject" toname@destination.com
```

모든 메시지는 사용자 Gmail 계정을 사용해 전송된다. 이 명령은 코드 12.8과 같이 system() 호출을 사용하는 C++ 프로그램 내에 캡슐화되거나 스크립트에 추가될 수 있다. 이 예제에서는 C 또는 C++를 사용할 수 있지만, C++ 문자열을 사용하는 것이 작업하기 수월하다.

**코드 12.8** /chp12/cppMail/cppMail.cpp

```
#include <iostream>
#include <sstream>
#include <stdlib.h>
using namespace std;

int main(){
    string to("xxx@yyy.com");
    string subject("Hello Derek");
    string body("Test Message body...");
    stringstream command;
    command << "echo \""<< body <<"\" | mail -s \""<< subject <<"\" "<< to;
    int result = system(command.str().c_str());
    cout << "Command: " << command.str() << endl;
    cout << "The return value was " << result << endl;
    return result;
}
```

코드 12.8의 프로그램을 실행한 출력은 다음과 같다.

```
pi@erpi ~/exploringrpi/chp12/cppMail $ g++ cppMail.cpp -o cppMail
pi@erpi ~/exploringrpi/chp12/cppMail $ ./cppMail
Command: echo "Test Message body..." | mail -s "Hello Derek" xxx@yyy.com
The return value was 0
```

여기서 값이 0인 것은 성공을 나타낸다. 알림 메시지 전송뿐만 아니라 다음 절에서 설명하는 www.ifttt.com과 같은 웹 서비스를 사용해 다른 유형의 이벤트를 트리거하는 데도 이메일을 활용할 수 있다.

## IFTTT

IFTTT(If This Then That)은 트위터, 링크드인, 구글 캘린더, 아이폰/안드로이드 통합, 유튜브와 같은 온라인 채널 간의 연결을 생성할 수 있도록 해주는 웹 서비스다. 트리거와 액션의 연결은 "이것이면 저것이다(If *this* then *that*)"라는 단순한 구문으로 정의되며, 이것은 트리거에 저것은 액션에 해당한다. 예를 들자면, "야간에는 폰이 울리지 않도록 하라"거나 "내일 비가 온다는 예보가 있으면 안드로이드 또는 iOS 알림을 보내라"는 것이다. 이러한 지시를 레시피라고 하며 IFTTT 계정을 가지고 활성화시키고 다른 사용자와 공유할 수도 있다.

IFTTT에는 많은 트리거가 있지만 웹 트리거는 없다. 그러나 연결된 Gmail 계정에서 `trigger@recipe.ifttt.com`으로 전송되는 이메일 메시지를 사용해 트리거할 수 있다. 해시 태그(예: `#ERPi`)를 사용해 이벤트를 구분할 수 있으며, 이메일 메시지의 제목과 본문을 레시피의 재료로 사용할 수 있다. 예를 들어 그림 12.12의 레시피에서는 다음과 같이 명시한다. "*X@gmail.com에서 trigger@recipe.ifttt.com으로 보낸 메시지의 제목에 #ERPi가 포함*돼 있으면 *나에게 SMS 메시지를 보내라.*" 이메일을 SMS 메시지의 구성 요소로 전달할 수 있으므로 SMS 메시지를 통해 개인화된 메시지를 RPi에서 보낼 수 있다(무료인 경우가 많다).

```
If send trigger7@recipe.ifttt.com an email tagged #ERPi from X@gmail.com, then send me an SMS at
00353xxxxxxxx
```

레시피에는 본문(Body)이 있어야 한다.

```
RPi Sent: {{Body}} {{AttachmentUrl}}
```

RPi로부터 이메일을 보냄으로써 레시피를 트리거할 수 있다.

```
pi@erpi ~ $ ssmtp trigger@recipe.ifttt.com
To: trigger@recipe.ifttt.com
From: xxxxxx@gmail.com
Subject: #ERPi
Hello Derek!
```

그 결과, 레시피 메시지와 이메일 본문(즉, `"RPi Sent : Hello Derek!"`)이 포함된 텍스트 메시지가 수신된다.

IFTTT를 사용하면 특정 이벤트가 발생했을 때 RPi에서 이메일을 보내는 것만으로 꽤 정교한 상호작용을 구성할 수 있다. 예를 들어 모션 센서가 트리거되면 누군가에게 메시지를 보낼 수 있다. 네스트(Nest) 디바이스, 스마트폰, 자동/대시 차량 OBD 센서, WeMo 스위치, Fitbit Flex 헬스케어 디바이스, Lifx RGB 스마트 조명, SmartThings 디바이스, Ubi 음성 제어, Quirky+GE Aros 스마트 에어컨과 같은 특정한 물리적 디바이스를 IFTTT를 사용해 트리거할 수도 있다.

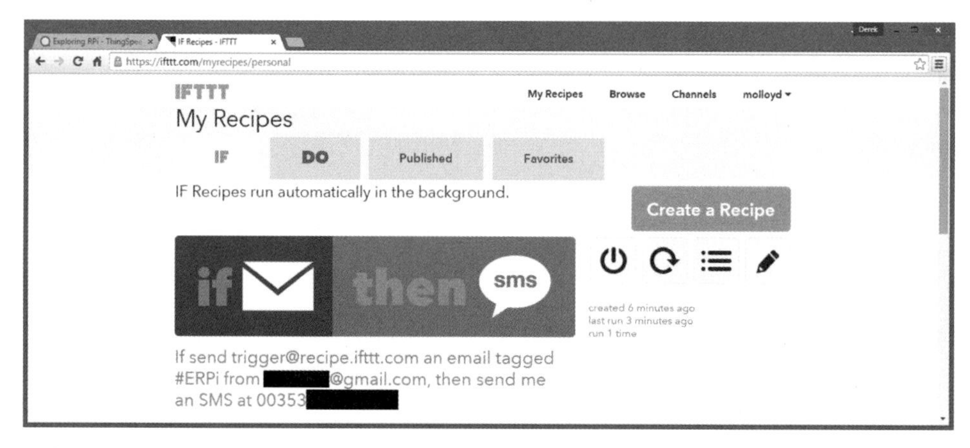


그림 12.12 IFTTT 레시피 작성법

IoT에 대한 몇 가지 예제 레시피는 다음과 같다.

- 동작이 감지되면 긴급 통화 수신
- 해가 뜨면 보안등 끄기
- 원격으로 네스트 자동 온도 조절 디바이스 설정
- 비가 온다는 예보가 있으면 정원에 물 주기를 미룸
- 매일 정해진 시각에 전등 켜기

## 대규모 IoT 프레임워크

이 장에서 소개한 씽스피크 솔루션은 호스트된 Paas 제공자를 처음 접할 때 유용하며 RPi를 IoT에 연결하는 데 필요한 기본 통신 기술을 보여준다. 그러나 단일 디바이스를 인터넷에 연결해 데이터를 기록한다고 해서 모든 IoT 문제가 해결되는 것은 아니다. 사실 그것은 IoT의 출발점에 불과하다. 그림 12.13은 IoT를 좀 더 완전하게 구현하는 데 필요한 대규모 상호작용을 보여준다.

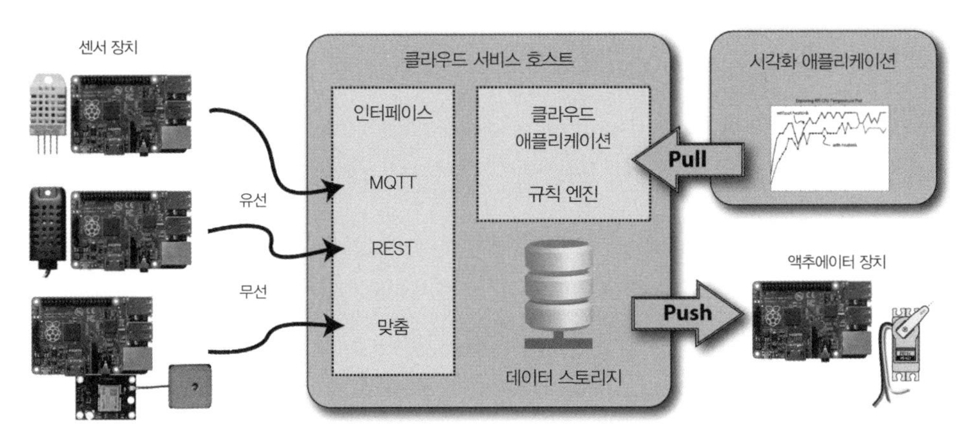


그림 12.13 전형적인 IoT 솔루션의 아키텍처

머지않아 IoT는 수십억 개의 메시지를 교환하는 수십억 개의 디바이스를 수반할 것이며, 이는 안전하고 확장 가능한 방식으로 수행돼야 한다. 앞으로 풀어야 할 숙제가 어마어마하게 많으며 세계 최대의 클라우드 솔루션 제공 업체가 솔루션 개발에 참여하고 있다. IBM은 2015년 8월에 블루믹스 IoT 서비스를 출시했으며 아마존(Amazon)은 IoT를 구축, 관리 및 분석하는 AWS IoT 플랫폼을 2015년 10 월에 출시했다. 이들은 사용법에 따라 확장 가능한 가격 계획을 갖춘 엔터프라이즈급 솔루션이다. 예를 들어 아마존은 PaaS를 사용하는 IoT 디바이스에 의해 교환되는 백만 개의 메시지(512바이트 블록)당 5~8달러를 부과한다.

이 절에서는 오픈소스 MQTT 메시징 API를 사용해 벤더의 이식성을 보장하는 엔터프라이즈급 IoT PaaS를 조사한다.

## MQ Telemetry Transport(MQTT)

*MQTT(Message Queuing Telemetry Transport)*는 *M2M(Machine-to-Machine)* 통신을 위한 경량 연결 프로토콜로, 1999년에 제정된 이후로 산업계에서 사용돼 왔다. 그러나 신흥 IoT 도메인에 대한 적용 가능성이 주목을 받아 왔으며 2014년 MQTT(버전 3.1.1)가 OASIS 표준이 됐다. MQTT는 가벼워서 저수준의 임베디드 디바이스와 함께 사용할 수 있으며 네트워크 자원을 효율적으로 사용하면서도 안정적인 트랜잭션을 제공한다. MQTT 프로토콜에 TCP/IP 포트 1883이 예약돼 있으며 SSL을 통한 프로토콜에 8883이 예약돼 있다. 그뿐만 아니라 MQTT는 사용자 이름/암호 트랜잭션도 지원한다.

MQTT를 사용하면 클라이언트는 연결 메시지를 브로커(다른 클라이언트는 절대 사용하지 않음)로 전송하고 브로커는 응답 메시지 및 상태 코드(예: 성공의 경우 0, 다른 실패 수준의 경우 1~5)로 응답한다. 그런 다음 클라이언트가 연결을 종료할 때까지 연결을 지속한다. 클라이언트가 보내는 MQTT 패킷에는 클라이언트 ID, 지속적 세션이 작성되는지를 나타내는 클린 세션 플래그, *keepalive* 시간 간격이 포함된다. 또한 사용자 이름, 암호, *남기는* 메시지(*last will* message)를 포함할 수도 있다. 남기는 메시지는 해당 클라이언트가 갑자기 끊어질 경우에 다른 클라이언트에게 이를 알리는 데 사용된다.

이클립스 Paho 프로젝트(`www.eclipse.org/paho/`)는 C/C++, Java, Python, JavaScript 및 기타 언어를 사용해 가벼우면서도 신뢰할 수 있는 MQTT 클라이언트 애플리케이션을 빌드하는 데 사용할 수 있는 MQTT의 오픈소스 구현을 제공한다. 또한 이클립스 IoT 워킹 그룹(`iot.eclipse.org`)에서는 오픈소스 IoT 솔루션을 개발하기 위한 강력한 지원 문서와 도구를 제공한다.

RPi에서 Paho 라이브러리를 내려받고 빌드, 설치하는 절차는 다음과 같다.

```
pi@erpi ~ $ sudo apt install libssl-dev
pi@erpi ~ $ git clone https://github.com/eclipse/paho.mqtt.c.git
pi@erpi ~ $ cd paho.mqtt.c
pi@erpi ~/paho.mqtt.c $ make
mkdir -p build/output/samples
mkdir -p build/output/test
echo OSTYPE is Linux ...
pi@erpi ~/paho.mqtt.c $ sudo make install
pi@erpi ~/paho.mqtt.c $ ls /usr/local/lib/libpaho*
/usr/local/lib/libpaho-mqtt3a.so        /usr/local/lib/libpaho-mqtt3c.so
/usr/local/lib/libpaho-mqtt3a.so.1      /usr/local/lib/libpaho-mqtt3c.so.1
/usr/local/lib/libpaho-mqtt3a.so.1.0    /usr/local/lib/libpaho-mqtt3c.so.1.0
/usr/local/lib/libpaho-mqtt3as.so       /usr/local/lib/libpaho-mqtt3cs.so
/usr/local/lib/libpaho-mqtt3as.so.1     /usr/local/lib/libpaho-mqtt3cs.so.1
/usr/local/lib/libpaho-mqtt3as.so.1.0   /usr/local/lib/libpaho-mqtt3cs.so.1.0
```

## IBM 블루믹스 IoT

IBM 블루믹스(Bluemix)는 다양한 프로그래밍 언어를 사용해 클라우드에서 서비스를 개발할 수 있는 엔터프라이즈급 *PaaS*다. 이러한 서비스 중 하나가 2015년 8월에 출시된 IBM Internet of Things로, RPi를 PaaS에 연결해 수집된 데이터를 게시하거나 사용할 수 있는 애플리케이션을 쉽게 개발할 수 있도록 해준다. 이것은 연결된 디바이스 수와 트랜잭션의 트래픽에 따라 가격이 책정된 상용 서비스지만, 시험적으로 사용하는 것은 현재 무료다.[1] IBM IoT PaaS는 통신용 MQTT 프로토콜과 REST API를 지원한다.

1 이 서비스는 현재 20개 미만의 활성 디바이스, 100MB의 데이터 전송 및 1GB의 온라인 데이터 저장소에 대해 무료다(2015년 10월). `tiny.cc/erpi1202`를 참고하라.

참고

IBM IoT PaaS 설정에는 여러 단계가 필요한데, 이는 변경될 수 있다. 그러나 주요 단계와 개념이 크게 바뀌지는 않을 것이므로 여기에서 소개하는 것이 도움이 될 것이라고 생각한다. 또한 IBM 계정이 꼭 필요한 것은 아니므로 등록하지 않으려면 "IBM Quickstart를 사용한 데이터 시각화" 절로 이동해 자신의 RPi 디바이스를 사용해 실제 데모를 볼 수 있다.

tiny.cc/erpi1203에 접속해 IBM id를 등록한다. 이메일 주소를 ID로 사용하게 된다. IBM id를 받고 나면 tiny.cc/erpi1204에서 IBM 블루믹스 무료 평가판에 등록할 수 있다.[2] 이메일 확인을 완료한 다음, 서비스에 로그인하면 그림 12.14와 같은 화면이 나타난다.

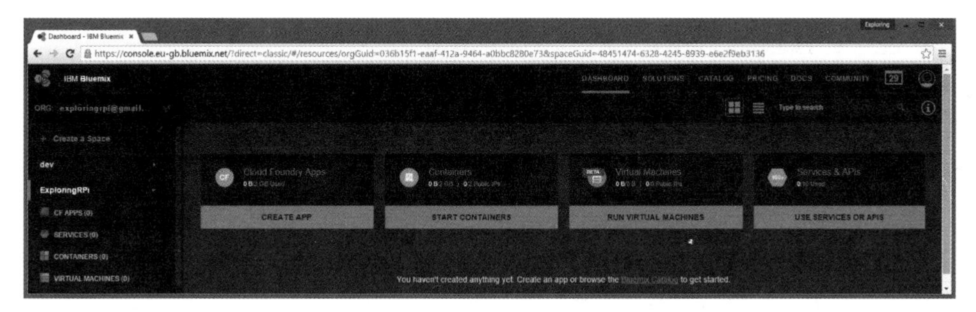


그림 12.14 IBM 블루믹스 콘솔 창[3]

Create a Space(영역 작성) 화면에서 영역(예: ExploringRPi)을 만들고 Catalog(카탈로그) 링크를 클릭해 Internet of Things Platform서비스를 작성한다.

그림 12.15 블루믹스 애플리케이션 카탈로그

2 다른 여러 서비스와 달리 30일이 지날 때까지는 신용카드가 필요하지 않다(2016년 3월 기준).
3 이 책의 콘텐츠를 개발하기 위해 임시로 사용할 구글 계정 exploringRPi@gmail.com을 만들었다. 이 계정은 모니터링되지 않음에 유의하라.

서비스 이름을 erpi로 설정하고 무료인 Lite 요금제를 선택한 다음 Create(작성)를 누른다. 시작 창이 나타나면 Launch Dashboard를 클릭하고 USAGE OVERVIEW 보드를 선택하면 그림 12.16과 같은 대시보드를 볼 수 있다.

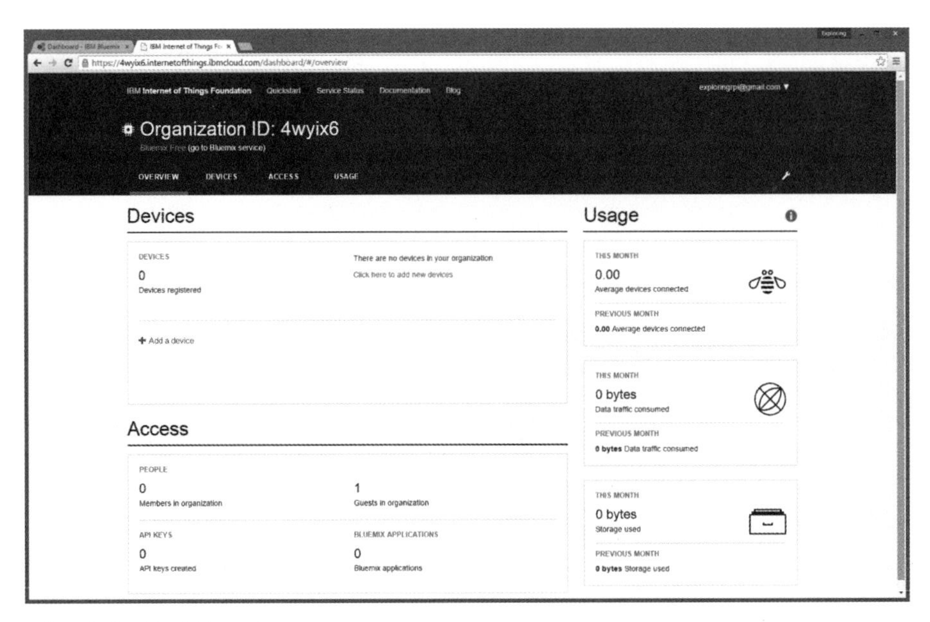

그림 12.16 IBM IoT 대시보드 창

'디바이스 추가' 링크를 선택해 디바이스를 연결한다(그림 12.16 참고). 먼저 '디바이스 유형 작성'에서 '이름'에 RaspberryPi를 입력하고 '설명'을 간단히 입력한 후 다음으로 이동한다. '템플리트 정의'와 '메타데이터'는 선택사항이므로 비워둬도 된다. 디바이스 추가 화면으로 돌아왔으면 디바이스 유형으로 RaspberryPi 를 선택하고 '다음'을 누른다. 특정 RPi 보드를 식별하기 위한 '디바이스 ID'로는 erpi01을 입력하면 된다. 옵션의 나머지 부분에서 '다음'을 누르면 서비스에서 자동으로 토큰을 생성해준다. 마지막으로 그림 12.17과 같이 디바이스 ID와 인증 토큰이 나열된 창이 표시된다. 이 값을 다시 볼 수 없으므로 반드시 토큰을 기록해둬야 한다. ACCESS → API 키 메뉴 옵션에서 새로운 키를 생성할 수 있다.

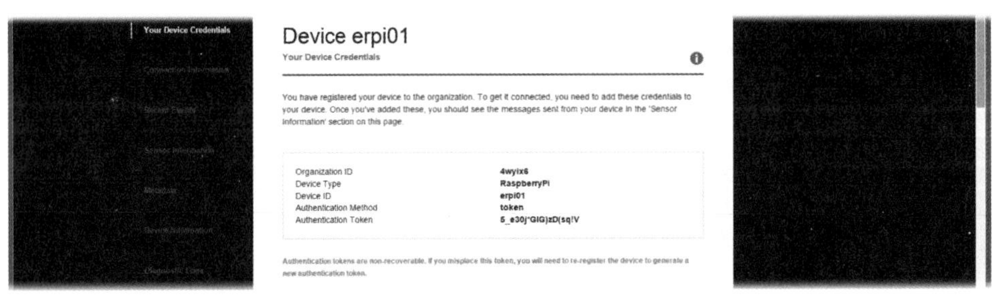

그림 12.17 IoT 디바이스 구성

이제 IoT PaaS에 연결되는 RPi 디바이스의 코드를 작성하기 위한 구성을 완료했다. 현재는 그림 12.18과 Connection Log(연결 로그)가 비어있을 것이다.

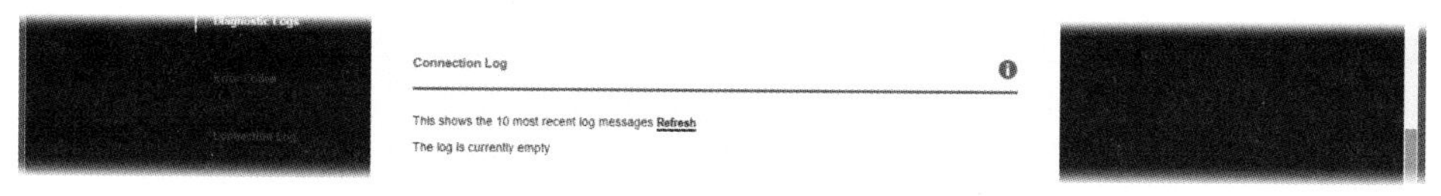


그림 12.18 접속 기록(Connection Log)

## IBM IoT MQTT Node.js 게시 예제

코드 12.9의 코드는 Node.js를 사용해 RPi CPU 온도를 읽고 이를 MQTT를 사용해 IBM IoT PaaS로 보낸다. 이 예제는 앞에서 받은 자격 증명을 사용해 RPi의 센서를 IoT 서비스에 연결하는 방법을 보여준다는 점에서 중요하다.

참고

이 절의 MQTT에 Paho를 사용하면 IBM 블루믹스 이외의 PaaS 제공자에서도 이 코드 예제를 사용할 수 있다. 이용하는 PaaS에 맞도록 코드 예제 맨 위의 변수값을 변경하라.

**코드 12.9** /chp12/paho/paho.js

```
// mqtt.js를 사용해 CPU 온도를 IBM IoT에 업로드하는 예제
var mqtt      = require('mqtt');       // 필요한 모듈
var fs        = require('fs')

var ORG       = '4wyix6';              // 조직(organization) ID
var TYPE      = 'RaspberryPi';         // 디바이스 유형
var DEVID     = 'erpi01';              // 디바이스 ID
var AUTHTOKEN = '5_e30j*GlG)zD(sq!V'; // 비공개 인증 토큰
var PORT      = 1883;                  // 예약된 MQTT 포트
var BROKER    = ORG + '.messaging.internetofthings.ibmcloud.com';
var URL       = 'mqtt://' + BROKER + ':' + PORT;
var CLIENTID  = 'd:' + ORG + ':' + TYPE + ':' + DEVID;
var AUTHMETH  = 'use-token-auth';      // 토큰 인증을 사용
var client    = mqtt.connect(URL, { clientId: CLIENTID,
                username: AUTHMETH, password: AUTHTOKEN });
var TOPIC     = 'iot-2/evt/status/fmt/json'; // JSON 페이로드 전송
var CPUTEMP   = '/sys/class/thermal/thermal_zone0/temp'
console.log(URL);
```

```
client.on('connect', function() {
    setInterval(function(){
        var tempStr = 'invalid';
        try {
            tempStr = fs.readFileSync(CPUTEMP, 'utf8');
        }
        catch (err){
            console.log('Failed to Read the CPU Temperature.');
        }
        var temp = parseFloat(tempStr) / 1000;
        console.log('Sending Temp: ' + temp.toString() + '°C to IBM IoT');
        client.publish(TOPIC, '{"d":{"Temp":' + temp.toString() + '}}');
    }, 10000);    // 10초마다 데이터를 게시
});
```

이 코드 예제를 사용하려면 먼저 Node.js MQTT 모듈을 설치해야 한다. 그런 다음 코드를 실행하면 프로그램에서 표시되는 MQTT URL을 사용해 IoT PaaS에 연결된다. 프로그램은 RPi sysfs 항목에서 CPU 온도를 읽고 이를 서비스에 게시한다. 이제 그림 12.19와 같이 IoT 콘솔 웹 인터페이스에서 활동을 볼 수 있어야 한다. 데이터는 JSON(JavaScript Object Notation) 형식으로 전송되며(예: {"d": {"Temp" : 32.552}}), 그림 12.19의 하단에서 최근 데이터를 볼 수 있다. d 값은 클라이언트를 디바이스로 식별한다. paho.js 스크립트가 실행되면 그림 12.19와 같이 데이터 포인트가 PaaS 디바이스 구성 창에 나타난다.

```
pi@erpi ~/exploringrpi/chp12/paho $ npm install mqtt --save
pi@erpi ~/exploringrpi/chp12/paho $ node paho.js
mqtt://4wyix6.messaging.internetofthings.ibmcloud.com:1883
Sending Temp: 32.552°C to IBM IoT
Sending Temp: 32.552°C to IBM IoT
...
```

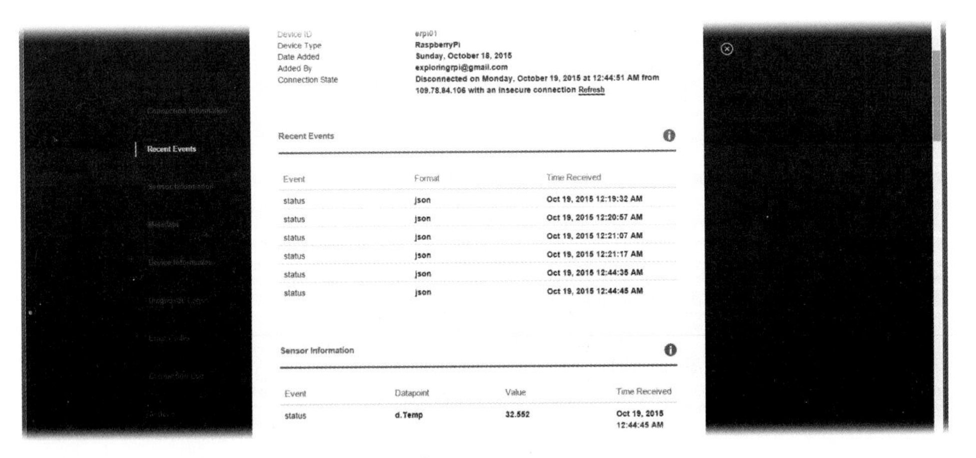


**그림 12.19** CPU 온도 데이터 샘플을 JSON 형식으로 받는 IoT PaaS

## IBM IoT MQTT C++ 게시 예제

코드 12.10은 CPU 온도를 IoT PaaS에 게시하는 C++ MQTT 애플리케이션이다. 이 코드는 코드 12.9의 Node.js 코드와 같은 구조로 돼 있으며 수행하는 기능도 매우 유사하다.

**코드 12.10** /chp12/paho/paho.cpp

```
// www.eclipse.org/paho/의 Paho C 예제 코드에 기초함
#include <iostream>
#include <sstream>
#include <fstream>
#include <string.h>
#include "MQTTClient.h"
#define CPU_TEMP "/sys/class/thermal/thermal_zone0/temp"
using namespace std;

#define ADDRESS     "tcp://4wyix6.messaging.internetofthings.ibmcloud.com:1883"
#define CLIENTID    "d:4wyix6:RaspberryPi:erpi01 "
#define AUTHMETHOD "use-token-auth"
#define AUTHTOKEN   "5_e30j*GlG)zD(sq!V "
#define TOPIC       "iot-2/evt/status/fmt/json"
#define QOS         1
#define TIMEOUT     10000L

float getCPUTemperature() {             // CPU의 온도를 구함
    int cpuTemp;                        // int 값으로 저장
    fstream fs;
    fs.open(CPU_TEMP, fstream::in);     // 파일에서 읽음
    fs >> cpuTemp;
    fs.close();
    return (((float)cpuTemp)/1000);
}

int main(int argc, char* argv[]) {
    MQTTClient client;
    MQTTClient_connectOptions opts = MQTTClient_connectOptions_initializer;
    MQTTClient_message pubmsg = MQTTClient_message_initializer;
    MQTTClient_deliveryToken token;
    MQTTClient_create(&client, ADDRESS, CLIENTID,
                      MQTTCLIENT_PERSISTENCE_NONE, NULL);
    opts.keepAliveInterval = 20;
    opts.cleansession = 1;
```

```
    opts.username = AUTHMETHOD;
    opts.password = AUTHTOKEN;
    int rc;
    if ((rc = MQTTClient_connect(client, &opts)) != MQTTCLIENT_SUCCESS){
        cout << "Failed to connect, return code " << rc << endl;
        return -1;
    }

    stringstream message;
    message << "{\"d\":{\"Temp\":" << getCPUTemperature() << "}}";
    pubmsg.payload = (char*) message.str().c_str();
    pubmsg.payloadlen = message.str().length();
    pubmsg.qos = QOS;
    pubmsg.retained = 0;
    MQTTClient_publishMessage(client, TOPIC, &pubmsg, &token);
    cout << "Waiting for up to " << (int)(TIMEOUT/1000) <<
         " seconds for publication of " << message.str() <<
         " \non topic " << TOPIC << " for ClientID: " << CLIENTID << endl;
    rc = MQTTClient_waitForCompletion(client, token, TIMEOUT);
    cout << "Message with token " << (int)token << " delivered." << endl;
    MQTTClient_disconnect(client, 10000);
    MQTTClient_destroy(&client);
    return rc;
}
```

이 코드 예제는 다음과 같이 빌드하고 실행할 수 있다.

```
pi@erpi ~/exploringrpi/chp12/paho $ g++ paho.cpp -o paho -lpaho-mqtt3c
pi@erpi ~/exploringrpi/chp12/paho $ ./paho
Waiting for up to 10 seconds for publication of {"d":{"Temp":33.628}}
on topic iot-2/evt/status/fmt/json for ClientID: d:4wyix6:RaspberryPi:erpi01
Message with token 1 delivered.
```

그림 12.19와 같이 실행하면 새로운 데이터 포인트가 나타난다.

## IBM Quickstart를 사용한 데이터 시각화

IBM 퀵스타트(Quickstart) 서비스를 사용해 RPi 센서 디바이스에서 전송되는 실제 데이터를 시각화할 수 있다. 퀵스타트 서비스를 사용하려면 데이터에 대한 공개 접근이 필요하다. 따라서 paho.js 파일의 ORG 값(필자의 경우 4wyix6)을 'quickstart'로 변경해야 한다. 이 예제에서는 TOPIC 문자열이 `iot-2/evt/`

temperature/fmt/json으로 설정돼, 이벤트 이름이 temperature이고 JSON 형식의 페이로드가 전송됐음을 나타낸다. Paho 클라이언트를 실행하면 IBM Watson IoT PaaS에 온도 샘플이 전송된다.

```
pi@erpi ~/exploringrpi/chp12/paho $ node paho.js
mqtt://quickstart.messaging.internetofthings.ibmcloud.com:1883
Sending Temp: 32.552°C to IBM IoT
Sending Temp: 32.552°C to IBM IoT
...
```

internetofthings.ibmcloud.com을 열어 QUICKSTART를 누르고 디바이스 ID(예: erpi01)를 입력한다. 그림 12.20과 같이 시각화한 샘플의 라이브 데이터를 볼 수 있다.

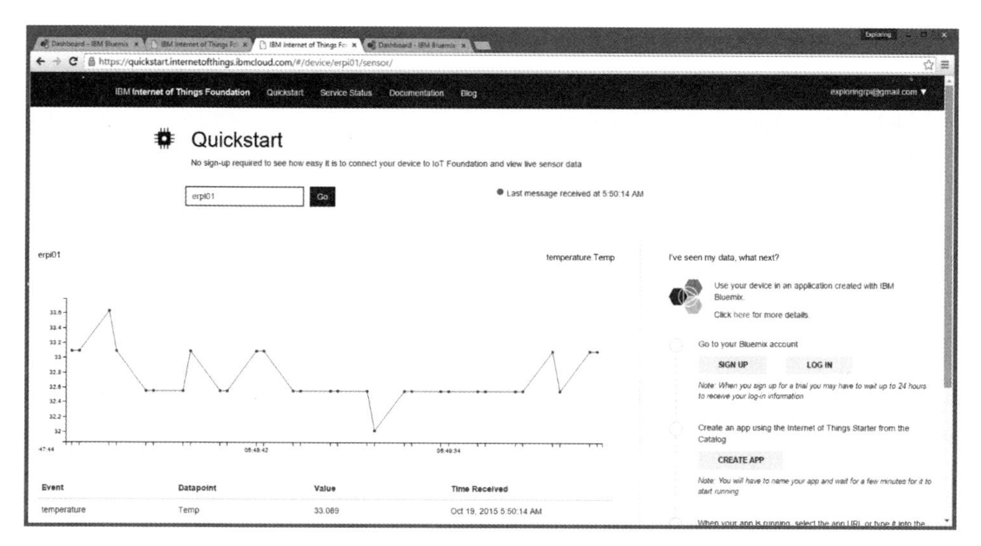


그림 12.20 JSON 형식의 CPU 온도 데이터 샘플을 받는 IBM 퀵스타트

이 데이터 스트림을 직접 구독(subscribe)하는 클라이언트 코드를 작성할 수 있다. IBM 퀵스타트의 경우, 구독자(subscribers)는 *디바이스*(device)가 아닌 *애플리케이션*(application)으로 연결되므로 클라이언트 ID는 d가 아닌 a로 시작한다. 두 번째 클라이언트 ID는 a:quickstart:RaspberryPi:erpi02와 같이 정할 수 있다. 애플리케이션이 등록된 디바이스에 명령을 보내려면 주제의 형식이 다음과 같이 한다.

```
iot-2/type/<type-id>/id/<device-id>/cmd/<command>/fmt/<format>
```

- <type-id>는 메시지를 보낼 디바이스의 유형이다(예: RaspberryPi).
- <device-id>는 메시지를 보낼 특정 디바이스의 ID다(예: erpi01).

- <command>는 명령 문자열이다.
- 이 예제에서는 <format>이 json이다.

iot-2/type/RaspberryPi/id/erpi01/evt/temperature/fmt/json 형식의 주제(topic)를 사용해 erpi01 디바이스의 온도 데이터 스트림을 구독할 수 있다. 명확하게 말하면 디바이스는 가상일 수 있으며 단일 RPi를 사용해 디바이스와 애플리케이션을 모두 테스트할 수 있다. 연결 프로토콜에 대한 자세한 내용은 tiny.cc/erpi1206을 참고하라.

Node.js 게시자 클라이언트를 실행(조직 ID를 quickstart로 설정)하는 동시에 별도의 터미널 창에서 subscribe 애플리케이션을 실행해 데이터 스트림 메시지를 수신할 수 있다.

```
pi@erpi ~/exploringrpi/chp12/paho $ node paho.js
mqtt://quickstart.messaging.internetofthings.ibmcloud.com:1883
Sending Temp: 32.552°C to IBM IoT
Sending Temp: 32.552°C to IBM IoT
...

pi@erpi ~/exploringrpi/chp12/paho $ ./subscribe
Subscribing to topic iot-2/type/RaspberryPi/id/erpi01/evt/temperature/fmt/json
 for client a:quickstart:RaspberryPi:erpi02 using QoS 1
 Press Q<Enter> to quit
Message arrived
   topic: iot-2/type/RaspberryPi/id/erpi01/evt/temperature/fmt/json
   message: {"d":{"Temp":32.552}}
Message arrived
   topic: iot-2/type/RaspberryPi/id/erpi01/evt/temperature/fmt/json
   message: {"d":{"Temp":32.552}}
...
```

여기에서 논의한 것은 IBM 블루믹스와 같은 IoT PaaS에서 가능한 것의 겉핥기에 불과하다. 디바이스 간 중개된 상호 통신과 함께 명령을 사용해 디바이스를 활성화할 수 있다. 또한 생성된 데이터를 처리, 소비, 시각화하는 IBM 블루믹스 클라우드와 같은 서비스상의 엔터프라이즈 수준 애플리케이션 배포를 전적으로 지원한다.

## C 클라이언트/서버

이 장의 앞에서 HTTP 및 HTTPS를 사용해 웹 서버에 연결하고 웹페이지를 검색하는 C/C++ 클라이언트 애플리케이션을 설명했다. 이 절에서는 TCP 클라이언트가 정보를 교환하기 위해 연결할 수 있는 TCP 서버를 설명한다. 이 정보는 HTTP 형식일 필요는 없다. 이 장의 앞부분에서 사용한 `SocketClient` 클래스를 재사용하며 `SocketServer`라는 새로운 클래스를 설명한다. 그림 12.21은 이 클라이언트/서버 예제에서 통신하는 동안 발생하는 단계를 보여준다.

1. 1단계에서 IP 주소 192.168.1.116의 RPi에서 실행 중인 TCP 서버는 사용자가 정의한 TCP 포트(54321)를 리스닝(listening)하기 시작한다. *서버 소켓*은 클라이언트가 이 포트로 접속해오기를 영원히 기다린다.
2. 2단계에서 TCP 클라이언트 애플리케이션이 실행된다. 클라이언트 애플리케이션은 연결할 서버의 IP 주소와 포트 번호를 알아야 한다. 클라이언트 애플리케이션은 리눅스가 할당해준 포트를 사용해 *클라이언트 소켓*을 연다. 다른 RPi(또는 동일한 RPi의 다른 터미널 창)에서 실행되는 서버는 클라이언트의 연결 요청을 수락하고 클라이언트의 IP 주소 및 포트 번호에 대한 참조를 검색한다. 연결이 되면 클라이언트는 "Hello from the client"라는 메시지를 보낸다.
3. 3단계에서 서버는 수신한 메시지를 읽고 "The Server says thanks!"라는 새 메시지를 클라이언트에게 보낸다. 클라이언트는 응답 메시지를 읽고 이를 터미널에 표시한다. 그런 다음 클라이언트와 서버 모두 네트워크 소켓을 닫는다. 프로그램은 비동기적으로 실행되며 이 예에서는 여기까지 수행 후 완료된다.

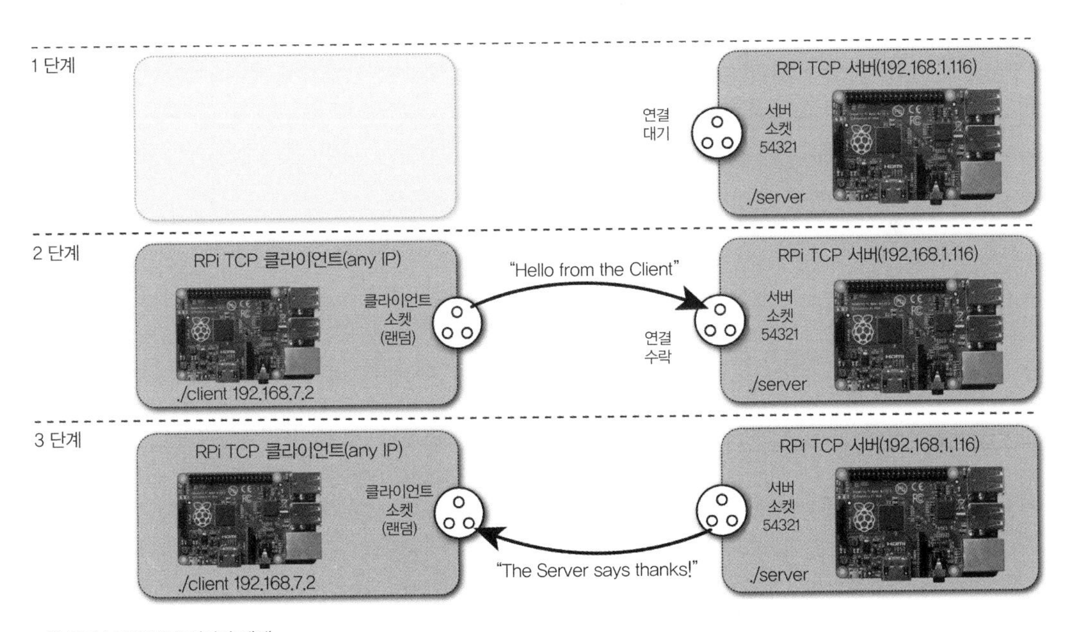


**그림 12.21** 클라이언트/서버 예제

전체 예제는 /chp12/clientserver/ 디렉터리에 있다. 코드 12.11의 client.cpp 프로그램은 network 서브 디렉터리의 SocketClient 클래스를 사용한다(코드 12.5 참고).

**코드 12.11** /chp12/clientserver/client.cpp

```
#include <iostream>
#include "network/SocketClient.h"
using namespace std;
using namespace exploringRPi;

int main(int argc, char *argv[]){
    if(argc!=2){
        cout << "Incorrect usage: " << endl;
        cout << " client server_name" << endl;
        return 2;
    }
    cout << "Starting RPi Client Example" << endl;
    SocketClient sc(argv[1], 54321);
    sc.connectToServer();
    string message("Hello from the Client");
    cout << "Sending [" << message << "]" << endl;
    sc.send(message);
    string rec = sc.receive(1024);
    cout << "Received [" << rec << "]" << endl;
    cout << "End of RPi Client Example" << endl;
    return 0;
}
```

코드 12.12의 SocketServer 클래스는 새로운 것으로, SocketClient 클래스와 완전히 다른 방식으로 동작한다. 클래스의 객체는 포트 번호를 생성자에 전달해 생성된다. listen() 메서드가 호출되면 프로그램 카운터는 서버에서 연결을 수락할 때까지 이 메서드 호출에서 반환되지 않는다.

**코드 12.12** /chp12/clientserver/network/SocketServer.h

```
class SocketServer {
private:
    int      portNumber;
    int      socketfd, clientSocketfd;
    struct   sockaddr_in  serverAddress;
    struct   sockaddr_in  clientAddress;
    bool     clientConnected;
```

```
public:
    SocketServer(int portNumber);
    virtual int listen();
    virtual int send(std::string message);
    virtual std::string receive(int size);
    virtual ~SocketServer();
};
```

코드 12.13의 server.cpp 코드 예제는 ServerSocket 클래스의 객체를 만들고 클라이언트 연결을 기다린다.

**코드 12.13** /chp12/clientserver/server.cpp

```
#include <iostream>
#include "network/SocketServer.h"
using namespace std;
using namespace exploringRPi;

int main(int argc, char *argv[]){
    cout << "Starting RPi Server Example" << endl;
    SocketServer server(54321);
    cout << "Listening for a connection..." << endl;
    server.listen();
    string rec = server.receive(1024);
    cout << "Received from the client [" << rec << "]" << endl;
    string message("The Server says thanks!");
    cout << "Sending back [" << message << "]" << endl;
    server.send(message);
    cout << "End of RPi Server Example" << endl;
    return 0;
}
```

이 예제의 코드는 chp12/clientserver 디렉터리의 build 스크립트를 사용해 빌드할 수 있으며 다음과 같이 서버를 실행할 수 있다.

```
pi@erpi ~/exploringrpi/chp12/clientserver $ ./server
Starting RPi Server Example
Listening for a connection...
```

서버는 클라이언트의 요청을 수신할 때까지 대기한다. 클라이언트 애플리케이션을 실행하기 위해 동일한 RPi나 다른 RPi, 또는 리눅스 데스크톱 컴퓨터에서 별도의 터미널 세션을 사용할 수 있다.[4] 클라이언트 애플리케이션은 서버의 IP 주소를 전달해 실행할 수 있다. 포트 번호(54321)는 클라이언트 프로그램 코드 내에서 정의된다.

```
pi@erpi ~/exploringrpi/chp12/clientserver $ ./client localhost
Starting RPi Client Example
Sending [Hello from the Client]
Received [The Server says thanks!]
End of RPi Client Example
```

클라이언트가 서버에 연결되면 클라이언트와 서버가 동시에 실행돼 그 결과 앞뒤에 다음과 같은 결과가 나타난다.

```
pi@erpi ~/exploringrpi/chp12/clientserver $ ./server
Starting RPi Server Example
Listening for a connection...
Received from the client [Hello from the Client]
Sending back [The Server says thanks!]
End of RPi Server Example
```

이 책의 뒤에서 이 코드가 스레드를 지원하도록 하고 간단한 문자열보다 더 나은 구조로 통신할 수 있도록 개선했다. 그러나 이 코드로도 전 세계 어디에나 있는 리눅스 클라이언트/서버 간에 상호 통신할 수 있음은 분명하다. 클라이언트/서버 쌍은 바이트를 보내고 받는 것으로 통신한다. 따라서 통신은 매우 높은 데이터 속도로 할 수 있으며 물리적 네트워크 인프라에 의해서만 제한된다.

## IoT 디바이스 관리

원격 웹 센서의 어려운 점 중 하나는 그것들이 물리적으로 접근할 수 없는 곳이나 먼 곳에 있을 수 있다는 것이다. 게다가 시스템 가동이 중단되면 감지 데이터가 크게 손실될 수 있다. 문제가 분명해지면 RPi에 SSH로 접속해 애플리케이션을 다시 시작하거나 시스템 재부팅을 수행한다. 이 절에서는 두 가지 전혀 다른 관리 방법을 설명한다. 첫 번째는 수동 웹 기반 모니터링이고 두 번째는 리눅스 워치독 타이머를 사용해 자동으로 수행하는 방법이다.

4 서버가 종료된 후 리눅스 커널이 서버 소켓과 TCP 포트를 해제해 재사용하기까지 잠깐의 시간이 걸릴 수 있다. TCP의 TIME-WAIT 상태는 이후 연결에서 한 연결의 지연된 패킷을 수락하지 못하게 한다. 따라서 "주소가 이미 사용 중"이라는 오류 메시지가 표시되므로 서버 애플리케이션이 다시 시작되기까지 몇 초 기다려야 할 수 있다.

## RPi 원격 모니터링

여러 가지 추가적인 오픈소스 서비스를 지원한다는 것은 웹 서버를 설치함으로써 얻을 수 있는 이점 중 하나다. 그러한 예로 *Linux-dash*라는 원격 모니터링 서비스를 들 수 있다. 구성을 단순하게 하기 위해 여기서는 Node.js를 서버로 사용한다.

```
pi@erpi ~ $ sudo apt install php5 curl php5-curl php5-json
pi@erpi ~ $ sudo git clone https://github.com/afaqurk/linux-dash.git
pi@erpi ~ $ cd linux-dash/
pi@erpi ~/linux-dash $ sudo npm install
```

그런 다음 index.js 파일의 server.listen() 항목을 편집해 엔진엑스 서버에 선택된 포트 번호와 충돌하지 않는 적절한 포트 번호(이 경우 81)를 선택한다.

```
pi@erpi:~/linux-dash $ sudo nano server/index.js
pi@erpi ~/linux-dash $ more server/index.js |grep server.listen
server.listen(81);
pi@erpi ~/linux-dash $ sudo node server
Linux Dash Server Started!
```

위의 단계에 따라 RPi에서 서비스를 실행하고 RPi의 주소와 포트 번호(예: http://192.168.1.116:81/ 또는 http://raspberrypi.local:81/)를 웹 브라우저에 입력하면 그림 12.22와 같은 화면을 볼 수 있다. 이와 같이 Linux Dash를 이용해 비정상적인 부하, 네트워크 트래픽 등의 시스템 문제를 신속하게 파악할 수 있지만, 수동으로 웹페이지를 열어보기 전에는 문제가 발생했는지 알 수 없다.

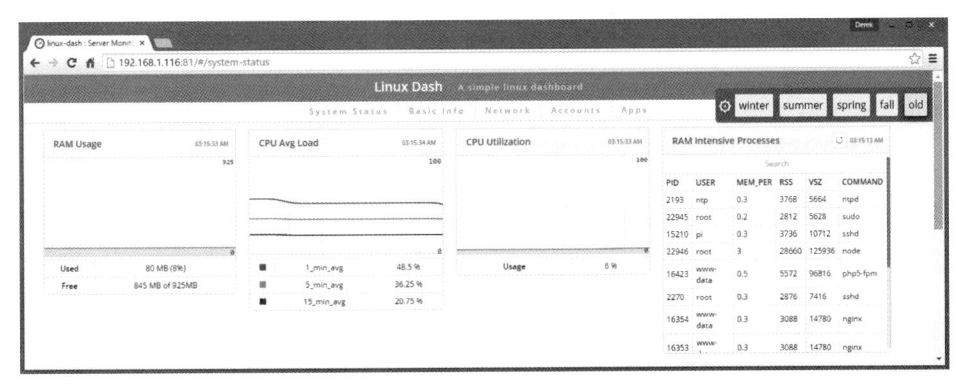


그림 12.22 Linux Dash를 사용한 RPi 원격 모니터링

## RPi 워치독 타이머

애플리케이션에 심각한 문제가 발생했는지를 자동으로 판단하는 방법은 워치독(watchdog) 타이머를 사용하는 것이다. RPi는 하드웨어 워치독 타이머를 완벽하게 지원하며 이 타이머는 잠겨있을 때 자동으로 RPi를 재설정하는 데 사용할 수 있다. IoT 애플리케이션에서 RPi에 접근할 수 없거나 RPi가 중단되지 않아야 하는 중요한 역할(예: 침입 경보)을 하는 경우에는 워치독 타이머의 존재가 매우 중요할 수 있다.

최근의 라즈비안에서는 하드웨어 워치독 기능이 기본으로 활성화돼 있으며 /dev에서 watchdog 장치를 볼 수 있다(기존 bcm2708_wdog이 bcm2835_wdt로 대체돼 원문의 내용을 일부 수정했다 – 옮긴이).

```
pi@erpi /etc $ lsmod|grep wdt
bcm2835_wdt            3225  0
pi@erpi /dev $ ls -l watchdog
crw------- 1 root root 10, 130 Oct 17 12:53 watchdog
```

워치독 타이머 데몬을 설치해 일정한 간격으로 워치독 장치에 메시지(*하트비트*)를 전송할 수 있다. 리눅스 OS가 응답하지 않으면 워치독 타이머 데몬이 이 역할을 수행할 수 없으므로 RPi 하드웨어 워치독이 자동으로 보드를 재부팅한다. watchdog 데몬을 설치하고 나면 구성 파일에 데몬의 정확한 동작을 정의할 수 있다.

```
pi@erpi ~ $ sudo apt install watchdog
pi@erpi /etc $ ls -l watchdog.conf
-rw-r--r-- 1 root root 1126 Oct 17  2014 watchdog.conf
```

구성 파일(watchdog.conf)의 주석 처리된 행을 수정해 워치독 장치를 지정하고 최대 부하 수준을 설정한다.

```
pi@erpi /etc $ sudo nano watchdog.conf
pi@erpi /etc $ more watchdog.conf | grep /dev/watchdog
watchdog-device = /dev/watchdog
pi@erpi /etc $ more watchdog.conf |grep max-load-1
max-load-1 = 24
```

watchdog 데몬을 재시작한다.

```
pi@erpi /etc/default $ sudo systemctl restart watchdog
```

워치독 서비스는 다음과 같이 프로세스로서 실행된다.

```
pi@erpi ~ $ ps aux|grep watchdog
root   2498 0.0 0.1 1828 1736 ?  SLs  13:11   0:00 /usr/sbin/watchdog
```

워치독 타이머가 올바르게 작동하는지 테스트하려면 워치독 데몬을 kill해 보면 된다. 이것은 시스템 문제로 인해 데몬이 올바로 작동할 수 없을 때와 비슷한 상황을 연출한다.

```
pi@erpi ~ $ sudo kill -9 2498
```

워치독 데몬을 사용하는 대신에 애플리케이션 전용의 맞춤 워치독 서비스를 개발하는 방법도 있다. 이러한 애플리케이션의 예제는 /chp12/watchdog/watchdog.c에 제공된다. 이 코드의 원칙을 애플리케이션에 구현하면 중요한 코드 블록이 실행될 때마다 "개를 걷어차야"(즉, 타이머를 재설정해야) 한다. 예를 들어 코드 예제에서 센서 값을 15초마다 읽은 경우 센서 값을 읽을 때마다 "개를 걷어차야" 할 수도 있다. 이렇게 하면 애플리케이션이 센서에 연결할 수 없는 경우 RPi가 자동으로 재부팅된다. 일반적으로 리눅스 워치독 데몬이 보드를 재부팅하는 시스템 전반의 문제로 인해 통신 장애가 발생할 가능성이 있어 아마도 이는 불필요할 것이다.

## 정적 IP 주소

RPi는 유선 및 무선 IP 주소를 할당하기 위해 *DHCP*(*동적 호스트 구성 프로토콜*)를 사용하도록 기본적으로 구성된다. 네트워크 라우터는 대개 네트워크에 연결된 장치에 주소 풀을 할당하는 DHCP 서버를 실행한다. DHCP가 로컬 네트워크의 장치에서는 잘 작동하더라도 포트 포워딩을 통해 방화벽 외부에서 RPi를 볼 수 있게 하려면 어려움을 겪을 수 있다. 이는 DHCP 장치가 부트할 때 이전과 다른 IP 주소를 수신할 수도 있기 때문이다(라우터의 임대 시간에 달려있다). *포트 포워딩*(*포트 매핑*이라고도 함)은 RPi의 특정 포트(예: 80)를 방화벽 외부에서 볼 수 있는 포트에 대응시키는 것으로, 외부에서 RPi에서 실행되는 서비스에 접근할 수 있게 해준다. 많은 라우터 · 방화벽에서 포트 포워드를 설정하기 위해서는 RPi에 정적(static) IP가 필요하다.

정적 IP 주소를 네트워크 어댑터에 할당하려면 다음과 같이 /etc/network/interfaces 구성 파일에서 주소(예: 192.168.1.33), 네트워크 마스크, 네트워크 게이트웨이를 수작업으로 변경하면 된다.

```
pi@erpi /etc/network $ more interfaces
# The primary network interface
```

```
auto eth0
allow-hotplug eth0
iface eth0 inet static
   address 192.168.1.33
   netmask 255.255.255.0
   gateway 192.168.1.1
```

이제 RPi를 리부트하면 정적 IP 주소를 갖게 된다.

```
molloyd@desktop:~$ ssh pi@192.168.1.33
pi@erpi ~ $
```

이 절차는 wlan0 무선 이더넷 어댑터와 같은 다른 어댑터 항목에도 동일하게 적용된다. DHCP 주소 풀 범위 내에 있거나 다른 디바이스에 할당된 주소를 선택하면 네트워크에서 IP 충돌이 발생하므로 주의하라.

## PoE

RPi를 웹 센서로 사용할 때 겪는 한 가지 공통적인 어려움은 전력 공급에 관한 것이다. 배터리를 사용해 RPi에 전원을 공급할 수 있으며 이러한 용도의 *USB 배터리 팩* 솔루션이 많이 나와 있다. *IntoCircuit Power Castle 11.2 Ah*(~40 달러)는 이론적으로 RPi를 평균 부하에서 약 50시간 동안 사용할 수 있어 인기가 높다(Wi-Fi를 사용하는 경우 사용 시간이 매우 짧아진다). 이러한 배터리 구성은 RPi 모바일 로봇 플랫폼에 사용할 수 있다.

전원 소켓을 쉽게 사용할 수 없는 멀리 떨어진 장소(예: 정원, 출입구)에 고정 설치가 필요한 경우 *PoE(Power over Ethernet)*가 좋은 선택이 될 수 있다. 일반 이더넷 케이블(Cat 5e 또는 Cat 6)에는 외부 전원의 전자기 간섭을 제거하기 위해 두 가닥의 전선을 꼬아둔 것이 네 쌍 들어 있다. 따라서 저비용의 *UTP(비차폐 연선)* 케이블을 사용해 최대 100m까지의 거리에 데이터와 전력을 함께 전달할 수 있다.

표준 이더넷(100BASE-T)의 경우 데이터 전송에 실제로 사용되는 것은 두 쌍뿐이므로 나머지 두 쌍은 전력을 전달하는 데 사용할 수 있다. 그러나 데이터 신호를 전달하는 한 쌍의 전선에 *공통 모드 전압*을 주입할 수도 있다. 이것은 연선을 통한 이더넷(CAN 버스, USB, HDMI와 유사)이 차동 신호 방식(수신기가 접지에 대한 전압 레벨이 아닌 두 신호의 차이를 읽는 것)을 사용하기 때문에 가능하다. 외부 간섭은 동일한 방식으로 쌍을 이룬 전선에 영향을 미치므로 그 영향은 *차동 신호 전달*에 의해 효과적으로 상쇄된다. PoE가 네트워크 케이블을 사용해 연결된 디바이스에 전원을 공급할 수 있는 것은 그런 이유 때문이다. 이 방식은 별도의 주 전원 포인트가 필요하지 않아 VoIP 전화와 IP 카메라에서 일반적으로 사용한다.

RPi는 PoE를 자체적으로 지원하지 않으므로 두 가지 외부적인 방법 중에서 선택할 수 있다.

- **유사 PoE 케이블**
  그림 12.23에 표시된 Adafruit의 *Passive PoE Injector Cable Set*(~6달러)는 일반 5V 전원 공급 장치를 사용해 사용하지 않은 꼬임 쌍선에 전원을 공급할 수 있으며, 케이블의 다른 쪽 끝에서 그 전원을 끌어갈 수 있다. 4장에서 설명한 크림핑 툴을 사용해 DC 전원 커넥터의 끝을 듀퐁 커넥터로 처리해 RPi GPIO 헤더(예: 4번 핀과 6번 핀)에 연결할 수 있다. 이러한 케이블을 표준 PoE 스위치에 연결해서는 안 된다!

- **표준 PoE(IEEE 802.3af) 스위치 사용**
  PoE 스위치는 장거리에서 전원을 공급하기 위해 48V DC 공급을 제공한다. 따라서 이 전압을 RPi가 수용할 수 있는 수준으로 낮춰주는 *PoE 전력 추출 모듈*이 필요하다.

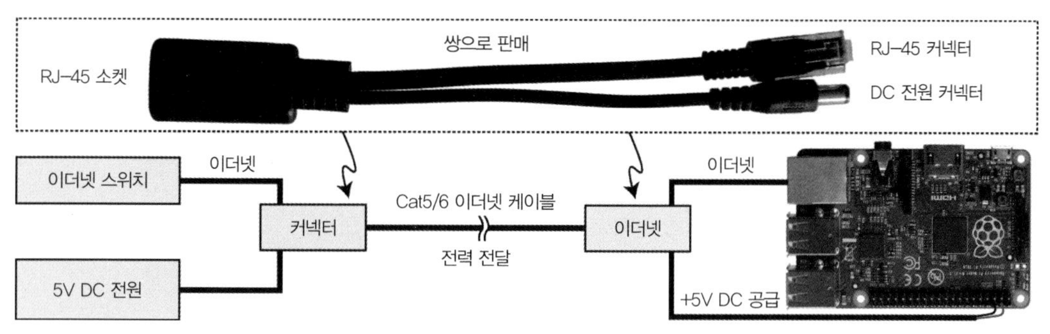


**그림 12.23** AdaFruit 유사 PoE 케이블

## PoE 전력 추출 모듈(고급 주제)

그림 12.23과 같은 유사 PoE를 이용할 때 겪을 수 있는 문제는 케이블이 길어짐에 따라 케이블의 저항도 증가해 5V 공급 전압이 떨어지는 것이다. 요즘에는 PoE 기능을 제공하는 저렴한 네트워크 스위치가 나와 있다. 이러한 스위치에서 공급하는 48V DC 전압을 낮은 고정 전압(예: 3.3V, 5V, 12V)으로 변환해주는 *전력 추출 모듈*(Power extraction modules, PEMs)을 구입할 수 있다. 이 절에서는 RPi에 5V를 공급하기 위해 저렴한(10~15달러) PEM1305를 사용했다(`tiny.cc/erpi1205`). PoE(802.3af) 스위치는 연결된 디바이스에 최대 15.4W의 전력을 공급할 수 있다. IEEE 802.3af 표준(IEEE 표준 협회에서 2012년에 제정)에는 두 가지 방식의 PoE가 있다.

- **A형 PoE:** 데이터 선에 공통 모드 DC 전압을 실어 보냄으로써 전력을 전달한다. 나머지 선은 사용하지 않는다.
- **B형 PoE:** 데이터 선은 건드리지 않고 여분의 선 두 가닥을 사용해 전력을 전달한다.

기가비트 이더넷에서는 4쌍의 선을 모두 사용해 데이터를 전송하므로 향후 PoE 네트워크 스위치에서 A형 PoE가 많이 사용될 것으로 보인다.

그림 12.24는 PoE(IEEE 802.3af) 전원을 사용해 RPi에 전원을 공급하는 데 사용할 수 있는 회로를 보여준다. PEM1305는 A형 및 B형의 PoE 구성에서 전력을 뽑아낼 수 있다. 그러나 데이터 배선에서 전원을 추출하려면 모듈을 DC 절연 변압기에 연결해야 하며, 이를 위해 센터 탭 출력이 있는 *MagJack*을 사용할 수 있다(예: Belfuse 0826-1X1T-GJ-F). MagJack에는 PoE PEM에 48V 전원을 공급하고 이더넷 신호 전압 레벨에서 RPi 이더넷 잭에 안전하게 데이터를 전달하는 데 필요한 절연 변압기가 포함돼 있다.

PoE 스위치의 전원 출력 레벨을 선택하는 데는 PEM1305의 입력 쪽에 있는 저항기가 사용되며, 전원 출력 레벨을 정확하게 조정하면 전력 효율이 향상된다. 출력 전압 조정 저항은 PEM 출력 전압 레벨을 추가로 조정할 수 있다. PEM 핀 출력은 RPi GPIO 헤더의 5V 핀(2번 핀 또는 4번 핀)과 GND 핀(6번 핀)에 직접 연결할 수 있다.

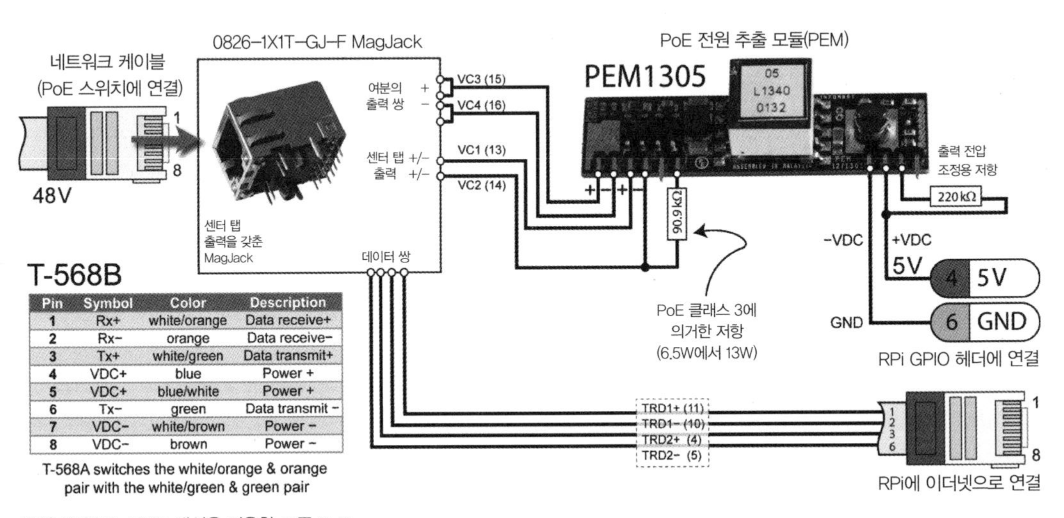


| Pin | Symbol | Color | Description |
|---|---|---|---|
| 1 | Rx+ | white/orange | Data receive+ |
| 2 | Rx- | orange | Data receive- |
| 3 | Tx+ | white/green | Data transmit+ |
| 4 | VDC+ | blue | Power + |
| 5 | VDC+ | blue/white | Power + |
| 6 | Tx- | green | Data transmit - |
| 7 | VDC- | white/brown | Power - |
| 8 | VDC- | brown | Power - |

**그림 12.24** T-568B 배선을 적용한 표준 PoE

**참고** PoE 전원 추출 모듈 및 MagJack을 선택할 때는 주의해야 한다. 예를 들어 PEM1205 모듈은 PEM1305와 겉모습이 매우 유사하지만 입력에 정류기 브리지가 없으므로 직접 추가해야 한다(그렇지 않으면 회로가 실제 이더넷 크로스오버 케이블을 처리할 수 없다). 또한 많은 이더넷 MagJack에는 절연 변압기의 센터 탭 출력이 없으므로 PoE PEM과 함께 사용하기에는 부적당하다. 센터 탭 출력이 PEM에 48V DC 전원을 공급하기 때문이다.

# 요약

이 장의 목표는 다음과 같다.

- RPi에 웹 서버를 설치하고 구성해 정적 HTML 콘텐츠를 표시하도록 한다.
- CGI 스크립트와 PHP 스크립트를 사용해 RPi 센서에 인터페이스하는 동적 웹 콘텐츠를 전송하도록 웹 서버를 개선한다.
- HTTP 또는 HTTPS를 사용해 통신할 수 있는 C/C++ 클라이언트 애플리케이션의 코드를 작성한다.
- HTTP 및 MQTT를 사용해 씽스피크 및 IBM 블루믹스 IoT와 같은 PaaS(서비스로서의 플랫폼)를 이용한다.
- 리눅스 cron 스케줄러를 사용해 RPi의 작업 흐름을 구조화한다.
- RPi에서 이메일 메시지를 직접 보내고 이를 IFTTT와 같은 웹 서비스의 트리거로 활용한다.
- 두 개의 TCP 디바이스 간에 고속 및 낮은 오버헤드로 통신할 수 있는 C++ 클라이언트/서버 애플리케이션을 빌드한다.
- 모니터링 소프트웨어 및 워치독 코드를 사용해 원격 RPi 디바이스를 관리함으로써 배포된 서비스가 견고함을 보장한다.
- Wi-Fi 어댑터와 정적 IP 주소를 사용하도록 RPi를 구성하며 PoE(Power over Ethernet)를 활용한다.

# 13장

# 무선 통신 및 제어

이 장에서는 인터넷에 무선으로 연결하고 다양한 통신 표준을 사용해 장치 및 센서에 무선으로 인터페이스하도록 라즈베리 파이를 구성하는 방법에 관해 설명한다. 이 장의 첫 부분에서는 모바일 앱을 사용하는 무선 RPi 원격제어 프레임워크를 개발하는 데 블루투스 통신을 어떻게 활용할 것인지 알아본다. 다음으로 USB Wi-Fi 어댑터를 사용해 인터넷에 연결하기 위해 RPi를 설정하는 방법을 알아본다. Wi-Fi에 대한 논의에 이어 저가의 NodeMCU(ESP8266) Wi-Fi 마이크로 컨트롤러를 활용해 무선으로 사물과의 네트워크를 구축하고 센서에서 얻은 값을 RPi와 IoT PaaS에 전달하는 것을 살펴본다. 그다음, ZigBee 프로토콜을 사용해 유명한 Xbee ZigBee 장비들을 사용하는 피어 투 피어 무선 네트워크를 구축한다. 마지막으로 NFC/RFID를 사용해 간단한 보안 접근 제어 시스템을 만든다. 이 장을 마치고 나면 필요에 맞는 무선 통신 표준을 선택해 복잡한 무선 IoT 애플리케이션을 구축할 수 있게 될 것이다.

**이 장에 필요한 준비물:**

- 라즈베리 파이(모델에 관계없음)
- RPi3 또는 USB 블루투스 어댑터(Kinivo BTD-400 등)
- 안드로이드(Android) 모바일 기기
- RPi3 또는 USB Wi-Fi 어댑터(Wi-Pi 등)
- NodeMCU 마이크로프로세서(버전 2)
- ZigBee 모듈(Digi XBee 시리즈 2 ZigBee 모델이 이상적임)

- XBee USB Explorer 1개와 XBee 브레드보드 어댑터 2개
- RFID 카드 리더(PN352 NFC 호환 제품이 이상적임)
- TMP36 온도 센서(또는 다른 아날로그 센서)

이 장에 대한 자세한 내용은 www.exploringrpi.com/chapter13/을 참고한다.

## 무선 통신 개요

RPi에 무선 기능을 추가하면 로보틱스, 환경 감지 및 원격 이미지 처리와 같은 분야에서 응용 가능성이 더욱 커진다. RPi 3에는 온보드 무선 기능이 있으며, USB 장치를 사용해 통신 모듈을 인터페이스함으로써 모든 RPi 모델에서 다양한 통신 유형을 구현할 수 있다. 예를 들어 저가형 USB Wi-Fi 및 블루투스 어댑터가 널리 사용 가능하며 대부분 리눅스 드라이버가 지원된다. 아울러 *지그비(ZigBee)* 및 *NFC(근거리 무선 통신)*와 같은 다른 통신 표준은 직렬 UART 연결이 있는 모듈을 인터페이스해 구현할 수 있다.

모든 프로젝트에 들어맞는 만병통치약은 없다. 각각의 무선 통신 표준에는 서로 다른 장단점이 있다.

- *블루투스(Bluetooth)*는 컴퓨터 주변 장치, 오디오 장치, *PAN(개인 영역 네트워크)* 및 모바일 장치(데이터 속도가 중요하지 않은 애플리케이션)와의 인터페이스에 널리 사용되는 표준이다. 저비용 및 저전력 소비 특성을 갖추고 있으므로 배터리를 사용하는 장치에 특히 적합하다. 최근 등장한 블루투스 *LE(low energy)*는 비슷한 통신 범위를 유지하면서 매우 낮은 전력의 애플리케이션을 지원하는 것을 목표로 한다.
- 높은 데이터 전송률이 필수적인 본격적인 네트워킹 애플리케이션에는 블루투스보다 *Wi-Fi* 통신이 적합하다. 따라서 미디어가 풍부한 인터넷 연결 장치 및 노트북 컴퓨터에서 널리 사용된다. Wi-Fi는 비슷한 통신 작업을 위해 블루투스의 전력 소비량의 40배에 달하는 전력을 소비한다.[1]
- *지그비(ZigBee)* 통신 표준은 RPi에서 UART 장치를 통해 *XBee 모듈*과 인터페이스해 활용할 수도 있다. XBee 장치는 저전력 프로파일을 갖도록 설계됐으며 상당한 거리에서 통신할 수 있으므로 메시 네트워크 구성을 형성해 네트워크 범위를 더욱 확장할 수 있다. 최대 데이터 전송률은 블루투스 및 Wi-Fi에 비해 상당히 제한적이지만, 통신 지연 시간이 짧아 실시간 제어에 적합한 특성이 있다.
- *NFC*는 *RFID(무선 주파수 식별)* 통신을 기반으로 하는 단거리 무선 통신 표준이다. 그것은 최대 약 20cm의 통신 범위를 지원하며 장치가 거의 접촉하는 경우(약 5cm 미만)에 데이터 전송 속도가 매우 높다. NFC는 *유도 결합*을 사용해 전원을 사용하지 않는 장치와의 통신을 지원한다.

---

1 라훌 발라니(Rahul Balani) "블루투스, WiFi, 셀룰러 네트워크의 에너지 소비 분석(Energy Consumption Analysis for Bluetooth, WiFi and Cellular Networks)"(Networked and Embedded Systems Laboratory, University of California, Los Angeles, Technical Report, 2007).

서로 다른 무선 표준의 일반적인 특성을 표 13.1에 요약했다. 분명히 데이터 속도와 통신 범위는 모듈 선택에 있어 매우 중요한 요소다. 이 장에서는 이러한 각 기술이 RPi에 인터페이스돼 바로 작업을 시작할 수 있다.

표 13.1 여러 무선 표준의 요약 비교

| | 블루투스 | WI-FI | 지그비 | NFC/RFID |
|---|---|---|---|---|
| 표준 | IEEE 802.15.1 | IEEE 802.11 | IEEE 802.15.4 | ISO/IEC |
| 범위 | 10~100m | 50~100m | 30~100m+ | 〈20cm |
| 전력 | 낮음 | 높음 | 매우 낮음 | 매우 낮음 |
| 전송률 | 〈2.1Mb/s | 10~300Mb/s | 〈250kb/s | 20Mb/s까지 |
| 토폴로지 | Star | Star | Mesh/Star | Point-to-point |
| 조직 | Bluetooth SIG | Wi-Fi Alliance | ZigBee Alliance | NFC Forum |

## 블루투스 통신

블루투스는 에릭슨(Ericsson)에서 만든 인기 있는 무선 통신 시스템으로 현재 블루투스 *SIG*(*Special Interest Group*)에서 관리하고 있다. 블루투스는 매우 다른 장치 유형이 근거리에서 무선으로 통신할 수 있도록 개방형 표준으로 설계됐다. 오디오 헤드셋, 키보드, 컴퓨터 마우스, 의료 기기와 같은 많은 애플리케이션에서 데이터의 디지털 전송을 위해 사용한다. 온보드 블루투스는 RPi 3에서만 지원하며 다른 RPi 모델에서는 저비용 USB 블루투스 어댑터를 사용할 수 있다.

### 블루투스 어댑터 설치

USB 블루투스 어댑터 중에는 리눅스 드라이버를 지원하지 않는 것도 있으므로 RPi 3 이외의 모델에서 사용할 USB 블루투스 어댑터를 구입할 때는 리눅스를 지원하는지와 RPi에서 동작하는지를 미리 확인하는 것이 좋다. 그렇지만 그런 것을 항상 알 수 있는 것은 아니다. 게다가 리눅스 드라이버의 지원은 칩셋에 의존적이기 때문에 같은 모델 번호를 가진 장치라고 하더라도 내부의 칩셋이 변경됨에 따라 더는 리눅스가 지원되지 않기도 한다. 이 절에서 사용한 USB 블루투스 어댑터는 그림 13.1의 Kinivo BTD-400 블루투스 4.0 USB 어댑터(~15달러)다. 일반적으로 사용 가능하며 현재 버전에서는 리눅스가 제대로 지원되는 브로드컴(Broadcom) 칩셋을 사용한다.

모든 RPi 모델에 있어 블루투스 연결을 위한 첫걸음은 필요한 패키지를 설치하는 것이다.

```
pi@erpi ~ $ sudo apt update
pi@erpi ~ $ sudo apt install bluetooth bluez
```

설치 후 USB 어댑터를 RPi USB 소켓에 '핫 플러그'할 수 있다. 다음 명령을 사용해 현재 RPi에 연결된 USB 모듈을 나열할 수 있으며 목록에 나타난 Broadcom을 통해 USB 어댑터가 감지됐음을 알 수 있다.

```
pi@erpi ~ $ lsusb
Bus 001 Device 004: ID 0a5c:2198 Broadcom Corp. Bluetooth Device
```

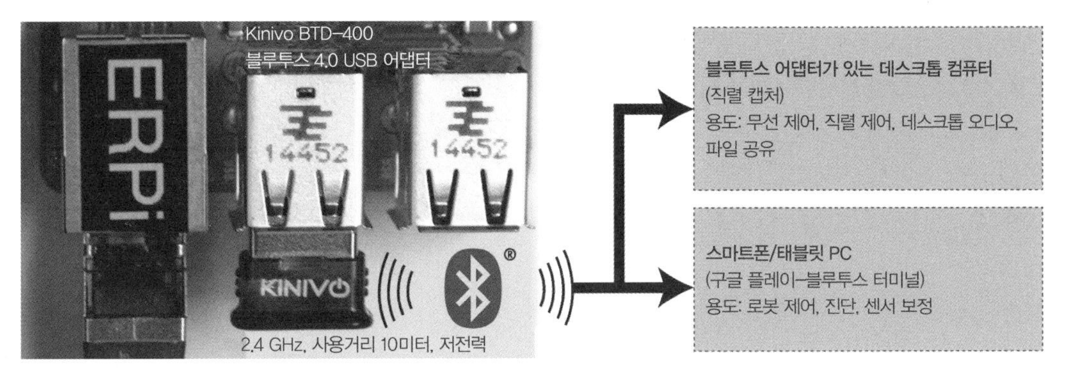


그림 13.1 RPi 블루투스 연결

## LKM 확인

8장에서 설명한 바와 같이 리눅스의 *LKM(적재 가능 커널 모듈)*은 런타임에 리눅스 커널에 코드를 추가하는 메커니즘이다. 하드웨어가 어떻게 작동하는지 알 필요 없이 커널이 하드웨어와 통신할 수 있게 해주는 장치 드라이버에 이상적이다. LKM의 대안은 각각의 모든 드라이버에 대한 코드를 리눅스 커널에 구현하는 것인데, 이는 비현실적인 커널 크기와 지속적인 커널 재컴파일로 이어진다. LKM은 런타임에 적재되지만 유저 스페이스에는 존재하지 않으며 실질적으로는 커널에 속한다. 블루투스 어댑터가 RPi에 연결돼 있는 경우(또는 온보드 블루투스가 RPi 3에서 활성화된 경우) lsmod 명령을 사용해 로드된 모듈을 찾아낼 수 있다. 예를 들어 USB 블루투스 어댑터를 사용하면 btusb 모듈이 로드되는 것을 볼 수 있다.

```
pi@erpi ~ $ lsmod
Module                  Size  Used by
btusb                  29247  0
btbcm                   4430  1 btusb
btintel                 1381  1 btusb
bluetooth             327442  23 bnep,btbcm,btusb,btintel ...
```

RPi 3에서는 온보드 UART 장치에 블루투스 장치가 연결돼 있으므로 온보드 블루투스를 사용하면 hci_uart 모듈이 로드된다.

```
pi@erpi:~ $ lsmod
Module                  Size  Used by
hci_uart               13533  1
btbcm                   4196  1 hci_uart
bluetooth             317981  23 bnep,hidp,btbcm,hci_uart ...
```

modprobe 명령을 사용하면 런타임에 리눅스 커널에 LKM을 추가하거나 리눅스 커널에서 LKM을 제거할 수 있다. 그러나 모든 것이 올바르게 작동했다면 모듈이 자동으로 로드돼 있어야 한다. 오류가 발생했다면 dmesg로 확인할 수 있다. cat /proc/modules를 사용하면 로드된 모듈에 관한 유사한 정보를 얻을 수 있지만, 그 형식이 읽기에 불편하다. 그러고 나서 다음과 같이 SysV init 또는 systemd에서 블루투스 서비스의 상태를 테스트할 수 있다.

```
pi@erpi ~ $ /etc/init.d/bluetooth status
[ ok ] bluetooth is running.

pi@erpi ~ $ systemctl status bluetooth
 • bluetooth.service - Bluetooth service
   Loaded: loaded (/lib/systemd/system/bluetooth.service; enabled)
   Active: active (running) since Fri 2015-10-30 03:40:38 UTC; 36s ago
     Docs: man:bluetoothd(8)
 Main PID: 12307 (bluetoothd)
   Status: "Running"
   CGroup: /system.slice/bluetooth.service
           └─12307 /usr/lib/bluetooth/bluetoothd
```

## 블루투스 어댑터 구성하기

hcitool 명령은 블루투스 연결을 구성하는 데 사용되며 dev 인수가 전달되면 로컬 블루투스 장치에 대한 정보를 제공한다.

```
pi@erpi ~ $ hcitool dev
Devices: hci0 00:02:72:CB:C3:53
```

위에서는 예제에 사용한 보드에 연결된 어댑터의 하드웨어 장치 주소가 출력됐다. 이 명령을 사용해 장치를 검색하고 연결을 표시하고 전력 레벨을 표시하고 더 많은 기능을 수행할 수 있다. 자세한 내용은 man hcitool로 확인한다.

이제 근처에 있는 블루투스 장치를 검색할 수 있을 것이다. 장치를 *찾을 수 있도록* 설정했는지 확인하라. Windows의 경우, 작업 표시줄 → (블루투스 로고) → 마우스 오른쪽 클릭 → 설정을 열고 "블루투스 장치가 이 컴퓨터를 찾도록 허용"을 활성화해 명시적으로 어댑터를 검색할 수 있게 설정한다. RPi 근처의 블루투스 장치를 스캔하고 BlueZ `l2ping` 도구를 사용해 에코 요청을 전송해 통신을 시험해 볼 수 있다(CTRL + C를 사용해 종료).

```
pi@erpi ~ $ hcitool scan
Scanning        40:E2:30:13:CA:09     HOMEOFFICE-PC
pi@erpi ~ $ sudo l2ping 40:E2:30:13:CA:09
Ping: 40:E2:30:13:CA:09 from 00:02:72:CB:C3:53 (data size 44) ...
0 bytes from 40:E2:30:13:CA:09 id 0 time 4.27ms
0 bytes from 40:E2:30:13:CA:09 id 1 time 17.09ms ...
```

즉, RPi의 어댑터가 내 데스크톱 컴퓨터인 `HOMEOFFICE-PC`를 발견한 것이다(`hcitool scan` 명령은 블루투스 리모컨을 사용하는 근처의 방에서 블루투스 장치를 활성화할 수 있다 – 스마트 TV가 마술처럼 활성화될 수 있다!). RPi는 다음을 사용해 데스크톱 컴퓨터에서 사용 가능한 서비스를 조회할 수 있다.

```
pi@erpi ~ $ sdptool browse 40:E2:30:13:CA:09
Browsing 40:E2:30:13:CA:09 ...
Service Name: Service Discovery
Service Description: Publishes services to remote devices
Service Provider: Microsoft ...
```

이 출력 다음에는 오디오 소스, 오디오 싱크, FTP 서버, 인쇄 서비스 등과 같이 고유한 채널 번호가 있는 사용 가능한 서비스 목록이 이어진다. 14장에서 사용자 인터페이스 장치를 RPi에 페어링하는 방법을 설명한다. 그러나 여기서는 데스크톱 컴퓨터나 태블릿 컴퓨터, 휴대 전화에서 RPi로 명령을 보내는 방법에 중점을 둔다. 이러한 프레임워크는 로봇 제어 또는 홈 오토메이션과 같은 애플리케이션을 위해 RPi의 지역화된 무선 원격 제어에 적합하다.

### RPi를 찾을 수 있도록 만들기

RPi가 무선 서버로 작동하려면 클라이언트 시스템에서 RPi를 검색할 수 있어야 한다. 다음과 같이 `hciconfig` 명령을 사용해 블루투스 장치(`hci0`)를 구성해 page 스캔 및 inquiry 스캔을 활성화할 수 있다.

```
pi@erpi ~ $ hciconfig
hci0:   Type: BR/EDR Bus: USB
        BD Address: 00:02:72:CB:C3:53  ACL MTU: 1021:8  SCO MTU: 64:1
```

```
        UP RUNNING PSCAN ISCAN
        RX bytes:5520 acl:45 sco:0 events:106 errors:0
        TX bytes:2413 acl:42 sco:0 commands:45 errors:0
pi@erpi ~ $ sudo hciconfig hci0 piscan
pi@erpi ~ $ sudo hciconfig hci0 name RaspberryPi
pi@erpi ~ $ sudo hciconfig hci0 name
hci0:   Type: BR/EDR Bus: USB
        BD Address: 00:02:72:CB:C3:53  ACL MTU: 1021:8  SCO MTU: 64:1
        Name: 'RaspberryPi'
```

가상 직렬 포트가 블루투스 연결을 통해 어떻게 연결되는지 정의하기 위해서는 RPi에 *SPP(직렬 포트 프로파일)*가 필요하다. 다음과 같이 sdptool을 사용해 블루투스 채널 22의 *직렬 포트(SP)*에 대한 프로파일을 구성하고 사용 가능한 서비스에 대한 세부 정보를 찾을 수 있다.

```
pi@erpi ~ $ sudo sdptool add --channel=22 SP
Serial Port service registered
```

참고

여기서 어댑터로 다음 단계를 올바르게 수행하기 위해 —compat 옵션을 사용해 bluetoothd 프로세스를 시작해야 했다. 이는 시간이 지남에 따라 해결될 것이다.

```
pi@erpi /lib/systemd/system $ more bluetooth.service
...
ExecStart=/usr/lib/bluetooth/bluetoothd --compat
```

이 파일을 편집한 후에는 블루투스 서비스를 다시 시작해야 한다.

```
pi@erpi ~ $ sudo sdptool browse local
...
Service Name: Serial Port
Service Description: COM Port
Service Provider: BlueZ
Service RecHandle: 0x10005
Service Class ID List: "Serial Port" (0x1101)
Protocol Descriptor List:
  "L2CAP" (0x0100) "RFCOMM" (0x0003) Channel: 22 ...
```

이 시점에서 그림 13.2(a)에서처럼 데스크톱 컴퓨터 또는 태블릿/스마트 폰을 사용해 장치를 검색할 수 있다(안드로이드 폰 사용). 이 절의 앞부분에 정의된 호스트 이름(예: RaspberryPi)을 사용해 RPi를 감지해야 한다. 그러나 RPi와 데스크톱 PC 또는 모바일 장치 간의 통신을 허용하려면 채널 22에 직렬연결을 설정해야 한다. RPi는 특정 블루투스 채널에서 들어오는 연결을 수신할 수 있는 서비스를 실행해야 한다. 가령 rfcomm 도구를 사용하면 다음과 같다.

```
pi@erpi ~ $ sudo rfcomm listen /dev/rfcomm0 22
Waiting for connection on channel 22
```

그런 다음 데스크톱 컴퓨터의 직렬 터미널을 관련 COM 포트와 함께 사용하거나 그림 13.2(b)에 표시된 것처럼 블루투스 터미널 앱(예: Qwerty의 앱)을 사용해 RPi의 rfcomm 장치(즉, /dev/rfcomm0)에 연결할 수 있다.

그림 13.2(c)에서와같이 전화 또는 태블릿 컴퓨터에서 직렬 터미널을 열 수 있다. RPi에 연결이 구성되면 SSH 창에 다음이 표시된다.

```
pi@erpi ~ $ sudo rfcomm listen /dev/rfcomm0 22
Waiting for connection on channel 22
Connection from C4:3A:BE:00:D9:9 A to /dev/rfcomm0
Press CTRL-C for hangup
```

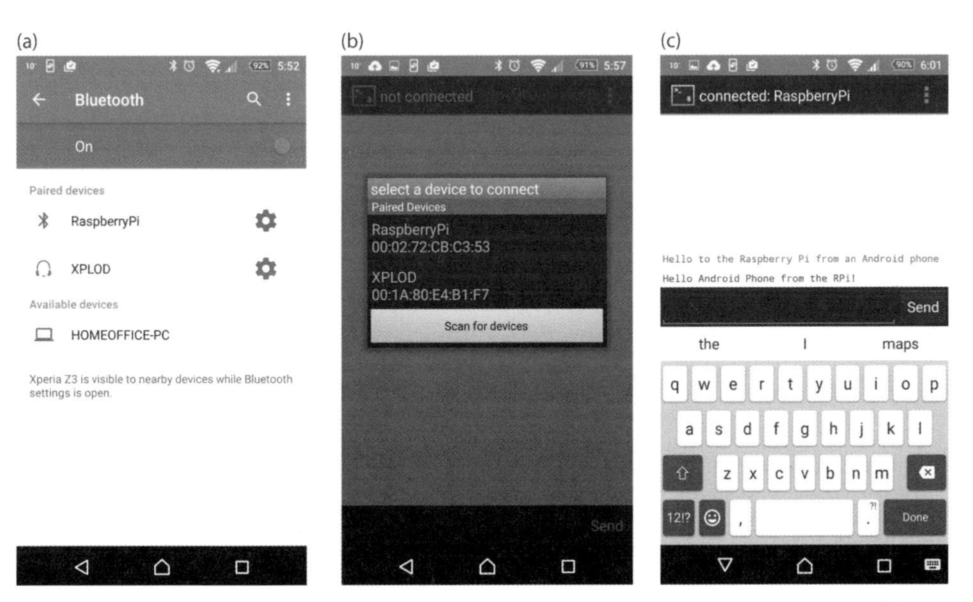


그림 13.2 블루투스를 사용해 안드로이드 폰에서 RPi에 접속. (a) 장치 페어링, (b) 블루투스 터미널 애플리케이션 설정, (c) 터미널 통신

이 서비스를 중단해서는 안 된다. 서비스가 청취하는 동안 두 번째 SSH 터미널을 RPi에 연다. 두 번째 SSH 터미널에서 블루투스 직렬 통신 rfcomm0과 관련된 장치에 cat 및 echo를 보낼 수 있다.

```
pi@erpi ~ $ cat /dev/rfcomm0
Hello to the Raspberry Pi from an Android phone^C
pi@erpi ~ $ echo "Hello Android Phone from the RPi!" > /dev/rfcomm0
```

그림 13.2(c)는 모바일 장치의 관점에서 얻은 통신을 캡처한다. 이 시점에서 장치가 작동 중임을 알 수 있으며 다음과 같이 `minicom` 터미널을 모바일 앱 또는 Windows 터미널에 연결할 수 있다.

```
pi@erpi ~ $ minicom -b 115200 -o -D /dev/rfcomm0
Welcome to minicom 2.7
OPTIONS: I18n
Port /dev/rfcomm0, 06:01:34
Hello from the Android device
Hello from the RPi
```

결과 대화는 양방향이며 Enter 키를 누를 때마다 메시지가 전송된다. 두 장치 간에 직렬 통신을 설정하면 가능한 애플리케이션 수에 제한이 없다. 이러한 애플리케이션 중 하나는 안드로이드 모바일 장치에서 실행되는 그래픽 사용자 인터페이스(GUI)를 사용하는 RPi의 명령 제어다. 다음 절에서 이에 대해 논의한다.

## 블루투스 안드로이드 앱 개발

안드로이드 및 iOS에서 블루투스 모바일 애플리케이션 개발에 사용할 수 있는 다양한 리소스가 있다. 모바일 앱을 RPi 로봇 플랫폼의 원격 제어와 같은 프로젝트에 사용할 수 있다. 예를 들어 애플리케이션 그래픽 사용자 인터페이스에 앞, 뒤, 왼쪽, 오른쪽 버튼을 두어 RPi에서 실행 중인 맞춤 직렬 서버에 문자열을 보내도록 할 수 있다. 이러한 서버에 대한 코드는 8장의 "RPi LED 직렬 서버" 절에서 제공된다.

모바일 애플리케이션 개발을 시작하기에 가장 좋은 도구는 MIT 앱 인벤터(App Inventor, `appinventor.mit.edu/`)로, 모바일 애플리케이션 개발을 위한 매우 혁신적인 웹 기반 그래픽 프로그래밍 언어(MIT 스크래치와 유사)로 구성돼 있다. 안드로이드 태블릿이나 휴대 전화를 앱 인벤터 환경과 결합해 모바일 장치에서 코드 개발을 볼 수 있다. 앱 인벤터 API에는 프로그램 코드와 통합할 수 있는 블루투스 클라이언트 및 서버 라이브러리가 있다. 그림 13.3은 앱 인벤터 2로 구축된 내 휴대전화에서 실행되는 완전한 블루투스 애플리케이션을 보여준다. RPi에서 실행 중인 `minicom` 세션과 통신 중이며 `rfcomm` 서비스는 두 번째 터미널 창에서 시작된다. (실제) 전화기는 사용자가 개발한 모바일 애플리케이션을 사용해 블루투스를 통해 RPi와 직접 통신할 수 있다.

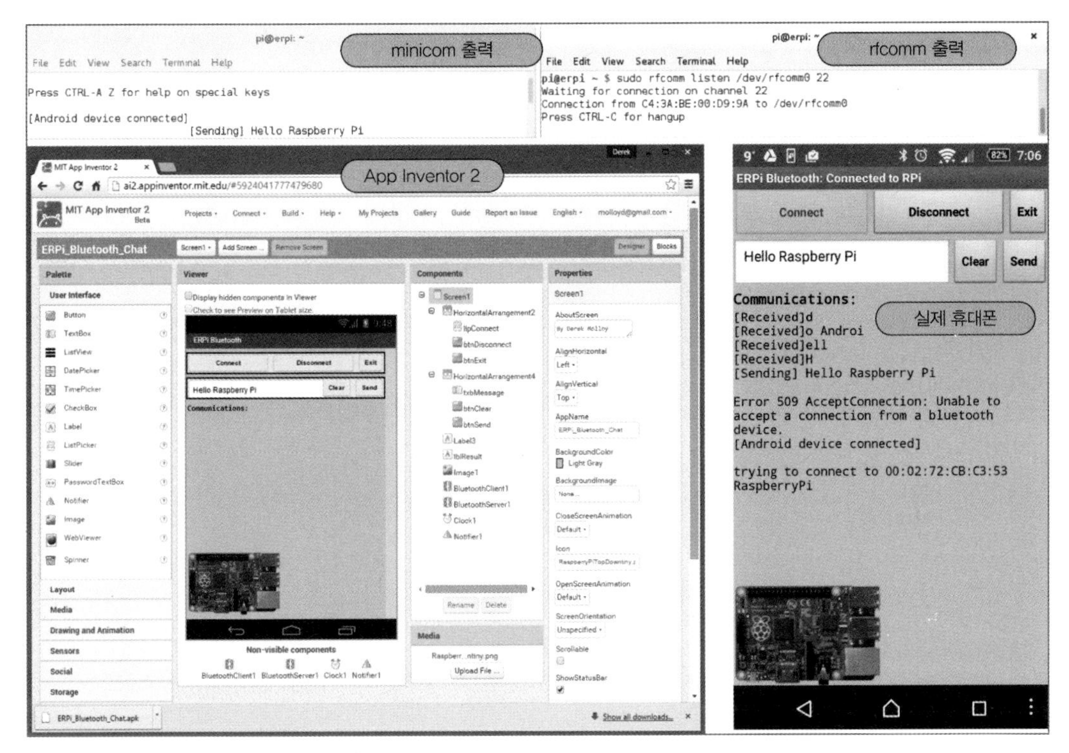


**그림 13.3** 블루투스 코드 라이브러리를 사용해 RPi와 통신하는 앱 인벤터 안드로이드 애플리케이션의 예

이 애플리케이션은 tiny.cc/erpi1301에서 제공되는 *Pura Vida Apps* 코드 예제를 기반으로 한다. 그림 13.3의 예제 코드는 해당 URL에 설명된 코드를 기반으로 하므로 GitHub 저장소에서는 사용할 수 없다. 이러한 코드 예제는 블루투스 통신을 사용해 RPi에서 명령을 보내고 데이터를 수신할 수 있는 안드로이드 애플리케이션의 기초로 쓸모가 있을 것이다. 수신 기능은 2.5초 타이머에 있으므로 타이머가 입력되는 문자열의 절반을 트리거하면 문자열은 여러 부분으로 수신된다. 앱 인벤터 2로 개발된 애플리케이션은 일반 애플리케이션처럼 배포할 수 있다(.apk 파일을 사용해 안드로이드 장치에 설치). ERPi_Bluetooth_Chat.apk 예제 애플리케이션은 /chp13/Android/ 디렉터리에 있다.

## Wi-Fi 통신

블루투스는 RPi의 로컬 무선 원격 제어에 매우 적합하며 Wi-Fi는 고속 데이터 무선 애플리케이션에 더 적합하다. Wi-Fi를 RPi의 무선 원격 제어에도 사용할 수 있지만, 모바일 폰/태블릿과 같은 복잡한 컨트롤러가 필요하다. 14장에서 설명했듯이 RPi와 페어링할 수 있고 원격 제어 애플리케이션에 사용할 수 있는 저렴한 블루투스 원격 제어 장치가 있다. 그러나 RPi를 무선으로 인터넷에 연결하려고 할 때는 복잡성과 전력 소비 비용에도 불구하고 Wi-Fi가 확실한 솔루션이다.

### Wi-Fi 어댑터 설치

여러 가지 인기 있는 저사양 USB *Wi-Fi 어댑터*와 RPi 3 내장 어댑터를 테스트해 그림 13.4에 나타냈다. 표에 나열한 성능은 제품 및 리눅스의 업데이트에 따라 결과가 달라질 수 있다.

USB Wi-Fi 어댑터를 RPi에 삽입(핫 플러그)하고 `lsusb` 명령을 실행하면 네트워크 어댑터가 감지되는지를 다음과 같은 출력을 통해 확인할 수 있다.

```
pi@erpi ~ $ lsusb
Bus 001 Device 004: ID 148f:5370 Ralink Tech, Corp. RT5370 Wireless Adapter
```

RPi가 어댑터를 감지하고 칩셋을 식별한다. 때로는 어댑터에 사용할 수 있는 최신 펌웨어를 검색해야 할 수도 있다.

```
pi@erpi ~ $ sudo apt update
pi@erpi ~ $ apt-cache search RTL8188
firmware-realtek - Binary firmware for Realtek wired and wireless adapters
pi@erpi ~ $ sudo apt install firmware-realtek
```

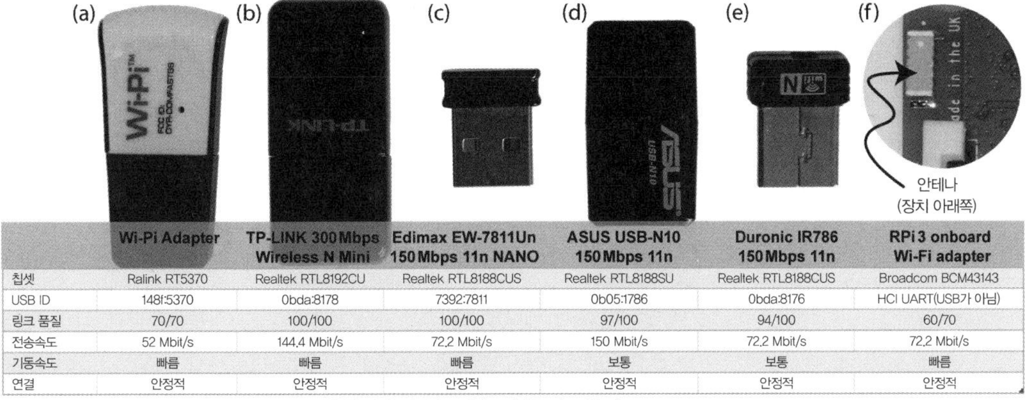


| | Wi-Pi Adapter | TP-LINK 300 Mbps Wireless N Mini | Edimax EW-7811Un 150 Mbps 11n NANO | ASUS USB-N10 150 Mbps 11n | Duronic IR786 150 Mbps 11n | RPi 3 onboard Wi-Fi adapter |
|---|---|---|---|---|---|---|
| 칩셋 | Ralink RT5370 | Realtek RTL8192CU | Realtek RTL8188CUS | Realtek RTL8188SU | Realtek RTL8188CUS | Broadcom BCM43143 |
| USB ID | 148f:5370 | 0bda:8178 | 7392:7811 | 0b05:1786 | 0bda:8176 | HCI UART(USB가 아님) |
| 링크 품질 | 70/70 | 100/100 | 100/100 | 97/100 | 94/100 | 60/70 |
| 전송속도 | 52 Mbit/s | 144.4 Mbit/s | 72.2 Mbit/s | 150 Mbit/s | 72.2 Mbit/s | 72.2 Mbit/s |
| 기동속도 | 빠름 | 빠름 | 빠름 | 보통 | 보통 | 빠름 |
| 연결 | 안정적 | 안정적 | 안정적 | 안정적 | 안정적 | 안정적 |

**참고:** 이 테스트에는 Cisco WPA300N 무선 액세스 포인트를 사용했음. 거리는 어댑터로부터 약 10미터(콘크리트 벽 통과)
RPi 버전: Linux erpi 4.1.7-v7+ #817 SMP PREEMPT Sat Sep 19 15:32:00 BST 2015 armv71 GNU/Linux

**그림 13.4** RPi에 연결한 Wi-Fi 어댑터 및 테스트 결과

모두 잘 되면 ifconfig 호출 시 어댑터가 wlanX로 나타나야 한다.

```
pi@erpi ~ $ ifconfig
wlan0 Link encap:Ethernet HWaddr 00:c1:41:39:0b:f2
      UP BROADCAST MULTICAST MTU:1500 Metric:1
      RX packets:0 errors:0 dropped:0 overruns:0 frame:0
      TX packets:0 errors:0 dropped:0 overruns:0 carrier:0
      collisions:0 txqueuelen:1000
      RX bytes:0 (0.0 B) TX bytes:0 (0.0 B)
```

그런 다음 /etc/network/interfaces 구성 파일에서 어댑터를 구성할 수 있다. 라즈비안에서 기본 항목은 다음과 같다.

```
auto wlan0
allow-hotplug wlan0
iface wlan0 inet manual
wpa-conf /etc/wpa_supplicant/wpa_supplicant.conf
```

네트워크 연결이 암호화돼 있는 경우가 많으므로 이러한 설정은 충분하지 않지만, 네트워크 설정을 결정하도록 해준다. 기본적으로 네트워크 어댑터는 이미 활성 상태(또는 "작동 상태")일 것이다.

```
pi@erpi ~ $ sudo ifup wlan0
ifup: interface wlan0 already configured
```

무선 네트워크 액세스 포인트를 검색해 다음 단계에 필요한 설정을 제공할 수 있다.

```
pi@erpi ~ $ sudo iwlist wlan0 scan
wlan0     Scan completed :
          Cell 02 - Address: 98:FC:11:B5:32:96
                    Channel:11 Frequency:2.462 GHz (Channel 11)
                    Quality=70/70 Signal level=-37 dBm
                    Encryption key:on ESSID:"DereksSSID"
                    Bit Rates:1 Mb/s; 2 Mb/s; 5.5 Mb/s; 11 Mb/s; 9 Mb/s
                              18 Mb/s; 36 Mb/s; 54 Mb/s ...
                    IE: IEEE 802.11i/WPA2 Version 1
                        Group Cipher : TKIP
                        Pairwise Ciphers (2) : TKIP CCMP
                        Authentication Suites (1) : PSK
```

이 설정을 사용해 다음과 같이 무선 액세스 포인트 이름(*SSID*)과 네트워크 암호를 사용해 *WPA 패스프레이즈*를 생성할 수 있다.

```
pi@erpi ~ $ sudo sh -c "wpa_passphrase DereksSSID DereksPrivatePassword →
>> /etc/wpa_supplicant/wpa_supplicant.conf"

pi@erpi ~ $ sudo more /etc/wpa_supplicant/wpa_supplicant.conf
ctrl_interface=DIR=/var/run/wpa_supplicant GROUP=netdev
update_config=1
network={
     ssid="DereksSSID"
     #psk="DereksPrivatePassword"
     psk=427bd5463a8ad022a6de77c8fbdcecb4d6d9d4b96f982fbc57dbfe97c0a12345
}
```

생성된 구성 파일에 다른 설정을 추가할 수 있다(이 단계는 일반적으로 필요하지 않다). 다음 예를 참조하자.

```
pi@erpi ~ $ sudo more /etc/wpa_supplicant/wpa_supplicant.conf
ctrl_interface=DIR=/var/run/wpa_supplicant GROUP=netdev
update_config=1
network={
     ssid="DereksSSID"
     key_mgmt=WPA-PSK
     pairwise=CCMP TKIP
     group=CCMP TKIP
```

```
    psk=427bd5463a8ad022a6de77c8fbdcecb4d6d9d4b96f982fbc57dbfe97c0a12345
}
```

/etc/network/interfaces 구성 파일 설정은 wpa_supplicant.conf 파일의 위치를 식별한다. 여러 개의 Wi-Fi 어댑터(예: wlan0, wlan1)를 테스트하는 경우 모두 동일한 wpa_supplicant.conf 파일을 사용하도록 구성할 수 있다. 네트워크 어댑터 인터페이스를 다시 시작하고 구성을 확인하고 다음과 같이 무선 네트워크 어댑터(wlan0)를 활성화할 수 있다.

```
pi@erpi ~ $ sudo systemctl restart networking
pi@erpi ~ $ ifconfig -a
wlan0     Link encap:Ethernet HWaddr 00:c1:41:39:0b:f2
          inet addr:192.168.1.108 Bcast:192.168.1.255 Mask:255.255.255.0
          ...
          RX bytes:496576 (484.9 KiB) TX bytes:11275 (11.0 KiB)
pi@erpi ~ $ hostname -I
192.168.1.116    192.168.1.108
```

이제 무선 어댑터에 무선 액세스 포인트와 네트워크 DHCP 서비스를 통해 IP 주소가 할당됐다. /etc/network/interfaces 파일의 auto wlan0 행은 부트 시 무선 인터페이스를 시작한다. 어댑터가 완전히 작동할 때까지 이 옵션을 비활성화할 수 있다.

이 명령이 실패하면 dmesg를 사용해 문제를 확인해야 한다(예: dmesg|grep wlan0|more). "wpasupplicant 데몬을 시작하지 못했다(wpasupplicant daemon failed to start)"라는 메시지가 나타나면 /etc/wpa_supplicant/wpa_supplicant.conf 파일에서 오류를 확인하고 전원 공급 장치가 충분한지 확인한다. 어댑터가 여전히 제대로 작동하지 않으면 보드용 드라이버를 빌드해야 한다. 예를 들어 Realtek 어댑터의 경우 사용자 정의 드라이버 소스 코드를 www.realtek.com.tw/downloads/에서 내려받아 RPi에서 빌드할 수 있다. 필요한 경우 ifdown wlan0을 사용해 어댑터를 가져올 수 있다.

iwconfig를 사용해 어댑터 구성에 대한 유용한 정보를 얻을 수 있다.

```
pi@erpi ~ $ iwconfig wlan0
wlan0     IEEE 802.11bgn ESSID:"DereksSSID"
          Mode:Managed Frequency:2.462 GHz Access Point: 98:FC:11:B5:32:96
          Bit Rate=52 Mb/s Tx-Power=20 dBm ...
```

마찬가지로 다음 명령을 사용해 신호 강도 속성을 표시할 수 있다. 신호 강도 속성은 매초 표시를 갱신한다.

```
pi@erpi ~ $ watch -n 1 cat /proc/net/wireless
Inter-| sta-|  Quality        |Discarded packets         |Missed| WE
 face | tus |link level noise |nwid crypt frag retry misc|beacon| 22
 wlan0: 0000  70.  -37.  -256   0     0    0    4     41    0
```

wavemon 애플리케이션을 사용해 리눅스 터미널에 대해 해당 데이터의 형식을 적절하게 지정할 수도 있다(설치는 sudo apt install wavemon).

임베디드 디바이스에서 리눅스가 누리는 주요 이점 중 하나는 널려있는 저렴한 Wi-Fi 어댑터를 사용해 디바이스를 인터넷에 연결할 수 있다는 것이다. 분명히 12장의 웹 서버 코드와 IoT 코드, 고속 클라이언트/서버 코드 예제는 모두 무선 RPi 장치에 직접 적용할 수 있다. Wi-Fi를 사용하면 일반적으로 인터넷에 직접 연결되는 실내 애플리케이션 대상의 무선 IoT 장치 및 로봇을 구축할 수 있다.

## NodeMCU Wi-Fi 슬레이브 프로세서

11장에서 아두이노를 RPi의 슬레이브 프로세서로 사용해 RPi에서 아두이노의 GPIO를 제어하고 ADC로부터 아날로그 값을 읽었다. 아두이노에 Wi-Fi 실드(30달러부터)를 부착하거나 아두이노 Yún(75달러)을 사용해 무선 슬레이브 프로세서를 구축할 수 있다. 그러나 더 저렴하고 작은 풋 프린트를 활용하는 방법도 있다. NodeMCU를 슬레이브 프로세서로 사용해 RPi에 직접 인터페이스하는 것이다.

NodeMCU(nodemcu.com)는 저가의 ESP8266 Wi-Fi 마이크로컨트롤러 모듈(2~3달러)을 사용해 IoT 애플리케이션을 위한 저렴한 루아 기반 개발 플랫폼을 구축한다. NodeMCU 버전 2(5~10달러)는 브레드보드에서 사용할 수 있게 만들어져 있으며 마이크로 USB를 통해 프로그래밍할 수 있으므로 무선 슬레이브 장치 개발에 적합한 프로토타입 플랫폼이 된다. 그림 13.5는 ADC, GPIO, PWM, SPI, 소프트웨어 기반 I2C, 직렬 UART 등의 다양한 입/출력 기능을 가진 NodeMCU 프로세서의 아랫면과 윗면을 보여준다.

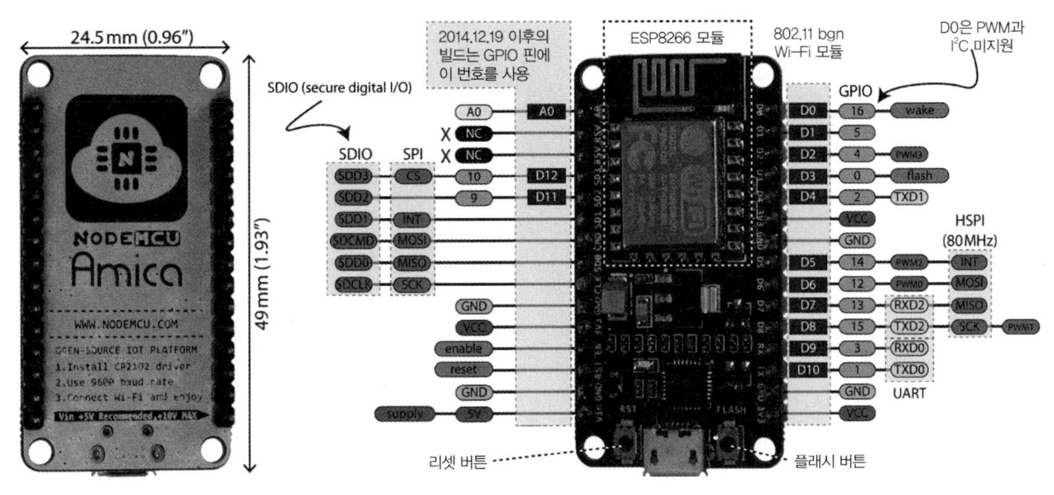


그림 13.5 저렴한 NodeMCU(버전 2) Wi-Fi 슬레이브 프로세서(윗면과 아랫면)

ESP8266 모듈에는 마이크로컨트롤러가 포함되며 이것은 NodeMCU 프로토타이핑 플랫폼 위에 작은 도터 보드로 부착돼 있다. NodeMCU 없이 ESP8266을 사용할 수는 있지만, ESP8266 모듈을 브레드보드와 호환되도록 브레이크아웃 보드에 부착해야 한다. NodeMCU에 대한 문서는 https://nodemcu.readthedocs.io/en/master/en/modules/gpio/에서 구할 수 있으며 ESP8266의 데이터시트는 tiny.cc/erpi1303에 있다.

## 최신 펌웨어 플래싱

NodeMCU는 9장에 나온 것과 동일한 CP2102 칩셋을 사용해 내부적으로 USB-UART 변환을 구현한다. 앞서 설명한 것처럼 리눅스 및 Windows에 일반적으로 이 칩셋에 대한 드라이버 지원이 내장돼 있다.[2]

NodeMCU의 펌웨어를 업그레이드하는 가장 직관적인 방법은 github.com/nodemcu/nodemcu-flasher로부터 오픈소스 NodeMCU 펌웨어 프로그램을 내려받고 github.com/nodemcu/nodemcu-firmware/releases에서 최신의 펌웨어를 내려받는 것이다. 부동 소수점 지원의 유무와 상관없이 펌웨어를 선택할 수 있다. 이 절에서는 자원의 소모를 줄이기 위해 부동 소수점 지원이 없는 "정수(integer)" 버전을 사용하며 부동 소수점 연산 지원이 없는 경우에 어떤 제약이 따르는지 조사해 볼 수 있을 것이다.

Windows와 같은 호스트 OS에서 NodeMCU는 그림 13.6(a)와 같이 장치로 나타난다. 그림 13.6(b)는 작동 중인 NodeMCU 펌웨어 프로그래머의 모습이다. 펌웨어 업데이트를 시작하려면 NodeMCU의 리셋 버튼을 눌러야 한다.

2 장치 지원을 사용할 수 없거나 갱신이 필요한 경우 tiny.cc/erpi1310을 참고하라.

(a)

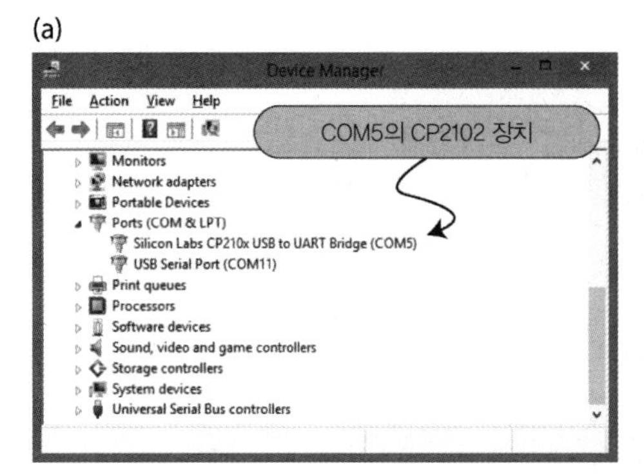


(b)

그림 13.6 (a) Windows의 NodeMCU 장치 프로필, (b) NodeMCU 펌웨어 프로그래머

## NodeMCU를 Wi-Fi에 연결

NodeMCU가 최신 펌웨어로 실행되면 PuTTY 또는 RPi `minicom` 도구를 사용해 9,600보(baud)로 장치에 연결할 수 있다. 이 절의 나머지 단계에서는 USB-to-micro USB 케이블을 사용해 NodeMCU를 RPi에 연결한다. USB를 통해 NodeMCU를 연결한 후 리셋 버튼을 누르면 다음과 같은 결과가 나타난다.

```
pi@erpi ~ $ lsusb
Bus 001 Device 009: ID 10c4:ea60 Cygnal Integrated Products, Inc.
CP210x UART Bridge / myAVR mySmartUSB light
pi@erpi ~ $ ls -l /dev/ttyUSB*
crw-rw---- 1 root dialout 188, 0 Oct 24 16:56 /dev/ttyUSB0
pi@erpi ~ $ sudo apt install minicom
pi@erpi ~ $ minicom -b 9600 -o -D /dev/ttyUSB0 -s
```

NodeMCU의 리셋 버튼을 누르면 몇 가지 이상한 문자가 나타날 수 있다. `minicom`에서 로컬 에코를 *활성화하지 말고*, 하드웨어 흐름 제어를 비활성화하라.

참고

USB를 통해 RPi에서 직접 NodeMCU 장치에 연결하려면 minicom에서 하드웨어 흐름 제어를 비활성화해야 한다. Ctrl+A Z O → Serial port setup → F를 누른다(Hardware Flow Control을 No로 설정). minicom을 실행할 때 -s 옵션을 사용하면 시작과 동시에 메뉴가 나타난다. NodeMCU가 리셋 메시지를 표시하지만 응답하지 않는다면 이는 잘못된 하드웨어 흐름 제어 설정의 증상이다.

여기까지 잘 됐다면 5장에서 설명한 루아 스크립팅을 사용해 NodeMCU에 명령을 내릴 수 있을 것이다. 루아는 매우 낮은 오버헤드를 가지므로 이 장치에서 사용하기에 적합하다. 우선 할 일은 NodeMCU를 Wi-Fi 네트워크에 연결하도록 구성하는 것이다.

```
NodeMCU 0.9.6 build 20150704 powered by Lua 5.1.4
lua: cannot open init.lua
> =wifi.sta.getip()
nil
> wifi.setmode(wifi.STATION)
> wifi.sta.config("DereksSSID","DereksPrivatePassword")
> =wifi.sta.getip()
192.168.1.120 255.255.255.0 192.168.1.1
> =wifi.sta.getmac()
18:fe:34:a5:91:91
> =wifi.sta.status()
5
```

값 5는 NodeMCU "스테이션"이 IP 주소를 갖게 됐음을 나타낸다. 이러한 설정은 전원을 껐다 켠 후에도 NodeMCU에 유지된다.

## NodeMCU 프로그래밍

RPi에서 NodeMCU에 루아 프로그램을 업로드할 수 있도록 다음과 같이 luatool을 내려받아 설치한다.

```
pi@erpi ~ $ git clone https://github.com/4refr0nt/luatool
Cloning into 'luatool'...
pi@erpi ~ $ cd luatool/luatool/
pi@erpi ~/luatool/luatool $ ls
init.lua luatool.py main.luav
```

이 도구를 /usr/local/bin/ 디렉터리에 설치하면 RPi의 모든 사용자가 사용할 수 있게 된다.

```
pi@erpi ~/luatool/luatool $ sudo cp luatool.py /usr/local/bin
```

/chp13/nodemcu/test/에 있는 예제 코드 13.1을 사용하면 NodeMCU에 간단한 웹 서버를 구성할 수 있다. 이 웹 서버는 80번 포트에서 TCP 소켓 연결을 맺고 웹 클라이언트에게 "hello world" 메시지를 보낸다.

**코드 13.1** /chp13/nodemcu/test/main.lua

```
-- 간단한 HTTP 서버
srv=net.createServer(net.TCP)
gpio.mode(1,gpio.INPUT)
srv:listen(80,function(conn)
    conn:on("receive",function(conn,payload) print(payload)
        conn:send("HTTP/1.1 200 OK\n\n")
```

```
        conn:send("<html><body><h1> Hello from the NodeMCU.</h1>")
        conn:send("<h2> GPIO 1 = ")
        conn:send(gpio.read(1))
        conn:send("</h2></body></html>")
        conn:on("sent",function(conn) conn:close() end)
    end)
end)
```

luatool을 사용해 NodeMCU 장치에 프로그램을 업로드하려면 minicom 통신 세션의 연결을 해제해야 한다. 두 프로그램이 동일한 UART 장치 연결을 공유할 수 없기 때문이다. luatool은 /usr/local/bin/ 디렉터리에 설치돼 있으므로 다음과 같이 책의 저장소 디렉터리에서 직접 실행할 수 있다.

```
pi@erpi .../chp13/nodemcu/test $ ls
main.lua
pi@erpi .../chp13/nodemcu/test $ luatool.py -p /dev/ttyUSB0 -b 9600
->file.open("main.lua", "w") -> ok
->file.close() -> ok
->file.remove("main.lua") -> ok
->file.open("main.lua", "w+") -> ok
->file.writeline([==[-- a simple http server]==]) -> ok
->file.writeline([==[srv=net.createServer(net.TCP)]==]) -> ok ...
--->>> All done <<<---
```

업로드가 성공적으로 완료되면 다시 minicom을 사용해 NodeMCU에 연결할 수 있다. 이 프로그램의 이름은 NodeMCU에서 main.lua로 지정하므로 init.lua가 없는 것과 관련돼 경고 메시지가 발생한다. 이는 아무 문제가 되지 않으며, main.lua가 정상적으로 동작하는 것을 확인한 뒤에 이것을 자동으로 호출하는 init.lua 스크립트만 작성하면 된다. 당분간 minicom 세션에서 출력 오류를 관찰할 수 있도록 다음과 같이 수동으로 main.lua 스크립트를 호출하는 것이 좋다.

```
pi@erpi ~ $ minicom -b 9600 -o -D /dev/ttyUSB0 -s
NodeMCU 0.9.6 build 20150704  powered by Lua 5.1.4
lua: cannot open init.lua
> node.restart()
...
NodeMCU 0.9.6 build 20150704  powered by Lua 5.1.4
lua: cannot open init.lua
> =node.info()
0    9    6    10850705    1458415 4096    2    40000000
> =wifi.sta.getip()
192.168.1.120   255.255.255.0  192.168.1.1
```

그런 다음, 아래와 같이 프로그램을 실행할 수 있다.

```
> dofile("main.lua")
```

프로그램이 시작되면 데스크톱 컴퓨터에서 웹 브라우저를 열어 NodeMCU 장치의 IP 주소(예: http://192.168.1.120/)를 입력해 보자. Lua 프로그램은 hello 메시지와 함께 D1 핀(GPIO 5)의 상태를 표시한다. 해당 핀을 high(3.3 V) 또는 low(GND)에 연결하고 웹 브라우저에서 새로 고침을 하면 GPIO 상태가 표시되는 것을 볼 수 있을 것이다.

## NodeMCU 웹 서버 인터페이스

NodeMCU를 RPi 용 무선 슬레이브 프로세서로 삼아 12장에서 설명한 소켓 기반의 기술을 사용해 TCP/IP 통신을 할 수 있다. NodeMCU의 GPIO에서 읽기/쓰기를 하고 10비트 ADC에서 읽기를 할 수 있는 회로를 그림 13.7(a)에 나타냈다. NodeMCU는 Vin 핀을 사용해 공급되는 5V 전원을 사용하지만 3.3V 논리 레벨을 사용한다. 하지만 USB 케이블을 사용해 NodeMCU를 RPi에 연결하면 별도의 전원 공급이 없어도 된다. USB 케이블을 연결하기는 했지만 그림 13.7(b)의 통신은 USB 케이블이 아닌 Wi-Fi를 통해 이루어짐에 유의하라. 개발이 완료되면 USB 케이블을 제거하고 Vin 및 GND 핀을 사용해 5V 배터리와 같은 외부 전원으로 NodeMCU에 전원을 공급할 수 있다.

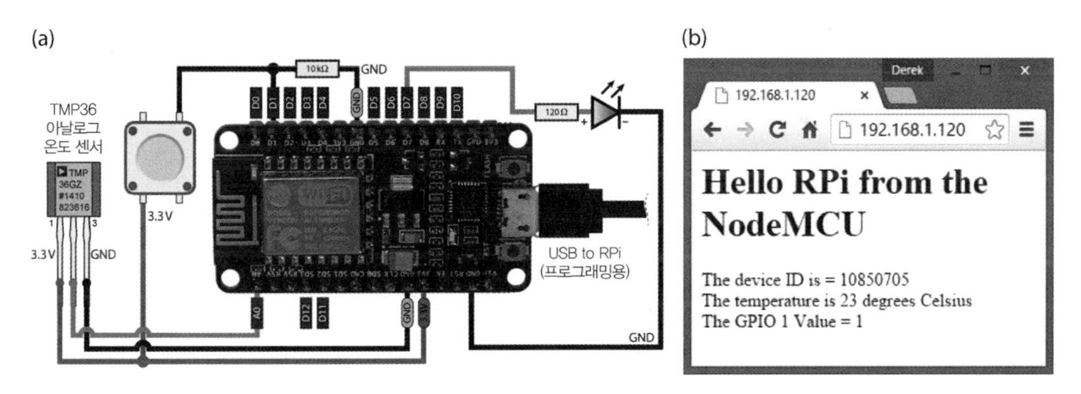


**그림 13.7** NodeMCU Wi-Fi 슬레이브 테스트 (a) 테스트 회로, (b) 웹페이지 출력

이 예제는 코드 13.2에 있다. 이 프로그램은 TMP36 센서에 의해 제공된 ADC 값을 온도 값으로 변환하되, 정수 기반 계산만 사용한다. 앞서 논의한 바와 같이 부동 소수점 지원이 없는 펌웨어가 공간을 적게 차지하며 성능도 높다. 부동 소수점 지원이 필요하면 이 장의 앞부분에서 설명한 대로 부동 소수점 펌웨어를 NodeMCU에 내려받아 플래싱할 수 있다.

요청을 수신할 때마다 LED가 깜빡인다. 그림 13.7(b)의 크롬(Chrome) 브라우저가 요청을 보낼 때 LED가 두 번 깜빡이는데, 그것은 브라우저가 실제로는 HTML 페이지와 웹 사이트 아이콘을 따로따로 요청하기 때문이다.

**코드 13.2** /chp13/nodemcu/web/main.lua

```
srv=net.createServer(net.TCP)
gpio.mode(1,gpio.INPUT)                     -- 버튼
gpio.mode(7,gpio.OUTPUT)                    -- LED
srv:listen(80,function(conn)
    conn:on("receive",function(conn,payload) print(payload)
        gpio.write(7, gpio.HIGH)
        conn:send("HTTP/1.1 200 OK\n\n")
        conn:send("<html><body><h1> Hello RPi from the NodeMCU</h1>")
        conn:send("<div> The device ID is = ")
        conn:send(node.chipid())
        -- 정수만 사용! 부동 소수점 버전은 메모리를 더 사용함
        raw_voltage = adc.read(0) - 233     -- 233은 25C
        diff_degC = raw_voltage / 6         -- 6단계는 1C
        temperature = diff_degC + 25        -- 25에서 더하기/빼기
        conn:send("<div> The temperature is ")
        conn:send(temperature)
        conn:send(" degrees Celsius</div>")
        conn:send("<div> The GPIO 1 Value = ")
        conn:send(gpio.read(1))
        conn:send("</div></body></html>")
        gpio.write(7, gpio.LOW)
        conn:on("sent",function(conn) conn:close() end)
    end)
end)
```

앞에서 설명한 단계에 따라 이 프로그램을 업로드하고 실행 및 테스트할 수 있다. 12장에서 설명한 웹 브라우저 코드를 사용해 RPi에서 직접 출력을 테스트할 수도 있다. 예를 들면 다음과 같다.

```
pi@erpi ~/exploringrpi/chp12/webbrowser $ ./webbrowser 192.168.1.120
Sending the message: GET / HTTP/1.1
Host: 192.168.1.120
Connection: close
**START**
HTTP/1.1 200 OK
```

```
<html><body><h1> Hello RPi from the NodeMCU</h1><div> The device ID is
= 10850705<div> The temperature is 23 degrees Celsius</div><div> The
GPIO 1 Value = 0</div></body></html>
**END**
```

이렇게 해서 TCP/IP를 통해 정보를 검색하기 위해 RPi에서 NodeMCU 종속 프로세서와 통신할 수 있는 코드를 작성할 수 있게 됐다. 그런데 이 예제의 HTML 출력보다 데이터를 분석하기가 더 쉽다면 좀 더 나은 솔루션이 될 것이다. 이를 위해 JSON을 사용할 수 있다.

## JSON

JSON은 경량 데이터 교환 형식으로, 문자열 데이터를 직렬화하거나 원래대로 되돌릴 수 있게 해준다. 12장에서 MQTT(MQ Telemetry Transport)를 사용해 데이터 샘플을 RPi에서 IBM 블루믹스 IoT 서비스로 전송할 때 이에 대해 간단히 설명했다. 전송할 메시지를 형식화하는 것은 비교적 간단하지만, 수신된 메시지를 파싱하기는 어려운 편이다. 이 예제에서 NodeMCU는 JSON 메시지를 RPi로 전송하고 RPi는 메시지를 파싱해야 한다. 이 작업에 사용할 수 있는 경량 C++ 라이브러리인 *JsonCpp*를 먼저 RPi에서 빌드해 설치할 것이다. 이 라이브러리가 Python 바인딩을 가지고 있다는 것을 알아두면 유용하다. 다음과 같이 RPi에 JsonCpp 라이브러리를 설치할 수 있다.

```
pi@erpi ~ $ git clone https://github.com/open-source-parsers/jsoncpp.git
pi@erpi ~ $ cd jsoncpp/
pi@erpi ~/jsoncpp $ sudo apt install cmake
pi@erpi ~/jsoncpp $ mkdir -p build/debug
pi@erpi ~/jsoncpp $ cd build/debug
pi@erpi ~/jsoncpp/build/debug $ cmake -DCMAKE_BUILD_TYPE=debug →
-DBUILD_STATIC_LIBS=ON -DBUILD_SHARED_LIBS=OFF -DARCHIVE_INSTALL_DIR=. →
-G "Unix Makefiles" ../..
pi@erpi ~/jsoncpp/build/debug $ make
pi@erpi ~/jsoncpp/build/debug $ sudo make install
```

코드 13.3은 RPi에서 JsonCpp 라이브러리를 테스트하는 데 사용할 수 있는 짧은 JSON 데이터 파일이다. 이 파일에는 부동 소수점 온도 값 필드와 버튼의 상태를 나타내는 불린 값 필드가 있다.

**코드 13.3** /chp13/json/data.json

```
{
    "temperature" : 28.5,
    "button" : true
}
```

코드 13.4는 JsonCpp 라이브러리를 사용해 코드 13.3의 data.json 파일을 파싱하는 C++ 예제 프로그램이다.

**코드 13.4** /chp13/json/json_test.cpp

```
#include "json/json.h"
#include<iostream>
#include<fstream>
using namespace std;

int main(){
    Json::Value root;             // 분석한 데이터는 root에 있음
    Json::Reader reader;          // data.json 파일로부터 읽음
    ifstream data("data.json", ifstream::binary);
    bool success = reader.parse(data, root, false);
    if(!success){                 // 분석에 실패할 경우
        cout << "Failed: " << reader.getFormattedErrorMessages() << endl;
    }
    // 직렬화했던 데이터를 float나 bool로 되돌릴 수 있음
    float temperature = root.get("temperature", "UTF-8").asFloat();
    bool button = root.get("button", "UTF-8").asBool();
    cout << "The temperature is " << temperature << "°C" << endl;
    cout << "The button is " << (button ? "pressed":"not pressed") << endl;
    return 0;
}
```

데이터 파일이 열리면 root.get("temperature", "UTF-8")을 호출한다. asFloat()는 temperature 필드 값을 가져오는 데 사용된다. 역직렬화된 반환값은 float 유형이어야 한다. JSON 라이브러리가 파일 파싱, 온도 필드 식별, 데이터 역직렬화와 관련된 모든 작업을 수행했다. 이 프로그램은 다음과 같이 빌드해 실행할 수 있다.

```
pi@erpi .../chp13/json $ g++ json_test.cpp libjsoncpp.a -o test
pi@erpi .../chp13/json $ ./test
The temperature is 28.5°C
The button is pressed
```

## JSON 메시지를 사용해 통신하기

JSON은 NodeMCU 장치와 함께 사용할 수 있을 뿐만 아니라 모든 유형의 데이터 교환에 사용할 수 있다. RPi가 Wi-Fi를 통해 NodeMCU와 통신하고 통신 응답을 쉽게 파싱할 수 있도록 클라이언트/서

버 소켓 예제를 개발하는 것이 유용하다. 코드 13.5는 NodeMCU에서 실행되는 루아 프로그램이다. 반환 데이터가 다음과 같은 형식의 JSON 문자열로 생성되는 것을 제외하고는 코드 13.2와 매우 비슷하다: `{ "temperature" : X, "button" : Y }`. 여기서 X와 Y는 각각 온도와 버튼 누름 상태를 나타낸다.

**코드 13.5** /chp13/jsonNodeMCU/main.lua

```
-- 간단한 http 서버
srv=net.createServer(net.TCP)
gpio.mode(1,gpio.INPUT)
gpio.mode(7,gpio.OUTPUT)
srv:listen(80,function(conn)
    conn:on("receive",function(conn,payload) print(payload)
        gpio.write(7, gpio.HIGH)
        conn:send("{\n")
        raw_voltage = adc.read(0) - 233     -- 233은 25C
        diff_degC = raw_voltage / 6         -- 6단계가 1C
        temperature = diff_degC + 25        -- 25에서 더하기/빼기
        conn:send(" \"temperature\" : ")
        conn:send(temperature)
        conn:send(",\n")
        conn:send(" \"button\" : ")
        if gpio.read(1)==1 then
            conn:send("true\n")
        else
            conn:send("false\n")
        end
        conn:send("}\n")
        gpio.write(7, gpio.LOW)
        conn:on("sent",function(conn) conn:close() end)
    end)
end)
```

앞에서와 마찬가지로 코드를 NodeMCU에 업로드하고 실행할 수 있다.

```
pi@erpi .../chp13/jsonNodeMCU $ luatool.py -p /dev/ttyUSB0 -b 9600
pi@erpi .../chp13/jsonNodeMCU $ minicom -b 9600 -o -D /dev/ttyUSB0 -s
NodeMCU 0.9.6 build 20150704 powered by Lua 5.1.4
lua: cannot open init.lua
> node.restart()
> dofile("main.lua")
```

NodeMCU 웹페이지를 열면 스크립트가 올바르게 작동하는지 테스트할 수 있다. 그러면 다음과 같은 형태로 출력이 표시된다.

```
{
    "temperature" : 22,
    "button" : true
}
```

12장의 C++ 소켓 코드와 코드 13.4의 JsonCpp 코드를 병합해 TCP 소켓을 사용해 NodeMCU와 통신하고 JSON 응답을 파싱할 수 있는 프로그램을 만들 수 있다. 코드 13.6에 그 예를 들었다.

**코드 13.6** /chp13/jsonNodeMCU/jsonNodeMCU.cpp

```
#include <iostream>
#include "json/json.h"
#include "network/SocketClient.h"
using namespace std;
using namespace exploringRPi;

int main(int argc, char *argv[]){
    Json::Value root;
    Json::Reader reader;
    if(argc!=2){
        cout << "Usage is: jsonNodeMCU nodeMCU_IP" << endl;
        return 2;
    }
    SocketClient sc(argv[1], 80);
    sc.connectToServer();
    string message("GET / HTTP/1.1");
    sc.send(message);
    string rec = sc.receive(1024);
    bool success = reader.parse(rec, root, false);
    if(!success){ // 파싱이 실패했는가?
        cout << "Failed: " << reader.getFormattedErrorMessages() << endl;
    }
    float temperature = root.get("temperature", "UTF-8").asFloat();
    bool button = root.get("button", "UTF-8").asBool();
    cout << "The temperature is " << temperature << "°C" << endl;
    cout << "The button is " << (button ? "pressed":"not pressed") << endl;
    return 0;
}
```

코드 13.6을 실행하면 다음과 같은 결과를 볼 수 있다.

```
pi@erpi ~/exploringrpi/chp13/jsonNodeMCU $ ./build
pi@erpi ~/exploringrpi/chp13/jsonNodeMCU $ ./jsonNodeMCU 192.168.1.120
The temperature is 21°C
The button is not pressed
pi@erpi ~/exploringrpi/chp13/jsonNodeMCU $ ./jsonNodeMCU 192.168.1.120
The temperature is 20°C
The button is pressed
```

NodeMCU에 연결된 LED는 이 예제에서 HTTP 요청을 한 번만 수신하므로 한 번만 깜박인다. 이번에는 웹 사이트 아이콘에 대한 요청이 없다.

이러한 메시지 전달 방식을 다른 애플리케이션에도 적용할 수 있다. 예를 들어 두 개의 RPi 보드가 TCP/IP를 통해 통신하도록 할 수 있다.

### NodeMCU와 MQTT

NodeMCU 펌웨어는 MQTT에 대한 완벽한 지원을 내장하고 있어 12장에서 설명한 MQTT 프레임워크를 NodeMCU와 RPi 간의 중계 통신에 사용할 수 있다. 예를 들어 NodeMCU가 센서 데이터를 IoT PaaS에 게시하고 RPi는 그 데이터 스트림을 구독하도록 할 수 있다. 코드 13.7은 NodeMCU에서 직접 실행되는 MQTT 예제다. 이 예제를 사용하려면 12장의 지시 사항에 따라 MQTT PaaS에 디바이스를 생성해야 한다. 예를 들어 여기서는 IBM 블루믹스 IoT에서 다음과 같은 설정으로 NodeMCU 디바이스를 생성했다.

```
조직 ID          4wyix6
디바이스 유형     NodeMCU
디바이스 ID      node01
인증 방법        토큰
인증 토큰        &hnss1h+1i_*qKvMBH
```

코드 13.7의 루아 코드는 이러한 속성을 사용해 NodeMCU를 PaaS에 연결한다. 프로그램은 MQTT 연결을 열고 10초 간격으로 온도 센서로부터 10개의 샘플을 게시한다. 10개의 샘플이 보내지면 프로그램은 PaaS에 대한 연결을 닫는다. 이 프로그램은 그림 13.7(a)와 같은 회로를 사용한다.

**코드 13.7** /chp13/nodemcu/mqtt/main.lua

```
-- IBM 블루믹스 IoT를 이용하는 단순한 NodeMCU MQTT 게시 예제
BROKER  = "4wyix6.messaging.internetofthings.ibmcloud.com"
BRPORT  = 1883
```

```
BRUSER  = "use-token-auth"
BRPWD   = "&hnss1h+1i_*qKvMBH"
DEVID   = "d:4wyix6:NodeMCU:node01"
TOPIC   = "iot-2/evt/status/fmt/json"
count   = 0              -- 보낸 샘플 수를 세는 데 사용

gpio.mode(7, gpio.OUTPUT)
gpio.write(7, gpio.HIGH)
print("Starting the NodeMCU MQTT client test")
print("Current heap is: " .. node.heap())    -- .. 문자열 추가
m = mqtt.Client(DEVID, 120, BRUSER, BRPWD)   -- keepalive 시간 120초
m:connect(BROKER, BRPORT, 0, function(conn)  -- 암호화하지 않음
    print("Connected to MQTT Broker: " .. BROKER)
    tmr.alarm(0, 10000, 1, function()        -- 반복
        publish_sample()
        print("Time for another sample")
        count = count + 1
    end)
end)

function publish_sample()
    raw_voltage = adc.read(0) - 233     -- 233은 25C
    diff_degC = raw_voltage / 6         -- 6 단계가 1C
    temp = diff_degC + 25               -- 25에서부터 더하기/빼기
    msg = string.format("{\"d\":{\"Temp\": %d }}", temp)
    m:publish(TOPIC, msg, 0, 0, function(conn)
        print("Published a message: " .. msg)
        print("Value of count is: " .. count)
        if count>=10 then
            close()
            timer.cancel(0)
        end
    end)
end

function close()
    m:close()
    print("End of the NodeMCU MQTT Example")
    gpio.write(7, gpio.LOW)
end
```

이 프로그램을 RPi에서 NodeMCU로 업로드해 NodeMCU에서 다음과 같이 실행할 수 있다.

```
pi@erpi .../chp13/nodemcu/mqtt $ luatool.py -p /dev/ttyUSB0 -b 9600
pi@erpi .../chp13/nodemcu/mqtt $ minicom -b 9600 -o -D /dev/ttyUSB0 -s
NodeMCU 0.9.6 build 20150704 powered by Lua 5.1.4
lua: cannot open init.lua
> node.restart()
> dofile("main.lua")
Starting the NodeMCU MQTT client test
Current heap is: 29072
Connected to MQTT Broker: 4wyix6.messaging.internetofthings.ibmcloud.com
Time for another sample
Published a message: {"d":{"Temp": 23 }}
Value of count is: 1
...
Published a message: {"d":{"Temp": 22 }}
Value of count is: 10
End of the NodeMCU MQTT Example
```

NodeMCU에 연결된 LED는 프로그램이 시작되면 켜지고 통신 트랜잭션이 완료되면 꺼진다.

NodeMCU의 최종 애플리케이션은 IoT 프레임워크의 다양한 가능성을 보여준다. NodeMCU와 같은 많은 저비용 장치가 클라우드 플랫폼에 센서 데이터를 무선으로 게시하면 클라우드 플랫폼에서 데이터를 분석하는 프로그램을 실행하고 데이터 스트림을 구독하는 다른 디바이스에서 이벤트를 트리거할 수 있다. RPi는 계산 성능이 뛰어나므로 IoT 애플리케이션의 데이터를 집계해 고급의 상호작용(예를 들어 컴퓨터 비전 기술을 사용해 얼굴을 인식)을 수행할 수 있다. 마지막으로 이 예제는 영속적인 데이터 통신을 위한 ESP8266과 같은 저비용 마이크로컨트롤러에서 분명히 사용할 수 있으므로 MQTT의 낮은 오버헤드 특성을 보장한다.

## 지그비 통신

지그비(ZigBee)는 저전력, 저속의 임베디드 무선 통신을 위한 세계적인 표준이며 여러 노드가 협력해 데이터를 중계하는 무선 메시(mesh) 네트워킹의 개념을 지원한다. 이를 통해 단일 액세스 포인트 모델에서 가능한 것보다 훨씬 큰 범위로 네트워크를 확장할 수 있다. 또한 메시 네트워크는 네트워크의 노드가 손실되면 스스로 치료할 수 있다. 회원 수가 약 450명에 달하는 비영리 단체인 지그비 연합(zigbee.org)에서 지그비 표준을 유지하고 사용을 장려하는 일을 한다.

## XBee 장치 소개

그림 13.8(a)에서 볼 수 있는 Digi(digi.com)의 *XBee* 장치는 지그비 표준을 구현한 하드웨어 가운데 가장 잘 알려진 제품일 것이다. 그러나 모든 XBee 장치가 실제로 지그비와 호환되는 것은 아니다. Digi에서는 메시 네트워킹을 위해 지그비와 호환되지 않는 독점 *DigiMesh* 프로토콜을 사용하는 장치도 생산하므로 장치를 고를 때 주의를 기울여야 한다.[3] 지그비 프로토콜에서는 다음 세 가지 유형의 노드를 정의한다.

1. *코디네이터*(*Coordinator*). 각 네트워크에는 네트워크를 설정하고 보안 키를 분배하는 코디네이터가 하나 있다. RPi 애플리케이션의 경우, 코디네이터는 대개 UART 연결을 통해 RPi에 직접 연결된다.
2. *라우터*(*Router*). 장치 사이에서 데이터를 중계하는 노드로, sleep이 허용되지 않는다.
3. *종단 장치*(*End Device*). 네트워크의 말단 노드이며, 센서 장치에서 얻은 정보를 라우터와 코디네이터에게 전송한다. 다른 노드의 데이터를 중계할 수는 없지만, sleep이 허용된다.

이와 대조적으로 DigiMesh 프로토콜은 지그비의 모든 역할을 수행할 수 있는 한 가지 노드만 사용해 메시 구조를 단순화했지만, 아쉽게도 지그비 프로토콜이나 기타 업체의 솔루션과는 호환되지 않는다. *XBee 802.15.4* 표준 버전도 사용할 수 있지만, 일대일 혹은 일대다 네트워킹만 지원하고 메시 네트워킹은 지원하지 않는다. Digi에서 사용하는 모델 번호 체계는 혼란스럽지만 일단 지그비와 DigiMesh의 차이점을 이해하면 적절하게 모듈을 선택할 수 있을 것이다. 2.4GHz에서 작동하며 스루 홀 패키지로 나온 모든 장치에 대해 서로의 차이점을 요약하고 현재의 명명 규칙을 표 13.2에 정리했다.

(a)

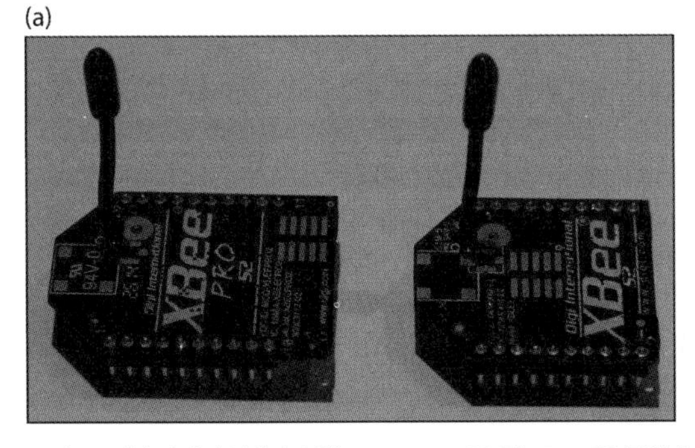

(b)

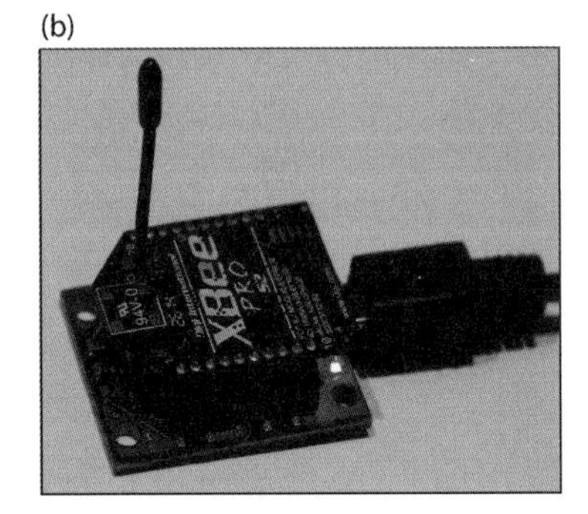

**그림 13.8** (a) 와이어 안테나가 있는 XBee Pro S2 및 XBee S2 장치, (b) SparkFun XBee USB Explorer

3 지그비와 DigiMesh의 차이점을 자세히 설명한 백서는 tiny.cc/erpi1309에서 확인할 수 있다.

표 13.2 XBee 모델 비교

| XBEE 이름 | 프로토콜/토폴로지 | 설명 |
|---|---|---|
| Series 2 ZigBee | 지그비/Mesh | 다른 벤더 솔루션과 표준화되고 상호 운용 가능. AT 및 API 모드를 지원. 각 네트워크에는 코디네이터가 하나 있어야 함. 코디네이터 및 라우터는 항상 동작해야 함. |
| Series 1 802.15.4 | 802.15.4/Multipoint | 일대일 및 일대다 통신을 잘 지원. |
| Series 1 DigiMesh | DigiMesh/Mesh | 펌웨어를 사용해 시리즈 1 모듈에서 독점 메시 네트워킹을 구현. 한 가지 유형의 노드만 필요. |

www.digi.com/lp/xbee

XBee Pro S2 및 XBee S2 장치[4]를 그림 13.8(a)에 나란히 나타냈다. 그것들의 핀 배열은 호환이 되지만, XBee Pro S2가 물리적으로 더 길다. 기본 버전은 저렴하고(~19달러) 전력을 적게(2mW) 사용하지만, 통신 거리가 약 120미터로 제한된다. 프로 버전은 다소 비싸며(~29달러) 전력을 많이(63mW) 사용하지만, 최대 통신 거리는 약 1.6km다. 그림 13.8(a)에 있는 것은 온보드 와이어 안테나가 달려있어 편리하다. PCB 트레이스 안테나 또는 외부 u.FL/RP-SMA 안테나가 포함된 버전도 있다. 후자는 프로젝트를 금속 또는 밀폐된 상자 안에 넣으려는 경우에 특히 유용하다. Wi-Fi 장치와 마찬가지로 대부분의 XBee 장치는 2.4GHz에서 작동한다. 이 대역의 전송은 라디오 방송 및 휴대 전화에 사용되는 것과 같은 허가된 주파수 대역을 방해하지 않으므로 이 주파수 대역에는 면허가 필요하지 않다.

XBee 모듈의 핀 간격은 2mm로 0.1인치(2.5mm) 브레드보드에 맞지 않으므로 프로토타입 작업에는 어댑터 보드(2~3달러)가 필요하다. 또한 적어도 두 개의 XBee 모듈을 구입해야 함을 명심하라. 한 개만으로는 쓸모가 없다!

## AT 모드와 API 모드

XBee 장치는 다음과 같은 두 가지 모드로 사용할 수 있으며 그 차이를 이해하는 것이 중요하다.

- *AT 명령 모드*. AT 명령은 모뎀과 같은 직렬 장치를 제어하는 데 사용하는 명령이다. XBee는 데이터를 정확하게 중계하되, 특정한 문자열을 받았을 때는 특별한 AT 모드로 전환된다. 이것은 XBee 장치의 기본 작동 모드로, 통신의 복잡성 대부분을 숨긴다. 그 결과, 이 모드에서 구성되는 두 개의 XBee 장치는 무선 직렬 UART 연결처럼 작동한다. XBee 장치에 문자 +++를 전송하면 AT 명령 모드가 시작되며 AT로 시작하는 이름의 명령을 실행할 수 있다. 예를 들어 ATID는 네트워크 ID(PAN ID)를 반환한다. 이에 대해서 곧 자세히 논의할 것이다.

4 이 절에서 사용한 Digi 모듈의 정확한 모델은 *와이어 안테나가 있는 XBee PRO ZB*(XBP24-Z7WIT-004)와 *와이어 안테나가 있는 XBee ZB*(XB24-Z7WIT-004)다.

- *API 모드*. 디지 XBee 장치는 데이터를 프레임으로 구조화해 전송하는 API 모드로도 사용할 수 있다. 데이터의 프레임을 이용하면 장치를 다시 프로그램할 필요 없이 개별 모듈을 지정해 보낼 수 있다. 또한 API 모드는 XBee 모듈의 입출력 기능과의 상호작용을 용이하게 하며 데이터 전송 확인 수신을 지원한다.

API 모드는 AT 모드보다 훨씬 뛰어나지만 프로그램하기가 더 복잡하다. 다음 절에서는 애플리케이션을 두 가지 모드로 개발한다.

## XBee 구성

XBee 장치를 준비하고 나서 가장 먼저 할 일은 데스크톱 컴퓨터 및 그림 13.8(b)의 SparkFun XBee USB Explorer와 같은 장치를 사용해 구성하는 것이다. XBee 장치를 구성하는 데는 Digi의 XCTU 소프트웨어 플랫폼을 사용하는 것이 가장 직관적이다.

### XCTU

XCTU는 Digi에서 제공하는 XBee 장치용 GUI 기반의 완벽한 구성 플랫폼이다. 그림 13.9(a)와 같이 XBee USB Explorer를 사용해 데스크톱 컴퓨터에 연결된 모듈을 검색하고 그림 13.9(b)와 같이 PAN ID 등의 네트워크 속성을 구성할 수 있다. XCTU는 `www.digi.com/xctu`에서 내려받을 수 있으며 Windows와 MacOS X, 리눅스에서 무료로 사용할 수 있다.

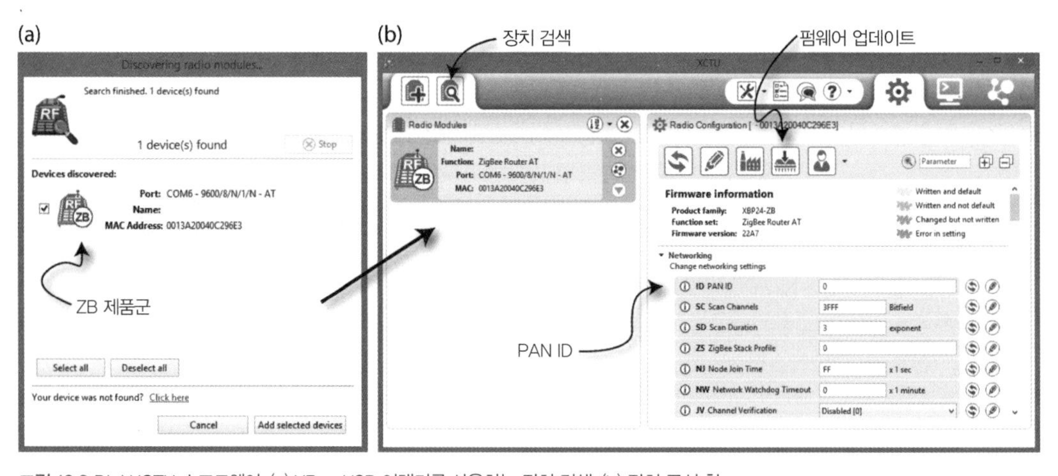


**그림 13.9** Digi XCTU 소프트웨어. (a) XBee USB 어댑터를 사용하는 장치 검색, (b) 장치 구성 창

## XCTU를 사용해 XBee 네트워크 구성

XCTU로 먼저 할 일은 XBee 모듈을 최신 펌웨어로 업데이트하는 것이다. Update Firmware 버튼(그림 13.9(b) 참고)을 클릭한 다음 제품군과 기능 세트, 펌웨어 버전을 선택한다. AT 모드를 사용하는지 또는 API 모드를 사용하는지와 코디네이터(Coordinator), 라우터(Router), 종단 장치(End Device) 중 어느 것으로 설정하는지에 따라 펌웨어 버전이 다르다. 이러한 옵션에 대해서 이 절에서 설명한다.

AT 또는 API 기반 네트워크를 구성하려면 *PAN(개인 영역 네트워크) ID*를 설정해야 한다. PAN ID는 XBee 장치 세트가 동일한 네트워크에 있도록 구성할 수 있는 16비트 주소다. 이 네트워크 ID 기능을 사용하면 동일한 물리적 위치에서도 서로 독립적인 여러 장치 네트워크를 구성할 수 있다. 네트워크를 구축하려면 모든 장치가 동일한 PAN ID를 가져야 한다.

다음 두 예제는 AT 및 API 모드에서 XBee 장치를 구성하는 단계별 지침을 제공한다. 각 예제는 서로 다른 펌웨어 버전을 식별하고 사용하므로 장치의 펌웨어를 다시 프로그래밍할 때 XCTU를 사용해야 한다.

### 구형/호환 XBEE USB 탐색기 리셋

구형 SparkFun XBee USB Explorer를 가지고 있거나 다른 회사의 XBee USB Explorer 제품을 샀다면 리셋 버튼이 달려있지 않을 수도 있다. 펌웨어를 업데이트할 때 그림 13.10(a)와 같은 메시지를 볼 수 있는데, 그림 13.10(b)과 같이 XBee USB Explorer의 RST 핀과 GND 핀에 푸시버튼을 추가할 수 있다. 그림 1.5(a)와 같은 리셋 버튼을 사용하면 좋다.

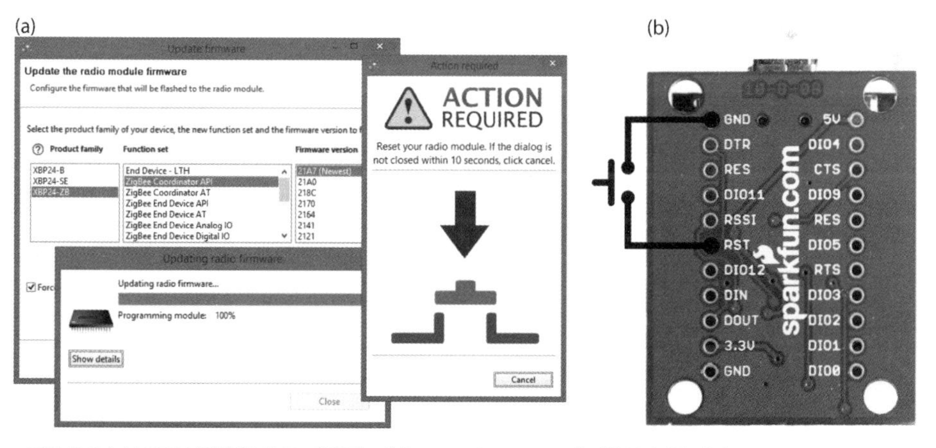


**그림 13.10** (a) XCTU 펌웨어 업데이트 리셋 경고, (b) XBee USB Explorer에 리셋 푸시버튼 달기

## XBee AT 모드 예제

이 예에서는 아두이노를 RPi 용 무선 온도 센서로 구성한다. 아두이노는 TMP36 온도 센서에서 아날로그 판독 값을 취해 전압 값을 섭씨온도(또는 화씨)로 변환한다. 첫 번째 XBee 장치(XBeeA)는 AT 모드에서 라우터 모듈이 되도록 구성해 아두이노에 연결한다. 두 번째 XBee 장치(XBeePi)는 AT 모드에서 코디네이터 모듈이 되도록 구성해 RPi에 연결한다. 두 모듈은 물리적으로 동일하지만, 각 모듈에 펌웨어를 기록함으로써 서로 다른 역할을 부여하는 것이다. 최종회로는 그림 13.12에 나와 있지만 모듈을 구성해야 하므로 아직 회로를 연결하면 안 된다. AT 모드에서 XBee 모듈은 무선 UART 연결처럼 동작하지만 통신을 설정하려면 먼저 장치를 페어링해야 한다. 각 장치의 destination address는 반드시 상대 XBee 모듈의 주소로 설정해야 한다.

### 아두이노 XBee 장치(XBeeA) 설정

XBeeA 모듈을 XBee USB Explorer에 올려놓고 데스크톱 컴퓨터에 연결한다. XBee 모듈과 XBee USB Explorer의 핀 번호가 맞는지 확인한다. XCTU에서 Discover 버튼을 클릭하면 사용 가능한 모듈 목록에 해당 장치가 나타난다(그림 13.9(b) 참고). 필자의 경우, XBeeA의 MAC 주소는 0013A200 40C8B460이다.

XCTU에서 다음과 같은 구성 단계를 수행한다.

- Zigbee Router AT의 최신 펌웨어(이 책을 쓰는 시점에는 22A7 버전)로 업데이트한다.
- PAN ID를 5432로 변경한다. 두 XBee 장치 모두 이 주소를 사용한다.
- 직렬(serial) 보율(BD – Baud Rate)을 115,200으로 변경한다. 이 값을 XBee에 쓸 때 XCTU는 장치 설정을 갱신한다.
- XBeeA의 대상 주소(Destination Address)로 XBeePi의 하단에 인쇄된 주소(DH/DL)를 사용한다(그림 13.11(a) 참고). 여기서 DH는 0013A200, DL은 40E8E355로 입력했다(그림 13.11(b) 참고).

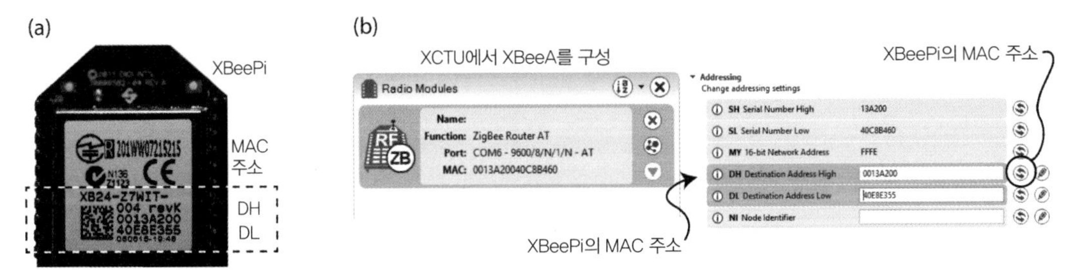


**그림 13.11** 아두이노 측 XBee를 RPi 측 XBee 장치에 연결하도록 구성. (a) RPi측 XBee, (b) 아두이노 측 XBee XCTU 설정

그림 13.12(a)와 같이 XBeeA를 아두이노에 연결하되, 아직 RX와 TX 라인을 연결해서는 안 된다. 코드 13.8은 아날로그 입력 핀 A0에 인터페이스해 현재 전압을 읽어서 섭씨온도로 변환하는 아두이노 스케치다(11장에서 설명). 그런 다음 코드는 직렬 연결을 통해 JSON 문자열을 보낸다. tempC를 tempF로 변경해 화씨로 온도를 전송할 수 있다.

참고

아두이노를 프로그래밍할 때 아두이노와 XBee 장치를 연결한 TX 및 RX 회선을 분리해야 하며 그렇게 하지 않으면 통신 문제가 발생한다. 이 작업을 자주 수행한다면 브레드보드의 회로에 두 개의 슬라이더 스위치를 추가하는 것도 좋은 방법이다.

**코드 13.8** /chp13/xbee/at/xbee.ino

```
const int analogInPin = A0;                          // TMP36의 아날로그 입력

void setup(){
    pinMode(13, OUTPUT);
    Serial.begin(115200, SERIAL_8N1);
}

void loop(){                                         // 5초마다 레지스터를 갱신
    digitalWrite(13, HIGH);                          // LED을 켬
    delay(100);                                      // 100ms + 처리 시간
    int adcValue = analogRead(analogInPin);          // 10비트 ADC를 사용
    float curVoltage = adcValue * (3.3f/1024.0f);    // Vcc = 5.0V, 10비트
    float tempC = 25.0 + ((curVoltage-0.75f)/0.01f); // 데이터시트 참조
    float tempF = 32.0 + ((tempC * 9)/5);            // 섭씨를 화씨로 변환 가능
    Serial.print("{ \"Temperature\" : ");            // JSON 메시지로 전송
    Serial.print(tempC);                             // 온도(섭씨)
    Serial.println(" }");                            // JSON 메시지를 닫음
    digitalWrite(13, LOW);                           // LED 끔
    delay(4900);                                     // 지연 시간을 모두 합하면 약 5초가 됨
}
```

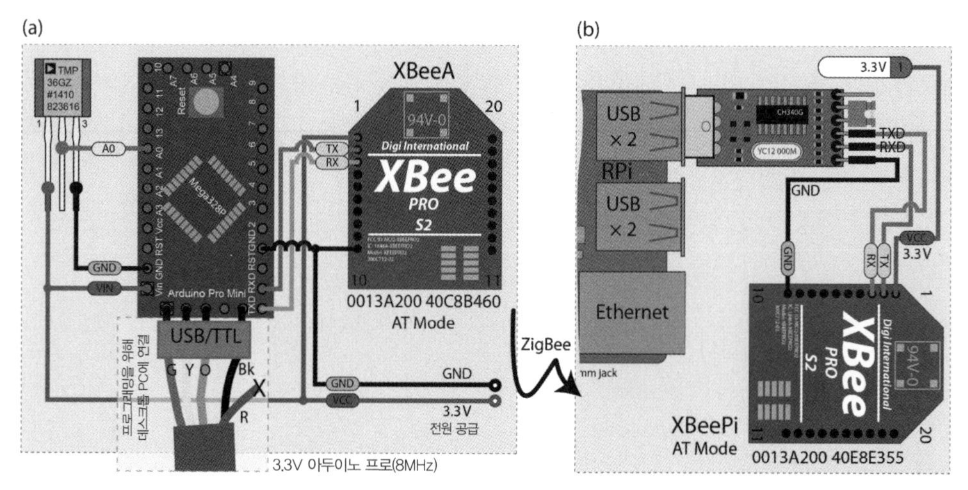


그림 13.12 (a) XBeeA 회로 구성, (b) XBeePi 회로 구성

11장에서 설명한 대로 USB-to-UART 케이블을 사용해 아두이노에 프로그램을 작성한 다음, 아두이노 프로그래밍 환경에서 직렬 콘솔을 연다(115,200의 보율을 사용). 5초마다 다음 JSON 형식 메시지가 표시된다. TMP36 센서를 손으로 쥐고 있으면 온도가 올라갈 것이다.

```
{ "Temperature" : 22.19 }
{ "Temperature" : 22.19 }
{ "Temperature" : 24.44 }
```

그림 13.12(a)와 같이 아두이노에서 XBee로 RX/TX 핀을 연결할 수 있다. 아두이노 시리얼 콘솔이 열린 채로 둬도 되며 판독된 값이 전송될 때마다 온보드 LED가 켜지므로 상태를 확인할 수 있다. 이렇게 해서 아두이노 XBee 구성이 완료됐다.

참고

이 장의 몇 가지 예에서는 USB-UART 어댑터를 사용한다. 이 어댑터는 8장의 온보드 UART 장치(/dev/ttyAMA0 또는 /dev/ttyS0)를 대신할 수 있는 간편한 장치로, 9장에서 다뤘다. 온보드 UART 장치를 사용하는 경우 기본적으로 실행되는 serial-getty 서비스를 비활성화해야 함을 명심하라(8장 참고).

## RPi 측 XBee 장치 설정하기(XBeePi)

두 번째 XBee 모듈인 XBeePi는 XBeeA를 통신 대상으로 사용하도록 구성돼야 한다. XBeePi 모듈을 XBee USB Explorer에 놓고 데스크톱 컴퓨터에 연결한다. XCTU에서 검색 버튼을 클릭한다. 여기서는 모듈이 예상대로 MAC 주소 0013A200 40E8E355와 함께 나타났다. 그런 다음 XCTU를 사용해 다음 단계를 수행한다.

- 장치의 펌웨어를 "ZigBee Coordinator AT"로 업데이트한다. *라우터*로 설정한 XBeeA와 달리 XBeePi는 *코디네이터*로 설정해야 한다.
- PAN ID를 5432로 변경하고 XBeeA의 설정과 어울리도록 보율을 115,200으로 설정한다.
- XBeeA의 MAC 주소(이 경우에는 0013A200 40C8B460)에 따라 목적지 주소 DH와 DL 값을 설정한다.

XBeePi 모듈을 XBee USB Explorer에 끼워둔 채로 Discover Radio Nodes(라디오 노드 검색) 버튼을 클릭하면 XBeeA가 목록에 나타난다. 장치가 AT 모드에 있으므로 설정을 보거나 구성할 수는 없다. 그러나 Console working mode(콘솔 작업 모드)로 전환하고 Connect(연결)를 클릭하면 그림 13.13과 비슷한 출력이 나타날 것이다. 출력 결과는 아두이노가 XBeePi 모듈과 성공적으로 통신 중이며 이제 RPi에 연결할 준비가 됐음을 나타낸다.

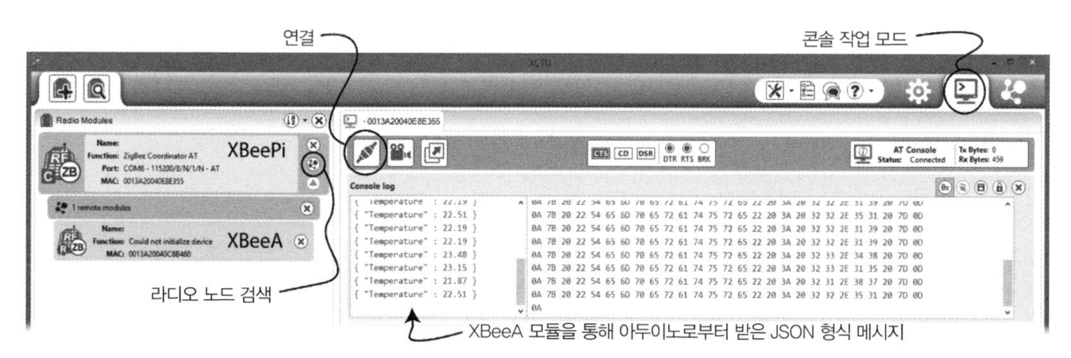


**그림 13.13** 아두이노 XBee 장치에서 JSON 메시지를 수신하는 XCTU 콘솔 작업 모드

XBeePi를 XBee USB Explorer에서 제거하고 그림 13.12(b)와 같이 RPi에 연결할 수 있다. 연결은 다음과 같이 minicom을 사용해 테스트할 수 있다.

```
pi@erpi ~ $ minicom -b 115200 -o -D /dev/ttyUSB0
{ "Temperature" : 21.87 }
{ "Temperature" : 22.19 } ...
```

새로운 JSON 형식의 온도 값이 5초마다 나타난다. 11장의 아두이노 UART 코드는 C/C++에서 이 값을 읽는 데 사용할 수 있으며 이 장의 앞부분에 있는 JSON 코드를 사용해 데이터 문자열을 파싱할 수 있다.

이 회로는 양방향 통신 채널이다. UART 명령 제어 코드는 11장에서 설명한 대로 아두이노를 제어하는 데도 사용할 수 있다.

## XBEE AT 명령

몇 가지 AT 명령을 익혀보자. RPI에 들어오는 데이터 스트림을 중단하려면 minicom 세션을 실행 상태로 둔 채로 XBeeA 모듈의 전원을 차단한다. 그런 다음 minicom 터미널을 사용해 AT 명령을 입력한다.

- AT 모드를 켜려면 +++를 입력한다(Enter를 누르지 마라). OK가 응답으로 나타날 것이다.
- 그런 다음, ATID라고 타이핑하고 엔터 키를 누르면 네트워크 ID(PAN ID)가 표시될 것이다.

예를 들어 다음은 네트워크 ID, 일련 번호(상위 하위 부분) 및 대상 주소(상위 하위 부분)에 대한 설정을 읽는 AT 대화다. minicom에서 로컬 에코가 활성화돼 있는지 확인하고, AT 모드가 마지막 AT 명령을 입력한 후 10초 후에 종료되므로 재빨리 입력하자!

```
pi@erpi ~ $ minicom -b 115200 -o -D /dev/ttyUSB0
+++OK
ATID
5432
ATSH
13A200
ATSL
40E8E355
ATDH
13A200
ATDL
40C8B460
```

설정을 변경하려면 새 값을 명령에 추가해야 한다. 다음은 네트워크 ID를 1234로 설정했다가 다시 5432로 되돌리는 예다.

```
ATID1234
OK
ATID
1234
ATID5432
OK
ATID
5432
```

AT 명령의 전체 목록은 XCTU의 구성 항목(그림 13.9(b) 참고) 및 tiny.cc/erpi1304의 XBee Command Reference를 참고하라.

## XBee API 모드 예제

안타깝게도 XBee AT 모드에서는 지그비 장치에서 사용할 수 있는 고급 기능에 접근할 수 없다. 마지막 예에서 두 장치에 대해 출발지와 목적지를 수동으로 구성했다. XBee API 모드는 API 모드의 다른 모듈이 선택적으로 데이터를 수신할 수 있게 해주는 소프트웨어 구성 가능 주소가 있는 데이터 프레임을 사용한다.

### RPi XBee 장치 설정하기(XBee1)

이 절에서는 두 개의 동일한 XBee S2 지그비 장치에 새로운 펌웨어를 기록해 API 모드로 구성한다. 그림 13.14와 같이 XBee1은 지그비 코디네이터(API 모드)로, XBee2는 지그비 라우터(API 모드)로 구성한다. 코디네이터는 RPi에 연결하고 XBee 라우터는 독립형 마이크로컨트롤러로 사용한다(그림 13.15 참고).

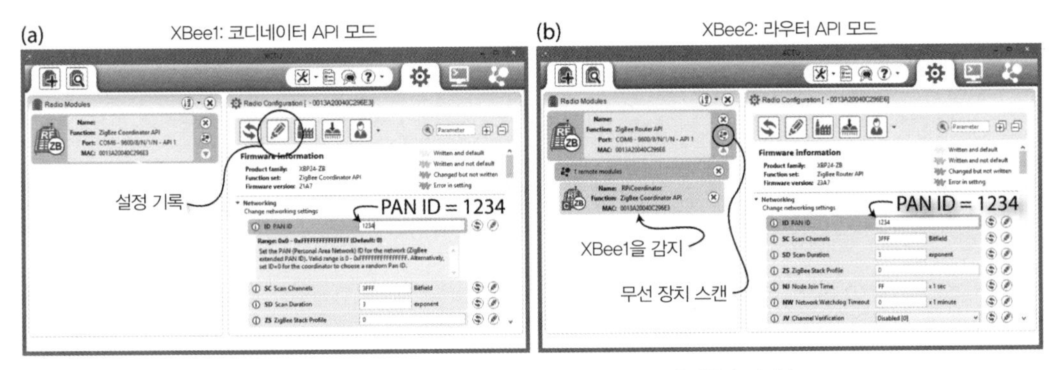


그림 13.14 (a) XBee1을 PAN ID 1234의 코디네이터로 구성, (b) XBee2를 PAN ID 1234의 라우터로 구성

두 장치의 PAN ID를 1234로 설정한다. PAN ID를 설정했으면 XBee1을 XBee USB Explorer에서 분리해 그림 13.15(a)와 같이 RPi에 연결한다.

### 독립실행형 XBee 장치 설정(XBee2)

XBee2는 XBee USB Explorer에 배치할 수 있으며 지그비 라우터 펌웨어로 프로그래밍할 수 있다. 그러면 장치에 대한 Wireless Scan(무선 스캔) 버튼을 클릭해 장치를 검색할 수 있다(그림 13.14(b) 참고). RPi에 연결된 XBee1 코디네이터 장치가 감지되며, 장치가 둘 다 API 모드에 있으므로 XBee1 장치의 설정을 무선으로 변경할 수 있다.

이 예에서는 XBee2 라우터 장치가 아두이노에 연결돼 있는 것이 아니라 그림 13.15(b)와 같이 독립형 마이크로컨트롤러로 사용된다. 입출력의 전체 목록은 그림 13.16(a)에 있으며 XCTU에서 이를 확인하는 데 사용한 설정은 그림 13.16(b)에 있다.

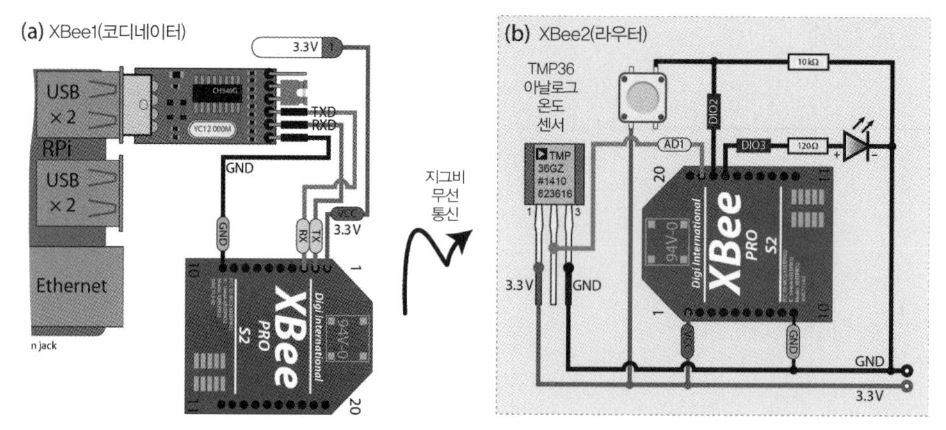


그림 13.15 (a) XBee1 RPi 코디네이터 회로, (b) 샘플 I/O 연결이 있는 독립형 XBee2 라우터 회로

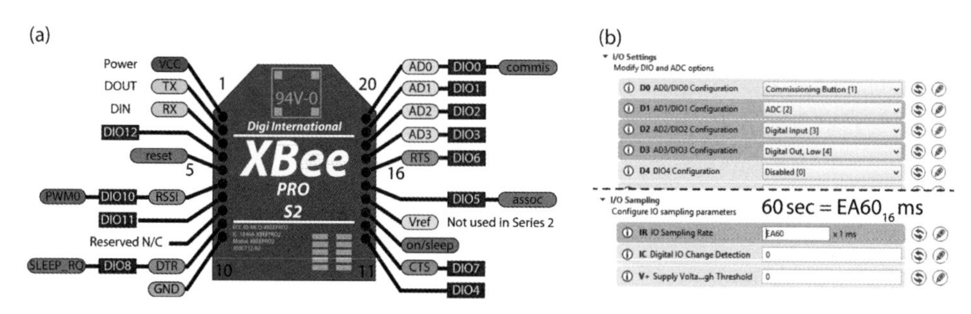


그림 13.16 (a) XBee S2 핀 배열, (b) XBee S2 모듈의 XCTU I/O 설정

이 시점에서 RPi에서 XBee1 장치에 연결하는 데 minicom은 사용할 수 없다. XBee 장치가 API 모드로 구성돼 있어 데이터 프레임이 필요하기 때문이다. 하지만 Node.js 및 C/C++를 비롯한 여러 언어로 작성된 코드를 사용해 XBee 모듈과 상호작용할 수 있다.

## XBee API 모드 및 Node.js

xbee-api Node.js 모듈(tiny.cc/erpi1305)은 API 모드에서 XBee 디바이스를 사용하는 애플리케이션을 작성하는 빠르고 효과적인 방법이다. 이 모듈은 이 절에서 사용되는 XBee Series 2(지그비) 장치를 완벽하게 지원한다. Node.js 모듈을 활용하기 위해서는 최신 버전의 Node.js가 있는지 먼저 확인해야 한다(Node.js 업데이트에 대한 지침은 12장의 "LAMP와 MEAN" 참고).

코드 13.9는 NI(노드 식별) 정보와 PAN ID 1234로 전송된 모든 데이터 프레임을 표시하는 Node.js 프로그램이다.

**코드 13.9** /chp13/xbee/nodejs/test.js

```
// www.npmjs.com/package/xbee-api의 예제 코드를 응용
var util = require('util');
var SerialPort = require('serialport');
var xbee_api = require('xbee-api');
var C = xbee_api.constants;

var xbeeAPI = new xbee_api.XBeeAPI({          // 두 가지 API 모드를 사용할 수 있음
    api_mode: 1
});

var serialport = new SerialPort("/dev/ttyUSB0", {
    baudrate: 9600,                           // 기본 보율
    parser: xbeeAPI.rawParser()               // raw 프레임을 파싱
});

serialport.on("open", function() {          // serialport 모듈을 사용
    var frame_obj = {                         // AT 요청을 보냄
        type: C.FRAME_TYPE.AT_COMMAND,        // AT 명령을 위한 준비
        command: "NI",                      // Node 식별자 명령
        commandParameter: [],                 // 매개변수가 필요하지 않음
    };
    serialport.write(xbeeAPI.buildFrame(frame_obj));
});

// 수신한 데이터 프레임들을 출력
xbeeAPI.on("frame_object", function(frame) {
    console.log(">>", frame);
});
```

먼저 이 코드를 실행하는 데 필요한 xbee-api 및 serialport 모듈을 npm(Node 패키지 관리자)을 사용해 설치해야 한다.

```
pi@erpi ~/exploringrpi/chp13/xbee/nodejs $ npm install serialport
pi@erpi ~/exploringrpi/chp13/xbee/nodejs $ npm install xbee-api
pi@erpi ~/exploringrpi/chp13/xbee/nodejs $ sudo node test.js
>> { type: 136,
  id: 1,
  command: 'NI',
  commandStatus: 0,
  commandData: <Buffer 20 52 50 69 43 6f 6f 72 64 69 6e 61 74 6f 72> }
```

```
>> { type: 146,
  remote64: ,
  remote16: '885e',
  receiveOptions: 1,
  digitalSamples: { DIO2: 1, DIO3: 0 },
  analogSamples: { AD1: 617 },
  numSamples: 1 }
```

이 프로그램은 노드 식별 정보를 출력한 다음, XBee2 라우터 장치가 ADC 입력을 60초마다(그림 13.16(b)와 같이 설정) 읽어서 XBee1 코디네이터 노드로 전송하도록 한다. 여기에서(즉, 10비트 ADC에서) 받은 값은 617이며 버튼(DIO2)이 눌린 것을 볼 수 있다.

새로운 데이터 프레임이 수신될 때마다 xbeeAPI.on() 함수가 호출되고 그 프레임이 전달된다. 프레임은 다음을 설명한다.

- type은 프레임의 유형을 나타낸다. 이 경우 146(0x92)이며 "IO 데이터 샘플 Rx 표시기"다.
- remote64는 그림 13.15(b)의 XBee2 주소에 해당하는 데이터를 전송한 노드의 주소다.
- remote16은 데이터를 전송한 장치의 네트워크 주소이며 이 예에서는 0x885E다.

대화형 *XBee API Frame generator* 유틸리티는 XCTU의 도구 메뉴에서 사용할 수 있으며 이러한 프레임의 내용을 자세히 설명해준다.

Node.js 출력이 JSON 형식임을 알 수 있을 것이다. JSON 지원은 Node.js에 내장된 것으로, JSON.parse() 메서드를 사용해 문자열을 사용 가능한 데이터 값으로 변환할 수 있다.

## XBee와 C/C++

libxbee라는 C/C++ 라이브러리는 XBee API 모드 장치의 사용을 지원한다. Node.js 모듈만큼 사용하기 쉽지는 않지만 API 모드 전송을 완벽하게 지원한다. 라이브러리를 시작하려면 다음 단계를 사용해 라이브러리를 내려받고 빌드한다.

```
pi@erpi ~ $ git clone https://github.com/attie/libxbee3
pi@erpi ~ $ cd libxbee3/
```

make configure를 실행하면 일반 구성 파일이 기본 빌드 디렉터리에 복사된다. RPi에서 빌드하기 전에 다음과 같이 XBEE_NO_RTSCTS 행의 주석을 해제해 RTS/CTS 지원을 비활성화해야 한다.

```
pi@erpi ~/libxbee3 $ make configure
pi@erpi ~/libxbee3 $ nano config.mk
pi@erpi ~/libxbee3 $ more config.mk |grep RTSCTS
OPTIONS+=       XBEE_NO_RTSCTS
pi@erpi ~/libxbee3 $ make
pi@erpi ~/libxbee3 $ sudo make install
```

그림 13.15의 회로를 그대로 사용하고 /chp13/xbee/cpp/의 simple.c 프로그램을 실행해 라이브러리를 테스트할 수 있다(simple.c 파일에서 XBee UART 장치를 설정해야 함을 기억하라).

```
pi@erpi ~/exploringrpi/chp13/xbee/cpp $ gcc simple.c -o simple -lxbee
pi@erpi ~/exploringrpi/chp13/xbee/cpp $ XBEE_LOG_LEVEL=100 ./simple
...
12#[rx.c:202] xbee_rxHandler() 0x143c128: received 'I/O' type packet...
 5#[rx.c:211] xbee_rxHandler() 0x143c128: connectionless 'I/O' packet...
10#[conn.c:181] xbee_conLogAddress() 0x143c128:address @ 0x76578cc4...
10#[conn.c:182] xbee_conLogAddress() 0x143c128: broadcast: No
10#[conn.c:184] xbee_conLogAddress() 0x143c128: 16-bit addr: 0x885E
10#[conn.c:191] xbee_conLogAddress() 0x143c128: 64-bit: 0x13A200 0x40C296E6
10#[conn.c:198] xbee_conLogAddress() 0x143c128: endpoints: --
10#[conn.c:203] xbee_conLogAddress() 0x143c128: profile ID: ----
10#[conn.c:208] xbee_conLogAddress() 0x143c128: cluster ID: ----
```

libxbee C/C++ 라이브러리가 결과 데이터 프레임을 파싱하는 방법을 이해하기 위해서는 자세한 연구가 필요하다. 시작을 위한 안내서는 tiny.cc/erpi1307에 있으며 라이브러리에 대한 전체 설명서는 github.com/attie/libxbee3/에서 볼 수 있다.

## 근거리 무선 통신(NFC)

*NFC*(*근거리 무선 통신*)는 서로 물리적으로 가까운 두 장치가 양방향으로 통신할 수 있게 해주는 무선 기술이다. NFC는 보안 통신 및 피어 투 피어 통신을 지원하는 *RFID*(*Radio Frequency Identification*)의 특수 고주파 버전이다. 예를 들어 NFC는 휴대 기기를 사용하는 비접촉 결제와 관련된 핵심 기술이며 휴대전화 간 정보 공유(예: 두 기기를 함께 탭)에도 사용된다. NFC 장치는 고주파 RFID(13.56MHz)와 동일한 주파수로 작동하므로 많은 NFC 장치가 수동 또는 능동형 RFID 장치와도 인터페이스할 수 있다. 일반적으로 RFID 카드에는 전원 공급 장치가 없으며 내장된 와이어 코일을 이용해 자기장으로부터 전력을 생성해 통신에 사용한다.

NFC/RFID 용 소프트웨어 개발의 어려움으로는 복잡하고 독점적 솔루션이 많다는 점을 들 수 있다. 오픈 소스 libnfc(nfc-tools.org)는 NFC/RFID를 위한 플랫폼 독립적인 저수준 소프트웨어 개발 키트이며 RPi에 설치할 수 있다. 그러나 NFC/RFID 하드웨어도 필요하다. 이 작업에 그림 13.17의 회로를 사용할 수 있다. 이 회로는 Philips PN532 NFC 컨트롤러를 사용한다.

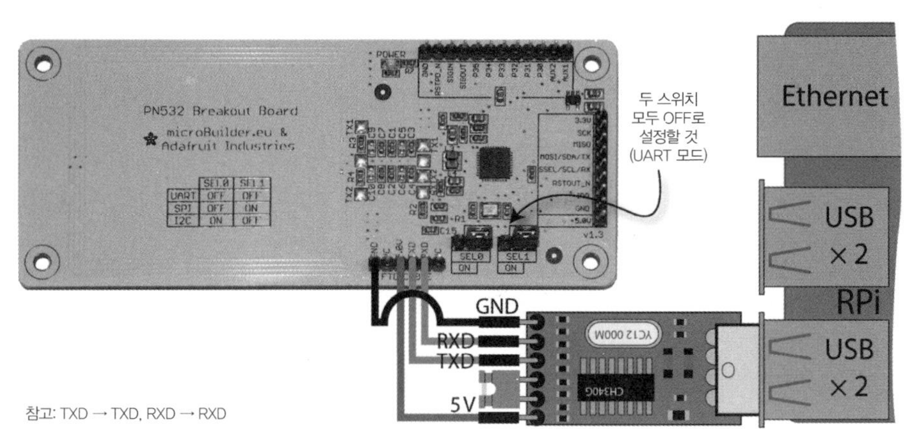


그림 13.17 RPi에서 수동형 RFID 태그를 사용할 수 있는 Adafruit NFC/RFID 인터페이스

필립스 PN532 NFC 컨트롤러(tiny.cc/erpi1308)는 ISO14443A/MIFARE 및 FeliCa 통신 체계를 사용해 13.56MHz에서 비접촉식 통신을 지원한다. SPI, I2C 및 직렬 UART 인터페이스를 지원한다. 그러나 표면 실장 패키지로만 제공되며 외부 안테나에 연결해야 한다. 고맙게도 Adafruit 등에서 이 기술로 개발을 단순화하는 브레이크아웃 보드를 개발했다. 아두이노 실드와 독립형 인터페이스 보드가 있으며 약 40달러에 판매된다. 매우 저렴한 다른 PN532 컨트롤러도 있으므로 UART 연결을 사용할 수 있도록 갖춰 두는 것이 좋다(그림 13.18(a) 참고). 또한 수동형으로 구동되는 13.56MHz RFID/NFC 스티커, 카드, 열쇠고리, 버튼, 플라스틱 손톱, 팔찌 및 세탁물 태그도 저렴한 비용으로 제공되므로 적용 가능성이 크다(그림 13.18(b) 참고).

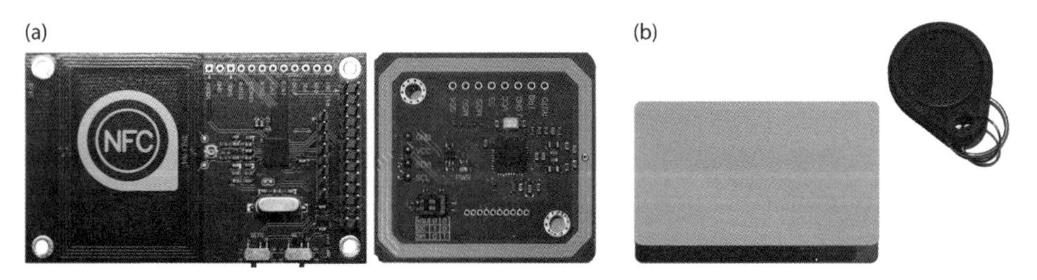


그림 13.18 (a) 저렴한 PN532 NFC 브레이크아웃 보드(5~16달러), (b) 카드형 및 열쇠고리형 RFID 태그

libnfc의 최신 버전을 다음과 같이 내려받아 구성할 수 있다.

```
pi@erpi ~ $ git clone https://github.com/nfc-tools/libnfc
pi@erpi ~ $ cd libnfc/
pi@erpi ~/libnfc $ sudo apt install libusb-dev
pi@erpi ~/libnfc $ sudo mkdir /etc/nfc/
pi@erpi ~/libnfc $ sudo cp libnfc.conf.sample /etc/nfc/libnfc.conf
```

다음으로 NFC 장치 구성을 식별하는 데 사용할 구성 파일 예제를 복사한다. 그림 13.17과 같이 USB-to-UART 장치(9장 참고)를 사용해 RPi에 인터페이스하는 경우에는 구성 파일을 편집해 다음과 같이 지정한다.

```
pi@erpi /etc/nfc $ more libnfc.conf
allow_autoscan = true
device.name = "microBuilder.eu"
device.connstring = "pn532_uart:/dev/ttyUSB0"
```

구성 파일을 준비했으면 다음과 같이 RPi용 libnfc를 빌드할 수 있다. ldconfig는 공유 라이브러리 캐시를 업데이트하는 데 사용한다.

```
pi@erpi ~/libnfc $ cmake .
pi@erpi ~/libnfc $ make
pi@erpi ~/libnfc $ sudo make install
pi@erpi ~/libnfc $ sudo ldconfig -v
pi@erpi ~/libnfc $ ls /usr/local/lib/libnfc*
/usr/local/lib/libnfc.so    /usr/local/lib/libnfc.so.5.0.1
/usr/local/lib/libnfc.so.5
pi@erpi ~/libnfc $ ls /usr/local/bin/nfc*
/usr/local/bin/nfc-scan-device    /usr/local/bin/nfc-list    ...
```

인터페이스 보드를 그림 13.17과 같이 연결하면 libnfc와 함께 제공되는 바이너리 도구를 사용해 구성을 테스트할 수 있다.

```
pi@erpi ~ $ sudo nfc-list
nfc-list uses libnfc 1.7.1
NFC device: pn532_uart:/dev/ttyUSB0 opened
```

공유 라이브러리 오류가 발생한다면 앞에서 ldconfig 단계가 잘 수행됐는지 확인하라. (5장의 "정적 및 동적 컴파일" 절에서 다룬 ldd 도구를 사용해 공유 라이브러리 종속성을 테스트할 수 있다.) 이제 회로와 함께 두 장의 RFID 카드를 사용하면 서로 다르지만 일관적인 ID가 표시되는 것을 볼 수 있다.

```
pi@erpi ~ $ sudo nfc-poll
nfc-poll uses libnfc 1.7.1
NFC reader: pn532_uart:/dev/ttyUSB0 opened
NFC device will poll during 30000 ms (20 pollings of 300 ms for 5 modulations)
ISO/IEC 14443A (106 kbps) target:
    ATQA (SENS_RES): 00  44
       UID (NFCID1): 04  60  28  4a  fe  32  80
      SAK (SEL_RES): 00
nfc_initiator_target_is_present: Target Released
Waiting for card removing...done.

pi@erpi ~ $ sudo nfc-poll
... ATQA (SENS_RES): 00 04
     UID (NFCID1): 8e  3f  34  03
    SAK (SEL_RES): 08  ...
```

/chp13/libnfc/nfc_test.c에서 샘플 C 프로그램을 사용할 수 있다. 이 프로그램은 C로 NFC 액세스 제어 프로그램을 작성하는 데 사용할 수 있다. 프로그램은 UID를 문자 배열로 저장해(char secretCode [] = {0x8e, 0x3f, 0x34, 0x03};) 다른 RFID 카드에서 읽은 개별 RFID 값과 비교한다. 다음 테스트 예제에서 볼 수 있듯이 이 프로그램은 "비밀" ID가 있는 올바른 카드가 제시되면 접근을 허용한다.

```
pi@erpi ~/exploringrpi/chp13/nfc $ ./build
pi@erpi ~/exploringrpi/chp13/nfc $ ./nfc_test
ERPi NFC reader: pn532_uart:/dev/ttyUSB0 opened
 Waiting for you to use an RFID card or tag....
The following tag was found:
  UID (NFCID1): 04  60  28  4a  fe  32  80
 *** ERPi Access NOT allowed! ***

pi@erpi ~/exploringrpi/chp13/nfc $ ./nfc_test
ERPi NFC reader: pn532_uart:/dev/ttyUSB0 opened
 Waiting for you to use an RFID card or tag....
The following tag was found:
  UID (NFCID1): 8e  3f  34  03
 *** ERPi Access allowed! ***
```

# 요약

이 장의 목표는 다음과 같다.

- 자신의 프로젝트에 적합한 무선 통신 프로토콜 및 관련 하드웨어를 선택할 수 있다.
- RPi 용 USB 블루투스 어댑터를 구성해 모바일 장치로부터 연결하는 기본적인 원격 제어 애플리케이션을 구축한다.
- RPi에 USB Wi-Fi 어댑터를 설치하고 보안이 적용된 Wi-Fi 네트워크에 연결하도록 RPi를 구성한다.
- NodeMCU 장치를 사용해 RPi가 제어하는 사물의 분산 무선 네트워크를 구축한다.
- 12장에서 개발한 기술을 토대로 무선 통신 기능을 갖춘 IoT 장치를 만들 수 있다.
- XBee 어댑터와 지그비 프로토콜을 사용해 AT 모드에서 무선 직렬 데이터 링크를 맺는다.
- XBee 장치를 API 모드로 구성해 지그비의 고급 기능을 사용하는 방법을 조사한다.
- NFC/RFID 장치를 사용해 기본적인 접근 제어 시스템을 구축한다.

# 14장

## 라즈베리 파이 GUI 개발

이 장에서는 라즈베리 파이(RPi)의 풍부한 UI(사용자 인터페이스) 아키텍처 및 애플리케이션 개발을 다룬다. 풍부한 UI를 통해 명령행 인터페이스(CLI)에서는 불가능했던 애플리케이션과의 상호작용이 가능하다. 특히 그래픽 표시 요소를 추가하면 애플리케이션을 사용하기 쉽게 만들 수 있다. 범용 컴퓨팅, 터치스크린 디스플레이 모듈, 가상 네트워크 컴퓨팅(VNC)과 같은 풍부한 UI를 지원할 수 있는 다양한 RPi 아키텍처를 소개하고 풍부한 UI 개발을 위한 GTK+ 및 Qt 등의 다양한 소프트웨어 애플리케이션 프레임워크도 알아본다. 포괄적인 코드 라이브러리를 갖추고 있는 Qt 프레임워크를 중점적으로 논의한다. 6장의 DHT 온습도 센서를 사용하는 RPi용 예제 UI 애플리케이션을 개발하고 마지막으로 같은 센서를 사용해 풍부한 기능을 갖춘 원격 팻 클라이언트 TCP 애플리케이션 프레임워크를 개발한다.

**이 장에 필요한 준비물:**

- 라즈베리 파이(모든 모델)
- Aosong AM230x 온습도 센서(DHT)
- 1장의 USB/HDMI 액세서리(선택)

이 장에 대한 자세한 내용은 www.exploringrpi.com/chapter14/를 참고한다.

## 풍부한 UI의 RPi 아키텍처

9장과 10장에서 저렴한 LED 디스플레이와 문자 LCD 디스플레이를 소개했다. 이를 센서나 스위치, 키보드 모듈과 결합해 하드웨어 장치의 구성 또는 상호작용(예: 자동판매기, 프린터 제어 인터페이스)과 같이 많은 애플리케이션에 필요한 단순하고 저렴한 UI 구조를 형성할 수 있다. 어쨌든 RPi의 강력한 프로세서와 리눅스 OS를 활용해 데스크톱 컴퓨터 및 모바일 장치에서와같이 익숙하면서도 매우 정교한 사용자 인터페이스를 제공할 수 있다.

RPi를 물리적인 디스플레이(예: 모니터, TV 또는 LCD 터치스크린)에 직접 연결함으로써 물리적인 UI 장치를 자체적으로 포함하는 장치를 만들 수 있다. 이것은 임베디드 리눅스에서 GTK+ 및 Qt와 같은 오픈소스 UI 개발 프레임워크를 지원함으로써 갖게 되는 강점을 보여주는 일례다. 이러한 프레임워크에서는 시각적 컴포넌트(*위젯*이라고도 함)의 라이브러리를 제공하며 이를 결합해 상당한 상호작용이 가능한 애플리케이션을 만들 수 있다.

소프트웨어 개발 프레임워크를 검토하기 전에 다음과 같은 네 가지 RPi UI 하드웨어 아키텍처를 소개한다.

- **범용 컴퓨팅:** RPi를 모니터 또는 텔레비전에 HDMI로 연결하고 키보드 및 마우스를 USB로 연결하면 RPi를 범용 컴퓨터로 사용할 수 있다. 이 아키텍처 유형에는 RPi 3가 가장 적합하다.
- **LCD 터치스크린 디스플레이:** GPIO 헤더에 LCD 터치스크린을 부착해 독립 실행형 UI 장치로 사용할 수 있다. 모든 RPi 모델을 이러한 방법으로 사용할 수 있다.
- **VNC(가상 네트워크 컴퓨팅):** 네트워크에 연결된 RPi에 원격 액세스 및 제어 소프트웨어를 사용해 가상 디스플레이에서 UI를 제어할 수 있다. 이 아키텍처는 유선 네트워크 RPi 모델에 가장 적합하다.
- **원격 팻 클라이언트(fat-client) 애플리케이션:** 네트워크에 연결된 RPi와 함께 사용자 지정 클라이언트/서버 프로그래밍을 사용해 메시지를 보내고 받음으로써 원격 UI와 상호작용할 수 있다. 이 방법에는 모든 RPi 모델을 사용할 수 있다.

이러한 아키텍처를 이 절에서 자세히 설명했으며 맥락을 짚는 데 도움이 되도록 RPi를 활용하는 여러 방식의 장단점을 표 14.1에 요약했다.

**표 14.1** 여러 RPi UI 아키텍처의 장단점

| 방식 | 장점 | 단점 |
|---|---|---|
| RPi를 범용 컴퓨터로 사용 | 전력 소모가 적은 컴퓨팅 플랫폼. TV 또는 모니터에 연결해 네트워크를 통해 정보를 디스플레이하는 애플리케이션에 이상적임. USB 키보드와 마우스를 사용해 상호작용할 수 있음. | 전용 모니터 또는 TV가 필요. 데스크톱 컴퓨터를 대체하기에는 처리 능력이 부족지만, RPi 3는 가능함. |
| RPi에 LCD 터치스크린을 부착 | 배터리로 작동할 수 있어 휴대성이 매우 높음. UI를 맞춤 개발해 프로세스를 제어하는 경우에 이상적임. | 다양한 크기의 디스플레이 장치가 있음. 가격이 비싸고 해상도는 보통. 저항성(resistive) 터치는 용량성 터치보다 저렴함. |
| VNC | RPi에 디스플레이가 없어도 됨. | RPi가 배터리 전원과 무선 통신을 사용해도 되지만, 유선으로 연결하는 것이 바람직함. 데스크톱 컴퓨터/태블릿 장치 및 네트워크 연결 필요. 네트워크 연결을 통해 화면이 갱신되므로 답답할 수 있음. |
| 팻 클라이언트(fat-client) 애플리케이션 | RPi에는 디스플레이가 필요하지 않음. RPi는 배터리 전원 및 무선 통신을 사용할 수 있음(예: RPi 제로 기반). 데스크톱 컴퓨터에 의해 디스플레이가 업데이트되므로 RPi의 프로세서에는 부하가 적음. 동시에 여러 개의 디스플레이가 가능. | 애플리케이션을 맞춤 개발해야 함(예: TCP 소켓 프로그래밍 사용). 팻 클라이언트 애플리케이션을 실행할 장치와 네트워크 연결 필요. |

## 범용 컴퓨터로서의 RPi

RPi 플랫폼의 HDMI 비디오 출력 기능은 그것을 모니터 또는 TV에 직접 연결해 범용 데스크톱 컴퓨터로 구성할 수 있음을 의미한다. 그림 14.1(a)는 HDMI 케이블과 Kinivo 블루투스 어댑터를 함께 사용해 비디오 출력 및 키보드/마우스 입력을 지원하도록 구성한 예다. 저렴하고 작은 블루투스 키보드 겸 터치패드를 RPi의 크기와 비교할 수 있게 그림 14.1(b)에 나란히 나타냈다.

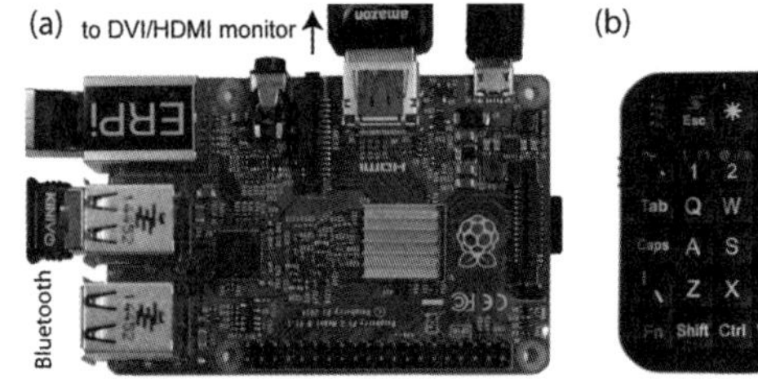

**그림 14.1** (a) HDMI 및 블루투스 어댑터에 연결, (b) 블루투스 키보드/터치 패드

네트워크 지원을 위해 이더넷 커넥터를 사용할 수 있으며 전원이 있는 USB 허브를 RPi에 연결함으로써 Wi-Fi 어댑터 또는 별도의 키보드 · 마우스 장치와 같이 더 많은 주변 장치를 사용할 수 있다. 그림 14.2는 RPi에 HDMI 인터페이스를 사용해 컴퓨터 모니터에 직접 연결했을 때 디스플레이에 출력된 화면을 캡처한 것이다.

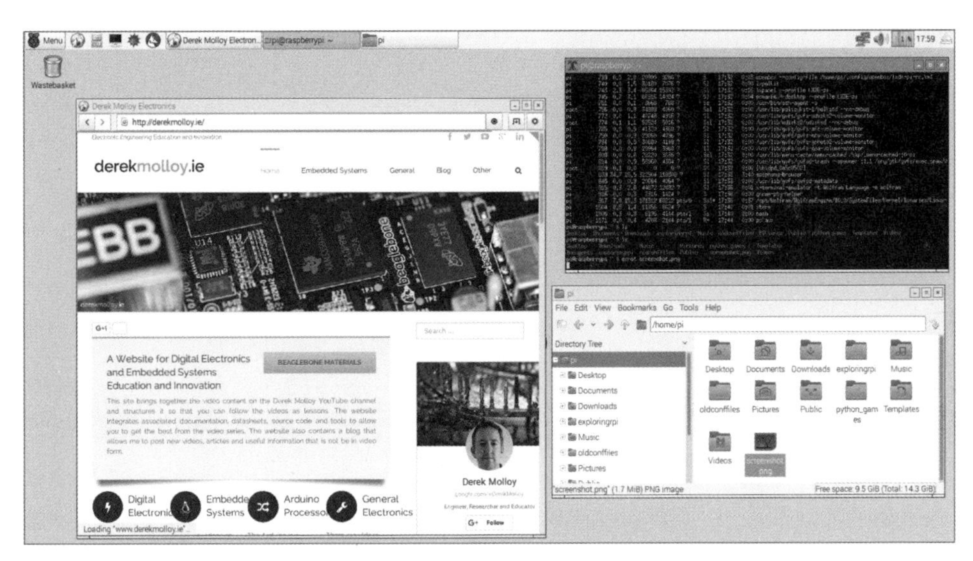


그림 14.2 RPi 모니터 디스플레이의 화면 캡처

이 디스플레이는 1920×1200픽셀의 화면 해상도로 독립 실행형 모니터에서 실행했으며 다음과 같이 CLI에서 scrot라는 리눅스 도구를 설치하고 실행해 화면을 캡처했다.

```
pi@erpi:~ $ sudo apt install scrot
pi@erpi ~ $ scrot screenshot.png
pi@erpi ~ $ ls -l screenshot.png
-rw-r--r-- 1 pi pi 1798498 Nov 14 17:53 screenshot.png
```

## 블루투스 입력 주변 장치 연결

일반 USB 키보드 및 마우스를 이 아키텍처의 RPi에 직접 연결할 수 있다. 블루투스 키보드/터치 패드는 무선 로봇 제어 및 홈 오토메이션과 같은 다른 애플리케이션에서 재사용할 수 있어 유용하다. RPi 3 온보드 블루투스 어댑터 및 Kinivo 블루투스 어댑터(13장 참고)를 손에 쥘 수 있는 크기의 *iPazzPort Bluetooth keyboard and touchpad*(~20달러)와 같은 장치와 직접 인터페이스할 수 있다. 다음 단계에 따르면 RPi를 재부팅한 후에도 블루투스 장치를 사용하게 구성할 수 있다.

```
pi@erpi ~ $ sudo apt install bluez bluetooth
pi@erpi ~ $ sudo reboot
pi@erpi ~ $ sudo bluetoothctl
[NEW] Controller 00:02:72:CB:C3:53 raspberrypi [default]
[NEW] Device 40:E2:30:13:CA:09 HOMEOFFICE-PC
[NEW] Device 54:46:6B:01:E2:13 bluetooth iPazzport
[bluetooth]# agent KeyboardOnly
Agent registered
[bluetooth]# default-agent
Default agent request successful
[bluetooth]# scan on
Discovery started
[CHG] Controller 00:02:72:CB:C3:53 Discovering: yes
[CHG] Device 40:E2:30:13:CA:09 RSSI: -38
[CHG] Device 54:46:6B:01:E2:13 RSSI: -44
[bluetooth]# pair 54:46:6B:01:E2:13
Attempting to pair with 54:46:6B:01:E2:13
[CHG] Device 54:46:6B:01:E2:13 Connected: yes
[agent] PIN code: 798521
```

위에서 명령을 실행했을 때 PIN 코드가 798521로 나왔으므로 블루투스 키보드에서 798521을 입력하고 엔터키를 눌러서 장치를 페어링한다. 그러면 다음과 같은 결과가 나온다.

```
[CHG] Device 54:46:6B:01:E2:13 Paired: yes
Pairing successful ...
[bluetooth]# trust 54:46:6B:01:E2:13
[CHG] Device 54:46:6B:01:E2:13 Trusted: yes
Changing 54:46:6B:01:E2:13 trust succeeded
[bluetooth]# connect 54:46:6B:01:E2:13
Attempting to connect to 54:46:6B:01:E2:13
Connection successful
[bluetooth]# info 54:46:6B:01:E2:13
Device 54:46:6B:01:E2:13
        Name: bluetooth iPazzport Alias: bluetooth iPazzport
        Class: 0x000540 Icon: input-keyboard
        Paired: yes Trusted: yes
        Blocked: no Connected: yes ...
```

이제 블루투스 키보드/터치 패드가 RPi에 연결되고 앞으로는 자동으로 연결될 것이다. 이는 그림 14.2에 표시된 범용 컴퓨팅 환경을 제어할 수 있다.

참고

리눅스는 X 윈도 시스템(윈도 디스플레이)이 실행되는 동안 가상 콘솔(가상 터미널이라고도 함)이 열리는 것을 허용한다. 여섯 개(F1~F6)의 가상 텍스트 기반 콘솔이 있으며 Ctrl+Alt+F1 키를 눌러 가상 콘솔을 연다. Ctrl+Alt+F7 키를 누르면 X 윈도 시스템으로 돌아간다. Alt+왼쪽 화살표 및 Alt+오른쪽 화살표를 사용해 콘솔을 순서대로 전환할 수도 있다.

또한 고정된 SSH 세션을 Enter ~ .를 차례로 입력(즉, 엔터키 다음에 물결표, 그다음에 마침표)해 종료할 수 있다. Enter ~ ?를 사용해 SSH 세션 내에서 사용할 수 있는 이스케이프 시퀀스 목록을 표시한다.

## LCD 터치스크린 사용하기

리눅스 데스크톱 디스플레이를 지원하는 LCD HAT에 RPi를 직접 연결할 수 있다. 이를 통해 임베디드 컨트롤러 애플리케이션(예: 스마트 라이트 스위치, 로보틱 컨트롤, 3D 프린터 컨트롤)을 위한 정교한 리눅스 GUI 디스플레이를 개발할 수 있지만, 그러한 디스플레이는 일반적으로 비싸거나 해상도가 상당히 제한적이다. 다음은 그 두 가지 예다.

- 4Dpi-24-HAT: 240×320픽셀의 해상도와 4선 저항식 터치패널이 통합된 2.4인치 LCD 디스플레이(~35달러). 초당 17프레임의 속도를 지원한다. RPi SPI 버스를 사용해 디스플레이를 구동하며, 사용하기 위해서는 맞춤 커널이 필요하다(라즈비안만 해당). tiny.cc/erpi1401을 참고하라.
- RPi 7인치 터치스크린 디스플레이: 열 손가락 멀티 터치 감지 기능을 갖춘 인상적인 800×480픽셀 용량성 디스플레이(~70달러). 이 디스플레이는 RPi의 DSI 포트(RPi 제로에는 없음)를 사용해 디스플레이를 구동하므로 대부분의 GPIO 핀은 인터페이싱에 사용할 수 있다. 이 디스플레이에는 최신 버전의 라즈비안이 필요하다. tiny.cc/erpi1402를 참고하라.

두 번째 옵션은 비싸다. 그러나 일반적으로 스타일러스가 필요한 저항성 터치 디스플레이와 비교할 때 정전 용량 방식(capacitive)의 터치 디스플레이가 유연하다. 대부분의 저가형 옵션은 저항성 터치 디스플레이를 사용하며 맞춤 리눅스 커널을 필요로 한다.

고대비 PaPiRus ePaper/eInk 디스플레이 HAT도 있으며, SPI 소스 코드 예제가 함께 제공된다. 디스플레이 크기는 현재 1.44인치, 해상도 128×96픽셀(~45달러)에서 2.7인치, 해상도 264×176픽셀(~85달러)까지 나와 있다. 디스플레이 이미지는 전원을 끈 후에도 계속 유지된다. tiny.cc/erpi1406을 참고하라.

## 가상 네트워크 컴퓨팅(VNC)

VNC(가상 네트워크 컴퓨팅)을 사용하면 한 컴퓨터(서버)의 데스크톱 애플리케이션을 다른 컴퓨터(클라이언트)와 공유하고 원격으로 제어할 수 있다. VNC 클라이언트에서 키보드와 마우스를 조작한 것이 네트워크를 통해 VNC 서버로 전송된다. VNC 서버는 이러한 상호작용의 영향을 확인하고 VNC 클라이언트 컴퓨터의 원격 프레임 버퍼(RAM 상의 비트맵 이미지 데이터)를 갱신한다. Windows의 RDP(원격 데스크톱 프로토콜)와 비슷하지만, VNC는 프레임 버퍼 수준에서 동작하므로 특정 OS에 종속적이지 않다. RPi를 VNC 서버로 사용할 때는 물리적 디스플레이가 굳이 필요 없다. 리눅스 애플리케이션은 RPi의 프로세서를 사용해 실행되지만 원격 머신에서 프레임 버퍼 디스플레이가 갱신된다는 점이 중요하다.

### VNC 뷰어 사용하기

데스크톱 컴퓨터에 설치할 수 있는 VNC 클라이언트 애플리케이션은 많지만, 여기에서는 Windows, 맥 OS X, 리눅스 플랫폼에서 사용할 수 있는 VNC 뷰어(VNC Viewer)를 사용해 보겠다. VNC 뷰어는 www.realvnc.com에서 무료로 내려받아 설치할 수 있다. 데스크톱 컴퓨터에서 실행하면 VNC 서버 주소를 요청하는 로그인 화면이 나타난다. 그러나 로그인하기 전에 RPi에서 VNC 서버가 실행되고 있는지 먼저 확인해야 한다. VNC 서버는 VNC 클라이언트 애플리케이션이 원격으로 RPi에 연결하고 제어할 수 있게 해준다.

라즈비안 배포판에서는 기본적으로 *tightvncserver*를 사용할 수 있다. 서버를 처음 실행하면 다음과 같이 원격 접근을 위해 암호를 지정하라는 메시지가 표시된다(최신의 라즈비안에는 RealVNC의 VNC 서버가 포함돼 있으므로 tightvncserver를 설치할 필요가 없다. https://wikidocs.net/3208을 참고하라 – 옮긴이).

```
pi@erpi ~ $ sudo apt install tightvncserver
pi@erpi ~ $ tightvncserver
You will require a password to access your desktops.
Password:
Verify:
Would you like to enter a view-only password (y/n)? n
New 'X' desktop is erpi:1
```

서버가 실행되면 프로세스 설명을 확인해 포트 번호를 확인할 수 있으며, 이 예에서는 포트 5901에서 실행 중이다.

```
pi@erpi ~ $ ps aux | grep vnc
pi 1538 2.0 1.2 19684 11688 pts/0 S 22:53 0:02 Xtightvnc
:1 -desktop X -auth /home/pi/.Xauthority -geometry 1024x768 -depth 24
-rfbwait 120000 -rfbauth /home/pi/.vnc/passwd -rfbport 5901 ...
```

서버 주소와 포트 번호(예: `erpi.local:5901`)를 사용해 데스크톱 컴퓨터에서 VNC 뷰어 세션을 시작할 수 있다. 그림 14.3에는 윈도 내부에 RPi의 바탕화면이 보인다. RPi 날씨 애플리케이션을 실행하기 위해 루트 사용자로 tightvncserver 세션을 실행했다.

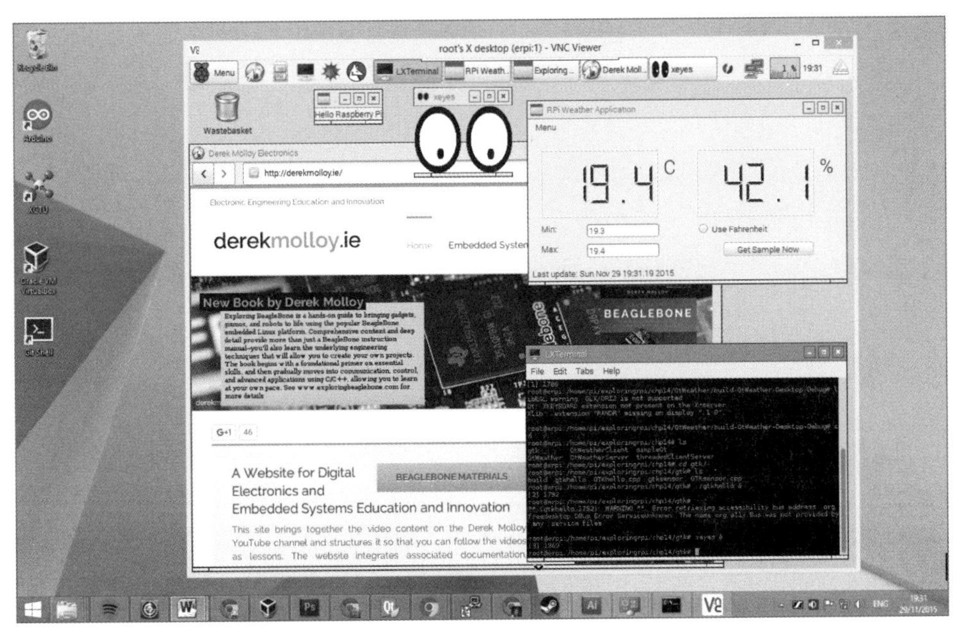


그림 14.3 Windows에서 VNC 뷰어 실행

## Xming과 PuTTY 사용하기

Windows에서 Xming X 서버(`tiny.cc/erpi1403`)[1]를 PuTTY와 함께 사용함으로써 같은 작업에 대해 다른 접근 방법을 취할 수 있다. 단, VNC 서버가 RPi에서 실행 중이어야 한다. Xming을 설치해 실행하면 Windows의 작업 표시줄에 X 아이콘이 나타난다. PuTTY 설정의 Connection → SSH → X11에서 "Enable SSH X11 forwarding"을 체크하고 X display location(X 디스플레이 위치)을 `:0.0`으로 설정한다.

1 이 링크를 따라가면 "Website Releases(웹사이트 릴리즈)" 및 "Public Domain Releases(공개 도메인 릴리즈)" 버전이 있다. 웹사이트 릴리즈 버전에는 기부가 필요하지만 이전 버전(Xming v6.9)은 현재 무료로 제공된다. Xming-fonts도 설치해야 한다.

RPi에 SSH 세션이 열리면 xterm 및 xeyes 디스플레이를 표시하는 명령을 다음과 같이 간단히 수행할 수 있다. xterm은 X 윈도 시스템을 위한 표준 터미널 에뮬레이터고, xeyes는 "마법과 같이" 데스크톱 컴퓨터 주위에서 마우스 커서를 따라간다. xeyes 디스플레이가 데스크톱 컴퓨터가 아닌 RPi에 의해 업데이트된다는 것을 기억하라.

```
pi@erpi ~ $ sudo apt install x11-apps xterm
pi@erpi ~ $ xeyes &
pi@erpi ~ $ xterm &
```

이 접근법의 한 가지 장점은 RPi 애플리케이션과 Windows 애플리케이션을 디스플레이에 완벽하게 통합할 수 있다는 점이다. `lxpanel` 또는 `lxsession`을 호출해 RPi의 LXDE(경량 X11 데스크톱 환경) 표준 패널을 시작할 수도 있으며 하단에 막대 메뉴가 표시된다.

### 리눅스 데스크톱 컴퓨터에서 VNC 사용하기

데스크톱 운영 체제(예: VM의 데비안 x64)로 리눅스를 실행하는 경우 일반적으로 다음 단계를 사용해 VNC 세션을 시작할 수 있다. 여기서 -X는 X11 전달을 활성화하고 -C는 프레임 버퍼 데이터를 압축해 전송하기 위해 사용한다.

```
molloyd@desktop:~$ ssh -XC pi@erpi.local
pi@erpi ~ $ sudo apt install x11-apps xterm
pi@erpi ~ $ xeyes &
pi@erpi ~ $ xterm &
```

## 팻 클라이언트 애플리케이션

12장의 앞부분에서 RPi를 웹 서버로 구성했다. RPi는 클라이언트 시스템에서 실행 중인 씬(thin) 클라이언트 웹 브라우저에 데이터를 제공한다. 날씨 센서 애플리케이션은 RPi에서 실행되며 데이터는 엔진엑스(Nginx) 웹 서버 및 CGI/PHP 스크립트를 사용해 클라이언트의 웹 브라우저에 제공된다. 씬 클라이언트 애플리케이션의 경우 대부분 처리는 서버 머신(서버 측)에서 수행된다. 이와 대조적으로 팻(fat) 클라이언트 혹은 씩(thick) 클라이언트 애플리케이션은 클라이언트 머신(클라이언트 측)에서 실행되고 서버와 데이터 메시지를 주고받는다.

최근에는 컴퓨팅 아키텍처의 설계에서 팻 클라이언트 아키텍처보다는 씬 클라이언트 및 클라우드를 이용하는 브라우저 기반 프레임워크를 따르는 추세다. 하지만 그러한 프레임워크는 일반적으로 서버 시스템의 강력한 클러스터에서 구현되며 임베디드 장치에 배포하기에는 부적당하다. RPi로 작업할 때는 클라이언트 데스크톱 컴퓨터의 계산 처리 능력이 더 나을 것이다.

일반적으로 팻 클라이언트 애플리케이션이 씬 클라이언트 애플리케이션보다 개발과 배포가 더 복잡하지만, 클라이언트 시스템에서 고급 기능과 사용자 상호작용을 구현할 수 있으며 서버의 부하를 줄일 수 있다. 이 장의 뒷부분에서 데스크톱 컴퓨터에서 실행되고 TCP 소켓을 통해 RPi와 통신하는 팻 클라이언트 UI 애플리케이션을 개발한다. 팻 클라이언트 애플리케이션은 그래픽 디스플레이를 위해 데스크톱 컴퓨터의 리소스를 사용하므로 RPi에서 계산을 수행하는 비용을 최소화할 수 있다는 점이 중요하다. 따라서 여러 대의 데스크톱 컴퓨터에서 실행되는 많은 팻 클라이언트 애플리케이션이 단일 RPi와 동시에 통신할 수 있다.

## GUI 애플리케이션 개발

RPi에서 디스플레이 프레임워크를 사용할 수 있게 되면 다음 단계는 그 이점을 활용할 수 있는 풍부한 UI 애플리케이션, 즉 *GUI(그래픽 사용자 인터페이스)* 애플리케이션을 작성하는 것이다. 데스크톱 컴퓨터나 태블릿 컴퓨터, 스마트폰을 사용한 적이 있다면 그 사용법을 잘 알고 있을 것이다. RPi에서 GUI 애플리케이션을 구현하는 방법은 여러 가지가 있다. 예를 들어, 자바는 *AWT(Abstract Windowing Toolkit)* 라이브러리를 사용해 GUI 개발을 포괄적으로 지원한다. 파이썬에는 pyGTK와 wxPython, Tkinter와 같은 라이브러리가 있다.

C/C++에서 RPi 용 GUI 애플리케이션을 개발하는 데는 *GIMP 툴킷(GTK+)*과 *Qt* 크로스 플랫폼 개발 프레임워크라는 두 가지 확실한 선택 사항이 있다. 이 절에서는 두 가지 프레임워크 모두 사용하는 방법에 관해 설명한다. 이 절의 애플리케이션은 RPi에서 직접(즉, 범용 컴퓨터 또는 터치스크린의 형태로) 사용되는지, 또는 VNC를 통해 사용되는지에 관계없이 작동해야 한다는 점에 유의해야 한다. GTK+와 Qt는 팻 클라이언트 애플리케이션을 구축하기 위한 기초로 사용할 수 있으며 자세한 내용은 이 장의 뒷부분에서 설명한다.

### GTK+ 소개

GTK+(www.gtk.org)는 GUI 애플리케이션을 작성하기 위한 크로스 플랫폼 도구 모음이다. 리눅스 그놈(GNOME) 데스크톱 및 김프(GIMP, GNU 이미지 편집 프로그램)의 개발에 사용된 것으로 유명하다. 그림 14.4는 VNC를 사용해 RPi에서 실행되는 예제 GTK+ 애플리케이션을 보여준다. 애플리케이션이 RPi 에서 직접 실행되는 경우에도 동일한 애플리케이션이 완벽하게 작동한다(예: 그림 14.3 참고).

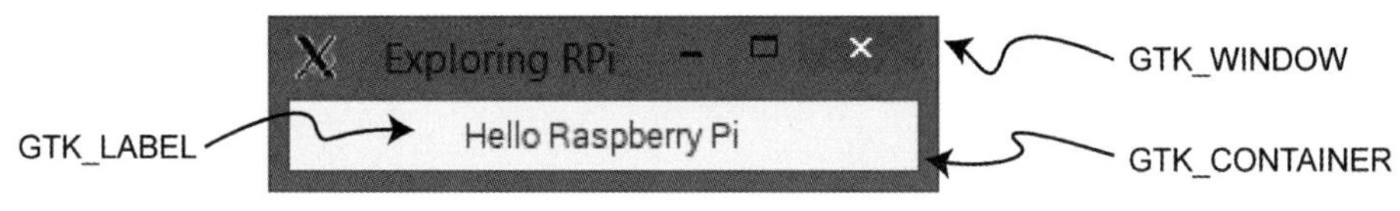


그림 14.4 GTKhello 애플리케이션

## "Hello World" GTK+ 애플리케이션

코드 14.1은 그림 14.4에 나타낸 애플리케이션의 코드다. 이 애플리케이션은 GTK+ 윈도와 "Hello Raspberry Pi"라는 텍스트를 포함하는 라벨 한 개로 구성되어 있다. 코드에서 각 행에 주석을 달아 중요한 단계를 설명했다.

**코드 14.1** /chp14/gtk/GTKhello.cpp

```
#include<gtk/gtk.h>

int main(int argc, char *argv[]){
    // 이 애플리케이션에는 한 개의 윈도와 한 개의 라벨이 있음
    GtkWidget *window, *label;
    // 툴킷을 초기화하고 명령행 인자를 전달
    gtk_init(&argc, &argv);
    // 최상위 윈도 만들기(아직 보이지 않음)
    window = gtk_window_new(GTK_WINDOW_TOPLEVEL);
    // 윈도 제목을 Exploring RPi로 설정
    gtk_window_set_title ( GTK_WINDOW (window), "Exploring RPi");
    // 라벨을 만듦
    label = gtk_label_new ("Hello Raspberry Pi");
    // 윈도에 라벨을 추가
    gtk_container_add(GTK_CONTAINER (window), label);
    // 라벨을 표시(모든 위젯에 대해 수행해야 함)
    gtk_widget_show(label);
    // 윈도가 보이게 함
    gtk_widget_show(window);
    // gtk_main_quit()가 호출될 때까지(Ctrl + C를 누를 때까지) 메인 루프를 실행
    gtk_main();
    return 0;
}
```

다음과 같은 명령을 실행해 애플리케이션을 컴파일할 수 있는데, 깃 저장소의 빌드 스크립트도 있다(따옴표가 아닌 역따옴표를 사용).

```
pi@erpi .../chp14/gtk $ sudo apt install libgtk-3-dev
pi@erpi .../chp14/gtk $ g++ `pkg-config --libs --cflags gtk+-3.0` GTKhello.cpp -o gtkhello
```

이 호출은 pkg-config를 사용하는데, 이는 리눅스에서 애플리케이션 및 라이브러리를 빌드할 때 올바른 시스템 종속 옵션을 삽입하는 유용한 도구다. 이 도구는 리눅스 시스템에 설치된 라이브러리에 대한 메타 데이터를 수집함으로써 이를 수행한다. 예를 들어 다음과 같이 입력해 현재 GTK+ 라이브러리에 대한 정보를 얻을 수 있다.

```
pi@erpi .../chp14/gtk $ pkg-config --modversion gtk+-3.0
3.14.5
```

그림 14.4의 애플리케이션은 X 버튼(오른쪽 위)을 클릭해도 종료되지 않는다. 윈도는 사라지지만 프로그램은 계속 실행된다. 이 코드에는 X 버튼을 클릭할 때 어떤 일이 발생해야 한다고 정의돼 있지 않기 때문이다. 버튼을 클릭할 때 생성되는 시그널(signal)과 "닫는" 기능을 연동해야 한다.

### 이벤트 기반 프로그래밍 모델

GUI 애플리케이션은 일반적으로 이벤트 기반 프로그래밍 모델을 사용한다. 이 모델에서 애플리케이션은 콜백 함수가 수행되도록 트리거하는 이벤트(예를 들어 버튼을 클릭하는 사용자 액션)가 검출될 때까지 메인 루프에서 대기한다. gtk_init()를 호출하면 GTK+가 초기화되며 사용자 액션이 일어나면 메인 루프가 이벤트를 GTK+에 전달한다. 그런 다음 GTK+는 그래픽 위젯에 이 이벤트를 전달하고 시그널을 내보낸다. 이 시그널을 직접 개발한 콜백 함수 또는 윈도 함수에 첨부할 수 있다. 예를 들어 윈도의 X 버튼을 클릭하면 아래의 GTK+ 코드가 애플리케이션을 끝낸다.

```
g_signal_connect(window, "destroy", G_CALLBACK (gtk_main_quit), NULL);
```

시그널은 window 핸들에 첨부되며 destroy라는 이름의 시그널이 수신되면 gtk_main_quit() 함수가 호출돼 애플리케이션을 종료한다. gtk_main_quit() 함수에 전달할 데이터가 없으므로 마지막 인수는 NULL이다.

### GTK+ 온습도 애플리케이션

코드 14.2는 그림 14.5와 같이 RPi에서 실행되는 좀 더 완전한 GTK+ 애플리케이션을 위한 코드의 일부다. 6장의 코드 6.14에서 사용한 것과 같은 단선 DHT 온습도 센서를 사용한다. 이 예제는 버튼을 클릭하면 RPi GPIO 입력을 읽은 다음, 2개의 라벨 위젯에 온도 및 습도를 판독한 값을 표시하는 GUI 애플리케이션이다. 이 예제에서는 시그널이 버튼 객체에 연결돼 있으므로 버튼을 클릭하면 콜백 함수 getReading()이 호출된다.

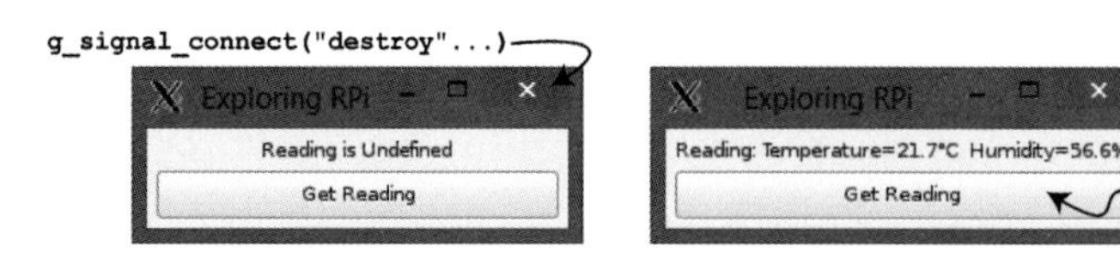


그림 14.5 GTK 센서 애플리케이션

**코드 14.2** /chp14/gtk/GTKsensor.cpp(일부)

```
// DHT 센서를 읽는 것은 6장의 코드와 같음(코드 6.14 참고)
int readDHTSensor() { ... }

// 버튼과 관련된 콜백 함수
// 라벨에 ptr을 전달하므로 버튼을 눌렀을 때 변경할 수 있음
static void getReadings(GtkWidget *widget, gpointer read_label) {
    // 제네릭 gpointer를 GtkWidget 라벨로 캐스트
    GtkWidget *reading_label = (GtkWidget *) read_label;
    while (readDHTSensor()==-1){
        usleep(2000000);                    // 2초 동안 대기
    };
    stringstream ss;
    ss << "Reading: Temperature=" << temperature
    << "°C Humidity=" << humidity << "%";
    // set the text in the label
    gtk_label_set_text( GTK_LABEL(reading_label), ss.str().c_str());
    ss << endl;              // 표준 출력을 위해 \n을 문자열에 추가
    g_print(ss.str().c_str());            // 터미널(std out)에 출력
}

int main(int argc, char *argv[]) {
    GtkWidget *window, *reading_label, *button, *button_label;
    gtk_init(&argc, &argv);
    window = gtk_window_new(GTK_WINDOW_TOPLEVEL);
    gtk_window_set_title(GTK_WINDOW (window), "Exploring RPi");

    // 크기를 조정할 수 없도록 윈도의 크기를 고정
    gtk_widget_set_size_request(window, 220, 50);
    gtk_window_set_resizable(GTK_WINDOW(window), FALSE);
```

```
    // 안쪽 윈도의 둘레에 5픽셀 두께의 테두리를 두름
    gtk_container_set_border_width (GTK_CONTAINER (window), 5);

    // X 버튼을 누르면 애플리케이션을 종료
    g_signal_connect(window, "destroy", G_CALLBACK (gtk_main_quit), NULL);

    // 상자를 사용해 세로로 쌓인 두 개의 위젯을 포함하도록 윈도 설정
    GtkWidget *box = gtk_box_new(GTK_ORIENTATION_VERTICAL, 5);
    gtk_container_add(GTK_CONTAINER (window), box);  // 상자를 윈도에 추가
    gtk_widget_show(box);                            // 상자를 보이게 함

    // 날씨 데이터를 표시할 라벨
    reading_label = gtk_label_new ("Reading is Undefined");
    gtk_widget_show(reading_label);                  // 라벨을 보이게 함
    gtk_label_set_justify( GTK_LABEL(reading_label), GTK_JUSTIFY_LEFT);
    // vbox에 라벨을 추가
    gtk_box_pack_start(GTK_BOX (box), reading_label, FALSE, FALSE, 0);

    // 버튼을 만들고 getReadings() 콜백 함수에 연결
    button = gtk_button_new();
    button_label = gtk_label_new ("Get Reading");    // 라벨 버튼의 문구
    gtk_widget_show(button_label);                   // 라벨을 보이게 함
    gtk_widget_show(button);                         // 버튼을 보이게 함
    gtk_container_add(GTK_CONTAINER (button), button_label); // 라벨을 추가
    // 콜백 함수 getReadings()를 버튼 클릭에 연결
    g_signal_connect(button, "clicked", G_CALLBACK (getReadings),
                (gpointer) reading_label);
    // 상자에 버튼를 추가
    gtk_box_pack_start (GTK_BOX (box), button, FALSE, FALSE, 0);
    gtk_widget_show(window);
    gtk_main();
    return 0;
}
```

이 프로그램은 wiringPi 라이브러리를 사용하므로 슈퍼유저 권한으로 실행해야 한다. 따라서 루트 사용자에게 VNC를 사용할 수 있는 권한을 부여해야 한다.

```
pi@erpi .../chp14/gtk $ sudo cp ~/.Xauthority /root
pi@erpi .../chp14/gtk $ sudo ./gtksensor
```

이제 그림 14-5와 같이 애플리케이션이 실행될 것이다.

## Qt 소개

Qt("큐트" 또는 "큐티"라고 읽음)는 표준 C++를 사용하는 강력한 크로스 플랫폼 개발 프레임워크다. Qt는 GUI 애플리케이션 개발 및 데이터베이스 접근, 스레드 관리, 네트워킹 등에 대한 C++ 코드의 라이브러리를 제공한다. 이 프레임워크에서 개발된 코드는 Windows, 리눅스, 맥 OS X, 안드로이드, iOS 및 RPi와 같은 임베디드 플랫폼에서 실행할 수 있다는 점이 중요하다. Qt는 오픈소스 또는 상용으로 사용할 수 있으며 qmake 및 Qt Creator와 같이 자유롭게 사용할 수 있는 개발 도구도 지원된다. 이 프레임워크의 기능과 유연성 덕분에 RPi에서 직접 실행되는 GUI 애플리케이션이나 RPi를 제어하는 장치에서 사용하기에 알맞다.

Qt에 대해 자세히 설명하기에 앞서 그림 14.6과 같은 간단한 "hello world" 예제부터 시작해 보자. 이 코드는 RPi에서 직접 또는 VNC를 통해 컴파일하고 실행할 수 있다.

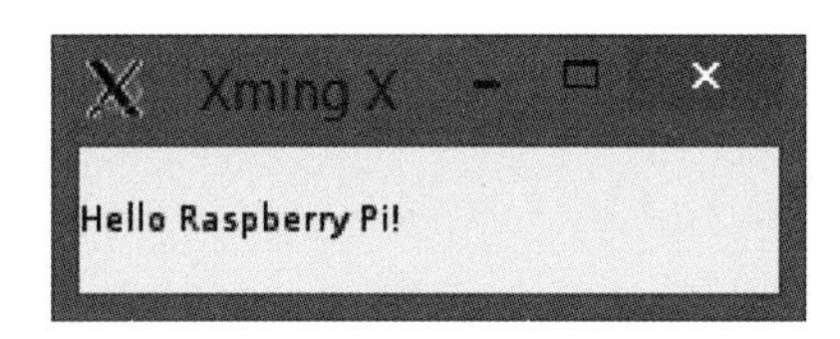


그림 14.6 VNC를 통해 실행한 Qt "hello world" RPi 예제

### RPi에 Qt 개발 도구 설치

첫 번째 단계는 RPi에 Qt 개발 도구를 설치하는 것이다. 전체 도구 모음을 설치하는 데 60~200MB의 추가 저장 공간이 필요하다.

```
pi@erpi ~ $ apt-cache search qt5
pi@erpi ~ $ sudo apt install qt5-default
```

설치가 잘 됐는지 다음과 같이 확인할 수 있다.

```
pi@erpi ~ $ qmake -version
QMake version 3.0
Using Qt version 5.7.1 in /usr/lib/arm-linux-gnueabihf
```

### Hello World Qt 애플리케이션

코드 14.3은 테스트 용도의 매우 간단한 Qt 애플리케이션으로, 좋은 구조의 Qt 프로그램은 아니다! `QWidget` 클래스의 하위 클래스인 `QLabel` 클래스의 객체를 사용해 애플리케이션에 메시지를 표시한다. 위젯은 Qt로 GUI를 만드는 데 사용되는 기본 UI 요소다. 부모 QWidget 클래스는 화면에 서브 클래스 객체를 렌더링하는 데 필요한 코드를 제공한다.

**코드 14.3** /chp14/simpleQt/simpleQt.cpp

```
#include <QApplication>
#include <QLabel>
int main(int argc, char *argv[ ]){
    QApplication app(argc, argv);
    QLabel label("Hello Raspberry Pi!");
    label.resize(200, 100);
    label.show();
    return app.exec();
}
```

다음 단계를 수행하기 전까지 디렉터리에는 코드 14.3의 simpleQt.cpp 파일만 있으면 된다. 크로스 플랫폼 Makefile 생성기인 qmake를 실행해 기본 프로젝트를 생성한다.

```
pi@erpi ~/exploringrpi/chp14/simpleQt $ ls
simpleQt.cpp
pi@erpi ~/exploringrpi/chp14/simpleQt $ qmake -project
pi@erpi ~/exploringrpi/chp14/simpleQt $ ls
simpleQt.cpp  simpleQt.pro
pi@erpi ~/exploringrpi/chp14/simpleQt $ more simpleQt.pro
######################################################################
# Automatically generated by qmake (3.0) Mon Nov 16 04:02:43 2015
######################################################################
TEMPLATE = app
TARGET = simpleQt
INCLUDEPATH += .
# Input
SOURCES += simpleQt.cpp
```

이 프로젝트 .pro 파일은 프로젝트 설정을 설명하며 수작업으로 편집해 의존성을 추가할 수 있다. 이 경우에는 다음과 같이 행을 추가한다.

```
QT += widgets
```

위와 같은 행을 .pro 파일에 추가해야 하며(예: TEMPLATE와 TARGET 행 사이), 그렇지 않으면 GUI 표시 위젯에 필요한 라이브러리가 올바르게 링크되지 않는다. qmake Makefile 생성기를 다시 실행하되 이번에는 -project 인수를 사용하지 않는다.

```
pi@erpi ~/exploringrpi/chp14/simpleQt $ qmake
pi@erpi ~/exploringrpi/chp14/simpleQt $ ls
Makefile  simpleQt.cpp  simpleQt.pro
```

이 단계를 거치면 현재 디렉터리에 Makefile 파일이 만들어져 make 프로그램을 사용해 실행 파일을 빌드할 수 있게 되며, 결국 g++를 사용해 최종 애플리케이션을 빌드하게 된다.

```
pi@erpi ~/exploringrpi/chp14/simpleQt $ make
g++ -c -pipe -O2 -Wall -W -D_REENTRANT -fPIE -DQT_NO_DEBUG ...
```

이제 디렉터리에 실행 파일이 만들어지고, 다음과 같이 실행하면 그림 14.6처럼 그래픽 윈도가 표시된다.

```
pi@erpi ~/exploringrpi/chp14/simpleQt $ ls
Makefile  simpleQt  simpleQt.cpp  simpleQt.o  simpleQt.pro
pi@erpi ~/exploringrpi/chp14/simpleQt $ ./simpleQt
```

qmake를 사용해 Qt 애플리케이션을 빌드하는 단계가 번거로운 것은 사실이지만, 이는 Qt의 크로스 플랫폼 지원을 위해 필요하다. 즉, 데스크톱 시스템에서 유사한 단계를 수행해 운영 체제와 관계없이 동일한 애플리케이션을 구축할 수 있다.

## Qt 기초

Qt는 C/C++로 작성된 완벽한 크로스 플랫폼 개발 프레임워크다. 앞에서 사용한 UI 프로그래밍뿐만 아니라 데이터베이스, 스레드, 타이머, 네트워킹, 멀티미디어, XML 처리 등에 대한 지원도 제공한다. Qt는 C++에 매크로와 인트로스펙션을 추가해 언어를 확장한다. 인트로스펙션은 실행 시간에 객체의 유형과 속성을 검사하는 코드로, C++에서 기본으로 지원하지 않는 것이다. *모든 코드는 여전히 단순한 C++라는 점이 중요하다!*

### Qt 개요

Qt는 모듈로 구성되며 각 모듈은 C++ 프로그램에 필수 헤더 파일을 포함하고 모듈이 프로젝트 .pro 파일에 사용되는지 확인함으로써 프로젝트에 추가할 수 있다. 예를 들어 QtNetwork 모듈 내의 클래스를 포함하려면 프로그램 코드에 `#include<QtNetwork>`를 추가하고 qmake .pro 파일에 `QT += network`를 추가해 모듈에 링크한다. 중요한 Qt 모듈의 목록을 표 14.2에 나타냈다.

표 14.2 Qt의 주요 모듈 요약

| 이름 | 설명 |
|---|---|
| QtCore | QString, QChar, QDate, QTimer, QVector와 같은 핵심 클래스를 포함하는 모듈. 다른 모든 Qt 모듈이 이 모듈에 의존하므로 Qt 프로젝트에 기본적으로 포함됨. |
| QtGui | QtCore 모듈에 GUI 지원을 추가하는 핵심 모듈이며, QDialog, QWidget, QToolbar, QLabel, QTextEdit, QFont 등의 클래스를 포함. 이 모듈은 기본적으로 포함되며, 애플리케이션에 GUI가 없을 때는 .pro 파일에 Qt -= gui를 추가해 이 모듈을 제외할 수 있음. |
| QtMultimedia | 저수준 멀티미디어 기능을 위한 QVideoFrame, QAudioInput, QAudioOutput 등의 클래스가 있음. 이 모듈을 사용하려면 소스 파일에 #include <QtMultimedia>를 추가하고 .pro 파일에 QT += multimedia를 추가. |
| QtNetwork | TCP 및 UDP를 통한 네트워크 통신 및 SSL 통신을 위한 QTcpSocket, QFtp, QLocalServer, QSslSocket, QUdpSocket과 같은 클래스를 포함. 위와 같이 #include <QtNetwork>와 QT += network를 사용. |
| QtOpenGL | OpenGL(오픈 그래픽스 라이브러리)은 산업 시각화 및 컴퓨터 게임 애플리케이션에 널리 사용되는 3D 컴퓨터 그래픽을 위한 크로스 플랫폼 API(애플리케이션 프로그래밍 인터페이스)이며, 이 모듈을 사용하면 애플리케이션에서 QGLBuffer, QGLWidget, QGLContext, QGLShader와 같은 클래스를 사용해 OpenGL을 포함하는 작업을 간단하게 할 수 있음. 위와 같이 #include <QtOpenGL>과 QT += opengl을 사용. |
| QtScript | Qt 애플리케이션에 스크립팅 기능을 넣을 수 있음. 스크립트는 마이크로소프트 엑셀 및 어도비 포토샵과 같은 애플리케이션에서 사용자가 반복적인 작업을 자동화할 수 있게 하기 위해 쓰임. QtScript에는 핵심 애플리케이션 내에서 스크립트의 기능을 상호 연결하는 데 사용할 수 있는 자바스크립트 엔진이 포함돼 있으며, 애플리케이션의 내부 기능을 사용자에게 노출해 C++ 컴파일 없이도 새로운 기능을 추가할 수 있음. 위와 같이 #include <QtScript>와 QT += script를 사용. |
| QtSql | QSqlDriver, QSqlQuery, QSqlResult와 같은 SQL 프로그래밍 언어를 사용해 데이터베이스와 인터페이스하기 위한 클래스가 들어 있음. 위와 같이 #include <QtSql>과 QT += sql을 사용. |
| QtSvg | QSvgWidget, QSvgGenerator, QSvgRenderer와 같은 SVG(스칼라 벡터 그래픽) 파일을 만들고 표시하기 위한 클래스가 들어 있음. 위와 같이 #include <QtSvg>와 QT += svg를 사용. |
| QtTest | QSignalSpy 및 QTestEventList와 같은 QTestLib 도구를 사용해 Qt 애플리케이션의 유닛 테스트를 위한 클래스를 포함. 위와 같이 #include <QtTest>와 QT += testlib를 사용. |
| QtWebKit | QWebView, QWebPage, QWebHistory와 같은 웹 콘텐츠 렌더링 및 상호작용을 위한 웹 브라우저 엔진과 클래스를 제공. 위와 같이 #include <QtWebKit>과 QT += webkit을 사용. |
| QtXml | XML(확장성 있는 마크업 언어)은 데이터를 전송하고 저장하는 데 사용할 수 있는 사람이 읽을 수 있는 문서 형식임. QtXml 모듈은 QXmlReader, QDomDocument, QXmlAttributes와 같은 클래스를 사용해 XML 데이터에 대한 스트림 리더 및 라이터를 제공. 위와 같이 #include <QtXml>과 QT += xml을 사용. |

## QObject 클래스

QObject 클래스는 거의 모든 Qt 클래스와 모든 위젯의 기본 클래스다.[2] 이것은 대부분의 Qt 클래스가 메모리 관리, 속성, 이벤트 기반 프로그래밍을 하기 위한 공통 기능을 공유한다는 것을 의미한다.

Qt는 메타 객체 시스템 내에 QMetaObject 객체를 사용해 QObject에서 파생된 모든 클래스에 대한 정보를 저장함으로써 인트로스펙션을 구현한다. Qt를 사용해 프로젝트를 빌드하면 새로운 .cpp 파일이 빌드 디렉터리에 나타나는데, 이것들은 moc(메타 객체 컴파일러)가 생성한 것이다.[3] C++ 컴파일러는 이러한 파일을 보통의 C/C++ 목적 파일(.o)로 컴파일한다. 이 파일은 궁극적으로 실행 가능한 애플리케이션을 생성하기 위해 링크된다.

## 시그널과 슬롯

GTK+와 마찬가지로 Qt에는 이벤트 및 상태 변경을 시그널과 슬롯이라는 메커니즘을 사용해 반응하고 상호 연결할 수 있는 이벤트 기반 프로그래밍 모델이 있다. 예를 들어 Qt 버튼 위젯은 클릭할 때 슬롯(slot)에 연결된 시그널을 생성하도록 구성할 수 있다. 슬롯은 콜백 함수와 비슷하며 시그널을 수신할 때 사용자 정의 함수를 수행한다. 시그널과 슬롯 메커니즘은 GUI와 무관한 객체에도 적용할 수 있다. 즉, QObject 클래스에서 파생된 모든 객체 간의 상호 통신에 사용할 수 있다. 시그널과 슬롯은 강력한 메커니즘을 제공하며 Qt 프레임워크의 가장 독특한 기능이라 할 수 있다.

시그널 및 슬롯을 광범위하게 사용하는 모든 기능을 갖춘 Qt 센서 애플리케이션을 곧 만들어볼 것이다. 예를 들어 애플리케이션이 센서 값을 읽어서 5초마다 화면을 갱신하게 할 수 있다. 그림 14.7은 이것이 어떻게 일어나는지 보여준다. 이 예제의 QTimer 클래스에는 timer라는 객체가 '타임아웃'될 때마다(제한시간은 5초) timeout()이라는 시그널을 내보낸다. 이 시그널은 QMainWindow 클래스의 mainWindow 객체에 있는 on_timerUpdate() 슬롯에 연결된다. 다음과 같은 형식으로 호출함으로써 연결이 수행된다. source와 destination은 QObject 클래스에서 파생된 클래스의 객체이며, signature는 함수 이름과 인자의 유형이다(변수 이름은 제외).

```
QObject::connect(source,SIGNAL(signature),destination,SLOT(signature));
```

2 자바 프로그래머라면 이것이 자바의 Object 클래스와 비슷하다는 것을 알 수 있을 것이다. 그러나 Qt에서 복사될 수 있는 객체 인스턴스를 필요로 하는 클래스(예를 들어, QString, QChar)는 QObject의 하위 클래스가 아니다.

3 컴파일 시 moc는 클래스 헤더 파일(예: 클래스가 QObject의 하위 클래스인 경우)의 정보를 사용해 .cpp 파일의 "마크업된" 버전을 생성한다. 예를 들어 X.h 및 X.cpp 파일에 정의된 클래스 X가 있는 경우 moc는 클래스 X에 대한 메타 객체 코드가 들어 있는 moc-X.cpp라는 새 파일을 생성한다.

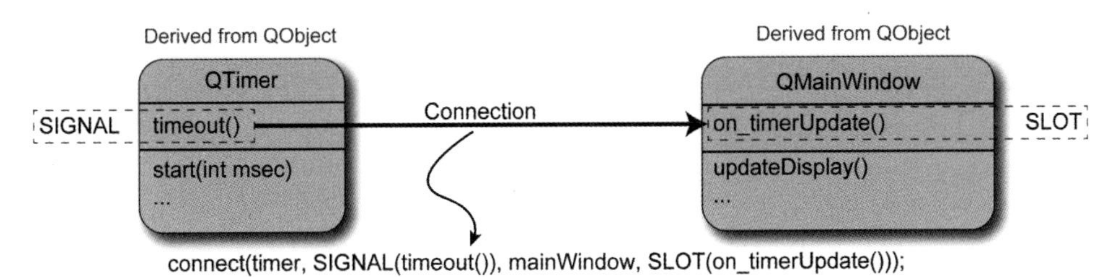


그림 14.7 QTimer 시그널 및 슬롯의 예

시그널, 슬롯, 연결에 대한 요약은 다음과 같다. 웹사이트 `www.qt.io`에 시그널과 슬롯에 대해 자세히 잘 설명돼 있으므로 참고하기 바란다.

- 시그널은 여러 개의 슬롯에 연결할 수 있다.
- 시그널은 코드의 signals 섹션(일반적으로 클래스 헤더 파일에 있는 `signals:` 라벨 아래)에 정의한다.
- 시그널 "메서드"는 `void`를 반환해야 하며 구현하지 않아도 된다.
- `emit` 키워드를 사용해 시그널을 명시적으로 내보낼 수 있다.
- 슬롯은 여러 개의 시그널에 연결할 수 있다.
- 슬롯은 코드의 slots 섹션(`slots:` 라벨 아래에 있으며 public, private, protected 중 선택)에 정의한다.
- 슬롯은 완전한 구현을 가진 정규 메서드다.
- 연결은 명시적으로 생성할 수도 있고(타이머의 예) 다음 절에서 다루는 Qt 그래픽 설계 도구를 사용해 자동으로 생성할 수도 있다.

## Qt 개발 도구

Qt 프레임워크에는 개발 도구가 포함돼 있다. qmake 도구뿐만 아니라 Qt Creator라는 완전한 기능의 IDE가 있다. 이 IDE는 이클립스와 유사하지만 Qt 개발에 특화됐다. 그림 14.8에 나와 있는 IDE는 리눅스, Windows, 맥 OS X에서 사용할 수 있으며 RPi에서 직접 실행할 수 있다. 크로스 플랫폼 툴체인(7장의 이클립스와 유사)을 설치하면 Qt Creator로 네이티브 애플리케이션을 빌드하거나 RPi 용 애플리케이션을 크로스 컴파일할 수 있다. 다음과 같이 RPi에 Qt Creator를 설치 및 실행하면(VNC를 통해서도 가능) 그림 14.8과 같은 IDE를 사용할 수 있다.

```
pi@erpi ~ $ sudo apt install qtcreator
pi@erpi ~ $ qtcreator &
```

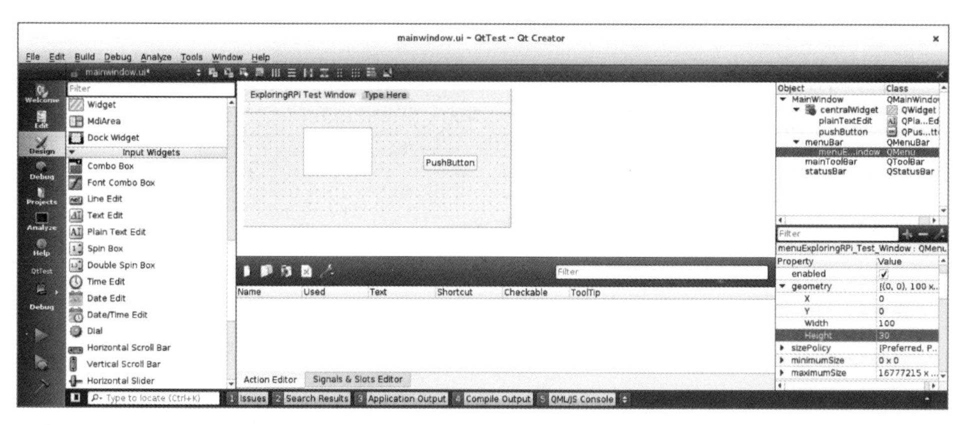

그림 14.8 RPi에서 직접 실행되는 Qt Creator IDE 비주얼 디자인 편집기

Qt Creator의 주요 기능인 비주얼 디자인 편집기에서는 폼(form)이라고 하는 위젯을 끌어다 놓음으로써 윈도를 디자인할 수 있다. 이 인터페이스를 사용해 위젯의 속성을 쉽게 구성할 수 있으며 시그널을 활성화하고 UI 컴포넌트와 슬롯 연결도 직관적으로 할 수 있다. 예를 들어 푸시 버튼(PushButton)을 마우스 오른쪽 버튼으로 클릭하고 "Go to slot"을 선택하면 `clicked()`, `pressed()`, `released()` 등 사용할 수 있는 시그널 목록이 대화상자에 나타나며, 푸시 버튼을 클릭할 때 실행할 코드를 작성할 수 있다(그림 14.8 참고).[4] 시그널을 선택하면 IDE가 자동으로 해당 시그널을 활성화하고 슬롯 코드 템플릿을 제공하며 시그널을 슬롯과 연결한다. 폼 UI의 속성은 XML 파일에 저장돼 프로젝트와 연결된다(예: `mainwindow.ui`).

참고

Qt Creator를 사용할 때, 특히 프로젝트를 전환할 때 비정상적인 문제가 발생할 수 있다(예: 변경된 코드가 애플리케이션 빌드에 나타나지 않음). 이 경우 Build 메뉴로 가서 Clean All을 선택한다.

또한 Build 메뉴에서 Run qmake를 선택함으로써 "확인되지 않은 외부의" 링크 오류(예: 새 클래스를 추가할 때)가 해결되기도 한다.

## 첫 Qt Creator 예제

다음 단계에 따라 Qt Creator를 사용해 RPi에서 간단한 Qt GUI 애플리케이션을 만들 수 있다.

- VNC를 사용하거나 RPi에서 직접 Qt Creator를 호출한다.

```
pi@erpi ~ $ qtcreator &
```

4 클릭은 누르고(press) 떼는 것(release)이다. 코드는 완전한 클릭 동작 및 구성 동작과 연관될 수 있다.

- New Project 버튼을 클릭해 Qt Widgets Application 유형을 선택하고 /home/pi/ 디렉터리에 QtTest라는 이름으로 생성한다.
- Kit Selection에서 Desktop을 선택하고 Manage 버튼을 이용해 Compiler에 GCC를 추가한다(GCC Compile Path: /usr/bin/gcc4.9 등). Class Information은 기본값을 사용한다. Qt Creator 내에서 새 프로젝트가 생성된다. 트리의 Forms 항목 아래에 있는 mainwindow.ui 항목을 더블 클릭하면 그림 14.8과 같이 나타난다.
- 그림 14.8과 같은 윈도 보기에서 Push Button 및 Text Edit(QTextEdit) 컴포넌트를 드래그하여 추가한다.
- Text Edit 상자에서 마우스 오른쪽 버튼을 클릭하고 Change objectName…을 선택한다. Object Name을 output으로 변경한다.
- 버튼에서 마우스 오른쪽 버튼을 클릭하고 Change text…를 선택해 버튼의 텍스트를 "Press Me"로 변경한다. 버튼에서 한 번 더 마우스 오른쪽 버튼을 클릭하고 Go to slot…을 선택한 다음, clicked()를 선택한다. 이렇게 하면 그림 14.9와 같이 mainwindow.cpp 파일에 on_pushButton_clicked()라는 새 함수가 만들어진다.
- 그런 다음 이 메서드에 코드를 추가해 ui 기본 윈도를 통해 액세스되는 output QTextEdit 컴포넌트의 텍스트를 설정한다.

```
void MainWindow::on_pushButton_clicked() {
    ui->output->setText("Hello from the RPi");
}
```

왼쪽 아래에 있는 실행 버튼을 클릭해 애플리케이션을 실행할 수 있다.[5] 그림 14.9와 같은 애플리케이션 윈도가 나타날 것이다. Press Me 버튼을 클릭하면 output QTextEdit 컴포넌트에 "Hello from the RPi" 텍스트가 나타난다.

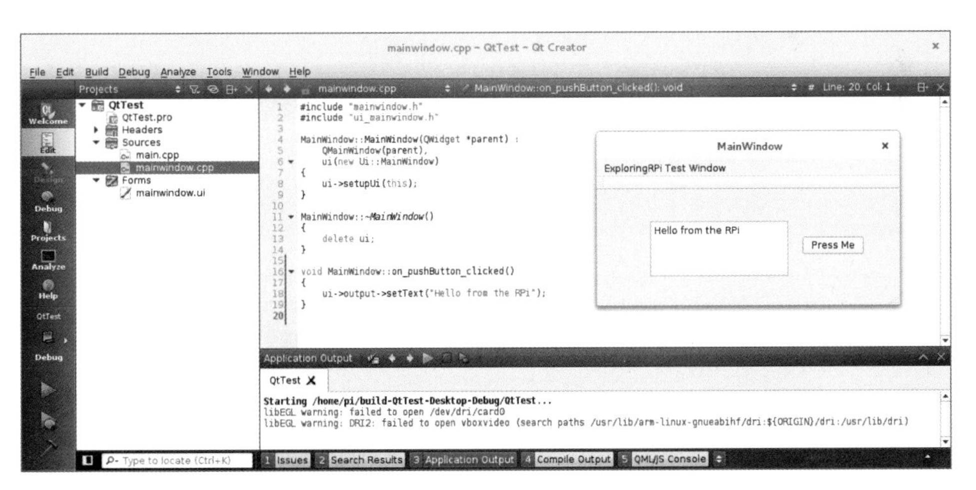


그림 14.9 Qt Creator IDE 테스트 애플리케이션

5 키트에 g++ 컴파일러를 수동으로 추가해야 할 수도 있다. Tools → Options → Build & Run → Compilers로 가서 Manual 카테고리에 추가한다.

## Qt 날씨 GUI 애플리케이션

이 절에서는 RPi에서 Qt Creator IDE를 사용해 그림 14.10 및 그림 14.11과 같이 완전한 기능을 가진 GUI 날씨 센서 애플리케이션을 구축한다. 이 애플리케이션은 사용한 UI 아키텍처와 관계없이 RPi에서 직접 실행된다. 사실 그림 14.3을 다시 보면 게스트로 출연한 것을 볼 수 있다. 이 애플리케이션은 RPi에서 Qt의 몇 가지 기능을 보여준다. 이것은 확장성이 매우 좋아서 히스토리를 보여주는 차트나 멋진 디스플레이 다이얼을 제공할 수도 있다. 이 예제 애플리케이션은 다음과 같은 기능을 지원한다.

- 타이머 스레드는 DHT 센서에 단선 인터페이스를 사용해 RPi GPIO에서 5초마다 판독 값을 받는다.
- LCD 스타일의 부동 소수점 온도 및 습도 표시를 사용한다.
- 최소 · 최대 온도를 표시한다.
- Use Fahrenheit 라디오 위젯을 클릭해 메인 디스플레이를 섭씨에서 화씨로 변환하는 메커니즘을 제공한다.
- 윈도의 아래에 상태를 표시한다.

이 애플리케이션의 전체 소스 코드와 실행 파일은 깃 저장소의 `/chp14/QtWeather/` 디렉터리에서 내려받을 수 있다. 기존 프로젝트를 닫고 File 〉 Open File or Project…를 선택해 QtWeather.pro를 선택한다.

이 애플리케이션에서 설명할 네 개의 중요한 소스 파일이 있으며, 그 중 첫 번째는 코드 14.4다. `main()`은 애플리케이션의 시작점으로, `QApplication` 및 `MainWindow` 클래스의 인스턴스가 생성된다. `QApplication` 클래스는 GUI 애플리케이션 제어 흐름을 관리한다(메인 루프).

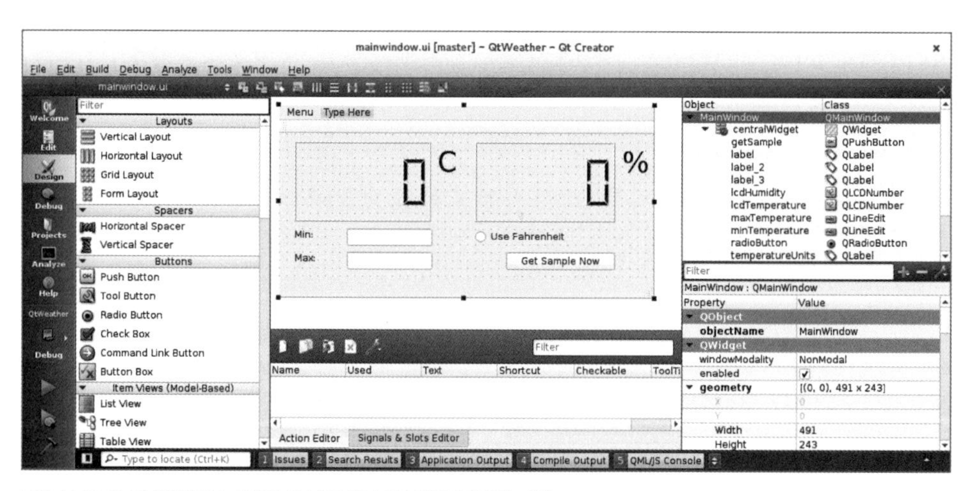

**그림 14.10** Qt 크리에이터를 사용해 Qt 날씨 센서 GUI 애플리케이션 개발

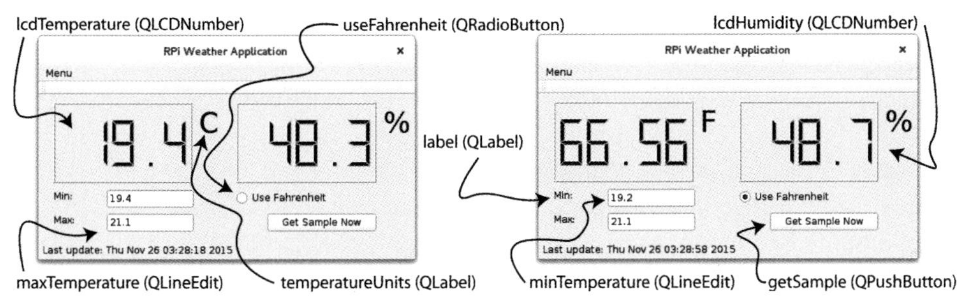


그림 14.11 Qt 날씨 센서 GUI 애플리케이션 컴포넌트

**코드 14.4** /chp14/QtWeather/QtWeather/main.cpp

```
#include "mainwindow.h"
#include <QApplication>

int main(int argc, char *argv[])
{
    QApplication a(argc, argv);
    MainWindow w;
    w.show();
    return a.exec();
}// 이벤트를 처리하는 메인 루프
```

코드 14.5는 Qt 프로젝트 파일이다. Qt 내에서 wiringPi 라이브러리를 사용하려면 LIBS 행을 .pro 파일에 수동으로 추가해야 한다.

**코드 14.5** /chp14/QtWeather/QtWeather/QtWeather.pro

```
QT          += core gui
greaterThan(QT_MAJOR_VERSION, 4): QT += widgets
TARGET      = QtWeather
TEMPLATE    = app
LIBS        += -lwiringPi
SOURCES     += main.cpp\
mainwindow.cpp
HEADERS     += mainwindow.h
FORMS       += mainwindow.ui
```

MainWindow 클래스는 코드 14.6과 14.7에 정의돼 있다. MainWindow 클래스는 QMainWindow 클래스의 자식이다(QMainWindow 클래스는 QWidget의 자식이므로 결국 QObject다). 부모 클래스에서 사용할 수 있는 모든 메서드를 MainWindow 클래스에서도 사용할 수 있다.

**코드 14.6** /chp14/QtWeather/QtWeather/mainwindow.h

```
#include <QMainWindow>
#include <QTimer>

#define USING_DHT11      false  // DHT11은 8비트만 사용함
#define DHT_GPIO         22     // 이 예제에서는 GPIO 22를 사용
#define LH_THRESHOLD     26     // Low=~14, High=~38 - 평균값을 선택

namespace Ui {
class MainWindow;
}
class MainWindow : public QMainWindow {
    Q_OBJECT
public:
    explicit MainWindow(QWidget *parent = 0);
    ~MainWindow();
private slots:
    void on_getSample_clicked();                // 버튼을 눌렀을 때
    void on_radioButton_toggled(bool checked); // 라디오 버튼을 클릭했을 때
    void on_timerUpdate();                      // 타이머가 제한 시간에 도달했을 때
private:
    float temperature, humidity;                // 상태
    float maxTemperature, minTemperature;
    bool isFahrenheit;
    QTimer *timer;                              // timer를 가리키는 포인터
    void updateDisplay();                       // UI 값을 설정
    int readDHTSensor();                        // DHT 센서를 읽음
    float celsiusToFahrenheit(float valueCelsius);
    Ui::MainWindow *ui;
};
```

**코드 14.7** /chp14/QtWeather/QtWeather/mainwindow.cpp

```
#include "mainwindow.h"
#include "ui_mainwindow.h"
#include <QDateTime>
#include <wiringPi.h>
#include <unistd.h>
using namespace std;

MainWindow::MainWindow(QWidget *parent) :
    QMainWindow(parent),
```

```
    ui(new Ui::MainWindow) {
    ui->setupUi(this);
    this->isFahrenheit = false;
    statusBar()->showMessage("Sensor Application Started");
    this->maxTemperature = -100.0f;           // 초기값
    this->minTemperature = 100.0f;
    this->updateDisplay();                    // UI 값들을 새로 고침(아래)
    this->timer = new QTimer(this);           // 타이머를 생성
    // 타이머가 제한 시간에 도달했을 때 on_timerUpdate() 함수를 호출
    connect(timer, SIGNAL(timeout()), this, SLOT(on_timerUpdate()));
    this->timer->start(5000);                 // 5초 후 타임아웃
}

float MainWindow::celsiusToFahrenheit(float valueCelsius) {
    return ((valueCelsius * (9.0f/5.0f)) + 32.0f);
}

void MainWindow::on_getSample_clicked() {      // 버튼을 눌렀을 때 호출
    QDateTime local(QDateTime::currentDateTime()); // 표본 시간을 표시
    statusBar()->showMessage(QString("Update: ").append(local.toString()));
    this->readDHTSensor();
    if(temperature<minTemperature) minTemperature = temperature; // 최소?
    if(temperature>maxTemperature) maxTemperature = temperature; // 최대?
    this->updateDisplay();
}

void MainWindow::on_timerUpdate() {
    this->on_getSample_clicked();
    this->updateDisplay();
}

void MainWindow::updateDisplay() {
    if(this->isFahrenheit) {                // 화씨 모드인가?
        ui->lcdTemperature->display(celsiusToFahrenheit(temperature));
        ui->temperatureUnits->setText("F"); // 라벨을 F로 설정
    }
    else {
        ui->lcdTemperature->display((double)temperature);
        ui->temperatureUnits->setText("C");
    }
    ui->lcdHumidity->display((double)humidity);
    ui->minTemperature->setText(QString::number(minTemperature));
```

```
    ui->maxTemperature->setText(QString::number(maxTemperature));
}

void MainWindow::on_radioButton_toggled(bool checked) {
    this->isFahrenheit = checked;
    this->updateDisplay();
}

MainWindow::~MainWindow() { delete ui; }

int MainWindow::readDHTSensor(){ // 6장에서와 같음 }
```

그림 14.12는 UI 컴포넌트와 코드 14.6에서 선언하고 코드 14.7에서 정의한 슬롯 사이의 관계를 보여준다. 타이머 코드는 GUI 컴포넌트는 아니지만 on_timerUpdate() 슬롯에 연결된 timeout() 시그널을 생성한다. 코드 14.6과 14.7의 자세한 내용은 주석으로 설명했다. 그러나 코드를 완전히 이해하는 가장 확실한 방법은 코드를 수정해 보면서 그에 따른 영향을 확인하는 것이다.

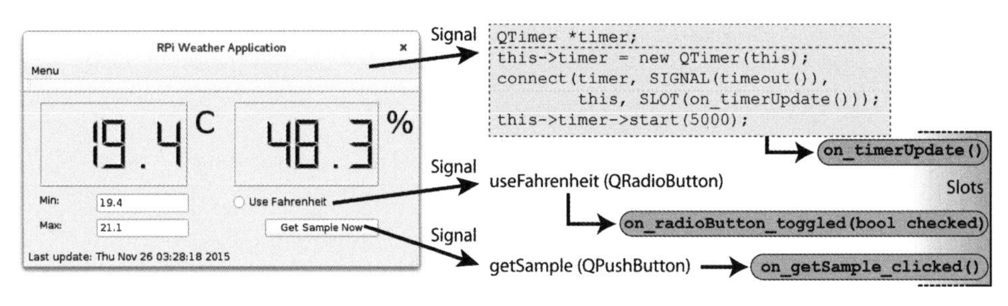


**그림 14.12** UI 컴포넌트 시그널과 관련 슬롯

이 코드는 wiringPi 라이브러리를 사용하므로 root 세션에서 실행해야 한다.

```
molloyd@desktop:~$ ssh -XC pi@erpi.local
pi@erpi ~ $ cd ~/exploringrpi/chp14/QtWeather/
pi@erpi ~/exploringrpi/chp14/QtWeather/ $ sudo bash
root@erpi:.../chp14/QtWeather# cd build-QtWeather-Desktop-Debug/
root@erpi:.../chp14/QtWeather/build-QtWeather-Desktop-Debug# ./QtWeather
```

## 원격 UI 애플리케이션 개발

12장에서 TCP 소켓을 사용해 두 개의 다른 시스템(또는 동일한 시스템)에서 실행 중인 두 프로세스 간의 직접 상호 통신에 사용할 수 있는 C++ 클라이언트/서버 애플리케이션을 소개했다. 머신은 동일한 물리적/무선 네트워크에 위치할 수도 있고 다른 대륙에 있을 수도 있다. 직접 소켓 통신은 프로그래머가 자신의 상호 통신 프로토콜을 구성해야 한다. 결과적으로 프로그래밍 오버헤드가 발생하지만 매우 효율적으로 통신할 수 있으므로 네트워크의 속도를 충분히 활용할 수 있다.

이 절에서는 Qt 날씨 센서 GUI 애플리케이션과 C++ 클라이언트/서버 애플리케이션(12장)을 결합했다. 이를 통해 RPi에서 실행되는 날씨 서비스와 상호 통신할 수 있는 팻 클라이언트 GUI 날씨 애플리케이션을 만들 수 있다. 날씨 서비스 서버 코드는 12장의 코드를 개선해 다중 스레드를 이용할 수 있게 했다. 이 변경으로 인해 많은 클라이언트 애플리케이션이 동시에 서버에 접속할 수 있다. 아키텍처는 그림 14.13에 나와 있다.

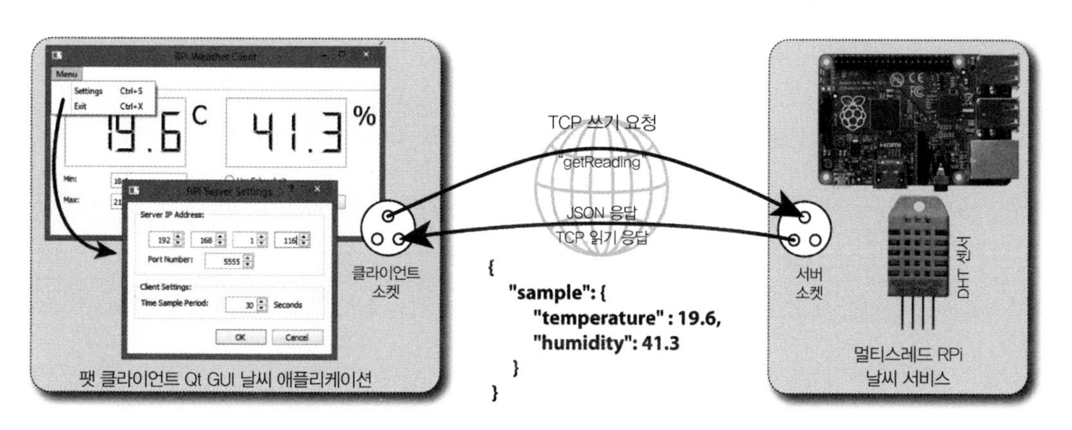


**그림** 14.13 Qt 팻 클라이언트 GUI 날씨 애플리케이션의 클라이언트/서버 아키텍처

Qt GUI 애플리케이션의 전체 소스 코드는 `/chp14/QtWeatherClient` 디렉터리에 있으며 서버 소스 코드는 `/chp14/QtWeatherServer` 디렉터리에 있다.

### 팻 클라이언트 Qt GUI 애플리케이션

이 절에서는 이 장의 앞부분에 나오는 Qt 날씨 GUI 애플리케이션을 수정해 "인터넷을 사용할 수 있게" 만든다. 이는 곧 애플리케이션을 RPi에서 실행할 필요가 없다는 뜻이다. GUI 애플리케이션은 데스크톱 컴퓨터에서 실행될 수 있으며 TCP 소켓을 사용해 RPi 센서와 통신할 수 있다. 이를 위해 다음과 같이 GUI 애플리케이션 코드를 변경한다(서버 애플리케이션은 다음 절에서 설명한다).

1. 서버 IP 주소, 서비스 포트 번호, 읽기 새로 고침 빈도를 입력하는 데 사용할 수 있는 새 대화상자 윈도를 애플리케이션에 추가한다. 이 대화상자는 그림 14.14에 나와 있다.
2. GUI 애플리케이션은 RPi 단선 GPIO 인터페이스를 읽는 대신 TCP 소켓을 열고 RPi 서버 애플리케이션과 통신해야 한다. 클라이언트 애플리케이션은 문자열 명령 "getReading"을 서버로 보낸다. 서버는 DHT 센서에서 읽은 온도 및 습도 값으로 응답하도록 프로그래밍돼 있다. 물론 다른 명령도 얼마든지 추가할 수 있다.
3. Server Settings(서버 설정) 대화상자를 열거나 애플리케이션을 종료하는 데 사용할 수 있는 메뉴가 애플리케이션 UI에서 활성화된다. 각각 Ctrl+S 또는 Ctrl+X의 키 조합을 사용할 수도 있다. 클라이언트를 실행한 다음 Menu의 Settings에서 Server IP Address를 127.0.0.1로 변경한다.

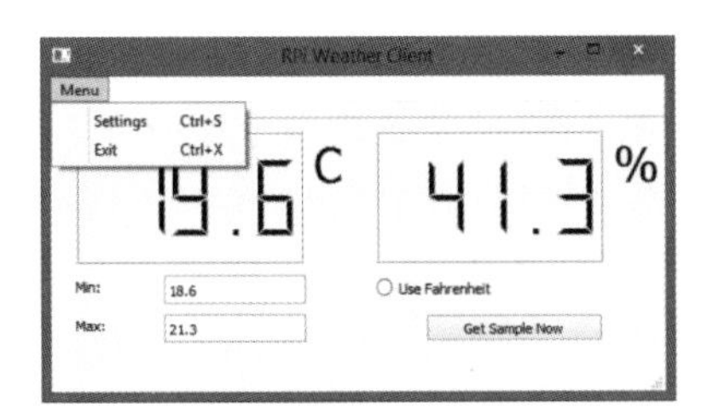


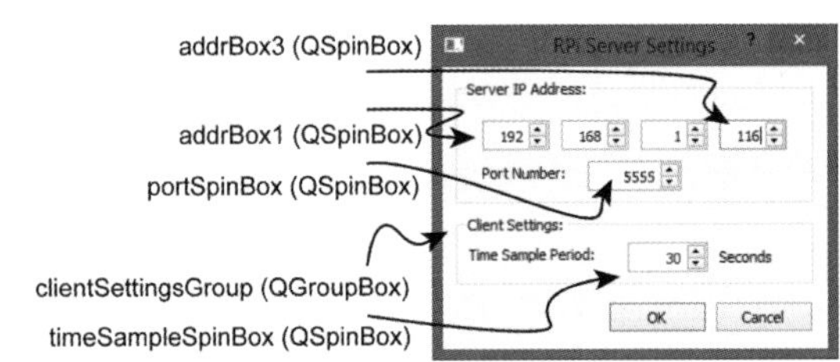


그림 14.14 메뉴 및 Server Settings(서버 설정) 대화상자

첫 번째 변경 사항은 코드 14.8에서 설명했듯이 대화상자와 관련된 ServerSettingsDialog라는 새 클래스를 프로젝트에 추가하는 것이다(serversettingsdialog.ui XML 파일도 추가). 이 클래스의 역할은 대화상자에 입력된 값에 대한 래퍼 역할을 하는 것이다. 예를 들어 getIPAddress() 메서드가 호출될 때 32비트의 부호 없는 정수(quint32)를 반환함으로써 사용자가 QSpinBox 위젯에 입력한 IPv4 주소를 반환한다.

**코드 14.8** /chp14/QtWeatherClient/serversettingsdialog.h

```
class ServerSettingsDialog : public QDialog {
    Q_OBJECT                                // 필요한 Qt 매크로
public:
    explicit ServerSettingsDialog(QWidget *parent = 0); // 참조를 전달
    ~ServerSettingsDialog();
    quint32 virtual getIPAddress();     // IP 주소를 32비트 정수로 반환
    int virtual getTimeDelay() { return timeDelay; } // 샘플링 시간
    int virtual getServerPort() { return serverPortNumber; } // 포트 번호
private slots:
    void on_buttonBox_accepted();       // OK 버튼을 누름
    void on_buttonBox_rejected();       // Cancel 버튼을 누름
private:
    Ui::ServerSettingsDialog *ui;       // UI 컴포넌트를 가리키는 포인터
    int serverPortNumber;               // 포트 번호(기본값은 5555)
```

```
    int timeDelay;                    // 초 단위의 지연 시간(기본값은 30)
    int address[4];                   // IP 주소(기본값은 192.168.1.1)
};
```

두 번째 변경 사항은 코드 14.9와 같이 getSensorReading() 메서드에 소켓 코드를 추가하는 것이다. 이 코드는 QtNetwork 모듈을 사용한다. 이 모듈을 사용하려면 QWeatherClient.pro 프로젝트 파일에 다음과 같이 추가해 프로젝트가 해당 모듈에 링크되게 해야 한다.

```
QT        += core gui network
```

QTcpSocket 클래스는 RPi TCP 날씨 서버에 대한 클라이언트 연결을 만드는 데 사용된다. RPi에서 사용하는 일반 TCP 소켓은 문자열 데이터의 트랜잭션에 문제를 일으키지 않는다. 흥미롭게도 연결의 양쪽 끝에서 동등한 자바 소켓 코드를 사용할 수도 있다. 이때 바이트 순서가 유지되도록 주의하라.

**코드 14.9** /chp14/QtWeatherClient/mainwindow.cpp(일부)

```
void MainWindow::createActions() {                          // 메뉴 설정
    QAction *exit = new QAction("&Exit", this);
    exit->setShortcut(QKeySequence(tr("Ctrl+X")));
    QAction *settings = new QAction("&Settings", this);
    settings->setShortcut(QKeySequence(tr("Ctrl+S")));
    QMenu *menu = menuBar()->addMenu("&Menu");
    menu->addAction(settings);
    menu->addAction(exit);
    connect(exit, SIGNAL(triggered()), qApp, SLOT(quit())); //종료
    connect(settings, SIGNAL(triggered()), this, SLOT(on_openSettings()));
}

void MainWindow::on_openSettings() {
    this->dialog->exec();                               // 대화 상자 표시
    this->timer->start(1000*this->dialog->getTimeDelay()); //지연 갱신
}

int MainWindow::getSensorReading() {
    // settings 대화상자로부터 서버 주소와 포트를 구함
    int serverPort = this->dialog->getServerPort(); // 대화상자로부터
    quint32 serverAddr = this->dialog->getIPAddress();
    QTcpSocket *tcpSocket = new QTcpSocket(this); // 소켓을 생성
    tcpSocket->connectToHost(QHostAddress(serverAddr), serverPort);
    if(!tcpSocket->waitForConnected(1000)){ // 연결되는 것을 1초 동안 기다림
```

```
        statusBar()->showMessage("Failed to connect to server...");
        return 1;
    }
    // 서버에 "getReading" 메시지를 보냄
    tcpSocket->write("getReading");
    if(!tcpSocket->waitForReadyRead(3000)){ // 서버의 응답을 3초 동안 기다림
        statusBar()->showMessage("Server did not respond...");
        return 1;
    }
    // 서버가 클라이언트에 바이트를 되돌려보낸 경우
    if(tcpSocket->bytesAvailable()>0){
        int size = tcpSocket->bytesAvailable();      // 몇 바이트가 준비됐는가?
        char data[200];                              // 최대 200자까지
        tcpSocket->read(&data[0],(qint64)size);      // 바이트를 읽음
        data[size]='\0';                             // 문자열을 맺음
        cout << "Received the data [" << data << "]" << endl;
        this->parseJSONData(QString(data));
        if(temperature<=minTemperature) minTemperature = temperature;
        if(temperature>=maxTemperature) maxTemperature = temperature;
    }
    else{
        statusBar()->showMessage("No data available...");
    }
    return 0;
}

int MainWindow::parseJSONData(QString str){
    QJsonDocument doc = QJsonDocument::fromJson(str.toUtf8());
    QJsonObject obj = doc.object();
    QJsonObject sample = obj["sample"].toObject();
    this->temperature = (float) sample["temperature"].toDouble();
    this->humidity = (float) sample["humidity"].toDouble();
    cout << "The temperature is " << temperature << " and humidity is "
         << humidity << endl;
    return 0;
}
```

세 번째 변경은 코드 14.9의 createActions() 메서드에 구현했는데, 클래스 생성자가 createActions() 메서드를 호출하면 GUI 메뉴를 생성한다. 메뉴에는 다음 두 가지 작업을 추가한다. Exit 항목은 애플리케이션을 종료하고 Settings 항목은 on_openSettings() 슬롯의 실행을 트리거해 Server Settings(서버 설정) 대화상자를 연다.

RPi는 이 아키텍처에서 애플리케이션의 클라이언트 측 GUI를 갱신할 필요가 없다. 대신 TCP 소켓 연결을 관리하고 문자열을 처리하며 DHT 센서에서 값을 읽는다. 이러한 작업은 RPi에 대한 오버헤드가 매우 낮으므로 많은 클라이언트 요청을 동시에 처리할 수 있다. 아쉽게도 12장의 서버 코드는 여러 개의 동시 요청을 처리할 수 없다. 요청을 순차적으로 처리하며 처리 중일 때는 새로운 연결을 거부한다.

## 멀티스레드 서버 애플리케이션

서버 애플리케이션에서는 서버가 동시에 여러 건의 요청을 처리할 수 있게 하는 것이 중요하다. 예를 들어, 구글 검색 엔진 웹 페이지가 요청을 순차적으로 처리한다면 대기열이 길어지며 거부되는 연결이 많을 것이다. 다중 스레드 서버 애플리케이션이 두 개의 개별 클라이언트 애플리케이션과 동시에 통신하기 위해 수행해야 하는 단계를 그림 14.15에 나타냈다. 단계는 다음과 같다.

1. TCP 클라이언트 1이 RPi TCP 서버에 연결을 요청한다. 이때 서버의 IP 주소(또는 이름) 및 포트 번호를 알아야 한다.
2. RPi TCP 서버는 새로운 스레드(커넥션 핸들러 1)를 생성하고 TCP 클라이언트의 IP 주소와 포트 번호를 전달한다. RPi TCP 서버는 즉시 새로운 연결을 대기하기 시작한다(포트 5555에서). 커넥션 핸들러 1 스레드는 TCP 클라이언트 1에 대한 연결을 형성하고 통신을 시작한다.
3. TCP 클라이언트 2가 RPi TCP 서버에 연결을 요청한다. 커넥션 핸들러 1 스레드가 현재 TCP 클라이언트 1과 통신하고 있지만, RPi TCP 서버도 연결을 수신 대기 중이다.
4. RPi TCP 서버는 새로운 스레드(커넥션 핸들러 2)를 생성하고 두 번째 TCP 클라이언트의 IP 주소와 포트 번호를 이 스레드에 전달한다. RPi TCP 서버는 즉시 새로운 연결을 대기하기 시작한다. 커넥션 핸들러 2 스레드는 TCP 클라이언트 2에 대한 연결을 형성하고 통신을 시작한다.

이 시점에서 클라이언트/연결 처리기 쌍 사이에서 동시에 통신이 이뤄지며 서버의 주 스레드는 새로운 연결의 수신을 대기한다. 클라이언트/연결 처리기 통신 세션은 오랫동안 지속될 수 있다 (예: 유튜브 또는 넷플릭스와 같은 비디오 스트리밍 인터넷 서비스의 경우).

연결 처리기 객체를 스레드로 구현하지 않는다면 서버는 클라이언트/연결 처리기 통신이 완료될 때까지 기다렸다가 새 연결을 다시 수신해야 할 것이다. 설명한 구조에서는 새로운 연결 처리기 스레드 객체를 생성하는 동안은 서버를 사용할 수 없다. 객체가 생성되면 서버는 수신 대기 상태가 된다. 클라이언트 소켓 연결의 타임아웃 시간을 설정할 수 있으므로(일반적으로 초 단위) 서버에서 일어나는 짧은 처리 지연으로 인해 연결이 거부되지는 않을 것이다.

C++ 다중 스레드 클라이언트/서버 예제는 `/chp14/threadedclientserver` 디렉터리에 있다. `ConnectionHandler` 클래스에는 동시 통신이 이뤄지고 있음을 확증하기 위해 5초의 지연 시간을 뒀다. 예를 들어 RPi에서 세 개의 터미널 세션을 열고 서버를 시작할 수 있다.

```
pi@erpi ~/exploringrpi/chp14/threadedClientServer $ ls
build  clientTest  clientTest.cpp  network  server  server.cpp
pi@erpi ~/exploringrpi/chp14/threadedClientServer $ ./server
Starting RPi Server Example
Listening for a connection...
```

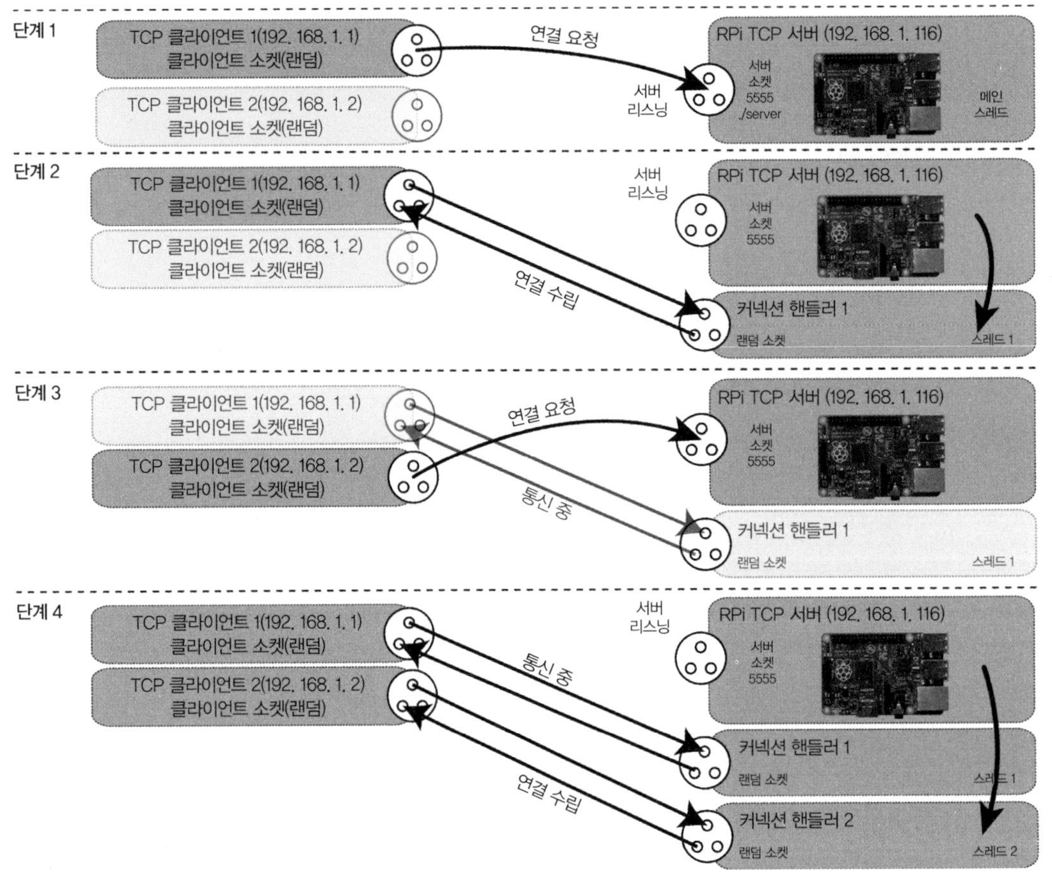


그림 14.15 다중 스레드 서버

그러고 나서 다음 터미널에서 TCP 클라이언트 1을 시작한다.

```
pi@erpi ~/exploringrpi/chp14/threadedClientServer $ ./clientTest localhost
Starting RPi Client Example
Sending [Hello from the Client]
```

그런 다음 TCP 클라이언트 2를 마지막 터미널에서 시작한다(지연이 5초이므로 재빨리 해야 한다!).

```
pi@erpi ~/exploringrpi/chp14/threadedClientServer $ ./clientTest localhost
Starting RPi Client Example
Sending [Hello from the Client]
```

첫 번째 클라이언트가(인공적으로 지연된) 응답을 기다리는 동안 두 번째 클라이언트가 연결할 수 있다는 사실에서 서버가 다중 스레드임을 알 수 있다. 서버의 최종 출력은 다음과 같다.

```
pi@erpi ~/exploringrpi/chp14/threadedClientServer $ ./server
Starting RPi Server Example
Listening for a connection...
Received from the client [Hello from the Client]
Sending back [The Server says thanks!]
  but going asleep for 5 seconds first....
Received from the client [Hello from the Client]
Sending back [The Server says thanks!]
  but going asleep for 5 seconds first....
```

두 클라이언트의 최종적인 출력은 똑같이 나타날 것이다.

```
pi@erpi ~/exploringrpi/chp14/threadedClientServer $ ./clientTest localhost
Starting RPi Client Example
Sending [Hello from the Client]
Received [The Server says thanks!]
End of RPi Client Example
```

ConnectionHandler 클래스에 대한 클래스 정의가 코드 14.10에 있다. 이 클래스의 구조는 약간 복잡한데, 클래스의 객체가 생성될 때 스레드가 생성되고 시작된다. 이 코드를 템플릿으로 사용해 threadLoop() 구현을 다시 작성하면 된다.

**코드 14.10** /chp14/threadedclientserver/network/ConnectionHandler.h

```
class SocketServer;  // 순환 참조 문제 및 C/C++ 단일 정의 규칙으로 인한
                     // 클래스 선언
class ConnectionHandler {
```

```
public:
    // 생성자는 이를 호출한 서버에 대한 참조, 수신 소켓,
    // 파일 디스크립터를 필요로 함
    ConnectionHandler(SocketServer *server, sockaddr_in *in, int fd);
    virtual ~ConnectionHandler();
    int start();
    void wait();
    void stop() { this->running = false; }  // 스레드 루프를 멈춤
    virtual int send(std::string message);  // 클라이언트에게 메시지를 보냄
    virtual std::string receive(int size);  // 메시지를 받음
protected:
    virtual void threadLoop();          // 사용자 정의 스레드 루프
private:
    sockaddr_in  *client;               // 클라이언트 소켓에 대한 핸들
    int          clientSocketfd;        // 클라이언트 소켓 파일 디스크립터
    pthread_t    thread;                // 스레드
    SocketServer *parent;               // 서버 객체에 대한 핸들
    bool         running;               // 스레드가 실행 중이면 true

    // 객체가 생성될 때 스레드가 실행되도록 하는 정적 메서드
    static void * threadHelper(void * handler){
        ((ConnectionHandler *)handler)->threadLoop();
        return NULL;
    }
};
```

## 멀티스레드 날씨 서버

이 절에서는 앞에서 사용했던 코드를 수정해 코드 14.11의 다중 스레드 날씨 서비스를 작성하며 코드는 /chp14/QtWeatherServer 디렉터리에 있다. 실내 온도를 1초마다 점검할 필요는 없으므로 다중 스레드를 굳이 적용하지 않아도 되겠지만, 이러한 구조는 데이터를 스트리밍하는 애플리케이션에 긴요하므로 훑어보면 도움이 될 것이다.

**코드 14.11** /chp14/QtWeatherServer/network/ConnectionHandler.cpp

```
#define USING_DHT11 false         // DHT11은 8비트만 사용함
#define DHT_GPIO 22               // 이 예제에서는 GPIO 22를 사용
#define LH_THRESHOLD 26           // Low=~14, High=~38 - 평균값을 사용

int ConnectionHandler::readDHTSensor() { ... // 앞에서와 같음 }
```

```
void ConnectionHandler::threadLoop() {
    cout << "*** Created a Connection Handler threaded Function" << endl;
    string rec = this->receive(1024);
    if (rec == "getReading"){
        cout << "Received from the client [" << rec << "]" << endl;
        if (this->readDHTSensor()<0) {
            cout << "Failed to make a reading from the DHT sensor" << endl;
        }
        stringstream ss;
        ss << " { \"sample\": { \"temperature\" : " << temperature;
        ss << ", \"humidity\": " << humidity << " } } ";
        this->send(ss.str());
        cout << "Sent [" << ss.str() << "]" << endl;
    }
    else {
        cout << "Received from the client [" << rec << "]" << endl;
        this->send(string("Unknown Command"));
    }
    cout << "*** End of the Connection Handler Function" << endl;
    this->parent->notifyHandlerDeath(this);
}
```

Weather Server 코드는 서버와 동일한 디렉터리에 있는 clientTest CLI 테스트 애플리케이션을 사용해 다음과 같이 테스트할 수 있다.

```
pi@erpi ~/exploringrpi/chp14/QtWeatherServer $ sudo ./server
Starting RPi Server Example
Listening for a connection...
```

다른 터미널에서 테스트 클라이언트를 실행한다.

```
pi@erpi ~/exploringrpi/chp14/QtWeatherServer $ ./clientTest localhost
Starting RPi Client Test
Sending [getReading]
Received [ { "sample": { "temperature" : 19, "humidity": 49.5 } } ]
End of RPi Client Test
```

서버의 최종 출력은 다음과 같다.

```
pi@erpi ~/exploringrpi/chp14/QtWeatherServer $ sudo ./server
Starting RPi Server Example
```

```
Listening for a connection...
Starting the Connection Handler thread
*** Created a Connection Handler threaded Function
Received from the client [getReading]
Sent [ { "sample": { "temperature" : 19, "humidity": 49.5 } } ]
*** End of the Connection Handler Function
Server: Found and deleted the connection reference...
Destroyed a Connection Handler
```

호스트명 localhost는 루프백 주소 127.0.0.1로, RPi가 자기 자신과 통신할 수 있는 주소다. 클라이언트 애플리케이션이 온도 및 습도 값(예: 19°C 및 49.5 %)을 출력하는 경우 이 테스트는 성공적이며 Qt 팻 클라이언트 GUI 애플리케이션도 그림 14.14와 같이 서버에 연결해야 한다.

### 스트림 데이터 파싱

서버와 클라이언트 간에 데이터를 전송하는 분명한 방법은 바이트 데이터를 사용하고 데이터값을 마샬링 및 언마샬링하는 것이다. 이 작업은 숫자 데이터를 수동으로 문자열 값으로 변환해 수행할 수 있다. 그러나 수동 변환은 통신의 복잡성이 증가함에 따라 파싱(구문 분석) 오류가 발생하기 쉽다. 클라이언트와 서버 간의 통신에 XML 형식을 사용하는 것이 해결책이 될 수 있다. 예를 들어 샘플 데이터를 간단한 XML 메시지 형식으로 구성할 수 있다.

```
<sample><temperature>18.2</temperature><humidity>45.4</humidity></sample>
```

Qt 프레임워크는 QXmlStreamReader 클래스를 사용해 QtXml 모듈에서 XML 파싱을 완벽하게 지원한다.

또 다른 해결책은 JSON(JavaScript Object Notation)을 사용하는 것이다. JSON은 일반적으로 서버와 웹 애플리케이션 간에 데이터를 전송하는 데 사용하며 사람이 읽기에도 편하다. QtWeather 클라이언트/서버 애플리케이션의 샘플 데이터는 다음과 같이 JSON 형식으로 전송됨을 알 수 있을 것이다.

```
{
    "sample": {
        "temperature" : 18.2,
        "humidity": 45.4
    }
}
```

또한 Qt 프레임워크는 QJsonDocument 클래스를 사용해 JSON 데이터를 파싱하는 기능을 완벽하게 지원한다. JSON 데이터 형식을 파싱하고 부동 소수점 온도 및 습도 값을 검색하는 Qt Weather Client 애플리케이션의 코드 일부를 코드 14.12에 실었다. 바이트 데이터를 QJsonObject 클래스의 sample 객체로 변환하면 sample["name"].toDouble()을 호출해 데이터값을 검색할 수 있다. 여기서 name은 추출할 값의 문자열 이름이다. 다른 데이터 유형에도 toInt(), toString(), toBool(), toArray()와 같은 유사한 함수가 있다.

**코드 14.12** /chp14/QtWeatherClient/mainwindow.cpp(일부)

```
int MainWindow::parseJSONData(QString str){
    QJsonDocument doc = QJsonDocument::fromJson(str.toUtf8());
    QJsonObject obj = doc.object();
    QJsonObject sample = obj["sample"].toObject();
    this->temperature = (float) sample["temperature"].toDouble();
    this->humidity = (float) sample["humidity"].toDouble();
    cout << "The temperature is " << temperature << " and humidity is "
         << humidity << endl;
    return 0;
}
```

이 프레임워크는 유연하며 RPi의 많은 클라이언트/서버 애플리케이션에 적용할 수 있다. 실제로는 RPi가 클라이언트고 데스크톱/서버 시스템이 TCP 서버의 역할을 하도록 역전될 수도 있다. 역할이 바뀌더라도 동일하게 멀티 스레딩 및 데이터 교환 원칙을 적용할 수 있다.

## 요약

이 장의 목표는 다음과 같다.

- RPi를 범용 컴퓨팅 장치로 사용하도록 구성하고 블루투스 주변 장치를 사용해 RPi를 제어한다.
- LCD 터치스크린 디스플레이 애플리케이션을 위한 하드웨어를 확보한다.
- 가상 네트워크 컴퓨팅(VNC)을 사용해 RPi에서 GUI(그래픽 사용자 인터페이스) 애플리케이션을 원격으로 실행한다.
- GTK+ 및 Qt 프레임워크를 사용해 RPi에서 직접 실행되는 풍부한 UI(사용자 인터페이스) 애플리케이션을 구축한다.
- RPi의 하드웨어 센서에 연결된 고급 인터페이스의 Qt 애플리케이션을 구축한다.
- RPi에서 실행되는 서버와 TCP 소켓을 사용해 통신하는 팻 클라이언트 원격 Qt 애플리케이션을 구축한다.
- TCP 클라이언트 애플리케이션으로부터 다중 접속을 동시에 처리할 수 있도록 TCP 서버의 코드에 다중 스레드를 적용한다.
- TCP 소켓 및 JSON 메시지를 사용해 RPi의 클라이언트 애플리케이션과 통신하는 원격 Qt GUI 서버 애플리케이션을 구축한다.

## 더 읽을거리

다음 링크는 이 장의 주제에 대한 추가 정보를 제공한다.

- 이 장의 웹 페이지: www.exploringrpi.com/chapter14
- GTK+ 3.0의 핵심 문서: tiny.cc/erpi1404
- Qt 시그널 및 슬롯: tiny.cc/erpi1405

# 15장

# 이미지, 비디오, 오디오

이 장에서는 RPi에 주변장치를 연결해 이미지, 비디오, 오디오 데이터를 캡처한다. 이때 저수준 리눅스 드라이버 및 애플리케이션 프로그래밍 인터페이스(API)를 사용한다. 또한 캡처한 비디오 및 오디오 데이터를 인터넷으로 스트리밍하는 데 사용할 수 있는 리눅스 애플리케이션과 도구에 관해 설명한다. 라즈베리 파이(RPi)로 캡처한 이미지 데이터의 정보로부터 추론을 이끌어 낼 수 있는 OpenCV(오픈소스 컴퓨터 비전) 이미지 처리 및 컴퓨터 비전 접근법을 조사하고 블루투스 A2DP 오디오를 사용해 오디오 스트림을 캡처하고 재생하는 방법을 설명한다. 그리고 스트리밍 오디오, 인터넷 라디오, TTS(text-to-speech)를 포함해 RPi의 오디오 애플리케이션에 대해서도 다룬다.

**이 장에 필요한 준비물:**

- 라즈베리 파이(모델에 관계없지만 RPi 3이 이상적임)
- 라즈베리 파이 카메라 또는 USB 웹캠
- USB 오디오, 오디오 HAT, 블루투스 어댑터

이 장에 대한 자세한 내용은 www.exploringrpi.com/chapter15/를 참고한다.

## 이미지와 비디오 캡처하기

이 절에서는 RPi를 이미지 및 비디오 데이터를 캡처하고 RPi 파일 시스템에 데이터를 저장하기 위한 플랫폼으로 사용한다. 이는 로보틱스, 홈 시큐리티, 홈 오토메이션, 항공과 같은 RPi 애플리케이션에서 네트워크 이미지 스트리밍을 사용할 수 없는 경우(예를 들어 애플리케이션이 무선 네트워크와 연결돼 있지 않은 경우)에 유용하다. RPi는 적절한 주변 장치를 사용해 비동기식으로 볼 수 있는 매우 고품질의 비디오 스트림을 캡처하는 데 사용할 수 있다. 비디오 스트림의 지속 시간은 RPi 및 연결된 USB 메모리 장치의 저장 용량에 의해서만 제한된다. 비디오를 네트워크로 스트리밍할 수도 있는데, 이에 대해서는 다음 절에서 설명한다.

### RPi 카메라

그림 15.1(a)의 RPi 카메라(30달러)는 15cm 리본 케이블(15코어, 1mm 피치)을 통해 RPi *카메라 직렬 인터페이스*(*CSI*) 커넥터에 연결된 소형(25mm×24mm) 카메라 모듈이다. CSI 커넥터는 RPi 제로를 제외한 모든 RPi 모델에 있다. 고정 초점 카메라는 2592×1944픽셀(5MP)의 정지 화상 해상도를 가지며, 다양한 프레임 속도(90FPS에서 640×480 포함)로 풀 HD 비디오 기록(1920×1080)을 지원하는 Omnivision 5647 센서를 사용한다. 카메라는 적외선 필터가 있는 것과 없는 것이 있다. 후자는 NoIR 모델이라고 불리며 야간 투시경(능동형 IR 조명과 함께 사용)에 유용하지만, 자연광에서의 이미지 색상은 좋지 않다. 현재 RPi 카메라의 일반 모델은 녹색 PCB로, NoIR은 검은색 PCB로 생산된다.

(a)

(b)

**그림 15.1** (a) RPi NoIR 카메라, (b) RPi CSI 커넥터에 리본 케이블을 올바르게 연결

다음 단계에 따라 그림 15.1(b)와 같이 카메라를 RPi에 연결한다.

- 정전기 방전으로 인한 손상을 방지하기 위해 RPi의 전원을 끄고 리본 케이블 끝의 금속 접촉부를 만지지 않는다.
- 렌즈에서 플라스틱 보호 덮개를 제거한다.
- CSI 커넥터(이더넷 커넥터 옆)의 하우징 클립(일반적으로 검은색 또는 흰색)을 조심스럽게 위로 당긴다.
- 리본 케이블의 금속 접촉부가 이더넷 포트를 등지게 해 리본 케이블을 커넥터 슬롯에 고르게 삽입한다.
- 플라스틱 하우징 클립을 아래로 누른다. 케이블은 그림 15.1(b)와 같아야 한다.

RPi에 전원을 넣고 raspi-config 도구를 실행해 Enable Camera(카메라 활성화)를 선택한 다음 리부트한다.

```
pi@erpi ~ $ sudo raspi-config
```

/boot/config.txt 파일을 열어보면 카메라를 사용하기 위해 그래픽 처리 장치(GPU)에 할당하는 메모리가 변경된 것을 볼 수 있다(gpu_mem=128이 기본값). 카메라에는 최소 32MB만 있어도 되지만 128MB를 권장한다. 이 파일에 다음 행을 추가해 카메라로 촬영할 때 카메라의 LED가 켜지지 않게 할 수도 있다.

```
disable_camera_led=1
```

참고

이 장의 예에서는 14장에서 설명한 것과 같이 RPi용 디스플레이를 구성했다고 가정한다. 예를 들어 VNC 클라이언트/서버(예: Xming 또는 VNC 뷰어)를 사용하면 출력 이미지를 데스크톱 컴퓨터에 표시할 수 있다. 다른 방법으로, 데스크톱 컴퓨터와 RPi 간에 sftp로 이미지 파일을 보내고 받도록 할 수도 있다.

## 정지 화상 캡처

RPi 카메라를 설치한 다음 raspistill 및 raspivid 애플리케이션을 사용해 테스트할 수 있다. 이 애플리케이션을 사용하면 정지 화상과 비디오를 파일 시스템에 쉽게 저장할 수 있다. 예를 들어 다음 단계에 따라 5백만 화소(2592×1944픽셀)의 JPEG 형식 이미지를 캡처할 수 있다.

```
pi@erpi ~ $ raspistill -o image.jpg
pi@erpi ~ $ ls -l image.jpg
-rw-r--r-- 1 pi pi 2706220 Dec 1 02:21 image.jpg
pi@erpi ~ $ gpicview image.jpg
```

마지막 행은 gpicview 유틸리티를 사용해 이미지를 표시하는데, 이때 RPi에 연결된 디스플레이가 있거나 VNC를 사용하고 있어야 한다. 다음 예에서는 명령행 옵션을 사용해 해상도를 조정하고 1초의 지연 시간을 추가했다(아무런 인자를 붙이지 않고 raspistill을 실행하면 명령행 옵션의 전체 목록을 볼 수 있다).

```
pi@erpi ~ $ raspistill -t 1000 -o test.jpg -w 1280 -h 960
pi@erpi ~ $ ls -l test.jpg
-rw-r--r-- 1 pi pi 660387 Dec  1 03:05 test.jpg
```

RPi의 비디오 출력에 TV 또는 모니터가 연결돼 있다면 같은 도구를 사용해 카메라의 라이브 뷰를 볼 수 있다. 예를 들어 부착된 TV · 모니터에 30초 동안 카메라 미리 보기를 출력하려면 다음과 같이 하면 된다(미리 보기 시간의 기본값은 5초다).

```
pi@erpi ~ $ raspistill -v -t 30000
raspistill Camera App v1.3.8
```

## 영상 기록하기

raspivid 애플리케이션을 사용하면 상당히 높은 해상도와 프레임 속도로 카메라에서 비디오를 캡처할 수 있다. 예를 들어 다음 명령으로 5초짜리 풀 HD 비디오를 SD 카드에 녹화할 수 있다.

```
pi@erpi ~ $ raspivid -t 5000 -o video.h264
pi@erpi ~ $ ls -l video.h264
-rw-r--r-- 1 pi pi 10106227 Dec  1 03:08 video.h264
```

이 비디오는 초당 약 2MB(16Mb)의 속도로 캡처된다는 것을 알 수 있다. 따라서 1시간 분량의 비디오에는 약 7.2GB의 저장 공간이 필요하며 -b 옵션을 사용해 비트율(bitrate)을 조정할 수 있다. 예를 들어 RPi에 연결된 USB 메모리에 8Mb/초(1MB/초)로 1분 분량의 비디오를 기록하려면 다음과 같이 명령을 호출한다.

```
pi@erpi ~ $ raspivid -t 60000 -b 8000000 -o - > /media/pi/key/video.h264
pi@erpi ~ $ cd /media/pi/key/
pi@erpi /media/pi/key $ ls -l video.h264
-rw------- 1 pi pi 59849757 Dec  5 02:09 video.h264
```

결과 파일의 크기는 약 60MB이다. 그러나 VLC와 같은 미디어 플레이어에서 이 비디오를 재생하려면 원시 H.264 형식에서 “패키지화된” MP4 형식으로 변환해야 한다.

```
pi@erpi /media/pi/key $ sudo apt install gpac
pi@erpi /media/pi/key $ MP4Box -add video.h264 video.mp4
```

RPi 카메라는 높은 프레임 속도로 비디오를 캡처할 수 있다. 예를 들어 720p(즉, 1280×720)에서는 60FPS, 640×480에서는 90FPS다. 후자는 90FPS로 캡처하고 더 낮은 프레임 속도(예: 30FPS)로 비디오를 재생함으로써 인상적인 슬로우 모션 효과를 낸다.

```
pi@erpi ~ $ raspivid -t 20000 -w 640 -h 480 -fps 90 -o - > /media/pi/key/v90fps.h264
pi@erpi ~ $ cd /media/pi/key/
pi@erpi /media/pi/key $ MP4Box -add v90fps.h264:rescale=30000 v30fps.mp4
pi@erpi /media/pi/key $ ls -l v*fps.*
-rw------- 1 pi pi 28957257 Dec  5 03:43 v30fps.mp4
-rw------- 1 pi pi 25299257 Dec  5 03:42 v90fps.h264
```

또 다른 유틸리티인 raspiyuv는 raspivid와 옵션이 같지만, 비디오 장치에서 RGB(빨강, 녹색, 파랑) 대신 일반적으로 사용되는 이미지 색상 공간인 비압축 YUV(YCbCr) 비디오를 캡처한다. Y 채널(루마 또는 밝기)과의 호환성은 "흑백" 디스플레이 출력에 필요한 것이다.

### 리눅스 유저 스페이스에서 RPi 카메라 사용

RPi 카메라를 설명할 때 사용한 도구는 RPi의 Videocore 4 시스템용으로 작성된 것으로, MMAL(브로드컴 멀티미디어 추상 계층)을 사용한다. MMAL은 고성능 비디오를 제공하지만, 많은 유저 스페이스 리눅스 애플리케이션과 호환되지 않는다. Video4Linux2를 사용하면 bcm2835-v4l2 LKM을 적재함으로써 MMAL 카메라를 비디오 장치(예: /dev/video0)로 인식해 리눅스 유저 스페이스 장치로 사용할 수 있다.

```
pi@erpi ~ $ sudo modprobe bcm2835-v4l2
pi@erpi ~ $ lsmod | grep v4l2
bcm2835_v4l2           37223  0
videobuf2_vmalloc       5397  1 bcm2835_v4l2
videobuf2_core         33918  1 bcm2835_v4l2
v4l2_common             3766  2 bcm2835_v4l2,videobuf2_core
videodev              124119  3 bcm2835_v4l2,v4l2_common,videobuf2_core
pi@erpi ~ $ ls -l /dev/vid*
crw-rw----+ 1 root video 81, 0 Dec  2 02:07 /dev/video0
```

재시작한 후에도 이 변경 사항을 유지하려면 /etc/modules 파일에 항목을 추가해야 한다.

경고

전력이 부족하면 USB 웹캠 또는 RPi 카메라에 문제가 발생할 수 있다(일반적으로 200~250mA가 필요함). 예를 들어, 카메라의 작동을 표시하는 LED가 켜지더라도 데이터 전송에 문제가 있을 수 있다. USB 웹캠을 Wi-Fi 어댑터와 연결하는 경우 RPi용 PiHut 7 포트 USB 허브(`tiny.cc/erpi1501`)와 같은 유전원 USB 허브를 사용해야 한다.

## USB 웹캠

USB 웹캠은 구하기 쉽고 범용 데스크톱 주변 장치로 재사용할 수 있다. 그림 15.2의 로지텍 HD C270(26달러), HD C310(30달러), HD Pro C920(70달러)은 리눅스에서 작동하는 것으로 알려져 있으며 널리 사용되는 HD 카메라다.

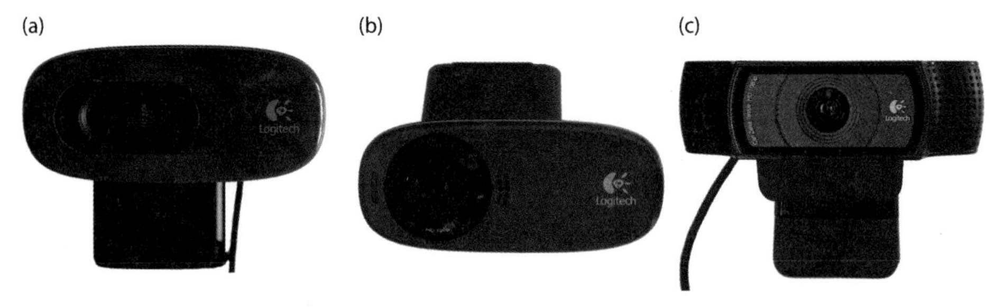


그림 15.2 로지텍 USB HD 웹캠 (a) C270, (b) C310, (c) C920

USB 카메라를 RPi에 연결하고 USB 장치 목록을 보여주는 `lsusb` 유틸리티를 실행하면 다음과 같은 출력을 볼 수 있다.

```
pi@erpi ~ $ lsusb
Bus 001 Device 005: ID 046d:082d Logitech, Inc. HD Pro Webcam C920
Bus 001 Device 004: ID 0a5c:2198 Broadcom Corp. Bluetooth 3.0 Device
...
```

위 예에서는 카메라와 USB 블루투스 어댑터가 보인다. "Logitech"이라는 이름이 보인다는 것은 RPi에서 그 장치에 대해 리눅스가 지원되고 있음을 의미한다. 이름이 나오지 않을 경우에는 웹캠 제조업체에서 리눅스 드라이버를 구해서 RPi에 구축하고 배포해야 웹캠을 사용할 수 있다.

USB 카메라에서 사용할 수 있는 모드에 대한 전체 정보는 다음 명령을 사용해 표시할 수 있다.

```
pi@erpi ~ $ lsusb -v | less
```

이 명령은 상세한 출력을 생성한다. 또한 현재 적재된 LKM은 lsmod 명령을 사용해 나열할 수 있다.

```
pi@erpi ~ $ lsmod | grep video
uvcvideo                72838  0
videobuf2_vmalloc        5397  1 uvcvideo
videobuf2_memops         1564  1 videobuf2_vmalloc
videobuf2_core          33918  1 uvcvideo
v4l2_common              3766  1 videobuf2_core
videodev               124119  3 uvcvideo,v4l2_common,videobuf2_core
media                   11633  2 uvcvideo,videodev
```

uvcvideo LKM은 그림 15.2의 웹캠과 같은 UVC(USB 비디오 클래스) 호환 장치를 지원한다. videobuf2_vmalloc LKM은 Video4Linux 비디오 버퍼의 메모리 할당자다. 모든 것이 예상대로 작동하면 새 비디오(및 오디오 장치)를 사용할 수 있을 것이며 이는 다음과 같이 나열할 수 있다.

```
pi@erpi ~ $ ls /dev/vid*
/dev/video0  /dev/video1
pi@erpi ~ $ ls /dev/snd/controlC*
/dev/snd/controlC0  /dev/snd/controlC1
```

이 예에서는 RPi 카메라와 USB 카메라가 RPi에 연결돼 있다. 이 예제에서 USB 웹캠과 관련된 오디오 장치는 /dev/snd/controlC1에 대응된다.

## Video4Linux2(V4L2)

Video4Linux2(V4L2)는 리눅스 커널과 긴밀하게 통합되고 uvcvideo LKM이 지원하는 비디오 캡처 드라이버 프레임워크다. 웹캠, PCI 비디오 캡처 카드 및 TV(DVB-T/S) 수신 카드/주변 장치와 같은 비디오 장치용 드라이버를 제공한다. V4L2는 주로 다음과 같은 유형의 인터페이스를 통해 비디오(및 오디오) 장치를 지원한다.

- 비디오 캡처 인터페이스: 웹캠, TV 튜너, 비디오 캡처 장치와 같은 캡처 장치에서 비디오를 캡처하는 데 사용된다.
- 비디오 출력 인터페이스: 비디오 출력 장치(예: 비디오 전송 장치 또는 비디오 스트리밍 장치)
- 비디오 오버레이 인터페이스: CPU가 데이터를 처리할 필요 없이 비디오 데이터를 직접 표시할 수 있다.
- 비디오 블랭킹 간격(VBI) 인터페이스: 아날로그 비디오 신호의 VBI 동안 전송되는 레거시 데이터(예: 텔레텍스트)에 대한 접근을 제공
- 라디오 인터페이스: AM/FM 튜너 오디오 스트림에 대한 접근을 제공

V4L2는 다양한 유형의 장치를 지원하며 복잡하다! 비디오 입/출력을 지원하는 것 외에도 V4L2 API에는 비디오 스트림 데이터를 조작할 수 있는 코덱 및 비디오 효과 장치용 스텁(stub)이 있다. 이 절의 초점은 다음 단계를 수행해 V4L2를 사용하는 웹캠 장치에서 비디오 데이터를 캡처하는 데 있다(꼭 이 순서일 필요는 없다).

- V4L2 장치 열기
- 기기 속성(예: 카메라 밝기) 변경
- 데이터 형식 및 입출력 방법에 대한 동의
- 데이터 전송 수행
- V4L2 장치 닫기

V4L2의 주요 문서는 www.kernel.org에서, V4L2 API 명세서는 https://www.linuxtv.org/downloads/legacy/video4linux/API/V4L2_API/spec-single/v4l2.html에서 얻을 수 있다.

### 이미지 캡처 유틸리티

첫 번째 단계는 V4L2 호환 장치를 위한 V4L2 개발 라이브러리, 추상화 계층, 유틸리티 및 간단한 웹캠 애플리케이션을 설치하는 것이다. 시스템 라이브러리를 설치하기 전에는 항상 패키지 목록을 업데이트해 최신 패키지 및 패키지 종속성에 대한 정보를 얻어야 한다.

```
pi@erpi ~ $ apt-cache search v4l2
fswebcam - Tiny and flexible webcam program
...
pi@erpi ~ $ sudo apt-get install fswebcam
pi@erpi ~ $ sudo apt install fswebcam libv4l-dev v4l-utils view libav-tools
```

그러면 연결된 웹 카메라가 올바르게 작동하는지 fswebcam 애플리케이션을 사용해 테스트할 수 있다. fswebcam은 놀랍도록 강력하면서도 사용하기 쉬운 애플리케이션으로, 구성 파일을 작성해 사용할 때 진가를 발한다. 코드 15.1의 구성 파일에는 장치 선택, 캡처 해상도, 출력 파일 형식, 제목 배너 추가 등이 포함돼 있다. 프레임 캡처 사이의 시간을 초 단위로 지정하는 루프 항목을 추가해 연속 루프에서도 사용할 수 있다.

**코드 15.1** /chp15/fswebcam/fswebcam.conf

```
device /dev/video0
input 0
resolution 1280x720
bottom-banner
```

```
font /usr/share/fonts/truetype/ttf-dejavu/DejaVuSans.ttf
title "Exploring Raspberry Pi"
timestamp "%H:%M:%S %d/%m/%Y (%Z)"
png 0
save exploringRPi.png
```

fswebcam 애플리케이션은 실행 시 구성 파일 이름을 전달해 이러한 설정으로 구성할 수 있다.

```
pi@erpi ~/exploringrpi/chp15/fswebcam $ ls
fswebcam.conf
pi@erpi ~/exploringrpi/chp15/fswebcam $ fswebcam -c fswebcam.conf
--- Opening /dev/video0...
Trying source module v4l2...
/dev/video0 opened.
--- Capturing frame... ...
pi@erpi ~/exploringrpi/chp15/fswebcam $ ls
exploringRPi.png  fswebcam.conf
```

gpicview를 사용해 이미지를 볼 수 있는데, 이 경우 VNC 연결과 같이 디스플레이를 RPi에 연결해야 한다.

```
.../chp15/fswebcam$ gpicview exploringRPi.png
```

그러면 그림 15.3과 같은 결과가 나온다. 이미지 데이터는 제목과 이미지 캡처 날짜 및 시각이 포함된 하단 텍스트 배너를 포함하도록 수정됐다.

참고

웹캠의 라이브 뷰를 출력하기 위해 mplayer tv:// 명령을 사용하거나 Cheese를 설치(sudo apt install cheese)해 사용할 수 있다.

(a)

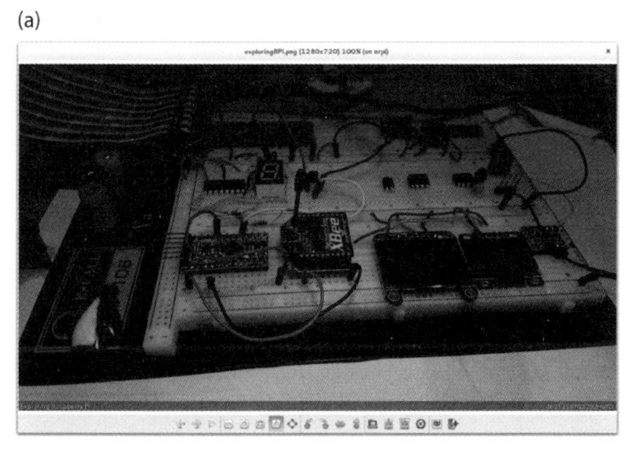

(b)

그림 15.3 (a) VNC를 통해 gpicview를 사용해 표시된 fswebcam 웹캠 캡처(1280×720), (b) 일부 사용 가능한 이미지 필터를 표시하는 Cheese 애플리케이션

fswebcam 애플리케이션을 실행하는 반복문과 엔진엑스 웹 서버(12장 참고)를 함께 사용하여 간단한 웹 카메라를 만드는 흥미로운 실험을 할 수 있다. fswebcam이 실행될 때마다 RPi 파일 시스템상의 캡처 이미지 파일이 갱신되므로, 그것을 링크하는 웹페이지를 웹 서버에 올려두면 페이지를 요청할 때마다 항상 최신 이미지를 볼 수 있다.

### Video4Linux2 유틸리티

V4L2는 연결된 V4L2 호환 장치에 대한 정보를 얻는 데 사용할 수 있는 일련의 유저 스페이스 유틸리티를 제공한다. 유저 스페이스 유틸리티를 사용해 카메라 설정을 변경할 수도 있다. 그러나 실행된 애플리케이션이 이러한 변경 사항을 무시하도록 프로그래밍하는 것도 가능하다. 이 도구의 가장 중요한 역할은 연결된 V4L2 장치가 올바르게 작동하는지 확인하는 것이다. 사용할 수 있는 V4L2 장치를 다음 코드를 이용해 나열할 수 있다.

```
pi@erpi ~ $ v4l2-ctl --list-devices
mmal service 16.1 (platform:bcm2835-v4l2): /dev/video0
HD Pro Webcam C920 (usb-3f980000.usb-1.4): /dev/video1
```

장치는 USB 허브에 연결된 순서대로 나타난다. 모드를 나열해 특정 장치에 대한 정보를 얻을 수 있다(이 경우 –d 0은 RPi MMAL 카메라를 나타냄).

```
pi@erpi ~ $ v4l2-ctl --all -d 0
Driver Info (not using libv4l2):
Driver name : bm2835 mmal
Card type : mmal service 16.1
Bus info : platform:bcm2835-v4l2
Driver version: 4.1.13
Capabilities : 0x85200005 Video Capture
```

다음과 같이 특정 컨트롤을 사용해 –list-ctrls 옵션으로 접근할 수 있는 카메라를 구성할 수 있다.

```
pi@erpi ~ $ v4l2-ctl --list-ctrls -d 0
brightness (int)       : min=0 max=100 step=1 default=50 value=50
contrast (int)         : min=-100 max=100 step=1 default=0 value=0
saturation (int)       : min=-100 max=100 step=1 default=0 value=0
red_balance (int)      : min=1 max=7999 step=1 default=1000 value=1000
blue_balance (int)     : min=1 max=7999 step=1 default=1000 value=1000
horizontal_flip (bool): default=0 value=0
vertical_flip (bool)  : default=0 value=0 ...
```

RPi 카메라의 경우 다른 컨트롤에는 화이트 밸런스, 색온도, 선명도, 배경 조명 보정, 노출(자동 또는 절대), 초점, 확대/축소 및 팬/틸트 지원이 포함된다. video0 장치의 밝기는 현재 50이며 다음과 같이 100으로 변경할 수 있다.

```
pi@erpi ~ $ v4l2-ctl --set-ctrl=brightness=100 -d 0
pi@erpi ~ $ v4l2-ctl --list-ctrls -d 0 | grep brightness
brightness (int) : min=0 max=100 step=1 default=50 value=100
brightness (int) : min=0 max=100 step=1 default=50 value=100
```

카메라의 모드를 나열할 수도 있다. RPi MMAL 카메라는 13가지 비디오 캡처 픽셀 형식이 있다. 로지텍(Logitech) C920에는 세 가지가 있다. 4개 색상 공간 비디오의 예로 'YUYV'(한 개의 휘도와 두 개의 색차 채널이 있는 공통 방송 형식), 'H264'(일반적이고 현대적인 프레임 간 비디오 압축 형식) 및 'MJPG'(일반적이지만 오래된 인트라 프레임 전용 모션 JPEG 비디오 압축 포맷) 등이 있다. 다음 명령으로 목록을 얻을 수 있다.

```
pi@erpi ~ $ v4l2-ctl --list-formats -d 0
ioctl: VIDIOC_ENUM_FMT ...
Index       : 1                         Type    : Video Capture
Pixel Format: 'YUYV'                    Name    : 4:2:2, packed, YUYV
Index       : 4                         Type    : Video Capture
Pixel Format: 'H264' (compressed)       Name    : H264   ...
pi@erpi ~ $ v4l2-ctl --list-formats -d 1
ioctl: VIDIOC_ENUM_FMT
Index       : 0                         Type    : Video Capture
Pixel Format: 'YUYV'                    Name    : YUV 4:2:2 (YUYV)
Index       : 1                         Type    : Video Capture
Pixel Format: 'H264' (compressed)       Name    : H.264
Index       : 2                         Type    : Video Capture
Pixel Format: 'MJPG' (compressed)       Name    : MJPEG
```

C270 및 C310 카메라에는 H.264 모드가 없지만, 인덱스 0 및 1에 각각 'YUYV' 및 'MJPG' 압축 픽셀 형식이 있다. 다음과 같이 카메라의 해상도와 픽셀 형식을 명시적으로 설정할 수도 있다.

```
pi@erpi ~ $ v4l2-ctl --set-fmt-video=width=1920,height=1080,pixelformat=4 -d 0
pi@erpi ~ $ v4l2-ctl --all -d 0
Driver Info (not using libv4l2):
   Driver name    : bm2835 mmal ...
Format Video Capture:
   Width/Height   : 1920/1080 Pixel Format : 'H264'
```

```
Field          : None Bytes per Line: 0
Size Image     : 2088960
Colorspace     : Broadcast NTSC/PAL (SMPTE170M/ITU601) ...
```

이 출력은 해상도, 비디오 프레임 이미지 크기, 프레임 속도 등과 같은 매우 유용한 상태 정보를 제공한다.

### Video4Linux2 프로그램 작성

리눅스의 다른 장치(예: 8장의 SPI)와 마찬가지로 /dev/videoX 파일 시스템 항목에 대해 open()을 호출하면 비디오 장치와 데이터를 주고받을 수 있다. 그렇지만 이러한 접근 방식은 비디오 장치에 필요한 제어 수준이나 성능 수준을 제공하지 못한다. 그 대신 장치의 설정을 구성하기 위해 저수준 입출력 제어(ioctl()) 호출이 필요하며 이미지 프레임 메모리 복사를 수행하는 데 메모리 바이트 단위 출력을 사용하는 대신 메모리 맵(mmap()) 호출을 사용한다.

Git 저장소의 /chp15/v4l2/ 디렉터리에 V4L2 및 저수준 ioctl() 호출을 사용해 비디오 프레임 캡처 및 비디오 캡처 작업을 수행하는 프로그램이 들어 있다.

- grabber.c: libv4l2를 사용해 웹캠의 원시 이미지 프레임 데이터를 메모리로 가져온다. 이미지는 파일 시스템에 기록할 수 있다.
- capture.c: 원시 비디오 데이터를 스트림이나 파일로 가져온다. 이는 실시간 비디오 캡처에 사용하기에 충분하다.

이 예제 코드는 거의 전적으로 V4L2 프로젝트팀에서 제공하는 예제를 기반으로 한다. 코드가 너무 길어 지면에 싣지 못했지만, 전체 코드를 Git 저장소에서 볼 수 있다. 코드 예제를 빌드하고 실행하려면 다음과 같이 한다.

```
.../chp15/v4l2$ ls *.c
capture.c  grabber.c
.../chp15/v4l2$ gcc -O2 -Wall `pkg-config --cflags --libs libv4l2` grabber.c -o grabber
.../chp15/v4l2$ gcc -O2 -Wall `pkg-config --cflags --libs libv4l2` capture.c -o capture
.../chp15/v4l2$ ./grabber
.../chp15/v4l2$ ls *.ppm
grabber000.ppm  grabber005.ppm  grabber010.ppm  grabber015.ppm  ...
.../chp15/v4l2$ gpicview grabber000.ppm
```

.ppm 파일 형식은 gpicview가 표시할 압축되지 않은 컬러 이미지 형식을 나타낸다. gpicview에서 "forward" 버튼을 사용해 20개의 이미지 프레임을 단계별로 실행할 수 있다. capture.c 프로그램을 사용해 데이터를 캡처하려면 다음 옵션 중에서 선택한다.

```
.../chp15/v4l2$ ./capture -h
Usage: ./capture [options]
Version 1.3    Options:
-d | --device name   Video device name [/dev/video0] ...
-f | --format        Force format to 640x480 YUYV
-F | --formatH264    Force format to 1920x1080 H264
-c | --count         Number of frames to grab [100] - use 0 for infinite
Example usage: capture -F -o -c 300 > output.raw
Captures 300 frames of H264 at 1920x1080. Use raw2mpg4 script to convert to mpg4
```

C920 또는 RPi 카메라가 있다면 다음 명령 중에서 첫 번째 명령을 사용해 100프레임의 H.264 데이터를 캡처할 수 있다. 그다음 두 번째 명령은 .raw 파일을 데스크톱 컴퓨터에서 재생할 수 있는 .mp4 파일 형식으로 변환한다.

```
.../chp15/v4l2 $ ./capture -d /dev/video0 -F -o -c 100 > output.raw
Force Format 2
.............................................................
.../chp15/v4l2 $ avconv -f h264 -i output.raw -vcodec copy output.mp4
.../chp15/v4l2 $ ls -l output*
-rw-r--r-- 1 pi pi 2494753 Dec  5 07:07 output.mp4
-rw-r--r-- 1 pi pi 2493142 Dec  5 07:07 output.raw
```

비디오 데이터는 실제로 원시 H.264 형식으로 캡처되므로 파일 크기는 거의 같다. 변환은 라즈비안/데비안 리눅스 배포판이 더 잘 지원하는 FFmpeg 프로젝트를 포크한 avconv(Libav) 유틸리티를 사용해 수행된다. -vcodec copy 옵션을 사용하면 비디오 데이터 형식을 트랜스코딩하지 않고도 비디오를 복사할 수 있다. 이는 USB C920 또는 RPi MMAL 카메라에서는 작동하지만 H.264 형식 기능이 없는 카메라에서는 작동하지 않는다.

그러나 capture.c 프로그램은 하드웨어 H.264 기능이 없는 C270 및 C310과 같은 카메라에서도 사용할 수 있다. 하지만 기능이 더 제한적이다.

```
...$ v4l2-ctl --set-fmt-video=width=1280,height=720,pixelformat=1 -d 1
...$ v4l2-ctl --all -d 1
Format Video Capture: Width/Height:1280/720   Pixel Format:'MJPG'
.../chp15/v4l2$ ./capture -d /dev/video2 -o -c 100 > output.raw
Force Format 0 ..................................................
.../chp15/v4l2$ ls -l output.raw
-rw-r--r-- 1 pi pi 4496449 Dec  5 01:51 output.raw
.../chp15/v4l2$ avconv -f mjpeg -i output.raw output.mp4
```

```
.../chp15/v4l2$ ls -l output.mp4
-rw-r--r-- 1 pi pi 1466046 Dec  5 02:00 output.mp4
```

avconv를 사용한 비디오 변환은 RPi에서 상당한 시간이 걸릴 수 있다. 이 예제에서 H.264 비디오 파일을 위해 필요한 공간은 MJPEG 파일보다 훨씬 적음을 알 수 있다. 그것이 더 효과적인 프레임 간 비디오 인코딩 형식이기 때문이다.

참고

capture.c 프로그램을 사용할 때 카메라가 "select timeout" 오류를 반환하는 것은 일반적으로 발생하는 문제다. 그런 일이 발생하면 다음과 같이 uvcvideo LKM의 타임아웃 속성을 변경해야 한다.

```
pi@erpi ~ $ sudo rmmod uvcvideo
pi@erpi ~ $ sudo modprobe uvcvideo nodrop=1 timeout=5000
pi@erpi ~ $ lsmod | grep uvcvideo
uvcvideo               72838  0
videobuf2_vmalloc       5397  2 uvcvideo,bcm2835_v4l2
videobuf2_core         33918  2 uvcvideo,bcm2835_v4l2 ...
```

의존성 검사를 수행하고 사용되지 않는 LKM을 제거하기 때문에 일반적으로 rmmod 대신 modprobe -r을 호출해야 함에 유의하라. 이 예제에서는 uvcvideo LKM이 즉시 재로드되므로 종속성 검사를 하지 않아도 된다.

## 비디오 스트리밍

RPi를 사용해 라이브 비디오를 캡처하고 스트리밍할 수 있다. RPi MMAL 또는 로지텍 C920 카메라는 내장된 H.264 하드웨어를 지원해 특히 유용하다. 원시 1080p H.264 데이터는 트랜스코딩 없이 카메라 스트림에서 네트워크로 직접 전달할 수 있으므로 RPi의 계산 부하가 상당히 적다. 스트리밍 스크립트는 Git 저장소의 /chp15/v4l2/ 디렉터리에 있다. 코드 15.2는 C920 웹캠으로부터 UDP를 통해 데스크톱 컴퓨터(IP 주소 192.168.1.4의 포트 12345)로 H.264 비디오 데이터를 보내는 스크립트의 예다.

**코드 15.2** /chp15/v4l2/streamVideoUDP_C920

```
#!/bin/bash
echo "Video Streaming for the Raspberry Pi - Exploring Raspberry Pi"
v4l2-ctl --set-fmt-video=width=1920,height=1080,pixelformat=1
./capture -d /dev/video0 -F -o -c0|avconv -re -i - -vcodec copy -f mpegts →
udp://192.168.1.4:12345
```

이 스크립트는 캡처 프로그램의 원시 비디오 출력을 UDP를 사용해 네트워크 스트림에 "복사"하는 avconv 애플리케이션으로 파이프를 통해 전달한다. 데스크톱 머신(주소 192.168.1.4)의 VLC에서 Media → Open Network Stream → 옵션으로 이동해서 네트워크 URL에 UDP://@:12345를 입력해 이 스트림을 열 수 있다. RPi는 인코딩/디코딩으로 인해 약간 지연돼 데스크톱 PC로 풀 HD 비디오를 스트리밍할 수 있다.

RPi MMAL 카메라에서 풀 HD 비디오를 스트리밍하는 방법에는 여러 가지가 있다. VideoLAN VLC(www.videolan.org)를 사용하는 것이 가장 안정적이지만, 약간의 지연 문제가 있다.

RPi 카메라용 유저 스페이스 드라이버를 활성화해서는 안 된다. RPi 카메라의 유저 스페이스 드라이버를 비활성화하고(예: sudo rmmod bcm2835-v4l2 사용) 다음과 같이 raspivid 프로그램의 출력을 직접 VLC로 파이프한다.

```
pi@erpi ~ $ sudo apt install vlc
pi@erpi ~ $ raspivid -o - -t 0 -hf -w 1920 -h 1080 -fps 30 | cvlc -vvv stream:///dev/stdin →
--sout '#standard{access=http,mux=ts,dst=:12345}' :demux=h264
```

VLC에서 URL http://erpi.local:12345를 사용해 이 스트림을 열 수 있다. 여기서 erpi.local은 RPi의 IP 주소다.

다음으로, 브로드캐스트 네트워크 주소인 226.0.0.1을 사용해 비디오 스트림을 여러 네트워크 포인트(streamVideoMulti)에 멀티캐스트하고 실시간 전송 프로토콜(RTP)(streamVideoRTP)을 사용해 비디오를 스트리밍하는 스크립트를 살펴보자.

또 다른 RPi에서 네트워크 비디오 스트림을 수신하고 비디오 재생기를 실행하여 시청할 수 있다. OMXplayer와 같은 재생기는 H.264 하드웨어 디코딩을 지원하며 다음 명령으로 네트워크 브로드캐스트 스트림을 여는 데 사용할 수 있다.

```
pi@erpi2 ~ $ omxplayer -o hdmi udp://226.0.0.1:12345
```

다소 지연이 발생하기는 하지만 RPi가 비디오 스트림을 디코딩해 모니터에 표시할 수 있다.

## 이미지 프로세싱과 컴퓨터 비전

USB 또는 RPi 카메라가 RPi에 연결되면 OpenCV(오픈소스 컴퓨터 비전)라는 포괄적인 고수준 라이브러리를 사용해 이미지를 캡처하고 처리할 수 있다. OpenCV(www.opencv.org)는 제스처 인식, 동작 이해, 동작 추적, 증강 현실, 운동을 통한 구조 추정(structure-from-motion)과 같은 컴퓨터 비전 기능을 위한 크로스 플랫폼 라이브러리를 제공한다. 또한 인공 신경망, 서포트 벡터 머신, 분류, 의사 결정 트리 학습과 같은 애플리케이션에 대한 지원 라이브러리를 제공한다. OpenCV는 C/C++로 작성됐으며 멀티 코어 프로그래밍 지원을 포함해 실시간 애플리케이션에 최적화돼 있다. OpenCV 라이브러리는 다음과 같이 설치할 수 있다.

```
pi@erpi ~ $ sudo apt install libopencv-dev
```

### OpenCV를 이용한 이미지 프로세싱

OpenCV는 V4L2를 지원하며 grabber.c 프로그램 대신 사용할 수 있는 이미지 데이터 캡처를 위한 고급 인터페이스를 제공한다. 코드 15.3은 웹캠에서 데이터를 캡처하고 간단한 이미지 처리 기술을 사용해 필터링하는 OpenCV 애플리케이션이다. 수행되는 단계는 다음과 같다.

1. 웹캠에서 이미지를 캡처한다.
2. 이미지를 그레이스케일 형식으로 변환한다.
3. 이미지를 블러(흐리게) 처리해 고주파 노이즈를 제거한다.
4. 이미지에서 밝기가 급격하게 변화하는 영역을 검출한다. 이는 에지 검출기라는 이미지 처리 연산으로 수행한다(이 예에서는 Canny 에지 검출기를 사용).
5. 이미지 파일을 RPi 파일 시스템에 저장한다.

OpenCV는 .hpp 파일 확장자가 C++ 코드가 포함된 헤더 파일에 사용되는 파일 명명 규칙을 사용한다. 이 규칙 덕분에 헤더 파일의 C 버전(예: opencv.h)이 C++ 헤더 파일(예: opencv.hpp)과 함께 공존할 수 있다. OpenCV는 C와 C++ 코드를 혼합하므로 이것이 하나의 양식과 다른 양식을 구별하는 적절한 방법이다.

**코드 15.3** /chp15/openCV/filter.cpp

```
#include<iostream>
#include<opencv2/opencv.hpp>    // C++ OpenCV 인클루드 파일
using namespace std;
```

```
using namespace cv;            // cv 네임스페이스를 사용

int main() {
    VideoCapture capture(0);   // /dev/video0으로부터 캡처
    cout << "Started Processing - Capturing Image" << endl;
    // VideoCapture 오브젝트의 속성을 설정
    capture.set(CV_CAP_PROP_FRAME_WIDTH,1280);  // 너비(픽셀)
    capture.set(CV_CAP_PROP_FRAME_HEIGHT,720);  // 높이(픽셀)
    capture.set(CV_CAP_PROP_GAIN, 0);           // 자동 이득 활성화
    if(!capture.isOpened()){  // 카메라에 연결
        cout << "Failed to connect to the camera." << endl;
    }
    Mat frame, gray, edges;   // 원본, 그레이스케일, 에지 이미지
    capture >> frame;         // 프레임으로부터 이미지를 캡처
    if(frame.empty()){        // 캡처에 성공했는가?
        cout << "Failed to capture an image" << endl;
        return -1;
    }
    cout << "Processing - Performing Image Processing" << endl;
    cvtColor(frame, gray, CV_BGR2GRAY);     // 그레이스케일로 변환
    blur(gray, edges, Size(3,3));           // 3x3 커널을 사용해 이미지를 블러
    // Canny 에지 검출기를 사용해 동일한 이미지를 출력
    // 낮은 임계값 = 10, 높은 임계값 = 30, 커널 크기 = 3
    Canny(edges, edges, 10, 30, 3);         // Canny 에지 검출기 실행
    cout << "Finished Processing - Saving images" << endl;

    imwrite("capture.png", frame);     // 원본 이미지를 저장
    imwrite("grayscale.png", gray);    // 그레이스케일 이미지를 저장
    imwrite("edges.png", edges);       // 처리한 에지 이미지를 저장
    return 0;
}
```

RPi MMAL 카메라는 이 장의 앞부분에서 설명한 대로 유저 스페이스 모드로 배치해야 한다. 카메라 장치는 main() 함수의 첫 번째 줄에서 선택해야 한다. /dev/video0에 0을 사용하고 /dev/video1에 1을 사용한다. 이 예제는 다음과 같이 /chp15/openCV 디렉터리에서 빌드해 실행할 수 있으며 그 결과는 그림 15.4(a)에 나타냈다.

```
.../openCV $ g++ -O2 `pkg-config --cflags --libs opencv` filter.cpp -o filter
.../openCV $ ./filter
Started Processing - Capturing Image
Processing - Performing Image Processing
Finished Processing - Saving images
```

```
.../openCV $ ls *.png
capture.png  edges.png  grayscale.png
.../openCV $ gpicview capture.png
```

(a)

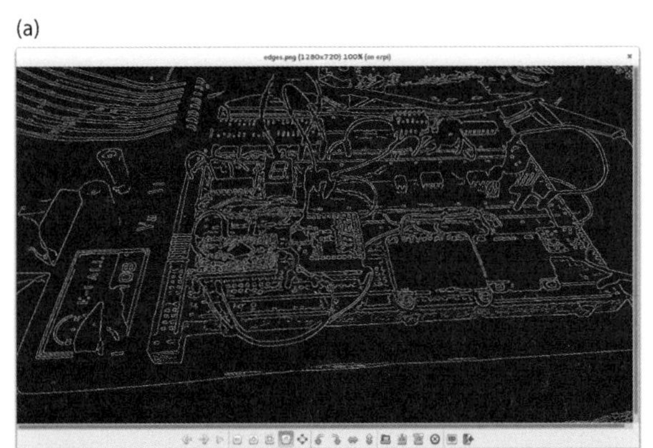

(b)

그림 15.4 OpenCV 이미지 처리 예: (a) 그림 15-3 (a)의 에지 검출 버전, (b) Lenna 이미지에서 얼굴 검출

같은 디렉터리에 있는 두 번째 예제 애플리케이션을 사용해 이미지 처리에 OpenCV를 사용하는 성능을 테스트할 수 있다. 640×480 해상도로 이미지 캡처를 수행하고 이미지를 그레이스케일 형식으로 변환해 에지 검출 작업을 수행하는 것을 100회 반복한 다음, 실행 시간을 측정한다. 다음은 1GHz의 RPi 2에서 측정한 값이다.

```
pi@erpi ~/exploringrpi/chp15/openCV $ ./timing
It took 6.95347 seconds to process 100 frames
Capturing and processing 14.3813 frames per second
```

1.2GHz의 RPi 3에서는 다음과 같다.

```
pi@erpi ~/exploringrpi/chp15/openCV$ ./timing
It took 4.07931 seconds to process 100 frames
Capturing and processing 24.5139 frames per second
```

테스트를 수행하는 동안 애플리케이션은 CPU의 99%와 메모리 용량의 4%를 사용한다.

참고

RPi 2/3에는 여러 데이터 값에 대해 병렬로 특정 명령어를 수행하게 해주는 NEON SIMD(단일 명령어 다중 데이터) 엔진이 있어 이미지 처리 속도를 크게 높일 수 있다. 단, 인라인 어셈블리 언어 코드가 C/C++ 프로그램에 작성돼 있어야 사용할 수 있다.

## OpenCV를 이용한 컴퓨터 비전

이미지 처리는 디지털 이미지의 정보를 향상시키거나 감소시키는 것을 목적으로 필터(예: 질감, 콘트라스트 증가) 또는 변형(예: 확대/축소, 회전, 늘이기)을 수행해 이미지를 조작하는 것을 말한다. 이미지 처리는 *컴퓨터 비전*에 사용되는 도구 중 하나며 디지털 이미지의 정보를 "이해"하는 것을 목표로 삼기도 한다.

컴퓨터 비전 애플리케이션은 추론을 도출하고 의사 결정을 내리고 시각적 데이터를 기반으로 작업을 수행함으로써 인간의 시각 기능을 복제하려고 한다. 예를 들어 이 절에서 설명한 OpenCV 애플리케이션은 RPi를 사용해 이미지 데이터를 처리하고 컴퓨터 비전 기법을 적용해 사람의 얼굴이 웹캠 이미지 프레임이나 이미지 파일에 있는지 확인한다. 중요한 것은 이 접근법은 얼굴 인식이 아닌 얼굴 검출을 위해 설계된 것이라는 점이다. 얼굴 검출은 보안 및 사진 촬영과 같은 애플리케이션에 사용될 수 있다. 그러나 이를 처리하기 위해 상당량의 계산이 필요하므로 RPi의 높은 프레임 속도에는 적합하지 않다.

코드 15.4는 OpenCV를 사용해 얼굴을 검출하는 컴퓨터 비전 애플리케이션의 예다. 관심 영역을 식별하기 위해 인접한 직사각형 이미지 영역의 특성을 사용하는 Haar 피처 기반 다단계 분류기를 사용한다. 예를 들어 인간의 얼굴에서 눈 주변 영역은 뺨을 포함하는 영역보다 명암도가 더 어둡게 나타난다. 이러한 관찰을 이용해 인간의 얼굴을 검출할 수 있다. 유용하게도 OpenCV는 이 예제에서 사용한 사람의 얼굴을 검출하기 위한 몇 가지 코드화된 규칙을 제공한다.

컴퓨터 비전은 완전한 연구 분야이며, 복잡한 작업을 수행하기 전에 상당한 시간을 투자해야 한다. 이 장의 끝부분에 있는 "더 읽을거리" 절에 컴퓨터 비전을 시작할 때 얻을 수 있는 자료에 대한 링크가 나와 있다.

**코드 15.4** /chp15/openCV/face.cpp

```
#include <iostream>
#include <opencv2/highgui/highgui.hpp>
#include <opencv2/objdetect/objdetect.hpp>
#include <opencv2/imgproc/imgproc.hpp>
using namespace std;
using namespace cv;

int main(int argc, char *args[]) {
    Mat frame;
    VideoCapture *capture;  // capture는 main()의 전체 스코프가 필요
    cout << "Starting face detection application" << endl;
    if(argc==2){                    // 파일로부터 이미지를 로드
```

```
        cout << "Loading the image " << args[1] << endl;
        frame = imread(args[1], CV_LOAD_IMAGE_COLOR);
    }
    else {
        cout << "Capturing from the webcam" << endl;
        capture = new VideoCapture(0);
        // VideoCapture 객체에서의 속성을 설정
        capture->set(CV_CAP_PROP_FRAME_WIDTH,1280); // 너비 픽셀 수
        capture->set(CV_CAP_PROP_FRAME_HEIGHT,720); // 높이 픽셀 수
        if(!capture->isOpened()){                   // 카메라에 연결
            cout << "Failed to connect to the camera." << endl;
            return 1;
        }
        *capture >> frame;    // 캡처한 이미지로 프레임을 채움
        cout << "Successfully captured a frame." << endl;
    }
    if (!frame.data){
        cout << "Invalid image data... exiting!" << endl;
        return 1;
    }
    // 파일로부터 얼굴 분류기를 로드(표준 OpenCV 예제)
    CascadeClassifier faceCascade;
    faceCascade.load("haarcascade_frontalface.xml");

    // faces는 얼굴의 STL 벡터 - 검출된 얼굴을 저장
    std::vector<Rect> faces;
    // 위의 분류기를 사용해 장면에서 객체를 검출(frame, faces,
    // scale factor, min neighbors, flags, min size, max size)
    faceCascade.detectMultiScale(frame, faces, 1.1, 3,
                    0 | CV_HAAR_SCALE_IMAGE, Size(50,50));
    if(faces.size()==0){
        cout << "No faces detected!" << endl;        // 이미지를 표시
    }
    // faces 벡터에서 검출된 얼굴 주변에 타원을 그림
    for(int i=0; i<faces.size(); i++)
    {
        // 중심점과 사각형을 사용해 타원을 생성
        Point cent(faces[i].x+faces[i].width*0.5,
                   faces[i].y+faces[i].height*0.5);
        RotatedRect rect(cent, Size(faces[i].width,faces[i].width),0);
        // image, rectangle, color=green, thickness=3, linetype=8
        ellipse(frame, rect, Scalar(0,255,0), 3, 8);
```

```
        cout << "Face at: (" << faces[i].x << "," <<faces[i].y << ")" << endl;
    }
    imshow("RPi OpenCV face detection", frame);      // 이미지 결과를 표시
    imwrite("faceOutput.png", frame);                // 이미지를 저장
    waitKey(0);                            // 키를 누를 때까지 이미지를 표시
    return 0;
}
```

얼굴 인식 예제는 다음 명령을 사용해 작성하고 실행할 수 있다.

```
.../openCV $ g++ -O2 `pkg-config --cflags --libs opencv` face.cpp -o face
.../openCV $ ./face Lenna.png
Starting face detection application
Loading the image Lenna.png
Face at: (217,201)
```

얼굴 인식 예제를 실행하면 그림 15.4(b)의 이미지가 표시되고(X 윈도우 세션이 구성된 경우) 이미지에서 검출된 모든 면을 식별하는 타원이 표시된다.

## Boost

OpenCV와 마찬가지로 Boost(www.boost.org)는 RPi의 많은 애플리케이션에 사용할 수 있는 포괄적인 무료 C++ 소스 라이브러리를 제공한다. 멀티스레딩, 데이터 구조, 알고리즘, 정규 표현식, 메모리 관리, 수학 등을 위한 라이브러리가 있다. 이용할 수 있는 라이브러리의 전체 목록을 www.boost.org/doc/libs/에서 확인할 수 있으므로 굳이 여기에서 상세히 소개할 필요는 없을 것이다. 다음 명령을 사용해 Boost를 RPi에 설치할 수 있다.

```
pi@erpi ~ $ sudo apt install libboost-dev
... libboost1.55-dev
```

코드 15.5는 두 개의 2D 점 사이의 기하학적 거리를 계산하기 위해 Boost 라이브러리를 사용하는 예다.

**코드 15.5** /chp15/boost/test.cpp

```
#include <boost/geometry.hpp>
#include <boost/geometry/geometries/point_xy.hpp>
using namespace boost::geometry::model::d2;
#include <iostream>
```

```
int main() {
    point_xy<float> p1(1.0,2.0), p2(3.0,4.0);
    float d = boost::geometry::distance(p1,p2);
    std::cout << "The distance between points is: " << d << std::endl;
    return 0;
}
```

Boost에서도 OpenCV와 마찬가지로 .hpp 확장자를 사용하며 C++ 이름 공간을 광범위하게 사용한다. 위 코드는 다음과 같이 빌드해 실행할 수 있다.

```
pi@erpi ~/exploringrpi/chp15/boost $ g++ test.cpp -o test
pi@erpi ~/exploringrpi/chp15/boost $ ./test
The distance between points is: 2.82843
```

## 라즈베리 파이 오디오

RPi에서 오디오 입력 및 출력을 사용하는 데는 여러 가지 방법이 있다.

- **HDMI 및 온보드 오디오:** 이 출력은 RPi에서 기본적으로 활성화되며 HDMI(DVI가 아님) 또는 4극 오디오/비디오 커넥터를 통해 오디오 신호를 TV로 전송할 수 있다.
- **USB 오디오:** 오디오의 입출력을 위한 리눅스 드라이버를 지원하는 저가형 USB 어댑터를 RPi에 연결할 수 있다. 또한 USB 웹캠을 오디오 입력 장치로 사용할 수 있다.
- **블루투스 오디오:** 리눅스 호환 블루투스 어댑터(또는 RPi 3 온보드 블루투스)를 사용해 외부 블루투스 리코더/스피커 장치에서 입력하거나 출력할 수 있다.
- **RPi HAT:** RPi에 HAT를 연결해 고성능 오디오를 구현할 수 있다. 그림 15.5는 인기 있는 HiFiBerry Digi+ 보드의 모습이다(35달러). 이 보드는 구형 및 신형 RPi 모델에 대한 서로 다른 버전이 있다. 이 보드는 최대 192kHz에서 24비트 해상도로 고품질 S/PDIF 출력을 지원한다.

연산증폭기 회로를 통해 SPI ADC 회로(GND 라인의 10kΩ 전위차계와 함께)에 연결할 수 있는 스파크펀(Sparkfun) 브레이크아웃 보드(BOB-09964)와 같은 electret 마이크를 사용해 충격 감지(예: 문을 두드리는 것)와 같은 작업에 사용할 수도 있다. 9장의 MCP3008 회로를 사용해 이러한 센서를 샘플링할 수 있다.

(a)

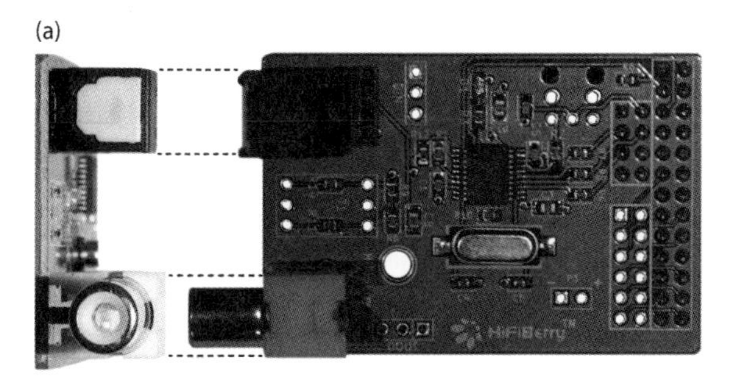


(b)

그림 15.5 HiFiBerry 오디오 HAT: (a) RPi A/B용, (b) RPi A+/B+/2용

이 절에서는 기본적인 오디오 입출력 작업을 수행할 수 있는 소프트웨어와 같이 가장 일반적인 방법을 살펴본다.

## 핵심적인 오디오 소프트웨어 도구

이 절에서는 다음 도구를 사용한다.

- **MPlayer:** 오디오 장치가 내장된 최적화된 리눅스용 동영상 플레이어. RPi에서 MP3 오디오 스트림 플레이어로 잘 작동한다.
- **ALSA 유틸리티:** ALSA(고급 리눅스 사운드 아키텍처) 장치를 구성하고 사용하기 위한 도구가 들어 있다. 포함된 도구로는 오디오 스트림의 재생과 녹음을 위한 aplay/arecord 유틸리티, 볼륨 레벨을 제어하는 amixer 도구, speaker-test 유틸리티 등이 있다.
- **Libav:** 멀티미디어 데이터를 처리하기 위한 라이브러리 및 프로그램이 들어 있다. 특히 avconv는 장치에서 오디오 데이터를 캡처하거나 네트워크에 데이터를 스트리밍하는 데 사용할 수 있는 빠른 비디오 및 오디오 변환 도구다(libav.org/avconv.html 참고).

다음과 같이 패키지 목록이 최신인지 확인한 후 도구를 설치한다.

```
pi@erpi ~ $ sudo apt update
pi@erpi ~ $ sudo apt install mplayer alsa-utils libav-tools
```

## RPi를 위한 오디오 장치

핵심 소프트웨어를 설치하고 나면 RPi에 연결된 오디오 장치를 활용할 수 있다. 이 절에서는 RPi에 여러 오디오 장치(HDMI 오디오 인터페이스, 웹캠 및 2개의 USB 오디오 어댑터)를 동시에 연결하는 예를 사용한다.

## HDMI 및 USB 오디오 재생 장치

그림 15.6(a)의 USB 허브에는 두 개의 USB 오디오 어댑터와 블루투스 어댑터 한 개까지 총 세 개의 USB 장치가 연결돼 있다. 웹캠도 Velleman USB 허브에 연결돼 있으면 lsusb를 호출했을 때 다음과 같은 결과가 나타난다.

```
pi@erpi ~ $ lsusb
Bus 001 Device 008: ID 0d8c:013c C-Media Electronics CM108 Audio Controller
Bus 001 Device 009: ID 046d:082d Logitech, Inc. HD Pro Webcam C920
Bus 001 Device 007: ID 041e:30d3 Creative Technology, Ltd Sound Blaster Play!
Bus 001 Device 006: ID 1a40:0201 Terminus Technology Inc. FE 2.1 7-port Hub
Bus 001 Device 004: ID 0a5c:2198 Broadcom Corp. Bluetooth 3.0 Device
...
```

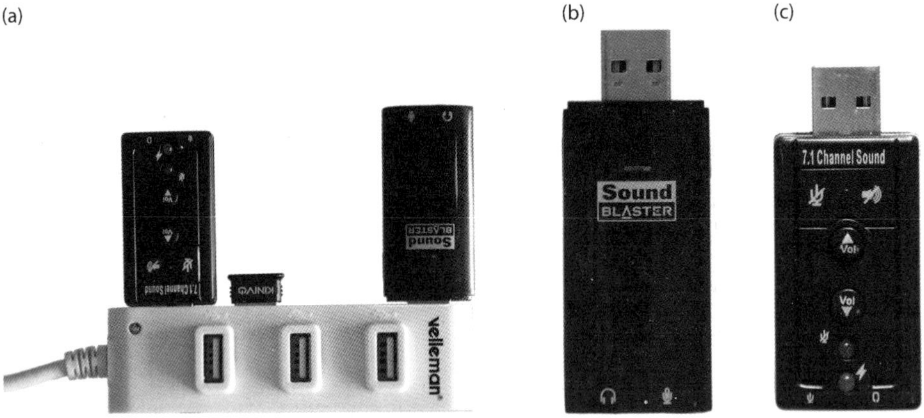

(a) (b) (c)

그림 15.6 (a) 7 포트 USB 허브, (b) 사운드 블라스터 오디오 어댑터, (c) Dynamode USB 오디오 어댑터

그림 15.6(a)의 USB 허브는 전원형 허브가 아니라서 동시에 연결할 수 있는 장치 수가 제한적이다. 그림 15.6(b)와 (c)에 각각 사운드 블라스터 USB 어댑터(20달러)와 Dynamode의 USB 어댑터(5달러)를 나타냈다. 이 어댑터들은 RPi에 핫 플러깅이 가능하며 LKM을 동적으로 로드하고 비활성화할 수 있다.

여러 개의 어댑터가 RPi에 연결됐을 때는 어댑터에 대한 정보가 다음과 같이 나온다.

```
pi@erpi ~ $ cat /proc/asound/pcm
00-00: bcm2835 ALSA : bcm2835 ALSA : playback 8
00-01: bcm2835 ALSA : bcm2835 IEC958/HDMI : playback 1
01-00: USB Audio : USB Audio : playback 1 : capture 1
02-00: USB Audio : USB Audio : playback 1 : capture 1
03-00: USB Audio : USB Audio : capture 1
```

이 경우 HDMI 어댑터는 재생만 가능하고 두 개의 USB 어댑터는 재생 및 캡처를 할 수 있으며 USB 웹캠은 캡처만 할 수 있다. aplay 유틸리티에서도 오디오 재생 장치의 목록을 볼 수 있다.

```
pi@erpi ~ $ aplay -l
**** List of PLAYBACK Hardware Devices ****
card 0: ALSA [bcm2835 ALSA], device 0: bcm2835 ALSA [bcm2835 ALSA]
  Subdevices: 8/8 Subdevice #0: subdevice #0 ...
card 0: ALSA [bcm2835 ALSA], device 1: bcm2835 ALSA [bcm2835 IEC958/HDMI]
  Subdevices: 1/1 Subdevice #0: subdevice #0
card 1: U0x41e0x30d3 [USB Device 0x41e:0x30d3], device 0: USB Audio [USB Audio]
  Subdevices: 1/1 Subdevice #0: subdevice #0
card 2: Device [USB PnP Sound Device], device 0: USB Audio [USB Audio]
  Subdevices: 1/1 Subdevice #0: subdevice #0
```

장치를 식별하면 다음과 같이 mplayer 및 aplay 유틸리티를 사용해 크리에이티브 사운드 블라스터(Creative Sound Blaster) 및 Dynamode USB 어댑터에서 오디오 파일을 각각 재생할 수 있다.

```
.../chp15/audio$ mplayer -ao alsa:device=hw=1 320sample.mp3
.../chp15/audio$ mplayer -ao alsa:device=hw=2 320sample.mp3
.../chp15/audio$ aplay -D plughw:1,0 cheering.wav
.../chp15/audio$ aplay -D plughw:2,0 cheering.wav
```

Dynamode 어댑터(카드 2)보다 사운드 블라스터 어댑터(카드 1)의 음질이 더 좋다. 그러나 Dynamode 어댑터의 품질이 가격 대비 우수하며 수동으로 볼륨을 제어할 수 있는 기능이 있어 편리하다.

RPi를 HDMI 수신기 또는 HDMI TV(또는 내장 스피커가 있는 모니터)에 직접 연결하거나 HDMI-VGA 어댑터를 사용해 HDMI 오디오 채널을 추출한 다음 3.5mm 스테레오 오디오 잭을 사용할 수도 있다. 후자의 장치에서 추출되는 오디오의 품질은 매우 가변적일 수 있으며 오디오 스트림이 재생되지 않을 때 자동 이득 라인 노이즈가 발생할 수 있다.

출력 장치를 테스트하려면 speaker-test 유틸리티를 사용하면 된다(여기서 -c2는 두 개의 채널을 테스트해야 함을 나타냄).

```
.../chp15/audio$ speaker-test -D plughw:2,0 -c2
```

또한 ALSA 유틸리티는 USB 장치의 기능에 대한 자세한 정보를 제공한다. 예를 들어 amixer는 어댑터에서 사용할 수 있는 속성을 가져오고 설정하는 데 사용할 수 있다. 사운드 블라스터 장치에서 amixer를 사용하면 현재 상태 정보를 제공한다.

```
pi@erpi ~/exploringrpi/chp15/audio $ amixer -c 1
Simple mixer control 'Speaker',0
  Capabilities: pvolume pswitch pswitch-joined
  Playback channels: Front Left - Front Right
  Limits: Playback 0 - 151
  Mono: Front Left: Playback 44 [29%] [-20.13dB] [on]
        Front Right: Playback 44 [29%] [-20.13dB] [on]
Simple mixer control 'Mic',0
  Capabilities: pvolume pvolume-joined cvolume cvolume-joined pswitch
                pswitch-joined cswitch cswitch-joined
  Playback channels: Mono      Capture channels: Mono
  Limits: Playback 0 - 32 Capture 0 - 16
  Mono: Playback 23 [72%] [34.36dB] [off] Capture 0 [0%] [0.00dB] [on]
Simple mixer control 'Auto Gain Control',0
  Capabilities: pswitch pswitch-joined
  Playback channels: Mono      Mono: Playback [on]
```

사용할 수 있는 제어 설정을 가져오려면 다음과 같이 한다.

```
pi@erpi ~/exploringrpi/chp15/audio $ amixer -c 1 controls
numid=3,iface=MIXER,name='Mic Playback Switch'
numid=4,iface=MIXER,name='Mic Playback Volume'
numid=7,iface=MIXER,name='Mic Capture Switch'
numid=8,iface=MIXER,name='Mic Capture Volume'
numid=9,iface=MIXER,name='Auto Gain Control'
numid=5,iface=MIXER,name='Speaker Playback Switch'
numid=6,iface=MIXER,name='Speaker Playback Volume'
numid=2,iface=PCM,name='Capture Channel Map'
numid=1,iface=PCM,name='Playback Channel Map'
```

이에 따라 스피커 재생 볼륨 설정을 제어하려면 다음과 같이 한다.

```
.../audio $ amixer -c 1 cset iface=MIXER,name='Speaker Playback Volume' 10,10
numid=6,iface=MIXER,name='Speaker Playback Volume'
  ; type=INTEGER,access=rw---R--,values=2,min=0,max=151,step=0
  : values=10,10 | dBminmax-min=-28.37dB,max=-0.06dB
```

이렇게 하면 사운드 블라스터 USB 카드의 스피커 출력에서 볼륨이 조절된다. `10,10` 값은 왼쪽 및 오른쪽 볼륨의 비율 설정이다. 이 값을 `0,30`으로 설정하면 왼쪽 채널을 끄고 오른쪽 채널의 볼륨 레벨을 30%로 설정한다.

## 인터넷 라디오 재생

mplayer 애플리케이션을 사용해 인터넷 라디오 채널도 재생할 수 있다. 예를 들어 www.xatworld.com/radio-search/에서 선호하는 라디오 방송국을 검색해 IP 주소를 확인하고 다음과 같이 USB 어댑터로 오디오를 스트리밍할 수 있다.

```
.../audio $ mplayer -ao alsa:device=hw=1 http://178.18.137.246:80
MPlayer2 2.0-728-g2c378c7-4+b1 (C) 2000-2012 MPlayer Team
Playing http://178.18.137.246:80.
Resolving 178.18.137.246 for AF_INET6...
Couldn't resolve name for AF_INET6: 178.18.137.246
Connecting to server 178.18.137.246[178.18.137.246]: 80...
Name   : Pinguin Radio
Genre  : Alternative
Website: http://www.pinguinradio.com
Public : yes
Bitrate: 320kbit/s
Cache size set to 320 KiB
Cache fill:  0.00% (0 bytes)
ICY Info: StreamTitle='Talk Talk  - It's My Life ';
```

이 스트림은 RPi 2에서 4%의 CPU와 3.5%의 메모리를 사용하면서 좋은 음질로 작동한다(음악적 취향은 논외로 하자!). 실제로 여러 개의 사운드 출력 장치가 있는 경우 여러 인터넷 라디오 스트림에 동시에 연결하고 오디오를 별도의 오디오 어댑터에 스트리밍하도록 별다른 어려움 없이 RPi를 구성할 수 있다.

**라즈베리 파이를 FM 송신기로 사용하기**

70cm 길이의 전선을 RPi의 GPIO4에 연결해 안테나 역할을 하게 하고 올리버 매토스(Oliver Mattos)와 오스카 바이글(Oskar Weigl)의 코드를 사용해 103.3MHz에서 신호를 전송함으로써 RPi를 FM 송신기로 사용할 수 있다. tiny.cc/erpi1504를 참고하라.

## 오디오 녹음

USB 어댑터와 USB 웹캠을 사용해 오디오를 RPi 파일 시스템에 직접 캡처할 수 있다. arecord 유틸리티로 사용할 수 있는 장치의 목록을 가져올 수 있는데, 다음은 하나의 웹캠과 두 개의 USB 오디오 어댑터가 연결된 경우의 예다.

```
pi@erpi ~ $ arecord -l
**** List of CAPTURE Hardware Devices ****
card 1: U0x41e0x30d3 [USB Device 0x41e:0x30d3], device 0: USB Audio [USB Audio]
  Subdevices: 1/1 Subdevice #0: subdevice #0
card 2: Device [USB PnP Sound Device], device 0: USB Audio [USB Audio]
  Subdevices: 1/1 Subdevice #0: subdevice #0
card 3: C920 [HD Pro Webcam C920], device 0: USB Audio [USB Audio]
  Subdevices: 1/1 Subdevice #0: subdevice #0
```

이 장치들은 /proc에도 다음과 같이 색인돼 있다.

```
pi@erpi ~ $ cat /proc/asound/cards
0 [ALSA ]:bcm2835 - bcm2835 ALSA
       bcm2835 ALSA
1 [U0x41e0x30d3]:USB-Audio - USB Device 0x41e:0x30d3
       USB Device 0x41e:0x30d3 at usb-3f980000.usb-1.4.2, full speed
2 [Device ]:USB-Audio - USB PnP Sound Device
       USB PnP Sound Device at usb-3f980000.usb-1.4.5, full speed
3 [C920 ]:USB-Audio - HD Pro Webcam C920
       HD Pro Webcam C920 at usb-3f980000.usb-1.4.4, high speed
```

각 오디오 캡처 장치의 오디오는 arecord 유틸리티와 장치의 주소를 사용해 녹음할 수 있다.[1] 흥미롭게도 오디오만 녹음할 때는 웹캠의 LED가 켜지지 않는다.

```
pi@erpi ~/tmp $ arecord -f cd -D plughw:1,0 -d 10 test1.wav
Recording WAVE 'test1.wav' : Signed 16 bit Little Endian, Rate 44.1kHz, Stereo
pi@erpi ~/tmp $ arecrd -f cd -D plughw:2,0 -d 10 test2.wav
Recording WAVE 'test2.wav' : Signed 16 bit Little Endian, Rate 44.1kHz Hz, Stereo
pi@erpi ~/tmp $ aplay -D plughw:1,0 test1.wav
pi@erpi ~/tmp $ aplay -D plughw:2,0 test2.wav
```

WAV 오디오 파일 형식은 비압축 오디오 데이터를 저장해 RPi의 파일 저장 공간이 금세 바닥난다. 이를 방지하기 위해 다음과 같이 LAME MP3 인코더를 사용해 WAV 파일을 MP3로 압축할 수 있다.

```
pi@erpi ~/tmp $ sudo apt install lame
pi@erpi ~/tmp $ lame test2.wav output.mp3
LAME 3.99.5 32bits (http://lame.sf.net)
Using polyphase lowpass filter, transition band: 16538 Hz - 17071 Hz
```

1 arecord 1.0.28 버전에는 지속 시간이 경과하더라도 녹음이 끝나지 않아 Ctrl-C를 눌러서 중지시켜야 하는 문제가 있는 것으로 알려져 있다. 이는 1.0.29 버전에서 해결됐다.

```
Encoding test2.wav to output.mp3
Encoding as 44.1 kHz j-stereo MPEG-1 Layer III (11x) 128 kbps qval=3 ...
pi@erpi ~/tmp $ mplayer -ao alsa:device=hw=2 output.mp3
```

참고

AlsaMixer는 연결된 각 사운드 장치의 볼륨 레벨을 설정할 때 매우 유용한 도구다. 실행하려면 alsamixer 명령을 호출하면 된다.

## 오디오 네트워크 스트리밍

이 장의 앞부분에서 avconv를 사용해 비디오를 네트워크로 스트리밍하는 방법을 설명했다. 오디오 장치로 캡처된 오디오를 네트워크로 스트리밍하는 데 동일한 애플리케이션을 사용할 수도 있다. 다음은 주소 2,0에 붙은 장치로부터 UDP를 통해 데스크톱 컴퓨터(IP 주소 192.168.1.4의 포트 12345)로 오디오를 스트리밍하는 명령의 예다.

```
pi@erpi ~/tmp $ avconv -ac 1 -f alsa -i hw:2,0 -acodec libmp3lame -ab 32k -ac 1 →
-f mp3 udp://192.168.1.4:12345
avconv version 11.4-6:11.4-1~deb8u1+rpi1,(c)2000/14 the Libav developers
  built on Jun 16 2015 05:32:34 with gcc 4.9.2 (Raspbian 4.9.2-10)
[alsa @ 0x39b1e0] Estimating duration from bitrate, may be inaccurate
Guessed Channel Layout for Input Stream #0.0 : mono
Input #0, alsa, from 'hw:2,0':
  Duration: N/A, start: 77656.998974, bitrate: N/A
    Stream #0.0: Audio: pcm_s16le, 48000 Hz, 1 channels, s16, 768 kb/s
Output #0, mp3, to 'udp://192.168.1.4:12345' ...
```

VLC와 같은 데스크톱 플레이어를 사용해 네트워크 UDP 스트림을 열 수 있다. 예를 들어 VLC에서는 Media → Open Network Stream을 사용하고 네트워크 URL을 udp://@:1234로 설정한다. 이 형식의 RPi에서 스트리밍 오디오는 30%의 CPU 부하(2% 메모리)를 가지며 약 1초의 지연 시간을 가진다.

참고

Wireshark(www.wireshark.org)는 오디오/비디오 스트리밍 및 네트워크 소켓 프로그래밍(12장 및 13장)에서 발생할 수 있는 네트워크 연결 및 통신 문제를 디버깅하는 데 유용한 도구다.

## 블루투스 A2DP 오디오

13장에서는 블루투스 어댑터(또는 RPi 3의 온보드 블루투스)를 범용 직렬 통신을 위해 사용했으며 14장에서는 RPi에 주변 장치를 연결하기 위해 사용했다. 이번에는 오디오 장치와의 통신을 위해 블루투스를 RPi와 함께 사용하는 방법을 살펴본다.

블루투스 무선 통신 시스템의 가장 일반적인 용도 중 하나는 스마트폰을 차량용 오디오 시스템 또는 홈 엔터테인먼트 센터에 연결하는 것이다. 이를 위해 A2DP(블루투스 고급 오디오 분배 프로파일)를 사용해 미디어 소스에서 미디어 싱크로 고품질 스테레오 오디오를 스트리밍할 수 있다. 소스 장치(SRC, 예: 블루투스 헤드셋, 스마트폰 미디어 플레이어)는 싱크 장치(SNK, 예: 블루투스 헤드폰, 스테레오 수신기, 자동차용 수신기)에 압축 형식으로 전송되는 디지털 오디오 스트림의 소스 역할을 한다.

블루투스 어댑터를 RPi에 연결할 때 RPi를 A2DP 소스 또는 싱크 장치로 작동하도록 구성할 수 있다. 다음 예에서는 RPi를 하이파이(Hi-Fi) 시스템에 연결된 소스 장치로 구성한다. 테스트에 사용하는 하이파이 시스템에는 A2DP 기능이 내장돼 있지만, A2DP가 지원되지 않는 경우에는 3.5mm 오디오 잭으로 출력할 수 있는 저렴한 A2DP 오디오 수신기를 이용하면 된다.

참고

RPi를 연결하기 전에 스마트폰을 블루투스 A2DP 싱크 장치에 연결하는 과정을 수행해 보는 것이 좋다. 연결이 가능한지 확인하고 A2DP 장치를 페어링해 보면 단계를 이해하는 데 도움이 될 것이다.

블루투스 어댑터를 RPi에 연결했으면 필요한 패키지를 설치하고 A2DP를 지원하도록 RPi를 구성한 다음, 블루투스 오디오 싱크 장치가 표시되는지 테스트한다.

```
pi@erpi ~ $ hcitool scan
Scanning ...    00:1D:BA:2E:BC:36        CMT-HX90BTR
                40:E2:30:13:CA:09        HOMEOFFICE-PC
```

RPi가 데스크톱 PC와 소니(Sony) 하이파이 시스템(CMT-HX90BTR)을 감지했다.

최신 A2DP 서비스에는 모든 오디오 스트림을 재라우팅하는 백그라운드 프로세스인 PulseAudio라는 추가 리눅스 서비스가 필요하다. 이것의 목표는 레거시 장치를 지원하고 네트워크 오디오(예: VNC)를 지원하는 것이다. PulseAudio는 복잡하므로 RPi에 꼭 필요하지 않다면 사용하지 말아야 한다. 그것은 pavucontrol과 같은 유용한 사용자 인터페이스 도구를 제공하며 다음과 같이 설치할 수 있다.

```
pi@erpi ~ $ sudo apt install pulseaudio pavucontrol pulseaudio-module-bluetooth
```

PulseAudio는 다음과 같이 구성한다.

```
pi@erpi /etc/pulse $ sudo nano default.pa
```

서비스를 시작하고 정지하는 명령은 다음과 같다(참고: sudo를 사용하지 않음).

```
.../chp15/audio$ pulseaudio --kill
.../chp15/audio$ pulseaudio --start
```

PulseAudio의 문제를 디버그하는 가장 좋은 방법의 하나는 서비스를 중지하고 pulseaudio –v 명령으로 서비스를 시작해 자세한 출력을 확인하는 것이다. PulseAudio가 올바르게 작동하는지 확인한 다음 데몬 모드(–D)로 실행하고 RPi를 블루투스 장치와 페어링하는 프로세스를 시작할 수 있다.

```
pi@erpi ~ $ pulseaudio -D
pi@erpi ~ $ sudo bluetoothctl
[bluetooth]# scan on
Discovery started
[CHG] Controller 00:02:72:CB:C3:53 Discovering: yes
[NEW] Device 40:E2:30:13:CA:09 HOMEOFFICE-PC
[CHG] Device 00:1D:BA:2E:BC:36 Name: CMT-HX90BTR
[CHG] Device 00:1D:BA:2E:BC:36 Alias: CMT-HX90BTR
[CHG] Device 00:1D:BA:2E:BC:36 LegacyPairing: yes
```

그러고 나서 다음 명령을 사용해 싱크 장치에 연결할 수 있다(첫 번째 단계에서 기기를 페어링하려면 두 기기 모두에 코드[예: 0000]를 입력해야 한다).

```
[bluetooth]# pair 00:1D:BA:2E:BC:36
Attempting to pair with 00:1D:BA:2E:BC:36
[CHG] Device 00:1D:BA:2E:BC:36 Connected: yes
[CHG] Device 00:1D:BA:2E:BC:36 Paired: yes
[bluetooth]# trust 00:1D:BA:2E:BC:36
[CHG] Device 00:1D:BA:2E:BC:36 Trusted: yes
Changing 00:1D:BA:2E:BC:36 trust succeeded
[bluetooth]# paired-devices
Device 00:1D:BA:2E:BC:36 CMT-HX90BTR
[bluetooth]# info 00:1D:BA:2E:BC:36
Device 00:1D:BA:2E:BC:36
        Name: CMT-HX90BTR      Alias: CMT-HX90BTR
```

```
        Class: 0x240428         Icon: audio-card
        Paired: yes             Trusted: yes
        Blocked: no             Connected: no
        LegacyPairing: yes
        UUID: Audio Sink        ...
[bluetooth]# connect 00:1D:BA:2E:BC:36
Attempting to connect to 00:1D:BA:2E:BC:36
[CHG] Device 00:1D:BA:2E:BC:36 Connected: yes
Connection successful
```

이제 PulseAudio 사운드 구성 도구인 pacmd를 사용하면 블루투스 장치가 현재 사운드 싱크로 제공되고 있음을 확인할 수 있다.

```
pi@erpi ~ $ pacmd
Welcome to PulseAudio 5.0! Use "help" for usage information.
>>> list-sinks
3 sink(s) available ...
index: 2
      name: <bluez_sink.00_1D_BA_2E_BC_36>
      driver: <module-bluez5-device.c> ...
>>> set-default-sink 2
```

PulseAudio를 장치로 사용해 오디오 파일을 블루투스 장치로 재생할 수 있다.

```
pi@erpi ~/exploringrpi/chp15/audio $ aplay -D pulse cheering.wav
Playing WAVE 'cheering.wav' : Unsigned 8 bit, Rate 11025 Hz, Mono
```

## TTS(텍스트 음성 변환)

작동 중인 재생 어댑터가 RPi에 연결되면 리눅스 도구 및 온라인 서비스를 활용해 흥미로운 오디오 애플리케이션을 수행할 수 있다. 이러한 애플리케이션 중 하나는 TTS(Text-To-Speech, 텍스트 음성 변환)다. eSpeak, FestVox Festival, pico2wave와 같은 도구를 사용해 텍스트로부터 오디오를 생성할 수 있다. 현재 pico2wave는 소스를 기반으로 구축해야 하지만 eSpeak와 Festival은 라즈비안 배포판의 바이너리 형식으로 제공된다.

다음과 같이 eSpeak을 설치하고 사용해 aplay 애플리케이션에 오디오를 출력할 수 있다.

```
pi@erpi ~ $ sudo apt install espeak
pi@erpi ~ $ espeak "Hello Raspberry Pi" --stdout | aplay -D plughw:1,0
Playing WAVE 'stdin' : Signed 16 bit Little Endian, Rate 22050 Hz, Mono
```

다음과 같이 Festival을 설치해 텍스트 파일을 WAV 형식의 파일로 출력할 수 있다.

```
pi@erpi ~ $ sudo apt install festival festival-freebsoft-utils
pi@erpi ~ $ more hello.txt
Hello Raspberry Pi
pi@erpi ~ $ text2wave hello.txt -o hello.wav
pi@erpi ~ $ ls -l hello.wav
-rw-r--r-- 1 pi pi 56048 Dec  7 05:15 hello.wav
pi@erpi ~ $ aplay -D plughw:1,0 hello.wav
Playing WAVE 'hello.wav' : Signed 16 bit Little Endian, Rate 16000 Hz, Mono
```

또한 다음과 같이 파이프를 통해 텍스트를 text2wave 애플리케이션에 전달할 수 있다.

```
pi@erpi ~ $ echo 'Hello' | text2wave -o test.wav
pi@erpi ~ $ aplay -D plughw:1,0 test.wav
Playing WAVE 'test.wav' : Signed 16 bit Little Endian, Rate 16000 Hz, Mono
```

TTS 엔진을 사용자의 애플리케이션에 통합할 수 있다. 예를 들어 다음과 같이 이진 응용 프로그램의 출력을 사용해 동적 음성 출력을 제공할 수 있다.

```
pi@erpi ~ $ echo $(date +"It is %M minutes past %l %p") | text2wave -o test.wav
pi@erpi ~ $ aplay -D plughw:1,0 test.wav
Playing WAVE 'test.wav' : Signed 16 bit Little Endian, Rate 16000 Hz, Mono
pi@erpi ~ $ lame test.wav test.mp3
pi@erpi ~ $ mplayer -ao alsa:device=hw=1 test.mp3
```

마지막으로 RPi에 CMU Sphinx Speech Recognition Toolkit을 설치할 수도 있다. Nuance의 Dragon NaturallySpeaking과 같은 상용 제품과 비교했을 때 오픈소스 음성 인식 도구는 트레이닝이 어려운 것으로 알려져 있으나, PocketSphinx는 시간을 투자해 좋은 결과를 얻을 수 있다. 소스포지(sourceforge.net)에서 sphinxbase와 pocketsphinx의 최신 버전을 찾을 수 있으며, RPi에 설치하려면 각각 수동으로 내려받아 빌드해야 한다. RPi에서 ./configure —enablefixed와 make, sudo make install을 사용해 직접 빌드한다.

## 요약

이 장의 목표는 다음과 같다.

- 리눅스의 Video4Linux2 드라이버 및 API와 결합된 RPi MMAL 카메라 또는 USB 웹캠을 사용해 RPi에서 이미지 및 비디오 데이터를 캡처한다.
- Video4Linux2 유틸리티를 사용해 비디오 캡처 장치의 정보를 얻고 비디오 캡처 장치의 속성을 조정한다.
- 리눅스 애플리케이션과 UDP, 멀티캐스트 및 RTP 스트림을 사용해 비디오 데이터를 인터넷으로 스트리밍한다.
- RPi에서 OpenCV를 사용해 기본적인 이미지 처리를 수행한다.
- OpenCV를 사용해 컴퓨터 비전 얼굴 인식 작업을 수행한다.
- RPi에서 Boost C++ 라이브러리를 활용한다.
- HDMI 오디오 및 USB 오디오 어댑터를 사용해 RPi에서 오디오 데이터를 재생한다. 오디오 데이터는 RPi 파일 시스템이나 인터넷 라디오 스트림에서 얻은 원시 파형 데이터 또는 압축된 MP3 데이터일 수 있다.
- USB 오디오 어댑터 또는 웹캠을 사용해 오디오 데이터를 녹음한다.
- UDP를 사용해 오디오 데이터를 인터넷으로 스트리밍한다.
- Hi-Fi 시스템과 같은 블루투스 A2DP 오디오 장치로 오디오를 재생한다.
- TTS(텍스트 음성 변환) 방식을 사용해 RPi에서 실행되는 명령의 텍스트 출력을 음성으로 변환한다.

## 더 읽을거리

이 장의 곳곳에서 더 읽어볼 만한 문서와 링크를 소개했다. 주제에 대한 추가 링크 및 추가 정보는 `www.exploringrpi.com/chapter15/`를 참고하라.

- Video4Linux2 핵심 문서: https://www.linuxtv.org/downloads/legacy/video4linux/API/V4L2_API/spec-single/v4l2.html
- V4L2 API 명세서: `tiny.cc/erpi1503`
- Boris Schäling의 Boost C++ 라이브러리: `theboostcpplibraries.com`
- Computer Vision Cascaded Classification(컴퓨터 비전 캐스케이드 분류): `tiny.cc/erpi1505`
- CVonline: The Evolving, Distributed, Non-Proprietary, On-Line Compendium of Computer Vision(CVonline: 컴퓨터 비전 관련 자료 링크 사이트: `tiny.cc/erpi1506`

# 16장

# 커널 프로그래밍

이 장에서는 라즈베리 파이(RPi)와 같은 임베디드 장치에서의 리눅스 커널 프로그래밍을 소개한다. 커널 프로그래밍은 리눅스 커널의 소스 코드에 대한 심층적인 연구가 필요한 고급 주제이지만, 이 장은 범용 입출력(GPIO)에 인터페이스하는 리눅스 LKM(로드 가능 커널 모듈)을 작성하는 것에 중점을 두고 실용적인 부분만 단계별로 안내하는 방식으로 구성했다. 첫 번째 예는 RPi에서 LKM 개발을 위해 구성해 보는 것이 목적인 간단한 "Hello World" 모듈이다. 두 번째 LKM 예제에서는 ISR(인터럽트 서비스 루틴)을 소개하고 간단한 GPIO 버튼과 LED 회로를 리눅스 커널 스페이스에 인터페이스한다. kobject 인터페이스와 커널 스레드를 사용해 RPi용 커널 스페이스 sysfs 장치를 구현하는 두 가지 예제도 추가했다. 이 장을 읽고 나면 커널 코드를 작성하는 데 필요한 단계를 잘 알게 될 것이며, 그러한 개발에 수반되는 프로그래밍 제약 사항을 이해할 수 있을 것이다.

**이 장에 필요한 준비물:**

- 라즈베리 파이(모델은 상관없음)

이 장에 대한 자세한 내용은 www.exploringrpi.com/chapter16/을 참고한다.

## 개요

3장에서 소개했듯이 LKM(로드 가능 커널 모듈)은 런타임에 리눅스 커널에 코드를 추가하거나 제거하는 메커니즘이다. 하드웨어가 어떻게 작동하는지 알 필요 없이 커널이 하드웨어와 통신할 수 있게 해주는 장치 드라이버에 이상적이다. 이러한 모듈화 기능이 없다면 리눅스 커널은 RPi에서 필요한 모든 드라이버를 지원하느라 크기가 매우 커질 수밖에 없을 것이다. 게다가 새 하드웨어를 추가하거나 장치 드라이버를 업데이트할 때마다 커널을 다시 빌드해야 하는 문제도 있다. LKM의 단점은 장치마다 드라이버 파일을 유지 관리해야 한다는 것이다. LKM은 런타임에 로드되지만 유저 스페이스에서 실행되지 않는다. 즉, 커널의 일부라는 말이다.

커널 모듈은 커널 스페이스에서, 애플리케이션은 유저 스페이스에서 각각 실행된다(그림 16.1 참고). 커널 스페이스와 유저 스페이스에는 겹치지 않는 고유한 메모리 주소 공간이 있다. 이 방법을 따르면 유저 스페이스에서 실행되는 애플리케이션은 하드웨어 플랫폼과 관계없이 일관된 하드웨어 보기를 유지할 수 있다. 그리고 유저 스페이스에서 커널 서비스를 사용할 때 시스템 호출을 거치도록 통제할 수 있다. 또한 커널은 개별 유저 스페이스 애플리케이션이 서로 충돌하거나 보호 수준(예: 슈퍼유저 대 일반 사용자 권한)을 사용해 제한된 자원에 접근하는 것을 방지한다.

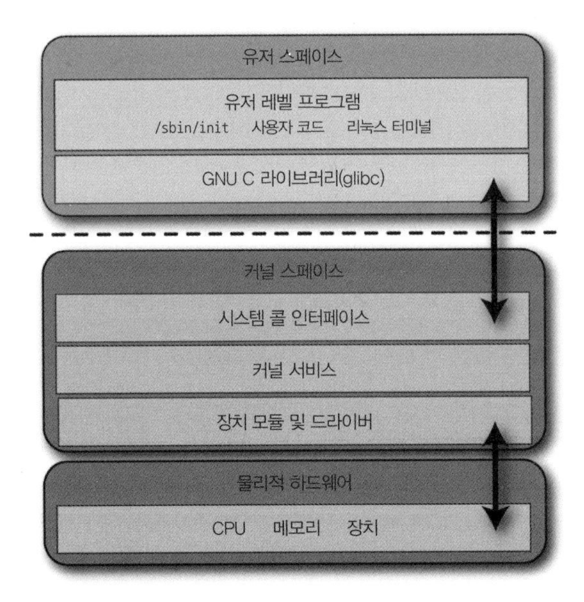


**그림 16.1** 리눅스 커널과 유저 스페이스 아키텍처

## 커널 모듈을 작성하는 이유

임베디드 리눅스에서 전자 회로와 인터페이스할 때는 sysfs와 저수준 파일 조작을 접하게 된다. 이러한 접근법은 비효율적으로 보일 수 있다(특히 전통적인 임베디드 시스템의 경험이 있는 경우). 그러나 이러한 파일 엔트리는 메모리 매핑돼 있으며 많은 애플리케이션에서 성능이 충분하다. 6장에서 논의했듯이 리눅스 유저 스페이스에서 pthread, 콜백 함수, `sys/poll.h`를 사용해 CPU에 부담을 주지 않고도 약 1/8 밀리초의 응답 시간을 얻을 수 있다.

또한 6장에서는 RPi에서 리눅스 커널을 우회하고 직접 메모리 조작을 사용해 SoC 입력과 출력을 제어하는 방법을 설명했다. 이 방법을 사용한 프로그램은 다른 임베디드 리눅스 플랫폼으로 이식할 수 없으며 리눅스 커널은 이러한 직접 메모리 조작을 인식하지 못하기 때문에 자원 충돌을 일으킬 여지가 있다.

또 다른 방법은 인터럽트를 지원하는 커널 코드를 사용하는 것이다. 그러나 커널 코드는 작성과 디버그가 어렵다. 개인적으로는 가능한 다른 방법이 없다는 확신이 있지 않는 한 항상 리눅스 유저 스페이스에서 작업을 수행하려고 노력해야 한다고 생각한다.

## 로드 가능 커널 모듈(LKM) 기초

일반적인 컴퓨터 프로그램의 런타임 수명주기는 직관적이다. 로더(loader)는 프로그램에 메모리를 할당하고 필요한 공유 라이브러리를 프로그램에 로드한다. 그러면 진입점(C/C++ 프로그램에서 일반적으로 main() 지점)에서 명령 실행이 시작돼 명령문이 실행되고 예외가 발생하며 동적 메모리가 할당 및 해제되고 결국 프로그램 실행을 마친다. 프로그램 종료 시 운영 체제는 프로그램에 할당됐던 메모리를 힙(heap) 메모리 풀(pool)에 되돌려준다.

커널 모듈은 C로 작성됐지만 프로그램이 아니다. 우선 시작할 `main()` 함수가 없다! 커널 모듈의 주요 특징은 다음과 같다.

- 순차적으로 실행되지 않는다. 커널 모듈은 스스로를 초기화 함수에 등록함으로써 요청을 처리한다. 초기화 함수는 실행 후 종료된다. 처리할 수 있는 요청 유형은 모듈 코드 내에서 정의된다. 이것은 그래픽 사용자 인터페이스(GUI) 애플리케이션에서 일반적으로 사용되는 이벤트 위주 프로그래밍 모델과 매우 유사하다.
- 자동으로 정리되지 않는다. 모듈에 할당한 자원은 모듈 언로드 시 반드시 수동으로 해제해야 한다. 그렇지 않으면 시스템을 재시작할 때까지 사용할 수 없게 될 수도 있다.
- `printf()` 함수가 없다. 커널 코드는 리눅스 유저 스페이스를 위해 작성된 코드 라이브러리에 액세스할 수 없다. 커널 모듈은 자체 메모리 주소 공간을 가진 커널 스페이스에 자리 잡고 실행된다. 커널 스페이스와 유저 스페이스 간의 인터페이스는 명확하게 정의되고 제어된다. 하지만 `printk()` 함수를 사용해 정보를 출력하고 유저 스페이스에서 볼 수 있다.

- 인터럽트 될 수 있다. 여러 개의 프로그램 및 프로세스가 동시에 커널 모듈을 사용할 수 있다. 이것은 이해하기 어려운 부분이다. 커널 모듈의 개념적으로 이해하기 어려운 점 중 하나는 여러 프로그램/프로세스가 그것을 동시에 사용할 수 있다는 것이다. 모듈은 인터럽트 됐을 때 일관적이고 유효하게 동작하도록 만들어져야 한다. RPi 2/3에는 멀티 코어 프로세서가 있으므로 여러 프로세스의 동시 접근과 관련된 문제를 고려해야 한다.
- 높은 수준의 실행 권한을 가진다. 일반적으로 커널 모듈에는 유저 스페이스 프로그램보다 더 많은 CPU 사이클이 할당된다. 좋을 것 같지만, 모듈이 시스템의 전반적인 성능에 나쁜 영향을 미치지 않도록 주의해야 한다.
- 부동 소수점을 지원하지 않는다. 커널 코드는 유저 스페이스 애플리케이션을 위해 정수에서 부동 소수점 모드로 전환하는 트랩을 사용한다. 그러나 커널 스페이스에서 이러한 트랩을 수행하는 것은 매우 어렵다. 그 대안으로 부동 소수점 작업을 수동으로 저장하고 복원할 수는 있지만 그것보다는 유저 스페이스 코드가 처리하도록 맡기는 것이 좋다.

## 첫 번째 LKM 예제

앞에서 설명한 개념은 소화해야 할 부분도 많고 모든 사항을 다루는 것이 중요하지만, 첫술에 배부를 수는 없다! 첫 번째 LKM 예제가 코드 16.1에 있다. 커널 인자가 없을 때 이 코드는 `printk()` 함수를 사용해 커널 로그에 "Hello world!"를 출력한다. 인자로 "Derek"을 전달하면 로그에 "Hello Derek!"이 출력된다. 코드 16.1의 주석은 Doxygen 형식(7장 참고)을 사용해 작성한 것으로 각 구문의 역할을 설명한다. 자세한 내용은 코드를 먼저 본 다음에 설명하겠다.

경고

LKM을 작성하고 테스트할 때 시스템이 갑자기 비정상적으로 종료될 수 있으며 그로 인해 파일 시스템이 손상될 수도 있다. `sudo reboot`를 수행하거나 RPi의 리셋 버튼(1장 참고)을 누르면 대개 모든 것을 순서대로 되돌린다. RPi는 무언가 잘못됐을 때 쉽게 재설치할 수 있으므로 LKM 개발에 적합한 플랫폼이라고 할 수 있다. 개인적으로 시스템 크래시를 여러 번 겪었지만 임베디드 리눅스 디바이스의 파일 시스템이 손상된 적은 없었다.

**코드 16.1** /exploringrpi/chp16/hello/hello.c

```
/**
 * @file hello.c
 * @author Derek Molloy
 * @date 6 November 2015
 * @version 0.1
 * @brief 모듈이 로드 및 제거될 때 /var/log/kern.log 파일에 메시지를
 * 표시하는 "Hello World!" LKM(로드 가능 커널 모듈). 모듈이 로드될 때
 * 인자를 받을 수 있으며 커널 로그 파일에 이름을 출력함.
 */
```

```
#include <linux/init.h>        // 함수를 마킹하기 위한 매크로. 예: __init
#include <linux/module.h>      // LKM을 로드하기 위한 핵심 헤더
#include <linux/kernel.h>      // 커널 유형, 매크로, 함수를 포함

MODULE_LICENSE("GPL");         // 라이선스 유형(동작에 영향을 줌)
MODULE_AUTHOR("Derek Molloy"); // 작성자. modinfo로 볼 수 있음
MODULE_DESCRIPTION("A simple Linux LKM for the RPi."); // 설명
MODULE_VERSION("0.1");         // 모듈의 버전

static char *name = "world"; // 예제 LKM 인자의 기본값은 "world"임
// 파라미터 설명 charp = char pointer, 기본값은 "world"
module_param(name, charp, S_IRUGO); // S_IRUGO는 읽을 수 있으며 변경 불가
MODULE_PARM_DESC(name, "The name to display in /var/log/kern.log");

/** @brief LKM 초기화 함수
 * static 키워드는 이 C 파일 내로 함수의 가시성을 제한함. __init
 * 매크로는 내장 드라이버(LKM이 아니라)의 경우 초기화할 때만 함수가
 * 사용되며 그 시점 이후에 삭제하고 메모리를 비울 수 있음을 의미.
 * @return 성공 시 0을 반환
 */
static int __init helloERPi_init(void) {
    printk(KERN_INFO "ERPi: Hello %s from the RPi LKM!\n", name);
    return 0;
}

/** @brief LKM 정리 함수
 * 초기화 함수와 비슷하며 static임. __exit 매크로는 이 코드가 내장된
 * 드라이버(LKM이 아님)에 사용되면 이 함수가 필요하지 않음을 입증함.
 */
static void __exit helloERPi_exit(void) {
    printk(KERN_INFO "ERPi: Goodbye %s from the RPi LKM!\n", name);
}

/** @brief 모듈은 linux/init.h의 module_init() module_exit() 매크로를
 * 사용해야 함. 이 매크로는 삽입 시 초기화 함수와 정리 함수(위에서
 * 나열함)를 식별.
 */
module_init(helloERPi_init);
module_exit(helloERPi_exit);
```

코드 16.1의 주석에서 설명한 것 외에도 다음과 같은 점에 유의해야 한다.

- MODULE_LICENSE("GPL") 문은 모듈의 라이선스 조항에 대한 정보를 modinfo를 통해 제공하며, LKM의 사용자가 자유 소프트웨어를 사용하고 있음을 보증해준다. 커널은 GPL에 따라 릴리즈되므로 어떤 라이선스를 선택하는지가 커널이 모듈을 다루는 방식에 영향을 미친다. 비 GPL 코드에 대해 "Proprietary"를 선택할 수 있지만 커널은 이를 "tainted"로 표시하며 경고를 표시한다. GPL에 저촉되지 않는 대안으로 "GPL v2", "GPL and additional rights", "Dual BSD/GPL", "Dual MIT/GPL", "Dual MPL/GPL" 등이 있다. 자세한 정보는 linux/module.h를 참고하라.
- name은 (char *) static으로 선언되며 문자열 "world"를 포함하도록 초기화된다. 커널 모듈에서는 전역 변수의 사용을 피해야 한다. 전역 변수가 커널에서 공유되기 때문에 애플리케이션 프로그래밍에서보다 더 중요하다. static 키워드를 사용해 변수 범위를 모듈 내로 제한해야 한다. 어쩔 수 없이 전역 변수를 사용해야 한다면 그 모듈만의 독특한 접두어를 만들어 변수명 앞에 붙인다.
- module_param(name, type, permissions) 매크로에는 세 개의 매개변수가 있다. name(사용자에게 표시되는 매개변수명과 모듈의 변수명), type(매개변수의 형: byte, int, uint, long, ulong, short, ushort, bool, bool 의 역인 invbool, char 포인터인 charp 중 하나), permissions(sysfs를 사용할 때 매개변수에 대한 접근 권한이며 나중에 다룬다). 값 0은 항목을 비활성화하지만 S_IRUGO는 사용자/그룹/기타에 대한 읽기 접근을 허용한다. tiny.cc/erpi1601의 *Mode Bits for Access Permissions Guide*(접근 권한에 관한 모드 비트 안내서)를 참고하라.
- 모듈의 함수는 원하는 이름으로 정의할 수 있다(예: helloERPi_init(), helloERPi_exit() 등). 그러나 코드 16.1의 맨 끝에 있는 특수 매크로인 module_init()과 module_exit()에 정의한 것과 같은 이름이 전달돼야 한다.
- printk()의 사용법은 친숙한 printf() 함수와 매우 유사하며 커널 모듈 코드 내의 어느 곳에서나 호출할 수 있다. printf() 함수와 다른 점은 함수를 호출할 때 로그 수준을 지정해야 한다는 것이다. 로그 수준은 KERN_EMERG, KERN_ALERT, KERN_CRIT, KERN_ERR, KERN_WARNING, KERN_NOTICE, KERN_INFO, KERN_DEBUG, KERN_DEFAULT 중 하나로 linux/kern_levels.h에 정의돼 있다. 이 헤더는 linux/printk.h를 통해 linux/kernel.h 헤더 파일에 인클루드된다.

이 모듈이 로드되면 helloERPi_init() 함수가 실행되고 모듈이 언로드되면 helloERPi_exit() 함수가 실행된다.

## LKM Makefile

Makefile은 커널 모듈을 빌드하는 데 필요하다. 사실 그것은 특수한 kbuild Makefile이다. 커널 모듈을 빌드하는 데 필요한 kbuild Makefile을 코드 16.2에서 볼 수 있다(Makefile 파일의 각 make 호출 앞에 탭 문자를 넣어야 한다).

**코드 16.2** /exploringrpi/chp16/hello/Makefile

```
obj-m+=hello.o

all:
	make -C /lib/modules/$(shell uname -r)/build/ M=$(PWD) modules
clean:
	make -C /lib/modules/$(shell uname -r)/build/ M=$(PWD) clean
```

Makefile의 첫 번째 줄은 목표 정의(goal definition)라고 하며 빌드할 모듈(hello.o)을 정의한다. 문법은 놀랄 만큼 복잡하다. 예를 들어 obj-m은 로드 가능 모듈의 목표를 정의하는 반면, obj-y는 내장 객체 목표를 나타낸다. 여러 객체로부터 모듈을 빌드할 때는 구문이 더 복잡해지지만 이 예제 LKM을 빌드하는 데는 코드 16.2에 나온 것으로 충분하다.

Makefile의 나머지 부분은 보통 Makefile과 유사하다. $(shell uname -r)은 현재 커널 빌드 버전을 반환하는 유용한 호출이다. 이렇게 하면 Makefile에 대한 이식성이 보장된다. -C 옵션은 make 작업을 수행하기 전에 디렉터리를 커널 디렉터리로 전환한다. M=$(PWD) 변수 할당은 실제 프로젝트 파일이 있는 make 명령을 알려준다. 모듈 대상은 외부 커널 모듈의 기본 대상이다. 또 다른 대상은 모듈을 설치할 modules_install이다(make 명령은 슈퍼유저 권한으로 실행해야 하며 모듈 설치 경로가 필요하다).

## 리눅스 데스크톱 머신에서 LKM 빌드하기

안타깝게도 RPi에서 직접 LKM을 빌드하는 과정은 생각보다 험난한데, 리눅스 커널 헤더를 설치하는 과정에서 상당히 구체적이고 자세한 단계가 필요하기 때문이다. 그것은 데스크톱에 설치된 리눅스를 위해 기술된 것이다. 따라서 모듈을 처음 작성할 때는 데스크톱 컴퓨터에서 작업할 것을 권장한다. 그렇게 하는 것이 이해하기도 쉽고 라즈비안 배포판에서 시도하는 것보다 수월할 것이다.

리눅스 커널 헤더는 다른 커널 모듈과 커널 및 유저 스페이스 사이의 인터페이스를 정의하는 C 헤더 파일이다. 이 헤더 파일들은 외부 LKM을 빌드하는 데 필요하며 모듈을 빌드하려는 커널과 완전히 동일한 버전이어야 한다.

가장 먼저 해야 할 일은 장치나 컴퓨터의 리눅스 커널 배포와 완벽하게 일치하는 리눅스 커널 헤더 파일을 설치하는 것이다. uname 명령은 다음과 같이 자세한 설명(-a는 all)과 커널 릴리즈 출력(-r은 release)을 제공한다.

```
molloyd@desktop:~$ uname -a
Linux rpi 4.9.53-v7+ #1040 SMP Fri Oct 6 14:19:18 BST 2017 armv7l GNU/Linux
molloyd@desktop:~$ uname -r
4.9.53-v7+
```

커널 릴리즈 출력을 사용해 적절한 리눅스 헤더 파일을 검색할 수 있다.

```
molloyd@desktop:~$ apt-cache search linux-headers-$(uname -r)
linux-headers-4.9.53-v7+ - Linux kernel headers for 4.9.53-v7+ on armhf
molloyd@desktop:~$ sudo apt install linux-headers-$(uname -r)
```

이 시점에서 헤더가 /lib/modules/$(uname -r)/build/에 설치돼야 하는데, 이는 /usr/src/linux/$(uname -r)/ 위치에 대한 심볼릭 링크일 것이다. 추가적인 심볼릭 링크는 보통 /usr/src/linux에서 사용할 수 있다.

```
molloyd@desktop:/usr/src$ ls -l
lrwxrwxrwx 1 root root 28 Oct 9 20:15 linux -> linux-headers-4.9.53-v7+
drwxr-xr-x 4 root root 4096 Oct 9 20:15 linux-headers-4.9.53-v7+
...
molloyd@desktop:/lib/modules/4.9.53-v7+$ ls -l build
lrwxrwxrwx 1 ... 00:06 build -> /usr/src/linux-headers-4.9.53-v7+
```

리눅스 커널 헤더가 준비되면 다음과 같이 코드 16.2의 Makefile을 사용해 hello LKM을 빌드할 수 있다.

```
molloyd@desktop:~/exploringrpi/chp16/hello$ make
make -C /lib/modules/4.9.53-v7+/build/ M=/home/pi/exploringrpi/chp16/hello modules
make[1]: Entering directory '/usr/src/linux-headers-4.9.53-v7+'
  CC [M]  /home/pi/exploringrpi/chp16/hello/hello.o
  Building modules, stage 2.
  MODPOST 1 modules
  CC      /home/pi/exploringrpi/chp16/hello/hello.mod.o
  LD [M]  /home/pi/exploringrpi/chp16/hello/hello.ko
make[1]: Leaving directory '/usr/src/linux-headers-4.9.53-v7+'
```

여기서 LKM이 현재 디렉터리에 hello.ko라는 이름으로 만들어졌다. 이 LKM은 데스크톱 컴퓨터에서만 실행할 수 있으며 현재 커널 버전에만 적용할 수 있다. 이 모듈을 사용하는 방법을 알아보기 전에 RPi에서 LKM을 빌드하는 방법을 논의하자.

```
molloyd@desktop:~/exploringrpi/chp16/hello$ ls -l
-rw-r--r-- 1 molloyd molloyd   2430 Nov  4 21:11 hello.c
-rw-r--r-- 1 molloyd molloyd 116352 Nov  4 21:11 hello.ko
```

```
-rw-r--r-- 1 molloyd molloyd   769 Nov  4 21:11 hello.mod.c
-rw-r--r-- 1 molloyd molloyd 64248 Nov  4 21:11 hello.mod.o
-rw-r--r-- 1 molloyd molloyd 53592 Nov  4 21:11 hello.o
-rw-r--r-- 1 molloyd molloyd   154 Nov  4 21:03 Makefile
-rw-r--r-- 1 molloyd molloyd    55 Nov  4 21:11 modules.order
-rw-r--r-- 1 molloyd molloyd     0 Nov  4 21:11 Module.symvers
```

## RPi에서 LKM 빌드하기

최신 커널을 사용하려는 경우, 우선 RPi를 업데이트해 커널 릴리즈를 소스 저장소에 있는 커널 릴리즈와 일치시켜야 한다. 오래된 커널 릴리즈를 사용할 계획이라면 이 단계를 건너뛰고 그다음 단계를 수행하면 된다.

```
pi@erpi ~ $ sudo apt update
pi@erpi ~ $ sudo apt upgrade
pi@erpi ~ $ sudo rpi-update
*** Raspberry Pi firmware updater by Hexxeh, enhanced by AndrewS and Dom
*** Performing self-update
  % Total    % Received % Xferd Average Speed  Time   Time   Time  Current
                                Dload  Upload  Total  Spent  Left  Speed
100 10206  100 10206   0     0 36936    0 --:--:-- --:--:-- --:--:-- 37112
This update bumps to rpi-4.9.y linux tree
...
*** depmod 4.9.53-v7+
*** Updating VideoCore libraries
*** Using HardFP libraries
*** Updating SDK
pi@erpi ~ $ sudo reboot
pi@erpi ~ $ uname -a
Linux rpi 4.9.53-v7+ #1040 SMP Fri Oct 6 14:19:18 BST 2017 armv7l GNU/Linux
```

이론상으로는 다음 두 단계를 사용해 리눅스 커널 헤더를 설치할 수 있어야 한다(데스크톱 컴퓨터에서 설명한 대로).

```
pi@erpi ~ $ apt-cache search linux-headers-$(uname -r)
pi@erpi ~ $ sudo apt install linux-headers-$(uname -r)
```

또는 리눅스 가상 헤더 패키지를 사용할 수 있다. 아쉽게도 현재 커널 버전에서는 헤더를 사용할 수 없다.

```
pi@erpi ~ $ sudo apt-get install linux-headers
Reading package lists... Done
Building dependency tree
Reading state information... Done
Package linux-headers is a virtual package provided by:
  linux-headers-3.6-trunk-rpi 3.6.9-1~experimental.1+rpi7
  linux-headers-3.10-3-rpi 3.10.11-1+rpi7
You should explicitly select one to install.
pi@erpi:~ $ apt-cache search linux-headers
...
linux-headers-3.18.0-trunk-common - Common header files for Linux
3.18.0-trunk
linux-headers-3.18.0-trunk-rpi - Header files for Linux 3.18.0-trunk-rpi
linux-headers-3.18.0-trunk-rpi2 - Header files for Linux 3.18.0-trunk-rpi2 ...
```

따라서 현재 이미지의 리눅스 커널 헤더를 수동으로 내려받아 빌드해야 한다. tiny.cc/erpi1602와 같은 일부 사이트에서 미리 패키징된 헤더를 사용할 수 있지만 항상 라즈비안 소스에서 직접 헤더를 가져올 수 있도록 수동 프로세스를 따르는 방법을 권한다.

다음 URL에서 커널 헤더를 내려받는다.

```
https://www.niksula.hut.fi/~mhiienka/Rpi/linux-headers-rpi/
```

그런 다음 내려받은 파일을 설치한다.

```
sudo dpkg -i linux-headers-4.9.53-v7+_4.9.53-v7+-2_armhf.deb
```

다음과 같이 lib/modules 디렉터리로 이동한 후 build와 source에 대한 심볼릭 링크를 생성한다.

```
pi@rpi:/lib/modules/4.9.50-v7+ $ ls -l
total 1860
lrwxrwxrwx  1 root root     34 Oct  9 17:50 build -> /usr/src/raspberrypi-linux-0926c07
drwxr-xr-x 11 root root   4096 Sep 16 16:43 kernel
-rw-r--r--  1 root root 479606 Sep 16 16:43 modules.alias
-rw-r--r--  1 root root 494786 Sep 16 16:43 modules.alias.bin
-rw-r--r--  1 root root   4778 Sep 16 16:43 modules.builtin
-rw-r--r--  1 root root   6290 Sep 16 16:43 modules.builtin.bin
-rw-r--r--  1 root root 155030 Sep 16 16:43 modules.dep
```

```
-rw-r--r--  1 root root 224400 Sep 16 16:43 modules.dep.bin
-rw-r--r--  1 root root    302 Sep 16 16:43 modules.devname
-rw-r--r--  1 root root  61487 Sep 16 16:43 modules.order
-rw-r--r--  1 root root     55 Sep 16 16:43 modules.softdep
-rw-r--r--  1 root root 200308 Sep 16 16:43 modules.symbols
-rw-r--r--  1 root root 247077 Sep 16 16:43 modules.symbols.bin
lrwxrwxrwx  1 root root     34 Sep 16 23:02 source -> /usr/src/raspberrypi-linux-0926c07
```

다음 단계는 모두 슈퍼유저 권한이 필요하므로 루트 셸에서 실행하는 것이 좋다.

1. 커널 소스를 /usr/src/ 디렉터리로 내려받는다. 내려받는 버전은 현재 커널 버전과 일치해야 한다. 특정 커널 릴리즈를 선택하는 방법은 7장을 참고하라.

```
pi@erpi /usr/src $ sudo bash
root@erpi:/usr/src# wget https://github.com/raspberrypi/linux/tarball/rpi-4.9.y
root@erpi:/usr/src# tar zxf rpi-4.9.y
root@erpi:/usr/src# ls -l
drwxrwxr-x 23 root root      4096 Nov  5 12:01 raspberrypi-linux-0926c07
-rw-r--r--  1 root root 128436889 Nov  6 02:40 rpi-4.9.y
drwxr-xr-x  3 root root      4096 Sep 24 14:44 sense-hat
```

2. 빌드 구성 파일을 현재 RPi 이미지의 구성 파일로 덮어쓴다. 현재 이미지에 대한 구성 파일은 일반적으로 /proc/config.gz에 압축 형식으로 제공된다. 파일이 빠진 경우 modprobe configs 명령을 입력한다.

```
root@erpi:/usr/src# cd raspberrypi-linux-0926c07/
root@erpi:/usr/src/raspberrypi-linux-503f879# zcat /proc/config.gz > .config
```

3. .config 파일에 없는 사용자 옵션이 현재 커널 구성 파일에 없는 것을 확인한 다음, 외부 모듈을 빌드하는 데 필요한 정보가 커널에 들어 있는지 다음 단계를 따라 확인한다. 실행하는 데 몇 분이 걸린다.

```
root@erpi:/usr/src/raspberrypi-linux-503f879# make oldconfig
root@erpi:/usr/src/raspberrypi-linux-503f879# make modules_prepare
```

4. 다음으로 Module.symvers 파일이 필요하다. 이는 커널에서 정의되지 않고 익스포트된 심볼을 정의하는 파일이다. 7장에서 작성한 커널에서 이 파일을 가져오거나 RPi 소스 저장소에서 직접 내려받을 수 있다. RPi 2/3의 Module.symvers는 다른 모델과 다르므로 파일을 내려받기 전에 깃 저장소 https://github.com/raspberrypi/firmware/raw/master/extra/를 방문하는 것이 좋다. RPi 2 외의 모델일 때는 다음을 실행한다.

```
root@erpi:/usr/src/raspberrypi-linux-503f879# wget https://github.com/raspberrypi/firmware/
raw/master/extra/Module.symvers
```

RPi2/3에서는 Module7.symvers를 사용하므로 다음을 실행한다.

```
root@erpi:/usr/src/raspberrypi-linux-503f879# wget https://github.com/raspberrypi/firmware/
raw/master/extra/Module7.symvers
pi@erpi /usr/src/linux # cp Module7.symvers Module.symvers
```

5. 마지막으로 Makefile이 리눅스 커널 헤더 파일을 찾을 수 있도록 심볼릭 링크를 설정한다(RPi2/3의 경우 4.x.x-v7 이상, 다른 RPi 모델의 경우 4.x.x 이상을 사용).

```
root@erpi:/usr/src/raspberrypi-linux-0926c07# KHEADER=`pwd`
root@erpi:/usr/src/raspberrypi-linux-0926c07# echo $KHEADER
/usr/src/raspberrypi-linux-0926c07
root@erpi:/usr/src/raspberrypi-linux-0926c07# cd /lib/modules/4.9.53-v7+/
root@erpi:/lib/modules/4.9.53-v7+# ln -s $KHEADER source
root@erpi:/lib/modules/4.9.53-v7+# ln -s $KHEADER build
root@erpi:/lib/modules/4.9.53-v7+# ls -l build source
... 34 Nov 12 04:12 build -> /usr/src/raspberrypi-linux-0926c07
... 34 Nov 12 04:12 source -> /usr/src/raspberrypi-linux-0926c07
root@erpi:/lib/modules/4.9.53-v7+# cd /usr/src
root@erpi:/usr/src# ls
raspberrypi-linux-0926c07  rpi-4.9.y  sense-hat
root@erpi:/usr/src# ln -s $KHEADER linux-`uname -r`
root@erpi:/usr/src# ln -s $KHEADER linux
root@erpi:/usr/src# ls
linux  linux-4.9.53+  raspberrypi-linux-0926c07  rpi-4.9.y  sense-hat
```

이제 리눅스 커널 헤더가 RPi에 설치된다.

마지막으로 make를 호출해 LKM을 빌드할 수 있다. sudo make를 사용하면 리눅스 커널 헤더가 다시 빌드되기 때문에 sudo make를 사용해서는 안 된다.

```
pi@erpi ~/exploringrpi/chp16/hello $ make
make -C /lib/modules/4.9.53-v7+/build/ M= modules
make[1]: Entering directory '/usr/src/linux-headers-4.9.53-v7+'
...
pi@erpi ~/exploringrpi/chp16/hello $ ls -l
-rw-r--r-- 1 pi pi 2199 Nov  7 01:12 hello.c
-rw-r--r-- 1 pi pi 4348 Nov  6 22:45 hello.ko
-rw-r--r-- 1 pi pi  154 Nov  5 00:20 Makefile
...
```

### 첫 번째 LKM 예제 테스트

이제 "Hello World!" LKM을 데스크톱 시스템이나 RPi에서 커널에 로드해 테스트할 수 있다. 이 단계는 슈퍼유저 권한이 필요하다.

```
pi@erpi ~/exploringrpi/chp16/hello $ sudo bash
root@erpi:/home/pi/exploringrpi/chp16/hello# ls
hello.c   hello.mod.c  hello.o    modules.order
hello.ko  hello.mod.o  Makefile   Module.symvers
root@erpi:/home/pi/exploringrpi/chp16/hello# ls -l *.ko
-rw-r--r-- 1 pi pi 4348 Nov  6 22:45 hello.ko
```

insmod 프로그램을 사용해 LKM을 로드한 다음 모듈을 리눅스 커널에 삽입할 수 있다.

```
root@erpi:/home/pi/exploringrpi/chp16/hello# insmod hello.ko
root@erpi:/home/pi/exploringrpi/chp16/hello# lsmod
Module                  Size  Used by
hello                    737  0             ...
```

modinfo 명령을 사용해 로드된 LKM에 대한 정보를 얻을 수 있다. 이 명령은 설명, 작성자, LKM 소스 코드로 정의된 모듈 매개변수를 식별한다.

```
root@erpi:/home/pi/exploringrpi/chp16/hello# modinfo hello.ko
filename:       /home/pi/exploringrpi/chp16/hello/hello.ko
version:        0.1
description:    A simple Linux driver for the RPi.
author:         Derek Molloy
license:        GPL
srcversion:     92E5000BB5C10D0021FF527
depends:
vermagic:       4.1.12-v7 SMP preempt mod_unload modversions ARMv7
parm:           name: The name to display in /var/log/kern.log (charp)
```

커널 버전이 모듈로 컴파일되고 이 인스턴스의 이름과 같은 모든 모듈 매개변수가 표시되는지 확인할 수 있다. 모듈은 rmmod 프로그램을 사용해 리눅스 커널에서 제거할 수 있다.

```
root@erpi:/home/pi/exploringrpi/chp16/hello# rmmod hello.ko
```

코드 16.1의 printk() 함수를 사용해 이러한 단계를 반복하고 커널 로그에서 출력 결과를 볼 수 있다. 다음과 같이 터미널 창을 하나 더 열어서 LKM이 로드 및 비활성화될 때의 출력을 지켜보라.

```
pi@erpi ~ $ sudo bash
root@erpi:/home/pi# cd /var/log
root@erpi:/var/log# tail -f kern.log
... erpi kernel: [275408.309510] ERPi: Hello world from the RPi LKM!
... erpi kernel: [275562.544255] ERPi: Goodbye world from the RPi LKM!
... erpi kernel: [276435.032469] ERPi: Hello world from the RPi LKM!
... erpi kernel: [276450.192676] ERPi: Goodbye world from the RPi LKM!
```

### LKM 매개변수 테스트

코드 16.1은 모듈을 로드할 때 설정할 수 있는 사용자 정의 LKM 매개변수를 포함한다. 예를 들면 다음과 같다.

```
root@erpi:/home/pi/exploringrpi/chp16/hello# insmod hello.ko name=Derek
```

이때 /var/log/kern.log에는 "Hello world" 대신 "Hello Derek"이라는 메시지가 출력된다.

```
root@erpi:/var/log# tail -f kern.log
... erpi kernel: [279690.417709] ERPi: Hello Derek from the RPi LKM!
```

그러나 다음과 같이 로드된 커널 모듈에 대한 정보도 볼 수 있다.

```
root@erpi:/home/pi/exploringrpi/chp16/hello# cd /proc
root@erpi:/proc# cat modules|grep hello
hello 737 0 - Live 0x7f3d4000 (O)
```

이것은 lsmod 명령에서 제공하는 것과 같은 정보지만 로드된 모듈에 대한 현재 커널 메모리 오프셋 또한 제공하므로 디버깅에 유용하다.

LKM에는 /sys/module/ 아래에 항목이 있어서 사용자 정의 매개변수 상태에 직접 접근할 수 있다. 다음 예를 살펴보자.

```
root@erpi:/proc# cd /sys/module
root@erpi:/sys/module# ls -l | grep hello
drwxr-xr-x 6 root root 0 Nov  8 06:37 hello
root@erpi:/sys/module# cd hello
```

```
root@erpi:/sys/module/hello# ls
coresize  initsize   notes       refcnt    srcversion  uevent
holders   initstate  parameters  sections  taint       version
root@erpi:/sys/module/hello# cat version
0.1
root@erpi:/sys/module/hello# cat taint
0
```

코드 16.1의 MODULE_VERSION("0.1") 항목에 따라 버전 값은 0.1이며 선택한 라이선스 MODULE_LICENSE("GPL")에 따라 taint 값은 0다.

맞춤 매개변수 값은 다음과 같이 볼 수 있다.

```
root@erpi:/sys/module/hello# cd parameters/
root@erpi:/sys/module/hello/parameters# ls -l
total 0
-r--r--r-- 1 root root 4096 Nov  8 06:45 name
root@erpi:/sys/module/hello/parameters# cat name
Derek
```

이 디렉터리 구조를 사용하면 name 변수의 상태가 표시된다. 슈퍼유저 권한은 모듈 매개변수 정의에 사용되는 S_IRUGO 인수로 인해 값을 읽을 필요가 없다. 쓰기 액세스를 위해 이 값을 구성하는 것도 가능하지만 모듈 코드는 이러한 상태 변경을 감지해 그에 따라 행동해야 한다. 마지막으로 모듈을 제거하고 출력을 관찰할 수 있다.

```
root@erpi:/sys/module/hello/parameters# cd ~/
root@erpi:~# rmmod hello.ko
root@erpi:~# tail /var/log/kern.log
... erpi kernel: [279690.417709] ERPi: Hello Derek from the RPi LKM!
... erpi kernel: [280373.162268] ERPi: Goodbye Derek from the RPi LKM!
```

LKM을 언로드하기 전에 LKM과 관련된 디렉터리를 남겨 두는 것이 중요하다. 그렇지 않으면 ls 호출과 같은 간단한 것으로도 커널 패닉이 발생할 수 있기 때문이다.

## 임베디드 LKM 예제

이제 첫 번째 LKM을 만들었으니 좀 더 정교한 장치 드라이버를 개발할 수 있다. 예를 들어 캐릭터 디바이스를 만드는 방법에 대해서는 이 장의 웹 페이지를 참고하라. 이 장의 나머지 예제는 커널 기반 GPIO 코드를 사용해 LKM 코드를 간단한 하드웨어 회로에 인터페이싱하는 데 중점을 둔다. 이 장에서는 그림 16.2(a)와 같은 단일 회로를 사용한다. 하드웨어 구성은 6장에서 설명한 사용자 스페이스 GPIO 회로와 유사하다.

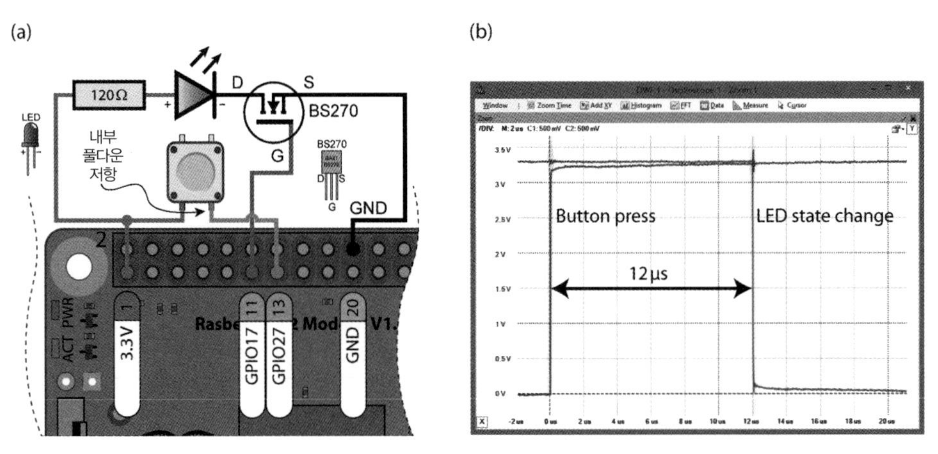


그림 16.2 (a) GPIO LKM을 테스트하기 위한 LED 및 푸시버튼 회로, (b) LKM 성능 결과(디바운스 비활성화)

리눅스 유저 스페이스와 달리 리눅스 커널 스페이스는 인터럽트를 완벽하게 지원한다. 이 절의 첫 번째 예는 유저 스페이스에서 가능한 한 빠른 응답 시간을 얻기 위해 GPIO와 인터럽트를 사용하는 LKM을 작성하는 방법을 보여준다. 모든 GPIO 코드를 커널 스페이스에 작성하라고 권하는 것은 아니다. 이러한 예제들을 통해 커널 스페이스에서 수행할 수 있는 작업에 대한 영감을 얻을 수 있을 것이다. 리눅스 유저 스페이스에서 더 높은 수준의 코드를 작성할 수 있다.

먼저 회로가 올바르게 작동하는지 테스트한다. GPIO17을 출력으로 설정해 LED를 테스트하고 GPIO27을 입력으로 설정해 버튼이 올바르게 작동하는지 테스트한다.

```
pi@erpi /sys/class/gpio $ echo 17 > export
pi@erpi /sys/class/gpio $ cd gpio17
pi@erpi /sys/class/gpio/gpio17 $ echo out > direction
pi@erpi /sys/class/gpio/gpio17 $ echo 1 > value
pi@erpi /sys/class/gpio/gpio17 $ echo 0 > value
pi@erpi /sys/class/gpio/gpio17 $ cd ..
```

```
pi@erpi /sys/class/gpio $ echo 27 > export
pi@erpi /sys/class/gpio $ cd gpio27
pi@erpi /sys/class/gpio/gpio27 $ echo in > direction
pi@erpi /sys/class/gpio/gpio27 $ cat value
0
pi@erpi /sys/class/gpio/gpio27 $ cat value
1
pi@erpi /sys/class/gpio/gpio27 $ cd ..
pi@erpi /sys/class/gpio $ echo 17 > unexport
pi@erpi /sys/class/gpio $ echo 27 > unexport
```

흥미롭게도 리눅스 커널 스페이스에서 GPIO를 제어하는 단계는 위의 단계와 매우 유사하다. 리눅스 GPIO는 linux/gpio.h에 설명된 기능을 사용해 커널 스페이스에서 쉽게 액세스하고 제어할 수 있다. 다음은 이 커널 헤더 파일을 포함해 사용할 수 있는 가장 중요한 기능 중 일부다.

```
static inline bool gpio_is_valid(int number)
static inline int  gpio_request(unsigned gpio, const char *label)
static inline int  gpio_export(unsigned gpio, bool direction_may_change)
static inline int  gpio_direction_input(unsigned gpio)
static inline int  gpio_get_value(unsigned gpio)
static inline int  gpio_direction_output(unsigned gpio, int value)
static inline int  gpio_set_debounce(unsigned gpio, unsigned debounce)
static inline int  gpio_sysfs_set_active_low(unsigned gpio, int value)
static inline void gpio_unexport(unsigned gpio)
static inline void gpio_free(unsigned gpio)
static inline int  gpio_to_irq(unsigned gpio)
```

위 목록의 마지막 함수를 사용해 인터럽트 요청(IRQ)을 GPIO에 연결할 수 있다는 점이 중요하다. IRQ를 사용하면 입력 상태의 변화를 감지하는 효율적이고 성능 좋은 코드를 작성할 수 있다.

## 인터럽트 서비스 루틴(ISR)

*인터럽트*는 연결된 하드웨어 장치나 소프트웨어 애플리케이션, 회로에서 주의를 필요로 하는 이벤트가 발생했음을 나타내는 신호이며 마이크로프로세서로 전송된다. 인터럽트라는 용어는 "현재 하고 있는 일을 중단하고 그 대신에 뭔가를 한다"는 의미를 내포하며 우선순위가 높다. 프로세서는 현재 활동을 일시 중단하고 현재 상태를 저장한 다음, *ISR*(*인터럽트 서비스 루틴*)을 실행해 인터럽트를 처리한다. 인터럽트의 처리가 끝나면 이전 상태를 다시 로드하고 하던 일을 계속한다.

LKM 드라이버는 인터럽트가 수행해야 할 작업을 정의한 인터럽트 처리 함수를 반드시 등록해야 한다. 예제에서는 다음과 같은 형태의 erpi_gpio_irq_handler()가 인터럽트 처리 함수에 해당한다.

```
static irq_handler_t erpi_gpio_irq_handler(unsigned int irq, void *dev_id,
                                           struct pt_regs *regs) {
    // 인터럽트가 반드시 수행해야 하는 액션
    ... }
```

이 함수는 다음과 같이 request_irq() 함수를 사용해 IRQ(인터럽트 요청)에 등록된다.

```
result = request_irq(irqNumber,                        // 인터럽트 번호
          (irq_handler_t) erpi_gpio_irq_handler,   // 핸들러에 대한 포인터
          IRQF_TRIGGER_RISING,                     // 상승 에지에서 인터럽트
          "erpi_gpio_handler",                     // 소유자를 식별하는 데 사용됨
          NULL);                                   // 공유 인터럽트 행의 *dev_id, NULL
```

코드 16.3의 예에서 irqNumber는 각 GPIO 번호와 관련된 인터럽트 번호를 사용해 자동으로 결정된다. 중요한 것은 GPIO 번호가 인터럽트 번호가 아니라는 것이다. 그러나 일대일로 직접 대응된다.

IRQ 요청을 실행 취소하는 free_irq() 함수도 있다. 첫 번째 예제에서 free_irq() 함수는 LKM이 언로드될 때 호출되는 erpi_gpio_exit() 함수 내에서 호출된다.

이 예제에서는 모멘터리 푸시버튼(그림 16.2(a))을 누를 때 상승 에지에서 인터럽트를 생성했는데, 하강 에지에서 인터럽트를 생성할 수도 있다(인터럽트 정의의 전체 집합이 /include/linux/interrupt.h에 있다). 비트 OR 연산자로 이러한 플래그들을 결합해 인터럽트 구성을 정밀하게 제어할 수 있다.

첫 번째 GPIO LKM의 전체 소스 코드는 코드 16.3에 있다. 코드의 주석으로 각 기능을 설명했다.

참고

코드 16.3은 gpio_set_debounce() 함수를 사용해 한 번의 전환이 감지되면 일정 시간(일반적으로 100~200ms 정도) 내에 재발하는 에지 전환을 무시한다. 소프트웨어 디바운싱은 감지 성능을 심각하게 제한하므로 "깨끗한" 디지털 신호에서 여러 에지 변이를 감지하려면 gpio_set_debounce() 함수 호출을 제거해야 한다.

**코드 16.3** /chp16/gpio/gpio_test.c

```
#include <linux/init.h>
#include <linux/module.h>
#include <linux/kernel.h>
#include <linux/gpio.h>                        // GPIO 함수를 위한 헤더
```

```
#include <linux/interrupt.h>            // IRQ 코드를 위한 헤더

MODULE_LICENSE("GPL");
MODULE_AUTHOR("Derek Molloy");
MODULE_DESCRIPTION("A Button/LED test driver for the RPi");
MODULE_VERSION("0.1");

static unsigned int gpioLED = 17;       // 11번 핀(GPIO17)
static unsigned int gpioButton = 27;    // 13번 핀(GPIO27)
static unsigned int irqNumber;          // IRQ 번호를 파일 내에서 공유
static unsigned int numberPresses = 0;  // 누른 횟수를 저장
static bool         ledOn = 0;          // LED의 상태를 반전시키는 데 사용

// 맞춤 IRQ 처리 함수의 프로토타입
static irq_handler_t erpi_gpio_irq_handler(unsigned int irq, void
                                           *dev_id, struct pt_regs *regs);

/** @brief LKM 초기화 함수 */
static int __init erpi_gpio_init(void) {
    int result = 0;
    printk(KERN_INFO "GPIO_TEST: Initializing the GPIO_TEST LKM\n");
    if (!gpio_is_valid(gpioLED)) {
        printk(KERN_INFO "GPIO_TEST: invalid LED GPIO\n");
        return -ENODEV;
    }
    ledOn = true;
    gpio_request(gpioLED, "sysfs");       // LED GPIO를 요청
    gpio_direction_output(gpioLED, ledOn); // 출력 모드 설정 및 켜기
 // gpio_set_value(gpioLED, ledOn);       // 불필요. 위의 행을 참조
    gpio_export(gpioLED, false);          // /sys/class/gpio에 있음
                                          // false는 입/출력이 바뀌는 것을 방지
    gpio_request(gpioButton, "sysfs");    // gpioButton을 설정
    gpio_direction_input(gpioButton);     // 입력으로 설정
    gpio_set_debounce(gpioButton, 200);   // 디바운스를 위해 200ms 지연
    gpio_export(gpioButton, false);       // /sys/class/gpio에 있음

    printk(KERN_INFO "GPIO_TEST: button value is currently: %d\n",
           gpio_get_value(gpioButton));
    irqNumber = gpio_to_irq(gpioButton);  // GPIO를 IRQ 번호에 대응
    printk(KERN_INFO "GPIO_TEST: button mapped to IRQ: %d\n", irqNumber);

    // 인터럽트 행 요청을 호출
    result = request_irq(irqNumber,       // 요청한 인터럽트 번호
```

```
            (irq_handler_t) erpi_gpio_irq_handler,     // 핸들러 함수
            IRQF_TRIGGER_RISING,        // 상승 에지에서(누름만. 놓음은 아님)
            "erpi_gpio_handler",      // /proc/interrupts에서 사용
            NULL);                      // 공유 인터럽트 행을 위한 *dev_id
    printk(KERN_INFO "GPIO_TEST: IRQ request result is: %d\n", result);
    return result;
}

/** @brief LKM 정리 함수 */
static void __exit erpi_gpio_exit(void) {
    printk(KERN_INFO "GPIO_TEST: button value is currently: %d\n",
           gpio_get_value(gpioButton));
    printk(KERN_INFO "GPIO_TEST: pressed %d times\n", numberPresses);
    gpio_set_value(gpioLED, 0);           // LED를 끔
    gpio_unexport(gpioLED);               // LED GPIO를 언익스포트
    free_irq(irqNumber, NULL);            // IRQ 번호를 해제. *dev_id가 아님
    gpio_unexport(gpioButton);            // 버튼 GPIO를 언익스포트
    gpio_free(gpioLED);                   // LED GPIO를 해제
    gpio_free(gpioButton);                // 버튼 GPIO를 해제
    printk(KERN_INFO "GPIO_TEST: Goodbye from the LKM!\n");
}

/** @brief GPIO IRQ 처리 함수
 * GPIO에 딸린 맞춤 인터럽트 처리기. 함수가 완료될 때까지는 행이 가려지기 때문에
 * 동일한 인터럽트 처리기를 동시에 호출할 수 없음. 이 함수는
 * 이 파일의 외부에서 직접 호출하면 안 되므로 static으로 지정.
 * @param irq GPIO와 관련된 IRQ 번호
 * @param dev_id가 제공되는 *dev_id - 인터럽트를 일으킨 장치를 식별하는 데 사용됨.
 * 여기서는 사용되지 않음.
 * @param regs h/w 전용 레지스터 값 - 디버깅에 사용됨.
 * return 성공하면 IRQ_HANDLED를 반환하고 실패하면 IRQ_NONE을 반환.
*/
static irq_handler_t erpi_gpio_irq_handler(unsigned int irq, void *dev_id,
                                           struct pt_regs *regs) {
    ledOn = !ledOn;                        // LED 상태 반전
    gpio_set_value(gpioLED, ledOn);        // 그에 따라 LED를 설정
    printk(KERN_INFO "GPIO_TEST: Interrupt! (button is %d)\n",
           gpio_get_value(gpioButton));
    numberPresses++;                       // 전역 카운터
    return (irq_handler_t) IRQ_HANDLED;    // IRQ가 처리됐음을 알림
}

module_init(erpi_gpio_init);
module_exit(erpi_gpio_exit);
```

참고

커널 로그에 "no symbol version for module_layout" 메시지가 표시되면 프로젝트 디렉터리에서 make clean을 수행한 다음 Module.symvers 파일을 다시 내려받아야 한다(4단계). 마지막으로 프로젝트 디렉터리에서 make를 수행한다. 예제 디렉터리에서 make 대신 sudo make를 입력하면 이 문제가 발생할 수 있다.

코드 16.3에 설명된 LKM은 첫 번째 LKM 예제와 동일한 단계를 사용해 빌드하고 로드할 수 있다.

```
pi@erpi ~/exploringrpi/chp16/gpio $ make
pi@erpi ~/exploringrpi/chp16/gpio $ ls
gpio_test.c   gpio_test.mod.c  gpio_test.o  modules.order
gpio_test.ko  gpio_test.mod.o  Makefile     Module.symvers
pi@erpi ~/exploringrpi/chp16/gpio $ sudo insmod gpio_test.ko
```

그런 다음 그림 16-2(a)와 같이 연결된 모멘터리 푸시 버튼을 누르면 커널 로그가 다음과 같이 반응한다.

```
root@erpi:/var/log# tail -f kern.log
... erpi kernel: [318326.665496] GPIO_TEST: Initializing the GPIO_TEST LKM
... erpi kernel: [318326.665753] GPIO_TEST: button value is currently: 0
... erpi kernel: [318326.665765] GPIO_TEST: button mapped to IRQ: 507
... erpi kernel: [318326.665834] GPIO_TEST: IRQ request result is: 0
... erpi kernel: [320001.467957] GPIO_TEST: Interrupt! (button is 1)
... erpi kernel: [320002.104784] GPIO_TEST: Interrupt! (button is 1)
...
```

이 시점에서 /proc/interrupts 항목을 볼 수 있으며 코드 16.3에서 알 수 있듯이 인터럽트 핸들러의 이름이 erpi_gpio_handler로 나열돼 있다. 또한 GPIO와 관련된 인터럽트는 앞의 커널 로그에 출력된 값과 일치하는 숫자 507을 가진다.

```
pi@erpi /proc $ cat interrupts | grep erpi
507:  8    0    0    0  pinctrl-bcm2835  27 Edge    erpi_gpio_handler
```

다시 말하지만 인터럽트 번호는 GPIO 번호가 아니다. 그것은 버튼에 대한 GPIO27이다. 사실 pinctrl-bcm2835 모듈과 연결돼 있기 때문에 위의 인터럽트 라인에서 27번을 볼 수 있다. 이 GPIO 번호는 코드 16.3의 GPIO 함수에서 사용하도록 익스포트할 수 있다(LKM이 언로드되면 GPIO는 자동으로 언익스포트된다).

```
pi@erpi /sys/class/gpio $ ls -l gpio*
lrwxrwxrwx 1 root gpio 0 Nov  8 17:21 gpio17 -> ...
lrwxrwxrwx 1 root gpio 0 Nov  8 17:21 gpio27 -> ...
```

모듈이 언로드되면 로그 출력은 다음과 같다.

```
pi@erpi ~/exploringrpi/chp16/gpio $ sudo rmmod gpio_test
pi@erpi ~/exploringrpi/chp16/gpio $ sudo tail /var/log/kern.log
... erpi kernel: [321054.037902] GPIO_TEST: button value is currently: 0
... erpi kernel: [321054.037968] GPIO_TEST: pressed 8 times
... erpi kernel: [321054.042150] GPIO_TEST: Goodbye from the LKM!
```

### 성능

이 LKM의 유용한 기능 중 하나는 시스템 전체의 응답 시간(인터럽트 지연 시간)을 평가할 수 있다는 것이다. 모멘터리 푸시 버튼을 누르면 LED의 상태가 반전된다. 즉, LED가 켜져 있을 때 버튼을 누르면 LED가 꺼진다. 이 지연을 측정하기 위해 오실로스코프가 사용되며 버튼 신호의 상승 에지에서 트리거하도록 구성된다. 오실로스코프는 독립적인 시간 측정을 제공하며 그 출력은 그림 16.2(b)와 같다. 대기 시간은 약 12μs이다. 반복된 테스트에서 이 지연은 최소 10μs에서 최대 20μs 사이로 다양하다.

## 개선된 버튼 GPIO 드라이버 LKM

세 번째 예제는 두 번째 예제를 기반으로 사용자가 sysfs를 사용해 GPIO 버튼를 구성하고 상호작용할 수 있는 고급 GPIO 드라이버를 작성한다. 이 모듈을 사용하면 GPIO 버튼을 리눅스 사용자 스페이스에 매핑해 직접 활용할 수 있다. 이 모듈의 기능을 설명하는 가장 좋은 방법은 유즈 케이스 예제다. 이 예제에서 버튼은 GPIO27에 연결돼 있으며 LKM이 로드되면 다음과 같이 액세스하고 조작할 수 있다.

```
root@erpi:/sys/erpi/gpio27# lsmod | grep button
button                  2931  0
root@erpi:/sys/erpi/gpio27# ls -l
total 0
-r--r--r-- 1 root root 4096 Nov  9 01:04 diffTime
-rw-rw---- 1 root root 4096 Nov  9 01:04 isDebounce
-r--r--r-- 1 root root 4096 Nov  9 01:04 lastTime
-r--r--r-- 1 root root 4096 Nov  9 01:04 ledOn
-rw-rw---- 1 root root 4096 Nov  9 01:04 numberPresses
root@erpi:/sys/erpi/gpio27# cat numberPresses
0
root@erpi:/sys/erpi/gpio27# cat numberPresses
5
```

```
root@erpi:/sys/erpi/gpio27# cat ledOn
0
root@erpi:/sys/erpi/gpio27# cat lastTime
01:04:59:304524323
root@erpi:/sys/erpi/gpio27# cat diffTime
0.340584664
root@erpi:/sys/erpi/gpio27# echo 0 > isDebounce
root@erpi:/sys/erpi/gpio27# cat isDebounce
0
root@erpi:/sys/erpi/gpio27# echo 1 > isDebounce
root@erpi:/sys/erpi/gpio27# cat isDebounce
1
```

LKM 작성과 관련해 이러한 복잡성이 있음에도 불구하고 유저 스페이스 인터페이스는 매우 직관적이며 임의의 프로그래밍 언어로 작성될 수 있는 임베디드 시스템의 실행 프로그램에 의해 활용될 수 있다. sysfs는 커널 기반의 데이터 구조와 속성, 링크를 리눅스 사용자 스페이스로 내보내는 메커니즘을 제공하는 메모리 기반 파일 시스템이다. sysfs를 작동시키는 인프라는 kobject 인터페이스를 기반으로 한다.

## kobject 인터페이스

리눅스의 드라이버 모델은 kobject 추상화를 사용한다. 이 모델을 이해하려면 다음과 같은 중요한 개념을 먼저 이해해야 한다.[1]

- kobject: kobject는 이름, 참조 횟수, 유형, sysfs 표현 및 상위 객체에 대한 포인터로 구성된 구조체다(코드 16.4 참고). 중요한 것은 kobject 자체는 유용하지 않다는 점이다. 대신 다른 데이터 구조에 포함돼 액세스 제어에 사용된다. 이는 객체 지향의 개념에서 일반화된 최상위 부모 클래스(예: 자바의 Object 클래스 또는 Qt의 QObject 클래스)와 유사하다.
- ktype: ktype은 kobject를 임베디드하는 객체의 유형이다. ktype은 객체가 생성되고 소멸될 때 일어나는 일을 제어한다.
- kset: kset은 kobject들의 그룹으로, 여러 ktype이 될 수 있다. kobject들의 kset은 하위 디렉터리(kobject)의 모음을 포함하는 sysfs 디렉터리로 생각할 수 있다.

**코드 16.4** kobject 구조체

```
#define KOBJ_NAME_LEN 20

struct kobject {
```

1 Greg Kroah-Hartman의 "Everything you never wanted to know about kobjects, ksets, and ktypes(kobjects, ksets, ktypes에 대해 알고 싶지 않은 모든 것)": https://www.kernel.org/doc/Documentation/kobject.txt.

```
    char              *k_name;      // kobject name 포인터(not NULL)
    char              name[KOBJ_NAME_LEN];     // 짧은 내부 이름
    struct kref       kref;         // 참조 카운트
    struct list_head  entry;        // kset의 멤버에 대한 연결 리스트
    struct kobject    *parent;      // parent kobject
    struct kset       *kset;        // kobject는 집합의 멤버가 될 수 있음
    struct kobj_type  *ktype;       // kobj_type은 객체 유형을 기술
    struct dentry     *dentry;      // sysfs 디렉터리 항목
};
```

이 예제 LKM은 파일 시스템에서 /sys/erpi/에 매핑되는 단일 kobject가 필요하다. 이 단일 객체는 앞서 설명한 상호작용에 필요한 모든 속성을 포함한다(예: numberPress 항목 보기). 이는 코드 16.5에서 kobject_create_and_add() 함수를 사용해 다음과 같이 수행된다.

```
static struct kobject *erpi_kobj;
erpi_kobj = kobject_create_and_add("erpi", kernel_kobj->parent);
```

kernel_kobj 포인터는 /sys/kernel/에 대한 참조를 제공한다. ->parent에 대한 호출을 제거하면 erpi 항목은 /sys/kernel/erpi/에 저장되지만 명확하게 하기 위해 /sys/erpi/에 배치했다. 이는 모범 사례가 아니다(또한 sysfs_create_dir()도 같은 역할을 수행한다). 이 예제 LKM에서는 다음과 같은 형식의 함수를 사용해 sysfs를 통해 속성을 노출시키려면 서브 시스템의 특정 콜백 함수 집합을 구현해야 한다.

```
static ssize_t dev_attribute_show(struct kobject *kobj,
                   struct kobj_attribute *attr, char *buf);
static ssize_t dev_attribute_store(struct kobject *kobj,
                   struct kobj_attribute *attr, char *buf);
```

sysfs 속성을 읽거나 쓸 때 _show 및 _store 함수가 각각 호출된다. sysfs.h 헤더 파일은 헬퍼 매크로를 정의함으로써 속성을 더욱 직관적으로 정의한다.

- __ATTR(_name,_mode,_show,_store): 긴 버전이다. _name 속성 변수 이름, 접근 모드 _mode(예: 0664는 사용자와 그룹에 대해 읽기/쓰기 허용), show 함수에 대한 포인터 _show 및 store 함수에 대한 포인터 _store를 전달해야 한다.
- __ATTR_RO(_name): 짧은 읽기 전용(read-only) 속성 매크로다. 속성 변수 이름 _name을 전달해야 하며 매크로는 _mode가 0444(읽기 전용)가 되고 _show 함수가 _name_show가 되게 한다.
- __ATTR_WO(_name) 및 __ATTR_RW(_name): 쓰기 전용(write-only) 및 읽기/쓰기(read/write). 리눅스 3.8.x에서는 사용할 수 없고 3.11.x에서 추가됐다.

코드 16.5는 향상된 GPIO 버튼 LKM의 전체 소스 코드다. 상당히 길어 보이지만, 코드가 실행될 때 어떤 일이 일어나는지 정확히 알 수 있도록 많은 주석과 printk() 호출을 추가했기 때문이다. 이 예제는 코드 16.3을 기반으로 한다. 또한 회로 자체에서 상호작용을 관찰할 수 있도록 LED가 포함돼 있다.

**코드 16.5** /chp16/button/button.c

```
#include <linux/init.h>
#include <linux/module.h>
#include <linux/kernel.h>
#include <linux/gpio.h>         // GPIO 함수를 위해 필요
#include <linux/interrupt.h>    // IRQ 코드를 위해 필요
#include <linux/kobject.h>      // 바인딩을 위해 kobjects를 사용
#include <linux/time.h>         // 버튼을 누른 시간을 측정하기 위해 time을 사용
#define DEBOUNCE_TIME 200       // 기본 바운스 시간 -- 200ms

MODULE_LICENSE("GPL");
MODULE_AUTHOR("Derek Molloy");
MODULE_DESCRIPTION("A simple Linux GPIO Button LKM for the RPi");
MODULE_VERSION("0.1");

static bool isRising = 1;                    // 상승 에지 기본 IRQ 속성
module_param(isRising, bool, S_IRUGO);       // S_IRUGO 읽기/변경 불가
MODULE_PARM_DESC(isRising, " Rising edge = 1 (default), Falling edge = 0");

static unsigned int gpioButton = 27;         // 기본 GPIO는 27
module_param(gpioButton, uint, S_IRUGO);     // S_IRUGO는 읽을 수 있음/변경 불가
MODULE_PARM_DESC(gpioButton, " GPIO Button number (default=27)");

static unsigned int gpioLED = 17;            // 기본 GPIO는 17
module_param(gpioLED, uint, S_IRUGO);        // S_IRUGO는 읽을 수 있음/변경 불가
MODULE_PARM_DESC(gpioLED, " GPIO LED number (default=17)");

static char   gpioName[8] = "gpioXXX";       // 널(null)로 끝나는 기본 문자열
static int    irqNumber;                     // IRQ 번호를 공유하는 데 사용
static int    numberPresses = 0;             // 버튼 누름 횟수를 저장
static bool   ledOn = 0;                     // LED 상태 반전에 사용
static bool   isDebounce = 1;                // 디바운스 상태를 저장하는 데 사용
static struct timespec ts_last, ts_current, ts_diff; // 나노 정확도

// 맞춤 IRQ 핸들러 함수를 위한 함수 프로토타입
static irq_handler_t erpi_gpio_irq_handler(unsigned int irq,
                                    void *dev_id, struct pt_regs *regs);
```

```
/** @brief numberPresses 변수를 출력하는 콜백 함수
 * @param kobj sysfs 파일시스템에 나타나는 커널 오브젝트 디바이스
 * @param attr kobj_attribute 구조체에 대한 포인터
 * @param buf 눌림 횟수를 기록하는 버퍼
 * @return 버퍼에 기록된 문자의 총 개수를 반환
 */
static ssize_t numberPresses_show(struct kobject *kobj,
                                  struct kobj_attribute *attr, char *buf) {
   return sprintf(buf, "%d\n", numberPresses);
}

/** @brief numberPresses 변수를 읽는 콜백 함수 */
static ssize_t numberPresses_store(struct kobject *kobj, struct
                                   kobj_attribute *attr, const char *buf, size_t count) {
   sscanf(buf, "%du", &numberPresses);
   return count;
}

/** @brief LED가 켜졌는지 꺼졌는지 표시 */
static ssize_t ledOn_show(struct kobject *kobj, struct kobj_attribute *attr,
                          char *buf) {
   return sprintf(buf, "%d\n", ledOn);
}

/** @brief 버튼을 마지막으로 누른 시간을 표시 - 수동 출력 */
static ssize_t lastTime_show(struct kobject *kobj,
                             struct kobj_attribute *attr, char *buf){
   return sprintf(buf, "%.2lu:%.2lu:%.2lu:%.9lu \n", (ts_last.tv_sec/3600)%24,
          (ts_last.tv_sec/60) % 60, ts_last.tv_sec % 60, ts_last.tv_nsec );
}

/** @brief 시간의 차이를 secs.nanosecs 형태로 아홉 군데에 표시 */
static ssize_t diffTime_show(struct kobject *kobj,
                             struct kobj_attribute *attr, char *buf){
   return sprintf(buf, "%lu.%.9lu\n", ts_diff.tv_sec, ts_diff.tv_nsec);
}

/** @brief 버튼 디바운싱이 켜졌는지 꺼졌는지 표시 */
static ssize_t isDebounce_show(struct kobject *kobj,
                               struct kobj_attribute *attr, char *buf){
   return sprintf(buf, "%d\n", isDebounce);
}
```

```
/** @brief 디바운스 상태를 저장 및 설정 */
static ssize_t isDebounce_store(struct kobject *kobj, struct kobj_attribute
                                *attr, const char *buf, size_t count){
    unsigned int temp;
    sscanf(buf, "%du", &temp);              // 올바른 int->bool을 위해 temp 변수를 사용
    gpio_set_debounce(gpioButton,0);
    isDebounce = temp;
    if(isDebounce) { gpio_set_debounce(gpioButton, DEBOUNCE_TIME);
        printk(KERN_INFO "ERPi Button: Debounce on\n");
    }
    else { gpio_set_debounce(gpioButton, 0); // 디바운스 시간을 0으로 설정
        printk(KERN_INFO "ERPi Button: Debounce off\n");
    }
    return count;
}

/** 이 헬퍼 매크로들을 사용해 kobj_attributes의 이름과 접근 수준을
 * 정의한다. kobj_attribute에는 attr 속성(이름 및 모드), show와 store
 * 함수 포인터가 있다. count 변수는 numberPresses 변수와 연관되며 위의
 * numberPresses_show 및 numberPresses_store 함수를 사용해 0664 모드로
 * 노출된다. 모드 0664를 사용하면 사용자와 그룹에는 읽기/쓰기 액세스
 * 권한을 부여하되, 기타(others)에 대해서는 읽기 접근 권한만 부여한다.
 * 최근 커널 버전은 "others"에 대한 쓰기 권한 설정을 좋아하지 않는다. */
static struct kobj_attribute count_attr = __ATTR(numberPresses, 0664,
        numberPresses_show, numberPresses_store);
static struct kobj_attribute debounce_attr = __ATTR(isDebounce, 0664,
        isDebounce_show, isDebounce_store);

/** __ATTR_RO 매크로는 읽기 전용 속성을 정의. 함수가 _show를 호출하는 것을
 * 식별할 필요는 없지만 반드시 있어야 함. __ATTR_WO를 사용해 쓰기 전용
 * 속성을 정의할 수 있지만 리눅스 3.11.x 이상에서만 가능. */
static struct kobj_attribute ledon_attr = __ATTR_RO(ledOn);
static struct kobj_attribute time_attr = __ATTR_RO(lastTime);
static struct kobj_attribute diff_attr = __ATTR_RO(diffTime);

/** erpi_attrs[]는 속성들의 배열로서 아래의 속성 그룹을 생성하는 데
 * 사용된다. kobj_attribute의 attr 속성은 attribute 구조체를 추출하는
 * 데 사용된다.
 */
static struct attribute *erpi_attrs[] = {
    &count_attr.attr,           // 버튼을 누른 횟수
    &ledon_attr.attr,           // LED가 켜졌는지 꺼졌는지
```

```
    &time_attr.attr,            // 버튼을 누른 시각(HH:MM:SS:NNNNNNNNN)
    &diff_attr.attr,            // 버튼을 누른 시간 간격
    &debounce_attr.attr,        // 디바운스 상태가 참인지 거짓인지
    NULL,
};

/** 속성 그룹은 sysfs에 노출된 속성 배열과 이름을 사용함. 모듈 로드 시
 * 전달된 사용자 정의 커널 매개 변수를 사용해 아래 erpi_button_init()
 * 함수에서 자동으로 정의되며, 이 경우에는 gpio27임. */
static struct attribute_group attr_group = {
    .name = gpioName,           // erpi_button_init()에서 생성한 이름
    .attrs = erpi_attrs,        // 바로 위에서 정의한 속성 배열
};

static struct kobject *erpi_kobj;

/** @brief LKM 초기화 함수 */
static int __init erpi_button_init(void){
    int result = 0;
    unsigned long IRQflags = IRQF_TRIGGER_RISING;
    printk(KERN_INFO "ERPi Button: Initializing the button LKM\n");
    sprintf(gpioName, "gpio%d", gpioButton);    // /sys/erpi/gpio27을 생성

    // /sys/erpi에 kobject sysfs 항목을 생성
    erpi_kobj = kobject_create_and_add("erpi", kernel_kobj->parent);
    if(!erpi_kobj){
        printk(KERN_ALERT "ERPi Button: failed to create kobject mapping\n");
        return -ENOMEM;
    }
    // /sys/erpi/에 속성을 추가. 예: /sys/erpi/gpio27/numberPresses
    result = sysfs_create_group(erpi_kobj, &attr_group);
    if(result) {
        printk(KERN_ALERT "ERPi Button: failed to create sysfs group\n");
        kobject_put(erpi_kobj);                 // 삭제 항목 정리
        return result;
    }
    getnstimeofday(&ts_last);                   // 최종 시각을 현재 시각으로 설정
    ts_diff = timespec_sub(ts_last, ts_last);   // 시간 차의 초기값을 0으로 설정

    // LED 설정. GPIO 출력 모드이며 켜짐이 기본값
    ledOn = true;
    gpio_request(gpioLED, "sysfs");         // gpioLED는 17로 하드코딩
```

```
    gpio_direction_output(gpioLED, ledOn); // 출력 모드에 설정
    gpio_export(gpioLED, false);           // /sys/class/gpio/에 나타남
    gpio_request(gpioButton, "sysfs");     // gpioButton 설정
    gpio_direction_input(gpioButton);      // 입력으로 설정
    gpio_set_debounce(gpioButton, DEBOUNCE_TIME); // 버튼을 디바운스
    gpio_export(gpioButton, false);        // /sys/class/gpio/에 나타남
    printk(KERN_INFO "ERPi Button: button state: %d\n",
        gpio_get_value(gpioButton));
    irqNumber = gpio_to_irq(gpioButton);
    printk(KERN_INFO "ERPi Button: button mapped to IRQ: %d\n", irqNumber);
    if(!isRising){                         // 커널 파라미터가 isRising=0이면
        IRQflags = IRQF_TRIGGER_FALLING;   // 하강 에지에 설정
    }
    // 다음 호출은 인터럽트 행을 요청
    result = request_irq(irqNumber,        // 인터럽트 번호
                    (irq_handler_t) erpi_gpio_irq_handler,
                    IRQflags,              // 커스텀 커널 파라미터를 사용
                    "erpi_button_handler", // /proc/interrupts에 사용
                    NULL);                 // 공유 행을 위한 *dev_id
    return result;
}

static void __exit erpi_button_exit(void){
    printk(KERN_INFO "ERPi Button: The button was pressed %d times\n",
        numberPresses);
    kobject_put(erpi_kobj);             // kobject sysfs 항목을 제거
    gpio_set_value(gpioLED, 0);         // LED를 끔. 디바이스가 언로드됨
    gpio_unexport(gpioLED);             // LED GPIO를 언익스포트
    free_irq(irqNumber, NULL);          // IRQ 번호 해제. *dev_id 불필요
    gpio_unexport(gpioButton);          // Button GPIO를 언익스포트
    gpio_free(gpioLED);                 // LED GPIO를 해제
    gpio_free(gpioButton);              // Button GPIO를 해제
    printk(KERN_INFO "ERPi Button: Goodbye from the ERPi Button LKM!\n");
}

/** @brief GPIO IRQ 처리 함수
 * 위의 GPIO에 연결된 사용자 정의 인터럽트 처리기. 동일한 인터럽트 핸들러는
 * 함수가 완료될 때까지 인터럽트 라인이 마스크돼 동시에 호출될 수 없음.
 * 이 함수는 이 파일의 외부에서 직접 호출하면 안 되기 때문에 static으로 지정함.
 * @param irq GPIO에 연관된 IRQ 번호
 * @param dev_id 제공된 *dev_id로 디바이스를 식별하는 데 사용.
 * 이 예제에서는 NULL이 전달됐으므로 사용하지 않음.
```

```
 * @param regs 하드웨어의 레지스터 값. 디버깅에 사용.
 * return 성공 시 IRQ_HANDLED를, 그 외에는 IRQ_NONE을 반환.
 */
static irq_handler_t erpi_gpio_irq_handler(unsigned int irq,
        void *dev_id, struct pt_regs *regs){
    ledOn = !ledOn;                           // 버튼을 누를 때마다 LED를 반전
    gpio_set_value(gpioLED, ledOn);           // 물리적 LED에 따라 설정
    getnstimeofday(&ts_current);              // 현재 시각을 ts_current로 얻음
    ts_diff = timespec_sub(ts_current, ts_last); // 시차를 계산
    ts_last = ts_current;                     // 현재 시각을 ts_last에 저장
    printk(KERN_INFO "ERPi Button: The button state is currently: %d\n",
        gpio_get_value(gpioButton));
    numberPresses++;                          // 누른 횟수를 셈
    return (irq_handler_t) IRQ_HANDLED;       // IRQ가 올바르게 처리됐음을 알림
}

// 다음 호출은 초기화 함수 및 정리 함수를 식별하는 것으로 필수적임(위에서와 같음)
module_init(erpi_button_init);
module_exit(erpi_button_exit);
```

코드 16.5는 전체적으로 주석을 사용해 설명했다. 그러나 몇 가지 언급할 만한 사항이 있다.

- LKM이 로드될 때 세 개의 모듈 매개변수(isRising, gpioButton, gpioLED)를 구성할 수 있다. LKM 매개변수의 사용은 첫 번째 LKM 예제에서 설명했다. 이를 통해 버튼 입력과 LED 출력에 대해 서로 다른 GPIO를 정의할 수 있다. sysfs 마운트 이름이 자동으로 조정된다. 또한 이 코드는 기본 상승 에지 인터럽트 대신 하강 에지 인터럽트를 허용한다.
- kobject 항목(erpi)과 연관된 다섯 가지 속성이 있다. diffTime, isDebounce, lastTime, ledOn, numberPresses이다. isDebounce와 numberPresses는 어느 값으로든 설정(예컨대 0으로 재설정)할 수 있으며 그 외의 속성은 읽기 전용이다.
- erpi_gpio_irq_handler() 함수가 대부분의 타이밍을 수행한다. 인터럽트가 처리될 때마다 시각이 저장되고 누름 사이의 시간 간격이 계산된다.

모듈은 하강 에지 모드로 로드되며 다음과 같이 테스트할 수 있다.

```
pi@erpi ~/exploringrpi/chp16/button $ make
pi@erpi ~/exploringrpi/chp16/button $ sudo insmod button.ko
pi@erpi ~/exploringrpi/chp16/button $ cd /sys/erpi/gpio27/
pi@erpi /sys/erpi/gpio27 $ ls -l
total 0
-r--r--r-- 1 root root 4096 Nov  9 01:37 diffTime
-rw-rw-r-- 1 root root 4096 Nov  9 01:37 isDebounce
-r--r--r-- 1 root root 4096 Nov  9 01:37 lastTime
```

```
-r--r--r-- 1 root root 4096 Nov  9 01:37 ledOn
-rw-rw-r-- 1 root root 4096 Nov  9 01:37 numberPresses
pi@erpi /sys/erpi/gpio27 $ cat numberPresses
0
pi@erpi /sys/erpi/gpio27 $ cat numberPresses
3
pi@erpi /sys/erpi/gpio27 $ cat diffTime
15.074734332
pi@erpi /sys/erpi/gpio27 $ cat lastTime
01:46:36:030219769
pi@erpi /sys/erpi/gpio27 $ sudo sh -c "echo 0 > numberPresses"
pi@erpi /sys/erpi/gpio27 $ cat numberPresses
0
pi@erpi /sys/erpi/gpio27 $ cd ~/exploringrpi/chp16/button/
pi@erpi ~/exploringrpi/chp16/button $ sudo rmmod button
```

코드 16.5의 프로그램 코드와 직접 관련되는 isDebounce 및 numberPresses 항목에 대한 사용 권한(0664)에 유의하라. 모듈을 언로드하기 전에 /sys/erpi/ 디렉터리에서 빠져나와야 한다. 그렇게 하지 않으면 ls와 같은 작업을 수행했을 때 커널 패닉이 발생한다.

커널 로그(/var/log/kern.log)의 동시 출력은 다음과 같다.

```
... erpi kernel: [337494.885001] ERPi Button: Initializing the button LKM
... erpi kernel: [337494.885473] ERPi Button: button state: 0
... erpi kernel: [337494.885490] ERPi Button: button mapped to IRQ: 507
... erpi kernel: [337598.271292] ERPi Button: The button state is currently: 1
... erpi kernel: [337598.979912] ERPi Button: The button state is currently: 1
... erpi kernel: [337599.559666] ERPi Button: The button state is currently: 1
... erpi kernel: [337710.564613] ERPi Button: The button was pressed 3 times
... erpi kernel: [337710.564963] ERPi Button: Goodbye from the ERPi Button LKM!
```

## 개선된 LED GPIO 드라이버 LKM

이 장의 마지막 예제는 LKM을 사용해 LED를 제어하는 드라이버다. 이 예제는 LKM에서 발생하는 이벤트에 응답해 시작될 수 있는 커널 스레드인 kthread의 사용을 소개하는 것이 목적이다. 이 예에서 kthread는 사용자가 정의한 간격으로 LED를 깜박이는 데 사용된다.

## 커널 스레드

이 예제 코드의 전반적인 구조는 코드 16.6과 같다. 이 코드는 일정한 시간 간격으로 깜빡이도록 특정한 대기 시간을 필요로 한다는 점 때문에 리눅스 커널에서는 특이한 스레드라고 할 수 있다. kthread 스케줄러로 자원을 반환하는 것은 일반적으로 schedule()을 호출해 수행된다.

kthread_run()에 대한 호출은 사용자 스페이스 pthread 함수 pthread_create()와 매우 비슷하다(6장의 POSIX 스레드에 대한 절 참고). kthread_run() 호출은 스레드 함수(이 경우에는 flash())에 대한 포인터, 스레드에 보낼 데이터(이 경우에는 NULL), top 또는 ps 호출의 출력 결과에 표시할 스레드 이름을 인자로 받는다. kthread_run() 함수는 task_struct를 반환하는데, 이는 이 C 파일 내의 다양한 함수 간에 *task로 공유된다.

**코드 16.6** kthread 구현 개요

```
#include <linux/kthread.h>
static struct task_struct *task;          // 스레드 태스크에 대한 포인터

static int flash(void *arg) {
    while(!kthread_should_stop()){        // kthread_stop() 호출이 참을 반환
        set_current_state(TASK_RUNNING); // 임시로 sleep 방지
        ...                               // 상태 변경(깜빡임)
        set_current_state(TASK_INTERRUPTIBLE);    // sleep하지만 깨어날 수 있음
        msleep(...);                              // 밀리초 sleep
    }
}

static int __init erpi_LED_init(void) {
    task = kthread_run(flash, NULL, "LED_flash_thread");    // kthread 시작
    ...
}

static void __exit erpi_LED_exit(void) {
    kthread_stop(task);                  // LED 점멸 kthread 정지
    ...
}
```

최종 소스 코드는 상당히 길고 코드 16.5와 거의 비슷하지만 스레드 코드가 추가된 것이므로 여기에 싣지 않았다. 최종 소스 코드는 /chp16/LED/led.c에서 확인할 수 있으며 모든 작업을 통합하는 것에 대한 설명은 주석을 통해 제공한다. 그러나 주목할 가치가 있는 몇 가지 사항이 있다.

- mode라는 열거형은 세 가지 가능한 실행 상태를 정의하는 데 사용된다. 명령을 LKM에 전달할 때 데이터가 유효하고 범위 내에 있는지 확인하기 위해 데이터를 매우 신중하게 파싱해야 한다. 이 예에서 문자열 명령은 세 가지 값("on", "off", "flash") 중 하나일 수 있으며 period 값은 2와 10000(ms) 사이여야 한다.
- kthread_should_stop()은 bool로 평가된다. kthread_stop()과 같은 함수가 kthread에서 호출되면 이 함수는 깨어나서 true를 반환한다. 그러면 kthread가 완료될 때까지 실행되고 kthread의 반환값은 kthread_stop() 함수가 반환한다.

이 예제는 다음과 같이 빌드하고 실행할 수 있다. sleep 시간을 2ms로 줄임으로써 깜빡임의 빈도를 높이고 CPU 부하를 관찰할 수 있다.

```
pi@erpi ~/exploringrpi/chp16/LED $ make
pi@erpi ~/exploringrpi/chp16/LED $ sudo insmod led.ko
pi@erpi ~/exploringrpi/chp16/LED $ cd /sys/erpi/led17/
pi@erpi /sys/erpi/led17 $ ls -l
total 0
-rw-rw-r-- 1 root root 4096 Nov  9 02:25 blinkPeriod
-rw-rw-r-- 1 root root 4096 Nov  9 02:25 mode
pi@erpi /sys/erpi/led17 $ cat blinkPeriod
1000
pi@erpi /sys/erpi/led17 $ sudo sh -c "echo 100 > blinkPeriod"
pi@erpi /sys/erpi/led17 $ cat blinkPeriod
100
```

이 LKM의 CPU 부하는 2ms의 sleep 지속 시간으로 깜빡일 때 ~0.0%로 매우 낮게 나타난다.

```
pi@erpi /sys/erpi/led17 $ sudo sh -c "echo 2 > blinkPeriod"
pi@erpi /sys/erpi/led17 $ ps aux|grep LED
root 27618 0.0 0.0  0 0 ?  D  02:57  0:00    [LED_flash_threa]
pi@erpi /sys/erpi/led17 $ sudo sh -c "echo off > mode"
pi@erpi /sys/erpi/led17 $ sudo sh -c "echo on > mode"
pi@erpi /sys/erpi/led17 $ sudo sh -c "echo flash > mode"
pi@erpi /sys/erpi/led17 $ cd ~/exploringrpi/chp16/LED
pi@erpi ~/exploringrpi/chp16/LED $ sudo rmmod led
```

커널 로그는 다음과 같은 결과를 제공한다.

```
... erpi kernel: [350999.939466] ERPi LED: Initializing the ERPi LED LKM
... erpi kernel: [350999.940003] ERPi LED: Thread has started running
... erpi kernel: [351159.656388] ERPi LED: Thread has run to completion
... erpi kernel: [351159.656656] ERPi LED: Goodbye from the ERPi LED LKM!
```

이 접근 방식의 결과는 리눅스 유저 스페이스에서의 유사한 테스트와 비교할 때 상당히 인상적이다. 결과에는 일관된 ~50% 듀티 사이클이 있으며 주파수 값의 범위가 상당히 일정하다.

## 결론

커널은 크고 복잡한 프로그램이지만 어쨌거나 프로그램이라는 것을 명심하라. 커널 코드는 변경하고 다시 컴파일하고 재배포하고 재부팅할 수 있다. 이는 꽤 긴 프로세스다. 이 장에서는 런타임에 커널에서 로드 및 언로드 가능한 바이너리 코드를 생성할 수 있는 리눅스 LKM(로드 가능 가능 커널 모듈)을 작성하는 방법을 살펴봤다.

이 장에 제시된 예는 학습을 위한 것이다. 푸시버튼 또는 LED를 직접 제어하기 위해 LKM을 작성해야 하는 경우는 거의 없을 것이다. 예를 들어 리눅스에서 GPIO-키 및 GPIO-LED 드라이버를 사용해 이러한 회로에 대한 정교한 커널 지원을 제공할 수 있다. 그러나 이러한 예제는 다른 임베디드 LKM 개발 작업에 대한 튼튼한 기초가 될 것이다.

리눅스에서의 GPIO 커널 프로그래밍에 대한 자세한 내용은 다음을 참고하라.

- GPIO Sysfs Interface for User Space(유저 스페이스를 위한 GPIO sysfs 인터페이스): `tiny.cc/erpi1603`
- GPIO Interfaces (in Kernel Space): `tiny.cc/erpi1604`
- 《임베디드 개발자를 위한 리눅스 커널 심층 분석》(에이콘출판 2004)

## 요약

이 장의 목표는 다음과 같다.

- 커널 인자를 수신할 수 있는 기본적인 리눅스 LKM(로드 가능 커널 모듈)을 작성한다.
- 데스크톱 컴퓨터 및 RPi에서 맞춤 LKM을 빌드하고 로드 및 언로드한다.
- GPIO를 제어할 수 있는 임베디드 장치용 모듈을 구축하는 데 필요한 단계를 수행한다.
- 인터럽트, kobject, 커널 스레드와 같이 임베디드 리눅스 장치에서 LKM을 빌드하는 데 필요한 몇 가지 개념을 이해한다.

## 기호



## A – C



## D – F

## G – I

**J – N**

## O – R

ㄱ – ㄹ

ㅋ – ㅎ